AF534082

Ingo Kowarik
Biologische Invasionen

**Prof. Dr. Ingo Kowarik** leitet das Fachgebiet Ökosystemkunde/Pflanzenökologie am Institut für Ökologie der TU Berlin und ist ehrenamtlicher Landesbeauftragter für Naturschutz und Landschaftspflege in Berlin. Forschungsschwerpunkte: Biologische Invasionen, Stadtökologie, Naturschutz.

**Dr. Wolfgang Rabitsch** arbeitet in der Abteilung Biologische Vielfalt & Naturschutz am Umweltbundesamt in Wien, Österreich. Forschungsschwerpunkte: Biologische Invasionen, Biodiversität, Naturschutz, Wanzen (Heteroptera).

Ingo Kowarik

# Biologische Invasionen

## Neophyten und Neozoen in Mitteleuropa

Mit Beiträgen von Wolfgang Rabitsch

2., wesentlich erweiterte Auflage

91 Zeichnungen

77 Tabellen

**Bildquellen**
Titelbilder: *Rosa rugosa* (Foto: Ingo Kowarik), *Procyon lotor* (Foto: Ingo Bartussek)
Die Zeichnungen fertigte Helmuth Flubacher nach Vorlagen des Autors sowie aus der Literatur an.

**Bibliografische Information der Deutschen Bibliothek**
Die Deutsche Nationalbibliothek verzeichnet diese Publikationen in der Deutschen Nationalbibliografie; detaillierte bibliografische Daten sind im Internet über
http://dnb.d-nb.de abrufbar.


Wollgrasweg 41, 70599 Stuttgart (Hohenheim)
E-Mail: info@ulmer.de
Internet: www.ulmer.de
Umschlagentwurf: Atelier Reichert, Stuttgart
Lektorat: Lilly Wunsch, Helen Haas
Herstellung: Gabriele Wieczorek
Satz: Primustype Hurler, Notzingen
Druck und Bindung: Graph. Großbetrieb Friedrich Pustet, Regensburg
Printed in Germany

ISBN 978-3-8001-5889-8

# Inhaltsverzeichnis

# Vorwort

Idee und Konzept dieses Buches entstanden im Zusammenhang mit Naturschutzvorlesungen an der Universität Hannover und der Technischen Universität Berlin. Das stete Interesse der Studierenden am Thema „Invasion“ hat mich in der Umsetzung dieses Werkes bestärkt. Ich möchte mich hierfür ebenso wie für die stimulierende Förderung durch viele Freunde und Kollegen herzlich bedanken. An erster Stelle ist hier Prof. Dr. Dr. h.c. Herbert Sukopp zu nennen, der vor etwa 20 Jahren mein Interesse am Invasionsthema weckte und seitdem immer ein anregender Gesprächspartner war. Dies waren auch Prof. Dr. Reinhard Böcker und Dr. Uwe Starfinger. Alle drei haben, wie auch Ulrich Heink und Dr. Hartwig Schepker, wesentliche Teile des Manuskripts umfangreich kommentiert. Weitere wertvolle Anmerkungen, Hinweise und Material zu einzelnen Kapiteln verdanke ich Dr. Beate Alberternst, Dr. Klaus Arlt, Dr. Katharina Dehnen-Schmutz, Dr. Ulrike Doyle, Prof. Dr. Manfred Horbert, Prof. Dr. S. Jäger, Dr. Stefan Klotz, Dr. Gunter Karste, Dr. Heinz-Dieter Krausch, Dr. Norbert Kühn, Moritz von der Lippe, Prof. Dr. Albert Reif, Brigitte Scheidt, Dr. Gregor Schmitz, Dr. Martin Schnittler, Ina Säumel, Birgit Seitz, Dr. Tom Steinlein, Dr. Christiane Timper, Dr. Jens Unger, Dr. W. Winterhoff und Prof. Dr. Stefan Zerbe.

Den Kontakt zum Eugen Ulmer-Verlag mit seiner dauerhaft interessierten und zum Glück geduldigen Lektorin Dr. Nadja Kneissler verdanke ich Prof. Dr. Richard Pott. Annette Alkemade und Antje Springorum haben durch sorgfältiges Lektorieren den Text verbessert. Die Daten für Tab. 75 sowie Abb. 30 lieferte Rudolf May freundlicherweise aus der Datenbank des Bundesamtes für Naturschutz. Einige Abbildungsvorlagen fertigten Ursula Jonczyk und Wilfried Roloff. Beim Register halfen Gisela Falk, Karin Grandy, Lorenz Poggendorf und Irma Trippler. Werner Kowarik hat durch sorgfältiges Korrekturlesen sehr geholfen, Hannes Reinhard durch seine große Geduld.

Für die hierdurch erzielten Verbesserungen bedanke ich mich herzlich bei allen genannten und ungenannten Personen und verweise zugleich auf meine alleinige Verantwortung für die verbliebenen Unzulänglichkeiten. Hinweise der Leserinnen und Leser auf Fehler und sinnvolle Ergänzungen sind daher sehr willkommen!

# Vorwort zur 2. Auflage

Die Invasionsökologie ist eines der am stärksten wachsenden Forschungsgebiete. So stieg die Anzahl invasionsbiologischer Veröffentlichungen in den letzten Jahren nahezu exponentiell an. Ebenso nimmt das Interesse an der Frage stetig zu, wie biologische Invasionen zu bewerten sind und welche Antworten auf die Veränderung unserer Umwelt durch neue Arten angemessen sind. Insofern war eine gründliche Überarbeitung der ersten, bald vergriffenen Auflage dieses Buches notwendig. Viele Kapitel wurden aktualisiert, erweitert oder ganz neu eingefügt. Anderes wurde gestrafft. Eine wesentliche Veränderung ist die Neubearbeitung eines stark erweiterten Neozoenkapitels durch Wolfgang Rabitsch. Ihm ist auch sehr für Anregungen und Ergänzungen anderer Kapitel zu danken. Den Verantwortlichen des Ulmer-Verlags gebührt ein herzlicher Dank für ihr langjähriges Interesse, aber auch für Geduld und Entgegenkommen in vielen Fragen. Schließlich möchte ich allen ganz besonders danken, die mit Korrekturhinweisen, kritischen Anregungen und nicht zuletzt mit einer großen, positiven Resonanz auf die erste Auflage die Fortführung dieses Buches wesentlich unterstützt haben. Weitere Anregungen sind stets willkommen!

# Einleitung

Die Vorstellung, unbekannte Wesen drängen in unsere Welt ein, fasziniert und beängstigt zugleich. In New York brach 1938 eine Massenpanik aus, als der Sender CBS über eine Invasion aus dem All berichtete. Viele Hörer hielten das damals gesendete Hörspiel für einen Tatsachenbericht. Filme zum Thema „Aliens" wurden aber auch zum Kassenschlager. Heute sind es Austauschprozesse im Rahmen der Globalisierung, die Menschen schrecken – aber auch als Chancen gesehen werden. Faszination und Abwehr kennzeichnen auch den Umgang mit den höchst irdischen Invasionen, die dieses Buch zum Thema hat: **biologische Invasionen**. Gemeint ist damit die durch menschliche Aktivitäten ermöglichte Ausbreitung von Pflanzen, Tieren und Mikroorganismen in Gebieten, die sie natürlicherweise zuvor nicht erreicht haben (Tab. 1, genauer in Kap. 1.1).

Tatsächlich sind biologische Invasionen ein alltäglicher Vorgang. Seit es Leben gibt, verändern Tiere und Pflanzen ihr Areal und besiedeln dabei neue Standorte auch auf Kosten vorhandener Arten. So ist der Grundstock der mitteleuropäischen Flora nichts anderes als das Ergebnis einer natürlichen Invasion: Die meisten Pflanzen mussten in der Nacheiszeit die von den Gletschern freigegebenen Landmassen von südlichen Refugialgebieten aus neu besiedeln. Auch bei Tieren gehören natürliche Arealausweitungen zur Tagesordnung. Jedoch übertreffen von Menschen ausgelöste Invasionen analoge natürliche Prozesse um ein Vielfaches in ihrem Ausmaß, ihrer Reichweite, Geschwindigkeit und vor allem ihren Auswirkungen. Die invasionsbiologische Forschung konzentriert sich deshalb auf anthropogene biologische Invasionen. Sie sind Thema dieses Buches. Der durch Menschen absichtlich oder ungewollt vermittelte Transfer von Organismen zwischen verschiedenen Gebieten ist zu einem Phänomen mit globaler Wirkung geworden. Von Menschen stimulierte biologische Invasionen haben weit reichende ökologische und evolutionäre, aber auch ökonomische und soziale Konsequenzen. Invasionen gelten weltweit als eine der wichtigsten Gefährdungsursachen der biologischen Vielfalt und haben, wie ELTON schon 1958 klarsichtig erkannt hat, „den Lauf der Welt verändert". 130 Jahre zuvor schon hatte der deutsche Naturforscher von Chamisso (1827) diagnostiziert „Wo der gesittete Mensch einwandert, verändert sich vor ihm die Ansicht der Natur" und als Komponente dieser Veränderung auch biologische Invasionen angesprochen – auch wenn der Begriff damals noch unbekannt war (siehe Kap. 2.2).

Die spektakulärsten Beispiele biologischer Invasionen stammen aus anderen Teilen der Welt. In vielen subtropischen und tropischen Gebieten, auf ozeanischen Inseln, in Neuseeland, Australien, Südafrika und Nordamerika sind Invasionen ein hoch aktuelles Thema, das Köpfe und Herzen von Menschen bewegt. Ganze Landschaften verändern ihr Gesicht und enorme wirtschaftliche Schäden werden beziffert. Die hierzu erschienenen Bücher dürften viele Regalmeter füllen. Biologische Invasionen sind zum Top-Thema internationaler Forschung geworden (Pyšek et al. 2006). Spätestens seit dem 1992 in Rio beschlossenen Übereinkommen über die Biologische Vielfalt (CBD) sind sie auch ein zentrales Handlungsfeld des internationalen Naturschutzes sowie Anlass nationaler Programme in vielen Ländern. Biologische Invasionen als globales Phänomen werden auch hier in Kap. 2 schlaglichtartig beleuchtet.

Im Kern behandelt dieses Buch Invasionen jedoch aus einer **europäischen Perspektive.** Was unterscheidet biologische Invasionen in Europa von denen in anderen Teilen der Welt? Umfassende Antworten auf diese Frage fehlen bislang. In diesem Buch wird gezeigt, dass auch in Europa biologische Invasionen weit reichende Auswirkungen haben (siehe Kap. 6 bis 9) und daher ein wichtiges Handlungsfeld des Naturschutzes sind. Einige Anzeichen sprechen jedoch dafür, dass die Reichweite biologischer Invasionen in Europa geringer ist als in den globalen Invasions-Hotspots, die vornehmlich in der südlichen Hemisphäre liegen.

Große Teile Europas sind zwei nachhaltig wirksamen Prozessen unterworfen worden: der letzten Eiszeit und einer weit zurückreichenden kulturellen Prägung der Landschaft. Die meisten europäischen Tier- und Pflanzenarten mussten nach der Eiszeit aus mediterranen oder südosteuropäischen Rückzugsgebieten wieder einwandern, sind also selbst erfolgreiche Kolonisatoren. Die von ihnen gebildeten Lebensgemeinschaften sind vergleichsweise jung und werden in Europa seit mehreren tausend Jahren zudem erheblich durch menschliche Landnutzungen geprägt. Dieser Prozess begann mit der Etablierung von Ackerbau und Viehzucht im Zuge der neolithischen Revolution. Sie erreichte das Mittelmeergebiet vor etwa 5000 Jahren und Mitteleuropa 2000 Jahre später. Bereits zur Römerzeit waren große Teile des Mittelmeergebietes entwaldet und wurden danach landwirtschaftlich, vor allem durch Beweidung, genutzt. Im Hochmittelalter, also kurz bevor Kolumbus in die neue Welt aufbrach, war in Deutschland der Waldanteil schon auf 17% der Landesfläche geschrumpft (Bork et al. 1998). Fast alle verbliebenen Waldreste wurden stark beweidet. Weite Teile Europas haben also seit langer Zeit Kulturlandschaftscharakter, und die meisten hier vorkommenden Arten wurden ebenso lange mit menschlichen Landnutzungen konfrontiert.

In den meisten globalen Invasions-Hotspots war die Ausgangslage völlig anders. Hier herrschten natürliche Bedingungen über wesentlich längere Zeiträume vor als in Europa. Erst mit der Kolonialisierung, also vor wenigen hundert Jahren, wurden heute landschaftsprägende Landnutzungen eingeführt. Großflächige Beweidung gab es vorher weder in Amerika noch in Australien. Die ursprüngliche Tier- und Pflanzenwelt solcher Gebiete ist daher von neuartigen Störungen viel stärker als in Europa „überrascht“ worden. Hieran nicht angepasste Organismen wurden zudem mit einer Vielzahl von Tier- und Pflanzenarten konfrontiert, die zusammen mit den neuen Landnutzungen eingeführt worden waren. Fehlende Beweidungsresistenz oder mangelnde Fluchtreflexe gegenüber unbekannten Räubern hatten fatale Folgen für eingesessene Arten.

Neben dieser ökologischen Komponente hatte der Kolonialismus auch eine landschaftsästhetisch-gestalterische Dimension. Im britischen Kolonialreich wurde vielfach der englische Gartenstil mit den entsprechenden Pflanzen eingeführt, um den Siedlern Garten- und Landschaftsbilder mit heimatlichen Anklängen zu bieten (Ignatieva & Steward 2009). Dies führte vor allem im Umfeld von Siedlungen zu einer Europäisierung ursprünglicher Landschaftsbilder und setzte massenhaft Impulse zur Ausbreitung eingeführter Gartenpflanzen. Zu einer „zivilisierten Existenz“ gehörte auch der Wunsch vertrautes Wild zu jagen oder zu fischen. Also wurden auch europäische Tierarten ins koloniale Umfeld entlassen. Hinzu kommen domestizierte Katzen, Hunde, Schweine und Ziegen, die Menschen stets auf ihren Eroberungen begleiteten und oftmals verwilderten.

Während die ursprünglichen Lebensgemeinschaften in Nordamerika und vielen Teilen der kolonialisierten Südhemisphäre nahezu schlagartig mit einer Vielzahl eingebrachter und sich weiter ausbreitender Haustiere, Zier- und Nutzpflanzen – nebst eingeschleppter Begleitarten – konfrontiert wurden, war das europäische Szenario völlig anders. Hier vollzog sich über Jahrtausende eine Anpassung der Tier- und Pflanzenwelt an anthropogene Landnutzungen. Die Verwendung nichteinheimischer Arten war dabei seit frühester Zeit eng mit der Landes- und Gartenkultur verbunden (siehe Kap. 3.1 und Kap. 4). Die aktuellen Roten Listen gefährdeter Arten zeigen, dass auch die Anpassungsfähigkeit europäischer Tier- und Pflanzenarten an veränderte Landnutzungen begrenzt ist, vor allem wenn sich Veränderungen so schnell wie seit Mitte des 19. Jahrhunderts vollziehen. Die europäische Pflanzen- und Tierwelt hatte aber über Jahrtausende zumindest die Chance einer Anpassung an intensive menschliche Landnutzungen, an Haustiere und damit verbundene Störungsregime.

Während wir in vielen globalen Invasions-Hotspots damit konfrontiert werden, wie zuvor nahezu unberührte Natur durch biologische Invasionen in kurzer Zeit vielerorts tiefgreifend verändert wird, spielen sich biologische Invasionen in Europa überwiegend in Kulturlandschaften ab, und zwar seit weit über tausend Jahren. Im Ergebnis sind zeitlich gestaffelte, sehr alte bis jüngste anthropogene „Invasionsschichten" zu unterscheiden. Sie beginnen mit den Ackerunkräutern, die im Zuge der neolithischen Revolution mit dem Ackerbau aus dem Mittelmeergebiet oder Kleinasien weit nach Norden gelangten (siehe Kap. 3.2.1) und enden, bislang, mit der einsetzenden Ausbreitung von Palmen und lorbeerartigen Pflanzen als Folge des Klimawandels (siehe Kap. 3.6).

Die Tiefe der **historischen Dimension**, in der sich in Europa Invasionsprozesse abspielen, die Umwelt verändern und auch von Menschen wahrgenommen und bewertet werden, ist daher eine wesentliche Besonderheit Europas. Insofern bestehen hier auch gute Chancen zu sehen, wie sich die Tier- und Pflanzenwelt über lange Zeiten *nach* einem Invasionsereignis entwickelt hat – und wie sich unsere Wahrnehmung auf Invasionsereignisse mit zeitlichem Abstand ändert. Biologische Invasionen sind häufig Symptome anthropogener Umweltveränderungen und nicht deren primäre Ursachen. Wegen der langen Invasions- und Forschungsgeschichte ist in Europa besonders gut zu erkennen, auf welch direkten Wegen – und verschlungenen Pfaden – menschliches Handeln die Ausbreitung eingeführter Arten ausgelöst hat und welche Wirkungen daraus resultieren. Die kulturelle Bedingtheit biologischer Invasionen, insbesondere die Rolle menschlicher Aktivitäten als Steuerungsfaktoren ist deshalb auch ein Kernthema dieses Buches (Kap. 3).

Einige Anzeichen sprechen dafür, dass in Europa auch die **Wahrnehmung** und Bewertung biologischer Invasionen anders als in anderen Teilen der Welt sind. In den globalen Invasions-Hotspots ist die Gegnerschaft zu nichteinheimischen Arten häufig kompromisslos. Bekämpfungsprogramme werden mit Nachdruck umgesetzt, häufig mit kriegerischem Vokabular als Begleitmusik. Dies ist wohl als Antwort auf drastische Landschaftsveränderungen nachvollziehbar und vielleicht auch als ein Ansatz zur Bewältigung der kolonialen Vergangenheit zu deuten. Auch in Europa gibt es überaus emotionale Bewertungen nichteinheimischer Arten, die nicht selten darauf zielen, die „Heimat" vor dem „Fremden" zu verteidigen (Eser 1998, Körner 2000). Ein frühes Beispiel für die Verbindung von Ängsten mit dem Erscheinen neuer Organismen ist der Seidenschwanz (*Bombycilla garrulus*), der gelegentlich weit aus nördlichen Breiten nach Süden vordringt. Sein periodisches Auftauchen wurde seit dem Mittelalter als Ankündigung von Unheil verstanden. So heißt der Seidenschwanz seit der großen Pest um 1350 Pestvogel, seit Ausbruch des 30-jährigen Krieges Kriegsvogel (Kinzelbach 1995).

Unter dem Titel „Der Erbfeind im Garten" veranschaulicht Molitor (1994) am Beispiel des Kleinblütigen Knopfkrauts (*Galinsoga parviflora*), das auch Franzosenkraut heißt, wie **nationale Ressentiments** mit neuen Arten verbunden wurden. In Pommern breitete sich die Ende des 18. Jh. aus Südamerika eingeführte Art zuerst vom Garten des Pfarrers in Budow aus, der 1807 Samen aus dem Botanischen Garten in Berlin erhielt. Wenig später schon wurde *Galinsoga* zu einem häufigen, überhand nehmenden Unkraut. Da das Land zu dieser Zeit von Franzosen besetzt war, vermutete der Pfarrer eine weitere Ausbreitung mit den Truppen und nannte die Art scherzhaft „Franzosen-Unkraut". Dieser Name wurde zunächst nur in Pommern populär. Nach dem deutsch-französischen Krieg 1871 und dem 1. Weltkrieg setzte er sich allerdings allgemein durch, sprachlich geglättet als Franzosenkraut.

Die heutige Berichterstattung über neue Arten bedient sich häufig einer emotionsgeladenen Sprache (siehe Kasten).

Ebenso emotional wird für **Bekämpfung** plädiert. „Wann wird denn endlich was getan?" fragte Disko (1996) und verlangte, das Indische Springkraut (*Impatiens glandulifera*) „bis zur letzten Pflanze" auszurotten. Etwa 50 Jahre vorher, mitten im Zweiten Weltkrieg, rief die Arbeitsgemeinschaft sächsischer Botaniker zum „Ausrottungskrieg" gegen das Kleinblütige Springkraut (*Impatiens parviflora*) auf, das wie der Bolschewismus zu bekämpfen sei (Kästner 1942). Beide Aufrufe verbindet neben ihrer Radikalität die Fragwürdigkeit der Begründungen: hier völkisch motivierter Fremdenhass, dort unzutreffende ökologische Argumente, die weder

## Emotionale Medienberichte

Wie die Ausbreitung und Folgen auffälliger Arten geschildert werden, erinnert gelegentlich an eine Kriegsberichterstattung. Im Londoner „Guardian" war vom Berg-Ahorn (*Acer pseudoplatanus*) als einem „Gehölzfaschisten" die Rede, dem mit der „Überquerung des Kanals etwas gelang, woran Hitler später scheiterte" und der die heimischen Eichen und Eschen auslösche. Hierbei wird allerdings ausgeblendet, dass es Menschen waren, die den Berg-Ahorn zwischen dem 13. Und 16. Jahrhundert auf die Britischen Inseln eingeführt, großräumig gepflanzt und damit erst seine Ausbreitung ermöglicht hatten. Auf natürlichem Weg hatte er die Britischen Inseln in der Nacheiszeit nicht mehr erreicht und nimmt heute ökologische Nischen ein, die andere Arten wegen seiner einwanderungsgeschichtlich bedingten Abwesenheit nutzen konnten. Dies hat Bekämpfungen ausgelöst, bei denen sachliche und emotionale Naturschutzbedingungen eng verquickt sind (Bingegeli 1993, 1994a, b).
Ähnlich martialisch berichten deutsche Medien vom „Vormarsch" der Herkulesstaude (*Heracleum mantegazzianum*) als „grüner Gefahr aus dem Kaukasus", gegen die „mobil zu machen" sei. Die spätblühende Traubenkirsche (*Prunus serotina*) heißt vielfach einfach „Waldpest", gegen die in Berlin ein „Feldzug" geführt wird – von Forstleuten, die sie wenige Jahre zuvor massenhaft angepflanzt hatten. Der Parasitologe Disko (1996) hat das Kriegsvokabular um medizinische Varianten bereichert. Bei ihm breiten sich Pflanzen „wie Krebsgeschwüre" aus. Von dort ist es nur noch ein kurzer Schritt zum „Leichentuch", als das sich das Kaktusmoss (*Campylopus introflexus*) über die Dünenvegetation legen soll (Pott 1992). Vom Sargdeckel des Buchenwaldes, der sich im Sommer über die Krautvegetation des Waldbodens schließt, spricht jedoch niemand.

der Biologie der Art noch den Folgen ihrer Ausbreitung gerecht werden (siehe Kap. 6.3.1, 6.4.2). Noch heute scheint der amerikanische Ökologe Egler (1942) nicht ganz Unrecht zu haben, wenn er meint, die Diskussion über biologische Invasionen werde aus einer „sentimentalen, anthropozentrischen Perspektive“ geführt. Altes werde gegen Neues, einheimische werden gegen „exotische“ Arten ausgespielt.

Eine allgemeine Gegnerschaft zu fremden Tieren und Pflanzen war jedoch selbst im nationalsozialistischen Deutschland kein System prägendes Motiv (Uekötter 2007, siehe Kap. 4.2.1), noch ist sie es in der heutigen deutschen Gesellschaft oder in anderen europäischen Ländern. Die Geschichte der gärtnerischen Pflanzenverwendung steht als Beispiel für die zumindest seit dem 19. Jh. ausgeprägte Gleichzeitigkeit verschiedener Werthaltungen gegenüber „Exoten“. Sie zeigt auch, wie sehr die Bewertung desselben Objekts von den zugrunde liegenden Werten abhängt – und veranschaulicht die Möglichkeit einer friedlichen Ko-Existenz verschiedener Leitbilder (siehe Kap. 4).

Heute gibt es in vielen europäischen Ländern im Naturschutz und anderen gesellschaftlichen Bereichen ein wachsendes Problembewusstsein gegenüber Invasionsphänomenen und damit verbundenen Risiken. Es führt auf nationaler Ebene wie auch innerhalb der EU zunehmend zu politischen Programmen und konkreten Handlungsansätzen (siehe Kap. 11). Im Naturschutz werden zwar gelegentlich auch radikale Abwehrpositionen gegenüber nichteinheimischen Arten vertreten, aber differenziertere Bewertungsansätze sind wahrscheinlich weiter verbreitet. Sie sind auch notwendig, insbesondere im Vorfeld von Versuchen zur **Bekämpfung** nichteinheimischer Arten. In der Praxis erreichen diese meist nicht den gewünschten Erfolg. Häufig wird gehandelt, ohne die Voraussetzungen und Erfolgsaussichten zu prüfen (siehe Kap. 11). Gut gemeinter Aktivismus führt zur Enttäuschung engagierter Menschen und bindet personelle und finanzielle Ressourcen, die eigentlich effizienter einzusetzen wären. Es gibt also auch ganz praktische Gründe, tradierte Wahrnehmungs- und Handlungsmuster gegenüber biologischen Invasionen zu überdenken.

Nach der mittlerweile (2009) von 168 Staaten ratifizierten CBD besteht die Verpflichtung biologische Invasionen zu begrenzen, wenn dies angebracht und möglich ist. Zu handeln ist allerdings nur, „wenn Ökosysteme, Lebensräume oder Arten gefährdet“ werden. Wann aber eine solche „Gefährdung“ vorliegt und wann nicht, ist eine Frage von **Bewertungen** (Kap. 10). Dabei geht es nicht nur um ökologische Fakten, sondern auch um gesellschaftliche Wertmaßstäbe. Je nachdem welche Arten und Lebensräume betroffen sind und welche Wertvorstellungen zum Tragen kommen, können die Bewertungsergebnisse stark variieren. Statt einer simplen „Fremde-raus! – Strategie“ sind vielmehr Einzelfall-Bewertungen der Vielschichtigkeit von Invasionsprozessen und ihren Ursachen und Folgen angemessen. Eine differenzierte Sichtweise gegenüber biologischen Invasionen bedeutet allerdings keinen Freibrief zum beliebigen Anstoßen und Laufen Lassen von Invasionsprozessen, insbesondere wenn der Nutzen nur wenigen zu gute kommt und die Kosten der Gesellschaft überlassen werden. Vielmehr fordert sie dazu auf, erst zu handeln, nachdem Risiken und Handlungsoptionen nachvollziehbar analysiert und bewertet worden sind. Dies kann im Einzelfall zur konsequenten Bekämpfung, aber auch zum Tolerieren oder sogar zum Schutz bestimmter Arten führen.

Das vorliegende Buch strebt nach keinem möglichst kompletten Überblick über nichteinheimische Tier- und Pflanzenarten. Hierzu haben jüngste Forschungsanstrengungen eine umfassende europaweite Bilanzierung erbracht (Daisie 2009). Das **wesentliche Ziel dieses Buches** besteht vielmehr darin, an ausgewählten, zumeist mitteleuropäischen Beispielen problematischer wie unproblematischer Invasionsarten differenzierte Zugänge zum Verständnis und zur Bewertung biologischer Invasionen zu veranschaulichen. Die Leserinnen und Leser sollen angeregt werden,

- Invasionsphänomene in ihrer Vielgestaltigkeit und Variabilität wahrzunehmen,
- mit ihnen verbundene Risiken, aber auch mögliche Chancen differenziert und nachvollziehbar zu bewerten,
- ein breites Repertoire an Möglichkeiten zur Vorbeugung und zum Handeln zu nutzen und
- zu erkennen, wann zuvor Kenntnisdefizite bei Grundlagen, Bewertungen oder Managementansätzen abzubauen sind.

Hierzu gilt es Perspektiven zu verknüpfen, die traditionell eher getrennt von verschiedenen Disziplinen ausgeleuchtet werden. Es ist eine Aufgabe der Naturwissenschaft zu erforschen, welche Mechanismen die Ausbreitung neuer Arten bestimmen und welche Umweltveränderungen damit verbunden sind. Biologische Invasionen sind jedoch auch **kulturelle Phänomene**, die durch menschliches Handeln nicht nur angestoßen, sondern häufig über lange Zeiträume weiter begünstigt werden. Nicht nur Naturgesetze, sondern auch geschichtliche Ereignisse und Prozesse bestimmen sie. Deshalb müssen zu ihrem Verständnis naturwissenschaftliche und kulturhistorische Perspektiven miteinander verbunden werden. Mit einer Bewertung von Invasionen sind immer auch gesellschaftliche Werthaltungen verbunden, die offen zu legen sind.

Geordnet nach mitteleuropäischen Lebensraumtypen, werden in Kap. 6 und 9 besonders problematische oder auffällige Neophyten und Neozoen eingehend behandelt. Dabei werden Sachinformationen der Absicht nach transparent von Bewertungen getrennt. Letztere sind in erster Linie als Diskussionsanreiz und weniger als Rezept gemeint, da die Bedingungen, unter denen Invasionen in verschiedenen Biotopen und Gebieten ablaufen, ebenso stark variieren wie die von ihnen ausgelösten Zielkonflikte. In den beiden Schlusskapiteln des Buches werden verschiedene Ansätze zur Bewertung (Kap. 10) und das Spektrum möglicher Handlungsansätze (Kap. 11) zusammenfassend dargestellt. In der täglichen Praxis vor Ort bleiben Einzelfallbewertungen notwendig. Hierzu sollen die zusammengeführten Beispiele und übergeordneten Gesichtspunkte anregen – auch im Bewusstsein um die Lücken der Darstellung, die sich aus der nötigen Schwerpunktsetzung ergeben. Viele noch offene Fragen erfordern weitere Forschungsanstrengungen.

# 1 Begriffsklärungen

Biologische Invasionen sind komplexe Vorgänge. Zu ihrem Verständnis sind eindeutige und zugleich praktikable Begriffe nötig. Viele der gebräuchlichen entsprechen beiden Anforderungen jedoch nur ungenügend. Verständigungsprobleme resultieren weniger aus dem Mangel als vielmehr aus dem Überfluss wissenschaftlicher Begriffe. In der Tradition der Adventivfloristik wurden Invasionsphänomene in Europa seit Mitte des 19. Jahrhunderts systematisch analysiert. Viele adventivfloristische Arbeiten wurden mit griechisch-lateinischen Wortschöpfungen ihrer Verfasser gekrönt und lösten ein schon von Jalas (1955) beklagtes „terminologisches Wirrsal“ aus. Wiederholte Reformbemühungen haben es bis heute weiter gesteigert (vgl. Übersicht bei Kasperek 2008). Wortungetüme wie Deuteroergasiophygophyten sind klar definiert, aber für die allgemeine Verständigung unbrauchbar. Erschwerend kommt hinzu, dass viele Autoren Gleiches mit verschiedenen Termini belegt und Unterschiedliches gleich benannt haben. So kursieren selbst für weit verbreitete Begriffe wie „Neophyt“ oder „invasive Art“ verschiedene Definitionen. Auch in der englischsprachigen Literatur werden viele Begriffe unterschiedlich verwendet.

Eine eindeutige und zugleich transparente Verständigung über Invasionsphänomene ist mit einer Neuordnung des adventivfloristischen Begriffsrepertoires wohl aussichtslos. Die Lösung liegt vielmehr in einer radikalen Vereinfachung. Insofern wird das terminologische Spektrum hier auf wenige Begriffe konzentriert, die gleichermaßen auf Pflanzen, Tiere und Pilze anwendbar sind. Es wird von einheimischen und nichteinheimischen Arten gesprochen (siehe Kap. 1.2). Letztere werden weiter nach der Einführungszeit in Archäo- und Neophyten/-zoen/-myceten differenziert (siehe Kap. 1.3 und 1.6).

Den ersten Schritt zu mehr terminologischer Klarheit hat Schroeder (1969, 1974) mit dem Vorschlag gemacht, Einführungszeit, Einführungsart und Einbürgerungsgrad nichteinheimischer Pflanzen getrennt zu benennen und auf die zuvor beliebten, häufig jedoch inkonsistenten Kombinationsbegriffe zu verzichten (Abb. 1).

## 1.1 Biologische Invasionen und invasive Arten

Überwinden Organismen natürliche, ihr Verbreitungsgebiet bislang begrenzende Ausbreitungsbarrieren, so kann man dies als eine Invasion eines neuen Gebietes bezeichnen. In der Neuzeit übertreffen von Menschen ausgelöste Invasionen bei weitem das Ausmaß und die Wirkung natürlicher Arealerweiterungen von Arten. Die Invasionsökologie beschäftigt sich daher mit der Ausbreitung nichteinheimischer Arten und deren Voraussetzungen und Folgen. Als Gegenstand der Invasionsökologie sind biologische Invasionen daher folgendermaßen zu definieren: als die durch Menschen vermittelte Ausbreitung von Organismen in einem Gebiet, das sie zuvor nicht auf natürlichem Wege erreicht haben. Voraussetzung hierfür ist, dass räumliche Ausbreitungsbarrieren überwunden werden. Dies kann geschehen, indem Arten beabsichtigt oder unbeabsichtigt eingeführt werden oder Ausbreitungshindernisse beseitigt werden (z. B. Verbindung von Meeren oder Fließgewässersystemen durch Kanäle).

Arten, die erst durch menschliche Mitwirkung ein Gebiet erreicht haben, werden dort als nichteinheimisch, gebietsfremd oder als **Neobiota** bezeichnet (siehe Kap. 1.2). Neobiota gibt es bei Pflanzen, Tieren, Pilzen und Mikroorganismen, und zwar auf der Ebene von Arten und auch darunter (Tab. 1 und 2). Auf Standorte bezogen sollte man anstatt von Invasionen besser von Erstbesiedlung (*engl.* colonization) oder der Erweiterung der Standortamplitude sprechen (z. B. bei Waldarten, die innerhalb ihres ursprünglichen Verbreitungsgebietes auf Acker- oder Ruderalstandorte übergehen).

Der Begriff „**Invasion**" wurde für von Menschen ausgelöste biologische Invasionen bereits im 19. Jahrhundert in der wissenschaftlichen Literatur verwendet. So berichtet Lehmann (1895) in einer Arbeit über „advene Florenelemente" (nichteinheimische Pflanzenarten) über „Invasionspflanzen" und ihre Verbreitung durch Schiffe und Eisenbahnen. Interessanterweise gebrauchte er den Begriff völlig wertfrei und band ihn nicht an quantitative Kriterien wie massenhaftes Auftreten u. ä. Auch im angloamerikanischen Bereich wird der Invasionsbegriff spätestens seit Eltons (1958) „Ecology of Invasions by Animals and Plants" überwiegend auf anthropogen ausgelöste Invasionen und damit auf nichteinheimische Tier- und Pflanzenarten bezogen (Richardson et al. 2000).

Bei der Bezeichnung „**invasive Art**" gibt es zwei grundlegende Definitionsansätze. Der erste folgt der Perspektive einer naturwissenschaftlichen invasionsbiologischen Forschung, wogegen der zweite anthropozentrische Bewertungen einschließt (vgl. Heger & Trepl 2008):

Aus der Perspektive der Naturwissenschaft sind alle Arten „invasiv", die in einem Gebiet nichteinheimisch sind und sich dort vermehren und ausbreiten (Kowarik 1995 a, Rejmánek 1995). Bei dieser Definition spielen weder Ausmaß und Reichweite der Ausbreitung noch deren Folgen eine Rolle. Wesentlich ist vielmehr, dass sich die Arten in einem Invasionsprozess befinden. In gleicher Grundhaltung definieren Richardson et al. (2000) invasive Arten als eingebürgerte Arten, die sich häufig in großer Menge vermehren, sich in beachtlicher Entfernung von den Elternpflanzen ausbreiten und das Potenzial zur Besiedlung eines beachtlichen Gebietes haben. Mit dieser Definition wird allerdings zusätzlich die Erwartung verbunden, dass eine invasive Art bereits etabliert ist und über ein erhebliches Ausbreitungspotenzial verfügt.

**Tab. 1** Definition biologischer Invasionen mit Angaben zu Voraussetzungen, beteiligten Prozessen und Auswirkungen

| | |
|---|---|
| **biologische Invasion** | durch Menschen ermöglichter Prozess der Vermehrung und Ausbreitung von Organismen* in Gebieten, die sie auf natürliche Weise nicht erreicht haben |
| Voraussetzung | Überwindung von Ausbreitungsbarrieren zwischen Kontinenten, Subkontinenten, Festland/Inseln, Biomen, Naturräumen oder Gewässersystemen mit menschlicher Hilfe (Einführung, Einschleppung, Beseitigung von Ausbreitungsbarrieren) |
| beteiligte Prozesse | Transport von Organismen oder Verbreitungseinheiten; Vermehrung, Ausbreitung, Etablierung von Individuen und Populationen; genetischer Austausch mit anderen Sippen |
| Auswirkungen | biogeografische, evolutionäre, ökologische, ökonomische, soziale |

* Arten, Unterarten, Varietäten, Sorten, Ökotypen, Herkünfte, gentechnisch veränderte Organismen

Tab. 2 Differenzierung von Indigenen (Einheimischen) und Neobiota (Nichteinheimische) nach Art der Einwanderung, Einführung und Entstehung der Taxa (taxonomisch abgrenzbare Organismen ohne Zuordnung eines bestimmten taxonomischen Ranges)

| | Indigene | Neobiota | Beispiele |
|---|---|---|---|
| **Einwanderung** | | | |
| • Taxa, die mit natürlichen Ausbreitungsvektoren unabhängig von anthropogener Begünstigung dauerhaft oder periodisch ins Gebiet gelangt sind | ● | | postglaziale Einwanderung von Taxa im Zuge der Klimaerwärmung; periodische Arealerweiterung von Vögeln oder Insekten |
| • Taxa, die mit natürlichen Ausbreitungsvektoren, aber abhängig von anthropogener Begünstigung dauerhaft oder periodisch ins Gebiet gelangt sind | | ● | Taxa, deren Einwanderung erst durch anthropogene Standorte oder Habitate möglich wurde (z. B. Frühlings-Greiskraut (*Senecio vernalis*), Türkentaube (*Streptopelia decaocto*)); limnische Taxa, die durch Kanäle ihr Areal erweitern |
| **Einführung und Einschleppung** | | | |
| • Taxa, die absichtlich von Menschen in Gebiete außerhalb ihres ursprünglichen Areals gebracht werden | | ● | Kulturflüchtlinge (Zier- und Nutzpflanzen, Nutz- und Haustiere); fremde Herkünfte einheimischer Baum- und Straucharten, fremde Herkünfte ausgesetzter Fischarten (Lachs u. a.) |
| • Taxa, die unbeabsichtigt durch menschliche Aktivitäten in Gebiete außerhalb ihres ursprünglichen Areals gelangen | | ● | Eingeschleppte Arten, z. B. Wolladventivpflanzen, Saatgut- und andere Transportbegleiter; Ballastwasserorganismen; Begleitflora und -fauna eingeführter Austern |
| **Entstehung** | | | |
| • Taxa, die im Gebiet unabhängig von menschlichen Einflüssen entstanden sind bzw. in dieses natürlich wieder eingewandert sind | ● | | Taxa ursprünglicher Naturlandschaften, in Mitteleuropa größtenteils postglazial aus Refugialgebieten wieder eingewandert |
| • Taxa, die sich im Gebiet (z. B. auf Kulturlandschaftsstandorten) aus indigenen Arten entwickelt haben | ● | | die meisten *Rubus*-Sippen, viele Grünlandsippen |
| • Taxa, die unter Beteiligung von Neobiota infolge genetischer Prozesse entstanden sind | | ● | *Spartina anglica*, *Fallopia × bohemica*; *Oenothera coronifera*; viele obligatorische Ackerkräuter wie *Papaver rhoeas*, Leinunkräuter |
| • Taxa, die aus Wildpflanzen oder Wildtieren gezüchtet oder gentechnisch verändert worden sind | | ● | traditionell gezüchtete Obstarten, domestizierte Haustiere, Sorten einheimischer Grünlandarten; gentechnisch veränderte Organismen |

In der zweiten Perspektive werden Arten „invasiv“ genannt, wenn ihr Auftreten mit negativen Folgen verbunden ist (z. B. Davis & Thompson 2000). Welche Folgen dies sind und welche Bereiche davon betroffen sein können, wird allerdings unterschiedlich definiert. In den Leitlinien zum Umgang mit nichteinheimischen Arten, die auf einer Folgekonferenz zum Übereinkommen zur biologischen Vielfalt (CBD) beschlossen worden sind, werden invasive gebietsfremde Arten („invasive alien species“) definiert als Arten, die durch ihre Einführung oder Ausbreitung die biologische Vielfalt gefährden (CBD 2002). „Biologische Vielfalt“ umfasst dabei die genetische Vielfalt sowie die Vielfalt an Arten und Ökosystemen. Die folgende Definition der IUCN (International Union for the Conservation of Nature 2000) nimmt eine weitere Eingrenzung in Hinblick auf die betroffenen Ökosysteme vor: Demnach sind invasive Arten nichteinheimische Arten, die in natürlichen oder halbnatürlichen Ökosystemen oder Habitaten etabliert sind, Veränderungen verursachen und die heimische Biodiversität („native biological diversity“) bedrohen. Andere Definitionen invasiver Arten schließen neben ökologischen Auswirkungen auch ökonomische Schäden und Beeinträchtigungen der menschlichen Gesundheit ein. Nach dem deutschen Bundesnaturschutzgesetz (§ 7) ist eine invasive Art „eine Art, deren Vorkommen außerhalb ihres natürlichen Verbreitungsgebiets für die dort natürlich vorkommenden Ökosysteme, Biotope oder Arten ein erhebliches Gefährdungspotenzial darstellt“.

Über den Sinn beider Definitionsansätze ist heftig diskutiert worden (z. B. Rejmánek et al. 2002, Colautti & MacIsaac 2004, Pyšek et al. 2004). Der erste, naturwissenschaftliche Ansatz führt zur Bestimmung invasiver Arten als Gegenstand invasionsbiologischer Forschung. Im Kern sind „invasive Arten“ hier gebietsfremde Arten, die sich ausbreiten. Dies ist für wissenschaftliche Fragestellungen sinnvoll, da eine Eingrenzung auf bestimmte Teilgruppen zu einer Verkürzung von Forschungsperspektiven führen würde.

Nach dem zweiten Definitionsansatz sind „invasive Arten“ nichts anderes als gebietsfremde Problemarten. Dieser Ansatz ist kritisiert worden, etwa als „Übung in Subjektivität“ (Daehler 2001), weil die Frage nach einer „Gefährdung“ von Biodiversität, nach ökologischen, ökonomischen oder gesundheitlichen „Beeinträchtigungen“ immer auch von den Werthaltungen abhängt. Das ist richtig und unterstreicht die Notwendigkeit, klar und transparent zu definieren, was mit „Schäden“ gemeint ist (Bartz et al. 2010). Weiter ist zu bestimmen, in welchen Bereichen invasive Arten problematisch werden können. Bereits die wenigen oben genannten Definitionen geben unterschiedliche Antworten auf diese Frage. Werden Arten „invasiv“ genannt, wenn sie die gesamte oder nur die „heimische“ oder „natürlich vorkommende“ Biodiversität beeinträchtigen, wenn sie Schutzgüter des Naturschutzes oder/und die menschliche Gesundheit oder/und Landnutzungen wie die Land- und Forstwirtschaft gefährden?

Trotz aller Kritik ist der Begriff invasiv im internationalen Naturschutz etabliert. Er hat auch seine Berechtigung, da er Arten näher bezeichnet, die problematisch sind und daher besondere Beachtung verdienen. Die typisierende Einschätzung einer Art als „invasiv“ hilft auch, bereits vorhandene Informationen über problematische Arten zu nutzen, etwa in Warnlisten (Essl et al. 2008).

Bei Einschätzungen zur „Invasivität“ von Arten sollte eine Balance zwischen möglicher Generalisierung und nötiger Differenzierung erreicht werden. Ob eine Art zur Problemart wird, hängt in starkem Maße von regionalen, ökologischen oder nutzungsbezogenen Bedingungen ab. Die nordamerikanische Robinie ist beispielsweise in sommerwarmen Gebieten Mitteleuropas „invasiv“ und kann hier beispielsweise Trockenrasen stark gefährden. In kühleren Gebieten ist sie dagegen „nicht-invasiv“ und deswegen auch keine Problemart. Dieses Beispiel veranschaulicht die Gefahr einer unsachgemäßen Vereinfachung nach der Devise „einmal invasiv, immer invasiv“. Insofern ist es sinnvoll, bei der wertenden Einschätzung von Arten als „invasiv“ auch die Grundlagen einer solchen Einschätzung offen zu legen und deutlich zu machen, welche räumliche Gültigkeit sie hat.

Allerdings wäre es zu kurz gegriffen, wenn der Naturschutz seine verschiedenen Handlungsansätze nur auf „invasive Arten“ konzentrieren würde, da jede dieser Arten eine „nicht-invasive“ Vorgeschichte hat. Diese zu kennen, etwa um hierauf einwirken zu können, ist gerade im Sinne eines vorbeugenden Handelns unerlässlich. Insofern besteht eine logische Verbindung zwischen der breiten Gruppe der naturwissenschaftlich als invasiv bezeichneten Arten und der Teilmenge von ihnen, die aus Sicht des Naturschutzes oder anderer Sektoren „invasive“ Problemarten sind.

Wegen der fundamental verschiedenen Definitionsansätze sollte immer transparent werden, in welchem Sinne „invasiv“ gebraucht wird. Beim bewertenden Ansatz des Naturschutzes ist es am einfachsten, gleich unmissverständlich von „invasiven Problemarten“ zu sprechen.

## 1.2 Indigene und Neobiota: Einheimische und Nichteinheimische

Als **einheimisch** für ein bestimmtes Gebiet gelten Arten (und andere taxonomische Einheiten), die ohne menschliche Mithilfe dieses Gebiet besiedelt haben oder hier entstanden sind (*syn.* Gebietseigene, Indigene, Idiochorophyten, *engl.* native, indigenous species). **Nichteinheimisch** (*syn.* Gebietsfremde, Anthropochoren, Hemerochoren, *engl.* alien, exotic, nonnative, nonindigenous species) sind dagegen Arten, die nur mit direkter oder indirekter Unterstützung von Menschen in ein Gebiet gelangt oder aus solchen Arten entstanden sind. Die auf diese Weise abgegrenzten nichteinheimischen Arten werden hier zusammenfassend als **Neobiota** bezeichnet und den **Indigenen** gegenübergestellt.

Der Begriff Neobiota ist im Zusammenhang mit Gründung der gleichnamigen Arbeitsgemeinschaft als wertneutraler Oberbegriff für die Gesamtheit der nichteinheimischen Organismen geprägt worden (Kowarik 2002): Neobiota sind Arten (und andere taxonomische Einheiten), die erst durch menschliche Mitwirkung in ein neues Gebiet gelangt sind oder sich hier aus solchen Arten entwickelt haben. Dabei drückt die Vorsilbe „neo“ die Neuheit einer Art in einem Gebiet aus. Abweichend davon werden gelegentlich darunter nur die nach 1492 in ein Gebiet eingeführten Arten verstanden.

Tab. 2 veranschaulicht die Abgrenzung zwischen Indigenen und Neobiota und berücksichtigt dabei die Einwanderung, Einführung oder Entstehung der Taxa. Der hier anstatt von „Arten“ gebrauchte allgemeinere Begriff „Taxa“ (= Sippen bei Pflanzen) veranschaulicht die Gültigkeit dieser Einteilung auch unterhalb der Artebene (siehe Kap. 1.5). Direkt durch Menschen in ein Gebiet eingeführte oder eingeschleppte Arten sind hier sicher gebietsfremd. Weniger eindeutig ist die Einschätzung, wenn das Vorkommen von Arten in einem Gebiet *indirekt* durch Menschen ermöglicht worden ist. Dies ist der Fall, wenn erst anthropogene Umweltveränderungen die Etablierung von Arten in einem neuen Gebiet ermöglicht haben, die Arten dieses aber auf natürlichem Wege erreicht haben. Die ursächliche Rolle anthropogener Standortveränderungen ist jedoch nicht immer eindeutig. Klar ist sie bei Gewässerorganismen, denen Kanalbauten einen Zugang zu anderen, bislang unerreichbaren Gewässersystemen ermöglichen (siehe Kap. 3.2.2.5).

Weniger eindeutig ist der ursächlich anthropogene Anteil bei der Einwanderung von Arten, wenn ökologische Barrieren durch anthropogene Umweltveränderungen beseitigt worden sind. Klassisches Beispiel ist die Türkentaube (*Streptopelia decaocto*), deren Einwanderung aus den Trockengebieten Süd- und Zentralasiens in den ostmediterranen Raum und von dort weiter nach Mitteleuropa erst durch die Ausdehnung agrarischer Landschaften mit dem notwendigen Nahrungsangebot ermöglicht worden sein soll (Kasperek 1996). Auch das Frühlings-Greiskraut (*Senecio vernalis*) soll sich erst von Osteuropa westwärts ausgebreitet haben, nachdem großflächig Störungsstandorte entstanden sind (Ascherson 1861). Bei der Einwanderung des Goldschakals könnte auch der verstärkte Abschuss von Wölfen auf dem Balkan geholfen haben (Englisch 2005). Ganz eindeutig sind diese Fälle jedoch nicht, da auch andere Faktoren eine Rolle gespielt haben können, z. B. günstigere klimatische Bedingungen mit dem Abklingen der Kleinen Eiszeit im 19. Jahrhundert oder genetische Anpassungen. Noch schwieriger wird die Einschätzung, wenn Arealerweiterungen durch anthropogene Klimaveränderungen bei Arten begünstigt werden, die auch in früheren klimatischen Gunstperioden in Mitteleuropa vorkamen. Dies ist für einige Insekten- und Vogelarten bekannt (Kinzelbach 2007).

Da die ursächliche Rolle anthropogener Umweltbedingungen als entscheidender Faktor für die Einwanderung neuer Arten oft unklar ist, werden hier, anders als früher (Kowarik 2003 a), nur solche Arten als nichteinheimisch definiert, die im Zuge menschlicher Aktivitäten entweder absichtlich eingeführt oder unbeabsichtigt eingeschleppt worden sind oder deren Vorkommen eindeutig auf die anthropogene Beseitigung räumlicher Ausbreitungsbarrieren (Beispiel Kanalbauten) zurückgeführt werden kann. Arten, die dagegen auf natürlichem Wege ihr Areal erweitern, ohne dass hierfür räumliche Barrieren durch Menschen beseitigt worden sind, führen deshalb zur Erweiterung der Gruppe der Einheimischen, auch wenn anthropogene Umweltveränderungen, wie der Klimawandel oder die Schaffung neuer Standorte, ihre Ausbreitung begünstigt haben.

Unterschiedlich eingeordnet werden bislang **anthropogene Taxa,** die erst unter menschlichem Einfluss entstanden sind. Beispiele hierfür sind Ackerunkräuter, die sich unter den stark selektiv wirkenden Bedingungen ihres neuartigen Lebensraumes entwickelt haben (obligatorische Unkräuter oder Anökophyten; siehe Kap. 2.5.1). Auch Arten, die durch Hybridisierung oder andere genetische Prozesse entstanden sind, zählen dazu (siehe Tab. 9). Der Marmorkrebs könnte ein Beispiel für eine unter menschlichem Einfluss entstandene Tierart sein (siehe Kap. 9.5.2).

Einige Autoren stellen anthropogene Taxa in Würdigung des menschlichen Anteils an ihrer Entstehung zu den Neobiota, andere rechnen sie zu den Indigenen, da sie im Gebiet entstanden sind (z. B. Scholz 1996). Mit der in Tab. 2 dargestellten Einteilung werden beide Ansätze verbunden: Diejenigen unter den anthropogenen Taxa, die sich ausschließlich aus Einheimischen entwickelt haben, werden zu den Indigenen gestellt; waren nichteinheimische Taxa unter ihren Ausgangsarten, zählen sie dagegen zu den Neobiota.

Auch wenn Angaben zum Status von Arten pragmatisch meist auf politisch abgegrenzte Gebiete (meist Staaten) bezogen werden, sind für ökologische Betrachtungen Naturräume relevant. Die Europäische Lärche (*Larix decidua*) gehört beispielsweise zur deutschen Flora, ist jedoch nur in den Alpen einheimisch. Verwildert sie aus forstlichen Pflanzungen in Franken oder im Emsland, wäre sie dort als Neophyt anzusprechen.

Auch der Europäische Aal (*Anguilla anguilla*) ist nur im Einzugsgebiet von Atlantik und Mittelmeer einheimisch und in anderen Gewässern als Neozoon anzusprechen.

### 1.2.1 „Heimisch“ und „gebietsfremd“ im Naturschutzgesetz

Im deutschen Bundesnaturschutzgesetz werden die Begriffe heimisch und gebietsfremd anders definiert als dies in der Wissenschaft und im internationalen Naturschutz die Regel ist. Dies verunklart unnötigerweise die Grenzen zwischen nichteinheimischen und einheimischen Arten. Entsprechende Inkonsistenzen, die mangelnde Übereinstimmung mit dem internationalen Sprachgebrauch und die fehlende Sinnhaftigkeit der gesetzlichen Definitionen sind lange bekannt. Umso unverständlicher ist es, warum das Gesetz bislang noch nicht sachgemäß angepasst worden ist.

Nach § 7 des Bundesnaturschutzgesetzes (BNatSchG) ist eine „**heimische Art** eine wild lebende Tier- oder Pflanzenart, die ihr Verbreitungsgebiet oder regelmäßiges Wanderungsgebiet ganz oder teilweise a) im Inland hat oder in geschichtlicher Zeit hatte oder b) auf natürliche Weise in das Inland ausdehnt; als heimisch gilt eine wild lebende Tier- oder Pflanzenart auch, wenn sich verwilderte oder durch menschlichen Einfluss eingebürgerte Tiere oder Pflanzen der betreffenden Art im Inland in freier Natur und ohne menschliche Hilfe über mehrere Generationen als Population erhalten.“

Das Widersinnige dieser Definition ist der Einschluss nichteinheimischer Arten als „heimisch“, sofern diese in freier Natur etabliert sind, d. h. außerhalb von Siedlungen. Wollte der Gesetzgeber damit zum Ausdruck bringen, dass auch andere als ursprünglich einheimische Arten unter den Schutz des Gesetzes fallen, bräuchte es diese definitorische Verrenkung nicht: Die Prinzipien des Artenschutzes im Bundesnaturschutzgesetz beziehen sich uneingeschränkt auf die Gesamtheit der „Tier- und Pflanzenwelt“. Aber möglicherweise ging es dem Gesetzgeber eher um den Schutz wirtschaftlicher Interessen an einzelnen nichteinheimischen Arten, z. B. bei jagdbaren Tieren.

Eine „**gebietsfremde Art**“ ist nach § 7 BNatschG „eine wild lebende Tier- oder Pflanzenart, wenn sie in dem betreffenden Gebiet in freier Natur nicht oder seit mehr als 100 Jahren nicht mehr vorkommt.“ Demnach wären Arten, die in freier Natur vorkommen, nicht gebietsfremd, was zu – vorsichtig gesagt – wenig hilfreichen Einteilungen führt. Eindeutig ist dagegen der Gesetzesbegriff der „invasiven Arten“. Dies sind alle (im wissenschaftlichen Sinne) nichteinheimischen Arten, die andere Arten, Biotope oder Ökosysteme gefährden können.

## 1.3 Archäophyten und Neophyten

Nach dem Zeitpunkt ihres ersten Auftretens in einem Gebiet werden nichteinheimische Pflanzenarten in Archäo- und Neophyten unterschieden (analog Tiere in Archäo- und Neozoen). Die älteren Ankömmlinge, die vor der Entdeckung Amerikas durch Kolumbus durch Menschen nach Europa gelangt sind, werden **Archäophyten** genannt, die nach 1492 eingeführten Arten **Neophyten**. Diese zeitliche Trennlinie ist berechtigt, auch wenn die Wikinger bereits 500 Jahre vor Kolumbus in Amerika waren – was wahrscheinlich zur Einführung der Sandklaffmuschel (*Mya arenaria*) nach Nordeuropa führte (Nehring & Leuchs 1999). Die Ankunft von Kolumbus in der Karibik markiert allerdings den Beginn eines neuen Zeitalters. Der danach einsetzende weltumspannende Austausch von Menschen und Gütern ist in seiner Dimension ohne historische Vorbilder. Pflanzen und Tiere wurden in solchen Mengen verbreitet, dass man mit Elton (1958) von der Aufhebung von Barrieren sprechen kann, die seit dem Tertiär, also seit etwa 65 Millionen Jahren, Bestand gehabt haben. In diesem Sinne symbolisiert das Jahr 1492 auch den Aufbruch zu einer biologischen Globalisierung.

Außerhalb Europas können abweichende Trennlinien zwischen Alt- und Neuankömmlingen sinnvoll sein, für Australien etwa der Beginn der Kolonisierung nach 1788. Wann Neophyten tatsächlich einzelne Gebiete erreichen, hängt meist von deren Erschließung und Einbindung in den überregionalen Handel ab. In Nordnorwegen traten nichteinheimische Arten beispielsweise erst Anfang des 18. Jahrhunderts auf (Zizka 1985).

Auf Herkunft und Geschichte der Neophytendefinitionen wird etwas genauer eingegangen, da Neophyten bei biologischen Invasionen eine große Rolle spielen und das terminologische Schicksal dieses Begriffes besonders wechselhaft ist.

**Neophyt in buchstäblicher und allegorischer Bedeutung**: Der Begriff „Neophyt" fand bereits im Altertum im botanischen Kontext, aber auch als theologischer Terminus in allegorischer Bedeutung Verwendung (Sukopp 1995): Das griechische Stammwort *neóphytos* bedeutet „neu gepflanzt" und ist bereits für das fünfte vorchristliche Jahrhundert bei Aristophanes und Aristoteles belegt. Buchstäblich bezeichnet es Neuanpflanzungen, allegorisch ist ein Neophyt dagegen ein „Neugepflanzter", der durch Taufe in die christliche Gemeinschaft (oder in bestimmte Geheimbünde) aufgenommen worden ist. In dieser übertragenen Bedeutung ist der Begriff bereits für das Neue Testament belegt (1. Brief des Paulus an Timotheus aus der Zeit zwischen 50 und 56 n. Chr.). Seit der zweiten Hälfte des 18. Jahrhunderts kann der Begriff „Neophyt" in seiner allegorischen Bedeutung als ein dem Deutschen assimiliertes Lehnwort und damit als Bestandteil der Bildungssprache gelten. Heute ist der botanische Terminus „Neophyt" verbreiteter als der theologische. Im angloamerikanischen Sprachraum verursacht seine unkommentierte Verwendung dagegen gelegentlich noch ein leichtes Schmunzeln.

**Neophyt als botanisches Fachwort:** Der Schweizer Botaniker Rikli (1903) hat „Neophyt" als botanisches Fachwort eingeführt. Er verstand darunter zufällig eingeschleppte nichteinheimische Arten, die „sich bereits ganz mit unserer einheimischen Pflanzenwelt verassimiliert" haben. Thellung (1905) übernahm diese Definition, gab jedoch später die Beschränkung auf unbeabsichtigt eingeführte Arten auf. Dann waren Neophyten Arten, die sich „an natürlichen Standorten inmitten der einheimischen Vegetation anzusiedeln und dauernd einzubürgern" vermögen (Thellung 1918/19: 40).

Schroeder (1969, 1974) interpretierte den Neophytenbegriff dagegen ausschließlich zeitlich. Neophyten waren nunmehr „Arten, deren durch den Menschen ermöglichte Einwanderung erst in ‚historischer' Zeit erfolgte", wogegen die Einwanderung der Archäophyten schon in prähistorischer Zeit stattfand. Diese strikte zeitliche Interpretation des Neophytenbegriffs und seine Parallelisierung mit den Archäophyten bedeutet eine Abkoppelung von Einbürgerungsgrad und Wuchsorttypisierung. Die damit verbundene scharfe Umdeutung der ursprünglichen Neophyten- und Archäophytendefinition wurde bereits von Walter (1927) eingeleitet und von Kreh (1935, 1957) in einem umfassenden terminologischen System ausgearbeitet. Dagegen hat Meusel (1943) bei der Neophytendefinition wiederum Einbürgerungsgrad und Einführungszeit kombiniert, ohne allerdings die in den ursprünglichen Definitionen vorgesehene Bindung an natürliche Standorte zu übernehmen. Dies trifft auch auf den in Polen gebräuchlichen Begriff Kenophyt zu, der eingebürgerte Neophyten bezeichnet (Tokarska-Guzik 2005a).

Wie notwendig eine einheitliche Begriffsklärung ist, zeigt die unterschiedliche Definition in Fachwörterbüchern: Im botanischen Wörterbuch von Schubert & Wagner (2000) sind Neophyten „Einwanderer, die an natürlichen Standorten inmitten der einheimischen Pflanzenwelt sich anzusiedeln und einzubürgern vermögen". Diese Definition konfrontiert uns wieder mit der Verbindung von Einwanderungszeit und Einbürgerungsgrad, kombiniert mit dem Typus „natürliche Standorte". Im Wörterbuch der Ökologie (Schaefer 1992) sind Neophyten dagegen „Pflanzenarten, die in historischer Zeit (nach 1500) eingeführt wurden". Dies entspricht dem Vorschlag Schroeders, dem auch hier gefolgt wird.

**Behandlung ausgestorbener Arten:** Gelegentlich wird argumentiert, die Anpflanzung ausgestorbener Arten, die wie der Ginkgo in früheren Erdzeitaltern noch in Europa vorkamen, sei eine Wiedereinbürgerung „einheimischer" Arten. Solche Arten sind jedoch gebietsfremd. Sie sollten nicht mit Einheimischen gleichgesetzt werden, da sie genetisch von ausgestorbenen Vorgängerarten verschieden sind und aufgrund fehlender koevolutiver Prozesse auch ihre Einbindung in biologische Interaktionen wesentlich geringer sein dürfte. So besteht beispielsweise zwischen der Dauer der Anwesenheit von Pflanzen in einem Gebiet und ihrer Nutzung als Nahrungsressource von Insekten ein Zusammenhang (siehe Kap. 7).

## 1.4 Etablierung statt Einbürgerung

Neben der zeitlichen Differenzierung nichteinheimischer Arten ist die Frage nach deren „Einbürgerung" oder „Naturalisation" ein zentrales Thema adventivfloristischer Einteilungen und auch gegenwärtiger invasionsbiologischer Untersuchungen. Seit Thellung (1905 ff.) wurde eine Vielzahl von Kombinationsbegriffen geprägt, um den Einbürgerungsstatus einer Art zusammen mit ihrer Einführungszeit oder der Einbürgerung auf bestimmten Standorttypen zu bezeichnen. Heute am meisten verbreitet ist die in Abb. 1 dargestellte Unterteilung, nach der **unbeständige Arten** (Ephemerophyten, *engl.* casuals) von **Eingebürgerten** (*engl.* naturalized) unabhängig von ihrer Einführungszeit unterschieden werden. Letztere werden häufig weiter nach dem Vorkommen in anthropogener Vegetation (Epökophyten) oder naturnaher Vegetation (Agriophyten) unterteilt. Lohmeyer & Sukopp (1992, 2001) haben beispielsweise umfassende Listen von Agriophyten Mitteleuropas erarbeitet.

Im Kern folgt die Beurteilung des Einbürgerungsgrades nichteinheimischer Arten einer naturwissenschaftlichen Frage: Ist eine Art fähig, dauerhafte Populationen aufzubauen? Deshalb wurde vorgeschlagen, anthropozentrische Begriffe wie Einbürgerung oder Naturalisation durch den neutralen Begriff der **Etablierung** zu ersetzen, der gleichermaßen auf einheimische wie nichteinheimische Arten anwendbar ist (Kowarik 1991, 1992a). Etablierungsangaben sind ohne zusätzliche Fachtermini verständlich und mit Standortangaben leicht kombinierbar. Daher wird hier auf adventivfloristische Begriffe wie Ephemerophyt, Epökophyt oder Agriophyt verzichtet. Es ist einfacher, von der Etablierung einer Art auf einem naturnahen oder anthropogenen Standort anstatt von agrio- oder epökophytischen Vorkommen zu sprechen.

Häufig wurde die „Einbürgerung" einer Art nach der Dauer ihres Vorkommens in einem Gebiet *oder* nach mehrfacher generativer Vermehrung bestimmt, z. B. für die Einstufungen in der Flora Europaea. Dies kann allerdings zur Feststellung von Scheineinbürgerungen bei langlebigen Individuen oder bei sich besonders schnell vermehrenden kurzlebigen Arten führen. Nach dem Etablierungskonzept von Kowarik (1991) wird daher ein zeitliches Etablierungskriterium *zwin-*

<table>
<tr><td colspan="2" rowspan="5">Gruppierungen nach Einbürgerungsgrad</td><td colspan="2">Etablierte Arten</td><td colspan="2">nicht etablierte Arten</td></tr>
<tr><td>in natürlicher Vegetation</td><td>nur in anthropogener Vegetation</td><td>wildwachsend vorkommend</td><td>nur kultiviert vorkommend</td></tr>
<tr><td>Agriophyten<br>Neuheimische</td><td>Epökophyten<br>Kultur-abhängige</td><td rowspan="2">Ephemero-phyten<br>Unbeständige</td><td rowspan="3">Ergasiophyten<br>Kultivierte</td></tr>
<tr><td colspan="2">Eingebürgerte</td></tr>
<tr><td colspan="3">Wildwachsende Adventive</td></tr>
<tr><td rowspan="2">Gruppierung nach Einwan-derungszeit</td><td>vor 1492</td><td colspan="3">Archäophyten<br>Altadventive</td><td rowspan="2"></td></tr>
<tr><td>nach 1492</td><td colspan="3">Neophyten<br>Neuadventive</td></tr>
<tr><td rowspan="3">Gruppierung nach Ein-führungs-weise</td><td>infolge anthropogener Veränderungen eingewandert</td><td colspan="3">Akolutophyten<br>Eindringlinge</td><td rowspan="2"></td></tr>
<tr><td>unbeabsichtigt eingebracht</td><td colspan="3">Xenophyten<br>Eingeschleppte</td></tr>
<tr><td>absichtlich eingeführt</td><td colspan="3">Ergasiophygophyten<br>Verwilderte</td><td>Ergasiophyten<br>(ausschließlich) Kultivierte</td></tr>
</table>

**Abb. 1** In der Tradition der Adventivfloristik werden nichteinheimische Arten nach Einbürgerungsgrad, Einwanderungszeit und Einführungsweise gruppiert. Nach dem Reformvorschlag von Schroeder (1969) werden die Arten getrennt nach diesen Kriterien benannt. Die Übersicht zeigt die entsprechenden Termini sowie verbreitete Begriffe, die verschiedene Gruppen zusammenfassen (nach Schroeder 2000 a, stark verändert).

*gend* mit einem populationsbiologischen Kriterium verknüpft: Etabliert sind demnach Arten in einem Gebiet, wenn sie über einen Zeitraum von mindestens 25 Jahren mindestens zwei spontane Generationen hervorgebracht haben. Dieses Konzept wurde auch zur Erstellung Roter Listen genutzt (Schnittler & Ludwig 1996, Prasse et al. 2001).

## 1.5 Differenzierungen unterhalb der Artebene

Auch unterhalb der Artebene sind gebietseigene und gebietsfremde Taxa unterscheidbar. Gebietsfremd – und daher potentielle Invasionsorganismen – sind alle eingeführten Unterarten oder Herkünfte (Provenienzen) nichteinheimischer und auch einheimischer Organismen sowie ihre Kreuzungsprodukte mit einheimischen Arten. Auch domestizierte, konventionell gezüchtete oder gentechnisch veränderte Organismen sind Neobiota.

Das deutsche Naturschutzgesetz regelt Invasionen auch unterhalb der Artebene. Grundlage hierfür ist die breite Definition des Artbegriffs in § 7 BNatSchG, die auch Unterarten sowie Teilpopulationen von Arten und Unterarten einschließt. Demnach ist beispielsweise Baumschulware der in Deutschland einheimischen Hasel (*Corylus avellana*), die aus italienischem oder türkischem Saat-

### Beispiel: Bachforelle

Überfischung und Lebensraumverlust haben die Bestände der Bachforelle (*Salmo trutta*) in Mitteleuropa stark reduziert. Daher werden Bachforellen seit dem 19. Jahrhundert vielerorts als „Sportfisch" nachbesetzt. Das Besatzmaterial aus Zuchtanstalten ist in der Regel gebietsfremd und kann zur Homogenisierung der natürlich differenzierten Bachforellenlinien führen. In Europa können fünf evolutionäre Hauptlinien genetisch unterschieden werden. Hinzu kommen zahlreiche regionale, standörtlich angepasste Bachforellenlinien, die je nach Artkonzept als eigene Arten, Unterarten oder Formen bezeichnet werden (Bernatchez 2001). An verschiedenen Orten versucht man, die standorttypische Linie zu erhalten.

gut gezogen wurde, gebietsfremd. Das gleiche gilt für viele Bachforellen.

Das in Kap. 1.2 definierte Begriffspaar gebietseigen – gebietsfremd sollte aus definitorischen und praktischen Gründen das Begriffspaar **autochthon – allochthon** ersetzen (Kowarik & Seitz 2003). Autochthon im eigentlichen Sinne sind Taxa, die im Gebiet entstanden sind. Dies sind wenige Ausnahmen in Mitteleuropa. Die meisten hier heute vorkommenden einheimischen Arten haben ihre Entwicklung ganz oder teilweise in glazialen Refugialräumen Südeuropas durchlaufen und sind erst nach der Eiszeit wieder nach Norden oder Westen vorgedrungen. Sie sind daher allochthon. Nichteinheimische Arten sind immer allochthon.

Autochthon wird zudem unterschiedlich verstanden. Wollen Naturschützer beispielsweise verstärkt „autochthone Arten" pflanzen, meinen sie damit meist im Gebiet entstandene einheimische Taxa („regionale Herkünfte"). Im Forstbereich wird der Begriff dagegen wesentlich breiter ausgelegt. So ist nach dem deutschen Forstsaatgutgesetz ein Bestand autochthon, wenn er durch kontinuierliche Naturverjüngung oder durch künstliche Verjüngung mit Saat- und Pflanzgut entstanden ist, das aus benachbarten Beständen mit gleichen ökologischen Bedingungen stammt. Dies trifft auch auf Populationen nichteinheimischer Arten zu, die Naturschützer schwerlich als „autochthon" akzeptieren werden.

## 1.6 Analogien bei Tieren und Pilzen

Anders als bei Pflanzen war die Untersuchung neu auftretender Tier- und Pilzarten nicht mit der Bildung unzähliger Begriffe verbunden. Dies sollte für eine einheitliche Terminologie genutzt werden, um die allgemeine Verständigung sowie die zwischen Zoologen, Mykologen und Botanikern zu fördern. In diese Richtung gehen bereits die von Kinzelbach (1972) und von Kreisel & Scholler (1994) geprägten Termini „Neozoon" und „Neomycet". In Analogie zur Differenzierung der Pflanzen (Tab. 3) sind **Archäozoen** und **Archäomyceten** wild lebende Tiere und Pilze, die mit direkter oder indirekter menschlicher Unterstützung vor 1492 in ein Gebiet gelangt oder dort unter anthropogenem Einfluss entstanden sind. **Neozoen** und **Neomyceten** treten dagegen erst nach 1492 auf.

Wie bei Pflanzen sollte die Frage der Einbürgerung unabhängig von der rein zeitlichen Differenzierung von Archäo- und Neozoen und von Archäo- und Neomyceten beantwortet werden. Zur Klärung des Einbürgerungsgrades ist das Etablierungskonzept von Kowarik (1991, 1992 a) auch auf Tiere und Pilze anwendbar. Durch die zwingende Verknüpfung eines zeitlichen und eines populationsbiologischen Kriteriums erlaubt es auch eine angemessene Einschätzung bei besonders lang- oder kurzlebigen Organismen (siehe Kap. 1.4).

**Tab. 3** Zeitliche Differenzierung von Neobiota in verschiedenen Organismengruppen nach dem Beginn von Invasionen vor oder nach der Entdeckung Amerikas im Jahr 1492

| Neobiota vor 1492 | Neobiota nach 1492 |
|---|---|
| **ins Gebiet gelangte Pflanzen** | |
| **Archäophyten** | **Neophyten** |
| Klatsch-Mohn *(Papaver rhoeas)* | Japan. Beerentang *(Sargassum muticum)* |
| Bilsenkraut *(Hyoscyamus niger)* | Mondbechermoos *(Lunularia cruciata)* |
| Breit-Wegerich *(Plantago major)* | Kronen-Nachtkerze *(Oenothera coronifera)* |
| Esskastanie *(Castanea sativa)* | Götterbaum *(Ailanthus altissima)* |
| **ins Gebiet gelangte Tiere** | |
| **Archäozoen** | **Neozoen** |
| Heimchen *(Achaeta domestica)* | Wespenspinne *(Agriope bruennichi)* |
| Hausmaus *(Mus musculus)* | Kamberkrebs *(Orconectes limosus)* |
| Fasan *(Phasianus colchicus)* | Girlitz *(Serinus serinus)* |
| Hausratte *(Rattus rattus)* | Waschbär *(Procyon lotor)* |
| **ins Gebiet gelangte Pilze** | |
| **Archäomyceten** | **Neomyceten** |
| ? | *Puccinia komarovii* |
| | *Ceratocystis ulmi* |
| | Echter Mehltau *(Uncinula necator)* |

# 2 Biologische Invasionen in globaler Perspektive

In globaler Perspektive gelten biologische Invasionen zusammen mit anderen Faktoren, wie der Veränderung von Landnutzungen, dem Klimawandel und der Eutrophierung von Lebensräumen, als ein wesentlicher Gefährdungsfaktor der biologischen Vielfalt (Sala et al. 2000). In dem weltweiten „Millenium Ecosystem Assessment" (2005) wurden die Beeinträchtigung verschiedener Ökosystemtypen sowie der zukünftig zu erwartende Trend eingeschätzt (Tab. 4). Herausragend sind die Beeinträchtigungen auf ozeanischen Inseln, die daher in Kap. 2.3 näher skizziert werden.

Als Folge entstehen für einige Länder Kosten in mehrstelliger Milliardenhöhe. Fünf Prozent des weltweiten Wirtschaftsaufkommens gehen nach Pimentel (2002) als Folge von Bekämpfungskosten und Ertragsverlusten durch nichteinheimische Arten verloren. Voraussichtlich werden sich die unerwünschten Auswirkungen biologischer Invasionen weiter verschärfen. Gründe hierfür sind der steigende Reise- und Warenaustausch, die fortschreitende Umwälzung traditioneller Landnutzungen sowie die globalen Klimaveränderungen (siehe Kap. 3.6). In diesem Kapitel werden biologische Invasionen zunächst

**Tab. 4** Biologische Invasionen als Rückgangsfaktor in verschiedenen Ökosystemtypen. Im Rahmen des „Millenium Ecosystem Assessment" (2005) wurde das Ausmaß der Beeinträchtigung verschiedener Ökosystemtypen im globalen Maßstab analysiert

| | **Beeinträchtigung** | **Trend** |
|---|---|---|
| **Wälder** | | |
| boreale Wälder und Waldländer der Tundren | O | xx |
| ozeanische und kalttemperate Laub abwerfende Wälder | O | xxx |
| tropische halb- und immergrüne Wälder | O | xxx |
| **Trockengebiete** | | |
| temperate Steppen | OO | x |
| mediterrane Hartlaubwälder, Strauchsteppen und Steppen | OOO | xxx |
| tropische Dornstrauch-, Kurz- und Langgrassavannen | O | xxx |
| temperate und subtropische/tropische Wüsten | OO | x |
| **Andere** | | |
| Binnengewässer | OOO | xxx |
| Küstengewässer | OOO | xx |
| Meere | O | x |
| Inseln | OOOO | x |
| Gebirge | O | x |
| Polargebiete | O | x |

O = geringe Beeinträchtigung  OOOO = hohe Beeinträchtigung
x = gleich bleibender Trend  xxx = stark zunehmender Trend

in einer historischen Perspektive eingeordnet. Ein Blick auf die Forschungsgeschichte schließt sich an. Danach werden besonders auffällige Invasionen außerhalb Europas skizziert.

## 2.1 Historische Perspektive

Im 1958 erschienenen ersten Standardwerk zu biologischen Invasionen spricht Elton von „ökologischen Explosionen", die durch Invasionen ausgelöst würden und den Lauf der Welt änderten. Dies gilt besonders für die Geschichte der Biodiversität. Bei der evolutiven Differenzierung von Organismen hat geographische Isolation immer eine wichtige Rolle gespielt. Vor rund 180 Millionen Jahren, in der frühen Trias, begann der Urkontinent Pangaea auseinander zu driften. Die räumliche Trennung der heutigen Landmassen wurde vor etwa 65 Millionen Jahren erreicht, als sich im beginnenden Tertiär Australien und Neuseeland von der Antarktis lösten. Seitdem verhindert die geographische Isolation weitgehend den interkontinentalen Artenaustausch. Auch auf vielen ozeanischen Inseln entwickelte sich das Leben über Millionen von Jahren fast ohne Kontakt zu anderen Gebieten.

In einem erdgeschichtlichen Wimpernschlag haben Menschen mit den von ihnen ausgelösten Invasionen geographische Barrieren überwunden, die zuvor über viele Millionen Jahre die Evolution mitbestimmt haben. In wenigen Fällen ist dies wörtlich zu nehmen, etwa beim Suezkanal, dessen Bau 1870 die Trennung zwischen Mittelmeer und Rotem Meer aufhob. Durch die folgende „Lesseps'sche Migration" (Por 1978, Galil 2006) gelangten bis heute über 500 Arten ins Mittelmeer und rund 50 Arten nahmen den umgekehrten Weg – ein Stück Wiedervereinigung des Urmeeres Tethys. Oft haben Handel und Verkehr zuvor getrennte Floren- und Faunengebiete in Kontakt gebracht, sodass man von einer funktionalen Auflösung geographischer Barrieren sprechen kann (Abb. 2).

Evolutionsgeschichtliche Dramatik gewinnt diese Entwicklung durch die Geschwin-

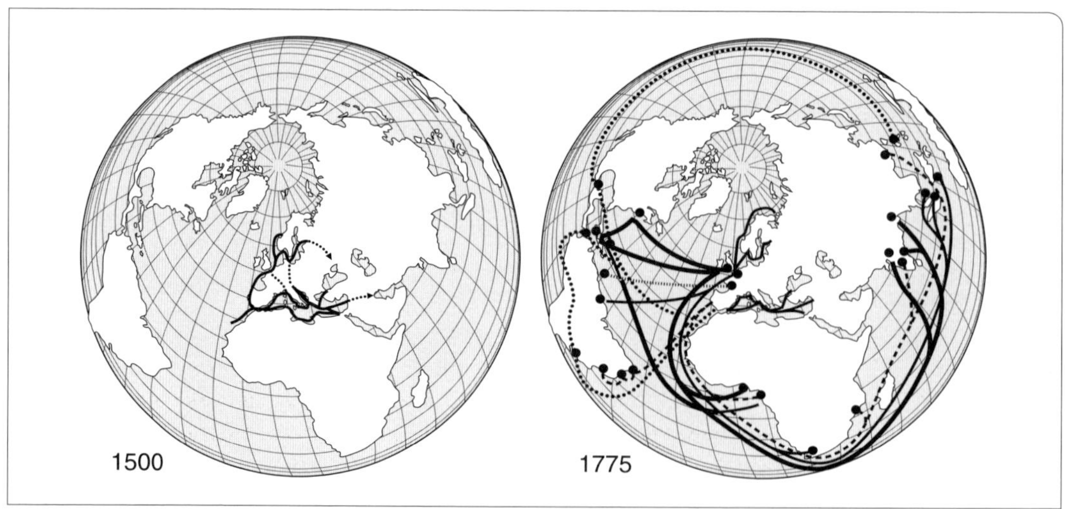


**Abb. 2** Funktionale Überbrückung geographischer Isolation in der Neuzeit durch weltumspannenden Handel und Verkehr. Dargestellt sind die verbreiteten Reiserouten zu Beginn der Neuzeit sowie in der zweiten Hälfte des 18. Jahrhunderts (nach Di Castri 1989).

**Tab. 5** Erdgeschichtliche Bedeutung biologischer Invasionen infolge der funktionalen Überwindung der geografischen Isolation zwischen den heutigen Kontinenten und ihren Organismen, die spätestens seit Beginn des Tertiärs vor etwa 65 Millionen Jahren Bestand hatte. Um die Geschwindigkeit der damit verbundenen Prozesse zu verdeutlichen, ist der Zeitraum von 65 Mio. Jahren einem Jahr gleichgesetzt worden

| | | |
|---|---|---|
| **1. Jan.** | vor ca. 65 Mio. Jahren | **Evolutive Differenzierung der Biodiversität in geografisch isolierten Floren- und Faunenreichen der heutigen Kontinente seit Beginn des Tertiärs** (Abschluss der räumlichen Trennung der heutigen Kontinente nach dem Zerfall des Urkontinents Pangaea) |
| **19. Dez.** | vor ca. 2,3 Mio. Jahren | Beginnende natürliche Verarmung der Biodiversität im Wechsel von Kalt- und Warmzeiten in den hiervon betroffenen Gebieten |
| **31. Dez.** 22:15 | vor ca. 13 000 Jahren | Spät- und nacheiszeitliche Wiederbesiedlung Mitteleuropas |
| **31. Dez.** 23:03 | vor ca. 7000 Jahren | **Neolithische Revolution: Beginn biologischer Invasionen**<br>• Archäophyten und Archäozoen gelangen mit der neolithischen Landnahme nach Mitteleuropa und erweitern die Biodiversität |
| **31. Dez.** 5 Min. vor Mitternacht | vor ca. 500 Jahren | **Nach Kolumbus: Globalisierung des Artenaustausches**<br>• interkontinentaler Austausch an Arten<br>• Neophyten und Neozoen in Europa, eurasiatische Arten in Nordamerika und der südlichen Hemisphäre |
| **31. Dez.** 72 Sek. vor Mitternacht | vor ca. 150 Jahren | **Industrielle Revolution: Beschleunigung biologischer Invasionen**<br>• Beschleunigter intra- & interkontinentaler Austausch an Arten<br>• Rückkoppelung mit anthropogenen Umweltveränderungen<br>• Biologische Invasionen als Rückgangsfaktor für Tier- und Pflanzenarten<br>• Globale Homogenisierung und regionale Diversifizierung der Biodiversität? |
| **31. Dez.** 7 Sek. vor Mitternacht | vor ca. 15 Jahren | **Gentechnische Revolution: neue Untergruppe von Invasionsorganismen**<br>Überwindung von Austauschbarrieren zwischen Organismen(reichen)<br>Freisetzung und Inverkehrbringen gentechnisch veränderter Organismen |

digkeit, mit der zuvor Getrenntes zusammengebracht wird. Zur Illustration sind in Tab. 5 die letzten 65 Millionen Jahre einem Jahr gleichgesetzt worden. In diesem Zeitraum hat sich die Biodiversität im Wesentlichen in der räumlichen Konfiguration der heutigen Kontinente und Inseln entwickelt. Erst am letzten Tag dieses virtuellen Jahres, am 31. Dezember, wird die zuvor bestehende Isolation aufgehoben.

Wandernde Menschen haben schon immer Tiere und Pflanzen ausgebreitet und damit ökologische Veränderungen bis hin zur Ausrottung von Arten bewirkt. Angenommen wird dies beispielsweise für Dingos, die nach Australien eingeführt wurden, und für die Hunde der asiatischen Erstbesiedler Amerikas (Martin & Klein 1984). In Europa bereitet die neolithische Revolution den Boden für biologische Invasionen. Mit den einwandernden

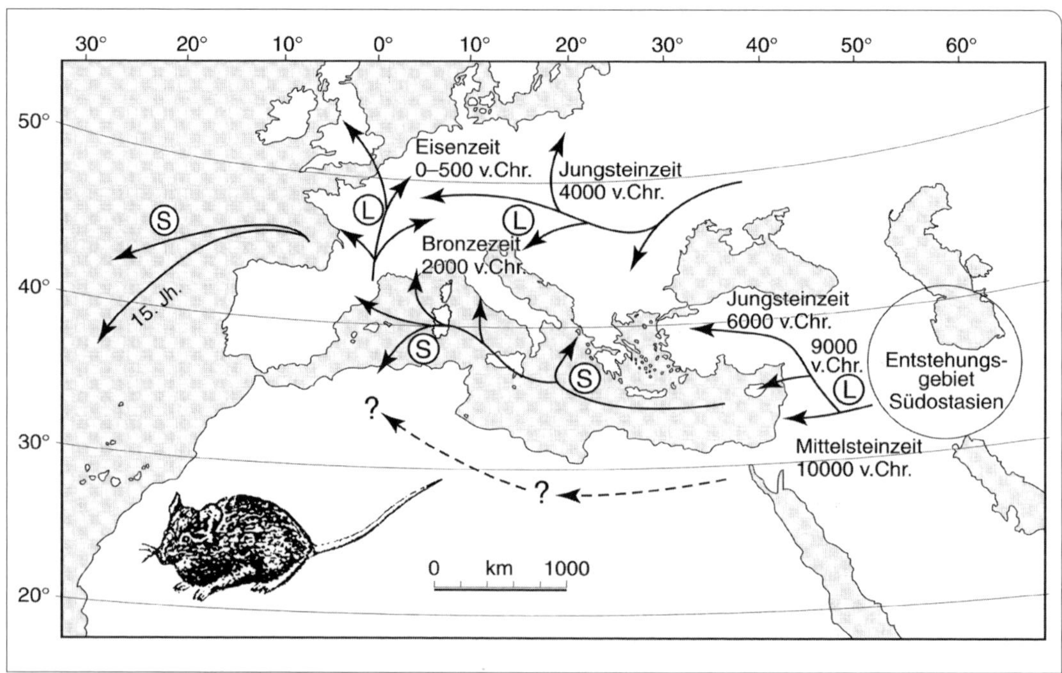


**Abb. 3** Einführungsgeschichte der Haus-Maus (*Mus musculus*) als Beispiel einer archäozoischen Tierart in Mitteleuropa (S. Ausbreitung über den Seeweg, L. Ausbreitung über den Landweg; nach Blondel & Anronson 1999).

Völkern, der Etablierung von Ackerbau und Viehzucht, gelangen sehr viele, meist im Mittelmeerraum und dem angrenzenden Asien beheimatete Arten nach Mitteleuropa (Abb. 3, Abb. 12; genauer in Kap. 3). Dies geschieht nach der Zeitskala in Tab. 5 in der Silvesternacht, eine Stunde vor Mitternacht.

Fünf vor zwölf schafft Kolumbus in Amerika die Voraussetzung für die nachfolgende Globalisierung des Artenaustausches. Schon vorher waren Wikinger mit Erik dem Roten in Amerika, war Marco Polo in China. Aber erst im nachkolumbianischen Zeitalter der Neuzeit kam es dank verbesserter Navigations- und Schifffahrtstechnik zu einer Reise- und Handelstätigkeit, die immer weitere Ziele einschloss (Abb. 2) und in nie gekannter Quantität Menschen und Güter bewegte – und mit ihnen Unmengen von Tieren und Pflanzen, absichtlich oder als blinde Passagiere. Um welche Dimensionssprünge neuzeitliche Invasionen das Ausmaß älterer übertreffen, zeigt das Beispiel Hawai'i (Loope & Mueller-Dombois 1989): Die Inseln des Archipels von Hawai'i sind zwischen 0,5 und 30 Millionen Jahre alt. Über Jahrmillionen wuchs ihr Artenbestand durch Speziation (Artbildung) schneller als durch natürliche Zuwanderungen von Organismen. Vor ihrer polynesischen Besiedlung vor etwa 1400 Jahren gelangte etwa eine Art pro 50 000 Jahre durch natürliche Fernausbreitung auf die Inseln. Die polynesischen Ureinwohner führten insgesamt wohl nur 40 bis 50 Arten ein. Nach der Entdeckung durch Kapitän Cook im Jahr 1778 gelangte in nur 200 Jahren ein Hundertfaches von dem, was die Ureinwohner zuvor in 1400 Jahren eingeführt hatten, auf die Inseln. Über 25 Arten sind dies jetzt pro Jahr, wogegen zuvor nur drei bis vier Arten pro Jahrhundert eingeführt worden waren (Cox 1999).

In der Neuzeit haben Menschen natürliche, oft über Jahrtausende erfolgte Arealverkleinerungen bei vielen Arten mehr als nur ausgeglichen, wie das Beispiel des Götterbaums (*Ailanthus altissima*) zeigt (Abb. 4, Kowarik & Säumel 2007). Fossile Funde belegen eine weite Verbreitung ursprünglicher Formen der Gattung *Ailanthus* auf der Nordhalbkugel (Mai 1995, Corbett & Manchester 2004). Nach dem Tertiär schrumpften deren Areale auf Teile Ostasiens. Gegen 1740 wurde dieser Prozess nahezu sprunghaft umgekehrt, als ein Jesuit Götterbaum-Samen von China nach Frankreich schickte, um seiner Heimat eine wertvolle biologische Ressource zu erschließen. Paris, bald auch London, wurde zur Drehscheibe weiterer Verbreitung. Gut 250 Jahre später kommt der Götterbaum nun auch als Wildpflanze weltweit in Gebieten mit gemäßigtem und Mittelmeerklima vor (Abb. 4, siehe auch Kap. 6.1.3).

Triebfeder der neuzeitlichen Reisetätigkeit war der Kolonialismus, dessen ökologische Komponente Crosby (1991) eindrucksvoll analysiert hat. Der Erfolg der meisten Eroberungsfahrten wurde durch eingeschleppte Krankheitserreger gestützt, wenn nicht gar erst ermöglicht: Gegen diese Erreger waren bei der einheimischen Bevölkerung keine Resistenzen ausgebildet. Ganze Völker Amerikas, wohl insgesamt 56 Millionen Menschen, wurden weniger durch die Waffen der Conquestadores als vielmehr durch die von ihnen verbreiteten Krankheiten ausgerottet. Binnen zweier Jahre erlag die Hälfte der aztekischen Bevölkerung, 3,5 Millionen Menschen, den 1520 durch Spanier eingeführten Windpocken (Bryan 1996, Crosby 1991).

Der Export großer Teile des europäischen Inventars an Nutztieren und -pflanzen mit-

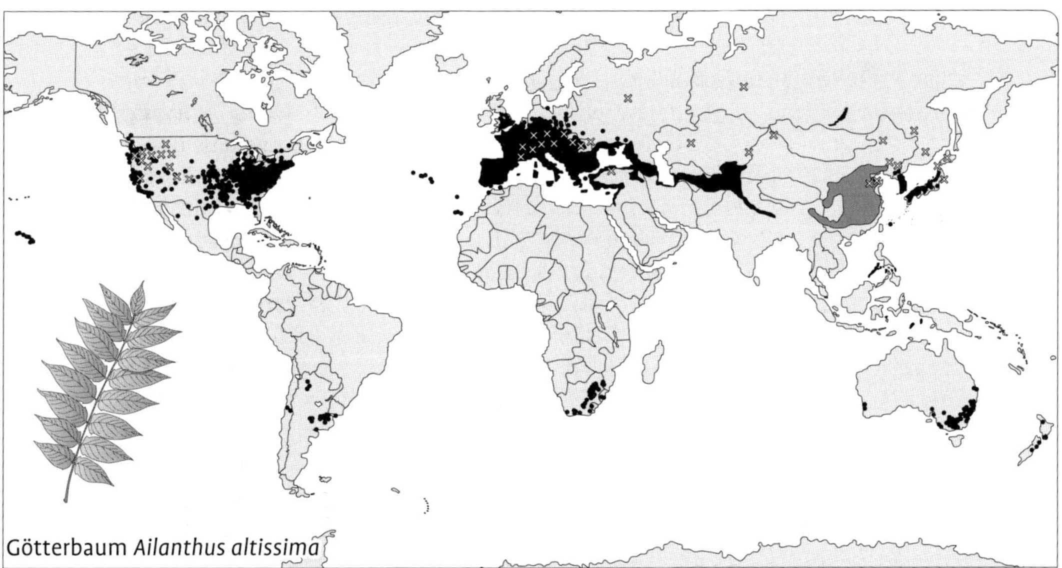


**Abb. 4** Arealschrumpfung und Arealerweiterung beim Götterbaum (*Ailanthus altissima*). Die Kreuze markieren fossile Funde ursprünglicher Formen der Gattung *Ailanthus* auf der Nordhalbkugel (nach Corbett & Manchester 2004). In der Nacheiszeit beschränkt sich das natürliche Verbreitungsgebiet von *Ailanthus altissima* auf Ostasien (grau). In den letzten 200 Jahren erfolgte eine weltweite anthropogene Arealerweiterung (nach Kowarik & Säumel 2007).

samt ihren Begleitarten stabilisierte die Kolonisation auch ökonomisch. Die ökologischen Folgen der Invasion eurasiatischer Arten sind in Amerika, Australien und Neuseeland wesentlich weit reichender als die Auswirkungen von Arten aus diesen Gebieten in Europa. Mögliche Erklärungen hierfür sind schon in der Einleitung angesprochen worden. So sind beispielsweise in den durch mediterranes Klima geprägten Gebieten der Erde Arten des Mittelmeergebietes wesentlich erfolgreicher als umgekehrt Arten aus der gleichen Klimazone Südamerikas, Südafrikas und Australiens im Mittelmeergebiet (Fox 1990, Groves & di Castri 1991, Hulme 2004, Lambdon et al. 2008). Auch in Städten der gemäßigten Zone herrschen eurasiatische Arten vor, wie Kornas (1996) mit einem Vergleich zwischen Oppeln und Quebec zeigt: Diese Arten stellen im kanadischen Quebec 67 %, im polnischen Oppeln 76 % der nichteinheimischen Arten. In der kanadischen Stadt ist der Anteil amerikanischer Arten kaum erhöht (17 % gegenüber 15 % in Oppeln), afrikanische Arten spielen in beiden Städten keine Rolle (0,4 % oder 0,2 %).

Die Errungenschaften der Industriellen Revolution, allen voran die Erfindung der Dampfmaschine, beschleunigen seit Mitte des 19. Jahrhunderts die Menge und Geschwindigkeit des globalen Austauschs an Menschen, Waren und Gütern. Biologische Invasionen wurden als Gefährdungsfaktor der Biodiversität erkannt, zuerst im 19. Jahrhundert für ozeanische Inseln. Heute wissen wir, dass biologische Invasionen mit ihren Auswirkungen auf Biodiversität und Landnutzungen eine Triebfeder globaler Veränderungen sind – und zugleich von anderen Faktoren weltweit wirkender Umweltveränderungen gefördert werden (Vitousek et al. 1997, Vilà & Pujadas 2001, Thuiller et al. 2006, Didham et al. 2007, Chiron et al. 2009).

Ein neuer Dimensionssprung geschieht nach der Zeitskala in Tab. 5 sieben Sekunden vor Mitternacht: Nach der Überwindung geographischer Barrieren durch herkömmliche Invasionen lässt die Gentechnik nun auch bislang unüberbrückbare Barrieren zwischen Organismen und Organismenreichen fallen.

## 2.2 Zur Forschungsgeschichte

Neue, durch Menschen verbreitete Lebewesen wurden schon von Gelehrten des 17. Jahrhunderts vermerkt (z. B. *Acorus calamus* von Sirenius 1613, vgl. Tokarska-Guzik 2005a). Erste Floren, die ausdrücklich wildwachsende Pflanzen zum Gegenstand hatten, wie die von Willdenow (1787), umfassten auch nichteinheimische Arten. Auch ökologische Mechanismen wurden früh erkannt. So beschrieben Alexander von Humboldt (1807) und Schouw (1823) beispielsweise die Ausbreitung kultivierter Pflanzen in der Nähe von Siedlungen. Klarsichtig und ökologisch zutreffend hat der Schriftsteller und Naturforscher Adalbert von Chamisso (1827) die veränderte Artenzusammensetzung im Gefolge des Menschen erkannt und auch den Beginn dessen beschrieben, was wir heute biologische Invasionen nennen: „Wo der gesittete Mensch einwandert, verändert sich vor ihm die Ansicht der Natur. Ihm folgen seine Haustiere und nutzbaren Gewächse; die Wälder lichten sich; das verscheuchte Wild entweicht; seine Pflanzen und Saaten breiten sich um seine Wohnung aus; Ratten, Mäuse, Insekten verschiedener Art siedeln sich mit ihm unter seinem Dache an; mehrere Arten Schwalben, Finken, Lerchen, Rebhühner, begeben sich unter seinen Schutz, und genießen als Gäste Früchte seiner Arbeit. In seinen Gärten und Feldern wuchern als Unkraut unter den Gewächsen, die er anbaut, eine Menge anderer Pflanzen, die sich freiwillig denselben zugesellen und gleiches Los mit ihnen teilen; und wo er endlich den ganzen Flächenraum nicht eingenommen, entfremden sich seine Hörigen von ihm, und selbst die

Wildnis, die sein Fuß noch nicht betreten hat, verändert die Gestalt".

Die systematische Erforschung biologischer Invasionen begann in Europa Mitte des 19. Jahrhunderts mit der Adventivfloristik (Trepl 1990a). Dabei wurden gezielt Informationen über bislang unbekannte Arten gesammelt, die auffallend häufig an Verkehrs- und Handelsplätzen, Wollkämmereien und Schuttplätzen auftraten. Diese erste Phase war geprägt durch das Erfassen der überraschenden Vielfalt fremder Arten. Eine zweite Phase mit einer Systematisierung der Arten wurde mit Arbeiten von Watson (1847) und von de Candolle (1855) vorbereitet und nach der Jahrhundertwende vom Schweizer Botaniker Thellung (1905) zur Blüte gebracht.

Es entstanden mehrere Konzepte zur Einteilung fremder Arten nach kulturhistorischen und ökologischen Gesichtspunkten. Dabei ging es im Wesentlichen um Einführungszeit, Einführungsweise und Einbürgerungsgrad der Arten. Vor allem der Gliederungsansatz von Thellung (1905, 1918/19) wird mit verschiedenen Variationen bis heute verwendet (Abb. 1). Höhepunkte dieser Forschungsrichtung sind die Adventivflora von Montpellier (Thellung 1912) und Linkolas (1916/21) Arbeit über das Ladogaseegebiet. Beide immer noch lesenswerte Arbeiten belegen detailliert die Rolle des Menschen bei der Einführung und Verbreitung nichteinheimischer Arten. In der naturgeschichtlichen Tradition der Adventivfloristik entstanden bis heute für viele europäische Länder detaillierte Arbeiten, in denen der Bestand nichteinheimischer Arten und ihre Ausbreitungsprozesse sorgfältig dokumentiert wurden. Fragen nach ökologischen oder sonstigen Auswirkungen von Neobiota spielten in der Adventivfloristik jedoch keine Rolle. Darwin (1859) und Hehn (1870) hatten schon im 19. Jh. drastische Konsequenzen biologischer Invasionen am Beispiel ozeanischer Inseln beschrieben (siehe Kap. 2.3). Etwa zur gleichen Zeit befürchtete der Berliner Botaniker Bolle (1865), dass die explosionsartige Ausbreitung der Kanadischen Wasserpest (*Elodea canadensis*) andere Wasserpflanzen gefährden könne. Systematisch hat jedoch erst der Engländer Elton (1958) die ökologischen Folgen biologischer Invasionen und ihre Ursachen in seiner „Ecology of Invasions by Animals and Plants" aufgearbeitet. Dieses Buch gilt heute als Geburtsstunde der Invasionsökologie als eigene Teildisziplin der Ökologie (Richardson & Pyšek 2008).

1982, ein Vierteljahrhundert später, startete SCOPE (Scientific Committee on Problems of the Environment – eine Wissenschaftsorganisation) ein Forschungsprogramm zur Ökologie biologischer Invasionen. Es lief etwa zehn Jahre und dokumentiert für verschiedene Erdteile und Regionen den Wissensstand zu diesem Thema, wobei Europa unterrepräsentiert blieb (Brown et al. 1985, MacDonald & Jarman 1985, Groves & Burdon 1986, MacDonald et al. 1986, Mooney & Drake 1986, Joenje et al. 1987, Kornberg & Williamson 1987, Usher 1988, di Castri et al. 1990, Groves & di Castri 1991, Ramakrishnan 1991; Überblick von Drake et al. 1989). Drei Fragen standen im Mittelpunkt des SCOPE-Programms:

- Welcher Faktor entscheidet, ob eine Art invasiv wird oder nicht?
- Welche Eigenschaften bestimmen, ob und in welchem Ausmaß ein Ökosystem von invasiven Organismen besiedelt wird?
- Welche praktischen Schlussfolgerungen sind aus den Antworten zu den ersten beiden Fragen abzuleiten?

Das SCOPE-Projekt hat bis heute zahlreiche Forschungsprojekte zur Invasionsökologie initiiert. Um die im Übereinkommen über die Biologische Vielfalt enthaltene Verpflichtung zur Begrenzung biologischer Invasionen zu unterstützen, wurde 1997 von den Vereinten Nationen gemeinsam mit der Weltnaturschutzorganisation IUCN ein Folgeprogramm gestartet (GISP – Global Invasive Species Program), in dem neue Instrumente und Strategien entwickelt wurden, um biologische Invasionen besser zu verstehen und die Optionen für Politik und Öffentlichkeit auszuloten. Die Ergebnisse sind in mehreren Publikationen zusammengefasst (z.B. Mooney & Hobbs 2000, Wittenberg & Cock 2001, Baskin 2002, Ruiz & Carlton 2003, Mooney et al. 2005). GISP ist ein Bestandteil des umfassenden internationalen „Diversitas-Programmes" (http://www.diversitas-international.org). Die IUCN unterhält auch den Listserver „Aliens" als internationales Kommunikationsmedium (Kontakt über: aliens-l-owner@indaba.iucn.org).

In Europa ist die „European strategy on invasive alien species" (Council of Europe 2002) inzwischen von 42 Staaten und der EU angenommen worden (Genovesi 2005). Die EU fördert zunehmend auch Forschung mit Invasionsbezug, wobei die Zuständigkeiten stärker gebündelt werden sollten (Hulme et al. 2009a).

Die Anzahl wissenschaftlicher Veröffentlichungen zu Invasionsthemen steigt exponentiell an und veranschaulicht, dass die Invasionsökologie inzwischen zu einem wesentlichen, immer noch stark wachsenden Forschungsfeld geworden ist (Abb. 5). Ein erstes Lehrbuch zum Thema schrieb Williamson (1996). Mittlerweile liegt eine kaum noch überschaubare Flut an Büchern mit verschiedenen Schwerpunkten vor (z.B. Lockwood & McKinney 2001, Cox 2004, Sax et al. 2005, Lockwood et al. 2007, Davis 2009, Keller et al. 2009). Seit 1999 erscheint „Biological Invasions" als erste internationale wissenschaftliche Zeitschrift zum Thema. Die Zeitschrift „Aquatic Invasions" konzentriert sich auf aquatische Lebensräume (http://www.aquaticinvasions.ru/).

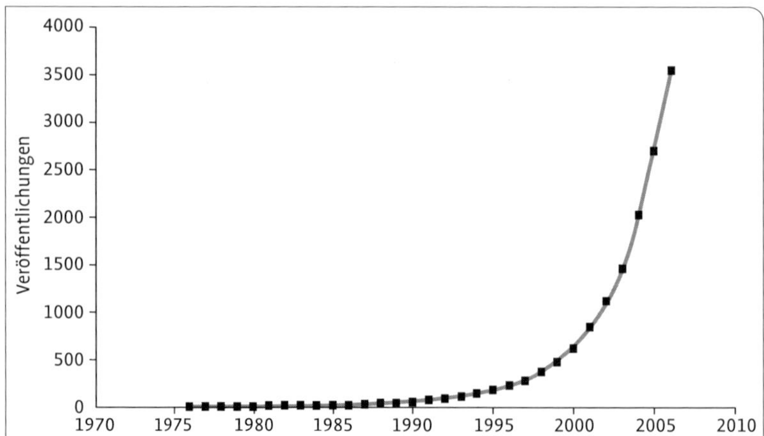


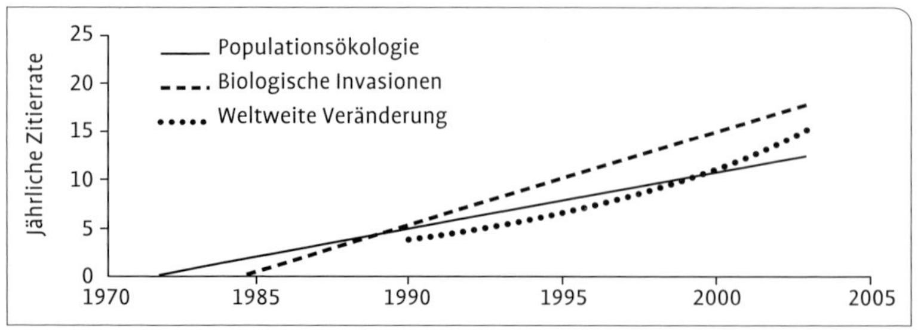


**Abb. 5** Invasionsökologie als hochaktuelles Forschungsfeld, dargestellt a) mit der Anzahl der wissenschaftlichen Aufsätze zu biologischen Invasionen, die im Web of Science bis 2006 veröffentlicht wurden (nach Richardson & Pyšek 2008) und b) mit einem Vergleich der jährlichen Zitierungsrate wissenschaftlicher Arbeiten im Web of Science in den Forschungsfeldern Populationsökologie, Biologische Invasionen und Global change-Forschung (nach Pyšek et al. 2006).

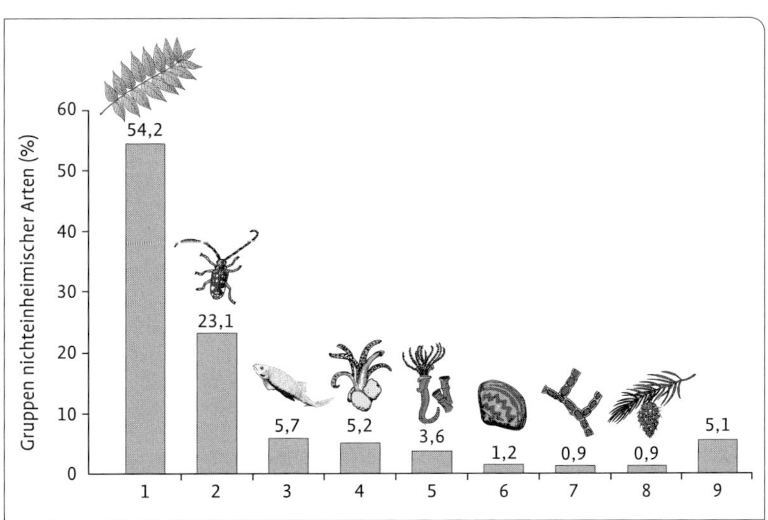


**Abb. 6** Anteil unterschiedlicher Artengruppen an insgesamt 10.771 nichteinheimischen Arten, die in europäischen Ländern vorkommen (nach DAISIE-Datenbank, Olenin & Didziulis 2009). 1: Bedecktsamer (Magnoliophytina), 2: Gliederfüßer (Arthropoda), 3: Chordatiere (Wirbeltiere u.a., Chordata), 4: Pilze (Fungi), 5: Weichtiere (Mollusca), 6: Ringelwürmer (Annelida), 7: Rotalgen (Rhodophyta), 8: Nacktsamer (Gymnosperma) und 9: Andere.

Weltweite Überblicke zu problematischen Invasionsarten veröffentlichten Weber (2003) sowie, zu landwirtschaftlichen Unkräutern, Holm et al. (1997). Lowe et al. (2000) haben im Auftrag der ISSG (Invasive Species Specialist Group) der IUCN eine Liste der 100 „World's Worst Invasive Alien Species" herausgegeben, unter denen einige in Europa vorkommende Arten sind (z. B. *Aphanomyces astaci*, *Ophiostoma ulmi*, *Fallopia japonica*, *Dreissena polymorpha*, *Anoplophora glabripennis*, *Trachemys scripta*), die aber auch europäische Arten enthält, die in anderen Regionen als invasiv gelten (z. B. *Cervus elaphus*, *Euphorbia esula*, *Lythrum salicaria*, *Sturnus vulgaris*, *Vulpes vulpes*). Eine ähnliche Liste mit 100 Arten wurde inzwischen auch für Europa zusammengestellt (Vilà et al. 2009).

Für viele europäische Länder sind inzwischen umfassende Übersichten zu einzelnen oder auch mehreren Neobiota-Gruppen erarbeitet worden, z. B. für Belgien (Verloove 2006), Dänemark (Kollmann et al. 2010), Deutschland (Haeupler & Schönfelder 1989, Benkert et al. 1996), Frankreich (Muller 2004), Großbritannien (Preston et al. 2003), Italien (Celesti-Grapow et al. 2009), Österreich (Essl & Rabitsch 2002, Rabitsch & Essl 2006), Polen (Tokarska-Guzik 2005a), Schweiz (Weber 1999, Wittenberg et al. 2006), Tschechien (Pyšek et al. 2002, Mlíkovský & Stýblo 2006) und Ungarn (Botta-Dukát & Balogh 2008). Im Rahmen des EU-Projektes DAISIE (Delivering Alien Invasive Species Inventories for Europe) wurde erstmals ein Inventar der nichteinheimischen Organismen Europas erstellt und auch online zur Verfügung gestellt (http://www.europe-aliens.org). Hierin sind 10.771 nichteinheimische Tier- und Pflanzenarten für die Meeres- und Land-Lebensräume Europas aufgeführt (Abb. 6).

Zudem bestehen Internet-basierte Zugänge zu einem europäischen Expertensystem (http://daisie.ckff.si/), zu einer Datenbank mit Informationen über biologische Invasionen in einzelnen europäischen Staaten (NOBANIS:

www.nobanis.org) oder zum deutschen Informationssystem NEOFLORA (www.floraweb.de/neoflora), in dem problematische Neophyten charakterisiert und Informationen zu ihrer Kontrolle vermittelt werden. Im Jahr 1999 wurde in Berlin die Arbeitsgruppe NEOBIOTA mit dem Ziel gegründet, die zuvor disziplinär stark zersplitterte grundlagenorientierte und angewandte Invasionsforschung stärker miteinander zu vernetzen und auch Beiträge zur Politikberatung zu leisten. Tagungsberichte und Monographien werden in der gleichnamigen Schriftenreihe veröffentlicht. Aus NEOBIOTA ist inzwischen eine europäische Initiative geworden (Kowarik & Starfinger 2009).

## 2.3 Ozeanische Inseln

Weitreichende Folgen biologischer Invasionen sind spätestens seit Darwin (1859) für subtropische und tropische Inseln bekannt, die fern kontinentaler Küsten inmitten der Weltmeere liegen. Invasionen gelten heute, gemeinsam mit dem Habitatverlust, als wichtigster Gefährdungsfaktor der biologischen Vielfalt auf Inseln (Baillie et al. 2004). Viele eingeführte Arten prägen hier inzwischen die Tier- und Pflanzenwelt. Auf Hawai'i reicht ihr Anteil an verschiedenen Artengruppen bis zu 100 % (Tab. 6). Über 90 % aller eingeführten Säugetiere und Reptilien und 63 % der eingeführten Vogelarten konnten sich etablieren. Bei den Blütenpflanzen übersteigt der Anteil der Eingebürgerten mit knapp 20 % den Vergleichswert für Deutschland etwa um das 5- bis 10fache (Loope & Mueller-Dombois 1989; vgl. Kap. 10.3.1.3). Vielerorts bestehen allerdings Schwierigkeiten, einheimische und nichteinheimische Arten zu unterscheiden. So sind 28 % der Pflanzenarten der Kapverdischen Inseln sicher einheimisch und 42 % sicher eingeführt, aber bei 30 % ist die Herkunft unklar (Lobin & Zizka 1987).

**Tab. 6** Ausmaß biologischer Invasionen auf ozeanischen Inseln am Beispiel der Inselgruppe Hawai'i (nach Loope & Mueller-Dombois 1989)

| | einheimische Arten | | | nichteinheimische Arten | |
|---|---|---|---|---|---|
| | Anzahl | Anteil an Endemiten [%] | Anteil am Gesamtartenbestand [%] | Anzahl | Anteil am Gesamtartenbestand [%] |
| **Pflanzen** | | | | | |
| Blütenpflanzen | 970 | 91 | 55 | 800 | 45 |
| Farnpflanzen | 143 | 73 | 87 | 21 | 15 |
| Lebermoose | 168 | 67 | 99 | 2 | 1 |
| Laubmoose | 233 | 48 | 99 | 3 | 1 |
| Flechten | 678 | 38 | 100 | – | – |
| **Tiere** | | | | | |
| Brutvögel | 57 | 77 | 60 | 38 | 40 |
| Landsäugetiere | 1 | 0 | 5 | 18 | 95 |
| Landreptilien | 0 | – | – | 13 | 100 |
| Amphibien | 0 | – | – | 4 | 100 |
| Süßwasserfische | 6 | 100 | 24 | 19 | 76 |
| Arthropoden | 6000–10 000 | 98 | 75–83 | ca. 2000 | 17–25 |
| Mollusken | ca. 1060 | 99 | ca. 100 | 9 | >1 |

**Tab. 7** Vogel- und Säugetierarten, bei deren Ausrottung ausgesetzte Neozoen eine wichtige Rolle gespielt haben (aus Plachter 1991 nach Zisweiler 1965)

| Neozoen | dadurch ausgerottet | ehemaliges Vorkommen |
|---|---|---|
| Ziegen oder Schafe (Vegetationszerstörung) | Chathamralle (*Gallirallus modestus*) | Chatham-Insel |
| | Guadelupe-Kupferspecht (*Colapter cafer rufipileus*) | Guadelupe |
| Kaninchen (Bodenzerstörung) | Chathamralle (*Gallirallus modcstus*) | Chatham-Insel |
| verwilderte Hunde | Tristan-Teichhuhn (*Gallinula nesiotis nesiotis*) | Tristan da Cunha |
| verwilderte Katzen | Auckland-Ralle (*Rallus muelleri*) | Auckland-Inseln |
| | Salomonen-Erdtaube (*Microgoura Choiseul-meeki*) | |
| | Bonintaube (*Columba versicolor*) | Bonin-Insel |
| | Graszaunkönig (*Amytomis goyderi*) | Australien |
| | Streifenbeuteldachs (*Perameles fasciata*) | Australien |
| | Weihnachtsinsel-Spitzmaus (*Crocidura fuliginosa trichua*) | Weihnachtsinsel |
| verwilderte Schweine | Gesellschaftsläufer (*Prosobonia teucoptera*) | Gesellschaftsinsel |
| | Dodo (*Raphus cucullatus*) | Maskarenen |
| Ratten | Rotschnabelralle (*Rallus pacificus*) | Tahiti |
| | Laysanralle (*Porzanula palmeri*) | Laysan |
| | Kusai-Star (*Aplonis corvina*) | Karolinen |
| Füchse | Toolach-Wallaby (*Wallaby greyi*) | Australien |
| Schleichkatze (Mungo) | Hawaii-Ralle (*Pemula sandwichensis*) | Hawai'i |
| | Martinique-Zaunkönig (*Troglodytes musculus martinicensis*) | Martinique |

Auf dem Galápagos-Archipel haben Ziegen zu solch starken Veränderungen der Vegetation geführt, dass umfangreiche Ausrottungsprogramme zum Zuge kamen. Auf der Insel Santiago wurden in gut vier Jahren alle rund 80 000 Ziegen entfernt (Cruz et al. 2009). Es ist die größte Insel, auf der dies bisher gelang. Weltweit konnten auf mehreren kleineren Inseln Ziegen, Hauskatzen und Ratten wieder vollständig entfernt werden (Veitch & Clout 2002, Courchamp et al. 2003, Campbell & Donlan 2005, Genovesi 2007).

Ozeanische Inseln sind nicht nur reich an eingeführten Arten, sondern auch an Endemiten, also an Varietäten, Arten, Gattungen und sogar Familien, deren Verbreitung geographisch eng begrenzt ist. Dabei hängt die Anzahl der Endemiten vom Alter, der räumlichen Isolation und der Standortvielfalt der Inseln ab (Loope & Mueller-Dombois 1989). Endemiten sind besonders vom Aussterben betroffen. So sind 93 % der bislang 188 weltweit ausgestorbenen Vogelarten Inselarten, und mit 55 % geht über die Hälfte dieser Verluste unmittelbar auf das Konto eingeführter Arten (Clout & Lowe 1996). Blackburn et al. (2004) stellten für 220 ozeanische Inseln einen positiven Zusammenhang zwischen der Anzahl ausgestorbener Vogelarten und eingeführten Säugetierarten fest. Ein solcher Zusammenhang bestand jedoch nicht bei gegenwärtig gefährdeten Vogelarten, woraus sich schließen lässt, dass auch andere Gefährdungsursachen eine Rolle spielen. Beispiele ausgestorbener Insel-Arten zeigt Tab. 7.

Dem Erfolg der Neuankömmlinge steht eine lange bekannte „Schwäche" der Tier- und Pflanzenarten auf Inseln gegenüber. Die Gefährdung steigt von nicht-endemischen Arten zu endemischen Varietäten und Arten jeweils etwa um das Dreifache und erreicht bei endemischen Gattungen Hawaiis einen Höchstwert von 81 %. Nach Wilcove et al. (1998) sind nichteinheimische Arten am Rückgang fast aller gefährdeter Pflanzenarten Hawaiis (99 %), aber nur an 30 % der Festlandsarten der USA beteiligt. Bei der Verdrängung der Inselarten spielen zwei Faktorengruppen zusammen (Loope & Mueller-Dombois 1989):

- Inselarten haben sich gut auf natürliche Störungstypen (z. B. Vulkanismus oder Meerestätigkeit), aber weniger auf anthropogene Störungstypen wie Weidewirtschaft oder Brandrodung eingestellt.
- Wichtige ökologische Gruppen wie Räuber, große Herbivore, Nagetiere oder Ameisen fehlen vielen Inseln. Daher sind deren Arten nicht an sie angepasst.

Das Beispiel der Braunen Nachtbaumnatter (*Boiga irregularis*) veranschaulicht dramatische Auswirkungen eines eingeschleppten Räubers: Die Schlange wurde Anfang der 1950er-Jahre aus Neuguinea auf die Insel Guam verschleppt, wo es weder einheimische Schlangen noch Tiere gab, die Schlangen fressen. So konnte sich die Nachtbaumnatter ungehindert ausbreiten. Bislang hat sie mehrere Arten an Vögeln und Reptilien auf Guam ausgerottet, darunter auch Endemiten (Wiles et al. 2003). Angeblich hat Guam heute die höchste Schlangendichte der Welt mit einer Schlange pro 200 Quadratmeter. Die besonders bedrohte Guam-Ralle und der Marianen-Flughund überleben heute nur in eingezäunten Reservaten (Fritts & Rodda 1998). Wie unterschiedlich die Auswirkungen derselben Art sein können, zeigt das Beispiel des Hausschweins (*Sus scrofa*). Auf Hawai'i, wo verwandte Arten natürlicherweise fehlen, gehört es zu den problematischsten Neozoen. Auf Java, wo es einheimische Verwandte gibt, ist seine Ausbreitung weniger folgenreich (Usher 1988).

Auf Inseln werden Invasionen oft durch menschliche oder natürliche Störungen begünstigt. So kommen auf der im Südatlantik gelegenen Tristan-da-Cunha-Gruppe die meisten der 26 nichteinheimischen Pflanzen auf kulturbeeinflussten Standorten vor, etwa an Fußwegen (Dean et al. 1994). Auf Jamaika drang der australische Klebsame (*Pittosporum undulatum*) erst in sekundäre wie primäre montane Regenwälder ein, nachdem 1988 der Hurrikan Gilbert gewütet hatte (Goodland & Healey 1996).

Gelegentlich kommt es zu Wirkungskaskaden, indem sich verschiedene nichteinheimische Organismen gegenseitig fördern („invasional meltdown", Simberloff & Von Holle 1999). Ein Beispiel ist die von den Franzosen 1750 aus Südamerika eingeführte Erdbeer-Guave (*Psidium cattleianum*) auf Mauritius. Sie wird durch Vögel und insbesondere durch ebenfalls eingeführte Schweine, Affen und Hirsche verbreitet. Deren Populationen werden durch den großen Fruchtansatz von *Psidium* gefördert, was zu schweren Folgeschäden an der vorhandenen Vegetation führt. Fruchtet *Psidium* nicht, greifen die Neozoen ersatzweise auf einheimische Arten zurück (Schöller 1993). In Australien wird die Invasion des Wandelröschens (*Lantana camara*) durch die Wühltätigkeit eingeführter Schweine gefördert. Ob *Lantana* auch ohne Schweine so erfolgreich wäre ist unklar. Ein weiteres Beispiel der gegenseitigen Förderung nichteinheimischer Arten bietet die aus Afrika oder Asien stammende Ameise *Anoplolepis gracilipes.* Auf den zu Australien gehörenden Weihnachtsinseln war sie viele Jahrzehnte unauffällig und breitete sich erst nach der Einschleppung einer Schildlaus (*Coccus cela-*

## Artensterben auf ozeanischen Inseln durch das Zusammenspiel von neuen Landnutzungen und Invasionsarten (nach Moore 1983)

- **Mechanische Eingriffe:** Urwälder werden durch Brandrodung zerstört, um Weideflächen für importierte Weidetiere zu schaffen, oder sie werden zur Holzgewinnung abgeholzt. Gut zugängliche Flächen mit ertragreichen Böden werden zuerst besiedelt und beackert. In solchen Lagen ist die ursprüngliche Inselvegetation fast völlig verloren (z. B. auf Hawai'i die Gebiete unter 600 Meter).
- **Einführung von Weidetieren:** Die eingeführten Ziegen, Schafe, Rinder, Kaninchen, Schweine, Hauskatzen und Ratten haben auf vielen Inseln keine ökologische Entsprechung. Tiere, deren Evolution sich in Abwesenheit von Feinden und damit ohne die Ausbildung von Fluchtinstinkten vollzogen hat, waren den neuen Räubern schutzlos ausgeliefert (Tab. 7). Auch hatten die meisten Inselpflanzen zwar Resistenzen gegen herbivore Insekten ausgebildet, jedoch keine Anpassung an Tritt und Beweidung durch große Säugetiere. Solche Veränderungen begannen häufig schon vor der Einführung der geregelten Viehwirtschaft. Viele Inseln sind bereits im 16. und 17. Jahrhundert durch ausgesetzte Ziegen und Schafe zu „lebenden Speisekammern" der Seefahrer geworden. Dies hatte weitreichende Folgen: Besonders schmackhafte und trittempfindliche Arten wurden verdrängt und, zumindest lokal, häufig ausgerottet. Offene Stellen begünstigten Erosionsverluste, da in der einheimischen Vegetation Arten mit Anpassungen an die neuen Störungstypen zumeist fehlten. So förderte die Weidewirtschaft indirekt nichteinheimische Pflanzenarten, die sich in ihren Herkunftsgebieten in Jahrtausenden erfolgreich an die Viehwirtschaft angepasst hatten. In Mitteleuropa werden Trockenrasen und Grünland weitgehend von einheimischen Arten dominiert (siehe Kap. 6.2).
- **Einführung von Pflanzen:** Die Siedler brachten vertraute Nutz- und Zierpflanzen und auch Saatgut für die neuen Weidegründe mit. Wegen der fehlenden Beweidungsresistenz der ursprünglichen Inselarten bestimmten daraufhin eingeführte Arten das Grünland vieler Inseln und weiter Bereiche Südamerikas. Mit einer Hand voll „Heimaterde" gelangten auch europäische Regenwürmer in die neuen Weidegründe, deren Tätigkeit das Gedeihen europäischer Gräser in Neuseeland erheblich begünstigte (Voisin 1968). Die Wirkung eingeführter Pflanzen ist oft weniger augenfällig als die von Tieren, da sie nicht immer leicht von den direkten Auswirkungen menschlicher Landnutzungen trennbar ist.

*tus*) über weite Teile der Insel aus. Die Ameise nutzt den von den Schildläusen bei der Nahrungsaufnahme abgegebenen Honigtau und konnte so große Populationen aufbauen. Nun stellt sie eine ernsthafte Bedrohung der endemischen Landkrabbe *Gecarcoidea natalis* dar. Deren Rückgang veränderte den Streuabbau und den Stockwerksaufbau im Regenwald bis hin zum Absterben einzelner Bäume (O'Dowd et al. 2003).

Häufig besitzen erfolgreiche Invasionsarten Eigenschaften, die einheimische Arten nicht haben. Im ursprünglich baumfreien Hochland der Insel Santa Cruz (Galápagos) breitet sich beispielsweise mit dem Chinarindenbaum (*Cinchona pubescens*) ein Vertreter der zuvor hier fehlenden Lebensform Baum aus. Von Anpflanzungen auf tiefer gelegenen Landwirtschaftsflächen ausgehend bedeckt *Cinchona* inzwischen über 11 000 ha im Hochland, in dem auch der Galápagos Nationalpark liegt. Die großen Bestände verändern völlig den Landschaftscharakter und drängen vor allem endemische Arten zurück (Jäger et al. 2007, 2009). In strukturell verarmten Forstbeständen auf Hawai'i, die ohne Strauchschicht waren, finden sich dagegen unter *Cinchona* verstärkt endemische Arten (Fischer et al. 2009). In diesem Fall hat dieselbe Invasionsart eine strukturelle Annäherung an die ursprünglichen, komplexeren Waldstrukturen erbracht. Auf Galápagos schuf sie dagegen neue Verhältnisse mit verheerenden Folgen für einheimische Arten. Dieses Beispiel veranschaulicht, wie stark Invasionsfolgen regional variieren können – und entsprechend differenziert zu bewerten sind.

Bei der von den Kanaren und Madeira stammenden *Myrica faya* verstärken sich mehrere ökologische Mechanismen.

Die Gefährdung der einzigartigen Tier- und Pflanzenwelt Hawaiis durch biologische Invasionen hat umfangreiche Abwehrmaßnahmen ausgelöst, so auch strenge Kontrollen an Häfen und Flugplätzen. Die Bilanz des Jahres 1994 zeigt die Notwendigkeit: In 2275 Fällen wurden 259 für Hawai'i neue wirbellose Arten gefunden: 40 % im Gepäck von Flugreisenden, 39 % in der Luft- und 16 % in der Seefracht; 5 % stammten aus Paketen und anderen Einführungsquellen (Holt 1996). In Australien wurden in den letzten 20 Jahren über 6700 Fälle von nichteinheimischen Ameisen aus über 100 verschiedenen Arten bei Einfuhrkontrollen festgestellt (Lach & Thomas 2008).

## 2.4 Invasionen auf Kontinenten

Kein Kontinent und kaum ein Lebensraumtyp sind frei von biologischen Invasionen. Selbst in der Arktis, Antarktis und in borealen Gebieten kommen nichteinheimische Arten vor (Hämet-Ahti 1983, Weidema 2000, Frenot et al. 2005). Regenwürmer, die den borealen Wäldern Kanadas zuvor fehlten, können sich von Straßenrändern, wohin sie mit Bodenmaterial oder dem Verkehr gelangten, in die Naturwälder ausbreiten und dort als Schlüsselarten Nährstoffkreisläufe beeinflussen (Frelich et al. 2006, Cameron & Bayne 2009). Entgegen ursprünglichen Annahmen sind auch tropische Regenwälder nicht resistent gegen Invasionen (Ramakrishnan 1991,

### *Myrica faya* auf Hawai'i

*Myrica* kam im 19. Jahrhundert als Zierpflanze nach Hawai'i, wurde in den 1920er und 1930er Jahren zur Erosionskontrolle aufgeforstet und breitet sich seitdem stark aus. 1961 wurde im Volcanoes National Park ein Einzelbaum gesehen. 1977 bedeckten Dominanzbestände 609 Hektar und 1992 bereits 15 100 Hektar, obwohl *Myrica* mehrfach bekämpft worden war. *Myrica* gedeiht auf einer breiten Standortamplitude, wächst und fruchtet schnell. Ein besonderer Vorteil ist die Fähigkeit, über die Symbiose mit *Frankia*-Bakterien Luftstickstoff zu binden. Die ansonsten dominanten einheimischen Gehölze sind hierzu nicht in der Lage. Auch *Frankia* ist auf Hawai'i eingeführt, was auf stickstoffarmen Vulkanböden Konkurrenzvorteile für den Symbiosepartner bedeutet. So entwickelt sich die Vegetation hier viel schneller als früher. Wo die Waldbildung sonst mehrere Jahrhunderte gebraucht hat, wachsen jetzt innerhalb von 30 Jahren dichte *Myrica*-Bestände auf. In ihnen werden einheimische Arten verdrängt, andere Gehölze können sich nicht mehr verjüngen. *Myrica* wird auch durch eingeführte Vogelarten begünstigt, die ihre Samen ausbreiten (Vitousek & Walker 1989, Woodward et al. 1990). Parallelbeispiele, bei denen die symbiotische Stickstofffixierung als Schlüsselfaktor des Invasionserfolges wirkt, sind *Acacia*-Arten in Südafrika, *Elaeagnus angustifolia* in Nordamerika und *Robinia pseudoacacia* in Mitteleuropa (siehe Kap. 6.2.5.5).

Rejmánek 1996). Inseln (mit Ausnahme der antarktischen) sind mehr als kontinentale Gebiete betroffen, mediterrane und aride Gebiete stärker als Savannen (Lonsdale 1999).

In Ozeanen, besonders in Küstengewässern und Ästuaren, breiten sich nichteinheimische Organismen vor allem durch das Ballastwasser großer Schiffe aus (siehe Kap. 3.2.2.4). Besonders spektakulär ist die Massenausbreitung der tropischen Grünalge *Caulerpa taxifolia* im westlichen Mittelmeergebiet. Sie soll aus dem Aquarium von Monte Carlo an der Côte d´Azur ins Meer gelangt sein (Meinesz 1999). Tab. 8 enthält eine Auswahl an Arten, die sich in verschiedenen Lebensraumtypen der Welt mit weit reichenden Folgen ausgebreitet haben.

Auch **anthropogen überformte Binnengewässer** sind häufig reich an nichteinheimischen Organismen. Flüsse wie Kanäle sind zudem ausgezeichnete Wanderwege für aquatische Organismen (Ashton & Mitchell 1989, Kinzelbach 1995, Galil et al. 2007). Zahlreiche Arten sind aus wirtschaftlichen Gründen absichtlich ausgesetzt worden. Dazu gehört auch die Wasser-Hyazinthe (*Eichhornia crassipes*), die zu den am meisten gefürchteten „aquatic weeds" tropischer Gebiete zählt. Ihre schwimmenden Vegetationsdecken verändern den Gewässerchemismus mit Folgen für alle aquatischen Lebensgemeinschaften. Die Aussetzung des Nilbarsches (*Lates niloticus*) im Viktoriasee 1954 hat zwar die lokale Fischereiwirtschaft stimuliert, aber auch neue Probleme verursacht. Um das ölreiche Fleisch zu trocknen, wird mehr Feuerholz geschlagen. Dies fördert die Erosion im Einzugsbereich des Sees und führt zu Nährstoffeinträgen, von denen wiederum die Wasser-Hyazinthe profitiert. Die Massenvermehrung des Nilbarsches hat auch zum Aussterben von wohl 200 der 300 endemischen Buntbarscharten des Viktoriasees geführt (Goldschmidt 1996). In den kontinentalen USA sollen bei 68 % der in den letzten 100 Jahren ausgestorbenen Fischarten (auch) nichteinheimische Arten eine Rolle gespielt haben (Miller et al. 1989).

*Mimosa pigra* in Asien und Australien sowie *Tamarix*-Arten in Nordamerika sind Beispiele für Gehölze mit erheblichen **Auswirkungen auf die Hydrologie**. *Mimosa* verändert die Wasserführung natürlicher Gewässer, fördert die Erosion und beeinträchtigt Be- und Entwässerungssysteme (Lamar Robert & Habeck 1983). *Tamarix*-Bestände bedecken heute 500 000 Hektar in ariden und semiariden Gebieten im Südwesten der USA. Sie wurden nach 1940 durch weit reichende Gewässerregulierungen begünstigt. Als Folge treten Versalzungen auf. Die Wasserreserven werden vermindert, da die Verdunstung höher als die der Vorgängervegetation ist (Brock 1994). Bisamratte, Wollhandkrabbe und Kaninchen können durch Graben Ufer destabilisieren und die Erosion fördern (siehe Kap. 9).

Der Blutweiderich (*Lythrum salicaria*) ist ein Beispiel einer europäischen Art, die sich seit 1930 massenhaft in **Feuchtgebieten** im Norden der USA und in Kanada ausbreitet. Verschiedene Ursachen spielen hier zusammen (Edwards et al. 1995): Anfang der 1930er-Jahre wurden umfangreiche Gewässerregulierungen zur Arbeitsbeschaffung vorgenommen und damit zahlreiche Störungsstandorte geschaffen. So schuf der Straßenbau quer durch die Appalachen lineare Ausbreitungswege, Imkeransaaten wurden zu punktuellen Ausbreitungsquellen, und brachgefallenes Grünland ermöglichte gute Etablierungsbedingungen.

*Myrica faya* (siehe Kap. 2.3) und *Acacia*-Arten stehen für Gehölze, die sich durch symbiotische Stickstofffixierung Konkurrenzvorteile auf nährstoffarmen Böden verschaffen. Im mediterranen **Fynbos-Biom** Südafrikas sind viele endemische Arten durch das Eindringen nichteinheimischer Gehölze bedroht, insbesondere von *Acacia*- und *Pinus*-Arten. Der Wasserabfluss verringert sich nach dem

Tab. 8 Außereuropäische Beispiele biologischer Invasionen mit erheblichen Folgen

| Neobiota | Herkunft | Invasionsgebiet | Beginn der Ausbreitung seit | Ausgangspunkt | betroffene Ökosysteme | Folgen | Quellen |
|---|---|---|---|---|---|---|---|
| **Neophyten** | | | | | | | |
| ***Eichhornia crassipes*** (Wasserhyazinthe) | tropisches Amerika, Kalifornien bis 40. Breitengrad | Tropen, weltweit | | Zier-, Nutzpflanze | Still- u. Fließgewässer | Veränderung d. limnischen Biozönosen (v. a. Lichtkonkurrenz, Verringerung der Sauerstoffkonzentration des Wassers), Verlandung, Beeinträchtigung d. Abflussregimes u.d. Schifffahrt, Erhöhung d. Bilharziose-Gefahr | Ashton & Mitchell 1989, Cronk & Fuller 1995 |
| ***Myrica faya*** (Gagelstrauch) | Azoren, Kanaren, Madeira | Hawaii | Ende 19. Jh. | Ziergehölz, Erosionsschutzpflanzungen, Aufforstungen | junge Vulkangebiete, landw. Brachen u.v.a. | Vegetationsveränderungen, schnellerer Formationswechsel zum Wald, $N_2$-Fixierung als Konkurrenzvorteil | Vitousek & Walker 1989, Woodward et al. 1990 |
| ***Mimosa pigra*** (Faule Mimose) | Süd-/Mittelamerika | weltweit in tropischen Gebieten | 1875 in Afrika | Zierpflanze | Gewässersysteme, Feuchtgebiete, Landwirtschaftsflächen | Vegetationsveränderungen, Erosion, Beeinträchtigung von Entwässerungssystemen | Cronk & Fuller 1995 |
| ***Tamarix*** spec. (Tamarisken-Arten) | Eurasien | südwestl. Nordamerika | Ende 19. Jh., verstärkt nach 1940 | Zier-, Windschutzgehölz | Gewässersysteme in ariden/semiariden Gebieten | Wasserverluste, Versalzung, Veränderung d. Auenvegetation | Brock 1994 |

Tab. 8 Fortsetzung

| Neobiota | Herkunft | Invasionsgebiet | Beginn der Ausbreitung seit | Ausgangspunkt | betroffene Ökosysteme | Folgen | Quellen |
|---|---|---|---|---|---|---|---|
| ***Opuntia*** **spec.** (Opuntien-Arten) | Amerika | Trockengebiete, weltweit | 1839 in Australien | als Wirt von Cochenille-Läusen, Zier- u. Nutzpflanze | Weideland, natürliche Trockenstandorte | Vegetationsveränderungen, Beeinträchtigung der Weidenutzung | Egler 1947, Auld & Tisdell 1986, Ellenberg 1989, Oduor 1996 |
| ***Lythrum salicaria*** (Blutweiderich) | Europa | Nordamerika | 1814, Massenausbreitung nach 1930 | mit Wolle od. Schiffsballast | Feuchtgebiete | Vegetationsveränderungen | Edwards et al. 1995 |
| ***Bromus tectorum*** (Dach-Trespe) | | Nordamerika | | mit Saatgut? | Steppen | Vegetationsveränderungen, Beeinträchtigung der Weidenutzung, erhöhte Feuergefahr | Mack 1986, Billings 1990 |
| ***Acacia*** **spec.** (Akazien-Arten) | oft Australien | trocken-warme Gebiete weltweit | | Anpflanzungen | Fynbos-Vegetation (Südafrika), Savannen | Vegetationsveränderungen, Grundwasserabsenkungen | Cronk & Fuller 1995 |
| ***Lantana camara*** (Wandelröschen) | Mittel-/Südamerika | trocken-warme Gebiete weltweit | 1880 in Südafrika | Zierpflanzungen | Acker-, Weideland, Forsten | Vegetationsveränderungen, landwirtschaftliche Einbußen | Cronk & Fuller 1995, Shiva 1996 |
| ***Eucalyptus*** **spec.** (Eukalyptus-Arten) | Australien | trocken-warme Gebiete weltweit | | Anbau als Forstbaum | Forsten | Grundwasserabsenkungen, Nährstoffentzug, Versalzungen, biozönotische Verarmung | Blondel & Aronson 1999 |

**Tab. 8** Fortsetzung

| Neobiota | Herkunft | Invasionsgebiet | Beginn der Ausbreitung seit | Ausgangspunkt | betroffene Ökosysteme | Folgen | Quellen |
|---|---|---|---|---|---|---|---|
| **Neozoen** | | | | | | | |
| ***Rattus*** **spec.** (Ratten, Wanderratte in Europa archäozoisch) | Ostasien | weltweit | Mittelalter (spätestens) | Verbreitung mit Schiffen | primär in Siedlungen mit Häfen | Übertragung von Krankheitserregern auf Menschen und Überträger, Ausrottung von Vögeln auf ozean. Inseln | Elton 1958, Atkinson 1985, Crosby 1991, Bryan 1996 |
| ***Orytolagus cuniculus*** (Kaninchen) | Südwesteuropa | weltweit | Mittelalter in Mitteleuropa | Aussetzungen | natürliche und anthropogene Grasländer | Vegetationsveränderungen durch Verbiss, Konkurrenz zu Weidetieren | Lang 2003 |
| ***Lates nilotes*** (Nil-Barsch | Afrika | trocken-warme Gebiete, Zentralafrika | 1950 | Aussetzung zur Fischzucht | Viktoriasee | Eutrophierung; Ausrottung von wahrsch. 200 der 300 endemischen Buntbarscharten; Förderung von *Eichhornia*-Invasionen; sozio-ökon. Folgen | Goldschmidt 1996, Oguto-Ohwayo 1996 |
| ***Aedes albopictus*** (Tiger-Mosquito) | Asien | Amerika u. a. | 1985 | mit Reifenabfällen | | Übertragung von Enzephalitis, Gelb- u. Denguefieber | Bryan 1996 |
| **Neomycten** | | | | | | | |
| ***Ceratocystis ulmi*** (Erreger d. Holländ. Ulmenkrankheit) | Ostasien | Nordamerika, Europa | ca. 1918 | Einfuhr mit Holz | temp. Laubwälder, Parks, Straßenbäume | Rückgang amerikanischer und europäischer *Ulmus*-Arten | |
| ***Endothia parasitica*** (Erreger d. Kastaniensterbens) | Ostasien | Nordamerika, Europa | Nordamerika: 1900<br>Europa: nach 1930 | Einfuhr mit Holz | temp. Laubwälder i. N.-Am., Edelkastanienkulturen in | starker Rückgang von *Castanea dentata* in Nordamerika, Schäden b. *Castanea sativa* in Europa | Elton 1958, Seemann et al. 2001 |

Eindringen der Bäume um 30 bis 70%. Dies führt dazu, dass die Wasserpreise in Kapstadt steigen werden (Le Maître et al. 1996). Aufforstungen von *Eucalyptus*-Arten können den Wasserhaushalt trockener Gebiete ebenfalls belasten. *Eucalyptus*-Arten breiten sich jedoch weniger rasch aus als *Acacia*- und *Pinus*-Arten (Richardson 1996).

Die **Weidewirtschaft** hat weite Gebiete Nord- und Südamerikas, Australiens und Neuseelands völlig verändert. Zahlreiche eurasiatische Arten sind als weideresistente Futterpflanzen eingeführt worden – und mit ihnen einige Unkräuter. Ein Beispiel ist der in Mitteleuropa wenig auffällige *Bromus tectorum:* Das Gras verdrängt einheimische Arten nordamerikanischer Steppen, mindert die Futterqualität und erhöht das Brandrisiko (Mack 1981, Link et al. 2006). Auch im tropischen Mittel- und Südamerika gewinnen nichteinheimische Gräser an Bedeutung: Seit etwa 1840 werden in gerodeten Urwaldgebieten zunehmend paläotropische Gräser angesät (Illueca 1996, Williams & Baruch 2000). In vielen wärmeren Trockengebieten erschweren Kakteen der Gattung *Opuntia* die Weidenutzung. Die Opuntien waren ursprünglich zur Zierde, als lebender Zaun und wegen ihrer Früchte angepflanzt worden. Bis zur Entdeckung der Anilinfarben Mitte des 19. Jahrhunderts wurden sie auch als Wirte von Cochenille-Läusen geschätzt. Aus ihnen wurde natürliches Karminrot gewonnen. In Australien bedeckten sie bis 1925 eine Fläche von 24 Millionen Hektar. Um ökonomische Einbußen der Schafzüchter zu vermindern, wurde der südamerikanische Schmetterling *Cactoblastis cactorum* zur biologischen Kontrolle eingeführt. Dies war ebenso erfolgreich wie die Bekämpfung des 1788 eingebürgerten Kaninchens (*Oryctolagus cuniculus*), das sich bis zu 300 Kilometer pro Jahr ausgebreitet hatte (Myers 1986). In direkter Konkurrenz zu Schafen nutzte es den geringen Aufwuchs der Trockengebiete. Nachdem Erreger der Viruserkrankung Myxomatose zur biologischen Kontrolle der Kaninchen aus einem Versuchslabor entkommen und später absichtlich freigesetzt worden sind, gingen deren Bestände seit etwa 1950 zurück. Allerdings hat sich schon nach wenigen Jahren ein weniger virulenter Virenstamm mit geringerer Mortalität durchgesetzt. Deshalb wurde weiterhin an Gegenmaßnahmen geforscht. 1995 entkamen aus einem Versuchslabor Erreger der Chinaseuche (RHD, Rabbit haemorrhagic disease; Richardson 2001).

Bis zum 19. Jahrhundert wurden biologische Invasionen überwiegend durch den Export landwirtschaftlicher Praktiken sowie von Haustieren und Zierpflanzen von Europa in andere Teile der Welt ausgelöst (Crosby 1991). Im 20. Jahrhundert führt die **Forstwirtschaft** mit dem Massenanbau nichteinheimischer Gehölze zu tiefgreifenden Umwälzungen, vor allem in subtropischen und tropischen Gebieten (Zobel et al. 1987). Gewaltige Urwaldflächen werden gerodet und bisher baumfreie Gebiete aufgeforstet. Die Aufforstungsflächen sollen weltweit mindestens 100 Millionen Hektar (1987) umfassen, 84% davon mit Koniferen. In den letzten 30 Jahren wurden allein in Chile, Australien und Neuseeland mehr als vier Millionen Hektar mit der kalifornischen *Pinus radiata* aufgeforstet (Richardson 1996).

In den Subtropen und Tropen werden häufig gras- und strauchbeherrschte Vegetationsformationen aufgeforstet. Anpflanzung wie spontane Ausbreitung der neuen Lebensform „Baum" können Struktur und Funktionen betroffener Ökosysteme erheblich verändern. Schwerwiegende Folgen für Hydrologie, Bodeneigenschaften und Ökosystemdynamik sind für viele Fälle belegt (z. B. Richardson et al. 1994). Auch tropische Regenwälder haben sich nicht als resistent gegen Invasionen erwiesen: In Tansania dringt die schon von der deutschen Kolonialverwaltung und verstärkt nach 1960 angepflanzte

**Aus folgenden Gründen werden nichteinheimische Bäume einheimischen häufig vorgezogen (Zobel et al. 1987):**

- Sie haben oft eine breitere Standortamplitude und wachsen gut auf degradierten Waldböden und Waldgrenzstandorten.
- Häufig ist Schnellwüchsigkeit mit guten Holzeigenschaften gepaart, vor allem bei Koniferen.
- Saatgut ist in großen Mengen verfügbar.
- Die Biologie weltweit verbreiteter Arten sowie ihre Standortansprüche sind gut bekannt.
- Es existieren vielfältige Erfahrungen zur Anzucht, Anpflanzung und Bestandspflege sowie zur Nutzung und Vermarktung, die vor allem international agierende Holzkonzerne nutzen können.

*Maesopsis eminii* auch in ungestörte Wälder ein (Binggeli & Hamilton 1993). Ermutigende Erfolge in Japan, Südostasien und Südamerika beweisen jedoch, dass eine nachhaltige Forstwirtschaft auch mit einheimischen Arten möglich ist (Miyawaki & Fujiwara 1988, Lohmann et al. 1997).

Zwischen dem Invasionserfolg der Forstgehölze und dem Umfang der Anpflanzungen besteht ein enger Zusammenhang. So gehen von den weltweit massenhaft gepflanzten Kiefern viele problematische Invasionen aus, vor allem in der südlichen Hemisphäre. Weitere problematische Invasionspflanzen sind *Acacia*- und *Prosopis*-Arten sowie *Ailanthus altissima*, *Calotropis procera*, *Casuarina glauca*, *C. littoralis*, *Dichrostachys cinerea*, *Gleditsia triacanthos*, *Guazuma ulmifolia*, *Justicia adhatoda*, *Leucaena leucocephala*, *Melaleuca quinquenervia*, *Parkinsonia aculeata*, *Psidium guajava*, *Sesbania bispinosa* und *Ziziphus nummularia* (Richardson 1996). Binggelis (1996) Datenbank enthält 653 invasive Gehölzarten. 184 hiervon gelten als „highly invasive". Davon wurden 134 Arten absichtlich durch die Forstwirtschaft verbreitet. Inzwischen werden Gehölzarten auch gentechnisch verändert, um ihre Wuchs- und Holzeigenschaften zu verbessern und die Verträglichkeit von Herbiziden zu steigern (Moffat 1996, Zoglauer et al. 2000, Hoenicka & Fladung 2006).

Von großer Bedeutung für forstwirtschaftliche Aktivitäten sind auch die Verschleppung von Insekten und Fadenwürmern (siehe Kap. 9.4.1). Besonders xylophage Käfer werden mit Holzimporten verbreitet. Der aus Nordamerika stammende Kiefernholznematode (*Bursaphelenchus xylophilus*) gelangte mit Holz nach Japan (zu Beginn des 20. Jahrhunderts), China, Taiwan, Südkorea (ab 1982) und Europa (Portugal 1999), wo er sich weiter ausgebreitet hat und durch seine Fraßtätigkeit Bäume absterben lässt. In Japan ist er für 20–50 % der Verluste in Kieferforsten verantwortlich, in Portugal werden laufend Kontrollen und Rodungen durchgeführt (Mota et al. 2009).

## 2.5 Invasionen unterhalb der Artebene

Unterhalb der Artebene entfaltet sich die biologische Vielfalt mit einer Differenzierung von Unterarten, Varietäten, Ökotypen – und auch auf der Ebene einzelner Populationen und Individuen. Diese innerartliche genetische Vielfalt zu erhalten (und auch nachhaltig zu nutzen) ist ein wesentliches Ziel des Übereinkommens zur Biologischen Vielfalt (CBD, siehe Kap. 10.2.11). Es steht gleichberechtigt neben dem Ziel der Bewahrung der Arten- und Lebensraumvielfalt. Die räumliche Trennung zwischen Organismen ist eine wichtige Triebfeder der Evolution. Durchbrechen nun biologische Invasionen die räumliche Isolation zwischen genetisch kompatiblen Taxa, kann dies erhebliche, kaum absehbare evolutive Folgen haben (Hurka 2002). Zunächst erhöht die Einführung und weitere evolutive Entwicklung gebietsfremder Arten die genetische Vielfalt eines Gebietes. Beispielsweise können anthropogene Sippen entstehen (siehe Kap. 2.5.1). Allerdings können eingeführte Arten auch die bereits vorhandene genetische Vielfalt gefährden (siehe Kap. 2.5.2)

### 2.5.1 Erweiterung der genetischen Vielfalt

Die Einführung gebietsfremder Wild- und Kulturpflanzen kann auf verschiedenen Wegen zur Herausbildung neuer anthropogener Taxa führen: durch die selektive Anpassung an neuartige anthropogene Umweltbedingungen, durch Hybridisierungsprozesse unter Beteiligung einheimischer und nichteinheimischer Wildpflanzen oder Kulturpflanzen und durch die Verwilderung von Kulturpflanzen. Sind nichteinheimische Ausgangsarten an der Entstehung anthropogener Sippen beteiligt, werden letztere hier zu den Neobiota gezählt.

Bei einer erheblichen Anzahl von Pflanzenarten sind ursprüngliche Vorkommen unbekannt. Dies ist häufig mit vagen Herkunftsbezeichnungen verschleiert oder damit erklärt worden, dass solche Vorkommen möglicherweise ausgestorben oder noch gar nicht entdeckt seien. Vieles spricht allerdings dafür, dass solche „heimatlosen" Arten erst in der Kulturlandschaft entstanden sind – und damit in enger Abhängigkeit vom menschlichen Wirken. Man kann sie daher als anthropogene Taxa bezeichnen. Für Pflanzen hat Zohary (1962) den Begriff **Anökophyt** geprägt, aber auch andere Bezeichnungen kursieren (vgl. Scholz 1996, Sukopp & Scholz 1997, Schroeder 2000b). Viele der heimatlosen Arten sind Unkräuter, die nur segetal auf Landwirtschaftsflächen oder ruderal auf gestörten Siedlungsstandorten auftreten. Nach dem Zeitraum ihrer Entstehung können archäo- und neophytische Anökophyten unterschieden werden (Beispiele in Tab. 9 sowie bei Scholz 1995c, 1996, Keil & Loos 2005).

Selektive Anpassungsprozesse sind vor allem bei Ackerunkräutern bekannt und haben z. B. zur Bildung spezifischer Leinunkräuter geführt, die sich im Habitus, in der Phänologie und bei Samenmerkmalen an den Lein angepasst haben. Oft haben solche Arten die Fähigkeit verloren, Samen aus ihren Früchten zu entlassen, da deren Verbreitung zusammen mit der geernteten Kulturpflanze effektiver war (Kornas 1988). Eine verbesserte Saatgutreinigung hat dann allerdings fast schlagartig den Rückgang solcher Arten eingeleitet, die heute oft auf Roten Listen stehen (siehe Kap. 6.2.2).

Wahrscheinlich sind viele segetale Archäophyten erst auf Äckern als **„obligatorische Unkräuter"** entstanden. Ein weiterer Weg zu neuen anthropogenen Sippen führt über eine Kreuzung und Rückkreuzung zwischen Kultur- und Wildpflanzen („Kultur-Wildpflanzenkomplex", Tab. 9; Scholz 1991, 1996, Sukopp & Scholz 1997, Gressel 2005 mit Übersichten). Auch im Siedlungsbereich treten anthropogene Sippen häufig auf, beispielsweise Nachtkerzen (*Oenothera*) oder Pappel-Hybriden (Keil & Loos 2005). Einige Taxa besiedeln wie *Spartina anglica* und *Fallopia × bohemica* auch naturnahe Lebensräume und erweisen sich hier konkurrenzstärker als die Ausgangsarten (siehe Kap. 6.6.1 und 6.4.4).

Tab. 9 veranschaulicht das Spektrum anthropogener Sippen, die nach ihrem Entstehungszeitraum, der Herkunft ihrer Ursprungsarten und dem Vorkommen von Kulturmerkmalen unterteilt werden können. Bei manchen Sippen sind Herkunft und Entstehungszeit unsicher. Zudem ist vielfach um-

**Tab. 9** Erweiterung des Sippeninventars durch anthropogene Sippendifferenzierung: Entstehung von Anökophyten unter Beteiligung nichteinheimischer Ausgangsarten (unterteilt nach wahrscheinlichem Entstehungszeitraum und Vorhandensein kultigener Merkmale; nach Kowarik & Sukopp 2000)

| | **Anökophyten mit kultigenen Merkmalen** (konvergenter Entwicklungstyp) | **Anökophyten ohne kultigene Merkmale** (divergenter Entwicklungstyp) |
|---|---|---|
| **vor 1492 entstanden** (archäophytische Anökophyten) | **Unkraut-Kulturpflanzen-Komplex** *Bromus secalinus, Agrostemma githago, Lolium remotum, L. temulentum, Silene linicola, Fagopyrum tataricum* (?), *Avena fatua, Cannabis ruderalis* (*C. sativa* var. *spontanea*), *Setaria viridis, Pyrus-, Malus-, Prunus*-Sippen | **eurasische Ursprungsarten** *Papaver rhoeas, Rumex alpinus, R. crispus, Senecio vulgaris, S. vernalis, Elytrigia repens, Capsella bursa-pastoris, Diplotaxis muralis* **Kosmopolitisch** *Portulaca oleracea, Cynodon dactylon* (in Mitteleuropa neophytisch) |
| **nach 1492 entstanden** (neophytische Anökophyten) | **Unkraut-Kulturpflanzen-Komplex** *Panicum miliaceum* subsp. *agricolum, Panicum miliaceum* subsp. *ruderale, Vaccinium corymbosum × angustifolium, Solidago-* (?), *Aster*-Sippen (?) | **Ursprungsarten aus Amerika** *Oenothera-, Xanthium-, Epilobium-*Sippen, *Amaranthus bouchonii* **Ursprungsarten aus Ostasien** *Fallopia × bohemica* **In anderen Teilen Europas entstanden, nach Mitteleuropa eingeführt** *Artemisia verlotiorum, Corispermum leptopterum,* einige *Xanthium-* u. *Oenothera*-Sippen |

**Tab. 10** Bilanzierung von Hybriden und anthropogenen Sippen innerhalb der Flora Tschechiens (nach Pyšek et. al. 2002)

| | Hybride mit Archäophyten | Hybride mit Neophyten | Hybride mit Einheimischen | auf Landwirtschaftsflächen entstanden | eingeführte Hybride | Gesamtzahl | Anteil [%] Gesamtzahl der Taxa |
|---|---|---|---|---|---|---|---|
| Archäophyten | 12 | – | 31 | 12 | 7 | 62 | 18,7 |
| Neophyten | 6 | 28 | 35 | 32 | 21 | 122 | 11,7 |
| Summe | – | – | – | 44 | 28 | 184 | 13,3 |

stritten, inwieweit in Mitteleuropa vorkommende Sippen noch mit ihren außereuropäischen Ausgangsformen übereinstimmen (z. B. Scholz 1993 zu *Solidago*, *Aster salignus*). Tab. 10 illustriert am Beispiel von Tschechien den Stellenwert anthropogener Sippen in der Flora eines Landes. Zwischen Einheimischen, Archäo- und Neophyten entstanden hier insgesamt 112 Hybride, 28 wurden eingeführt und 44 Taxa entstanden auf Landwirtschaftsflächen.

Da anthropogene Sippen nirgendwo natürliche Vorkommen besitzen, kann ihre Ausbreitung im Unterschied zu anderen Untergruppen der Neobiota nicht zur Homogenisierung von Gebietsfloren beitragen. Durch ihre Entstehung wird die biologische Vielfalt im Gegenteil erhöht: regional wie im globalen Maßstab.

### 2.5.2 Gefährdung der genetischen Vielfalt

Über verschiedene Wirkungspfade können eingeführte Tiere und Pflanzen die genetische Vielfalt gefährden, die sich in oft sehr langer Anpassung an die natürlichen oder kulturlandschaftlichen Bedingungen eines Gebietes entwickelt hat:

- Gebietseigene und gebietsfremde Taxa können sich kreuzen. Dies kann zwischen verschiedenen Arten, aber auch unterhalb der Artebene erfolgen. So können gebietseigene Arten mit gebietsfremden Unterarten, aus anderen Gebieten eingeführten Herkünften derselben Art oder verwandten Kulturpflanzen hybridisieren.
- Ein weiterer Genfluss kann zwischen Kreuzungsprodukten und ihren Ausgangsarten zustande kommen (Introgression oder Rückkreuzung).
- Kreuzung und Rückkreuzung könnten auch beim Zusammentreffen nichteinheimischer Arten im neuen Verbreitungsgebiet erfolgen.

Der Verlust genetischer Vielfalt auf der Populationsebene ist nach Ehrlich (1988) genauso bedeutsam wie der Verlust ganzer Arten. Dennoch werden biologische Invasionen unterhalb der Artebene in ihrem Ausmaß und ihrer Bedeutung völlig zu Unrecht unterschätzt (Petit 2004). Dies mag daran liegen, dass die zugrunde liegenden Prozesse zunächst oft wenig offensichtlich sind. Während die nordamerikanische Douglasie sofort als eine neue Art auffällt, ist dies bei gebietsfremden Herkünften einheimischer Nadelbäume, bei Grünlandansaaten oder bei der Kreuzung gentechnisch veränderter Rapssorten mit einheimischen Arten kaum der Fall. Die Auswirkungen können jedoch ökonomisch und ökologisch weit reichend sein.

Das Beispiel der Forstbäume veranschaulicht **ökonomische Probleme**, die durch ge-

### Misserfolge mit gebietsfremden Herkünften von Bäumen

Seit dem 10. Jahrhundert hat der Bergbau die Hochlagen-Fichtenwälder des Harzes stark zurückgedrängt. Zur Wiederaufforstung wurden seit Mitte des 18. Jahrhunderts Flachlandherkünfte der Fichte (*Picea abies*) verwendet. Diese waren jedoch in den Hochlagen ungeeignet, da sie – anders als die schmalkronigen Hochlagenherkünfte – morphologisch nicht an die hohe Eis- und Schneebruchgefahr angepasst waren (Abb. 7). Flachlandherkünfte kreuzten sich auch mit verbliebenen Hochlagenformen, die deshalb wahrscheinlich in einem Hybridkomplex aufgegangen sind. Formen, die den ursprünglichen zumindest nahe kommen, werden heute weitab von anderen Fichten vermehrt und dann wieder in den Hochlagen ausgebracht (Kison 1995). In Brandenburg wuchsen Kiefern (*Pinus sylvestris*) ungenügend, die aus Südfrankreich oder Gebieten mit ozeanischem Klima stammten (Erteld 1950). Solche Erfahrungen haben zum deutschen Forstvermehrungsgesetz (ehemals Forstsaatgutgesetz) geführt. Danach dürfen rund 20 Forstbäume nur in genau definierten Herkunftsgebieten verwendet werden. Nach deutschem Naturschutzrecht ist auch die Ausbringung gebietsfremder Arten außerhalb von Siedlungen grundsätzlich genehmigungspflichtig, wobei für forst- und landwirtschaftliche Anbaupflanzen Ausnahmen bestehen.

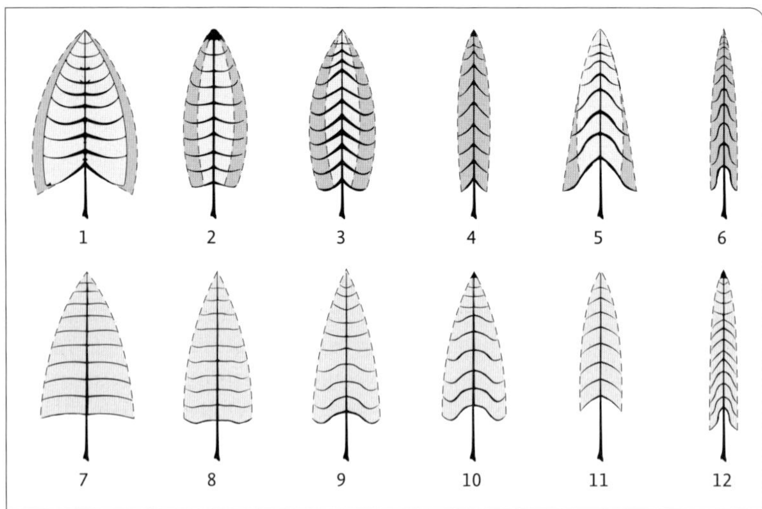


**Abb. 7** Genetische Vielfalt innerhalb einer Art: Beispiel der Ausbildung verschiedener Fichtenkronen als Anpassung an unterschiedliche Klimabedingungen (z. B. Schnee- und Eislast). Hochlandformen bilden im Gegensatz zu Flachlandformen schmale Kronen aus (nach Schmidt-Vogt 1977).

bietsfremde Gehölzherkünfte entstehen können. Auch bei einheimischen Straucharten wurde festgestellt, dass fremde Herkünfte oft (aber nicht immer!) schlechter als gebietseigene (an)wachsen. In einer Versuchspflanzung in Wales wurden verschiedene britische und andere europäische Herkünfte des Weißdorns (*Crataegus monogyna*) getestet. Gebietseigene Herkünfte wuchsen besser und kompakter auf schwierigen Standorten, hatten weniger Mehltau und wurden auch weniger durch Verbiss geschädigt. Ein späteres Austreiben lässt weniger Schäden durch regionaltypische Spätfröste erwarten (Jones et al. 2001; weitere Beispiele in Kap. 6.2.6.1).

Die Landwirtschaft kann erhebliche Schäden erleiden, wenn Wildpflanzen in Kulturpflanzen einkreuzen und damit neue Problemunkräuter entstehen. Dies kommt bei fast allen wichtigen landwirtschaftlichen Kulturpflanzen vor (Gressel 2005). Auch ein Genfluss in umgekehrter Richtung kann neue Unkräuter entstehen lassen, beispielsweise, wenn Konkurrenz fördernde Eigenschaften wie Herbizid- oder Schädlingsresistenz von gentechnisch veränderten Pflanzen auf Wildpflanzen übergehen. Solche Genflüsse sind inzwischen mehrfach belegt worden, z. B. bei herbizidresistentem Raps, der in Nordamerika großmaßstäblich angebaut wird (Chandler & Dunwell 2008, Warwick et al. 2009; siehe auch Kap. 3.1.3).

Für den **Naturschutz** sind Invasionen unterhalb der Artebene ein wichtiges Thema, weil oft massenhaft gebietsfremde Herkünfte oder Kulturformen einheimischer Pflanzen und Tiere ausgebracht werden. Dies geschieht regelmäßig, und häufig auch in gro-

## Neue Problemunkräuter

In Gebieten, in denen Rübensaatgut produziert wird, kann die Einkreuzung wilder Rüben in Zuckerrüben (*Beta vulgaris* subsp. *vulgaris*) zu neuen, auf Rübenäckern schwer zu bekämpfenden Unkräutern führen. Auf diesem Weg könnte auch die Herbizidresistenz gentechnisch veränderter Rüben auf Wildpflanzen übergehen, mit fatalen Folgen für den Rübenanbau (Sukopp et al. 2005, Arnaud et al. 2009). In Kalifornien entstand aus Roggen (*Secale cereale*) und der Wildart *S. montanum* eine invasive Roggensippe, die zum gefürchteten Kulturunkraut wurde (Sun & Corke 1992).

ßem Maßstab, bei Grünlandansaaten und Gehölzpflanzungen (siehe Kap. 6.2.5.1 und 6.2.6), beim Fischbesatz von Gewässern (siehe Kap. 9.5) und in einigen Ländern auch beim Einsatz gentechnisch veränderter Organismen (siehe Kap. 3.1.3).

Zwischen- und innerartliche **Hybridisierung und Introgression** sind natürliche Phänomene, die in langen Zeiträumen zur Erweiterung der biologischen Vielfalt beigetragen haben. Nach Stace (1975) sind beispielsweise 975 von etwa 2000 Arten der Britischen Flora hybridogenen Ursprungs. Eine wiederholte Kreuzung und Rückkreuzung zwischen gebietseigenen und massenhaft ausgebrachten gebietsfremden Taxa kann jedoch zur genetischen Homogenisierung führen und ursprüngliche Wildformen verdrängen oder in Hybridkomplexe aufgehen lassen („genetic swamping"; Rhymer & Simberloff 1996, Petit 2004). Levin et al. (1996) sehen hierin einen wichtigen Faktor für den Rückgang seltener Pflanzenarten. Auch Simberloff (1996 mit Neozoenbeispielen) schätzt dieses Risiko als hoch und zugleich schwer kalkulierbar ein, da Hybridisierungen häufig nur molekulargenetisch nachweisbar sind.

In Deutschland sind rund 70 gefährdete Pflanzenarten (auch) durch Hybridisierung mit gebietsfremden Arten bedroht (Übersichten bei Bleeker et al. 2007, Schmitz et al. 2008). Mitteleuropäische Beispiele sind Schwarz-Pappel, Holz-Apfel und Wild-Birne (siehe Kap. 6.3.6 und 6.3.10). Von den Britischen Inseln und aus Tschechien sind jeweils rund 70 Hybriden unter Beteiligung nichteinheimischer Arten bekannt (Abbott 1992, Pyšek et al. 2002).

In Fließgewässern, die mit gebietsfremden Fischen besetzt werden (siehe Kap. 9.5), kann es zu Hybridisierungen mit ursprünglichen Formen kommen, etwa bei Forellen (van Houdt et al. 2005). Hybridisierungen mit Wildformen sind auch bei Lachsen bekannt, die aus Aquakulturanlagen entwichen sind (Hindar et al. 1991). Auch Wiedereinbürgerungprogramme können die regionale genetische Vielfalt gefährden, wenn dabei gebietsfremde Populationen freigelassen werden (Beispiele in Kap. 9.6).

Hybridisieren nichteinheimische Arten untereinander oder mit Einheimischen, können die Nachkommen ein erhöhtes Invasionspotenzial haben (Abbott 1992, Ellstrand & Schierenbeck 2000). Beispiele für konkurrenz- und ausbreitungsstarke Abkömmlinge von Kulturpflanzen hybridogenen Ursprungs sind *Mahonia aquifolium* (Ross & Auge 2008, Ross et al. 2008) und Kultur-Heidelbeeren (siehe Kap. 6.5.1). Der erst in Mitteleuropa aus der Hybridisierung zweier ostasiatischer Ausgangsarten hervorgegangene Böhmische Staudenknöterich (*Fallopia* × *bohemica*) hat sich als konkurrenzstärker als seine Aus-

## Hybridisierung bei Tieren

Der Fall der Europäischen Auster (*Ostrea edulis*) offenbart weit reichende Folgen eines innerartlichen Gentransfers: Da Austernlarven nur ein bis zwei Wochen im Plankton treiben, gibt es keinen Austausch über einzelne Küstenabschnitte hinweg. Hierdurch entstanden Rassen mit lokalspezifischen Anpassungen, die im nordfriesischen Wattenmeer ein Überleben auch strenger Winter ermöglichten. Zur Stützung überfischter Austernbänke wurden hier Austern aus Holland, England und Frankreich ausgebracht, die sich als weniger kältetolerant erwiesen. Dass in den strengen Wintern 1927 bis 1929 auch die Reste der nordfriesischen Austern-Bestände nahezu ganz verschwanden, wird auf die Einkreuzung von Importaustern zurückgeführt. Sie hatte die Widerstandsfähigkeit der Gesamtpopulation geschwächt (Reise 1998). Hybride zwischen verschiedenen Tierarten sind vor allem von Gänsen, Enten, Großfalken und Finkenvögeln bekannt (Geiter & Homma 2002; zur Weißkopf-Ruderente siehe Kap. 9.5.2).

gangsarten erwiesen und ist in einigen Gebieten besonders ausbreitungsstark (siehe Kap. 6.4.4).

Wie problematische Neophyten durch das Einkreuzen anderer Arten ihr Verbreitungsgebiet vergrößern können, zeigt das Beispiel von *Rhododendron ponticum*. Diese Art hat sich in Wales und in Irland massenhaft ausgebreitet und zählt hier zu den am meisten bekämpften Arten (Cross 2002, Dehnen-Schmutz et al. 2004). Durch Einkreuzung des in Gärten gepflanzten amerikanischen *Rhododendron catawbiense* sind wahrscheinlich frostverträglichere Formen entstanden, die eine Ausbreitung in kühlere Gebiete begünstigt haben (Milne & Abbott 2000).

# 3 Menschen als Wegbereiter biologischer Invasionen

Seitdem Menschen Gartenbau und Landwirtschaft betreiben, überregional handeln, reisen oder Krieg führen, verbreiten sie Neobiota, ungewollt oder absichtlich. Jedes Jahr – und bei einigen Organismengruppen mit stark zunehmender Tendenz – werden neue Arten in europäischen Ländern registriert (Abb. 8a). Die Anzahl der eingebürgerten Neophyten steigt seit Mitte des 19. Jh. stark an (Abb. 8b). Jeder zweite, heute in einem europäischen Land etablierte Neophyt kommt dort erst seit 1899 vor (Lambdon et al. 2008, Pyšek et al. 2009). Von 2271 in europäischen Ländern etablierten gebietsfremden Pflanzenarten stammen 53 % aus anderen Teilen Europas, 36 % aus Afrika, 34 % aus dem gemäßigten Asien, 25 % aus dem tropischen Asien, 3 % aus Australien und Ozeanien, 18 % aus Nordamerika und 16 % aus Südamerika (Lambdon et al. 2008, mit Mehrfachnennungen).

Am Beispiel der Flora und Fauna Deutschlands wird deutlich, dass weitaus mehr Arten vorkommen, die (noch) unbeständig sind (Abb. 9).

Auch nachdem nichteinheimische Arten zum ersten Mal in ein neues Gebiet gelangt sind, wird ihre Ausbreitung weiter durch menschliche Aktivitäten gefördert – häufig über Jahrzehnte bis Jahrhunderte. Insofern gehören menschliche Aktivitäten zu den Schlüsselfaktoren, die Invasionsprozesse initiieren, beschleunigen, aber auch hemmen können. Die Kenntnis anthropogener Wirkungsmechanismen ist daher eine Voraussetzung zum besseren Verständnis von Invasionsphänomenen. Sie offenbart zugleich Ansatzpunkte für ein effizientes Gegensteuern. Die Rolle von Menschen als Wegbereiter biologischer Invasionen wird in diesem Kapitel überwiegend mit mitteleuropäischen Beispielen illustriert, wobei drei Fragen im Mittelpunkt stehen:

- Auf welchen beabsichtigten und unbeabsichtigten Einführungswegen gelangen nichteinheimische Arten ins Gebiet (siehe Kap. 3.1 und 3.2)?
- Welche Rolle spielen danach sekundäre anthropogene Ausbringungsmechanismen bei ihrer weiteren Ausbreitung innerhalb des Gebietes (siehe Kap. 3.3 und 3.4)?
- Wie beeinflussen anthropogene Standort- und Klimaveränderungen den Erfolg der Arten (siehe Kap. 3.5 und 3.6)?

## 3.1 Absichtliche Einführungen

Die Einführungsgeschichte von Neobiota ist eng mit der allgemeinen Geschichte, insbesondere mit der Kulturgeschichte verbunden. Dies zeigt ein klassisches Beispiel aus dem alten Ägypten. Räucherharz, aus dem Weihrauchbaum (*Boswellia carterii*) gewonnen, wurde hier mindestens seit Mitte des 3. Jahrtausends v. Chr. für kultische Zwecke verwendet. Mit einer sagenhaften Expedition in das Land Punt, das wahrscheinlich auf dem Horn von Afrika lag, ließ die ägyptische Königin Hatschepsut gegen 1500 v. Chr. heilige Weihrauchbäume ausgraben und lebend in Töpfen nach Ägypten bringen (Groom 1981). Dies gilt als erste botanische Sammelreise.

Je nachdem mit welcher Reichweite und Intensität Handel und Verkehr betrieben, Eroberungszüge und Forschungsreisen geführt wurden, gelangten mal mehr, mal weniger neue Arten aus unterschiedlichen Ursprungs-

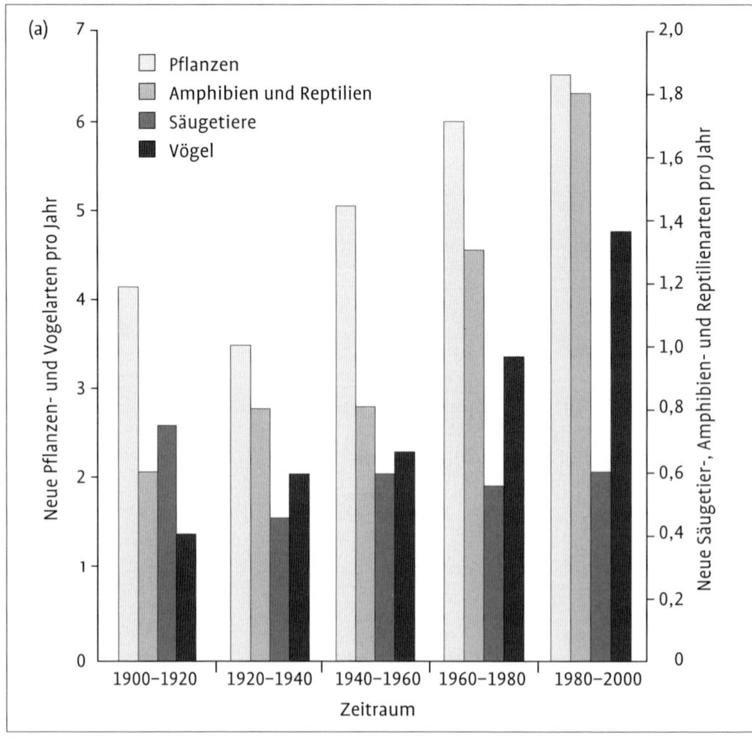


**Abb. 8** Zustrom neuer Arten nach Europa.
a) Anzahl der jährlich neu in Europa als etabliert gemeldeten Arten an Pflanzen, Amphibien und Reptilien, Säugetieren und Vögeln (nach DAISIE 2009, Hulme et al. 2009).

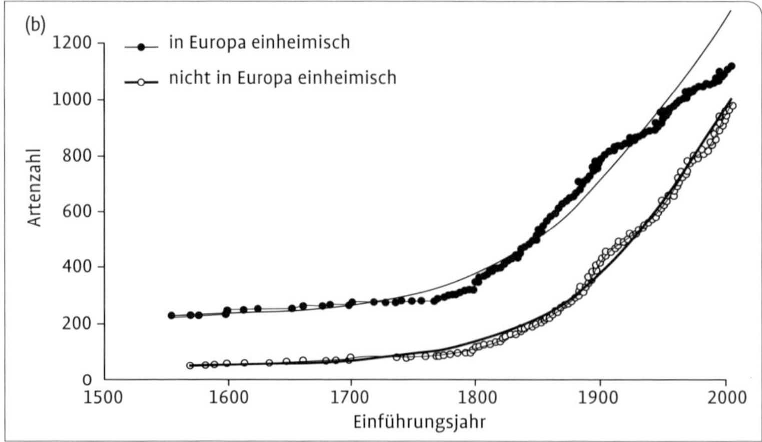


b) Zunahme nichteinheimischer Pflanzenarten in Europa nach 1500. Unterschieden sind Arten, die in Teilen Europas einheimisch sind, aber in wenigstens einem Land als nichteinheimisch auftreten, und Arten, die nicht in Europa einheimisch sind (nach Lambdon et al. 2008).

gebieten nach Mitteleuropa. Abb. 10 zeigt am Beispiel der Gehölzarten das Prinzip der zeitlichen Schichtung von Einführungen aus unterschiedlichen Herkunftsgebieten. Bis in die Anfänge der Neuzeit gelangten vor allem südliche Arten aus dem Mittelmeerraum und Vorderasien über Italien nach Mitteleuropa.

Nachdem die Spanier erste mittel- und südamerikanische Arten eingeführt hatten, gab es mit der englischen und französischen Kolonisation Nordamerikas eine breite Ein-

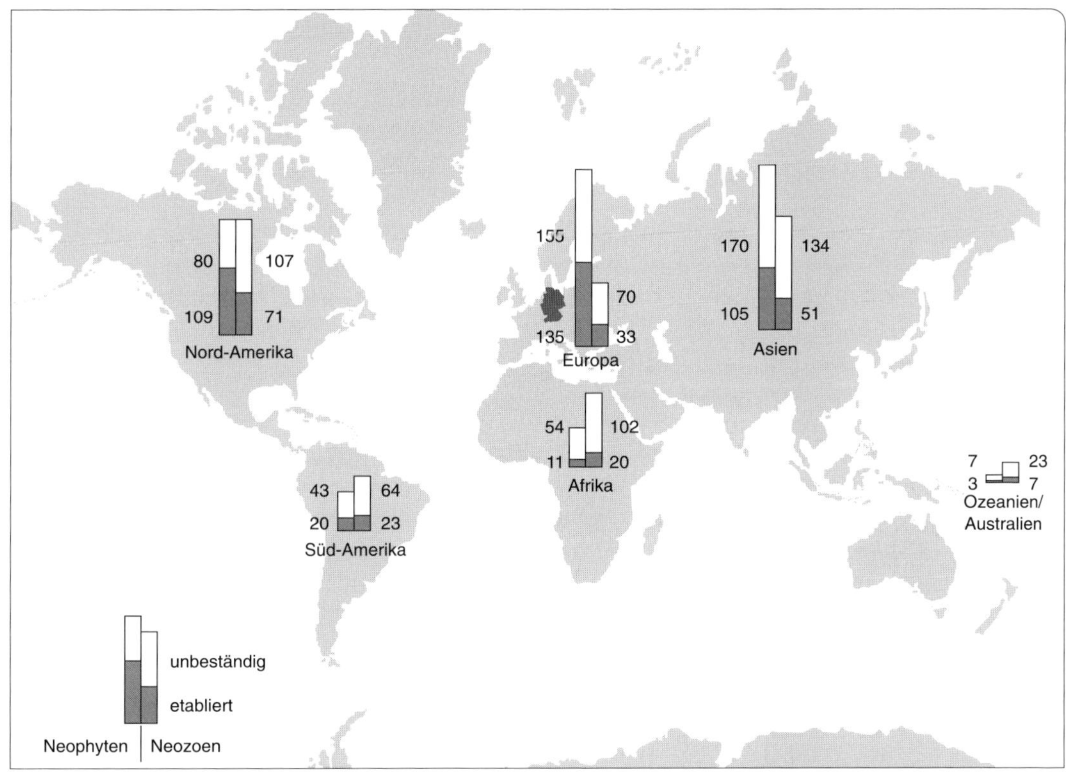


**Abb. 9** Herkunftsgebiete der in Deutschland vorkommenden Neophyten und Neozoen. Auswertung auf der Basis von 383 etablierten und 509 nicht etablierten Neophyten (von der Lippe et al. in Vorbereitung) sowie von 205 etablierten und 500 nicht etablierten Neozoen (Geiter & Kinzelbach 2002). Arten, die in mehreren Gebieten ursprünglich vorkommen, wurden anteilig gewertet, marine Neozoen den Kontinenten zugeordnet, die ihren Arealen am nächsten lagen.

führungswelle mit einem Höhepunkt im 18. Jahrhundert. Im folgenden Jahrhundert eroberten die Russen weite Teile des Kaukasus. China und Japan wurden als Handelspartner aus der Isolation geholt. Die Einfuhren aus diesen artenreichen Gebieten übertreffen alles bis dahin Bekannte (Kowarik 1992b).

Zwar werden mehr Arten eingeschleppt als absichtlich eingeführt, aber der Etablierungserfolg absichtlich eingeführter Pflanzen ist wesentlich höher (Thellung 1912, Pyšek et al. 2002). So wurden fast zwei Drittel (63 %) von 2.024 heute in Europa etablierten nichteinheimischen Pflanzenarten ursprünglich absichtlich eingeführt, nur 37 % wurden eingeschleppt (Pyšek et al. 2009). Tab. 11 veranschaulicht am Beispiel der Flora Tschechiens, dass heute wild vorkommende Arten vor allem als Zierpflanzen, aber auch für weitere Zwecke verwendet wurden.

### 3.1.1 Frühe Einführungen von Pflanzen

Archäobotanische Untersuchungen geben Aufschluss über die Frühgeschichte der Pflanzenverwendung in Mitteleuropa. Die meisten seit der Steinzeit angebauten Getreidearten stammen aus dem Vorderen Orient. Als Obst-,

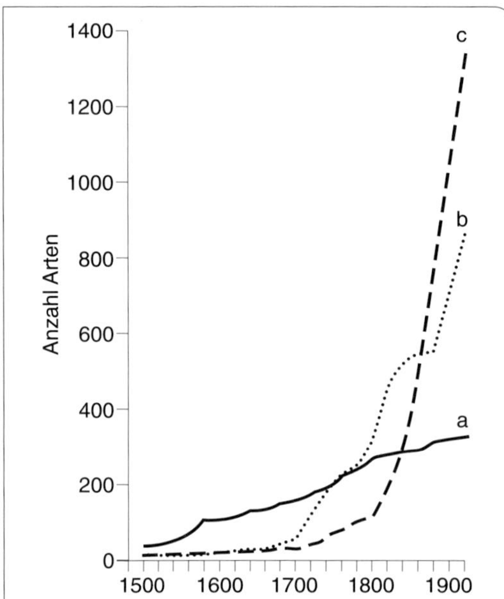


**Abb. 10** Zeitlicher Verlauf der Einführung von Gehölzarten nach Mitteleuropa im Zeitraum von 1500 bis zum Beginn des 20. Jahrhunderts. Unterschieden werden Arten aus (a) anderen Teilen Europas einschließlich des Mittelmeergebietes, (b) aus Amerika sowie (c) aus Asien (Datengrundlage: Goeze 1916).

**Tab. 11** Verwendungszweck absichtlich eingeführter und heute wild vorkommender Archäo- und Neophyten Tschechiens (einschließlich Mehrfachnennungen, n = 688 Arten; nach Pyšek et al. 2002)

| Verwendung | Arten | [%] |
|---|---|---|
| Zierpflanzem | 511 | 74,3 |
| Nahrungspflanzen | 149 | 21,7 |
| medizinische Zwecke | 99 | 14,4 |
| Futterpflanzen | 74 | 10,8 |
| landeskulturelle Zwecke | 44 | 6,4 |
| Bienenpflanzen | 37 | 5,4 |
| Ölpflanzen | 13 | 1,9 |
| Holzproduktion | 13 | 1,9 |
| Färberpflanzen | 8 | 1,2 |
| Faserpflanzen | 6 | 0,9 |
| Andere | 5 | 0,7 |

Gemüse- und Gewürzpflanzen wurden im Neolithikum und in den Metallzeiten fast ausschließlich einheimische Arten genutzt (Willerding 1984). Bei einigen Arten hat sich im Laufe der Zeit ein Wechsel von Wild- zu Kultursippen ergeben, beispielsweise bei Vogel-Kirsche (*Prunus avium*), Weinrebe (*Vitis vinifera* subsp. *sylvestris*) sowie bei Wildapfel und Wildbirne (*Malus sylvestris*, *Pyrus pyraster*). Deren mittelalterliche Nachweise werden schon den Kulturformen *M. domestica* und *P. communis* zugeordnet.

Die aus neolithischen und bronzezeitlichen Pfahlbauten nachgewiesene *Prunus domestica* subsp. *insititia* ist ein Beispiel einer sehr frühen Einführung. Man geht davon aus, dass sie in Kleinasien als Hybride zwischen Kirschpflaume (*Prunus cerasifera*) und Schlehe (*Prunus spinosa*) entstanden ist. Mit der römischen Landbautechnik gelangten zahlreiche neue Nutz- und Zierpflanzen nach Germanien, beispielsweise die Hauspflaume (*Prunus domestica*), der Pfirsich (*Prunus persica*), die Aprikose (*Prunus armeniaca*), die Feige (*Ficus carica*) und die Esskastanie (*Castanea sativa*). Pfirsich und Aprikose gehören zu den wenigen ostasiatischen Arten, die schon in der Antike den Weg nach Südeuropa und mit den Römern weiter nach Germanien gefunden haben. Die Karte der Pfirsichfundorte zeigt eine deutliche Bindung der ersten Nachweise an das römische Germanien (Abb. 11).

Nach den Wirren der Völkerwanderungszeit gelangten im Mittelalter wieder einige neue Arten nach Mitteleuropa. Hierzu gehören die Sauerkirsche und die Kirschpflaume (*Prunus cerasus*, *P. cerasifera*), der Maulbeerbaum (*Morus nigra*) und die aus dem subtropischen Asien stammende Gurke (*Cucumis sativa*; Willerding 1984). Die im vorderen Asien beheimatete Luzerne (*Medicago sativa*) wurde im Mittelmeergebiet früh kultiviert,

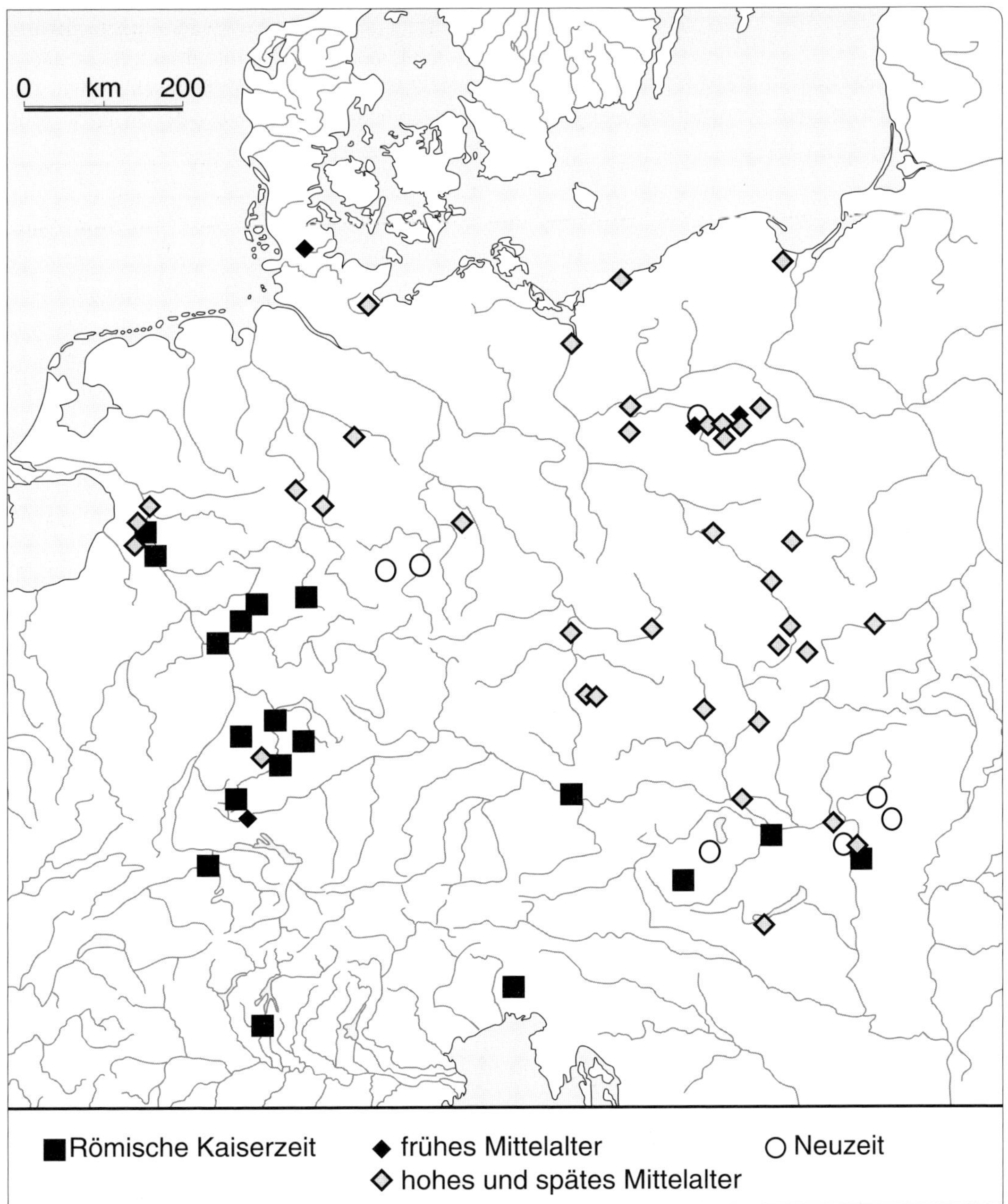


**Abb. 11** Archäobotanische Nachweise des Pfirsichs (*Prunus persica*) von der römischen Kaiserzeit bis zum Beginn der Neuzeit (nach Willerding 1984).

### Kultur- und Nutzpflanzen aus der Römerzeit für Baden-Württemberg und angrenzende Gebiete (Stika 1995)

**Getreidearten:** Dinkel (*Triticum spelta*), Echte Hirse (*Panicum miliaceum*), Gerste (*Hordeum vulgare*), Saat-/Hartweizen (*Triticum aestivum/durum*), Roggen (*Secale cereale*), Einkorn (*Triticum monococcum*);
**Öl- und Faserpflanzen:** Lein (*Linum usitatissimum*), Schlaf-Mohn (*Papaver somniferum*), Hanf (*Cannabis sativa*);
**Gemüsepflanzen:** Linse (*Lens culinaris*), Erbse (*Pisum sativum*), Ackerbohne (*Vicia faba*), Mangold (*Beta vulgaris*), Schild-Ampfer (*Rumex scutatus*);
**Gewürz- und Heilpflanzen:** Dill (*Anethum graveolens*), Koriander (*Coriandrum sativum*); Bohnenkraut (*Satureja montana, S. hortensis*), Knoblauch (*Allium sativum*);
**Obst und Nüsse:** Feige (*Ficus carica*), Pfirsich (*Prunus persica*), Walnuss (*Juglans regia*), Zucker-Melone (*Cucumis cf. melo*).

gelangte aber erst zu Beginn der Neuzeit nach Mitteleuropa (Abb. 12). Die ersten Einführungen erreichten Mitteleuropa meist über Italien. So haben Mönche schon im frühen Mittelalter Pflanzen aus ihren italienischen Mutterklöstern mitgebracht, darunter auch Pfropfreiser zur Obstbaumveredlung (Liebster 1984).

Als wichtigstes mittelalterliches Dokument, das über die Pflanzenverwendung Aufschluss gibt, gilt das „Capitulare de villis“, eine zwischen 792 und 800 erlassene Verordnung Karls des Großen über die Krongüter und Reichshöfe. Kapitel 70 enthält Pflanzempfehlungen, u. a. auch von Arten südlicher Herkunft wie Rosmarin, Feige, Mandel, Lavendel und Echter Salbei (Strank & Meurers-Balke 2008). Ob diese Arten tatsächlich auch in Mitteleuropa gepflanzt wurden, ist unklar, da ihre Nennung auch auf die Kenntnis antiker Texte zurückgehen könnte (Vogellehner 1984). Zumindest belegt das „Capitulare de villis“ die Verbindung zwischen mittelalterlicher Gartenkultur und antiker Tradition, die vor allem über die Klöster weitergegeben wurde.

Der mittelalterliche Garten war ein Nutzgarten. Zierpflanzen im heutigen Sinne wurden kaum angebaut. Viele Nutzpflanzen wurden sehr unterschiedlich verwendet. So war der Kohl noch im 16. Jahrhundert eine wichtige Heilpflanze und „sollte den Bauch erweichen und denen nützlich sein, die ein blödes Gesicht hätten und zitterten“ (Wein 1914). Zum Nutzen der Pflanzen zählte auch deren symbolische Bedeutung. Die ostmediterrane Weiße Lilie (*Lilium candidum*) wurde schon 1500 v. Chr. auf kretischen Wandgemälden abgebildet und gilt als eine der ersten europäischen Zierpflanzen (Krausch 2003). Sie wurde wohl während des gesamten Mittelalters auch in Deutschland kultiviert und erscheint auf zahlreichen Gemälden als Symbol der Jungfräulichkeit Marias. Im „Hortulus“ des Walahfrid Strabo, einem zwischen 838 und 849 entstandenen Gedicht über den Gartenbau, wird sie neben Heilpflanzen und Rosen genannt:

*„Denn diese beiden Blumen, berühmt und gepriesen, sind Sinnbild Seit Jahrhunderten schon der höchsten Ehren der Kirche,*
*Die im Blut des Martyriums pflückt die Geschenke der Rose*
*Und die Lilien trägt im Glanze des strahlenden Glaubens“*
(Hortulus des Walahfrid Strabo, nach Vogellehner 1984).

### 3.1.2 Einführungen nach 1492

Ein umfassendes Bild der Pflanzenverwendung des Mittelalters und der beginnenden Neuzeit geben von Fischer-Benzon (1894) in

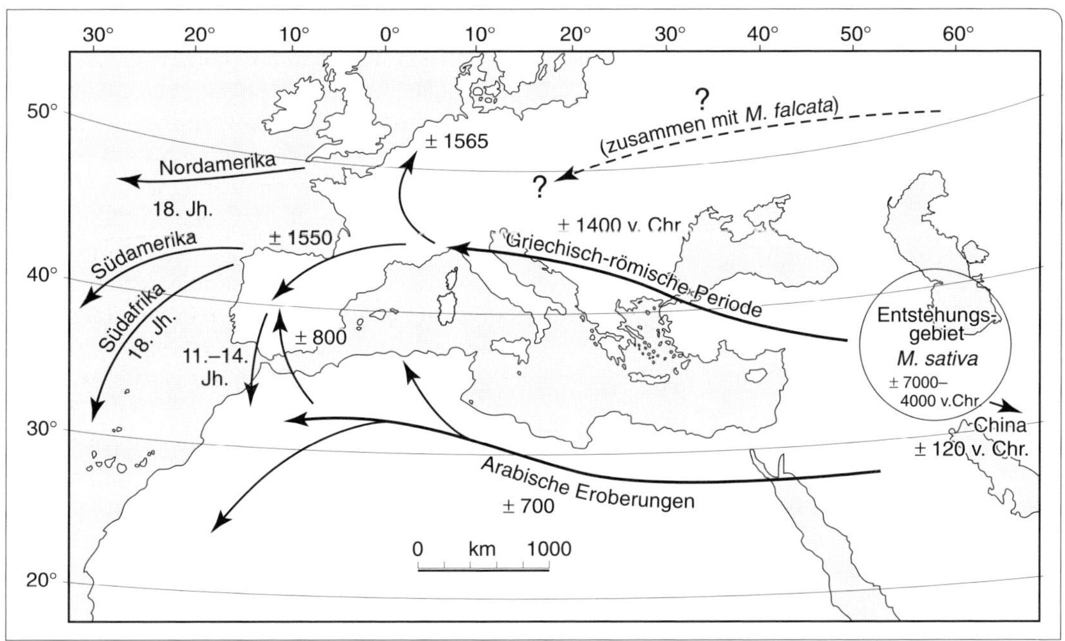


**Abb. 12** Einführungsgeschichte der Luzerne (*Medicago sativa*) als Archäophyt im Mittelmeergebiet und als Neophyt in Mitteleuropa und anderen Teilen der Welt (nach Blondel & Aronson 1999).

seiner „Altdeutschen Gartenflora“ sowie Vogellehner (1984). In der Renaissance stieg das Interesse an den antiken griechisch-römischen Überlieferungen. Außerdem stimulierte der Aufschwung der Naturwissenschaften die Botanik und den Gartenbau. So traf die gesteigerte Nachfrage nach alten und neuen Pflanzen mit der Ausweitung der Reise- und Handelstätigkeit im nachkolumbianischen Zeitalter zusammen (Abb. 2). In der Folge steigen seit dem 16. Jahrhundert die Einführungszahlen, wie Abb. 10 zu Gehölzeinführungen veranschaulicht. Welche Pflanzen damals verwendet wurden, lassen Kräuterbücher und andere schriftliche Quellen erkennen: Die 1561 veröffentlichte Schrift „Horti Germaniae“ des Züricher Botanikers Gesner enthält umfangreiche Pflanzenlisten einiger frühneuzeitlicher Gärten. Wein (1914) hat sie ausgewertet und die Gartenpflanzen unter anderem nach ihrer Häufigkeit gruppiert (vgl. Tab. 12b). Demnach herrschten schon Mitte des 16. Jahrhunderts eingeführte Arten in den beschriebenen Gärten vor. Neben wenigen einheimischen kamen 64 nichteinheimische Arten häufiger vor. Weitere 31 waren „nicht selten“, 48 selten und mindestens 50 nur aus einem Garten bekannt. Viele der häufigeren Arten wuchsen schon in mittelalterlichen Klostergärten.

Die 1536 nachgewiesene *Thuja occidentalis* ist eine der wenigen frühen nordamerikanischen Einführungen. In der Neuzeit überwogen zunächst auch nach der Entdeckung Amerikas importierte Arten aus dem Mittelmeergebiet und Vorderasien (Abb. 10). Im ausgehenden 16. Jahrhundert gelangten zahlreiche Zwiebelpflanzen aus dem Osmanischen Reich nach Europa: die Kaiserkrone, die Hyazinthe und, neben weiteren Arten, vor allem die Garten-Tulpe. Sie entfesselten eine bis in das 17. Jahrhundert wirkende „Tulipomanie“, deren Spuren noch heute in alten Gärten zu finden sind (siehe Kap. 6.1.2.2).

Infolge der spanischen Eroberungen gelangten zunächst überwiegend mittel- und südamerikanische Arten nach Europa. Seit 1539 sind der Riesen-Kürbis (*Cucurbita maxima*), die Bohne (*Phaseolus vulgaris*) und der Mais (*Zea mays*) als Kulturpflanzen aus Deutschland belegt, waren aber 1561 noch selten (Wein 1914; Tab. 12b). *Tagetes patula* dagegen war als Zierpflanze schon weit verbreitet. Erstnachweise von *Robinia pseudoacacia* und *Prunus serotina* stammen aus Paris, und zwar aus dem Zeitraum von 1623 bis 1635 (Wein 1930). Die meisten nordamerikanischen Gehölze wurden erst im 18. Jahrhundert eingeführt (z. B. *Pinus strobus* 1705, *Quercus rubra* 1724), wobei der botanische Garten in Kew (Großbritannien) das wichtigste Verteilungszentrum war.

Nach der Öffnung Chinas und Japans wurde das 19. Jahrhundert zu einer Epoche der ostasiatischen Einführungen. Es war auch das Zeitalter der „Pflanzenjäger", die gezielt nach ökonomisch nutzbaren neuen Arten suchten (Musgrave et al. 1999). In diesem Jahrhundert kamen über tausend neue Gehölzarten nach Europa, darunter viele *Rhododendron*- und *Cotoneaster*-Arten, aber auch die heute so häufigen Neophyten *Fallopia japonica*, *F. sachalinensis* und *Impatiens glandulifera*. Nachdem Russland sich zu Beginn des 19. Jahrhunderts des Kaukasus bemächtigt hatte, wurde auch dessen reiches botanisches Reservoir für die mitteleuropäischen Gärten nutzbar. Von dort kamen beispielsweise der Sibirische Blaustern (*Scilla siberica*), der Sonderbare Lauch (*Allium paradoxum*) und die Herkulesstaude (*Heracleum mantegazzianum*). Im 19. Jahrhundert wurde die Berliner Baumschule Späth Drehscheibe der Einführung und Verteilung neuer Gehölze. Ihr Arboretum enthielt Ende der 1890er-Jahre über 6000 Arten und Sorten (Späth 1930).

Im 20. Jahrhundert gelangten nur noch wenig neue Arten nach Mitteleuropa (z. B. *Fallopia aubertii* und *Kolkwitzia amabilis*). Spektakulär war 1941 die Entdeckung des Urwelt-Mammutbaumes (*Metasequoia glyptostroboides*) in einem abgelegenen Gebiet Chinas. Heute liegt der Schwerpunkt bei der Selektion und züchterischen Bearbeitung des vorhandenen Artenspektrums, was bei vielen Arten zu einer kaum übersehbaren Sortenfülle geführt hat. Allerdings besteht in China noch eine große Fülle neuer potentieller Zierpflanzen (Mack 2001). Seit Anfang der 1990er-Jahre werden auch gentechnische Verfahren eingesetzt, um Merkmale von Zierpflanzen zu verändern (siehe Kap. 3.1.3). Somit besteht nun die verlockende Aussicht, die seit der Romantik sprichwörtliche Suche nach der „Blauen Blume" endlich auch mit dem Angebot einer enzianblauen Rose befriedigen zu können.

Tab. 12 enthält Beispiele einzelner Arten, die vom Mittelalter bis ins 20. Jahrhundert nach Mitteleuropa eingeführt worden sind, und veranschaulicht damit auch die frühe Einbindung nichteinheimischer Arten in die Gartenkultur. Wie viele Arten insgesamt absichtlich als Nutz- oder Zierpflanzen nach Mitteleuropa gelangt sind, ist nicht genau bekannt. Allein in den botanischen Gärten Deutschlands werden nach einer Hochrechnung von Rauer et al. (2000) etwa 50 000 Arten kultiviert. Dies sind fast 20 % der weltweit bekannten 270 000 höheren Pflanzenarten. In deutschen Gärten und Parks werden etwa 3150 nichteinheimische Gehölzarten kultiviert, von denen zwei Drittel aus Nordamerika und Ostasien stammen (Kowarik 1992b). Damit übersteigt die Anzahl der nichteinheimischen Gehölzarten die Zahl der in Deutschland einheimischen etwa um das 16fache (Tab. 13).

**Tab. 12** Beispiele krautiger Arten und Gehölze, die in unterschiedlichen Epochen nach Mitteleuropa eingeführt worden sind ((a) nach Fischer-Benzon 1894, Wein 1914, (b) nach Gesner 1561 für ausgewählte Liebhabergärten, ausgewertet von Wein 1914, (c–g) nach Krausch 1990, Kowarik 1992b)

| | Krautige Arten | Gehölze |
|---|---|---|
| **(a) Mittelalterliche Klosterpflanzen** | **Mittelmeergebiet u. Vorderasien:** Weiße Lilie *(Lilium candidum)*, Goldlack *(Cheiranthus cheiri)*, Deutsche Schwertlilie *(Iris germanica)*, Echter Schwarzkümmel *(Nigella sativa)*, Erbse *(Pisum sativum)*, Linse *(Lens culinaris)*, Stockrose *(Alcea rosea)*, Echter Eibisch *(Althaea officinalis)*, Färber-Waid *(Isatis tinctoria)*, Liebstöckel *(Levisticum officinale)*, Knoblauch *(Allium sativum)*, Katzen-Minze *(Nepeta cataria)*, Eberraute *(Artemisia abrotanum)*, Spring-Wolfsmilch *(Euphorbia lathyris)*, Färber-Saflor *(Carthamus tinctorius)*. **Europa – Alpen u. a. Gebirge:** Dach-Hauswurz *(Sempervivum tectorum)*. **Meeresküsten:** Wildformen von Mangold *(Beta vulgaris)*. **Subozean. Gebiete:** Echte Färberröte *(Rubia tinctoria)*. **Subtropische/tropische Gebiete d. alten Welt:** Zucker-Melone *(Cucumis melo)*, Gurke *(Cucumis sativa)*. **Gebiet?:** Schlaf-Mohn *(Papaver somniferum)*, Wein-Raute *(Ruta graveolens)* | **Mittelmeergebiet u. Vorderasien:** Essig-Rose *(Rosa gallica)*, Deutsche Mispel *(Mespilus germanica)*, Quitte *(Cydonia oblonga)*, Zwetsche *(Prunus domestica)*, Sauer-Kirsche *(Prunus cerasus)*, Rosmarin *(Rosmarinus officinalis)*. Echter Salbei *(Salvia officinalis)*, Buchsbaum *(Buxus sempervirens*; in Südwestdeutschland auch ursprünglich), Esskastanie *(Castanea sativa)*, Walnussbaum *(Juglans regia)*, Schwarze Maulbeere *(Morus nigra)*. **Europa – Alpen:** Sadebaum *(Juniperus sabina)*; aus einheimischen Arten gezüchtet: Apfel *(Malus domestica)*, Birne *(Pyrus communis)*, Weinrebe *(Vitis vinifera)*. **Mittel- u. Ostasien:** Mandel *(Prunus armeniacus)*, Pfirsich *(P. persica)* |
| **(b) Gartenpflanzen um 1561**, allgem. verbreitet (n = 32) | **Mittelmeergebiet u. Vorderasien:** Weiße Lilie *(Lilium candidum)**, Pfingstrose *(Paeonia officinalis)**, Knoblauch *(Allium sativum)**, Nachtviole *(Hesperis matronalis*; auch Mitteleuropa), Borretsch *(Borago officinalis)**, Radieschen *(Raphanus sativus)**, Levkoje *(Matthiola incana)**. **Subtropisches/tropisches Asien:** Basilikum *(Ocimum basilicum)**. **Afrika:** Garten-Kresse *(Lepidium sativum)*, Schalotte *(Allium cepa)**, Weinraute *(Ruta graveolens)** | **Mittelmeergebiet u. Vorderasien:** Essig-Rose *(Rosa gallica)**, Weiße Rose *(Rosa alba)**, Schwarze Maulbeere *(Morus nigra)**, Buchsbaum *(Buxus sempervirens)**, Esskastanie *(Castanea sativa)**, Walnussbaum *(Juglans regia)**, Lavendel *(Lavandula angustifolia)*, Rosmarin *(Rosmarinus officinalis)**, Echter Salbei *(Salvia officinalis)** |

**Tab. 12** Fortsetzung

| | Krautige Arten | Gehölze |
|---|---|---|
| häufig (n = 32) | **Mittelmeergebiet u. Vorderasien:** Bohnenkraut (*Satureja hortensis*)*, Dichter-Narzisse (*Narcissus poeticus*), Asphaltklee (*Psoralea bituminosa*), Wolfsmilch-Arten (*Euphrorbia characias, E. myrsinitis*), Pfeifenblume (*Aristolochia longa, A. clematitis*), Iris (*Iris foetidissima*), Woll-Salbei (*Salvia aethiopis*, auch Südosteuropa).<br>**Europa – Alpen:** Süßdolde (*Myrrhis odorata*).<br>**Meeresküsten:** Meerfenchel (*Crithmum maritimum*).<br>**Mittelamerika:** Tomate (*Lycopersicon esculentum*). ***Indien:*** Hiobsträne (*Coix lacrima-jobi*), Alraune (*Mandragora officinarum*). **Zentralasien:** Samtmalve (*Abutilon theophrasti*). **Tropen/Subtropen:** Nussgras (*Cyperus rotundus*) | **Mittelmeergebiet:** Goldregen (*Laburnum anagyroides*), (in Südwestdeutschland auch ursprüngliche Vorkommen). **Europa:** Blasenstrauch (*Colutea arborescens*) (in Südwestdeutschland auch ursprünglich) |
| nicht selten (n = 31) | **Mittelmeergebiet u. Vorderasien:** Saat-Luzerne (*Medicago sativa*), Echter Alant (*Ilunla helenium*)*, Marien-Glockenblume (*Campanula media*), Gladiole (*Gladiolus communis*)*, Gummiwurz (*Oplopanax chironium*).<br>**Europa – Alpen u. a. Gebirge:** Weißer Germer (*Veratrum album*). *Meeresküste:* Strandwinde (*Calystegia soldanella*). **Mittel-Südamerika:** Bohne (*Phaseolus vulgaris*), Japanische Trichterwinde (*Ipomoea nil*). **Eurasien, westliches Amerika:** Estragon (*Artemisia dracunculus*).<br>**Ostasien:** Garten-Fuchsschwanz (*Amaranthus caudatus*), Knollen-Zyperngras (*Cyperus esculentus*).<br>**Indien:** Stechapfel (*Datura metel*).<br>**Tropisches Afrika:** Brandschopf (*Celosia argentea*).<br>**Tropen/Subtropen:** Ballonpflanze (*Cardiospermum halicacabum*) | **Mittelmeergebiet:** Zypresse (*Cupressus sempervirens*), Südlicher Zürgelbaum (*Celtis australis*).<br>**Vorderasien:** Jasmin (*Jasminum fruticans*) |

**Tab. 12** Fortsetzung

| | Krautige Arten | Gehölze |
|---|---|---|
| ziemlich selten/ selten (n = 48) | **Mittelmeergebiet u. Vorderasien:** Spornblume *(Centranthus ruber)*, Akanthus *(Acanthus mollis)*, Klebriger Gänsefuß *(Chenopodium botrys)*, Blaue u. Weiße Lupine *(Lupinus angustifolius, L. albus)*, Doldige Schleifenblume *(Iberis umbellata)*. **Europa:** Endivie *(Cichorium endiva)*. **Meeresküsten:** Queller *(Salicornia fruticosa)*. **Mittel-/Südamerika:** Mais *(Zea mays)*, Tagetes *(Tagetes patula, T. erecta)*, Kürbis *(Cucurbita maxima)*, Korallenstrauch *(Solanum pseudocapsicum)*, Paprika *(Capsicum annuum = Capsicum longum, C. cordiforme?)*, Blumenrohr *(Canna indica)*, Feigen-Kaktus *(Opuntia ficus-indica)*, Bauern-Tabak *(Nicotiana rustica)*. **Afrika/Asien:** *Aloe vera*. **Ostasien:** Balsamine *(Impatiens balsamina)* | **Mittelmeergebiet u. Vorderasien:** Kaper *(Capparis spinosa)*, Oleander *(Nerium oleander)*, Brautmyrte *(Myrtus communis)**, Heiligenblume *(Santolina chamaecyparissus)**, Judasbaum *(Cercis siliquastrum)*, Pinie *(Pinus pinea)*. **Indien:** Neem-Baum *(Melia azadirachta)*. **Mittel-Ostasien:** Jasmin *(Jasminum officinale)*. **Tropisches Afrika:** Ricinus *(Ricinus communis)** |
| sehr selten (n > 50) | **Mittelmeergebiet u. Vorderasien:** Spanisches Rohr *(Arundo donax)*, Bleiwurz *(Plumbago europaea)*, Hyazinthe *(Hyacinthus orientalis)*, Garten-Ringelblume *(Calendula officinalis)*. **Südosteuropa:** Brennende Liebe *(Lychnis chalcedonia)*. **Osteuropa/ Asien:** Sommerzypresse *(Kochia scoparia)* | **Mittelmeergebiet:** Pistazie *(Pistacia lentiscus)* |
| **(c) weitere Einführungen im 16. Jh.** | **Mittelmeergebiet:** Deutsche Schwertlilie *(Iris germanica)**, Wilde Tulpe *(Tulipa sylvestris)*, Traubenhyazinthe *(Muscari botryoides, M. racemosum)*, Stern von Bethlehem *(Ornithogalum umbellatum)*, Gartenrittersporn *(Delphinum ajacis)*, Jungfer im Grünen *(Nigella damascena)*. **Vorderasien:** Kaiserkrone *(Fritillaria imperialis)*, Garten-Tulpe *(Tulipa gesneriana)*. **Südosteuropa:** Bartnelke *(Dianthus barbatus)*, Judas-Silberling *(Lunaria annua)*. **Mittel-/Südamerika:** Amerikanische Agave *(Agave americana)*. **Nordamerika:** Sonnenblume *(Helianthus annuus)* | **Mitttelmeergebiet:** Immergrün *(Vinca minor)*. **Südosteuropa:** Pfeifenstrauch *(Philadelphus coronarius)*, Flieder *(Syringa vulgaris)*, Rosskastanie *(Aesculus hippocastanum)*. **Vorderasien:** Baum-Hasel *(Corylus colurna)*, Kirschlorbeer *(Prunus laurocerasus)*. **Nordamerika:** Abendländischer Lebensbaum *(Thuja occidentalis)* |

**Tab. 12** Fortsetzung

| | Krautige Arten | Gehölze |
|---|---|---|
| **(d) Einführungen im 17. Jh.** | **Mittelmeergebiet:** Nickender Milchstern *(Ornithogalum nutans)*, Spanisches Hasenglöckchen *(Hyacinthoides hispanica)*, Gedenkemein *(Omphalodes verna)*. **Südosteuropa:** Nelke *(Dianthus plumarius)*, Goldfelberich *(Lysimachia punctata)*. **Nordamerika:** Goldblattaster *(Aster novi-belgii)*, Goldrute *(Solidago canadensis)*, Berufkraut *(Erigeron annuus)*, Tradescantie *(Tradescantia virginiana)*, Knollen-Sonnenblume *(Helianthus tuberosus)*, Sonnenbraut *(Helenium autumnale)*. **Südafrika:** Männertreu *(Lobelia erinus)* | **Mittelmeergebiet u. Vorderasien:** Gelbe Rose *(Rosa foetida)*. **Nordamerika:** Robinie *(Robinia pseudoacacia)*, Eschen-Ahorn *(Acer negundo)*, Spätblühende Traubenkirsche *(Prunus serotina)*, Weißer Hartriegel *(Cornus sericea* agg.*)*, Kupfer-Felsenbirne *(Amelanchier lamarkii)*, Hirschkolben-Sumach *(Rhus typhina)*, Virginia-Blasenspiere *(Physocarpus opulifolius)*, Selbstkletternde Jungfernrebe *(Parthenocissus quinquefolia)*. **In Kultur entstanden:** Ahornblättrige Plantane *(Platanus hispanica)* |
| **(e) Einführungen im 18. Jh.** | **Mittelmeergebiet:** Blaukissen *(Aubrieta deltoidea)*. **Nordamerika:** Rauhblattaster *(Aster novae-angliae)*, Monarde *(Monarda didyma)*, Phlox *(Pholx paniculata)*, Trichter-Winde *(Pharbitis purpurea)*, Rudbeckie *(Rudbeckia hirta)*, Palmlilie *(Yucca filamentosa)*. **Asien – Kaukasus:** Orientalischer Mohn *(Papaver orientale)*. **Südafrika:** Agapanthus *(Agapanthus africanus)*, Gladiolen *(Gladiolus* spec.*)* | **Vorderasien:** Kaukasische Flügelnuss *(Pterocarya fraxinifolia)*. *Ostasien:* Götterbaum *(Ailanthus altissima)*, Ginkgo *(Ginkgo biloba)*, Blasen-Esche *(Koelreuteria paniculata)*. **Nordamerika:** Gleditschie *(Gleditsia triacanthos)*, Gemeine Schneebeere *(Symphoricarpos albus)*, Silber-Ahorn *(Acer sacarinum)*, Strobe *(Pinus strobus)*, Rot-Eiche *(Quercus rubra)*, Hemlocktanne *(Tsuga canadensis)*, Amerikanische Strauch-Heidelbeere *(Vaccinium corymbosum)*. **In Kultur entstanden:** Hybrid-Pappel *(Populus × canadensis)* |

Tab. 12 Fortsetzung

| | Krautige Arten | Gehölze |
|---|---|---|
| **(f) Einführungen im 19. Jh.** | **Asien – Kaukasus:** Herkulesstaude *(Heracleum mantegazzianum)*, Gänsekresse *(Arabis caucasia)*, Kaukasusvergissmeinnicht *(Brunnera macrophylla)*, Fetthenne *(Sedum spurium)*, Scilla *(Scilla siberica)*. **Ostasien:** Japanischer u. Sachalin-Staudenknöterich *(Fallopia japonica, F. sacchalinensis)*, Chin. Pfingstrose *(Paeonia lactiflora)*, Tränendes Herz *(Dicentra spectabilis)*, Pracht-Fetthenne *(Sedum spectabile)*. **Himalaya:** Indisches Springkraut *(Impatiens glandulifera)*, Kugelprimel *(Primula denticulata)*. **Nordamerika:** Staudenlupine *(Lupinus polyphyllus)*, Phacelie *(Phacelia tanacetifolia)*, Einjahrsphlox *(Phlox drummondii)*. **Mittel-/Südamerika:** Zinnie *(Zinnia elegans)*, Dahlia-Arten | **Ost- u. Mittelasien:** Thunbergs Berberitze *(Berberis thunbergii)*, Schmetterlingsstrauch *(Buddleja davidii)*, Forsythie *(Forsythia × intermedia)*, zahlreiche Cotoneaster- u. Rhododendron-Arten, Kartoffel-Rose *(Rosa rugosa)*, Tee-Rose *(R. chinensis)*, Rispen-Rose *(R. multiflora)*, Kerrie *(Kerria japonica)*. **Nordamerika:** Douglasie *(Pseudotsuga menziesii)*, Sumpf-Eiche *(Quercus palustris)*, Dreispitz-Jungfernrebe *(Parthenocissus tricuspidata)*, Mahonie *(Mahonia aquifolium)*, Gold-Johannisbeere *(Ribes aureum)*, Stech-Fichte *(Picea pungens)* |
| **(g) Einführungen im 20. Jh.** | **Ostasien:** Königs-Lilie *(Lilium regale)*. **Kaukasus:** Primel *(Primula juliae)*. **Zentralasien:** versch. Tulpen-Arten *(Tulipa fosteriana u. a.)* | ***Ostasien:*** Schling-Knöterich *(Fallopia aubertii)*, Immergrüne Kriech-Heckenkirsche *(Lonicera pileata)*, Runzelblättriger Schneeball *(Viburnum rhytidophyllum)*, Kolkwitzie *(Kolkwitzia amabilis)*, Urwelt-Mammutbaum *(Metasequoia glyptostroboides)* |

* gekennzeichnete Arten waren bereits aus mittelalterlichen Kulturen bekannt

**Tab. 13** Gehölzeinführungen nach Mitteleuropa: a) nach Herkunftsgebieten; b) Anzahl der aktuell in deutschen Gärten und Parkanlagen kultivierten nichteinheimischen Gehölzarten; c) Anzahl der in Deutschland einheimischen Gehölzarten; d) Verhältnis der Artenzahlen einheimischer und nichteinheimischer Gehölze

| a) **Herkunftsgebiet**[1] | **Arten** | **[%]** |
|---|---|---|
| andere Teile Europas | 122 | 4,6 |
| Mittelmeergebiet | 187 | 7,1 |
| Westasien | 128 | 4,8 |
| Zentralasien | 304 | 11,5 |
| Ostasien | 1047 | 39,6 |
| Nordamerika | 857 | 32,4 |
| b) in Deutschland aktuell kultivierte nichteinheimische Arten[2] | ca. 3150 | |
| c) in Deutschland einheimische Arten[3] | 196 | |
| mit Unter- u. Kleinarten (ohne *Rubus*-Kleinarten) | 257 | |
| d) Verhältnis einheimische/eingeführte Gehölzarten | ca. 1:16 | |

[1] Kowarik 1992b nach Daten von Goeze 1916, 100 % = 2645 bei Goeze 1916 genannte Arten;
[2] Kowarik 1992b nach Daten von Bartels et al. 1991;
[3] Schmidt & Wilhelm 1995

### 3.1.3 Gentechnisch veränderte Organismen

Die Ausbringung gentechnisch veränderter Organismen (GVO) ist ein Sonderfall absichtlicher Einführungen. Zum ersten Mal gelangen hier Lebewesen ins Freiland, deren Neuartigkeit aus der gentechnischen Überwindung von Kreuzungsbarrieren zwischen Pflanzen, Tieren oder Mikroorganismen resultiert, die weder natürlich noch durch konventionelle Züchtung zu erreichen wäre. GVO sind ebenso wie konventionelle Kulturpflanzen gebietsfremd.

Der **kommerzielle Anbau** von GVO begann 1995 mit Raps in Kanada. Gut 10 Jahre später, 2006, werden GVO weltweit in 22 Ländern auf insgesamt 102 Millionen Hektar angebaut, insbesondere Soja, Mais, Baumwolle und Raps (James 2006). Hauptanbauländer sind die USA (54 %), Argentinien (18 %), Brasilien (11 %), Kanada (6 %), Indien (4 %) und China (3 %). In Europa wird transgener *Bt*-Mais vor allem in Spanien, aber auch in Deutschland, Frankreich, Portugal, der Slowakei und in Tschechien angebaut (James 2006). In diesen „Genmais" ist ein Gen des Bakteriums *Bacillus thuringiensis* eingeschleust worden, das zur Bildung eines Giftes führt (*Bt*-Toxin) und damit Larven von Insekten abtötet, die an Mais fressen.

Vor einer möglichen EU-weiten Zulassung müssen **Freilandversuche** mit GVO gemacht werden. Von 1992 bis 2008 sind dafür nach Angaben der EU europaweit 2.352 Freisetzungsanträge gestellt worden. Die jährliche Anzahl an Freisetzungsanträgen ging aufgrund verbreiteter Skepsis gegenüber der grünen Gentechnik nach 2000 allerdings stark zurück. Die meisten Anträge (775) wurden für Mais gestellt, gefolgt von Raps, Zuckerrübe und Kartoffeln. Aber auch mit Tomaten, Sojabohnen, Sonnenblumen, Weizen, Zierpflanzen, Obstgehölzen und anderen Bäumen (Pappeln, Eukalyptus) wird gentechnisch gearbeitet. Die gentechnischen Veränderungen zielten bei den freigesetzten Arten überwiegend auf Herbizidtoleranz (63 %), veränderte Inhaltsstoffe (Stärkegehalt, Fettsäuren, Aminosäuren, 23 %), Insektenresistenz (20 %) sowie männliche Sterilität, Markergene und Resistenz gegenüber Viren, Pilzen, Bakterien und Nematoden. Zukünftig sollen transgene Pflanzen der 2. und 3. Generation eine stärkere Trockenheits- und Salztoleranz haben, um die Anbaufläche auf extreme Standorte ausweiten zu können (Tappeser et al. 2008).

Wie bei anderen Kulturpflanzen besteht auch bei GVO das Risiko einer Vermehrung

## Der Zauberlehrlings-Effekt: Raps außer Kontrolle

Seit 1995 werden in Kanada großflächig herbizidresistente Rapssorten angebaut. Wenige Jahre später wurden eine Ausbreitung der gentechnischen Sorten und auch ihre Hybridisierung mit zahlreichen Wildpflanzen entdeckt (Beckie et al. 2003, Warwick et al. 2003). Dies führte zu Anbauproblemen und auch zu erhöhtem Herbizideinsatz. Die Pollen des transgenen Rapses verunreinigten zudem zertifizierten gentechnikfreien Raps sowie Bio-Raps. Deren Anbau musste in Kanada ganz eingestellt werden (Phillips 2003). In Europa breiten sich konventionelle Kultursorten von Raps auch von Feldern aus. Zudem kann Raps beim Transport unbeabsichtigt ins Freiland gelangen (von der Lippe & Kowarik 2007a; siehe Tab. 28). Welche Risiken damit verbunden sind, wurde in Japan deutlich. Hier wurden 2009 in Häfen, in denen transgener Raps aus Nordamerika entladen wurde, und an Zufahrtsstraße zu verarbeitenden Betrieben herbizidresistente Rapssorten gefunden (Kawata et al. 2009).

und Ausbreitung auf Anbauflächen oder außerhalb davon. Durch „Verunreinigung" konventioneller Anbaupflanzen durch Genfluss von GVO können erhebliche ökonomische Schäden entstehen, die beispielsweise den Biolandbau in Frage stellen. Zusätzliche **gesundheitliche und ökologische Risiken** resultieren aus der Art der gentechnischen Veränderung (nach Schütte et al. 2001):

- **Gesundheitliche Risiken:** Bildung toxischer oder allergener Substanzen, die über die Nahrungskette andere Organismen und auch Menschen erreichen können. Sie können beispielsweise Allergien und andere Nebenwirkungen auslösen. Befürchtet wird auch die Übertragung von Antibiotikaresistenzgenen durch Mikroorganismen.
- **Erhöhtes Invasionspotenzial:** Die Konkurrenzstärke transgener Pflanzen kann gegenüber Wildsippen der gleichen Art oder anderen Pflanzen durch übertragene Eigenschaften zunehmen (z. B. Resistenzen gegenüber Pathogenen oder abiotischem Stress durch Herbizide, Temperaturextrema, hohe Salzkonzentrationen).
- **Gentransfer zu nichttransgenen Pflanzen:** Fremde Gene können über eine Auskreuzung genetisch kompatible Wild- oder Kultursippen verändern, wie das Beispiel Raps gezeigt hat. Dies kann zu neuen Unkrautsippen, zum Verlust an genetischer Vielfalt bei Wildsippen und zur Kontaminierung konventioneller Kulturpflanzen führen. Hierdurch kann die konventionelle oder ökologische Landwirtschaft beeinträchtigt werden (Phillips 2003).
- **Herbizidresistenz:** Durch die Ausbildung von Herbizidresistenzen bei Nutzpflanzen wird sich das Spektrum der bislang eingesetzten Herbizide auf wenige Komplementärherbizide einengen (z. B. Glyphosat). Dies kann die Vielfalt der Ackervegetation einschränken und die Ausbildung von Herbizidresistenzen bei Unkräutern begünstigen. So fördern Monokulturen transgener herbizidresistenter Kulturpflanzen in den USA die Ausbreitung von Problemunkräutern wie *Conyza canadensis*, die Herbizidresistenzen ausgebildet haben (Dauer et al. 2009).
- **Insektenresistenz:** Bei der Übertragung insektizider *Bt*-Toxine auf Nutzpflanzen wird eine Weitergabe dieses Merkmals auf andere Pflanzen befürchtet. Außerdem könnten Resistenzbildungen den konventionellen Einsatz von *Bt*-Sprays im ökologischen Landbau ausschließen. Nach Hilbeck et al. (1998) wirken *Bt*-Toxine in gentechnisch verändertem Mais über die Zielorganismen hinaus und erhöhen beispielsweise die Mortalität der Grünen Florfliege (*Chrysoperla carnea*), eines

wichtigen „Nützlings“ in Agrarökosystemen.

- **Krankheitsresistenz gegen Pilze und Bakterien:** Beim Anbau pathogenresistenter Nutzpflanzen werden negative Auswirkungen auf nützliche Pilze und Bakterien befürchtet. Durch neue Virulenzen könnten wertvolle Resistenzgene unbrauchbar werden und Schäden an Wildpflanzen entstehen.
- **Neue Produkteigenschaften:** Bei Pflanzen mit veränderten stofflichen Eigenschaften können verstärkt hierdurch begünstigte Schaderreger und Krankheiten auftreten. Die neuen Stoffe könnten zudem in die Nahrungskette eingehen und möglicherweise auch ins Grundwasser ausgetragen werden, was bei Pharmaka besonders problematisch ist.

Da die EU grundsätzlich den Weg zum Einsatz transgener Pflanzen in der Landwirtschaft geöffnet hat, müssen mögliche Schäden aufgrund bekannter und möglicher Risiken bewertet werden. Dies ist im Ansatz möglich, da Risiken aus einer Analogie mit Risiken konventioneller Kulturpflanzen, aus Experimenten mit GVO sowie aus dem Monitoring abgeschätzt werden können, das Freisetzungsversuche und das Inverkehrbringen zugelassener Sorten begleitet (Kowarik et al. 2008). Langzeitfolgen und Wechselwirkungen von Auswirkungen verschiedener GVO sind jedoch nur eingeschränkt abzubilden. In welch langen Zeiträumen dabei gedacht werden muss, zeigt das „Exotic species model“, das Neophyten als Analogie zu GVO nutzt (siehe Kap. 3.1.3.1). Aussagen zu Sicherheit oder Risiken von GVO gelten für die Umweltkonstellationen, unter denen sie gewonnen wurden. Globale Umweltveränderungen können daher zu erheblichen Abweichungen im Verhalten der Arten im Vergleich zu vorliegenden Untersuchungen und damit zu vielfältigen, heute ungewissen Langzeiteffekten führen.

Angesichts verbleibender Unsicherheiten gewinnt die Abwägung möglicher Risiken gegen mögliche Vorteile an Bedeutung. In einem Positionspapier des Bundesamtes für Naturschutz haben Tappeser et al. (2008) deutlich gemacht, dass die Argumente für den Einsatz der **„grünen Gentechnik“** zur Sicherung der weltweiten Ernährung kritisch zu würdigen sind,

- weil die erwarteten Ertragssteigerungen in einigen Regionen zwar auftraten, in anderen jedoch nicht. Je nach Sorte und Anbaumanagement kann der Ertrag konventioneller Sorten den von transgenen Sorten übersteigen;
- weil neue Methoden der Pflanzenzüchtung („smart breeding“) eine schnelle Auswahl ertragreicher und krankheitsresistenter Sorten ermöglichen, ohne dass die Risiken der Gentechnik bestünden;
- weil das Argument einer naturverträglicheren Landwirtschaft durch verminderten Pestizideinsatz, der durch transgene Pflanzen möglich gemacht werden sollte, kontrovers diskutiert wird. Einige Studien erbrachten eine Reduzierung des Pestizideinsatzes, andere das Gegenteil. Zudem werde ein Teil des Pestizideinsatzes erst durch den großflächigen Anbau in Monokulturen notwendig, wogegen eine nachhaltige ökologische Landwirtschaft mit weniger Pestiziden auskäme;
- weil ökologische Folgen durch Hybridisierung mit Wild- und Kulturpflanzen oder durch Auswirkungen von *Bt*-Toxinen auf Nichtziel-Organismen in ihrer Reichweite und Auswirkung oft schwer abgeschätzt werden könnten. So kann *Bt*-haltiger Maispollen beispielsweise Köcherfliegen in Gewässern schädigen;
- weil eine weitere Intensivierung der Landwirtschaft den Naturhaushalt tiefgreifend verändern kann, aber zugleich in vielen Entwicklungs- und Schwellenländern kaum Ressourcen für die nötigen

regionalisierten Risikobewertungen bereitstünden.
- Weil lokale Landwirte weltweit in Abhängigkeit von Saatgut- und Pflanzenschutzkonzernen geraten können. Mögliche Folgen veranschaulicht ein UN-Gremium, das 2008 feststellte, dass die Einführung gentechnisch veränderten Saatgutes die extreme Armut indischer Bauern verschärft und erhöhte Kosten für Saatgut, Dünger und Pestizide verursacht habe (UN 2008).

#### 3.1.3.1 Das „Exotic Species Model"

Anders als bei GVO reichen die Erfahrungen mit eingeführten nichteinheimischen Arten über Jahrzehnte und Jahrhunderte zurück. Sie lassen sich als „Exotic Species Model" für Sicherheitsüberlegungen nutzen, da zwischen nichteinheimischen Pflanzenarten und GVO eine ökologische Entsprechung besteht: Ökosysteme werden mit Organismen konfrontiert, deren Genom von dem der bereits im Gebiet vorhandenen Taxa abweicht (Sharples 1982, Regal 1986). Die Vorteile des „Exotic Species Model" bestehen:
- im Umfang der Stichprobe, die mehrere Tausend nach Mitteleuropa eingeführte Arten umfasst,
- in der lange andauernden Beobachtung dieser Arten (Jahrzehnte bis Jahrhunderte), und zwar
- unter sehr unterschiedlichen, teilweise auch im Laufe der Zeit wechselnden Umweltbedingungen. Dagegen decken Freisetzungsexperimente einen nur geringen Ausschnitt der Umweltvariabilität unter weitgehend konstanten Bedingungen ab.

Gegen das Modell ist eingewandt worden, dass mit fremden Arten ein komplett neues Genom eingeführt wird, wogegen bei GVO „nur" ein oder wenige Gene verändert werden. Ein solcher Schluss von Quantitäten auf Qualitäten ist jedoch nicht möglich, da bereits ein verändertes Gen ökologisch signifikante Abweichungen bewirken kann, beispielsweise bei der Virulenz oder Resistenz von Organismen. Für die Gültigkeit des „Exotic Species Models" ist also die Wirkung der genetischen Unterschiede, nicht ihre Quantität oder Ursache ausschlaggebend. Aus den Erfahrungen mit der Ausbreitung nichteinheimischer Arten können folgende Schlussfolgerungen für die Sicherheitsdiskussion im Zusammenhang mit GVO gezogen werden (Kowarik & Sukopp 1986, Kowarik 1990a, Sukopp & Sukopp 1993a, b):
- Die Erfahrungen mit nichteinheimischen Arten belegen die Grenzen, das Verhalten von Lebewesen über längere Zeiträume vorherzusagen. So begannen viele eingeführte Arten sich erst nach Jahrzehnten oder sogar Jahrhunderten auszubreiten – und zwar zumeist unter Umweltbedingungen, die zum Zeitpunkt ihrer Einführung nicht vorhersehbar gewesen sind („Time lag-Effekt", siehe Kap. 5.1).
- Sie zeigen, in welcher Größenordnung mit der Ausbreitung und erfolgreichen Etablierung neuer Arten zu rechnen ist (siehe Kap. 10.3.1.3).
- Sie veranschaulichen das qualitative Spektrum ökosystemarer und sozioökonomischer Folgen, die mit der Ausbreitung weniger Arten ausgelöst werden können.

## 3.2 Unbeabsichtigte Einschleppungen

### 3.2.1 Einschleppungen vor 1492

Wahrscheinlich wurden weit mehr Arten unbeabsichtigt durch Völkerwanderungen, Kriege, Handel und Verkehr eingeschleppt als absichtlich eingeführt. Im Neolithikum, vor etwa 7000 Jahren, wurden zum ersten Mal in Mitteleuropa Wälder gerodet, um Platz für Äcker zu schaffen. Die anthropogenen Stand-

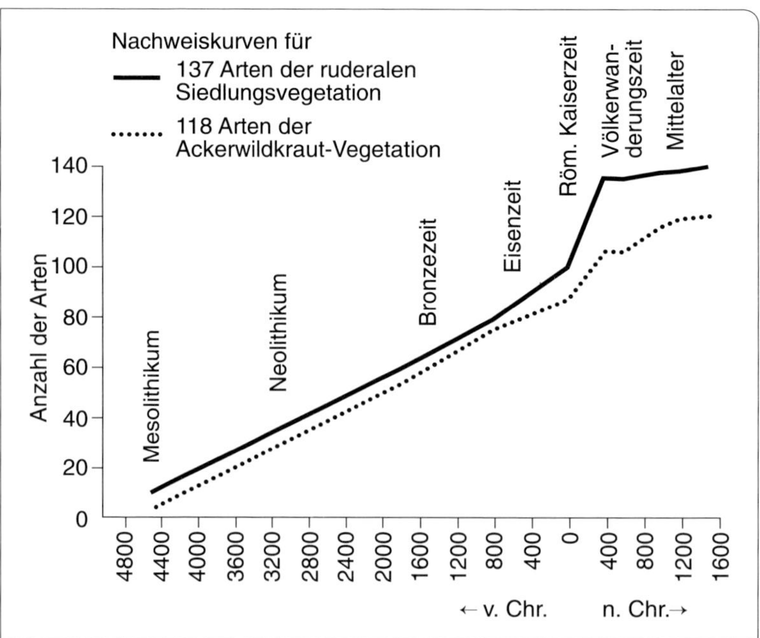


**Abb. 13** Erweiterung der Flora Mitteleuropas vom Mesolithikum bis zum Beginn der Neuzeit. Dargestellt sind archäologische Fundnachweise für Arten der heutigen Ackervegetation sowie der ruderalen Siedlungsvegetation (nach Otte & Mattonet 2001).

orte waren offener als die meisten natürlichen, und sie wurden regelmäßig gestört. Die ersten Ackerunkräuter waren einheimische Arten, die an starke natürliche Störungen angepasst waren oder von offenen Standorten stammten, etwa von Flussauen (z. B. *Chenopodium polyspermum*, *Poa annua*), Küsten (z. B. *Sonchus arvensis*, *Linaria vulgaris*) oder trockenen Waldgrenzstandorten (z. B. *Arabidopsis thaliana*, *Cirsium arvense*, *Erophila verna*; Schneider et al. 1994).

Mit der Zeit wurden die Anbaumethoden perfektioniert und zunehmend auch ungünstige Standorte bearbeitet. Die Unkrautflora der Äcker änderte sich entsprechend. Zur Römischen Kaiserzeit kam es zu einem erhöhten Zustrom neuer Arten aus dem Mittelmeerraum nach Mitteleuropa (z. B. *Orlaya grandiflora*, *Ranunculus arvensis*). In einem römischen Brunnen in der Nähe Freiburgs fand man zum Beispiel Reste von *Chenopodium botrys* und *Adonis aestivalis* (Willerding 1986, Küster 1994, Stika 1995). Im Mittelalter erweiterten mehr Arten der Äcker als Arten der ruderalen Siedlungsvegetation die Flora (Abb. 13). Auch heute noch spielen Archäophyten in Gärten und auf Feldern eine wichtige Rolle als Wildpflanzen (Tab. 39).

Die große Rolle nichteinheimischer Organismen auf Segetalstandorten veranschaulicht Abb. 14. Im Detail ist die Herkunft vieler Arten unsicher. Sind sie alle zusammen mit den Vorfahren unserer Kulturpflanzen, mit Herdentieren, Saatgut oder anderen Waren eingeschleppt worden? Viele Arten haben sich wahrscheinlich erst unter dem auf Äckern herrschenden Selektionsdruck herausgebildet („obligatorische Unkräuter", vgl. Tab. 9). Sind nichteinheimische unter ihren Elternarten, werden sie den Neobiota zugerechnet (vgl. Abb. 1).

Trotz vieler offener Fragen besteht sicher ein enger Zusammenhang zwischen der menschlichen Kulturtätigkeit seit der Jungsteinzeit und dem Auftreten neuer Arten. Jüngere Studien veranschaulichen die Rolle von Herdentieren, die seit frühesten Zeiten Menschen auf ihren Wanderungen begleiten,

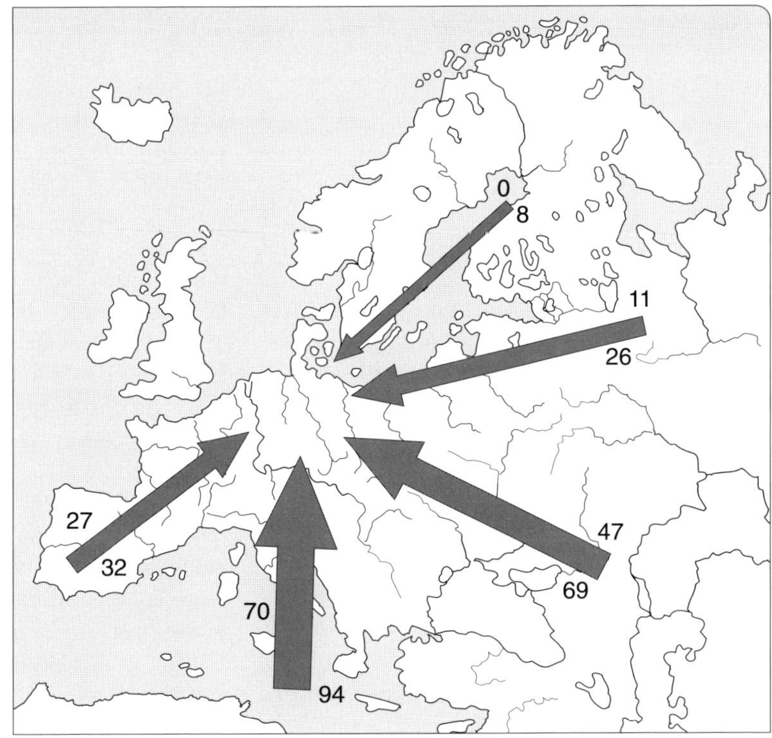


**Abb. 14** Vorkommen und Herkunft nichteinheimischer Pflanzen- und Tierarten auf Ackerstandorten im Rheinland. Die Zahlen oberhalb der Pfeile beziehen sich auf Blütenpflanzen, die Zahlen darunter auf Käferarten (nach Fritz-Köhler 1994).

für die Ausbreitung von Arten (Fischer et al. 1995, 1996). Schafe können zahlreiche Pflanzenarten und auch einige Tierarten (z. B. Schnecken, Heuschrecken) über große Entfernungen transportieren. Im Fell, an den Klauen sowie im Kot eines Versuchstieres waren Diasporen von 102 Pflanzenarten, darunter 18 Archäophyten und drei Neophyten. Überraschend war, dass viele dieser Arten keine besondere Anpassung an Tierausbreitung, beispielsweise klettenähnliche Früchte, hatten. Was heute als effektive Form einer funktionalen Biotopvernetzung gilt (Poschlod et al. 1996), dürfte in früheren Zeiten zur unbeabsichtigten Ausbreitung zahlreicher Arten geführt haben. So soll das

## Domestizierte Tiere fördern die Ausbreitung nichteinheimischer Arten

In diesem Jahrhundert hat sich *Bromus tectorum* beispielsweise massenhaft in Nordamerika ausgebreitet. Die Zoochorie wurde hierbei durch den Transport mit der Eisenbahn ergänzt (Billings 1990). In afrikanischen Savannen haben Weidetiere *Tribulus terrestris* zum Durchbruch verholfen (Cornelius et al. 1990). Die spätblühende Traubenkirsche (*Prunus serotina*) wird in Niedersachsen von Damhirschen in Heiden eingeschleppt (Schepker 1998) und in der Rhön tragen Schafe zur Ausbreitung der Stauden-Lupine (*Lupinus polyphyllus*) bei (Otte et. al. 2002). Das Auftauchen zweier nordamerikanischer Gräser (*Glyceria striata, Scirpus atrovirens*) an Reitwegen wird auf die primäre Einführung dieser Arten mit amerikanischen Futtermitteln und die sekundäre Ausbreitung über Pferdekot zurückgeführt (Korneck & Schnittler 1994).

mediterrane Zwiebel-Rispengras (*Poa bulbosa*) mit Schafen nach Mitteleuropa gelangt sein (Sukopp & Scholz 1968).

### 3.2.2 Einschleppungen nach 1492

Mit der neuzeitlichen Kolonisierung beginnt die Globalisierung des Handels. Immer mehr Menschen und Waren werden zwischen den Kontinenten ausgetauscht – und mit ihnen große Mengen an Pflanzen und Tieren als blinde Passagiere. Dampfschifffahrt und Eisenbahn führen im 19. Jahrhundert zu einem Dimensionssprung im Austausch von Menschen, Gütern und Organismen zwischen und innerhalb von Kontinenten (Jäger 1977).

Im 20. Jahrhundert werden Flug- und Autoverkehr zu effektiven Verbreitungsvektoren. Per Flugzeug ist heute fast jeder Ort der Erde in einem Tag erreichbar. 1970 reisten nach einer WTO (World Trade Organization)-Statistik weltweit 166 Millionen Menschen ins Ausland, 25 Jahre später 702 Millionen, und im Jahr 2010 soll die Milliardengrenze überschritten sein. In den letzten Jahrzehnten hat die Liberalisierung des Welthandels alle Rekorde im Güteraustausch gesprengt: In nur 25 Jahren, von 1965 bis 1990, stiegen die Importe weltweit um das 17fache. Landwirtschaftliche Produkte und rohindustrielle Fertigungen, bei denen die Wahrscheinlichkeit der Verfrachtung von Neobiota am größten ist, nahmen um das neunfache zu. Das Ankurbeln neuer biologischer Invasionen ist damit auch ein Aspekt der globalisierten Weltwirtschaft (McNeely 1996b; Jenkins 1996, Perrings et al. 2005). So ist beispielsweise der Umfang der Güterimporte nach Europa mit der Anzahl neu eingeschleppter Pilzarten korreliert (Desprez-Loustau 2009).

Nach Mitteleuropa sind die meisten nichteinheimischen Pflanzen wohl im 19. Jahrhundert eingeschleppt worden (Jäger 1988). Auch heute kommen noch neue Arten hinzu. Nach 1930 sind in Großbritannien 580 nichteinheimische Grasarten gefunden worden (Ryves et al. 1996). Nur 40 Arten sind aus Gärten verwildert, die meisten (93 %) wurden eingeschleppt (430 mit Wolle, 80 mit Vogelfutter, 55 mit Getreide, 50 mit Grassamen, 20 mit Ölsaaten). Eingeschleppte Arten treten konzentriert an Verlade- und Umschlagsplätzen sowie an Stellen auf, wo Transport-

**Tab. 14** Traditionelle Fundorte unbeabsichtigt eingeführter Arten

| Fundorte von Adventivpflanzen | Quellen |
|---|---|
| Häfen | Lehmann 1895, Jehlik 1981, Hamann & Koslowski 1988, Mang 1990, Lotz 1998, Misskampf & Züghart 2000 |
| Ballastablagerungen an Wasserstraßen | Matthies 1925 |
| Bahnanlagen und Verladestationen | Lehmann 1895, Kreh 1960, Brandes 1983a, b, 1993, Schinninger 2008 |
| Getreide- und Ölmühlen | Stieglitz 1981, Pyšek et al. 1984 |
| Wollkämmereien | Thellung 1912, Probst 1949, Schmidt 1973, Büscher 1991 |
| Müllplätze | Kreh 1935, Kunick & Sukopp 1975, Hetzel & Meierott 1998 |
| Getreidefelder | Hügin 1986, Kornas 1988, Fischer 1991, Hilbig & Bachtaler 1992, Ries 1992 |
| Kleefelder | Walter 1979a, Funk et al. 1981, Randig & Brandes 1989 |
| Grünlandansaaten | Hylander 1954, Sukopp 1968, Scholz 1970, Müller 1988, Melzer 1993, Peschel 1999, Maurer 2002 |

**Tab. 15** Einbürgerungserfolg nichteinheimischer Pflanzenarten, die das Gebiet von Montpellier (Südfrankreich) auf unterschiedliche Weise erreicht haben (nach Thellung 1912)

| Art der Einführung/Einschleppung | Σ Arten | eingebürgert | |
|---|---|---|---|
| | | absolut | [%] |
| eingeschleppt | 621 | 46 | 7,4 |
| davon mit: Wolle | 526 | 19 | 3,6 |
| Saatgut u. Futtergetreide | 40 | 9 | 23,5 |
| Ballaststoffen | 19 | 9 | 47,4 |
| Getreide | 18 | 0 | 0,0 |
| Verkehrsmitteln | 18 | 9 | 50,0 |
| eingeführt und verwildert | 148 | 61 | 41,2 |
| aus Hybridisierung hervorgegangen | 31 | 0 | 0,0 |
| **gesamt** | **800** | **107** | **13,4** |

medien wie Saatgut direkt ins Freiland ausgebracht werden (Tab. 14).

Das Beispiel der Flora Montpelliers zeigt, dass viel mehr Arten eingeschleppt als absichtlich eingeführt wurden. Allerdings ist der Einbürgerungserfolg eingeschleppter Arten geringer (Thellung 1912, Tab. 15). Das gilt auch für Floren größerer Gebiete wie z. B. Tschechiens – und auch im europäischen Maßstab (Pyšek et al. 2002, 2009). Im Folgenden werden einige Wege skizziert, auf denen neue Arten über Einschleppungen zum ersten Mal ins Gebiet gelangt sind. Zum Teil werden die Arten auf gleichen Wegen weiter im Gebiet ausgebracht (siehe Kap. 3.3).

### 3.2.2.1 Saatgutbegleiter

Saatgut von Kulturpflanzen enthält meist Beimischungen anderer Arten, die zusammen mit Kulturpflanzen geerntet, aber nicht von ihrem Saatgut getrennt worden sind. So sind mit Getreide und Lein-Saatgut (Tab. 16), aber auch mit Gras- und Kleesamen, Ölfrüchten, Vogelfutter und anderen Futtermitteln große Mengen an Begleitarten nach Europa gelangt und auch weiter verbreitet worden (Salisbury 1961). Auch wenn dieser Ausbreitungsweg seit jeher wirksam war, wie die Geschichte der Ackerwildkräuter zeigt (vgl. Kap. 3.2.1), so hat die Kommerzialisierung des Saatguthandels im 19. Jahrhundert die Austauschprozesse im regionalen und kontinentalen Maßstab sicher verstärkt (Mack 1991). Welche Arten als Saatgutbegleiter ausgebreitet werden, hängt von der Art des Saatgutes, seiner Herkunft und der Güte der Saatgutreinigung ab. Verschleppt werden meistens Arten, deren Samen denen der Kulturpflanzen ähneln. Mit Leinsamen werden daher andere Arten als mit Getreide- oder Kleesamen verbreitet (Tab. 16).

Die Herkunft des Saatgutes wurde schon im 19. Jahrhundert über seine Begleitarten bestimmt (Thellung 1915). Allerdings wurde Saatgut vielfach absichtlich verfälscht, um die Samen der Zielarten zu strecken oder um deren Herkunft zu verschleiern. Im 19. Jahrhundert war beispielsweise Rotklee nordamerikanischer Provenienz begehrter als europäische Herkünfte, da er kaum mit Kleeseide verunreinigt war, einem damals gefürchteten parasitischen Unkraut. Um minderwertiges europäisches Saatgut als vermeintlich sichere nordamerikanische Herkunft zu verkaufen, wurden deshalb zur Tarnung Samen amerikanischer Unkrautarten beigemengt (z. B. *Ambrosia artemisiifolia*; Nobbe 1876). Dies ist ein bislang wenig beachteter Einführungs-

**Tab. 16** Verbreitung einheimischer und nichteinheimischer Arten mit Saatgut (a) von Leinsamen (819 Proben à 50 g aus dem Zeitraum 1934–38) und (b) von Getreide (1955 Proben à 100 g aus dem Zeitraum 1926–29; nach Kornas 1988); Einheimische und Archäophyten wurden nach Rothmaler (1996) differenziert. Neophyten kamen nicht vor

| **a) Lein-Saatgut** (Zeitraum 1934–38) | | **Vorkommen in 819 Proben** absolut | [%] |
|---|---|---|---|
| **Einheimische** | | | |
| *Polygonum lapathifolium* subsp. *lapath.* | Ampfer-Knöterich | 807 | 98,5 |
| *Rumex acetosella* | Kleiner Sauerampfer | 706 | 86,2 |
| *Polygonum persicaria* | Floh-Knöterich | 699 | 85,3 |
| **Archäophyten** | | | |
| *Chenopodium album* | Weißer Gänsefuß | 817 | 99,8 |
| *Spergula arvensis* subsp. *maxima* | Acker-Spergel | 803 | 98,0 |
| *Lolium remotum* | Lein-Lolch | 798 | 97,4 |
| *Fallopia convolvulus* | Windenknöterich | 785 | 95,8 |
| *Centaurea cyanus* | Kornblume | 758 | 92,6 |
| *Camelina sativa* | Saat-Leindotter | 752 | 91,8 |
| *Spergula arvensis* | Acker-Spergel | 749 | 91,5 |
| *Cuscuta epilinum* | Lein-Seide | 476 | 58,1 |
| **b) Getreide-Saatgut** (Zeitraum 1926–29) | | **Vorkommen in 1955 Proben** absolut | [%] |
| **Einheimische** | | | |
| *Vicia hirsuta* | Rauhhaar-Wicke | 1089 | 55,7 |
| *Galium aparine* | Kletten-Labkraut | 898 | 45,9 |
| *Vicia tetrasperma* | Viersamige Wicke | 389 | 19,9 |
| **Archäophyten** | | | |
| *Agrostemma githago* | Korn-Rade | 1342 | 68,6 |
| *Bromus secalinus* | Roggen-Trespe | 1061 | 54,3 |
| *Fallopia convolvulus* | Windenknöterich | 740 | 37,9 |
| *Centaurea cyanus* | Kornblume | 575 | 29,4 |
| *Avena fatua* | Flug-Hafer | 527 | 27,0 |
| *Sinapis arvensis* | Acker-Senf | 411 | 21,0 |
| *Lolium temulentum* | Taumel-Lolch | 399 | 20,4 |

weg der inzwischen in Europa problematischen Ambrosie (vgl. 6.2.3.2).

Die Saatgutreinigung bestimmt erheblich Zusammensetzung und Umfang der Beimengungen. Tab. 16 zeigt die Beimengungen von Lein- und Getreidesaaten. Die historischen Daten aus abgelegenen Gebieten Polens dürften ein charakteristisches Bild für die Zeit vor der Perfektionierung der Saatgutreinigung in den 1890er-Jahren zeigen. Mit dem Saatgut wurden überwiegend Archäophyten und Einheimische verbreitet. Die heutige Gefährdung von Arten wie der Kornrade geht vor allem auf die verbesserte Saatgutreinigung zurück.

Das Ausmaß der Saatgutreinigung hängt auch vom Verwendungszweck des Saatgutes ab. Vor allem „minderwertiges“ Saatgut, mit dem beispielsweise Eisenbahnböschungen

**Saatgutbegleiter veranschaulichen Handelswege**

Amerikanisches Getreide hatte andere Begleitarten als russisches – mit auch kulturhistorisch interessanten Konsequenzen: Das ursprünglich aus Amerika stammende Spitzkletten-Rispenkraut (*Iva xanthiifolia*) ist seit 1934 ein gefürchtetes Unkraut im Gebiet der Sowjetunion. Nach 1945 wurde es in großen Mengen mit sowjetischen Getreidelieferungen in Ostblockländer gebracht und breitete sich dort stark aus (Lhotska & Slavik 1969, Fischer 1986, Sudnik-Wojcikowska 1987). Im Ostteil Berlins war *Iva* häufig, im Westteil fehlt sie dagegen bis heute weitestgehend (Passarge 1996). Dagegen wird *Solanum carolinense* vor allem mit amerikanischen Sojalieferungen verbreitet und kommt beispielsweise an Ölmühlen vor. Neben 74 weiteren amerikanischen Arten ist es auch aus mecklenburgischen Schweinemastanlagen bekannt (Henker 1980) und zeigt damit, dass die DDR auch amerikanische Futtermittel importierte. Beispiel einer mit sowjetischem Getreide verbreiteten östlichen Art ist *Artemisia sieversiana* (Jehlik & Hejny 1974).

begrünt (Lehmann 1895, Matthies 1925) oder Rasen und Wiesen in Parkanlagen angesät wurden (siehe Kap. 6.1.2.2), war reich an beigemengten Arten. Bis heute noch führt die geringe Saatgutreinigung bei Sonnenblumen und anderen Futterpflanzen zur Ausbreitung der Ambrosie (vgl. Kap. 6.2.3.2).

### 3.2.2.2 Pflanzen als Transportbegleiter

Wie effektiv Schafe zur Ausbreitung von Pflanzen beitragen, wurde schon in Kap. 3.2.1 gezeigt. Tiertransporte mit der Eisenbahn, später mit Lastwagen, potenzieren die Reichweite dieses Ausbreitungsweges. Dies gilt besonders für Wolle als den Teil von Schafen, mit dem häufig ein ganzer „Fingerabdruck" der Flora ihrer Weidegründe importiert wird. Mit den als Dünger genutzten Abfällen von Wollkämmereien gelangten zahlreiche Adventivarten ins Freiland, nach Probst (1949) über 1600 Arten in Mitteleuropa. Die Bilanzierung der Adventivflora von Montpellier zeigt, dass zwar besonders viele Pflanzenarten mit Wolle eingeschleppt wurden, sich jedoch nur wenige einbürgern konnten (Tab. 15). Hierzu zählen *Senecio inaequidens* (Ernst 1998) und *Xanthium spinosum* (Thellung 1915), das in England „shepard's plague" heißt (Salisbury 1961).

Lineare Verbreitungsmuster von Getreidearten und Raps (*Brassica napus*) entlang von Verkehrswegen weisen auf regelmäßige Transportverluste hin (Suominen 1979, von der Lippe & Kowarik 2007a). Gehäufte Raps-Vorkommen an Straßen, die zu verarbeitenden Betrieben führen, lassen manchmal sogar Transportwege erkennen (Crawley & Brown 2004, Kawata et al. 2009).

Mit Südfrüchten gelangten früher viele Arten nach Mitteleuropa (814 nach Jauch 1938). Zum Schutz gegen Frost wurden sie häufig mit Stroh aus ihren Anbaugebieten verpackt. Durch perfektionierte Verpackungs- und Verarbeitungsmethoden haben diese Verbreitungswege heute an Bedeutung verloren. Dennoch sind Häfen immer noch besonders reich an nichteinheimischen Arten. So listet Mang (1990) 3372 Arten für den Hamburger Hafen auf.

### 3.2.2.3 Insekten als Transportbegleiter (W. Rabitsch)

Die Lagerhaltung von Vorräten hat eine lange Tradition, wie Ausgrabungen altägyptischer Pharaonengräber belegen. Zahlreiche Insektenarten, vor allem Käfer und Motten, haben sich an die Vorratshaltung von Nahrungsmitteln angepasst und wurden weltweit verschleppt (siehe Kap. 9.1.1). Seit Beginn der Neuzeit geschieht dies zunehmend häufiger. So wurden mit der Erde, die als Ballast für den notwendigen Tiefgang der Schiffe der frühen Seefahrer sorgte, sicherlich auch viele Insekten verschleppt (Weidner 1970). In neuerer Zeit werden Insekten mit verschiedenen Waren und Gütern zu Luft, Land und Wasser verschleppt: Holzschädlinge in kunstvollen Schnitzereien aus Afrika, in Bonsai-Pflanzen aus Asien, in Importholz aus Sibirien; Pflanzenschädlinge mit Zier- und Nutzpflanzen; phytophage Arten mit Gemüse und Obst; Bodenorganismen mit Erde. Absichtlich werden Arten zur biologischen Kontrolle, als Futtermittel oder zu Terrarienzwecken transportiert. Einen bemerkenswerten Verschleppungsvektor stellen gebrauchte Autoreifen für Stechmücken dar (vgl. Kap. 9.9.2).

Ähnlich wie für Pflanzen, ändert sich auch bei Neozoen die Bedeutung unterschiedlicher Einschleppungswege im Laufe der Zeit. Während der Tropenholz-Import nach Europa zurückgeht, nimmt gegenwärtig der Handel mit Bonsai-Pflanzen aus Asien stark zu. Mit verschiedenen Waren werden auch zahlreiche Insektenarten eingeschleppt, die in Rohkaffee, Rohkakao, Erdnüssen, Aprikosenkernen und Verpackungshölzern überleben (siehe Kap. 9.1.1). Die kurzen Transportzeiten moderner Containerschiffe erhöhen auch die Überlebensmöglichkeiten für Wirbellose (Schliesske 1998).

#### 3.2.2.4 Schiffsverkehr

Der größte Teil des interkontinentalen Artentransfers verläuft über den Schiffsverkehr – zur Zeit der Segelschiffe ebenso wie heute. Einige aquatische Arten können sich am Schiffsrumpf ansiedeln oder sich, wie die „Schiffsbohrmuschel" *Teredo navalis*, in die Planken bohren. Die Entwicklung der Schifffahrtstechnik spiegelt sich dabei auch in den Artengruppen wider, die mit Schiffen verschleppt worden sind. Besonders augenfällig ist dies bei Arten, die mit Ballastmaterialien transportiert werden. Früher wurden Schiffe mit Sand und Kies als Ballast beschwert. Dort, wo das Material vor der Aufnahme von Ladung an Land abgelagert wurde, wuchsen regelmäßig Pflanzen aus den Entnahmegebieten (Lehmann 1895, Matthies 1925). Ballastmaterial wurde auch im Binnenland für Ausbesserungsarbeiten an Bahndämmen u. ä. benutzt, wodurch in England beispielsweise *Senecio viscosus* weit verbreitet wurde (Lousley 1953).

Seit Ende des 19. Jahrhunderts wird vornehmlich Wasser als Ballast in Tanks aufgenommen und beim Aufnehmen des Transportguts wieder abgegeben. Hiermit wird bis heute ein großes Spektrum an Meereslebewesen in alle Teile der Welt transportiert. Nach einer Hochrechnung befördern die 70 000 größten Schiffe der Welt jährlich zehn Milliarden Tonnen Ballastwasser um den Globus. Nach Carlton (1996) sind täglich um die 3000 Arten im Ballastwasser und Sediment der Tanks unterwegs. In einem Kubikmeter Ballastwasser wurden über 50 000 zooplanktische Individuen und über 110 Millionen phytoplanktische Formen gefunden (Gollasch 1999, Lenz et al. 2000). Rechnerisch werden 2,7 Millionen marine Organismen pro Tag nach Deutschland transportiert (Gollasch 1996, 1999). Andere Arten siedeln sich am äußeren Schiffsrumpf und an Ankerketten an und werden so über weite Distanzen transportiert („hull fouling").

Reise et al. (1999) nennen 43 mit Schiffen in die Nordsee gelangte und dort etablierte Arten (Tab. 17). In deutschen Binnen- und Küstengewässern sind über 130 Arten etabliert, die durch den Schiffsverkehr, aber auch durch andere Vektoren ins Gebiet gelangt sind (Nehring & Klingenstein 2008, vgl. Abb. 15 und Abb. 16).

**Tab. 17** In der Nordsee etablierte Neobiota mit Angaben zum Ursprungsgebiet und zu Einführungspfaden (einschließlich Doppelnennungen; aus Reise et al. 1999)

| | **Arten-zahl** | **Herkunft** | | **Einführungspfad** | |
|---|---|---|---|---|---|
| | | Atlantik | Pazifik | Schiffsverkehr | Aquakultur |
| Phytoplankton | 9 | 1 | 8 | 5 | 3 |
| Macroalgae | 20 | 1 | 18 | 5 | 16 |
| Poaceae | 1 | 1 | – | 1 | – |
| **Summe der Neophyten** | **30** | **3** | **26** | **11** | **19** |
| Protozoa | 3 | 3 | – | – | 3 |
| Cnidaria | 8 | 2 | 2 | 2 | 2 |
| Mollusca | 11 | 8 | 3 | 4 | 5 |
| Annelida | 9 | 5 | 3 | 8 | 3 |
| Crustacea | 14 | 7 | 7 | 9 | 3 |
| andere Invertebraten | 5 | 1 | 3 | 4 | 1 |
| **Summe der Neozoen** | **50** | **26** | **19** | **32** | **17** |
| **Summe** | **80** | **29** | **45** | **43** | **36** |

Ein prominenter Ballastwasser-Ankömmling aus Nordamerika ist das Schlickgras *Spartina alternifolia* (siehe Kap. 6.6.1), wogegen die Zebra-Muschel (*Dreissena polymorpha*) auf umgekehrtem Weg Nordamerika erreichte (Thompson 1991). Sie wird dort mit Freizeitbooten auf den Großen Seen weiter ausgebreitet (Buchan & Padilla 1999). Ballastwasser als Ausbreitungsvektor mariner Organismen gilt heute als ein international akutes Problem (vgl. auch Kap. 9.7).

Die erhebliche Verringerung der Reisezeiten seit der Erfindung der Dampfmaschine hat die Überlebenschance vieler mitreisender Organismen erhöht. So wird beispielsweise angenommen, dass der Erreger der Kartoffel-

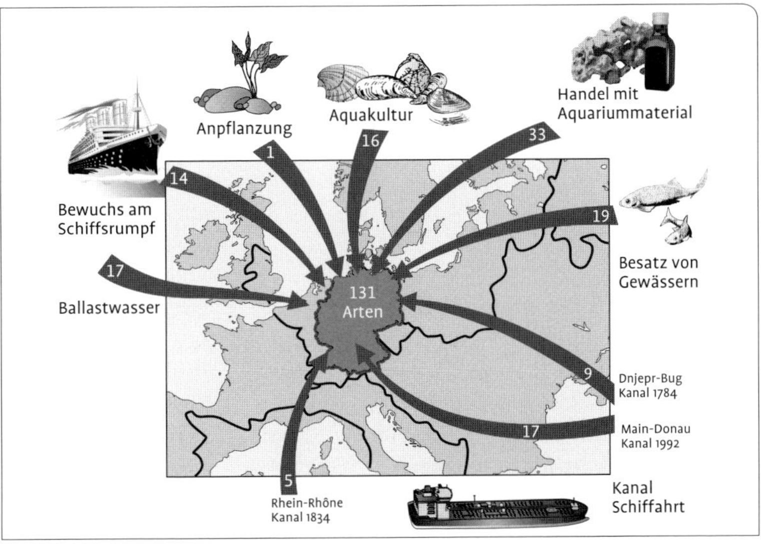


**Abb. 15** Anzahl der in deutschen Binnen- und Küstengewässer etablierten gebietsfremden Arten mit einer Unterscheidung der Einführungsvektoren. Die fetten Linien bezeichnen Hauptwassereinzugsgebiete (nach Nehring 2005, aktualisiert nach www.aquatic-aliens.de, 21.10.2009).

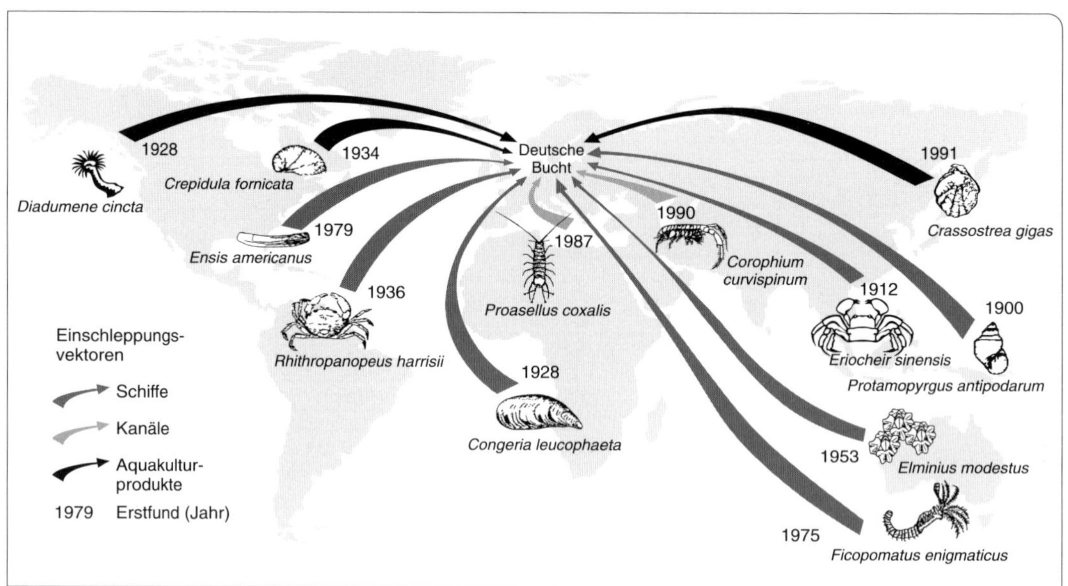


**Abb. 16** Beispiele für die absichtliche oder unbeabsichtigte Einführung von Organismen durch Schiffe, Aquakulturprodukte und infolge von Kanalbauten (nach Nehring & Leuchs 1999).

fäule, der Neomycet *Phytophtora infestans*, erst nach 1845 lebend aus Amerika eingeschleppt wurde. Der Grund dafür ist, dass er zuvor die lang andauernde Hitze im Laderaum nicht überstehen konnte (Scholler 1996). Während des kaum dreiwöchigen Transfers eines Frachtschiffes von Singapur nach Bremerhaven ging zwar die Artenzahl im Ballastwasser deutlich zurück, zahlreiche Arten überlebten jedoch, sodass immer wieder mit Neueinschleppungen aquatischer Organismen zu rechnen ist (Lenz et al. 2000).

### 3.2.2.5 Kanäle

Kanäle können voneinander isolierte Gewässersysteme verbinden. Damit werden Invasionen aquatischer Pflanzen und Tiere möglich, die auf Wasser als Ausbreitungsmedium angewiesen sind (Galil et al. 2007). Klassisches Beispiel ist der Suezkanal. Nach seinem Bau gelangten ab 1870 bislang über 500 Tier- und Pflanzenarten aus dem Roten Meer und dem Indischen Ozean ins Mittelmeer („Lesseps'sche Migration", Por 1978), rund 50 breiteten sich in umgekehrter Richtung aus. Die Zuwanderungsraten steigen (Galil 2006). Auch der St. Lorenz-Seeweg, der seit 1959 den Atlantik mit den „Großen Seen" in Nordamerika verbindet, ist von hoher invasionsökologischer Bedeutung (Ricciardi & MacIsaac 2000, Ricciardi 2006). In Europa verbinden Kanäle wie der Rhein-Main-Donau-Kanal die Einzugsgebiete von Atlantik und Schwarzem Meer (Abb. 15). Dies erlaubte die Invasion zahlreicher Krebstiere, Muscheln und Fische. Darunter ist der Schlickkrebs (*Chelicorophium curvispinum*), der den Rhein wahrscheinlich über den Dortmund-Ems-Kanal erreichte und heute im Oberrhein zu den individuenreichsten Arten gehört (siehe Kap. 9.5.2). Seit der Fertigstellung des Rhein-Main-Donau-Kanals 1992 ist auch die Verbindung Rhein-Donau lückenlos besiedelt (Bernauer et al. 1996, Tittizer 1996; zur Angleichung der Fischfauna: Lelek 1996; Weiteres in Kap. 9.5).

#### 3.2.2.6 Flugverkehr

Mit der kurzen Reisezeit von Flugzeugen steigt auch hier die Wahrscheinlichkeit, dass mitgeführte Arten überleben. Dies betrifft vor allem Wirbellose. So soll die aus Mittel- und Ostasien stammende Blattlaus *Impatientinum asiaticum* mit dem Flugzeug nach Europa gelangt sein (Lampel 1978). Sie kommt heute häufig an *Impatiens parviflora* vor, die aus dem gleichen Gebiet stammt (siehe Kap. 7.2.1). Wiederholte Funde in der Nähe von Flughäfen und mehrfache unabhängige Einschleppungen aus Nordamerika legen auch für den Maiswurzelbohrer (*Diabrotica virgifera*) eine Einschleppung mit Flugzeugen nahe (Miller et al. 2005). Kontrollen in Hawai'i brachten in einem Jahr 259 neue Arten an Wirbellosen zu Tage: 40 % im Gepäck von Flugreisenden, 39 % in der Luftfracht, 16 % in der Seefracht; 5 % stammten aus Paketen und anderen Einführungsquellen (Holt 1996).

## 3.3 Sekundäre Ausbringungen

Die Ersteinführung einer Art ist Voraussetzung, aber nicht Garant einer nachfolgenden erfolgreichen Ausbreitung. Ob biologische Invasionen zustande kommen, hängt wesentlich von zwei Faktoren ab: Es müssen Lebensräume mit geeigneten Umweltbedingungen vorhanden sein, und die neu eingeführten Arten müssen diese auch erreichen können. Bei hoch mobilen Gruppen wie vielen Insekten, Vögeln, Säugetieren oder aquatischen Organismen ist dies wenig problematisch. Sie können ihr neues Areal nach der Ersteinführung meist rasch besiedeln. Beispiele sind der Große Höckerflohkrebs, der sich rasch durch Kanäle ausgebreitet hat und die Bisamratte, die binnen weniger Jahrzehnte große Teile Mitteleuropas besiedelte (Abb. 78 und 79).

Die meisten Pflanzen breiten sich dagegen natürlicherweise selten weiter als wenige Dutzende Meter aus. Bei Entfernungen von über 100 Metern spricht man schon von Fernausbreitung (Howe & Smallwood 1982, Bonn & Poschlod 1998). Ausnahmen bestehen bei Fließgewässer-Arten, die durch Wasser weiter transportiert werden. Auch schwere Stürme können Pflanzensamen gelegentlich zu weit entfernten, ansonsten unzugänglichen Wuchsplätzen transportieren. Ohne diese Erklärung wäre beispielsweise der Ausbreitungsfortschritt vieler Pflanzen bei der nacheiszeitlichen Wiedereinwanderung nicht verständlich (Cain et al. 1998, 2000). Allerdings mehren sich Hinweise auf auch nördlich gelegene Refugialgebiete, sodass nicht alle Arten zwingend aus dem Mediterrangebiet wiedereingewandert sein müssen (Willis & Whittaker 2000). Viele Bäume haben nacheiszeitlich noch nicht alle klimatisch geeignete Gebiete in Europa besiedelt (Svenning & Skov 2007).

Wohl kaum ein Neophyt hat sich nach der Ersteinführung in Mitteleuropa ganz ohne menschliche Mitwirkung stark ausgebreitet (mögliche Ausnahme: das Moos *Campylopus introflexus*, siehe Kap. 6.6.2). Für den Ausbreitungserfolg der meisten Arten ist menschliches Handeln ein wesentlicher Schlüsselfaktor. Dass anthropogene Standortveränderungen häufig Invasionen begünstigen oder sogar erst ermöglichen, ist lange bekannt (siehe Kap. 3.5). Eher unterschätzt wird dagegen die Rolle beabsichtigter oder auch unbeabsichtigter sekundärer Ausbringungen, die häufig Jahrzehnte bis Jahrhunderte nach der Ersteinführung Invasionen fördern (Kowarik 2003b). Die Kenntnis sekundärer Ausbreitungsmechanismen ist daher für das Verständnis vieler Invasionsprozesse unabdingbar, auch um bei gegensteuernden Maßnahmen nicht nur auf die Symptome, sondern auch auf die Ursachen von Invasionen einwirken zu können.

Durch regelmäßige oder gelegentliche Ausbringungen wird die Etablierung von Populationen gefördert, die in ihrer Anfangs-

**Tab. 18** Überwindung der räumlichen Isolation zu verschiedenen Biotoptypen durch beabsichtigte und unbeabsichtigte sekundäre Ausbringungen

| Formen sekundärer Ausbringung | Überwindung der Isolation zu Biotoptypen | | | | |
|---|---|---|---|---|---|
| | urban-industrielle | segetale | halb-natürliche | naturnahe | Arten n |
| **Pflanzung/Ansaat** | | | | | |
| in Gärten und Grünflächen | ● | – | ■ | ■ | 24 |
| fließgewässernahe Gärten | ● | – | ● | ● | 7 |
| als Forstgehölz | – | – | ● | ● | 9 |
| als Wildfutter od. Deckungspflanze | – | – | ● | ● | 8 |
| an Verkehrswegen, in Hecken | ● | – | ● | ■ | 7 |
| als landwirtschaftl. Nutzpflanze | – | ● | ● | ■ | 2 |
| zur Erosionsbekämpfung | ● | – | ● | ● | 7 |
| zur Bodenverbesserung | – | – | ● | ● | 3 |
| als Bienenfutterpflanze | ● | – | ● | ● | 6 |
| zur „Bereicherung“ der Natur | – | – | ● | ● | 5 |
| **unabsichtliche Ausbringung** | | | | | |
| durch Fahrzeuge | ● | – | ● | ■ | 11 |
| mit Böden | ● | – | ● | ■ | 9 |
| mit Gartenabfall | – | – | ● | ● | 11 |
| als Saatgutbegleiter | – | ● | – | – | 25 |

● in Mitteleuropa bedeutender Vektor, ■ weniger bedeutender Vektor; n bezieht sich auf die häufig durch sekundäre Ausbringungen begünstigten problematischen Arten aus Tab. 19

phase besonders durch ungünstige Umweltbedingungen gefährdet sind (Mack 2000). Darüber hinaus überbrücken sekundäre Ausbringungen räumliche Barrieren. Neophyten können so zu geeigneten, auch naturnahen Wuchsorten gelangen, die für sie natürlicherweise kaum oder gar nicht zu erreichen wären (Tab. 18).

Wie sekundäre Ausbringungen wenig ausbreitungsstarken Arten zum Invasionserfolg verhelfen können, zeigt der Fall des Kleinblütigen Springkrautes (*Impatiens parviflora*). In gut 150 Jahren hat es eine Karriere von einer seltenen Gartenpflanze zum häufigsten Neophyten mitteleuropäischer Wälder durchlaufen (Abb. 17), obwohl es sich mit seinen Springfrüchten nur bis zu 3,4 Meter pro Jahr ausbreiten kann. Zunächst überwogen Fundorte in Gärten und Parks. Durch Ansaaten zur „Bereicherung der Natur“ gelangte die Art auch auf naturnahe Standorte und wurde dann durch die in der zweiten Hälfte des 19. Jahrhunderts intensivierte Waldbewirtschaftung, den Bau von Forststraßen und die zunehmende Erholungsnutzung der Wälder gefördert (Trepl 1984 und siehe Kap. 6.3.1).

Meist führt eine Kombination verschiedener und vor allem wiederholter sekundärer Ausbringungen zum Erfolg. Tab. 19 zeigt dies für die besonders problematischen Neophyten in Deutschland. Mit Ausnahme der meisten Ackerunkräuter sind fast alle beabsichtigt eingeführt worden. Die meisten Arten wurden danach über lange Zeiträume weiter sekundär im Gebiet ausgebreitet. Dies führte auch zu problematischen Dominanzbeständen auf naturnahen Standorten. So gehen die meisten problematischen Neophytenbestände

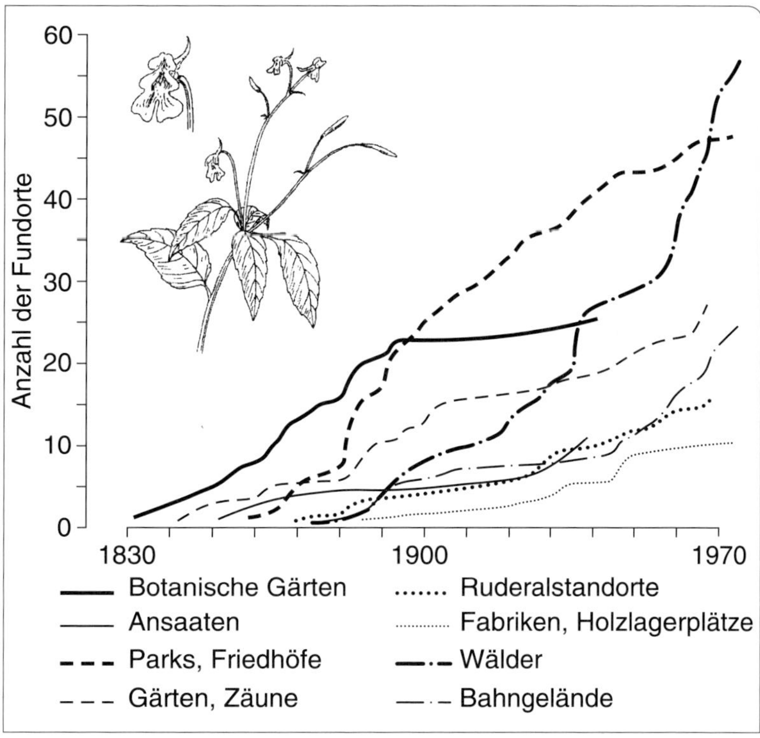


**Abb. 17** Ausbreitungsgeschichte des Kleinblütigen Springkrautes (*Impatiens parviflora*), dargestellt anhand der Nachweise in der floristischen Literatur. Der Übergang auf Waldstandorte vollzog sich erst ungefähr 50 Jahre nach Beginn der Ausbreitung (nach Trepl 1984).

Niedersachsens unmittelbar auf Ausbringungen vor Ort zurück (Tab. 20). Auch gewässerferne Vorkommen problematischer Arten, deren Fernausbreitung ansonsten überwiegend durch fließendes Wasser erfolgt, werden so möglich (z. B. *Heracleum mantegazzianum*, *Fallopia*-Arten; siehe Kap. 6.4.3 und 6.4.4).

Wie die Wege der Ersteinführung sind auch die Muster sekundärer Ausbringungen kulturellen Veränderungen unterworfen. Verliert ein traditioneller Ausbreitungsvektor an Bedeutung, können an ihn gebundene Arten zurückgehen oder sogar aussterben, beispielsweise Leinunkräuter oder Arten, die durch Schafe ausgebreitet werden (Poschlod & Bonn 1998). Nach der Perfektionierung des Transport- und Verpackungswesens werden heute weniger Arten als früher mit der Eisenbahn oder als Woll-, Südfrucht-, Ölsaat- oder Saatgutbegleiter verbreitet. Die Anzahl verwilderter Zier- und Nutzpflanzen ist dagegen gestiegen (Brandes 1993, Keil & Loos 2002). Modewellen bei Gartenpflanzen können sich zu Ablagerungswellen in der freien Landschaft fortsetzen (Kosmale 1981a).

### 3.3.1 Gärtnerische Pflanzungen

Nichteinheimische Pflanzen haben in der Gartenkunst einen oft hohen, aber durchaus wechselhaften Stellenwert. Ihre kulturhistorische Bedeutung wird in Kap. 4 besprochen. Hier soll auf gärtnerische Pflanzungen als Ausgangspunkt für die Ausbreitung von Zier- und Nutzpflanzen als „Kulturflüchtlinge" eingegangen werden (zur Einschätzung damit verbundener Risiken siehe Kap. 6.2.6).

In botanischen Gärten werden zwar sehr viele Arten kultiviert (ca. 50 000 in Deutschland, Rauer et al. 2000), jedoch sind nur wenige inzwischen weit verbreitete Neophyten

**Tab. 19** Art der Ersteinführung der in Deutschland besonders problematischen nichteinheimischen Pflanzenarten (nach Tab. 70, Tab. 39) und wichtige Wege darauf folgender sekundärer Ausbringungen durch menschliche Aktivitäten (nach Kowarik 2003b)

| problematische Pflanzenarten | Erst-einführung | | | sekundäre Ausbringungswege | | | | | | | | | | | | |
|---|---|---|---|---|---|---|---|---|---|---|---|---|---|---|---|---|
| | B | U | A | ZP | LA | HF | FA | BV | ES | BP | WD | AS | FZ | GA | BA | SG |
| **Moose** | | | | | | | | | | | | | | | | |
| *Campylopus introflexus* | – | × | – | – | – | – | – | – | – | – | – | – | – | – | – | – |
| **Einjährige** | | | | | | | | | | | | | | | | |
| *Ambrosia artemisiifolia* | – | × | – | – | – | – | – | – | – | – | – | – | ● | – | – | ● |
| *Impatiens glandulifera* | × | – | – | ◆ | – | – | – | – | – | ● | – | ● | ● | ● | ● | – |
| *Impatiens parviflora* | × | – | – | ● | – | – | – | – | – | – | – | – | ● | – | – | – |
| *Avena fatua* | (×) | × | (×) | – | – | – | – | – | – | – | – | – | ◆ | – | – | ● |
| + 20 andere Ackerunkräuter*) | | | | | | | | | | | | | | | | |
| **ausdauernde Krautige** | | | | | | | | | | | | | | | | |
| *Bunias orientalis* | – | × | – | – | – | – | – | – | – | – | – | – | ● | – | ● | ● |
| *Senecio inaequidens* | – | × | – | – | – | – | – | – | – | – | – | – | ● | | | |
| *Cyperus esculentus* | – | × | – | – | – | – | – | – | – | – | – | – | ● | – | – | ● |
| *Fallopia japonica* | × | – | – | ■ | – | – | – | – | ● | – | ■ | – | – | ● | ● | – |
| *Fallopia sachalinensis* | × | – | – | ■ | – | – | – | | ■ | – | ● | – | – | ● | ● | – |
| *Fallopia* × bohemica | – | – | × | – | – | – | – | – | – | – | – | – | – | ● | ● | – |
| *Helianthus tuberosus* | × | – | – | ● | ■ | – | – | – | – | – | ● | – | – | ● | – | – |
| *Heracleum mantegazzianum* | × | – | – | ● | – | – | – | – | – | ● | ● | – | ● | ● | ● | – |
| *Lupinus polyphyllus* | × | – | – | ● | – | – | ● | ● | ● | ? | ● | – | ● | ● | ● | – |
| *Lysichiton americanus* | × | – | – | ■ | – | – | – | – | – | – | – | ■ | – | – | – | – |
| *Solidago canadensis* | × | – | – | ● | – | – | – | – | – | ● | – | – | ■ | ● | ● | – |
| *Solidago gigantea* | × | – | – | ● | – | – | – | – | – | ● | – | – | ■ | ● | ● | – |
| *Spartina anglica* | – | – | × | – | – | – | – | – | ● | – | – | – | – | – | – | – |
| **Wasserpflanzen** | | | | | | | | | | | | | | | | |
| *Elodea canadensis* | × | – | – | ● | – | – | – | – | – | – | – | ■ | – | ● | – | – |
| *Elodea nuttallii* | × | – | – | ● | – | – | – | – | – | – | – | ■ | – | ● | – | – |
| **Sträucher** | | | | | | | | | | | | | | | | |
| *Buddleja davidii* | × | – | – | ● | – | – | – | – | – | – | – | – | ■ | – | – | – |
| *Rosa rugosa* | × | – | – | ● | – | ● | – | – | ● | – | – | – | – | – | – | – |
| *Symphoricarpos albus* | × | – | – | ● | – | – | – | – | – | ■ | ● | – | – | – | – | – |
| *Vaccinium corym.* × *ang.* | – | – | × | – | ● | – | – | – | – | – | – | – | – | – | – | – |

**Tab. 19** Fortsetzung

| problematische Pflanzenarten | Erst-einführung | | | sekundäre Ausbringungswege | | | | | | | | | | | | | |
|---|---|---|---|---|---|---|---|---|---|---|---|---|---|---|---|---|---|
| | B | U | A | ZP | LA | HF | FA | BV | ES | BP | WD | AS | FZ | GA | BA | SG |
| **Bäume** | | | | | | | | | | | | | | | | | |
| *Acer negundo* | × | – | – | ● | – | ● | – | – | – | – | – | – | – | – | – | – |
| *Ailanthus altissima* | × | – | – | ■ | ● | ■ | ■ | – | – | – | – | – | – | – | – | – |
| *Fraxinus pennsylvanica* | × | – | – | ■ | – | – | ● | – | – | – | – | – | – | – | – | – |
| *Pinus nigra* | × | – | – | ● | – | – | ● | – | – | – | – | – | – | – | – | – |
| *Pinus strobus* | × | – | – | ● | – | – | ● | – | – | – | – | – | – | – | – | – |
| *Populus × canadensis* | – | – | × | ● | – | ● | ● | – | – | – | – | – | – | – | – | – |
| *Prunus serotina* | × | – | – | ● | – | ● | ◆ | ◆ | – | – | ■ | – | – | – | – | – |
| *Quercus rubra* | × | – | – | ● | – | – | ● | – | – | – | – | – | – | – | – | – |
| *Robinia pseudoacacia* | × | – | – | ● | – | ● | ● | ● | ● | ● | ■ | – | – | – | – | – |
| *Pseudotsuga menziesii* | × | – | – | ● | – | – | ● | – | – | – | – | – | – | – | – | – |

Ersteinführung: B – beabsichtigt, U – unbeab., A – anthropogene Sippen, unter Beteiligung eingeführter Arten entstanden.

Absichtliche sekundäre Ausbringungen: ZP – Zierpflanze, LA – landwirtschaftliche Anbaupflanze, HF – Heckenpflanze, Flurgehölz, FA – forstliche Anbaupflanze, BV – Bodenverbesserung, ES – Erosionsschutz, BP – Bienenpflanze, WD – Wildfutter/Deckungspflanze, AS – „Bereicherung" der Natur (Ansalbung).

Unbeabsichtigte sekundäre Ausbringungen: FZ – Fahrzeuge, GA – Gartenabfall, BA – Bodenablagerungen, SG – Saatgut; ● wichtiger Ausbringungsweg, ■ weniger bedeutsam, ◆ nur früher, ? Bedeutung unsicher

* *Alopecurus myosuroides, Amaranthus retroflexus, Anthoxanthum aristatum, Chenopodium* spec., *Chrysanthemum segetum* (lokal), *Cyperus esculentus* (lokal), *Echinochloa crus-galli, Fallopia convolvulus, Galinsoga ciliata, G. parviflora, Lamium purpureum, Matricaria recutita, Mercurialis annua, Setaria* spec., *Solanum nigrum, Stellaria media, Thlaspi arvense, Tripleurospermum perforatum, Veronica persica, Viola arvensis*

unmittelbar aus botanischen Gärten entwichen. Hierzu gehören *Impatiens parviflora*, *Matricaria discoidea*, *Galinsoga parviflora* und *Conyza canadensis* (Sukopp 1972). Die meisten Kulturflüchtlinge werden sich von Privatgärten und Grünanlagen ausgebreitet haben. Hier werden zwar wesentlich weniger Arten, diese aber in meist höheren Stückzahlen kultiviert (z.B. 600 krautige Zierpflanzen in knapp 400 mitteldeutschen Gärten; Fromke & Jäger 1992). Untersuchungen am Beispiel von 534 Zierpflanzen in Großbritannien veranschaulichen einen Zusammenhang zwischen dem Pflanzenangebot in Gartenkatalogen und der Ausbreitungswahrscheinlichkeit von Zierpflanzen: Arten, die über längere Zeiten im Handel angeboten wurden – und deswegen wahrscheinlich auch mehr gekauft wurden – breiteten sich häufiger aus als Arten, die nur kurze Zeit im Sortiment waren (Dehnen-Schmutz et al. 2007). Abb. 18 veranschaulicht, dass der Handel mit Pflanzen in Europa sehr stark zugenommen hat (Unger 2003).

In deutschen Gärten und Parks werden etwa 3150 nichteinheimische Gehölzarten kultiviert (Tab. 13). Welche Rolle gärtnerische Gehölzpflanzungen als Ausgangspunkt von Verjüngungsprozessen spielen können, zeigt eine Hamburger Untersuchung: Von den 489 Gehölzsippen, die Ringenberg (1994) auf einer Fläche von 56 Hektar innerhalb der Hamburger Wohnbebauung fand, waren nur 14% im Gebiet einheimisch. 138 der gepflanzten

**Tab. 20** Rolle beabsichtigter und unbeabsichtigter Ausbringungen bei der Bestandsbegründung problematischer Neophytenvorkommen in Niedersachsen, mit Angaben zu besonders problematischen Neophyten; (a) nach Befragung örtlicher Experten zu 342 Vorkommen; (b) nach eigener Vorortanalyse von 106 Vorkommen; alle Werte gerundet (nach Kowarik & Schepker 1997, Schepker 1998)

| | alle Arten | | *Prunus serotina* | | *Fallopia* spec.* | | *Heracleum mantegazzian.* | |
|---|---|---|---|---|---|---|---|---|
| | (a) n = 342 [%] | (b) n = 106 [%] | (a) n = 131 [%] | (b) n = 49 [%] | (a) n = 59 [%] | (b) n = 18 [%] | (a) n = 58 [%] | (b) n = 16 [%] |
| **Begründet durch Ausbringung im Gebiet** | **63** | **76** | **77** | **98** | **69** | **56** | **51** | **38** |
| Anpflanzung | 44 | 65 | 76 | 98 | 20 | 17 | 9 | – |
| Ansaat | 4 | – | – | – | – | – | 20 | 25 |
| mit Gartenabfall | 10 | 5 | 1 | – | 29 | 17 | 18 | 13 |
| mit Boden | 5 | 6 | – | – | 20 | 22 | 4 | – |
| **Begründet durch Einwanderung ins Gebiet** | **38** | **25** | **23** | **2** | **31** | **44** | **49** | **62** |
| aus Gärten | 10 | 8 | 1 | – | 17 | – | 18 | 37 |
| unbekannte Herkunft | 28 | 17 | 22 | 2 | 14 | 44 | 31 | 25 |

* *Fallopia japonica, F. sachalinensis, F. × bohemica*

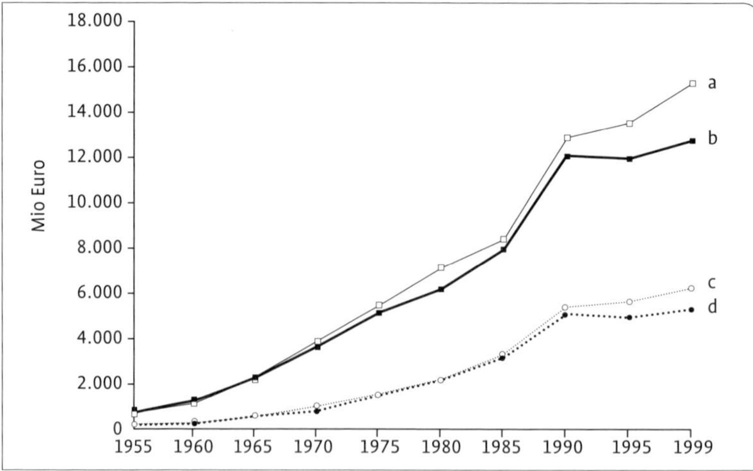


**Abb. 18** Zunahme des Imports und Exports von Pflanzen und Baumschulerzeugnissen in Europa, ausgedrückt im Wert des jährlichen Handelsvolumens; a) gesamter Import, b) Import lebender Pflanzen, c) gesamter Export, d) Export lebender Pflanzen (nach Unger 2003).

Gehölzarten vermehren sich generativ, wobei die meisten (59 %) nicht in Hamburg einheimisch sind. Nicht alle Gehölzarten mit Naturverjüngung haben jedoch eine Tendenz zur weiteren Ausbreitung. Dies lässt die Gegenüberstellung von Verjüngungs- und Ausbreitungswerten in Tab. 21 erkennen. Unter den nichteinheimischen Arten haben besonders durch Vögel ausgebreitete Arten eine größere Ausbreitungstendenz (z. B. *Rubus armeniacus, R. laciniatus, Sorbus intermedia, Prunus serotina, Ribes alpinum, R. aureum, Mahonia*

**Tab. 21** Unterschiedliches Verjüngungs- und Ausbreitungsverhalten von Gehölzarten in Gärten und Grünflächen (V- und A-Werte nach Kowarik 1983a, Ringenberg 1994). Spalte (a) Kinderspielplätze in Berlin, Spalte (b) Wohnbebauung in Hamburg

| | Art | Verjüngungswert [V] | | Ausbreitungswert [A] | |
|---|---|---|---|---|---|
| | | (a) | (b) | (a) | (b) |
| | *Crataegus monogyna* | ⬤ | ⬤ | ⬤ | ⬤ |
| | *Acer campestre* | ⬤ | ⬤ | ● | ● |
| * | *Viburnum lantana* | ⬤ | ● | ● | ⬤ |
| | *Cornus sanguinea* | ⬤ | ● | • | • |
| | *Lonicera xylosteum* | ⬤ | • | ● | ● |
| * | *Ailanthus altissima* | ⬤ | – | ⬤ | – |
| * | *Mahonia aquifolium* | ● | ⬤ | ⬤ | ● |
| * | *Laburnum anagyroides* | ● | ⬤ | ⬤ | ○ |
| * | *Sorbus intermedia* | – | ⬤ | – | ⬤ |
| | *Corylus avellana* | • | ⬤ | ⬤ | • |
| | *Taxus baccata* | • | ⬤ | ● | · |
| | *Euonymus europaea* | ● | • | ● | ⬤ |
| * | *Ribes aureum* | · | ● | ⬤ | ⬤ |
| | *Ligustrum vulgare* | ● | ● | • | • |
| * | *Berberis thunbergii* | • | ● | • | · |
| * | *Ribes alpinum* | • | · | ● | ⬤ |
| * | *Rosa rugosa* | • | · | ● | ○ |
| * | *Ribes sanguineum* | · | • | ○ | • |
| * | *Symphoricarpus albus* | · | • | ○ | • |
| * | *Acer saccharinum* | ● | ⬤ | ○ | ○ |
| * | *Colutea arborescens* | ⬤ | – | ○ | – |
| * | *Rhodotypos kerrioides* | ⬤ | – | ○ | – |
| * | *Caragana arborescens* | ● | – | ○ | – |
| * | *Philadelphus coronarius* | • | • | ○ | ○ |
| * | *Berberis julianae* | · | • | ○ | ○ |
| * | *Potentilla fruticosa* | • | · | ○ | ○ |
| * | *Prunus laurocerasus* | – | • | – | ○ |
| * | *Forsythia* × intermedia | · | · | ○ | ○ |
| * | *Pyracantha coccinea* | · | · | ○ | ○ |
| * | *Viburnum rhytidophyllum* | · | · | ○ | ○ |

*: in Hamburg oder Berlin nichteinheimische Arten. Verjüngungs- oder Ausbreitungstendenz (V-, A-Werte): stark (⬤ >50), mittel (● 25–49), mäßig (• 10–24), schwach (· <10), fehlend (○ <1); – keine Angaben

## Verjüngungs- und Ausbreitungswerte gepflanzter Arten nach Kowarik (1983)

Der **Verjüngungswert** (V) drückt die Wahrscheinlichkeit aus, mit der gepflanzte Vorkommen einer Art mit Naturverjüngung kombiniert wird. Er wird wie folgt berechnet: V = a × 100/b, wobei a die Zahl der Untersuchungsflächen (UF) mit gepflanzten und spontanen Vorkommen einer Art und b die Gesamtzahl der UF mit gepflanzten Vorkommen ist. Der **Ausbreitungswert** (A) sagt etwas über die Wahrscheinlichkeit aus, mit der eine Naturverjüngung auf einer UF ohne gepflanzte Vorkommen der gleichen Art auftritt. Dies ist indirekt eine Aussage zur Ausbreitungstendenz, da die Art von außen eingewandert sein muss. Er wird wie folgt berechnet: A = c × 100/d, wobei d die Gesamtzahl der UF mit spontanen Vorkommen und c die Zahl der UF ist, auf denen ein spontanes Vorkommen nicht mit einem gepflanzten zusammenfällt. Unterschiedliche Werte für gleiche Arten in Tab. 21 sind plausibel, da die Werte auch die Eignung der jeweiligen Flächen als Safe Sites für die Keimung integrieren (z. B. die Pflegeintensität).

*aquifolium*, *Taxus baccata*). Am Beispiel von *Mahonia aquifolium* haben Ross & Auge (2008) gezeigt, dass verwilderte Zierpflanzen hybridogenen Ursprungs besser als ihre Elternarten wachsen können.

Kunick (1991) nennt 335 krautige Gartenpflanzen (ohne Einjährige), die in deutschen Städten verwildern, Adolphi (1995) 210 Neophyten des Rheinlandes, die als Zier- und Nutzpflanzen verwendet wurden. Abb. 19 zeigt die bis in die Gegenwart reichende Erweiterung der Gehölzflora um nichteinheimische Gehölzarten am Beispiel von Berlin und Brandenburg. Auffällig hierbei ist der große Zeitverzug („time lag") zwischen Ersteinführung und beginnender Ausbreitung, der bei

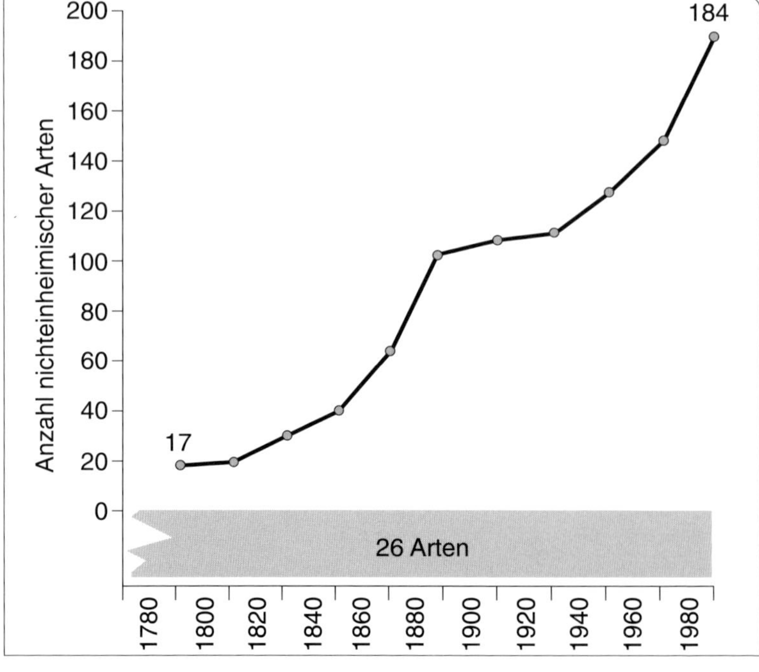


**Abb. 19** Kontinuierliche Erweiterung der Gehölzflora von Berlin und Brandenburg um insgesamt 210 eingeführte Arten, die sich als „Kulturflüchtlinge" ausgebreitet haben. Für 184 Arten konnte der erste Nachweis spontaner Vorkommen innerhalb des Zeitraumes von 1780 bis 1980 bestimmt werden (nach Kowarik 1992b).

Bäumen und Sträuchern in Berlin und Brandenburg im Mittel 147 Jahren beträgt (Kowarik 1995b, siehe Kap. 5.1).

### 3.3.1.1 Baumpflanzungen an Verkehrswegen

Unter den städtischen Straßenbäumen sind viele nichteinheimische Arten (Tab. 22). Häufig prägen wenige Arten den gesamten Bestand. In Hamburg bilden zehn Arten 70 % des 197 000 Bäume umfassenden Bestandes. Insgesamt wurden dort etwa 100 Arten als Straßenbaum gepflanzt, darunter etwa 75 nichteinheimische (Ringenberg 1994). Ulmen waren noch zu Beginn des Jahrhunderts beliebte Straßenbäume, sind nach 1920 jedoch weitgehend der durch einen Neomyceten ausgelösten „Holländischen Ulmenkrankheit“ zum Opfer gefallen (siehe Kap. 8.1.1). Viele einheimische Arten sind den ungünstigen Bedingungen an der Straße nicht mehr gewachsen (Höster 1993). Nach den Vorschlägen der Konferenz der Gartenamtsleiter sollen daher als „stadthart“ bekannte nichteinheimische Arten (*Gleditsia*, *Ginkgo*, *Platanus*, *Robinia*, *Sophora*) oder bestimmte Sorten und Hybriden einheimischer Arten ge-

**Tab. 22** Nichteinheimische Bäume im Straßenbaumbestand deutscher Städte (nach Kürsten 1983, Angaben für Hannover aus Höster 1991; für Hamburg nach Ringenberg 1994; für Berlin 1996 aus Balder et al. 1997; Jahresangabe = Aufnahmejahr)

| Baumgattung | Düsseldorf 1982 | West-Berlin 1975/76 | Berlin 1996 | Hannover 1989 | Karlsruhe 1975 | Essen 1980 | Köln 1980 | Hamburg 1992 |
|---|---|---|---|---|---|---|---|---|
| *Tilia* (E/N) | 25,2 | 41,7 | 36,3 | 29,6 | 11,5 | 25,8 | 37,2 | 8,7 |
| *Acer* (E/N) | 18,3 | 16,2 | 18,6 | 14,7 | 24,0 | 21,2 | 12,5 | 15,3 |
| *Platanus* (N) | 16,1 | 5,2 | 6,1 | 7,8 | 9,7 | 19,3 | 22,8 | 5,6 |
| *Robinia* (N) | 8,5 | 3,9 | 3,7 | 3,8 | 4,9 | 0,8 | 6,4 | 2,5 |
| *Aesculus* (N) | 8,4 | 7,1 | 5,3 | 4,3 | 4,4 | 6,1 | 0,8 | 3,8 |
| *Populus* (N) | 6,2 | 1,8 | 2,8 | 1,9 | 2,1 | 4,3 | 2,0 | 2,1 |
| *Sorbus* (E, N) | 5,3 | 3,5 | 4,0 | 5,8 | 4,9 | 6,5 | 3,0 | 4,6 |
| *Quercus* (E, N) | 4,3 | 7,5 | 8,3 | 17,2 | 9,9 | 0,6 | 0,9 | 20,9 |
| *Crataegus* (N, E) | 3,8 | 2,4 | 2,1 | 2,1 | 1,9 | 1,5 | 6,8 | 0,6 |
| *Fraxinus* (E) | 3,8 | 1,8 | 2,2 | 1,7 | 1,1 | 6,3 | 0,7 | 2,8 |
| *Ulnus* (N, E) | – | 1,3 | 0,7 | 1,7 | 2,1 | 1,4 | 0,3 | – |
| *Betula* (E) | – | 3,6 | 3,1 | 2,7 | 7,2 | 0,1 | 3,3 | 6,2 |
| *Carpinus* (E) | – | – | 0,8 | 1,4 | 7,3 | 0,2 | 1,7 | 2,6 |
| *Corylus* (N) | – | – | 1,3 | 1,1 | 0,9 | 3,6 | 0,1 | 0,9 |
| *Prunus* (N) | – | – | 1,8 | 0,8 | 6,7 | 0,2 | 0,1 | 2,2 |
| *Alnus* (N, E) | – | – | – | 0,7 | – | 1,1 | 0 | 1,6 |
| Sonstige | – | 4,0 | 2,8 | 2,3 | 1,4 | 1,0 | 1,4 | 20,4 |
| Summe | 100,0 | 100,0 | 100,0 | 100,0 | 100,0 | 100,0 | 100,0 | 100,0 |
| Gesamtbestand | 41 700 | 143 135 | 398 149 | 29 936 | 17 170 | 9 680 | 7 887 | 196 192 |

E – Straßenbäume aus der Gattung sind in Deutschland einheimisch (einschließlich züchterisch bearbeiteter Sippen) bzw. N – nichteinheimisch. Die Reihenfolge von E und N kennzeichnet einen Schwerpunkt innerhalb einer Gattung mit einheimischen und nichteinheimischen Arten. – keine Angaben

pflanzt werden. Von Straßenbaumpflanzungen haben sich einige Bäume mittlerweile in Siedlungen (siehe Kap. 6.1.2) und wie Ahorn-Arten auch darüber hinaus ausgebreitet (siehe Kap. 6.1.4). Einige dieser Arten bieten auch eine ideale Nahrungsgrundlage für nichteinheimische Insekten (z. B. Platanen-Netzwanze, Robinien-Miniermotte, Rosskastanien-Miniermotte).

Auch außerhalb von Siedlungen haben Pflanzungen nichteinheimischer Bäume an Straßen eine lange Tradition. Die erste deutsche Säulen-Pappelallee wurde 1770 zwischen Karlsruhe und Durlach gepflanzt (Wimmer 2001). Weitere Alleen aus Obst- und Nussbäumen, Rosskastanien oder Pappeln sind zu prägenden Bestandteilen mancher Kulturlandschaften geworden (z. B. Tenbergen & Starkmann 1995a, b für Westfalen).

Der Aufbau des deutschen Autobahnnetzes seit den 1930er-Jahren wurde durch umfangreiche Begrünungsaktionen flankiert. Dabei wurden landschaftstypische einheimische Gehölze bevorzugt (Nietfeld 1985). Allerdings schrieb der „Reichslandschaftsanwalt" Seifert (1941) auch: „Wir brauchen z. B. die Robinie für trockene, die Roteiche für nasse ostdeutsche Sandböden, die kanadische Pappel dort, wo die einheimische Schwarzpappel nicht genügt." Nach 1950, und verstärkt nach 1970, wurden in Deutschland überwiegend nichteinheimische Arten in riesigen Stückzahlen an Autobahnen gepflanzt. Bis in die 1980er-Jahre sollen es in Westdeutschland jährlich rund 15 Millionen Bäume und Sträucher gewesen sein (Küster 1987). Die einschlägige Richtlinie für Planung, Ausführung und Pflege straßenbegleitender Grünflächen (RAS-LG; FGSV 1980) empfiehlt unter 73 Gehölzarten auch 18 nichteinheimische Arten oder Sorten sowie 21 einheimische Arten, deren ursprüngliche Vorkommen natürlicherweise regional begrenzt oder an Sonderstandorte gebunden sind.

Stottele & Schmidt (1988) haben Straßenrandgehölze in 14 deutschen Landschaftsräumen untersucht. Rund ein Drittel von 105 Gehölzarten waren nicht einheimisch, darunter *Rosa rugosa* und die ausbreitungsstarke *Prunus serotina*. Außerdem waren rund ein Drittel bis die Hälfte der Gehölze nicht standorttypisch, etwa die häufig gepflanzte Erle (*Alnus glutinosa, A. incana*), der Faulbaum (*Frangula alnus*) und der nur an der Küste und entlang der Alpenflüsse beheimatete Sanddorn (*Hippophaë rhamnoides*). Insgesamt sind die nach 1970 angelegten Gehölzstreifen gekennzeichnet durch (Stottele 1992):

- ein weites Artenspektrum mit vielen nichteinheimischen und standortfremden Arten,
- einen künstlichen Charakter der Pflanzungen durch Mischung nichteinheimischer, standortfremder und standortgerechter Arten,
- häufige Dominanz von Bäumen und Pionierarten bei gleichzeitigem Fehlen landschaftstypischer Sträucher,
- die Strukturarmut einheitlich aufgebauter und zumeist sehr dicht gepflanzter Bestände,
- ein weitgehendes Fehlen landschaftstypischer Säume und einen geringen Anteil an Wald- und Gebüscharten im Unterwuchs.

Welch große Flächen an Verkehrswegen mit überwiegend gebietsfremdem Baumschulmaterial oder Grünland-Saatgut begrünt worden sind, veranschaulicht eine Studie aus Nordhessen (Stottele & Wagner 1992). Dort entfallen auf einen Kilometer Bundes-, Landes- und Kreisstraße 1,1 Hektar straßenbegleitende Grünfläche, auf einen Kilometer Autobahn sogar 4,1 Hektar. Der Anteil an Gehölzflächen am Straßenbegleitgrün variiert dabei zwischen 6 und 37 %, an Autobahnen sogar zwischen 27 und 63 %.

Viele Merkmale der Straßenbepflanzungen gelten auch für Kanalbegrünungen. Wegen fehlender Salzbelastung werden salztolerante Arten dort weniger, Weiden-Arten dagegen häufiger eingesetzt. Dies hat dazu geführt, dass mehrere einheimische *Salix*-Arten über ihr natürliches Verbreitungsgebiet hinaus kultiviert und auch zahlreiche Kulturformen ausgebracht worden sind. Ein Beispiel sind ältere Begrünungen am Rhein-Main-Donau Kanal (Asmus 1979). Bei neueren Pflanzungen werden stärker einheimische Arten verwendet.

### 3.3.1.2 Gehölzpflanzungen im ländlichen Raum

Hecken- und andere Gehölzpflanzungen haben in vielen Kulturlandschaften eine lange Tradition. Weil Gehölze hierbei oft in Millionenzahl ausgebracht werden, kann das Artenspektrum erheblich verändert werden, und Hecken können zum Ausgangspunkt biologischer Invasionen werden. Das Beispiel Deutschlands zeigt, dass nichteinheimische Arten regional und zu unterschiedlichen Zeiten sehr verschieden verwendet worden sind. Auch wenn „Exoten" in der Tradition der Landschaftsverschönerung schon vor etwa 200 Jahren verwendet wurden, etwa Robinien im Oderland (Kowarik 1990b) oder Götterbäume in Ungarn (von Bartossagh 1841), dürften früher doch überwiegend einheimische Gehölze zu Gehölzpflanzungen im ländlichen Raum verwendet worden sein. Nach 1950 wurden jedoch viele nichteinheimische Arten gepflanzt, die heute noch ältere Hecken in Bayern prägen (Reif & Aulig 1993). In den 1980er-Jahren gab es eine erste Trendwende hin zu regionaltypischen Gehölzarten (Reif & Aulig 1993). Ähnlich war es in Westfalen-Lippe. Ein Viertel der hier zwischen 1955 bis Ende der 1970er-Jahre verwendeten Gehölzarten war nicht einheimisch. Danach wurden stärker regionaltypische Arten verwendet, nach 1980 auch Rosen, Weißdorn und Schlehe (Tenbergen 1993, Tenbergen & Starkmann 1995a).

In Thüringen beherbergen Flurgehölze aus den 1970er-Jahren neben Obstgehölzen eine große Zahl nichteinheimischer Arten, darunter *Populus × canadensis*, *Physocarpus opulifolius* und *Acer negundo*. In einem Teilgebiet waren sogar 75 % der Arten nichteinheimisch. Im östlichen Brandenburg überwiegen dagegen einheimische Arten. Im Oderbruch sind jedoch Robinien und Hybrid-Pappeln regelmäßig anzutreffen (Kretschmer et al. 1995).

Auch wenn seit 1980 überwiegend einheimische Arten in Deutschland gepflanzt werden, können hierdurch Invasionen unterhalb der Artebene eingeleitet werden, weil bislang überwiegend gebietsfremde Herkünfte einheimischer Arten verwendet werden. Daher läuft seit einigen Jahren eine weitere Trendwende in der Pflanzenverwendung hin zu regionaltypischem, gebietseigenem Saat- und Pflanzgut.

### 3.3.1.3 Verwendung gebietsfremder Herkünfte

Die Naturgartenbewegung hat die Nachfrage nach einheimischen Gehölzen und Stauden beträchtlich gesteigert. Auch bei Heckenpflanzungen in der Landschaft und an Verkehrswegen werden heute bevorzugt einheimische Arten verwendet. Dabei handelt es sich jedoch bislang meist um gebietsfremde Herkünfte, die biologische Invasionen unterhalb der Artebene eingeleiten können,

- weil das Saatgut häufig aus Gebieten stammt, in denen es billiger zu sammeln oder zu produzieren ist – dies ist in süd- und südosteuropäischen Ländern und auch in Nordamerika der Fall;
- weil viele Stauden und Gehölze ausschließlich vegetativ vermehrt werden; in Stückzahlen von Hunderttausenden abgesetztes Pflanzenmaterial kann daher genetisch identisch sein;

- weil die Vertriebswege von Saatgut und Baumschulgehölzen überregional, häufig auch supranational sind, sodass beinahe zwangsläufig andere als gebietstypische Genotypen ausgebracht werden.

Auch „Verwechslungen“ mit einheimischen Arten können bei Pflanzungen Invasionen auslösen: Laxmanns Rohrkolben (*Typha laxmannii*), dessen Areal vom Balkan bis nach China reicht, ist seit wenigen Jahren aus mitteleuropäischen Kleingewässern, Gräben und Sandgruben bekannt. Seine Ausbreitung läuft nach Melzer (1991) über den Gartenhandel, der die Art auch unter dem Namen einheimischer Rohrkolbenarten vertreibt. *Typha laxmannii* kann so unbeabsichtigt in Gartenteichen und renaturierten Feuchtgebieten auftauchen und sich von hier weiter ausbreiten. Bei Heckenpflanzungen werden gelegentlich die im Flachland nichteinheimische Grau-Erle (*Alnus incana*) und die nordamerikanische Traubenkirsche (*Prunus serotina*) mit einheimischen Verwandten „verwechselt“ (Tenbergen 1993).

Eine genaue Analyse der Herkünfte des Saat- oder Pflanzguts einheimischer Gartenpflanzen oder Gehölze ist schwierig, da das Interesse vieler Pflanzenproduzenten an einer Offenlegung ihrer Quellen begrenzt ist. Auf Grundlage anonymer Umfragen hat Spethmann (1995) die Situation für 159 in Deutschland **einheimische Gehölzarten** folgendermaßen dargestellt: Etwa ein Fünftel der Arten ist gewerblich nicht erhältlich. Ein knappes Drittel wird in Baumschulen ausschließlich vegetativ vermehrt. Fast jede zweite Art ist zwar im Samenhandel käuflich, jedoch hat die Nachfrage zu 41 wichtigen Gehölzarten ergeben, dass überwiegend oder sogar ausschließlich andere als deutsche Herkünfte verwendet werden (Tab. 23). Da auch

**Tab. 23** Saatgutherkunft in deutschen Baumschulen angezogener einheimischer Gehölzarten (Hanske 1991)

| ausschließlich in Deutschland geerntet | überwiegend in Deutschland geerntet | überwiegend importiert | ausschließlich importiert |
|---|---|---|---|
| *Castanea sativa* | *Frangula alnus* | *Berberis vulgaris* | *Acer monspessulanum* |
| *Cotoneaster integerrimus* | *Hedera helix* | *Colutea arborescens* | *Buxus sempervirens* |
| *Lonicera xylosteum* | *Prunus avium* | *Cornus mas* | *Clematis vitalba* |
| | *Rosa glauca* | *Cornus sanguinea* | *Cytisus scoparius* |
| | *Rosa pimpinellifolia* | *Corylus avellana* | *Quercus pubescens* |
| | *Rosa rubiginosa* | *Daphne mezereum* | *Ribes alpinum* |
| | *Sorbus aucuparia* | *Hippophae rhamnoides* | *Rubus fruticosus* agg. |
| | *Viburnum lantana* | *Ilex aquifolium* | *Ulex europaeus* |
| | | *Ligustrum vulgare* | *Juniperus communis* |
| | | *Malus sylvestris* | *Pinus cembra* |
| | | *Mespilus germanica* | *Pinus mugo* |
| | | *Prunus mahaleb* | subsp. *mugo* |
| | | *Prunus padus* | *Pinus mugo* |
| | | *Prunus spinosa* | subsp. *unicinata* |
| | | *Pyrus pyraster* | |
| | | *Rosa pendulina* | |
| | | *Sambucus nigra* | |
| | | *Sambucus racemosa* | |

**Saatgut-Herkünfte**

Nüsse für Haselnussschokolade werden tonnenweise vor allem aus der Türkei eingeführt. Es ist ein offenes Geheimnis, dass zu kleine Nüsse als Saatgut an Baumschulen weitergegeben werden. Pflanzen von *Corylus avellana* südlicher Herkunft können in strengen Wintern ausfallen sowie mit gebietstypischen Herkünften hybridisieren (siehe Kap. 6.2.6). Auch Obstkerne, die bei der Marmeladenherstellung anfallen, finden als Saatgut für „Wildlinge" Verwendung, was zum Rückgang von Wildobstarten beitragen kann (siehe Kap. 6.3.10).

eine deutsche Herkunft nicht mit einer gebietstypischen gleichzusetzen ist, kann man davon ausgehen, dass bei Anpflanzungen einheimischer Gehölze meist gebietsfremdes Material verwendet wird (zu den Folgen vgl. Kap. 6.2.6). Bei Stauden dürfte die Situation ähnlich sein. Viele einheimische Gartenpflanzen weichen zudem durch Kulturmerkmale (z. B. veränderte Blütenfarbe oder -größe) von ihren Wildformen ab.

Das Ausmaß des Handels mit Pflanzen veranschaulicht die Quantität, in der zum größten Teil gebietsfremdes Pflanzmaterial auf den Markt gelangt (Abb. 18). Angesichts der erkannten Probleme mit gebietsfremden Herkünften erlangt die Produktion gebietseigener Gehölze zunehmend an Bedeutung (Kowarik & Seitz 2003). Einige Baumschulen haben den Trend erkannt und erweitern ihr Angebot. Gebietsfremde Herkünfte spielen auch beim Besatz von Tieren zur Wiedereinbürgerung oder zur Bestandesstützung eine große Rolle (siehe Kap. 9).

#### 3.3.1.4 Rasen und Wiesenansaaten

Seitdem Grünland angesät wird, werden gebietsfremde Arten verbreitet, da das Saatgut häufig aus anderen Gebieten stammt und meist Beimengungen verschiedener Arten enthält. So dürften charakteristische Wiesenpflanzen wie Glatthafer (*Arrhenatherum elatius*) und Wiesen-Lieschgras (*Phleum pratense*) in weiten Teilen des nördlichen Mitteleuropas neophytisch sein (siehe Kap. 6.2.5).

Eine besondere Gruppe alter Saatgutbegleiter sind die Grassamenankömmlinge (Hylander 1943). Sie fanden im 19. Jahrhundert mit Saatgut für Parkrasen weite Verbreitung und zählen heute zu Charakterpflanzen historischer Parkanlagen (siehe Kap. 6.1.2.2). Häufig wurden Wiesen in Landschaftsgärten zusätzlich durch schön blühende Geophyten und andere Kräuter angereichert (von Krosigk 1998).

Mit Saatgut für Zier- und Landschaftsrasen werden heute noch biologische Invasionen angestoßen, und zwar auf zwei Ebenen: mit der absichtlichen Ansaat gebietsfremder Sippen einheimischer Arten (siehe Kap. 6.2.5.1) und mit der Verschleppung nichteinheimischer Arten als Saatgutverunreinigung (Scholz 1970, Walter 1980, Müller 1988). Südeuropäische Begleitarten sind Ackerröte (*Sherardia arvensis*), Höckerfrüchtiger Wiesenknopf (*Sanguisorba muricata*), Italienisches Raygras (*Lolium multiflorum*) und verschiedene *Anthemis*-Arten. Aus Nordamerika stammt beispielsweise der Rauhaarige Sonnenhut (*Rudbeckia hirta*). Ein Kuriosum ist die tonnenweise Einfuhr der südeuropäischen *Agrostis castellana* (in der Sorte 'Highland Bent') aus Nordamerika. Sie ist mit der einheimischen *Agrostis tenuis* „verwechselt" worden und tritt immer noch gelegentlich in frisch angesäten Rasen auf (Scholz 1966, Melzer 1993). *Sporobolus neglectus*, das Verkannte Samenwerfergras, kommt ebenfalls aus Nordamerika und wird seit Jahrzehnten in südlichen Ländern für Begrünungssaaten benutzt. In jüngerer Zeit hat es sich in Kärnten an Straßenrändern eingebürgert (Melzer 1995, Essl 2008).

Artenreiche Saatmischungen für moderne „Blumenwiesen“ enthalten viele einjährige Arten, häufig auch archäophytische Ackerunkräuter wie *Agrostemma githago*. Sie sorgen schnell für einen schönen Blütenflor und verschwinden, sobald die ausdauernden Arten ihre Keimplätze besetzt haben. Mögliche Invasionsfolgen von Anpflanzungen und Ansaaten werden am Beispiel von Grünlandansaaten und Heckenpflanzungen in Kap. 6.2.5.1 und 6.2.6 erläutert.

#### 3.3.1.5 Ingenieurbiologische Begrünungen

Einige als Erosionsschutz und zur Böschungsstabilisierung gepflanzte nichteinheimische Arten haben sich mittlerweile als problematisch herausgestellt. An der Küste sind dies die zur Dünenbefestigung gepflanzte Kartoffel-Rose (*Rosa rugosa*, siehe Kap. 6.6.3) und das zur Landgewinnung ausgebrachte Schlickgras (*Spartina anglica*, siehe Kap. 6.6.1). Im Binnenland zählt die Robinie (*Robinia pseudoacacia*, siehe Kap. 6.2.5.5) dazu, mit der im 18. Jahrhundert beispielsweise Binnendünen in Brandenburg (Gleditsch 1767) und im östlichen Österreich befestigt worden waren. In sommerwarmen Gebieten breiten sich Robinien von Pflanzungen zur Böschungsstabilisierung und, an Schienenwegen, als Brandschutz aus. In vielen Mittelgebirgen werden Böschungen mit der subalpinen Grün-Erle (*Alnus viridis*) befestigt, die sich von solchen Pflanzungen ausbreitet.

Zur Begrünung von Fließgewässern werden ebenfalls teilweise gebietsfremde Sippen und Hybriden gepflanzt, die sich über bewurzelungsfähige, mit Wasser verfrachtete Sprossteile ausbreiten können (Loos 1991).

Auch Bergwerkshalden und Müllberge werden häufig mit nichteinheimischen Gehölzen begrünt (Asmus 1987, Kosmale 1989, Gutte 1991, Borchardt et al. 1995). Jochimsen et al. (1995) haben Bergehalden erfolgreich mit Ansaatmischungen begrünt, deren Zusammensetzung an Ruderalgesellschaften orientiert ist und auch zahlreiche hierfür typische nichteinheimische Arten enthält.

#### 3.3.1.6 Altlastensanierung mit Repositionspflanzen

Zahlreiche Industrieflächen und militärisch genutzte Standorte sind mit Schwermetallen und organischen Schadstoffen verunreinigt. Als Alternative zur aufwändigen konventionellen Sanierung, bei der kontaminiertes Substrat auf 800 °C erhitzt und danach deponiert wird, kommen Pflanzen in Frage, die toxische Verbindungen in hohen Konzentrationen aufnehmen und so den Boden reinigen können (Repositionspflanzen, Seitz 1995). *Fallopia sachalinensis* kann 200 bis 300 Tonnen Biomasse pro Hektar bilden und dabei 322 Kilogramm Zink, 24 Kilogramm Blei und 1,3 Kilogramm Cadmium aufnehmen (Hachtel 1997). Weitere Versuche laufen mit Chinaschilf (*Miscanthus sinensis*, *M.* × *giganteus*), Riesenschilf (*Arundo donax*) und Mais (*Zea mays*) (Kahl et al. 1994). *Solidago* fördert den Abbau chlorierter Kohlenwasserstoffe (Kühn 1996). Die Wasserhyazinthe (*Eichhornia crassipes*) kann Schwermetalle in Pflanzenkläranlagen besser als Schilf binden (Lessing 2005). Die Entsorgung der pflanzlichen Biomasse dürfte billiger als die der kontaminierten Substrate sein. Vor einer großflächigen Anwendung müssten die Risiken abgeklärt werden, da es denkbar ist, dass die aufgenommenen Schwermetalle in Nahrungsketten gelangen oder sich die Repositionspflanzen auszubreiten beginnen. Dies wäre im Fall von *Solidago* und *Fallopia* bedenklich, da sie zu den problematischen Neophyten zählen (siehe Kap. 6.2.5.3 und 6.4.4).

### 3.3.2 Landwirtschaft

Von der Vielzahl der Gemüse-, Getreide-, Obst-, Gewürz- und Heilpflanzen haben sich nur wenige erfolgreich ausbreiten können. In naturnaher Vegetation sind beispielsweise eingebürgert (Lohmeyer & Sukopp 1992): als alte Heilpflanzen Kalmus (*Acorus calamus*) und Eisenkraut (*Verbena officinalis*), als Gemüsepflanzen Meerrettich (*Armoracia rusticana*) und Topinambur (*Helianthus tuberosus*); Färber-Waid (*Isatis tinctoria*) als Färbepflanze, Blut-Hirse (*Digitaria sanguinalis*) als alte Getreidepflanze, Edelkastanie (*Castanea sativa*), Kultur-Apfel und -Birne (*Malus domestica*, *Pyrus communis*) und die Walnuss (*Juglans regia*) als Nuss- und Obstarten. Auch die Kultur-Heidelbeere (*Vaccinium corymbosum* × *angustifolium*) gehört in diese Gruppe.

Als problematisch gelten vor allem *Helianthus tuberosus* (siehe Kap. 6.4.5) und *Vaccinium corymbosum* × *angustifolium* (siehe Kap. 6.5.1). In den klimatisch begünstigten Weinbaugebieten ist die Robinie besonders ausbreitungsstark. Sie wurde hier oft auf schlecht nutzbaren Restflächen angepflanzt, um Rebstöcke zu gewinnen.

Viele Unkräuter sind koevolutiv mit Kulturpflanzen entstanden (siehe Kap. 2.5) und damit „hausgemachte" biologische Invasionen. Besonders deutlich wird dies bei herbizidresistenten Maisunkräutern (siehe Kap. 6.2.3). Eine neue Dimension stellt die „grüne Gentechnik" dar. Zur Problematik der gentechnisch veränderten Organismen (GVO) siehe Kap. 3.1.3.

### 3.3.3 Forstwirtschaft

Seit dem Mittelalter sind forstliche Anpflanzungen und Ansaaten aus Deutschland belegt (Mantel 1990). Zunächst wurden einzelne einheimische Arten gefördert (beispielsweise Eichen wegen ihrer Früchte, des Holzes und der vielfältigen Verwendbarkeit ihrer Rinde). Ein weiterer Schritt hin zur planmäßigen Forstwirtschaft war die Ansaat ertragsstarker einheimischer Nadelbäume auch außerhalb ihres natürlichen Areals und auf potentiellen Laubwaldstandorten (z. B. *Pinus sylvestris* seit 1368 im Nürnberger Reichswald).

Intensive Holznutzungen wie Waldweide und Streunutzung hatten bis zum Ausgang des 18. Jahrhunderts in weiten Teilen Mitteleuropas zu beträchtlichen Waldzerstörungen geführt. Die Nachhaltigkeit der Holzproduktion war nicht mehr gesichert, in Sandlandschaften schritt die Erosion voran. Planmäßige Aufforstungen sollten die steigende Holznachfrage stillen und die weitere Degradierung von Wäldern verhindern. Zuerst wurden Kiefern und Fichten gepflanzt, später auch Lärchen, Douglasien (*Pseudotsuga menziesii*) und Stroben (*Pinus strobus*). Ende des 18. Jahrhunderts setzte eine Experimentierphase des „Exotenanbaues" ein. Zu ihren Propagandisten gehörten Wangenheim (1781) und von Burgsdorf, der in seiner Tegelschen Baumschule bei Berlin 1777–1792 Versuchspflanzungen von 674 Arten anlegte (Wimmer 1991). Die meisten stammten aus Nordamerika. Einige empfahl von Burgsdorf (1806) in seinem Forsthandbuch überschwänglich für Holzplantagen, Schutzpflanzungen und andere Begrünungen. Vor allem an die Robinie (*Robinia pseudoacacia*) wurden große Hoffnungen geknüpft.

Es gab auch frühe Kritiker: Gleditsch (1767) befürwortete zwar die Pflanzung schnell wüchsiger Gehölze wie der Robinie, stand dem übermäßigen Anbau nordamerikanischer Gehölze aber skeptisch gegenüber: „Einige darunter mögen die Kosten und Mühen überaus wohl belohnen, ein großer Theil hingegen wird, ausser der Schönheit, diejenigen Vortheile bey uns schwerlich zeigen, die sich viele davon versprechen; am wenigsten werden sie gar eine oder die andere von unseren Holzarten an Güte und Werth übertref-

**Tab. 24** Forstwirtschaftlich bedeutsame nichteinheimische Bäume in Deutschland nach ihrer Bedeutung auf dem Holzmarkt (nach Knörzer & Reif 2002)

| Art | Herkunft | Bedeutung für Holzmarkt | Nebennutzungen |
|---|---|---|---|
| *Pseudotsuga menziesii* | N-Amerika | •••• | WB, SR |
| *Pinus strobus* | N-Amerika | ••• | WB, SR |
| *Larix kaempferi* | Japan | ••• | |
| *Quercus rubra* | N-Amerika | •• | |
| *Populus balsamifera* | N-Amerika | •• | |
| *Populus canadensis* | N-Amerika/Europa | •• | |
| *Picea sitchensis* | N-Amerika | •• | WB, SR |
| *Pinus nigra* | S-Europa | •• | |
| *Robinia pseudoacacia* | N-Amerika | •• | Honig |
| *Abies grandis* | N-Amerika | • | WB, SR |
| *Abies nordmanniana* | Kleinasien, Kaukasus | • | WB, SR |
| *Picea pungens* | N-Amerika | • | WB, SR |
| *Castanea sativa* | W-Asien | • | Früchte |
| *Juglans nigra* | N-Amerika | • | |
| *Juglans regia* | W-Asien | • | Früchte |
| *Prunus serotina* | N-Amerika | ■ | |

jährliche Vermarktung in qm³: •••• > 200 000, ••• 50 000–100 000, •• 10 000–50 000, • < 10 000; ■ nicht von *Prunus avium* getrennt; Nebennutzungen: WB – Weihnachtsbaum, SR – Schmuck- und Deckreisig

fen, und deswegen ganz entbehrlich machen". Die Skepsis war hinsichtlich der Robinie berechtigt. Sie wird zwar heutzutage noch in sommerwarmen Gebieten angebaut, hat die damalige Holznot aber nicht beheben können.

Im 19. Jahrhundert haben sich nach zahlreichen Versuchspflanzungen nur wenige „Exoten" als anbauwürdig erwiesen (Tab. 24). An erster Stelle steht die Douglasie (*Pseudotsuga menziesii*), deren Anbaufläche heute noch zunimmt (siehe Kap. 6.3.3).

Robinien werden in sommerwarmen Teilen Deutschlands und Österreichs angebaut (Göhre 1952), in Ungarn sogar als wichtigster Forstbaum (Keresztesi 1988). In Auen und in Flurgehölzen werden verschiedene Pappelhybriden gepflanzt (Böcker & Koltzenburg 1996, Drescher et al. 2005). Andere forstlich verbreitete nichteinheimische Arten sind die Japanische Lärche (*Larix kaempferi*), die Rot-Eiche (*Quercus rubra*) und die Strobe (*Pinus strobus*). Vereinzelt werden die Schwarz-Kiefer (*Pinus nigra*) in trockenwarmen Lagen (Korell 1953) und die Küsten-Tanne (*Abies grandis*) im Küstengebiet angebaut. In Südwestdeutschland wird die von den Römern eingebrachte Edelkastanie (*Castanea sativa*) forstlich genutzt (Lang 1970). Auch *Larix europaea* und ihr Bastard mit der Japanischen Lärche (*Larix × marschlinsii*) ist in allen Anbaugebieten nichteinheimisch. In den Sandgebieten Mitteleuropas ist seit dem Ende des 19. Jahrhunderts die aus Nordamerika stammende Spätblühende Traubenkirsche (*Prunus serotina*) als „dienende Holzart" in größeren Mengen eingebracht worden (Starfinger 1990). Die meisten forstlich verwendeten Arten verjüngen sich auf ihren Anbauflächen und breiten sich zum Teil in angrenzende Biotope aus (zu den Folgen vgl. Kap. 6.3).

Auch einige einheimische Arten wurden durch forstliche Anpflanzungen weit außerhalb ihrer ursprünglichen Wuchsgebiete verbreitet. Hierzu zählen *Pinus sylvestris*, *Picea abies*, *Larix europaea*, *Acer pseudoplatanus*, *A. platanoides* und *Alnus incana*. Die Etablierung und Ausbreitung dieser Arten wird häufig übersehen oder mit größerer Gelassenheit als bei nichteinheimischen Gehölzen betrachtet. Die ökosystemaren Folgen können jedoch ebenso bedeutend sein. Alle Arten können die zukünftige Walddynamik beeinflussen, da sie sich oft eigenständig vermehren (zu *Picea* Zerbe 1992, 1996; zu *Larix* und *Alnus* Adolphi 1995, zu *Acer* siehe Kap. 6.1.4).

Die großflächigen Wiederaufforstungen im 19. und 20. Jahrhundert initiierten zahlreiche biologische Invasionen unterhalb der Artebene: Das verwendete Saatgut auch einheimischer Arten wurde häufig importiert, sodass oft gebietsfremde Herkünfte angepflanzt und über Naturverjüngung in die Bestände integriert worden sind. Auf unerwünschte Folgen des Anbaues ungeeigneter Flachlandherkünfte in Hochlagen der Mittelgebirge ist bereits am Beispiel der Fichte im Harz eingegangen worden (siehe S. 51). Auch ein Teil der Symptome des „Waldsterbens“ wird auf den Anbau ungeeigneter Herkünfte zurückgeführt (Ellenberg 1996a, b).

### 3.3.4 Jagd und Imkerei

Jäger und Imker können mit ausgebrachten Äsungs-, Deckungs- oder Bienenfutterpflanzen biologische Invasionen in großem Maßstab initiieren. Dies tritt vor allem auf, wenn Neophyten fernab sonstiger Ausbreitungswege angepflanzt oder angesät werden. Manche dieser Arten sind sehr ausbreitungsstark oder halten sich über Jahrzehnte an ihren Ausbringungsstandorten (Tab. 25, vgl. auch Tab. 19).

Jäger haben vor allem zur Ausbreitung von *Fallopia*-Sippen und von *Helianthus tuberosus* als Äsungs- und Deckungspflanzen beigetragen. Auch *Lupinus polyphyllus* wird oft als Äsungspflanze und zur Böschungsbefestigung ausgebracht. Selbst das wegen seiner späten Entwicklung und seines frühen Absterbens eigentlich ungeeignete *Heracleum mantegazzianum* wurde als Deckungspflanze empfohlen. In Niedersachsen wurden auch *Prunus serotina*, *Robinia pseudoacacia* und *Hippophaë rhamnoides* als „standortgemäß“ empfohlen (Landesjägerschaft Niedersachsen 1980). Sofern kein Fließgewässer erreichbar ist, breiten sich *Helianthus* und *Fallopia* im Gegensatz zu den anderen Arten im Wald meist kaum aus. Aus kleinen, mit Anpflanzung oder Ablagerung von Gartenabfall begründeten Populationen können jedoch auch im Wald große Bestände erwachsen, beispielsweise wenn Rhizome bei der Unterhaltung von Forstwegen weiter transportiert werden. So berichtet Schepker (1998) von einem in 15 Jahren von 5 auf 1000 Quadratmeter angewachsenen *Fallopia*-Bestand im Landkreis Göttingen.

Die Intensivierung der Landnutzungen hat den Blütenreichtum und damit die Nahrungsquellen vieler Insekten erheblich verringert. Manche Neophyten blühen reich in blütenärmeren Jahreszeiten, etwa im Spätsommer oder Herbst. Dies hat Imker seit langem veranlasst, Neophyten auf einem breiten Standortspektrum anzupflanzen oder anzusäen. Es umfasst Ruderalstandorte, Eisenbahnböschungen, aber auch naturnahe Bereiche an Weg-, Wiesen-, Wald- und Bachrändern sowie landwirtschaftliche Brachflächen.

Imker haben zahlreiche Populationen auch ausbreitungsstarker Neophyten begründet (z. B. *Heracleum mantegazzianum*, *Solidago*-Arten, *Impatiens glandulifera*). In Niedersachsen konnten mehrere problematische Bestände der Herkulesstaude (*Heracleum mantegazzianum*) im Außenbereich direkt auf

**Tab. 25** Von Imkern und Jägern als Bienen-, Äsungs- oder Deckungspflanzen ausgebrachte nicht-einheimische Arten mit Angaben zu deren Peristenz und Ausbreitungsdynamik (nach Adolphi 1995, Auge 1997, Hügin & Lohmeyer 1993, Krumbiegel & Klotz 1995, Walter 1979b, 1992d u. a.)

| Art | Imker | Jäger | Ausbreitungsdynamik | Persistenz als Kulturrelikt |
|---|---|---|---|---|
| *Fagopyron esculentum* | • | • | keine | keine |
| *Phacelia tanacetifolia* | • | | keine | keine |
| *Impatiens glandulifera* | • | | sehr hoch an Gewässern u. in Überflutungsgebieten | groß |
| *Heracleum mantegazzianum* | • | • | sehr hoch | groß |
| *Solidago*-Sippen | • | | hoch | groß |
| *Fallopia*-Sippen | | • | sehr hoch an Gewässern u. in Überflutungsgebieten, sonst gering | groß |
| *Lupinus polyphyllus* | | • | mittel | groß |
| *Helianthus tuberosus* | | • | gering, größer an Gewässern | groß |
| *Aster*-Sippen | | • | gering, größer an Gewässern | mittel |
| *Prunus serotina* | • | • | hoch in Heckenlandschaften, mittel in Forsten | sehr groß |
| *Spiraea*-Sippen | • | • | gering | sehr groß |
| *Symphoricarpos albus* | • | • | gering | sehr groß |
| *Physocarpus opulifolius* | | • | gering | mittel |
| *Mahonia aquifolium* | • | | mittel | sehr groß |
| *Echinops*-Sippen | • | | mittel | mittel |
| *Robinia pseudoacacia* | • | • | mittel | sehr groß |

Ansaaten durch Imker zurückgeführt werden (siehe Kap. 6.4.3). Klonal wachsende Gehölze wie die Schneebeere (*Symphoricarpos albus*) und Spiersträucher können auch in naturnaher Umgebung Jahrzehnte an ihren Pflanzstellen überdauern und ihre Bestände vegetativ erweitern. Auch *Robinia* kann sich in trockenwarmen Gebieten von Pflanzungen als Bienenfutterpflanze ausbreiten.

### 3.3.5 Fischereiwirtschaft (W. Rabitsch)

In marinen und binnenländischen Gewässern werden gewerbsmäßig und auch im Rahmen der Sport- und Hobbyfischerei im großen Maßstab gebietsfremde Fische ausgebracht, um den Ertrag zu steigern. Dies erfolgt bei einheimischen Arten oft mit gebietsfremden Herkünften (siehe Kap. 9.5), aber auch neue Arten werden eingesetzt.

Da die überfischten Meere in absehbarer Zeit nicht mehr den weltweiten Bedarf an Fisch decken können, gewinnen **Aquakulturanlagen** für Fische und andere Meerestiere seit den 1980er-Jahren zunehmende Bedeutung. Sie gelten global als eine der am schnellsten wachsenden Industrien. Rund 90 % der weltweiten Produktion von 45 Millionen Tonnen lag im Jahr 2000 in Asien. Fast 80 % des Gesamtaufkommens der Erwerbs- und Angelfischerei in deutschen Binnengewässern entfallen auf die Aquakultur. Aus Aquakulturanlagen entkommen regelmäßig

**Tab. 26** In Aquakultur gehaltene, gebietsfremde Fischarten in Deutschland.

| Wissenschaftlicher Name | Deutscher Name | Familie |
|---|---|---|
| *Acipenser baerii baerii* | Sibirischer Stör | Acipenseridae (Störe) |
| *Acipenser gueldenstaedtii* | Russischer Stör | Acipenseridae (Störe) |
| *Aristichthys nobilis (=Hypophthalmichthys nobilis)* | Marmorkarpfen | Cyprinidae (Karpfenfische) |
| *Ctenopharyngodon idella* | Graskarpfen | Cyprinidae (Karpfenfische) |
| *Danio rerio* | Zebrabärbling | Cyprinidae (Karpfenfische) |
| *Huso huso* | Hausen | Acipenseridae (Störe) |
| *Hypophthalmichthys molitrix* | Silberkarpfen | Cyprinidae (Karpfenfische) |
| *Oncorhynchus mykiss* | Regenbogenforelle | Salmonidae (Lachsartige) |
| *Oreochromis niloticus* | Nil-Tilapia | Chichlidae (Buntbarsche) |
| *Salvelinus fontinalis* | Bachsaibling | Salmonidae (Lachsartige) |
| *Salvelinus namaycush* | Amerikanischer Seesaibling | Salmonidae (Lachsartige) |

Abfrage AGRDEU Aquakultur – Aquatische genetische Ressourcen in der Aquakultur. Dezember 2008 (http://agrdeu.genres.de/agrdeu/aquakultur/).

Fische, was mit Sicherheitsstandards verhindert werden sollte (de Silva et al. 2009). Solche Anlagen stellen derzeit die größte Gefahr für das unbeabsichtigte Einbringen mariner und limnischer Arten dar. In Deutschland halten gegenwärtig 189 Betriebe 35 Fischarten (einheimische und nichteinheimische) in 484 Laichfischbeständen (Tab. 26). Mehrfach im Freiland festgestellt wurden zum Beispiel verschiedene Stör-Arten und der Amerikanische Aal (Ludwig et al. 2009, Frankowski et al. 2009).

Mit der wiederholten Ansiedlung verschiedener Austernarten in der **Nordsee** (siehe Kap. 9.7.1) wurden seit 1913 mindestens 32 inzwischen etablierte aquatische Neophyten und Neozoen eingeschleppt, darunter so auffällige Arten wie die Amerikanische Bohrmuschel (*Petricola pholadiformis*). Auch einige Planktonalgen sowie der Japanische Beerentang (*Sargassum muticum*) wurden mit Aquakulturen verbreitet (Minchin 1996, Kremer et al. 1983, Reise et al. 1999). Tab. 17 zeigt die Organismengruppen im Überblick (vgl. auch Kap. 6.6 und 9.7). Beispiele für absichtlich oder unbeabsichtigt eingeführte Organismen sind in Abb. 16 zu finden.

In der EU-Verordnung EG 708/2007 über „die Verwendung nicht heimischer und gebietsfremder Arten in der Aquakultur“ ist zu lesen: *„In der Vergangenheit hat die Aquakulturindustrie von der Einführung nicht heimischer Arten und der Umsiedlung gebietsfremder Arten (z. B. Regenbogenforelle, Pazifische Auster und Lachs) wirtschaftlich profitiert, und als politische Zielsetzung für die Zukunft gilt, die Vorteile einer solchen Einführung oder Umsiedlung zu optimieren, gleichzeitig jedoch Veränderungen der Ökosysteme zu vermeiden, negative biologische Wechselwirkungen, einschließlich genetischer Veränderungen, mit heimischen Populationen zu verhindern und die Ausbreitung von Nichtzielarten sowie negative Auswirkungen auf natürliche Lebensräume zu begrenzen.“* In der Umsetzung scheint allerdings das Optimieren wirtschaftlicher Vorteile im Vordergrund zu stehen. Noch vor ihrem Inkrafttreten wurde die Anzahl der von der Verordnung ausgenommen Arten erhöht.

### 3.3.6 Gefangenschaftshaltung und Freilassen von Tieren (W. Rabitsch)

Tiere werden aus unterschiedlichen Gründen in Gefangenschaft gehalten, beispielsweise zur Nahrungsmittelproduktion in Aquakultur, als Pelztiere und zum Vergnügen in Aquarien, Terrarien und Volieren. Regelmäßig entkommen Tiere und können mitunter eigenständige Populationen aufbauen oder durch Hybridisierung Eingang in den regionalen Genpool finden. Die Haltung von Kaninchen in sogenannten Leporarien begann in Mitteleuropa schon im Mittelalter. Fasane wurden ab dem 17. Jahrhundert in Fasanerien gehalten. Wurden früher für die Beizjagd freilebende Falken gefangen und abgerichtet, dienen hierzu heute meist gezüchtete Tiere, darunter auch Hybriden verschiedener Falkenarten.

Das Halten exotischer, häufig giftiger oder für Menschen gefährlicher Tiere war und ist oft ein Statussymbol. Tiere werden auch aus unterschiedlichen Motiven freigelassen. Gezüchtete Fasane werden unmittelbar vor der Jagd ausgesetzt – in Großbritannien jährlich rund 15 Millionen Vögel (Kestenholz et al. 2005). Fangtaugliche Fische werden in vielen Gewässern aus wirtschaftlichen Überlegungen ausgesetzt. Kurios ist das Beispiel der Kamtschatka-Krabbe (*Paralithodes camtschaticus*), die das russische Militär in den 1960er-Jahren in der Barentssee freigesetzte, um die Versorgung der Soldaten zu verbessern. Die Krabbe hat sich dann entlang der norwegischen Küste ausgebreitet (Jørgensen & Primicerio 2007).

Zierfische und Schildkröten werden oftmals als zu groß gewordene Geschenke freigesetzt. „Tierschützer" erzwingen gelegentlich die Freilassung großer Stückzahlen von Pelztieren in die freie Wildbahn (Beispiele in Kap. 9). Auch nach Elementarereignissen (Erdbeben, Überschwemmungen, Krieg) können Tiere aus Farmen oder Gehegen entkommen.

#### Domestikation – Haustiere als invasive Arten

Domestikation beschreibt den Vorgang der Zuchtwahl von Wildformen verschiedener Tierarten durch den Menschen mit dem Ziel, diese als Haus- oder Nutztiere zu verwenden. Sie reicht bei einigen Arten sehr weit in die Vergangenheit zurück. Beim Aufbau eines weltumspannenden Handels- und Verkehrsnetzes waren Haustiere die ersten Begleiter der frühen Seefahrer. Sowohl als Nahrungsmittel (Ziegen, Schweine) aber auch, wie Hunde und Katzen, als Begleiter von Menschen bevölkern solche Arten seit Beginn der Neuzeit die entlegensten Inseln der Erde. Besonders auf ozeanischen Inseln bereiten viele domestizierte Arten den einheimischen Arten Probleme. Ein bekanntes Opfer ist der Stephensschlüpfer (*Xenicus lyalli*): Ende des 19. Jahrhunderts starb diese flugunfähige Vogelart auf der neuseeländischen Insel Stephens Island aus, nachdem ein Leuchtturm errichtet wurde und die Katzen des Leuchtturmwärters verwilderten (Flannery & Schouten 2001).

### 3.3.7 Liebhaberbotanik

Schon lange empfinden Menschen Freude an der „Bereicherung" der Natur durch das Ansiedeln von Pflanzen, die sie von Reisen mitbringen oder von besonderen Standorten auf andere umsetzen oder ansäen („ansalben", vgl. Wagenitz 2000). So berichtet Thellung (1912) von mehreren solcher Aussaatversuchen in der Gegend von Montpellier, die bis in das 18. Jahrhundert zurückreichen. Einige der Ansalbungen können sich viele Jahrzehnte an einem Ort halten, und einige wurden auch zum Ausgangpunkt weiterer Ausbreitung. Ein jüngeres Beispiel sind Vorkommen von *Impatiens edgeworthii*, die an verschiedenen Waldstandorten in Sachsen und Thüringen angesalbt wurden. Forstlicher Wegebau hat wahrscheinlich bereits zur Ausdehnung ihrer Bestände geführt (Baade & Gutte 2008). Welches Ausmaß Ansalbungen haben können, zeigt eine oberfränkische Untersuchung zu 75 Arten (Merkel et al. 1991).

Seidel (1894) schildert anschaulich die Mühen bei der Ansalbung der mediterranen Felsenpflanze *Cymbalaria muralis* in Berlin: „Auf dem Moospolster eines Brückenpfeilers stand das Pflänzchen sehr üppig schon im zweiten Jahre, das Resultat von gewiss mehr als fünftausend darübergestreuten Samen, denn ich kam täglich dort vorbei, und jedesmal regnete es eine kleine Priese dort hinab, bis es endlich dastand." Er beschreibt auch das Spannungsverhältnis zu professionellen Botanikern: „Ebensowenig wie jeder andere Sterbliche liebt es der brave Pflanzengelehrte, ‚hineinzufallen'. Und dieses Schicksal ist ihm in neuerer Zeit durch das Überhandnehmen verruchter Florafälscher oft genug bereitet worden."

Verschiedene Gründe können bei einer Ansalbung zusammentreffen: die naive Freude an einer vermeintlichen Bereicherung der Natur, der gärtnerische Stolz über das Gelingen, die Rettung und Vermehrung seltener Arten als ein individueller Beitrag zum Naturschutz. Dies ist jedoch ein Missverständnis. Ansalbungen sind aus gutem Grund nach dem Naturschutzrecht genehmigungspflichtig (siehe Kap. 10.2.1.2).

## Ansalbungen lassen sich folgenden Gruppen zuordnen (nach Merkel et al. 1991 ergänzt)

a) in Deutschland heimische Arten

- Auf Felsstandorten der Mittelgebirge ausgebrachte **Alpenpflanzen;** darunter viele Sukkulenten (z. B. *Sempervivum-*, *Sedum*-Arten). Einige solcher Vorkommen, beispielsweise bei Berneck, lassen sich bis auf die Tätigkeit des 1722 geborenen Apothekers Funck zurückführen. Auch Edelweiß (*Leontopodium alpinum*) und Alpenveilchen (*Cyclamen purpurascens*) werden angesalbt.
- Leicht ansiedelbare seltene Wasser- und Sumpfpflanzen. Die Wassernuss (*Trapa natans*) war 1882 im Ketschendorfer Schlossteich schon völlig eingebürgert. Nach Presseberichten über das letzte südbayerische Wassernussvorkommen gab es in den 1990er-Jahren vermehrt Neufunde, die wahrscheinlich auf eine Ansalbungswelle nach dem Motto „kein bayerischer Fischteich ohne seine Wassernuss" zurückzuführen sind. Weiter gehören zu dieser Gruppe: *Calla palustris, Stratiotes aloides, Nymphoides peltata, Nymphaea alba* (häufig auch rotblühende Hybriden), *Iris pseudacorus, I. sibirica, Butomus umbellatus* u.a.
- Im Gebiet einheimische, aber stark rückläufige, oder schon ausgestorbene **floristische Seltenheiten;** darunter zahlreiche Orchideen und attraktive Halbtrockenrasenarten. Eine Untergruppe sind Arten, bei denen es sich möglicherweise um bislang unbekannte Reliktvorkommen handeln könnte.
- Andere auffällige, häufig schön **blühende Arten,** die zwar in Deutschland heimisch sind, im Gebiet jedoch fehlen. Hierzu gehören beispielsweise in Oberfranken Diptam (*Dictamnus albus*), Straußenfarn (*Matteuccia struthiopteris*) und einige Orchideen.

b) in Deutschland nichteinheimische Arten

- **Wasser- und Sumpfpflanzen:** Zu den ältesten und ausbreitungsstärksten Arten zählt die Kanadische Wasserpest (*Elodea canadensis*). Sie wurde 1859 vom Berliner Botanischen Garten in drei Seen im Berliner Umland ausgebracht. Die Folge war eine bislang beispiellose Ausbreitung einer nichteinheimischen Wasserpflanze. Weitere Beispiele sind *Elodea nuttallii, Sagittaria latifolia* und, in jüngster Zeit, wahrscheinlich auch *Crassula helmsii*. Aquarianer setzen gelegentlich auch subtropische und tropische Wasserpflanzen aus. *Pistia stratioites* und *Lemna aequinoctialis* konnten sich einige Zeit in der durch Kühlwassereinleitung erwärmten Erft halten. Aus dieser Gruppe hat sich der Algenfarn (*Azolla filiculoides*) in wintermilden Gebieten einbürgern können.
- **Pflanzen oligotropher Moore;** darunter vor allem Heidekrautgewächse wie *Kalmia angustifolia*. Sie wurde von Herman Löns im Altwarmbüchener Moor bei Hannover entdeckt und wächst immer noch dort. Weitere Arten sind *Vaccinium macrocarpon, Aronia × prunifolia* und die aus Sachsen und Brandenburg bekannt gewordene amerikanische *Sarracenia purpurea*.
- **Mauerpflanzen:** Das mediterran verbreitete Mauer-Zymbelkraut (*Cymbalaria muralis*) wird spätestens seit dem 19. Jahrhundert in Mauerritzen angesät. Dies dürfte seine Karriere zur Charakterart der Mauervegetation, zu der sie in weiten Teilen Mitteleuropas geworden ist, nachhaltig unterstützt haben. Ebenso ist der attraktive Gelbe Lerchensporn (*Pseudofumaria lutea*) gefördert worden.

## 3.4 Sekundäre Verschleppungen

### 3.4.1 Ausbreitung mit Pflanzmaterial

Mit Pflanzen aus Baumschulen und Staudengärtnereien werden auch einige ihrer Unkräuter verbreitet (z.B. *Rorippa sylvestris*, *Cardamine hirsuta*). Die heute allgemein häufige, über botanische Gärten eingeführte *Galinsoga parviflora* wurde in England zunächst mit Pflanzware weiter verbreitet (Salisbury 1953). Mit Pflanzware aus Neuseeland gelangte *Cardamine corymbosa* gegen 1975 nach Großbritannien, breitete sich dort schnell aus und kommt 30 Jahre später auch in Deutschland und einigen Nachbarländern vor (Hoste & Mertens 2008). Besonders auffällig ist der Kubaspinat (*Claytonia perfoliata*), der auch in Dünen wächst (Bernhardt 1994), wohin er möglicherweise mit Pflanzmaterial gelangt ist. Ein weiterer häufig mit Pflanzen verschleppter Neophyt ist *Chenopodium ficifolium*, das auch auf Äckern vorkommt (Brandes 1986, Otte 1991).

Prach et al. (1995) stellten in böhmischen Aufforstungen 39 Arten fest, die zusammen mit Forstpflanzen eingebracht worden waren. 14 davon konnten sich etablieren, darunter auch das Drüsige Weidenröschen (*Epilobium ciliatum*). Es gehört in Mitteleuropa zu den ausbreitungsstärksten Neophyten der letzten Jahrzehnte (Jäger 1986, Schmidt et al. 2008). Zusammen mit Forstpflanzen wird auch *Calamagrostis villosa* außerhalb ihres ursprünglichen Verbreitungsgebietes verschleppt (Prach et al. 1995, Zerbe 1996). Wasserpestarten werden mit Pflanzmaterial von anderen Wasser- und Sumpfpflanzen ausgebreitet (Kummer & Jentsch 1997).

Mit eingeführten Pflanzen sind auch Herbivore, Parasiten und Prädatoren eingebracht und weiter ausgebreitet worden (Sykora 1990, Roques & Auger-Rozenberg 2006, Areal et al. 2008). Der Welkepilz *Cryphonectria (Endothia) parasitica* erreichte 1900 mit ostasiatischer Baumschulware Nordamerika und löste dort das katastrophale Kastaniensterben aus. Nach Deutschland gelangte er u.a. mit Esskastanien, die Urlauber aus Südfrankreich mitgebracht hatten (siehe Kap. 8.1.2). Der Rostpilz *Cronartium ribicola* wurde Ende des 19. Jahrhunderts mit *Pinus strobus* von Europa nach Nordamerika eingeschleppt und hat dort die ursprünglichen Strobenbestände stark geschädigt. Maßnahmen der Pflanzenquarantäne haben bislang den Transfer der Eichenwelke von Nordamerika nach Europa verhindert. Entsprechende Regelungen sind auch nötig, um die Weiterverbreitung des Neuseelandplattwurms *Artioposthia triangulata* zu begrenzen. Er ist durch Pflanzenimporte aus Neuseeland auf die Britischen Inseln gelangt (Erstfund 1963 in Belfast). Seine Ausbreitung kann erhebliche ökologische Folgen haben, da er Regenwurmpopulationen

**Blinde Passagiere im Bonsai**

Im Inneren von Bonsaipflanzen gelangten Larven des Citrusbockkäfers (*Anoplophora chinensis*) von China nach Europa. Die Art kann sich in zahlreichen Laubgehölzen entwickeln und diese zum Absterben bringen. Eine große Supermarktkette verkaufte 2008 deutschlandweit über 100 000 Fächerahorne (*Acer palmatum*), aus denen in Bayern, Berlin und Nordrhein-Westfalen Käfer schlüpften. Mit Informationskampagnen wurden die Käufer auf das Problem aufmerksam gemacht. Vorkommen des Käfers sind meldepflichtig und müssen bekämpft werden. In Norditalien konnte der Citrusbockkäfer seit 1997 ein Gebiet von über 200 $km^2$ besiedeln. Eine Bekämpfung ist hier wohl nicht mehr möglich, wogegen die 2003 in Frankreich aufgetauchten Käfer ausgerottet werden konnten. Nur bei frühzeitigem Erkennen und konsequentem Handeln ist eine Ausrottung oder zumindest eine Eindämmung möglich (Tomiczek & Hoyer-Tomiczek 2007).

als wesentliche Komponente des Bodenlebens dezimiert und damit indirekt Struktur und Fruchtbarkeit der Böden beeinträchtigt (Baufeld et al. 1996, Alford 1998, Unger 1998; weitere zoologische Beispiel in Kap. 9).

### 3.4.2 Garten- und andere Abfälle

Einigen Arten gelingt der Transfer in eine naturnahe Umgebung mit Gartenabfall. In Niedersachsen gehen wenigstens 17 % der problematischen Vorkommen von *Fallopia* und 13 % der von *Heracleum mantegazzianum* auf Gartenablagerungen zurück (Tab. 20). Vor allem klonal wachsende Arten wie Goldruten, Astern, Knollen-Sonnenblume und Silbernessel (*Lamium argentatum*, siehe Kap. 6.3.11) wachsen an Ablagerungsstellen gut weiter. *Fallopia*-Sippen können sich aus ober- wie unterirdischen Sprossabschnitten regenerieren (Brock et al. 1995). Auch Geophyten werden mit Gartenabfall verfrachtet (z. B. *Crocus*-, *Galanthus*-, *Narcissus*-Arten), bleiben wegen fehlender Fernausbreitung aber meist auf die Ablagerungsstellen beschränkt. Häufig stammen Erstmeldungen spontaner Vorkommen neuer Arten von solchen Standorten, etwa bei *Rodgersia* (Fuchs et al. 2008). Einzelne Ablagerungen können den Auftakt einer großflächigen Ausbreitung an Fließgewässern bilden, da mit Hochwasser leicht Früchte (z. B. von *Heracleum mantegazzianum*) oder regenerationsfähige Sprossteile (z. B. von *Fallopia*) verfrachtet werden. Auch entsorgte Aquarienpflanzen werden mit fließendem Wasser weiter ausgebreitet („Aquarienadventive“, Quené-Boterenbrood & Mennema 1974). In Gewässern, die durch eingeleitete Sümpfungsabwässer erwärmt wurden, können auch forstempfindliche Arten überdauern (Diekjobst 1984, Hussner & Lösch 2005).

Der Sonderbare Lauch (*Allium paradoxum*) kann an Ablagerungsstellen in stadtnahen Wäldern mit Hilfe seiner Brutzwiebeln über 100 Quadratmeter große Populationen bilden. Spaziergänger begründen zusätzliche Populationen, wenn sie die nach Knoblauch duftenden Blumensträuße wieder wegwerfen.

Auch mit Abwasser, Klärschlamm und Müll werden zahlreiche Neophyten verbreitet. Über Abwässer gelangen Tomaten (*Lycopersicon esculentum*) auch in Flussauen, wo sich ihre Einbürgerung abzeichnet (Schmitz 2004a). Müllberge und andere Deponien sind reich an Zier- und Nutzpflanzen, besonders in einer ersten durch Vogelfutterpflanzen und Tomaten charakterisierten Besiedlungswelle (Kunick & Sukopp 1975, Hetzel & Ullmann 1995). Anders als früher sind heute kaum noch Woll-, Südfrucht-, Ölsaat- und Saatgutbegleiter vertreten. Hetzel & Meierott (1998) fanden auf 50 fränkischen Deponien 583 Sippen, unter denen Zier- und Nutzpflanzen als „Kulturflüchtlinge“ mit 333 Sippen die größte Gruppe stellen. Insgesamt wurden etwa 250 Neophyten nachgewiesen.

### 3.4.3 Böden und Gesteinsmaterial

Im Landschafts-, Straßen-, Eisenbahn- und Wasserbau werden häufig große Mengen an Boden- und Gesteinssubstraten umgelagert. Hiermit werden Pflanzen verschleppt, die eine dauerhafte Samenbank aufbauen oder sich aus unterirdischen Sprossteilen regenerieren können. Dies gilt auch für den Auftrag humosen Oberbodens (Mutterboden). Er nivelliert neben den Nährstoffbedingungen auch den Artenbestand der neuen Standorte. Viele problematische Neophyten, vor allem Geophyten, werden sehr effektiv mit Bodentransporten verschleppt (Tab. 19). Dies gilt auch für Bodentiere und wohl auch für die Spanische Wegschnecke (*Arion vulgaris*), die vermutlich regelmäßig mit Gartenerde an neue Standorte gelangt (siehe Kap. 9.1.2.2).

In Südwestdeutschland hat sich die Ausbreitung mit Bodensubstrat bei *Fallopia* als so problematisch erwiesen, dass eine aufwändige Reinigung des Bodens bei wasserbaulichen Arbeiten erwogen wird (Kretz 1994, 1995). Im Harz gelangt *Fallopia* auch über Erdaufträge an Böschungen in bislang noch nicht von ihr besiedelte Täler. Liegt die Böschung an einem Fließgewässer, sind die Folgen bald flussabwärts zu spüren (Schepker 1998). Auch das scheinbare „Wandern" von *Fallopia* gegen die Fließrichtung geht auf verfrachtetes Bodenmaterial zurück (Kretz 1994, Alberternst 1998). *Impatiens glandulifera* wird mit Auenkies für den Wegebau auch in gewässerferne Waldgebiete verschleppt (Schuldes 1995). Die Erdmandel (*Cyperus esculentus*) ist mit Zwiebeleinfuhren in die Niederlande gelangt und wird mit Boden, Feldfrüchten und an Fahrzeugen und Geräten haftend weiter ausgebreitet (Abb. 36). Die Wild-Tulpe (*Tulipa sylvestris*) wird mit Erdaushub aus historischen Gärten verfrachtet (Gregor 1993).

Einige typische Straßenbegleitarten werden auch mit Boden weiter verbreitet: *Atriplex*-Arten, *Dittrichia graveolens*, *Bunias orientalis* (siehe Kap. 6.2.5.2), *Cochlearia danica*, *Senecio inaequidens* und *Ambrosia artemisiifolia* (Dunkel 1987, Schnedler & Bönsel 1989, Kopecký & Lhotska 1990, Dettmar & Sukopp 1991, Nowack 1993, Brandes & Nitzsche 2007).

Außerdem kann Eisenbahnschotter zum Ausbreitungsmedium für „Schotterbegleiter" werden (Kreh 1960), wie für den Schmalblättrigen Hohlzahn (*Galeopsis angustifolia*), der natürlich in Gesteinsgeröll und sekundär in Steinbrüchen vorkommt (Hilbig 1971, Mattheis & Otte 1989). Mit Kalktuffblöcken, die in gärtnerischen Anlagen Verwendung finden, werden auch Kalk liebende Moose außerhalb ihres ursprünglichen Verbreitungsgebietes verfrachtet (z. B. Koperski 1986, Schaepe 1986). Beim Wegebau mit Kalkschotter gelangen zahlreiche gebietsfremde Arten in Waldgebiete mit sauren Ausgangsgesteinen (Gregor 1995). Gebietsfremde Substrate können Invasionen auch indirekt begünstigen. So haben sich auf dem Brocken im Harz, der ur-

## Ausbreitung neben der Überholspur: *Senecio inaequidens*

Das aus Südafrika stammende Schmalblättrige Greiskraut (*S. inaequidens*) ist als seltene Adventivpflanze seit 1889 in Deutschland bekannt, wohin es wahrscheinlich mit Wollimporten gelangte. Erst Anfang der 1970er-Jahre setzte in Deutschland eine bis heute andauernde Massenausbreitung ein, und zwar im Rheinland und im Ruhrgebiet. Danach breitete sich die Art weiter entlang von Straßen und Eisenbahnlinien aus und erreichte beispielsweise entlang der Autobahn A1 Hannover (Abb. 20). Inzwischen gibt es auch an Verkehrswegen im Norden, Osten und Süden Deutschlands auffällig gelb und bis zum ersten Frost üppig blühende Bestände (Werner et al. 1991, Griese 1996, Radkowitsch 1997, Ernst 1998, Heger & Boehmer 2005, Bornkamm 2006), vor allem auf den Mittelstreifen.

Möglicherweise hat der erhöhte Güteraustausch nach der deutschen Einigung 1990 die Ausbreitung in die neuen Bundesländer gefördert (Bornkamm & Prasse 1999). Die milden Winter dürften die Ausbreitung – und auch die lange Blütezeit – fördern, da die Art noch bei -4°C eine positive Nettophotosynthese aufrechterhalten kann (Aschan et al. 2005).

Als Pionierart baut *S. inaequidens* auf ruderalen Störungsstandorten sehr große Populationen auf. Allerdings ist sie kaum der Konkurrenz ausdauernder Arten gewachsen (Scherber et al. 2003) und wird daher im Laufe der Sukzession meist durch andere Arten abgelöst. Eine Verdrängung einheimischer Arten ist nicht absehbar (Adolphi 1997). Jedoch sollte ihr Verhalten auf Felsen und Äckern beobachtet werden.

sprünglich bodensaure Bedingungen bietet, Kalk liebende Alpenpflanzen aus dem Brockengarten entlang von Wegen ausgebreitet. Diese waren zuvor durch Grenztruppen der DDR mit Kalkschotter befestigt worden (*Linaria alpina, Saxifraga caespitosa, Veronica fruticans, Campanula cochleariifolia;* G. Karste brieflich).

### 3.4.4 Straßenverkehr

Straßen sind wie Eisenbahnlinien effektive Ausbreitungskorridore neuer Arten. Als erster hat Kopecký (1971, 1988) bandförmige Bestände an Straßenrändern systematisch untersucht und als Ausbreitungsmuster von Neophyten interpretiert. Auch einheimische Arten konnten in seinem Untersuchungsgebiet entlang von Straßen andere Höhenlagen erreichen. Neuere Untersuchungen zeigen, dass nichteinheimische Arten entlang von Straßen auch in höhere alpine Lagen vordringen können (Becker et al. 2005, Pauchard et al. 2009).

Seit den 1970er-Jahren mehren sich Beobachtungen von Küstenarten (*Puccinellia distans, P. maritima, Cochlearia danica*), die entlang von Straßenrändern ins Binnenland wandern (Seybold 1973, Scott & Davison 1985, Lienenbecker 2000). Auch Neophyten bauen sprunghaft große, lineare Bestände am Straßenrand auf. Beispiele hierfür sind *Atriplex*-Arten (Schnedler & Bönsel 1989, Mandák & Pyšek 1998), *Bunias orientalis* (Heinrich 1985), *Dittrichia graveolens* (Nowak 1993, Stöhr et al. 2009) und *Ambrosia artemisiifolia* (Brandes & Nitzsche 2007, Lavoie et al. 2007, Essl et al. 2009). Besonders stürmisch verlief die Ausbreitung bei *Senecio inaequidens*.

Neue Neophyten an niedersächsischen Kalihalden veranschaulichen, wie der Wirtschaftverkehr zu einer Vernetzung industrieller Standorte führen kann. Anfang der 1990er-Jahre tauchten hier auffällig viele Salzpflanzen auf, die zuvor nur aus dem Osten Deutschlands bekannt waren, darunter die Neophyten *Gypsophila scorzonerifolia* und *G. perfoliata*. Garve (1999) führt dies auf die Bahn- und Schwerlasttransporte zurück, die seit der Wiedervereinigung Deutschlands auch die Haldenstandorte in West und Ost verbinden. Auch soziale Veränderungen führen zu verkehrsbedingten Verbreitungsmustern. So haben Untersuchungen in Dörfern des weiteren Frankfurter Umlandes einen Zusammenhang zwischen der zunehmenden Häufigkeit nichteinheimischer Arten und der Mobilität von Bewohnern verstädterter Dörfer ergeben (Brunzel et al. 2009, Niggemann et al. 2009).

Ursache der vielfach beschriebenen Straßenrandvorkommen von Neophyten ist ein Zusammenspiel standörtlicher und ausbreitungsbiologischer Mechanismen (Kowarik & von der Lippe 2007, 2008). Straßenränder bieten ein unendliches Netz linearer **Sonderstandorte**, die sich durch Offenheit, häufige Störung und Salzeinfluss erheblich von angrenzenden Lebensräumen abheben. So ist es sicher kein Zufall, dass sich gerade salztolerante Arten hier häufen. Neben den Küstenarten gehören hierzu auch *Atriplex sagittata* und *Ambrosia artemisiifolia* (Mandák & Pyšek 1998, Essl et al. 2009). Die glatten Oberflächen versiegelter Verkehrsflächen begünstigen zudem die sekundäre Windausbreitung. So trug der Wind auf Bürgersteigen exponierte Götterbaum-Früchte in wenigen Tagen bis zu 150 m weiter (Kowarik & von der Lippe 2006), wogegen in geschlossener Vegetation ausgebrachte *Ailanthus*-Früchte kaum verweht wurden (Kaproth & McGraw 2008). Auf Straßen können Windschleppen vorbeifahrender Fahrzeuge die sekundäre Diasporen-Ausbreitung weiter beschleunigen. So wurden auf Fahrbahnen exponierte *Ambrosia*-Samen in einer Woche bis zu 72 Meter bewegt (A. Lemke, unveröff.). Fahrwind hat auch die Ausbreitung der Rosskastanien-Miniermotte (*Cameraria ohridella*) entlang der Hauptver-

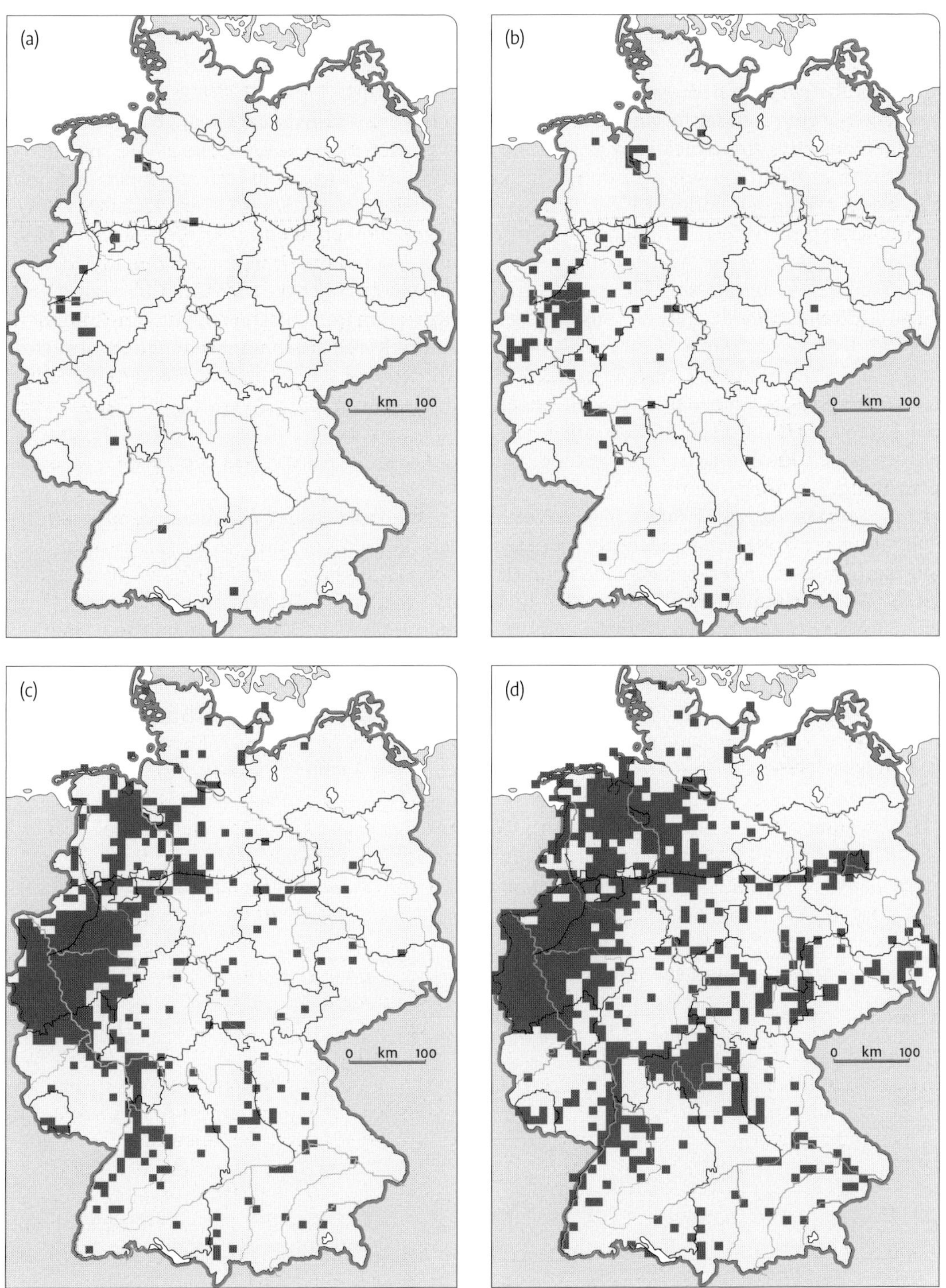


**Abb. 20a–d** Ausbreitung des Schmalblättrigen Greiskrauts (*Senecio inaequidens*) in Deutschland, dargestellt durch die Verbreitung (a) 1979, (b) 1987, (c) 1999 und (d) 2003 (nach Radkowitsch 1997 u. a. aus Heger & Böhmer 2005).

kehrsrouten begünstigt (Heitland et al. 1999).

In **Substrat-Anhaftungen** an Rädern, Radkästen oder anderen Karosserieteilen wurde ein breites Artenspektrum festgestellt, auf dessen Ausbreitung mit Kfz dann indirekt geschlossen wurde (Clifford 1959, Hodkinson & Thompson 1997). Von den 224 Arten, die im Schlamm einer australischen Autowaschanlage nachgewiesen wurden, waren 72% nichteinheimisch. Neben Störungszeigern (*Polygonum aviculare*, *Conyza*, *Chenopodium*) wies Wace (1977) auch Wiesenpflanzen (*Dactylis glomerata*) und Gehölze (*Betula*, *Buddleja davidii*) nach, die in Australien Neophyten sind. In europäischen Studien zur Anhaftung von Diasporen an Kfz waren vor allem Trittrasenarten häufig (*Poa annua*, *Plantago major*), darunter auch der Neophyt mit der weitesten Verbreitung in Deutschland: *Matricaria discoidea* (Tab. 27). Auch mit Mähmaschinen und anderem landwirtschaftlichem Gerät werden Diasporen transportiert (Strykstra et al. 1997, Mayer 2000), darunter auch Sprossknollen der in den Niederlanden problematischen *Cyperus esculentus* (Abb. 36).

Direkte **Ausbreitungs-Nachweise** durch Kfz gelangen erstmals mit Diasporenfallen, die in Berliner Autobahntunneln von anderen Ausbreitungsquellen abgeschirmt waren (von der Lippe & Kowarik 2007a, b, 2008). Die gefundenen Arten repräsentieren ein breites Spektrum an Lebensräumen, wobei unter den häufigsten Arten auch Getreide- und Baumarten waren (Tab. 28). Die Hälfte der insgesamt gefundenen 204 Arten war nichteinheimisch. Davon gilt ein Fünftel in Deutschland oder anderen Teilen der Welt als problematisch, etwa *Solidago canadensis*, *Robinia pseudoacacia* oder das in Nordamerika gefürchtete *Bromus tectorum*. Einige Arten wie *Physalis peruviana* waren neu für Berlin.

Ein Drittel aller Diasporen wurde mindestens 250 Meter durch Kfz transportiert, wobei solche Fernausbreitung bei nichteinheimischen Arten doppelt so häufig wie bei einheimischen vorkam. Das Beispiel des aus Australien stammenden und in Berlin noch sehr seltenen *Chenopodium pumilio* lässt erkennen, dass viel weitere Transportdistanzen möglich sind: Seine nächsten Freilandvorkommen lagen 5 km von den Tunneln ent-

**Tab. 27** Autos als Ausbreitungsvektoren nichteinheimischer Arten. Aufgeführt sind die jeweils fünf häufigsten Arten, deren Diasporen an Autos nachgewiesen worden sind

| Clifford 1959 (Nigeria) | Wace 1977 (Australien) | Schmidt 1989 (Deutschland) | Milberg 1991 (Schweden) | Hodkinson & Thompson 1997 (England) |
|---|---|---|---|---|
| *Eleusine indica* | unbestimmte Gräser | *Poa annua* | unbestimmte Gräser | *Plantago major** |
| *Ageratum conyzoides* | *Polygonum aviculare** | *Plantago major** | *Matricaria discoidae** | *Poa annua* |
| *Oldenlandia lancifolia* | *Betula spec.** | *Epilobium roseum* | *Polygonum aviculare** | *Poa trivialis* |
| *Sporobolus pyramidalis* | *Eleusine tristaqchya** | *Stellaria media** | *Plantago major** | *Urtica dioica* |
| *Digitaria velutina* | *Poa annua** | *Poa trivialis* | *Sagina procumbens* | *Matricaria discoidea** |

* im jeweiligen Gebiet nichteinheimische Arten

**Tab. 28** Die 20 häufigsten Arten und die nächsten 10 häufigsten Neophyten, die in Diasporenproben aus drei Berliner Autobahntunneln gefunden wurden mit der Anzahl der gefundenen Diasporen in der Gesamtprobe, dem Status der Arten in Berlin (I = Einheimische, A = Archäophyten N = Neophyten) und ihrem Diasporengewicht (von der Lippe & Kowarik 2007a, ergänzt; mittleres Diasporengewicht nach Otto 2002 und eigenen Messungen).

| Rang | Status | Taxa | Anzahl | Diasporengewicht (mg) |
|---|---|---|---|---|
| 1 | N | *Triticum aestivum* | 1969 | 43.75 |
| 2 | N | *Conyza canadensis* | 1936 | 0.05 |
| 3 | I | *Betula pendula* | 1492 | 0.13 |
| 4 | I | *Sagina procumbens* | 1089 | 0.02 |
| 5 | I | *Poa annua* | 741 | 0.31 |
| 6 | A | *Lepidium ruderale* | 578 | 0.20 |
| 7 | I | *Plantago major* subsp. *major* | 498 | 0.26 |
| 8 | N | *Secale cereale* | 446 | 32.00 |
| 9 | A | *Chenopodium album* | 256 | 0.75 |
| 10 | N | *Brassica napus* | 201 | 4.39 |
| 11 | I | *Polygonum aviculare* agg. | 160 | 2.07 |
| 12 | N | *Solidago canadensis* | 137 | 0.06 |
| 13 | A | *Herniaria glabra* | 117 | 0.07 |
| 14 | I | *Urtica dioica* | 112 | 0.19 |
| 15 | I | *Sonchus oleraceus* | 100 | 0.27 |
| 16 | I | *Taraxacum* sect. *Ruderalia* | 80 | 0.61 |
| 17 | I | *Capsella bursa-pastoris* | 65 | 0.13 |
| 18 | I | *Lolium perenne* | 65 | 2.23 |
| 19 | N | *Acer negundo* | 64 | 41.21 |
| 20 | I | *Veronica chamaedrys* | 64 | 0.22 |
| … | | | | |
| 21 | N | *Lycium barbarum* | 63 | 1.67 |
| 22 | N | *Eragrostis minor* | 60 | 0.09 |
| 27 | N | *Oenothera biennis* s.l. | 53 | 0.44 |
| 35 | N | *Epilobium ciliatum* | 33 | 0.07 |
| 38 | N | *Tripleurospermum perforatum* | 28 | 0.34 |
| 39 | N | *Rumex thyrsiflorus* | 26 | 0.52 |
| 40 | N | *Robinia pseudoacacia* | 22 | 16.53 |
| 46 | N | *Hordeum vulgare* | 18 | k.A. |
| 49 | N | *Amaranthus retroflexus* | 17 | 0.41 |
| 50 | N | *Berteroa incana* | 17 | 0.74 |

fernt. Der Vergleich der Fallenfunde an unterschiedlichen Richtungsfahrbahnen ergab, dass mehr Arten aus der Stadt hinaus in Richtung Umland als umgekehrt transportiert werden. Der Verkehr führt also auch zum Export urbaner Biodiversität. Interessanterweise waren darunter nicht nur Neophyten, sondern auch Einheimische wie die Trockenrasenart *Festuca brevipila*, die vermutlich von Böschungsansaaten stammt.

Wie bei Untersuchungen von Substratanhaftungen (Hodkinson & Thompson 1997) enthielten auch die Berliner Tunnelproben vor allem Arten mit kleinen Diasporen. Allerdings wurden auch häufig große Früchte von *Acer negundo* und *Lycium barbarum* gefunden (Tab. 28), und einige weitere von Straßenbaumarten (*Robinia pseudoacacia, A. platanoides, A. pseudoplatanus*). Sie wurden wahrscheinlich an geschützten Stellen der Karosserie, etwa in Vertiefungen unterhalb der Windschutzscheibe, transportiert. Auch Tiere können an der Karosserie mitreisen. So ist die flügellose mediterrane Eichenschrecke (*Meconema meridionale*) mit Autos und Eisenbahnwagen bis nach Mitteleuropa gelangt und hat mittlerweile schon Bremen erreicht (Grünitz & Hochkirch 2007). Selbst bei 80 Kilometer pro Stunde wurde sie nicht von der Frontscheibe eines Autos abgeweht (Tröger 1986). Im Windkanal konnten sich zwei Tiere sogar bei einer Windgeschwindigkeit von 150 km/h auf einer horizontalen Glasplatte halten (Erhard 2009).

Besonders überraschend bei den Berliner Tunnelversuchen war die Häufigkeit von Getreidearten (*Triticum aestivum, Secale cereale*) und Raps (*Brassica napus*), die unter den häufigsten Arten waren (Tab. 28). Da diese Arten wesentlich größere Samen als die Masse der übrigen Arten haben und in großen Mengen zu verschiedenen Jahreszeiten festgestellt wurden, liegt nahe, dass es sich hierbei um Transportverluste aus der Ladung von Lastwagen handelt. Dieser bislang unterschätzte Ausbreitungsweg hat für auch Risikoabschätzungen erhebliche Bedeutung, da auch gentechnisch verändertes Saatgut auf Straßen transportiert wird (von der Lippe & Kowarik 2007a). Tatsächlich wachsen an 13 Japanischen Häfen, in denen kanadischer Raps umgeschlagen wird, sowie an den Transportstrecken zu weiter verarbeitenden Betrieben, gentechnisch veränderte herbizidresistente Rapssorten. Da Raps mit mehreren Wildpflanzen genetisch kompatibel ist, besteht die Gefahr des Übergangs von Herbizidresistenzen in Wildpopulationen (Kawaka et al. 2009).

Mit dem Straßenverkehr können Neophyten auch in Schutzgebiete gelangen, in denen sie zuvor fehlten (Lonsdale & Lane 1994, Greenberg et al. 1997). In Kanada drangen ausbreitungsstarke europäische Schilf-Sippen entlang von Straßen vor und haben mittlerweile die einheimischen Genotypen weitgehend ersetzt, auch in angrenzenden Feuchtgebieten (Maheu-Giroux & de Blois 2007, Lelong et al. 2007). Weitere Ausbreitungswege an Straßen beginnen mit Begrünungsansaaten, die unerwünschte Begleitarten enthalten können (siehe Kap. 3.3.1.4) oder mit Bodenauftrag, der Samen oder vegetative Verbreitungseinheiten von Neophyten enthalten kann (siehe Kap. 3.4.3).

### 3.4.5 Eisenbahnverkehr

Mit der Anlage von Eisenbahntrassen und mit dem Eisenbahnverkehr werden seit Mitte des 19. Jahrhunderts eine Vielzahl von Arten gepflanzt, angesät und verschleppt (Kreh 1960, Brandes 1993). Dass Bahnanlagen ein wichtiger Ausgangspunkt der Einschleppung und weiteren Ausbreitung neuer Arten sind, wurde früh erkannt (Holler 1883, Lehmann 1895). Die Ausbreitungsgeschichte von *Senecio squalidus* in England zeigt anschaulich die Schlüsselfunktion von Eisenbahnen für biologische Invasionen: Die Art gelangte Ende des 17. Jahrhunderts aus Sizilien in den Botanischen Garten von Oxford. Lange waren ihre Verwilderungen auf diese Stadt beschränkt, obwohl sie mit ihren Pioniereigenschaften auf einer Vielzahl von Störungsstandorten hätte wachsen können. Erst 1844, nach dem Bau der Eisenbahn nach London, setzte die Ausbreitung ein, die das „Oxford Ragwort" heute zu einem weit verbreiteten Neophyten Großbritanniens gemacht hat (Ellis 1993).

Der Wanzensame (*Corispermum leptopterum*) wurde im Osten Deutschlands zuerst 1876 am Schöneberger Bahnhof in Berlin gefunden. Mit dem Ausbau der Ringbahn mehrten sich rasch die Funde im Stadtgebiet und im Umland. Heute ist er vor allem im Osten Deutschlands an Eisenbahnanlagen, auf ruderalisierten Sanden und an der Küste häufig zu finden, kommt aber auch in anderen Teilen Deutschlands ruderal oder auf Sand vor. Seine Ausbreitung soll auch durch Bausand stark gefördert worden sein (Philippi 1971, Köck 1986, 1988, Krisch 1987, Passarge 1988).

Mit der Bahn werden heute aufgrund der modernen Verpackung der transportierten Güter weniger Arten als früher neu eingeschleppt. Im Ruhrgebiet sind viele der noch in der ersten Hälfte des 20. Jahrhunderts unbeständig vorkommenden Arten inzwischen zurückgegangen. Stattdessen bestimmen nun eher absichtlich eingeführte und dann verwilderte Pflanzen die Gruppe der unbeständigen Neophyten (Keil & Loos 2002). Dennoch bieten Eisenbahntrassen immer noch effektive Ausbreitungsmöglichkeiten für Neophyten. So konzentrieren sich Neufunde in ländlichen Gebieten häufig auf Bahnanlagen (z. B. bei *Ailanthus altissima*, Feder 2001). In Ballungsräumen gehört der Götterbaum schon zu den häufigsten Bahnhofsarten (Wittig 2008). Noch häufiger ist allerdings *Buddleja davidii*, die vor allem in wintermilden Gebieten auf Bahnhöfen und entlang von Eisenbahnstrecken große bandförmige Populationen aufbaut, ohne dass – wie vermutet – die Ausbildung von Herbizidresistenzen hier Selektionsvorteile verschaffen würde (Ebeling & Auge im Druck).

Entlang vieler Bahntrassen ziehen sich auffällige Neophyten-Bänder (Passarge 1988). *Senecio inaequidens* breitet sich dabei vom Westen Deutschlands ostwärts aus, *Kochia scoparia* subsp. *densiflora* in umgekehrter Richtung (Brandes 1993, Werner et al. 1991). Ein jüngeres Beispiel einer raschen Ausbreitung auf Bahnschotter bietet das mediterrane *Geranium purpureum* (Hügin et al. 1995, Melzer 1995, Geyer et al. 2008). Wanderungen von Neophyten an Bahnstrecken sind im Wesentlichen auf die oben für Straßen beschriebene Kombination anthropogener Ausbreitungsmechanismen und offener Störungsstandorte zurückzuführen. Als Besonderheit kommt bei Eisenbahnen die regelmäßige Herbizidanwendung hinzu, die kurzlebige Pflanzen indirekt begünstigt.

### 3.4.6 Menschen als Ausbreitungsvektoren

Menschen fördern biologische Invasionen nicht nur durch eine Vielzahl indirekter Mechanismen und absichtlicher Handlungen, sondern auch direkt, indem sie an Schuhen oder Kleidung haftende Arten ausbreiten (Clifford 1956, Mount & Pickering 2009). Dass der europäische Breit-Wegerich (*Plantago major*) von Indianern Nordamerikas „Englishmen's foot" genannte wurde (Crosby 1991), veranschaulicht die Bedeutung dieses bislang wenig untersuchten Ausbreitungsweges. Bei Schreitversuchen in einem Trockenrasen fand Falínski (1972), dass Diasporen von 39 % der gerade fruchtenden Arten an den Versuchspersonen haften blieben. Wichmann et al. (2009) zeigten am Beispiel von zwei Pflanzenarten, dass über die Hälfte der an Schuhen anhaftenden Samen nach 5 Metern abfielen, aber bis zu 4 % über 5 Kilometer transportiert wurden. Der Beitrag zur Fernausbreitung hierdurch war damit deutlich größer als die modellierte Ausbreitung mit dem Wind. So ist es nicht überraschend, dass schließlich auch Touristen sowie reisende Botaniker und Sportler als Ausbreitungsvektoren für nichteinheimische Arten erkannt worden sind (Clifford 1956, Powell 1968, Higashino et al. 1983). Dabei kommt es auf die Art der Fuß- und Beinbekleidung an, wie Untersuchungen in einem australischen Nationalpark gezeigt haben: Wanderstrümpfe transportieren ein anderes Artenspektrum als Sportsocken. Insgesamt wurden in dieser und neun weiteren Studien 179 Arten nachgewiesen, die an Socken, Schuhen und Schnürsenkeln transportiert wurden. Drei Viertel davon gelten als Unkräuter (Mount & Pickering 2009).

## 3.5 Anthropogene Störungen

Nichteinheimische Organismen gelten häufig als Störfaktoren, die naturnahe Lebensgemeinschaften beeinträchtigen. Invasionsbiologische Arbeiten haben jedoch wiederholt gezeigt, dass zuvor oft anthropogene oder auch natürliche Störungen die Etablierung und Ausbreitung nichteinheimischer Arten begünstigt haben. Häufig sind Invasionen daher Symptome vorgeschalteter Veränderungen, die oft auf menschliche Aktivitäten zurückgehen. MacDougall & Turkington (2005) haben dies sehr treffend in ihrer „drivers versus passengers"-Metapher dargestellt (siehe auch Didham et al. 2005, 2007). Ohne Kenntnis dieses kausalen Hintergrundes gerät man leicht in die Gefahr, Symptome mit Ursachen zu verwechseln.

Schon die Adventivfloristen wussten zu Beginn des 20. Jahrhunderts, dass nichteinheimische Arten verstärkt im Gefolge des Menschen auftreten (Thellung 1912, Linkola 1916/21). Der allgemeine Zusammenhang zwischen dem Vorkommen nichteinheimischer Arten und der anthropogenen Störung ihrer Standorte kann gut mit Hilfe des Hemerobiekonzeptes veranschaulicht werden. Hemerobie ist ein Maß für die Gesamtheit

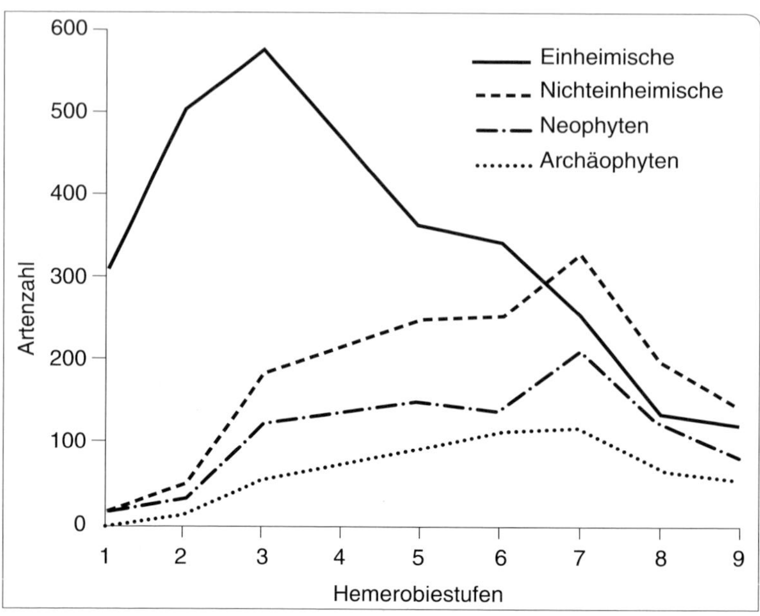


**Abb. 21** Vorkommen von einheimischen Arten sowie von Archäophyten und Neophyten (auch zusammengefasst als Nichteinheimische) auf unterschiedlich stark gestörten Standorten in Berlin (Hemerobiestufe 1: sehr geringe, Hemerobiestufe 9: sehr starke menschliche Beeinflussung. Datengrundlage: 5136 Vegetationsaufnahmen; nach Kowarik 1988).

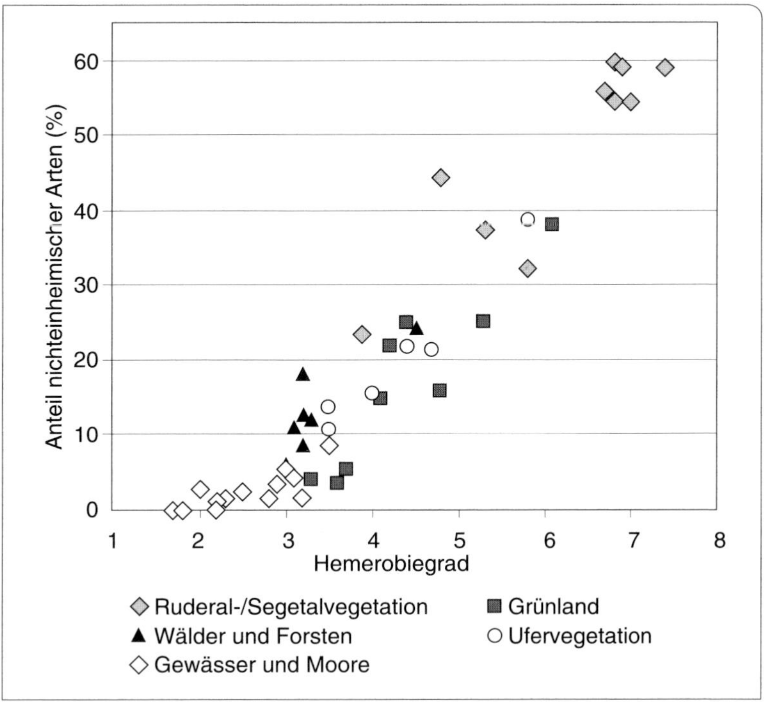


**Abb. 22** Zusammenhang zwischen der anthropogenen Beeinflussung (mittlere Hemerobiezeigerwerte) und dem Anteil nichteinheimischer Arten in der Vegetation des Berliner Gebietes (Datengrundlage: 5136 Vegetationsaufnahmen, gruppiert nach pflanzensoziologischen Verbänden; $P < 0,01$; nach Kowarik 1995b).

des menschlichen Kultureinflusses und ist, wie Ellenbergs Zeigerwerte, 9-stufig skaliert worden (Kowarik 1988, 1999b). Abb. 21 zeigt, wie viele einheimische und nichteinheimische Pflanzenarten auf Standorten in Berlin vorkommen, die sich hinsichtlich ihrer anthropogenen Störung, differenziert nach neun Hemerobiestufen, unterscheiden. Die Tendenz ist eindeutig: Die meisten einheimischen Arten kommen auf gering bis mäßig gestörten Standorten vor. Archäophyten und Neophyten sind dagegen auf anthropogenen Störungsstandorten häufiger und übertreffen hier in ihrer Anzahl sogar die einheimischen Arten. Auch in Rom wurde ein deutlicher Zusammenhang zwischen der Anzahl nichteinheimischer Arten und dem Hemerobiegrad urbaner Lebensräume festgestellt (Celesti-Grapow et al. 2004).

In Abb. 22 kennzeichnen mittlere Hemerobie-Zeigerwerte die anthropogene Beeinflussung von Vegetationseinheiten (pflanzensoziologische Verbände). Die Spanne reicht von gering beeinflusster Moorvegetation (z. B. Rhynchosporion) bis zu stark gestörter Ruderalvegetation (z. B. Salsolion). Der Anteil nichteinheimischer Arten korreliert dabei eng mit dem Hemerobiegrad (Kowarik 1990c, 1995b). Dass anthropogene Störungen und Standortveränderungen nichteinheimische Arten begünstigen, hat verschiedene Gründe:

- Der Ersatz ursprünglicher Wälder durch kulturbedingte Vegetation begünstigt lichtbedürftige Arten offener Standorte (Beispiel: Wiesen, Ruderalvegetation).
- Mechanische Störungen des Bodens schaffen Lücken und erlauben die Etablierung neuer Arten, die in geschlossener Vegetation keine Keimungsmöglichkeiten hätten (Beispiel: Arten der Ruderal- und Segetalvegetation).
- Neue Formen von Störungen (z. B. Beweidung in Neuseeland) fördern Arten, die sich in ihren Ursprungsgebieten an

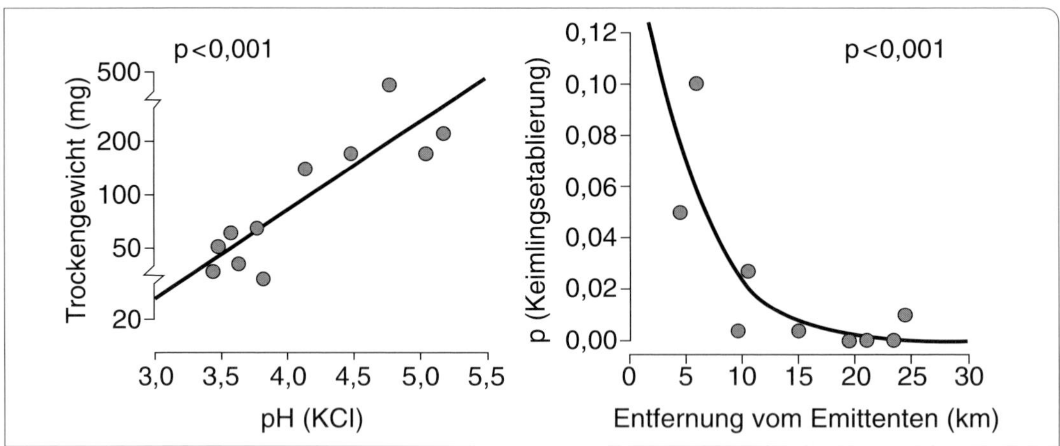


**Abb. 23** Begünstigung der Ausbreitung des nordamerikanischen Neophyten *Mahonia aquifolium* durch anthropogene Standortveränderungen (Eintrag kalkhaltiger Flugstäube) in der Dübener Heide. Dargestellt sind positive Korrelationen zwischen der Biomasse von vier Monate alten Mahonienkeimlingen und dem pH-Wert des Substrats (Gewächshausversuch, links) und zwischen der Wahrscheinlichkeit der Keimlingsetablierung und der Entfernung zum Emittenten in Kiefernforsten (Aussaatversuch, rechts; aus Auge 1997).

vergleichbare Störungsregime anpassen konnten (siehe Kap. 2.3).

- Veränderungen physikalischer oder chemischer Bodeneigenschaften öffnen den Zugang zu Ressourcen, die von anderen als den bereits vorhandenen Arten besser genutzt werden können (Beispiel: Kalkliebende Arten in Gebieten mit überwiegend sauren Substraten, vgl. *Mahonia aquifolium* in Abb. 23). Die allgegenwärtige Eutrophierung fördert Arten wie Berg- oder Spitz-Ahorn (siehe Kap. 6.1.4).
- Zur gleichen Konsequenz führen anthropogene Abwandlungen des Mikro- und Mesoklimas. Daher fördert das wärmere Stadtklima Arten, die aus wärmeren oder trockeneren Gebieten stammen (z. B. *Ailanthus altissima* und den daran lebenden Schmetterling *Samia cynthia*, siehe Kap. 6.1.3 und 9.1.1).
- Bei der Erstbesiedlung großer, ursprünglich vegetationsfreier Flächen werden Arten bevorzugt, die von anthropogener Ausbreitung profitieren. Dies können überproportional nichteinheimische Arten sein (z. B. auf industriellen Brachen oder an Straßen, siehe Kap. 3.4.4).
- Mit dem Ausmaß und der Dauer anthropogener Störung steigt die Wahrscheinlichkeit, dass neue Arten mit sekundären Ausbreitungsmechanismen an die Störungsstandorte gelangen.
- Neugeschaffene anthropogene Standorte werden oft von Generalisten und Opportunisten besiedelt, unter denen nichteinheimische Arten stark vertreten sind. Blockwurfhabitate regulierter Fließgewässer werden beispielsweise fast ausschließlich von Neozoen besiedelt.
- Sehr lange (z. B. infolge von Ackerbau) und/oder sehr extreme Störungen (z. B. infolge eines Herbizideinsatzes) bewirken einen Selektionsdruck, der die evolutive Weiterentwicklung von Arten fördert (Anökophyten auf Ruderal- und Segetalstandorten, z. B. *Oenothera coronifera*).

Menschliche Handlungen erklären auch das Entstehen vieler invasionsbedingter Konflikte. In Niedersachsen ist jeder zweite (49 %) von 98 problematischen Neophytenbeständen direkt durch eine Einbringung oder infolge von Standort- oder Nutzungsveränderungen begründet worden (Schepker 1998). Dazu zählten: Entwässerung von Feuchtgebieten, Einführung landwirtschaftlicher Nutzung und Aufgabe von Mahd und Beweidung. In solchen Fällen sind Neophyten eher Symptom als primäre Ursache von Landschaftsveränderungen. Diese Einsicht sollte Konsequenzen in Hinblick auf die ursächlich verantwortlichen Mechanismen (und Menschen) haben.

## 3.6 Klimaveränderungen

Das gemäßigte Klima Mitteleuropas schließt viele Arten subtropischer und tropischer Gebiete von einer Besiedlung im Freiland aus (Ausnahmen: Thermalquellen, siehe Kap. 9.8.3), und das wird sich auch durch den Klimawandel nicht ändern. Nach den Modellen des Intergovernmental Panel on Climate Change (IPCC 2007) ist bis 2100 mit einem Anstieg der globalen Oberflächentemperaturen von 1,1–6,4 °C zu rechnen. Regionale Klimawandelmodelle bilden auch für Mitteleuropa deutliche Veränderungen ab. Trotz aller damit verbundener Unsicherheiten ist davon auszugehen, dass sich die Biodiversität in Mitteleuropa 2100 deutlich von der heutigen unterscheiden wird.

Da das Klima ein wesentlicher Bestimmungsfaktor der Verbreitung aller Organismen ist, werden die zahlreichen aus wärmeren Gebieten stammenden Neophyten und Neozoen von einer Erwärmung profitieren. Erwärmung und andere Aspekte des „Global Change“, wie erhöhte $CO_2$-Gehalte der Luft, gelten als wichtige Triebfedern biologischer Invasionen (Vitousek et al. 1997, Dukes & Mooney 1999, Simberloff 2000, Weltzin et al. 2003). Unter diesen Voraussetzungen werden sich unbeständige Arten einbürgern, seltene Arten häufiger werden und weitere eine Arealausweitung hin zu bisher kühleren Gebieten vornehmen. Die Folgen erhöhter $CO_2$-Werte sind noch nicht im Einzelnen absehbar. Smith et al. (2000) konnten jedoch zeigen, dass dadurch einjährige Gräser in ariden Ökosystemen gefördert werden, was, neben Konkurrenzwirkungen, auch die Häufigkeit von Feuern steigern kann (Mack et al. 2000).

Der in Städten erhöhte Anteil an Neophyten kann zum Teil auf die urbane Wärmeinsel zurückgeführt werden. So konnte für den Götterbaum (*Ailanthus altissima*) ein positiver Zusammenhang zwischen Biomasseentwicklung und Wärmesumme in der Vegetationsperiode nachgewiesen werden (siehe Kap. 6.1.3) und für *Amaranthus powellii* und *A. bouchonii* eine Förderung der Keimung durch höhere Bodentemperaturen (Schmitz 2002). Pflanzen, die ihre Photosynthese nach dem $C_4$-Modus betreiben, profitieren von höheren Temperaturen. Bei einigen von ihnen ist in der letzten Zeit bereits eine Zunahme beobachtet worden (Hoffmann 1994, Brandes 1995). Anders als die häufigen *Amaranthus*-Arten benötigt *A. cruentus* mehr Zeit zur Ausbildung reifer Samen. Dies ist wohl eine entscheidende Ursache seiner bisherigen Unbeständigkeit, die mit einer Verlängerung der Vegetationsperiode im Zuge einer weiteren Erwärmung entfallen würde (Schmitz 2004b).

Eine Erwärmung kann landwirtschaftliche Unkräuter begünstigen, die bislang nur im südöstlichen Mitteleuropa Schäden verursachen (Liste bei Ries 1992). Hierzu zählen *Amaranthus*-Arten, die bereits in den wärmsten Gebieten Deutschlands stark verbreitet sind und sonst eher unbeständig vorkommen (Hügin 1986).

Am Südrand der Alpen, im insubrischen Gebiet, wird seit einiger Zeit die verstärkte Ausbreitung immergrüner Gehölze beobachtet (Laurophyllisation) und mit einer Erwärmung des Klimas in Zusammenhang gebracht (Gianoni et al. 1988, Klötzli et al. 1996, Walther 1999, 2000). Einige dieser Arten, wie

*Prunus laurocerasus*, nehmen allerdings auch in anderen Gebieten zu, *Mahonia aquifolium* selbst im winterkühlen Brandenburg (Kowarik 1992b, Adolphi 1995, Meduna et al. 1999). *Paulownia tomentosa*, die am Alpensüdrand schon in natürlicher Felsvegetation vorkommt, breitet sich zunehmend auch in mitteleuropäischen Städten aus (Richter & Böcker 2001, Essl 2007a). Andere Arten, wie die Hanfpalme *Trachycarpus fortunei* oder *Ligustrum lucidum*, sind noch auf Insubrien beschränkt.

Der prognostizierte Klimawandel wirkt sich natürlich auch auf Tierarten aus. Viele nichteinheimische Insekten erweitern ihre Areale. Auch phänologische Änderungen, wie frühere Aktivitätsphasen oder die Ausbildungen zusätzlicher Generationen im Jahr wurden festgestellt. Gradationen von nichteinheimischen „Schädlingen" könnten zunehmen (z. B. Borkenkäfer, Prozessionsspinner) und wirtschaftliche Relevanz erlangen. Anders als bisher könnten sich Arten wie die Rotwangen-Schmuckschildkröte (*Trachemys scripta elegans*) und einige Fische auch im Freiland vermehren.

# 4 „Exoten" – eine Lust und Last der Gartenkultur

Fast alle problematischen Neophyten sind als Zierpflanzen eingeführt und über Gärten weit verbreitet worden. Gehört daher die Gartenkultur auf den Prüfstand? Die Problematik wird durch die Analyse der Ausbreitungswege und -ursachen bereits etwas relativiert: Tatsächlich breiten sich nur wenige problematische Neophyten unmittelbar aus Gartenanlagen aus (siehe Kap. 6.1.2.1). Oft kommen Invasionserfolge erst durch anthropogene Umweltveränderungen und sekundäre Ausbringungsmechanismen zustande, wie Kap. 3.5 und 3.6 gezeigt haben.

Neben der möglichen Ausbreitung von Gartenpflanzen steht deren ökosystemare Einbindung in der Diskussion. In diesem Zusammenhang wird häufig gefordert, nichteinheimische Arten durch einheimische zu ersetzen, da diese der Tierwelt bessere Nahrungsgrundlagen bieten. Die Stichhaltigkeit dieser ökologischen Argumentation wird in Kap. 7 überprüft. Unabhängig hiervon ist eine Grundsatzfrage zu beantworten: Sollen Gärten als explizite Kulturprodukte auch dann nach Naturschutzkriterien gestaltet werden, wenn hiermit ein wesentlicher Bestandteil der Gartenkultur in Frage gestellt wird, nämlich das traditionell verwendete Arten- und Sortenspektrum? Die Praxisrelevanz dieser Frage veranschaulicht das Beispiel des Schlossparks im thüringischen Greiz. Hier protestierten Naturschützer, als bei der Rekonstruktion „exotische" Gehölze nachgepflanzt werden sollten, die im ursprünglichen Parkentwurf vorgesehen waren (Thimm 1998).

Akzeptiert man, dass Gärten nicht ausschließlich dem Artenschutz dienen sollen, muss der ökologischen die kulturhistorische Perspektive zur Seite gestellt werden. Dies soll in diesem Kapitel geschehen. Der Blick in die Geschichte der Pflanzenverwendung wird zeigen, wie „Exotenlust" zu fein differenzierten historischen Schichtungen im gärtnerischen Pflanzenbestand geführt hat (siehe Kap. 4.1). Er wird auch historische Vorläufer der aktuellen Diskussion über nichteinheimische Pflanzen erkennen lassen. Xenophilie und Xenophobie waren früh gepaart. Was heute unter ökologischen Vorzeichen diskutiert wird, war früher Gegenstand ästhetischer Auseinandersetzungen bis hin zu den ideologischen Verstrickungen des Nationalsozialismus (siehe Kap. 4.2.1).

## 4.1 Historische und heutige Pflanzenverwendung

Vita Sackville-West, die englische Schriftstellerin und Schöpferin des berühmten Gartens von Sissinghurst hat es 1937 auf den Punkt gebracht: „Für jeden wahren Blumenfreund kommt unweigerlich der Augenblick, in dem sich seine Neigungen auch dem weniger geläufigen und alltäglichen zuwenden". Was lag näher, als exotische Raritäten in die Gärten und Parks zu holen? Hatte jeder das Besondere entdeckt, geriet es allerdings zum Banalen und musste daher durch Neues ersetzt werden. Natürlich gab es immer Traditionalisten, die Herkömmliches in den Gärten bewahrten, und Avantgardisten, die sich über den etablierten Trend hinwegsetzten. In der Folge wurden nichteinheimische Pflanzen nie einheitlich verwendet. Das Artenspektrum hat sich durch die in Kap. 3.1 beschriebenen Einführungen stetig erweitert, neue Modepflanzen haben ältere ersetzt, aber nicht gänzlich und auch nicht überall.

In seiner „Flora der Bauerngärten" beschreibt Kerner (1855) regionale Unterschiede folgendermaßen: „Das gesteigerte Interesse des Publikums an der Blumenzucht ... bring(t) eine Unzahl von Gewächsen in unsere Gartenbeete. ... Unter unseren Augen wechselt mit der Mode der Charakter der Gartenflora. Nur in den von grösseren Städten und Verkehrsstrassen entfernten Orten, ganz vorzüglich in den abgeschlossenen Gebirgsthälern ist der Charakter der Gartenflora unangetastet ... Jahrhunderte hindurch bis in die Gegenwart derselbe geblieben."

Bereits im 16. Jahrhundert spielten nichteinheimische Pflanzen in Gesners Gartenverzeichnis der „Horti Germaniae" von 1561 eine große Rolle (siehe Kap. 3.1.2). Einheimische Arten waren besonders als Heilpflanzen weit verbreitet.

Später kamen besonders „exotische" unter den Einheimischen in die Gärten, nämlich Arten mit Wuchsanomalien und Farbabänderungen. Gesners Verzeichnis enthält zehn Arten mit gefüllten Blüten (z. B. *Caltha palustris*, *Aquilegia vulgaris*, *Bellis perennis*). Bis 1600 sind 16 weitere solcher Arten belegt (z. B. *Hepatica nobilis*, *Cardamine pratensis*, *Parnassia palustris*). 1561 werden sechs Arten mit Farbabänderungen genannt (z. B. weiß blühende Akelei); 1613 sind es im „Hortus Eystettensis" schon 19, darunter auch *Agrostemma githago* als Archäo- und *Adonis aestivalis* als Neophyt. Das heute noch in Bauerngärten beliebte „Bandgras" (*Phalaris arundinacea* var. *picta*) ist seit 1588 aus Gärten belegt. Es stammt vermutlich aus Westfrankreich (Wein 1914) und wäre damit eine eingeführte Varietät einer einheimischen Art.

Die überaus reichen Einführungen aus Amerika und Ostasien (Abb. 10), haben im 19. Jahrhundert dazu verlockt, die arkadischen Gefilde des Landschaftsgartens mit exotischen Raritäten aufzufüllen. Kiermeier (1988) hat dies anschaulich als Wechsel von „Arkadien" zu „Arboretien" geschildert. Beides sind Zwischenstationen auf dem im Folgenden skizzierten Weg von der ältesten zur jüngsten Exotenleidenschaft. Er beginnt in „Orangien" und hat gegenwärtig „Biotopien" erreicht.

### Einheimische Heilpflanzen

Milzfarn (*Ceterach officinarum*) wurde bei Milzleiden gebraucht, Rosenwurz (*Rhodiola rosea*) gegen Kopfschmerz, Diptam (*Dictamnus albus*) gegen Epilepsie, Verstopfung, Podagra und Frauenleiden, Salbei-Gamander (*Teucrium scorodonia*) gegen Pest und der Sud der Polei-Minze (*Mentha pulegium*) für zahlreiche innere und äußere Anwendungen. Die meisten Arten dürften auch außerhalb ihres ursprünglichen Herkunftsgebietes kultiviert worden sein.

## 4.1.1 „Orangien"

Eines der vielen Mittel absolutistischer Repräsentationslust war die Sammlung seltener und kostbarer Pflanzen, die bereits in der Renaissance zur Anlage artenreicher Blumengärten nach italienischem Vorbild führte. Ein Beispiel eines solchen Gartens ist der „Hortus Eystettensis", der die Sammelleidenschaft des Fürstbischofs von Eichstätt belegt. Anfang des 16. Jahrhunderts entstanden die ersten Orangerien, die das Überleben auch frostempfindlicher Pflanzen sicherten. Darunter waren viele *Citrus*-Gewächse und Kübelpflanzen mediterranen Ursprungs, die im Sommer in den ornamentalen Außenanlagen aufgestellt wurden. In Brandenburg ließ der Große Kurfürst „aus Italien, Frankreich, England und Holland ... alle zu seiner Zeit bekannten Samen, Gewächse und Baumarten bringen. Seine auswärtig residierenden Minister und Residenten konnten sich nicht beliebter machen, als durch Übersendung von vorbesagten Gewächsen" (Nicolai 1779, nach Wendland 1979).

1664 wurden im Berliner Lustgarten 950 Pflanzenarten kultiviert. Acht Jahre später konnten im „Pomeranzenhaus" allein 586 *Citrus* und *Punica*-Bäume, 56 Feigen und viele weitere Arten inventarisiert werden und hundert Jahre später, nämlich 1765, sollen sich bereits 6000 Pflanzen im königlichen Lustgarten befunden haben (Urban 1881, Wendland 1979). Ein Zitat aus der Chronik von J.C. Bekmann (1751 bis 1753) veranschaulicht den hohen Repräsentationswert der nichteinheimischen Arten: „Ausländische Gewächse, Exotica, sein zwar keine früchte des Märkischen Erdbodens: iedoch gereichet es dem Lande und den Besitzern zum ruhm, wann auch diese durch kunst und geschiklichkeit gezogen und erhalten werden. Und sein die Lustgärten zu Berlin ... bekannt, welche ausser andern seltenen ausländischen Gewächsen mit einer erstaunlichen menge von Orangen und anderen kostbaren fruchtbringen, theils außerordentlich grossen Bäumen geprangет" (nach Wendland 1979: 251). Adlige, aber auch Bürger folgten dem höfischen Vorbild. Das Pflanzenverzeichnis von 1737 aus dem brandenburgischen Trebnitz zeigt, dass viele Arten kurz nach ihrer Einführung bereits in der Provinz kultiviert wurden (Krausch 1996). Aus Berliner Privatgärten sind sogar Erstnachweise nordamerikanischer Gehölze für Deutschland belegt. Auch die gartenbaulichen Vertriebswege festigten sich: Schon 1640 war die erste Baumschule in Hamburg gegründet worden. In ihrem Verkaufskatalog von 1753 bot „Krauses Gärtnerei" in Berlin bereits 1202 Arten und Sorten an.

Ein Teil barocker Exotenlust galt Tulpen und anderen Zwiebelpflanzen. Zu Beginn des 17. Jahrhunderts wurde in den Niederlanden eine wahre Tulipomanie entfesselt. Ihr Sog erfasste die gesamte mitteleuropäische Gartenkultur. 1554 entdeckte Ogier Ghislain de Busbeque, Gesandter Kaiser Ferdinands I., in Konstantinopel die in Mitteleuropa bislang unbekannte Blütenpracht von Tulpen, Narzissen, Kaiserkronen und Hyazinthen. Auf dem diplomatischen Weg kamen Tulpenzwiebeln an den Wiener Hof. Weitere Arten wurden über den venezianischen Levante-Handel eingeführt. Gesner sah schon 1559 in Augsburg blühende Tulpen, die aus Italien stammten, und verfasste 1561 die erste Artbeschreibung. Linné nannte die Garten-Tulpe ihm zu Ehren *Tulipa gesneriana*. Es handelte sich aber bereits um Hybriden verschiedener vorderasiatischer Tulpenarten. Hyazinthen tauchten 1561 in Deutschland zuerst in Torgau auf (Wein 1914). Als der flämische Botaniker Clusius 1593 nach Leiden kam, brachte er zahlreiche Zwiebelpflanzen mit, woraus sich in den Niederlanden bald eine florierende Zwiebelzucht entwickelte. In mannigfaltigen Farbvarianten gehandelt, wurde die Tulpe zur Modepflanze und zum hoch bezahlten Statussymbol. In den Niederlanden gab es Sammlungen mit über 500 klassifizierten Tulpen. 3000 Gulden für eine seltene Tulpenzwiebel waren keine Ausnahme, eine Zwiebel der Sorte 'Semper Augustus' wechselte sogar für 13000 Gulden ihren Besitzer. Nach 1634 wurde mit Tulpen-Wertpapieren spekuliert, bis eine Verordnung 1637 die Spekulation einschränkte. Nach Dash (1999) dürfte der Umsatz des niederländischen Tulpenhandels zwischen 1633 und 1637 nicht unter 40 Millionen Gulden gelegen haben. Um welche Werte es hierbei ging, veranschaulicht die Warenmenge, die dem Gegenwert einer selteneren Tulpenzwiebel entsprach (Tab. 29). Die Sammelleidenschaft ging weit über die Niederlande hinaus. 1661 wuchsen beispielsweise im Berliner Lustgarten 126 Tulpen-, 7 Hyazinthen- und 5 Kaiserkronensorten (Krausch 1990).

Im geometrischen Muster der Renaissance- und Barockgärten kamen Kübelpflanzen und auch kleinere Geophyten gut zur Geltung. Der von den Römern in Germanien

**Tab. 29** Gegenwert einer Tulpenzwiebel im Wert von 3000 Gulden zur Zeit der Tulipomanie in den Niederlanden (nach einer zeitgenössischen Rechnung von 1636; aus Dash 1999)

| | |
|---|---|
| acht fette Schweine | 240 Gulden |
| vier fette Ochsen | 480 Gulden |
| zwölf fette Schafe | 120 Gulden |
| 24 Tonnen Weizen | 448 Gulden |
| 48 Tonnen Roggen | 558 Gulden |
| zwei große Fässer Wein | 70 Gulden |
| vier Fässer Bier | 32 Gulden |
| 2000 Kilo Butter | 192 Gulden |
| 500 Kilo Käse | 120 Gulden |
| ein silberner Kelch | 60 Gulden |
| ein Ballen Stoff | 80 Gulden |
| ein Bett mit Matratze und Bettzeug | 100 Gulden |
| ein Schiff | 500 Gulden |
| | 3000 Gulden |

verbreitete und auch in den mittelalterlichen Klostergärten beliebte Buchsbaum (*Buxus sempervirens*) bildete nach dem Vorbild italienischer und französischer Gärten oft die Fassung. Für die großräumigen Dimensionen des Landschaftsgartens waren sie weniger geeignet. Auch in den kleineren Privatgärten des 19. und 20. Jahrhunderts wurden viele der traditionellen Geophyten durch auffälligere Arten ersetzt. Als Zeugnisse barocker Tulipomanie haben sich einige Arten fest eingebürgert, beispielsweise die Wild-Tulpe (*Tulipa sylvestris*) und mehrere Milchsternarten (*Ornithogalum umbellatum*, *O. nutans*, *O. boucheanum*). An manchen Stellen sind diese Arten aus historischen Parkanlagen auf angrenzende Äcker, Weinberge, Wiesen oder in lichte Gehölzbestände übergegangen. Häufig haben sie die Überführung geometrischer Gärten in den landschaftlichen Stil überstanden und erinnern hier als „Zeiger alter Gartenkultur" an frühere Kulturphasen der Anlagen (siehe Kap. 6.1.2.2).

### 4.1.2 „Arkadien"

Nach 1750 wurden fast alle Renaissance- und Barockgärten zunächst in England und dann auch in Mitteleuropa durch die neuen Formen des Landschaftsgartens abgelöst. Die geometrische Zucht von Pflanzen war nun als Symbol absolutistischer Selbstdarstellung verpönt. Das der höfischen Pracht entgegengesetzte ländliche Leben wurde in der Gedankenwelt der Aufklärung als „natürlich" identifiziert und im Landschaftsgarten als arkadische Hirtenlandschaft inszeniert. Traditionelle Weidelandschaften wurden hierzu „ästhetisiert, ästhetisch nobilitiert und symbolisch aufgeladen". Sie dienten nicht mehr primär der Erzeugung von Wolle, Milch und Fleisch: „das eigentliche Produktionsziel war jetzt die unsterbliche Pastorale" (Hard 1985). Beweidetes Grünland, sanft modellierte Wiesen mit einzelnen Baumgruppen werden im Landschaftsgarten als „Auftritte der Natur" beschrieben. „Sie rufen liebliche Bilder der arkadischen Hirtenwelt zurück, und scheinen auf eine vorzügliche Art der Empfindung der Ruhe und der stillen Ergötzung des Landlebens gewidmet zu seyn" (Hirschfeld 1779: 202). Hierzu waren exotische Arten unnötig. Stattdessen bestimmten Eichen, Ulmen und Eschen das Bild der klassischen englischen Anlagen von L. C. Brown (1716 bis 1783) oder H. Repton (1725 bis 1808). Auch die bislang hoch geschätzten gefüllten Blumen wurden unmodern und als „Monstrositäten" verurteilt, da sie nicht „natürlich", sondern durch gärtnerischen Kunstfleiß und Geschäftssinn erzeugt wären (Poppendieck 1996a mit Hinweis auf eine 1751 erschienene Schrift von Linné).

In deutschen Landschaftsgärten wurden Ende des 18. Jahrhunderts nach Jork & Wette (1986) zwar 800 Gehölzarten gepflanzt, häufig jedoch in gebäudenahen Gartenteilen. So versuchte F. L. v. Sckell, der Schöpfer des Englischen Gartens in München, Exoten in Prunkgärten zu konzentrieren und aus den

Parks fernzuhalten. Nach seinem Lehrbuch von 1825 sollten Gehölzgruppen vornehmlich mit einheimischen Arten aufgebaut werden, die man aus nahen Wäldern umpflanzen könne. Bereits barocke Alleen wurden so begründet und durch Nachpflanzungen ergänzt (Palm 1998). In seinen berühmten „Andeutungen über Landschaftsgärtnerei" begründet Hermann Fürst von Pückler-Muskau (1834) den zurückhaltenden Einsatz nichteinheimischer Pflanzen:

„Im Park benutze ich in der Regel nur inländische oder völlig acclimatisirte Bäume und Sträucher, und vermeide gänzlich alle ausländischen Zierpflanzen; denn auch die idealisierte Natur muss dennoch immer den Charakter des Landes und Climas tragen, wo sich die Anlage befindet, damit sie wie von selbst so erwachsen erscheinen könne, und nicht die Gewalth verrathe die ihr angethan ward. ... Aber wenn man eine Centifolie, einen chinesischen Flieder ... mitten in der Wildniss findet, so macht dies eine höchst widrig affectirte Wirkung, ausgenommen, sie befänden sich in einem getrennten, für sich abgeschlossenen Raume, ... welches schon wieder die Nähe und Cultur des Menschen hinlänglich durch sich selbst anzeigt" (von Pückler-Muskau 1834). Folgerichtig wurden die auffälligen „Exoten" meist in hausnahen, intensiver gepflegten Gartenteilen („pleasure ground") konzentriert.

In Landschaftsgärten mit ihren weit reichenden Sichten gab es neue Einsatzmöglichkeiten für Wildpflanzen. Sie wurden an Gebüsch- und Gewässerrändern, unter Bäumen und auf Wiesen gebraucht. Zum Einsatz kamen attraktive Pflanzen der Umgebung sowie eingeführte Arten. Solche mit guter Fernausbreitung sind inzwischen weit verbreitet (z. B. *Fallopia*-Sippen und *Heracleum mantegazzianum* an Gewässern). Andere kommen noch heute vornehmlich in historischen Gärten vor, etwa die aus den subalpinen Hochstaudenfluren Südosteuropas und Vorderasiens stammende *Telekia speciosa*. Solche Arten sind „Zeiger alter Gartenkultur". Hierzu zählen auch die über den Samenhandel in die Anlagen gelangten „Grassamenankömmlinge" (siehe Kap. 6.1.2.2).

### 4.1.3 „Arboretien"

Die Neueinführungen fremder Arten sprengten im ausgehenden 18. und im 19. Jahrhundert alle bisher bekannten Dimensionen: Viele hundert Gehölzarten aus Ostasien und Nordamerika gelangten nun nach Europa, darunter so spektakuläre Koniferen wie Mammutbäume (*Sequoia*, *Sequoiadendron*), Sumpfzypresse (*Taxodium*) und farbenprächtige *Rhododendron*-Arten (Abb. 10). Welche Herausforderung für die Gartenkünstler! Sollten sie den Idealen arkadischer Einfachheit treu bleiben oder sich aus dem reichen Füllhorn exotischer Raritäten bedienen? Die Antwort lässt sich noch heute in vielen alten Landschaftsgärten ablesen: Wo Platz war, wurden auf engstem Raum ohne Rücksicht auf Raumkonzept und Sichtbeziehungen möglichst viele Arten in möglichst ausgefallenen Sorten gepflanzt. Der Landschaftsgarten wurde zum Ort exotischer Raritäten. „Arkadien ging unter, Arboretien obsiegte" (Kiermeier 1988). Auch bedeutende Anlagen wie die von Stourhead veränderten so ihren Charakter (Tab. 30). J. C. Loudon (1783–1843), streitbarer Vorkämpfer der Exotenverwendung in England, suchte den radikalen Stilwechsel theoretisch zu untermauern:

„Jede Gartenschöpfung sollte klar als Kunstwerk erkennbar sein, damit dieses niemals für eine Bildung der Natur gehalten werden könnte". Dies könne man mit dreierlei erreichen: nur auserlesene Pflanzen verwenden, darauf achten, dass sie nicht heimischen Ursprungs seien und sie so anordnen, dass man sie deutlich als Exoten ansprechen könne. „Bach, See oder Fluss sind als Kunst-

**Tab. 30** Von „Arkadien" nach „Arboretien": Von den Nachfolgern von Henry Hoare II (1705–1785), dem Begründer des Parkes von Stourhead (Wiltshire, England) zusätzlich gepflanzte Baumarten (nach Woodbridge 1991)

| | alle Baumarten | einheimisch | nichteinheimisch | davon Koniferen |
|---|---|---|---|---|
| vor 1791 | 13 | 9 | 4 | 4 |
| Ergänzungen | | | | |
| 1791–1838 | 30 | 5 | 25 | 1 |
| 1813–1894 | 25 | – | 25 | 25 |
| 1894–1946 | 75 | 3 | 72 | 35 |

werk (nur) dann geeignet, wenn Exoten – Gehölze wie Stauden – entlang der Ufer in einer naturähnlichen Anpflanzung gesetzt werden, wobei darauf zu achten ist, daß alle einheimischen Pflanzen sorgfältig zu entfernen sind". Wer doch Einheimisches verwenden wollte, dem galt der leicht ironische Rat: „Sollten heimische Bäume und Sträucher zu irgendeinem Zeitpunkt in der modernen Landschaftsgestaltung Eingang finden, muss die größte Sorgfalt aufgewendet werden, dass sie nicht überhand nehmen. Zum Beispiel würde ein Gartenkünstler, sofern er sein Handwerk versteht, in einer Landschaft, wo die Eiche natürlich vorkommt, diesen Baum nie in seinen künstlerischen Pflanzungen einfügen." (Zitate nach Kiermeier 1988).

Wie die Idee des Landschaftsgartens setzte sich das englische Vorbild auch bei der Exotenverwendung auf dem Kontinent durch. Alte Anlagen, wie der Pillnitzer Schlosspark, wurden mit exotischen Raritäten aufgefüllt, neue häufig mit artenreichen Pflanzungen versehen. Der Einsatz von Koniferen wurde auch durch die Idee des nordischen Gartens gefördert. Zu ihm gehören dunkle Koniferen, und sein eher schwermütiger Eindruck konkurriert mit den heiteren arkadischen Gefilden (Roters 1995). Inwieweit in Landschaftsgärten der Exotenlust Tribut gezollt wurde, war auch eine Frage der persönlichen gartenkünstlerischen Handschrift. Sckell und Pückler waren eher zurückhaltend, J. P. Lenné weniger. 1825 ließ er für den Glienicker Park in Berlin 2400 *Robinia pseudoacacia*, 800 *Pinus strobus*, 2500 *Spiraea*, 1800 *Ligustrum*, 2000 *Syringa*, 300 *Populus alba* und 40 *Prunus mahaleb* pflanzen (Seiler 1982). Lenné förderte auch über die von ihm 1824 initiierte Landesbaumschule in Potsdam Produktion und Absatz nichteinheimischer Gehölze, „um so das Nutzbarste aus allen Weltgegenden dem Vaterlande anzueignen" (Lenné 1824).

Auch das Vorbild der englischen Staudenrabatte setzte sich in Deutschland durch. Nach Mosbauer (1982) wurde der Höhepunkt bei der Arten- und Sortenvielfalt in der Zeit vor dem ersten Weltkrieg erreicht. In nur zehn Jahren gab die Firma Arends 17 Namenssorten von *Astilbe arendsii*, 9 von *Aster amellus* und 10 von *Phlox arendsii* in den Handel. Silva-Tarouca (1910) veranlasste die Beschreibung und Kulturanleitung für etwa 2000 Staudenarten.

### 4.1.4 „Katalogien"

Das 20. Jahrhundert brachte für die traditionelle Pflanzenverwendung tiefe Einschnitte. Die nationalsozialistische Blut-und-Boden-Ideologie traf auch nichteinheimische Gartenpflanzen (siehe Kap. 4.2.1). In den Notzeiten wurden wieder mehr Gemüse und Obst gezogen, der Zierpflanzenanteil ging in den Gärten zurück. Kosmale (1981a) hat diesen Wandel beispielhaft aus dem Erzgebirgsvorland beschrieben. Wie schnell sich das Pflanzeninventar unter dem Einfluss wirtschaftlicher Veränderungen wandelt, zeigt das Beispiel einer in den 1950er-Jahren angelegten Kleinsiedlung in Berlin-Heiligensee: Die Gärten der Hilfswerksiedlung hatten eine einheitliche Grundausstattung aus Nutzpflanzen, darunter viele hochstämmige Obstbäume. Nach vier Jahrzehnten hat sich eine Differenzierung in drei Gartentypen ergeben (Tab. 31). Nur noch die „Obstgärten“ erinnern an die alte Ausstattung, die „Koniferengärten“ repräsentieren den modernen Gartentyp. Er enthält viele immergrüne, zumeist nichteinheimische Arten, häufig auch teure Solitärpflanzen wie *Abies koreana*. Der „Strauchgarten“ ist ein Übergangstyp. Die meisten der 196 erfassten Arten (86 %) sind nicht in Berlin einheimisch (Kronenberg & Kowarik 1989).

Der Vergleich zwischen traditionellen und neuen Hausgärten in Oberfranken erbringt ähnliche Tendenzen. Alte Gartenpflanzen wie Flieder, Nussbaum oder Holunder fehlen in modernen Gärten. Sie werden häufig von nichteinheimischen Immergrünen wie *Mahonia*, *Cotoneaster* und *Rhododendron* geprägt (Schuster 1980). Die Verstädterung vieler ländlicher Gebiete zeichnet sich auch im Pflanzenbestand der Gärten und in der Ruderalvegetation ab (z. B. Dechent 1988 zum Mainzer Einzugsgebiet). Aus der Bepflanzung von Kinderspielplätzen lässt sich der Trend für Durchschnittsgrünflächen gut ablesen: 21 von 52 Baumarten und 62 von 74 Straucharten, die auf 61 untersuchten Berliner Spielplätzen wachsen, sind im Gebiet nicht einheimisch (Kowarik 1983a).

Die hohe Präsenz nichteinheimischer Arten in Gärten und Grünanlagen ist durchaus ein traditioneller Aspekt der Gartenkultur (vgl. Kap. 3.1.2). Einige Arten wurden als Heilpflanzen genutzt oder waren, wie der Buchsbaum in katholischen Gegenden, Teil des Brauchtums. Bereits vor 1900 waren nichteinheimische Gehölzarten stark in alten Bauerngärten am Mittelrhein vertreten (Lohmeyer o. J.). Hügins (1991) Studie zur traditionellen Pflanzenverwendung im Schwarzwald veranschaulicht die genetische Vielfalt bei nichteinheimischen Kulturpflanzen, die oft auch mit Volksnamen belegt sind.

Bei alltäglichen Gartenpflanzen wurde im letzten Viertel des 20. Jahrhunderts zunehmend auf ein geringes und vereinheitlichtes Arten- und Sortenspektrum zurückgegriffen, und zwar bei einheimischen wie bei nichteinheimischen Arten. Vielfach kam genetisch einheitliches Material zum Einsatz (siehe Kap. 3.3.1.3). Die Anzucht vieler traditioneller Gartenpflanzen ist zur Aufgabe von Spezialgärtnereien und -baumschulen geworden. Die Massenvertriebswege der modernen Pflanzenproduzenten mit ihren millionenfachen Hauswurfsendungen stimulieren die Nachfrage und speisen die Durchschnittsgärten. Aus „Arboretien“ wird „Katalogien“. Auf engem Raum ersetzen heute Zwerg-Koniferen die Mammutbäume als Leitpflanzen. Weitere Kennzeichen der Gärten „Katalogiens“ sind:

- der Rückgang traditioneller Nutzpflanzen, beispielsweise hochstämmiger Obstbäume und Gemüsekulturen,
- der Ersatz sommergrüner durch immergrüne Gehölze, vor allem Koniferen- und *Rhododendron*-Arten,
- der Ersatz von Staudenpflanzungen durch Rasenansaaten und Bodendecker (*Cotoneaster*, *Pachysandra* u. a.),
- der Ersatz traditioneller, häufig regional verbreiteter Sorten von Zierpflanzen durch einheitliches, überregional vertriebenes Pflanzenmaterial, darunter viele Koniferenarten mit Wuchs- und Farbanomalien.

Die Anbauzahlen deutscher Baumschulen belegen den Trend (Abb. 24): Zwischen 1965 und 1977 hat sich der Anbau von Obstgehölzen fast um ein Drittel verringert. Dagegen sind zwei Drittel mehr Nadelgehölze und sogar 90 % mehr Rhododendren produziert

**Tab. 31** Umwandlung des Gehölzbestandes von Hausgärten, die in den 1950er-Jahren einheitlich als Obstgärten angelegt worden waren. Von ursprünglich 30 Obstgärten sind inzwischen 19 zu Strauchgärten und 14 zu Koniferengärten geworden (Hilfswerksiedlung, Berlin-Heiligensee, nach Kronenberg & Kowarik 1989)

| | Obstgärten [%] | Strauchgärten [%] | Koniferengärten [%] |
|---|---|---|---|
| **in Obstgärten am häufigsten** | | | |
| *Ribes uva-crispa* | 100 | 47 | 36 |
| *Pyrus communis* | 100 | 47 | 43 |
| *Ribes rubrum* | 100 | 63 | 50 |
| *Prunus domestica* | 100 | 63 | 64 |
| *Prunus cerasus* | 100 | 79 | 79 |
| *Rubus idaeus* | 86 | 32 | 21 |
| *Ribes nigrum* | 71 | 32 | 7 |
| *Vaccinium vitis-idaea* | 57 | 5 | 0 |
| *Corylus avellana* | 57 | 32 | 36 |
| **in Obstgärten am seltensten** | | | |
| *Rhododendron catawbiense* u. a. | 57 | 90 | 93 |
| Kletterrosen | 29 | 58 | 71 |
| **in Strauchgärten am häufigsten** | | | |
| *Ligustrum vulgare* | 43 | 74 | 36 |
| *Weigela × hybrida* | 29 | 53 | 7 |
| *Mahonia aquifolium* | 29 | 53 | 29 |
| **in Koniferengärten am häufigsten** | | | |
| *Chamaecyparis lawsoniana* | 43 | 53 | 93 |
| *Picea pungens* | 57 | 58 | 86 |
| *Pinus mugo* | 71 | 58 | 86 |
| *Taxus baccata* | 29 | 53 | 79 |
| *Picea omorica* | 43 | 58 | 79 |
| *Juniperus communis* | 29 | 37 | 71 |
| *Thuja occidentalis* | 43 | 58 | 71 |
| *Picea glauca* | 57 | 47 | 71 |
| **in Koniferengärten am seltensten** | | | |
| *Forsythia × intermedia* | 86 | 84 | 64 |
| *Syringa vulgaris* | 71 | 79 | 64 |
| **in allen Gartentypen ähnlich häufig** | | | |
| Rosen | 100 | 90 | 100 |
| *Malus domestica* | 199 | 95 | 86 |
| *Picea abies* | 71 | 74 | 79 |
| *Juniperus chinensis* | 57 | 47 | 50 |

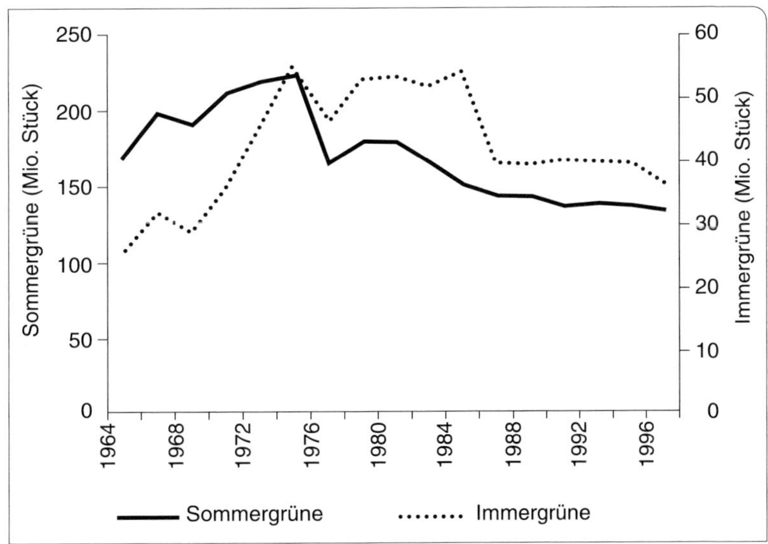


**Abb. 24** Anzahl der in deutschen Baumschulen produzierten Gehölze. In den 70er-Jahren verstärkt sich der Trend zu Immergrünen (jeweils in Millionen Stück und ohne Forstgehölze, nach Daten des statistischen Bundesamtes).

worden. Die Zahlen für Laubsträucher sind dagegen nur um 15 % gestiegen. Das Mengenverhältnis zwischen immergrünen und sommergrünen Laubgehölzen stieg von 1 zu 4 im Jahr 1965 auf 1 zu 2,4 zwölf Jahre später. Wie viele der Immergrünen bereits die Gärten erobert haben, zeigen zwei Gartenstudien: Im Gehölzbestand der Hamburger Wohnbebauung sind von 489 Arten 160 immergrün. Das Verhältnis zwischen Sommer- und Immergrünen beträgt hier 1 zu 3 (Ringenberg 1994). Im wärmeren Freiburg verengt es sich sogar auf 1 zu 1,7 (Görger 1989).

### 4.1.5 „Biotopien"

Mit dem Aufschwung der Umweltbewegung kamen in den 1970er-Jahren Naturgärten in Mode. Als Gegenmodell zur katalogischen Einfalt vieler Anlagen entsteht „Biotopien": Gärten, in denen die Nähe zur Natur häufig mit einheimischen Pflanzen und angereicherten Biotopen (Gartenteich) gesucht wird. Die Breite der konzeptionellen Vielfalt der Naturgartenbewegung veranschaulichen die Ansätze der beiden Holländer L. LeRoy und G. Londo. LeRoy, dessen einflussreiches Buch „Natur einschalten – Natur ausschalten" 1978 erschien, plädiert beispielsweise für eine unorthodoxe Mischung von Pflanzenarten, die nach Farbe, Form und Herkunft völlig verschieden sind und aus denen sich ein neues Gleichgewicht der Natur entwickeln solle. Wichtig sei hierbei die Einbindung der Pflanzen in natürliche Prozesse. Londo setzt dagegen auf angewandte Landschaftsökologie und versucht, mit der künstlichen Variation von Standortbedingungen attraktive, auch seltenere Pflanzengesellschaften zu initiieren. In diese Richtung gingen bereits die niederländischen „Heemparks", in die Ende der 1930er-Jahre Bausteine der heimischen Naturlandschaft, etwa Nieder- und Hochmoorelemente, integriert wurden (Koningen & Leopold 1995). Ein anderer Trend bestimmt die „ecological parks" in englischen Städten. Hier werden selbst auf ruderalen Ausgangsstandorten Versatzstücke ursprünglicher Vegetation mit einheimischen Arten aufgebaut, zumeist im Zusammenhang mit künstlich angelegten Gewässern. Ein weiterer Trend zielt auf die naturähere Gestaltung urbaner Freiräume (Jorgensen et al. 2005).

Eine umfassende Analyse der zeitgenössischen Naturgartenbewegung steht noch aus. Ihr gemeinsamer Nenner besteht wahrscheinlich eher im gesuchten Kontrast zur Gestaltungs- und Pflegeroutine öffentlicher Grünanlagen als in der kompromisslosen Verbannung nichteinheimischer Arten. Protagonisten der Naturgartenbewegung vertreten gegensätzliche Positionen zur Verwendung nichteinheimischer Pflanzen. Sie reichen von grundsätzlicher Ablehnung (z. B. Schwarz 1980) bis hin zur Toleranz (z. B. Neuenschwander 1988, Niemeyer-Lüllwitz 1997).

In den 1970er-Jahren gerieten in Deutschland die öffentlichen Grünanlagen in die Diskussion. Kritisiert wurden vor allem eingeschränkte Nutzungsmöglichkeiten und monotone gärtnerische Gestaltung (Andritzky & Spitzer 1981). „*Cotoneaster* und Konsorten" wurden beliebte Angriffspunkte, jedoch wohl eher wegen ihres massenhaften Einsatzes als wegen ihrer Herkunft. Seit Ende der 1970er-Jahre wurden urbanindustrielle Brachflächen als Alternative zu traditionellen Grünflächen entdeckt. Deren Attribute von Wildnis und Natürlichkeit faszinierten ebenso wie die Anpassungsfähigkeit der spontanen Vegetation an menschliche Nutzungen. Inzwischen sind vor allem im Ruhrgebiet und in Berlin mehrere Brachflächen in städtische Grünsysteme integriert worden (Rebele & Dettmar 1996, Kowarik & Langer 2005). Da hiermit eine Flächengestaltung verbunden ist, entsteht eine neuartige Kategorie von (Natur-) Gärten, deren grüne Substanz zum ersten Mal durch die bereits vorhandene, urbanindustrielle Natur bestimmt wird (Kowarik 1993). Ein wesentliches, nunmehr positiv besetztes Kennzeichen dieser Anlagen ist die für städtische Standorte bezeichnende Fülle nichteinheimischer Arten.

Seit einiger Zeit wird auch versucht, Arten der Prärien Nordamerikas, zur Begrünung urbaner Flächen einzusetzen (Kühn 1999, 2000, Hitchmough & de la Fleur 2006). Ob die erhoffte ästhetische Aufwertung mit kostengünstigen und zugleich nachhaltigen Pflanzenbeständen auf Dauer gelingt, bleibt abzuwarten. Sicher sind mit diesem Trend jedoch neue Invasionsrisiken verbunden.

## 4.2 Ökologismus in der Gartenkultur

Im 19. Jahrhundert wurde der Landschaftsgarten in das enge Korsett des Hausgartens gepresst. Es entstanden „lächerliche Zwerglandschaften" (Encke 1923). Heute hat die Popularisierung der Naturgartenbewegung auch die Privatgärten erreicht. In populärwissenschaftlichen Publikationen ist nachzulesen, wie sie in „Naturzellen" zu verwandeln seien, und zwar mit den Standardrequisiten: Blumenwiese, frei wachsende Blütenhecke und Teich. Der Folienteich als „Biotop" ist zum Statussymbol geworden, die Verwendung einheimischer Arten ist vielen selbstverständlich. Dies wird häufig als „Biotopismus" belächelt. Aber warum sollte sich eigentlich nicht ein Teil Katalogiens nach dem Geschmack der Gartenbesitzer zu „Biotopien" wandeln? Passt das Arche-Noah-Motiv nicht in eine Zeit, in der Umweltzerstörung und Artenrückgang zu allgemein diskutierten Phänomenen geworden sind? Was dabei beunruhigt, ist die Ausschließlichkeit mancher Forderungen, die über die Sphäre des eigenen Gartens hinaus das Pflanzen einheimischer Arten zur allgemeinen Aufgabe von Pflanzenverwendung und Naturschutz erklären.

In einem Kosmos-Artikel hat Witt (1986) unmissverständlich formuliert: „Reißt die Rhododendren raus!". Seine Begründung ist einfach, und sie ist die gleiche, die Barth (1988) in einer praktischen Naturschutzanleitung gibt: Nur einheimische Gehölze gehörten in „unsere Ökosysteme". Nur sie könnten „mit anderen Organismen in Gemeinschaft leben". In diesem Sinne fordert auch

Schwarz (1980), fremdländische Gehölze im Garten durch einheimische zu ersetzen. Spätestens hier schließt sich die Verbindung zwischen Pflanzenverwendung und Naturschutz, zwischen der Artenwahl für Gärten und den Anstrengungen zur Bekämpfung von Neophyten. In beiden Fällen wird die angeblich fehlende Einbindung nichteinheimischer Arten in ökosystemare Zusammenhänge zur Begründung angeführt. Auch wenn diese Argumentation einen ökologischen Hintergrund hat, ist eine Zuspitzung, wie Kap. 7 zeigen wird, unangemessen.

Wie und mit welchen Pflanzen Gärten zu gestalten seien, ist eine Geschmacksfrage und kann nicht wissenschaftlich, und damit auch nicht ökologisch beantwortet werden. Wenn Autoren wie Barth (1988) naturwissenschaftlich unhaltbare Verallgemeinerungen in scheinbar ökologisch begründete Handlungsempfehlungen ummünzen, so ist dies „Ökologismus", wird hier Ökologie als Etikett missbraucht (Trepl 1983). Ärgerlich an der ausschließlichen Forderung nach einheimischen Pflanzen ist ihre Ignoranz gegenüber der facettenreichen, bereits aus Tab. 12 ablesbaren Tradition der Pflanzenverwendung. Problematisch ist die fachliche Schwäche ihrer ökologischen Begründung, gefährlich ihre glatte Einfachheit, die viele überzeugen wird, die in bester Absicht „der Natur" Gutes tun wollen. Vielleicht fielen emotionsgeladene Diskussionen über nichteinheimische Pflanzen differenzierter aus, wären sich die Wortführer ihrer historischen Vorläufer bewusst.

### 4.2.1 Historische Vorläufer

Auch im 19. Jahrhundert wurde heftig über nichteinheimische Arten in Gärten diskutiert. Damals standen allerdings ästhetische Gesichtspunkte im Zentrum, wogegen es heute ökologische sind. Der Engländer Loudon ist als Verächter einheimischer und Befürworter nichteinheimischer Pflanzen bereits in Kap. 4.1.3 zitiert worden. Eine Gegenposition hat der Ire Robinson (1838–1935) eingenommen, dessen Gartenbuch „The Wild Garden" von 1870 heute noch erhältlich ist. Sein Buch „The English Flower Garden" (1883) erlebte 15 Auflagen. Robinson verdammte alles, was verkünstelt schien und beanstandete einseitige Pflanzenwahl, zu pflegeaufwändige Gartenmotive und den Formschnitt an Buchs und Eibe. Vehement setzte er sich für einheimische Pflanzen ein, ließ jedoch Kombinationen mit nichteinheimischen Arten durchaus zu. So verwendete er den Japanischen Staudenknöterich (*Fallopia japonica*) gerne in seinen „wilden" Gärten. Hier zwei seiner Aussprüche:

„Viele unserer wunderschönen Wildpflanzen, sogar Bäume und Sträucher, sind Fremdlinge im eigenen Garten. Ich kann nichts Besseres tun, als zu zeigen, welchen Charme die eigene Flora für unsere Gartenanlage und Naturgärten hat." ... „Wir erforschen die Welt nach Blütensträuchern – nicht einer ist hübscher als *Viburnum opulus*" (Robinson 1870, nach Kiermeier 1988).

In Deutschland hat der Gartenarchitekt Willy Lange (1864–1941) eine ähnlich breite Wirkung wie Robinson in England erzielt. Wolschke-Bulmahn (1992) hat gedankliche Verbindungen zwischen beiden aufgezeigt, aber auch betont, dass weder Robinson noch Lange erste Vordenker des Naturgartens waren. Aber beide waren wirkungsvoller als andere zuvor. In zahlreichen Publikationen setzte sich Lange für einen neuen „deutschen Gartenstil" ein. Nach Groening & Wolschke-Bulmahn (1989, 1992) wurden dabei allerdings naturwissenschaftliche und künstlerische mit rassistischen Perspektiven verbunden. Unter Berücksichtigung neuerer ökologischer Kenntnisse setzte sich Lange für eine standortgemäße Verwendung von Pflanzen nach Vorbildern der Natur ein. Dabei plädierte er für eine künstlerische Steigerung der Natur, auch unter Einsatz physiognomisch passender nichteinheimischer Arten. So schlug er beispielsweise die Unterpflanzung von Birken mit Forsythien oder mit dem aus dem Kaukasus stammenden *Sedum spurium* vor. Lange suchte aber auch nach einer Gartengestalt als Ausdruck „der nordischen, germanischen Rasse“ und meinte, man könne mit dem Konzept des „deutschen Gartenstiles“ zur intellektuellen Entwicklung anderer Rassen beitragen (Lange 1927).

Wie stark nationalistisches Gedankengut schon zu Beginn des Jahrhunderts die Verwendung von Pflanzen beeinflusste, zeigt das Beispiel zweier Berliner Volksparks. Der Weddinger Humboldthain wurde 1902 noch wegen des Reichtums seiner Gehölzsammlung mit 773 Arten gerühmt (Diekmann 1902). Wenige Jahre später schreibt Fischer über die Bepflanzung des neu geschaffenen Schiller-Parks im gleichen Stadtteil:

„Die pflanzliche Ausgestaltung des Parkes soll einen durchaus heimischen Charakter tragen, ausländische Gehölze sind verpönt. Der Schillereiche, dem deutschsten aller Bäume, werden also nur heimische Pflanzen folgen. So wird Berlin hier einen Volkspark zu eigen nennen, dessen Wesen und Gestalt ebenso urdeutsch ist wie sein Name“ (Fischer 1909). Bei der Ausführung wurden allerdings in großem Maßstab die aus dem Balkan stammende Rosskastanie (*Aesculus hippocastanum*) verwendet. Offenbar konnten zwischen pointierten programmatischen Äußerungen und deren Umsetzung erhebliche Unterschiede bestehen.

Alwin Seifert plädiert in den 1930er-Jahren polemisch gegen die Verwendung nichteinheimischer Pflanzen bei der Landschaftsgestaltung, bei der eine „schicksalsgegebene Pflanzenarmut“ zu akzeptieren sei. Nichts Fremdes sollte in der Landschaft verwendet, aber auch nichts Einheimisches ausgelassen werden. Er stempelte die Blaufichte (*Picea pungens* f. *glauca*) „zum Staatsfeind Nr. 1“ und erklärte allen Stadtgärtnern, die *Pinus montana* pflanzten, den Krieg (Seifert 1941). Als „Reichslandschaftsanwalt“ setzte er sich nach 1940 für die Verwendung einheimischer Arten bei der Autobahnbegrünung ein (Nietfeld 1985). Die Brüchigkeit seiner Argumentation hat bereits Pniower (1952) deutlich herausgearbeitet. Nach Uekötter (2007) gab es im nationalsozialistischen Deutschland durchaus parallele Argumentationen zur Rassendiskriminierung und zur Verfemung nichteinheimischer Arten, jedoch war letzteres kein durchgängiges Motiv der NS-Ideologie.

Auch Seiferts Position zur Verwendung nichteinheimischer Arten war differenzierter als manchmal dargestellt. Anders als im Außenbereich sollten nichteinheimische Arten im Garten durchaus eingesetzt werden. Wichtiges Kriterium war die „Bodenständigkeit“ der Arten, die nicht zwingend von ihrer Heimat bestimmt ist. Fremdes war erlaubt, solange die Einheit von Garten und Landschaft gewährleistet sei. Hiermit ist die Richtung zu standortgemäßer Pflanzenverwendung eingeschlagen. Insofern sollte die Verwendung von Pflanzen nach „Prinzipien der Natur“ nicht vorschnell als Biologismus interpretiert werden, von dem es nur einen Schritt zum Sozial-Darwinismus bräuchte. Gemeint ist damit zumeist nichts anderes, als dass man Pflanzen in Kenntnis ihrer ökologischen Ansprüche und der vorhandenen Standorteigenschaften verwenden möchte. Beides ist jedoch ohne die Grundsatzentscheidung zwischen einheimisch oder nichteinheimisch zu lösen: durch überlegten Einsatz von Pflanzen unterschiedlicher Eigenschaft und Herkunft im Bewusstsein einer über tausendjährigen mitteleuropäischen Gartentradition. Vielleicht hilft die Kenntnis der Schattenseiten dieser Tradition, Radikalitäten jeglicher Art zu überwinden. Dass dies kein ausschließlich deutsches Thema ist, zeigt der Fall des Götterbaumes in den USA.

Zu den Schattenseiten der Auseinandersetzung um neue Arten gehört auch die ideologische Verblendung von Biologen. So stellten manche deutsche Pflanzensoziologen ihre noch junge Disziplin dem „Blut-und-Bodenverbundene(n) Garten“ (Krämer 1936) in Dienst. Tüxen, einer der Gründungsväter der Pflanzensoziologie, forderte 1939 in der Zeitschrift Gartenkunst, „die deutsche Landschaft von unharmonischer, fremder Substanz zu reinigen“. In Sachsen geriet das Kleinblütige Springkraut (*Impatiens parviflora*) Anfang der 1930er-Jahre als „aufdringlicher Mongole“ (Naumann 1931) ins Visier von Botanikern. Mit dem Rückenwind des Zweiten Weltkriegs rief die Arbeitsgemeinschaft sächsischer Botaniker dann zum „Ausrottungskrieg“ auf: „Wie beim Kampf gegen den Bolschewismus unsere gesamte abendländische Kultur auf dem Spiele steht, so beim Kampf gegen den mongolischen Eindringling eine wesentliche Grundlage dieser Kultur, nämlich die Schönheit unseres heimischen Waldes“ (Kästner 1942). Dieser Aufruf fand zwar politische Unterstützung, sollte wegen fehlender Hilfskräfte jedoch erst nach Beendigung des Krieges umgesetzt werden (Weiss 2009).

Entsprechende Forderungen werden auch heute noch im gleichen sprachlichen Gewand gestellt. Disko (1996) will beispielsweise *Impatiens glandulifera* „bis zur letzten Pflanze“ ausrotten. Dass solche Ansprüche an die Sprache der Blut-und-Boden-Ideologie erinnern, macht sie unerträglich. Jedoch wäre es wohl voreilig, heutige Forderungen nach Bekämpfung nichteinheimischer oder Bevorzugung einheimischer Arten pauschal in eine Entwicklungslinie mit dem Rassenwahn des Nationalsozialismus zu stellen. Nach Körner (2000) sind Kontroversen über fremde Arten, wie die zwischen Disko (1996) und Reichholf (1996), beispielhaft für den Gegensatz konservativer und liberaler Weltbilder. Dabei prallten zwei wesentliche Motive aufeinander: das der Bewahrung vorhandener Eigenart von Natur und Landschaft und das des Zulassens ihrer Veränderung. Es mag gute Gründe geben, neue Arten zu bekämpfen – oder dies zu unterlassen. Eine wichtige Lehre der Geschichte ist, dass es hierbei nicht nur um biologische Sachverhalte, um ökologische Wirkungen geht, sondern auch um persönliche oder gesellschaftliche Werte. Beides nachvollziehbar und damit diskussionsfähig zu machen, ist eine wesentliche Herausforderung für die Bewertung biologischer Invasionen, die jedwedem Handeln vorgeschaltet sein sollte (siehe Kap. 10).

## Aufstieg und Fall des Götterbaumes in den USA

Mitte des 19. Jahrhunderts begann eine strahlende Karriere des aus China stammenden Götterbaums (*Ailanthus altissima*) in den Vereinigten Staaten. Der einflussreiche Gartentheoretiker Downing (1841, 1847) lobte ihn als pittoresken Baum, der bewundernswert gut an Stadtbedingungen angepasst sei und dessen Laub kein Insekt angreife. „Ailanthus ... is every day becoming a greater metropolitan favorite.“ Fünf Jahre später schildert derselbe Downing *Ailanthus* nun als Eroberer, der in dieses Land der Freiheit eingedrungen sei, die Luft verpeste und die Böden ausbeute. Hinter harmlosem Äußerem verberge sich das verräterische Herz der Asiaten, die uns schon so übel mitgespielt hätten. Mit *Ailanthus* hätten wir einen Tataren eingefangen, den zu begrenzen es mehr als eine chinesische Mauer bräuchte – und der die Aufmerksamkeit von den noblen einheimischen Bäumen abgelenkt hätte (zit. nach Shah 1997). Was war geschehen? Shah (1997) erklärt diesen Favoritensturz mit der infolge des ersten Opiumkrieges inzwischen entstandenen Gegnerschaft der Vereinigten Staaten zu China. Nun schlugen antichinesische Ressentiments auch auf die Pflanzenverwendung durch – allerdings ohne die weitere Verwendung des Götterbaumes nachhaltig beeinflussen zu können.

# 5 Invasionsprozesse und deren Erklärung

Voraussetzung biologischer Invasionen ist die durch Menschen vermittelte Einführung von Organismen in ein Gebiet, das sie natürlicherweise zuvor nicht erreicht haben (siehe Kap. 1.1). Bei einem Bruchteil der vielen Tausend eingeführten oder eingeschleppten Arten setzt nach der Ankunft im neuen Gebiet mit der ersten Vermehrung ein Invasionsprozess ein. Was dann folgt, ist häufig als ein Durchlaufen verschiedener Phasen beschrieben worden: Die Arten bauen dauerhafte Populationen auf, breiten sich aus, erreichen eine bestimmte Häufigkeit oder etablieren sich, möglicherweise auch auf naturnahen Standorten (vgl. Überblick bei Heger 2004, Inderjit et al. 2005). Die Perspektive, Invasionsprozesse über bestimmte Stadien zu beschreiben und zu bilanzieren, ist bereits mit den adventivfloristischen Arbeiten des frühen 20. Jahrhundert angelegt worden. Thellung (1912, 1915) unterschied beispielsweise eingeführte, sich aber nicht vermehrende Arten von Unbeständigen und solchen, die in anthropogener Vegetation und schließlich auch unter natürlichen Bedingungen eingebürgert waren. Am Beispiel der Adventivflora von Montpellier zeigte er auch auf, dass wesentlich weniger der neu eingeführten Arten sich etablieren können als zunächst spontan auftreten (Tab. 15). Bis heute prägt diese Sichtweise invasionsbiologische Arbeiten in Mitteleuropa und hat vielfach zur Bilanzierung von Arten auf einzelnen „Erfolgsstufen" geführt (für Deutschland erstmalig bei Kowarik & Sukopp 1986; aktuelle Angaben in Tab. 76).

Auch die „tens rule" zur Wahrscheinlichkeit von Ausbreitung und Einbürgerung (Williamson & Brown 1986, Williamson & Fitter 1996) folgt dieser Tradition, schließt jedoch eine anthropozentrische Schadensdimension ein: Demnach beginnen sich etwa 10 % aller eingeführten Arten auszubreiten, etwa 10 % davon etablieren sich und wiederum 10 % davon werden problematisch („pest species"). Während hier der Status einer „pest species" am Ende eines Invasionsprozesses steht, ist dies in der mitteleuropäischen Tradition die Etablierung auf naturnahen Standorten – und damit der Agriophytenstatus.

Richardson et al. (2000) haben Ausbreitungs-, Reproduktions- und Umweltbarrieren beschrieben, die Invasionsorganismen überwinden müssen, um die verschiedenen Invasionsphasen zu durchlaufen. Heger (2004) hat angemerkt, dass solche Barrieren mehrfach an verschiedener Stelle in Invasionsprozessen wirksam werden können. Ihr Modell beschreibt **Invasionsstufen**, die über verschiedene Schritte erreichbar sind (Abb. 25a). Nach der Überwindung geographischer Ausbreitungsbarrieren erreichen Organismen ein neues Gebiet, pflanzen sich hier fort, etablieren sich dauerhaft und breiten sich aus, bis schließlich alle möglichen Standorte innerhalb des neuen Gebietes besiedelt sind. Wichtig ist der Hinweis, dass nicht alle Stufen zwingend nacheinander absolviert werden müssen.

So können Arten auch dank mehrfacher Einführung oder sekundärer Ausbreitung weit verbreitet sein, ohne (überall) dauerhafte Populationen aufzubauen. Einige Fische und die Rotwangen-Schmuckschildkröte breiten sich beispielsweise in Mitteleuropa aus, ohne überhaupt (bislang) zur Reproduktion zu gelangen (siehe Kap. 9.5.3.1).

Das Erreichen der verschiedenen Invasionsstufen kann als graduell sich steigernder **Invasionserfolg** interpretiert werden; jedoch

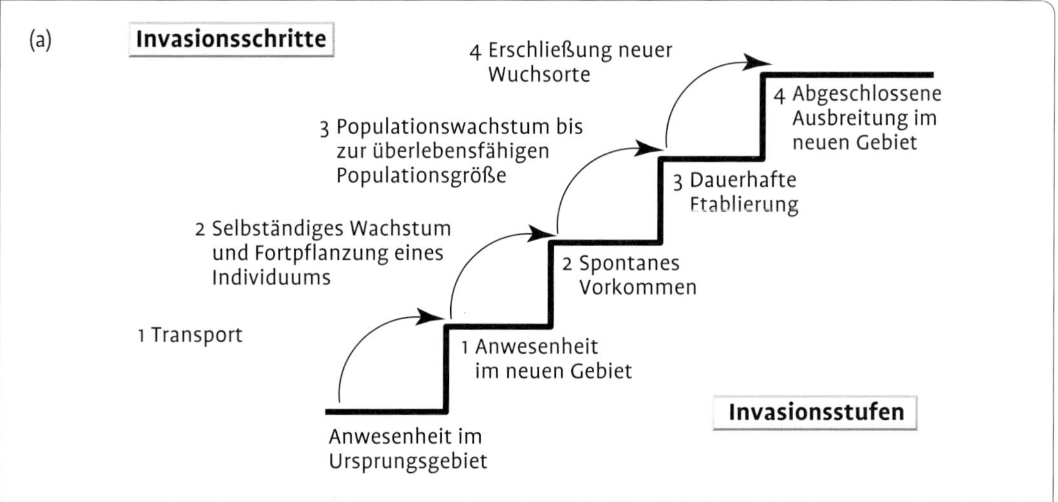


**Abb. 25** Modelle zur Untergliederung von Invasionsprozessen: a) Stufenmodell von Heger (2004); b) Phasenmodell von Inderjit et al. (2005). Das erste Modell berücksichtigt auch erste spontane, noch nicht etablierte Vorkommen einer Art; das zweite Modell veranschaulicht, dass Häufigkeit und weite Verbreitung von Arten entkoppelt sein können. Die Abkürzungen im Modell von Inderjit et al. (2005) beziehen sich auf Hypothesen, die den Übergang zwischen verschiedenen Phasen fördern (+) oder behindern (-) können (zu den Hypothesen vgl. Tab. 33).

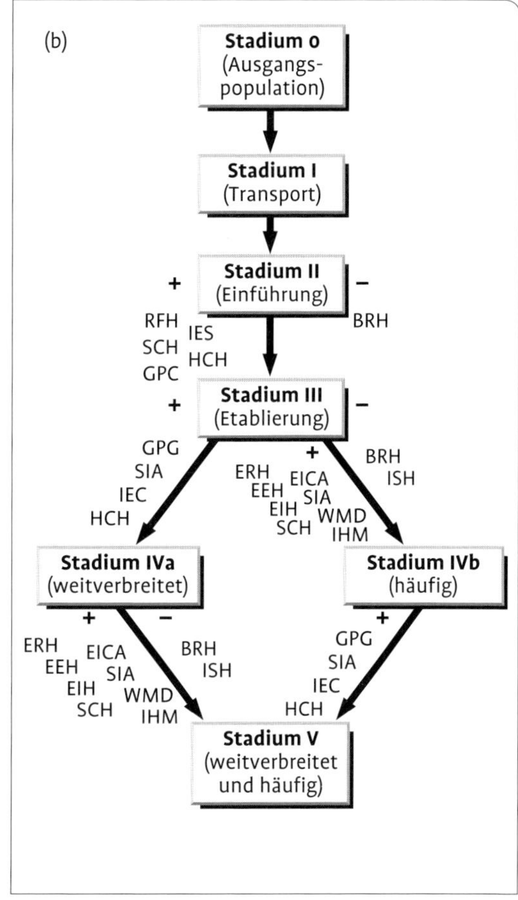


sind auch weitere Erfolgsdimensionen beschreibbar (Starfinger 1998, Kowarik 2003b). Hierzu zählen: die Schnelligkeit, mit der Regenerationsprozesse nach der Ankunft von Arten im neuen Gebiet einsetzen, die Geschwindigkeit des folgenden Populationswachstums und der Fähigkeit zum Aufbau dauerhafter Populationen, die Breite des Standortspektrums, auf dem eine Art vorkommt oder sich etabliert hat, die Fähigkeit der Etablierung in naturnahen Lebensräumen und die Geschwindigkeit der Ausdehnung ihres Areals und schließlich die Häufigkeit hierin. Die Frage nach dem „Erfolg" einer Invasionsart setzt also die Bestimmung einer Erfolgsdimension voraus (Starfinger 1998).

### Unterschiedliche Erfolgsdimensionen

Drei Datensätze aus Deutschland veranschaulichen, wie sehr der Erfolg von Invasionsarten vom ausgewählten Erfolgsparameter abhängt. Die Gruppen der häufigsten nichteinheimischen Arten (Tab. 75) überschneiden sich nur teilweise mit den in naturnaher Vegetation eingebürgerten Arten (Lohmeyer & Sukopp 1992, 2001) oder mit den besonders problematischen Arten (Tab. 71). So gelten die beiden häufigsten Neophyten *Matricaria discoidea* und *Conyza canadensis* als weitgehend unproblematisch, wogegen deutlich seltenere Arten wie *Pinus strobus* oder *Vaccinium corymbosum* × *angustifolium* Konflikte auslösen, vor allem wenn sie in naturnahe Vegetation eindringen. Dies gelingt definitionsgemäß allen 277 Agriophyten Deutschlands, aber nur wenige unter ihnen gelten als problematisch. Die Quantifizierung von Erfolgsstufen in Tab. 76 ist daher nur eine von mehreren Möglichkeiten.

## 5.1 Zeitliche Dimension von Invasionsprozessen

Die Ausbreitungsgeschichte vieler Arten ist durch Latenzphasen (Time lags) gekennzeichnet, die erhebliche zeitliche Verzögerungen im Ablauf von Invasionsprozessen bedingen können (Kowarik 1995b, Crooks & Soulé 1996, Williamson 1996). Am Beispiel einiger erfolgreicher Neophyten hat Jäger (1988) gezeigt, dass Jahrzehnte bis zu zwei Jahrhunderten verstreichen können, bis die Arten ihr potentielles sekundäres Areal ausgefüllt haben. Isolierte Gebiete wurden noch später besiedelt. Berücksichtigt man auch weniger erfolgreiche Arten, so erhöht sich die Variabilität im zeitlichen Ausbreitungsgeschehen ganz erheblich. Dies zeigt die Ausbreitungsgeschichte von 184 nichteinheimischen Gehölzarten, die heute wildwachsend in Berlin oder Brandenburg vorkommen (Kowarik 1995a, Abb. 26). Im Mittel aller Arten dauerte es etwa anderthalb Jahrhunderte (147 Jahre), bis nach der ersten Einführung ins Gebiet eine spontane Vermehrung erstmalig einsetzte. Bei Sträuchern, die sich in der Regel schneller als Bäume fortpflanzen, betrug das mittlere Time lag 131 Jahre, bei Bäumen war es mit 170 Jahren deutlich länger. Die einzelnen Werte streuen erheblich, wie die Beispiele in Tab. 32 zeigen.

Nur 6% der Arten begannen sich innerhalb der ersten 50 Jahre nach ihrer Einführung auszubreiten. Bei 25% der Arten umfasste das Time lag bis zu 100 Jahre, bei 51% bis zu 200 Jahre, und bei 18% der Gehölzarten setzte der Invasionsprozess noch später ein.

Die heutige Häufigkeit der Gehölze in Berlin und Brandenburg ist nicht mit der Länge der Time lags korreliert. Ein schneller Invasionsbeginn garantiert also keine rasche Ausbreitung, ebenso wenig wie eine ausbleibende Naturverjüngung zukünftige Invasionen ausschließt. Wegen der Time lag-Effekte wird es immer wieder zu neuen Invasionen aus dem Pool der bereits vorhandenen Arten kommen, selbst wenn keine neuen Arten mehr eingeführt würden: Die Weichen hierzu wurden schon vor langer Zeit gestellt. Diese Erkenntnis hat erhebliche Bedeutung für Risikoprüfungen bei der Ausbringung neuer Arten, da Vorhersagen über deren Verhalten über Zeiträume von mehreren Jahrzehnten bis Jahrhunderten unrealistisch sind (Kowarik 1995a).

Einige Unterschiede in der Ausbreitungsgeschichte von Arten sind mit biologischen Eigenschaften zu erklären (siehe auch Kap. 5.3). So ist die vergleichsweise schnelle Ausbreitung von *Prunus serotina*, 29 Jahre nach der Ersteinführung, gut verständlich,

**Tab. 32** Time-lags zwischen der Ersteinführung nichteinheimischer Gehölzarten nach Brandenburg (einschließlich Berlin) und dem Beginn nachfolgender Invasionen (Kowarik 1992b, 1995a, b)

| **Baumarten** | Time-lag in Jahren | **Straucharten und Lianen** | Time-lag in Jahren |
|---|---|---|---|
| *Prunus persica*[1] | 415 | *Prunus laurocerasus* | 319 |
| *Juglans regia*[1] | 374 | *Colutea arborescens* | 265 |
| *Thuja occidentalis* | 324 | *Parthenocissus inserta* | 221 |
| *Fraxinus ornus* | 246 | *Clematis vitalba*[2] | 220 |
| *Corylus colurna* | 222 | *Pyracantha coccinea* | 217 |
| *Laburnum anagyroides* | 198 | *Rubus odoratus* | 203 |
| *Acer negundo* | 183 | *Caragana arborescens* | 195 |
| *Celtis occidentalis* | 172 | *Rosa rugosa* | 119 |
| *Robinia pseudoacacia* | 152 | *Sorbaria sorbifolia* | 108 |
| *Aesculus hippocastanum* | 124 | *Lonicera tatarica* | 94 |
| *Ailanthus altissima* | 122 | *Viburnum rhytidophyllum* | 78 |
| *Pinus strobus* | 117 | *Philadelphus coronarius* | 183 |
| *Quercus rubra* | 114 | *Symphoricarpos albus* | 65 |
| *Sorbus intermedia* | 112 | *Ribes aureum* | 61 |
| *Pseudotsuga menziesii* | 112 | *Buddleja davidii* | 56 |
| *Prunus mahaleb* | 54 | *Amelanchier alnifolia* | 53 |
| *Prunus serotina* | 29 | *Mahonia aquifolium* | 38 |
| **Mittel aller Arten**[3] | **170** | **Mittel aller Arten**[3] | **131** |

[1] wahrscheinlich schon vor 1594 in Brandenburg kultiviert; [2] Angabe aus Kowarik (1992b) korrigiert;
[3] bezogen auf den Datensatz von 184 Gehölzarten

da die Art bereits nach sieben Jahren fruchtet und gleich auf Waldstandorte gepflanzt wurde, die ihren Ansprüchen entsprachen. *Quercus rubra* als Art späterer Sukzessionsstadien fruchtet erst nach 50 Jahren reichlich, sodass ihre spätere Ausbreitung, 114 Jahre nach der Ersteinführung, ebenfalls plausibel ist. Bei Pionierarten wie *Acer negundo* und *Ailanthus altissima* übersteigt das Time lag jedoch die zur Ausbildung der ersten Diasporen benötigte Zeit um ein Mehrfaches. Diese Differenz kann also nicht populationsbiologisch erklärt werden. Ausschlaggebend für *Ailanthus* waren wahrscheinlich die erst lange nach der Einführung verfügbaren Pionierstandorte in kriegszerstörten Städten Mitteleuropas sowie die Erwärmung des Stadtklimas, die sie als thermophile Art begünstigte (vgl. auch Kap. 6.1.3). Solche und viele andere kulturelle Faktoren, wie beispielsweise die Marktverfügbarkeit von Zierpflanzen (Dehnen-Schmutz et al. 2007) oder die Anbauflächen von Forstgehölzen (Krivanek et al. 2006), sind als Ergebnis historischer Prozesse nicht vorhersehbar und erschweren daher erheblich Prognosen zur Ausbreitung neuer Arten. Rückblickend trägt die Einführungsgeschichte allerdings erheblich zur Erklärung des Invasionsgeschehens bei (Bucharova & van Kleunen 2009). So hat sich gezeigt, dass allgemein mit zunehmender Dauer der Anwesenheit einer Art in einem Gebiet (residence time) auch die Wahrscheinlichkeit ihrer Ausbreitung steigt

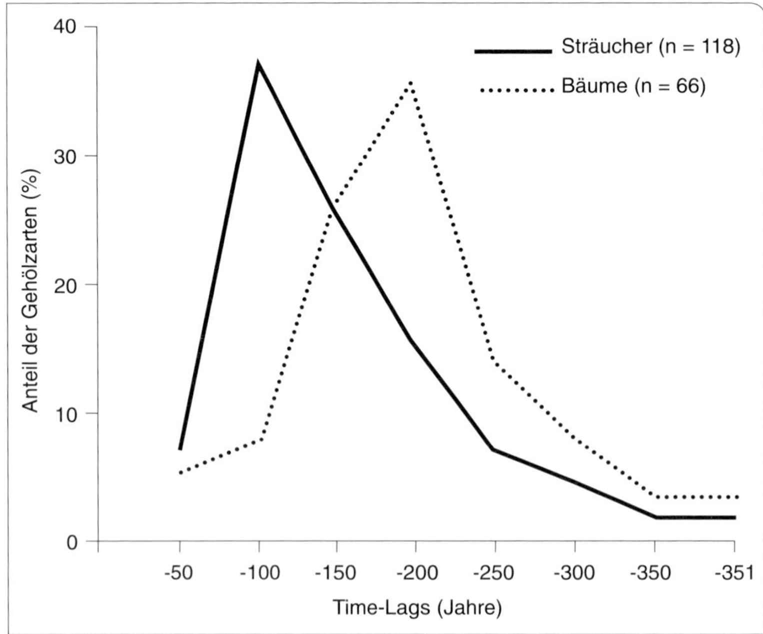


**Abb. 26** Time-lags zwischen der ersten Einführung einer nichteinheimischen Gehölzart nach Brandenburg und dem Beginn ihrer Ausbreitung in diesem Gebiet. Gezeigt wird, wie sich bei 118 Strauch- und 66 Baumarten die Time-lags auf Jahresklassen verteilen (nach Kowarik 1995b).

(Rejmánek 2000, Pyšek & Jarosik 2005, Krivanek et al. 2006).

Weitere Zeitverzögerungen sind auch beim Erreichen der übrigen Stadien eines Invasionsprozesses möglich. Schon Salisbury (1961) stellte bei Ackerunkräutern fest, dass eine Massenvermehrung erst eintritt, wenn eine bestimmte „infection size" erreicht ist. Dies ist im Wesentlichen biologisch erklärbar (Johnstone 1986, Crawley 1989). In der Anfangsphase der Populationsentwicklung kommt es häufig zum lokalen Aussterben, da ungünstige, häufig unvorhersehbare Änderungen der Umwelt, z. B. der Witterung, das Populationswachstum verhindern, bis dann die Schwelle der „Minimum Viable Population" (MVP, Shaffer 1981) überschritten ist. Menschliche Aktivitäten haben sich als wesentliche Steuerungsfaktoren bei den im Weiteren ablaufenden Vermehrungs-, Etablierungs- und Ausbreitungsprozessen herausgestellt. Sie können:

- vorhandene Standortbedingungen verändern oder neuartige schaffen und hierdurch neue Ressourcenangebote eröffnen (siehe Kap. 3.5);
- Initialpopulationen wiederholt durch sekundäre Ausbringungen (Anpflanzungen, Ansaaten, Aussetzungen, unbeabsichtigte Verschleppung von Diasporen oder Arten) stützen und damit zu ihrer Etablierung oder zum Aufbau einer Minimum Viable Population beitragen (Mack 2000, Kowarik 2003b, siehe Kap. 3.3);
- durch ein breites Spektrum sekundärer Ausbringungen die räumliche Isolation zwischen geeigneten, aber mit natürlichen Ausbreitungsvektoren nicht oder erst sehr viel später erreichbaren Lebensräumen überwinden (Kowarik 2003b, siehe Kap. 3.3);
- neuartige Ausbreitungsvektoren zur Verfügung stellen, die eine rasche Erschließung des neuen Areals ermöglichen (z. B. Straßenverkehr, siehe Kap. 3.4.4);
- genetische Prozesse anstoßen, die zu Sippen mit erhöhtem Invasionspotenzial führen (Beispiel *Fallopia × bohemica*, Bímová et al. 2004). Das Aufheben geographischer

Barrieren begünstigt Hybridisierung und Introgression; neuartige Standortbedingungen oder Landnutzungsformen fördern adaptive Evolutionen. Schließlich können neue Invasionsorganismen auch aus Züchtung oder gentechnischer Veränderung hervorgehen (Abbott 1992, Ellstrand & Schierenbeck 2000).

In vielen kriegszerstörten Städten Mitteleuropas zeigt das Beispiel von Trümmerschuttpflanzen, wie schnell sich zuvor seltene Neophyten massenhaft ausbreiten können, wenn neuartige, konkurrenzarme Standorte zur Verfügung stehen. Ein Extrembeispiel ist der Klebrige Gänsefuß (*Chenopodium botrys*), dessen Heimat vom östlichen Mittelmeergebiet weit nach Asien reicht. Er kam schon in der Römischen Kaiserzeit in Deutschland vor (Stika 1995), gehörte im 16. Jahrhundert zu den seltenen Gartenpflanzen der „Horti Germaniae" (Tab. 12) und war den Adventivfloristen des 19. Jahrhunderts als ebenfalls seltene Ruderalpflanze bekannt. Erst nach 1945 jedoch begann die Massenausbreitung auf offenen Trümmerschuttflächen in Berlin. Da es solche offenen Flächen heute kaum noch in Berlin gibt, ist der Klebrige Gänsefuß hier wieder selten geworden. Auf Industriestandorten des Ruhrgebiets bestehen jedoch noch große Bestände (Sukopp 1971, Dettmar & Sukopp 1991).

Die Ausbreitungsgeschichte von *Impatiens glandulifera* und *Heracleum mantegazzianum*, die heute häufig an Gewässerrändern vorkommen, veranschaulicht die häufig lange Vorgeschichte von Massenausbreitungen und die Rolle menschlicher Interaktionen (Abb. 27). Beide Arten wurden im 19. Jahrhundert eingeführt. 1896 begann in Tschechien die Ausbreitung bei *Impatiens*, aber erst in der Nachkriegszeit nahmen die Vorkommen so stark zu, dass nach 1960 von einer Massenausbreitung zu sprechen war.

Erste Fundorte konzentrierten sich bei *Impatiens* wie *Heracleum* auf Siedlungen; weitere auf Fließgewässer. Erst in jüngerer Zeit werden verstärkt auch fließgewässerferne Standorte besiedelt. Die Herkulesstaude wächst heute beispielsweise großflächig auf Wiesen- und Ackerbrachen im böhmischen Kaiserwald. Auffällig ist, dass die Massenausbreitung von *Impatiens* in verschiedenen mitteleuropäischen Gebieten annähernd gleichzeitig nach 1960 einsetzte, obwohl die Art zuvor regional unterschiedlich lange präsent war: So waren 1950 in Tschechien schon 50 Quadranten mit *Impatiens* bekannt, aus der

## Überraschende Ausbreitungsschübe

Die Bomben auf Berlin als unvorhersehbares historisches Ereignis begünstigten auch die Massenausbreitung des aus Nordamerika stammenden Pennsylvanischen Glaskrauts (*Parietaria pensylvanica*). Bis zum 2. Weltkrieg hatte es nur ein Vorkommen in Berlin, wobei der Botanische Garten als Quelle gilt. Danach tauchte die Art „explosionsartig" in der gesamten Innenstadt auf und bildete europaweit hier ihr einziges Massenvorkommen. Möglicherweise haben die Aufwirbelungen infolge der Bombardierungen die Isolation zwischen der Ursprungspopulation und potentiellen Wuchsorten überbrückt (Sukopp & Scholz 1964). Warum sich die Pflanze etwa 50 Jahre später gerade im polnischen Brunau auszubreiten beginnt (Sawilska & Misiewicz 1998), ist ungeklärt. Die Bomben auf Berlin schafften Pionierstandorte auch für andere, zuvor seltene Neophyten wie *Ailanthus altissima*, *Acer negundo* oder *Chenopodium botrys* – und ermöglichten auch die Ausbreitung von 25 Waschbären aus einer Pelztierfarm bei Berlin. Auch die nordfranzösische Waschbären-Population bei Laon ist indirekt kriegsbedingt: Amerikanische Soldaten ließen 1966 die als Maskottchen gehaltenen Tiere vor ihrer Verlegung nach Vietnam frei (Hohmann & Bartussek 2001).

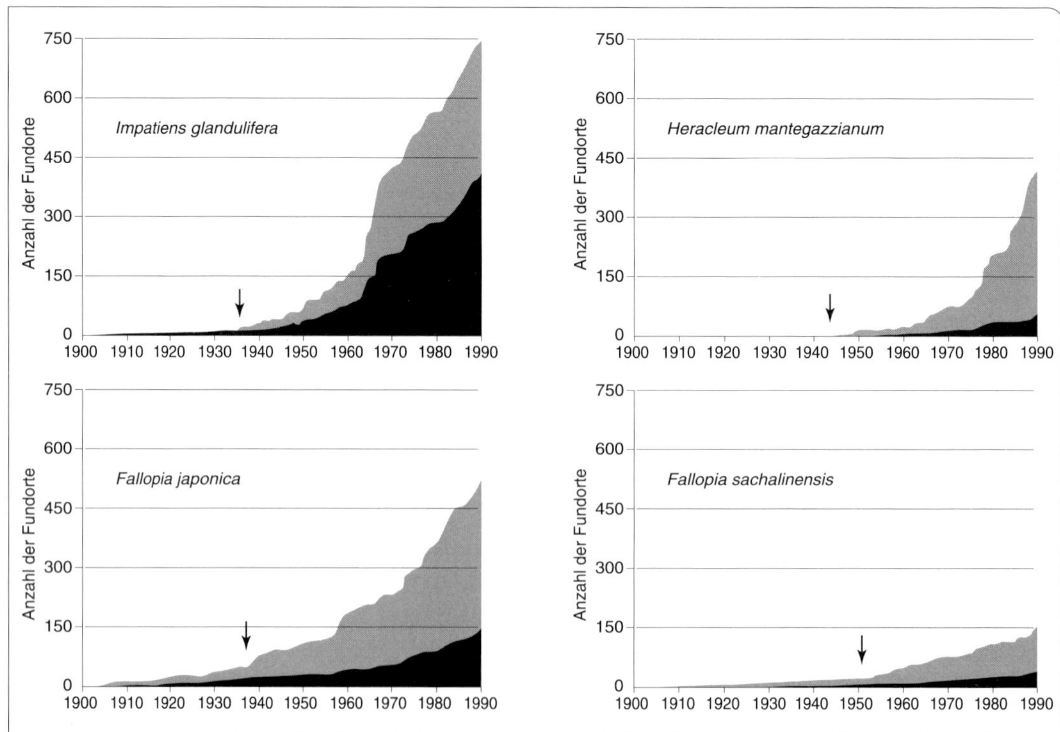


**Abb. 27** Ausbreitungsdynamik von *Impatiens glandulifera*, *Heracleum mantegazzianum*, *Fallopia japonica* und *Fallopia sachalinensis* in Tschechien mit einer Differenzierung der kummulativ dargestellten Fundnachweise in gewässernahe (schwarz) und gewässerferne (punktiert). Der Pfeil kennzeichnet den Beginn eines verstärkten Ausbreitungstrends (nach Pyšek & Prach 1993).

Bundesrepublik Deutschland dagegen nur drei Vorkommen (Pyšek 1991, Pyšek & Prach 1993, 1994). Dieses kann als Ergebnis eines ausschließlich biologisch bestimmten Prozesses kaum erklärt werden, wohl aber durch das Zusammenspiel mit anthropogenen Umweltveränderungen (Gewässerausbau und -eutrophierung) und sekundären Ausbringungen als Bienenfutterpflanzen, die beide Arten zumindest in Deutschland stark gefördert haben. Dabei wurde *Heracleum mantegazzianum* deutlich später als *Impatiens glandulifera* von Imkern empfohlen. Das Beispiel des Deisters bei Hannover zeigt, wie eine einzige Ansaat durch Imker zur Besiedlung eines neuen Waldgebietes durch *Heracleum* führen kann (siehe Kap. 6.4.3, Tab. 47). In Tschechien breitet sich die erst 1982 erkannte *Fallopia* × *bohemica* als Hybride der beiden anderen in Abb. 27 gezeigten Staudenknöterich-Arten doppelt so schnell wie ihre Elternarten aus (Mandák et al. 2004).

## 5.2 Hypothesen zur Erklärung des Invasionserfolgs

Die Frage nach den Mechanismen, die den Invasionserfolg einer Art erklären oder vorhersagbar machen, gehörte bereits zu den zentralen Fragestellungen der in den 1980er-Jahren gestarteten SCOPE-Projekte (siehe Kap. 2.2). Die Zauberformel mit einer allgemeinen Antwort hierauf wurde bislang nicht gefunden – und sie gibt es angesichts der Vielschichtigkeit von Invasionsprozessen wahrscheinlich auch nicht. Allerdings ist das Verständnis der Mechanismen, die den Übergang einer Art von einer zur nächsten Invasionsstufe erklären, in letzter Zeit stark gewachsen (Richardson & Pyšek 2006, Nentwig 2007). Hierzu haben eine ganze Reihe von Hypothesen beigetragen (Tab. 33), die sich nicht gegenseitig ausschließen, sondern auch zusammenspielen können (Inderjit et al. 2005, Hufbauer & Torchin 2007).

In ihrem Phasenmodell von Invasionsprozessen veranschaulichen Inderjit et al. (2005), an welchen Stellen bestimmte Hypothesen zur Erklärung des erfolgreichen oder erfolglosen Übergangs zwischen verschiedenen Invasionsphasen beitragen können (Abb. 25b). Die Geltung dieser Hypothesen ist an mehreren Beispielarten bestätigt worden, an anderen jedoch nicht, was ihrer Verallgemeinerungsfähigkeit Grenzen setzt. Zu den ältesten Hypothesen zählt die von der „Biotic resistance“ (Elton 1958). Sie geht davon aus, dass mit zunehmendem Artenreichtum der „Widerstand“ gegen Invasionen wächst. Diese Hypothese ist mehrfach getestet worden – mit widersprüchlichen Ergebnissen (Levine & D'Antonio 1999, Stohlgren et al. 1999, 2006, Levine 2000, Naeem et al. 2000, Davis et al. 2005). Eine Erklärung für die unterschiedlichen Befunde bietet die Skalenabhängigkeit der Beziehungen zwischen einheimischen und nichteinheimischen Arten (Stohlgren et al. 2003, 2006). Im größeren geographischen Maßstab besteht häufig eine positive Korrelation zwischen beiden Artengruppen, die offenbar durch dieselben Mechanismen gefördert werden, etwa eine steigende Ressourcenverfügbarkeit bei hoher räumlicher Heterogenität. Gebiete, die reich an einheimischen Arten sind, können daher auch hohe Anzahlen nichteinheimischer Arten aufweisen. So fand Lonsdale (1999) in einer globalen Analyse einen positiven Zusammenhang zwischen der Anzahl einheimischer und nichteinheimischer Pflanzenarten. Stohlgren et al. (2003) bestätigten dieses Ergebnis für die USA und prägten die viel zitierte Metapher „The rich get richer“. Auch für deutsche Städte wurde eine positive Korrelation zwischen Neophytenzahl und Anzahl einheimischer Arten aufgezeigt (Kühn et al. 2004). Mit abnehmender Größe des Bezugsraumes nimmt dagegen die Bedeutung lokaler Mechanismen zu. Hierzu zählen kulturhistorische (z. B. Ausbringungsmuster und die daraus resultierende Menge an Ausbreitungseinheiten, „Propagule pressure“), ökologische (Interaktionen zwischen Arten) oder standörtliche. Hierdurch wird die öfters für kleinere Bezugsräume gefundene negative Korrelation zwischen der Anzahl einheimischer und nichteinheimischer Arten verständlich, wie Deutschewitz et al. (2003) am Beispiel der Umgebung von Dessau zeigten.

Schon Darwin (1859) bemerkte, dass sich Arten bei Abwesenheit ihrer natürlichen Gegenspieler, beispielsweise von Herbivoren oder Parasiten, in ihren neuen Verbreitungsgebieten besser als im Ursprungsgebiet entwickeln können. Inzwischen ist die "Enemy release hypothesis“ mehrfach belegt worden (Keane & Crawley 2002). Die Abwesenheit natürlicher Gegenspieler kann auch evolutive Folgen haben. Da in solchen Fällen weniger in die Abwehr natürlicher Gegenspieler investiert werden muss, kann eine Selektion hin zu Arteigenschaften erfolgen, die Konkurrenzstärke vermitteln („evolution of increased competitive ability“ = EICA, Blossey & Nötzold 1995). Dies ist beispielsweise bei *Solidago gigantea* (Jakobs et al. 2004), *Senecio inaequidens* (Prati & Bossdorf 2004) oder *Buddleja davidii* (Ebeling et al. 2008) festgestellt worden, die im sekundären Areal besser als in ihren Ursprungsgebieten wachsen. In anderen Fällen konnten diese Hypothesen allerdings nicht bestätigt werden (van Kleunen & Schmid 2003, Colautti et al. 2004, van

**Tab. 33** Hypothesen zu ökologischen und evolutionären Mechanismen, die den Erfolg oder Misserfolg von Invasionsorganismen erklären können (nach Inderjit et al. 2005, ergänzt)

| Hypothesen | Erläuterung | Aktionsebene | Quelle |
|---|---|---|---|
| **a) ökologische Mechanismen** | | | |
| BRH – Biotic resistance hypothesis | Zusammensetzung der Lebensgemeinschaft verhindert das Eindringen von Invasionsorganismen | Lebensgemeinschaft | Elton 1958, Levine et al. 2004 |
| ENH – Empty niche hypothesis | Invasionsorganismen nutzen Ressourcen, die einheimischen Arten verschlossen sind | Lebensgemeinschaft | Elton 1958 |
| HCH – Human commensal hypothesis | Arten, die an menschliche Aktivitäten angepasst sind, werden besonders erfolgreiche Invasionsorganismen | Arten | Baker & Stebbins 1965 |
| RFH – Resource fluctuation hypothesis | Verfügbarkeit standörtlicher Ressourcen fördert Invasionsorganismen | Lebensgemeinschaft | Davis et al. 2000 |
| SCH – Superior competitor hypothesis | Überlegenheit von Invasionsorganismen bei der Nutzung limitierter Ressourcen | Art | Tilman 1977 |
| ERH – Enemy release hypothesis | Fehlen natürlicher Antagonisten im neuen Gebiet bewirkt Konkurrenzvorteile für Invasionsorganismen | Population | Darwin 1859, Keane & Crawley 2002 |
| EEH – Enemy of my enemy hypothesis | Zusammen mit Invasionsorganismen eingeführte Antagonisten bewirken Konkurrenzvorteile, da sie einheimische Arten mehr schädigen | Lebensgemeinschaft | Inderjit et al. 2005 |
| EIH – Enemy inversion hypothesis | Zusammen mit Invasionsorganismen eingeführte Antagonisten begünstigen deren Ausbreitung | Lebensgemeinschaft | Pearson et al. 2000 |
| ISH – Increased susceptibility hypothesis | Wegen verminderter genetischer Variabilität aufgrund von Gründer-Effekten sind Invasionsorganismen angreifbarer durch Antagonisten | Lebensgemeinschaft | Inderjit et al. 2005 |
| IFH – Invasional facilitation hypothesis | Positive Interaktionen zwischen Invasionsorganismen begünstigen deren Erfolg | Lebensgemeinschaft | Simberloff & Von Holle 1999 |
| NWH – Novel weapons hypothesis | Invasionsorganismen schließen Konkurrenten durch biochemische Substanzen aus, an die diese evolutiv nicht angepasst sind | Arten | Callaway & Ridenour 2004 |

Tab. 33 Fortsetzung

| Hypothesen | Erläuterung | Aktionsebene | Quelle |
|---|---|---|---|
| **b) evolutionäre Mechanismen** | | | |
| EICA – Evolution of increased competitive ability hypothesis | Das Fehlen von Antagonisten führt zur evolutiven Herausbildung von Arteigenschaften, die Konkurrenzstärke vermitteln | Population | Blossey & Nötzold 1995 |
| GPG – General purpose genotype hypothesis | Erfolgreiche Invasionsorganismen entstammen von besonders konkurrenzstarken Genotypen des Ursprungsgebietes | Population | Van Doninck et al. 2002 |
| SIA – Selection for invasive ability hypothesis | Evolutionäre Anpassung an menschliche Aktivitäten oder im Verlauf einer Invasion haben besonders invasive Genotypen hervorgebracht | Population | Blossey & Nötzold 1995 |
| HIS – Hybridization as stimulus for invasion hypothesis | Hybridisierung und Rückkreuzung zwischen Invasionsorganismen erhöhen deren Konkurrenzstärke | Population | Abbott 1992, Ellstrand & Schierenbeck 2000 |
| IES – Invasiveness as an evolutionary strategy | Invasivität ist ein phylogenetisches Merkmal, das in bestimmten phylogenetischen Gruppen verstärkt auftritt | Arten und höhere Ebenen | Scott & Panetta 1993 |

Kleunen & Fischer 2009). Insofern bieten die in Tab. 33 aufgeführten Hypothesen gute Ausgangspunkte zur Überprüfung der Wirksamkeit bestimmter ökologischer oder evolutionärer Mechanismen, dürfen aber nicht unzulässig verallgemeinert werden.

## 5.3 Arteigenschaften und Invasionserfolg

Welche Eigenschaft einer neuen Art vermag ihren Invasionserfolg – oder sein Ausbleiben – zu erklären? Diese Frage kennzeichnet ein immer noch prominentes Leitthema der invasionsbiologischen Forschung, das wesentlich durch die Arbeit von Baker (1965) gesetzt worden ist. Er beschrieb die Merkmale „idealer Unkräuter“, die später erweitert und vielfach geprüft worden sind. Hierzu gehören typische Pioniereigenschaften wie Kurzlebigkeit, hohe Samenproduktion, eine breite ökologische Amplitude, geringe Spezialisierung bei Bestäubung, Ausbreitung oder Keimung. Tatsächlich zeigte sich eine Häufung bestimmter Eigenschaften bei einigen erfolgreichen Arten – und auch bei Lebensraumtypen, deren Invasibilität beispielsweise durch Störungen begünstigt wird (siehe Kap. 3.5). Nur konnten solche Parameter die konkrete Invasionsgeschichte einer bestimmten Art nicht sicher erklären – und damit auch nicht vorhersagbar machen. Williamson & Brown (1986) schrieben hierzu ernüchternd: „Obwohl bestimmte Eigenschaften der Umwelt und von Arten eine Invasion und Etablierung wahrscheinlicher machen, sind diese Eigenschaften für den Invasionserfolg weder notwendig noch hinreichend". Damit ist deutlich umrissen, dass neben den Eigenschaften von Arten eine ganze Reihe anderer Faktoren bestimmen, ob und wie schnell sie ihre potentiellen Lebensräume besiedeln. So hängen Größe und Lage der Gründerpopulation ebenso wie deren Zugang zu unterschiedlichen, mehr oder weniger geeigneten Lebensräumen stark von anthropogenen Ausbringungs- und Ausbreitungsmustern ab – sind also auch kulturell und nicht nur biologisch gesteuert.

Als ein wesentlicher Faktor für erfolgreiche Invasionen ist die Menge der verfügbaren Ausbreitungseinheiten („Propagule pressure") erkannt worden (Lockwood et al. 2005). Dieser Faktor wird von verschiedenen Parametern bestimmt. Dazu zählen die Anzahl von Einführungen, der Umfang an Anpflan-

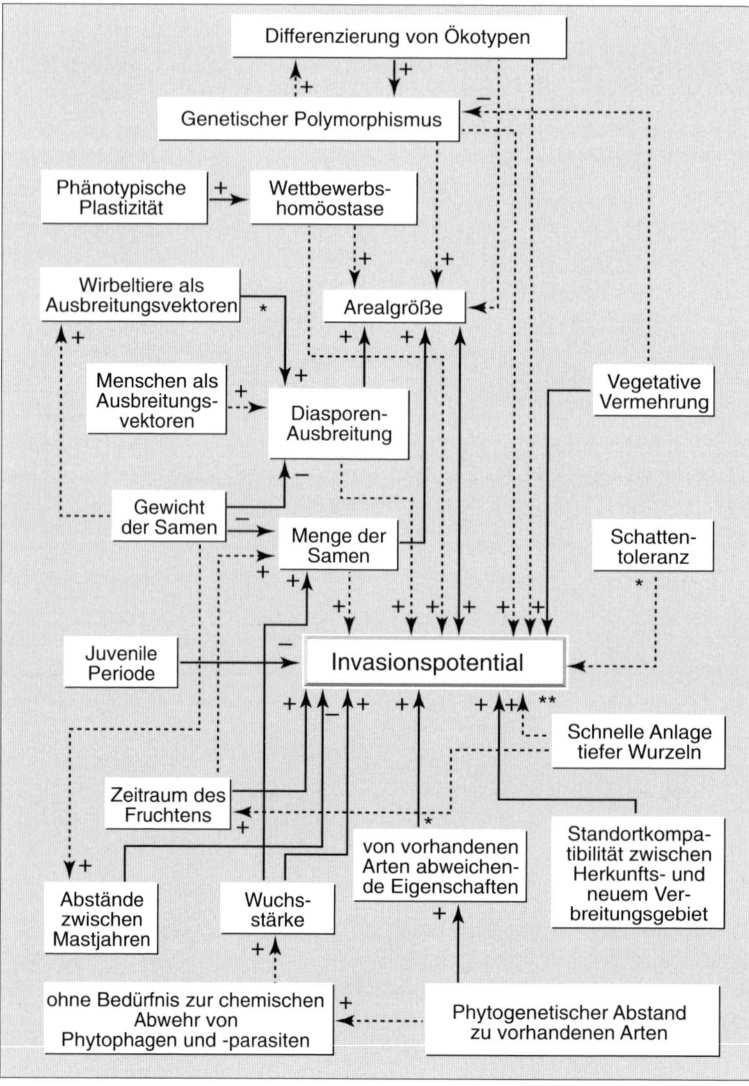


**Abb. 28** Eigenschaften höherer Pflanzenarten, die deren Invasionspotential fördern (+) oder hemmen (–). Ausgezogene Pfeile kennzeichnen sicher erkannte Zusammenhänge, gestrichelte zeigen vermutete Wirkungsbeziehungen (nach Rejmánek 1996a, ergänzt).

**Tab. 34** Artbezogene Eigenschaften, deren Korrelation mit einem Invasionserfolg für verschiedene Artengruppen und geografische Bezugsräume geprüft worden ist (nach einer Zusammenstellung von Kowarik & Schepker in Zoglauer et al. 2000); vgl. auch Angaben in Abb. 29

| | Eignung | untersuchte Gruppe | Gebiet | Quellen |
|---|---|---|---|---|
| **(a) morphologische Merkmale** | | | | |
| maximale Pflanzenhöhe | ● | Gefäßpflanzen | GB | Crawley et al. 1996, Williamson & Fitter 1996 |
| | (●) | Gefäßpflanzen | CZ | Pyšek et al. 1995a |
| | ○ | annuelle Arten | GB | Perrins et al. 1992 |
| | ○ | 24 *Pinus*-Arten | global | Rejmánek & Richardson 1996 |
| Blattgröße | ● | Gefäßpflanzen | GB | Williamson & Fitter 1996 |
| | ● | annuelle Arten | GB | Perrins et al. 1992 |
| Blattform | ○ | Gefäßpflanzen | GB | Williamson & Fitter 1996 |
| Größe/Breite | ● | Gefäßpflanzen | GB | Williamson & Fitter 1996 |
| Lebensform | ● | Gefäßpflanzen | GB | Williamson & Fitter 1996 |
| | ○ | Gefäßpflanzen | GB | Crawley et al. 1996 |
| | ● | Gefäßpflanzen | CZ | Pyšek et al. 1995a |
| Samengewicht | ● | *Pinus*-Arten | SAfr & global | Richardson et al. 1990, Rejmánek & Richardson 1996 |
| | ○ | annuelle Arten | GB | Perrins et al. 1992 |
| | ○, ● | Gefäßpflanzen | GB | Williamson & Fitter 1996, Crawley et al. 1996 |
| Größe der Samen | ○ | Gehölze | NAm | Reichard 1997 |
| | ● | annuelle Arten | GB | Perrins et al. 1992 |
| Menge der Samen | ○ | Gefäßpflanzen | GB | Williamson & Fitter 1996 |
| | ○ | annuelle Arten | GB | Perrins et al. 1992 |
| Samenmasse/ (Samenlänge/ Flügellänge) | ● | *Pinus*-Arten | SAfr | Richardson et al. 1990, |
| | ○ | *Pinus*-Arten | global | Rejmánek & Richardson 1996 |
| **(b) Reproduktionssystem/genetische Merkmale** | | | | |
| Geschlechtsaufbau der Blüte | ○ | Gehölze | NAm | Reichard 1997, |
| | ● | Gefäßpflanzen | GB | Williamson & Fitter 1996 |
| Bestäubungstyp | ● | Gefäßpflanzen | GB | Crawley et al. 1996 |
| | ○ | annuelle Arten | GB | Williamson & Fitter 1996 |
| | ○ | Gefäßpflanzen | CZ | Perrins et al. 1992, Pyšek et al. 1995a |
| Selbstkompatibilität | ● | Gehölze | NAm | Reichard 1997 |
| Agamospermie | ● | Gehölze | NAm | Reichard 1997 |
| Polyploidie | ○ | annuelle Arten | GB | Perrins et al. 1992 |
| | ○ | Gehölze | NAm | Reichard 1997 |
| Genomgröße | ● | *Pinus*, *Briza*-Arten | global | Rejmánek 1995, 1996a |

**Tab. 34** Fortsetzung

| | Eignung | untersuchte Gruppe | Gebiet | Quellen |
|---|---|---|---|---|
| **(b) Reproduktionssystem/genetische Merkmale** | | | | |
| Dichogamie | ○ | Gefäßpflanzen | GB | Williamson & Fitter 1996 |
| Mono-/Polykarpie | ○ | Gefäßpflanzen | GB | Williamson & Fitter 1996 |
| vegetative Vermehrung | ● | Gehölze | NAm | Reichard & Hamilton 1997 |
| | ● | Gehölze | SO-Aus | Mulvaney 1991 |
| | ○ | Gefäßpflanzen | CZ | Pyšek et al. 1995a |
| | ○ | annuelle Arten | GB | Perrins et al. 1992 |
| **(c) populationsbiologische Merkmale** | | | | |
| Lebensdauer Pflanze | ○ | *Pinus*-Arten | global | Rejmánek & Richardson 1996 |
| Lebensdauer Blatt | ● | Gehölze | NAm | Reichard & Hamilton 1997 |
| | ○ | Gefäßpflanzen | GB | Williamson & Fitter 1996 |
| Keimungszeitpunkt | ○ | Gefäßpflanzen | GB | Williamson & Fitter 1996 |
| | ○ | annuelle Arten | GB | Perrins et al. 1992 |
| Keimungsrate | ○ | *Pinus*-Arten | global | Rejmánek & Richardson 1996 |
| | ○ | Gehölze | NAm | Reichard 1997 |
| Stratifikation erforderlich | ● | Gehölze | NAm | Reichard 1997 |
| | ○ | annuelle Arten | GB | Perrins et al. 1992 |
| Dauer juvenile Phase | ● | *Pinus*-Arten | SAfr & global | Richardson et al. 1990, Rejmánek & Richardson 1996 |
| | ● | Gehölze | NAm | Reichard 1997 |
| Wachstumsrate | ○ | Gefäßpflanzen | GB | Williamson & Fitter 1996 |
| | ● | annuelle Arten | GB | Perrins et al. 1992 |
| Blüte im 1. Jahr | ● | Gefäßpflanzen | GB | Williamson & Fitter 1996 |
| Beginn/Ende der Blüte | ● | Gefäßpflanzen | GB | Crawley et al. 1996 |
| Länge der Blütezeit | ○ | Gehölze | NAm | Reichard 1997 |
| | ● | annuelle Arten | GB | Perrins et al. 1992 |
| | ○ | Gefäßpflanzen | GB | Williamson & Fitter 1996 |
| Länge der Fruchtperiode | ● | Gehölze | Nam | Reichard 1997 |
| | ● | noxious weeds | Aus | Parsons & Cuthbertson 1992 |
| Zeitpunkt Samenabgabe | ● | *Pinus*-Arten | SAfr | Richardson et al. 1990 |
| jahreszeitliche Diasporen-Verbreitung | ○ | Gefäßpflanzen | GB | Williamson & Fitter 1996 |
| Abstände zw. Mastjahren | ● | *Pinus*-Arten | global | Rejmánek 1996 |
| | ● | *Pinus*-Arten | SAfr | Richardson et al. 1990 |

**Tab. 34** Fortsetzung

| | Eignung | untersuchte Gruppe | Gebiet | Quellen |
|---|---|---|---|---|
| **(c) populationsbiologische Merkmale** | | | | |
| persistente Samenbank | ● | *Pinus*-Arten | SAfr | Richardson et al. 1990 |
| | ● | annuelle Arten | GB | Perrins et al. 1992 |
| | ● | Gehölze | SO-Aus | Mulvaney 1991 |
| | ● | Gefäßpflanzen | GB | Crawley et al. 1996 |
| abiotische/biotische Ausbreitung | ○ | Gehölze | NAm | Reichard 1997 |
| | ○ | Gehölze | SO-Aus | Mulvaney 1991 |
| anthropogene Ausbreitung | ● | Gefäßpflanzen | CZ | Pyšek et al. 1995a |
| | ● | Gefäßpflanzen | GB | Crawley et al. 1996 |
| Feuer-Toleranz-Index | ○ | *Pinus*-Arten | global | Rejmánek & Richardson 1996 |
| | ● | *Pinus*-Arten | SAfr | Richardson et al. 1990 |
| **(d) biogeographische Merkmale** | | | | |
| weite klimatische Amplitude | ● | agrar. Unkräuter | Aus | Scott & Panetta 1993 |
| | ● | Gehölze | SO-Aus | Mulvaney 1991 |
| weite geographische Amplitude | ● | Bromus-Arten | global | Roy et al. 1986 |
| | ● | Echium-Arten | Aus | Forcella et al. 1986 |
| | ● | Gehölze | NAm | Reichard 1997 |
| | ● | Asteraceae, Poaceae | NAm | Rejmánek 1995 |
| | ● | Fabaceae | NAm | Rejmánek 1996 |
| bioklimatische Übereinstimmung im Ursprungsgebiet | ● | Gefäßpflanzen | Aus | Panetta 1993 |
| invasiv außerhalb des Ursprungs-gebietes | ● | Gefäßpflanzen | Aus | Panetta 1993 |
| | ● | agrar. Unkräuter | Aus | Scott & Panetta 1993 |
| | ● | Gehölze | NAm | Reichard 1997 |
| invasive Arten in gleicher Gattung | ● | Gefäßpflanzen | Aus | Panetta 1993 |
| | | agrar. Unkräuter | Aus | Scott & Panetta 1993 |
| zur Apophytie fähig | ● | Gefäßpflanzen | D/NAm | Starfinger 1998 |
| Unkrautstatus im Ursprungsgebiet | ● | agrar. Unkräuter | Aus | Scott & Panetta 1993 |

● = geeignet, ○ = ungeeignet; GB = Großbritannien, CZ = Tschechien, SAfr = Südafrika, NAm = Nordamerika, SO-Aus = Südostaustralien, Aus = Autralien, D = Deutschland

zungen oder auch die Länge der Anwesenheit einer Art in einem Gebiet (Rejmánek et al. 2005).

Als hilfreich hat sich die Übertragung von Erfahrungen zum Verhalten derselben Art in anderen Gebieten erwiesen. Der Vorteil des Kriteriums „invades elsewhere“ (Williamson 1999) liegt in seiner Komplexität. Es integriert die Ganzheit biologischer und kulturell bestimmter Bedingungen, also neben Art- und Umwelteigenschaften auch die Wirkung von Landnutzungen und anthropogenen Aus-

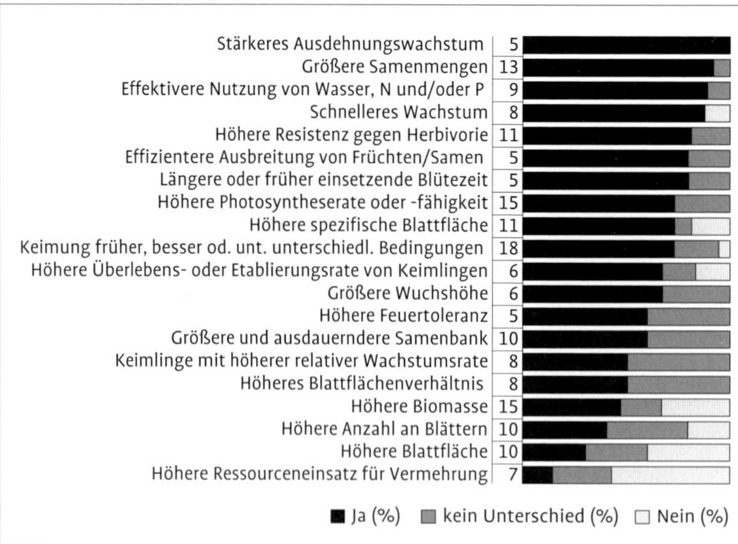


**Abb. 29** Artmerkmale, die erfolgreich Invasionspflanzen im Vergleich zu we ger erfolgreichen oder nahe verwand einheimischen Arten auszeichnen. Grundlage sind 59 Arbeiten zu insgesamt 64 nichteinheimischen Arten. D gestellt ist, zu welchem Anteil die Ar ten die verschiedenen Aussagen best gen (schwarz), widerlegen (hellgrau) oder keine Unterschiede erkennen la sen (dunkelgrau). Die Aussagen bezie hen sich auf nichteinheimische (verg chen mit einheimischen) oder auf be sonders invasive (verglichen mit wen invasiven) nichteinheimische Arten. A gegeben ist die Anzahl der Vergleichs paare (nach Pyšek & Richardson 2007

breitungsvektoren. Allerdings ist fraglich, inwieweit die Ergebnisse auch unter verschiedenen örtlichen oder regionalen Bedingungen gelten.

Erhebliche Fortschritte haben seit Mitte der 1990er-Jahre Studien erbracht, in denen Eigenschaften erfolgreicher und weniger erfolgreicher Arten miteinander verglichen worden sind. Methodisch erfolgte dies durch Vergleiche zwischen unterschiedlich erfolgreichen nichteinheimischen Arten innerhalb derselben Gattung, von einheimischen und nichteinheimischen Arten derselben Gattung oder anhand der Analyse der Arten eines größeren Gebietes (Pyšek & Richardson 2007). So konnten Rejmánek & Richardson (1996) für die Gattung *Pinus* Merkmale isolieren, die eng mit dem Invasionserfolg von Kiefern korrelieren: Invasive Kiefernarten fruchten früher als andere Kiefern, haben kleinere Samen, die über längere Zeit ausgebreitet werden können, und weisen geringere Abstände zwischen Mastjahren auf. Solche Merkmale, die Invasionen fördern oder hemmen, fasst Abb. 28 mit einigen Querbezügen zusammen. Jedoch gilt auch hier, dass weder ihr Fehlen noch Vorhandensein sichere Prognosen zulässt. Die Übersicht in Tab. 34 veranschaulicht, wie unterschiedlich gleiche Merkmale bei verschiedenen Untersuchungsobjekten zur Differenzierung erfolgreicher oder weniger erfolgreicher Invasionsarten taugen. Die Gültigkeit der Ergebnisse ist taxonomisch oder regional beschränkt. Küster et al. (2008) konnten anhand der deutschen Neophytenflora zeigen, dass die Kombination verschiedener Arteigenschaften den Invasionserfolg besser erklärt.

In ihrem Überblick zu Arteigenschaften, die häufig mit Invasionserfolg verbunden sind, analysieren Pyšek & Richardson (2007) 59 Arbeiten, in denen mehrere nichteinheimische Arten mit nahverwandten einheimischen Arten, zumeist derselben Gattung, verglichen worden sind. Abb. 29 veranschaulicht, dass sich einige Arteigenschaften bei erfolgreichen Invasionsarten deutlich häufen, in anderen Fällen jedoch nicht den Invasionserfolg erklären. In wenigen Fällen traf das Gegenteil zu.

# 6 Neophyten in mitteleuropäischen Lebensräumen

Neophyten kommen in allen Lebensräumen Europas vor, wobei die meisten eingebürgerten Arten in urban-industriellen Lebensräumen, Gärten, Grünanlagen sowie auf Äckern wachsen (Tab. 35). Solche Muster bestehen auch in einzelnen Regionen, beispielsweise in Tschechien (Chytrý et al. 2005). Abb. 30 zeigt am Beispiel Deutschlands Verbreitungsschwerpunkte von Neophyten in Ballungsräumen und großen Flusstälern. Deutlich weniger Arten kommen in Mittelgebirgen, den Alpen sowie in der durch intensive Landwirtschaft geprägten norddeutschen Tiefebene und dem Alpenvorland vor.

Auch innerhalb verschiedener Vegetationstypen variiert der Stellenwert nichteinheimischer Arten stark, wie Abb. 31 am Beispiel des Anteils von Archäophyten, Neophyten und Einheimischen in verschiedenen Vegetationstypen des Berliner Gebietes dargestellt. Während in der kurzlebigen Siedlungsvegetation und auf Äckern Archäo- und Neophyten überwiegen, sinkt ihr Anteil in der ausdauernden Ruderalvegetation auf etwa ein Drittel. Feuchtgebietsvegetation, vor allem Moore, wird dagegen eindeutig durch einheimische Arten bestimmt. Ausnahmen bestehen in Vegetationstypen mit hoher natürlicher Dynamik, häufig an Gewässerrändern. Trockenes bis frisches Grünland ist reicher an nichteinheimischen Arten als feuchtes. Der Neophytenanteil an der Forst- und Waldvegetation ist mit etwa 10 % gering und dürfte fernab von Siedlungen noch tiefer liegen (Kowarik 1988, 1995b).

Artenzahlen für verschiedene Regionen oder Lebensräume sind für den Naturschutz jedoch wenig aussagefähig, da offen bleibt, in welcher Menge die Arten tatsächlich vorkommen. Eine einzige nichteinheimische Art

**Tab. 35** Verteilung eingebürgerter nichteinheimischer Pflanzenarten auf Lebensräume in Europa mit Mehrfachnennungen (nach Pyšek et al. 2009)

| Lebensraumtyp | a) Vorkommen außereuropäischer Arten [%] | b) Vorkommen europäischer Arten [%] |
|---|---|---|
| Urban-industrielle Lebensräume | 62,1 | 64,1 |
| Äcker, Gärten, Grünanlagen | 50,3 | 58,4 |
| Wälder | 29,3 | 31,5 |
| Grünland | 26,1 | 37,4 |
| Binnengewässer | 24,6 | 20,9 |
| Binnenländische Offenstandorte | 19,9 | 23,4 |
| Heiden und Gebüsche | 19,5 | 21,8 |
| Küsten | 16,1 | 16,2 |
| Sümpfe und Moore | 11,1 | 10,4 |
| Meere | 0,7 | 0,6 |

a) Arten außereuropäischer Herkunft (100 % = 658 Arten), b) Arten europäischer Herkunft, die in einem oder mehreren europäischen Ländern als Nichteinheimische vorkommen (100 % = 1360 Arten)

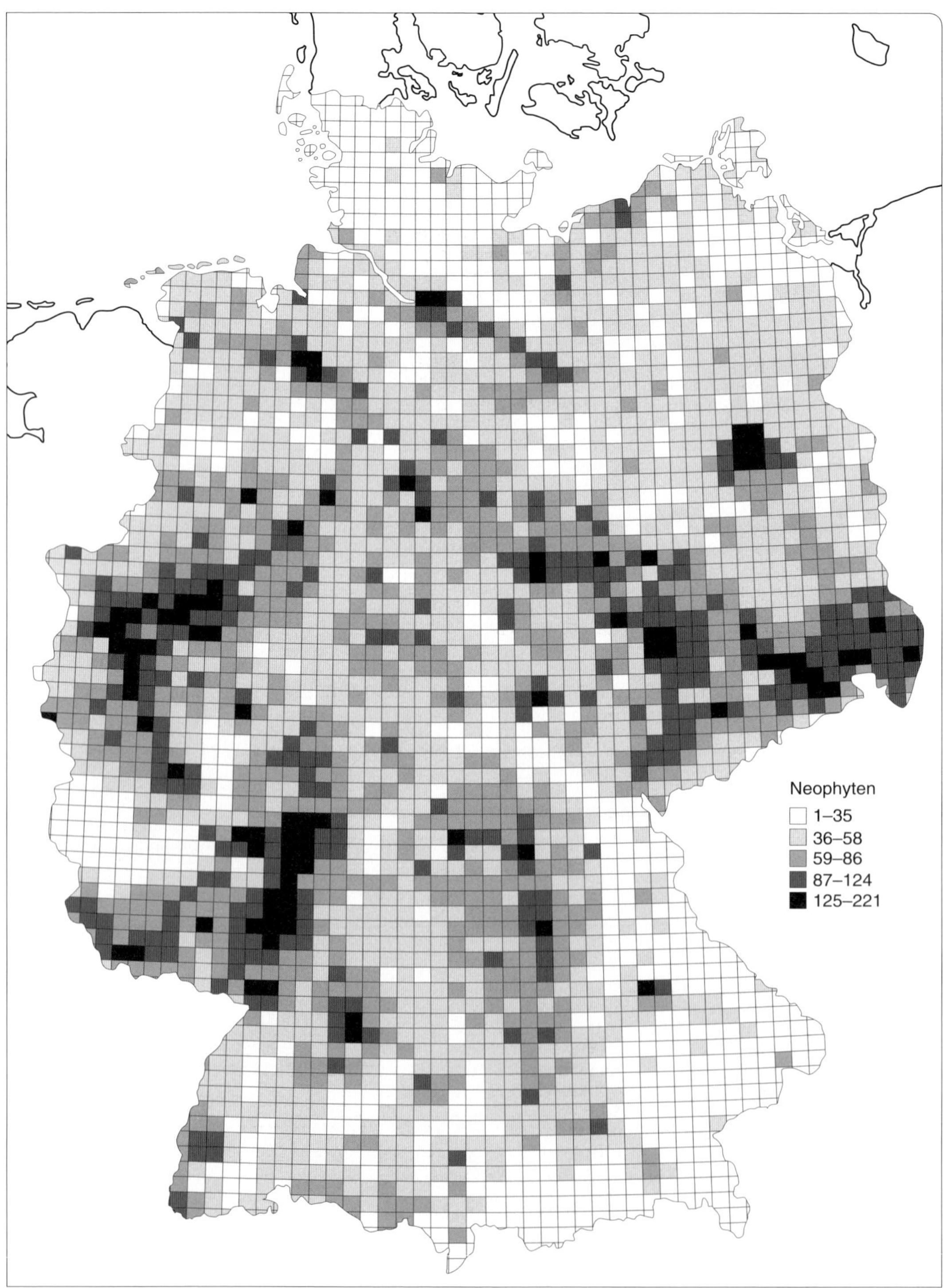


**Abb. 30** Neophyten in Deutschland (Anzahl nachgewiesener Neophyten pro Messtischblatt; Quelle: Datenbank Pflanzen, Bundesamt für Naturschutz, 2001).

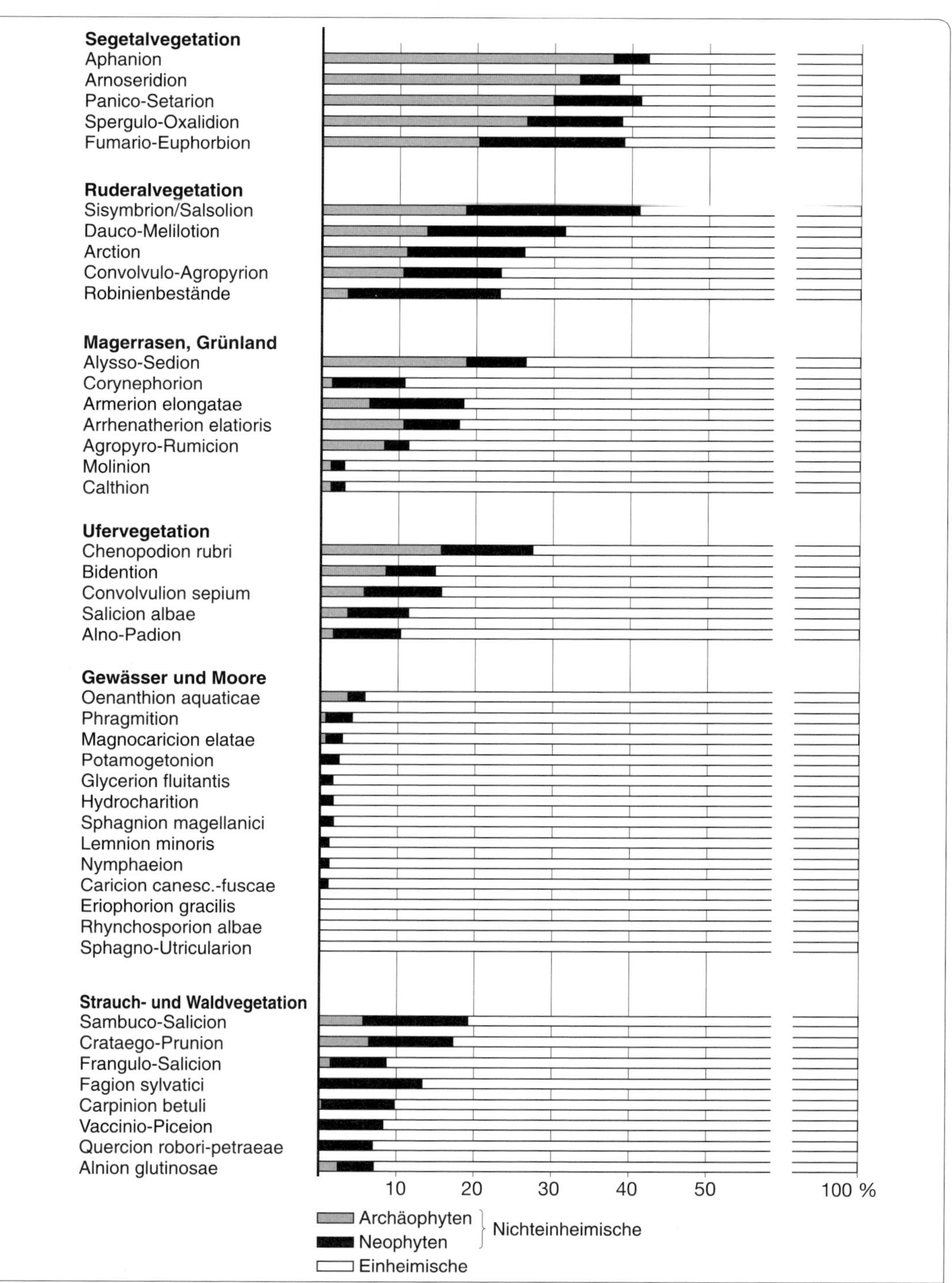


**Abb. 31** Mittlerer Anteil nichteinheimischer Pflanzenarten am Artenbestand verschiedener Vegetationstypen in Berlin. Angegeben ist der mittlere Anteil von Archäophyten, Neophyten und Indigenen in insgesamt 5136 Vegetationsaufnahmen, die pflanzensoziologischen Verbänden zugeordnet worden sind (nach Kowarik 1988, 1995b).

kann erhebliche Folgen auslösen, sofern sie in größerer Menge auftritt. Die folgende Besprechung problematischer Neophyten beschränkt sich daher nicht auf besonders neophytenreiche Lebensräume, sondern schließt beispielsweise auch Moore, Küsten und Wälder ein. Die Kapitel zu den einzelnen Arten enthalten Angaben zu Herkunft, Einführungsgeschichte, aktuellen Vorkommen sowie zu Eigenschaften, die den Erfolg der Arten erklären können. Bei der Diskussion ökologischer Auswirkungen und möglicher naturschutzfachlicher – oder anderer – Konflikte wird deutlich gemacht, dass Bewertungen immer von den zugrunde liegenden Wertvorstellungen abhängen. Diese können jedoch erheblich variieren, wie in Kap. 10.2.2 ausgeführt wird. Insofern sollen hier mögliche Probleme zunächst nachvollziehbar und diskussionsfähig werden. Objektive Wahrheiten, etwa die Trennung „gefährlicher“ und „ungefährlicher“ Arten, kann eine solche Diskussion nicht erbringen. Vielmehr soll sie zur differenzierten Auseinandersetzung mit dem Einzelfall anregen.

## 6.1 Urbanindustrielle Lebensräume

Städte sind besonders reich an nichteinheimischen Pflanzen. Dies zeigt bereits der europaweite Vergleich verschiedener Lebensraumtypen in Tab. 35. Der Anteil von Neophyten am Artenbestand steigt mit der Siedlungsgröße und kann im Inneren mitteleuropäischer Großstädte 40 bis 50 % erreichen (Kunick 1982). Für Berlin und Basel wurden über Tausend Neophyten festgestellt, und für das deutlich kleinere Salzburg gut 700 Arten (Brodtbeck et al. 1997, Prasse et al. 2001, Pilsl et al. 2008). Die meisten darunter sind allerdings unbeständig und selten. Nichteinheimische Arten können sämtliche Entwicklungsstadien der städtischen Vegetation prägen, von frischen Pionierstandorten bis zu älteren Stadtwäldern (Abb. 31).

Der Neophytenreichtum von Städten ist kein reiner Flächeneffekt, wie die unterschiedliche Zunahme von Neophyten in städtisch und ländlich geprägten Rasterfeldern zeigt (Abb. 32). Zudem ist die Anzahl von

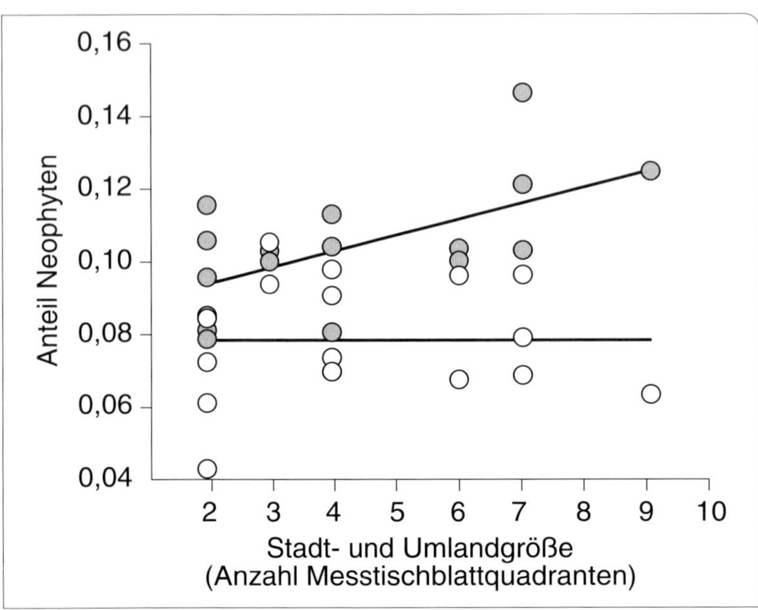


**Abb. 32** Städtische Lebensräume begünstigen Neophyten. In ostdeutschen Städten steigt der Neophytenanteil mit der Größe städtisch geprägter Aufnahmeflächen (ausgefüllte Kreise), wogegen bei Umlandflächen (offene Kreise) keine Zunahme zu verzeichnen war (Auswertung der floristischen Kartierung von Benkert et al. 1996, Original Klotz).

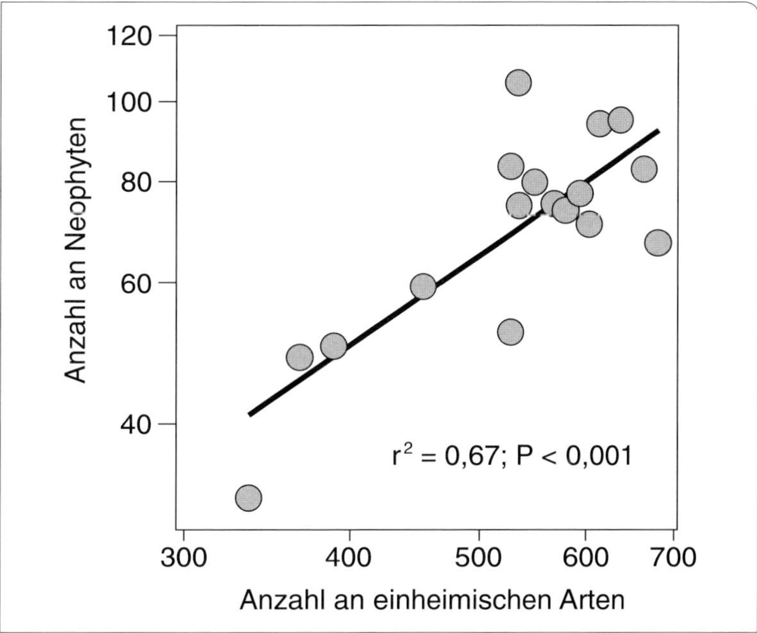


**Abb. 33** Positive Korrelation zwischen der Anzahl an Neophyten und einheimischen Arten in ostdeutschen Städten (Auswertung der floristischen Kartierung von Benkert et al. 1996; nach Brandl et al. 2001).

Neophyten und Einheimischen in Städten positiv korreliert (Abb. 33). Die hohe Präsenz von Neophyten in Städten ist demnach keine pauschale Ursache für den Rückgang anderer Arten. Interessanterweise kommen auch mehr einheimische Arten in Städten als in ihrem Umland vor, was daran liegen könnte, dass Städte bevorzugt an Orten mit einer hohen ursprünglichen Standortsvielfalt begründet wurden (Kühn et al. 2004). Allerdings können dieselben Ursachen, die Neophyten in urbanen Gebieten fördern, auch einheimische Arten begünstigen.

Neophyten werden durch ein Zusammenspiel ausbreitungsgeschichtlicher und standörtlicher Mechanismen in Städten begünstigt (Kunick 1982, Sukopp 1990, Wittig 1991, Kowarik 1995b, Pyšek 1998, Deutschewitz et al. 2003):

- Städte sind traditionelle Einführungszentren für Nutz- und Zierpflanzen, die hier über lange Zeiträume und teilweise in großen Stückzahlen kultiviert werden. Zugleich sind sie Zentren der Einschleppung nichteinheimischer Arten, da Import, Umschlag und Weiterverarbeitung von Waren sowie die Reisetätigkeit von Menschen in Städten kulminieren.
- Innerhalb von Städten werden nichteinheimische Arten in hohem Ausmaß absichtlich und unbeabsichtigt weiterverbreitet. Ein großes Artenspektrum wird angepflanzt. Die hohe Mobilität von Menschen begünstigt die Verschleppung pflanzlicher Verbreitungseinheiten. So entsteht in Städten ein besonders hohes Angebot an Diasporen nichteinheimischer Arten („propagule pressure"), das auf ein vielfältiges, räumlich heterogenes Standortmosaik trifft.
- Standorte innerhalb dieses urbanen Biotopmosaiks haben oft neuartige Eigenschaften, die in der umgebenden Landschaft ohne Entsprechung sind. So sind Wasserhaushalt, Böden und vor allem das Mikroklima stark verändert. Die städtische Wärmeinsel begünstigt beispielsweise wärmebedürftige und frostempfindliche

Arten. Bebaute Flächen und viele Substrate auf Halden, Deponien oder Aufschüttungsflächen haben oft extreme physikalische und chemische Eigenschaften. Insgesamt entsteht hierdurch eine große Vielfalt an Ressourcenangeboten für einheimische, aber eben auch für neue Arten. Intensität und Wirkungsdauer dieser Faktoren nehmen meist vom Stadtrand zum Zentrum hin zu. Dies führt zu einer fortschreitenden Überprägung von Böden, Klima, Wasserhaushalt sowie der Pflanzen- und Tierwelt. Entlang eines Stadt-Land-Gradienten nimmt der Anteil nichteinheimischer Arten meist von außen nach innen zu. So bilden in der Innenstadt Berlins Archäo- und Neophyten zusammen etwa die Hälfte des Artenbestandes, am Stadtrand knapp ein Drittel und im ländlich geprägten Spreewaldgebiet fernab der Großstadt nur noch etwa ein Fünftel (Tab. 36). Ein ähnliches Abfallen der Neophytenzahlen vom Stadtzentrum ins Umland wurde auch für Salzburg festgestellt (Pilsl et al. 2008).

Nahezu jeder städtische Lebensraum ist durch bestimmte Neophyten charakterisiert (Tab. 37), wobei die meisten Neophyten an offenen Störungsstandorten und entlang von Verkehrswegen vorkommen (Pilsl et al. 2008). Nur wenige jedoch sind in urbanindustriellen Gebieten problematisch. Andere können auch positiv bewertet werden: Das Beispiel von Neophyten auf Ruderalflächen veranschaulicht positive Funktionen für den Naturhaushalt (siehe Kap. 6.1.1), das der Grünanlagen die kulturhistorische Bedeutung mancher Neophyten (siehe Kap. 6.1.2).

### 6.1.1 Ruderalflächen

Urbanindustrielle Ruderalflächen (*lat.* rudera = Schutt, Trümmer) und andere anthropogene Sonderstandorte sind häufig erheblich wärmer und trockener als naturnahe Standorte, haben auffallend hohe oder niedrige pH-Werte oder sind toxisch belastet (Sukopp 1990, Rebele & Dettmar 1996). Dies kann Pflanzen aus wärmeren Gebieten Konkurrenzvorteile gegenüber einheimischen Arten verschaffen. Neophyten prägen insbesondere die **Erstbesiedlung** urbanindustrieller Brach-

**Tab. 36** Zunahme nichteinheimischer Arten entlang eines Stadt-Land-Gradienten. Angegeben sind Anteile indigener, archäophytischer und neophytischer Arten am Artenbestand verschiedener Stadtzonen Berlins (Kunick 1982) und naturnaher brandenburgischer Gebiete (Klemm 1975). Zusätzlich ist der Anteil an Berliner Rasterflächen mit Götterbaum-Vorkommen *(Ailanthus altissima)* angegeben (Böcker & Kowarik 1982); langjähriges Mittel der Lufttemperatur für Berlin (1961–1980) aus Umweltatlas (1985), für Dahme und Spreewald aus Klimaatlas (1953)

| | Archäophyten [%] | Neophyten [%] | Archäo- & Neophyten [%] | indigene Arten [%] | Götterbaumvorkommen [%] | Jahresmittel d. Lufttemperatur [°C] |
|---|---|---|---|---|---|---|
| **Berlin** | | | | | | |
| geschlossene Bebauung | 15,2 | 34,6 | 49,8 | 50,2 | 92,2 | > 10,5 |
| aufgelockerte Bebauung | 14,1 | 32,8 | 46,9 | 53,1 | 46,1 | 10–10,5 |
| innere Randzone | 14,5 | 28,9 | 43,4 | 56,6 | 24,8 | 9,5–10 |
| äußere Randzone | 10,2 | 18,3 | 29,5 | 71,5 | 3,2 | 8,5–9,5 |
| **Brandenburg** | | | | | | |
| Dahme | 10,6 | 11,0 | 21,6 | 78,4 | – | 8–9 |
| Spreewald | 10,4 | 10,3 | 20,7 | 79,3 | – | 8–9 |

## Ausbreitung einiger Neophyten auf Ruderalflächen

Auf Stuttgarter Trümmern hat sich in der Nachkriegszeit der ostasiatische Sommerflieder (*Buddleja davidii*) „meteorartig" ausgebreitet (Kreh 1952). Ähnlich war es bei *Galinsoga ciliata* und bei *Chenopodium botrys, Ailanthus altissima, Acer negundo* u.a. in Berlin. *Conyza canadensis, Sisymbrium loeselii, Atriple × sagittata, Tripleurospermum inodorum* sowie die Archäophyten *Lactuca serriola, Melilotus alba, M. officinalis* u. a. sind Pioniere auf Halden und anderen Aufschüttungen. Neophyten zählen auch zu den Erstbesiedlern von Eisenbahnflächen (z. B. *Canyza canadensis, Matricaria discoidea*). Ältere Sukzessionsstadien werden oft von *Solidago canadensis* dominiert. Auch *Robinia pseudoacacia* kann als Erstbesiedler auftreten. Auf Flächen des Braunkohlentagebaus ist das Kaktusmoos (*Campylopus introflexus*) einer der ersten Pioniere.

flächen, Müllkippen, Deponien, Halden und brachgefallener Bahnanlagen (Abb. 31). Siedlungsferne Halden, Tagebau- und andere Abbaugebiete werden dagegen meist langsamer und überwiegend durch einheimische Arten besiedelt (z. B. Prach & Pyšek 1994).

Im Ruhrgebiet kommen nach Dettmar (1992) viele Neophyten schwerpunktmäßig in industriell geprägten Stadtgebieten vor (z. B. *Chenopodium botrys, Hordeum jubatum, Dittrichia graveolens, Puccinellia distans, Salsola kali*) oder sind sogar ausschließlich an Industrieflächen gebunden (z. B. *Apera interrupta, Oenothera chicaginensis, O. rubricaulis*). Der Klebrige Alant (*Dittrichia graveolens*) veranschaulicht mögliche positive Funktionen von Neophyten auf Extremstandorten. Die mediterrane Art besiedelt vornehmlich Bergehalden und planiertes Bergematerial auf Zechenbrachen, seltener auch Salzstellen an Kaliminen, Schlacken, Asche und Sand. Das Bergematerial ist ausgesprochen arm an Nährstoffen und Feinerde und wird im Sommer wegen seiner dunklen Farbe bis zu 60 °C aufgeheizt. Vom Frühjahr zum Hochsommer vollzieht sich ein oft extremer Wechsel zwischen Vernässung und Austrocknung. Bevor sich *Dittrichia* nach 1980 massenhaft auszubreiten begann, waren solche Standorte jahrelang vegetationsfrei. *Dittrichia* leitet ihre Belebung ein, indem sie Aufheizung und Stauberosion begrenzt und mit der Ansammlung organischer Substanz die weitere Vegetationsentwicklung fördert (Dettmar & Sukopp 1991). Sie ist auch für die Tierwelt nutzbar, ebenso wie *Senecio inaequidens* und *Buddleja davidii*, zwei weitere charakteristische Pionierpflanzen des Ruhrgebietes (siehe Kap. 7.2.2.1). *Dittrichia graveolens* breitet sich auch an Autobahnrändern aus (Nowack 1993, Radkowitsch 1996, Stöhr et al. 2009).

Das Aufkommen neuer Neophyten hat immer wieder zur Entstehung neuartiger urbaner Lebensgemeinschaften geführt. So bildeten sich in Leipzig nach 1900 das Atriplicetum nitentis und Descuraino-Atriplicetum oblongifoliae, nach 1918 das Sisymbrietum loeselii, nach 1950 das Chenopodietum stricti und nach 1960 bzw. 1970 *Artemisia tournefortiana*- und *Kochia scoparia*-Gesellschaften (Gutte 1986). Im Ruhrgebiet sind neue Lebensgemeinschaften mit *Dittrichia graveolens* und *Senecio inaequidens* entstanden. In Essen prägen Neophyten 55 von insgesamt 262 Pflanzengemeinschaften (Reidl & Dettmar 1993).

Im Verlauf der **Sukzession** werden nichteinheimische Arten meist von konkurrenzstärkeren einheimischen abgelöst (Abb. 31): Archäo- und vor allem Neophyten dominieren zu 60 % den Artenbestand der einjährigen Pioniervegetation (Sisymbrion). Schon in der von zweijährigen Arten geprägten Folgevegetation (Dauco-Melilotion) kommen meist mehr einheimische als nichteinheimische Arten vor, und im von ausdauernden Stauden

**Tab. 37** Typische Neophyten urbanindustrieller Lebensräume

| | | Herkunft | typische Lebensräume | Quellen |
|---|---|---|---|---|
| **Verkehrsflächen** | | | | |
| *Eragrostis minor* | Kleines Liebesgras | S-Europa | Mosaiksteinpflaster | Küsel 1968 |
| *Hordeum murinum* | Mäusegerste | S-Europa | Straßenränder, Baumscheiben | Hard & Kruckemeyer 1990, Wittig 1995, Hard 1998 |
| *Amaranthus albus* | Weißer Fuchsschwanz | M-Amerika | Bahnflächen | Passarge 1988, Brandes 1983a, b, 1993 |
| *Corispermum leptopterum* | Geflügelter Wanzensame | O-Europa | Verkehrsflächen, ruderalisierte Sandflächen | Köck 1986, 1988, Passarge 1988, Langer 1995 |
| *Salsola kali* subsp. *ruthenica* | Salz-Melde | EurAs | Bahnflächen | Gutte 1972, Brandes 1993 |
| *Bunias orientalis* | Orientalische Zackenschote | O-Europa | Straßenränder | Walter 1982, Heinrich 1985, Steinlein et al. 1996 |
| *Puccinellia distans* | Salzschwaden | Küsten | salzbelastete Straßenränder | Seybold 1973, Krach & Koepf 1980, Dettmar 1993 |
| *Senecio inaequidens* | Schmalblättriges Greiskraut | O-Afrika | Autobahnränder, Ruderalflächen | Werner et al. 1991, Ernst 1998, Heger & Boehmer 2005 |
| *Buddleja davidii* | Sommerflieder | O-Asien | Eisenbahn-, Brachflächen | Kreh 1952, Koster 1991, Schmitz 1991, Dettmar 1992, Wittig 2008 |
| **Brachflächen** | | | | |
| *Sisymbrium loeselii* | Lösels Rauke | N-Amerika | offene Ruderalstellen | Gutte 1972 |
| *Conyza canadensis* | Katzenschweif | N-Amerika | offene Ruderalstellen | Gutte 1972 |
| *Chenopodium botrys* | Klebriger Gänsefuß | W-Asien, S-Europa | offener Trümmerschutt, Sand, Kies, Kohlengrus | Bornkamm & Sukopp 1971, Sukopp 1971, Dettmar & Sukopp 1991 |
| *Dittrichia graveolens* | Klebriger Alant | S-Europa | Bergematerial | Gödde 1984, Dettmar 1992, Radkowitz 1996 |
| *Solidago canadensis* | Kanadische Goldrute | N-Amerika | ältere Ruderalflächen | Rebele 1986, Cornelius 1990a, b, Adolphi 1995 |
| *Robinia pseudoacacia* | Robinie | N-Amerika | ältere Ruderalflächen | Kohler & Sukopp 1964b, Kowarik 1990b, 1992b, 1996b, c |
| *Ailanthus altissima* | Götterbaum | O-Asien | Ruderal-, Bebauungs-, Grünflächen | Kowarik & Böcker 1984, Gutte et al. 1987, Kramer 1995, Punz et al. 2004 |

Tab. 37 Fortsetzung

| | | Herkunft | typische Lebensräume | Quellen |
|---|---|---|---|---|
| **Grünflächen** | | | | |
| *Galinsoga ciliata* | Zottiges Franzosenkraut | S-Amerika | gehackte Beete u. ä. | Schulz 1984, Krausch 1991 |
| *Claytonia perfoliata* | Kubaspinat | | gehackte Gehölzpflanzungen | Fischer 1993a |
| *Impatiens parviflora* | Kleinblütiges Springkraut | M-Asien | Säume, Parkforste | Trepl 1984 |
| *Veronica filiformis* | Fadenförmiger Ehrenpreis | Kaukasus | Scherrasen | Müller & Sukopp 1993 |
| *Bidens frondosa* | Schwarzfrüchtiger Zweizahn | N-Amerika | Gewässerränder | Köck 1988, Keil 1999 |
| *Mahonia aquifolium* | Mahonie | N-Amerika | Hecken, Parkforste, Ruderalflächen, Stadtwälder | Kowarik 1992b, Ringenberg 1994, Adolphi 1995 |
| **Mauern** | | | | |
| *Cymbalaria muralis* | Mauer-Zimbelkraut | S-Europa | Mauern, Gebäude | Brandes 1992, Adolphi 1995 |
| *Pseudofumaria lutea* | Gelber Lerchensporn | S-Europa | Mauern | Segal 1972, Adolphi 1995 |
| **Deponien** | | | | |
| *Lycopersicon esculentum* | Tomate | Amerika | Müll, Klärschlamm | Kunick & Sukopp 1975, Hetzel & Ullmann 1995 |

bestimmten Arction sinkt der Anteil nichteinheimischer Arten auf unter 40 %. Dennoch können Neophyten auch ältere Vegetationsstadien prägen. Dies gelingt:

- auf Sonderstandorten mit andauernd geringem Konkurrenzdruck einheimischer Arten (z. B. *Cymbalaria muralis* auf Mauern, *Conyza canadensis* und *Chenopodium botrys* auf schwelenden Halden, Kosmale 1989),
- wenn Störungen die Weiterentwicklung behindern (z. B. *Buddleja*-Bestände auf herbizidbehandelten Bahnanlagen, Ebeling & Auge im Druck),
- bei Arten mit starkem klonalen Wachstum; z. B. *Solidago canadensis* auf urbanindustriellen und landwirtschaftlichen Brachen (siehe Kap. 6.2.5.3) und
- bei Bäumen, die sich wie *Robinia pseudoacacia* (siehe Kap. 6.2.5.5) lange über das Pionierstadium hinaus behaupten können.

Auch die urbanindustrielle Gehölzflora und -vegetation ist reich an nichteinheimischen Arten (Kunick 1985, Brandes 1987, Diesing & Gödde 1989, Kowarik 1992b). So wird die Gehölzvegetation Berliner Brachflächen nach etwa 40-jähriger Entwicklung immer noch zur Hälfte von nichteinheimischen Bäumen dominiert (Kowarik 1992b).

### 6.1.2 Gärten und Grünanlagen

Nichteinheimische Pflanzen haben eine lange Tradition in der Gartenkunst (siehe Kap. 4.1). Ebenso lange wirken gärtnerische Pflanzungen als Ausbreitungsquelle, allerdings mit sehr unterschiedlichen Folgen: Gärten können Ausgangspunkt biologischer Invasionen sein, aber viele verwilderte Gartenpflanzen verbleiben in der Nähe ihrer ursprünglichen Kulturorte und können als „Zeiger alter Gartenkultur“ sogar kulturhistorische Bedeutung erlangen.

#### 6.1.2.1 Gärten als Sprungbrett biologischer Invasionen?

Fast alle problematischen Neophyten wurden ursprünglich als Gartenpflanze eingeführt und über Gärten weiter verbreitet (Tab. 19). Mehrere Hundert Gartenpflanzen haben sich bereits in Mitteleuropa ausgebreitet, einige Dutzend mit problematischen Folgen. Sollten deswegen alle „Exoten“ aus Gärten and Grünflächen verbannt werden? Wohl kaum, denn die direkte Ausbreitung aus Gärten in naturnahe Bereiche außerhalb von Städten kommt vor, ist aber eher Ausnahme als Regel.

Meist ist die Ausbreitung von Gartenpflanzen eng an den Ort ihrer Kultur oder an benachbarte urbane Standorte gebunden. Solche Vorkommen können Gestaltungs- und Pflegekonzepten widersprechen. In bestimmten Situationen ist urbane Spontanvegetation, die häufig aus neuartigen Kombinationen einheimischer und nichteinheimischer Arten besteht, aber auch positiv zu würdigen. Durch natürliche Selbstbegrünung entstehen Lebensgemeinschaften, die ohne intensive gärtnerische Betreuung ökologische Funktionen erfüllen, da sie perfekt an urbane Bedingungen angepasst sind. In Berlin und auch im Ruhrgebiet wird solche Brachflächenvegetation in urbane Grünsysteme integriert und für die Bevölkerung erschlossen (Kowarik & Körner 2005).

Nur wenige Neophyten sind aufgrund ihrer spezifischen Arteigenschaften in städtischen Gebieten problematisch. Eindeutig ist dies bei Ambrosie und Herkulesstaude wegen gesundheitlicher Risiken (siehe Kap. 6.2.3.2 und 6.4.3), wogegen die Ausbreitung von Götterbaum und Ahornarten ambivalent ist (siehe Kap. 6.1.3 und 6.1.4).

Wenigen Neophyten gelingt die direkte Ausbreitung von Gärten in **naturnahe Bereiche** (zu Alpengärten siehe Kap. 6.8). Siedlungsnahe Wälder und Forste sind zwar häufig reich an Arten, die auch in Gärten angepflanzt werden (Asmus 1981, Amarell 1997, Fuchs et al. 2006). Allerdings sind dies keine zwingenden Belege für eine Ausbreitung aus Gärten, denn in vielen Fällen gelangen Gartenpflanzen nämlich durch direkte menschliche Mithilfe an naturnahe Standorte, beispielsweise über die Ablagerung von Gartenmüll. Noch größere Bedeutung haben direkte Anpflanzungen oder Ansaaten im Außenbereich, von denen sich dann eine weitere Ausbreitung vollzieht (siehe Kap. 3.3, Tab. 19 und 20).

Allerdings sorgen einige Mechanismen der Fernausbreitung dafür, dass einige Neophyten direkt aus Gärten auch Standorte fernab des Siedlungsbereiches erreichen. Im Urwaldgebiet von Białowieża ist ein gehölzreicher Landschaftspark zum Ausbreitungszentrum zahlreicher Neophyten geworden (*Sambucus racemosa*, *Acer negundo*, *A. pseudoplatanus*, *Quercus rubra* u. a., Adamowski et al. 2002). Arten mit Beerenfrüchten wie *Mahonia aquifolium*, *Prunus laurocerasus* oder *Taxus baccata* (auch Kulturformen) gelangen häufig durch Vögel in siedlungsnahe Gehölzbestände (Auge 1997, Seidling 1995, 1999, Meduna et al. 1999).

Besonders effektiv ist die Ausbreitung von Anpflanzungen im Einzugsbereich von Fließgewässern, da das Wasser pflanzliche Verbreitungseinheiten weit in die Landschaft hinaustragen kann. So konnte Schepker (1998) die mehrere Hektar großen Vorkommen von *Heracleum mantegazzianum* an einem Bach im Landkreis Göttingen auf eine einzige Gartenpflanze zurückführen, die 1982 in einem Dorf bachaufwärts wuchs (Abb. 55). Wie in anderen Gegenden, sind auch im Schwarzwald *Fallopia*-Sippen an Bächen stark verbreitet. Kretz (1994) berichtet, wie eine neue Population in einem bislang *Fallopia*-freien Tal begründet wurde: Nach ihrer Heirat nahm eine Bäuerin die ihr vertraute Gartenpflanze mit. Bald darauf war der nahe Bach unterhalb ihres Gartens vom Staudenknöterich bewachsen. Fernausbreitung durch Wasser spielt auch bei anderen Gartenpflanzen eine große Rolle, etwa bei *Impatiens glandulifera* (siehe Kap. 6.4.2) oder bei *Mimulus guttatus* (Truscott et al. 2006). Auch Gehölzsamen können auf diesem Weg von urbanen Pflanzungen ins Umland gelangen (Säumel & Kowarik 2010). Auch mit dem Kfz-Verkehr können Neophyten von Städten ins Umland transportiert werden (von der Lippe & Kowarik 2008, siehe Kap. 3.4.4).

Van der Veken et al. (2008) weisen auf einen anderen Aspekt der Ausbreitung von Gartenpflanzen hin, der in Zeiten des Klimawandels an Bedeutung gewinnen kann: Viele einheimische Arten werden weit nordwärts ihres bisherigen natürlichen Verbreitungsgebietes kultiviert. Sollte sich dieses infolge einer Klimaerwärmung nach Norden verlagern, könnten die Gartenvorkommen einen Besiedlungsvorteil für Arten erbringen, die aufgrund eingeschränkter Ausbreitungsmöglichkeiten ansonsten nicht die für sie potenziell geeigneten Gebiete erreichen können. Allerdings ist hierbei zu bedenken, dass einheimische Gartenpflanzen oft in Kulturformen gepflanzt werden. Im Zusammenhang mit der absichtlichen Ausbringung einheimischer Arten vor dem Hintergrund des Klimawandels („assisted migration") sind auch neue Invasionsrisiken zu diskutieren (Mueller & Hellmann 2008).

#### 6.1.2.2 „Zeiger alter Gartenkultur" in historischen Gärten

Selbst wenn sie aus der Mode gekommen sind, halten sich einige Gartenpflanzen Jahrzehnte bis Jahrhunderte im engeren Umfeld ihrer Kulturstellen, indem sie in Parkgehölzen, Säumen, alten Rasen, Wiesen oder an Mauern überdauern. Solche Arten sind kulturhistorisch als „Zeiger alter Gartenkultur" bedeutsam. Die älteste Schicht von Zeigern alter Gartenkultur ist an Burgen aufzuspüren, insbesondere wenn diese lange Zeit aufgegeben und von Siedlungen isoliert sind (Lohmeyer 1976, Schumacher 1994, Siegl 1998). Hier kommen viele alte Zierpflanzen, aber auch Arten wie Schierling (*Conium maculatum*), Bilsenkraut (*Hyoscyamus niger*) und Gift-Lattich (*Lactuca virosa*) vor, die u.a. als Betäubungsmittel in mittelalterlichen Operationssälen dienten (siehe Kap. 6.7, Tab. 50 und 51).

Zu Zeiten barocker „Tulipomanie" standen Zwiebelpflanzen hoch im Kurs. Einige konnten die Umwandlung der Barock- zu Landschaftsgärten überdauern und verweisen heute noch mit ihren Vorkommen in Säumen, Gebüschen und unter Einzelbäumen auf ältere Phasen der Gartenkultur. Im Biebricher Park (Wiesbaden) konzentrieren sich Milchsternarten (*Ornithogalum nutans*, *O. boucheanum*) auf die ursprünglich barocken Partien der Anlage (Nath 1990). Massenvorkommen alter Gartenpflanzen können auch heute noch den Charakter historischer Parkanlagen bestimmen, beispielsweise die Wild-Tulpe (*Tulipa sylvestris*) in Celler Anlagen (Kowarik & Wohlgemuth 2006) oder das Apennin-Windröschen (*Anemone apennina*) im Seibersdorfer Schlosspark bei Wien (Melzer & Barta 1994).

Die Spanische Ochsenzunge (*Pentaglottis sempervirens*) wurde gegen 1800 als Rarität am Schloss Dyck (Kreis Neuss) gepflanzt. Am ursprünglichen Ausbringungsort kommt sie zwar nicht mehr vor, aber dafür massenhaft in nahen, halbschattigen Parkbereichen (Moll 1990). *Ornithogalum*-Arten und *Tulipa sylvestris* sind gelegentlich auch in Obstwiesen und Weinberge verschleppt und durch Hochwässer in Auen ausgebreitet worden (Jäger 1973, 1989, Kowarik & Wohlgemuth 2006). Schroeder (1966) führt Massenvorkommen der Wild-Tulpe mit bis zu 70 000 Exemplaren auf einer Wiese bei Nienberge auf gärtnerische Anpflanzungen einer Hofanlage des 17. Jahrhunderts zurück.

In wärmeren Gegenden kennzeichnen die gelben Blüten von Goldlack (*Cheiranthus cheiri*) und Färber-Waid (*Isatis tinctoria*) weithin viele Burgberge. *Isatis* stammt ursprünglich aus Steppengebieten Osteuropas und war als Lieferant blauen Farbstoffes (Indigo) lange in

### „Stinsenplanten" oder „Zeiger alter Gartenkultur"

Die Überdauerungsfähigkeit von Gartenpflanzen war schon den „Parkbotanikern" der 19. Jahrhunderts bekannt (z. B. Büttner 1883, Bolle 1887). Seit den 1950er Jahren werden solche Arten in den Niederlanden „Stinsenplanten" (unterschiedlich geschrieben) bezeichnet. „Stins" ist ein Steinhaus, das in Friesland zu einer Burganlage gehört und in dessen Umfeld bestimmte Artenkombinationen aufgefallen sind. Stinsenplanten sind nach Bakker (1986) Arten, „die innerhalb eines bestimmten Gebietes in ihrer Verbreitung beschränkt sind auf Wasserburgen, Schlossparke, Landsitze (Gutsparke), alte Bauernhöfe, Gärten und verwandte Standorte wie Friedhöfe, Bastionen und Stadtwälle. Es sind Arten und Varietäten mit auffälligen Blüten, die vorher als Zierpflanzen in Gärten und Parken ausgepflanzt wurden und anschließend verwildert und eingebürgert sind. Bestimmte Arten können sich aber auch spontan aus der Umgebung angesiedelt haben." Da der inhaltliche Zusammenhang mit der „Stins", einer friesischen Burganlage, schwach ist, ist es sinnvoller, das gartenhistorisch so wichtige Phänomen im Kern zu bezeichnen und solche Arten „Zeiger alter Gartenkultur" zu nennen (Kowarik 1998). Hiermit sind Pflanzen gemeint, die durch vergangene Gartenkultur absichtlich oder unabsichtlich gefördert worden sind und im engen räumlichen Kontext zu den ursprünglichen Orten ihrer Kultur überdauern.

Kultur. Caesar berichtet, dass sich die Britannier im Krieg gegen die Römer mit Hilfe von *Isatis* eine Furcht erregende Kriegsbemalung zugelegt hätten. In Deutschland wurde *Isatis* seit dem hohen Mittelalter schwerpunktmäßig in Thüringen angebaut. Nach der Entdeckung des Seeweges nach Indien (1560) wurde sie durch importierten Indigo (aus Indigostrauch = *Indigofera*) teilweise und Ende des 19. Jahrhunderts, mit der synthetischen Herstellung von Indigo, endgültig als Kulturpflanze verdrängt. Heute kommt Färber-Waid in wärmebegünstigten Gebieten auch auf Felsen, an Böschungen und in Weinbergen vor, besonders häufig im Kaiserstuhl (Wilmanns & Kobel-Lamparski 2008).

In Landschaftsgärten mit ihren weiten Sichten gab es neue Einsatzmöglichkeiten für höher wüchsige Stauden. Hierzu zählte neben *Fallopia sachalinensis* auch *F. japonica*, die noch 1879 in der englischen Gartenliteratur wegen ihres starken Wuchses hoch gelobt wurde (Salisbury 1961). Anders als die Staudenknötericharten, die wegen ihrer starken Fernausbreitung nicht mehr auf die alte Gartenkultur verweisen, sind Telekie (*Telekia speciosa*) und Milchlattich (*Cicerbita macrophylla*) noch weitgehend an Landschaftsgärten gebunden (Knapp & Hacker 1984, Sauerwein 1998).

Landschaftsgärten sind durch große, häufig neu angelegte Wiesen gekennzeichnet. Das Saatgut kam meist aus dem überregionalen Samenhandel, um den großen Bedarf und auch besondere Ansprüche zu erfüllen, beispielsweise nach Schattengräsern unter Baumgruppen. Mit den Sämereien wurden auch Gräser und Kräuter unbeabsichtigt verschleppt. Diese „**Grassamenankömmlinge**" bilden eine besondere Gruppe der Zeiger alter Gartenkultur (Tab. 38).

Hylander (1943) hat Grassamenankömmlinge systematisch in schwedischen Parks untersucht. Er fand Artengruppen, die auf die Herkunft des Saatgutes und den Anlagezeitpunkt der Rasenflächen schließen lassen. Einige dieser Arten konnten auch in Deutschland nördlich der Mittelgebirge nachgewiesen werden (Tab. 38). Gruppe I enthält überwiegend Arten trockener Wiesen, deren Saatgut von Südostfrankreich und der westlichen Schweiz weit nach Norden verbreitet wurde. Aus Gruppe II mit Arten ungewisser Herkunft kommt im Potsdamer Raum nur *Thlaspi alpestre* vor. Weit verbreitet sind die Wald- und Schattenpflanzen der Gruppe III, deren Saatgut meist aus Mittel- und Süddeutschland kam. Die Gruppe II und III fehlen im Dahlemer Botanischen Garten, denn er entstand 1897 bis 1903, und damit nach der Perfektionierung der Saatgutreinigung in den 1890er-Jahren. Dass Gruppe III nicht mehr im Berliner Tiergarten vorkommt, liegt an dessen Zerstörung, Neuanlage und starker Nutzung in der Nachkriegszeit.

Um die Blühaspekte von Rasen und Wiesen zu steigern, wurden auch attraktive Frühjahrs- (z. B. *Galanthus nivalis*, *Scilla siberica*, *Tulipa sylvestris*) oder Sommerblüher eingebracht (z. B. *Campanula glomerata*, *Polemonium caeruleum;* von Krosigk 1998). Mit Hochwasser konnten Zwiebeln einiger Geophyten weiter ausgebreitet werden (z. B. *Tulipa* in der Alleraue oder *Galanthus* im Erzgebirgsvorland, Kowarik & Wohlgemuth 2006, Kosmale 1981a).

Auch im 20. Jahrhundert fördert der Samenhandel den überregionalen Austausch von Gräsern und Kräutern. Es sind jedoch andere Arten, die heute aus überseeischen Gebieten, wie beispielsweise *Achillea lanulosa* aus Nordamerika, eingeführt werden (siehe Kap. 3.3.1.4). Besonders auffällig ist der aus dem Kaukasus stammende Fadenförmige Ehrenpreis (*Veronica filiformis*), der ausschließlich vegetativ verschleppt wird und – an Scherblättern und Maschinenteilen haftend – in der Spur des motorisierten Rasenmähers Einzug in die modernen Grünanlagen gehalten hat (Müller & Sukopp 1993).

**Tab. 38** Grassamenankömmlinge als Zeiger alter Gartenkultur in historischen Parkanlagen Berlins und Potsdams (nach Sukopp 1968, Peschel 1999). Die Einteilung nach der Herkunft des Saatgutes folgt Hylander (1943), ist aber nicht immer eindeutig (siehe Peschel 1999)

| | Park Sans-soussi | Park Babels-berg | Großer Tier-garten | Pfauen-insel | Klein-Glienicke | Schlossp. Charlot-tenburg | Botan. Garten Dahlem |
|---|---|---|---|---|---|---|---|
| **Französische Gruppe (Gruppe I)** | | | | | | | |
| *Bromus erectus* | ● | | ○ | ● | ● | ● | ● |
| *Trisetum flavescens* | ● | | | ● | ● | ● | ● |
| *Arrhenatherum elatius* | ● | ● | ● | ● | ● | ● | ● |
| *Sanguisorba minor* | | | ● | | | ● | |
| *Galium pumilum* | | | ○ | ● | | | |
| *Leontodon saxatilis* | | | | ● | | ○ | ● |
| *Crepis nicaeensis* | ● | | | | | ○ | |
| **Deutsche Gruppe (Gruppe III)** | | | | | | | |
| *Poa chaixii* | ● | ● | ○ | ● | ● | ● | |
| *Luzula luzuloides* | ● | ● | ○ | ● | ● | | |
| *Dactylis polygama* | ● | | | ● | ● | | |
| *Teucrium scorodonia* | ○ | ● | ○ | ○ | | | |
| *Festuca heterophylla* | ● | | ○ | | | | |
| *Phyteuma nigrum* | ● | | ○ | | | | |
| *Myosotis sylvatica* | ● | | | ● | ● | | |
| *Hieracium glaucinum* | ● | | | | ● | ● | |
| **unsichere Provenienz (Gruppe II)** | | | | | | | |
| *Thlaspi alpestre* | ● | ● | | | ● | | |

● Funde nach 1960, ○ nur ältere Funde

Eine weitere Fallgruppe der Zeiger alter Gartenkultur sind Pflanzen, die in aufgelassenen Siedlungen, **Wüstungen**, Jahrzehnte bis Jahrhunderte überdauern, selbst wenn die Standorte inzwischen wieder bewaldet sind. Hierzu gehört das Immergrün (*Vinca minor*), das beispielsweise in der Wittstocker Heide auf mittelalterliche Wüstungen weist (Krausch nach Lohmeyer & Sukopp 1992). Übersichten von Zeigern alter Gartenkultur bieten Bakker & Boeve (1985), Bakker (1986), Nath (1990), Fischer (1993b, 1997), Gregor (1993), Poppendieck (1996b) und Peschel (2000).

### 6.1.3 Götterbaum (*Ailanthus altissima*)

**Einführung und Verwendung**: Das ursprüngliche Verbreitungsgebiet des Götterbaumes umfasst große Teile Chinas bis hin zum nördlichen Vietnam (Abb. 4). In China wird *Ailanthus* seit langem in der Volksmedizin, als Holzlieferant und zur Ernährung von Seidenraupen genutzt. Seine Kulturgeschichte in der westlichen Welt begann mit einer Verwechslung: Gegen 1740 schickte der Jesuit Pierre d'Incarville Samen nach Paris in der Hoffnung, hiermit den Europäern den Lackbaum (*Rhus verniciflua*) verfügbar zu machen, dessen Saft zur Herstellung von Lackmöbeln gebraucht wurde. Trotz anfänglicher Enttäuschung fand der Götterbaum als dekorativer Zierbaum rasch in der Alten wie Neuen Welt Verbreitung. 1751 wurde er in London, 1780 in Berlin und wenig später schon in Philadelphia (1784) kultiviert. Wegen der exotischen Anmutung seines Laubes und seiner Stadthärte, Unempfindlichkeit gegenüber Luftverunreinigungen und Resistenz gegenüber Insekten wurde er im 19. Jh. zum beliebten Stadtbaum (siehe Kasten in Kap. 4.2.1). In wärmeren Gebieten, beispielsweise in Ungarn, wurde *Ailanthus* auch forstlich und gelegentlich zum Erosionsschutz genutzt. In Norditalien und Frankreich wurden Götterbaum-Plantagen angelegt, um mit dem 1856 aus China eingeführten Ailanthus-Spinner (*Samia cynthia*) Seide zu produzieren. Diese Versuche erlagen jedoch mit der Einführung der Kunstseide. Götterbaum-Honig riecht zunächst wenig gut, ist aber wohlschmeckend. Die Inhaltsstoffe von *Ailanthus* sind für die pharmakologische Forschung von großer Bedeutung (nach Kowarik & Säumel 2007).

**Aktuelle Vorkommen:** Sekundäre Götterbaum-Vorkommen bestehen heute weltweit in Gebieten mit mediterranem und gemäßigtem Klima (Abb. 4). In Europa kommt *Ailanthus* im Mittelmeergebiet und in den wärmsten Gebieten Mittel- und Südosteuropas auf einem breiten Standortspektrum vor, das neben urbanen Lebensräumen auch naturnahe Auen, Trockenwälder, Magerrasen und Felsstandorte umfasst (Kowarik 1983b, Gutte et al. 1987, Arnaboldi et al. 2002, Udvardy 2008a). Weiter nach Norden ist *Ailanthus* zunehmend an wärmebegünstigte Stadtstandorte gebunden und hat Verbreitungsschwerpunkte im Inneren großer Städte, wie die Beispiele Wien (Punz et al. 2004) und Berlin (Abb. 34, Tab. 36) zeigen. *Ailanthus* gehört in Berlin, wie in vielen Großstädten weltweit, zu den häufigsten nichteinheimischen Gehölzarten auf innerstädtischen Brachflächen, in Grünanlagen, an Verkehrswegen, Mauern und Gebäuden (Kowarik & Böcker 1984). In der Spandauer Vorstadt waren *Ailanthus*-Jungpflanzen zwar weniger zahlreich als die von Berg- und Spitz-Ahorn, wuchsen aber häufiger in die Strauch- und Baumschicht auf, sodass spontane Götterbäume hier Stadtbild prägend sind (Kowarik & Säumel 2007). Seit wenigen Jahren vollzieht sich eine Ausbreitung entlang von Autobahnen ins Berliner Umland, was eine Folge der Klimaerwärmung sein kann.

Im Rheintal, aber besonders in noch wärmeren Gebieten Europas wachsen größere Populationen auch an siedlungsfernen Straßen und Eisenbahnen und dringen in naturnahe Lebensgemeinschaften ein. In Österreich kommt der Götterbaum beispielsweise häufig im Donau-Nationalpark vor, insbesondere auf den trockenen Heißländen, aber auch im Auwald (Drescher et al. 2005, Ließ & Drescher 2008). Hier und in Ungarn dringt er zunehmend auch in Halbtrockenrasen und Lebensräume der Steppe ein (Udvardy 2008a, Wiesbauer 2008).

**Erfolgsmerkmale**: Der Götterbaum ist ein typischer Pionierbaum, dessen Erfolgsrezept in der Kombination eines schnellen Wachstums, besonders effektiver generativer und vegetativer Vermehrung und einer breiten standörtlichen Amplitude besteht (Kowarik & Säumel 2007). Weibliche Bäume können schon nach 3–5 Jahren fruchten. (*Ailanthus* ist zweihäusig, da Staubblätter, die gelegentlich in weiblichen Blüten erscheinen, keine fertilen Pollen haben.) Ein etwa 8 Meter hoher Baum produziert jährlich bis zu 325 000 **Früchte**, die als Wintersteher über einen langen Zeitraum mit dem Wind ausgebreitet werden, manchmal sogar bis zum Sommer des Folgejahrs (Bory & Clair-Maczulajtys 1980). Die leicht spiralig gedrehten, doppelt geflügelten Früchte werden meist weniger als 200 Meter durch Wind (Landenberger et al. 2007), aber über deutlich größere Entfernungen mit fließendem Wasser aus-

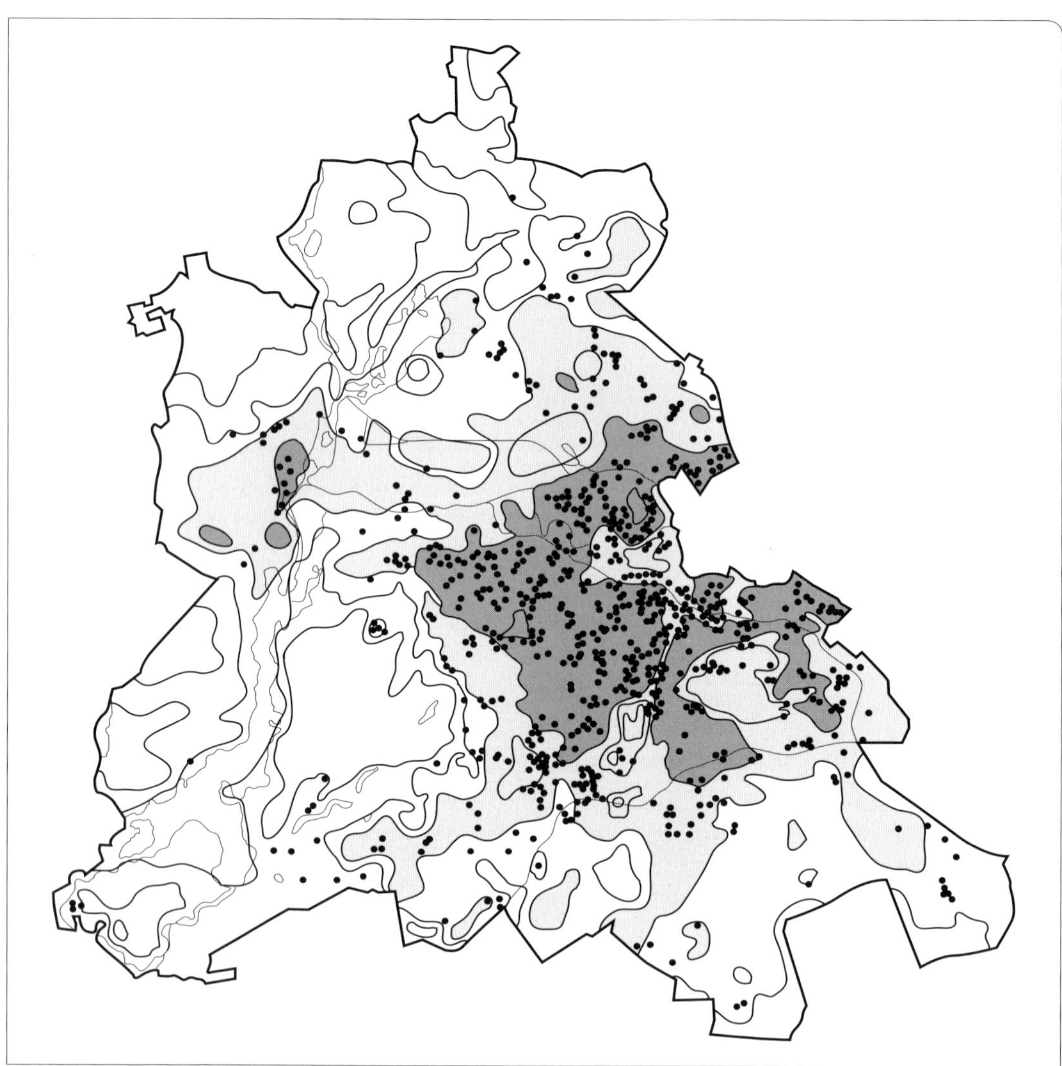

**Abb. 34** Der aus Ostasien stammende Götterbaum (*Ailanthus altissima*) als charakteristischer Stadtbaum. Dargestellt ist die weitgehende Bindung der wild wachsenden Vorkommen an die überwärmten Gebiete der westlichen Berliner Innenstadt. Die Jahresmittelwerte der Temperatur betrugen 1982 in Zone 6 (Innenstadt, dunkel dargestellt) 11,3 °C, in der angrenzenden Zone 5 (grau dargestellt) 10,5 °C sowie in Zone 1 (äußerer Stadtrand) 8,1 °C; Zone 1 bis 4 sind nicht differenziert (Kowarik & Böcker 1984).

gebreitet (Kowarik & Säumel 2008, Kaproth & McGraw 2008). So wurden Götterbaumfrüchte innerhalb von nur drei Stunden trotz regen Schiffsverkehrs über 1 200 Meter mit der Spree durch das Berliner Stadtzentrum transportiert (Säumel & Kowarik 2010). Entlang von Straßen können auf den Boden gefallene Früchte mit dem Wind sekundär weiter transportiert werden (mindestens 150 Meter, Kowarik & von der Lippe 2006). Auch Autos transportieren Götterbaum-Früchte (von der Lippe, mündlich).

*Ailanthus* meidet nasse Böden, wächst aber ansonsten auf nahezu allen Standorten. Die Samen bleiben etwa ein Jahr lang keimfähig. Zur **Keimung** benötigt *Ailanthus* offene, konkurrenzarme und helle Standorte. Ein Aufenthalt von 3 Tagen im Wasser erhöht die Keimungsquote, aber auch bis zu drei Wochen mit Wasser transportierte Samen sind noch keimfähig (Kowarik & Säumel 2008), was die Ausbreitung in Auen begünstigt. Unter allen Bäumen in Europa hat *Ailanthus* das stärkste **Höhenwachstum**. Auf nährstoffreichen, sonnigen und konkurrenzarmen Standorten können Keimlinge bis zu einem Meter hoch werden, und über einen Zeitraum von 10 bis 20 Jahren kann jährlich ein weiterer Meter hinzukommen. Bei älteren Bäumen oder solchen, die auf sehr trockenen oder schattigen Standorten stocken, ist der jährliche Höhenzuwachs jedoch wesentlich geringer. Während im Mittelmeergebiet die Bäume selten über 12 Meter groß werden, können sie auf guten Standorten im gemäßigten Klima Höhen von mehr als 20 Meter erreichen. Der älteste und höchste bekannte Baum wuchs in der Plittersdorfer Aue in Bonn und war 130-jährig 30 Meter hoch (nach Kowarik & Säumel 2007).

*Ailanthus* ist hervorragend zur **vegetativen Vermehrung** durch Wurzelsprosse und Stockausschlag fähig. Wurzelsprosse erscheinen nach einigen Jahren – selbst im schattigen Unterwuchs ungestörter Bestände – und werden durch mechanische Beschädigungen des Stammes stark stimuliert. Hierdurch entstehen große klonale Populationen, die an Verkehrswegen oft bandförmig aufgebildet sind. Nach dem Rückschnitt von 21, bis vier Meter hohen Ausgangspflanzen auf einem urbanen Standort in Hannover stieg die Sprosszahl im Folgejahr auf 551. Zwei Drittel davon waren Wurzelsprosse, der Rest Stammausschläge. Stockausschläge können bis zu drei Meter im Jahr wachsen und weit über einen Meter (maximal 1,67 m) lange Blätter tragen. Im Versuch wurde auch eine Bewurzelung vegetativer Sprossteile festgestellt (nach Kowarik & Säumel 2007).

Schon im 19. Jh. war die besondere **Stadthärte** des Götterbaumes bekannt. Er erträgt die meisten Luftverunreinigungen, wird kaum durch Insekten geschädigt (vgl. Kap. 9.1.1) und ist besonders wärme- und dürretolerant. Klimakammerversuche haben gezeigt, dass *Ailanthus* durch höhere Temperaturen stark begünstigt wird. Er wächst deutlich stärker als *Acer negundo* und *A. platanoides* und passt sich morphologisch sehr plastisch an veränderte Bedingungen an. So wird bei erhöhter Temperatur deutlich mehr Biomasse als bei den Vergleichsarten in die Wurzeln investiert. Dies kommt der Wasserversorgung in trocken-warmen Gebieten sowie auf Stadtstandorten zugute, da diese häufig nicht nur überwärmt, sondern auch besonders trocken sind. Allerdings haben die Versuche auch die Achillesferse des Götterbaumes deutlich gemacht. Kühlere Bedingungen führten zu starken Wachstumseinbußen und beeinträchtigten seine Vitalität erheblich. Dies trägt zur Erklärung seines Verbreitungsschwerpunktes in überwärmten Innenstädten Mitteleuropas vor. **Fröste** auch unter -20 °C werden zwar ertragen, sind jedoch mit starkem Zurückfrieren und verminderter Vitalität verbunden. Ein Ausbringungsversuch entlang eines Stadt-Land-Gradienten in Hannover veranschaulicht den positiven Einfluss der städtischen Wärmeinsel (Abb. 35): In der Innenstadt sind Frostschäden im Vergleich zum Umland vermindert, das Höhenwachstum ist dagegen signifikant erhöht (nach Kowarik & Säumel 2007).

**Problematik**: In Deutschland sind die urbanen *Ailanthus*-Vorkommen ebenso wie die wenigen in naturnaher Umgebung (z. B. auf Felshängen des Mittelrheins, Lohmeyer 1976) bislang weitgehend unproblematisch. Dass der Götterbaum urban-industrielle Standorte vor allem dann besiedelt, wenn die Pflegein-

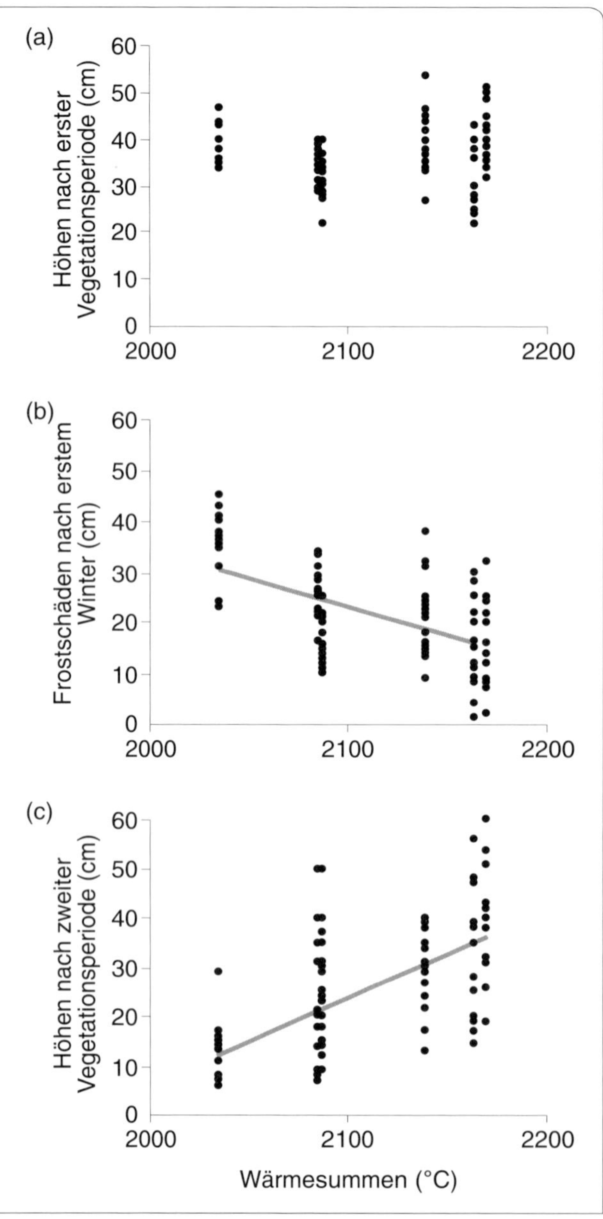


**Abb. 35** Förderung des wärmeliebenden Götterbaumes (*Ailanthus altissima*) auf klimatisch begünstigten Standorten. Im Großraum Hannover wurde ein Keimungsexperiment entlang eines Stadt-Land-Gradienten durchgeführt. Im Zentrum Hannovers (Welfenplatz) betrug die Wärmesumme in der Vegetationsperiode im Jahr 1994 2170,3° am Umlandstandort Ruthe dagegen nur 2034,6 °C. Nach der ersten Vegetationsperiode gibt es keine signifikanten Unterschiede in der Größe der Keimlinge (a). Nach dem ersten Winter sind die Verluste durch ein Zurückfrieren negativ mit dem Wärmehaushalt der Standorte korreliert (b), die Höhenverteilung am Ende der zweiten Vegetationsperiode dagegen positiv (c). Dies ist als Konkurrenzvorteil für die Innenstadtpflanzen zu deuten (nach Daten von Hempel 1994 und Schneider 1995).

tensität gering ist, hat ihm in den USA den Namen „Ghetto palm“ eingebracht. Die spontane Begrünungsfunktion auf urban-industriellen Standorten kann wegen der damit verbundenen Ökosystemdienstleistungen jedoch auch positiv gesehen werden. Allerdings kann ein erhöhter Pflegeaufwand nötig werden, wenn sein Aufwuchs die Nutzung von Flächen behindert oder *Ailanthus* mit gepflanzten Gehölzen konkurriert.

In wärmeren Gebieten Österreichs und Ungarns sowie in angrenzenden Ländern ist die Ausbreitung in schutzwürdige Mager- und Felsrasen kritisch, z. B. im ungarischen Aggtelek Nationalpark (Udvardy 1999, 2008a), im österreichischen Donau-Auen-Nationalpark (Drescher et al. 2005) oder auf Trockenrasen (Wiesbauer 2008). Da der Götterbaum durch höhere Temperaturen stark begünstigt wird, ist in weiteren Teilen Mitteleuropas mit einer verstärkten Ausbreitung zu rechnen. Im Mittelmeergebiet ist auch die Besiedlung antiker Ruinen problematisch (Celesti-Grapow & Blasi 2004).

Kontakt mit Pflanzensaft hat in wenigen Fällen zu Hautschädigungen und weiteren gesundheitlichen Beeinträchtigungen geführt, sodass eine Schutzkleidung bei Bekämpfungen anzuraten ist. *Ailantus*-Pollen ist zudem allergen (Kowarik & Säumel 2007). Allerdings sind die gesundheitlichen Risiken bislang als wesentlich geringer einzuschätzen als bei anderen Neophyten (Herkulesstaude, Ambrosie). Gegen Ende der Blühperiode wird der zuvor aromatische Duft der Blüten für einige Tage lang unangenehm, was auf männliche Bäume mehr als auf weibliche zutrifft.

**Steuerungsmöglichkeiten**: Wegen seines starken Regenerationsvermögens ist *Ailanthus* sehr schwer zurückzudrängen. Keimlinge können ausgerissen werden. Die Beseitigung größerer Sprosse und das Ringeln oder Abbrennen von Stämmen stimulieren zahlreiche Stock- und Wurzelausschläge. Aus kleinsten Wurzelstücken können neue Sprosse gebildet werden. Auch wenn ältere Bestände geschnitten oder gerodet und danach mit Herbiziden behandelt werden (Glyphosat oder eine Kombination mehrerer Herbizide), erfolgt eine starke vegetative Regeneration, sodass über Jahre nachgearbeitet werden muss (Burch & Zedaker 2003, Meloche & Murphy 2006). Das unvollständige Ringeln (siehe Kap. 6.2.5.5 zur Robinie), mit dem Stämme langsam zum Absterben gebracht werden sollten, hat sich im Donauen-Nationalpark nicht bewährt (Ließ & Drescher 2008).

Angesichts der schwierigen Bekämpfung wird verstärkt nach Möglichkeiten einer biologischen Kontrolle durch Insekten und Pilzen gesucht (Sheppard et al. 2006, Schall & Davis 2009).

Wenn im städtischen Umfeld *Ailanthus*-Aufwuchs unerwünscht ist, sollten junge Pflanzen konsequent entfernt werden. Werden größere Bestände an Verkehrswegen hinderlich, sollten sie regelmäßig gemäht werden, was allerdings zur Daueraufgabe wird. In Schutzgebieten sollte das Aufkommen erster Verjüngungen wenn möglich beseitigt werden. Sind bereits etablierte Populationen vorhanden, sollte nur bekämpft werden, wenn die dafür nötigen finanziellen und personellen Ressourcen über mehrere Jahre gesichert sind. Einmalige Aktionen beschleunigen dagegen die vegetative Vermehrung der Art.

### 6.1.4 Berg- und Spitz-Ahorn (*Acer pseudoplatanus, A. platanoides*)

Berg- und Spitz-Ahorn gehören zu den Baumarten der mitteleuropäischen Flora, die durch anthropogene Standortveränderungen am meisten gefördert werden. Sie besiedeln ein breites Spektrum anthropogener Standorte (Sachse 1989, Passarge 1990, Kowarik 1992b, Keil & Loos 2004, Adamczak 2006) und dringen auch in naturnahe Waldgesellschaften ein. Pflanzungen in Grünflächen und an Straßen, vereinzelt auch in Forsten, haben dafür gesorgt, dass Spitz- und Berg-Ahorn weit außerhalb ihres ursprünglichen Verbreitungsgebietes vorkommen oder dort, wo sie ursprünglich selten waren, heute sehr häufig zu finden sind. Beide Arten profitieren von der allgemeinen Eutrophierung der Landschaft (Fischer 1975, Sachse 1989). Die Unterscheidung zwischen gebietstypischen und gebietsfremden Vorkommen ist oftmals schwierig. In weiten Teilen des norddeutschen Flachlandes dürften zumindest die Vorkommen von *A. pseudoplatanus* neophytisch sein.

Beide Arten verjüngen sich in Gehölzbeständen so stark, dass sie oft das Bestandsbild prägen. Dies kann ästhetisch unerwünscht sein. In historischen Parkanlagen entstehen beispielsweise Konflikte mit der Gartendenkmalpflege, wenn Sichten zuwachsen oder die Bestände vereinheitlicht werden (Sukopp & Seiler 1998). Über Straßenbaumpflanzungen erreichen beide Arten auch naturnahe Waldstandorte.

Im Berliner Umland werden seltene Naturvorkommen auf nährstoffreichen, feuchten Sonderstandorten vermutet. Willdenow (1787) nennt nur ganz wenige Fundorte. Heute zählen Berg- wie Spitz-Ahorn zu den häufigsten Gehölzarten in Berlin (Kowarik 1992b). Da zu ihrer Pflanzung mit großer Wahrscheinlichkeit keine gebietstypischen Herkünfte vermehrt worden sind, gehen die heutigen Vorkommen auf eingeführte Sippen zurück.

Auch die Vorkommen des Spitz-Ahorns im Nordwesten Deutschlands dürften zumeist neophytisch sein. Nach Krause (1972) werden Berg- und Spitz-Ahorn bei Straßenbegrünungen in Nordrhein-Westfalen reichlich und regelmäßig außerhalb ihrer ursprünglichen Wuchsgebiete gepflanzt. Hierdurch erreichen die Arten auch naturnahe Wälder. In Westsachsen, wo *A. platanoides* nicht natürlich vorkommt, breitet er sich seit etwa 1900 von Anpflanzungen an Straßen in viele Waldgesellschaften aus, auch in naturnahe Hangwälder. Aus diesem Grund gilt er hier, neben *Fallopia japonica*, als größte Problempflanze, da die dichten Verjüngungsschichten andere Arten benachteiligen und die Waldvegetation stark verändern. Kosmale (2000) empfiehlt daher, im Außenbereich Samenbäume in der Nähe noch artenreicher Gehölzbestände zu entfernen und hier auf weitere Pflanzungen zu verzichten. Nur wenn der Diasporennachschub unterbunden wird, sind das Roden größerer oder die Mahd kleinerer Jungpflanzen langfristig Erfolg versprechend.

Starke Naturverjüngung und ein erfolgreiches Aufwachsen von Ahorn-Arten bis in die Baumschicht wird auch aus Auenwäldern gemeldet, die durch Gewässerregulierungen nicht mehr oder doch nur selten überschwemmt werden. So sagt Zukrigl (1995) für die Donauauen bei Wien voraus, dass Pappeln (*Populus nigra*, *P.* × *canescens*) und Ulmen (*Ulmus campestris*, *U. laevis*) wegen der Veränderungen der Auendynamik (die Feld-Ulme auch wegen der Holländischen Ulmenkrankheit) ihre prägende Stellung in der Auenvegetation verlieren und durch Ahornarten abgelöst werden. Obwohl die Etablierung der beiden stark beschattenden Ahornarten erhebliche Einflüsse auf die betroffenen Biozönosen haben wird, ist diesem Invasionsphänomen in Mitteleuropa, anders als auf den Britischen Inseln (Binggeli 1993, 1994a, b), kaum Aufmerksamkeit zuteil geworden. Dies mag vielleicht daran liegen, dass beide hier vertrauter als andere, leicht als „Fremdlinge" identifizierbare Arten sind.

## 6.2 Landwirtschaftlich geprägte Lebensräume

### 6.2.1 Dörfer

In der dörflichen Ruderalvegetation spielen nichteinheimische Arten eine große Rolle, wobei Archäophyten hier ursprünglich stärker als Neophyten hervortraten (Brandes et al. 1990 zu niedersächsischen Dörfern, Pyšek & Pyšek 1990, 1991 zu böhmischen Siedlungen). Im Einzugsbereich von Großstädten treten traditionelle dörfliche Freiräume heute allerdings immer mehr zurück (Jetzkowitz et al. 2007). Die zunehmende Verstädterung gefährdet viele früher häufige Archäophyten, wie das Beispiel des Guten Heinrichs (*Cheno-*

*podium bonus-henricus*) zeigt (Krauss 1977, Wittig 1989).

Auf der anderen Seite fördert die zunehmende Urbanisierung von Dörfern Neophyten, die in neuen Gartentypen verstärkt gepflanzt werden und nun vermehrt anzutreffende Lebensräume wie gepflasterte Garagen- oder Hauszufahrten, Zierrasen oder geschnittene Hecken besiedeln. Eine Wiederholungskartierung von 200 Dörfern in Nordrhein-Westfalen 20 Jahre nach der Erstaufnahme in den 1980er-Jahren hat knapp 30 neu auftretende Neophyten ergeben (Wittig 2008). Hierzu zählen frostempfindliche Gehölze wie *Buddleja davidii*, *Prunus laurocerasus* und *Ailanthus altissima*, aber auch mehrere „moderne" Zierpflanzen wie *Campanula poscharskyana*, *Hieracium aurantiacum* und einige *Cotoneaster*-Arten (*C. horizontalis*, *C. hjelmquistii*). Andere Arten wie *Mahonia aquifolium* und *Aurinia saxatilis* sind wesentlich häufiger geworden. Wittig (2008) interpretiert diese Veränderungen als Folge neuer Modepflanzen und Gestaltungselemente, da viele Mauern, Garagenzufahrten und ähnliche Standorte mit Bodendeckern und Kriechpflanzen bepflanzt werden. Weiter bietet die zunehmende Versiegelung Lebensraum für Pflasterritzenbewohner. Dies erklärt auch die Zunahme von Neophyten der Trittvegetation (*Coronopus didymus*, *Eragrostis minor*, *Oxalis corniculata*), wobei die salztolerante *Puccinellia distans* durch zunehmende Streusalzverwendung gefördert worden sein dürfte (Wittig 2009). Zudem können auch die höheren Temperaturen seit den 1980er-Jahren Wärme liebende Arten begünstigt haben.

Auch das veränderte Mobilitätsverhalten der Bewohner verstädterter Dörfer, die verstärkt zu entfernten Arbeitsplätzen pendeln, begünstigt die Ausbreitung nichteinheimischer Arten. Eine Wiederholungskartierung von Dörfern im weiteren Umland von Frankfurt ergab ebenfalls eine Zunahme nichteinheimischer Arten. Dabei erklärte das unterschiedliche Mobilitätsverhalten von Dorfbewohnern besser das Vorkommen nichteinheimischer als das von einheimischen Arten (Brunzel et al. 2009, Niggemann et al. 2009). Eine Erklärung hierfür bietet die offenbar bessere Anpassung nichteinheimischer Arten an Kraftfahrzeuge als Ausbreitungsvektoren (von der Lippe & Kowarik 2007b, 2008).

In dörflichen Lebensräumen sind Problemfälle nichteinheimischer Arten mit Ausnahme von Herkulesstaude, Indischem Springkraut und Staudenknötericharten, die sich von bachnahen Dorfgärten in die weitere Landschaft ausbreiten können (siehe Kap. 6.4), nicht bekannt.

### 6.2.2 Archäo- und Neophyten als Schutzobjekt

In der Begleitvegetation von Hackfrucht- und Getreideäckern herrschen nichteinheimische Arten vor (siehe Abb. 31 mit Anteilen von mehr als 50 % im Aphanion und Panico-Setarion). Die Frage, ob dies Unkräuter oder schützenswerte Wildpflanzen sind, veranschaulicht die Spanne der Reaktionsmöglichkeiten. Viele **Archäophyten**, aber auch einige Neophyten sind inzwischen zu Schutzobjekten des Naturschutzes geworden, da ihre Populationen durch die Intensivierung der Landwirtschaft seit Mitte des 19. Jahrhunderts stark rückläufig sind (Hüppe & Pott 1993, Schneider et al. 1994). Vielfach wird versucht, an alte, aber heute nicht mehr verbreitete Pflege oder Bewirtschaftung angepasste Arten der Äcker und der dörflichen Ruderalvegetation zu erhalten: direkt in Dörfern oder beispielhaft in Freilandmuseen. Archäo- und auch einige Neophyten werden hiermit zum Gegenstand von Schutzbemühungen (Sukopp 1986, Otte 1988, Otte & Ludwig 1990; zur Kritik solcher Ansätze Hard 1998).

Der Rückgang bei Ackerwildkräutern betrifft verschiedene Gruppen (Hilbig &

Bachthaler 1992a): Sogenannte Saatunkräuter haben sich morphologisch und in ihrer Keimungsbiologie so stark an die Kulturpflanzen angepasst, dass sie auf die wiederkehrende Ausbringung mit deren Saatgut angewiesen sind (speirochore Arten, Kornas 1988). Durch die Ende des 19. Jahrhunderts perfektionierte Saatgutreinigung sind sie stark rückläufig (z. B. *Agrostemma githago*, *Bromus secalinus*, *Lolium temulentum*). Auch andere Ackerpflanzen mit großen Diasporen werden durch Saatgutreinigung stark zurückgedrängt wie Adonisröschen-Arten (*Adonis flammea*, *A. aestivalis*) und Venuskamm (*Scandi × pecten-veneris*), die nach Küster (1994) Neophyten sind. Durch verstärkten Herbizideinsatz sind auch auffällige Arten wie der Klatsch-Mohn (*Papaver rhoeas*) selten geworden. Düngung gefährdet Arten nährstoffarmer Standorte wie den Acker-Breitsamen (*Orlaya grandiflora*), der vor 150 Jahren noch ein lästiges Unkraut in thüringischen Kalkgebieten war und heute auf Roten Listen geführt wird. Auch Arten nährstoffarmer, stark saurer Sandböden (z. B. *Arnoseris minima*) sind durch Düngung oder Brachfallen gefährdet. Melioration drängt Feuchtezeiger, eine tiefere Bodenbearbeitung Zwiebelgeophyten wie die Wild-Tulpe (*Tulipa sylvestris*) zurück. Einige solcher Geophyten kommen noch in Weinbergen vor (siehe Kap. 6.2.2.1).

Mit dem Rückgang und drohendem Aussterben von Ackerunkräutern ist das Ergebnis einer langen Koevolution von Wild- und Kulturpflanzen gefährdet. Massenvorkommen dieser Arten sind ökonomisch unerwünscht, teilweise sogar schädlich (z. B. toxische Wirkungen von Kornradensamen). Dennoch besteht innerhalb des Naturschutzes der Konsens, archäo- und neophytische Begleitpflanzen der Ackerkulturen auf Dauer zu erhalten. Arten, die wie die Leinunkräuter an spezielle Kulturen angepasst sind, können nur in Feldflorareservaten und Freilichtmuseen erhalten werden, oft zusammen mit historischen Nutzpflanzen. Andere können durch Ackerrandstreifenprogramme erfolgreich gefördert werden (Schumacher 1980, 1986, Plarre 1986, Illig & Kläge 1994, Mattheis & Otte 1994, Schneider et al. 1994).

#### 6.2.2.1 Weinbergsarten

Zu den charakteristischen Lebensgemeinschaften bewirtschafteter Weinberge gehören einige auffällige Archäophyten und Neophyten, vor allem Zwiebelpflanzen. Sie sind gut an traditionelle Bewirtschaftungsformen angepasst (Wilmanns 1989): Die Weinbergs-Traubenhyazinthe (*Muscari neglectum*) treibt schon im Spätsommer aus, der Dolden-Milchstern (*Ornithogalum umbellatum*) im Herbst, die Wild-Tulpe (*Tulipa sylvestris*) im Winter. Diese Geophyten können daher assimilieren und sich vegetativ vermehren, bevor Herbizide ausgebracht werden. Eine intensivere Bodenbearbeitung, wie Fräsen, drängt sie jedoch zurück. Zum gleichen Ergebnis führt eine extensivierte Bodenbearbeitung, wenn durch Mulchen ausdauernde Grünlandstreifen in die Weinberge integriert werden. Die genannten Arten werden heute in verschiedenen Roten Listen als gefährdet geführt.

Bei einigen Weinbergspflanzen ist umstritten, ob sie Archäophyten oder Neophyten sind. Weinbergsunkräuter können mit Reben verschleppt werden. In der Oberlausitz, in der seit dem Mittelalter Weinbau betrieben wurde, kommen einige dieser Arten auch heute noch vornehmlich in ehemaligen Weinbauorten vor (Militzer 1968). Es gibt keinen Beleg dafür, dass die Wild-Tulpe (*Tulipa sylvestris*) oder Milchsternarten bereits mit dem Weinbau der Römer ins besetzte Germanien gelangt sind. Die Quellen sprechen vielmehr dafür, dass diese Arten erst in der Neuzeit gärtnerisch verwendet wurden und sekundär auf Weinberge oder andere Standorte übergegangen sind (Kowarik & Wohlgemuth 2006). Unabhängig von ihrem Status als Archäo- oder Neophyt sind sie charakteristische Elemente historischer Kulturlandschaften und als solche schutzwürdig.

Als Weinbergsunkräuter sind vor allem einheimische Arten problematisch (Acker-Winde, Quecke, Acker-Kratzdistel). Problematische Neophyten, wie Goldruten oder Robinien, breiten sich überwiegend auf brachliegenden Weinbergen aus (siehe Kap. 6.2.5.3 und 6.2.5.5).

### 6.2.3 Problematische Ackerunkräuter

Unter den zahlreichen Ackerunkräutern gelten in Deutschland etwa 30 Arten als „Problemunkräuter", wenn sie in großen Mengen vorkommen und erhebliche Ernteausfälle verursachen (zu gentechnisch veränderten Pflanzen siehe Kap. 3.1.3). Nach der Übersicht in Tab. 39 sind die Hälfte davon Archäophyten (48,4 %). Der Anteil der Einheimischen beträgt ein Drittel (32,2 %); ein Fünftel (19,4 %) entfällt auf Neophyten. Arlt et al. (1995) haben die Verbreitung problematischer Unkrautarten genauer für Ostdeutschland dargestellt und potentielle Ertragsverluste von 4 bis 5 Dezitonnen pro Hektar im Wintergetreide und etwa eine Dezitonne pro Hektar im Sommergetreide berechnet. Für Großbritannien hat Williamson (2002) jährliche Kosten von 150 Millionen Dollar für die Bekämpfung von *Veronica persica* und *Avena fatua* berechnet. In sommerwarmen Gebieten Europas verursachen weitere Neophyten Ertragseinbußen, etwa *Ambrosia artemisiifolia* (siehe Kap. 6.2.3.2). Auch alte Kulturpflanzen können problematisch werden, wie beispielsweise *Avena strigosa*, die noch in den 1950er-Jahren in Polen kultiviert wurde (Wegrzynek 2009). Eine Übersicht der im Weltmaßstab problematischen Unkräuter geben Holm et al. (1997).

Die Zunahme schwer zu bekämpfender Unkräuter steht meist in direktem Zusammenhang mit veränderten Bewirtschaftungsmethoden. Die meisten Arten profitieren vom gesteigerten Nährstoffangebot infolge verstärkter Ausbringung von Gülle und mineralischem Dünger: 1950 wurden in der BRD 26 Kilogramm Stickstoff pro Hektar ausgebracht, 1990 mit 126 Kilogramm pro Hektar fast das Fünffache. Auch der Herbizideinsatz hat sich erheblich erhöht, beispielsweise in der DDR von 1980 bis 1989 um nahezu 100 % in Raps- und Zuckerrübenkulturen (Arlt et al. 1995). Dies begünstigt herbizidtolerante Arten, da ihre Konkurrenten ausgeschaltet werden. Vor allem bei Maisunkräutern hat der herbizidbedingte Selektionsdruck zu Resistenzbildungen geführt. Dabei werden Sippen bevorzugt, in deren Populationen bereits resistente Gene vorhanden waren (Bachthaler 1985). Dies ist in Mitteleuropa bislang bei etwa 50 Arten bekannt. Besonders betroffen sind neben den in Tab. 39 bezeichneten Arten der einheimische *Senecio vulgaris*, der Archäophyt *Atriple × patula*, die Neophyten *Bidens tripartita*, *Conyza canadensis* und verschiedene *Chenopodium*-Arten (Glauninger & Furlan 1983, Ammon & Beuret 1984, Hilbig & Bachthaler 1992b). 1990 waren weltweit 107 herbizidresistente Unkrautbiotypen bekannt, darunter 57 Arten mit einer Triazinresistenz und 50 Arten mit Resistenzen gegen andere Herbizide. In den USA fördert der verstärkte Anbau transgener herbizidresistenter Kulturpflanzen die Ausbreitung herbizdresistenter Sippen von *Conyza canadensis* (Dauer et al. 2009). Die zunehmende Herausbildung von Biotypen mit einer Kreuzresistenz oder mit multiplen Resistenzen gegen mehrere Herbizidklassen gilt als ernste Herausforderung für die chemische Unkrautbekämpfung (GIFAP Bulletin 1990).

In Südafrika ist *Senecio inaequidens* als Ackerunkraut problematisch, da es Getreideprodukte vergiften kann. Es sollte daher genau beobachtet werden, ob die sich in

**Tab. 39** Schwer zu bekämpfende Problemunkräuter auf Äckern in Deutschland (nach Hofmeister & Garve 1998, ergänzt um Angaben aus Arlt et al. 1995)

| Art/ botanischer Name | Deutscher Name | Status | Schwerpunkt in Kulturen | Einsatz spezifischer Herbizide | bekannte Herbizid-resistenzen |
|---|---|---|---|---|---|
| **Indigene (10 Sippen)** | | | | | |
| *Apera spica-venti* | Gewöhnlicher Windhalm | I | W | R, G | |
| *Capsella bursa-pastoris* | Gewöhnliches Hirtentäschel | I | W/S | | |
| *Cirsium arvense* | Acker-Kratzdiestel | I | W/S | | |
| *Digitaria ischaemum* | Kahle Fingerhirse | I | S | M | |
| *Elymus repens* | Gewöhnl. Quecke | I | W/S | R | |
| *Galium aparine* | Kletten-Labkraut | I | W/S | K, M, G | |
| *Poa trivialis* | Gewöhnliches Rispengras | I | W | | |
| *Polygonum lapathifolium* | Ampfer-Knöterich | I | S | | ● |
| *Polygonum persicaria* | Floh-Knöterich | I | S | | ● |
| *Veronica hederifolia* | Efeu-Ehrenpreis | I | W | G | |
| **Archäophyten (15 Sippen)** | | | | | |
| *Fallopia convolvulus* | Windenknöterich | A | W/S | | ● |
| *Alopecurus myosuroides* | Ackerfuchsschwanz | A | W | R, M, G | |
| *Chrysanthemum segetum* (lokal) | Saatwucherblume | A | | | |
| *Matricaria recutita* | Echte Kamille | A | W | R, M, G | |
| *Mercurialis annua* | Einjähr. Bingelkraut | A | | | |
| *Setaria viridis* u. a. | Grüne Borstenhirse | A | S | M | |
| *Solanum nigrum* | Schwarzer Nacht-schatten | A | S | M | ● |
| *Thlaspi arvense* | Acker-Hellerkraut | A | W/S | | |
| *Tripleurospermum perforatum* | Geruchlose Kamille | A | W/S | R, M, G | |
| *Viola arvensis* | Feldstiefmütterchen | A | W/S | R, M, G | |
| *Avena fatua* | Flug-Hafer | A, www | W/S | R, M, G | |
| *Echinochloa crus-galli* | Gewöhnliche Hühnerhirse | A, www | S | M | |
| *Lamium purpureum* | Purpurrote Taub-nessel | A? | W/S | R, G | |
| *Stellaria media* | Vogelmiere | A? | W/S | R, G | ● |
| *Chenopodium album* u. a. | (Weißer) Gänsefuß | A? www | S | M | ● |

**Tab. 39** Fortsetzung

| Art/botanischer Name | Deutscher Name | Status | Schwerpunkt in Kulturen | Einsatz spezifischer Herbizide | bekannte Herbizidresistenzen |
|---|---|---|---|---|---|
| **Neophyten (6 Sippen)** | | | | | |
| *Amaranthus retroflexus* | Zurückgebogener Amarant | N | S | | ● |
| *Anthoxanthum aristatum* | Grannen-Ruchgras | N | W | | |
| *Cyperus esculentus* (lokal) | Erdmandel | N | M | | |
| *Galinsoga ciliata* | Zottiges Franzosenkraut | N | S | K, R | ● |
| *Galinsoga parviflora* | Kleinblütiges Franzosenkraut | N | S | K, R | |
| *Veronica persica* | Persischer Ehrenpreis | N | W/S | G | |

I = Einheimische, A = Archäophyten, N = Neophyten (Einschätzung nach Rothmaler 1996); www = gehört zu den weltweit bedeutendsten Unkräutern („world's worst weeds", Holm et al. 1977); Verbreitungsschwerpunkt in W = Winterfruchtkulturen, S = Sommerfruchtkulturen, W/S = Winter- u. Sommerfruchtkulturen; Einsatz spezifischer Herbizide (nach „Faustzahlen") in Kulturen von Kartoffel (K), Rüben (R), Mais (M) und anderem Getreide (G)

Deutschland stark ausbreitende Art auch bewirtschaftete Äcker besiedelt (Boehmer et al. 2001). Auch zukünftig sind weitere Problemunkräuter als Ergebnis folgender Prozesse zu erwarten:

- die fortwährende Herausbildung herbizidresistenter Sippen und die evolutive Entstehung neuer Unkrautarten;
- die Einführung und sekundäre Verbreitung neuer Arten; Beispiele sind verschiedene Hirseartige wie *Panicum dichotomiflorum*, das in der Schweiz schnell zum Problemunkraut in Maiskulturen geworden ist (Huber 1992), und die in den Niederlanden bereits energisch bekämpfte Erdmandel (*Cyperus esculentus*, siehe Kap. 6.2.3.1);
- die Begünstigung bislang unproblematischer Arten durch klimatische Erwärmung. Arten mit großen Vorkommen in warmtrockenen Gebieten (z. B. *Amaranthus*-Arten im Oberrheingebiet, Hügin 1986) und andere bislang wenig beachtete Arten werden an Bedeutung stark zunehmen.

Ries (1992) hat eine Übersicht solcher potentieller Problemunkräuter für Österreich erstellt. Die meisten darunter sind Neophyten.

Auf **Ackerbrachen** können Neophyten im Grasland- und Strauchstadium, also etwa bis 20 Jahre nach dem Brachfallen, eine erhebliche Rolle spielen, wie ein Dauerflächenversuch in Göttingen zeigt (Schmidt et al. 2009): Ihr Deckungsgrad erreichte hier 50–70 %, wobei *Conyza canadensis*, *Epilobium ciliatum* und *Solidago canadensis* besonders hervortraten. Bei ungestörter weiterer Entwicklung zu Gehölzbeständen sank der Deckungsanteil der Neophyten erheblich. Ein mehrfaches jährliches Mähen drückte den Neophyten-Anteil auf rund 1 %. Wurde dagegen nur einmal jährlich gemäht, stieg der Neophyten-Anteil bis auf etwa 90 % im vierten Jahrzehnt nach dem Brachfallen. Allerdings kamen auf diesen Flächen mehr Arten, auch gefährdete, als bei der mehrfachen Mahd-Variante vor, sodass die naturschutzfachliche Bewertung nicht eindeutig ist (Schmidt et al. 2009).

#### 6.2.3.1 Erdmandel (*Cyperus esculentus*)

Die aus Südostasien stammende Erdmandel (Knollen-Zyperngras) ist heute weltweit verbreitet und gehört zu den „world's worst weeds" (Holm et al. 1997). Als alte Gartenpflanze gelangte sie bereits im 16. Jahrhundert über Frankreich nach Deutschland und wurde 1561 als „nicht selten" beschrieben (Wein 1914, Tab. 12). Möglicherweise gilt dies der Varietät *sativus*, die wegen ihrer essbaren Knollen in wärmeren Gebieten angebaut wird. Die heutigen problematischen Vorkommen gehen wahrscheinlich auf Einschleppungen mit Gladiolenzwiebeln zurück. Hieraus haben sich in den Niederlanden nach 1970 Massenvorkommen entwickelt, die 1984 Bekämpfungsprogramme ausgelöst haben (Rotteveel & Naber 1988). Mittlerweile sind Vorkommen aus anderen Teilen Europas bekannt (Schroeder & Wolken 1989, DAISIE 2009). Ter Borg et al. (1998) haben den Wissensstand zusammengefasst:

**Erfolgsmerkmale:** Der Erfolg der Erdmandel als Ackerunkraut hat im Wesentlichen zwei Ursachen: die effektive, in Mitteleuropa ausschließlich vegetative Vermehrung und die Verschleppung durch landwirtschaftliche Tätigkeiten (Abb. 36). *C. esculentus* ist ein Geophyt. Aus den höchstens 1 mal 1,5 Zentimeter großen Sprossknollen entwickeln sich Rhizome, sobald die Bodentemperatur Ende April 9 bis 10° C erreicht. Bis Oktober kann sich aus einer einzigen Knolle bei optimalen Bedingungen ein Klon mit einem Durchmesser von bis zu 2,5 Metern bilden. Hierbei werden bis zu 1500 Knollen neu angelegt. Die bis 75 Zentimeter hohen Luftsprosse, die Rhizome sowie ein großer Teil der oberflächennahen Knollen sterben nach Frosteinwirkung ab. Die Varietät *leptostachyus* ist frosthärter als die seltenere var. *macrostachyus* und produziert auch mehr Knollen. Selbst aus nur millimetergroßen Knollen entstehen neue Pflanzen. In größeren Bodentiefen können Knollen einige Jahre überdauern.

Größere Knollen der Erdmandel ähneln denen der Gladiolen, kleinere können mit Maissaatgut verwechselt werden. Dies begünstigt die primäre Einschleppung mit importiertem Material ebenso wie die sekundäre Ausbreitung bei dessen Vermehrung. Da die Anbauflächen der Gladiolen aus Pflanzenschutzgründen jedes Jahr wechseln, hat sich *C. esculentus* in den Niederlanden innerhalb weniger Jahre stark ausgebreitet. Die Vorkommen sind dabei nicht an den Gladio-

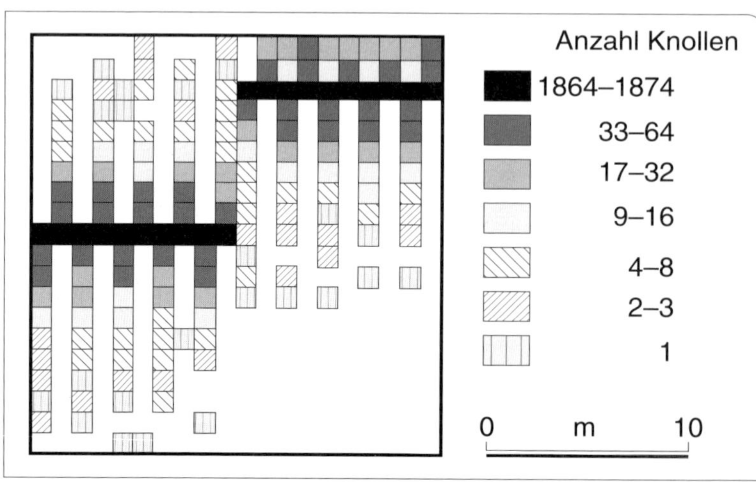


**Abb. 36** Verschleppung von Knollen der Erdmandel (*Cyperus esculentus*) innerhalb eines Feldes durch landwirtschaftliche Fahrzeuge. Die schwarzen Flächen markieren den Ausgangsbestand, die übrigen Symbole zeigen die innerhalb eines Jahres erzielte „Verschleppungsleistung". Mit landwirtschaftlichem Gerät wird *Cyperus* auch in bislang unbesiedelte Felder verschleppt (aus Ter Borg et al. 1998).

lenanbau gebunden. Knollen werden massenhaft auch mit Bodenmaterial und an Fahrzeugen und Maschinen haftend verbreitet (Abb. 36). Auch Vögel können mit verfrachteten Rhizomteilen neue Populationen begründen.
**Problematik**: Als $C_4$-Pflanze benötigt *C. esculentus* volles Licht. Massenbestände wachsen deshalb vorwiegend in offenen Hackfruchtkulturen (z. B. Zuckerrüben, Kartoffeln, Spargel, Zwiebeln) sowie in sich spät schließenden Maiskulturen. 1985 waren in den Niederlanden 759 Felder betroffen. Die erheblichen Ertragseinbußen hatten strenge Quarantäneauflagen zur Folge wie: Anbauverbote für Hackfrüchte und Zwiebelkulturen, Vernichtung von Ernte und Vermehrungsgut, Reinigungszwang für Arbeitsgeräte, intensive Kontrollen durch den Pflanzenschutzdienst und die Behandlung der *Cyperus*-Flächen mit Herbiziden (Naber & Rotteveel 1986). Inzwischen sind die staatlichen Quarantänemaßnahmen aufgehoben und die Massenvorkommen zurückgedrängt worden. Immer wieder neu auftretende Vorkommen sind nun der Kontrolle und fortwährenden Bekämpfung durch die Bauern überlassen. Da erhebliche Ertragseinbußen möglich sind, ist eine Bekämpfung der Erdmandel unabdingbar, aber aufgrund der vielfältigen Verschleppungsmöglichkeiten langwierig, wie das Beispiel der Niederlande zeigt. An der Loire und am Tagliamento kommt die Erdmandel auch auf Kiesbänken vor.
**Steuerungsmöglichkeiten**: *C. esculentus* ist mit Herbiziden gut zu bekämpfen, wobei die Varietät *leptostachyus* dauerhafter als die Varietät *macrostachyus* ist. Unterstützung bietet ein Fruchtwechsel mit stark schattenden Kulturpflanzen, da die Erdmandel wenig schattentolerant ist. Detaillierte Bekämpfungsempfehlungen fassen Schroeder & Wolken (1989) zusammen. Neue Einschleppungen werden sich nicht vermeiden lassen. Nach den niederländischen Erfahrungen sollten Bekämpfungen in Mais- und Hackfruchtkulturen intensiv und frühzeitig beginnen. Weitere Verschleppungen mit Feldfrüchten, Maschinen und Fahrzeugen sollten vermieden werden.

#### 6.2.3.2 Beifußblättrige Ambrosie (*Ambrosia artemisiifolia*)

**Herkunft und Einführung:** Die heute nahezu weltweit verbreitete Beifußblättrige Ambrosie (*Ambrosia artemisiifolia*) stammt aus den Prärielandschaften Nordamerikas, kommt dort inzwischen aber häufiger ruderal und auf Äckern vor (Lavoie et al. 2007). Erste europäische Vorkommen sind aus dem polnischen Gebiet für 1613 als kultiviert und für 1786 als wildwachsend bekannt (Tokarska-Guzik 2005a). In der 2. Hälfte des 19. Jh. häufen sich dann Meldungen aus mehreren Ländern, z. B. 1860 aus Deutschland (Poppendieck 2007). Europäische *Ambrosia*-Vorkommen gehören zur Varietät *elatior*, die auch als eigene Art angesprochen wird (*A. elatior*; Loos et al. 2008). *Ambrosia* ist ursprünglich mit Getreide, Kleesaat, Ölfrüchten und seltener mit Wolle aus Amerika eingeschleppt worden. Allerdings wurde auch europäisches Saatgut im 19. Jh. absichtlich mit *Ambrosia*-Samen verfälscht, um eine hochwertigere Herkunft aus Nordamerika vorzutäuschen (Nobbe 1876).

Heute führt der bedeutendste Einschleppungsweg über Futtermittel (z. B. Vogel- und Hühnerfutter), die Sonnenblumenkerne enthalten und mit *Ambrosia*-Samen belastet sind. Die Samen gelangen ins Futter, da *Ambrosia* als Unkraut auf den Anbauflächen vorkommt und ihre Samen aus Kostengründen bislang unzureichend aus dem Futter entfernt werden. Der Anteil belasteter Produkte variiert zwischen 37 und 70 %, wobei hierin enthaltene *Ambrosia*-Samen zu 2-15 % keimten, Samen aus Freilandpopulationen dagegen zu 60-100 % (Chauvel et al. 2004, Bohren et al.

2005, Alberternst et al. 2006, Brandes & Nitzsche 2007, Vitalos & Karrer 2008).

**Aktuelle Vorkommen:** Während die seit dem 19. Jh. bekannten Populationen überwiegend klein und unbeständig waren, breitet sich *Ambrosia* seit jüngerer Zeit vor allem in sommerwarmen Gebieten Europas aus (Chauvel et al. 2006, Kiss & Béres 2006, Essl et al. 2009). Höchste Pollenkonzentrationen in Ungarn, einigen Nachbarländern, der Po-Ebene und in Südfrankreich kennzeichnen die bisherigen europäischen Verbreitungsschwerpunkte (Jäger 2004). Das Beispiel Österreichs zeigt, wie sich im Zuge der Ausbreitung das besiedelte Standortsspektrum erweitern kann (Essl et al. 2009): Bis 1950 lagen die meisten Fundpunkte an Bahnanlagen. Danach steigt die Zahl der Populationen exponentiell an, wobei bis Anfang der 1970er-Jahre vor allem Ruderalstandorte neu besiedelt wurden. Danach, und verstärkt in den letzten Jahren, wurden Straßenränder zu bevorzugten Wuchsplätzen. *Ambrosia* kommt seit 1970 auch auf Äckern vor, aber ist längst nicht so häufig wie in Ungarn, wo sie das am meisten verbreitete problematische Ackerunkraut geworden ist (Szigetvári & Benkö 2008).

In Deutschland bestehen Verbreitungszentren vor allem in Süd- und Ostdeutschland. Kleinere, häufig unbeständige Populationen kommen an Häfen sowie in Siedlungen vor allem dort vor, wo Vögel gefüttert werden. Seit wenigen Jahren wird in einigen Gebieten eine starke Ausbreitung außerhalb von Siedlungen beobachtet. Größere Bestände wachsen auf Äckern und Schnittblumenfeldern, landwirtschaftlichen Stilllegungsflächen sowie entlang von Straßen und auf Ruderalflächen und Baustellen (Alberternst et al. 2006, Otto et al. 2008). Im südöstlichen Brandenburg breitet sich die Art stark an Straßenrändern aus und kommt auch in Äckern vor (Brandes & Nitzsche 2007). Allerdings ist aufgrund der großen Öffentlichkeitswirkung von *Ambrosia* als allergene Pflanze auch mit erhöhter Beobachtungsaktivität zu rechnen. So können Loos et al. (2008) für das Ruhrgebiet keine Zunahme etablierter Vorkommen melden.

**Erfolgsmerkmale:** *Ambrosia* ist ein sommerannueller, windbestäubter Korbblütler, der bei guter Wasser- und Nährstoffversorgung häufig 1,5 m hoch wird (maximal 1,85 m, Brandes & Nitzsche 2007). Trockenheit und niedrige Temperaturen verzögern das Wachstum. Vorkommen in Österreich konnten am besten mit mittleren Juli-Temperaturen erklärt werden. Sofern Trockenheit nicht begrenzend wirkt, ist bei einer Klimaerwärmung mit einem erweiterten Verbreitungsgebiet zu rechnen (Essl et al. 2009). *Ambrosia* keimt bei Temperaturen von 7–28 °C, wobei das Optimum bei 18-25 °C liegt. Im günstigsten Fall kann *Ambrosia* 30 Tage nach der Keimung blühen. In Mitteleuropa liegt die Blütezeit zwischen Ende Juli und Oktober. Allerdings reifen Samen hier (bislang) häufig nicht aus, was die Etablierungsschwierigkeiten der Art erklären kann (Brandes & Nitzsche 2007). Eine Pflanze produziert durchschnittlich 3000, maximal sogar 62 000 Früchte (Dickerson & Sweet 1971, Bassett & Crompton 1975). Im Laufe der Sukzession verschwindet die Art meist rasch. Auch wenn auf Brachen oder großflächigen Störungsstellen große Populationen nur vorübergehend entstehen, wird hierdurch die Samenbank des Bodens aufgefüllt. Die Früchte können mindestens 20-39 Jahre in der Samenbank überdauern (Toole & Brown 1946, Brandes & Nitzsche 2007). In einigen osteuropäischen Staaten hat der Zusammenbruch der kommunistischen Systeme Ausbreitungsschübe verursacht, weil im Zuge von Besitzänderungen große Landwirtschaftsflächen vorübergehend brachfielen, viele neue Straßen entstanden, aber die Pflege ihrer Ränder vernachlässigt wurde (Kiss & Béres 2006).

Wesentlicher Erfolgsparameter für die Ausbreitung ist der sekundäre Transport von

Samen durch Menschen, der auf verschiedene Weise erfolgen kann. **Futtermittel** werden innerhalb der EU unreglementiert gehandelt, sodass belastete Produkte europaweit verbreitet werden. Da Futter nicht nur in Siedlungen verwendet wird, sondern auch an Futterstellen oder Wildäckern in der freien Landschaft, gelangen Samen auf ein breites Spektrum an Standorten und können bei günstigen Bedingungen große Populationen aufbauen (Alberternst et al. 2008). Auch der **Transport von Böden** mit *Ambrosia*-Samen kann neue Populationen begründen. Dies geschieht häufig bei Baumaßnahmen oder Unterhaltungsmaßnahmen an Straßenrändern (Brandes & Nitzsche 2007).

Straßenrandpopulationen sind problematisch, da eine weitere **Ausbreitung durch Verkehr** erfolgt. Auf diese Weise soll *Ambrosia* von Norditalien ins Tessin und, an gemieteten Mähdreschern anhaftend, von Frankreich ins Genfer Gebiet gelangt sein (Gigon & Weber 2005). Ihre Salztoleranz begünstigt Straßenrandpopulationen (di Tommaso 2004). Mähmaschinen, die zur Straßenrandpflege eingesetzt werden, können Früchte weiter ausbreiten (Vitalos & Karrer 2009). Lemke (unveröff.) hat zudem festgestellt, dass *Ambrosia*-Früchte auf der Fahrbahn in einer Woche bis zu 72 Meter durch Windschleppen vorbeifahrender Fahrzeuge bewegt werden. Besonders groß ist dieser Effekt auf Straßen, die häufig von LKW befahren werden.

**Problematik:** Als wesentliches Problem gelten bislang **Gesundheitsrisiken** (Jäger 2000, Taramarcaz et al. 2005). Die Ausbreitung von *Ambrosia* führt zu verstärkten Allergie-Risiken, da ihr Pollen wesentlich allergener wirkt als der anderer Pflanzen und die späte Blüte die Allergiesaison bis in den Spätsommer verlängert. Ein Hautkontakt mit der Pflanze kann eine Kontakt-Dermatitis auslösen. Eine einzige Pflanze kann mehr als 100 Millionen Pollen produzieren (Puc 2004). Seit den 1990er-Jahren werden vor allem im südlichen Ungarn Konzentrationen von bis zu 2000 Pollenkörnern pro $m^3$ Luft gemessen (Makra et al. 2005). Die Pollen werden in der Luft mehrere hundert Kilometer weit transportiert. So stammen höhere Pollenkonzentrationen in Polen oder dem Baltikum aus Ungarn und der Ukraine (Saar et al. 2000). Auch die stark zunehmende Belastung in Wien wird wesentlich auf Polleneintrag aus Ungarn zurückgeführt (Jäger 2000). Abb. 37 veranschaulicht die wachsende Sensibilisierungsrate von Allergikern gegenüber *Ambrosia*-Pollen in Wien.

Während in Ungarn 80 % der auftretenden Allergien *Ambrosia* zugeschrieben werden, sind dies in Wien 30 % und in Deutschland gut 1 % (Jäger 2000, Reinhardt et al. 2003). Reinhardt et al. (2003) haben die dadurch im deutschen Gesundheitswesen jährlich anfallenden Kosten auf 32 Millionen Euro geschätzt.

*Ambrosia* tritt wie in ihrer nordamerikanischen Heimat auch in Teilen Europas als **Problemunkraut in Ackerkulturen** auf, insbesondere in Ungarn, der Slowakei, Slowenien und der Ukraine. Erhebliche Ertragseinbußen sind hier möglich, vor allem in Gemüse- und Sonnenblumenkulturen. In Ungarn, wo *Ambrosia* auf 80 % der Ackerfläche vorkommt, werden jährliche Ernteverluste von 100 Millionen Euro beziffert (Szigetvári & Benkö 2008). In Deutschland sind größere Bestände auf Äckern bislang aus der Niederlausitz bekannt (Brandes & Nitzsche 2007, Alberternst et al. 2008).

Naturschutzfachlich relevante Beeinträchtigungen von **Arten oder Lebensgemeinschaften** sind bislang kaum für Mitteleuropa bekannt. Das gelegentlich zitierte Eindringen in einen Magerrasen in Niederbayern geht nach Brandes & Nitzsche (2007) auf falsches Biotopmanagement zurück, da *Ambrosia* wahrscheinlich mit Substraten zur „Bodenverbesserung“ eingeschleppt wurde. Auch indirekte Beeinträchtigungen durch Bekämpfungsmaßnahmen im Landwirtschaftsbereich

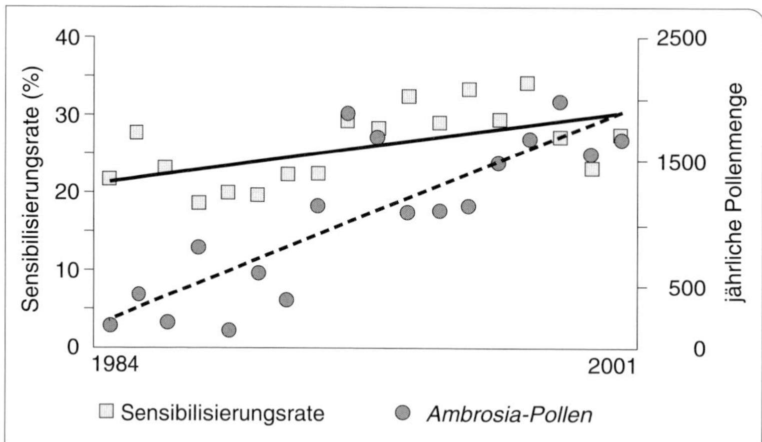


**Abb. 37** Zunahme des Allergierisikos durch Ambrosia-Pollen in Wien. Dargestellt ist die jährliche Pollenmenge von Ambrosia und die Sensibilisierungsrate von Allergikern gegenüber diesen Pollen im Zeitraum von 1984 bis 2001 (Original S. Jäger).

sind möglich, etwa durch verstärkten Herbizideinsatz, eine vermehrte Mahd von Rainen und Wegrändern oder einen früheren Umbruch von Äckern (Alberternst et al. 2008). In Ungarn können die massiven Acker-Vorkommen seltene Ackerwildkrautarten bedrängen. *Ambrosia* kommt hier auch in Magerrasen vor, vor allem auf Sand, aber erst nachdem diese durch menschliche Aktivitäten gestört wurden, beispielsweise durch Reiten (Szigetvári & Benkö 2008). In der Ukraine soll *Ambrosia* die Steppenvegetation beeinträchtigen (Protopopova et al. 2006).

**Steuerungsmöglichkeiten:** Verschiedene Länder Europas versuchen, *Ambrosia* durch Aktionsprogramme zurückzudrängen (Bohren et al. 2006, Starfinger 2009). Das deutsche Aktionsprogramm hat folgende Bausteine: Einbindung der Öffentlichkeit, Monitoring vorkommender Populationen und deren Bekämpfung. Starfinger (2009) veranschaulicht Möglichkeiten und Grenzen solcher Ansätze. Da *Ambrosia* die menschliche Gesundheit angeht, sind Medien und Öffentlichkeit einfacher als bei „nur" naturschutzrelevanten Neophyten zu sensibilisieren. Meldungen über *Ambrosia*-Populationen gehen häufig ein, betreffen aber oft andere Arten, sodass Expertenunterstützung nötig ist. Die Entfernung kleinerer Populationen durch Ausreißen ist relativ einfach, wobei Schutzmaßnahmen (Handschuhe) anzuraten sind. Die Bekämpfung unbeständiger Populationen wird durchaus auch kritisch diskutiert (Poppendieck 2007, Loos et al. 2008). Allerdings sind Bekämpfungsmaßnahmen gerade in frühen Etablierungsstadien Erfolg versprechend, und die Gefahr, dass seltene Arten häufiger mit *Ambrosia* verwechselt werden, ist gering.

Wesentlich sind Vorbeugemaßnahmen. Eine Begrenzung der Belastung von Futtermitteln ist allerdings nicht einfach in der EU zu erreichen. In der Schweiz wurde dagegen die Futtermittel-Verordnung verändert. Deutschland setzt bislang eher auf die freiwillige Mitwirkung von Produzenten, von denen einige nun „Ambrosia-kontrollierte" Produkte anbieten. Die Mehrzahl darunter waren jedoch nicht *Ambrosia*-frei (Starfinger 2009).

Bei Bodenbewegungen sollte kein *Ambrosia*-haltiges Substrat verwendet werden. Straßenrandpopulationen können gemäht werden, jedoch möglichst spät, da die Pflanze neue Blüten bilden kann. Mähmaschinen sollten nach der Mahd großer Populationen gereinigt werden. Da *Ambrosia* auf offene Standorte angewiesen ist, kann ihre Entwicklung mit der Etablierung einer geschlossenen Vegetationsdecke durch Sukzession oder Ansaaten begrenzt werden. Diese einfache biologische Lösung bietet sich jedoch nicht für Straßenränder und Äcker an. Die Bekämpfung auf Äckern mit Herbiziden ist schwierig, zumal auch Herbizidtoleranz auftritt. Für Sonnenblumenfelder stehen beispielsweise keine geeigneten Herbizide zur Verfügung (CABI 2007). Auf Landwirtschaftsbrachen sollte die Populationsentwicklung durch Zwischenansaaten oder Pflügen begrenzt werden. An biologischen Bekämpfungsansätzen wird derzeit verstärkt gearbeitet (Sheppard et al. 2006, CABI 2007).

**Andere Ambrosia-Arten:** In Mitteleuropa kommen auch die ausdauernde *A. psylostachia* sowie die einjährige *A. trifida* vor, die auch allergen sind, aber quantitativ keine Rolle spielen (Poppendieck 2007). Ebenfalls stark allergene Pollen besitzt die verwandte *Iva xanthiifolia*, die in SO-Europa eingebürgert ist, in Mitteleuropa aber nur selten und unbeständig auftritt (Follak 2009).

### 6.2.4 Nachwachsende Rohstoffe

Der Anbau von Pflanzen zur Gewinnung von Öl, Fasern oder Energie erlangt zunehmend an Bedeutung (Schümann 2008). Hierbei werden neben traditionellen Kulturpflanzen wie Raps auch neue Arten eingesetzt. So wurden große Erwartungen in das aus Ostasien stammende Chinaschilf (*Miscanthus sinensis*, *M.* × *giganteus*) als Industrie- und Rohstoffpflanze gesetzt (Schwarz et al. 1995). Alt (1993) ging euphorisch davon aus, dass ein Ertragspotenzial von 40 bis 80 Tonnen Trockenmasse pro Hektar das Abschalten sämtlicher deutscher Atomkraftwerke ermöglichen kann. Allerdings sind für solche Erträge 600 bis 800 Millimeter Niederschlag nötig. Wo der fällt, werden jedoch die Temperaturansprüche der $C_4$-Art meist nicht erfüllt. Auch wenn die Erwartungen inzwischen reduziert worden sind, ist mit großflächigen Anbauten zu rechnen (Loeffel & Nentwig 1997).

Die ökologischen Auswirkungen des Chinaschilfanbaues beurteilen Loeffel & Nentwig (1997) überwiegend positiv: In der Dauerkultur werden nach der Begründungsphase Erosion und Nährstoffaustrag begrenzt. Die Kontinuität des Lebensraumes begünstigt Spinnen und Laufkäfer im Vergleich zu anderen landwirtschaftlichen Kulturen (Lips et al. 1999). Allerdings sind die Auswirkungen monotoner Anbauflächen auf das Landschaftsbild fraglich. Bei *Miscanthus* × *giganteus* ist eine generative Ausbreitung nicht zu erwarten, da die Hybriden steril sind. Alle in Europa landwirtschaftlich angebauten Pflanzen sollen auf eine 1935 aus Japan nach Dänemark eingeführte Pflanze zurückgehen. Allerdings breiten sich *Miscanthus sinensis* und andere Arten wie die für die Biodieselölproduktion angebaute Purgiernuss (*Jatropha curcas*) schon in Australien aus (Low & Booth 2007). Auch aus Mitteleuropa sind spontane *Miscanthus*-Vorkommen bekannt (Ryves et al. 1996, Neff 1998). Versuche laufen auch mit dem Anbau von *Helianthus tuberosus*. Aus den Knollen können die Industrierohstoff Fruktose und Inulin gewonnen werden, die Grünmasse kann als Vieh- und Wildfutter genutzt werden (Franke 1992). Nach Balogh (2008b) sind Kulturformen mit Knollen nicht ausbreitungsstark.

Andere Arten, die für die zweite Generation der Biokraftstoffe in Betracht gezogen werden, haben jedoch ein großes Invasionspotenzial (z. B. *Arundo donax, Sorghum halepense, Robinia pseudoacacia*, Schümann 2008). Kritisch ist auch die Verwendung von Züchtungen aus *Fallopia japonica* unter dem Namen „Igniscum", da *Fallopia* zu den problematischsten Invasionsarten Mitteleuropas gehört (siehe Kap. 6.4.4). Sollten gebietsfremde Weiden und Pappeln massenhaft in Kurzumtriebsplantagen angebaut werden, könnten Einkreuzungen gebietseigene Populationen gefährden (Doyle et al. 2007). Angesichts möglicher Probleme sollten daher vor dem Einsatz „nachwachsender Rohstoffe" immer breit angelegte Risikoprüfungen erfolgen (Schümann 2008).

### 6.2.5 Grünland, Heiden und Brachestadien

Problematische Invasionen von Neophyten sind in bewirtschafteten Wiesen, Weiden oder Heiden eher selten. Bei fortdauernder Nutzung haben Neophyten kaum eine Chance zur Ausbildung problematischer Dominanzbestände. Ihr Eindringen ist zumeist Symptom veränderter Landnutzungen. So spielen Neophyten in Brachestadien eine viel größere Rolle als in der Vorgängervegetation. Arten wie Robinie oder Staudenlupine profitieren jedoch auch von extensivierten Nutzungsformen, wenn beispielsweise traditionelle Arten der Landbewirtschaftung durch Pflegemaßnahmen des Naturschutzes ersetzt werden. Wird eine Nutzungsaufgabe nicht durch Pflege kompensiert, können Neophyten in einzelnen Gebieten erhebliche Probleme auslösen. Noch höhere Anstrengungen bei Pflege und Management von Brachestadien verursachen jedoch einheimische Arten, die zu „Vertrespung", „Versaumung", „Verbuschung" und Wiederbewaldung führen (z. B. *Brachypodium pinnatum*, *Calamagrostis epigejos*, *Prunus spinosa*; Reichhof & Böhnert 1978, Quinger et al 1994). Weniger auffällig als die Ausbreitung von Goldruten, Lupinen oder Robinien sind biologische Invasionen, die durch Grünlandansaaten ausgelöst werden. Hiermit werden gebietsfremde Pflanzen in großem Ausmaß und mit unabsehbaren Folgen in die freie Landschaft ausgebracht.

#### 6.2.5.1 Grünlandansaaten

Die meisten Grünlandarten sind im Zuge der anthropogenen Entstehung des Grünlandes allmählich von Naturstandorten auf Weiden und Wiesen übergegangen, beispielsweise das ursprünglich in Wäldern und Flussauen vorkommende Knäuelgras (*Dactylis glomerata*). Andere Arten haben sich zusammen mit dem Grünland entwickelt. Vier heute weit verbreitete Arten, die gemeinhin als einheimisch angesehen werden, sind nach Körber-Grohne (1990) wahrscheinlich nach Mitteleuropa eingeschleppt worden: das Kammgras (*Cynosurus cristatus*), das Wiesen-Lieschgras (*Phleum pratense*), der Wiesen-Fuchsschwanz (*Alopecurus pratensis*) und der Glatthafer (*Arrhenatherum elatius*). Erst im Mittelalter tauchten die beiden letztgenannten Arten in der Grünlandvegetation auf, wobei die Nachweissituation allerdings schwierig ist.

Für Glatthafer (*Arrhenatherum elatius*) werden Naturvorkommen in Laubwäldern Westasiens und auf Felsschutthalden Süddeutschlands und Südwesteuropas angenommen. Gezüchtet wurde *Arrhenatherum* zuerst in Südfrankreich und kam von dort als „Französisches Raygras" nach Mitteleuropa (Zoller 1954, Ellenberg 1996a). Glatthafervorkommen wären demnach zumindest im Tiefland neophytisch (Kauter 2002). Viele andere Wiesengräser sollen aus Kreuzungen unter Beteiligung mittel- und südeuropäischer Gebirgssippen oder submediterraner Sippen hervorgegangen sein (Landolt & Grossmann 1968, Landolt 1970).

Bei Grünlandansaaten werden in der Landwirtschaft wie im Siedlungsbereich und an Verkehrswegen in der Regel einheimische Gräser verwendet. Dies kann in erheblichem Umfang zu Invasionen unterhalb der Artebene führen, denn das Saatgut enthält meist nicht die gebietstypischen Ökotypen, sondern Kultursorten oder unbekannte Herkünfte. Saatgutimporte waren bereits im 19. Jahrhundert auf der Tagesordnung: *Lolium perenne* kam meist aus Schottland, *Alopecurus pratensis* aus Skandinavien und Schlesien, *Festuca ovina* aus Niedersachsen, *Holcus lanatus* aus Dänemark und Mecklenburg, *Trisetum flavescens* und *Arrhenatherum elatius* aus Frankreich, *Dactylis glomerata*, *Poa pratensis*, *P. nemoralis* u.a. aus deutschen Mittelgebirgen (von Krosigk 1985). Noch heute lösen Grünlandansaaten zahlreiche biologische Invasionen aus, und zwar auf zwei Ebenen. Mit Saatgut werden

- nichteinheimische Begleitarten verschleppt (Beispiele in siehe Kap. 3.2.2.1; zu historischen Saatgutbegleitern als Zeiger alter Gartenkultur siehe Kap. 6.1.2.2) sowie
- Kultursorten und einheimische Gräser und Kräuter unbekannter Herkünfte ausgebracht, die sich genetisch von den gebietstypischen Vorkommen unterscheiden.

Durch den Vertrieb zertifizierter Sorten ist das Herkunftsspektrum der angesäten Gräser stark vereinheitlicht worden. Nach Molder & Skirde (1993) ist der naturräumliche Bezug zwischen Herkunfts- und Ausbringungsstandort bei der zentralistischen Organisation großer Saatgutfirmen kaum zu gewährleisten.

Derzeit gibt es insgesamt 20 Regelsaatgutmischungen (RSM) für Zier-, Gebrauchs-, Sport-, Golf-, Parkplatz- und Landschaftsrasen sowie für Dachbegrünungen. Müller (1989) nennt folgende Gräser als häufigste Bestandteile (in Klammern: Zahl der verwendeten Sorten): *Agrostis stolonifera* agg. (2), *Agrostis tenuis* (7), *Festuca rubra* agg. (81), *Lolium perenne* (75), *Poa pratensis* (60). Auch die häufig für Naturschutzzwecke verwendeten RSM enthalten diese und andere Arten nicht als Wildsippen, sondern als landwirtschaftliche Ertragssorten.

**Problematik:** Angesäte Sorten können zu dauerhaften Bestandteilen der Grünlandvegetation werden und damit an die Stelle gebietstypischer Sippen derselben Art treten (Krause 1989 mit Dauerflächenuntersuchungen an Autobahnrändern). Zudem kann das genetische Reservoir der Wildvorkommen durch Konkurrenz oder durch Hybridisierung und Rückkreuzung verändert werden. Das Beispiel des heute weltweit verbreiteten Knäuelgras (*Dactylis glomerata*) zeigt mögliche ökologische Folgen: Es wird in Deutschland in zwölf zugelassenen Sorten als Futtergras, für Klee-Gras-Mischungen und zur Anlage von Dauergrünland angesät. Wildsippen des Knaulgrases kommen aber auch in naturnaher und traditionell bewirtschafteter Vegetation vor, und zwar auf einer weiten Standortamplitude von Fettwiesen, Halbtrockenrasen bis hin zu Wäldern. Ansaaten von Kultursorten können Auswirkungen auf gebietstypische Sippen derselben Art haben, wie ein in Spanien untersuchter Fall zeigt:

In Galizien haben sich mitteleuropäische Hochleistungssorten, die in den 1970er-Jahren für die Heuproduktion angesät worden waren, in kurzer Zeit auch in naturnahe Weideflächen ausgebreitet. Es kam zu Kreuzungen mit gebietstypischen, auf Galizien beschränkten Ökotypen derselben Art, die nun zunehmend durch Hybriden und die mitteleuropäischen Sorten ersetzt werden. Dies schränkt die biologische Vielfalt ein und berührt auch die Landnutzung: Die mitteleuropäischen Sorten und deren Hybriden eignen sich zwar zur Heuproduktion, jedoch weniger als Weidegras. Ihre Blätter sind härter, und der Zuwachs hört zum Ende des Winters auf. Die galizischen Sippen wachsen dagegen ganzjährig (Lumaret 1990).

Über die Einschränkung der genetischen Vielfalt hinaus können solche Vorgänge Rückwirkungen auf die Tierwelt haben. So wurde an *Dactylis* und Rotklee (*Trifolium pratense*) festgestellt, dass verschiedene Insekten bestimmte Sorten stärker als andere besiedeln.

Viele Saatmischungen, auch für Ansaaten an Autobahnen, enthalten Ökotypen einheimischer Kräuter, die anders als die gebietstypischen Herkünfte wachsen (z.B. höhere Biomasseproduktion, stärkere Ausläuferbildung) und blühen. Dies ist bei *Achillea millefolium*,

## Insekten schmecken den Unterschied

Kultursorten des Knäuelgrases (*Dactylis glomerata*) eignen sich unterschiedlich gut als Nahrungsgrundlage für Insekten, die an oder in Halmen leben. Die deutsche Herkunft (Sorte 'Lidacta') wurde stärker als die polnische Herkunft (Sorte 'Oberweihst') besiedelt, wobei Blattläuse und Zikaden zwei- bis dreimal häufiger waren. Wildherkünfte boten Insekten bessere Nahrungsgrundlagen als Kultursorten. Während bei den Kultursorten nur 5 % der Halme bewohnt waren, waren es bei Wildpflanzen am Ackerrand oder in der unmittelbaren Umgebung 20 %. Offensichtlich sind Kultursippen resistenter gegen Herbivorie als Wildsippen (Wesserling & Tscharntke 1993). Untersuchungen an weiteren Gräsern (*Alopecurus pratensis, Festuca arundinacea, F. pratensis, Lolium perenne, Phleum pratense, Poa pratensis*) bestätigen diesen Trend: Kultursorten waren weniger parasitiert als Wildsippen derselben Art und zeigten zudem ein vermindertes Räuber-Beute-Verhältnis (Neugebauer & Tscharntke 1997, Tscharntke 2000).

*Leucanthemum vulgare, Galium verum, Lotus corniculatus* u. a. beobachtet worden (Molder & Skirde 1993). Bei genauerem Hinsehen kann sich eine vermeintlich einheimische Sippe sogar als nichteinheimisch entpuppen:

Der Wundklee (*Anthyllis vulneraria*) wird auch außerhalb seines natürlichen Verbreitungsgebietes für Begrünungsansaaten verwendet. An bayerischen Autobahnen wächst anstatt der einheimischen Unterart *A. vulneraria* subsp. *carpatica* die mediterrane subsp. *vulneraria*, die aus Saatgut französischer Provenienz stammt. Nach Dauerflächenbeobachtungen kann sich diese Sippe gut etablieren, ausbreiten und andere Arten der Ansaaten verdrängen (Müller 1988). Hybridisierungen mit anderen *Anthyllis vulneraria*-Sippen sind ebenfalls möglich (Jalas 1950). Hybridisierungsrisiken bestehen auch bei der Kornblume (*Centaurea cyanus*), deren Kultursippen häufig in Gärten oder „Blumenwiesen" angesät werden (Prasse et al. 2001, Pilsl et al. 2008). Auch die Wiesen-Margerite eignet sich gut für die Anlage blütenreicher Wiesen. Häufig enthält das Saatgut jedoch nicht das einheimische *Leucanthemum vulgare*, sondern andere Arten. Mang et al. (1995) nennen aus Hamburg vier Arten oder Unterarten, die sich aus Ansaaten ausbreiten und auch ruderale Standorte besiedeln. Häufig wird auch *Sanguisorba muricata* anstelle von *S. minor* und das vom Oberlauf des Nils stammende *Cichorium calvum* als *C. intybus* verwendet (Molder 1990).

In solchen Fällen kann die Ausbreitung nichteinheimischer Sippen den Rückgang einheimischer derselben Art verschleiern – vor allem auch dessen Ursachen. Weitere Beispiele sind die Ausbreitung bunt blühender Kultursippen der Akelei (*Aquilegia vulgaris*) oder Gartenformen der Eselsdistel, deren Ausbreitung den Rückgang des Archäophyten *Onopordon acanthium* verdeckt (Walter 1989).

**Schlussfolgerungen:** Im Gegensatz zur Ausbreitung vieler Neophyten sind unterhalb der Artebene verlaufende Invasionsprozesse wenig auffällig. Angesichts der Mengen ausgebrachten Saatgutes (Parallelfall: Pflanzung gebietsfremder Gehölze, siehe Kap. 6.2.6.1) werden die Folgen für die innerartliche genetische Vielfalt und die Rückwirkungen auf die Tierwelt jedoch erheblich unterschätzt. Dies unterstreicht zunächst die Bedeutung einer alten Grünlandvegetation, die nicht beliebig oder gedankenlos durch Neuansaaten ersetzt werden sollte. Wenn immer möglich, sollten Grünlandumbruch und Neuansaat vermieden werden. Sind Grünlandansaaten im Rahmen von Ausgleichs- und Ersatzmaßnahmen des

Naturschutzes oder bei der Stilllegung von Ackerflächen vorgesehen, sollte gebietstypisches Saatgut von alten Beständen verwendet oder eine Selbstbegrünung zugelassen werden.

Im Außenbereich ist der Gebrauch von Saatmischungen mit zertifizierten Sorten genehmigungsbedürftig, da es sich hierbei um eine Form des Ausbringens gebietsfremder Pflanzen handelt (siehe Kap. 10.2.1.2). Als Alternative sollte herkunftsgesichertes „Regiosaatgut" verwendet werden, das beispielsweise mit Heudruschsaat gewonnen oder mit Heumulchabdeckung verbreitet werden kann (Molder 2002).

### 6.2.5.2 Orientalische Zackenschote (*Bunias orientalis*)

**Herkunft und Einführung:** *Bunias orientalis* ist eine südosteuropäische Art, deren Areal bis nach Sibirien reicht. Sie hat sich in den vergangenen 200 Jahren zunehmend über weite Teile Ost- und Mitteleuropas ausgebreitet. Während der Befreiungskriege zu Beginn des 19. Jahrhunderts soll sie im Futtergetreide der Kosaken bis nach Mitteleuropa gelangt sein und auch zur „Belagerungsflora" von Paris gehört haben (Lehmann 1895).

**Aktuelle Vorkommen:** Bis in das zweite Drittel des 20. Jahrhunderts werden regelmäßig Einzelfunde, vor allem an Ruderalstellen gemeldet. Seit etwa 30 Jahren verstärkt sich die Ausbreitung. In Thüringen nimmt *Bunias* seit 1940 zu. Dominanzbestände werden aber erst nach 1980 bemerkt. Massenvorkommen, besonders an Straßenrändern, konzentrieren sich auf die warmen Muschelkalkgebiete Nordbayerns, Hessens und Thüringens. Darüber hinaus kommt *Bunias* als Ackerunkraut, im Grünland, in Weinbergen und an Ruderalstellen vor (Walter 1982, Heinrich 1985, Ullmann et al. 1988; zur Vergesellschaftung Brandes 1991).

**Erfolgsmerkmale:** *Bunias* gehört zu den populationsökologisch gut untersuchten Arten, sodass ihr Etablierungserfolg in so unterschiedlichen Biotoptypen wie Äckern und Grünland verständlich wird (Dietz et al. 1996, 1998, 1999, Dietz & Ullmann 1997): *Bunias* ist eine mehrjährige, raschwüchsige Staude, die bereits im Jahr nach der Keimung zur Blüte gelangen und auf nährstoffreichen Störungsstellen schneller als mögliche Konkurrenten dichte Populationen aufbauen kann. Hierbei könnten allelopathische Effekte verrottenden Laubes begünstigend wirken. Bodenstörungen fördern die vegetative Regeneration der Pflanzen, aber auch die Keimungsaktivität, die bis in den Sommer hineinreicht. *Bunias* wird somit durch Störungen gefördert, kann aber auch in ausdauernder Vegetation überleben, sofern sie nicht beschattet wird. Als Halbrosettenpflanze braucht sie viel Licht. Ihre Vorkommen konzentrieren sich daher auf frühe bis mittlere Sukzessionsstadien mit mittlerer und hoher Ressourcenverfügbarkeit und auf Standorte, an denen anthropogene Nutzungen oder Störungen die Konkurrenz beschattender Arten vermindern. Dies ist beispielsweise auf Wiesen der Fall. Hier wird *Bunias* durch die Mahd zudem indirekt begünstigt, da ein zweiter Wachstumsschub im Herbst Vorteile gegenüber der Begleitvegetation bietet. Auch wenn öfter als zweimal pro Jahr gemäht wird, kann *Bunias* mehrere Jahre überdauern.

Die zahlreich gebildeten Samen fallen zwischen Juli und dem folgenden Frühjahr aus, sind jedoch nicht an natürliche Mechanismen zur Fernausbreitung angepasst. *Bunias* wird auch heute noch mit Saatgut und Getreide verbreitet (Heinrich 1985). Die Massenvorkommen an Straßenrändern gehen aber wahrscheinlich eher auf den Transport von Bodenmaterial zurück. Dieses kann neben Samen auch Wurzelfragmente enthalten, aus denen sich die Pflanze deutlich besser als einheimische Konkurrenten regenerieren kann (Steinlein et al. 1996, Dietz & Steinlein 1998).

**Problematik und Diskussion:** Bislang gelten vor allem die Grünlandvorkommen als problematisch. *Bunias* kann hier dauerhafte Dominanzbestände bilden, sofern es selten oder unregelmäßig geschnitten wird. Charakteristische Grünlandarten könnten hierdurch mit der Zeit verdrängt werden. Im Zuge einer ungestörten Brachflächensukzession wird die Art auf mittlere Sicht von größeren Konkurrenten verdrängt. Ein Eindringen in ungestörte Vegetation ist nicht zu erwarten. Vereinzelt wird *Bunias* auch als Weinbergsunkraut bekämpft.

Von den etablierten Beständen der Orientalischen Zackenschote scheint jedoch keine Fernausbreitung auszugehen. In diesem Sinne sind Massenvorkommen Indikatoren der Störungsfaktoren, die zu ihrer Etablierung führten. Hierzu zählen Bodenauftrag und andere, noch nicht geklärte Ausbreitungsvektoren. An vielen Straßenrändern füllt *Bunias* potentielle sekundäre Lebensräume von Grünland- oder Magerrasenarten aus. Wegen der starken Randeinflüsse an vielen Straßenrändern sollte deren naturschutzfachliche Bedeutung jedoch nicht überschätzt werden (Ullmann & Heindl 1986, Stottele & Sollmann 1992). Auch positive Wirkungen wie die attraktiven Blühaspekte sollten bedacht werden. Bekämpfungen, etwa durch besonders hohe Mahdfrequenzen, sind nicht zielführend, da hiermit verbundene Störungen *Bunias* eher fördern. Vorkommen in bewirtschaftetem Grünland sowie in Äckern und Weinbergen sollten aber weiter beobachtet werden.

### 6.2.5.3 Kanadische und Riesen-Goldrute (*Solidago canadensis, S. gigantea*)

**Herkunft und Einführung**: Beide Goldrutenarten stammen aus Nordamerika, wo ihre ursprünglichen Vorkommen in Prärien liegen (Werner et al. 1980). Die Kanadische Goldrute gehört zu den ältesten, aus Nordamerika eingeführten Gartenpflanzen. Sie ist seit 1645 aus England bekannt. Die Riesen-Goldrute wurde 1758, gut 100 Jahre später, eingeführt. Beide Arten wurden als Gartenpflanze und Bienenweide weit verbreitet. Die taxonomische Einordnung der sehr variablen *S. canadensis* ist umstritten. So wird diskutiert, ob sich hinter ihr die nah verwandte nordamerikanische *S. altissima* verberge. Scholz (1993) bezweifelt dies und vermutet, dass sich in Mitteleuropa eine neue anthropogene Sippe gebildet habe („*Solidago anthropogena*"). Nach Weber (1997a, 2000) sollten alle mitteleuropäischen Vorkommen der Kanadischen Goldrute unter *Solidago altissima* gefasst werden. Offensichtlich sind jedoch genetische Anpassungsprozesse bei beiden Goldrutenarten erfolgt. Ihre morphologische und phänologische Variabilität ist in Europa mit der geographischen Breite korreliert und kann als Anpassung an unterschiedliche klimatische Bedingungen verstanden werden (Weber & Schmid 1998).

**Aktuelle Vorkommen**: Beide Goldrutenarten sind in Mitteleuropa vom Tiefland bis in mittlere Gebirgslagen verbreitet, wobei größere Lücken bei der später eingeführten *S. gigantea* bestehen. Dominanzbestände treten vor allem in sommerwarmen Gebieten sowie auf urbanindustriellen Brachflächen auf. Beide Arten wachsen auf einem breiten Standortspektrum, und zwar unter trockenen bis feuchten und nährstoffarmen bis nährstoffreichen Bedingungen. Die Amplitude von *S. gigantea* ist zu feuchten Standorten hin erweitert, wogegen die Schwesterart besser trockene Bedingungen erträgt. Goldruten besiedeln ruderale Standorte (urbanindustrielle Brachflächen, Bahn- und Straßenböschungen, Halden) und brachgefallene Gärten, Äcker, Wiesen, Magerrasen und Weinberge. Daneben wachsen sie in naturnahen Säumen, in der uferbegleitenden Hochstaudenvegetation und in verlichteten Wäldern und Forsten, vor allem in Auen. Insbesondere *S. gigantea* ist an Flussufern und in Auen der wärmeren Gebiete Süd- und Westdeutschlands und auch Ungarns stark verbreitet. Sie besiedelt hier eher höher gelegene Stellen, da sie lang andauernde Überflutungen nicht erträgt. Im oberrheinischen Taubergießengebiet kommt *S. gigantea* besonders im Übergangsbereich zwischen Weich- und Hartholzaue vor und bildet vor allem an den lichteren Säumen der Hartholzaue dichte Bestände aus (Hügin 1962, Kopecký 1967, 1985, Lohmeyer 1969, Görs 1974, Brandes 1981, Voser-Huber 1983, Schwabe & Kratochwil 1991, Lohmeyer & Sukopp 1992, Adolphi 1995, Brandes & Sander 1995, Hartmann et al. 1995, Grunicke 1996, Botta-Dukát & Dancza 2008).

**Erfolgsmerkmale**: Goldruten werden aktiv durch Menschen verbreitet. Als auffällige Spätblüher sind sie attraktive Gartenpflanzen, die seit Beginn ihrer starken Ausbreitung, etwa nach 1960, allerdings an Beliebtheit eingebüßt haben. Dennoch sind sie in Siedlungen allgegenwärtig. Da der Wind ihre Früchte über weite Entfernungen transportiert, werden geeignete siedlungsnahe Standorte schnell besiedelt. Hierzu trägt auch die Regeneration aus Rhizomteilen bei, die häufig mit Gartenabfall verfrachtet werden. Große Bedeutung für den Übergang in siedlungsferne Gebiete kommt Imkern zu, die *Solidago* als Bienenweide fördern, obwohl Nektar- und Pollenwert mäßig sind (Walter 1987, Schick & Spürgin 1997). Attraktiv für Honigbienen sind jedoch die Massenvorkommen und der späte Blühzeitpunkt. *S. canadensis* soll auch als Fasanenfutter ausgebracht worden sein (Hartmann et al. 1995).

Hinsichtlich der **Nährstoff- und Wasserversorgung** ist *S. canadensis* sehr tolerant. Sie wächst in frischen Auen ebenso wie auf trocken-heißen Ruderalstandorten. Längere Überflutungen werden hingegen nicht ertragen (Lohmeyer 1969). Düngung fördert die Biomasseentwicklung, jedoch erlaubt ein interner Stickstoffkreislauf auch auf nährstoffarmen Böden ein gutes Wachstum: Zu Beginn der Vegetationsperiode wird Stickstoff aus den Rhizomen mobilisiert und im Herbst hierhin zurückverlagert. Im Wurzelstock werden neben Nährstoffen auch Wasser und Photosyntheseprodukte gespeichert. Auch bei Trockenheitsstress läuft die Nettophotosynthese bis zu einem Wassersättigungsdefizit von 50 %. Kurz danach, bei 60 %, beginnen die Blätter zu vertrocknen. Dieses hohe Risiko wird kompensiert, indem die Pflanze bei verbesserten Feuchtigkeitsbedingungen neue Seitentriebe anlegt oder sich vollständig aus Rhizomknospen regeneriert. So kommt eine hohe Trockenheitsresistenz ohne morphologische Anpassung zustande. Durch eine längere Photosyntheseaktivität im Herbst hat *S. canadensis* Konkurrenzvorteile gegenüber anderen Hochstauden wie *Artemisia vulgaris* oder *Urtica dioica*, insbesondere bei nährstoffärmeren Verhältnissen (Cornelius & Faensen-Thiebes 1990, Rebele 1992, Schmidt 1981, 1983, 1986).

*S. canadensis* ist besonders **licht- und wärmebedürftig**. Die Keimung beginnt bei 10 °C, aber 25 bis 30 °C gelten als optimale Keimungstemperatur (Werner et al. 1980). *S. gigantea* keimt nach Voser-Huber (1983) bei 3 bis 5 °C niedrigeren Temperaturen als die Schwesterart und ist nach Adolphi (1995) auch etwas schattentoleranter. Die Photosynthese verläuft zwischen 12 und 28 °C optimal, wobei der Kompensationspunkt mit 50 °C extrem hoch liegt. Keimlinge werden erst ab 40 °C geschädigt (Cornelius 1990a, b).

Drei Schlagworte kennzeichnen den Erfolg von Goldruten bei der Brachflächensukzession: Schnelligkeit, Dominanz und Persistenz. Dies erreicht *Solidago*, indem sie zwei Strategien vereint: eine effektive Fernausbreitung mit generativen Diasporen und eine nachhaltige Standortbesetzung durch klonales Wachstum. Auf Weinbergsbrachen im

Remstal hat Grunicke (1996) die Produktion und Ausbreitung **generativer Diasporen** untersucht: *S. canadensis* erzeugt bis zu 20 700 Früchte (Achänen) pro Blütenstand, die mit dem Wind vom Herbst bis zum Frühjahr weit transportiert werden. Im Bereich bis 50 Meter gehen beträchtliche Diasporenmengen nieder. Die maximale Reichweite der Ausbreitung ist nicht bekannt. Da Goldruten neben bereits besiedelten Brachen häufig auch in Säumen und anderen Kleinstrukturen vorkommen, sind ihre Diasporen nahezu allgegenwärtig. Im Remstal sind sie in allen Brachestadien und auch in bewirtschafteten Weinbergen in größerer Menge nachweisbar (Abb. 38). Untersuchungen der **Samenbank** von Brachflächen ergaben bis zu 17 000 Diasporen pro Quadratmeter. Diasporen waren im Boden bewirtschafteter Weinberge ebenso wie in 30-jährigen Brachen enthalten.

In Feuchtgebieten breiten sich Goldruten oftmals an Grabenrändern aus, bevor sie beispielsweise in angrenzende Streuwiesen eindringen. Hartmann & Konold (1995) schließen hieraus auf eine Ausbreitung von Früchten und Rhizomteilen mit dem Wasser.

Keimlinge können sich auf Störungsstellen, Rohhumus und Streuauflagen etablieren, sodass *Solidago* auch in Magerrasen oder aufgelichtete Gehölzbestände eindringen kann (Cornelius 1990b). In den eigenen, älteren Beständen erfolgt die Verjüngung ausschließlich durch **klonales Wachstum** (Meyer & Schmid 1991). Hierzu werden Rhizome gebildet, deren Knospen bereits wenige Wochen nach der Keimung angelegt werden. Sie wachsen im Sommer parallel zur Bodenoberfläche aus und bilden im folgenden Herbst oder Frühjahr neue Luftsprosse. Dies ist auch im Sommer nach einer Störung möglich, sodass sich die Pflanzen schnell regenerieren können. Eine Mahd im Spätsommer bricht die Knospenruhe und führt zur Überwinterung der neu gebildeten Blattrosette (Abb. 39). Bis zum Ende der Vegetationsperiode werden bei *S. canadensis* im Schnitt 36, bei *S. gigantea* 50 Rhizomknospen angelegt. Ältere Sprosse bilden im Mittel etwa ein Dutzend neuer Rhizome. Das Rhizomwachstum wird durch gute Wasserversorgung sowie durch ein hohes Stickstoffangebot gefördert (Voser-Huber 1983, Cornelius 1990b).

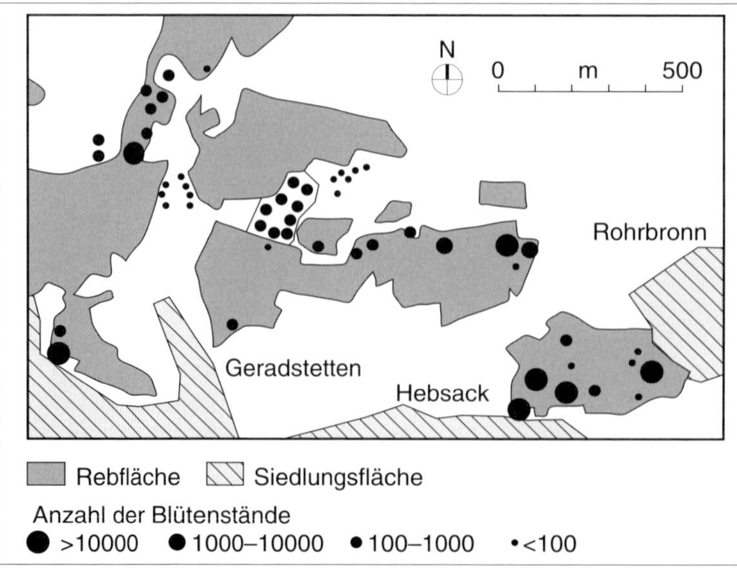


**Abb. 38** *Solidago canadensis*-Bestände in einer Weinbergslandschaft im Remstal (Gemarkung Remshalden) mit Angaben zur Anzahl der Blütenstände. Nach einer Hochrechnung produziert ein Blütenstand 20 700 Diasporen, von denen wahrscheinlich bis zu 80 % über den Nahbereich von 9 Meter mit Wind ausgebreitet werden (Grunicke 1996).

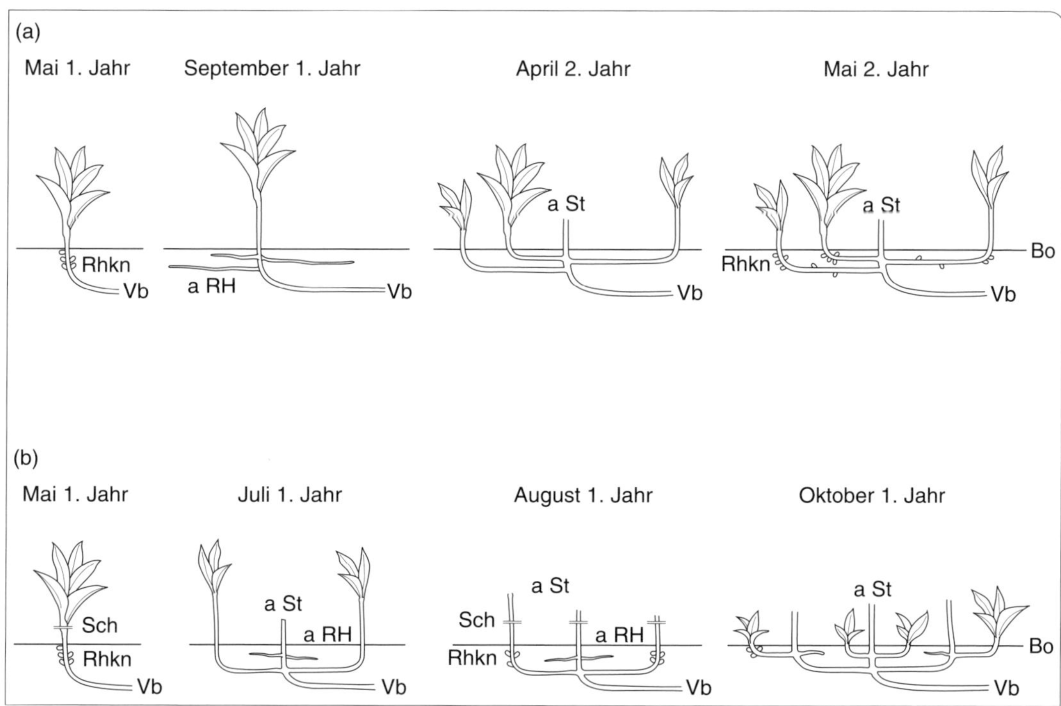


**Abb. 39** Entwicklung eines Goldrutenrhizoms (a) im ungestörten Zustand sowie (b) nach einem Schnitt im Mai und August (Bo: Bodenoberfläche, RhKn: Rhizomknospen, a Rh: auswachsendes Rhizom, Vb: Verbindung zur Mutterpflanze, a St: alter Stängel, Sch: Schnittstelle; nach Hartmann et al. 1995).

Vom Zentrum aus wächst der Klon in alle Richtungen. Dabei werden auf ungünstigen Standorten längere Rhizome als auf günstigen gebildet. Hiermit steigt die Wahrscheinlichkeit bessere Standorte zu erreichen, auf denen dann dichte klonale Populationen gebildet werden. Aus Nordamerika sind Klone mit einem Durchmesser von 2,5 bis zu 10 Metern bekannt. Innerhalb der klonalen Population besteht eine Art soziales Gefüge: Wasser, Nährstoffe und Photosyntheseprodukte werden zwischen den einzelnen Sprossen ausgetauscht, was benachteiligte oder geschädigte Triebe unterstützt. Die Bestände sind so dicht, dass Gehölze als potentielle Konkurrenten schwer eindringen können (Werner et al. 1980, Hartnett & Bazzaz 1985).

Interessanterweise wachsen Pflanzen von *S. gigantea* in Europa höher und dichter als im Ursprungsgebiet, was verschiedene Ursachen haben kann: Neben einer evolutiven Anpassung kann auch der geringere Befraß durch Insekten oder die Einführung besonders großwüchsiger Individuen eine Rolle spielen (Jakobs et al. 2004).

**Problematik**: Trotz ihrer weiten Verbreitung treten in den größten Teilen Deutschlands, insbesondere in Siedlungsgebieten sowie in höheren Lagen der Mittelgebirge, relativ wenige Konflikte mit Goldruten auf. Vielerorts liegen die Verbreitungsschwerpunkte auf Ruderalstandorten und in Siedlungsnähe. Problematische Vorkommen konzentrieren sich auf sommerwarme Gebiete West- und Süddeutschlands und hier vornehmlich auf Kulturlandschaftsstandorte. Das Spektrum reicht von Streuwiesen bis zu Weinbergterrassen (Schuldes & Kübler 1990, Hartmann et al.

1995). Bei aller standörtlichen Verschiedenheit besteht eine Gemeinsamkeit: Goldruten gelangen schnell zur Dominanz, sobald die traditionelle Form der Landnutzung aufgegeben wird. Ihre starke Zunahme seit den 1960er-Jahren korreliert beispielsweise mit der Zunahme landwirtschaftlicher Brachen. Schutzwürdige, auf Nutzungskontinuität angewiesene Lebensgemeinschaften verändern sich auch ohne Goldruten. Deren Eindringen verschärft jedoch das Problem auf verschiedene Art:

- Die schutzwürdige Vorgängervegetation wird wesentlich schneller abgebaut, als dies sonst im Zuge der Sukzession geschähe. Hiervon sind beispielsweise Streuwiesen und Halbtrockenrasen betroffen. Nach verschiedenen Untersuchungen wird deren Artenzahl nach Überführung in Goldrutenbestände um etwa die Hälfte verringert, wobei insbesondere charakteristische Magerrasenarten ausfallen (Hartmann et al. 1995). In der Folge müssen Pflegemaßnahmen intensiviert werden, um ehemalige Nutzungen zu kompensieren und den Konkurrenzdruck der Goldruten zu begrenzen.
- Nach dem Auflassen von Äckern und Weinbergen wird der offene Boden schnell von Goldruten besiedelt, die häufig an Wegrändern, Säumen und anderen Kleinstrukturen in Warteposition stehen (Abb. 38). Dies ist vor allem in Siedlungsnähe sowie auf eutrophierten Flächen der Fall. Die rasche Etablierung von Goldruten behindert die Ansiedlung anderer Arten, die auf Brachflächen sonst Ersatzlebensräume finden könnten. Auf Weinbergterrassen im Kraichgau wären dies beispielsweise Halbtrockenrasenarten (Hartmann et al. 1995). Goldruten können so das Potenzial von Brachflächen (analog von Kies- und Sandgruben) für den Arten- und Biotopschutz beeinträchtigen. Nach Beobachtungen im Rheingau setzen sich allerdings auf Weinbergsbrachen ohne Goldrute innerhalb weniger Jahre Gehölze durch, sodass blütenreiche, krautige Vegetationstypen das Bild nur vorübergehend bestimmen (Baumgart & Kirsch-Stracke 1988).
- Goldrutendominanzbestände können auf landwirtschaftlichen und anderen Brachflächen als langjährige „Sukzessionssperre“ fungieren, sofern sich nicht zuvor Gehölze etabliert haben. Seitliche Beschattung durch Gehölze oder deren Einwachsen mit Wurzelausläufern fördert die Sukzession (Hard 1975, Cornelius & Faensen-Thiebes 1990, Höchtl & Konold 1998, Schmidt 1998). Ein Dauerflächenversuch auf einer Ackerbrache in Göttingen ergab, dass die Deckung von *S. canadensis* von 25 % im 10. bis 14. Jahr nach dem Brachfallen durch die Etablierung von Gehölzen und die damit bedingte Beschattung im 20. Jahr nach Versuchsbeginn auf 4 % gesunken ist (Schmidt et al. 2009).

Da Dominanzbestände auch die Begründung forstlicher Kulturen erschweren können, führt Oberdorfer (1979) *S. gigantea* als „unduldsamen Forstschädling“. Bei der Erneuerung von Pappelforsten im Oberrheingebiet ist dies allerdings ein hausgemachtes forstwirtschaftliches Problem, da sich *Solidago* flächig erst nach dem Ersatz naturnaher Auenwälder durch lichtere Pappelforste ausgebreitet hat. Im südlichen Oberrheingebiet haben zudem Grundwasserabsenkungen beim Bau des „Grand Canal d'Alsace“ die Pflanze gefördert (Hügin 1981, Schwabe & Kratochwil 1991).

Goldruten dringen auch ohne Nutzungswandel in bestehende Vegetation ein, vornehmlich in Saumgesellschaften an Wegen, Waldrändern und seltener an Gewässerrändern. Zu den Folgen besteht kein einheitliches Bild, beispielsweise ob die Etablierung der Goldruten zum regionalen Rückgang von Pflanzen und Tieren beiträgt. Nach Einschätzung mancher Autoren (z. B. Lohmeyer & Sukopp 1992, Nezadal & Bauer 1996) bleibt das Artenspektrum trotz Mengenverschiebungen erhalten. Im Einzelfall können jedoch auch stark gefährdete Arten bedrängt werden, beispielsweise die Schellenblume (*Adenophora liliifolia*) durch *S. gigantea* in lichten Auenwäldern an der unteren Isar (Gaggermeier 1991). Nach Hartmann et al. (1995) dringen Goldruten auch in Streuwiesen ein und haben in verschiedenen Naturschutzgebieten Baden-Württembergs Bekämpfungen ausgelöst.

Am Beispiel von *S. canadensis* ist experimentell nachgewiesen worden, dass ein Teil ihrer Konkurrenzstärke auf den im Vergleich zum Ursprungsgebiet geringeren Phytophagenbesatz zurückgeht (Auge et al. 2001). Die **biozönotische Einbindung** der Goldruten wird unterschiedlich beurteilt, je nachdem welche Tiergruppen betrachtet werden. *Solidago* wird von Insekten bestäubt, wobei Hautflügler und Fliegen die größte Rolle spielen. Sie profitieren vom großen Blütenangebot, das in eine relativ blütenarme Jahreszeit fällt. Im Naturschutzgebiet Taubergießen nördlich von Breisach haben Schwabe & Kratochwil (1991) bei 91 Beobachtungen 5 Wildbienen-, 18 Tagfalter- und 3 Schwebfliegenarten bei der Nektar- und Pollenaufnahme an *S. gigantea* beobachtet. Darunter waren vier in der Roten Liste aufgeführte Arten. Nach Westrich (1989) profitieren allerdings nur wenige Wildbienenarten von Goldruten, sodass deren Ausbreitung unerwünscht sei, da hierdurch wertvolle Wildbienenfutterpflanzen verdrängt würden. Dies ist für Magerrasen nachvollziehbar, in denen Goldruten nach Auflassen der Nutzung zur Dominanz gelangen. Bei der Wiederbesiedlung offenen Bodens auf urbanindustriellen Standorten ist dies jedoch weniger der Fall. Hier könnten Goldruten blütenbesuchende Insekten begünstigen, indem sie die Dominanz von Gräsern verhindern und das Aufkommen von Gehölzen verzögern. Untersuchungen zu Wanzen haben für *Solidago*-Bestände ähnliche Artenzahlen wie für die Kontaktvegetation ergeben, nur überwogen bei *Solidago* eindeutig polyphage Arten (Rohacova & Drozd 2009).

Interessant sind indirekte Wirkungen auf **Phytoparasiten**: Die einheimische Schmarotzerwinde *Cuscuta europaea* geht von der Großen Brennnessel nicht auf *S. gigantea* über. Dies gelingt jedoch der eurasiatischen *C. lupuliformis*, die daher als Neophyt im westlichen Mitteleuropa durch Goldruten gefördert wird (Lohmeyer & Sukopp 1992). Sie wird zudem effektiver mit Wasser ausgebreitet als die einheimische *C. europaea*, da ihre Diasporen bis zu dreimal länger schwimmen (Lösch et al. 1995). *C. gronowii* wächst an der Mosel häufig auf ebenfalls aus Nordamerika stammenden Aster-Arten und ist auch auf der mittelasiatischen *Impatiens parviflora* gefunden worden (Lohmeyer 1975, Melzer 1992).

**Steuerungsmöglichkeiten**: Als Brachezeiger können Goldruten am effektivsten kontrolliert werden, indem die traditionelle Landnutzung fortgesetzt oder in ihrer Wirkung durch andere Maßnahmen ersetzt wird. Wo dies nicht möglich ist, steht die Wahl zwischen Vorbeugung, Bekämpfung oder Akzeptanz.

**Vorbeugende Maßnahmen** sind sinnvoll, um die Erst- oder Wiederbesiedlung schutzwürdiger Biotope mit Goldruten zu begrenzen. Dabei kann auf Ausbreitungsquellen wie auf potentielle Invasionsstandorte Einfluss genommen werden. Wo Goldruten noch nicht stark vertreten sind, sollten Neuansiedlungen (Ausbringung durch Imker, Transport mit Gartenabfall u. ä.) im Einzugsbereich geeigneter und zugleich schutzwürdiger Etablierungsstandorte (z. B. Halbtrockenrasen und Streuwiesen) verhindert oder durch Ausreißen rückgängig gemacht werden. Hartmann & Konold (1995) empfehlen das Ausgraben der Rhizome im Mai oder das Ausreißen der

Stängel bei feuchter Witterung kurz vor der Blüte, um einen möglichst großen Teil der Rhizome zu entfernen. Ohne genauere Untersuchungen zur Effektivität der Fernausbreitung kann die kritische Distanz, die eine Etablierung zwar nicht ausschließt, aber quantitativ begrenzt, nur abgeschätzt werden. Sie dürfte im Bereich von 100 bis 300 Metern liegen. Ist *Solidago* bereits so häufig wie im Remstal (Abb. 38) oder im Rheingau, ist dies praktisch aussichtslos. In solchen Fällen kann der Etablierung von Dominanzbeständen durch eine Einsaat brachfallender Äcker begegnet werden.

Wegen ihrer ausgezeichneten vegetativen Regenerationsfähigkeit sind Goldruten nachhaltig nur zurückzudrängen, wenn die **Bekämpfungsmaßnahmen** intensiv und über mehrere Jahre betrieben werden. Auch dies ist vergebens, wenn eine Neueinwanderung anschließend nicht langfristig unterbunden wird.

**Diskussion**: Dominante Goldrutenbestände sind in erster Linie Symptom eines Nutzungswandels, der ihren Erfolg erst ermöglicht. Dies gilt für aufgelassene Gärten und städtische Ruderalflächen ebenso wie für Magerrasen und Weinberge. Entsprechend zeigt ihre starke Ausbreitung in Magerrasen-Naturschutzgebieten in den meisten Fällen deren unzureichende Pflege an. Letztere beeinträchtigt auch ohne Mitwirkung von Neophyten die Qualität vieler Schutzgebiete (Haarmann & Pretscher 1993). Es gibt jedoch Ausnahmen: In Streuwiesen können sich Goldruten trotz der traditionellen Mahd im Herbst ausbreiten. In Schutzgebieten mit trockenen oder feuchten Magerrasen sollten Goldruten nur bekämpft werden, wenn eine anschließende Pflege oder Nutzung dauerhaft sicherstellt, dass sie sich nicht regenerieren oder erneut einwandern können. Alles andere wäre angesichts der Ausbreitungs- und Regenerationsstärke der Art nur ein kostspieliger Aktionismus.

Die notwendige Intensität zwingt zu einer Konzentration der Maßnahmen. Größere Vorkommen an Waldinnen- und Außenrändern, wie beispielsweise in den Auenwäldern des Oberrheingebietes, sind kaum praktikabel zu bekämpfen und daher wohl oder übel zu akzeptieren. Hier sollten vorbeugende Maßnahmen Vorrang haben. Auch wenn sich die Probleme heute in den wärmsten Gebieten Deutschlands konzentrieren, sollte die Bestandsentwicklung der Goldruten angesichts der erwarteten Klimaerwärmung allgemein beobachtet werden.

Der sukzessionshemmenden Wirkung von Goldruten sind auch positive Aspekte abzugewinnen. Sie fördert das Offenhalten nicht mehr genutzter Kulturlandschaften, allerdings um den Preis ihrer Veränderung. Treibende Kraft ist das Brachfallen, nicht *Solidago*. Ihr Blütenschmuck im Spätsommer und frühen Herbst könnte auch als Bereicherung für das Landschaftsbild angesehen und in touristisch genutzten Weinbaugegenden geschätzt werden. Dass Sukzessionsstadien mit Beteiligung von *Solidago* nicht zwangsläufig zu eintönigen Dominanzbeständen führen müssen, haben Höchtl & Konold (1998) für das Jagsttal festgestellt.

In Siedlungsgebieten und an Verkehrstrassen besteht im Allgemeinen kaum Handlungsbedarf. Hier fallen positive Wirkungen von *Solidago* stärker ins Gewicht. Sie fördern eine oft ästhetisch ansprechende Begrünung von Pionierstandorten, tolerieren verschiedene Schadstoffe (z. B. Cadmium und Ozon) und begünstigen teilweise ihren Abbau, beispielsweise von chlorierten Kohlenwasserstoffen (Meyer 1981, Kühn 1996). An Verkehrswegen sowie auf vielen Restflächen dürfte ihr Blütenangebot zahlreichen Insektenarten zugute kommen, zumal wenn auf solchen Standorten ansonsten windbestäubte Gräser oder Gehölze dominieren. In Sand- oder Kiesgruben sollten Goldruten nicht gefördert werden, um hier Ersatzstandorte für Offenlandbewohner

**Bekämpfungs-Erfahrungen in der Schweiz und in Baden-Württemberg (Voser-Huber 1983, Hartmann et. al. 1995, Hartmann & Konold 1995)**

Ein schnelles Zurückdrängen kann mit starken Eingriffen erzielt werden, die allerdings auch den Standort und die Begleitvegetation beeinträchtigen. Das **Abdecken** gemähter Bestände mit UV-undurchlässiger Folie ist ebenso wie das **Fräsen** nur auf kleineren Flächen praktikabel, zerstört die Begleitvegetation und schafft Offenstandorte, auf denen sich Goldruten erneut etablieren können. Um dies auszuschließen, ist eine Ansaat sinnvoll. Das gleiche gilt für den Einsatz der **DUTZI Maschine**, der auf lössreichen Acker- und Weinbergsbrachen im Kraichgau erprobt wurde. Sie lockert den Boden und wirft einen Großteil der *Solidago*-Rhizome an die Oberfläche, wo sie bei heißtrockener Witterung im Sommer rasch absterben. Mit einer Ansaat von konkurrenzstarken Gräsern und Leguminosen wurde der Regeneration im Boden verbliebener Pflanzenteile und der erneuten Keimlingsetablierung entgegengewirkt. Die Dichte der Goldruten konnte hierdurch stark reduziert werden, jedoch führt die Maßnahme zu einem Zielkonflikt: Um die Goldruten erfolgreich zurückzudrängen, müssen konkurrenzstarke Arten angesät werden, die dann auch die Etablierung weniger konkurrenzstarker Zielarten des Naturschutzes behindern. Zudem werden mit konventionellem Saatgut meist gebietsfremde Herkünfte ausgebracht, die Invasionen unterhalb der Artebene auslösen (siehe Kap. 2.5.2).

Die **Mahd** hat den Vorteil, dass Reste der vorausgehenden Vegetation gefördert werden, neue Arten kontinuierlich einwandern können und Ansaaten unnötig sind. Nach dem Mähen erhöht sich zunächst die Stängelzahl durch Austreiben aus oberirdischen Stängelknospen (vor allem bei zu hohem Schnitt) und aus Rhizomknospen (Abb. 39). Über mehrere Jahre sind daher zwei Pflegegänge pro Jahr nötig, die nach einem starken Zurückdrängen der Goldrute auf einen Spätschnitt reduziert werden können. Dabei ist das Risiko der Regeneration von *Solidago* kaum auszuschließen, sodass die Flächen auch nach Abschluss der Maßnahmen kontrolliert werden sollten. Darüber hinaus ist eine Kombination mit Beweidung möglich, da Schafe junge Goldruten gerne ganz fressen, aber nur die Blätter älterer Pflanzen aufnehmen.

Auch nach dreijähriger **Mahd** waren auf einem trockenen Lössstandort im Kraichgau bei vier Versuchsvarianten mehr Stängel als zuvor vorhanden. Nur bei einer Variante gab es eine geringe Abnahme. Der Deckungsgrad von *Solidago* konnte allerdings bei den Varianten mit einer zweimaligen Behandlung von 100 % auf bis zu 40 % reduziert werden. Die Unterschiede zwischen einer Mahd mit Abtransport des Schnittguts oder ohne (Mulchen) waren gering. Das **Mulchen** ist weniger aufwendig, behindert jedoch durch den Streuanfall die erwünschte Etablierung von Halbtrockenrasenarten. Im Mai sollte zum ersten Mal gemäht werden. Eine dreimalige Mahd bringt keinen Vorteil, da *Solidago* nach der Mahd im August im rosettigen Stadium überdauert und so einer späteren Behandlung entgeht.

Bei den Versuchen auf feuchten Standorten innerhalb eines Streuwiesenkomplexes im Bodenseegebiet konnte die Deckung von *S. gigantea* noch effektiver begrenzt werden: auf unter 20% durch zweimalige Mahd sowie durch kombiniertes Mähen und Mulchen auf 40 %. Wie auf den trockenen Standorten begünstigt das Mähen im Gegensatz zum Mulchen biotoptypische Arten. Auf einem feuchten nährstoffreichen Standort im Überschwemmungsbereich eines Baches reichte einmaliges Mähen oder Mulchen Anfang Juni, um *Solidago* zugunsten wuchsstarker Lianen und Hochstauden zu verdrängen. Allerdings konnte sich hier später *Impatiens glandulifera* etablieren, deren Diasporen wohl mit Hochwasser angeschwemmt worden waren.

zu bewahren. Auch bei der Einwanderung von Goldruten auf nährstoffarme, trockene Bahnbrachen kann es zu Konflikten mit dem Artenschutz kommen (Kowarik & Langer 1994). Da die Nutzung von Ersatzlebensräumen durch seltene Arten wesentlich von deren Einwanderungsmöglichkeiten abhängt, kann die Rolle von *Solidago* auf Pionierstandorten nicht pauschal bewertet werden. Vor allem auf nährstoffreichen Brachflächen dürften die Konflikte so gering sein, dass Bekämpfungen unnötig sind.

#### 6.2.5.4 Stauden-Lupine (*Lupinus polyphyllus*)

**Verwendung und Vorkommen:** Die aus dem pazifischen Nordamerika stammende und 1829 nach Europa eingeführte Stauden-Lupine ist eine beliebte und weit verbreitete Gartenpflanze. Sie wird zudem auf bodensauren Standorten häufig zur Bodenfestlegung, Gründüngung, als Zwischensaat in Gehölzpflanzungen sowie als Wildfutter ausgebracht. Hierdurch sind zahlreiche Vorkommen auf Straßen- und Eisenbahnböschungen, an Säumen sowie in verlichteten Wäldern und Forsten begründet worden. Lupinen sind in Hochstaudenvegetationen und lichten Waldgesellschaften eingebürgert (Falínski 1986 zum Urwald von Białowieża). Sie können von Anpflanzungen auch in benachbartes Grünland eindringen. Hiervon sind auch Bergwiesen und Borstgrasrasen in silikatischen Mittelgebirgen betroffen.

**Erfolgsmerkmale:** Aus Ansaaten können sich Dominanzbestände bilden. Die Fähigkeit zur symbiotischen Stickstoffbindung ist auf nährstoffarmen Böden besonders vorteilhaft, da sie einen raschen Bestandsaufbau unterstützt. Klonales Wachstum fördert den Bestandesschluss. Durch Beschattung und Stickstoffeintrag kommt es in der Regel zu einem schnellen Wechsel der Begleitvegetation, der auch von anderen stickstofffixierenden Neophyten bekannt ist (z. B. *Robinia pseudoacacia*, siehe Kap. 6.2.5.5; *Gunnera tinctoria*, Hickey & Osborne 1998; *Elaeagnus angustifolia*, Simons & Seastedt 1999; Überblick bei Scherer-Lorenzen et al. 2007). Im Nationalpark von Białowieża haben Lupinen, die als Wildfutter ausgebracht wurden, den Biomasseaufwuchs der Krautschicht erheblich erhöht und Umschichtungen im Artenbestand verursacht (Falínski 1998).

Aus einzelnen Pflanzen können sich rasch große Populationen entwickeln, wie Untersuchungen in der Rhön zeigen (Volz & Otte 2001, Otte et al. 2002): Eine Pflanze produziert bis zu 2000 Samen, die durch einen Schleudermechanismus bis zu 5,5 Meter bewegt werden. Die Keimung gelingt auf offenen Bodenstellen, die im Schatten der Mutterpflanze, durch Pflegearbeiten oder tierische Aktivitäten entstehen. Auf einer Dauerfläche in der Rhön nahm die von *Lupinus* bewachsene Fläche in zwei Jahren um 17 % zu. Eine Fernausbreitung ist durch Weidetiere möglich, die verzehrte Samen nach einer Retentionszeit wieder ausscheiden. Otte et al. (2002) konnten experimentell zeigen, dass Lupinensamen mehr als vier Tage im Verdauungstrakt von Schafen überdauern können und danach zum Teil noch keimfähig sind.

**Problematik:** Der dichte, hohe Wuchs der Lupinen und der Stickstoffeintrag bewirken nachhaltige Vegetationsveränderungen, die auch seltene Arten betreffen können (Korneck & Sukopp 1988). Krause (1989) hat nachgewiesen, dass Lupinen von Böschungsansaaten an Verkehrswegen aus auch in benachbarte Magerrasen eindringen. Als besonders problematisch gelten größere Lupinenbestände in den Hochlagen silikatischer Mittelgebirge (Bayerischer Wald, Fichtelgebirge, Schwarzwald, Rhön). Sie führen zur Veränderung schutzbedürftiger Bergwiesen und Borstgrasrasen, wie das Beispiel der Rhön zeigt (Volz & Otte 2001, Otte et al. 2002):

Im heutigen **Biosphärenreservat Rhön** wurden Lupinen in den 1940er-Jahren als Untersaat von Aufforstungen eingebracht, da man sich von ihrer Stickstoffbindung ein besseres Baumwachstum versprach. Daneben wurden Lupinen auch auf Böschungen und an Wegrändern gesät. In der Nachkriegszeit beschleunigte der Niedergang der traditionellen Heuwiesenbewirtschaftung ihre Ausbreitung im Offenland. Heute wachsen Lupinen in Borstgrasrasen, Storchschnabel-Goldhaferwiesen und anderen schutzwürdigen Vegetationstypen wie Feuchtwiesen und Kleinseggenrasen. Massenbestände treten vor allem in vernässten Muldenlagen auf. *Lupinus* fördert daher in der Rhön die Umwandlung schutzbedürftiger Pflanzengesellschaften, die für die Kulturlandschaft des Biosphärenreservats charakteristisch sind und auch zahlreiche gefährdete Arten enthalten (z. B. *Arnica montana*). Zugleich profitieren nitrophile, meist weit verbreitete Arten wie *Urtica dioica*, *Galium aparine* und *Galeopsis tetrahit* von der Stickstoffbindung. Im Naturschutzgebiet Lange Rhön waren 1998 knapp 6 % der 2666 Hektar großen Fläche mit Lupinen bewachsen.

**Steuerungsmaßnahmen:** Ansaaten von Lupinen zur Festlegung oder Verbesserung von Böden oder als Futterpflanze sollten in Reichweite schutzbedürftiger Vegetationseinheiten unterbleiben. Werden Stauden-Lupinen nicht als land- oder forstwirtschaftliche Anbaupflanzen ausgebracht (z. B. Böschungsansaaten und Wildfutter), ist ihre Ausbringung nach dem Naturschutzrecht genehmigungsbedürftig.

Zur Bekämpfung von Dominanzbeständen kommen Mahd und Beweidung in Frage. In der Rhön waren Versuche mit einer **Beweidung** durch Rinder und Rhönschafe ermutigend (Otte et al. 2002): Stauden-Lupinen sind wegen ihrer hohen Gehalte an Rohproteinen attraktive Futterpflanzen. Der den Futterwert mindernde Alkaloidgehalt kann durch die Aufnahme rohfaserhaltiger Nahrung ausgeglichen werden. Um den Ferntransport aufgenommener Samen durch die Tiere zu vermeiden, sollte die Beweidung deutlich vor der Zeit des Fruchtens (Mitte Juli bis Ende August) aufgenommen werden, möglichst Ende Juni/Anfang Juli. Nach Erfahrungen aus der Rhön ist ein früher Mahdtermin mit dem Schutz von Orchideen und anderen seltenen Arten vereinbar. Otte et al. (2002) empfehlen weiter einen Viehbestand von mindestens 1,3 Großvieheinheiten pro Hektar mit kurzer, aber zweimaliger Beweidung pro Jahr, um der Regeneration der Lupine entgegenzuwirken. Da solche Maßnahmen aufwändig sind, sollten sie auf besonders schutzwürdige Bereiche konzentriert werden, in denen der Bestandsanteil der Lupine noch unter 50 % liegt und die aufgrund ihrer Morphologie oder anderer Gegebenheiten nicht maschinell offen zu halten sind.

#### 6.2.5.5 Robinie (*Robinia pseudoacacia*)

**Herkunft**: Die Robinie stammt aus Nordamerika. Der östliche Teil ihres Ursprungsgebietes deckt sich in etwa mit dem Gebirgszug der Appalachen. Der westliche umfasst Teile von Arkansas, Oklahoma und Missouri. Das Klima ist humid mit jährlichen Niederschlägen zwischen 1020 und 1830 Millimetern. Die Robinie kommt bis zu einer Höhe von 1620 Metern vor und wächst auf einem breiten Spektrum von Böden (pH-Werte von 4,6 bis 8,2), meidet jedoch stark verdichtete sowie staunasse Standorte. Von Anpflanzungen ausgehend hat sie auch in Nordamerika ihr Verbreitungsgebiet räumlich und standörtlich stark erweitert. Dabei wird sie als Pionierbaum durch anthropogene und natürliche Störungen gefördert. Wie in Europa ist *Robinia* auch auf Böden und in Gegenden erfolgreich, die wesentlich trockener als im Ursprungsgebiet sind (Huntley 1990).

In den Appalachen wirkt *Robinia* als „Katastrophenbaum“, der als Pionier nach Störungen (Feuer, Tornados, Kahlschlag) die Waldregeneration einleitet. Bereits nach 20 bis 30 Jahren wird sie von höher wüchsigen, stark Schatten spendenden Arten wie dem Tulpenbaum (*Liriodendron tulipifera*) verdrängt. In älteren Wäldern sinkt ihr Anteil an Stammzahl und Basalfläche auf weniger als 4% (Boring & Swank 1984a).

**Einführung und Verwendung**: Die Robinie gelangte zwischen 1623 und 1635 nach Paris (1601 ist nach Wein 1930 falsch). Wenige Jahrzehnte später wurde sie in Deutschland kultiviert (1670 im Berliner Lustgarten), blieb aber bis Ende des 18. Jahrhunderts eine exotische Besonderheit. Die danach einsetzende Robinien-Euphorie, die zu zahlreichen Anbauten führte, hatte zwei Gründe: Robinien waren als Bodenfestiger gefragt, da durch Übernutzung viele Wälder zerstört waren und in Sandlandschaften zahlreiche Wanderdünen die Landnutzung bedrohten. Auch heute noch werden erosionsgefährdete Hänge und Böschungen mit Robinien befestigt. Ende des 18. Jahrhunderts erhoffte man sich vom Robinienanbau eine Lösung der durch die beginnende Industrialisierung vermehrten Holznot. Die übersteigerten Erwartungen wurden nicht erfüllt. Jedoch dauert der Robinienanbau als Flur- und Forstgehölz mit Schwerpunkt in Sandgebieten bis heute an. Auch sekundäre Felsfluren, Trocken- und Halbtrockenrasen wurden mit Robinien aufgeforstet (z. B. Xerothermstandorte im Mansfelder Hügelland, Westhus 1981). Eine Ausweitung des Robinienanbaues wird diskutiert, da die Nachfrage nach Robinienholz als Alternative zu importiertem Tropenholz zunimmt. Weltweit verzehnfachte sich die Anbaufläche zwischen 1958 (227 000 ha) und 1986 (3.264 000 ha). Nach Eukalyptus und Pappelhybriden ist *Robinia* weltweit die drittwichtigste Laubholzart, wobei besonders in Südkorea große Anbauflächen existieren (Keresztesi 1988). In ungarischen Zuchtprogrammen wird versucht, Wuchsleistung, Schaftform und Nektarproduktion zu optimieren, wobei die geradschäftige Schiffsmast-Robinie als Ausgangsform genutzt wird (Schütt et al. 1994). Gentechnische Veränderungen sollen die Stammform und Insektenresistenz verbessern (Zoglauer et al. 2000).

In Teilen Ungarns und der Slowakei ist *Robinia* der wichtigste Forstbaum. In Ungarn begannen Mitte des 19. Jh. Massenpflanzungen auf Flugsandböden und anderen schwierigen Standorten. Heute sind 380 000 Hektar, das sind 22% der ungarischen Waldfläche, mit Robinie bestockt (Bartha et al. 2008). Im Niederwaldbetrieb sind Umtriebszeiten von 20 bis 30 Jahren auf armen und von 40 Jahren auf guten Böden üblich. In semiariden Ländern wird *Robinia* als Brennholzlieferant in Kurzumtriebsplantagen angebaut. Daneben wird ihr nährstoffreiches Laub (23 bis 24% Rohprotein) als Rinderfutter verwendet. Das Holz der Robinien ist von guter Qualität und gegen Holzfäule widerstandsfähig. Es kann bis zu 100 Jahre im Boden überdauern und wird als Bau- und Möbelholz für Pfähle, früher auch für Rebpfähle im Weinbau, sowie zur Zellstoffgewinnung und Papierherstellung genutzt. In Ungarn, aber auch in Brandenburg, ist die Honigtracht die wirtschaftlich wichtigste Nebennutzung der Robinie. Als bedeutende Frühsommertrachtpflanze bringt sie in guten Jahren bis zu 60% der Honigernte (Barrett et al. 1990, Schütt et al. 1994).

**Aktuelle Vorkommen**: Die Robinie wird im gesamten Mitteleuropa kultiviert. Ausbreitungsstark ist sie jedoch nur in (sub-)kontinentalen und submediterranen Gebieten, da sie auf eine hohe Wärmesumme in der Vegetationsperiode angewiesen ist (Dracea 1926, Kohler 1963). Allerdings breiten sich Robinien in der letzten Zeit auch in weniger wärmebegünstigten Gebieten wie dem Ruhrgebiet aus (Keil & Loos 2004), möglicherweise infolge des Klimawandels. In sommerwarmen Gebieten Mittel-, Ost- und Südwestdeutschlands breitet sie sich von Anpflanzungen ausgehend vor allem an Waldrändern, Verkehrswegen, auf trockenwarmen Waldgrenzstandorten, auf Weinbergsbrachen sowie auf urbanindustriellen Standorten aus. Sie dringt auch in Sandtrocken- und Kalkmagerrasen ein und kann die Sukzession über mehrere Jahrzehnte prägen (Kohler 1964, Westhus 1981, Kowarik 1992b, Böcker 1995, Grunicke 1996, Dzwonko & Loster 1997). Im Oberrheingebiet kommt sie in der Trockenaue des Rheins sowie gelegentlich in der Weichholzaue vor. Daneben wächst sie in Flaumeichenwäldern, die aus durchgewachsenen Niederwäldern hervorgegangen sind (Wilmanns & Bogenrieder 1995). *Robinia* besiedelt also ein breites Standortspektrum und meidet, wie im Heimatgebiet, nur staunasse und stark verdichtete Böden (Böcker 1995). Im Ruhrgebiet wurden Robinien häufig zur Böschungsbefestigung und zur Begrünung von Halden verwendet, wo sie sich jedoch vorwiegend vegetativ ausbreiten.

**Erfolgsmerkmale**: Die Robinie vermehrt sich vegetativ wie generativ. Sie fruchtet früh im Alter von sechs Jahren. Die Samen werden mit dem Wind transportiert, meist an der Hülse(nhälfte) haftend. Die Früchte sind „Wintersteher" mit Ausbreitungschancen zwischen September und April (Huntley 1990). Der Ausbreitungserfolg ist räumlich und standörtlich eng begrenzt, da die Diasporen wegen ihres hohen Gewichtes nur ausnahmsweise mehr als 100 Meter transportiert werden dürften.

Zur **Keimung** werden konkurrenzfreie Standorte benötigt. Die Samen keimen zwar im Schatten, überleben aber nur an gut belichteten Stellen (Kowarik 1990b). Der Grenzwert der Schattentoleranz liegt für Jungpflanzen bei 10 bis 12 % der Freilandhelligkeit (Lyr et al. 1965). Die Chance, auf generativem Wege in eine geschlossene krautige Vegetation einzudringen, ist daher ebenso gering wie die zur Etablierung in geschlossenen Waldgesellschaften. *Robinia* legt eine persistente Samenbank an. Die Lebensdauer der Samen ist unbekannt, aber sicher vieljährig. Nach Schubert (1992) sind Samen 30 Jahre lang lagerungsfähig. Die Samenbank wird nur in kleinen Schritten durch Keimung abgebaut (Grunicke 1996). Die erfolgreiche generative Verjüngung ist daher auf Offenstandorte in der Nähe von Samenbäumen angewiesen oder auf Bodenstörungen, welche die Samenbank aktivieren.

In geschlossene Magerrasen dringt *Robinia* nur mit Wurzelausläufern ein. Das **klonale Wachstum** wird durch Störungen begünstigt. So hat sich zwei Jahre nach einer Aufgrabung des Wurzelsystems die Menge der Rameten verzehnfacht (Wolf 1985). Mechanische Bekämpfungen fördern die Erneuerung und Verdichtung von Robinienbeständen ebenso wie Brände. Wurzelsprosse werden jedoch auch ohne Störungen gebildet. Sie führen zur räumlichen Erweiterung der klonalen Population und zur Verdichtung eines bereits etablierten Bestandes (Kowarik 1996c). Wurzelausläufer der Robinie wachsen ähnlich schnell in Magerrasen ein wie die von einheimischen Gehölzarten (Tab. 40). Verschiedene Wuchsformen, etwa gerad- und krummschäftige Stämme, deuten auf verschiedene Klone hin, die zusammen einen Bestand bilden können (Hertel & Schneck 2003).

Als Leguminose bindet *Robinia* symbiotisch **Luftstickstoff**. Symbiosepartner sind Bakterien der Gattung *Rhizobium*. Der in den Wurzelknöllchen gebundene Stickstoff gelangt vornehmlich über den Laubfall in den Boden und ist schnell pflanzenverfügbar, da sich das Laub rasch zersetzt (Hoffmann 1961). Die Angaben zur Stickstoffanreicherung durch Robinien variieren stark (100 bis 300 Kilogramm pro Hektar und Jahr, nach Hoffmann 1961; 30 Kilogramm nach Boring

**Tab. 40** Klonales Wachstum bei *Robinia pseudoacacia* im Vergleich zu einheimischen Gehölzarten. Angegeben ist die maximale Entfernung, die Wurzelausläufer beim Einwachsen in Magerrasen im Jahr überwinden können

| Art | Vegetation | max. Wuchsleistung der Rameten [m/a] | Gebiet | Quelle |
|---|---|---|---|---|
| Zitter-Pappel (*Populus tremula*) | Halbtrockenrasen | 0,75 bis 1,15 | Kaiserstuhl | Wilmanns 1989 |
| Schlehe (*Prunus spinosa*) | Trocken-/Halbtrockenrasen | < 0,5 | Mitteldeutschland | Reichhoff & Böhnert 1978 |
| | | < 1 | Schwäb. Alb | Schreiber 1995 |
| | | < 1,2 | Neckarland | Wolf 1984 |
| Robinie (*Robinia pseudoacacia*) | ruderale Sandtrockenrasen | < 1 | Berlin | Kowarik 1996c |

& Swank 1984b). Auf armen Standorten sind stickstofffixierende Arten begünstigt, wenn Stickstoff Mangelfaktor ist (Vitousek 1990). Da stickstoffbindende Bäume in der einheimischen Gehölzflora Mitteleuropas nicht vertreten sind (Ausnahme: Erlen auf feuchten Standorten), haben Robinien Konkurrenzvorteile. Sie erreichen auf nährstoffarmen Ausgangsstandorten höhere Basalflächen als ähnlich alte Kiefern-Eichen-Forste (Kowarik 1992b).

Robinien sind in Europa nicht vor **tierischen Feinden und Krankheiten geschützt**, wie gelegentlich behauptet wird (siehe Kap. 7.2.2.2). Ihre Vitalität wird hierdurch jedoch bisher nicht wie in ihrer Heimat eingeschränkt (Kehr & Butin 1996). Der Wildverbiss ist mäßig (Ellenberg 1988). Allerdings scheint die Anzahl phytoparasitärer Pilze in europäischen Beständen zuzunehmen. Rehnert & Böcker (2008) fanden an 200 Bäumen im Schönbuch (Württemberg) 69 Holzpilze, darunter 43 parasitäre Arten. Deren Anteil stieg nach einer Stammschädigung durch Ringeln. An den danach entwickelten Schösslingen führten *Fusarium-*, *Verticillium-* und *Phytophytora*-Arten zu stark verminderter Vitalität.

Da die räumliche Reichweite der generativen wie vegetativen Vermehrung eng begrenzt ist, geht die Ausbreitung der Robinie in ortsferne Magerrasen zumeist auf **initiale Pflanzungen** in unmittelbarer Nähe zurück. Der Ausbreitungserfolg der Robinie ist daher eng an die menschliche Kulturtätigkeit gebunden. Robinien werden in Mitteleuropa seit dem 18. Jahrhundert für verschiedene landeskulturelle Zwecke gepflanzt (Göhre 1952, Krausch 1977, Kowarik 1990b, Wilmanns et al. 1989, Kretschmer et al. 1995, Tenbergen & Stratmann 1995b, Bartha et al. 2008):

- als Bestandteil von Hecken und Flurgehölzen sowie als Forst-, Straßen- und Parkbaum,
- zum Erosionsschutz an Böschungen und in Steillagen sowie bei der Rekultivierung von Halden und Deponien,
- zur Festlegung von offenen, durch Übernutzung entstandenen Sandflächen,
- als Bienenweide und
- als Lieferant von Grubenholz und von Holzpfählen für den Weinbau.

Die Rolle initialer Pflanzungen für den Ausbreitungserfolg der Robinie wird häufig unterschätzt. Das Einwachsen in besonders wertvolle Trockenrasen des Mainzer Sandes ging z. B. von Anpflanzungen in der engeren Umgebung aus. An den Oderhängen gefährden Robinien

Trockenrasen, die reich an *Adonis vernalis* sind. Hierzu hat auch der Reichsarbeitsdienst mit Pflanzungen in den 1930er-Jahren beigetragen (H.-D. Krausch, mündlich).

**Problematik**: Die lange bekannte Fähigkeit der Robinie zur symbiotischen Stickstoffbindung führt zu raschen und nachhaltigen **Vegetationsveränderungen** (z.B. Chapman 1935, Göhre 1952, Jurko 1963). Anspruchsvolle Arten wachsen schneller, höher oder dichter auf den mit Stickstoff angereicherten Böden als Magerrasenarten und verdrängen diese bald. In Sandtrockenrasen oder Kalkmagerrasen sind hiervon häufig gefährdete Pflanzenarten und an sie gebundene Tierarten betroffen. Sie werden durch weit verbreitete Robinienbegleiter ersetzt. Hierzu zählen u.a. *Chelidonium majus*, *Urtica dioica*, *Poa compressa*, *P. nemoralis*, *P. trivialis*, *Rubus caesius* und, in älteren Robinienbeständen, *Sambucus nigra*. Beispiele prominenter Schutzgebiete mit Robinienvorkommen sind der Mainzer Sand (Abb. 40), die Sandhausener Dünen (Rohde 1994), der Spitzberg bei Tübingen (Kohler 1964) und der Badberg im Kaiserstuhl. Hier wächst *Robinia* im Mesobrometum, kann aber die Waldgrenze in den natürlichen Volltrockenrasen des Xerobrometum nicht überwinden (Wilmanns et al. 1989). Auf Xerothermstandorten des Mansfelder Hügellandes werden unter Robinie die typischen Arten der Felsfluren und Xerothermrasen rasch durch mesophile Arten ersetzt. Im Zuge der weiteren Sukzession prä-

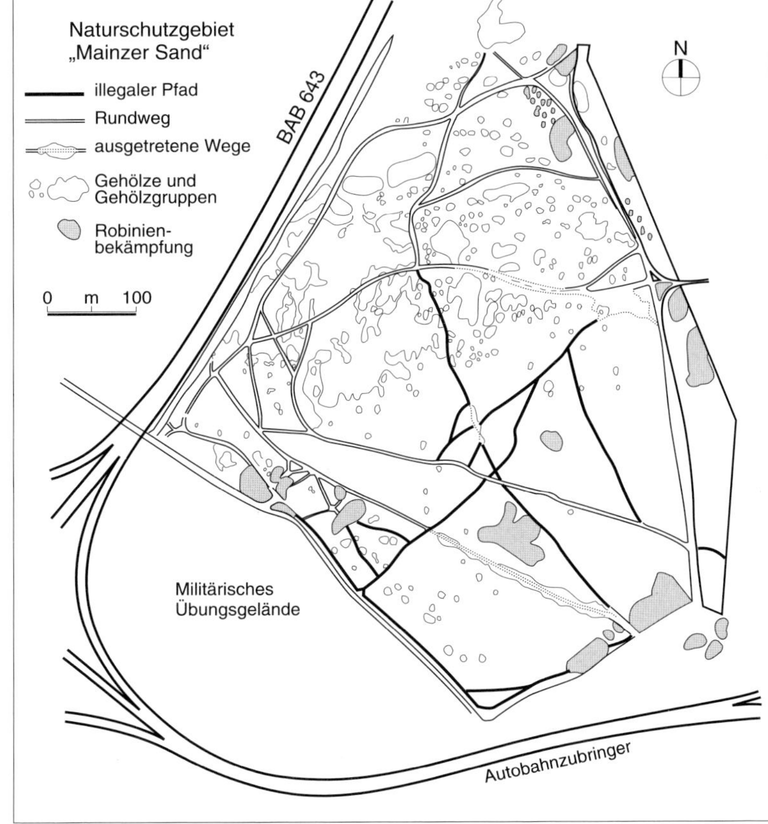


**Abb. 40** Robinienbekämpfung im Naturschutzgebiet Mainzer Sand, dessen Kalksandrasen zahlreiche seltene Steppenarten beherbergen. Auf den grau gekennzeichneten Flächen wurden 1982 bis 1987 kontinuierlich Maßnahmen durchgeführt (aus Bitz 1987). Ausbreitungsquelle waren Anpflanzungen auf den Wällen einer benachbarten Schießanlage, aber auch unmittelbare Anpflanzungen am südöstlichen Rand des Schutzgebietes.

gen dann immer mehr nitrophile Robinienbegleiter das Bestandsbild (Westhus 1981). Auch Trockenrasen in Österreich und Ungarn sind stark vom Eindringen der Robinie betroffen (siehe unten).

Robinien bewirken nachhaltige Veränderungen physikalischer und chemischer **Bodeneigenschaften**. Hierzu gehören die Bildung von Humus- und Mullauflagen und die Auflockerung von Böden (Kohler 1968). Letzteres kann Hohlwege als charakteristisches Kulturlandschaftselement von Lössgebieten schädigen: Auf der Hohlwegschulter wachsende Robinien können die darunter liegende Wand durch starkes Dickenwachstum ihrer Wurzeln destabilisieren, was aber auch anderen Gehölzen gelingt (Wolf & Hassler 1993, Wilmanns 1989). Berthold et al. (2005) haben an ungarischen Beständen festgestellt, dass langjähriger Robinienanbau zu Bodenversauerung und verminderter Bodenfruchtbarkeit führen kann. In Böden unter Robinie wird zwar Stickstoff angereichert. Jedoch kommt es auch zur Nitrifizierung und dann zur Auswaschung von Nitrat und anderen Nährstoffen.

Die mit dem Einwachsen in Magerrasen verbundenen Auswirkungen auf die **Artenvielfalt von Pflanzen und Tieren** veranschaulicht eine Sukzessionsstudie, bei der die Wirkung von Robinie und einheimischer Sand-Birke (*Betula pendula*) verglichen worden ist (Kowarik 1992b, 1995c, Platen & Kowarik 1995, Tab. 41). Auf dem Südgelände, einem seit der Nachkriegzeit brach liegenden Berliner Güterbahnhof, entstand in etwa 40 Jahren ein Vegetationsmosaik aus Gehölz- und Offenlandvegetation. Robinie und Sand-Birke sind zu etwa gleichen Teilen vertreten. Beide wachsen eng benachbart auf gleichem Standorttyp (Gleisanlagen auf Sand-Schotter-Aufschüttungen). Tab. 41 zeigt, wie schnell das Einwachsen der Robinie in einen Sandtrockenrasen (Centaureo-Festucetum) dessen Artenzusammensetzung verändert:

Bereits nach zwei Jahren ist die Zahl der Blütenpflanzen fast halbiert. Sämtliche Pflanzen der Magerrasen sind wenigen Saum- und Waldarten gewichen. Die floristische Verarmung geht mit einem Wechsel dominanter Arten einher (Abb. 41). Der Rauhblatt-Schwingel (*Festuca brevipila*) wird als beherrschende Sandtrockenrasenart durch das Hain-Rispengras (*Poa nemoralis*) ersetzt, nach einer vorübergehenden Zunahme des Platthalm-Rispengrases (*Poa compressa*). *Poa nemoralis* fällt im Robinienaltbestand aus, da durch die dichte Strauchschicht des jetzt dominierenden Holunders nur noch 1,3 bis 3 % des Lichtes auf den Boden gelangen. Hierdurch wird die jahreszeitliche Einpassung des einjährigen Efeu-Ehrenpreises (*Veronica sublobata*) möglich – analog zu den Frühjahrsgeophyten in Buchenwäldern. Er erreicht im Jahresverlauf sein Optimum, bevor das Blätterdach des Holunders voll schließt. Überraschend ist der Artenreichtum des 35-jährigen Robinienbestandes, der bei Blütenpflanzen durch den zoochoren Eintrag von Gehölzarten aus der Umgebung begünstigt wird.

Eine Robinienbedeckung verändert die Spinnen- und Laufkäferfauna ebenso tiefgreifend wie den pflanzlichen Unterwuchs (Tab. 41). Besonders schnell reagieren die Spinnen. Bereits nach zweijähriger Überdeckung mit Robinien bestehen kaum noch Gemeinsamkeiten mit der Artenzusammensetzung des Trockenrasens. In den älteren Stadien sinkt das Ähnlichkeitsniveau bei allen drei Artengruppen in etwa gleich weit ab. Die biologische Vielfalt ist jedoch in unterschiedlicher Weise betroffen: Die Zahl der Spinnenarten bleibt in allen Robinienstadien in etwa konstant, steigt mit der Zeit sogar leicht an. Die Anzahl der Laufkäferarten sinkt im Altersstadium, wogegen die Blütenpflanzen hier, nach vorigem steilem Abfall, ihr Maximum erreichen.

Der Birkenbestand ist gut mit dem ähnlich alten mittleren Robinienstadium zu verglei-

**Tab. 41** Veränderungen von Vegetation, Flora und Fauna unter dem Einfluss der Robinie *(Robinia pseudoacacia)* bei der Brachflächensukzession (Schöneberger Südgelände, Berlin). Robinien dringen mit Wurzelausläufern in sekundäre Sandtrockenrasen ein. Verglichen wird ein gehölzfreier Sandtrockenrasen mit angrenzenden 2-, 17- und 35-jährigen Robinienstadien sowie einem benachbarten 18-jährigen Birken-Zitterpappel-Bestand (Daten aus Kowarik 1992b, Platen & Kowarik 1995)

| | Sand-trocken-rasen | Robinienstadien | | | Sand-Birke |
|---|---|---|---|---|---|
| | | 2 Jahre | 17 Jahre | 35 Jahre | 18 Jahre |
| **Deckung dominanter Pflanzenarten** | | | | | |
| *Festuca brevipila* | 4 | 4 | . | . | 3 |
| *Robinia pseudoacacia* | . | 4 | 5 | 5 | . |
| *Veronica sublobata* | . | + | 1 | 4 | . |
| *Poa nemoralis* | . | . | 3 | . | . |
| *Sambucus nigra* | . | . | . | 4 | 2 |
| *Betula pendula* | . | . | . | . | 2b |
| *Populus tremula* | . | . | . | . | 2b |
| **Artenzahl** | | | | | |
| Blütenpflanzen | 31 | 17 | 8 | 46 | 35 |
| Spinnen | 58 | 56 | 60 | 63 | 50 |
| Laufkäfer | 37 | 35 | 39 | 29 | 14 |
| **Dominanzanteil*) Trockenrasenarten** | | | | | |
| Blütenpflanzen | 94,3 | 93,3 | 0 | 0,2 | 62,5 |
| Spinnen | 35,1 | 26,0 | 21,0 | 17,0 | 7,0 |
| Laufkäfer | 41,4 | 28,6 | 30,0 | 11,1 | 26,0 |
| **Dominanzanteil*) Saum-/Waldarten** | | | | | |
| kraut. Blütenpflanzen | 0,5 | 0,4 | 89,9 | 59,8 | 0,7 |
| Gehölzarten | 0 | 0 | 0 | 30,3 | 5,8 |
| Spinnen | 16,0 | 39,0 | 37,0 | 54,0 | 40,0 |
| Laufkäfer | 11,0 | 23,0 | 26,0 | 38,0 | 43,0 |
| **Ähnlichkeit mit Trockenrasen**)** | | | | | |
| Blütenpflanzen | 100 | 46 | 12 | 7 | 30 |
| Spinnen | 100 | 25 | 16 | 5 | 21 |
| Laufkäfer | 100 | 63 | 10 | 7 | 4 |

*) bei Pflanzen: Deckungsanteil berechnet mit transformierten Deckungsgraden nach Braun-Blanquet; bei den Tiergruppen Dominanzanteile. **) Jaccard-Index

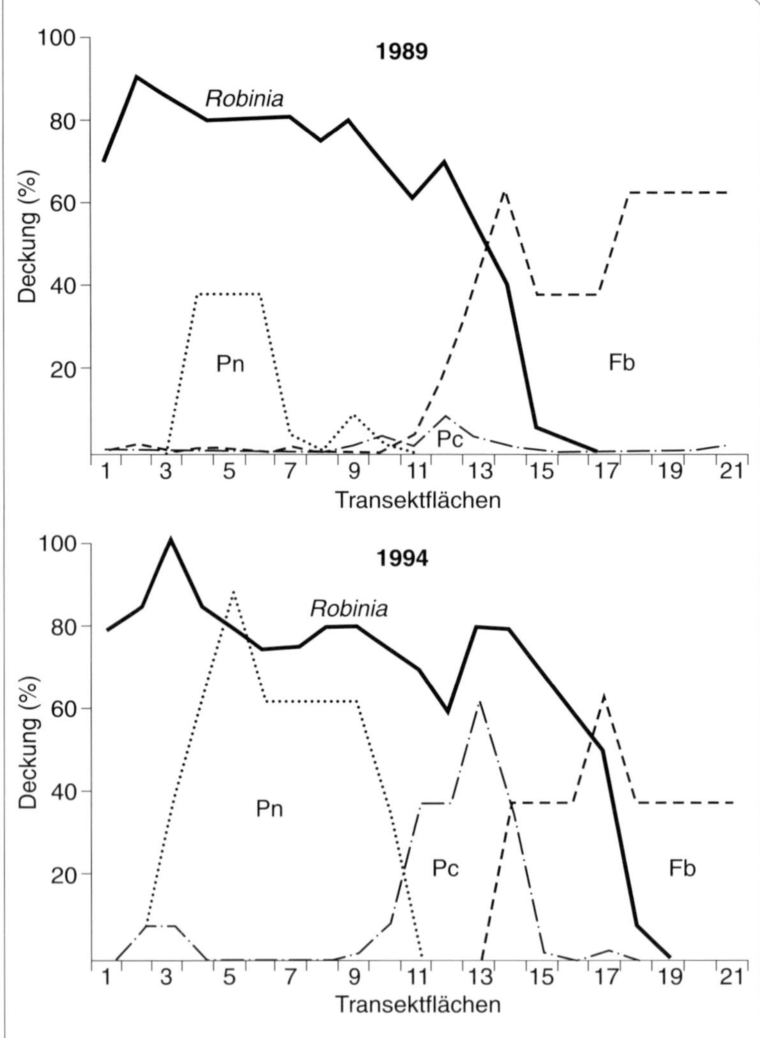


**Abb. 41** Rascher Dominanzwechsel im Unterwuchs einer in einen Sandtrockenrasen (*Centaureo-Festucetum*) einwachsenden Robinienpopulation auf dem Schöneberger Südgelände in Berlin. Entlang eines 21 Meter langen Transektes wurden die Deckung der Robinie sowie charakteristischer Krautschichtarten 1989 und 1994 bestimmt (mittlere Braun-Blanquet-Werte, Flächengröße zwei Quadratmeter). Robinienrameten waren 1989 auf Fläche 3 17 Jahre, auf Fläche 9 sechs Jahre und auf Fläche 17 ein Jahr alt. Im Randbereich der Robinienpopulation geht *Festuca brevipila* (Fb) als typische Sandtrockenrasenart rasch zugunsten von *Poa compressa* (Pc) zurück. Im Kernbereich entwickelt sich nach wenigen Jahren ein *Poa nemoralis*-Dominanzbestand (Pn), in dem 1994 bereits einzelne Jungpflanzen von *Sambucus nigra* enthalten waren, die die Altersphase von Robinienwäldern prägt (aus Kowarik 1995c).

chen. Die sukzessionsbedingten Veränderungen sind unter *Betula* deutlich geringer als unter *Robinia*. Dies zeigen die höhere Ähnlichkeit mit Sandtrockenrasen und der verbliebene Mengenanteil der Trockenrasenpflanzen. Erhebliche Umschichtungen innerhalb der beiden Tiergruppen werden aber auch durch den einheimischen Pionierbaum ausgelöst.

Ob der Aufwuchs von Robinienwäldern insgesamt zu einer **Vereinheitlichung der Vegetation** führt, ist fraglich. Mehrere Robiniengesellschaften sind pflanzensoziologisch beschrieben und differenziert worden (z. B. Jurko 1963, Klauck 1986, Kowarik & Langer 1994, Kowarik 1995c, Cho & Kim 2005). Sie widerlegen in ihrer Vielfalt die Auffassung einer uniformen *Robinia pseudoacacia*-Gesellschaft. So weicht bereits in Berlin die Artenzusammensetzung etwa 40-jähriger, spontan auf Trümmerschutt aufgewachsener Robinienbestände deutlich von gleichaltrigen Beständen auf den Sand- und Schotteraufschüttungen der Bahnanlagen ab. Nach den Berliner Untersuchungen lenkt *Robinia* die Sukzession in eine andere Richtung als einheimische Baumarten: hin zu anspruchsvollen Laubwaldgesellschaften, wogegen auf gleichen nährstoffarmen Ausgangsstandorten die Sukzession über Sand-Birke und Zitter-Pappel wahrscheinlich zu Kiefern-Eichen-Wäldern führt (Kowarik 1992b, 1995c). Innerhalb eines größeren Gebietes würde hierdurch die Vegetationsvielfalt erhöht, sofern die Robinie nicht zur alles dominierenden Baumart wird. Auch aus Korea sind sehr unterschiedliche Typen von Robinien-Wäldern bekannt (Cho & Kim 2005).

Auch einheimische Gehölzarten wie die Schlehe verdrängen Offenlandarten. Die Robinie verschärft allerdings das Problem, da sie viel schneller als einheimische Gehölzarten einen **Übergang zur Formation Wald** bewirkt. Sie schafft das mit einer Kombination zweier Merkmale, die allen anderen an der Magerrasenverbuschung beteiligten Baumarten fehlt: der symbiotischen Stickstofffixierung und dem klonalen Wachstum. Ersteres erlaubt ein schnelles Wachstum, letzteres fördert die Ausdehnung, Verdichtung und Regeneration der Bestände und wahrscheinlich auch ihre Beständigkeit. Als indirekte Folge der Stickstofffixierung bilden sich unter älteren Robinien selbst auf armen Ausgangsstandorten dichte Strauchschichten, meist aus Schwarzem Holunder (*Sambucus nigra*). Daher entsteht ein Waldinnenklima, obwohl die Robinie selbst eher lockere Bestände aufbaut. Die Lichtbedingungen können denen geschlossener Buchenwälder gleichen. Wie schnell und inwieweit Robinien durch andere Bäume abgelöst werden, bleibt eine offene Frage.

Als Ergebnis der Brachflächensukzession können auf naturnahen wie ruderalen Standorten **langlebige Robinienwälder** entstehen. Pionierstadien solcher Bestände wurden in den 1960er-Jahren am Tübinger Spitzberg und auf Berliner Trümmerschuttflächen untersucht (Kohler 1964, Kohler & Sukopp 1964b). Damals kam man zu dem Schluss, dass die Robinie als Pionierbaum nach wenigen Jahrzehnten von anderen Bäumen abgelöst werde, namentlich von Ahornarten. Dies ist jedoch auch heute nicht in den nunmehr 60- bis 70-jährigen Beständen am Spitzberg in Sicht (Böcker 1995). Potentielle Konkurrenten sind dort selten, wie auch in den Robinienwäldern des Saarlandes (Klauck 1986). Ob sie auf den trockenen Standorten die Robinie verdrängen können, ist zudem ungewiss.

Konkurrenten wie Berg- und Spitz-Ahorn könnten aufgrund ihres Schattendruckes die Robinie verdrängen und deren Regeneration ausschließen. In den 40- bis 50-jährigen Berliner Beständen sind solche potentiellen Konkurrenten zwar zahlreich vorhanden, aber bislang nur selten in die Baumschicht aufgewachsen (Kowarik 1990b, Abb. 42). Auffällig ist, dass die Robinie im eigenen Bestand häufig subvitale Wurzelsprosse aufbaut und knapp oberhalb der Strauchschicht platziert. Dies ist auch bei *Ailanthus altissima* beobachtet und als „klonale Oskar-Strategie" gedeutet worden (Kowarik 1995d, 1996c). Bei altersbedingtem Absterben der Hauptstämme könnte so die vegetative Regeneration der Population beschleunigt werden, bevor sich Konkurrenten etablieren. Es ist schon jetzt offensichtlich, dass Robinienbestände in Mitteleuropa wesentlich persistenter als innerhalb ihres nordamerikanischen Ursprungsgebietes sind. In den Appalachen werden sie beispielsweise bereits nach 20 bis 30 Jahren nahezu vollständig von Schattholzarten abgelöst. Das Absterben auch jüngerer Stämme wird hier durch zahlreiche Insekten, insbesondere den Stammbohrer *Megacyllene robiniae* (Boring & Swank 1984a) gefördert.

In den europäischen Beständen ist der Phytophagendruck dagegen zu vernachlässi-

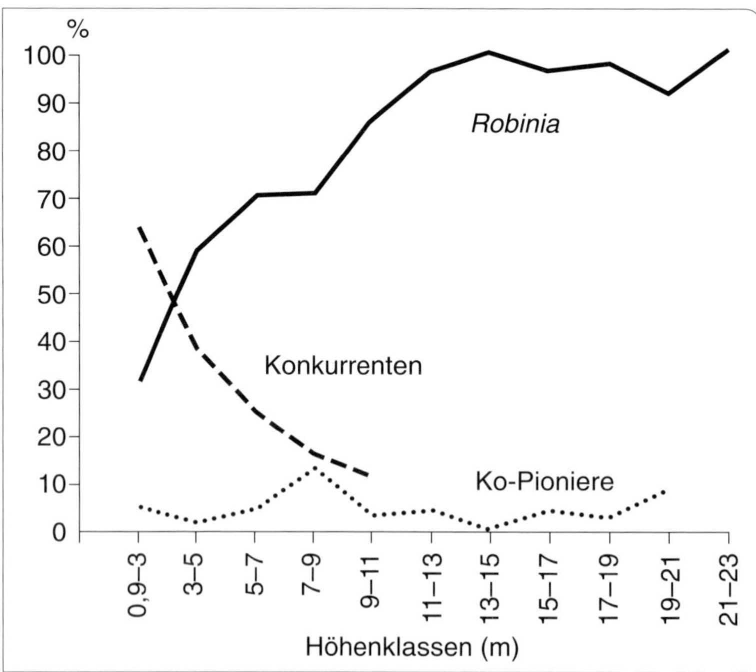


**Abb. 42** Anteil von Robinien, anderen Pionierbäumen sowie potentiellen Konkurrenten (höher wüchsige, schattentolerante Baumarten) in verschiedenen Höhenstufen von spontan aufgewachsenen Robinienwäldern auf Berliner Brachflächen (100 % entspricht der Gesamtsumme an Stämmen in den jeweiligen Höhenklassen; aus Kowarik 1990b).

gen. Insofern ist die Robinie ein gutes Beispiel für die „enemy release hypothesis" (siehe Kap. 5.2).

Für die Befürchtung, *Robinia* dränge in **naturnahe Waldgesellschaften** ein, gibt es aus Deutschland noch keinen Beleg, sehr wohl jedoch aus dem pannonischen Klimagebiet Österreichs (Drescher et al. 2005, Essl & Walter 2005). Die aus den Flaumeichenwäldern des Oberrheingebietes bekannten Vorkommen (z. B. am Limberg bei Sasbach) sind dagegen im Zuge der Niederwaldnutzung entstanden, da die regenerationsstarke Robinie hierdurch begünstigt wird (Wilmanns & Bogenrieder 1995). Da diese Waldwirtschaft jedoch vor dem 2. Weltkrieg aufgegeben wurde, haben sich die Bestände stärker geschlossen. Daher bleibt zu beobachten, ob die Robinie als besonders lichtbedürftige Art hier zukünftig zurückgeht oder doch auf den trockenen Standorten mit den Eichen konkurrieren kann. Die in die Weichholzauen von Oberrhein und Donau eingesprengten Vorkommen zeigen keine Tendenz zur Dominanzbildung und lassen hier eher die Einfügung der Robinie in einen natürlicherweise hoch dynamischen Waldtyp annehmen.

In den wärmeren Gebieten **Österreichs und Ungarns** kommen Robinien auch in Trockenwäldern und auf Waldgrenzstandorten vor (Wendelberger 1954, Karrer & Kilian 1990, Bartha et al. 2008). Im Kiskunság-Nationalpark breiten sie sich von forstlichen Anpflanzungen aus und gefährden die charakteristischen Trockenrasen (Halassy & Török 1996, Molnar 1998). Nach Paar et al. (1994) ist das Einwandern von Gehölzen die häufigste Gefährdungsursache für österreichische Trockenrasen. In 86 von 141 untersuchten Flächen ist die Robinie an der Gehölzsukzession beteiligt und trägt damit zur Gefährdung von rund 30 % der bedeutenden österreichischen Trockenrasen bei. Im Burgenland bedrängt ein vermutlich am Böschungsfuß gepflanzter Robinienbestand durch seine Ausbreitung hangaufwärts den einzigen österreichischen Bestand von *Krascheninnikovia ceratoides*. Für Österreich konnte auch gezeigt werden, dass sich das Invasionsrisiko für Trockenrasen und Trockenwälder in verschiedenen Klimawandelszenarien in den meisten Fällen überdurchschnittlich erhöhen wird (Kleinbauer et al. 2009).

**Steuerungsmöglichkeiten**: Das hohe Regenerationsvermögen der Robinie schränkt die Bekämpfungsmöglichkeiten stark ein. So führt ein einmaliges Abschlagen von Stämmen und Wurzelausläufern ebenso wie das Abbrennen zur Regeneration der Bestände, die schließlich dichter sind als zuvor. Quinger et al. (1994) vermuten, dass ein Abholzen der Bestände und ein zweimaliges Nachschneiden der Austriebe während der Vegetationsperiode, und zwar über mehrere Jahre, erfolgreich sei. Nach Erfahrungen aus dem Naturschutzgebiet Mainzer Sand ist dies zweifelhaft. Hier führte die einmalige Behandlung abgeschlagener Robinienstämme mit Herbiziden zu undurchdringlichen Stockausschlägen. Über fünf Jahre wurden diese Bestände daraufhin drei- bis fünfmal pro Jahr mit Motorsägen, Freischneidern und Astsägen entfernt. Es wurde in der Vegetationsperiode gearbeitet, um einen möglichst großen Nährstoffentzug zu bewirken. Erst im vierten Bearbeitungsjahr starben die alten Robinienstümpfe ab. Danach mussten noch einzelne Wurzelschösslinge per Hand entfernt werden. In der Folgezeit regenerierten sich die Sandtrockenrasen wieder (Bitz 1987). In den Sandhausener Dünen wurden nach der Rodung auch die Hauptwurzeln der Robinien entfernt. „In den folgenden Vegetationsperioden blieb das mehrmalige Entfernen der Schösslinge eine dauerhafte Aufgabe" (Rohde 1994). Junge Wurzelschösslinge können allerdings auch durch Ziegenbeweidung zurückgedrängt werden (Böcker & Dirk 2004).

Das komplette Ringeln von Stämmen führt zu starkem Stock- und Wurzelausschlag. Eine alternative Methode ist die auf Jacob zurückgehende Methode des partiellen Ringelns, die in Berlin und Württemberg erprobt wird (Böcker 1995, Wagner 2002). Böcker & Dirk (2008) empfehlen, möglichst gleichzeitig im Winter bei allen Stämmen einen mindestens 10 cm breiten, bis ins Kernholz einschneidenden Streifen bis auf einen Steg zu entfernen, der etwa 1/10 des Stammumfangs umfassen sollte. In der folgenden Vegetationsperiode sollte dieser Steg entfernt und im Jahr danach der Baum gefällt werden. Bodenverletzungen sollten dabei minimiert werden. Auch hiernach sollten Kontrollen erfolgen, da die Robinie ein oft unerwartet hohes Regenerationsvermögen hat.

In Ungarn werden seit 1995 ertragsschwache Robinienforste im Kiskunság-Nationalpark gerodet, um die charakteristischen Sandtrockenrasen zu regenerieren. Die Rodungsflächen werden erfolgreich mit Herbiziden behandelt. Zur Rückführung der Stickstoffanreicherung laufen verschiedene Versuche (Halassy & Török 1996). In Österreich wurden Robinien in mehreren Schutzgebieten geringelt (Essl & Hauser 2003, Drescher et al. 2005).

Bekämpfungen von Robinien sind im Allgemeinen aufwändig, teuer und langwierig. Selbst nach gelungenem Zurückdrängen ist zweifelhaft, ob das Schutzziel erreicht ist. Die robinienbedingten Standortveränderungen dürften bei älteren Beständen nur durch ein tiefgründiges Abschieben des Oberbodens umzukehren sein. Folgendes ist daher zu empfehlen:

- Pflanzungen in Reichweite gefährdeter Vegetationstypen sollten unterbleiben, wobei ein Sicherheitsabstand von 300 Metern zu Magerrasen in sommerwarmen Gebieten ausreichen dürfte.
- Einzelne Individuen in gefährdeten Vegetationstypen sollten frühzeitig mit Wurzeln entfernt werden. Die Stellen sind weiter zu beobachten, um einen etwaigen Austrieb beseitigen zu können. Die im Ein-

zugsbereich wachsenden Robinien sollten ebenfalls entfernt werden, um ein Wiedereinwandern auszuschließen.
- Große, alte Robinienbestände zu beseitigen ist so aufwändig, dass es die Ausnahme bleiben sollte. Solche Bestände sollten eher einer ungestörten Waldentwicklung überlassen werden.
- Die Ausdehnung großer Robinienbestände in angrenzende Magerrasen sollte durch kontinuierliche Pflege verhindert werden. Möglicherweise könnte das Einwachsen von Wurzelausläufern reduziert werden, wenn die Bestände mit einem Strauchmantel eingefasst werden.

**Diskussion:** Dringen Robinien in Magerrasen ein, sind nachhaltige Veränderungen von Standort, Pflanzen- und Tierwelt die Folge. Hiervon sind häufig seltene und gefährdete Arten und Biotoptypen betroffen. Dies ist beim Eindringen einheimischer Gehölzarten ebenso der Fall, geht bei Robinien jedoch wesentlich schneller, wie das Beispiel des Schöneberger Südgeländes (Tab. 41) zeigt. Ebenso wie Schlehe und Zitter-Pappel ist die Robinie als klonal wachsende Art schwer zu bekämpfen, und die von ihr bewirkten Veränderungen sind in vielen Fällen praktisch nicht rückholbar. Ihre Ausbreitung ist daher häufig aus naturschutzfachlicher Sicht problematisch. Überreaktionen, die auf die Ausrottung aller Individuen oder auf ein völliges Pflanzverbot zielen, sind aus ökologischen und kulturhistorischen Gründen unangebracht:
- Das Ausbreitungspotenzial der Robinie wird häufig überschätzt, wozu die Unkenntnis des kulturellen Ursprungs vieler Vorkommen verleiten dürfte. Die weite Verbreitung der Robinie ist primär ein Abbild von Anpflanzungen und nur scheinbar das einer „aggressiven“ Ausbreitung. Dies relativiert nicht die Probleme in gefährdeten Biotoptypen, verweist aber auf deren anthropogene Ursache und den Sinn vorbeugender Maßnahmen.
- Die ökologischen Auswirkungen auf Magerrasen sind beträchtlich und sollten mit vertretbarem Aufwand begrenzt werden. Bei der Bekämpfung alter, großer Bestände dürfte der Aufwand den Nutzen übersteigen, sodass sich als Alternative die Akzeptanz einer Naturwaldentwicklung mit der Robinie anbietet.
- Behauptungen, dass Robinien nicht in biologische Prozesse eingebunden seien, zu einer biologischen Verarmung führten und daher „ökologisch wertlos“ seien, sind unsachgemäß (siehe Kap. 7.2.2.2 zur biozönotischen Einbindung). Tab. 41 veranschaulicht heterogene Muster der biologischen Vielfalt, die abhängig vom Bestandsalter und von der untersuchten Organismengruppe sind. Die hohen Artenzahlen im älteren Robinienstadium können nicht verallgemeinert werden, da sie auch von den Einwanderungsbedingungen abhängen. Sie belegen jedoch das Potenzial von Robinienbeständen als Lebensraum anderer Arten (Abb. 43).
- Auch wenn ältere Robinienbestände artenreich sein können, handelt es sich dabei meist um ungefährdete und weit verbreitete euryöke Arten. Es gibt jedoch Ausnahmen, beispielsweise bei Pilzen (Winterhoff 1991, Winterhoff & Bon 1994). So folgert Winterhoff (1981) für badische Flugsandgebiete, die weitere Ausbreitung von Robinien in Sandtrockenrasen zu verhindern, alte Bestände mit seltenen, gefährdeten Pilzarten jedoch zu schonen.
- In verschiedenen Gegenden ist die Robinie seit dem 18. Jahrhundert ein prägendes Element historischer Kulturlandschaften. In Brandenburg verweist sie u. a. auf die traditionelle Pflanzenverwendung in historischen Gärten, auf frühe Landschaftsverschönerungen und auf Anpflanzungen als Bienengehölz, zum Erosionsschutz und als Flurgehölz oder Forstbaum (Krausch

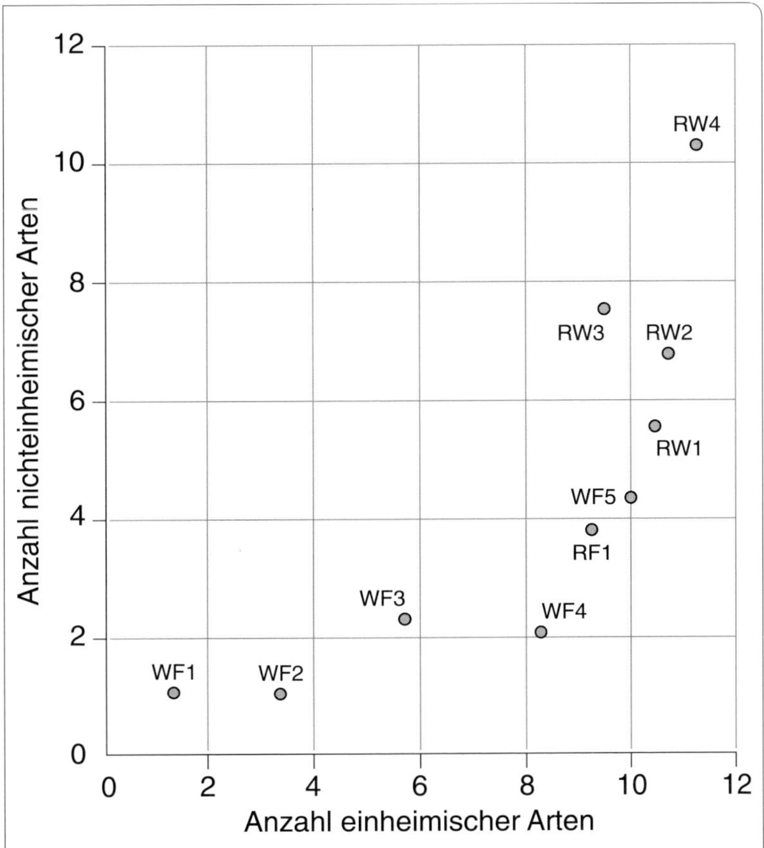


**Abb. 43** Zusammenhang zwischen der räumlichen Isolation von Robinienbeständen und ihrem Reichtum an Gehölzarten. Robinienforste in reinen Kieferanbaugebieten (WF1, sind artenärmer als Flurgehölze im Kontakt zu Laubmischwäldern (4). Am artenreichsten sind siedlungsnahe Robinienforste (WF5, RF1) und städtische ruderale Robinienwälder (RW bis 4). Daten aus geflanzten Robinienforsten und spontan aufgewachsenen Robinienwäldern (RW) aus dem östlichen Brandenburg, dem Potsdamer Gebiet und aus Berlin; aus Kowarik 1996b).

1977, 1991, Kowarik 1990b). In vielen Dörfern und Städten ist sie ein traditioneller Zier- und Straßenbaum.

- Auch ruderale Robinienwälder, die in vielen kriegszerstörten Städten aufgewachsen sind, haben einen historischen Zeugniswert und erinnern an die Ursachen ihrer Entstehung. In Berlin werden sie auch in Schutzgebiete einbezogen, um die langfristige Entwicklung urbaner Wälder zu ermöglichen (Kowarik & Langer 2005).
- In urban-industriellen Gebieten sind Ökosystemdienstleistungen der Robinie zu bedenken. Pioniereigenschaften, schnelles Wachstum, hohes Regenerationsvermögen, geringe Standortansprüche, Trockenheitsresistenz und Verträglichkeit gegenüber staub- und gasförmigen Immissionen sowie Streusalz machen die Robinie zu einem wertvollen Baum, der auf schwierigen Standorten besser als viele einheimische Arten wächst (Meyer et al. 1978).

Zusammengefasst gibt es also gute Gründe, Robinien innerhalb und außerhalb von Siedlungen zu pflanzen oder hiervon abzusehen, sie zu bekämpfen oder zu erhalten. Auf den Einzelfall kommt es also an.

#### 6.2.5.6 Andere Arten

Im Folgenden werden weitere Neophyten beschrieben, die in Grünland, Magerrasen und Heiden eingewandert sind: Das **Indische**

**Springkraut** (*Impatiens glandulifera*, siehe Kap. 6.4.2) dringt gelegentlich in Streuwiesen ein (z. B. Hartmann et al. 1995). Die **Herkulesstaude** (*Heracleum mantegazzianum*, siehe Kap. 6.4.3) wird mit landwirtschaftlichen Geräten und Fahrzeugen auch in Grünland und Äcker eingeschleppt. Fallen solche Flächen brach, entwickeln sich schnell Massenbestände (Pyšek 1991, Schepker 1998). Die von Imkern häufig ausgebrachte **Drüsige Kugeldistel** (*Echinops sphaerocephalus*) dringt in Thüringen gelegentlich in Magerrasen ein und verändert deren Struktur erheblich (Müller et al. 2005). **Schwarz-Kiefern** (*Pinus nigra*) werden gelegentlich in Süd- und Mitteldeutschland auf trockenen, kalkreichen Böden zur Aufforstung von Magerrasen verwendet (Korell 1953, Mörmann 1969). Von solchen Anpflanzungen können sie in Kalkmagerrasen einwandern und zu deren Wiederbewaldung beitragen (z. B. Spranger & Türk 1993, Müller et al. 2005). In küstennahe Heiden, insbesondere in Dänemark (Thiele et al. 2009), dringt gelegentlich die **Berg-Kiefer** (*Pinus mugo*) ein; zu *Campylopus introflexus* und *Rosa rugosa* in Küstendünen siehe Kap. 6.6. Auf Bergwiesen und an einigen Wegrändern im Harz breiten sich gepflanzte **Spiersträucher** durch klonales Wachstum aus (J. Funcke, mündlich). Dabei handelt es sich wahrscheinlich um *Spiraea alba* oder *S.* × *billardii*, die beide auch an der Selke im Harz vorkommen (Adolphi 1997). Die problematischen Vorkommen der **Spätblühenden Traubenkirsche** (*Prunus serotina*) in Offenlandbiotopen werden zusammen mit Forstvorkommen in Kap. 6.3.2 behandelt. Die **Schmalblättrige Ölweide** (*Elaeagnus angustifolia*), die in Auen semiarider Gebiete Nordamerikas eine Hauptproblemart ist (Brock 1998), kommt in Mitteleuropa gelegentlich auf urbanen Ruderalstandorten vor (Kowarik 1992b). Von Heckenpflanzungen breitet sie sich auch in der Ukraine und Ungarn aus, wo sie vor allem auf salzhaltigen Steppenböden seltene Pflanzenarten verdrängen kann (Bartha & Csiszár 2008).

### 6.2.6 Hecken und andere Gehölzpflanzungen

Bei der Flurbereinigung, der Begrünung von Verkehrswegen und im Rahmen der Eingriffsregelung werden überaus große Mengen an einheimischen und nichteinheimischen Gehölzen ausgebracht (siehe Kap. 3.3.1). Zweierlei ist hierbei problematisch: der Aufbau gebietsuntypischer Gehölzbestände durch einheimische Arten fremder oder ungewisser Herkunft und die Funktion der neuen Hecken als Sprungbrett biologischer Invasionen.

#### 6.2.6.1 Etablierung gebietsfremder Gehölze

Die Anlage von Hecken oder Flurgehölzen fördert gebietsfremde Gehölze:

- wenn nichteinheimische Arten absichtlich oder irrtümlich anstelle einheimischer Arten (z. B. *Prunus serotina* als *P. padus*) ausgebracht werden;
- wenn Arten verwendet werden, die zwar im Land, aber nicht im Naturraum einheimisch sind (z. B. *Hippophaë rhamnoides* im Binnenland oder *Alnus incana*, *Acer pseudoplatanus* im Flachland);
- wenn im Naturraum einheimische Arten auf Standorte außerhalb ihrer synökologischen Amplitude gepflanzt werden (z. B. *Alnus glutinosa*, *Salix*-Arten auf trockenen Standorten);
- und wenn fremde oder unbekannte Herkünfte gebietstypischer Arten Verwendung finden.

Die Hoffnung, standortgemäße Arten setzten sich im Zuge der Bestandsetablierung „von selbst“ durch, ist häufig zu optimistisch. *Alnus glutinosa* und *Prunus padus* wachsen leicht an und wurden deshalb früher auch auf vielen, für sie untypischen Standorten gepflanzt. In Hecken des Münsterlands waren solche Pioniere wesentlich persistenter als erwartet und sind noch nicht anderen Gehölzen gewichen (Starkmann 1993). Auch im tertiären Hügelland Bayerns fehlen selbst älteren flurbereinigten Hecken die meisten Arten naturnaher Hecken (Pfadenhauer & Wirth 1988). Dies kann an begrenzten Einwanderungsmöglichkeiten, aber auch an der unterschätzten Persistenz der Pionierpflanzungen liegen.

Heute werden überwiegend standortgemäße einheimische Gehölze im Außenbereich verwendet (siehe Kap. 3.3.1.2). Dennoch sind solche Pflanzungen problematisch, da zumeist gebietsfremde Herkünfte verwendet wurden (Tab. 23). Dies fällt zwar weniger als die Ausbreitung von Neophyten auf, ist aber wegen der Menge der ausgebrachten Arten mindestens genauso problematisch. Heckenpflanzungen als naturschutzfachliche Ausgleichsmaßnahmen können hierdurch zu neuen Eingriffen führen (Reif & Nickel 2000). Die Verwendung gebietsfremder Pflanzen kann folgende Konsequenzen haben (Kowarik & Seitz 2003, Liesebach et al. 2007, Seitz et al. 2007):

**Ökonomische Einbußen durch verminderte Vitalität:** Morphologische, physiologische und phänologische Unterschiede führen dazu, dass Pflanzen verschiedener Herkünfte unterschiedlich gut anwachsen, Höhenzuwachs erzielen, ungünstige Witterungsbedingungen tolerieren oder gegen Pathogene resistent sind (Spethmann 1997). Gebietsfremde Herkünfte einheimischer Arten sind nicht von vornherein weniger standorttauglich (z. B. Herkünfte der Weiß-Tanne aus Kalabrien). Sie können jedoch klimatisch oder standörtlich weniger gut angepasst sein, deshalb schlechter wachsen und bei extremer Witterung sogar ganz ausfallen. So wachsen nordische Herkünfte der Hänge-Birke in Deutschland schlechter und sind für einen Befall mit dem Pilz *Myxosporium devastans* extrem anfällig. Türkische und italienische Herkünfte von Haselnuss und Schlehe sind nicht ausreichend frosthart, italienische Weißdornherkünfte im Vergleich zu deutschen anfälliger gegenüber Mehltau und Blattlausbefall. Hierdurch sind Mehrkosten bei Begründung und Erhaltung von Pflanzungen möglich.

**Verminderte innerartliche Vielfalt durch vereinheitlichte Pflanzungen:** Bei vielen Arten hat sich unterhalb der Artebene ein großer Reichtum an nur regional verbreiteten Unter- und Kleinarten sowie taxonomisch nicht unterscheidbaren Ökotypen herausgebildet. Offensichtlich ist dies bei vielen Rosengewächsen der Gattungen *Rubus*, *Rosa*, *Crataegus* und *Sorbus*. Diese Vielfalt geht fast unbemerkt verloren, wenn bei Ersatz- und Neupflanzungen zwar dieselben Arten, aber andere Herkünfte oder Unterarten verwendet werden. So sind nur drei statt 15 typischer Rosensippen und nur eine statt sieben typischer Weißdornsippen bei Neupflanzungen in einem Gebiet der Schwäbischen Alb verwendet worden (Müller 1982). In alten Hecken des Flämings wachsen 12 verschiedene Weißdorn- bzw. Rosensippen, aber nur zwei werden nachgepflanzt (*Crataegus monogyna, Rosa canina*; Seitz 2003).

**Verminderte innerartliche Vielfalt durch Hybridisierung und Introgression:** Kreuzung und Rückkreuzung zwischen gebietsfremden Sippen derselben oder verwandter Arten kann gebietseigene Sippen zurückdrängen. Dies betrifft beispielsweise die regional sehr stark genetisch differenzierten Weißdornpopulationen. Auch die Pflanzung des Südlichen Rot-Hartriegels (*Cornus sanguinea* subsp. *australis*) hat wahrscheinlich stark zur Veränderung einheimischer Hartriegel-Sippen geführt (Pilsl et al. 2008). Die Folgen solcher Prozesse für die regional differenzierte Biodiversität sind noch weitgehend unerforscht, werden aber wahrscheinlich stark unterschätzt (Petit 2004).

Als **Schlussfolgerung** aus dieser Betrachtung sollten bevorzugt gebietstypische Herkünfte einheimischer Arten in der freien Landschaft gepflanzt werden; einerseits um die beschriebenen Risiken auszuschließen, andererseits um die regional differenzierte genetische Vielfalt durch Nachpflanzungen gebietseigenen Materials zu erhalten. In Deutschland liefert hierfür das Bundesnaturschutzgesetz mit § 40 die rechtlichen Grundlagen. Hiernach soll in freier Natur gebietseigenes Material verwendet werden. Die Ausbringung gebietsfremder Pflanzen ist genehmigungspflichtig und muss versagt werden, wenn eine „Verfälschung" der Pflanzen- und Tierwelt oder eine Gefährdung von Arten nicht auszuschließen ist (siehe Kap. 10.2.1.2). In diesem Zusammenhang ist der Hinweis wichtig, dass die Definition des Artbegriffs im Naturschutzgesetz (§ 7) eindeutig die genetische Vielfalt innerhalb der Arten einschließt. Für die Praxis bedeutet dies tiefgreifende Veränderungen bei Ausschreibungen für Pflanzmaßnahmen und bei der Produktion von Gehölzen. Anders als bisher muss hierbei sichergestellt werden, dass es sich bei entsprechend deklarierten Pflanzen tatsächlich um gebietstypisches Material handelt. Hierfür sind Zertifizierungen notwendig, die vor allem in Bayern, Baden-Württemberg und Brandenburg erprobt sind und ein neues Marktsegment für Baumschulen eröffnet haben.

Allerdings sollte nicht übertrieben werden. Im Siedlungsbereich und auf stark veränderten anthropogenen Standorten können Pflanzen gebietsfremder Herkünfte oder sogar nichteinheimische Arten gelegentlich besser als gebietstypische wachsen. Letztere sollten daher vor allem im naturnahen Umfeld gefördert werden.

#### 6.2.6.2 Auffällige Neophyten

Die nordamerikanische **Kupfer-Felsenbirne** (*Amelanchier lamarckii*) ist ein altes Ziergehölz, das vor allem in Norddeutschland auch im Außenbereich in Hecken gepflanzt worden ist. Zwischen 1976 und 1991 wurden allein in Westfalen-Lippe 10 245 Stück für Heckenpflanzungen bereitgestellt (Tenbergen 1993). Als „Korinthenbaum", dessen Früchte u. a. zur Marmeladenherstellung verwendet wurden, ist die Felsenbirne in einigen Gebieten kulturhistorisch bedeutsam. Sie wird durch Vögel weiter ausgebreitet und kann sich an Waldrändern, in naturnahen Gebüschgesellschaften und in Kiefernforsten etablieren (zur Einführungs- und Ausbreitungsgeschichte vgl. Schroeder 1972). Selten ist sie in Eichen-, Birken- und Erlen-Wäldern etabliert. Probleme werden hiermit bislang nicht verbunden. Dies gilt auch für die verwandten *A. spicata* und *A. alnifolia* (Krausch 1973, Amarell & Welk 1995).

Pfadenhauer & Wirth (1988) haben bayerische flurbereinigte Hecken untersucht. Bei den Pflanzungen wurden sehr häufig gebietsfremde Ahorn- und Weidenarten sowie Ulmen und Hainbuchen verwendet. In jeder fünften der untersuchten Hecken kam die **Spätblühende Traubenkirsche** (*Prunus serotina*) vor, die sich innerhalb der Hecken gut vermehrt. Bei einer Erfolgskontrolle im Münsterland war sie in 217 Pflanzungen die einzige Art, die nach 24 Jahren in höheren Stückzahlen als ursprünglich gepflanzt vorkam (Tenbergen 1993). Solche Heckenpflanzungen, die immer noch als Vogelschutzgehölz empfohlen werden, können als Sprungbrett für die Ausbreitung in schutzwürdige Magerrasen und Heiden fungieren und sollten daher vermieden werden (siehe Kap. 6.3.2).

## 6.3 Wälder und Forste

In Wäldern und Forsten wachsen weit weniger Neophyten als an Gewässern, in Siedlungen und auf Äckern (Maskell et al. 2006, Zerbe 2007, Schmidt et al. 2008). Lange dachte man, dies läge an einer erhöhten „biotischen Resistenz" naturnaher Waldökosysteme gegenüber dem Eindringen neuer Arten (siehe Kap. 5.2). Dies Hypothese ist jedoch nicht mehr pauschal aufrecht zu halten (Trepl 1990b). Oft können geringe Neophytenzahlen ausbreitungsbiologisch erklärt werden, da viele Arten die Entfernung zu naturnahen Waldstandorten nicht überbrücken können (Schroeder 1972, Trepl 1984). Im Urwaldgebiet von Białowieża sind einige Neophyten erst nach dem Bau von Wegen, Straßen und Eisenbahnen in die naturnahe Vegetation eingedrungen, ohne dass diese zuvor gestört wurde. Entscheidend war vielmehr die Aufhebung der Isolation zwischen Ausbreitungsquellen und geeigneten Wuchsorten (Falínski 1986).

Auch mit zunehmender Nähe zu Siedlungen nehmen Neophytenzahlen in Wäldern meist zu. So sind allein 80 bzw. 91 nichteinheimische Gehölzarten aus den siedlungsnahen Wäldern Berlins und des Ruhrgebiets belegt (Kowarik 1992b, Fuchs et al. 2006). Die überraschende Erfolgsgeschichte von *Impatiens parviflora*, dem häufigsten Neophyten mitteleuropäischer Wälder, veranschaulicht die oft unterschätzte ursächliche Bedeutung anthropogener Ausbreitungsvektoren (siehe Kap. 6.3.1, Abb. 17).

Auch wenn in siedlungsfernen Wäldern relativ wenige Neophyten vorkommen, so können einige doch erheblich die Bestandsstrukturen verändern und Konflikte mit Naturschutzzielen – oder auch wirtschaftliche Probleme auslösen. In erster Linie sind dies Gehölzneophyten, die forstlich eingebracht worden sind und sich von ihren Anpflanzungen ausbreiten.

Eine weitere Fallgruppe umfasst Baumarten, die in offenen Biotopen die Entwicklung neophytendominierter Wälder einleiten. Bei-

### Neophyten in Wäldern und Forsten

- Arten, die sich von forstlichen Pflanzungen ausbreiten (*Prunus serotina, Pseudotsuga menziesii, Pinus strobus* und die meisten der in diesem Kapitel besprochenen problematischen Neophyten);
- Arten, die durch natürliche Ausbreitungsvektoren von siedlungsnahen Standorten in Wälder gelangen, beispielsweise die anemochoren *Acer platanoides* und *A. pseudoplatanus* von Pflanzungen (siehe Kap. 6.3.10), oder die zoochoren *Taxus baccata* und *Mahonia aquifolium* aus Parks und Gärten;
- Arten, die durch menschliche Aktivitäten in siedlungsnahe Wälder verschleppt werden, beispielsweise mit Gartenabfall *Lamium argentatum* und *Heracleum mantegazzianum* (Tab. 25), mit Bodenmaterial für den Wegebau *Fallopia*-Sippen und *Impatiens glandulifera* (siehe Kap. 6.4.4 und 6.4.2) sowie *Impatiens parviflora* mit Fahrzeugen (siehe Kap. 6.3.1);
- Arten, die von Jägern zur Wildäsung und -deckung eingebracht werden; beispielsweise *Helianthus tuberosus* (siehe Kap. 6.4.5), *Lupinus polyphyllus* (siehe Kap. 6.2.5.4);
- Arten, die von Imkern im Waldbereich, zumeist an Rändern oder lichten Stellen als Bienenfutterpflanzen angesät werden; beispielsweise *Heracleum mantegazzianum* (siehe Kap. 6.4.3, Tab. 50), *Solidago*-Sippen und *Impatiens glandulifera* (siehe Kap. 6.2.5.3, 6.4.2);
- Arten, die von „Liebhabern" angesalbt werden, beispielsweise *Lysichiton americanus* im Taunus (siehe Kap. 6.4.6).

spiele sind *Prunus serotina* auf degenerierten Hochmoorflächen und in Heiden (siehe Kap. 6.3.2) und *Robinia pseudoacacia* auf landwirtschaftlichen und städtischen Brachen (siehe Kap. 6.2.5.5). Auf urbanindustriellen Standorten spielen Gehölzneophyten eine besonders große Rolle, wobei in deren Beständen meist auch viele verwilderte Gartenpflanzen vorkommen (Kowarik 2005a).

### 6.3.1 Kleinblütiges Springkraut (*Impatiens parviflora*)

**Herkunft, Einführung und aktuelle Vorkommen:** Die Art stammt aus Mittelasien, wo sie in Höhen zwischen 1000 und 3000 Metern Gewässerränder, feucht-schattige Standorte, steinige Abhänge und Laubwälder besiedelt (Adamowski 2008). Sie breitete sich erstmals gegen 1837 aus Botanischen Gärten in Dresden und Genf aus. Trepl (1984) hat die Ausbreitungsgeschichte folgendermaßen rekonstruiert (Abb. 17): In den ersten Jahrzehnten kam *Impatiens* vor allem in Gärten und Parks vor, wo sie wegen ihrer faszinierenden Springfrüchte häufig angesät wurde. Erst in der zweiten Hälfte des 19. Jahrhunderts wurden verstärkt ruderale Fundorte gemeldet. Vielleicht ist die Art mit Gartenabfall, Blumensträußen oder mit Erde, die keimfähige Samen enthielt, an diese Standorte gelangt. Mit der intensivierten Erholungsnutzung und forstlichen Bewirtschaftung der Wälder gelangte *I. parviflora* schließlich auch in siedlungsferne Gebiete. Sie ist heute der häufigste und am weitesten verbreitete Neophyt mitteleuropäischer Wälder und Forste. Erstaunlich ist ihre breite soziologische Amplitude: *I. parviflora* kommt in mindestens sieben pflanzensoziologischen Klassen mit 20 Verbänden vor. Häufig ist sie in Kalk- und Braunmullbuchenwäldern, Eichen-Hainbuchen-Wäldern, Erlenbrüchen, in verschiedenen Waldgesellschaften der Hart- und Weichholzaue sowie in zahlreichen Forstgesellschaften. Darüber hinaus ist sie in nitrophilen Saum- und Verlichtungsgesellschaften sowie auf Ruderalstandorten verbreitet (Trepl 1984). Sie tritt mit meterhohen Pflanzen auch in Röhricht- und Großseggenbeständen auf (R. Böcker, mdl.).

**Erfolgsmerkmale:** Auf natürlichem Wege kann sich *I. parviflora* nur bis zu 3,4 Meter pro Jahr mit ihren Springfrüchten ausbreiten. Vorkommen in Astgabeln zeigen, dass auch Vögel gelegentlich zur Ausbreitung beitragen (Masing 1995). Der überragende Ausbreitungserfolg ist jedoch den oben geschilderten anthropogenen Ausbreitungsvektoren zu verdanken.

Die standörtliche Amplitude von *I. parviflora* ist deutlich breiter als die des einheimischen Rührmichnichtan (*I. noli-tangere*), das schattig-feuchte Bedingungen vorzieht. Sie reicht von trockenen bis zu feuchten, von nährstoffarmen bis reichen Standorten, wobei die Art durch ein höheres Nährstoffangebot gefördert wird und daher auch von der allgemeinen Eutrophierung profitiert. Aufgrund ihrer Schattentoleranz und der nur flach ausstreichenden Wurzeln kann *I. parviflora* auch in ansonsten krautschichtfreien Buchenwäldern wachsen. Sie füllt hier eine Nische, die von einheimischen Arten nicht besetzt werden kann. Diese wurzeln meist tiefer und können daher der Wurzelkonkurrenz der Bäume nicht so gut ausweichen wie *I. parviflora* (Trepl 1984). Im Vergleich zur einheimischen *I. noli-tangere* produziert die neophytische Art mehr Samen und keimt auch schneller und zahlreicher, sodass die einheimische Verwandte im standörtlichen Überschneidungsbereich bei der Etablierung behindert wird (Weise 1966/67).

**Problematik und Diskussion:** In Wäldern und Forsten sowie an zahlreichen Waldinnen- und Waldaußensäumen tritt *I. parviflora* oft Aspekt bestimmend auf. Hieraus wird gelegentlich auf eine Verarmung der Krautschicht und auf Konflikte mit dem Arten- und Biotopschutz geschlossen. *I. parviflora* gilt daher als problematischer Neophyt (Tab. 72). Sie könnte jedoch ein gutes Beispiel für eine Art sein, deren auffälliges Vorkommen im deutlichen Kontrast zu den hiermit verbundenen Folgen steht. Beeinträchtigungen anderer Arten der Krautschicht sind auszuschließen, wenn *Impatiens* Lücken ausfüllt, die von einheimischen Arten nicht besiedelt werden. Gründe dafür sind der Schattendruck oder die Wurzelkonkurrenz der Waldbäume oder zu hohe Streuauflagen. In geophytenreichen Laubwäldern erlaubt die unterschiedliche jahreszeitliche Einnischung eine Koexistenz zwischen Frühjahrsblühern und der erst später dominierenden *I. parviflora* (Beobachtung in der Hannoverschen Eilenriede).

Innerhalb der nitrophilen Saumvegetation konkurriert *Impatiens* mit Saumarten, die vor allem in ihrem Jugendstadium von dem höher wüchsigen Neophyten beschattet werden. Es gibt jedoch keine Hinweise, dass solche oder andere Pflanzenarten durch das Kleinblütige Springkraut innerhalb eines Gebietes zurückgedrängt worden sind. Dies dürfte auch für die einheimische Verwandte *I. noli-tangere* gelten. Nur auf trockeneren, ihr weniger zusagenden Standorten ist sie *I. parviflora* unterlegen, sodass mit Dominanzverschiebungen, aber nicht mit einem Rückgang dieser Art zu rechnen ist (nach Trepl 1984).

Die **biozönotische Einbindung** verschiedener *Impatiens*-Arten ist von Schmitz (1991) untersucht und zusammenfassend dargestellt worden (Tab. 54), sodass an ihrem Beispiel Folgewirkungen der Etablierung eines Neophyten auf die Tierwelt sichtbar werden. *I. parviflora* begünstigt vor allem zwei Tiergruppen: Schwebfliegen und Blattlaus verzehrende Insekten (Aphidophage).

Schwebfliegen und Spinnen profitieren von *Impatiens*-Vorkommen auf zuvor krautschichtfreien oder blütenarmen Standorten. Arten, die wie die Fruchtfliege *Phytoliriomyza melampyga* von *I. noli-tangere* auf *I. parviflo-*

### *Impatiens* in Nahrungsnetzen

Für beide neophytische *Impatiens*-Arten ist die neozoische Blattlaus *Impatientinum asiaticum* von Bedeutung. Sie stammt aus dem Heimatgebiet von *I. parviflora*, wurde 1967 für Europa erstmals in Moskau und seit den 70er- Jahren auch in Mitteleuropa nachgewiesen. Sie ist inzwischen auch im synanthropen Verbreitungsgebiet ihrer Wirtspflanze häufig und ist auch auf *I. glandulifera* übergegangen. Das Neozoon ist seinerseits zum Wirt von mindestens drei Parasiten und zum Beutetier von 21 weiteren Arten geworden. Von der einheimischen *I. noli-tangere* sind dagegen nur vier aphidophage Arten bekannt (Tab. 58). Viele der Schwebfliegenarten, die während der langen Blütezeit von *I. parviflora* von Mitte Mai bis Oktober deren Pollen und Nektar aufnehmen, ernähren sich im Larvalstadium von Blattläusen. Sie werden also zweifach durch die Ausbreitung des Neophyten und seines neozoischen Parasiten gefördert. Bisher konnten insgesamt 40 aphidophage Arthropoden (ohne Spinnen) nachgewiesen werden, die durch die großen Blattlauskolonien und/oder die Blüten von *I. parviflora* gefördert werden. Darunter sind auch häufige Ubiquisten, die in landwirtschaftlichen Kulturen als Nutzinsekten eine Rolle spielen und durch benachbarte *Impatiens*-Bestände gefördert werden. Auch für pilzliche und pflanzliche Parasiten hat *I. parviflora* Bedeutung. Bislang sind fünf phytoparasitäre Pilze an ihr festgestellt worden, darunter auch der aus ihrer Heimat stammende Neomycet *Puccinia komarovii*, der Mitte der 30er-Jahre nach Ost- und Mitteleuropa gelangte. Daneben nutzen verschiedene einheimische und neophytische *Cuscuta*-Arten *Impatiens* als Wirtspflanze (nach Schmitz 1998a, b).

*ra* übergehen konnten, erfuhren hierdurch eine Erweiterung ihres Lebensraumspektrums auf trockenere Standorte. An *I. parviflora* leben weniger Phytophage als an der einheimischen Verwandten oder an nitrophilen Saumarten, mit denen sie in Konkurrenz treten kann (z. B. *Geum urbanum*, *Geranium robertianum*). Wenn *I. parviflora* Dominanzverschiebungen in der Saumvegetation bewirkt, ist eine Verarmung der Tierwelt jedoch nicht zwangsläufig die Folge. Schmitz (1998a) berichtet von einer der seltenen Vergleichsuntersuchungen, bei der Vegetationsausschnitte unter annähernd gleichen standörtlichen Bedingungen hinsichtlich der Präsenz verschiedener Insektengruppen analysiert worden sind, und zwar einmal mit und einmal ohne Vorkommen eines Neophyten.

Zusammenfassend zeigt sich, dass *I. parviflora* mit ihren verbreiteten Dominanzbeständen auffällige Veränderungen des Vegetationsaspektes bewirkt. Dominanzverschiebungen erfolgen besonders in Saumgesellschaften, ohne dass hierdurch andere Arten zum Rückgang gebracht werden. Wo *Impatiens* im Sommer ansonsten krautschichtfreie Standorte einnimmt, ist eine biologische Bereicherung zu erwarten, die auch neue Nahrungsressourcen für die Tierwelt bedeuten kann. Vor diesem Hintergrund ist die Notwendigkeit von Bekämpfungen in Frage zu stellen.

## Seltene Vergleichsuntersuchung

Im Kottenforst bei Bonn wurden benachbarte Säume mit und ohne *Impatiens parviflora* untersucht. Es zeigte sich, dass die Individuenzahl der Arthropoden (ohne Collembolen und Spinnen) in den Proben mit zunehmendem Blattflächenanteil von *Impatiens* steigt, was vor allem an den dichten Kolonien der an *Impatiens* gebundenen Blattlaus *Impatientinum asiaticum* liegt. Die Aufschlüsselung der Artengruppe ergab keine Unterschiede bei den Spinnen sowie bei den Phytophagen, die an den beteiligten Pflanzen leben. *Impatiens*-dominierte Bestände hatten jedoch signifikant mehr Aphidophage, Bodentiere (Isopoda, Myriapoda, Opiliones, Pseudoscorpiones, terrestrische Insektenlarven) und Sonstige (Psocoptera, Dermaptera sowie an den Pflanzen nicht phyto- oder aphidophag lebende adulte Diptera, Coleoptera und Hymenoptera). In diesem Fall scheint das Eindringen von *Impatiens* in die Saumvegetation die Bedingungen für die Entomofauna eher verbessert zu haben. Dieser Befund ist nicht allgemeingültig, zeigt jedoch, wie differenziert biozönotische Auswirkungen von Neophyten zu beurteilen sind.

### 6.3.2 Spätblühende Traubenkirsche (*Prunus serotina*)

**Herkunft:** *Prunus serotina* kommt in verschiedenen Varietäten im östlichen Nordamerika von Nova Scotia in Kanada bis Florida im Süden, Minnesota im Westen sowie im Südwesten bis zum Bergland Guatemalas vor. Im trockeneren Süden und Südwesten und am nördlichen Arealrand bleibt sie eher strauchförmig, wächst aber unter optimalen feuchten Bedingungen auf dem Allegheny Plateau (Pennsylvania, New York, West Virginia) bei Niederschlägen zwischen 970 und 1120 Millimeter zu stattlichen Bäumen heran. Sie kann hier zur dominanten Waldart werden, und zwar in 60 bis 100-jährigen Sukzessionsstadien, die sich nach flächigen, bis in die 1930er-Jahre unternommenen Kahlschlägen entwickelt haben. In urwaldähnlichen Beständen kommt sie dagegen kaum noch dominant vor. Nach anthropogenen und natürlichen Störungen wie Waldbränden und Tornados leitet *P. serotina* wieder die Waldregeneration ein. Im Laufe der Sukzession nimmt ihre Populationsdichte erheblich zugunsten länger lebender, stark schattender Arten (*Fa-*

*gus grandifolia, Acer rubrum*) ab. Wegen ihres wertvollen Holzes wird sie forstwirtschaftlich gefördert (Marquis 1983, 1990, Starfinger 1990).

**Einführung und Verwendung**: Die Spätblühende Traubenkirsche gelangte 1623 als Ziergehölz nach Frankreich und ist seit 1685 für Deutschland nachgewiesen (Wein 1930). Ihre mehr als 300-jährige Verwendungsgeschichte zeigt, wie unterschiedlich motivierte Anpflanzungen eine breite Basis für nachfolgende Invasionen gelegt haben (Starfinger et al. 2003). Bis in das 19. Jahrhundert war *P. serotina* mit ihren attraktiven Blüten, Früchten und der Herbstfärbung als Zierbaum in vielen europäischen Gärten und Parks vertreten. In der zweiten Hälfte des 19. Jahrhunderts begannen planmäßige forstliche Versuchsanbauten, die allerdings zahlen- und flächenmäßig beschränkt blieben (z. B. 11 Reviere mit 1,72 Hektar in preußischen Versuchsanstalten). Der auf armen Sandböden erhoffte schnelle Holzzuwachs trat nicht ein, da *P. serotina* hier oft krumm wächst und Zwiesel ausbildet (Sinner 1926). Stattdessen wurde die Art nun vermehrt in Sandgebieten Deutschlands, Belgiens, der Niederlande und Ungarns als „dienende Holzart“ eingesetzt (von Wendorff 1952, Starfinger 1990, Juhász 2008).

Seit etwa 1920 wurde sie in Belgien und den Niederlanden und nach 1950 in Norddeutschland zur Festlegung binnenländischer Dünen und bei Aufforstungen zusammen mit Kiefern und Lärchen gepflanzt. Dies geschah reihenweise in Nadelholzbeständen und an inneren und äußeren Bestandsrändern. Hiervon versprach man sich einen erhöhten Wind- und Brandschutz, eine Unterdrückung unerwünschter Unkräuter sowie eine verbesserte Bodenfruchtbarkeit. Die leichte Zersetzbarkeit der *Prunus*-Blätter mit einem niedrigen Kohlenstoff/Stickstoff-Verhältnis (17 bis 20) sollte den Abbau der Nadelstreu beschleunigen. Daneben erhoffte man sich Holzerträge sowie zahlreiche Nebennutzungen. Das Holz ist wertvoll und wird in der Vermarktung nicht von Kirschholz unterschieden. Während in den Niederlanden Ende der 1950er-Jahre schon mit Bekämpfungen begonnen wurde, wurde in Deutschland wenigstens bis Anfang der 1980cr-Jahre weiter gepflanzt, vor allem auf sandigen Böden. Im Regierungsbezirk Lüneburg wurde sie verstärkt nach den Reparationshieben der Nachkriegszeit und den großen Waldbränden der 1970er-Jahre eingesetzt. Kiefernkulturen fasste man allseitig entlang der Wege mit drei Reihen von *P. serotina* ein. Innerhalb der Kulturen wurde die Art oft entlang von Rückewegen in Reihe gepflanzt und ersetzte hierbei häufig die zur Brandverhütung angelegten, aber stark von Kaninchen verbissenen Lärchenstreifen (von Wendorff 1952, Starfinger 1990, Schulte mündlich).

Bis heute wird *P. serotina* als ästhetisch attraktives und an Vogelnahrung reiches, schnell wachsendes Gehölz in Feldgehölzen, Hecken (siehe Kap. 3.3.1.3), Gärten sowie im Straßenbegleitgrün verwendet und als Bienenweide empfohlen. In den niedersächsischen Landesforsten ist ihre Verwendung durch einen ministeriellen Erlass erst seit 1989 verboten.

**Aktuelle Vorkommen**: *P. serotina* ist in Mitteleuropa weit verbreitet. Größere Vorkommen bestehen auf armen Sandböden von Polen und Ungarn, über die norddeutsche Tiefebene bis nach den Niederlanden und Belgien (Eijsackers & Oldenkamp 1976, Starfinger 1990, Schepker 1998, Muys et al. 1992, Juhász 2008). Auch in süddeutschen Sandgebieten kommen Dominanzbestände vor, beispielsweise im Mainzer Lennebergwald, in Baden sowie im Nürnberger Reichswald (Bitz 1985, Haag & Wilhelm 1998).

Die größten Vorkommen befinden sich in **Wirtschaftsforsten** auf bodensauren Sandböden, wo *P. serotina* unter gepflanzten Kiefern, Lärchen, Eichen oder Robinien häufig

**Tab. 42** Auswirkungen der Spätblühenden Traubenkirsche *(Prunus serotina)* in niedersächsischen Forsten auf Bestandsstruktur, Deckung der Strauch-, Kraut- und Moosschicht und auf die Artenzahl. Vergleich von Beständen mit (a) wenig und (b) viel Unterwuchs von *P. serotina* (nach Schepker 1998)

| | 1 | | 2 | | 3 | | 4 | | 5 | | 6 | | 7 | |
|---|---|---|---|---|---|---|---|---|---|---|---|---|---|---|
| | a | b | a | b | a | b | a | b | a | b | a | b | a | b |
| **Deckung d. Forstbäume** | | | | | | | | | | | | | | |
| Kiefer | 3 | 3 | 2b | 2a | 3 | 3 | 2b | 2b | 2b | 3 | . | . | . | . |
| Lärche | . | . | . | . | . | . | . | . | . | . | 3 | 2b | . | . |
| Eiche | . | . | . | . | . | . | . | . | . | . | . | . | 2b | 2a |
| **Alter d. Forstbäume in Jahre** | 56 | | 45 | | 40 | | 50 | | 66 | | 35 | | 117 | |
| **maximales Alter v. *Prunus serotina* in Jahren** (Pflanzung/Naturverjüngung) | | 30/ 15 | | 39/ 15 | | 40/ 18 | | ?/ 14 | | 20/ ? | | 35/ 17 | | 41/ 22 |
| **Deckung v. *Prunus serotina*** | | | | | | | | | | | | | | |
| Baumschicht (5–12 m) | . | . | . | . | . | . | . | 4 | 1 | 4 | . | 5 | . | 3 |
| Strauchschicht (0,9–5 m) | + | 5 | . | 3 | + | 4 | 1 | 1 | 1 | + | . | 1 | 1 | 3 |
| Krautschicht (< 0,9 m) | r | 1 | + | + | + | . | + | + | 1 | r | r | + | + | + |
| **Deckung d. Vegetationsschicht** | | | | | | | | | | | | | | |
| Strauchschicht | <1 | 95 | <1 | 45 | <1 | 70 | 2 | 4 | 40 | <1 | 2 | 3 | 4 | 30 |
| Krautschicht | 90 | <1 | 50 | 1 | 30 | <1 | 50 | <1 | 20 | <1 | 50 | <1 | 50 | <1 |
| Moosschicht | 70 | 10 | 70 | 0 | 70 | <1 | 45 | <1 | 30 | 0 | 70 | 0 | 0 | 0 |
| **Artenzahl** | 21 | 7 | 12 | 5 | 10 | 5 | 11 | 7 | 17 | 5 | 21 | 3 | 14 | 7 |

Spaltennummer 1 bis 7 Standorte (Landkreis): 1 Schotenheide (Soltau-Fallingbostel), 2 Elbergen (Emsland), 3 Stedden (Celle), 4 Wehlen (Harburg), 5 Ristedt (Diepholz), Dreeßel (Rotenburg/Wümme), 6 Großenheidorn (Hannover); Flächengröße jeweils 100 m². Deckungsangaben für die Vegetationsschichten in %, für die Arten Deckungsklassen nach Braun-Blanquet (r, + = < 1 %, 1 = < 5 %, 2a = 5 bis 12,5 %, 2b = 12,5 bis 25 %, 3 = 25 bis 50 %, 4 = 50 bis 75 %, 5 = 75 bis 100 %)

dichte Strauchschichten aufbaut (Tab. 42). Die Art kommt aber auch in naturnahen bodensauren Eichenmischwäldern vor (Pallas & Welk 2008). In Ungarn besiedelt sie auch lichte Eichenwälder und Waldgrenzstandorte der Steppe (Juhász 2008).

Darüber hinaus vermehrt sie sich auch gut in landwirtschaftlichen Hecken: Im Münsterland war sie bei 217 untersuchten Heckenpflanzungen die einzige Art, die nach 24 Jahren in höheren Stückzahlen als ursprünglich gepflanzt vorkam (Tenbergen 1993).

Als Pionierbaum besiedelt die Spätblühende Traubenkirsche auch **gehölzfreie Lebensräume**. Hiervon sind Magerrasen, vor allem Sandtrockenrasen, *Calluna*-Heiden sowie entwässerte Feuchtgebiete betroffen. Daneben kommt sie auch in Grünanlagen und auf Brachen vor (Kowarik 1992b). Die Etablierung gelingt selbst in extrem trockenen Silbergrasrasen (Böcker 1990). Begrenzend wirkt jedoch ein hoher Grundwasserstand. *P. serotina* ist auch nicht überflutungstolerant (Lyr et al. 1992) und fehlt daher in intakten Auen. *P. serotina* kann sich aber an Moorrändern etablieren und in entwässerten Mooren wie im Ostenholzer Moor (Landkreis Celle, Soltau-Fallingbostel). Hier besiedelt *P. serotina* etwa 350 Hektar auf ehemaligen Hochmoorflächen, die abgetorft, entwässert oder in Grünland umgewandelt wurden und danach brachfielen (Schepker 1998).

**Erfolgsmerkmale**: Ausgangspunkt für die fast flächendeckenden *Prunus*-Vorkommen in Sandgebieten sind forstliche und andere **Anpflanzungen**. Wie oben beschrieben, wurde die Spätblühende Traubenkirsche zur Holzproduktion, Bodenverbesserung und -festlegung, Waldbrandprophylaxe, als Windschutz-, Deckungs- und Vogelschutzgehölz sowie als Bienenweide gepflanzt. Noch 1980 werden in den „Richtlinien für die Anlage von Hegebüschen" der Landesjägerschaft Niedersachsen *P. serotina*, daneben auch *Robinia pseudoacacia* und *Hippophaë rhamnoides*, als „standortgemäß" empfohlen. Gelegentlich wird *P. serotina* bei Heckenpflanzungen unbeabsichtigt anstelle der einheimischen *Prunus padus* gepflanzt (Tenbergen 1993).

Die Spätblühende Traubenkirsche wird oft für besonders ausbreitungsstark gehalten. Vor allem die in Forsten häufigen Dominanzbestände gelten als Ergebnis und Beleg ihrer vermeintlich „aggressiven" **Ausbreitungskraft**. In Niedersachsen waren allerdings 98 % aller untersuchten Vorkommen direkt auf forstliche Anpflanzungen zurückzuführen (Tab. 20), was bedeutet, dass praktisch keines der problematischen Vorkommen ohne initiale Pflanzung entstanden ist. Auch in Berliner Forsten beobachteten Starfinger (1990) und Seidling (1993) einen häufig abrupten Wechsel zwischen Bereichen mit dichter und solchen mit fehlender oder sehr geringer *Prunus*-Deckung und führten dies eher auf Anpflanzungs- als auf Ausbreitungsmuster zurück. In einen belgischen Forst, in dem keine *Prunus*-Dominanzbestände ausgebildet waren, wanderte die Traubenkirsche zwar auch ein, ohne allerdings größere Populationen aufzubauen oder die Naturverjüngung anderer Bäume zu behindern (Vanhellemont et al. 2009).

Dass sich die Traubenkirschen von Anpflanzungen ausbreiten, ist unstrittig. Die Frage nach der Reichweite dieses Prozesses muss für Offenlandschaften und Forstgebiete allerdings differenziert beantwortet werden. *P. serotina* wird durch Vögel und Säugetiere (Füchse, Marder, Damwild) ausgebreitet. Ihre Früchte werden in Mitteleuropa von 60 Vogelarten gefressen (Turcek 1961). In geschlossenen Gehölzbeständen besteht ein enger räumlicher Zusammenhang zwischen der Ausbreitungsquelle und den von Vögeln abgesetzten Samen. Im amerikanischen Heimatareal fand Smith (1975) 71 % der *Prunus*-Früchte in einem Abstand von weniger als 25 Meter vom Baum entfernt; die meisten sogar in einem Umkreis von 5 Metern. Füchse und andere Säugetiere sowie größere Vögel können Initialpopulationen auch in größerer Entfernung begründen. So wird in den Heidegebieten des Emslandes die Ausbreitung von *P. serotina* durch das von Jägern eingeführte Damwild extrem beschleunigt. Mit der Losung transportiert dieses hoch mobile Neozoon die Traubenkirschensamen in großen Mengen auch auf gehölzfreie Flächen, wo hektargroße Bestände aufwachsen können.

Zur Abschätzung des **Ausbreitungserfolges** von *P. serotina* müssen gepflanzte und spontane Bestände unterschieden werden. Tab. 43 fasst Untersuchungen zusammen, in denen dies mit Hilfe forstarchivalischer Daten gelungen ist. Hiernach breitet sich die Traubenkirsche in Forsten deutlich langsamer aus als in landwirtschaftlich geprägten Heckenlandschaften. Im Zeitraum von etwa 40 Jahren konnten sich Einzelindividuen in Kiefernforsten etwa 400 Meter, in der Burgsdorfer Heckenlandschaft dagegen bis zu 900 Meter von der Ausgangspflanzung entfernt etablieren (Abb. 44). Dieser Unterschied ist mit einer früheren und reicheren Fruchtproduktion im Freistand sowie mit dem Verhalten der Vögel zu erklären, die in Heckenlandschaften gezielt auch weiter entfernte Gehölze anfliegen und hier *Prunus*-Samen eintragen (Deckers et al. 2005, 2008). Hierdurch entstehen unregelmäßige, geklumpte Verbreitungsmuster, wogegen im Forst die Indi-

**Tab. 43** Reichweite der räumlichen Ausbreitung der Spätblühenden Traubenkirsche *(Prunus serotina)* in verschiedenen Biotoptypkomplexen Niedersachsens. Angegeben ist der maximale Abstand zwischen dem Rand der Initialpflanzung und den am weitesten hiervon entfernten spontanen Individuen. Die Ausbreitung kann über verschiedene Generationen erfolgt sein. Dominanzbestände sind sehr viel enger an die Ausgangspflanzungen gebunden

| Gebiet | Biotoptyp-komplex | Alter der Initial-pflanzung in Jahren | maximale Reichweite der Aus-breitung [m] | Errechnete Ausbreitungs-geschwindigkeit pro Jahr [m/a] | Quelle |
|---|---|---|---|---|---|
| Celle | Kiefernforst | 40 | 240 | 7 | Schulte & Schulze unveröff. |
| Schotenheide | Kiefernforst | 27 | 430 | 16 | Müller & Wendebourg 1996 |
| Salzdetfurth | Laubmischwald | 45 | 550 | 12 | Schepker 1998 |
| Solling | Fichtenforst | 42 | 700 | 17 | Schepker 1998 |
| Burgdorf | Feldflur | 41 | 900 | 22 | Schulte & Schulze unveröff. |

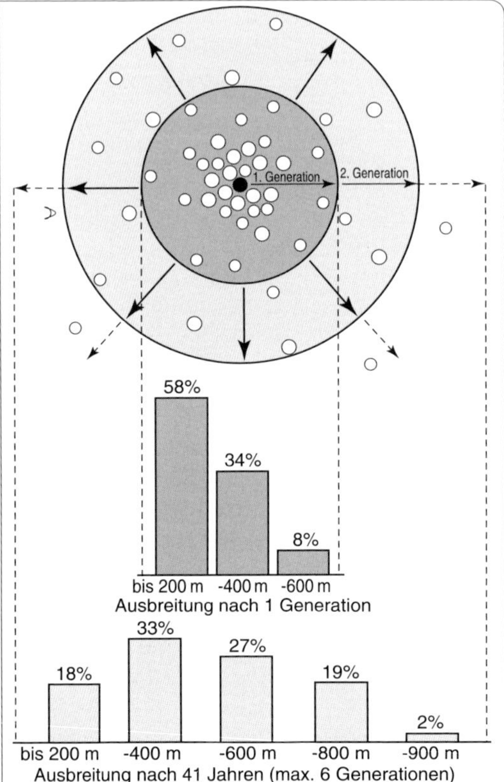


viduendichte meist exponentiell mit der Entfernung zur Ausbreitungsquelle abnimmt.

Allgemein fördern Durchforstungen und Bodenverwundungen die Ausbreitung von *P. serotina* in Forsten. In Brandenburg sollen Stickstoffemissionen aus Masttierhaltungen begünstigend gewirkt haben (Hofmann & Heinsdorf 1990). Für Ostberliner Forste, die teilweise aus der Luft mit Harnstoff gedüngt worden waren, konnte Seidling (1993) dage-

**Abb. 44** Reichweite der Ausbreitung von *Prunus serotina* in einer Offenlandschaft (Feldflur von Burgsdorf, Landkreis Hannover) ausgehend von einer Heckenpflanzung zu Beginn der 50er-Jahre. Als Ausbreitungsleistung einer Generation wurde die kürzeste Entfernung zwischen einem nichtfruchtenden und dem nächsten fruchtenden Individuum ermittelt (oberes Spektrum). Das untere Spektrum veranschaulicht die räumliche Struktur der gesamten spontanen Population, die innerhalb von etwa 41 Jahren nach der Heckenpflanzung entstanden ist. Hierzu wurden die Distanzen zwischen den spontanen und nächstgelegenen gepflanzten Individuen ermittelt (nach Daten von Schulte & Schulze aus Kowarik 1995e).

gen keinen Zusammenhang zwischen Stickstoffeinträgen und *P. serotina*-Vorkommen feststellen.

Das Beispiel der Schotenheide lässt erkennen, wie eng spontan aufgewachsene **Dominanzbestände** an die Ausgangspflanzung gebunden sind (Tab. 44, Abb. 45): Nach etwa 100 Metern vollzieht sich ein abrupter Übergang zwischen einer dicht deckenden, 5 bis 6 Meter hohen Strauchschicht und einem Bereich mit nur noch wenigen Individuen. Altersanalysen lassen drei Phasen des Ausbreitungs- und Etablierungsprozesses von *P. serotina* in Kiefernforsten erkennen (Tab. 44). Einzelne Individuen etablieren sich bereits im dichten, 25 bis 30-jährigen Kiefernforst (Phase I). Nach der Durchforstung gelangt mehr Licht auf den Waldboden, sodass nun *Prunus*-Dominanzbestände heranwachsen (Phase II).

Nach Starfinger (1990) ist hierzu ein Lichtgenuss von mehr als 10 % notwendig. Die weitere Ausbreitung der Dominanzbestände wird dann durch eine dichte Vegetationsschicht aus Draht-Schmiele (*Avenella flexuosa*) gehemmt, die außerhalb des Traubenkirschenbestandes inzwischen aufgewachsen ist. Sie profitiert ebenfalls von der Durchforstung und erlaubt nur noch die Etablierung vereinzelter *Prunus*-Pflanzen (Phase III). Ob dieses Wechselspiel auch in anderen Gebieten zur Entstehung der mehrfach beschriebenen dichten „Ausbreitungsfronten" von *P. serotina* geführt hat, bleibt weiteren Untersuchungen vorbehalten. In Berliner Forsten schließen sich beispielsweise dichte Vorkommen von *P. serotina* und *Calamagrostis epigejos* aus (Seidling 1993). Dieses Gras könnte hier die Ausdehnung von Dominanzbestän-

**Tab. 44** Ausbreitungs- und Etablierungsprozess von *Prunus serotina* im Kiefernforstgebiet der Schotenheide (Landkreis Soltau-Fallingbostel, Niedersachsen, nach Müller & Wendebourg 1996)

| Phase | Zeitraum (Jahre) | Populationsentwicklung von *Prunus serotina* | fördernde/hemmende Faktoren |
|---|---|---|---|
| I | 0 | Anlage der Ausgangspflanzung (Windschutzhecke im Freistand) mit dreijährigen Pflanzen | |
| | 3 | Beginn der spontanen Ausbreitung durch Vögel | Eintritt der gepflanzten Individuen in die adulte Phase (unter Kiefer später) |
| | 4–10 | Etablierung einzelner Individuen im angrenzenden Kiefernbestand, langsames Wachstum (Oskar-Phase) | geringer Lichtgenuss im ca. 25–30-j. Kiefernreinbestand |
| II | 11–20 | verstärkte Etablierung nach Durchforstung, Aufwachsen von Dominanzbeständen im Umkreis von ca. 100 m um die Ausbreitungsquelle | erhöhtes Diasporenangebot der Ausbreitungsquelle, verbesserte Lichtbedingungen nach Durchforstung, hohes Angebot an günstigen Etablierungsstandorten (safe sites) auf weitgehend vegetationsfreien Waldboden |
| III | 21–28 | weitere Etablierung einzelner Individuen bis max. 430 m von primärer Ausbreitungsquelle entfernt, aber: nur noch geringe Erweiterung des Dominanzbestandes | Eintritt spontaner Individuen in adulte Phase, mögliche Einschränkung des Angebots an safe sites durch „Vergrasung" des Waldbodens außerhalb der *Prunus*-Dominanzbestände (?) |

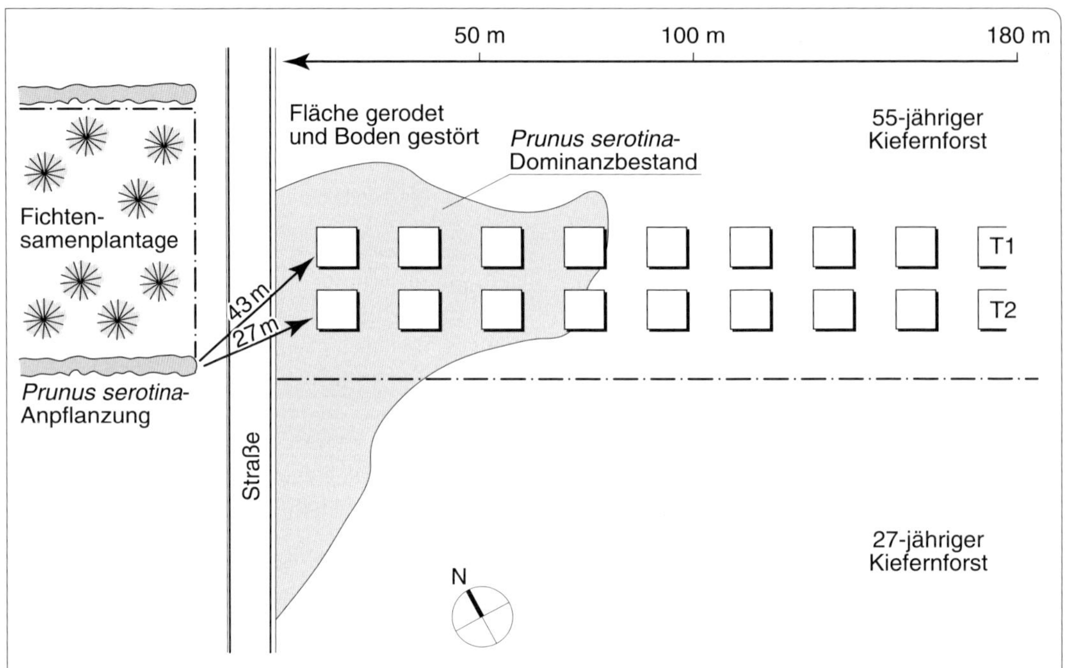


**Abb. 45** Charakteristisches Ausbreitungsmuster von *Prunus serotina* in Kiefernforsten der Schotenheide (Landkreis Soltau-Fallingbostel, Niedersachsen). Ausbreitungsquelle für den 1995 untersuchten Dominanzbestand ist eine benachbarte, 1968 gepflanzte und 1983 wieder gerodete Hecke aus *Prunus serotina*. Über einen Ausbreitungszeitraum von etwa 25 Jahren sind einzelne Individuen bis 436 Meter weit in die benachbarten Kiefernforste eingewandert. Dominanzbestände der Spätblühenden Traubenkirsche sind dagegen nur bis zu einer Entfernung von 120 Metern zur Ausbreitungsquelle aufgebaut worden (T1, T2: Transekt 1 und 2; nach Rode et al. 2002).

den der Traubenkirsche begrenzen und sich womöglich nach deren erfolgreicher Bekämpfung seinerseits als gefürchtetes Forstunkraut ausbreiten.

Der Ausbreitungserfolg von *P. serotina* wird durch **Pioniereigenschaften** begünstigt. Sie blüht und fruchtet im Freistand schon nach sechs Jahren. In geschlossenen Forsten setzt die Fruchtproduktion dagegen erst nach etwa 20 Jahren ein (Starfinger 1990). An Waldrändern sowie im Freistand reifen alljährlich große Mengen an Früchten, die von Vögeln, Fuchs, Marder, Wildschwein und Damwild ausgebreitet werden.

Ungünstige Etablierungsbedingungen (z. B. starker Schatten) überdauert *P. serotina* auf zwei Wegen: Sie baut eine Samenbank auf, die mindestens fünf Jahre überdauert (Wendell 1977) und vor allem nach Störungen reaktiviert wird. Marquis (1975) fand im Boden eines von *P. serotina* dominierten Mischbestandes im Mittel 75 Samen pro Quadratmeter. Keimlinge können mehrere Jahre auch bei ungünstigen Lichtbedingungen mit geringem Jahreszuwachs überdauern, was selbst in dichten Fichtenbeständen gelingt. Solche schwachwüchsigen Überlebenskünstler heißen nach Sernander (1936) „arme Zwerge“. Silvertown (1987) nannte sie in Anspielung an Günther Grass’ Blechtrommel „Oskars“. Sobald sich die Lichtbedingungen verbessern, beispielsweise nach Durchforstungen, nutzen diese Oskars den Etablierungsvorsprung und bauen vor anderen Gehölzen eine dichte Strauchschicht auf.

Ältere Bäume werden häufig von dem parasitischen Pilz *Chondrostereum purpureum* befallen, der die Lebenserwartung der Traubenkirsche zu begrenzen scheint. Weitere Parasiten und phytophage Insekten kommen an *Prunus* vor (Spaeth et al. 1994, Fotopoulos & Nicolai 2002), scheinen aber nicht deren Ausbreitung zu begrenzen.

Zu den Pioniereigenschaften der Traubenkirsche gehört auch ein starkes **vegetatives Regenerationsvermögen**. Im nordamerikanischen Ursprungsgebiet ist dies eine Anpassung an natürliche Störungen. In Tornadoschneisen tritt *P. serotina* als Waldpionier auf (Marquis 1990). Nach mechanischen Beschädigungen werden schnell Stock- und Wurzelausschläge gebildet. Eine ausschließlich mechanische Bekämpfung fördert daher eher die Bestandsverjüngung und erhöht die Populationsdichte. Nach einer Lichtstellung wachsen neue Pflanzen verstärkt aus der Samen- und Keimlingsbank nach. Im emsländischen Forstamt Lingen haben beispielsweise die schweren Eisbruchschäden des Jahres 1989 bei Kiefer (*Pinus*) und Lärche (*Larix*) die Ausbreitung von *P. serotina* begünstigt (Schepker 1998).

Auch im **Wurzelraum** erweist sich *P. serotina* als Pionier, der Eichen und Kiefern in Störungssituationen überlegen ist (Kalhoff 2000): Trocknet der Boden im Sommer aus, sterben bei allen Baumarten Feinwurzeln und regenerieren sich erst, wenn der Boden wieder feucht ist. Die Traubenkirsche reagiert auf verschlechterte wie verbesserte Bedingungen schneller als Eichen und Kiefern. Die Feinwurzeln der Traubenkirsche wachsen schneller nach und haben hierdurch einen Vorsprung bei der Nutzung von Wasser und Nährstoffen. Auch nach einer Kalkung des Waldbodens wächst die Wurzelmasse rascher als bei einheimischen Baumarten. In Mischbeständen konzentriert *Prunus* die für die Wasser- und Nährstoffaufnahme entscheidenden Feinwurzeln in der organischen Auflage und den obersten fünf Zentimeter des anschließenden Mineralbodens. In dieser Schicht ist durch Mineralisation und Leaching die Nährstoffnachlieferung trotz der Entnahme durch Kiefern- und Eichenwurzeln so hoch, dass sie von der Traubenkirsche genutzt werden kann. So vermeidet sie die Wurzelkonkurrenz mit Eiche und Kiefer in tieferen Bodenschichten. Hier können die an Nährstoffarmut angepassten einheimischen Baumarten die Ressourcen so effektiv ausschöpfen, dass sie der Traubenkirsche nicht mehr zur Verfügung stehen. Undurchwurzelte Bereiche, die beispielsweise nach Störungen entstehen, erschließt sie mit ihren Feinwurzeln schneller als Eichen und Kiefern, wobei sie in solchen Fällen wegen fehlender Konkurrenz auch in tiefere Bodenhorizonte einwächst.

**Problematik**: *P. serotina* gilt im norddeutschen Tiefland (Tab. 72) und in anderen Sandgebieten Europas als besonders ausbreitungsstarker, problematischer Neophyt. Aus Sicht des Naturschutzes ist vor allem das Eindringen in angrenzende Offenlandbiotope bedenklich. Für den **Forstbetrieb** sind die dichten Strauchschichten problematisch, die *Prunus* im Gegensatz zu einheimischen Gehölzarten auch auf bodensauren, nährstoffarmen Standorten aufbaut. Es wird vor allem befürchtet, dass die Ausdunklung der Krautschicht zugleich die Naturverjüngung erwünschter Forstbäume behindere (Verdämmung) und damit die langfristige Umwandlung von Nadelholzforsten in Laubmischbestände erschwere. In dichten *Prunus*-Beständen fällt zudem forstliches Arbeiten schwerer, beispielsweise wenn Gehölze eingebracht, erntereife Stämme ausgezeichnet und entnommen sowie danach Neuanpflanzungen vorgenommen werden (Borrmann 1987, Krauss et al. 1990, Spaeth et al. 1994, Schepker 1998).

Der Stellenwert der forstbetrieblichen Bewirtschaftungsprobleme ist unumstritten. Anders verhält es sich mit den gelegentlich angenommenen konkurrenzbedingten **Zuwachseinbußen** bei forstlichen Zielbaumarten. Entsprechende Berechungen für niederländische Lärchenforste sind methodisch umstritten. Schepker (1998) konnte auf sechs Vergleichsstandorten mit und ohne *Prunus*-Dominanz keinen Zuwachsverlust bei Kiefern feststellen. In zwei Fällen wiesen Kiefern mit einer dichten *Prunus*-Strauchschicht sogar höhere Brusthöhendurchmesser als die Vergleichsbäume auf. Auch die Transektanalyse in der Schotenheide (Abb. 46) ergab keine Variation im Zuwachs der Kiefern.

Der Aufbau einer dichten Strauchschicht führt zu einer radikalen Veränderung des **Lichtklimas** am Waldboden. In den ansonsten recht lichten älteren Nadelholzforsten werden damit Bedingungen geschaffen, die an Buchen- oder Ahorn-Wälder erinnern. Nach Starfinger (1990) gelangen in *Prunus*-Dominanzbeständen nur noch 0,3 bis 5 % des Tageslichtes auf den Waldboden. Tab. 42 veranschaulicht den Zusammenhang zwischen vermindertem Lichtgenuss und sinkender Artenzahl. Der **verminderte Artenreichtum** von Blütenpflanzen in *P. serotina*-Beständen ist auch für das Berliner Gebiet beschrieben worden (Starfinger 1990). Schepker (1998) hat dieses Phänomen in niedersächsischen Forsten mit Vergleichsaufnahmen angrenzender Flächen mit und ohne *Prunus*-Dominanz genauer untersucht (Tab. 42). Neben der reduzierten Artenzahl fällt vor allem die wesentlich verminderte Deckung von Kraut- und Moosschicht auf. Ob die im Labor nachgewiesen allelopathischen Wirkungen auch im Freiland eine Rolle spielen, ist ungewiss.

Die von forstlicher Seite häufig beklagte Behinderung der **Naturverjüngung** von Bäumen konnte Schepker (1998) mit seinen Vergleichsaufnahmen nicht voll bestätigen. Auch in Beständen ohne *Prunus*-Dominanz wuchsen nur wenig mehr naturverjüngte Baumarten in der Kraut- und Strauchschicht. Dies kann bei Eichen an mangelnden Diasporen-

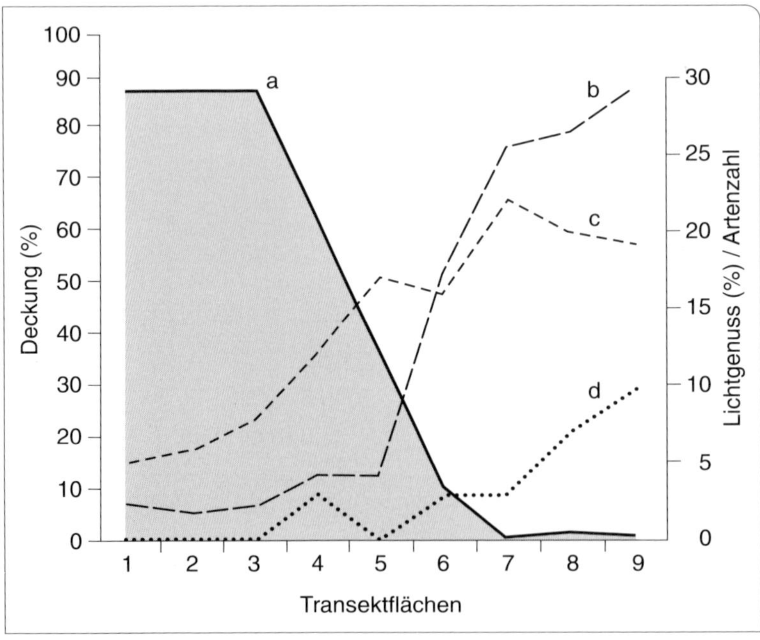


**Abb. 46** Dominanzbestände von *Prunus serotina* bewirken tief greifende Veränderungen in Kiefernforsten (Beispiel Schotenheide, Transekt 1 in Abb. 45). Der mittlere Deckungsgrad von *Prunus serotina* (a) korreliert negativ mit dem relativen Lichtgenuss oberhalb der Krautschicht (b), der Gesamtartenzahl (c) sowie Individuenzahl naturverjüngter Gehölze (d). Eine Beeinträchtigung des Wachstums der gepflanzten Kiefern konnte dagegen nicht nachgewiesen werden (nach Rode 2002).

quellen in großflächigen Kiefernforstgebieten liegen. Starker Wildverbiss begrenzt häufig das Aufwachsen anderer Baumarten auch außerhalb von *Prunus*-Dominanzbeständen. Schattendruck durch *P. serotina* ist in diesem Fall nur einer von drei limitierenden Faktoren bei der Verjüngung von Lichtbaumarten. Bei Kiefern ist eine nennenswerte Naturverjüngung unter eigenem Schirm ohnehin nicht zu erwarten, da *Pinus* als Mineralbodenkeimer offene oder Störungsstandorte bevorzugt.

Die zumindest früher häufig erhoffte **Bodenverbesserung** konnte bei Untersuchungen in einem niedersächsischen Kiefernforst nicht nachgewiesen werden. Es bestehen im Gegenteil Hinweise dafür, dass trotz erhöhter Vorräte an Gesamtstickstoff die Stickstoffverfügbarkeit in Dominanzbeständen im Boden nicht verbessert wird und auch das Kationenangebot infolge einer tiefgehenden Bodenversauerung eingeschränkt ist (Rode et al. 2002, Starfinger et al. 2003).

Indirekt wird die Traubenkirsche von dichtem **Wildbesatz** begünstigt, da Reh- und Muffelwild sie verschmähen. Die ganze Pflanze enthält das Blausäureglykosid Prunasin, das bei Weidetieren Vergiftungen hervorrufen kann. Von Rotwild wird sie jedoch verbissen (Schepker 1998).

Aus Sicht des **Artenschutzes** sind Floren- und Vegetationsveränderungen durch die Ausbreitung von *P. serotina* innerhalb von Forsten häufig wenig problematisch, da sie im Allgemeinen weder besonders schutzwürdige Biotoptypen noch seltene und gefährdete Pflanzenarten betreffen (Schepker 1998 zu Niedersachsen). Die befürchtete Konkurrenz zu dem hochgradig gefährdeten Rautenfarn *Botrychium matricariifolium* in lichten Kiefernforsten und Birkenmischbeständen Berlins (Klemm & Ristow 1995) zeigt allerdings, dass mit Ausnahmen von der Regel zu rechnen ist. Vor allem in aufgelichteten Waldbereichen sowie an Waldrändern kann die Traubenkirsche seltene Arten zurückdrängen. So bestehen in den lichten Eichenwäldern Ungarns erhebliche Naturschutzprobleme. Im Schutzgebiet Barci Borókás hat *Prunus serotina* beispielsweise die Waldstrukturen auf etwa 500 ha verändert (Juhász 2008).

Wie die Strukturveränderungen der Forste deren **Tierwelt** beeinflussen, ist weitgehend unbekannt. Die eingefügte Strauchschicht sowie das reiche Blüten- und Fruchtangebot bieten zusätzliche Nahrungsquellen und Habitatrequisiten. Sofern die Biotoptypen der lichten, weitgehend strauchschichtfreien Nadelholzforste mit ihren Zoozönosen nicht gänzlich verloren gehen, könnten die Wirkungen für die Tierwelt insgesamt positiv sein. Ein Vergleich der Rüsselkäferfauna in Berliner Waldgebieten hat unerwartet die höchste Artendiversität an *P. serotina* ergeben, wobei sich das an ihr festgestellte Arten- und Dominanzgefüge stark von dem der Vergleichsbaumarten (*Fagus sylvatica*, *Quercus petraea*, *Q. rubra*) abhebt (Fotopoulos & Nicolai 2002). Käfer an *P. serotina* werden auch von Singvögeln genutzt, darunter der sich stark ausbreitende Blattkäfer *Gonioctena quinquepunctata* (Klaiber 1999, Wimmer & Winkel 2000).

In **Offenlandbiotopen** wie Magerrasen und Heiden beschleunigt *P. serotina* die Sukzession. Dies ist meist unerwünscht, da es sich oft um gesetzlich geschützte Biotope handelt. Das Risiko der Verdrängung gefährdeter Arten ist hier wesentlich größer als in Forsten. Aus Niedersachsen sind fünf Fälle bekannt, in denen *Prunus* mit gefährdeten Arten konkurriert (*Antennaria dioica*, *Arnica montana*, *Lycopodium annotinum* u. a., Schepker 1998). In waldfreien Biotopen ist die Etablierung der Traubenkirsche meist ein Indikator aufgegebener oder verminderter Bewirtschaftung. Pflegemaßnahmen des Naturschutzes können dadurch aufwändiger werden. So ist *P. serotina* in der Lüneburger Heide durch Beweidung schwerer zurückzudrängen als die Birke, da Heidschnucken sie

### *Prunus*-Problematik in Feuchtgebieten

Das Ostenholzer Moor veranschaulicht die Problematik in Feuchtgebieten: Da *P. serotina* keine stauende Nässe erträgt, konnte sie erst nach der Entwässerung des Hochmoores einwandern. Sie bewächst heute, vor allem auf abgetorften Flächen, etwa 350 Hektar. Hierbei handelt es sich um Birken-Kiefern-Bruchwälder und verschiedene De- und Regenerationsstadien des Moores, insbesondere Moorheide und Pfeifengrasstadien (Schepker 1998). In solchen Fällen ist *P. serotina* zwar nicht ursächlich für den Rückgang der moortypischen Vegetation verantwortlich, erschwert jedoch deren Regeneration. Durch Ausdunklung, Nährstoffeintrag und Wasserentzug aufgrund erhöhter Verdunstung können darüber hinaus reliktisch vorkommende Moorarten beeinträchtigt werden.

weitgehend verschmähen (Lütkepohl, mündl.). Auch die Erhaltung von Kulturdenkmälern kann behindert werden, wenn Hügelgräber mühsam von *Prunus* freigehalten werden müssen (Schünemann 1994).

**Steuerungsmöglichkeiten**: Die Bekämpfung von *P. serotina* hat, vor allem in den Niederlanden, eine lange Tradition. In Niedersachsen ist sie der am häufigsten bekämpfte Neophyt. 77 % der landesweit gemeldeten problematischen Vorkommen wurden Kontrollmaßnahmen unterworfen. Hierfür wurden für einen 10-Jahreszeitraum etwa 510 000 € jährlich aufgebracht (Schepker 1998). Die Maßnahmen führten aber in nur 27 % zur völligen oder erheblichen Zurückdrängung. Bei anderen Neophyten ist der Bekämpfungserfolg allerdings noch geringer (Abb. 47).

Eine ausschließlich mechanische Bekämpfung (Zurück-, Abschneiden, Mulchen u. ä.) ist wegen der starken vegetativen Regeneration wenig erfolgreich und führt im Gegenteil zu erhöhten Sprosszahlen (Erfolgsquote in Niedersachsen: 16 %). Auch die alleinige Anwendung von Herbiziden (zumeist Glyphosat) verfehlt ihren Zweck (Erfolgsquote: 0 %), da eine Überkopfspritzung nicht alle Pflanzen erreicht. Zudem ist mit Auswirkungen auf andere Organismen zu rechnen. Wirksamer sind kombinierte mechanisch-chemische Maßnahmen (Erfolgsquote: 41 %), beispielsweise das Abschneiden der Stämme und Einstreichen der Schnittstelle mit Glyphosat (Schepker & Kowarik 2002). In belgischen Versuchen war das Besprühen von Stammkerben im Sommer mit Herbiziden am erfolgreichsten. Weniger wirksam war das Einstreichen der Stümpfe mit dem Pilz *Chondrostereum purpureum* (van den Meerschaut & Lust 1997). Gegen diese Methode spricht weiter, dass der Pilz auch auf einheimische *Prunus*-Arten übergehen und hier die Bleiglanzkrankheit hervorrufen kann. Im Umkreis von 5 Kilometer gilt dieses Risiko als hoch (Starfinger 1990). Auch Feilhaber & Balder (2002) empfehlen, Herbizide mit dem Kerbverfahren anzuwenden, weisen aber darauf hin, dass dies nicht durch die seit 2001 geltende Gebotsindikation von Pflanzenschutzmitteln gedeckt sei.

In den Berliner Forsten wird *P. serotina* seit Anfang der 1980er-Jahre mechanisch entfernt. Kleinere Pflanzen werden per Hand herausgezogen, größere abgesägt und am Stumpf mit einem Teil der Wurzeln von Pferden herausgezogen (Spaeth et al. 1994). Bei dieser mechanischen Bekämpfung ist langjähriges Nacharbeiten notwendig.

Als Störungsopportunist wird *P. serotina* durch Bekämpfungen zunächst begünstigt, da eine Bodenverwundung die Samenbank aktiviert. Außerdem fördert die Auflichtung die Etablierung neuer Keimlinge, das schnelle Heranwachsen von Jungpflanzen sowie Wurzel- und Stockausschläge. Alle Bekämpfungsmaßnahmen haben daher nur eine Erfolgschance, sofern sehr genau gearbeitet wird, und dies über mehrere Jahre lang. Zudem muss sichergestellt sein, dass sich im Einzugs-

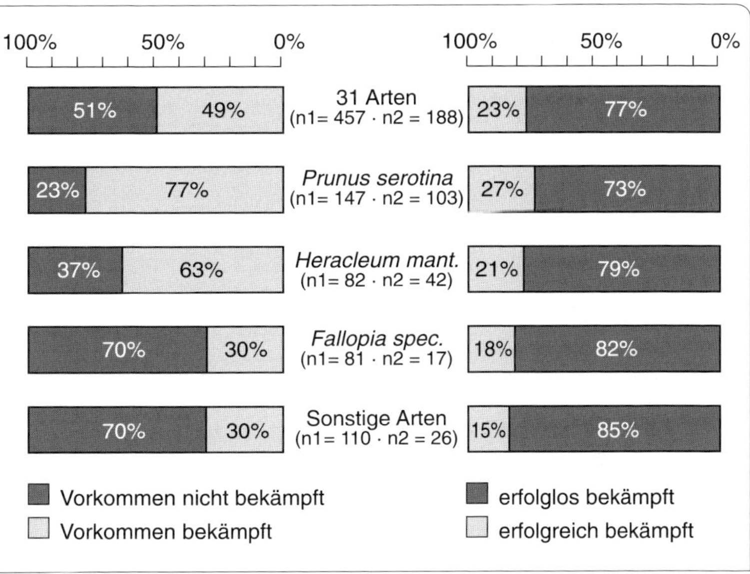


**Abb. 47** Häufigkeit, Erfolg und Misserfolg der Bekämpfung problematischer Neophytenbestände in Niedersachsen nach Angaben befragter Forst- und Naturschutzvertreter (Kowarik & Schepker 1998). Insgesamt wurden 31 Arten bekämpft, die Ergebnisse für *Prunus serotina*, *Heracleum mantegazzianum* und *Fallopia* spec. sind differenziert dargestellt (n1 = Anzahl der Bekämpfungen, n2 = Anzahl der Angaben zur Wirkung der Maßnahmen; nach Schepker 1998).

bereich keine Diasporenquellen befinden. Oft wird allerdings aus besitzrechtlichen Gründen nicht auf solche Ausbreitungsquellen einzuwirken sein, beispielsweise bei eng verzahnten Staats- und Privatwaldflächen oder bei Beständen an Verkehrswegen.

Auch in den Niederlanden waren die jahrzehntelangen vielfältigen Bekämpfungsversuche wenig erfolgreich. Als Alternative zu chemischen und mechanischen Maßnahmen empfehlen Oosterbaan & Olsthoorn (2005), Bestände zu roden und mit schattenden Bäumen zu überpflanzen. Der Erfolg jeder Maßnahme sollte in den ersten fünf Jahren jährlich und danach alle fünf Jahre evaluiert werden. Waldbauliche Ansätze scheinen auch in Niedersachen erfolgreich zu sein. Hier wurden einige *Prunus*-Bestände mit der Rot-Buche unterpflanzt, um die meist weniger als 20 Meter hohen Traubenkirschen und deren Nachwuchs mittelfristig durch Beschattung zu verdrängen. Dies scheint auch mit der Douglasie zu gelingen, wirft aber die Frage auf, ob hiermit langfristig ein ausbreitungsstarker Neophyt durch einen anderen ersetzt werden soll.

**Diskussion**: Bei näherer Ansicht erweist sich der „Fall" der Späten Traubenkirsche weniger eindeutig als meist angenommen. Wohl ist sie in den **Wirtschaftsforsten** der Sandgebiete der häufigste Neophyt und verursacht hier erhebliche forstbetriebliche Probleme. Ihr Ausbreitungspotenzial wird jedoch häufig überschätzt (Tab. 45). Zoochor hat *P. serotina* in den untersuchten Fällen Entfernungen bis zu etwa einem Kilometer überwunden (Tab. 43).

Die dichten, forstwirtschaftlich unerwünschten Dominanzbestände gehen jedoch nach den niedersächsischen Ergebnissen fast immer auf Anpflanzungen zurück (Tab. 20) und sind räumlich eng an diese gebunden. Nach Durchforstungen kommt es häufig zu einer räumlichen Ausdehnung. Dieser Prozess scheint jedoch natürliche Grenzen zu haben, deren Zustandekommen noch nicht voll verstanden ist. In Wirtschaftsforsten ist *P. serotina* damit in erster Linie ein hausgemachtes Problem der Forstwirtschaft. Dominanzbestände der Traubenkirsche sind hier weniger Resultat „aggressiver Ausbreitung" als vielmehr Ergebnis vielfacher Anpflanzungen.

**Tab. 45** Ausbreitungsdynamik häufiger Neophyten in Niedersachsen zwischen 1980 und 1996 (nach Daten des Niedersächsischen Landesamtes für Ökologie) und Einschätzung der Ausbreitungsrate durch Vertreter von Naturschutz- und Forstbehörden (nach Kowarik & Schepker 1998)

| Neophyt | Vorkommen in Rasterfeldern | | | Einschätzung der Ausbreitungsrate | | | |
|---|---|---|---|---|---|---|---|
| | 1980 | 1996 | +/– [%] | hoch [%] | mittel [%] | gering [%] | (n) |
| Herkulesstaude *(Heracleum mantegazzianum)* | 47 | 179 | +281 | 58 | 33 | 9 | 77 |
| Indisches Springkraut *(Impatiens glandulifera)* | 87 | 165 | +90 | 36 | 44 | 20 | 25 |
| Spätblühende Traubenkirsche *(Prunus serotina)* | 187 | 256 | +37 | 63 | 31 | 6 | 142 |
| Japan. Staudenknöterich *(Fallopia japonica)* | 196 | 230 | +21 | 37 | 56 | 7 | 71* |
| Sachalin-Staudenknöterich *(Fallopia sachalinensis)* | 58 | 63 | +9 | | | | |
| Riesen-Goldrute *(Solidago gigantea)* | 215 | 221 | +3 | 33 | 67 | – | 12* |
| Kanadische Goldrute *(Solidago canadensis)* | 186 | 190 | +2 | | | | |
| Kleinblütiges Springkraut *(Impatiens parviflora)* | 212 | 204 | –5 | 36 | 45 | 18 | 11 |

* bei *Fallopia* und *Solidago* ohne Differenzierung auf Artebene

Die in vielen Sandgebieten durchgeführte Bekämpfung ist aufwändig und vielfach trotz langjährigen Einsatzes ineffektiv (Abb. 47). Dies sollte dazu anregen, den Sinn von Bekämpfungen – und mögliche Alternativen – vorurteilsfrei zu prüfen. Hierbei sind folgende Gesichtspunkte zu bedenken:

**Ökonomische Einbußen**: Obwohl in den Forsten vor allem der Mehraufwand bei Bewirtschaftung und Bestandsverjüngung als Bekämpfungsgrund angegeben wird (Schepker 1998), fehlen zumeist Kosten-Nutzen-Analysen. Da der ökonomische Erfolg der Forstwirtschaft auf armen bodensauren Sandstandorten häufig begrenzt ist, seien daher Zweifel am ökonomischen Sinn der Maßnahmen erlaubt. Auch die gelegentlich angenommenen Ertragseinbußen bei Forstbäumen sind unsicher. Offen bleibt auch, ob die Naturverjüngung forstlicher Zielbäume in ökonomisch relevantem Umfang von *Prunus* behindert wird oder ob andere Faktoren wie ein hoher Wilddruck und fehlende Diasporenquellen entscheidend sind.

**Leitbild Naturwaldentwicklung:** Der Umbau von Forsten in naturnahe Mischbestände ist inzwischen ein allgemeines Ziel der Forstpolitik. Hierbei gilt *P. serotina* oft als Störgröße, da sie nicht zur natürlichen Waldvegetation gehört. Die Frage der Natürlichkeit kann jedoch unterschiedlich beantwortet werden, was verschiedene Bewertungsperspektiven eröffnet (Kowarik 1999b, vgl. Kap. 10.2.2.1): Zum einen kann Natürlichkeit durch den Bezug auf einen historischen, ursprünglichen Landschaftszustand bestimmt werden. Da

Neophyten nicht zur ursprünglichen Vegetation gehören, fällt ihre Bewertung daher in dieser Sicht negativ aus. Zum anderen kann Natürlichkeit aber auch in Hinblick auf die Selbstregulation eines Systems auf der Grundlage des aktuellen Standortpotenzials bestimmt werden. Sofern Neophyten nachhaltig etabliert sind, gehören sie zum biotischen Teil dieses Standortpotenzials und sind daher auch bei der Kontruktion der potentiellen natürlichen Vegetation zu berücksichtigen (Kowarik 1987, Zerbe 1998). In dieser Natürlichkeitsperspektive erscheinen sie deshalb *nicht* als Störungsfaktoren.

**Integration von *Prunus serotina* in die Naturwaldentwicklung:** Die Spätblühende Traubenkirsche tritt vor allem in relativ jungen Forsten auf, die nach 1950 angelegt wurden. Durchforstungen der Zielbaumarten oder Bekämpfungen fördern sie häufig. Die ökologische Analogie beider Maßnahmen besteht darin, dass Bodenverwundungen und Bestandslücken geschaffen werden. Beides begünstigt *Prunus* als Störungsopportunisten und Waldpionier. Starfinger (1990, 1997) konnte aus Populationsstudien in nordamerikanischen Laubmischwäldern und Berliner Forsten Hinweise auf eine abnehmende Dominanz der Traubenkirsche im Zuge der Sukzession ableiten. Demnach würde *P. serotina* zwar dauerhaft im Bestand verbleiben, jedoch mit der Zeit ihre dominierende Rolle verlieren. Dies ist umso beachtenswerter, als die Ergebnisse auch in Beständen gewonnen wurden, in denen konkurrenzstarke Schatthölzer wie die Rot-Buche keine Rolle spielen. Nichtstun wäre damit eine unaufwändige, langfristig aussichtsreiche Form der Bekämpfung und sollte wenigstens in Dauerflächenversuchen geprüft werden.

Dass in vielen Gebieten Diasporenquellen fehlen und die Etablierung anderer Bäume durch einen hohen Wilddruck behindert wird, ist kein *Prunus*-spezifisches Problem. Die Pflanzung einheimischer Arten, beispielsweise von Buchen, kann die Waldumbildung beschleunigen, begünstigte jedoch – großflächig angewandt – wiederum eine vereinheitlichte Waldvegetation. In den Niederlanden ist *P. serotina* in manchen Gebieten bereits seltener geworden. Nach einigen Jahren intensiver und nur begrenzt erfolgreicher Bekämpfung hat man sich hier darauf eingestellt, mit der Traubenkirsche zu leben (Olsthoorn & van Hees 2002).

**Nutzung von *P. serotina* als Zielbaumart:** In vielen Gebieten dürfte eine Bekämpfung aus pragmatischen Gründen aussichtslos sein. So scheiterte im emsländischen Revier Elbergen die ordnungsgemäße Bewirtschaftung der Lärchen- und Kiefernbestände wegen der hohen Traubenkirschenpräsenz (Schepker 1998). Da die Ertragsaussichten bei Kiefern auf armen Sandstandorten auch ohne Traubenkirsche begrenzt sind, bietet sich ein Perspektivenwechsel an. Richtungweisend könnten Erfahrungen aus dem Mannheimer Käferwald sein, in dem aus der (Bekämpfungs-)Not eine Tugend gemacht wird. *Prunus* wird hier zur Produktion von Wertholz in den Beständen herausgepflegt, indem die wenigen geraden Stämme vorsichtig freigestellt werden. Das Holz erzielt als „Kirschholz“ hohe Erlöse, sodass sich das Management als ökonomisch tragfähig erweisen könnte (Haag & Wilhelm 1998). Egal, ob die in Mitteleuropa vorherrschende Krummschäftigkeit und die häufige Zwieselbildung bei *P. serotina* genetisch oder standörtlich bedingt sind, zeigt dieses Beispiel alternative Nutzungsperspektiven.

Aus Gründen des **Naturschutzes** ist besonders die Einwanderung in Magerrasen, Heiden und Feuchtgebiete problematisch. Die Etablierung der Traubenkirsche folgt hier meist tiefgreifenden Landnutzungsänderungen. Auf die Ursachen ihres Erfolges einzuwirken, ist deshalb sinnvoller als seine Symptome zu behandeln. Viel versprechend ist beispielsweise die Wiedervernässung von Feuchtgebieten, da *Prunus* Staunässe nicht erträgt. Wo frühere Bedingungen nicht wiederherzustellen sind (z. B. Beweidung von Magerrasen oder Heiden), steht die Wahl zwischen langfristiger Biotoppflege und einer veränderten Naturschutzstrategie, die *Prunus* in das Leitbild integriert.

### 6.3.3 Douglasie (*Pseudotsuga menziesii*)

**Herkunft und Einführung:** Im ursprünglichen Areal der Douglasie, das im westlichen Nordamerika von Kanada bis Nordmexiko reicht, kommen zahlreiche Ökotypen mit umstrittenem taxonomischen Rang vor. 1827 gelangte die Douglasie nach Europa. Aus der Phase des versuchsweisen „Exotenanbaues" ging sie wegen ihrer Holzeigenschaften und ihres schnellen Wuchses als erfolgreichste Art hervor. Erste forstliche Versuchsanbauten erfolgten gegen 1880 im Sachsenwald, bei Gadow und Belzig (Göhre 1958). Für die Holzproduktion ist die Douglasie in Deutschland von zunehmender Bedeutung (Hapla 2000), sodass der forstliche Anbau ausgeweitet werden soll. Nach der niedersächsischen Waldbauplanung soll beispielsweise der Douglasienanteil von 7000 auf 36 000 Hektar steigen. Dies wären etwa 10 % der Landeswaldfläche (Otto 1987). In Baden-Württemberg bestimmt die Douglasie heute 2,3 % der öffentlichen Waldfläche. Die Tendenz ist steigend, vor allem auch im Privatwald, der nicht in die Statistiken eingeht. In 20-jährigen Jungbeständen hat sie bereits einen Flächenanteil von über 10 %, in Teilen des Odenwaldes und des Westschwarzwaldes ist sie noch stärker vertreten, im Freiburger Gebiet bereits bestandsbestimmend (Knoerzer et al. 1995). Nach Kleinschmit (1991) soll die Douglasie mittelfristig in Frankreich, den Niederlanden, Belgien, Deutschland, Dänemark und Großbritannien eine der wichtigsten Waldbaumarten mit Flächenanteilen über 10 % werden.

**Aktuelle Vorkommen:** Außerhalb von Siedlungen, in denen sich die Douglasie in Gärten und Parkanlagen verjüngt, ist ihre Ausbreitung stark an forstliche Pflanzungen und deren näheres Umfeld (z. B. Wegböschungen) gebunden. Die Verbreitung stimmt daher weitgehend mit den forstlichen Anbaugebieten überein, die sich auf bodensaure Standorte vom Flachland bis zur submontanen Stufe der Mittelgebirge konzentrieren. In höheren Lagen wächst die Fichte zumeist besser. Auf Karbonatstandorten ist die Douglasie schüttegefährdet. Abgesehen von Douglasienforsten, in denen sich die Art gut verjüngt, wandern Douglasien auch in Kiefern- oder Lärchenforste ein, in Laubwäldern auf Buchenwaldstandorten dagegen kaum. Eine Ausnahme bilden Birken-Traubeneichen-Wälder auf flachgründigen, bodensauren Felsstandorten. Hier kommt die Douglasie ebenso wie auf natürlich waldfreien Felsstandorten als Agriophyt vor (Sissingh 1975, Gürth 1987, Knoerzer et al. 1995, Knoerzer 1999, Zerbe 1999, Zerbe et al. 2000, Essl 2005a). Nach Otto (1995) könnten Douglasien im norddeutschen Tiefland auch die Dynamik von Buchenwäldern beeinflussen und neuartige Waldgesellschaften zusammen mit der Rot-Buche bilden. Über Naturverjüngung in Höhenlagen Spaniens über 1000 m berichten Broncano et al. (2005).

**Erfolgsmerkmale:** Knoerzer (1999) hat die Naturverjüngung der Douglasie im Schwarzwald eingehend untersucht: Als Mineralbodenkeimer verjüngen sich Douglasien gut auf ärmeren Waldstandorten, auch auf Moder und in Felsspalten. Trockene und felsige Standorte werden tiefer als von Fichten oder Wald-Kiefern durchwurzelt, sodass auch auf Waldgrenzstandorten stattliche Bäume heranwachsen. Auf Standorten des Traubeneichenwaldes sind Douglasien allen einheimischen Arten an Wachstumsgeschwindigkeit und Wuchshöhe überlegen (Abb. 48). Je ärmer die Ausgangsstandorte sind, desto eher ist mit zahlreicher Verjüngung zu rechnen.

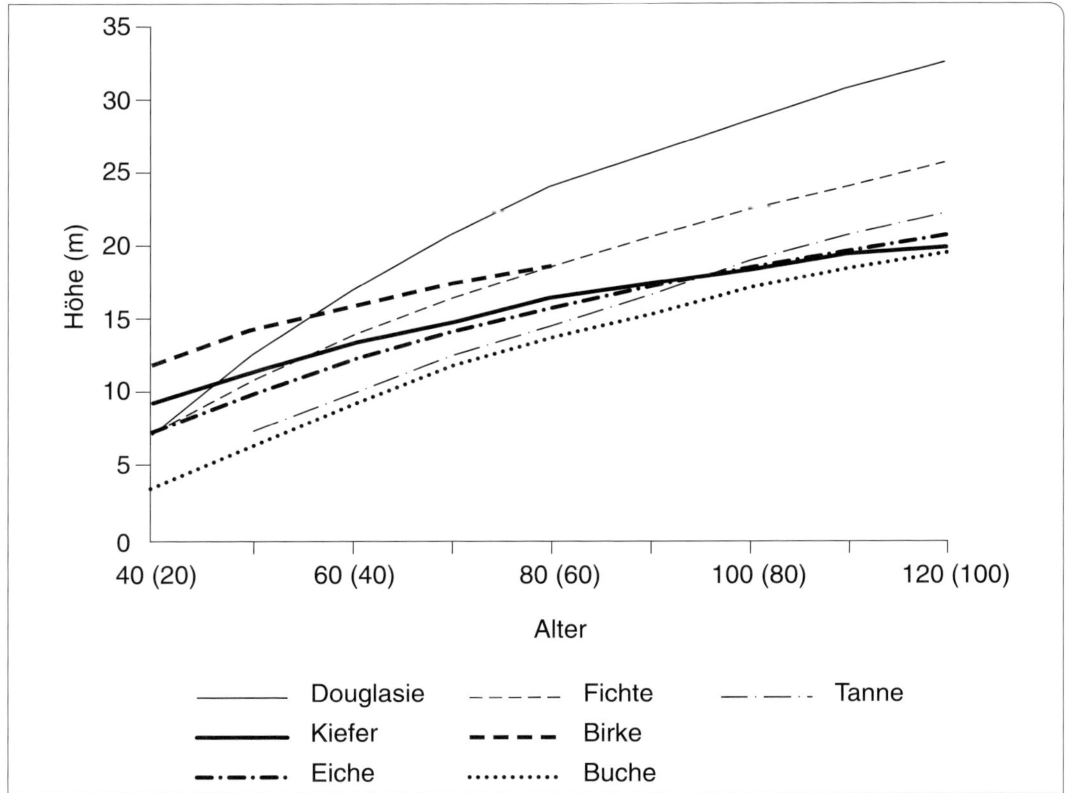


**Abb. 48** Höhenentwicklung einheimischer Waldbäume und der Douglasie auf sauren, nährstoffarmen und lichten Standorten bei 20-jährigem Wuchsvorsprung der einheimischen Arten vor der Douglasie. Die Jahreszahlen in Klammern beziehen sich auf die Douglasie (nach Knoerzer 1999).

Auf nährstoffreichen, frischen (Buchen-) Standorten verjüngt sich die Douglasie dagegen weniger.

Allgemein fördern Bodenstörungen das Auflaufen von Keimlingen. Hohe Wildbestände begünstigen Douglasien indirekt, da sie weniger als andere Baumarten verbissen werden und wildbedingte Stammschäden schneller ausheilen. Douglasien keimen auch im Schatten und können eine Sämlingsbank bilden, aus der nach Auflichtungen eine weitere Generation heranwächst. Somit können sich aus Aufforstungen wiederum douglasiengeprägte Bestände entwickeln.

Über Windausbreitung können Douglasien auch in angrenzende Forst- und Waldgesellschaften eindringen (Knoerzer 1999). Nach amerikanischen Erfahrungen gehen die meisten Samen im Umkreis von 100 Meter nieder. Es wird aber auch „nicht selten“ von größeren Beständen berichtet, die sich ein bis zwei Kilometer entfernt von Samenbäumen etabliert haben (Hermann & Lavender 1990). Knoerzer (1999) fand junge Douglasien auch in Birken-Traubeneichen-Wäldern, die bis zu 300 Meter entfernt von Douglasienforsten wuchsen.

Nach 1930 haben zwei amerikanische Schüttepilze (*Rhabdocline pseudotsugae*, *Phaeocryptopus gaeumannii*) einen Teil der europäischen Douglasienforste zerstört. Durch verbesserte Standortwahl und die Verwendung anderer Provenienzen ist diesen Arten aber erfolgreich begegnet worden. Dennoch sind Massenbestände der Douglasie, wie die anderer Arten, durch neu auftretende Schädlinge gefährdet.

**Problematik:** Trotz der erheblichen ökonomischen Bedeutung und zunehmender Anbauzahlen der Douglasie ist vergleichsweise wenig über die ökosystemaren Folgen bekannt. Dies ist bedauerlich, da wegen des geringen Alters der meisten großflächigen Bestände die Phase der Massenausbreitung in vielen Gebieten erst einsetzt. Damit besteht, anders als bei vielen Neophyten, die Chance einer vorbeugenden Risikominderung. Dennoch lassen sich einige ökologische Auswirkungen in Umrissen erkennen (Knoerzer et al. 1995, Knoerzer 1999 mit Untersuchungen aus dem Westschwarzwald und Goßner 2004 mit tierökologischen Untersuchungen): Bereits jetzt ist das Eindringen auf **Sonderstandorte** erkennbar problematisch. Dies kann auf flachgründigen, nährstoffarmen Felsrücken oder in Blockmeeren, beispielsweise im Buntsandstein von Schwarzwald und Odenwald, der Fall sein (z. B. das Felsenmeer bei Heidelberg und der Schonwald „Höllenwald“ bei Staufen). Die ursprünglichen Traubeneichen-Wälder können sich hier nicht mehr verjüngen, da Eichen wegen des hohen Wilddruckes nicht mehr hochkommen. Sie werden in absehbarer Zeit durch Douglasien ersetzt – sofern deren Diasporen verfügbar sind. Auf ursprünglich waldfreien Felsstandorten sind durch Beschattung und Substratveränderung Einbußen bei der speziellen Tier- und Pflanzenwelt besonnter Felsstandorte zu erwarten. Der Bewuchs zuvor weithin sichtbarer Felsen mit Douglasien beeinträchtigt auch das Landschaftsbild.

Auch die **Traubeneichenwälder** auf trockenen, sauren Silikatstandorten werden sich verändern, da der Nadelfall der Douglasie zur Stickstoffanreicherung und Versauerung tieferer Bodenschichten führt. In älteren Douglasienforsten auf Birken-Eichen-Standorten treten zunehmend nitrophile Arten auf. Die Deckung der Krautschicht nimmt zu, und der Artenbestand wird umgeschichtet, was auch gefährdete Arten betrifft. Insgesamt zeichnet sich eine Verschiebung zu stärker dominanzgeprägten Lebensgemeinschaften ab (Knoerzer 1999). Allerdings können die Auswirkungen regional variieren. Vergleiche mit natürlicherweise artenärmeren Kiefern- und Buchenwäldern Norddeutschlands ergaben höhere Artenzahlen für die Douglasienbestände (Budde & Schmidt 2005).

Auch bei verschiedenen **Tiergruppen** wird erwartet, dass besonders wärme- und lichtbedürftige Spezialisten durch Ubiquisten ersetzt werden. Nach Kruel & Teucher (1958) leben etwa 40 Insektenarten an der Douglasie, darunter mit der Douglasiensamenwespe (*Megastigmus spermotrophus*) und der Douglasienwolllaus (*Gillettella cooleyi*) auch zwei Neozoen. Vergleichsuntersuchungen in Baumkronen gleichaltriger Douglasien und Fichten haben jedoch keine signifikanten Unterschiede bei den Artenzahlen der Insektenfauna ergeben (Goßner & Simon 2002, Goßner 2004). Deutlich wurden jedoch Verschiebungen in der Artenzusammensetzung und Dominanzstruktur. Auf der Fichte kommen mehr Xylo- und Phytophage vor, auf der Douglasie dagegen mehr Insekten, die sich von Holz abbauenden Pilzen ernähren. Räuberisch lebende Arten waren ähnlich verteilt. Diese Ergebnisse scheinen für eine weitgehende biozönotische Integration der Douglasie zu sprechen. Goßner & Simon (2002) relativieren sie jedoch mit dem Hinweis auf die ungesättigten Insektengemeinschaften der untersuchten Fichten, die in Naturwäldern erheblich artenreicher als auf den untersuchten Forstflächen seien.

Brutvögel können in Fichtenforsten eine höhere Abundanz als in vergleichbaren Douglasienforsten erreichen (Gösswald 1990, Müller & Stollenmeier 1994). Hier kann die jahreszeitliche Verfügbarkeit des Nahrungsangebotes eine Rolle spielen. Während an Fichten auch im Winter zahlreiche Spinnen und Insekten leben, ist dies bei Douglasien nicht der Fall, was deren Eignung als winterliches Nahrungshabitat verringert (Goßner & Utschik 2004).

Die **standörtlichen Auswirkungen** der Douglasie lassen sich noch nicht abschließend beurteilen. Nach Knoerzer et al. (1995) wird ihre Streu besser als die anderer Nadelbäume zersetzt, sodass Bodenversauerungen wie beim Fichtenanbau nicht zu erwarten sind. Allerdings fanden Mindrup et al. (2001) in Nordwestdeutschland keine wesentlichen Unterschiede beim Streuabbau in Douglasien-, Kiefern-, Fichten- oder Buchenbeständen, sodass eine bodenverbessernde Funktion der Douglasie fraglich ist. Jedoch können tiefere Bodenschichten versauern und Boden-Humus-Bestandteile destabilisiert werden (Hüttl & Schaaf 1995, Marques & Ranger 1997).

Auf sämtlichen Standorten wird die Problematik dadurch verschärft, dass die meisten Douglasienbestände gerade massenhaft zu fruchten beginnen und daher die bereits bekannten Invasionsfolgen erst die Spitze des Eisberges markieren.

**Steuerungsmöglichkeiten und Diskussion:** Bei der Anlage großflächiger Douglasienforste muss zwischen Naturschutzzielen und denen einer effektiven Holzproduktion abgewogen werden. Die forstliche Bedeutung der Douglasie ist unbestreitbar: Sie produziert schneller Holz als alle einheimischen Baumarten, hat gute Holzeigenschaften, wenige Schädlinge und heilt Stammschäden schnell aus. Da ältere Douglasienbestände relativ licht sind, ist die Krautschicht hier dichter als unter Buchen. Auf Vergleichsflächen im Schwarzwald kamen unter Douglasien kaum weniger Arten als unter Buchen vor. Die Dominanzstruktur war jedoch erheblich verändert, und auf Standorten des Birken-Eichen-Waldes sowie auf den Sonderstandorten der Felsen ist mit einer erheblichen Veränderung schutzbedürftiger Lebensgemeinschaften zu rechnen.

Kaiser & Purps (1991) weisen darauf hin, dass ein großflächiger Douglasienanbau, vor allem in Laubwaldgebieten, das Landschaftsbild beeinträchtigen kann. Anders verhält es sich, wenn Douglasien weniger produktive Fichtenforste ersetzen. Die landschaftliche Eigenart offener Waldgrenzstandorte wird jedoch zunichte gemacht, wenn sie von Douglasien besiedelt werden.

Die Diskussion um die Douglasie wird häufig mit großer Emotionalität geführt, bei der sie entweder verdammt oder als risikoloser optimaler Holzproduzent dargestellt wird. Sinnvoll sind differenzierte Bewertungen und Schlussfolgerungen, um schutzwürdige Sonderstandorte zu sichern und mit waldbaulichen Maßnahmen die Douglasienverjüngung zu begrenzen (Knoerzer 1999):

In den als „Waldbiotop“ ausgewiesenen Traubeneichenwäldern des Freiburger Stadtwaldes wird der Douglasienaufwuchs manuell beseitigt. Für schwer zugängliche Felsbereiche ist dies ebenso wie für Blockhalden keine adäquate Lösung, da die Maßnahmen unfallträchtig und teuer sind: Außerdem sind sie regelmäßig zu wiederholen, sofern die angrenzenden Diasporenquellen fortbestehen. In der Nähe besonders schutzwürdiger Biotope sollte daher vorausschauend ganz auf den Douglasienanbau verzichtet werden, um zu verhindern, dass Douglasien in schutzwürdige naturnahe Traubeneichenwälder und ihre Kontaktgesellschaften auf Felsstandorten einwandern. Dies setzt einen Strategiewechsel in der Anbauplanung voraus, da heute im Schwarzwald gerade auf armen und exponierten Standorten Bestandsbegründungen vorgesehen sind. Solange aus Mitteleuropa nicht genau bekannt ist, wie weit der Samenflug der Douglasie unter welchen Bedingungen reicht, sollten Pufferzonen nach Erfahrungen aus dem nordamerikanischen Ursprungsgebiet bemessen werden.

Hermann & Lavender (1990) berichten, dass sich größere Bestände „nicht selten" ein bis zwei Kilometer von Samenbäumen entfernt etabliert haben. Die Pufferzone sollte daher mehrere hundert Meter bis zu zwei Kilometer im Umkreis eines gefährdeten Biotops umfassen. Sind innerhalb der Pufferzone bereits Douglasien vorhanden, sollten sie geerntet werden, bevor die Samenproduktion einsetzt. Dies ist aussichtsreich, da die Douglasie keine langlebige Samenbank anlegt, sodass ihre Ausbreitung vom Diasporennachschub abhängt. Douglasien können schon mit 12 bis 15 Jahren fruchten, jedoch ist die Samenproduktion zunächst gering und auch später unregelmäßig. Sie erreicht erst nach 200 bis 300 Jahren ihr Maximum. Mastjahre treten im Schnitt alle 14 Jahre auf.

Sofern auf potentiellen Buchenstandorten das Ziel einer rentablen Holzproduktion mit Douglasien verfolgt werden soll, schlagen Knoerzer et al. (1995) anstelle von Reinbeständen eine gruppenweise Mischung mit Buchen vor. Knoerzer (1999) spricht sich zudem dafür aus, Douglasien eher auf reicheren als auf ärmeren Standorten anzubauen, da sie sich auf ersteren weniger stark verjüngt. Das Beispiel der Eichenwälder auf flachgründigen Felsstandorten zeigt jedoch auch, dass hier nicht nur Neophyten-Probleme zu lösen sind, da die Regeneration der standorttypischen Eichen bei konstant hoher Wilddichte unsicher ist.

### 6.3.4 Strobe (*Pinus strobus*)

**Herkunft und Einführung:** In ihrem ursprünglichen Areal im Osten Nordamerikas gehört die Strobe zu den forstwirtschaftlich wichtigen Baumarten. Sie wurde 1705 nach Mitteleuropa eingeführt. An die ersten forstlichen Versuchsanbauten wurden im 19. Jahrhundert hohe Erwartungen gestellt, die allerdings durch den Befall mit dem ebenfalls aus Nordamerika stammenden Neomyceten *Cronartium ribicola* (Blasenrost) erheblich getrübt wurden. Heute wird die Strobe nur noch vereinzelt forstlich angebaut.

**Aktuelle Vorkommen:** Stroben können sich vor allem auf bodensauren Standorten im eigenen Bestand, in Fichten- und Kiefernforsten sowie auf Wegböschungen gut verjüngen (Zerbe 1999, Schepker 1998). Aus Österreich sind auch Vorkommen in Buchenwäldern bekannt (Essl 2007b). Von forstlichen Pflanzungen breiten sie sich auch auf waldfreie Standorte aus und besiedeln beispielsweise im Elbsandsteingebirge Felswände und -kuppen erfolgreicher als einheimische Baumarten. Die Strobe wächst dort auch zusammen mit *Pinus sylvestris* auf kiefernbeherrschten Sandsteinstandorten (Hanzélyová 1998, Härtel & Handinková 1999). In der Sächsischen Schweiz ist sie seltener, da sie dort weniger forstlich gepflanzt wurde. Dennoch nimmt die Ausbreitung zu, und Stroben gelten hier auf Felsstandorten als Agriophyten (Dressel & Jäger 2002).

**Erfolgsmerkmale:** Stroben produzieren schon mit 6 bis 10 Jahren erste Früchte. Größere Mengen werden nach 20 Jahren erzeugt. Im Bestandesinneren werden die Samen etwa 60 Meter, außerhalb über 210 Meter verbreitet, u. a. durch Eichhörnchen. Die Keimung gelingt auf Mineralböden und Störungsstandorten ebenso wie in lockerer Vegetation und auf Moospolstern. Auf frischen Standorten wird die volle Besonnung ertragen, aber Stroben keimen auch im Schatten. Keimlinge benötigen zur Etablierung eine Beleuchtungsstärke von mehr als 10 bis 13 %. Optimales Wachstum tritt nach langsamem Jugendwachstum bei einem Lichtgenuss von über 45 % ein. In Nordamerika ist *Pinus strobus* ein erfolgreicher Pionier auf mittleren Standorten, auf trockensandigen Standorten sogar eine langlebige Schlusswaldart (Wendel & Smith 1990).

Die vor etwa 20 Jahren einsetzende rasche Ausbreitung in Nordböhmen wird mit der

Umweltbelastung der Waldstandorte durch saure Deposition und starke atmosphärische Stickstoffeinträge erklärt. Nach Hanzélyová (1998) toleriert die Strobe Stress besser als die einheimische Waldkiefer. Konkurrenzvorteile entstehen daher auf stark versauerten Standorten (pH <4,0) sowie auf extrem nährstoffarmen oder nährstoffreichen Standorten.
**Problematik:** Die gute Naturverjüngung von Stroben ist forstlich häufig unerwünscht, da ihre Holzqualität nicht mehr geschätzt wird. Im böhmischen Elbsandsteingebirge wachsen Keimlingskohorten seit etwa 20 Jahren verstärkt zu dichten, gleichaltrigen Beständen auf. Dies führt langfristig zu einem Wandel der Waldvegetation, der durch anthropogene Stoffeinträge noch stimuliert wird (Hanzélyová 1998). Die Vorkommen auf Felsen im Nationalpark Sächsisches Elbsandsteingebirge sind aus verschiedenen Gründen unerwünscht: Da Stroben hier höher als Birken und Waldkiefern werden, wird das Landschaftsbild verändert. Außerdem ist eine Beeinträchtigung spezialisierter Felsbewohner (Moose, Flechten, Insekten) wahrscheinlich.
**Steuerungsmöglichkeiten und Diskussion:** Da sich Stroben nicht vegetativ vermehren, können sie durch Fällen oder Herausreißen junger Pflanzen relativ leicht bekämpft werden. Problematisch ist dies auf schwer zugänglichen Felsen, wo leicht unerwünschte Standortveränderungen ausgelöst werden können. Hier ist fraglich, ob der Aufwand gerechtfertigt ist. Das langjährige Wuchsverhalten, die Persistenz der Vorkommen innerhalb der Felsformationen sowie ihre ökologischen Auswirkungen müssten hierzu besser bekannt sein. Selbst wenn diese erheblich wären, sind Bekämpfungen nur dann sinnvoll, wenn zugleich die Wiedereinwanderung auszuschließen ist. Hierzu müssten alle fruchtenden Stroben im Umkreis von mindestens 300 Metern entfernt werden. In der Kernzone des Nationalparks im Elbsandsteingebirge sind solche Maßnahmen grundsätzlich fraglich. Wie in jedem Nationalpark besteht das Entwicklungsziel darin, die natürliche Dynamik zuzulassen, was Neophyten nicht zwingend ausschließt (vgl. auch Diskussion zur Rot-Eiche in Kap. 6.3.5 und in Kap. 10.2.2).

### 6.3.5 Rot-Eiche (*Quercus rubra*)

**Herkunft, Einführung und Verwendung**: Die Rot-Eiche besiedelt ein weites Areal im östlichen Nordamerika mit jährlichen Niederschlägen zwischen 760 und 2030 Millimetern. Sie kommt auf einer breiten Standortamplitude von den südlichen Appalachen bis nach Kanada in mehreren Mischwaldtypen vor und meidet nur verdichtete und staunasse Standorte (Sander 1990). 1724 wurde sie nach Europa eingeführt und ist hier in Grünanlagen und als Straßenbaum weit verbreitet. Gelegentlich wird sie auch als Forstgehölz auf bodensauren Standorten angebaut (zur forstlichen Eignung Göhre & Wagenknecht 1955).
**Aktuelle Vorkommen**: Die Rot-Eiche verjüngt sich in forstlichen Anpflanzungen, kann aber durch Vögel in angrenzende Wald- und Forstgesellschaften eingetragen werden (Haug 1995, Zerbe 1999). In Polen nimmt die Anzahl der Fundorte seit den 1980er-Jahren exponentiell zu (Tokarska-Guzik 2005b). Über ornithochore Fernausbreitung können Eicheln auch auf Waldgrenzstandorte gelangen. So sind Rot-Eichen beispielsweise innerhalb der Felskomplexe der Sächsischen Schweiz etabliert (Dressel & Jäger 2002). In Siedlungen kommen in der Nähe von Mutterbäumen häufig Jungpflanzen auf, die beispielsweise bei günstigen Lichtbedingungen auf Brachflächen oder Bahndämmen auch in die Baumschicht aufwachsen (Kowarik 1992b).
**Erfolgsmerkmale**: Rot-Eichen bauen in Mitteleuropa kaum Dominanzbestände auf. Als Art mittlerer und älterer Sukzessionsstadien

fruchtet sie recht spät: im Freistand mit 25, im geschlossenen Bestand mit 50 Jahren. Mastjahre treten alle 2 bis 5 Jahre auf, wobei in guten Jahren bis 80 %, in schlechten bis zu 100 % der Eicheln vornehmlich von Eichhörnchen und Mäusen gefressen werden (Sander 1990). Während diese Tiere Eicheln meist nur über kurze Distanzen ausbreiten, besorgt der Eichelhäher in Mitteleuropa, analog zum Blauhäher in Nordamerika, eine weitere Ausbreitung. Besteht die Wahl, zieht er allerdings Früchte einheimischer Eichen vor (Bossema 1979). Ein Eichelhäher soll bis zu 5000 Eicheln im Herbst sammeln und einzeln in Verstecken bis etwa 5 Kilometer entfernt (maximal bis 10 Kilometer) vergraben. Etwa die Hälfte dieser Eicheln soll zum Keimen gelangen (Otto 1994). Adamowski (2004) berichtet von einem 5 Kilometer entfernt vom nächsten Mutterbaum im Urwald von Białowieża wachsenden Individuum. In der sächsischen Schweiz kamen die meisten naturverjüngten Rot-Eichen in einer Entfernung von bis zu 900 Meter zu Rot-Eichen-Forsten vor (maximal bis 1,4 Kilometer). Verbiss durch Schalenwild ist häufig, kann aber durch ein sehr gutes Regenerationsvermögen ausgeglichen werden. Deutlich weniger als benachbarte Trauben-Eichen werden Rot-Eichen dagegen von Phytophagen beeinträchtigt (Wehrmaker 1990, Dressel & Jäger 2002). Auch ihre Samen werden anders als bei einheimischen Eichen kaum von Insekten befressen (Goßner & Simon 2005).

Die Rot-Eiche verjüngt sich zwar in forstlichen Beständen, jedoch wachsen Keimlinge und Jungpflanzen langsam, werden vom Wild verbissen und sind wenig schattentolerant, was insgesamt ihre Etablierung in Wirtschaftsforsten und in anderer geschlossener Vegetation erschwert (Vor 2005). Allerdings führten Untersaaten in niederländischen Kiefernforsten zu starker Bestandsentwicklung und anschließender Bekämpfung (Oosterbaan & Olsthoorn 2005). An einigen lichten naturnahen Waldgrenzstandorten können sich Rot-Eichen besser als einheimische Eichen etablieren. Auf vornehmlich südexponierten Felsen der Sächsischen Schweiz (Felsriffs, -terrassen, -kanten, Plateaulagen sowie Hangfüße) wachsen sie rascher als die hier ansonsten vorkommende *Quercus petraea* (Abb. 49). *Q. rubra* scheint vertikale Felsspalten effektiver als Wurzelraum zu nutzen und ist auf solchen Standorten gut etabliert (Dressel & Jäger 2002).

**Problematik und Diskussion**: Rot-Eichen-Laub ist schwerer abbaubar als das von einheimischen Eichen, wodurch die Bodenvegetation unterdrückt wird (Neumann 1951). Dressel & Jäger (2002) haben dieses Phänomen auch auf Felsstandorten der Sächsischen Schweiz beobachtet. Im Freiburger Stadtwald entsteht auf Eichen-Hainbuchen-Standorten unter der Rot-Eiche eine schwer zersetzbare Mullform (F-Mull statt L-Mull), sodass eine Oberbodenverschlechterung absehbar ist (Haug 1995). Verglichen mit einheimischen Eichen kommen an Rot-Eichen viel weniger Insekten und Holzpilze vor, wobei einige Altbäume durchaus Spezialisten beherbergen können (Goßner 2004). Im Totholz der Rot-Eiche leben zwar ähnlich viele Individuen, aber wesentlich weniger Arten an holzbewohnenden Insekten als in einheimischen Eichen. Willburger & Nicolai (2004) fanden die als Forstschädlinge bekannten Käfer *Scolytus intricatus* und *Agrilus laticornis* häufig im Rot-Eichenholz.

In den meisten Gebieten sind wildwachsende Rot-Eichen bislang eher unproblematisch. Bei den Fels-Vorkommen im Elbsandsteingebirge empfiehlt Dressel (1998) allerdings eine Bekämpfung, und zwar mit folgender Begründung: Die Rot-Eiche hat sich schon jetzt in naturnahen Felswäldern etabliert und wird sich beschleunigt ausbreiten, da die Wilddichte derzeit sinkt. Bislang werden Rot-Eichen bis zu einer Höhe von einem Meter stark verbissen. In der Folge würde die ein-

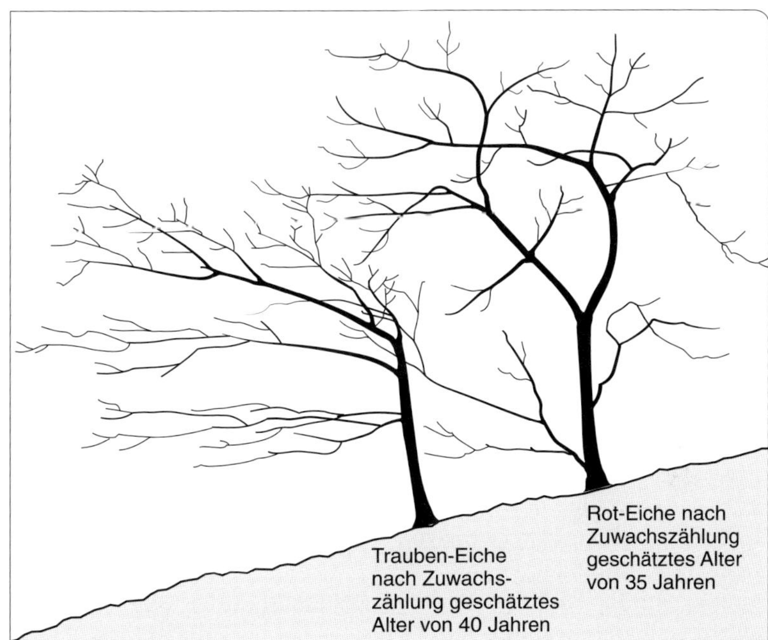


**Abb. 49** Konkurrenz zwischen der einheimischen Trauben-Eiche (*Quercus petraea*) und der nordamerikanischen Rot-Eiche (*Q. rubra*) auf einem Felsstandort in der Sächsischen Schweiz. Die besser wüchsige Rot-Eiche hat die Trauben-Eiche schon weit abgedrängt (nach Dressel 1998).

heimische Trauben-Eiche mit ihrer standorttypischen knorrigen Wuchsform zurückdrängt, und das Waldbild auf einem relativ seltenen Standorttyp veränderte sich. Folgen für Tierarten, die an die Trauben-Eiche gebunden sind, sind denkbar, aber ungewiss, zumal die Trauben-Eiche nicht völlig aus dem Gebiet verschwinden und ebenfalls vom nachlassenden Wilddruck profitieren wird. Dressel (1998) schlägt eine vollständige mechanische Entfernung sämtlicher Rot-Eichen-Altbäume und Jungpflanzen von den Felsstandorten und ihrem Einzugsbereich mit anschließender Bekämpfung des Stockausschlages vor, was allerdings unpraktikabel erscheint.

Die Analyse ist nachvollziehbar, erlaubt jedoch wie beim ähnlich gelagerten Fall von *Pinus strobus* auch andere Schlüsse (vgl. Kap. 6.3.4). Verteilung und Menge der Baumarten auf den Felsstandorten sind nicht natürlich, da historische Nutzungen den Felswald verändert und insgesamt zurückgedrängt haben. Bei einer natürlichen Entwicklung würde auch die Rot-Buche eine größere Rolle als heute spielen. Dabei ist ungewiss, inwieweit sie in Felsbiotope einwachsen und hier zur Konkurrentin von Trauben- und auch Rot-Eiche werden würde. In solchen Fällen wäre die Rot-Eiche wohl nur die Vorbotin einer sich auch ohne ihre Beteiligung verdichtenden Waldvegetation mit entsprechenden Folgen für lichtliebende oder an Trauben-Eiche gebundene Tierarten.

Naturschutzargumente lassen sich für beide Szenarien finden: für die Erhaltung des gegenwärtigen, geschätzten Waldbildes (Landschaftsbild, Lebensraum seltener Arten) ebenso wie für die natürliche Vegetationsdynamik (Naturwaldentwicklung mit Verzicht auf menschliche Eingriffe). Beides sind gegensätzliche, jedoch legitime und auch räumlich koppelbare Ziele. Der Entscheidung für oder gegen die Rot-Eichen- (analog: Stroben-) Bekämpfung sollte eine klare Auswahl des angestrebten Leitbildes vorausgehen (siehe Kap. 10.2.2). Soll der Status Quo erhalten werden, sind die Neophyten ebenso wie die sich wahrscheinlich stärker ausbreitenden

Rot-Buchen zurückzudrängen. Wird dagegen die Naturwaldentwicklung angestrebt, stellt sich die Frage, inwiefern ihr die Neophyten überhaupt entgegenstehen. Auch andere Bestimmungsgrößen der zukünftigen Ökosystemdynamik werden weiter indirekt durch Menschen beeinflusst, etwa durch Stoffeinträge, Wildbesatz und Klimaveränderungen. Insofern ist die Frage nach der „richtigen" Naturwaldentwicklung nicht einfach zu beantworten. Zumindest in der Kernzone eines Nationalparks sollten Maßnahmen grundsätzlich unterbleiben, um natürliche Prozesse walten zu lassen. Für die Sächsische Schweiz hieße dies, in der Kernzone des Nationalparks die Naturentwicklung mit Stroben und Rot-Eichen zuzulassen, wogegen in anderen Bereichen durchaus eingegriffen werden könnte, um das traditionelle Landschaftsbild beispielhaft zu bewahren.

### 6.3.6 Hybrid-Pappeln (*Populus* × *canadensis* u. a.)

An Gewässerrändern, in Auen und grundwassernahen Niederungen werden raschwüchsige Pappeln häufig in Reinbeständen angepflanzt. Am meisten verbreitet sind die seit etwa 1700 bekannten Hybriden der einheimischen Schwarz-Pappel (*Populus nigra*) mit nordamerikanischen Pappeln (*P. deltoides*), die in zahlreichen Sorten gepflanzt werden. Die meisten Aufforstungen dieser Hybrid-Pappeln (*P.* × *canadensis*) erfolgten zwischen 1945 und 1965, um der kriegsbedingten Holzarmut entgegenzuwirken. Bis Mitte der 1960er-Jahre spielten Hybrid-Pappeln auch im Flurholzanbau eine große Rolle („Populitis", Starkmann & Tenbergen 1996, Kretschmer et al. 1995, Böcker & Koltzenburg 1996).
**Erfolgsmerkmale:** Reinbestände von Hybrid-Pappeln sind ausschließlich aufgeforstet worden. Die gepflanzten Sorten können sich zum Teil generativ oder vegetativ vermehren. Pappelsamen können mit dem Wind über 15 Kilometer und zusätzlich auch mit dem Wasser ausgebreitet werden (Düll & Kutzelnigg 1994). Die Etablierung gelingt auf offenen Rohböden, die häufig in Auen und in Siedlungen entstehen. Darüber hinaus können Sprossteile von Pappeln durch Wasser verfrachtet werden und sich bewurzeln (Barsoum 2001). Loos (1991) hat dies auch bei Weiden-Hybriden beobachtet. Rückkreuzungen mit der einheimischen Schwarz-Pappel sind möglich, sodass auf diesem Weg Teile des Genoms der Hybrid-Pappeln weiter verbreitet werden.
**Problematik:** Lineare oder flächige Anpflanzungen von Hybrid-Pappeln an Gewässerrändern sind problematisch, da Pappelwurzeln den dauerhaft vernässten Grund meiden und das Ufer weniger effektiv als Rot-Erlen festigen. Hybrid-Pappeln sind zudem windanfällig (Krause 1992). Der Ersatz naturnaher Wälder durch **Pappelforste** hat neben dem Verlust ursprünglicher Vegetation auch Sekundärfolgen: Unerwünschte Arten können begünstigt, andere dagegen benachteiligt werden. Lichtliebende Neophyten wie *I. glandulifera* und *Solidago*-Arten, die in naturnahen Auenwäldern nur beschränkte Etablierungschancen haben, profitieren beispielsweise im Oberrheingebiet von den lichteren Pappelforsten, wodurch ihre Ausbreitung im gesamten Auensystem gefördert wurde (Hügin 1962).

Da grundwassernahe Standorte vor einer Aufforstung meist entwässert werden und die Kronen der Pappeln mehr Licht durchlassen, kommt es zu starken **Vegetationsveränderungen** im Vergleich zu naturnahen Waldgesellschaften. Nach Härdtle et al. (1996) fördern die in Pappelforsten besseren Licht- und Mineralisationsbedingungen im mittleren Elbegebiet vor allem Brennnesseln und *Rubus*-Arten. Im Vergleich zu naturnahen Wäldern gehen die Autoren von einem „Artenschwund um 60 %" aus. Für den Oberspreewald kommen Zerbe & Vater (2000) zu anderen Ergebnissen. Im heutigen Biosphärenreservat wurden vornehmlich nach 1945 zahlreiche Pappelforste auf Standorten des Erlenbruchs und des Erlen-Eschen-Waldes angelegt. Auf beiden Standorttypen haben sich unterschiedliche Forstgesellschaften ausgebildet, deren Artenzusammensetzung Gemeinsamkeiten mit naturnahen Waldgesellschaften, aber auch deutliche Unterschiede zeigen. In den lichteren Pappelforsten ist die Deckung der häufig einen Meter hohen üppigen Krautschicht um bis zu 15 % höher. Vor allem Licht- und Halblichtpflanzen treten in den Forsten stärker hervor, darunter auch die Neophyten *Bidens frondosa* und *Impatiens parviflora*. Die Artenzahlen liegen jedoch nur wenig niedriger als in naturnahen Wäldern.

Winterhoff (1993) hat einen naturnahen Erlen-Eschen-Wald im Oberrheingebiet mit einer Pappelaufforstung auf einem vergleichbaren alten Waldstandort verglichen. Unter Pappel wuchsen 43 Arten gegenüber 35 im naturnahen Wald. Dies darf jedoch nicht darüber hinwegtäuschen, dass Spezialisten der Auenvegetation in den Forsten geringere Entwicklungsmöglichkeiten haben. So war der Reichtum vor allem an Holz bewohnenden Pilzarten geringer (Tab. 46), obwohl der untersuchte Pappelforst mehr Totholz als der Erlen-Eschen-Wald enthielt und noch Reste der Vorgängervegetation (Stubben u. ä.) vorhanden waren. Dies liegt nach Winterhoff (1993) am höheren Baumartenreichtum und am stärker ausgeprägten Waldinnenklima des naturnahen Bestandes. Pappelaufforstungen auf sekundären Waldstandorten dürften wesentlich artenärmer sein.

*Populus × canadensis* ist in großen Flussauen auch zum Bestandteil der **naturnahen Vegetation** geworden (Lohmeyer & Sukopp 1992), Größere Dominanzbestände sind jedoch nicht bekannt. Zur einheimischen Schwarz-Pappel (*Populus nigra*) bestehen

**Tab. 46** Biologische Vielfalt eines 20-jährigen Hybridpappelforstes im Vergleich zu einem benachbarten naturnahen Erlen-Eschen-Wald auf gleichem Standorttyp im Oberrheingebiet. Angegeben sind Artenzahlen für Farn- und Bütenpflanzen sowie für Pilzarten (nach Winterhoff 1993)

| | Erlen-Eschen-Wald | Pappelforst |
|---|---|---|
| Beobachtungszeitraum in Jahren | 6 | 6 |
| Pilzgänge | 22 | 22 |
| Flächengröße [ha] | 0,54 | 0,54 |
| Deckung der Krautschicht [%] | 90 | 90 |
| Farn- u. Blütenpflanzen | 35 | 43 |
| Pilzarten | 188 | 121 |
| darunter: | | |
| Holzbewohner | 113 | 70 |
| Streu- und Bodenbewohner | 53 | 36 |
| Mykorrhizapilze | 6 | 6 |
| Rindenbewohner | 4 | 1 |
| Kraut- und Grasbewohner | 6 | 5 |
| Moosbewohner | 2 | 1 |
| Pilzbewohner | 3 | 1 |
| Mistbewohner | 1 | 1 |
| seltene Pilzarten | 9 | 7 |

keine Kreuzungsbarrieren, sodass der genetische Austausch zwischen beiden Sippen zur Gefährdung der ursprünglichen Vorkommen der einheimischen Art beitragen kann. Folgerichtig ist sie in forstgenetische Erhaltungsprogramme aufgenommen worden (Kleinschmit et al. 1995, Weisgerber & Janssen 1998, Heinze 1998a). Hybrid-Pappelpflanzungen sind daher in Gebieten besonders problematisch, in denen noch ursprüngliche Vorkommen von Schwarz-Pappeln existieren. Dies sind nach Hegi (1957) vor allem die wärmeren Täler von Donau, Rhein, Main, Elbe, Saale, Oder und Weichsel. Männliche Exemplare von *P. nigra* haben einen Bestäubungsvorteil gegenüber den Hybrid-Pappeln. Sind sie jedoch nicht ausreichend vorhanden, kann es zur Einkreuzung von Kulturpappeln kommen. Um reine Schwarz-Pappeln für Erhaltungskulturen zu gewinnen, wurden DNA-Analysen an Bäumen mit typischen Merkmalen der Schwarz-Pappel vorgenommen. Etwa ein Drittel der nach morphologischen Merkmalen als *P. nigra*-nah eingeschätzten Bäume erwiesen sich als Hybride (Janssen 1998). In Österreich trifft dies auf bis zu 10 % der Pappel-Verjüngung zu (Heinze 1998b). In der Schweiz waren rund 70 % von vermeintlichen Schwarz-Pappeln wirklich welche (Csencsics et al. 2009). In Belgien konnte auch eine Gen-Introgression von *Populus deltoides* bei den Nachkommen einheimischer Schwarz-Pappeln nachgewiesen werden (Vanden Broeck et al. 2004).

**Steuerungsmöglichkeiten:** Auf hoch produktiven Auenstandorten mit einer dichten Krautschicht können sich Hybrid-Pappeln schlecht verjüngen. Standorttypische Gehölze wie Eschen und Erlen wandern dagegen ein, sodass die Ablösung der Pappeln im Zuge eines natürlichen Prozesses erfolgt. Unterpflanzungen und Abtrieb beschleunigen den Prozess. Allerdings spricht aus Sicht des Naturschutzes einiges für einen langsameren Übergang. Alte Pappelforste sind reich an Baumhöhlen und bieten in ihrer Abbauphase ein reiches Angebot für Holz bewohnende Organismen. In den Donauauen bei Hainburg werden Pappelforste daher in den Nationalpark integriert.

Am Rußheimer Altrhein deutet das Aufkommen von Feldulme und Blut-Hartriegel auf eine Entwicklung der Pappelforste zu Ulmenauenwäldern (Philippi 1978a). In den Niederungen des Oberspreewaldes zeigt die Naturverjüngung der Gehölze dagegen eine langsame Entwicklung von Pappelforsten zu Erlen-Eschen-Wäldern an, die allerdings durch Wildverbiss behindert wird. Eine Einzäunung fördert demnach die Umwandlung zu naturnahen Wäldern, wobei auch Erlenbruchwälder nach einer Wiedervernässung erneut entstehen können (Zerbe & Vater 2000).

Um den Genfluss zwischen Schwarz-Pappeln und Hybrid-Pappeln zu begrenzen, sollten Hybrid-Pappeln nicht in der Nähe autochthoner Restvorkommen von *Populus nigra* aufgeforstet werden. Reine Schwarz-Pappeln sollten auf geeigneten Standorten außerhalb des Einzugsbereiches von Hybrid-Pappeln vermehrt ausgebracht werden, beispielsweise bei Gewässerrenaturierungen. An der mittleren Elbe werden Schwarz-Pappeln in Klongemischen erfolgreich ausgepflanzt (Natzke 1998).

### 6.3.7 Edelkastanie (*Castanea sativa*)

**Herkunft, Einführung und Verwendung**: Die Edelkastanie stammt aus Kleinasien und wurde wahrscheinlich im 5. Jh. v. Chr. nach Griechenland und danach nach Italien, Spanien und Frankreich eingeführt. Mit den Römern ist sie ebenso wie die Weinrebe in die besetzten Gebiete Germaniens gelangt, möglicherweise jedoch schon früher (Lang 1970). Wahrscheinlich haben jedoch vor allem Anpflanzungen seit dem Mittelalter ihre heutige

Verbreitung in Mitteleuropa befördert (Conedera et al. 2004). *Castanea* wurde nicht nur wegen ihrer Früchte angebaut, sondern in Weinbaugebieten auch im Niederwaldbetrieb, um Rebpfähle zu gewinnen.

**Aktuelle Vorkommen**: Die Hauptvorkommen der Edelkastanie liegen im Rheintal mit seinen wärmebegünstigten Nebentälern (Seemann et al. 2001). Größere Bestände bestehen in der Pfalz, in der klimatisch begünstigten westlichen Randzone von Odenwald und Schwarzwald, im südlichen Spessart und in bodensauren Eichenmischwaldgebieten im Südwesten Westfalens (Wattendorff 1960, Lang 1970, Wilmanns 1995, Hochhardt 1996, Zerbe 1999).

In der Randzone des Schwarzwaldes sind noch einige, ursprünglich als Niederwald genutzte Bestände auf bodensauren und basenreichen Buchenwaldstandorten erhalten. Da die Edelkastanie wärmebedürftig ist, konzentrieren sich die Vorkommen auf Höhenlagen zwischen 200 und 450 Meter. Sie gehen auf Aufforstungen von Hanglagen zurück, die ehemals als „Reutberge" wechselnd als Niederwald, Acker und Weide bewirtschaftet wurden. 1833 wurden Wald und Weide getrennt. Nach 1855 wurde aufgeforstet, in rebflurnahen Lagen auch mit der Edelkastanie. Ihre Stämme waren als Rebstecken, die Streu als Dünger oder Einstreu und die Blüten als Bienenweide geschätzt (Wilmanns 1995).

**Problematik**: Edelkastanien haben sich in naturnaher Vegetation eingebürgert (Lohmeyer & Sukopp 1992). Tannen- und Eichelhäher tragen sie von Anpflanzungen auch in naturnahe Waldgesellschaften ein, beispielsweise in wärmebegünstigte Buchenwälder im mittleren Schwarzwald (Ludemann 1992). Problematische Folgen sind bislang noch nicht bekannt geworden. Die Herausforderung für den Naturschutz besteht vielmehr in der Erhaltung der kulturhistorisch bedeutsamen Vorkommen. Im Schwarzwald sind die meisten der durch Niederwaldnutzung geprägten Kastanienbestände überaltert. Da die Edelkastanie, anders als Eichen, auch im hohen Alter wieder gut ausschlägt, ist die Wiederaufnahme der traditionellen Nutzung möglich (Hochhardt 1996). In Westfalen werden die traditionell verwendeten Edelkastanien auch heute noch bewusst im Außenbereich gepflanzt (Tenbergen & Starkmann 1995b).

Der vom neomycetischen Schlauchpilz *Cryphonectria parasitica* ausgelöste Kastanienrindenkrebs hat zu starken Einbrüchen bei nordamerikanischen *Castanea*-Beständen geführt. Er kommt seit etwa 1948 auch südlich der Alpen und seit 1992 in Süddeutschland auf *Castanea sativa* vor, sodass Quarantänemaßnahmen vorgenommen werden müssen (siehe Kap. 8.1.2).

### 6.3.8 Eschen-Ahorn (*Acer negundo*)

**Herkunft und Einführung**: In seiner nordamerikanischen Heimat ist *Acer negundo* die am weitesten verbreitete Ahornart mit Vorkommen von Kanada bis nach Guatemala. Anders als in Europa sind Dominanzbestände in naturnahen Auenwäldern selten. Gefördert durch Anpflanzungen in Windschutzhecken und als Straßenbaum ist der Eschen-Ahorn heute auch außerhalb seines ursprünglichen Verbreitungsgebietes (z. B. in den Great Plains) und auf Sekundärstandorten sehr häufig (Overton 1990, Sachse 1992). Er gelangte 1688 nach Europa und wurde in Deutschland zuerst 1699 in Leipzig kultiviert (Wein 1931). Bis heute wird er in weiten Teilen Europas als anspruchsloser, schnell wachsender Pionierbaum in Grünanlagen, Windschutzhecken und an Verkehrswegen gepflanzt.

**Aktuelle Vorkommen**: Geographisch und standörtlich gehört *A. negundo* zu den Neophyten mit der in Europa breitesten Amplitude. Er wächst auf Ruderalstandorten Osteuropas ebenso wie im Mittelmeergebiet, wo er beispielsweise in Italien als Problemart gilt (Celesti-Grapow et al. 2009). Aus Mitteleuropa sind größere Vorkommen in Auen, Sandtrockenrasen, Steppen, Hecken sowie von Ruderalstandorten bekannt (z. B. Forstner 1984, Kowarik 1992b, Lohmeyer & Sukopp 1992, Böcker 1990, Kretschmer et al. 1995, Kunstler 1999, Essl & Walter 2005, Tokarska-Guzik 2005a, Udvardy 2008b).

**Erfolgsmerkmale**: *A. negundo* hat ein starkes Jugendwachstum, wird aber selten bis 20 m hoch und meist nur etwa 75 Jahre alt. Anders als die übrigen Ahornarten ist er ausschließlich windblütig. Seine Zweihäusigkeit könnte zur verzögerten Erstausbreitung in Europa beigetragen haben (Doyle 1995). Die Samenbildung setzt früh und sehr zahlreich nach etwa acht Jahren ein. Die Fernausbreitung der Früchte erfolgt mit dem Wind vom Herbst bis zum Frühjahr, durch fließendes Wasser und auch mit Kfz (Tab. 28). Die langsam fließende Spree transportierte beispielsweise Früchte innerhalb von nur 3 Stunden über 1 200 m (Säumel & Kowarik 2010).

*A. negundo* erträgt Überflutungen etwa 30 Tage lang (Overton 1990). Keimlinge etablieren sich auf offenen, gut belichteten Standorten. Insofern wird *A. negundo* durch Störungen gefördert. Auf Trockenstandorten der ungarischen Tiefebene setzt die Keimung nach heftigen Sommerregen ein. Rasch bilden die Keimlinge eine Pfahlwurzel, die im ersten Jahr schon 50 cm lang werden kann. Mechanisch beschädigte Bäume, beispielsweise in Auen, können sich durch Stamm- oder Wurzelausschlag gut regenerieren, wobei die Sprosse 2,5 m Länge erreichen können (Udvardy 2008b). Die unspezifischen Ansprüche an Feuchtigkeit, Nährstoffe und Klima fördern in Europa wie in ihrer nordamerikanischen Heimat die weite Verbreitung der Art. In Klimakammerversuchen zeigte *A. negundo* bei erhöhten wie erniedrigten Temperaturen eine hohe morphologische Plastizität, beispielsweise im Verzweigungsmuster, was die Anpassung an verschiedene Klimabedingungen fördert (Säumel unveröff.). In Ungarn und einigen Nachbarländern hat sich der aus Amerika 1940 eingeführte Amerikanische Webebär (*Hyphantria cunea*), ein Schmetterling, stark auf *A. negundo* ausgebreitet, schädigt diesen aber trotz Kahlfraßes offensichtlich kaum (Udvardy 2008b).

**Problematik und Diskussion**: Als problematisch gelten Vorkommen des Eschen-Ahorns in naturnaher Auenvegetation (z. B. Voggesberger 1992, Drescher et al. 2005). In der Rheinaue profitiert er vom Rückgang der Ulmen und hat deren Lücken teilweise ausgefüllt, z. B. auf der Mannheimer Reißinsel (Bücking & Kramer 1982). Als Licht liebender, kurzlebiger Pionierbaum ist der Eschen-Ahorn wohl kaum in der Lage, höher wachsende Baumarten zu verdrängen. Dominanzbestände am Mittellauf der Weichsel sind artenärmer als andere Auenwaldgesellschaften (Kunstler 1999). Im Auenwaldrest der Mannheimer Reißinsel stellte *A. negundo* Ende der 1980er-Jahre 17 % der lebenden Bestandsindividuen. Weibliche Bäume wurden 1995 aus dem Schonwaldbereich entfernt, um eine weitere Ausbreitung zu verhindern. Im weitgehend ungestörten Bannwaldbereich hat *A. negundo* einen flussnahen Schwerpunkt im Bereich zwischen 0,5 und 2,0 Metern über der Mittelwasserlinie und damit auf potentiellen Silberweidenstandorten. Er wird hier von der durch die Flussregulierungen verringerten Überflutungsdynamik gefördert, die zuvor die Silberweiden begünstigt hat. Seine Ausbreitung wird als stagnierend und nicht so dramatisch wie ursprünglich angenommen eingeschätzt (Weber 1999).

Das Beispiel der Reißinsel zeigt die auffällige Ausbreitung von *A. negundo* eher als Symptom denn als Ursache unerwünschter Umweltveränderungen. Der Neophyt profitiert hier vom Ausfall der Ulmen und von der eingeschränkten Überflutungsdynamik des

Rheins. Ähnliches gilt für die Wiener Donauaue (Zukrigl 1995). Konkrete Konflikte mit Zielen des Artenschutzes sind nicht bekannt und vielleicht auch nicht zu erwarten, da das örtliche Arteninventar im Umfeld von Beständen des Eschen-Ahorns wohl meist erhalten bleibt. Hierzu stehen eingehende Untersuchungen noch aus.

Die Ausbreitung von *A. negundo* passt allerdings nicht zum Bild ursprünglicher Waldgesellschaften. Dieses sollte an ausgewählten Stellen erhalten werden, beispielsweise durch das Zurückdrängen des Eschen-Ahorns ebenso wie durch gezieltes Nachpflanzen einheimischer Baumarten. Schlüsselproblem des Naturschutzes in den großen Flussauen ist häufig jedoch die Einengung der natürlichen Auendynamik. Hier anzusetzen scheint sinnvoller als Neophyten zu bekämpfen. Sofern dies nicht möglich ist, sollte die Einfügung von *A. negundo* in die Auenvegetation im Sinne eines prozessorientierten Naturschutzes akzeptiert werden. Auf Ruderalstandorten sorgt *A. negundo* für rasche Begrünung. Hierdurch erzielte Ökosystem-Dienstleistungen können in urban-industriellen Gebieten durchaus positiv gesehen werden, zumal der Eschen-Ahorn leichter durch Pflegemaßnahmen zurückzudrängen ist als etwa der stark Wurzelausläufer bildende Götterbaum (siehe Kap. 6.1.3).

### 6.3.9 Rot-Esche (*Fraxinus pennsylvanica*)

**Herkunft und Einführung**: Die Rot-Esche stammt aus dem östlichen Nord-Amerika, wo sie ein großes Verbreitungsgebiet zwischen den Rocky Mountains, dem südlichen Kanada und dem Golf von Mexiko einnimmt. Sie wächst überwiegend in Auenwäldern und an Gewässerrändern, ist aber auch an der Wiederbewaldung gestörter oder brachgefallener Offenlandstandorte beteiligt. Ende des 18. Jh. wurde sie zunächst als Zierbaum nach Europa eingeführt (Willdenow 1796) und wurde dann seit Ende des 19. Jh. überwiegend forstlich genutzt (Schaffrath 2001). Wegen ihrer schönen gelben Herbstfärbung und ihrer Stadttoleranz wird die Rot-Esche auch als Park- und Straßenbaum gepflanzt. Zudem fand sie in Windschutzhecken Verwendung. Forstliche Anpflanzungen erfolgten in Deutschland seit 1881 überwiegend in Überschwemmungsgebieten, vor allem wegen ihrer hohen Überflutungstoleranz und Frosthärte. An der mittleren Elbe erfolgten Anpflanzungen vom Ende des 19. Jh. bis in die 1980er-Jahre (Zacharias & Breuckert 2008). Auch in Ungarn starteten nach 1900 Versuche, die Weiden- und Pappel-Bestände der Weichholzauen durch forstlich wertvollere Harthölzer zu ersetzen. Nach 1950 wurden auch Pappelforste in Auen mit Rot-Esche unterbaut. Heute kommt sie etwa auf 6000 ha in ungarischen Wäldern vor, wobei zwei Varietäten gepflanzt wurden: die nördlichere var. *austini*, die ihre Blätter früher verliert, und die var. *subintegerrima*. Allerdings wurden die forstlichen Erwartungen nicht erfüllt, weil das Höhenwachstum nach 20 Jahren stark nachlässt und das Holz weniger wertvoll als einheimisches Eschenholz ist (Csiszár & Bartha 2008).

**Aktuelle Vorkommen**: Die Rot-Esche besiedelt auch in Europa ein breites Standortspektrum. Sie kommt vereinzelt ruderal vor (Kowarik 1992b), wächst vor allem aber im Umfeld forstlicher Pflanzungen, insbesondere in Auenwäldern sowie an Gewässern (Fischer 1988, Bartha 1996, Schaffrath 2001, Csiszár & Bartha 2008, Reichhoff & Reichhoff 2008). Im Biosphärenreservat der Flusslandschaft der Mittleren Elbe kommt sie auf 562 ha der Auenstandorte mit über 10% am Gehölzbestand vor, auf 176 ha sogar mit mehr als 20%. Sie wächst in allen Typen der Hartholzauenwälder, auch im nicht überfluteten Eichen-Hainbuchenwald, und dringt auch in die hier nicht großflächig ausgebildete Weichholzaue ein. Ihr Schwerpunkt besteht jedoch in der feuchtesten Variante des Eichen-Ulmen-Waldes, in die sie wegen ihrer hohen Überflutungstoleranz Ende des 19. Jh. bevorzugt gepflanzt worden war. Die Naturverjüngung ist auf den nassesten Auenstandorten am stärksten, vor allem in Flutmulden (Warthemann & Reichhoff 2008). In Österreich breitet sich die Rot-Esche entlang der Donau und March aus und gehört im Nationalpark Donau-Auen zu den häufigsten Gehölz-Neophyten (Drescher et al. 2005). Die Rot-Esche breitet sich aber auch in Steppenlandschaften aus, beispielsweise von Heckenpflanzungen in der Ukraine (Sudnik-Wojcikowska et al. 2006).

**Erfolgsmerkmale**: Die Rot-Esche fruchtet im Einzelstand schon nach 6–7 Jahren, im Bestand nach 10–15 Jahren. Sie wächst rasch und kann bei guter Wasserversorgung in den ersten 20 Jahren bis zu 1 m pro Jahr zulegen. Zacharias & Breucker (2008) stellten an der mittleren Elbe jedoch einen geringeren Höhenzuwachs fest. Im nördlichen Teil ihres amerikanischen Verbreitungsgebietes wird sie bis zu 20 m hoch, weiter südlich sogar 40 m. Allerdings ist sie relativ kurzlebig, sodass über 80-jährige Bäume in Amerika selten sind. Der älteste von Zacharias & Breucker (2008) bestimmte Baum war 122 Jahre alt, 31,5 m hoch und hatte einen Stammumfang von 59 cm. Die Früchte werden mit dem Wind, aber auch mit fließendem Wasser über weite Strecken ausgebreitet und bleiben etwa 3-4 Jahre keimfähig. Im Vergleich zur einheimischen *Fraxinus excelsior* fallen die Früchte langsamer zu Boden und schwimmen länger, was ein größeres Ausbreitungspotenzial anzeigt (Ille & Schmidt 2008). Die Rot-Esche hat geringe Standortansprüche, ist salztolerant und wächst am besten auf feuchten Standorten. Sie erträgt in Auen auch lange Überflutungen, die die Hälfte der Wachstumsperiode umfassen können. Ihre Jungpflanzen sind schattentoleranter als die der einheimischen Esche. Keimlinge wachsen unter halbschattigen Bedingungen am besten auf. Mit zunehmendem Alter sinkt jedoch die Schattentoleranz. Bäume können sich nach Abholzungen oder anderen Störungen durch Stammausschläge sehr gut regenerieren (nach Wright 1965, Csiszár & Bartha 2008, Zacharias & Breucker 2008). Dies setzt Bekämpfungsmaßnahmen enge Grenzen. Auch wenn Bäume, die geringelt wurden oder bei denen Borke und Kambium mit einer Baumfräse entfernt wurden, erhebliche Vitalitätseinbußen zeigten, schlugen fast alle Bäume an der Basis wieder aus. Auch gefällte Bäume bildeten Stockaustriebe, die im ersten Jahr bis zu 2,40 m hoch wurden, allerdings durch Wildverbiss im Höhenwachstum behindert werden (Patzak & Gutzweiler 2008).

**Problematik und Diskussion**: Das Beispiel der mittleren Elbe zeigt, dass die heutigen Verbreitungsmuster der Rot-Esche die ursprünglichen forstlichen Anpflanzungsmuster spiegeln (Warthemann & Reichhoff 2008). Nach Zacharias & Breucker (2008) ist sie wegen ihrer starken Verjüngungsfähigkeit nicht mehr aus den Auen zu verdrängen. Patzak & Gutzweiler (2008) befürworten dagegen Fällungen oder Ringelungen, um ihren Anteil in Schutzgebieten zurückzudrängen. Dabei bleibt allerdings offen, ob intensives Nacharbeiten über mehrere Jahre zu leisten ist und die vegetative Regeneration der behandelten Bäume verhindern kann. Weiter ist damit zu rechnen, dass Ausbreitung durch Wind oder Wasser zu neuen Populationen führt. Großflächig sollten solche Maßnahmen nur erfolgen, wenn ihr Erfolg tatsächlich gesichert ist. Amerikanische Erfahrungen mit der Rot-Esche belegen ihre Förderung durch standörtliche Störungen, wie sie auch im Zusammenhang mit Bekämpfungen entstehen. Insofern wäre auch ihre Akzeptanz als Teil der natürlichen Auendynamik zu erwägen. Mit zunehmendem Bestandsalter und bei Abwesenheit starker Störungen wäre ein natürlicherweise rückläufiger Anteil am Bestand denkbar. Diese „biologische Lösung“ sollte zumindest an ungestörten Dauerflächen geprüft werden.

Schon heute ist die Rot-Esche in den meisten Ausbildungen des Hartholzauenwaldes eher beigemischt und dominiert auch nicht die Verjüngung. Dagegen kann sie in Flutrinnen Dominanzbestände aufbauen. Hier entstehen neue Waldtypen, weil diese nassesten Bereiche ursprünglich von Röhrichten, niedrigwüchsiger Vegetation und nur geringem Gehölzaufwuchs geprägt waren. Ob die Rot-Esche die Lebensgemeinschaften anderer Standorte nachhaltig verändert, ist noch nicht absehbar (Zacharias & Breucker 2008). In der Hartholzaue der March in Niederösterreich hat sie stellenweise die gefährdete Quirl-Esche (*F. angustifolia*) in den unteren Altersklassen ersetzt (Dister & Drescher 1987, Bartha 1996).

Sollen Offenlandflächen wieder zu Auenwäldern entwickelt werden, beispielsweise bei Deichrücklegungen, kann die Rot-Esche entwicklungshemmend wirken. In solchen Fällen kann die Waldentwicklung durch Eichensaat und Pflanzung weiterer einheimischer Gehölze initiiert werden, wobei in den ersten Jahren Rot-Eschen zurückgedrängt werden sollten (Patzak & Reichhoff 2008, Zacharias & Breucker 2008).

### 6.3.10 Kultur-Apfel und Kultur-Birne

Der **Kultur-Apfel** (*Malus domestica*) besitzt als Abkömmling verschiedener Wildarten aus dem asiatischen Raum kein eigenes Ursprungsareal. Er kann sich generativ und vegetativ in Siedlungen (z.B. Rutkovska et al. 2009) und auf naturnahen Standorten ausbreiten. Er ist beispielsweise in wärmebegünstigten Schlehen-Liguster-Gebüschen und in Trauben-Eichenwäldern am Mittelrhein sowie in Weichholzauenwäldern am Rhein etabliert. Wurzelsprosse können klonale Populationen bilden. In Dünen ist zudem eine Wurzelbildung an Ästen und Zweigen nach Übersandung beobachtet worden (Lohmeyer 1976, Lohmeyer & Sukopp 1992).

Auch dic **Kultur-Birne** (*Pyrus communis*) ist aus vielzähligen Hybridisierungen hervorgegangen, an denen auch die in Deutschland einheimische Wild-Birne (*Pyrus pyraster*) beteiligt war. Kultur-Birnen verjüngen sich generativ wie vegetativ auf Siedlungsstandorten und wachsen auch in naturnaher Vegetation, etwa in den Auenwäldern von Elbe und Rhein, auf Trockenrasen, an Waldrändern oder in Trockengebüschen und -wäldern auf flachgründigen, basenreichen Süd- und Westhängen im Mittelgebirgsraum (Lohmeyer 1976, Lohmeyer & Sukopp 1992, Hofmann 1993, Loos 1992).

Weniger problematisch als die Ausbreitung von Kultur-Apfel oder -Birne ist deren Rückkreuzung mit Wildobstsippen. Innerhalb der Unterfamilie der Maloideae sind beispielsweise Gattungsbastarde von *Pyrus* mit *Crataegus*, *Cydonia*, *Malus* und *Sorbus* möglich. Eine interspezifische Hybridisierung ist ebenso häufig wie die Kreuzung von Kultur- und Wildformen (Kutzelnigg & Silbereisen 1995).

Holz-Apfel (*Malus sylvestris*) und Wild-Birne (*Pyrus pyraster*) sind seltene einheimische Baumarten, die durch Hybridisierung mit Kultursippen bereits stark gefährdet sind (Remmy & Gruber 1993, Spethmann 1997, Coart et al. 2006). Nach Wagner (1996) können Wild- und Kultursippen des Apfels morphologisch getrennt werden. Jedoch sind Apfel- und Birnen-Hybriden nicht immer leicht erkennbar und weit verbreitet (Dostalek 1989, Loos 1992). Remmy & Gruber (1993) vermuten, dass zumindest in Südwestdeutschland keine ursprünglichen Wildformen des Holz-Apfels mehr vorkommen. Auch bei Birnen sollen nur noch den Wildformen nahe stehende verwilderte Kultur-Birnen vorkommen (Hofmann 1993).

In forstlichen Programmen zur Erhaltung von Genressourcen werden Holz-Apfel und Wild-Birne daher vornehmlich in Ex situ-Kulturen erhalten. Bis 1993 sind 252 Erhaltungsbestände für Wildobstarten mit einer Fläche von 56 Hektar angelegt worden (Kleinschmit et al. 1995). Auch für die Gattung *Ribes* wird eine Gefährdung ursprünglicher Sippen durch genetischen Austausch mit Kultursippen angenommen (Spethmann 1997). Solche Konsequenzen sind in der mitteleuropäischen Kulturlandschaft weder zu verhindern, noch rückführbar. Jedoch erlaubt die Einsicht in derartige, vielfach wohl über tausendjährige Invasionsprozesse einige Schlussfolgerungen:

- Vermutlich gebietstypische Sippen sollten in Erhaltungsprogramme aufgenommen werden, wie dies bereits von forstlicher Seite praktiziert wird (Kleinschmit et al. 1995, Wagner & Kleinschmit 1995).
- Bei Gehölzpflanzungen im naturnahen Umfeld sollte insbesondere bei gleichzeitigem Vorkommen von Wildformen auf nachweisbar gebietseigenes Pflanzgut zurückgegriffen werden. Wie angebracht dies ist, zeigt Spethmann (1997), der berichtet, wie bei der Marmeladenherstellung ausgesiebte Kerne gelegentlich an Baumschulen zur Produktion von „Wildobstarten" verkauft werden.
- Wenn die Versuche zur gentechnischen Veränderung von Obstgehölzen zum Anbau dieser Sippen führen, sollte ein Transfer der manipulierten Gene so weit wie möglich verhindert werden (Zoglauer et al. 2000). Dies bedeutete beispielsweise einen Sicherheitsabstand der Plantagen zum Vorkommen von Wildsippen und konventionellen Kulturpflanzen, der durch die Reichweite von Bienen als Ausbreitungsagenzien des Pollens zu definieren wäre.

### 6.3.11 Andere Arten

Die **Florentiner Goldnessel** oder auch Silbernessel (*Lamium argentatum*) wurde früher als gärtnerische Form der in Mitteleuropa einheimischen Goldnessel angesehen, gilt heute jedoch als eigene Art. Synonyme Bezeichnungen sind: *Galeobdolon argentatum*, *Lamium galeobdolon* subsp. *galeobdolon* f. *argentatum*, u. a. (Loos 1997). Entstehungsort und -zeit sind unbekannt. Sie ist in Gärten, Friedhöfen und Parkanlagen als anspruchsloser Bodendecker beliebt und wird wegen ihres starken klonalen Wachstums häufig mit Gartenabfällen verfrachtet. Vor allem in siedlungsnahen Wäldern können hieraus tausende Quadratmeter große Populationen entstehen (Mang 1990, Kunick 1991, Walter 1992a, Gregor 1993).

Der **Rankende Lerchensporn** (*Ceratocapnos claviculata*) breitet sich seit ungefähr 30 Jahren über sein ursprünglich atlantisches Areal hinaus in Forsten, Eichen-Birken- und Moorwäldern aus. Als Ursachen werden Stickstoffeinträge sowie Verschleppungen mit Forstkulturen diskutiert (Benkert et al. 1995, Meyer & Voigtländer 1996).

Die **Kermesbeere** (*Phytolacca americana*), eine aus Nordamerika stammende Staude, wurde besonders häufig in Weinbaugebieten kultiviert, da ihre Beeren schwachem Wein zu kräftiger Farbe verhelfen. Sie breitet sich auch an naturnahen Standorten aus und gilt in Ungarn wegen ihres Schattendrucks als problematisch in Magerrasen und Gehölzbeständen. Die verwandte *P. esculenta* hat überwiegend ruderale Vorkommen (Balogh & Juhász 2008).

Das **Kleine Immergrün** (*Vinca minor*) ist eine schon von den Römern in Germanien kultivierte, heute weiträumig verbreitete Waldbodenpflanze, die nach Lohmeyer & Sukopp (1992) in großen Teilen Mitteleuropas archäo- oder neophytisch ist. Die meisten Vorkommen sind Kulturrelikte. So hat Prange

(1996) im Rheinland einen Zusammenhang zwischen *Vinca*-Vorkommen und archäologischen Fundplätzen aus der Römerzeit mit kultischer Bedeutung gefunden, was auf alte römische Pflanzungen weisen könnte. Ansonsten kommt das Immergrün bevorzugt in der Nähe alter, auch längst aufgelassener Siedlungen vor und gilt beispielsweise in der Wittstocker Heide als Kulturrelikt ehemaliger, mit Wald bedeckter mittelalterlicher Siedlungen. Aus Garten-Relikten können mehrere hundert Quadratmeter große Populationen entstehen (Lohmeyer & Sukopp 1992, Adolphi 1995).

**Amerikanische Kultur-Heidelbeeren** (*Vaccinium corymbosum* × *angustifolium*) verwildern stark aus Anbauflächen und breiten sich in nordwestdeutschen Kiefernforsten aus. Problematischer ist das Aufwachsen in Mooren (siehe Kap. 6.5.1, auch mit Angaben zu Forstvorkommen).

Amerikanische **Weinreben-Arten** (*Vitis riparia* und Hybriden) wurden im 19. Jh. massenhaft als Unterlage für *Vitis vinifera* gepflanzt, nachdem verschiedene Krankheiten die europäischen Weinkulturen zusammenbrechen ließen. Aus Ungarn sind große Bestände verwilderter Weinreben bekannt, die von den eingeführten Formen abstammen und z. B. in der Theiss-Aue Restbestände der einheimischen Weinrebe (*Vitis vinifera* subspec. *sylvestris*) überwachsen und auch mit ihr hybridisieren (Facsar & Udvardy 2008).

**Felsenbirnen** (*Amelanchier lamarckii*, *A. spicata*, *A. alnifolia*) kommen vor allem in Sandlandschaften in lichten Wäldern und Forsten, Hecken sowie an Waldrändern vor (Schroeder 1972, Krausch 1973, Tenbergen & Starkmann 1995a). Gärten und Heckenpflanzungen sind die Ausbreitungsquellen. Felsenbirnen wurden beispielsweise bei 60 % der neu bepflanzten nordrheinwestfälischen Straßen verwendet (Krause 1972). Die spontanen Vorkommen sind bislang noch nicht als problematisch aufgefallen.

Bei **Mahonien** (*Mahonia aquifolium*) handelt es sich überwiegend um die Nachkommen von Hybriden nordamerikanischer Arten, die stärker und höher als die amerikanischen Ausgangsarten wachsen (Ross et al. 2008, Ross & Auge 2008). Sie verjüngen sich in Grünanlagen sehr effektiv (Tab. 21) und werden durch Vögel häufig auch in stadtnahe Wälder eingebracht, wobei die Etablierung durch erhöhte Stickstoff- und pH-Werte begünstigt wird. In ruderalen Wäldern Berlins ist *Mahonia* ein typischer Robinienbegleiter, in den Kiefernforsten der Dübener Heide profitiert sie vom Eintrag basischer Flugasche (Kowarik 1992b, Auge 1997, Abb. 23). Auch in der xerothermen Gehölzvegetation des Mittelrheins ist sie eingebürgert (Lohmeyer 1976). Gelegentlich wird *Mahonia* als Bienenfutterpflanze auch in Wäldern ausgebracht und kann dort durch klonales Wachstum mehrere 100 Quadratmeter große Populationen bilden (Schepker 1998).

Die **Gemeine Schneebeere** (*Symphoricarpos albus*) wurde 1817 aus Nordamerika eingeführt und gehört heute zu den meist gepflanzten Straucharten im Siedlungsbereich. Durch Vogelausbreitung gelangt sie auf ein breites Spektrum von Siedlungsstandorten (Kowarik 1992b, Adolphi 1995), kommt jedoch spontan meist nur vereinzelt vor. Als problematisch werden größere Vorkommen empfunden, die in Waldgebieten vor allem entlang von Wegen und an Waldinnenrändern bestehen. Aufgrund ihrer geringen Ausbreitungs- und Verjüngungstendenz (Tab. 21) ist es allerdings unwahrscheinlich, dass solche Vorkommen auf den Diasporeneintrag durch Vögel zurückgehen. Wahrscheinlich sind es Anpflanzungen durch Imker, Jäger oder Förster als Bienen- oder Deckungspflanze oder zur Abpflanzung von Waldwegen, die sich dann durch klonales Wachstum vergrößert haben. In den 1937 aufgelassenen Siedlungen auf dem Truppenübungsplatz Baumholder breitet sich die Schneebeere vegetativ von ehemaligen Begrenzungshecken aus (Rohner 1995). Auch bei der gartenkünstlerischen Umformung von Waldpartien wurden Schneebeeren schon im 19. Jahrhundert eingesetzt (Berger-Landefeldt & Sukopp 1966). Ihre Bestände sind zumeist Kulturrelikte. Sie können sich jedoch vegetativ erheblich erweitern, was aus Sicht der Gartendenkmalpflege meist unerwünscht ist (Sukopp & Seiler 1998, Ahrens & Zerbe 2001).

**Spiersträucher** (nach Adolphi & Nowack 1983 und Adolphi 1995 meist *Spiraea alba* oder *S.* × *billardii*) werden gelegentlich als Deckungsgehölz gepflanzt („Fasanenspiere"). Ihre Bestände können sich auch im Unterstand von Bäumen durch klonales Wachstum stark erweitern. Schepker (1998) beschreibt ein solches Vorkommen aus einem Erlen-Eschen-Wald, bei dem eine Konkurrenz zu gefährdeten Waldpflanzen (*Equisetum sylvaticum* u. a.) absehbar ist. Nach Adolphi (in Wisskirchen & Haeupler 1998) kommen beide Spierstraucharten auch in naturnaher Vegetation an Bachläufen im Harz und Westerwald vor. Auch auf Rekultivierungsflächen des Lausitzer Bergbaugebietes kommt es zur unerwünschten Ausbreitung von Spiersträuchern (Konold, mündlich). In Österreich, der südlichen Schweiz und auf den Britischen Inseln kommt auch *Spiraea japonica* in Wäldern vor (Essl 2005b).

**Robinien** (*Robinia pseudoacacia*) können sich von forstlichen und anderen Pflanzungen ausgehend auf Offenlandbiotope ausbreiten, dringen in Deutschland jedoch noch nicht in Wälder ein. Im Zuge der Brachflächensukzession können sie jedoch selbst Wälder aufbauen, die dauerhafter als häufig vermutet sind. Die Eigenschaften und Problematik der Robinie sowie Steuerungsmöglichkeiten werden in Kap. 6.2.5.5 beschrieben.

Die **Grau-Erle** (*Alnus incana*) ist in Deutschland nur in Teilen Süddeutschlands einheimisch. Sie wird aber weit außerhalb ihres ursprünglichen Verbreitungsgebietes in Hecken gepflanzt (auch versehentlich anstelle der Rot-Erle, Tenbergen 1993) und auch ingenieurbiologisch eingesetzt. Bei der Begrünung von Kalirückstandshalden hat sie sich mit am besten bewährt und auch die extreme Trockenperiode im Sommer 1994 gut überstanden (Borchardt et al. 1995). *Alnus incana* wird auch in Mittelgebirgen, in denen sie nicht zur ursprünglichen Vegetation gehört, zur Vorwaldbegründung eingesetzt und hat sich hier nach Walter (1992c) zu einem Forstunkraut entwickelt: Durch ihre starke Naturverjüngung benachteiligt sie andere Gehölze. Nach dem Fällen verjüngt sie sich zudem durch Stockausschlag. Im Spessart wurde mit Grau-Erlen wahrscheinlich die hier nichteinheimische *Calamagrostis villosa* verschleppt (Zerbe 1996).

## 6.4 Gewässer und Auen

Flusstäler sind lange als Wanderwege von Pflanzen bekannt (Burkart 2001). Hiervon profitieren einheimische wie nichteinheimische Arten gleichermaßen. Doch für viele Neophyten scheint die Beschreibung „Wandern" unangemessen. Stürmisch breiteten sich viele in nur kurzer Zeit aus. (z. B. Abb. 27). Eine Kombination natürlicher und anthropogener Faktoren begründet den Reichtum von Flüssen und Auen an nichteinheimischen Arten:

**Ausbreitung durch Wasser** (Hydrochorie): Fließendes Wasser kann Samen, Früchte oder regenerationsfähige Sprossteile von Pflanzen über weite Strecken transportieren. So schwimmen Samen der amerikanischen Weiden-Seide (*Cuscuta gronovii*) bis zu drei Wochen im Wasser und sind danach noch keimfähig (Lösch et al. 1995). Früchte von Bäumen, die primär durch den Wind ausgebreitet werden, können durch Wasser wesentlich weiter als mit dem Wind transportiert werden. So drifteten Früchte von *Ailanthus altis-*

*sima*, *Acer negundo* und *A. platanoides* über 1200 Meter in nur drei Stunden (Säumel & Kowarik 2010). Tiere transportieren Diasporen auch gegen die Fließrichtung, und mit Hochwasser gelangen sie auch in weiter entfernte Bereiche der Aue. Von gewässernahen Gärten ausgehend können Gartenpflanzen mit fließendem Wasser weiter ausgebreitet werden. Knapp die Hälfte (43%) der 86 an der Elbe zwischen dem Böhmischen Mittelgebirge und Lauenburg beobachteten Neophyten sind verwilderte Gartenpflanzen (Brandes & Sander 1995). Die Erfolgsgeschichte heute so häufiger und in den folgenden Kapiteln näher beschriebener Neophyten wie *Heracleum mantegazzianum*, *Fallopia* oder *Impatiens glandulifera* wäre ohne Hydrochorie nicht denkbar.

**Ausbreitung durch Schiffe:** Schiffen können Arten über sehr weite Strecken transportieren, z.B. als Beimengung von Getreideladungen oder als Ballastpflanzen (z.B. Jehlik 1981, 1989 zum „Moldau-Elbe-Wasserweg"). An Güterumschlagsstellen können Diasporen auf günstige Offenstandorte gelangen oder weiter mit Wasser ausbreitet werden. Andere Arten werden mit Ballastwasser oder an Schiffen anheftend transportiert (siehe Kap. 3.2.2.4). Nach Mang (1990) haben 198 Pflanzenarten Hamburg auf natürlichem Weg über die Elbe erreicht. Legt man die Summe aller 3372 im Hamburger Hafen notierten Arten zugrunde, so ist etwa das 17fache an Arten mit dem Schiffsverkehr ins Gebiet gelangt.

**Gewässerverbund durch Kanäle:** Die Verbindung zuvor isolierter Gewässersysteme ermöglicht einen überregionalen Austausch aquatischer Organismen (siehe Kap. 3.2.2.5).

**Natürliche Störungsstandorte**: Wasserstandsschwankungen, Treibgut und Eisgang verursachen eine Vielzahl offener Standorte, die günstige Ansiedlungsmöglichkeiten bieten, etwa Sedimentationsstellen, Sand- und Kiesbänke sowie Ufer- und Geländeanrisse. Gewässer und Auen sind daher die naturnahen Lebensraumtypen mit den meisten nichteinheimischen Arten (Kornas & Medwecka-Kornas 1967, Lohmeyer & Sukopp 1992).

**Anthropogene Veränderungen**: Verschiedene Maßnahmen wie das Zurückdrängen der Auenwälder, Uferbefestigungen und die Veränderungen von Gewässerdynamik und -chemismus haben eine gemeinsame Wirkung: Sie verändern die Konkurrenzbedingungen für vorhandene Arten und begünstigen neue Arten (Müller 1995). Das Indische Springkraut (*Impatiens glandulifera*) besiedelt beispielsweise zwar auch naturnahe Gewässerränder, wird jedoch durch Uferverbauung und Gewässereutrophierung gefördert (Kopecký 1967). Auch die Goldruten haben sich nach verschiedenen Eingriffen in die Hydrologie im Oberrheingebiet stark ausgebreitet (Hügin 1962). In Gewässerabschnitten, die durch Abwassereinleitung erwärmt sind, können sogar als Aquarienpflanzen entsorgte tropische Wasserpflanzen überdauern (Hussner & Lösch 2005). In Ungarn kam die tropisch-subtropische *Cabomba caroliana* zunächst nur in Thermalwasser vor, breitet sich aber seit Ende der 1990er-Jahre auch in Kanälen stark aus, was als Folge der Klimaerwärmung verstanden wird (Király et al. 2008).

Da Oberläufe von Fließgewässern und ihr Umfeld meistens naturnäher als Mittel- und Unterläufe sind, steigt der Anteil nichteinheimischer Arten an der Uferflora meist von der Quelle zur Mündung, wie das Beispiel der Eifel-Rur zeigt (Abb. 50). Innerhalb der Aue bestimmt die Überschwemmungsdauer die Verbreitungsmuster vieler Neophyten.

Einjährige Arten konzentrieren sich auf offene, vom Frühjahrshochwasser freigegebene Stellen und sind häufig bestandsprägend in der Pioniervegetation (Polygono-Chenopodietum). Dies scheint ein gutes Beispiel für die Einfügung nichteinheimischer Arten in vorhandene Lebensgemeinschaften zu sein, da einheimische Arten hierdurch nicht zu-

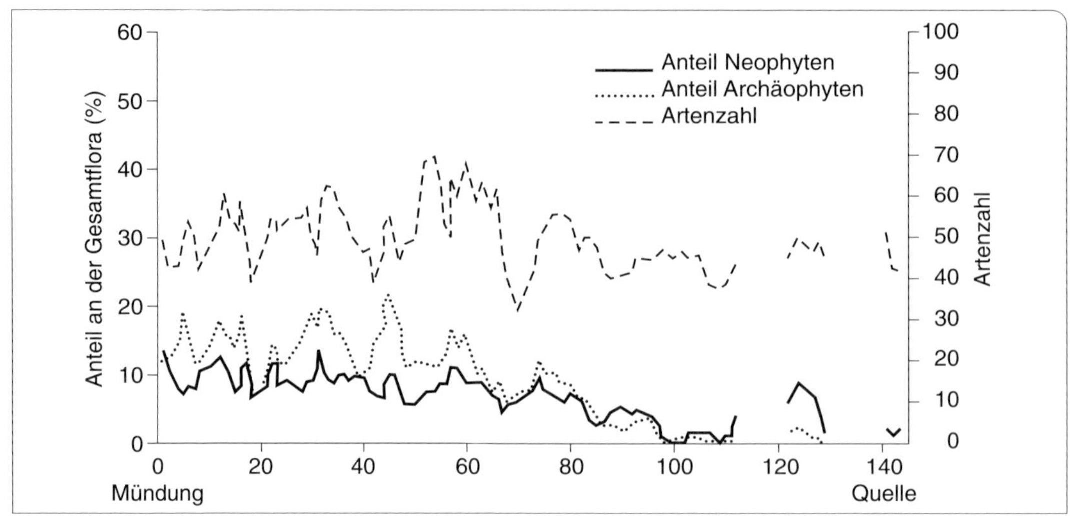


**Abb. 50** Steigender Anteil von Archäophyten und Neophyten an der Uferflora der Eifel-Rur von der Quelle im Hohen Venn (= 145) bis zur Mündung in die Maas (= 0; nach Kasperek 1999).

rückgehen (Lohmeyer & Sukopp 1992, Schmitz 2002). In jüngerer Zeit haben Arten zugenommen, die ihre Photosynthese nach dem $C_4$-Modus betreiben und dadurch von höheren Temperaturen profitieren (Schmitz 2006). Immer wieder wird von der Ausbreitung neuer Arten berichtet, so von *Xanthium saccharatum* an Rhein und Mosel, *Impatiens capensis* an Mosel, Rhein und Lahn sowie *Artemisia annua*, *Eragrostis albensis*, *E. multicaulis* und *E. muricata* an der Elbe (Wisskirchen 1989, Fischer & Krausch 1993, Brandes & Sander 1995, Scholz 1995a, 1995b, Sommer 1995).

In der durch ausdauernde einheimische Gräser und Stauden geprägten Gewässerrandvegetation kommen weniger Neophyten vor, jedoch häufig in großen Beständen. Als Besonderheit wächst die einjährige *Impatiens glandulifera* auch innerhalb der ausdauernden Vegetation, wo sich auch verschiedene *Aster*-Arten als überflutungsresistent erwiesen haben. *Helianthus tuberosus*, *Fallopia*- und vor allem *Solidago*-Arten bevorzugen dagegen höher gelegene Stellen (Kopecký 1967, Schwabe & Kratochwil 1991, Lohmeyer & Sukopp 1992). Meist wachsen diese Arten in Ersatzgesellschaften von Auenwäldern, sodass die Erkenntnis von Moor (1958: 261) immer noch gelten dürfte: „Das sicherste Bekämpfungsmittel bleibt ... die Beschattung“.

### 6.4.1 Wasserpestarten (*Elodea canadensis*, *E. nuttallii*)

**Einführung und aktuelle Vorkommen**: In Mitteleuropa sind zwei nordamerikanische Wasserpestarten weit verbreitet: *Elodea canadensis* und *E. nuttallii.* Sie kommen in künstlichen und natürlichen Stillgewässern, in Gräben und in langsam fließenden Bächen und Flüssen vor. *E. nuttallii* besiedelt auch schnell fließende Gewässer (Wolff 1980).

Die Kanadische Wasserpest (*E. canadensis*) trat zum ersten Mal 1836 in Irland auf und gelangte von dort in botanische Gärten Deutschlands. Gegen 1859 wurden Pflanzenteile aus dem Berliner Botanischen Garten in nahe gelegene Gewässer ausgesetzt. Dies war der Beginn einer rasanten Ausbreitung, die schnell die mit Kanälen verbundenen Flusssysteme von Havel und Oder erfasst hat (Bolle 1865). Die Art ist heute weit verbreitet (Kohler 1995).

Etwa 100 Jahre später 1939 wurde *E. nuttallii* in Belgien bemerkt, 1953 in Münster. Die Art wurde zunächst im nordwestdeutschen Tiefland gefunden, hat sich aber wahrscheinlich unbemerkt auch in Südwestdeutschland seit 1960 ausgebreitet und inzwischen den Osten Deutschlands und auch Bayern erreicht. *E. canadensis* hat einen Schwerpunkt in meso- bis eutrophen Gewässern, *E. nuttallii* in eu- bis hypertrophen. An vielen Orten tritt *E. nuttallii* heute anstelle von *E. canadensis* auf (Wolff 1980, Vöge 1995, Kohler 1995, Kummer & Jentsch 1997, Tremp 2001, Anastasiu et al. 2008).

**Erfolgsmerkmale**: Die rasche Ausbreitung der *Elodea*-Arten vollzieht sich in Europa nur durch vegetative Vermehrung. Aus kleinsten Sprossteilen entstehen neue Pflanzen. Sprossteile werden mit fließendem Wasser, dem Schiffsverkehr und mit Wasservögeln weit transportiert. Sicher stützen sekundäre Ausbringungen durch Liebhaberbotaniker oder Aquarianer, die sich überflüssiger Wasserpflanzen entledigen wollen, den Ausbreitungserfolg. Ungewollt werden *Elodea*-Arten auch mit Pflanzmaterial anderer Wasserpflanzen ausgebracht.

Nach einem Jahrhundert rasanter Ausbreitung ist bei *E. canadensis* bereits ein Rückgang zu verzeichnen. Dies ist auf den Britischen Inseln schon etwa 50 Jahre nach den Erstfunden beobachtet worden. Bislang ist unklar, ob die sich weiter ausbreitende *E. nuttallii* die zuvor eingeführte Schwesterart verdrängt. Denkbar ist auch, dass natürliche Gegenspieler inzwischen *E. canadensis* als Nahrungsquelle erschlossen haben, etwa Nematoden, die an den Vegetationspunkten fressen. Als weitere Rückgangsursache kommen gewässerchemische Veränderungen in Frage. In ursprünglich oligotrophe Gewässer dringt *E. canadensis* erst nach deren Verunreinigung ein. Sie ist hier *E. nuttallii* überlegen, da sie Nährstoffe wie Phosphat besser verwerten kann. Allerdings könnte durch Nährstoffentzug auch eine Mangelsituation entstehen, die den Bestand der Wasserpestpopulation begrenzt. Auf der anderen Seite wird *E. canadensis* durch eine weitergehende Gewässerverschmutzung benachteiligt, da *E. nuttallii* toleranter gegenüber Verunreinigungen ist. Sie überlebt sogar Ammoniumkonzentrationen von bis zu 27,2 Milligramm pro Liter und wird durch stärkere Gewässerverunreinigungen indirekt begünstigt (Wolff 1980, Münch 1989, Lohmeyer & Sukopp 1992, Kohler 1995, Tremp 2001).

Sofern ausreichend Nährstoffe vorhanden sind, wächst *E. nuttallii* schneller als ihre Schwesterart. Ihre besonderen Wuchsmerkmale (zurückgekrümmte und gedrehte Blätter) könnten sie zusätzlich begünstigen, da sie hiermit das Licht in getrübtem Wasser und in größerer Tiefe besser nutzen kann (Kundel 1990, Tremp 2001). Sie wächst auch bei niedrigen Temperaturen und bei wenig Licht in planktongetrübten Gewässern, und zwar bis zu einer Tiefe von 13 Metern. Zwei bis sechs Jahre nach dem Erstnachweis in Hamburger Gewässern konnte Vöge (1993) bereits Dominanzbestände nachweisen.

**Problematik:** Die Ausbreitung der Kanadischen Wasserpest hat im vergangenen Jahrhundert hohe Wellen geschlagen. Man befürchtete, sie werde Wasserläufe verstopfen, einheimische Wasserpflanzen verdrängen sowie den Schiffsverkehr, den Fischfang und die Teichwirtschaft behindern (Bolle 1865, Seehaus 1870). Nach der Einschätzung von Sukopp (1995) sollten die umfangreichen Bekämpfungsmaßnahmen des „grünen Gespenstes“ (Hermann Löns) auch von landeskulturellen Problemen ablenken. Die starke Biomasseentwicklung der *Elodea*-Arten verändert sicher die quantitative Zusammensetzung limnischer Lebensgemeinschaften. Ob dies jedoch zum Artenrückgang führt, ist fraglich. So ergab eine Untersuchung von 608 Fließgewässerabschnitten im Oberrheingebiet, dass in Bereichen mit hohen Deckungsgraden von *Elodea nuttallii* mehr Wasserpflanzen vorkommen als in Gewässerabschnitten, in denen der Neophyt weniger dominant ist. Offensichtlich ist der Umfang des Nischenangebots innerhalb der untersuchten Gewässersysteme für die Vielfalt an Wasserpflanzen bedeutsamer als die Dominanz von *Elodea* (Tremp 2001).

Wie früher bei *E. canadensis* sind heute bei *E. nuttallii* ökonomisch relevante Beeinträchtigungen, beispielsweise der Teichbewirtschaftung, anzunehmen. Im saarländischen Bostalstausee wurde 1981/82 der Bade- und Segelbetrieb durch Massenbestände von *E. nuttallii* lahm gelegt (Kummer & Jentsch 1997). Trotz der über 100-jährigen Ausbreitungsgeschichte von *Elodea*-Arten mangelt es jedoch an umfassenden Analysen der hiermit verbundenen ökologischen und ökonomischen Folgen.

**Steuerungsmöglichkeiten:** Die Wasserpestarten können am besten zurückgedrängt werden, indem die anthropogene Eutrophierung potentiell oligo- bis mesotropher Gewässer zurückgeführt wird. In eu- bis polytrophen Gewässern dürften beide Arten dagegen auf Dauer fest etabliert sein. Mechanische Maßnahmen zur Räumung von Fließgewässern müssen periodisch wiederholt werden. Als Alternative bietet sich der Aufbau bachbegleitender Gehölzbestände an, deren Schatten den Aufwuchs von Wasserpflanzen allgemein vermindert. Im Bostalstausee haben ausgesetzte Chinesische Graskarpfen (*Ctenopharyngodon idella*) *E. nuttallii* zurückgedrängt (Kummer & Jentsch 1997). Im Hannoveraner Maschsee sollten 18 000 Graskarpfen Armleuchteralgen zurückdrängen, die den Wassersport behinderten. Dies gelang, jedoch füllte *E. nuttallii* die Lücken trotz des Weidedruckes der Karpfen so schnell, dass die Situation schlimmer war als zuvor (Weber-Oldekop 1976). Erfolg versprechend soll das Ablassen und winterliche Ausfrieren von Weihern sein, das auch der Verlandung entgegenwirkt (Seehaus 1992, Zintz & Poschlod 1996).

**Diskussion:** Die Bewertung der ökologischen Folgen der *Elodea*-Arten ist schwierig. Die Auswirkungen sind im Einzelnen ungeklärt, vor allem hinsichtlich ihrer Dauerhaftigkeit. Veränderungen durch Dominanzbestände müssen nicht zur nachhaltigen Verdrängung anderer Arten führen (Wolff 1980, Tremp 2001). Wasserpestarten werden auch als zusätzliche Nahrungsquelle von Vögeln und als Baumaterial von Köcherfliegenlarven genutzt. Nehmen sie den Platz anderer Arten ein, die durch Gewässerverunreinigungen oder andere anthropogene Eingriffe zuvor verdrängt worden sind, so sind sie nicht Ursache, sondern Symptom unerwünschter Umweltveränderungen. Ihr Auftreten kann in solchen Situationen sogar positiv bewertet werden, da sie die biologische Selbstreinigung belasteter Gewässer stärken und auch der Tierwelt Nahrungsgrundlagen bieten. Können die Ursachen des Ausbreitungserfolges der *Elodea*-Arten nicht beseitigt werden (z. B. in eutrophen Fischteichen), sind Gewässerräumungen als Teil der Gewässerpflege in Kauf zu nehmen. Werden Graskarpfen zur Bekämpfung eingesetzt, so sind deren unerwünschte Nebenwirkungen abzuwägen (Korte & Lelek 1996).

### 6.4.2 Indisches Springkraut (*Impatiens glandulifera*)

**Herkunft, Einführung und Verwendung:** Das Indische Springkraut stammt aus dem westlichen Himalaja (Kaschmir bis Nepal), wo es in Höhen zwischen 1600 und 4300 Metern an Gewässerrändern, in Auen und auch ruderal vorkommt. Es gelangte 1839 als Zierpflanze nach England und wurde von dort in viele europäische Gärten gebracht (Adamowski 2008). Noch heute ist es eine beliebte Gartenpflanze („Bauernorchidee"). Wegen seiner Massentracht im Hochsommer ist es besonders für Hummeln und auch für Honigbienen attraktiv (von Hagen 1991). Ansaaten durch Imker brachten die Art auch auf viele siedlungsferne Standorte.

**Aktuelle Vorkommen**: *I. glandulifera* kommt heute im gesamten Mittel- und Westeuropa vor, wobei sich eine großflächige Ausbreitung erst in der zweiten Hälfte des 20. Jahrhunderts vollzogen hat (Hartmann et al. 1995). Für Tschechien ist die Ausbreitungsgeschichte gut bekannt (Abb. 27). Der rapide Anstieg der Vorkommen in den letzten Jahrzehnten wurde auch durch Ansaaten und anthropogen verschleppte Diasporen begünstigt. Die mitteleuropäischen Hauptvorkommen bestehen auf Standorten mit guter Feuchtigkeits- und Nährstoffversorgung, also an Gewässern und in Auen. *Impatiens* wächst hier, vom Halbschatten bis zur vollen Sonne, auf Kiesbänken, frischen Sedimentationsstellen und anderen Störungsstandorten, kommt aber auch in dicht geschlossenen Uferstaudengesellschaften, Feuchtwiesen, Grabenrändern und in lichten, halbschattigen Auenwäldern und Forsten vor. Daneben wächst die Art vereinzelt ruderal im Siedlungsbereich, in Straßengräben sowie an Waldwegen und Waldinnenrändern. Die größten Dominanzbestände finden sich an größeren Flüssen und an Bächen in Mittelgebirgen; in den Alpen bis etwa 1000 Meter (Kopecký 1967, Görs 1974, Schwabe 1987, Lohmeyer & Sukopp 1992, Beerling & Perrins 1993, Pyšek & Prach 1993, Pyšek 1995, Hartmann et al. 1995, Drescher & Prots 1996, Hulme & Bremner 2005).

**Erfolgsmerkmale**: *I. glandulifera* ist ein Musterbeispiel eines Neophyten, dessen Ausbreitungserfolg aus dem Ineinandergreifen kultureller und natürlicher Mechanismen resultiert. Als beliebte Gartenpflanze wird das Indische Springkraut in vielen Gärten und Parkanlagen angesät, als Bienenfutterpflanze auch außerhalb von Siedlungen, beispielsweise an Waldrändern und Gewässerufern. Hartmann et al. (1995) fanden viele Bestände in der Nähe stationärer Bienenhäuser. Daneben können Samen mit Gartenabfall und auenbürtigem Bodenmaterial verfrachtet werden. Durch wasserbauliche Erdarbeiten werden so „Wanderungen" auch gegen die Fließrichtung möglich. In Wäldern können große Populationen entstehen, wenn beim Bau von Waldwegen ausgebaggerter Auenkies verwendet wird (Adolphi 1995, Hartmann et al. 1995, Pyšek & Prach 1993, Schepker 1998).

Aus anthropogenen Bestandsbegründungen können sich unter günstigen Bedingungen (gute Wasserversorgung, insbesondere auf voll besonnten Standorten) schnell größere Populationen bilden, die jedoch häufig fluktuieren (Kasperek 2004). Als einjährige Art produziert *I. glandulifera* während einer über etwa drei Monate reichenden Blüte- und Fruchtzeit bis zu 2500 Samen pro Pflanze. In einem Reinbestand sind dies etwa 32 000 Samen pro Quadratmeter. Die Samen keimen bereits im folgenden Frühjahr, können aber mehrere (eventuell sechs) Jahre im Boden überdauern, sodass sich Dominanzbestände beim Wechsel zwischen günstigen (Feuchtigkeit) und ungünstigen Bedingungen (Trockenheit, Spätfrost, längere Überflutungen) schnell neu bilden können (Koenies & Glavac 1979).

Mit dem Aufspringen der Fruchtkapsel werden die Samen aus einer Höhe von 2 Metern bis zu 7 Meter weit geschleudert. Hierdurch können aus einem einzigen Individuum bereits im Folgejahr dichte Populationen entstehen. Gelangen die Samen in Fließgewässer, beispielsweise aus bachnahen Gärten, ist eine Fernausbreitung möglich. Dabei sinken die Samen rasch ab und werden wie das Geschiebe im Flussbett transportiert. Dieser Transportweg führt zu neuen Populationsbegründungen, wenn die Samen im Überflutungsbereich abgesetzt werden (Lhotska & Kopecký 1966). Günstige Etablierungsstandorte wie Störungsstellen am Ufer und frische Sedimentationsstellen kommen natürlicherweise in Auen vor, sind in ihrer Anzahl aber durch menschliche Störungen (z.B. Uferverbau und Aufschüttungen) erhöht und zum Teil auch besser nutzbar geworden. Dazu gehören: eine erhöhte Lichtversorgung durch Auflockerung, Beseitigung oder Umwandlung der Auenwälder in Pappelforste und die Gewässereutrophierung (Hügin 1962, Kopecký 1967, Görs 1974, Hartmann et al. 1995).

Gärtnerische Ansaaten waren der Ausgangpunkt für die Besiedlung vieler Flussufer. So wurde die obere Weser von den Nachkommen weniger Pflanzen besiedelt, die etwa um 1923 an Zuflüssen der Eder und der Fulda ausgebracht worden waren (Preywisch 1964). Da Imkeransaaten meist nicht dokumentiert werden, sind natürliche und anthropogen begründete Vorkommen in Auen schwer zu unterscheiden. Eine Fernausbreitung auf natürlichem Wege erfolgt effektiv nur über das Wasser, sodass bei Vorkommen außerhalb des Überschwemmungsbereiches von Fließgewässern eine zumindest initiale anthropogene Bestandsbegründung durch Ansaat oder verschleppte Diasporen anzunehmen ist.

Dass *I. glandulifera* als Therophyt frische Sedimentationsstellen besiedelt, überrascht wenig. Erstaunlich dagegen ist ihre Fähigkeit, sich in dichter Hochstaudenvegetation zu etablieren. Abb. 51 veranschaulicht das Erfolgsgeheimnis: Es besteht in einer Kombination aus Schattentoleranz, die ein spätes Keimen in bereits aufwachsenden Brennnesselbeständen erlaubt, mit einem, alle einheimischen Annuellen übertreffenden Höhenwachstum bis etwa 2,5 Meter. Damit ist *I. glandulifera* der höchstwüchsige einjährige Neophyt in Europa. Je tiefer der Schatten reicht, desto schneller wachsen die jungen Pflanzen in die Höhe. Bereits im Juli können Brennnessel, Rohrglanzgras und andere Stauden überwachsen sein. *Impatiens* bestimmt nun den Aspekt, ohne allerdings die übrigen Arten zu verdrängen. Die Konkurrenz mit anderen Arten stimuliert die Entwicklung ihrer Blattmasse, wovon auch die Samenproduktion profitiert (Koenies & Glavac 1979).

Bei einem Ansaatversuch mit Material aus verschiedenen europäischen Populationen zeigten sich Unterschiede in verschiedenen Wachstumsparametern, was auf eine evolutive Differenzierung innerhalb europäischer Populationen hindeutet (Kollmann & Bañuelos 2004). Bei diesem Versuch wurde erstmals auch eine Virusinfektion bei *I. glandulifera* festgestellt, die zur Reduzierung der Biomasse führt, wobei der geographische Ursprung der Pflanzen keine wesentliche Rolle spielt (Abb. 52).

**Problematik**: *Impatiens*-Vorkommen haben in weiten Teilen Mittel- und Westeuropas innerhalb weniger Jahrzehnte stark zugenommen (Abb. 27 für Tschechien). In Baden-Württemberg gab es 1976 Nachweise aus 24, 1989 aus 127 von insgesamt 174 Messtischblättern (Hartmann et al. 1995). In Niedersachsen verdoppelten sich die Nachweise für Messtischblattquadranten beinahe in 16 Jahren (Tab. 45). Aus der Auffälligkeit der Art wird wohl oft auf nachhaltige ökologische Folgen geschlossen. Disko (1996) spricht von „Monokulturen“ und sieht eine „landesweit sich anbahnende Ökokatastrophe“. In Großbritannien wird die Verdrängung einheimischer Vegetation befürchtet (Beerling & Perrins 1993), und auch in Deutschland wird *I. glandulifera* als problematischer Neophyt bekämpft (Tab. 70 und 72).

Hinsichtlich möglicher Auswirkungen scheint der auffällige Hochsommeraspekt von *I. glandulifera* wie bei keinem anderen Neophyten fragliche Ferndiagnosen auszulösen. Bei näherem Hinsehen wird sich vielerorts

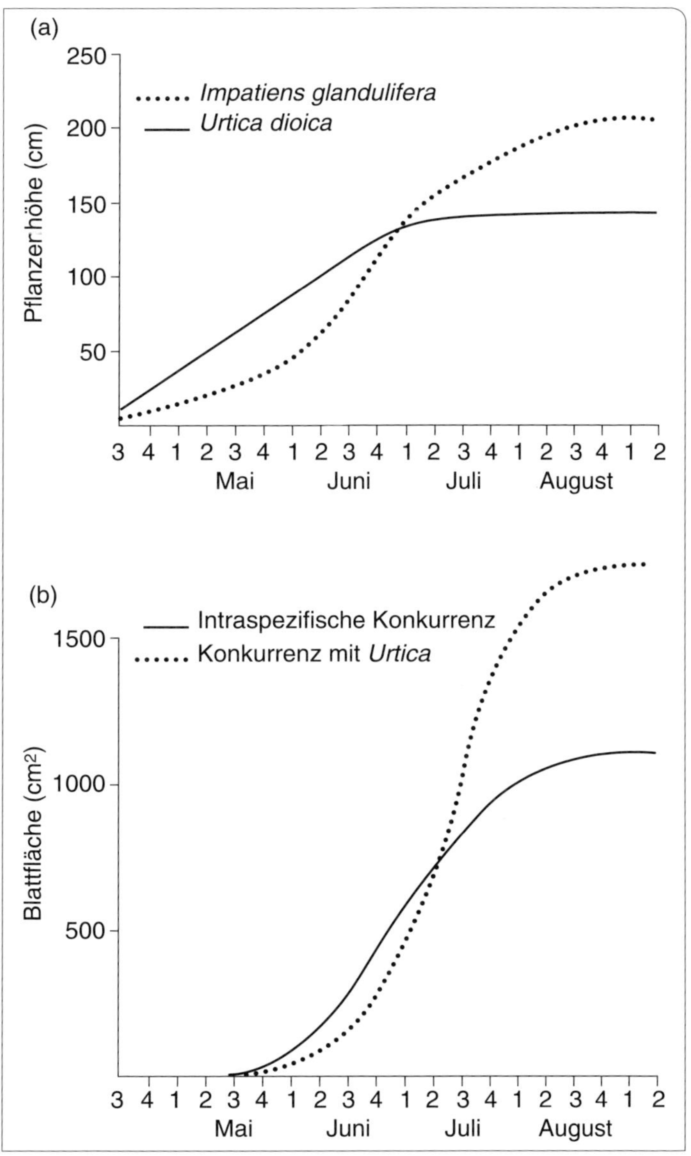


**Abb. 51** Schattentoleranz und Höhenwachstum als Schlüsselfaktoren für die Einfügung des einjährigen Indischen Springkrautes (*Impatiens glandulifera*) in die ausdauernde Uferstaudenvegetation (Brennesselbestände) der Fuldaaue: a) Verlauf des Höhenwachstums von *Impatiens* und *Urtica dioica*; b) Entwicklung der Blattfläche von *Impatiens* in Reinbeständen sowie in Konkurrenz zu *Urtica* (nach Koenies & Glavac 1979).

herausstellen, dass die *Impatiens*-Bestände als zusätzlich etablierte Vegetationsschicht dominieren, die entweder an zuvor vegetationsfreien Wuchsorten (z. B. frische Sedimentationsstellen) oder über der vorhandenen Vegetation aufgebaut worden sind (Abb. 51). Selbstverständlich bleibt dies ökologisch nicht folgenlos, da der Lichtentzug die photosynthetische Aktivität der beschatteten Uferstauden oder Waldbodenpflanzen hemmt und auch die Bedingungen für Tiere verändert. Aus Großbritannien wurden Verdrängungseffekte in Massenbeständen berichtet. Ein Ausreißen führte zu deutlich erhöhten Artenzahlen im nächsten Jahr (Hulme & Bremner 2005). Hejda & Pyšek (2006) ver-

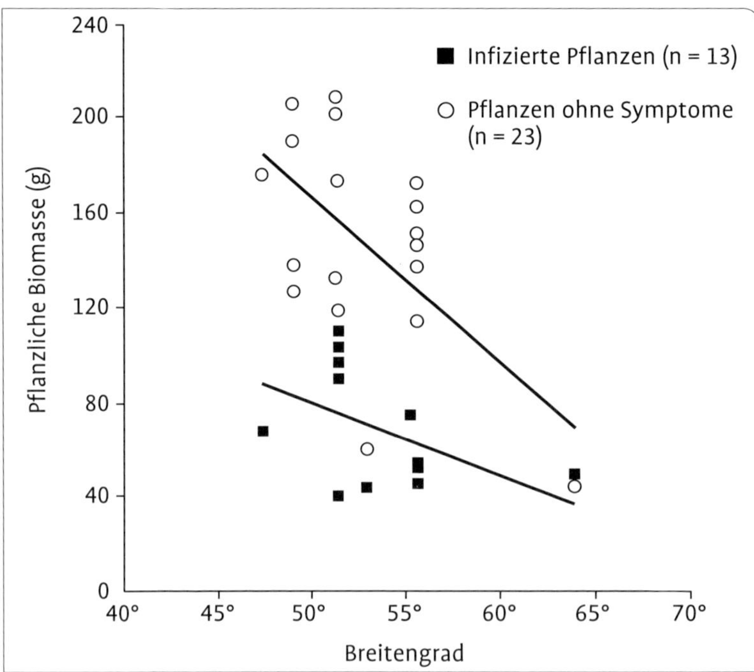


**Abb. 52** Biomasse von *Impatiens glandulifera*-Pflanzen, die aus unterschiedlichen Gebieten Europas stammen und unter denselben Bedingungen eines Gartens kultiviert wurden. Die Lage der Herkunftsgebiete (Breitengrad) hat Einfluss auf die Biomasse, jedoch nicht auf die Virusinfektion, die allgemein zu einer reduzierten Biomasse führt (nach Kollmann et al. 2007a).

weisen allerdings auf möglicherweise kurzfristige Effekte des Angebots offener Störungsstellen, die nur vorübergehend die Artenvielfalt fördern, aber dann durch die zu erwartende Dominanz nitrophiler Arten wieder entfallen könnten. In Tschechien führten ähnliche Ausreißversuche zu keiner erhöhten Artenzahl. Vergleichsuntersuchungen besiedelter und unbesiedelter Standorte ergaben vielmehr keine oder nur zu vernachlässigende Auswirkungen von *I. glandulifera* (Hejda & Pyšek 2006, Hejda et al. 2009). Wie erwartet (Kopecký 1967, Lohmeyer & Sukopp 1992, Pyšek 1995) sind ihre Auswirkungen wesentlich geringer als die anderer Neophyten (Abb. 53). In längerer zeitlicher Perspektive, die mit solchen Analysen meist nicht abgedeckt wird, führt die Fluktuation im Auftreten von Massenbeständen zu einer weiteren Relativierung der ökologischen Folgen: Wuchsplätze sowie der hier erzielte Deckungsgrad können von Jahr zu Jahr stark schwanken (Koenies & Glavac 1979, Kasperek 2004). Insofern deutet vieles darauf hin, dass wir hier eher einem Beispiel einer Einfügung eines Neophyten in die vorhandene Vegetation gegenüberstehen, das zwar mit auffälligen strukturellen und phänologischen Veränderungen einhergeht, aber dennoch die Koexistenz der einheimischen Arten ermöglicht.

Die Veränderung des Raumwiderstandes und des Blütenangebotes beeinflusst auch die Tierwelt. Für verschiedene Nahrungsgilden, insbesondere für Blütenbesucher, wird dies überwiegend positiv beurteilt (siehe Kap. 7.2.1 und Tab. 54). Ob der starke Blütenbesuch bei *I. glandulifera* die Samenproduktion anderer Pflanzen unter Freilandbedingungen vermindert, wie dies Chittka & Schürkens (2001) im Versuch mit *Stachys palustris* feststellten, wäre weitere Untersuchungen wert.

Als problematisch gelten Massenvorkommen in Forsten, die sich negativ auf die Naturverjüngung der Bäume auswirken sollen

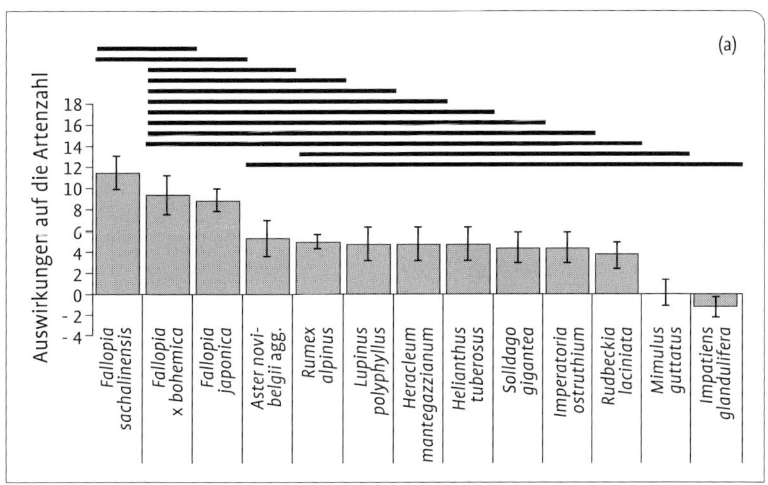


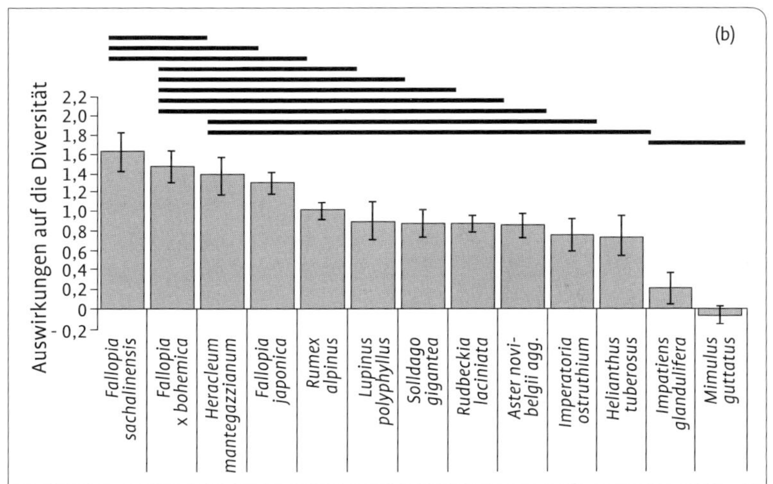


**Abb. 53** Auswirkungen von 13 Neophyten auf (a) die Artenzahl und (b) die Diversität (Shannon-Index) der Begleitvegetation, dargestellt durch einen Vergleich von Beständen mit und ohne den jeweiligen Neophyten (n = 10). Die Linien oberhalb der Säulen verbinden Gruppen von Neophyten, die sich in ihren Auswirkungen nicht signifikant unterscheiden; Linien, die nicht überlappen, verbinden Artengruppen, die sich in ihren Auswirkungen unterscheiden (nach Hejda et al. 2009).

(Hartmann et al. 1995). Genauere Untersuchungen liegen hierzu nicht vor. Ob *Impatiens* wegen fehlender Wurzelfestlegung zur Ufererosion beiträgt (Hartmann et al. 1995) ist zweifelhaft, da die Dominanzbestände meist auf zuvor entblößten oder neu entstandenen Wuchsorten oder innerhalb ausdauernder Vegetation wachsen. Im norddeutschen Tiefland spielen wasserwirtschaftliche Probleme kaum eine Rolle (Tab. 72).

**Steuerungsmöglichkeiten**: Als einjährige Art ist *I. glandulifera* einfacher als Geophyten wie *Fallopia* und *Solidago* zu bekämpfen. Hartmann et al. (1995) haben verschiedene Bekämpfungsmöglichkeiten in Baden-Württemberg untersucht: Mähen mit Abtransport des Mähguts, Schwaden (gemähte Pflanzen liegenlassen) und Mulchen (zerkleinerte Pflanzen liegenlassen). Für den Erfolg ist die Terminierung wichtiger als die Art der Maßnahme. Empfohlen wird das Zeitfenster zwischen beginnender Blüte und einsetzender Fruchtbildung. Bei früherer Mahd können sich neue Keimlinge etablieren, oder im Wachstum zurückgebliebene Pflanzen werden übergangen. Mäht man später, kommt es durch die effektive Samenbildung zu einer Erneuerung der Population.

In Uferbereichen haben sich Freischneider bewährt, auf befahrbaren Flächen Mulchgeräte. Es sollte so tief wie möglich geschnitten werden. Das Mähgut kann liegen bleiben. Wichtig ist gründliches Arbeiten sowie eine Kontrolle nach einigen Wochen, da sich zu hoch gemähte oder nur umgeknickte Pflanzen schnell regenerieren können. Im Nahbereich von Gehölzen ist Handarbeit notwendig. Dies gilt auch für Maßnahmen in Wäldern. Hier kommt das besonders arbeitsaufwändige Ausreißen der Pflanzen kurz vor der Blüte in Frage, das bei gründlicher Arbeit auch zum Erfolg führt.

Mit der Bekämpfung soll die Bildung neuer Samen verhindert werden. Dies führt nur zum nachhaltigen Erfolg, wenn von anderen Gebieten keine neuen Samen eingetragen werden, beispielsweise mit Hochwasser. Ansonsten geraten Bekämpfungen leicht zur Dauerpflege. Mit den Maßnahmen sollte daher im oberen Einzugsbereich von Fließgewässern begonnen werden. In den Folgejahren muss gegebenenfalls nachgearbeitet werden, da sich neue Populationen auch aus der Samenbank bilden können. Nach Beobachtungen von Hartmann et al. (1995) spielt der Neueintrag von Diasporen allerdings eine größere Rolle.

Angesichts ihrer Häufigkeit ist es völlig aussichtslos, *I. glandulifera* „bis zur letzten Pflanze“ auszurotten, wie es Disko (1996) wohl in Unkenntnis von Biologie und Folgen dieses Neophyten fordert. Mehr als fraglich ist es, ob die bekannten ökologischen Folgen tatsächlich schwerwiegende Konflikte mit Naturschutzzielen auslösen. Weniger als der Artenschutz könnte das Landschaftsbild betroffen sein, indem bestimmte Lebensräume durch die Etablierung des Indischen Springkrauts ihr Erscheinungsbild verändern. So könnte mit einer Bekämpfung versucht werden, das traditionelle Erscheinungsbild ausgewählter Naturschutzgebiete – oder Teile davon – zu bewahren. In unbesiedelten Gebieten sollten Neuansiedlungen durch Aufklärungsarbeit beschränkt (Zielgruppe: Imker, bachnahe Gärtner, Beteiligte am Wasser- und Waldwegebau) und erste Populationsbegründungen rückgängig gemacht werden. Ist die Art schon häufig, sind Gegenmaßnahmen allerdings wenig Erfolg versprechend. Große Bestände sind daher, wenn nicht wegen ihrer Schönheit, so doch im Wissen um mangelnde Alternativen zu akzeptieren.

### 6.4.3 Herkulesstaude (*Heracleum mantegazzianum*)

**Herkunft, Einführung und Verwendung**: Die Herkulesstaude (= Riesen-Bärenklau) stammt aus dem westlichen Kaukasus, wo sie in Hochstaudenfluren entlang von Flüssen und Bächen, an Waldrändern und -verlichtungen und in subalpinen Wiesen und Hochstaudenfluren in Höhen zwischen 50 und 2000 Metern wächst (Otte et al. 2007). Sie wurde 1890, möglicherweise auch früher, nach Europa eingeführt und findet bis heute als Zierpflanze in Gärten und Parks Verwendung. Daneben wird sie wegen ihres Blütenreichtums und der Ausbildung von Massenbeständen als Trachtpflanze für Honigbienen empfohlen und vielfach auch in der freien Landschaft angesät. Trotz begrenzter Eignung wird sie von Jägern als Deckungspflanze sowie zur Böschungssicherung eingesetzt (Hartmann et al. 1995, Schepker 1998).

**Aktuelle Vorkommen**: *Heracleum mantegazzianum* ist heute in Europa von Zentralrussland bis Frankreich und die Britischen Inseln, von Norwegen bis Ungarn und von den Alpentälern bis zur Küste weit verbreitet (Jahodová et al. 2007). Spontane Vorkommen bestehen auf einem breiten Spektrum anthropogener und naturnaher Standorte: an großen und kleinen Fließgewässern, am Rand von Verkehrswegen, im Saum von Hecken und Waldrändern, in Waldverlichtungen, Kahlschlägen und Schonungen sowie auf brachgefallenen und selbst auf bewirtschafteten Wiesen und Äckern, in Gärten und Parkanlagen sowie auf Halden und Ruderalstandorten (Pyšek 1991, 1994, Pyšek & Pyšek 1995, Hartmann et al. 1995, Tiley et al. 1996, Schepker 1998, Thiele & Otte 2006, Thiele et al. 2007). Als weitere invasive *Heracleum*-Arten kommen *H. sosnowskyi* und *H. persicum* vor allem in Polen und dem Baltikum bzw. in Skandinavien vor (Jahodová et al. 2007).

Wie in Böhmen (Abb. 27) wurden vielerorts zunächst die Ufer von Fließgewässern und erst später gewässerferne Standorte besiedelt (Hartmann et al. 1995). Große Populationen bestehen heute vor allem an Straßenrändern und auch auf Grünlandbrachen, wo sich die Dominanzbestände häufen (Abb. 54). Ihre Zahl steigt in vielen Gebieten exponentiell – und stärker als bei anderen Neophyten an (Pyšek & Hulme 2005). So kam *Heracleum* 1980 in Niedersachsen in 47 Rasterfeldern vor; bis 1996 hat sich die Anzahl um 281 % auf 179 Felder erhöht. Die Herkulesstaude hat sich hier sehr viel stärker ausgebreitet als andere Neophyten (Tab. 45).

**Erfolgsmerkmale**: *H. mantegazzianum* ist eine zwei- bis mehrjährige Art, die ein oder zwei Jahre nach der Keimlingsetablierung zur Blüte gelangt, dabei stattliche Wuchshöhen bis etwa 3 Meter erreicht und dann abstirbt. Bei ungünstigen Bedingungen kann die Pflanze mehrere Jahre vegetativ überdauern. Maximal 12-jährige Pflanzen sind bekannt (Perglová et al. 2007). Durchschnittlich produziert eine Pflanze rund 21 000 Früchte, maximal gut 46 000 (Perglová et al. 2007). Solche großen **Diasporenmengen** sind für Pflanzen mit Pioniereigenschaften nicht überraschend, bilden jedoch durch das Zusammenspiel mit den folgenden zwei Faktoren die Basis eines ungewöhnlichen Ausbreitungserfolgs:

- der Fähigkeit zur natürlichen und anthropogenen Fernausbreitung und
- der vielfältigen Begründung von Initialpopulationen durch anthropogene Ausbringungen.

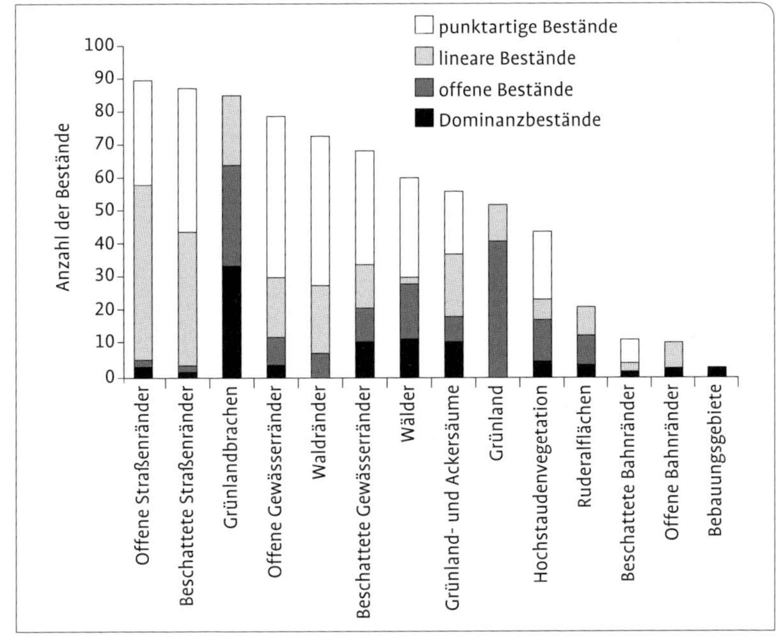


**Abb. 54** Vorkommen der Herkulesstaude (*Heracleum mantegazzianum*) in verschiedenen Lebensräumen. Eingeordnet wurden 738 Bestände, die in 20 Gebieten innerhalb Deutschlands aufgenommen wurden. Innerhalb der Lebensräume wurde unterschieden nach Dominanzbeständen (Deckung > 50 %), offenen Beständen (Deckung < 50 %), linearen Beständen (Breite < 1 m) und punktartigen Beständen (Fläche < 25 qm) (nach Thiele et al. 2007).

Die **natürliche Ausbreitung** von *H. mantegazzianum* vollzieht sich mit dem Wind, dem Wasser und gelegentlich epizoochor durch Tiere. Mit dem Wind werden bis 100 Meter (Ochsmann 1996), in den von Otte & Franke (1998) untersuchten Beständen nur 8 bis 10 Meter überbrückt. Die Hauptmenge der Samen verblieb hier im unmittelbaren Bereich der Mutterpflanze. Wachsen die Pflanzen am Gewässerrand, können wesentlich größere Distanzen überwunden werden, da die Diasporen 8 Stunden (Moracová et al. 2007) oder bis zu drei Tagen (Clegg & Grace 1974) schwimmfähig sind und mit Hochwasser im gesamten Auenbereich verteilt werden können. Dies erklärt die Ausbreitung entlang von Fließgewässern (Abb. 27). Doch wie kommt die Herkulesstaude als beliebte Gartenpflanze ans Ufer?

Eine Möglichkeit ist die Ausbreitung aus **bachnahen Gärten**. Schepker (1998) konnte die Vorkommen an der Auschnippe (Niedersachsen) auf eine einzige bachnahe Pflanze im Ortszentrum zurückführen (Abb. 55). Ihre Diasporen haben wahrscheinlich alle bachbegleitenden Populationen begründet. Vom Gewässerrand ausgehend wurden angrenzende Wiesen und Weiden, vereinzelt auch Äcker, Gebüsch- und Wegränder besiedelt. Die mittlere Entfernung vom Bach lag bei 30 Metern, maximal bei 110 Metern.

Auf einem brachgefallenen Acker sind etwa 2,5 Hektar bis zu 50 % mit *Heracleum* bedeckt. Auch auf mehrschürigen Mähwiesen und -weiden ist die Herkulesstaude etabliert und gelangt trotz Mahd und Tritt zur Blüte. Auf Maisfeldern kamen nur Keimlinge, auf anderen Getreidefeldern auch blühende Pflanzen vor. Diese Vorkommen außerhalb des Überschwemmungsbereiches der Auschnippe weisen darauf hin, dass Diasporen auch mit Fahrzeugen und landwirtschaftlichen Geräten ausgebreitet werden. Allgemein hat das **Brachfallen** von Landwirtschaftsflächen die Ausbreitung von *Heracleum* stark begünstigt (Thiele et al. 2007).

Eine landesweite Umfrage in Niedersachsen vermittelt einen Einblick in den Stellenwert **anthropogener Ausbreitungsvektoren** (Tab. 20): 18 % der problematischen *Heracleum*-Bestände sind demnach durch Ausbreitung aus Gärten entstanden, zu gleichem Anteil sind die Populationen mit Gartenabfall begründet worden, der *Heracleum*-Diasporen enthielt. Der Transport mit Boden spielt dagegen, anders als bei *Fallopia*, keine große Rolle (4 %). Wesentlich dürften Ansaaten die Ausbreitung auch abseits von Gewässern angekurbelt haben. 29 % der problematischen Bestände gehen in Niedersachsen direkt auf solche Ausbringungen zurück.

Anders als bei den bereits früher in der Imkerliteratur empfohlenen *Solidago* und *Impatiens glandulifera* wird zur **Ansaat** von *H. mantegazzianum* im Außenbereich erst seit Anfang der 1970er-Jahre massiv angeraten. Es ist daher wahrscheinlich, dass die verstärkte Zunahme in den letzten Jahrzehnten nicht ausschließlich aus natürlichen Wachstums- und Ausbreitungsprozessen resultiert, sondern zusätzlich durch Ausbringungen gestützt wird. Verantwortlich hierfür sind vor allem Imker, aber auch Jäger, die *H. mantegazzianum* als Bienenfutter- oder Deckungspflanze für das Wild ausbringen.

Böhm (1997) hat im Kleinen Deister, einem Buchenwaldgebiet bei Hannover, anthropogene Ausbringungen untersucht. Hier entstanden aus solchen Ansaaten große Populationen in fließgewässerfernen Gebieten, die *Heracleum* mit natürlichen Ausbreitungsvektoren nie erreicht hätte (Tab. 47). Die Untersuchung ergab auch, wie nach der sekundären Ausbringung anthropogene und natürliche Ausbreitungsvektoren zusammenwirken können (siehe Kasten auf S. 254).

Nach Ochsmann (1996) wurden in *Heracleum*-Beständen bis zu 2500 Diasporen pro Quadratmeter gefunden. Sofern sie dem Licht

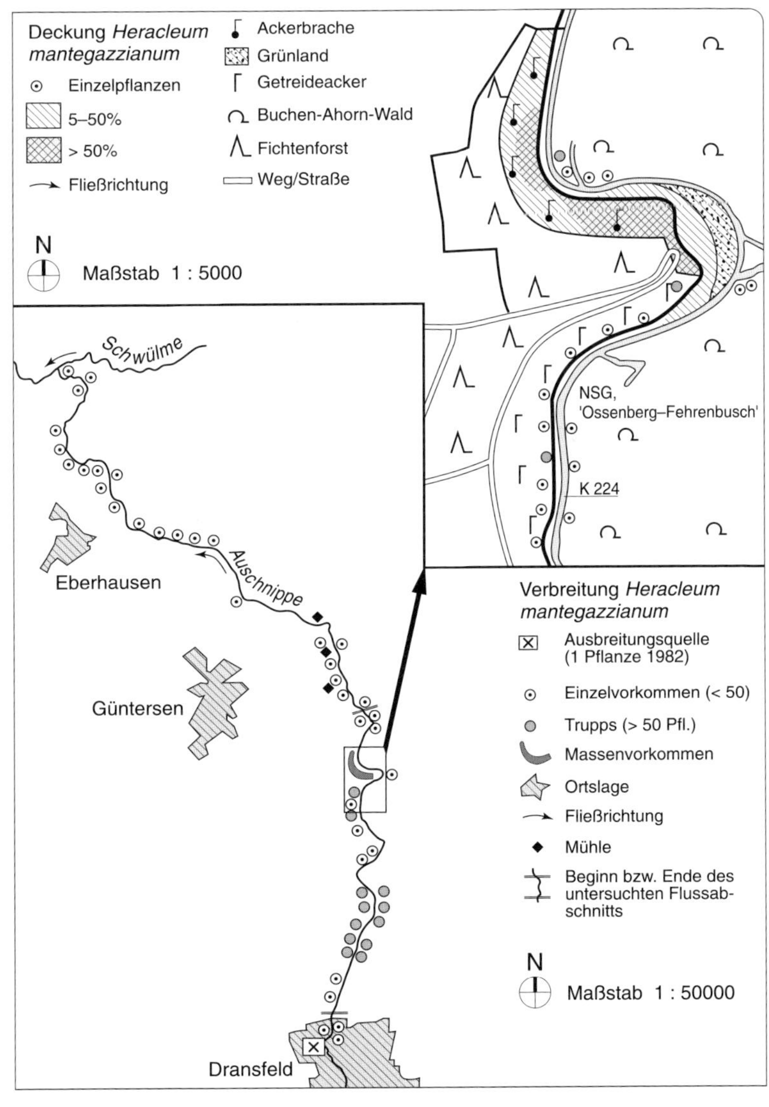


**Abb. 55** Vorkommen von *Heracleum mantegazzianum* an der Auschnippe (Lkr. Göttingen) im Sommer 1996. Als wahrscheinliche Ausbreitungsquelle konnte eine 1982 in einem bachnahen Dransfelder Garten wachsende Pflanze identifiziert werden (nach Schepker 1998).

ausgesetzt sind, gelangen sie im Frühjahr nach dem Samenfall meist zur Keimung, können jedoch auch eine wenigjährige **Diasporenbank** aufbauen (3-5 Jahre; andere Angaben sind nach Moravcová et al. 2007 übertrieben). Nach 7-jähriger Schafbeweidung traten keine neuen Keimlinge mehr auf (Andersen & Calov 1996). Die frühe und massenhafte **Keimung** (z. T. bereits Anfang bis Mitte Februar) sichert einen Etablierungsvorsprung vor potentiellen Konkurrenten. Eine hohe Mortalitätsrate lässt nur die stärksten Pflanzen bestehen. Ein- und mehrjährige Pflanzen erreichen bereits Anfang Mai eine **Wuchshöhe** von einem Meter Höhe und haben bis Ende Mai ein etwa 1,5 Meter hohes dichtes Blätterdach ausgebildet. Die fast waagerecht abstehenden Blätter absorbieren 80 % des einfallenden Lichtes. Ausgewachsene Pflanzen erreichen Ende Juni mit ihren mächtigen

**Tab. 47** Vorkommen von *Heracleum mantegazzianum* an unterschiedlichen Wegeverbindungen im Saupark Springe (Kleiner Deister). Maßeinheit eines Vorkommens ist ein mit *Heracleum* besetztes Quadrat mit einer Seitenlänge von 10 Metern, das von der Wegeverbindung mittig geteilt wird (nach Böhm 1997)

| Wegtyp | untersuchte Länge [m] | potenzielle *Heracleum*-Vorkommen | tatsächliche *Heracleum*-Vorkommen |
|---|---|---|---|
| **Hauptwege** (mehrere Kfz täglich, Spaziergänger häufig) | 7300 | 730 | 145 (19,9 %) |
| **Nebenwege** (2–3 Kfz monatlich, Spaziergänger selten) | 7700 | 770 | 4 (0,5 %) |
| **Fußwege** (Verbindungswege zwischen Hauptwegen, Spaziergänger gelegentlich) | 600 | 60 | 3 (5 %) |
| **Rückewege** (im Abstand von Jahren kurzzeitig für Holzeinschlag u. Durchforstung genutzt) | 270 | 27 | 5 (18,5 %) |
| **Wildwechsel** (vornehmlich Wildschweine) | 1050 | 105 | 13 (13,3 %) |

Blütenständen Höhen bis zu 3,2 Meter und sind damit wesentlich größer als einheimische Arten der gleichen Lebensform (Tappeiner & Cernusca 1990, Hartmann et al. 1995, Otte & Franke 1998).

In Bezug auf Bodenreaktion und Wasserversorgung hat *Heracleum* eine **weite ökologische Amplitude,** tritt aber besonders stark auf nährstoffreichen Böden auf (Thiele et al. 2007). Die relativ hohen Lichtansprüche begrenzen jedoch ihre Ausbreitung (Pyšek 1994, Ochsmann 1996). Die Keimung gelingt auch an schattigen Standorten, jedoch blühen die Pflanzen hier nicht.

## Anthropogene und natürliche Ausbreitungsvektoren können zusammenwirken

Am Kleinen Drakenberg hat ein Imker Mitte der 80er-Jahre *Heracleum mantegazzianum* angesät. 12 bis 15 Jahre später wachsen am Ausbringungsstandort etwa 2000 Pflanzen auf 2500 Quadratmetern, darunter 300 bis 400 blühende. Darüber hinaus kommt *Heracleum* in einer Entfernung von bis zu 3,5 Kilometer an Wegrändern, Lagerplätzen, auf Kahlschlagsflächen und in lichten Waldbeständen vor. Da befürchtet wurde, *Heracleum* gefährde Erholungssuchende und Waldarbeiter und behindere die Naturverjüngung von Waldbäumen, bekämpft die Forstverwaltung die Pflanze seit 1991 mechanisch und chemisch – allerdings ohne nachhaltigen Erfolg. Bezieht man die maximale Entfernung von der Ansaatstelle auf einen Ausbreitungszeitraum von 15 Jahren, hat sich *Heracleum* rechnerisch pro Jahr 233 Meter ausgebreitet. Dies kann nicht allein mit natürlicher Windausbreitung erklärt werden. Aufschluss gibt die standörtliche Verteilung der Vorkommen: Sie konzentrieren sich an anthropozoogenen Verkehrswegen (siehe Tab. 47). *Heracleum mantegazzianum* wächst überproportional häufig an stark genutzten Hauptwegen mit regelmäßigem Kfz-Verkehr sowie an Rückewegen und Wildwechseln. Dies lässt auf einen effektiven Transport der Diasporen durch Autoverkehr und Wanderer, durch forstliche Arbeiten und die im Gebiet häufigen Wildschweine schließen.

Nach mechanischen Beschädigungen, beispielsweise durch Mahd, nutzt *Heracleum* sein erhebliches **Regenerationspotenzial** und bildet aus dem Vegetationskegel Nachtriebe und Notblüten (Pyšek et al. 1995, 2007a). Wird bei Bekämpfungen die Blütenbildung dauerhaft verhindert, können die Pflanzen vegetativ mehrere Jahre überdauern. Hierbei wird das Speicherreservoir der unterirdischen Organe genutzt, die eine stärkehaltige, rübenartigen Verdickung von Spross und Wurzeln darstellen und es der Pflanze ermöglichen, im zeitigen Frühjahr auszutreiben und sich nach Störungen zu regenerieren. Erst durch die Blüten- und Samenbildung wird das Speicherreservoir des Wurzelstockes aufgebraucht und sein Absterben eingeleitet (Hartmann et al. 1995, Abb. 56).

An der Herkulesstaude kommen nach Sampson (1994) mehr **Phytophage** als am einheimischen Wiesen-Bärenklau (*H. sphondylium*) vor. Daneben tritt Pilz- und Virusbefall auf, ohne jedoch die Blüten- und Samenbildung wesentlich zu verhindern. Das reiche Blütenangebot wird von Honigbienen und zahlreichen anderen Blütenbesuchern genutzt (Schwabe & Kratochwil 1991). Davon scheint die Befruchtung anderer Arten nicht wesentlich beeinträchtigt zu werden (Nielsen et al. 2008). Bislang wurden im Ursprungs-

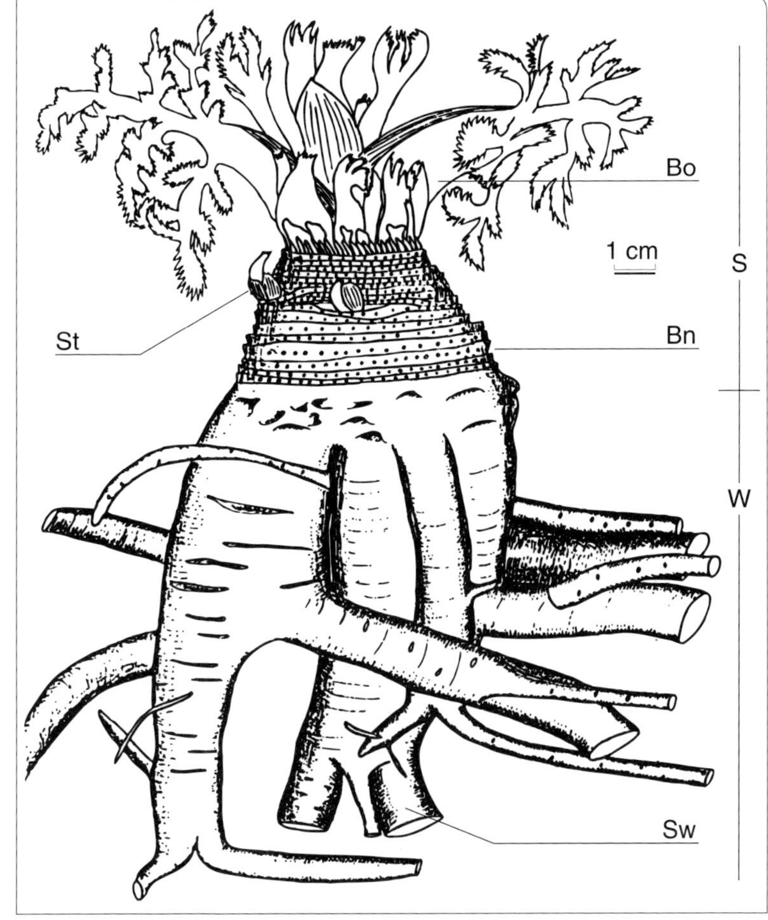


**Abb. 56** Der Wurzelstock von *Heracleum mantegazzianum* als rübenartige Verdickung des Sprosses (S) und der Wurzel (W). Aus dem Vegetationskegel des Sprossteiles können Seitentriebe (St) gebildet werden (Bn = Blattnarben, Sw = Seitenwurzeln); bei mechanischer Bekämpfung sollte der Vegetationskegel entfernt werden (aus Hartmann et al. 1995).

gebiet keine Insekten gefunden, die ausschließlich an *H. mantegazzianum* gebunden sind und damit für eine biologische Bekämpfung in Frage kommen (Hansen et al. 2007). **Problematik**: Die Herkulesstaude gilt in Deutschland wie in vielen europäischen Ländern als ausgesprochen problematisch. Ihre Ausbreitung ruft besonders emotionale Reaktionen hervor („grüne Gefahr aus dem Kaukasus"), was ihrem auffälligen Wuchs und vor allem der Tatsache zukommen mag, dass sie – wie kein anderer Neophyt in Europa – erhebliche **Risiken für die menschliche Gesundheit** in sich birgt (Drever & Hunter 1970, Frohne & Pfänder 1981, Ritter 1995, Jaspersen-Schib et al. 1996). Der Saft der Pflanze kann unangenehme Hautschädigungen hervorrufen. Diese Gefahr besteht beim Pflücken der Blüten, Stängel oder Blätter, bei unbeabsichtigten Beschädigungen ebenso wie bei Bekämpfungsmaßnahmen.

**Dominanzbestände** weisen im Vergleich zur benachbarten Vegetation deutlich geringere Artenzahlen und Deckungsgrade der Krautschicht auf (Pyšek & Pyšek 1995, Schepker 1998). Nach Pyšek et al. (2009) sind die Auswirkungen von Dominanzbeständen auf Artenzahl und Artenvielfalt ähnlich wie bei *Fallopia*-Sippen (Abb. 53). Meist wächst die Herkulesstaude jedoch auf anthropogenen Standorten, an denen keine gefährdeten Arten vorkommen. Da die Bestände häufig linear ausgebildet sind, bleiben die Vegetationsveränderungen infolge des Seitenlichteinfalls begrenzt (Pyšek 1994, Ochsmann 1996). Gelegentlich können jedoch auch Arten der Roten Liste betroffen sein. Ein Beispiel bietet das Naturdenkmal „Kalksinterquellen" bei Asse (Niedersachsen). Hier hat sich die Herkulesstaude von einer Anpflanzung ausgehend ausgebreitet, konkurriert in Magerrasen mit *Primula veris* und *Cirsium eriophorum* und erschwert die Pflegemaßnahmen des Naturschutzes (Schepker 1998; weitere Beispiele bei Dierschke 1984 und Hartmann et al. 1995).

Das Eindringen in Äcker und Wiesen kann zu Ertragsverlusten führen. Zudem ist *H.*

## Gesundheitsrisiken durch die Herkulesstaude

Der Saft der Herkulesstaude enthält phototoxische Furanocumarine (u a. Bergapten, Pimpinellin, Xanthotoxin). Sie verursachen eine schwerwiegende Photodermatitis, wenn die Haut während oder nach der Benetzung mit Pflanzensaft dem Sonnenlicht ausgesetzt wird. Mögliche Folgen sind Juckreiz, Rötung, Schwellung und Blasenbildung der Haut. Letztere kann so großflächig wie bei Verbrennungen 1. und 2. Grades sein. Auch Fieber, Schweißausbrüche und Kreislaufschocks kommen vor. Die Entzündungen können schmerzhaft, langwierig (1 bis 2 Wochen) und mit Pigmentveränderungen verbunden sein. Für die Therapie gibt es keine spezifischen Gegenmittel, jedoch lindern abschwellende und antiphlogistische Mittel, sodass eine ärztliche Behandlung anzuraten ist. Zahlreiche Fälle mit schwerwiegenden Verbrennungen 1. und 2. Grades sind aus verschiedenen Ländern beschrieben worden (Frohne & Pfänder 1981, Ritter 1995). Auch einheimische Arten der Gattungen *Heracleum, Pastinaca, Peucedanum* und *Angelica* enthalten Furanocumarine und können eine „Wiesendermatitis" auslösen. Die Symptome sind bei der Herkulesstaude aber wesentlich stärker, sodass ein in dieser Größenordnung neuartiges Gesundheitsrisiko in Mitteleuropa entstanden ist. Es ist mit dem des „poison ivy" (*Rhus toxicodendron, R. radicans*) in nordamerikanischen Wäldern vergleichbar. Als Neophyt hat diese Art auch in Brandenburg gesundheitliche Schäden verursacht und ist möglicherweise deswegen Ende des 19. Jahrhunderts wieder ausgerottet worden (Kowarik 1992b).

*mantegazzianum* ein möglicher Zwischenwirt für Krankheiten und kann auch mit dem einheimischen Wiesen-Bärenklau hybridisieren (Pyšek 1991, Ochsmann 1996). Eine offensichtliche Folge der Ausbreitung von *Heracleum* ist jedoch die Veränderung des Landschaftsbildes, die häufig als negativ wahrgenommen wird, da sie vom Gewohnten abweicht.

An Gewässerrändern wird mit einer erhöhten **Erosionsgefahr** gerechnet, da *Heracleum*-Wurzeln nicht die Ufer festigen (Pyšek 1991). Treibgut aus abgestorbenen Pflanzenteilen kann in Fliegewässern zu einem Stau vor Durchlässen und zu Auswaschungen an Böschungen führen (Schepker 1998). Trotz dieser Befunde scheint die Art jedoch keine erheblichen wasserwirtschaftlichen Probleme zu verursachen. *Heracleum*-Bestände können auch den Zugang zu Gewässerufern für Angler, Kanuten u. a. erschweren (Wade et al. 1997) – was zugleich einer Störung empfindlicher Uferbereiche durch eben diese Nutzer entgegenwirken könnte. In Schweden ist *Heracleum* zudem als Sichthindernis an Straßen aufgefallen.

**Steuerungsmöglichkeiten**: Große Bestände auf Grünlandflächen sind vor allem durch Aufgabe oder Reduzierung der traditionellen landwirtschaftlichen Nutzung entstanden. Deren Fortführung kann die Herkulesstaude daher nachhaltig zurückdrängen (Thiele et al. 2009). Da dies nicht überall möglich ist, wird häufig bekämpft. Dabei kommt es immer wieder zu unangenehmen Verletzungen durch Kontakt mit dem Saft. Daher sollte immer mit Schutzkleidung und möglichst nicht bei Sonnenwetter gearbeitet werden.

*H. mantegazzianum* lässt sich **mechanisch** mühsam, aber erfolgreich bekämpfen (Hartmann et al. 1995): Keimlinge können im Frühjahr herausgezogen werden, einzelne Pflanzen können mitsamt der Wurzel im Frühjahr oder Herbst ausgegraben oder der obere Teil des Wurzelsystems mitsamt des verdickten Vegetationskegels im Frühjahr (spätestens April) oder Herbst (spätestens Oktober) mit einem Spaten bis etwa 15 cm unterhalb der Bodenoberfläche abgestochen werden. Da bei größeren Populationen meist nicht alle Pflanzen mit solchen Maßnahmen erreicht werden, muss im selben Jahr oder in den Folgejahren nachgearbeitet werden. Dies ist ohnehin nötig, da sich über einige Jahre erneut Pflanzen aus dem Diasporenpool regenerieren werden. Zu Beginn oder während der Blüte führt auch eine Mahd zum Absterben der Pflanzen. Danach ist die Kontrolle gemähter Bestände anzuraten, um Nachblüten zu entfernen und die Samenbank nicht aufzufüllen. Hierauf kann man verzichten, wenn nach einer Mahd der Vegetationskegel mit einem Spaten abgestochen wird. Ein Zerhacken reicht nicht. Dolden mit Fruchtansatz sollten entsorgt werden, da sie nachreifen können. Vor der Blütezeit ist eine Mahd wirkungslos, da aus dem Vegetationskegel in erheblichem Ausmaß Seitentriebe mit Ersatzblüten nachgetrieben werden. Dominanzbestände können auch erfolgreich mit einer Traktorfräse bearbeitet werden. Die Empfehlungen von Hartmann et al. (1995) werden auch durch jüngere Arbeiten bestätigt (Pyšek et al. 2007b).

Die Bekämpfung mit **Herbiziden** ist nur erfolgreich, wenn sie im zeitigen Frühjahr auf die jungen Blätter aufgetragen werden (Dodd et al. 1994). Nielsen et al. (2007) empfehlen integrierte mechanische und chemische Maßnahmen. Allerdings sind in der Praxis Bekämpfungserfolge selten erfolgreich, da sie oft nicht optimal durchgeführt werden (Abb. 47). Erfolg versprechend ist eine **Beweidung** durch Schafe, Ziegen, Kühe, eingeschränkt auch durch Pferde sowie durch Schweine auf feuchten Standorten (Buttenschøn & Nielsen 2007). Die Herkulesstaude kann hierdurch auch in größeren, unwegsamen Gebieten zurückgedrängt werden, wenn die Beweidung über mehrere Jahre erfolgt.

Die Beweidung sollte im Frühjahr beginnen, in größeren Beständen zunächst mit großen Besatzdichten (Stoßbeweidung). Wenn die Bestände fruchten, sollten die Tiere zwei Tage gekoppelt werden, um die Verbreitung von Früchten auf andere Flächen zu begrenzen. Schädigungen der Tiere durch die Furanocumarine der Herkulesstaude können auftreten, lassen sich aber vermeiden, wenn dunkle und dickfellige Rassen eingesetzt werden und einige Tiere der Herde mit *Heracleum* als Futterpflanze vertraut sind (Buttenschøn & Nielsen 2007).

**Diskussion**: Aufgrund ihrer Blütenpracht gehört die Herkulesstaude zu den schönsten, wegen der mit ihr verbundenen Gesundheitsrisiken aber auch zu den am meisten bekämpften Neophyten. In Niedersachsen wurden 63 % der landesweit gemeldeten Problemvorkommen bekämpft. Jedoch gelang es nur in einem Viertel der Fälle, die Art erheblich oder völlig zurückzudrängen (Abb. 47). Dass die Erfolgsquote der überwiegend mechanischen Bekämpfungen mehr als mäßig ist, veranschaulicht die Notwendigkeit sorgfältiger und vor allem langfristiger Maßnahmen. Diese sind in Gebieten, in denen *H. mantegazzianum* bereits stark vertreten ist, aus pragmatischen Gründen aussichtslos: einerseits wegen des erheblichen Aufwands, andererseits, weil die Chance der vollständigen Entfernung der Herkulesstaude aus einem Gebiet nur realistisch ist, wenn alle potentiellen Diasporenquellen beseitigt werden. So sind beispielsweise Maßnahmen nicht nachhaltig, wenn im Einzugsbereich eines Fließgewässers oberhalb der Bekämpfungsstelle noch Ausbreitungsquellen vorhanden sind – oder neu geschaffen werden. Öffentlichkeitswirksamer Aktionismus ist also auch bei dieser Art unangebracht.

Ein Großteil der *Heracleum*-Populationen geht auf direkte anthropogene Ausbringungen zurück (Tab. 20). Vorbeugend sollte die Begründung neuer Populationen begrenzt werden, indem auf die bekannten Ausbringungsvektoren eingewirkt wird. Das bedeutet konkret:

- eine Aufklärung von Gartenbesitzern und Imkern mit dem Ziel, weitere unbedachte Ansaaten im Außenbereich und die Verschleppung mit Gartenmüll u. ä. zu verhindern sowie auf die Kultur der Herkulesstaude wenigstens im näheren Einzugsbereich von Fließgewässern zu verzichten;
- die Bekämpfung einzeln auftretender Pflanzen außerhalb von Gärten, die große Folgepopulationen begründen können. Wegen der Auffälligkeit der Art sind die Erfolgsaussichten solcher Maßnahmen wesentlich größer als bei anderen Neophyten.

*Heracleum mantegazzianum* völlig aus Landschaften zu entfernen, in die sie vielfach angesät und sich danach ausgebreitet hat, ist unrealistisch. Die Bevölkerung, insbesondere Kinder und Jugendliche, sollten daher über die Risiken des Kontakts mit der Pflanze und über Vorsichtsmaßnahmen informiert werden.

Bekämpfungen in Siedlungen sollten schwerpunktmäßig an Stellen vorgenommen werden, die Kleinkinder häufig aufsuchen. Gegen eine allgemeine Bekämpfung sprechen die Umsetzungsschwierigkeiten und in Hinblick auf Gesundheitsrisiken auch das Gebot der Verhältnismäßigkeit. Arzneien und Haushaltsmittel verursachen weit mehr Vergiftungen als die Summe aller Pflanzen. Nach Krienke & Zaminer (1973) gingen 1971 nur 5,5 % der vermuteten 5525 Vergiftungsfälle auf Pflanzen zurück. Für den Zeitraum 1970 bis 1991 überliefert Ritter (1995) 146 Vergiftungsfälle mit Beteiligung von *Heracleum*.

Dominanzbestände entstehen häufig auf landwirtschaftlichen Brachflächen (Thiele et al. 2007). Äcker und Grünland, auf denen *Heracleum* bereits vorhanden ist, wenn auch nicht immer zur Blüte gelangt, sind ein idealer Ausgangspunkt für zukünftige Massenbestände. Vor der Aufgabe der landwirtschaftlichen Nutzung sollte *Heracleum* aus solchen Flächen entfernt werden. Da hier leicht mit Maschinen gearbeitet werden kann, ist dies beispielsweise durch Fräsen der besiedelten Stellen möglich.

Aus Gründen des Naturschutzes ist es im Außenbereich sinnvoll, die Begründung von Initialpopulationen vornehmlich im Anfangsstadium zu bekämpfen. Wo bereits größere Populationen bestehen, sollten Bekämpfungen auf Standorte konzentriert werden, auf denen seltene und gefährdete Arten betroffen sind oder die als Sprungbrett für die Besiedlung weiterer Gebiete fungieren können. In Fließgewässersystemen sollte dabei unbedingt im Oberlauf begonnen werden. In allen anderen Fällen, und das wird die Mehrheit sein, bleibt wohl nichts anderes übrig, als mit der Herkulesstaude zu leben, ihre Risiken zu bedenken und sich vielleicht doch ein wenig ihrer Schönheit zu erfreuen.

### 6.4.4 Staudenknötericharten (*Fallopia japonica, F. sachalinensis, F. × bohemica*)

Der Japan- und der Sachalin-Staudenknöterich (*Fallopia japonica, F. sachalinensis*) stammen aus Ostasien. Beide Arten sowie deren Hybride werden hier zusammen behandelt, da ihre Auswirkungen in Mitteleuropa ähnlich sind. Als weitere Polygonaceae verwildert der Himalaja-Knöterich (*Polygonum polystachyum*) gelegentlich ohne bislang als problematisch hervorzutreten (Kretz 1995, Adolphi 1997, Brandes 1989, Stöhr et al. 2009). Ein spontanes Vorkommen der in Japan alpin verbreiteten Varietät *compacta* von *F. japonica* ist aus dem Schwarzwald bekannt (Kretz 1995).

**Herkunft:** Die ursprünglichen Vorkommen von *Fallopia*-Arten haben Sukopp & Sukopp (1988), Sukopp & Starfinger (1995) und Bailey (2003) beschrieben: *F. japonica* (synonym: *Reynoutria japonica, Polygonum cuspidatum*) kommt in ozeanischen und submeridionalen Gebieten Chinas, Koreas und Japans vor. In Japan wachsen verschiedene Varietäten ruderal sowie in Auenwäldern, auf Flussbänken und -schottern, nassen nitrathaltigen Standorten, Fels- und Schutthalden und auch auf vulkanischen Aschen und frischen Lavafeldern. Am Fudschijama besiedelt die alpine *F. japonica* var. *compacta* als Pionier vulkanische Basaltkiese bis in eine Höhe von 2600 Metern. Sie fördert auf vulkanischen Böden die Bodenentwicklung und damit die Sukzession zur Gehölzvegetation. *F. sachalinensis* (synonym: *Reynoutria sachalinensis, Polygonum sachalinense*) ist in Ostasien auf die temperate Zone beschränkt. Ihr wesentlich kleineres Verbreitungsgebiet reicht vom westlichen Mittel-Honshu in Japan bis Südsachalin und zu den südlichen Kurilen (Arealkarten bei Jäger 1995a). Sie bildet in Japan dichte Bestände an Waldinnen- und -außenrändern, auf küstennahen Felsstandorten und Kliffs, an Verkehrswegen sowie als Pionier auf anthropogenen und natürlichen Störungsstandorten wie Hangrutschungen und vulkanischen Böden. Der Sachalin-Knöterich wächst in seiner Heimat ebenso hoch wie in Europa, wogegen der Japan-Knöterich dort meist nur 1,5 Meter hoch wird.

Die Hybride beider Arten, *F. × bohemica,* wurde erstmalig 1982 aus Tschechien wissenschaftlich beschrieben, wenngleich später über Herbarbelege erste Nachweise zurück bis 1942 verfolgt werden konnten (Pyšek et al. 2002). Die Art ist wahrscheinlich erst im neophytischen Areal der Elternarten entstanden und nimmt in vielen morphologischen Merkmalen eine Zwischenstellung ein (Bailey 1994, 2003; Bestimmungsschlüssel bei Albert ernst 1998, Balogh 2008a). Als sehr seltene Hybride zwischen *F. japonica* und der häufig gepflanzten Kletterpflanze *F. aubertii* ist *F. × conollyana* beschrieben worden (Bailey 2001).

**Einführung und Verwendung:** *F. japonica* wurde 1823 als Zierpflanze nach Europa eingeführt, *F. sachalinensis* 1863 und damit 40 Jahre später. Neben der Nutzung als exotische Garten- und Parkpflanzen werden beide Arten bis heute als Viehfutter, zur Wildäsung, als Deckungspflanze für Fasane (vor allem *F. sachalinensis*) und zur Böschungsbefestigung auch in naturnaher Umgebung ausgebracht (Alberternst 1998). *F. japonica* wurde in Sachsen auch zur Begrünung von Halden eingesetzt (Kosmale 1981b). Beide Arten können für den biologischen und integrierten Landbau genutzt werden: Extrakte des Sachalin-Knöterichs wirken vorbeugend gegen Mehltau und erhöhen die Resistenz gegenüber Feuerbrand (Herger et al. 1988, Mende et al. 1994). Ein Extrakt des Japan-Knöterichs kann gegen Krautfäule an Tomaten und Grauschimmel an Paprika eingesetzt werden. *F. japonica* ist in Ostasien als Heilpflanze bekannt und hat durchblutungsfördernde, entgiftende und harntreibende Wirkung. Auszüge des Sachalin-Knöterichs sind seit 1990 als pflanzliches Stärkungsmittel („Milsana") im Handel (Alberternst 1998). Beide Arten können erhebliche Mengen an Schwermetallen aufnehmen. In Deutschland laufen Versuche zur Sanierung schwermetallbelasteter Böden unter Verwendung von *F. sachalinensis* (Haase 1988, Seitz 1995, Hachtel 1997, siehe Kap. 3.3.1.6). Daneben wird auch überlegt, die Pflanze als nachwachsenden Rohstoff zu nutzen (Hotz 1990).

**Aktuelle Vorkommen**: Als Neophyten sind der Japan- und Sachalin-Knöterich heute in Nordamerika, in West- und Mitteleuropa sowie in Teilen Süd- und Südosteuropas eingebürgert (Jäger 1995a mit Arealkarten). Einzelvorkommen reichen bis zum 63. Breitengrad, könnten sich aber hier nach einer Klimaveränderung verdichten (Beerling 1994). Der Sachalin-Knöterich ist in der Regel seltener als die Schwesterart und fehlt weitgehend im wärmeren Süd- und Südosteuropa. Nach Jäger (1995a) liegt das an einer im Vergleich zum Japan-Knöterich engeren Ozeanitätsamplitude. Auch in Mitteleuropa ist *F. japonica* durchweg häufiger. Sie kommt in Baden-Württemberg beispielsweise in 73 % aller Messtischblätter vor, *F. sachalinensis* hingegen nur in 19 % (Hartmann et al. 1995). Auch die Hybride ist inzwischen weit in Europa verbreitet (Bailey & Wisskirchen 2006).

Erste spontane Vorkommen wurden bei beiden Arten etwa 50 Jahre nach ihrer Ersteinführung aus Mittel- und Westeuropa gemeldet. Die Rekonstruktion der Ausbreitungsgeschichte für Böhmen lässt Folgendes erkennen (Pyšek & Prach 1993): Die Ausbreitung von *F. sachalinensis* verläuft zeitlich versetzt zu der von *F. japonica*. Etwa in der zweiten Hälfte des 20. Jahrhunderts setzt bei beiden Arten ein rapider Anstieg der Vorkommen ein. Die meisten Fundorte konzentrierten sich zunächst an Fließgewässern. Erst später nahm der Anteil gewässerferner Vorkommen zu (Abb. 27), auch an Straßenrändern (Tiébré et al. 2008). Da die Hybride *F.* × *bohemica* erst seit 1982 erkannt wird, ist das Ausmaß ihrer Verbreitung unklar. So gehören beispielsweise etwa 12 % der von Adler (1993) im Schwarzwald kartierten Bestände des Japan-Knöterichs zur Hybride (Alberternst 1998).

Standörtlich haben alle drei *Fallopia*-Sippen einen Verbreitungsschwerpunkt an **Fließgewässern**, und zwar in naturnahen wie in veränderten Uferbereichen auf feuchten, gelegentlich überschwemmten Standorten bis in Höhen von etwa 700 Meter. Sie kommen jedoch mit einer außerordentlich breiten ökologischen Amplitude auch in vielen anderen Biotopen vor, auch auf trockeneren Ruderalstandorten, und *Fallopia japonica* in Skandinavien sogar an der Küste (Balogh 2008a). Im Erzgebirgsvorland werden Kalkböden ebenso wie Haldenrohböden mit pH-Werten von 3,5 besiedelt (Kosmale 1981b). Höher wüchsige Dominanzbestände konzentrieren sich auf gehölzfreie oder nur lückig mit Sträuchern und Bäumen bewachsene Uferabschnitte etwa ein Meter oberhalb der Mittelwasserlinie (Schwabe 1987, Alberternst 1998). *Fallopia* dringt hier in Staudengesellschaften ein, die ansonsten von Pestwurz, Brennnessel und Zaunwinde bestimmt werden. Etwas wuchsschwächer gedeihen sie auch unter Gehölzen, zumal wenn Seitenlicht einfällt. Vorkommen aus lichten erlenreichen Auenwäldern sind beispielsweise aus dem Harz beschrieben worden (Dierschke et al. 1983, Schepker 1998).

An großen Flüssen wie dem Rhein werden ufernahe Hochstaudengesellschaften dagegen häufig zu lange überschwemmt, als dass sich *Fallopia*-Dominanzbestände dauerhaft halten könnten. An der Elbe konzentrieren sich Vorkommen in Hochstaudengesellschaften auf die (sub-)montanen Bereiche. Auf den Sandufern fehlen Dominanzbestände fast völlig (Brandes & Sander 1995). Sie treten wieder auf Steinschüttungen im Unterlauf der Elbe auf. Besonders gut sind Vorkommen im Schwarzwald untersucht worden (Alberternst 1998).

Von Gewässerrändern können sich die *Fallopia*-Sippen rasch in angrenzendes Grünland ausbreiten, sofern dies nicht mehr bewirtschaftet wird. Wuchskräftig sind die *Fallopia*-Sippen auch an Straßen- und Wegrändern, auf Böschungen, urbanindustriellen Brachflächen und auf Aufschüttungsstandorten (Alberternst 1998 mit zahlreichen Quellen). Vereinzelt kommen die Knöterichsippen auch in gewässerfernen Wäldern vor, wobei forstliche Deckungspflanzungen häufig Ausgangspunkt der Ausbreitung waren (Schmitz & Strank 1986, Schepker 1998).

**Erfolgsmerkmale**: Die *Fallopia*-Sippen gehören zu den erfolgreichsten Neophyten an Gewässerrändern. Die Besiedlung zahlreicher Gewässerabschnitte wird vielfach durch Menschen gefördert. *Fallopia*-Sippen haben aber auch biologische Eigenschaften, die ohne Vergleich in der einheimischen Pflanzenwelt sind.

Die **Förderung durch Menschen** begann wie bei den meisten problematischen Neophyten mit der Einführung als Zierpflanze. Bis heute werden die Knötericharten in naturnahem Umfeld als Deckungs- und Äsungspflanze und zur Böschungsbefestigung ausgebracht. Weitere Populationen werden durch entsorgten **Gartenabfall** begründet. Geschieht dies im Einzugsbereich von Fließgewässern, können Spross- und vor allem Rhizomteile mit dem Wasser weit transportiert werden und zur Etablierung neuer Populationen führen. In den Schwarzwaldtälern soll die Ausbreitung von *Fallopia*-Sippen ihren Ursprung in den zahlreichen, zumeist bachnahen Parks von Kurkliniken genommen haben (Adler 1993). Nach Kretz (1995) wurde in einem bislang *Fallopia*-freien Tal ein neues Ausbreitungszentrum etabliert, indem eine durch Heirat hinzugezogene Bäuerin sechs Pflanzen aus ihrem elterlichen Garten mitnahm, die sich alsbald entlang des Baches talabwärts ausbreiteten. Gewässernahe Gärten sind von vielen Bächen und Flüssen als Ausbreitungsquelle bekannt (z. B. Brandes & Sander 1995 zur oberen Elbe, Krause 1990 zur Ahr).

Ein zweiter Ausbreitungspfad ermöglicht die scheinbare Wanderung der Bestände entgegen der Fließrichtung des Wassers: Mit wasserbaulichen oder anderen **Erdarbeiten**, beispielsweise an Straßenrändern, Böschungen oder Dämmen, bei Brückenbauten oder Leitungsarbeiten werden häufig Rhizomteile verschleppt, aus denen sich sehr gut neue Pflanzen regenerieren können. Im Schwarzwald wurden Knöterichrhizome beim Waldwegebau mit gewässerbürtigem Kies eingebracht. Weitere Populationen wurden begründet, indem Bankette an Straßen mit rhizomhaltigem Boden aufgefüllt wurden. Hauptausbreitungswege sind jedoch wasserbauliche Maßnahmen, bei denen über Jahre belastetes Material entnommen und an anderer Stelle wieder eingebaut worden ist (Hartmann et al. 1995, Kretz 1994, 1995, Walser 1995, Schepker 1998). Die Pflanzen wachsen nach **Aufschüttungen** oder Böschungsarbeiten selbst aus tieferen Bodenschichten auf und konnten sich im Versuch auch nach einer zwei Meter mächtigen Überschüttung regenerieren (Kretz 1995). In Japan erlaubt dies eine Anpassung an natürliche Störungen, etwa bei der Überschüttung mit vulkanischem Material (Tsuyuzaki 1987).

Auch wenn Wasser eine erfolgreiche Fernausbreitung ermöglicht, dürfte ein beträchtlicher Teil der *Fallopia*-Vorkommen auf direkte Einbringungen zurückgehen. In Niedersachsen gingen etwa zwei Drittel der als problematisch gemeldeten Bestände auf Pflanzungen, Gartenabfall oder Bodeneintrag zurück (Tab. 20).

Durch die Auflichtung von Auenwäldern oder deren Vernichtung bis auf schmale Gehölzstreifen entlang von Gewässern entstehen zahlreiche gut belichtete Standorte, auf denen *Fallopia* hervorragend gedeiht. Auch der **Gewässerausbau** fördert dichte *Fallopia*-Bestände, wobei sich nach Alberternst (1998) ein differenziertes Bild ergibt. An der Wolfach kommt *Fallopia* an unbefestigten wie an durch Mauern oder Blocksatz befestigten Ufern gleichermaßen vor, tritt jedoch auf Erd-, Block- oder Steinschüttungen gehäuft auf. Steinschüttungen an anderen *Fallopia*-reichen Gewässern sind allerdings weniger stark mit Staudenknöterich bewachsen (Schulz et al. 1995). Dies deutet darauf hin, dass an der Wolfach Rhizome direkt mit den Schüttungen eingebracht worden sind. An der Kinzig besteht ein klarer Zusammenhang zwischen dem massiven Auftreten von *Fallopia* und dem Flussausbau. Zahlreiche Populationen sind wahrscheinlich mit Erdarbeiten begründet worden, die zur Unterhaltung des hier angelegten Doppeltrapezprofils notwendig waren. Dies führt zum Schluss, dass *Fallopia* bei ausreichendem Licht naturnahe und anthropogene Uferabschnitte gleichermaßen besiedeln kann und hierbei durch natürliche Hochwasserdynamik und anthropogene Faktoren (Diasporenquellen in Ufernähe, Rhizomverschleppung bei Schüttungen und Erdarbeiten) gefördert wird.

Die Konkurrenzstärke und Persistenz von *Fallopia*-Beständen wird durch verschiedene **biologische Eigenschaften** ermöglicht. Die *Fallopia*-Sippen gehören, ebenso wie die Herkulesstaude und das Indische Springkraut, zu den Neophyten, die einheimische Arten der gleichen Lebensform erheblich an **Wuchshöhe** übertreffen. *F. sachalinensis* wird auf optimalen Standorten in Mitteleuropa bis 4 Meter, *F. japonica* bis 3 Meter und die Hybride beider Arten sogar bis zu 4,5 Meter hoch (Alberternst 1998). Hierdurch ergibt sich ein Konkurrenzvorteil bei der Ausnutzung der Lichtressourcen und der Ausdunklung schattenempfindlicher Arten.

Viele neophytische Vorkommen von *F. japonica* sind hochwüchsiger als im Ursprungsgebiet. So wird die Art an japanischen Flüssen nur bis 1,5 Meter hoch. Nach Sukopp & Sukopp (1988) könnte dies standortbedingt sein, da alle Flüsse in Japan gebirgsnah sind und deshalb kiesig-steinige Sedimente haben. Im Einzelnen sind die Gründe für die Wuchsunterschiede jedoch nicht bekannt. Zumindest alle britischen Pflanzen sollen auf die Einführung eines einzigen Klons zurückgehen (Bailey 1994). So könnten auch genetische Unterschiede zur Erklärung des Wuchsverhaltens beitragen, da möglicherweise besonders hochwüchsigte Pflanzen eingeführt worden sind.

**Sprossaufbau und Beblätterung:** Die Sprosse der *Fallopia*-Sippen entspringen horizontal im Erdreich verlaufenden Ausläufern (Rhizomen) und verdickten Basalteilen (Innovationskomplexe bei Hagemann 1995, Abb. 57, Abb. 58). Sie treiben Anfang April aus, legen in ihrer Hauptwachstumszeit von Mai bis Mitte Juni bis zu 15 Zentimeter pro Tag zu und sterben nach den ersten Herbstfrösten ab. Die durch die Wuchshöhe erreichten Konkurrenzvorteile werden durch den Sprossaufbau und die Beblätterung noch gesteigert:

Die oberen Blätter der *Fallopia*-Sippen sind zweizeilig und fast vertikal, die unteren eher horizontal ausgerichtet. Auch die Seitenzweige haben eine zweizeilige Beblätterung, wodurch sie besonders viel Licht aufnehmen und potentiellen Konkurrenten entziehen (Sukopp & Schick 1992, 1993). Die seltene Parasitierung durch den Neophyten *Cuscuta lupuliformis* führt bislang zu keiner Schwächung (Alberternst & Tremp 2001). Blüten- und Blattmerkmale variieren bei allen Sippen stark, wobei auch Unterschiede zwischen weiblichen und männlichen Pflanzen auftreten (Alberternst et al. 1995).

Etwa zwei Drittel der Biomasse ist in den meist horizontal wachsenden Rhizomen gebunden, die bis zu 10 Zentimeter Durchmesser erreichen können (Abb. 57, Sukopp & Starfinger 1995). Dies ist die Basis einer sehr effektiven **vegetativen Ausbreitung und Regenerationskraft**. Aus den Rhizomknospen können neue Luftsprosse oder weitere Verzweigungen des Rhizoms gebildet werden. Die Bestände erweitern sich so polyzentrisch bis zu einem Meter pro Jahr, vereinzelt bis zu zwei Metern (Adler 1993, Hayen 1995, Kretz 1995, Abb. 58). Die vegetative Regeneration

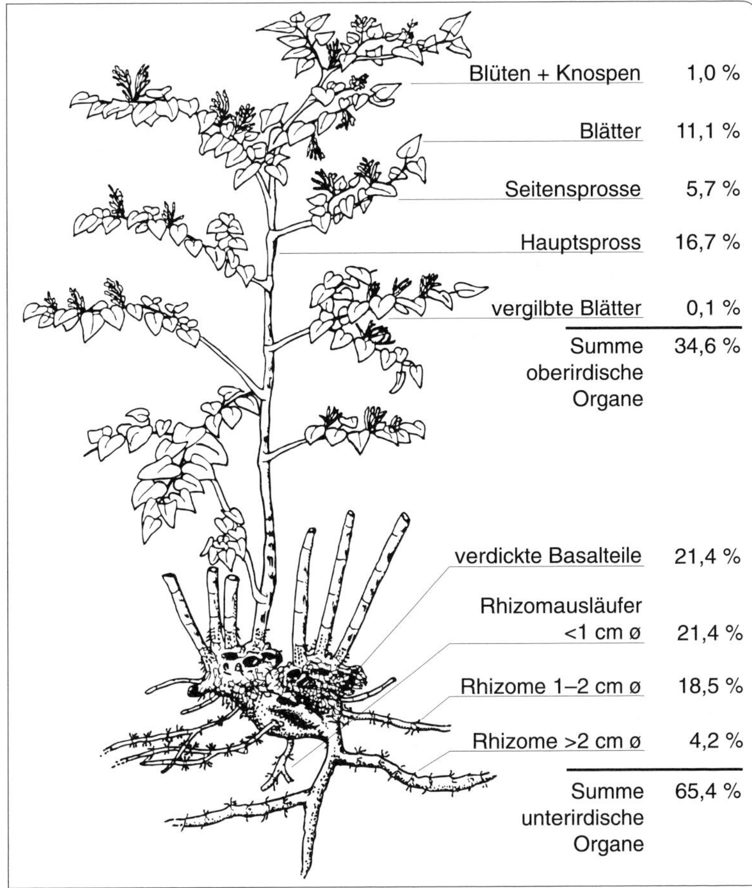


**Abb. 57** Aufbau des Sprosssystems bei *Fallopia japonica* und ober- und unterirdische Verteilung der Biomasse (Trockengewicht). Die Wurzeln machen nur einen geringen Anteil der unterirdischen Biomasse aus und wurden nicht berücksichtigt (nach Adler 1993).

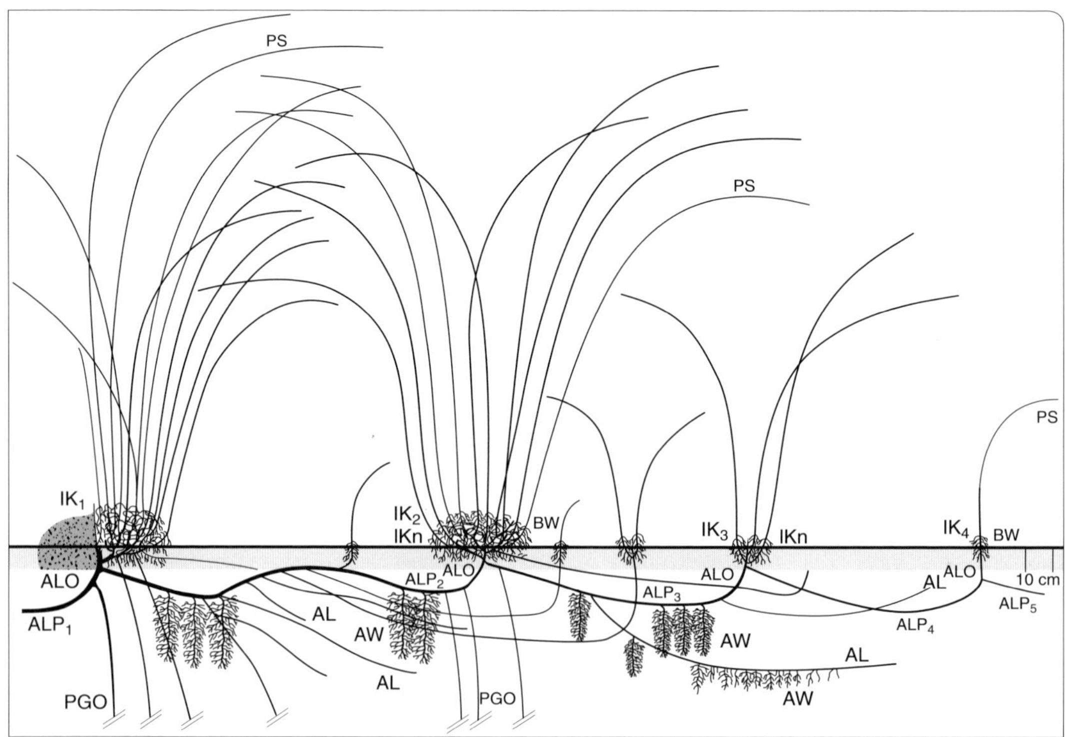


**Abb. 58** Ausläufersystem von *Fallopia* (AL = Ausläufer, ALP = sukzessive Plagiopodien von Ausläufern mit dazugehörigen Orthopodien (ALO), PS = photophile Sprosssysteme, IK = sukzessiv angelegte Innovationskomplexe, BW = basale Wurzeln an Innovationstrieben, AW = Ausläuferwurzeln, PGO = positiv geotrophe Orthopodien; nach Hagemann 1995).

von Sprossabschnitten gelingt auch aus kleinsten, 1 bis 1,5 Zentimeter großen Rhizomteilen, sofern sie eine Knospe enthalten. Auch Stängelfragmente können sich bewurzeln (Brock et al. 1995). Diese Fähigkeit eröffnet effektive Möglichkeiten der **Fernausbreitung**: Sprossteile, vor allem aber Rhizomstücke, die durch Hochwasser freigespült und abgerissen werden, können mit dem fließenden Wasser weit verdriftet und im Überflutungsbereich des Fließgewässers abgesetzt werden. Im Zwickauer Raum breitete sich *F. japonica* beispielsweise nach dem besonders starken Muldehochwasser von 1954 „sprunghaft“ aus (Kosmale 1989). An der Wieda im Harz gehen die Bestände auf Gartenabfälle zurück, die mit Hochwasser in den Auenwald getragen wurden (Schepker 1998). Auf die Ausbreitung durch rhizomhaltiges Bodenmaterial ist schon hingewiesen worden.

Im Vergleich zur vegetativen ist die **generative Vermehrung und Ausbreitung** nachrangig. *Fallopia*-Sippen sind funktionell zweihäusig, das heißt sie haben „männliche“ Staubblattblüten mit reduzierten Fruchtknoten und „weibliche“ Fruchtknotenblüten mit reduzierten Staubblättern. Zahlreiche Zwischenformen der Blütentypen kommen vor, wobei keine zur Selbstbestäubung befähigt ist (Alberternst 1998). In Großbritannien treten bei *F. japonica* nur weibliche Populationen auf, die wahrscheinlich alle auf einen etwa 1848 eingeführten Klon zurückgehen (Bailey 1994). Mehrfach beobachtete Keimlinge gehen auf einen genetischen Austausch mit anderen *Fallopia*-Sippen zurück. Durch Hybridisierung kann *F. japonica* damit ihrer genetischen „Einfalt" entkommen, was Invasionsvorteile verschafft (Mandák et al. 2005, Tiébré et al. 2007). Die durch **Hybridisierung** entstandene neue Sippe *F. × bohemica* ist hochwüchsiger als die Elternarten und war in Mahd-, Verbiss- und Konkurrenzversuchen wuchsstärker als *F. japonica* (Alberternst 1998). Auch bei mechanisch-chemischen Bekämpfungsversuchen war sie widerstandsfähiger als die Elternarten, die sie zudem bei gleichzeitigem Vorkommen verdrängt (Bímová et al. 2001, 2004). Höhere genetische Vielfalt im Vergleich zu den Ausgangsarten kann Vorteile bei der standörtlichen Einnischung verschaffen (Mandák et al. 2005). Möglicherweise liegt hierin auch die Erklärung für die Ausbreitung der Hybride im französischen Mittelmeergebiet – bei gleichzeitiger Abwesenheit von *F. japonica* (Bailey & Wisskirchen 2006). In Tschechien breitete sich *F. × bohemica* doppelt so schnell wie die Elternarten aus (Mandák et al. 2004), in Belgien dagegen nicht (Tiébré et al. 2008). Genetische Untersuchungen erbrachten hier, dass der Samenansatz bei *F. japonica* vor allem durch Rückkreuzungen mit *F. × bohemica* entsteht, aber auch *F. aubertii* als Kreuzungspartner eine Rolle spielt (Tiébré et al. 2007).

**Problematik**: *Fallopia*-Sippen gelten in vielen Ländern West- und Mitteleuropas und in Nordamerika als problematisch (Conolly 1977, Weeda 1987, Pyšek & Prach 1993, Balogh 2008a). Konflikte bestehen mit Zielen des Naturschutzes, der Wasserwirtschaft und anderen Landnutzungen.

Für den **Naturschutz** ist die hohe Konkurrenzkraft der Knöterichsippen problematisch. In ihren Dominanzbeständen werden Arten der Vorgängervegetation stärker als durch andere Neophyten zurückgedrängt (Hejda et al. 2009, Abb. 53) und gelangen wegen des Schattendrucks kaum noch zur Blüte. Hiervon sind in der Erlen- und Weidenzone vieler kleinerer Fließgewässer nitrophile Gesellschaften mit Pestwurz, Brennnessel und Zaunwinde betroffen. An großen Flüssen schließt das Sommerhochwasser häufig *Fallopia*-Dominanzbestände aus. Im Sommer gemähte *Fallopia*-Bestände regenerieren ihr Sprosssystem meist innerhalb derselben Vegetationsperiode. Solche Bestände sind dann reicher an Grünlandarten als ungemähte (Adler 1993, Alberternst 1998).

Da die oberirdischen Sprosse nach dem ersten Frost absterben und erst nach den letzten Frösten, meist im April, wieder neu gebildet werden, können winterannuelle Therophyten und Geophyten diese Lücke nutzen. So kommen auf nährstoffreichen frischen Auenböden unter *Fallopia* zahlreiche Geophyten, wie beispielsweise das Scharbockskraut vor (Lohmeyer & Sukopp 1992, Dierschke et al. 1983). In der mit Erlen und Eschen bestandenen Wiedaaue im Harz deckt die Krautschicht unter *Fallopia* im Sommer nur etwa 5 % des Bodens, im Frühjahr dagegen, ähnlich wie an *Fallopia*-freien Stellen, um die 80 % (Abb. 59). In der Wiedaaue kommt im Kontakt zu *Fallopia*-Beständen auch der Straußenfarn (*Matteuccia struthiopteris*) als gefährdete Art vor. Er scheint hier unter *Fallopia* zu überdauern (Schepker 1998). An der Mulde sowie der Steinach im Odenwald soll er durch *Fallopia* zurückgedrängt werden (Kosmale 1981b, Hartmann et al. 1995), wogegen Schlüpmann (2000) für das Volmetal bei Hagen eine Koexistenz beider Arten annimmt.

Konkurrenz zu seltenen Pflanzenarten scheint jedoch die Ausnahme zu sein. Zumeist drängen die *Fallopia*-Sippen häufige Arten der Ufervegetation zurück, die ihrerseits in vielen Fällen zuvor durch die Lichtstellung und den Ausbau von Gewässern gefördert worden sind. Problematisch ist hier weniger der botanische Artenschutz als vielmehr die auffällige Veränderung der Vegetation natur-

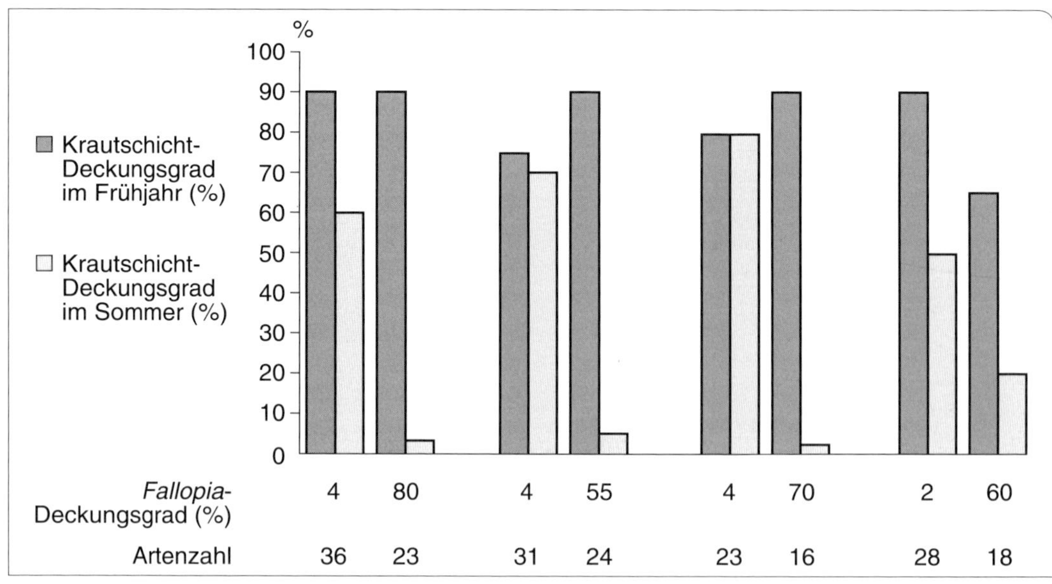


**Abb. 59** Vergleich der Vegetationsdeckung in Dominanzbeständen von *Fallopia japonica* und in der Kontaktvegetation (Wiedaaue, Harz). Die Artenzahl ist in den Dominanzbeständen reduziert, aber wegen der Frühjahrsblüher noch relativ hoch. Diese können sich auch unter *Fallopia* gut entwickeln, was aus der hohen Deckung der Krautschicht im Frühjahr ablesbar ist (nach Schepker 1998).

naher und ausgebauter Ufer. Hiermit werden auch Auswirkungen auf die **Tierwelt** verbunden sein. *Fallopia*-Sippen sind in Europa kaum mit Phytophagen, Parasiten und Krankheitserregern besetzt (Diaz & Hurle 1995, Czubak et al. 1999), da diese nicht an die Inhaltsstoffe oder die Blütenmorphologie angepasst sind. In Japan sind beispielsweise Schmetterlingslarven in den Stängeln so verbreitet, dass sie traditionell als Köder beim Angeln genutzt werden (Sukopp & Starfinger 1995). In Europa sind die *Fallopia*-Sippen unattraktiv für Phytophage. Arten dieser Gruppe oder Blütenbesucher, die an Uferpflanzen gebunden sind (z. B. die gefährdete, sich von den Blüten des Blutweiderichs ernährende Langhornbiene *Tetralonia salicariae*), finden nach der Verdrängung dieser Pflanzen in *Fallopia*-Beständen keinen Ersatz. Inwieweit sich dies auf die Populationssituation dieser Arten und die Artenvielfalt der Ufervegetation unter Einschluss anderer Tierarten oder -gruppen auswirkt, ist noch nicht systematisch untersucht worden. Das Beispiel von *Impatiens parviflora* zeigt, dass die allgemein geringere Einbindung eines Neophyten in Nahrungsbeziehungen nicht zwangsläufig zu einer weniger vielfältigen Begleitfauna führen muss (siehe Kap. 6.3.1). *Fallopia*-Bestände werden in naturnaher Umgebung von mehr Blütenbesuchern (Zweiflügler, Wildbienen, Honigbienen und einige Käferarten) aufgesucht als in menschlich geprägten Biotopen. Darunter sind auch einige seltene und gefährdete Arten (Schwabe & Kratochwil 1991).

In Mitteleuropa ist eine altersbedingte, natürliche Auflösung großer *Fallopia*-Bestände noch nicht beobachtet worden. Auch scheinen sich Gehölze nicht innerhalb der klonalen Populationen etablieren zu können. *Fallopia* kann daher eine **Verzögerung der Sukzession** an gehölzarmen Gewässerrändern zu Auenwäldern bewirken. Aus dem Heimatgebiet von *F. japonica* ist von vulkanischen Pionierstandorten bekannt, dass sich über 100 Quadratmeter große Bestände nach etwa 50 Jahren in der Mitte aufzulockern beginnen. Damit lassen sie die Einwanderung von Gehölzen zu und fördern letztlich durch akkumulierte Nährstoffe die Waldentwicklung (Alberternst 1998). Ob sich auch in Mitteleuropa sehr alte klonale Populationen auflockern, bleibt ungewiss. In Dominanzbeständen ist die Einbringung auentypischer Gehölze sehr aufwändig, da sie über Jahre freigeschnitten werden müssen.

Aus einigen Gebieten werden **wasserwirtschaftliche Probleme** gemeldet: *Fallopia* kann den Hochwasserabfluss behindern, da die wenig elastischen Sprosse die Fließgeschwindigkeit herabsetzen, Treibgut fangen, die Sedimentation und damit die Erhöhung des Ufers fördern (Lohmeyer 1969, 1971, Bauer 1995). Dies dürfte meist unproblematisch sein. Eine Ausnahme sind jedoch Gebiete mit besonders hoher Hochwasserdynamik, in denen die Retentionsräume innerhalb der Auen durch wasserbauliche Maßnahmen stark eingeschränkt sind und die verbliebenen Bereiche zwischen den Hochwasserschutzdämmen deshalb weitgehend frei von höherer Vegetation gehalten werden müssen. Dies ist bei den stark verbauten Rheinzuflüssen aus dem Schwarzwald der Fall. Abb. 60 zeigt das Beispiel der Kinzig, an der zwischen Wolfach und Biberach etwa die Hälfte der Ufer mit *Fallopia* bewachsen ist. Viele Populationen wurden hier wahrscheinlich durch Rhizomverfrachtung bei Erdarbeiten zur Unterhaltung des Doppeltrapezprofils begründet (Alberternst 1998). Nach dem „Jahrhunderthochwasser" 1991 wurden Dammschäden (Unterspülungen, Auskolkungen, Herauslösen von Pflastersteinen) an Rench, Kinzig und Erlenbach im Bereich von *Fallopia*-Dominanzbeständen festgestellt. Leider wurde nicht mitgeteilt, ob die Schäden an Knöterich-freien Stellen geringer waren (Schwabe & Kratochwil 1991, Kretz 1994). Aus anderen Gebieten sind solche Schäden unbekannt. In Niedersachsen konzentrieren sich beispielsweise die wenigen wasserbaulichen Probleme im Zusammenhang mit *Fallopia* auf die beschränkte Zugänglichkeit der Ufer zur Gewässerpflege (Tab. 72). An der Leine fand Schwake (1994) in *Fallopia*-Beständen nicht mehr Abbruchstellen als in anderer krautiger Ufervegetation.

Nach Frosteinwirkung sterben die oberirdischen Teile von *Fallopia* ab. Obwohl die Bodenoberfläche wegen des starken Schattendruckes meist nicht von Stauden oder Gräsern bedeckt ist, tragen die dicht verzeigten, aber feinwurzelarmen *Fallopia*-Rhizome nach Lohmeyer (1969) und Sukopp & Sukopp (1988) zur **Ufersicherung** bei. Dies schließt Uferschäden bei besonders starken Hochwässern natürlich nicht aus. Dass hier natürliche Auenwälder und genügend große Retentionsbereiche den besten Schutz bieten, sei nur am Rande erwähnt.

**Weitere Probleme** werden vor allem von den Britischen Inseln gemeldet, wo *Fallopia*-Sippen den Anglern den Zugang zu Gewässerufern erschweren, Asphaltdecken durchbrechen und die Wiedernutzung urbanindustrieller Brachflächen erschweren (Child et al. 1992). Nach Kretz (1995) können Pflanzen, die an Brücken und Straßenrändern eingebracht wurden, die Sicht behindern und Schwachstellen im Belag durchbrechen.

**Steuerungsmöglichkeiten**: Gegen *Fallopia* ist ein breites Spektrum von Bekämpfungsmaßnahmen erprobt worden. Erfahrungen aus England haben Child & Wade (2000) zusammengefasst. Nach den Befunden aus Deutschland ergibt sich folgendes Bild (Kretz 1994, 1995, Walser 1995):

**Mahd** (und Beweidung) schwächen die Bestände. *Fallopia*-Dominanzbestände sind jedoch mit für Grünland typischen Mahdfrequenzen nicht zurückzudrängen. Nach über fünfjähriger Mahd fand Adler (1993) noch eine Rhizommenge, die dem Ertrag einer mitt-

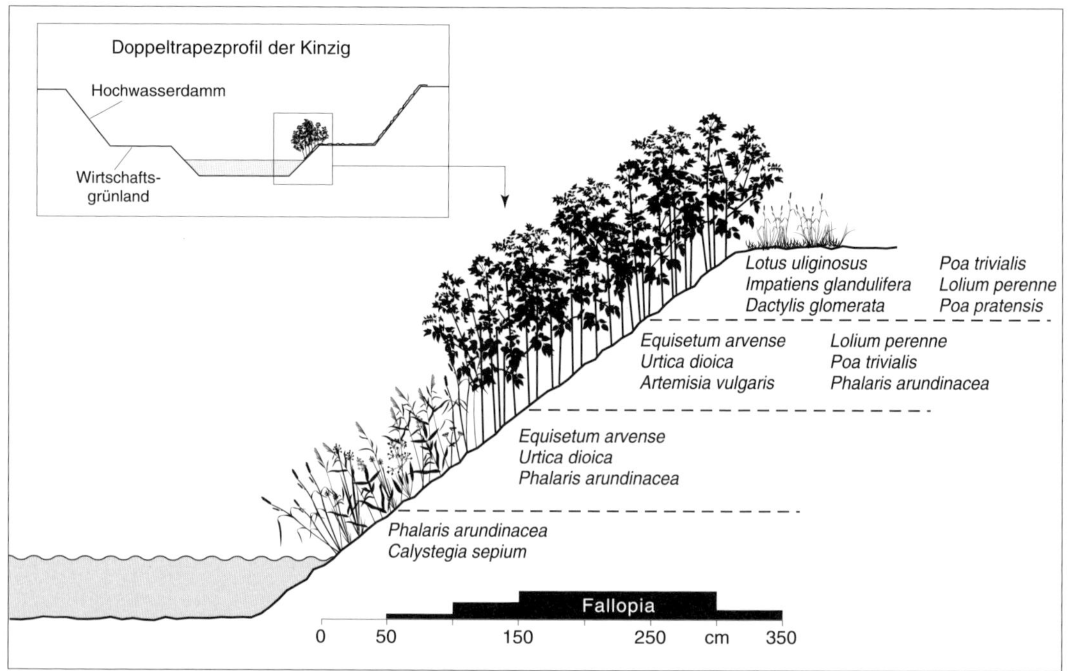


**Abb. 60** Im Doppeltrapezprofil der Kinzig (Oberrheintal) sind *Fallopia*-Dominanzbestände ca. 1 m oberhalb der Wassermittellinie weit verbreitet. Wasserwirtschaftliche Probleme resultieren aus der Lockerung der Uferbefestigung und in geringerem Maße aus der Einengung des künstlichen Flussbettes. Die genannten Arten kommen oft gemeinsam mit *Fallopia* vor (nach Alberternst 1998).

leren Kartoffelernte entsprach. Um *Fallopia* vollständig zurückzudrängen, sollte gemäht werden, sobald die Sprosse eine Höhe von 40 Zentimetern erreicht haben (Kretz 1994). Dies muss über mehrere Jahre durchgehalten werden, wobei im ersten Jahr 6 bis 8, im dritten Jahr noch 4 bis 6 Arbeitseinsätze anfallen können. Abgesehen vom hohen Arbeitsaufwand erbringen solche Maßnahmen dichte Grasnarben, die für den Hochwasserschutz, jedoch nicht aus Naturschutzsicht erstrebenswert sind. Geringere Mahdfrequenzen führen zu keiner deutlich erkennbaren Schwächung der klonalen Populationen, erhöhen jedoch die Artenvielfalt innerhalb der Bestände, da sie zwischenzeitliche Lücken für andere Arten schaffen.

Die **Beweidung** mit gekoppelten Schafen ist nach positiven Erfahrungen mit Heidschnucken Erfolg versprechend. Die Schafe ziehen *Fallopia* anderen Kräutern und Gräsern vor, fressen aber nur ausgereifte Blätter, also keine frisch ausgetriebenen. Nach zwei Jahren war der Neuaustrieb eines etwa ein Hektar großen Dominanzbestandes nur noch schwach und vereinzelt. Versuche zur Triftbeweidung laufen. Auch Galloway-Rinder sollen geeignet sein. An den Hochwasserdämmen der Mulde hat sich eine Schafbeweidung zur Bekämpfung von *Fallopia*-Beständen schon in den 1970er-Jahren bewährt (Kosmale 1981b). Nach Conolly (1977) sollen Pferde und Kühe gerne junge Schösslinge fressen.

Das **Überpflanzen** der Bestände mit Gehölzen bedarf einer erhöhten Anwuchspflege mit einem drei- bis viermaligen Ausmähen der gepflanzten Gehölze. Über den Erfolg liegen keine Informationen vor.

Unter den getesteten **Herbiziden** war nur das Totalherbizid Glyphosat wirksam. Es hinterlässt vegetationsfreie Flächen und darf in Deutschland nur in einer Entfernung von mehr als zehn Meter vom Gewässerrand eingesetzt werden. Empfohlen wird eine Anwendung im Juli oder August nach vorbereitender Mahd und einer Bestandshöhe von etwa 60 Zentimetern. Zwei Wochen danach sollten die Flächen gemäht, abgeräumt und eingesät werden. Im Folgejahr ist eine Nachbehandlung notwendig (Child et al. 1998). Hagemann (1995) empfiehlt als umweltschonende Maßnahme, kleine Bestände mit Injektionen von Glyphosat zu behandeln. Das Herbizid wirkt bis 1,6 Meter in Wachstumsrichtung der Ausläufer. Als **ungeeignet** erwiesen sich ätzende, thermische Verfahren und Infrarotbestrahlung sowie das manuelle Ausgraben der Rhizome und das Abschlagen oder Ausreißen der Triebe. Eine Abdeckung mit schwarzer Folie ist unpraktikabel. Das Überdecken mit Boden und anderen Substraten ist nur Erfolg versprechend, wenn die Aufschüttungen mehr als zwei Meter umfassen.

An Gewässerrändern von Schwarzwaldflüssen war der ingenieurbiologische Einbau von **Weidenspreitlagen** doppelt erfolgreich. Die geschädigten Ufer wurden gefestigt und die dort zuvor vertretenen *Fallopia*-Bestände konnten sich nur noch im Randbereich entwickeln.

Das **mechanische Reinigen** rhizombelasteten Bodens ist aufwändig und führte bei verschiedenen Verfahren zu keinem rhizomfreien Material. Bei leichten Böden kann eine mechanische Trennung mit Trommelsieben (auf Äckern, im Gartenbau) vorgenommen werden. Dagegen war die **Kompostierung** rhizombelasteten Bodens unter Zusatz von Frischkompost zu gleichen Teilen sehr erfolgreich und führte zu marktfähigem Kompost.

**Diskussion:** Aufgrund ihrer weiten Verbreitung und der Dauerhaftigkeit ihrer Bestände ist eine allgemeine Bekämpfung der *Fallopia*-Sippen unangebracht. Aus wasserbaulichen Gründen ist sie generell auch nicht nötig. Die an den Rheinzuflüssen des Schwarzwaldes auftretenden wasserbaulichen Probleme sind in erster Linie hausgemacht und können nicht verallgemeinert werden. Auch wenn Vegetationsveränderungen in naturnahem Umfeld, beispielsweise an Mittelgebirgsbächen, und an ausgebauten Gewässern aus Gründen des Naturschutzes als nachteilig eingeschätzt werden, gibt es kaum eine pragmatische Alternative. Ausdunklungseffekte sind unumstritten. Jedoch sind Anzahl und Deckung anderer Arten in *Fallopia*-Beständen nicht immer so niedrig, wie es den Anschein hat, zumal wenn im Sommer nicht nachweisbare Geophyten eingerechnet werden (Lohmeyer & Sukopp 1992, Nezadal & Bauer 1996, Schepker 1998). Eine Konkurrenz mit gefährdeten Arten ist wohl eher die Ausnahme.

Bekämpfungen sind wegen ihres großen Aufwandes (z. B. Mahdfrequenz) oder ihrer eingeschränkten Praktikabilität (z. B. Beweidungskonzepte für lineare oder fragmentierte Bestände) daher nur im Einzelfall empfehlenswert und müssen dann über mehrere Jahre durchgehalten werden. Bei Erdarbeiten an Gewässern, aber auch sonst in der Landschaft, sollte darauf geachtet und in Ausschreibungen abgesichert werden, dass nur knöterichfreier Boden eingebaut wird. Priorität sollten vorbeugende Maßnahmen haben, in erster Linie solche, die zum Aufbau naturnaher Ufergehölze führen. Sie können *Fallopia*-Bestände zwar nicht völlig verdrängen, jedoch einengen und dienen zudem dem Uferschutz.

### 6.4.5 Knollen-Sonnenblume (*Helianthus tuberosus*)

**Herkunft, Einführung, Verwendung:** Die Knollen-Sonnenblume oder Topinambur stammt aus dem östlichen Nordamerika, wo sie wegen ihrer inulinhaltigen Knollen schon von Indianern kultiviert wurde. Sie gelangte

1607 als Gemüsepflanze nach Paris und lässt sich bereits für 1626 aus dem landgräflichen Garten in Kassel nachweisen. In der ersten Hälfte des 17. Jahrhunderts wurde sie wegen ihrer Knollen häufig angebaut, danach aber durch die ebenfalls aus Amerika stammende Kartoffel weitgehend verdrängt (Wein 1963). Bis heute ist *Helianthus* eine beliebte Gartenpflanze. Sie gilt auch als wertvolle Bienenweide (Jaesch 1992). Daneben gibt es vereinzelte Anbauten zur Produktion von Schnaps (etwa 300 Hektar in Baden), als Äsungspflanze in Wildäckern sowie als Viehfutter (in Frankreich über 130 000 Hektar). Weiter laufen Versuchsanbauten als „nachwachsender Rohstoff". Pro Hektar können 500 bis 700 Dezitonnen Grünmasse (Vieh- und Wildfutter) sowie 300 bis 500 Dezitonnen Knollen produziert werden, die Fruktose und Alkohol als Industrierohstoffe liefern (AID 1992). Angebaute Pflanzen haben kartoffelähnliche Knollen, Populationen an Flussufern spindelförmige, was auf verschiedene Sippen verweist (Konvalinková 2003). Die Taxonomie der Art ist schwierig (Wagenitz & Wagenitz 1979). Verwandte Arten mit spontanen mitteleuropäischen Vorkommen sind *H. giganteus*, *H. decapetalus* und *H.* × *laetiflorus* (Adolphi 1995). Einige Autoren vermuten einen hybridogenen Ursprung der ausbreitungsstarken Sonnenblumen (Balogh 2008b).

**Aktuelle Vorkommen**: *H. tuberosus* kommt vereinzelt an Ruderalstellen, in größeren Beständen vor allem im Überschwemmungsbereich von Fließgewässern vor. Die größten, teilweise kilometerlangen Vorkommen liegen dabei in den wärmeren Gebieten Mitteleuropas. Die Pflanze besiedelt frische, nährstoffreiche Sand- und Lehmböden. Schwerpunkte liegen an ausgebauten Flussabschnitten, jedoch gibt es an natürlich waldfreien Auenstandorten auch agriophytische Vorkommen. Am Neckar besiedelt *Helianthus tuberosus* großflächig regelmäßig überflutete Standorte des Silberweidenwaldes, dringt auch in tiefer gelegene Bereiche knapp oberhalb der Line des mittleren Sommerhochwassers und selbst auf kiesigsandige Standorte vor, die sonst mit einjähriger Vegetation besiedelt werden (Lohmeyer & Sukopp 1992, Hartmann et al. 1995).

Die Knollen-Sonnenblume breitet sich auch in anderen Gebieten an Fließgewässern aus, jedoch selten auf gewässerfernen Standorten. So bestehen nur vereinzelte Vorkommen auf trockeneren ruderalen Standorten, Bahndämmen, Erddeponien und an Straßenrändern. Gepflanzte Bestände findet man auf Wildäckern und anderen, oft nur wenige Quadratmeter großen Stellen in der Kulturlandschaft (Kosmale 1981a, Walter 1992b, Adolphi 1995, Hartmann et al. 1995). Balogh (2008b) weist darauf hin, dass sich Kultur-Formen mit Knollen nicht ausbreiten.

**Erfolgsmerkmale**: Der Ausbreitungserfolg der Knollen-Sonnenblume ist im Wesentlichen auf Fließgewässerränder beschränkt. Dominanzbestände kommen fast nur an **Ufersäumen** vor, weil hier die hohen Ansprüche der Art an die Versorgung mit Licht, Wasser und Nährstoffen erfüllt werden. Unter lichten Gehölzen wächst *Helianthus* auch, gelangt als Volllichtpflanze jedoch nicht zur Blütenbildung. Sie wird damit durch die Auflichtung und Zerstörung der Auenwälder gefördert. Wegen ihrer späten Blüte (September/Oktober) und der Schädigung durch die ersten Nachtfröste bildet *Helianthus* in Mitteleuropa selten keimfähige Samen aus und ist daher meist auf **vegetative Vermehrung** angewiesen (Konvalinková 2003). Kleinräumig gelingt dies mit länglich spindelförmigen Sprossknollen. Sie werden im Juli und August gebildet, dienen der Speicherung von Kohlenhydraten und können, nachdem die übrigen Teile des Sprosses und die Wurzeln nach den ersten Frösten abgestorben sind, Frost bis zu −30 °C ertragen. Mitte bis Ende April treiben die Knollen aus und bilden rasch Luftsprosse. Ende Juni sind sie aufgebraucht und sterben ab (Hartmann et al. 1995).

Das vielerorts unregelmäßige Verbreitungsmuster der Knollen-Sonnenblume geht meist auf abgelagerte Gartenabfälle und aufgelassene gewässernahe Gärten zurück. Mit den Knollen kann *Helianthus* auch in dicht geschlossene Brennnessel- oder Pestwurzbestände einwachsen und deren **Dominanzbestände** durch Beschattung zurückdrängen (Abb. 61). Dies gelingt ihr, da sie mit Wuchshöhen von etwa 3,5 Meter alle einheimischen Uferstauden überragt. Ihre Dominanzbestände an Flussufern scheinen dauerhaft zu sein.

Bestände auf Wildäckern können bis zu 20 Jahre alt werden (Hartmann et al. 1995). An Gewässern ist auch eine **Fernausbreitung** möglich: Mit dem Wasser werden freigespülte oder von Tieren freigelegte Knollen flussabwärts, mit Tieren auch flussaufwärts transportiert, sodass kilometerlange Bänder an Ufern sowie Einzelvorkommen im Überflutungsbereich entstehen können (Lohmeyer 1969).

Abseits von Ufern werden zahlreiche Populationen durch Jäger begründet, die *H. tuberosus* als **Äsungspflanze** schätzen. Weitere Vorkommen entstehen durch abgelagerte Gartenabfälle. Sofern solche Standorte fernab von Fließgewässern liegen, ist die Ausbreitungsgefahr begrenzt.

**Problematik**: Wie die Staudenknötericharten ist *Helianthus* ein Geophyt. Nach dem ersten Frost stirbt die Pflanze bis auf die Ausläuferknollen ab, die 10 bis 20 Zentimeter unterhalb der Bodenoberfläche eingebettet sind. Danach ist der Boden im Winterhalbjahr weitgehend vegetationsfrei, sodass die **Erosionsgefahr** durch Hochwasser verstärkt wird. Nach Beobachtungen von Lohmeyer (1969, 1971) werden die stärkereichen Knollen häufig von Nagetieren ausgegraben, wobei Wundstellen an den Böschungen als weitere Angriffspunkte für das Frühjahrshochwasser entstehen. In Ufersäumen können unterirdische Ausläuferknollen auch in bestehende Vegetation einwachsen und dichte **Dominanzbestände** bilden, in denen andere Arten durch Beschattung zurückgedrängt werden. Solche Dominanzbestände sind artenärmer und behindern auch die Naturverjüngung einheimischer Ufergehölze (Lohmeyer & Sukopp 1992, Nezadal & Heider 1994). Nach Hartmann et al. (1995) behindern allerdings Hochstaudenfluren ohne *Helianthus* die Etablierung typischer Gehölzarten der Weichholzaue.

**Steuerungsmöglichkeiten**: Die Knollen-Sonnenblume lässt sich nach den Versuchsergebnissen von Hartmann et al. (1995) gut mechanisch bekämpfen: Im Frühjahr können junge Pflanzen mitsamt der Knollen bei feuchter Witterung herausgezogen oder ausgegraben werden. Größere Bestände werden zurückgedrängt, wenn über einen Zeitraum von zwei Jahren Ende Juni und im August mit einem Freischneider, einem Kreisel- oder Balkenmäher gemäht oder mit einem Mulchgerät gemulcht wird. Wichtig sind tiefe Schnitthöhen, um den Wiederaustrieb zu begrenzen, und ein genaues Arbeiten. Nach einer Kontrolle im Folgejahr muss gegebenenfalls nachgearbeitet werden. Durch einmaliges Mulchen mit nachfolgendem Fräsen im Zeitraum nach dem Absterben der alten und vor der Bildung neuer Knollen (meist Ende Juni/Anfang Juli) kann eine Population bereits in einem Jahr beseitigt werden. Gehölzpflanzungen innerhalb von *Helianthus*-Beständen sind wegen der mehrjährigen Anwuchspflege zu aufwändig. Ihre Etablierung wird durch die sich vielerorts als Ersatzvegetation einstellenden nitrophilen Hochstaudenbestände behindert (Hartmann et al. 1995). Sinnvoller ist es, nach einer Bekämpfung gebietstypische Gehölze zu pflanzen.

**Diskussion**: *H. tuberosus* ist eine alte Kulturpflanze, deren Verwendung und Vorkommen außerhalb der Gewässerauen in sommerwarmen Gebieten bislang weitgehend unproblematisch sind. Auch wenn Arten der gebietstypischen Gewässerrandvegetation in den Do-

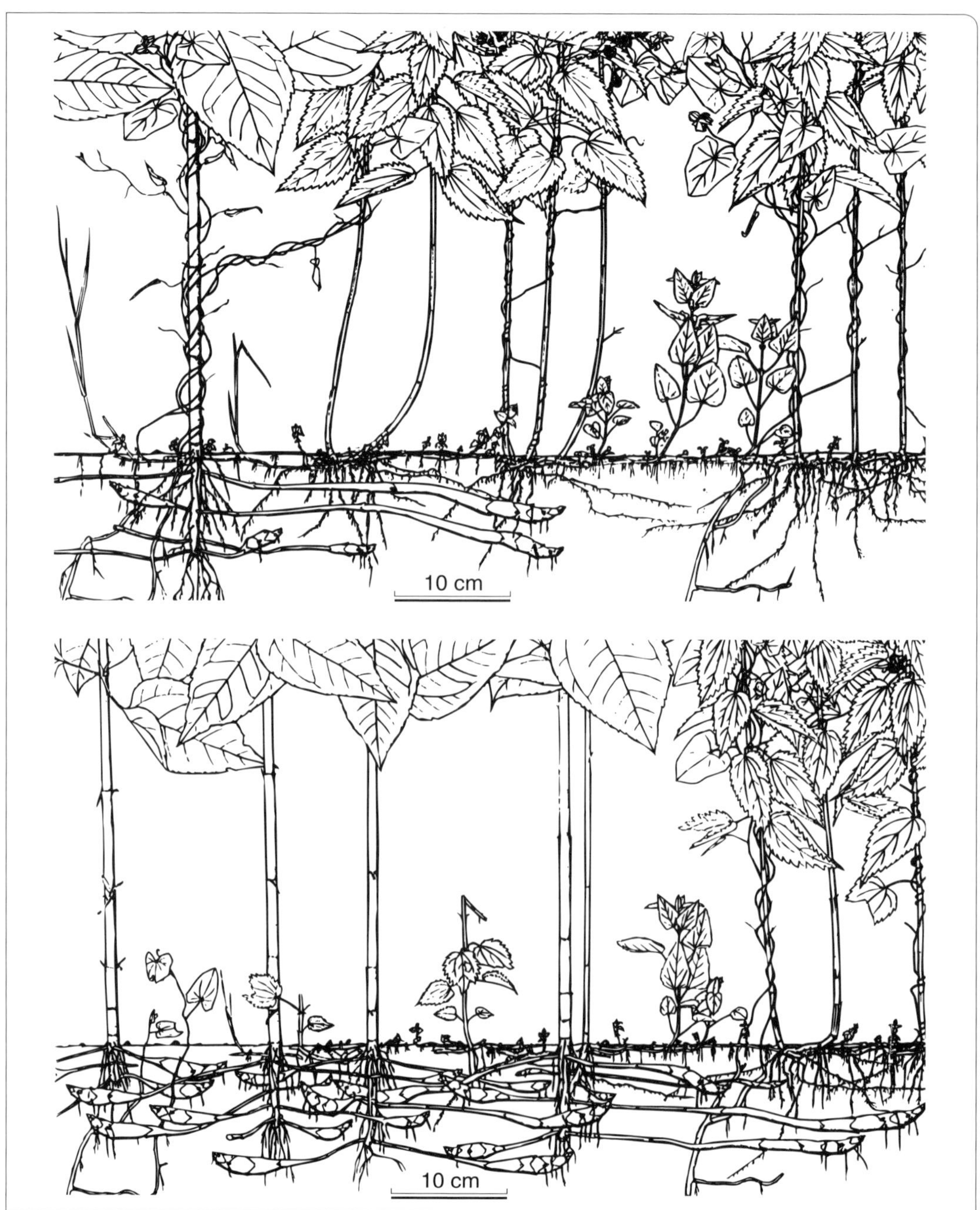


**Abb. 61** Bildung und Erweiterung von Dominanzbeständen der Knollen-Sonnenblume (*Helianthus tuberosus*). Die obere Abbildung zeigt, wie *Helianthus* mit Ausläuferknollen in dichte Brennnesselbestände (Cuscuto-Convolvuletum) einwächst. Die anschließend gebildeten Luftsprosse überwachsen die Vorgängervegetation und verdrängen sie durch Beschattung (untere Abbildung; aus Lohmeyer 1971).

minanzbeständen der Knollen-Sonnenblume stark an Vitalität einbüßen (LOHMEYER & SUKOPP 1992), ist nicht mit ihrem völligen Verschwinden zu rechnen. In große Populationen sollte nur punktuell eingegriffen werden, wenn seltene und gefährdete Arten konkret betroffen sind. Ansonsten sollten sich die Aktivitäten darauf beschränken, Neuansiedlungen an Gewässern, wie beispielsweise die Anlage von Wildäckern im Überschwemmungsbereich von Bächen und Flüssen, zu unterlassen sowie erstmals in einem Gewässereinzugsbereich auftretende Initialpopulationen zu entfernen.

### 6.4.6 Scheinkalla (*Lysichiton americanus*)

**Einführung und Vorkommen:** Der Fall der Scheinkalla zeigt, welch weit reichende Folgen „Liebhaberbotaniker" auslösen können. Die Scheinkalla (= Amerikanischer Riesenaronstab, Stinktierkohl) ist ein attraktiv gelb blühendes Aronstabgewächs, das aus dem Westen Nordamerikas stammt und in Europa als Zierpflanze verwendet wird. Es wurde 1861 erstmals auf den Britischen Inseln angepflanzt und ist heute dort an mehreren Stellen eingebürgert. Vom europäischen Festland wurden zunächst Vorkommen aus dem Taunus bekannt (Alberternst & Nawrath 2002): An einigen Bachläufen wird seit Anfang der 1980er-Jahre eine verstärkte Ausbreitung beobachtet. Sie geht auf die wiederholte Ausbringung durch einen Gärtner zurück. Bis zum Jahr 2000 haben sich von seinen Anpflanzungen ausgehend 75 Teilbestände entwickelt, die auf einer Fließstrecke von insgesamt etwa 14,6 Kilometern an verschiedenen Taunusbächen vorkommen. Die Art besiedelt in einem etwa 85 km² großem Gebiet vor allem feuchtschattige Quellbereiche und andere zumeist sumpfige, naturnahe Standorte und kommt auch in stehendem und fließendem Wasser vor. Weitere Vorkommen wurden aus anderen deutschen Mittelgebirgen, dem Ruhrgebiet (Fuchs et al. 2003) sowie nach 2004 auch aus der Schweiz und den Niederlanden bekannt (Alberternst et al. 2008).

**Problematik:** *Lysichiton*-Pflanzen können unter günstigen Bedingungen auf halbschattigen, nährstoffreichen und sauren Standorten in Gewässernähe bis 1,2 Meter hoch werden und bis zu 50 Zentimeter breite Blätter entfalten. Durch die hierdurch erzielte Konkurrenzwirkung können Feuchtgebietsarten unter den Pflanzen und Tieren zurückgedrängt werden, die im Taunus allgemein von Drainierung und Melioration betroffen sind. Bei 67 % der Bestände wurden Jungpflanzen unterschiedlicher Altersstadien gefunden, sodass eine dauerhafte Etablierung der Populationen absehbar ist. *Lysichiton*-Samen werden mit dem Wasser und möglicherweise auch durch Tiere transportiert, wodurch sich die Populationen entlang von Bachufern ausbreiten. *Lysichiton* besiedelt auch Standorte, an denen sonst keine höheren Pflanzen existieren, da sie zu nass, dunkel oder sauer sind (Alberternst & Nawrath 2002). Im Taunus wurde bis 2007 der größte Teil der Pflanzen entfernt, wobei Nachwuchs in den kommenden Jahren weiter ausgegraben werden muss. Insgesamt zeigt der Fall *Lysichiton*, dass mit frühzeitigen Maßnahmen zu Beginn von Ausbreitungsprozessen Arten erfolgreich zurückgeholt werden können. Das Beispiel zeigt auch, wie wichtig ein frühzeitiger Austausch von Informationen über mögliche Probleme ist. Aufgrund der Kenntnisse aus dem Taunus konnte in anderen Gebieten noch schneller auf die Ausbreitung von *Lysichiton* reagiert werden (Alberternst et al. 2008).

### 6.4.7 Andere Arten

Das wintermilde Oberrheingebiet besiedelt der **Algenfarn** (*Azolla filiculoides*) seit 1870. Periodisch kommt es zu einer massenhaften

Entwicklung in Altarmen des Rheines, in deren Folge auch der bereits durch die Eutrophierung stark gefährdete Schwimmfarn *Salvinia natans* vorübergehend verdrängt werden kann. *Azolla*-Vorkommen sind in der badischen Rheinebene jedoch nicht dauerhaft, sondern werden diskontinuierlich mit Hochwasser aus dem warmen Gebiet um Straßburg eingeschwemmt. Die Ausbildung von Massenbeständen beeinflusst daher die Gewässerflora nicht nachhaltig (Philippi 1978b). In weniger warmen Gebieten ist *Azolla filiculoides* eher unbeständig und auf wiederholte Ausbringungen angewiesen (Bernhardt 1991), kann jedoch in thermisch belasteten Gewässern wie der Erft überdauern (Hussner & Lösch 2005). Im wärmeren Südosteuropa kann *Azolla* jedoch große Wasserflächen bedecken und auch mit gefährdeten einheimischen Wasserpflanzen wie *Salvinia natans*, *Trapa natans* oder *Marsilea quadrifolia* konkurrieren (Anastasiu et al. 2008).

Die **Wasserlinse** *Lemna minuscula* (= *minuta*) ist ein Beispiel einer sich anscheinend problemlos in die bestehende Vegetation einfügenden Art (Wolff 1991, Bramley et al. 1995). Die aus Australien stammende **Crassula helmsii** gehört dagegen auf den Britischen Inseln zu den gezielt bekämpften Wasserpflanzen (Dawson 1994, Child & Spencer 1995). Die Funde in Deutschland gehen möglicherweise auf Aquarianer zurück (Küpper et al. 1996). In Schleswig-Holstein ist *Crassula* nur teilweise an ihren früheren Fundorten etabliert (Christensen 1993). Vorkommen in einem Teichgebiet in der Lüneburger Heide haben sich über 14 Jahre nicht wesentlich ausgebreitet (Härdtle & Wedi-Pumpe 2001). Auch wenn die Art in Deutschland bislang nicht so ausbreitungsstark wie auf den Britischen Inseln ist, nehmen die Fundpunkte deutlich zu (Klotz & Scheuerer 2006).

Zwei aus Amerika stammende **Heusenkraut-Arten** (*Ludwigia grandiflora*, *L. peploides*) wurden im 19. Jh. nach Frankreich eingeführt, wo sie sich bald entlang von Fließgewässern sowie in Feuchtgebieten ausbreiteten. Sie können sehr große Bestände bilden, dadurch ganze Gewässer zuwachsen und deren Eigenschaften nachhaltig verändern (Dandelot et al. 2005). Jüngere Nachweise von *L. grandiflora* sind aus Belgien, den Niederlanden und der Schweiz bekannt, sodass auch bald in weiteren Teilen Europas mit ihrem Auftreten zu rechnen ist (Alberternst et al. 2008). Beide Arten können sich vegetativ sehr gut regenerieren und scheinen durch hohe Temperaturen begünstigt zu werden (Hussner 2008). Da erhebliche Beeinträchtigungen von Gewässersystemen in Frankreich bekannt sind, sollten Erstansiedlungen von Heusenkraut-Arten vermieden oder frühzeitig bekämpft werden.

Der aus Nordamerika stammende **Große Wassernabel** (*Hydrocotyle ranuncoloides*) kann am Rand stehender oder langsam fließender Gewässer große Populationen bilden. Im Südosten Englands sowie in den Niederlanden hat sich die Art seit Anfang der 1990er-Jahre teilweise stark ausgebreitet und in einigen Kanälen schon die Schifffahrt behindert, sodass Bekämpfungen eingeleitet wurden. Aus Deutschland ist die Art seit 2004 bekannt (Newman & Dawson 1999, Hussner & van der Weyer 2004) und breitet sich vor allem in nährstoffreichen Gewässern weiter aus (Hussner & Lösch 2007).

Wolff (1980) gibt einen Überblick über weitere **neophytische Wasserpflanzen**, deren Vorkommen wahrscheinlich von Aquarianern begründet worden sind: Die aus Südafrika stammende Schein-Wasserpest *Lagarosiphon major* wurde 1966 in einem Allgäuer See und 1977 in einer Quarzitgrube im Hunsrück gefunden. Die Art ist hier winterhart und kann in kalkarmen Stillgewässern dichte Bestände bis 1,5 Meter Tiefe bilden. Im Allgäu wurden schon Räumungen notwendig. Weitere unbeständige Arten sind *Egeria densa* (synonym = *Elodea densa*) und *Hydrilla verti-*

*cillata*. Die wärmebedürftige *Elodea callitrichoides* (= *E. ernstiae*) ist nur in eutrophen Gewässern im wintermilden Oberrheingebiet eingebürgert. Aus dem Elster-Saale-Kanal ist *Myriophyllum heterophyllum* schon seit 1962 bekannt und tritt dort massenhaft auf (Casper et al. 1980; zu weiteren Vorkommen Wimmer 1997). Alle genannten Arten gehören zu den problematischen Wasserpflanzen wärmerer Gebiete (Ashton & Mitchell 1989).

Vor allem in wärmeren Gebieten kann die aus Nordamerika stammende **Igelgurke** (*Echinocystis lobata*) als Liane die Auenvegetation verändern (Botta-Dukát & Balogh 2008).

**Goldruten**, insbesondere *Solidago gigantea*, sind an Flussufern und in Auen vor allem in wärmeren Gebieten Süd- und Westdeutschlands sowie im pannonischen Gebiet stark verbreitet. Sie können auf höher gelegenen, nur kurzzeitig überschwemmten Standorten Dominanzbestände aufbauen und sind auch in verlichteten Forsten und an Gehölzsäumen in der Hartholzaue vertreten (Details zu den Arten, zur Problematik und zu möglichen Gegensteuerungsmaßnahmen in Kap. 6.2.5.3).

Nordamerikanische **Astern** mit häufig unklarem taxonomischem Status können an sonnigen, gut wasser- und nährstoffversorgten und nicht lange überfluteten Gewässerrändern Dominanzbestände bilden. *Aster laevis*, *A. lanceolatus*, *A. novi-belgii*, *A. tradescanthii*, *A.* × *salignus*, *A.* × *versicolor* werden unter *Aster novi-belgii* agg. zusammengefasst – oder auch getrennt angesprochen (Fehér 2008).

Die aus Nordamerika stammende **Gauklerblume** (*Mimulus guttatus*) wächst vor allem im Mittelgebirge kleinflächig in Bachröhrichten, wobei fließendes Wasser für die weitere Verbreitung von Früchten und Sprossteilen sorgt (Truscott et al. 2006). *Mimulus* gilt als Beispiel für die Einfügung eines Neophyten in die vorhandene Vegetation (Lohmeyer & Sukopp 1992, Hejda & Pyšek 2008, Hejda et al. 2009). Als nahe Verwandte kommt auch *M. moschatus* vor (Jentsch 1986).

Der ebenfalls aus Nordamerika stammende **Bleibusch** oder Bastardindigo (*Amorpha fruticosa*) hat sich in Auen des südöstlichen Mitteleuropas und Südosteuropas bereits stark ausgebreitet, beispielsweise an Donau, Theiss und Save sowie in der Poebene (Zavagno & d'Auria 2001, Szigetváry & Tóth 2008). In Rumänien ist *Amorpha* die problematischste Art in Feuchtgebieten, ersetzt an der Donau Strauchweiden und baut im Donau-Delta große Dominanzbestände auf (Anastasiu et al. 2008). Von den ausgedehnten Beständen an Außen- und Innenrändern von Feuchtwäldern vollzieht sich die weitere Ausbreitung mit schwimmfähigen Diasporen entlang von Gräben. Von dort kann die Art in angrenzende Biotope eindringen und beispielsweise feuchte Brachflächen besiedeln. Durch klonales Wachstum entstehen artenarme Dominanzbestände, in denen andere Arten durch dichte Streuauflagen behindert werden. Auch nach Baumrodungen in Auen können Massenbestände entstehen, die als Sukzessionsbremse dienen (Tremp 2002, Szigetváry & Tóth 2008).

Im Osten Deutschlands wurde *Amorpha* häufig in Windschutzhecken sowie gelegentlich als Ziergehölz gepflanzt. Sie wird auch bei Rekultivierungen in Bergbaufolgelandschaften eingesetzt, da sie anspruchslos ist, den Boden intensiv durchwurzelt und mit klonalem Wachstum rasch dichte Bestände bildet. Die in Deutschland seltenen spontanen Vorkommen gelten noch als unproblematisch. Tremp (2002) attestiert dem Bleibusch jedoch ein großes Ausbreitungspotenzial, beispielsweise am Rhein, wo eine starke Ausbreitung nach Überschreiten einer kritischen Populationsgröße absehbar sei. Eine Klimaerwärmung dürfte die Ausbreitung dieses Strauches erleichtern. Da seine Diasporen mit Wasser weit transportiert werden, sollten Initialpopulationen begrenzt werden. Wenige

Individuen wurden bereits vom Rheinufer in Köln und Mannheim gemeldet (Adolphi 1997, Junghans 2008).

Der **Kalmus** (*Acorus calamus*) ist in naturnahen Röhrichten eingebürgert und wird durch Mahd gefördert, da er schnittverträglicher als Schilf ist. Er gilt als Beispiel eines Neophyten, der sein potentielles Areal in Mitteleuropa weitgehend besiedelt und sich dabei in die bestehende Vegetation eingefügt hat (Lohmeyer & Sukopp 1992). Als alte Heilpflanze ist er auch kulturhistorisch bedeutsam (Einführungs- und Nutzungsgeschichte bei Wein 1939–42).

Mit Hochwasser werden auch **seltenere Geophyten** verbreitet, beispielsweise die Wild-Tulpe (*Tulipa sylvestris*) aus historischen Parkanlagen Celles in der Alleraue (Kowarik & Wohlgemuth 2006), das Schneeglöckchen (*Galanthus nivalis*) aus Gärten im Erzgebirgsvorland (Kosmale 1981a) oder der Seltsame Lauch (*Allium paradoxum*) aus Parkvorkommen in der Berliner Havelaue. Nach Loos (1991) werden auch bewurzelungsfähige Sprossteile gepflanzter Weiden mit dem Wasser verfrachtet, was zur Ausbreitung gebietsfremder Herkünfte führen kann.

Als weitere auffällige Neophyten hat Keil (1999) *Angelica archangelica* subsp. *litoralis*, *Bidens frondosa* und *Rorippa austriaca* im Fluss- und Kanalsystem des Ruhrgebietes genauer untersucht. Danach verdrängt die nordamerikanische *Bidens frondosa* die einheimische *B. tripartita* nicht. Der Neophyt hat eine breitere standörtliche Amplitude und besiedelt daher auch Standorte wie Steinschüttungen, die der einheimischen Verwandten als typischer Art der Schlammufergesellschaften verschlossen bleiben. Ein Rückgang der indigenen Art und die Ausbreitung der neophytischen Art wären demnach Symptome tiefgreifender anthropogener Veränderungen der Gewässerufer, die nicht direkt kausal miteinander verbunden sind.

## 6.5 Moore

Intakte mitteleuropäische Flach- und Hochmoore sind relativ arm an nichteinheimischen Arten. Räumliche Isolation, Wasserreichtum und Nährstoffarmut verhindern das Eindringen der meisten Neophyten. Eine Artengruppe ist jedoch in Hochmooren überrepräsentiert: von Liebhabern ausgebrachte Moorpflanzen, zu denen vor allem Heidekrautgewächse der Gattungen *Kalmia*, *Vaccinium* und *Aronia* gehören (siehe Kap. 3.3.7). Viele dieser Vorkommen sind dauerhaft etabliert (Lohmeyer & Sukopp 1992), ohne dass es zu auffälligen Ausbreitungen gekommen wäre. Ausnahmen sind konfliktträchtige Verwilderungen von Kultur-Heidelbeeren (siehe Kap. 6.5.1) und auch *Aronia* × *prunifolia* in niederländischen Mooren (Weeda 1987). Nach der Entwässerung von Mooren können zudem Neophyten einwandern, die eine Regeneration der Feuchtgebiete erschweren und den Rückgang moortypischer Arten beschleunigen. Dies betrifft neben der Kultur-Heidelbeere vor allem *Prunus serotina* (siehe Kap. 6.3.2).

### 6.5.1 Amerikanische Kultur-Heidelbeere (*Vaccinium corymbosum* × *angustifolium*)

**Herkunft und Einführung:** Amerikanische Kultur-Heidelbeeren werden seit 1929 in Deutschland auf inzwischen 900 Hektar kommerziell angebaut. 90 % hiervon liegen in Niedersachsen. Mit wenigen Ausnahmen werden die Heidelbeeren meist im Nebenerwerb auf ein bis zwei Hektar großen Flächen produziert. Kulturen sind auf sauren Böden mit pH-Werten zwischen 3,0 und 4,8 erfolgreich. Hieraus ergeben sich Anbauschwerpunkte auf Podsolböden und in entwässerten Hochmooren. Weitere Anbauflächen liegen in den Nachbarländern Polen und Niederlande (Liebster 1961, Naumann 1993).

Die angebauten Kultur-Heidelbeeren gehören zur Untergattung *Cyanococcus*, die in Mitteleuropa sonst nicht vertreten ist. Es handelt sich dabei um Hybriden in großer Sortenvielfalt, die überwiegend das Erbgut zweier nordamerikanischer Wildarten enthalten: *Vaccinium corymbosum* und *V. angustifolium* (Liebster 1961, Hancock & Siefker 1982). Beide gelangten bereits im 18. Jahrhundert als Ziergehölze nach Europa (1765 beziehungsweise 1776, Goeze 1916).

**Aktuelle Vorkommen:** In den Niederlanden sind spontane Kultur-Heidelbeeren seit 1949 bekannt (Adema 1986). In Niedersachsen breiten sich die Kultur-Heidelbeeren seit etwa 40 Jahren aus, wobei dieses Phänomen lange verborgen blieb (alle folgenden Angaben nach Kowarik & Schepker 1995, Schepker et al. 1997, Schepker & Kowarik 1998). Da nur Hybriden gepflanzt werden, müssen auch die Verwilderungen als solche angesprochen werden (*V. corymbosum* × *angustifolium*). Sie variieren stark zwischen den nordamerikanischen Ausgangsarten. Bis drei Meter hohe Individuen mit nur gelegentlich gebildeten Wurzelausläufern stehen *V. corymbosum* nahe, flachwüchsige mit starkem klonalen Wachstum und kleineren Blättern *V. angustifolium*.

Verwilderungen sind inzwischen aus 20 Landkreisen Niedersachsens bekannt. Sie konzentrieren sich auf Hoch- und Heidemoore (einschließlich ihrer De- und Regenerationsstadien, Tab. 48) sowie auf Kiefernforste. Seltener kommen Kultur-Heidelbeeren an Weg- und Grabenrändern und in Heiden vor. Zu kommerziellen Plantagen als Ausbreitungsquelle besteht ein enger räumlicher Zusammenhang (Abb. 62). Eine Untersuchung in der Umgebung von 21 Plantagen ergab für die südliche Lüneburger Heide, dass die Fläche mit Heidelbeerverwilderungen die Anbaufläche um das 14fache übertrifft. Inzwischen sind auch Vorkommen in Österreich bekannt geworden (Hohla 2006).

**Erfolgsmerkmale:** Die Verwilderung der Kultur-Heidelbeeren steht in engem Zusammenhang mit der anhaltenden Erweiterung der Anbauflächen. Die hier massenhaft nach drei bis fünf Jahren erzeugten Früchte werden zu einem Teil von Vögeln in angrenzende Biotope verfrachtet. Neben Staren, die noch in den 1960er-Jahren große Ernteeinbußen verursacht haben, fressen auch Amseln, Krähen, Eichelhäher und Tauben die Beeren.

Abb. 53 veranschaulicht die Effektivität des ornithochoren Diasporeneintrags in der Nachbarschaft einer Heidelbeerplantage. Als maximale Ausbreitungsentfernung wurden 1700 Meter im Umfeld einer isoliert gelegenen 43-jährigen Anbaufläche festgestellt. Dabei sinkt die Deckung der verwilderten Kultur-Heidelbeeren mit zunehmender Entfernung von der Anbaufläche. Setzt man das Alter der Pflanzungen als maximalen Ausbreitungszeitraum mit der Ausbreitungsleistung der am weitesten von den Plantagen entfernt vorkommenden spontanen Individuen in Bezug, ergibt sich rechnerisch eine jährliche Ausbreitungsleistung von 24 Metern. Die Etablierung gelingt auf sauren Standorten, die schattig (Kiefernforste) bis voll besonnt (Moore) sein können. Mit klonalem Wachstum können die Heidelbeeren dichte Bestände bilden und sich nach mechanischen Beschädigungen schnell regenerieren.

**Problematik:** Eine erhebliche Ausbreitung kann von jeder Heidelbeerplantage ausgehen. Die Größe der Anbaufläche – und damit der Umfang des Diasporenangebotes – hat sich in den untersuchten Fällen nicht als Minimumfaktor erwiesen. Vielmehr hängt die Reichweite der Ausbreitung vom hierfür zur Verfügung stehenden Zeitraum sowie vom Vorhandensein geeigneter Wuchsorte ab. Ist die Plantage von Landwirtschaftsflächen umgeben, sind keine erheblichen Verwilderungen zu erwarten. Bei angrenzenden Kiefernforsten und Feuchtgebieten ist es nur eine Frage der Zeit, bis die Verwilderung und

**Tab. 48** Vorkommen verwildeter Kultur-Heidelbeeren *(Vaccinium corymbosum × angustifolium)* in niedersächsischen Naturschutzgebieten – die Verwilderungsfläche wurde grob geschätzt (nach Schepker et al. 1997)

| Naturschutzgebiet (Landkreis) | Fläche [ha] | Fläche mit verwilderten Kultur-Heidelbeeren [ha] |
|---|---|---|
| Benthullener Moor (Oldenburg) | 71 | 3 |
| Bissendorfer Moor (Hannover) | 498 | v |
| Everstenmoor (Stadt Oldenburg) | 105 | v |
| Feerner Moor (Stade) | 184 | 10 |
| Goldenstedter Moor (Vechta) | 640 | 37 |
| Großes Moor (Celle, Soltau-Fallingbostel) | 850 | 28 |
| Grundloses Moor (Soltau-Fallingbostel) | 295 | v |
| Itterbecker Heide (Grafschaft Bentheim) | 86 | v |
| Krähenmoor (Nienburg) | 230 | 4 |
| Lichtenmoor (Soltau-Fallingbostel) | 236 | 39 |
| Moor bei Revenahe (Stade) | 32 | v |
| Moor in der Schotenheide (Soltau-Fallingb.) | 37 | 17 |
| Torfkanal u. Randmoore (Osterholz) | 197 | v |
| Weißer Graben (Nienburg/Weser) | 502 | 78 |

v = vereinzelte Vorkommen

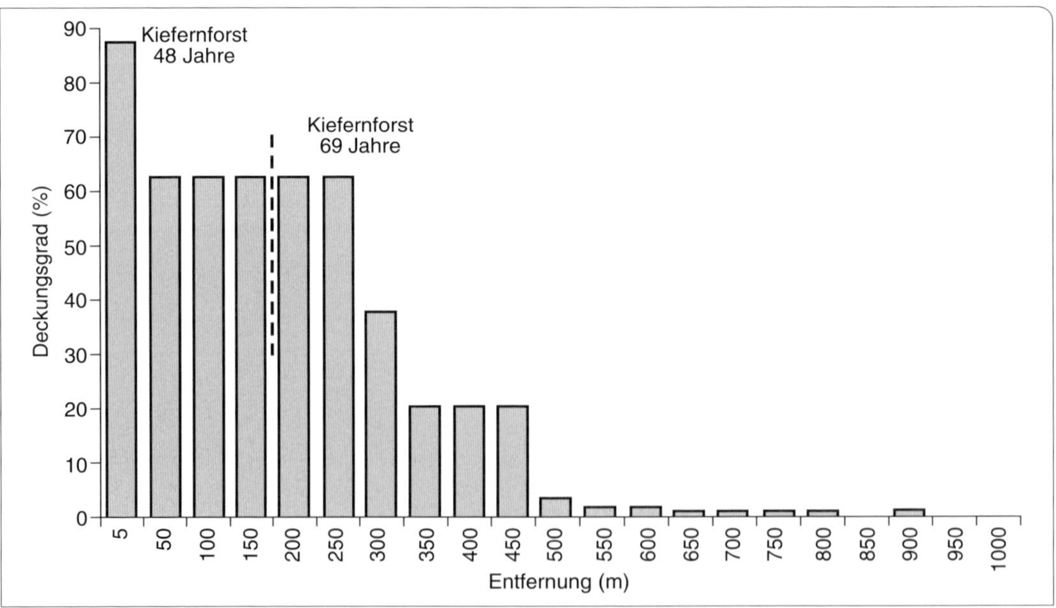


**Abb. 62** Kommerzielle Kultur-Heidelbeerplantagen als Ausbreitungsquelle. In benachbarten Kiefernforsten bildet *Vaccinium corymbosum × angustifolium* Dominanzbestände, einzelne Individuen werden durch Vögel etwa einen Kilometer weit ausgebreitet (transformierte Braun-Blanquet-Werte als Deckungsangabe; aus Schepker et al. 1997).

Etablierung der Kultur-Heidelbeeren beginnt.

In **Kiefernforsten** kann *V. corymbosum* × *angustifolium* dichte, zwei bis drei Meter hohe Strauchschichten bilden. Die Bodenvegetation wird dabei durch Beschattung verdrängt. Gefährdete Pflanzenarten sind hiervon bislang nicht betroffen. In den dichten Beständen ist die forstliche Bewirtschaftung erschwert, da Auszeichnungsarbeiten und Durchforstungen behindert werden. Dichte Bestände wurden bislang im Nahbereich der Heidelbeer-Plantagen (300 bis 400 Meter, Abb. 62) gefunden, jedoch ist mit weiterer Ausbreitung zu rechnen.

Verwilderte Kultur-Heidelbeeren sind bislang aus 14 niedersächsischen Naturschutzgebieten bekannt. In allen Fällen ist dabei auch die naturnahe Moorvegetation betroffen. In **Mooren** kommt *V. corymbosum* × *angustifolium* auf hektargroßen Flächen vor (Tab. 48), wobei selten geschlossene Bestände gebildet werden. Einzelpflanzen können jedoch zu mehreren Quadratmeter großen klonalen Populationen heranwachsen. Im Naturschutzgebiet Moor in der Schotenheide, einem renaturierten Torfstich, kommen die meisten Kultur-Heidelbeeren in dem mit *Molinia* bewachsenen Randbereich vor (Abb. 63).

Einige konnten auch in Feuchtheiden und Moor-Fragmenten, nicht jedoch in feuchteren Schlenken mit *Rhynchospora* Fuß fassen. Wenn auf Bulten etablierte Kultur-Heidelbeeren Absenker ausbilden, können allerdings auch Schlenken beeinflusst werden. Durch Beschattung und möglicherweise durch erhöhte Verdunstung können moortypische, darunter auch gefährdete Arten zurückgedrängt werden. Das Beispiel zeigt, dass insbesondere Randbereiche intakter Moore sowie entwässerte oder abgetorfte Hochmoore gute Möglichkeiten für das Aufwachsen der Kultur-Heidelbeeren bieten. Im abgetorften Ostenholzer Moor (Truppenübungsplatz Bergen) kommen Kultur-Heidelbeeren auf über einem Quadratkilometer teilweise sogar bestandsbildend auf. Die Kernbereiche naturnaher Moore sind jedoch weniger betroffen.

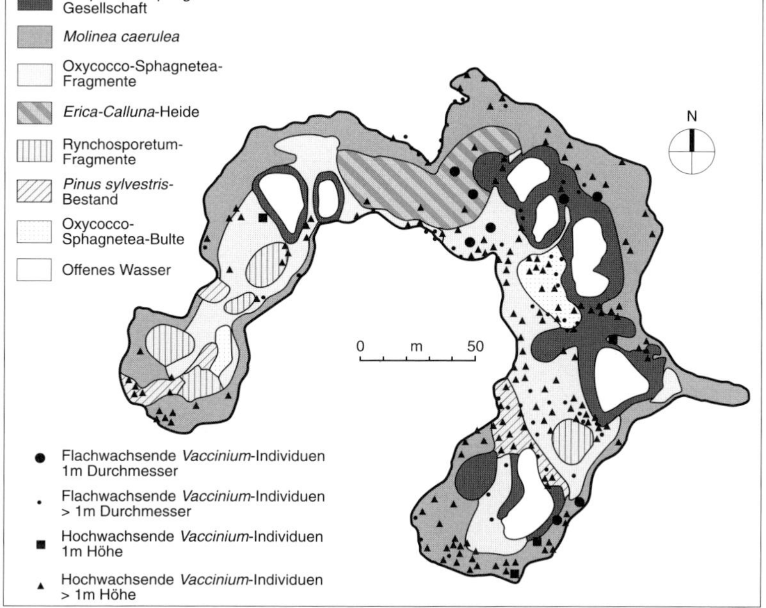


**Abb. 63** Vorkommen verwilderter Amerikanischer Kultur-Heidelbeeren (*Vaccinium corymbosum* × *angustifolium*) im Naturschutzgebiet „Moor in der Schotenheide" im Jahr 1993 (Landkreis Soltau-Fallingbostel, Niedersachsen). Unterschieden wurden den jeweiligen Elternarten nahe stehende eher flach wachsende und eher hoch wachsende Individuen (Vegetationsdifferenzierung nach Dieckmann 1990; aus Kowarik & Schepker 1995).

**Steuerungsmöglichkeiten:** Angesichts der biologischen Eigenschaften der Kultur-Heidelbeere (starkes regeneratives sowie klonales Wachstum) ist eine oberirdische Bekämpfung wenig Erfolg versprechend. Die Pflanzen müssten mit ihren Wurzeln ausgegraben werden. Dieses Vorgehen ist bei kleinen Vorkommen denkbar, wobei der Nutzen gegen mögliche Beeinträchtigungen empfindlicher Moorökosysteme abzuwägen ist. Bekämpfungen sind nur Erfolg versprechend, wenn eine nachfolgende Wiedereinwanderung ausgeschlossen wird. Deshalb sollte bei der Anlage neuer Heidelbeerplantagen ein Mindestabstand zu Mooren eingehalten werden. Beträgt dieser Sicherheitsabstand etwa drei Kilometer, wäre nach bisheriger Kenntnis die Einwanderung in Moore auch längerfristig zu begrenzen.

**Diskussion:** Die Vorkommen in Kiefernforsten und Mooren erfordern eine differenzierte Bewertung. In Kiefernforsten sind die Verwilderungen wenig problematisch. Allerdings könnten sie in einzelnen Fällen als Zwischenstation zu empfindlicheren Biotoptypen dienen. Dominanzbestände in der Nähe der Anbauflächen erschweren die Bewirtschaftung von Kiefernforsten. Es sollte allerdings überprüft werden, ob der Aufwand für Bekämpfungen in einem sinnvollen Verhältnis zum forstwirtschaftlichen Ertrag auf den armen Sandböden steht. Zudem gibt es Hinweise, dass die Heidelbeeren als Ammengehölz für naturverjüngte Eichen fungieren, indem sie Jungpflanzen gegen Wildverbiss schützen. Mit ihrer auffälligen Herbstfärbung, die mit kräftigen Farbtönen zwischen Gelb und Rot variiert, und dem Angebot an Beeren sind die verwilderten Kultur-Heidelbeeren für Erholungssuchende attraktiv. In Fremdenverkehrsgebieten wie der weiträumig durch Kiefernforste geprägten Lüneburger Heide sind solche positiven Funktionen gegenüber möglichen forstlichen Einschränkungen abzuwägen.

In Mooren sind zumeist Naturschutzgebiete und gesetzlich geschützte Biotope betroffen. Die Etablierung von Kultur-Heidelbeeren wird hier durch Entwässerung und Abtorfung begünstigt. Ihr Auftreten ist daher eher Indikator als Ursache von Ökosystemveränderungen. Die Tier- und Pflanzenwelt intakter Moore dürfte durch Verwilderungen nicht gefährdet sein. Allerdings könnten die Heidelbeeren die Degeneration entwässerter Moore sowie die Regeneration wiedervernässter Moore beeinflussen, indem sie durch Beschattung, Nährstoffanreicherung und Wasserentzug den Rückgang moortypischer Arten beschleunigen oder ihre Wiederansiedlung behindern. Offen ist die Frage, ob die Verwilderungen mittelfristig durch eine Wiedervernässung zurückzudrängen sind. Weiter wäre zu klären, ob sich *V. corymbosum* × *angustifolium* schonend und zugleich nachhaltig aus Mooren entfernen lässt.

## 6.6 Marine Ökosysteme, Küsten und Dünengürtel

Weltweit haben der Schiffsverkehr und die Anlage von Aquakulturen zu einem transozeanischen Artenaustausch geführt. Aus der gesamten Nordsee sind derzeit 167 Neobiota bekannt, die zu etwa einem Fünftel mit dem Ballastwasser von Schiffen eingeführt wurden; jeweils ein Viertel gelangte als Aufwuchs an der Schiffshaut („hull fouling") in die Nordsee oder wurde im Zusammenhang mit der Aquakultur eingeführt. Etwa ein Drittel der Arten sind Neophyten. 36 leben als Bestandteil des Phytobenthos am Meeresboden, 22 sind Teil des Phytoplanktons (Gollasch et al. 2009).

Der Großteil der neophytischen Algen stammt aus dem Pazifik. Sie sind meist mit pazifischen Austern eingeschleppt worden und haben sich von Austernkulturen ausgebreitet. Auch die eingeführten Austern breiten sich stark aus (siehe Kap. 9.7.1).

Am stärksten sind Neobiota in küstennahen Gewässern, im brackigen Wasser der Ästuare von Ems, Weser, Elbe und Eider, in Häfen oder nahe von Austernbänken verbreitet. Während ihr Anteil am Makrobenthos an der offenen Küste etwa 6 % beträgt, erreicht er in den Mündungsgebieten der Flüsse bis zu 20 % (Reise et al. 1999).

Beispiele für problematische Arten sind die Kieselalge *Coscinodiscus wailesii*, der Dinoflagellat *Gyrodinium aureolum* sowie die Braunalgen *Undaria pinnatifida* und *Sargassum muticum*, der Japanische Beerentang (Gollasch et al. 1999). Diese Arten führen zu Konkurrenzeffekten und teilweise auch zu ökonomischen Beeinträchtigungen, beispielsweise von Aquakulturen. Im dänischen Limfjorden hat sich *Sargassum muticum* jährlich bis zu 17 Kilometern ausgebreitet und ist zur dominanten Makroalge geworden, ohne allerdings die Artenzahl und Diversität anderer Großalgen insgesamt zu beeinträchtigen. Allerdings gibt es Hinweise auf den konkurrenzbedingten Rückgang einiger Arten (Staehr et al. 2000). Ob die im Plankton der Nord- und Ostsee vorkommenden Dinoflagellaten *Alexandrium tamarense*, *Gyrodinium aureolum* und *Gymnodinium catenatum* (Nehring 1995) hier wie in ihren heimischen, zumeist subtropischen Gewässern Toxine bilden, ist noch ungeklärt (Gollasch 1995).

Als problematisch haben sich bislang die im Watt und in Salzwiesen vorkommenden Schlickgrasarten (siehe Kap. 6.6.1) sowie der aus dem Indischen Ozean stammende Pfahlwurm (Schiffsbohrmuschel) *Teredo navalis* erwiesen (siehe Kap. 9.7), der Millionenschäden an Holzbauwerken verursacht (Gollasch 1996). In den Dünengürteln der Küsten treten mit dem Kaktusmoos (*Campylopus introflexus*, siehe Kap. 6.6.2) und der Kartoffel-Rose (*Rosa rugosa*, siehe Kap. 6.6.3) zwei auffällige Neophyten in Erscheinung, die als problematisch angesehen werden. Der in den Dünen Mecklenburg-Vorpommerns eingebürgerte Tataren-Lattich (*Lactuca tatarica*) steht dagegen für eine Art, bei der bislang keine Beeinträchtigung von naturnaher Vegetation festgestellt worden ist (Litterski & Berg 2000). Als weiterer häufigerer Neophyt wächst *Calystegia sylvatica* in Brackwasserröhrichten (Berg & Barth 2008).

### 6.6.1 Schlickgrasarten (*Spartina anglica*, *S. townsendii*)

**Herkunft und Ausbreitungsgeschichte:** Um 1800 gelangte das amerikanische Schlickgras *Spartina alternifolia* (2n = 62) unbeabsichtigt mit Ballastwasser nach Großbritannien (Thompson 1991). Nach etwa 70 Jahren wurden 1892 Hybriden dieser Art mit *Spartina maritima* (2n = 60) entdeckt. Letztere ist an westafrikanischen Küsten verbreitet und wurde im 16. Jahrhundert nach Großbritannien eingeschleppt. Die Hybride, Townsends Schlickgras (*S. townsendii*), ist mit 2n = 61 Chromosomen steril. Nach 1890 begann dennoch eine Massenausbreitung, die in den Küstengewässern Southamptons einsetzte und bis heute weite Teile der Nordseeküste erreicht hat. Dieser Ausbreitungserfolg wird der Verdoppelung des Chromosomensatzes von *S. townsendii* zugeschrieben. Ergebnis war eine junge allotetraploide Art: das Englische Schlickgras (*S. anglica*, 2n = 122). Sie ist kräftiger als der Bastard und zudem fertil. Neben der neuen Art kommt auch noch die infertile Ausgangsform vor. Die Ausbreitung wurde durch Anpflanzungen zur Landgewinnung gestützt (Gray et al. 1991). Im Wattenmeer der Niederlande, Deutschlands und Dänemarks wurde *Spartina anglica* von 1925 bis in die 1950er-Jahre gepflanzt (Nehring & Hesse 2008).

**Aktuelle Vorkommen:** An der Nordseeküste und auf den Inseln können beide *Spartina*-Sippen dichte Bestände auf Schlick und Sand bilden. Das Englische Schlickgras ist dabei die häufigere Art. Die Vorkommen konzentrieren sich auf den Bereich zwischen 20 Zentimeter oberhalb und 40 Zentimeter unterhalb der mittleren Tidehochwasserlinie (Abb. 64), und zwar an geschützten Stellen mit schwachem Wellengang. Bei tieferen Vorkommen, wie in der Leybucht oder an der Küste des Ärmelkanals, dürfte es sich um besonders ruhige Orte mit starkem Tidehub handeln. *Spartina* ist in zwei benachbarten, jedoch ökologisch und physiognomisch sehr verschiedenen Vegetationstypen erfolgreich: im Quellerwatt, das von der einjährigen *Salicornia europaea* aufgebaut wird, und in den ausdauernden, vom Andel (*Puccinellia maritima*) beherrschten Salzwiesen (König 1948, Scherfose 1986, 1989).

**Erfolgsmerkmale:** Schlickgräser tolerieren eine Überflutung bis zu sechs Stunden pro Tide und verfügen über effektive Anpassungen an den hohen Salzgehalt des Wassers: Natriumchlorid wird über Salzdrüsen ausgeschieden, und als $C_4$-Pflanzen können sie auch bei geschlossenen Spaltöffnungen $CO_2$ assimilieren und hiermit den Wasserverlust gering halten (Reise 1994).

*Spartina* wächst horstförmig und erweitert ihre Bestände durch unterirdische Ausläufer. Sie lässt sich daher leicht vermehren und wird weltweit an Küsten angepflanzt. Die 36 000 Hektar, die *S. anglica* 1980 in China einnahm, sollen auf nur 21, 1963 eingeführte Individuen zurückgehen. Bereits seit Anfang des Jahrhunderts wurde *Spartina* zur Landgewinnung zunächst in England und den Niederlanden, nach 1927 auch an der deutschen Nordseeküste gepflanzt. Ihre heutige Verbreitung ist damit das Produkt von Anpflanzungen und natürlicher Ausbreitung. Beide Arten vermehren sich klonal, *S. anglica* auch generativ. Samenproduktion und Etablierungserfolg der Keimlinge sind unregelmäßig. Lange Phasen einer ausschließlich klonalen Bestandserweiterung können daher von genera-

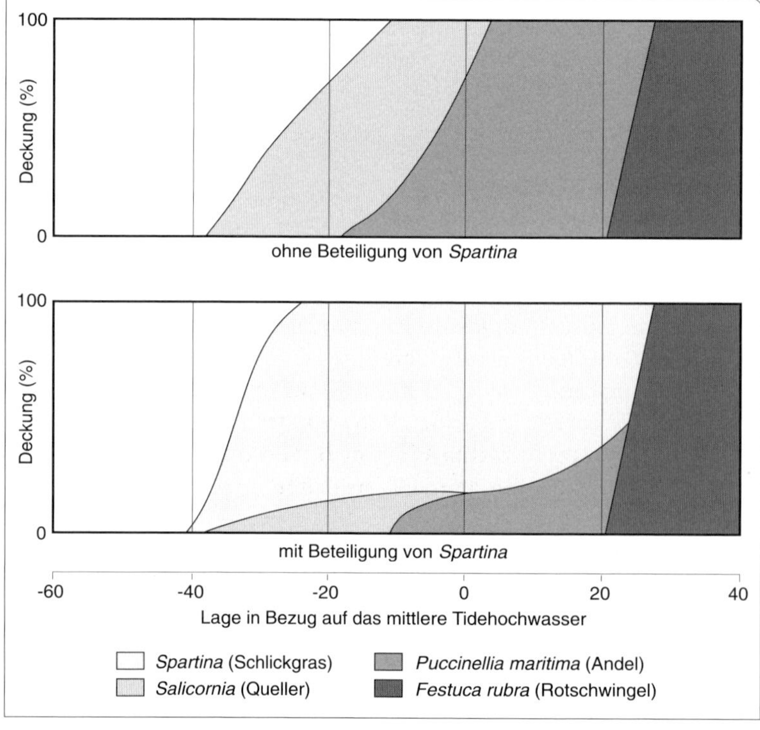


**Abb. 64** Zonierung der Watt- und Salzwiesenvegetation an der schleswig-holsteinischen Nordseeküste. Das Schlickgras (*Spartina anglica*) wächst sowohl im Quellerwatt (*Salicornia*) als auch in den Andelrasen (*Puccinellia maritima*) (nach König 1948).

**Tab. 49** Konkurrenzbestimmende Merkmale von Schlickgras (*Spartina anglica*) im Vergleich zum einheimischen Queller (*Salicornia europaea* agg.) und Andel (*Puccinellia maritima*)

| | *Salicornia europaea* | *Spartina anglica* | *Puccinellia maritima* |
|---|---|---|---|
| Überflutungstoleranz | sehr hoch | | hoch |
| Salztoleranz | sehr hoch | | hoch |
| Lebensform | einjährig | ausdauernd | |
| Blattdauer | sommergrün | überwinternd grün | |
| Vermehrung | generativ | generativ und vegetativ | |
| Wuchshöhe | bis 0,3 m | bis 1,3 m | bis 0,6 cm |

tiven Ausbreitungsschüben unterbrochen werden. Das Zusammenspiel der hierfür verantwortlichen hydrologischen, edaphischen und klimatischen Faktoren ist im Einzelnen noch unklar (Gray et al. 1991). Eine Zunahme der Bestände wird als Ergebnis des Klimawandels gesehen (Nehring & Hesse 2008).

Die Schlickgräser sind in so unterschiedlichen Vegetationstypen wie dem Quellerwatt und den Salzwiesen erfolgreich, weil sie Eigenschaften einheimischer Arten beider Vegetationsgürtel verbinden und höher als diese wachsen (Tab. 49). Sie sind ebenso salz- und überflutungstolerant wie der einjährige Queller, diesem aber als Stauden an Wuchskraft und Ausdauer überlegen. In den Salzwiesen kann *Spartina* den niedrig wüchsigen Andel verdrängen.

**Problematik:** Zwischen den hohen Sprossen der Schlickgräser kann jährlich 0,2 bis 2 Zentimeter sedimentiert werden. Da die dichten Rhizome vor Erosion schützen, kann in einzelnen Horsten die Sedimentationsoberfläche bis zu 15 Zentimeter über der Umgebung liegen. An der Nordsee hoffte man daher, mit dem Einbringen der ausdauernden Art in das Therophytenreich des Quellers und in noch tiefer gelegene Bereiche dem Watt schneller Land abzuringen. Diese Erwartungen wurden jedoch enttäuscht. Der horstförmige Wuchs von *Spartina* begünstigt Auskolkungen und bewirkt nicht die gleiche Auflandung wie die Quellerbestände. Im deutschen Wattenmeer blieben Dichte und Höhe der Sprosse und folglich auch die Sedimentationsraten weit hinter den Erwartungen zurück. Am besten wächst das Gras mit Höhen bis zu einem Meter in bereits geschützten Bereichen entlang der Festlandsküste auf Schlickböden (Gray et al. 1991, Reise 1994).

Schon 1925 war bekannt, dass die wuchsstärkere *Spartina anglica* ihre Stammformen, *S. alternifolia* und *S. maritima,* zurückdrängt (Gray et al. 1991). Im deutschen Wattenmeer hat sich *S. anglica* vor allem auf Kosten des Quellers ausgebreitet. Sie wächst seewärts auch weiter als der Queller und dringt landwärts in Andelrasen ein (Abb. 64), nach Reise (1994) jedoch nur, wenn dort durch Abplacken, Erosion oder mangelnde Pflege Senken entstanden sind. Allgemein bildet *Spartina* meist keine großflächigen Wiesen, sondern wächst im Mosaik mit anderen Salzwiesenpflanzen. Die Lebensgemeinschaften des Watts werden durch die erhebliche Biomasse von *Spartina* beeinflusst, die wenig von Insekten gefressen wird und daher fast ganz als Detritus in die Nahrungsnetze eingeht. Für Wattvögel sind die hierdurch geförderten Würmer in den dichten Beständen jedoch nicht erreichbar. In naturnahen Salzwiesen wird eine weitere Ausbreitung von *Spartina* befürchtet, da die dicht stehenden Schlickgräser den Wasserabfluss bremsen und so eine Vernässung der empfindlichen Biotope begünstigen können (Reise 1994). In England verursacht der Mutterkornpilz *Claviceps purpurea*, der in Nordamerika auf der hierher stammenden Ursprungsart lebt, ein Absterben ganzer Bestände von *S. anglica* (Gray et al. 1991). Die ökosystemaren Folgen eines solchen plötzlichen Ausfalls sind unwägbar.

Ob sich *S. anglica* günstig oder ungünstig auf die ursprünglichen Lebensgemeinschaften des Wattenmeers und auch auf den Küstenschutz auswirkt, ist jedoch nicht eindeutig. Einzelne Literaturbefunde sind nicht verallgemeinerbar, sodass stärker differenzierende gebietsbezogene Einzelfallbewertungen angemessen sind (Nehring & Hesse 2008).

### 6.6.2 Kaktusmoos (*Campylopus introflexus*)

**Herkunft und Vorkommen:** Das Kaktusmoos stammt aus der australen Klimazone der südlichen Hemisphäre. In Europa wurde es erstmalig 1941 in England und 1967 in Deutschland beobachtet (Benkert 1971). Es breitete sich zunächst im ozeanischen und subozeanischen Klimabereich über das nordwestliche Mitteleuropa bis nach Nordeuropa aus (Gradstein & Sipman 1978) und ist daher auf den westlichen der friesischen Inseln häufiger als auf den östlichen und nördlichen (Pott 1992). *Campylopus* kommt inzwischen auch im östlichen Deutschland vor (Benkert 1971). Als Pionier besiedelt es offene, naturnahe oder anthropogene Standorte, zumeist oberflächlich trockene, saure Sandböden. Es wächst in Silbergrasfluren der Küstendünen und des Binnenlandes, in Zwergstrauch-Heiden, in Flechten-Kiefern-Wäldern und auf anthropogenen Sekundärstandorten (Wolf 1985, Daniels et al. 1993, Jentsch 1995, Biermann 1996, Landeck 1997); in Großbritannien auch in Hochmooren und Feuchtheiden (Equihua & Usher 1993).

**Erfolgsmerkmale:** Vegetativ und mit Sporen erreicht *Campylopus* selbst isolierte Standorte. Teile von Moospolstern werden mit dem Wind und durch Tiere verbreitet, nachdem sie beim Austrocknen zerbrochen oder von Nahrung suchenden Tieren gelockert worden sind. Innerhalb der Polster erfolgt die Vermehrung durch abbrechende Sprossspitzen, aus denen sich neue Pflanzen entwickeln. Solche Sprossspitzen werden verstärkt in jungen Etablierungsstadien gebildet, wodurch der Erfolg der Erstbesiedlung gestützt wird. Ältere Pflanzen vermehren sich dagegen eher generativ (Biermann 1996). Ein Dauerflächenversuch im Rheinischen Braunkohlenrevier zeigte, dass *Campylopus* in zehn Jahren mehrere hundert Quadratmeter große Dominanzbestände auf sandig-kiesigen Rohböden bilden kann (von Hübschmann 1985). Ungeklärt ist, ob und wie die anthropogene Versauerung und Eutrophierung naturnaher oligotropher Standorte den Etablierungserfolg und die Konkurrenzstärke von *Campylopus* beeinflussen.

**Problematik:** In den Sandtrockenrasen der Küstendünen bildet *Campylopus* große Dominanzbestände. Dies hat zu der Sorge Anlass gegeben, dass *Campylopus* sich „wie ein Leichentuch" über die Dünen lege, dass zahlreiche Dünengesellschaften vernichtet würden und das Kaktusmoos kaum weitere Arten neben sich aufkommen ließe (Pott 1992, Peters 1996). Die Auswirkungen auf die biologische Vielfalt der Silbergrasfluren sind nach Biermann (1996) aber differenziert zu bewerten: *Campylopus*-Dominanzbestände sind artenärmer als andere Silbergrasfluren. Die Individuenzahl der meisten charakteristischen Arten geht zurück. Jedoch bleibt die charakteristische Kombination niederer und höherer Pflanzen in der Regel erhalten. Selbst Pioniere des offenen Sandes können überleben, da die Moospolster regelmäßig aufbrechen oder durch die Aktivität von Tieren (z. B. der ebenfalls nichteinheimischen Fasane und Kaninchen) geöffnet werden. Im niederländischen Nationalpark „De hoge Veluwe" wird *Campylopus* durch einen erhöhten Wildbesatz gefördert (Biermann & Daniels 1997). Bislang ist unklar, ob *Campylopus*-Dominanzbestände ausschließlich aus der Besiedlung offener Sandstellen oder auch aus einer Verdrängung anderer, zuvor dominanter Arten hervorgehen (Biermann 1996).

Aus binnenländischen Sandtrockenrasen des östlichen Deutschlands sind keine größeren Dominanzbestände bekannt. Die Vorkommen sind zumeist auf wenige Quadratzentimeter beschränkt und bedecken in flechtenreichen Kiefernforsten nur ausnahmsweise einige Quadratmeter (Kürschner & Runge 1997). In der Bergbaufolgelandschaft der Niederlausitz ist *Campylopus* Pionier auf quartären, trockenen Sanden. Dauerhafte Dominanzbestände entstehen nicht, da sich im Zuge der Sukzession höhere Pflanzen durchsetzen. Auf solchen Standorten kann seine Pionierfunktion positiv bewertet werden. Das Substrat wird festgelegt und die Begrünung eingeleitet (Jentsch 1995).

**Schlussfolgerung:** Die bisherigen Kenntnisse lassen den Schluss zu, dass *C. introflexus* im atlantischen und subatlantischen Bereich die quantitative Zusammensetzung und das Erscheinungsbild von Silbergrasfluren stark verändern kann. Offenbar bleibt das typische Artenspektrum dabei erhalten, sodass noch keine Gefährdung von Sandtrockenrasenarten erkennbar ist. Über Auswirkungen auf die Tierwelt und die langfristige Ökosystemdynamik ist ebenso wenig bekannt wie über die standörtlichen Ursachen des Erfolges von *Campylopus*. Angesichts seiner Ausbreitungsfähigkeit sind Gegenmaßnahmen aussichtslos.

Folgende **Moose** kommen ebenfalls als Neophyten in Mitteleuropa vor, wobei unerwünschte Folgen ihrer Ausbreitung nicht bekannt sind: *Orthodontium lineare*, *Lunularia cruciata*, *Octodiceras fontanum* und *Pterogonium gracile* (Weeda 1987, Berg & Meinunger 1988, Herben 1995, Tremp & Vulpus 1997, Zechmeister et al. 2002). Für Europa nennen Essl & Lambdon (2009) 45 nichteinheimische Moosarten.

### 6.6.3 Kartoffel-Rose (*Rosa rugosa*)

**Herkunft und Verwendung:** Die Kartoffel-Rose stammt aus Ostasien und wächst dort wie in Europa in Küstendünen (Bruun 2005). Gegen 1845 gelangte sie als Zierpflanze nach Europa (Goeze 1916). Wegen der guten Wuchseigenschaften auf extremen, auch salzbeeinflussten Standorten, aber auch wegen ihrer schönen, stark duftenden Blüten und des hohen Vitamin C-Gehalts ihrer Hagebutten wird sie häufig in Gärten und auch im Außenbereich gepflanzt. Dabei kommen nach Mang (1985) unter dem Namen *R. rugosa* verschiedene Varietäten, Hybriden sowie nahe verwandte Sippen zum Einsatz.

Wegen ihrer Salztoleranz werden Kartoffel-Rosen häufig an Autobahnen gepflanzt, besonders auf Mittelstreifen (Krause 1972). Weiter kommen sie in vielen Windschutzhecken an der Küste, aber auch im Binnenland vor (Schulze 1996). Gelegentlich wird sie zur Festlegung von Sandböden, zum Erosionsschutz an Kliffen und auch zur Begrünung von Kalirückstandshalden eingesetzt (Eigner 1992, Borchardt et al. 1995, Jørgensen 1996, Schepker 1998). Auf einigen ostfriesischen Inseln hat sie der Lehrer Otto Leege um die Jahrhundertwende gezielt gefördert. Einige Bestände gehen hier auch auf die Begrünung von Bunkern aus dem 2. Weltkrieg zurück (H. Kuhbier, mdl.). Bis heute wird *R. rugosa* zur Lenkung der Besucherströme in Feriengebieten häufig an Grundstücksgrenzen und teilweise noch entlang von Wegen gepflanzt, auch in Dünen.

**Aktuelle Vorkommen**: Während sich *R. rugosa* im Binnenland nur vereinzelt ausbreitet und hier vor allem ruderal vorkommt (z.B. Pilsl 2008) ist sie an Nord- und Ostsee sowie auf den Inseln teilweise landschaftsprägend geworden. Große Vorkommen bestehen vor allem an der Nordseeküste, aber auch an der Ostsee (Bruun 2005). Von den Niederlanden bis hinauf nach Dänemark kommt sie in naturnahen Weiß-, Grau- und anschließenden Braundünen mit Krähenbeerheiden vor (Bruun 2005, Isermann 2008a). An Dänemarks Küsten wachsen besonders viele Bestände nahe von Ferienhäusern, Straßen und Wegen, was auf ursprüngliche Ausbringungsmuster verweist (Jørgensen & Kollmann 2009). Nach Mang (1985) kommen neben der weit verbreiteten Varietät *thunbergiana* auch die kaum Ausläufer treibende var. *fero* × sowie *R.* × *iwara* und *R. kamtschatica* vor. Letztere soll auch in Dänemark eingebürgert sein.

**Erfolgsmerkmale**: Sprungbrett für die spontane Ausbreitung in Dünen und Küstenheiden sind zahlreichen Pflanzungen in Küstenregionen. Die Fernausbreitung erfolgt durch Silbermöwen und andere Vögel, die gerne Früchte befressen und Samen wieder ausscheiden. Früchte wie Spross- und Wurzelteile werden auch mit starkem Küstenwind oder Wasser über weitere Strecken entlang der Küste transportiert (Bruun 2005). Die Keimung gelingt in allen Vegetationstypen der Dünen (Kollmann et al. 2007). *Rosa rugosa* baut rasch klonale Populationen auf. Aus Wurzeln oder Rhizomen entspringende Ausläufer können die Bestände seitlich bis zu 70 cm im Jahr erweitern (Jørgensen & Kollmann 2009). Übersandete Sprosse bewurzeln sich und wachsen mit der Düne hoch. Werden Wurzeln oder Rhizome bei Bekämpfungen zerteilt, können schon aus 4 cm langen Fragmenten neue Pflanzen entstehen (Kollmann et al. 2009a). Nach Luftbildauswertungen haben sich Populationen im Nordwesten Dänemarks über 50 Jahre kontinuierlich erweitert. Anzeichen für ein Zusammenbrechen älterer Populationen fehlen (Kollmann et al. 2009b).

**Problematik**: *R. rugosa* bewirkt auffällige Veränderungen des Landschaftsbildes sowie der Lebensgemeinschaften von Dünen und Küstenheiden (Bruun 2005). Durch Beschattung können sie typische, meist kleine, lichtbedürftige Küstenarten stark zurückdrängen, und auch Sanddornbestände (*Hippophaë rhamnoides*) auf Dünen sind artenreicher (Isermann 2007, 2008a, b). Auch seltene Arten sind betroffen, beispielsweise *Eryngium maritimum*, *Phleum arenarium* oder *Rosa pimpinellifolia* (Eigner 1992, Türk 1995, Schepker 1998). In Dänemark ist die Kartoffelrose der häufigste problematische Neophyt (Thiele et al. 2009), und ihre Bestände erweitern sich dort kontinuierlich durch klonales Wachstum (Kollmann et al. 2009b).

**Steuerungsmöglichkeiten**: Das hohe vegetative Regenerationspotenzial der Kartoffelrose erschwert ihre Bekämpfung erheblich, da sie nach Mahd, Beweidung und Brand wieder stark austreibt (Bruun 2005, Kollmann et al. 2009a). Wie ineffektiv wiederholtes Mähen ist, zeigen Versuche in der Duhner Heide bei Cuxhaven. Hier wurde *R. rugosa* 1996 dreimal mit einem Freischneider gemäht. Obwohl im Folgejahr in 14-tägigem Abstand mit Hacke, Spaten und Freischneider nachgearbeitet wurde, trieben Wurzelreste immer wieder erneut aus. Inzwischen werden die Bestände durch Beweidung niedrig gehalten. Erfolgreicher war der Einsatz eines Baggers, mit dem die Pflanzen im Winter entnommen und dann durch Sieben vom Substrat getrennt wurden. Im Sommer wurden die wenigen Pflanzen, die sich aus Wurzelresten regeneriert hatten, ausgegraben (Rauhut mündlich). Eine Beweidung durch Schafe nach einer Bekämpfung ist zwar möglich, aber in Dünen und steilen Küstenabschnitten nicht immer praktikabel (Jørgensen 1996).

Aussichtsreich ist eine in Dänemark erprobte Maßnahme (Kollmann et al. 2009a): Bestände wurden gerodet, die entfernten Wurzeln und Sprosse vor Ort tief vergraben und die Stellen danach mit Sand überdeckt. Eine Sandauflage von mindestens 50 cm unterdrückt den Wiederaustrieb aus Resten der Pflanzen. Allerdings sollte sie frei von Pflanzenteilen sein, da es sonst zu Neuaustrieb kommt, der wieder entfernt werden muss. Wo Wind oder Wasser den Sand verlagern, sollte die Überdeckung möglichst deutlich mehr als 50 cm betragen. Auch in diesem Fall sollten die Flächen beobachtet und neu entwickelte Pflanzen entfernt werden.

**Diskussion**: *R. rugosa*-Vorkommen sind in Dünen und Küstenheiden aus Gründen des Arten- und Biotopschutzes unerwünscht. Bekämpfungen sind allerdings so aufwändig und oft auch mit Störungen der Dünen verbunden (beispielsweise bei Rodung und Übersandung), sodass ihr Sinn besonders sorgfältig geprüft werden sollte. Zu welchem Anteil die heutigen Bestände auf Anpflanzungen oder Fernausbreitung zurückgehen ist oft unbekannt. Auch der von ihnen ausgehende Besiedlungsdruck auf noch unbesiedelte Bereiche ist schwer einschätzbar. Wäre er gering, könnte eine Abwägung von Aufwand und Nutzen dazu führen, vorrangig neu etablierte Jungpflanzen auszugraben anstatt große, ältere Bestände aufwändig zu bekämpfen. Kollmann et al. (2009b) stellten eine kontinuierliche Ausdehnung der Bestände durch klonales Wachstum fest. Da an Nord- und Ostsee eine Vielzahl von Genotypen vorkommt, können sich einzelne Populationen durchaus in ihrem Wachstumsverhalten unterscheiden.

Eine weitere Frage gilt der Zielabwägung. Aus gutem Grund ist *R. rugosa* zur Lenkung der Besucher in empfindlichen Dünengebieten verwendet worden. Hieraus resultierende Schutzfunktionen sind gegen mögliche Beeinträchtigungen abzuwägen. Alternativ könnte auch die einheimische Dünen-Rose (*R. pimpinellifolia* subsp. *pimpinellifolia*) gepflanzt oder andere Lenkungsmöglichkeiten etabliert werden. Da Baumschulmaterial zahlreiche nichteinheimische Unterarten sowie Hybriden umfasst (Mang 1985), ist allerdings auf gesicherte gebietseigene Herkünfte zu achten.

Weitere Zielkonflikte veranschaulicht das Beispiel des Geestkliffs an der Duhner Heide bei Cuxhaven, die mit ihren Krähenbeerheiden als Schutzgebiet gesamtstaatliche Bedeutung hat (Rauhut 1996). Die versuchsweise Bekämpfung stieß bei Anliegern auf Widerstand, da sie eine Destabilisierung des Kliffs fürchten. In einigen Abschnitten verweigerte die Deichbehörde aus Küstenschutzgründen eine Bekämpfung. Die Kurverwaltung hatte schließlich Bedenken, da die duftende und reizvoll blühende Kartoffel-Rose von Touristen als prägender Bestandteil der Küstenlandschaft angesehen wird (Schepker 1998). Der gebräuchliche Name „Sylt-Rose" veranschaulicht ihre Beliebtheit, die auch in Dänemark Bekämpfungen erschwert (Jørgensen 1996). Auf den Inseln wird allerdings versucht, *R. rugosa* wieder aus Deichen zu entfernen.

Als **Schlussfolgerung** bietet sich eine differenzierte Naturschutzstrategie mit folgenden Elementen an:

- eine allgemeine Akzeptanz von *R. rugosa* als kulturell prägenden Bestandteil der Küstenlandschaft,
- ein weitgehender Verzicht auf neue Pflanzungen in Küstengebieten, insbesondere auf den Inseln, um eine weitere Ausbreitung zu verhindern,
- eine Konzentration von Bekämpfungen auf solche Fälle, in denen sich die Bestände nachweislich stark ausdehnen, als Ausgangspunkt zur Besiedlung schutzbedürftiger Biotope dienen oder seltene Arten und Biotope bedrängen,
- sowie ein vorbeugendes Ausgraben isolierter Jungpflanzen, insbesondere in schutzbedürftigen Bereichen.

## 6.7 Felsen und Mauern

Felsen als natürliche und Mauern als künstliche Waldgrenzstandorte sind besonders reich an nichteinheimischen Arten, vor allem, wenn sie nahe an Siedlungen oder Burgen liegen. Viele Archäo- und Neophyten können sich hier dauerhaft etablieren (z. B. *Robinia pseudoacacia, Syringa vulgaris, Fraxinus ornus, Laburnum anagyroides, Lycium barbarum, Mahonia aquifolium*). Oft sind alte, verwilderte Zier- und Nutzpflanzen darunter, die mit ihrem Blütenschmuck vor allem in wärmeren Gegenden landschaftsprägend sein können wie der Goldlack (*Cheiranthus cheiri*) und der Färber-Waid (*Isatis tinctoria*) auf Felsen des Rhein-, Mosel-, Nahe- und Maastals (Lohmeyer 1976, Lohmeyer & Sukopp 1992) oder am Kaiserstuhl (Wilmanns & Kobel-Laparski 2008). Der Flieder (*Syringa vulgaris*) als charakteristischer Gehölzpionier auf alten Mauern und Burgbergen ist weiter verbreitet (Tab. 50). In Siedlungen sind Mauer-Zymbel-

**Tab. 50** Häufige nichteinheimische und einheimische Pflanzenarten auf Felsen und Mauern mittelalterlicher Burgen. Untersucht wurden 56 Burgstandorte in verschiedenen Kalkgebieten Deutschlands. Nachweis der Arten für: I <20 %, II 20–30 %, III 40–60 %, IV 60–80 %, V 80–100 % der untersuchten Burgen (A = Archäophyten, N = Neophyten; nach Dehnen-Schmutz 2000)

| | Alle Gebiete | Altmühltal | Fränk. Schweiz | Neckar | Schwäb. Alb | Saale |
|---|---|---|---|---|---|---|
| Burgen | 56 | 9 | 14 | 10 | 15 | 8 |
| Artenzahl | 371 | 180 | 153 | 126 | 157 | 150 |
| Archäophyten | 60 | 23 | 17 | 22 | 15 | 29 |
| Neophyten | 30 | 7 | 14 | 17 | 6 | 20 |
| **Nichteinheimische** | | | | | | |
| *Echium vulgare* (A) | III | IV | II | II | II | IV |
| *Syringa vulgaris* (N) | III | I | IV | IV | I | IV |
| *Bromus sterilis* (A) | II | II | II | III | I | III |
| *Ballota nigra* agg. (A) | II | I | I | II | I | V |
| *Anthemis tinctoria* (A) | II | | III | I | | III |
| *Sedum spurium* (N) | II | I | II | II | I | III |
| *Cymbalaria muralis* (N) | II | | I | III | I | II |
| *Cerastium tomentosum* (N) | I | I | I | II | | II |
| *Iris* spec. (A) | I | I | I | I | I | II |
| *Artemisia absinthium* (A) | I | II | | | I | I |
| *Helianthus annuus* (N) | I | I | I | | I | II |
| *Impatiens parviflora* (N) | I | II | I | | | I |
| *Lactuca serriola* (A) | I | II | I | II | | |
| *Lycium barbarum* (N) | I | | | | | IV |
| **Einheimische** | | | | | | |
| *Chelidonium majus* | V | V | IV | V | III | V |
| *Sedum album* | V | V | V | V | V | I |
| *Asplenium ruta-muraria* | IV | V | IV | V | III | IV |
| *Taraxacum officinale* agg. | IV | V | III | V | III | V |
| *Geranium robertianum* | IV | IV | IV | III | IV | IV |
| *Euphorbia cyparissias* | IV | IV | IV | II | III | IV |

**Tab. 51** Mittelalterliche Nutzung von Archäophyten der Flora von 56 Burgen (aus Dehnen-Schmutz 2000)

| Archäophyten | Nutzung | Archäophyten | Nutzung |
|---|---|---|---|
| *Anthemis tinctoria* | T,M | *Lilium bulbiferum* | Z |
| *Antirrhinum majus* | Z | *Malva neglecta* | M,E |
| *Artemisia absinthium* | M,G | *Malva sylvestris* | M,E |
| *Asparagus officinalis* | E,M | *Nepeta cataria* | M,E |
| *Ballota nigra* | M | *Parietaria judaica* | T |
| *Bryonia dioica* | M | *Parietaria officinalis* | T |
| *Capsella bursa-pastoris* | M | *Pastinaca sativa* | E |
| *Cynoglossum officinale* | M | *Plantago lanceolata* | M |
| *Erysimum cheiri* | Z,M | *Pyrus communis* agg. | M,E |
| *Hyoscyamus niger* | M | *Reseda luteola* | T |
| *Hyssopus officinalis* | M,G | *Ruta graveolens* | M,A,G |
| *Iris germanica* | Z | *Solanum nigrum* | M,E |
| *Iris sambucina* agg. | Z | *Tanacetum parthenium* | M |
| *Iris* spec. | Z | *Verbena officinalis* | M,A |
| *Juglans regia* | E,M | *Vinca minor* | Z |
| *Lactuca serriola* | E | *Viola odorata* | M,Z |
| *Lepidium latifolium* | E,M | | |

A = Zauberpflanze, E = Nahrungspflanze, G = Gewürzpflanze, M = medizinische Verwendung, T = technische Verwendung, Z = Zierpflanze

kraut (*Cymbalaria muralis*) und Gelber Lerchensporn (*Pseudofumaria lutea*) häufige und charakteristische Mauerpflanzen geworden (Brandes 1992).

Die Hälfte der 66 Archäophyten, die Dehnen-Schmutz (2000) an Burgen gefunden hat, wurde im Mittelalter zur Ernährung (z. B. *Allium schoenoprasum*), als Heilpflanze (z. B. *Malva sylvestris*), als Zauberpflanze (*Ruta graveolens*) oder für sonstige Zwecke genutzt, beispielsweise die mit den Römern nach Mitteleuropa gelangten Glaskräuter *Parietaria officinalis* und *P. judaica* zum Glasreinigen oder *Anthemis tinctoria* und *Reseda lutea* als Färbepflanzen (Tab. 51). Die Vorkommen solcher Arten sind daher auch kulturhistorisch bedeutsam.

Die bereits um 800 im Capitulare de Villis Karls des Großen erwähnte, aus Südeuropa stammende Weinraute (*Ruta graveolens*) wurde medizinisch und als Gewürzpflanze verwendet. Als Zauberpflanze vertrieb sie böse Feinde, Teufel und Schlangen (Marzell 1922). Ihre Vorkommen an der Burg Hohenneuffen (Schwäbische Alb) sind seit mindestens 200 Jahren belegt. Sie könnten bis in das Mittelalter zurück reichen (Dehnen-Schmutz 2000).

Als problematisch hat sich das Eindringen von *Cotoneaster horizontalis* in Kalk-Trockenrasen und die Felsvegetation an Hängen des belgischen Maastals erwiesen (Piqueray et al. 2008). In Salzburg und sicherlich auch andernorts in Mitteleuropa haben sich neben dieser Art auch *C. dielsianus* und *C. divaricatus* auf naturnahen Felstandorten etabliert (Pilsl et al. 2008).

## 6.8 Gebirge

In Hochgebirgen bereiten Neophyten bislang keine Probleme (Walter et al. 2005). Allerdings kommen zahlreiche Archäophyten und Neophyten auch in höheren Lagen der Mittelgebirge und der Alpen bis etwa 2000 Meter vor. Mehrere Faktoren bestimmen dabei die Ausbildung der Höhengrenzen (Hügin 1992, Hügin & Hügin 1996):

Das mit zunehmender Höhe kühlere und feuchtere Klima schließt zahlreiche Arten wärmerer Gebiete aus. So hat *Solidago canadensis* beispielsweise einen Schwerpunkt in wärmeren Tieflagen, da erst ab 15 °C eine effektive Keimung einsetzt (Cornelius 1990a, b). *Impatiens glandulifera* hat geringere Temperaturansprüche und ist daher, wie die vegetativ verbreiteten *Fallopia*-Sippen, auch an vielen Mittelgebirgsbächen zu finden. In klimatisch begünstigten Regionen, wie dem insubrischen Gebiet am Südrand der Alpen, breitet sich dagegen ein breites Neophytenspektrum aus (Klötzli et al. 1996, Walther 1999). Die Höhengrenze mancher Arten ist wegen der benötigten anthropogenen Wuchsplätze an menschliche Dauersiedlungen gebunden. In höheren Lagen sinkt die Wirksamkeit anthropogener Verbreitungsmechanismen, nur an Straßenrändern können sich einige Arten in höhere Lagen vorschieben (Kopecký 1974, 1988). Jüngere Untersuchungen deuten darauf hin, dass sich einige Neophyten als Folge des Klimawandels in höhere Gebirgslagen ausbreiten (Becker et al. 2005, Pauchard et al. 2009).

In Mittelgebirgen breiten sich häufig Forstbäume aus. Dazu gehörten die nordamerikanischen *Pseudotsuga menziesii* (siehe Kap. 6.3.3), *Pinus strobus* (siehe Kap. 6.3.4) und *Quercus rubra* (siehe Kap. 6.3.5), aber auch einheimische, ursprünglich montan oder subalpin verbreitete Arten, die in tieferen Lagen gepflanzt werden (*Picea abies*, *Lari × europaea*, *Alnus viridis*). Problematisch ist auch *Lupinus polyphyllus* in Höhenlagen silikatischer Mittelgebirge (siehe Kap. 6.2.5.4). Wärmebegünstigte felsige Waldgrenzstandorte in der Nähe von Burgen oder Siedlungen sind bevorzugte Etablierungsorte verwilderter Zier- und Nutzpflanzen. Diese Vorkommen gelten nicht als problematisch, sondern wegen ihrer kulturgeschichtlichen Bedeutung als erhaltenswürdig (siehe Kap. 6.7).

Problematische Invasionen oberhalb der Baumgrenze sind aus mitteleuropäischen Gebirgen bislang nicht bekannt. Weitgehend ungeklärt ist allerdings die Rolle von Alpengärten, in denen seit dem 19. Jahrhundert Pflanzen alpiner Gebiete angepflanzt werden. Dass sie Ausbreitungszentren fremder Arten werden können, zeigt der 1890 auf der Brockenkuppe gegründete Alpenpflanzengarten, in dem seltene gebietstypische Arten, aber auch alpine Pflanzen verschiedener Kontinente kultiviert werden. Einige davon kommen inzwischen auch außerhalb des Gartens in hoher Individuenzahl vor wie *Hieracium gombense*, *H. picroides*, *H. amplixicaule*, *Saxifraga caespitosa*, *Ligusticum mutellina;* weit entfernt vom Brockenplateau auch *Alchemilla alpina*, *Campanula scheuchzeri*, *Poa alpina*, *Hieracium aurantiacum* und *Saxifraga caespitosa* (Karste, brieflich). *Poa alpina* ist auch in naturnaher Vegetation etabliert (Karste 1997). Bemerkenswert sind weiterhin spontan im Garten entstandene Enzianhybriden, die nun auch außerhalb auftreten (*Gentiana pannonica × lutea*, *G. punctata × purpurea*). Als problematisch könnte sich die Ausbreitung des konkurrenzstarken Alpen-Ampfers (*Rume × alpinus*) erweisen, der von atmosphärischen Stickstoffeinträgen profitiert und dessen Bekämpfung auf dem Brocken diskutiert wird (Karste, brieflich). Auf Bergwiesen im Riesengebirge breitet sich diese Art schon aus (Servenková & Münzbergová 2009).

# 7 Einfluss von Neophyten auf die Tierwelt

Nichteinheimische Pflanzen beeinflussen die Tierwelt direkt über das Angebot an Nahrung und Habitatelementen sowie indirekt über veränderte Konkurrenzbedingungen und die Förderung oder Verdrängung anderer, für Tiere wichtiger Pflanzen. Die Rolle von Neophyten wird hierbei sehr verschieden bewertet. Einige sehen eine Gefährdung durch Homogenisierung der Artenvielfalt als Folge der Bevorzugung opportunistischer Arten, andere gestehen ihnen wichtige Ersatzfunktionen zu.

Häufig wird postuliert, einheimische Pflanzen würden gegenüber nichteinheimischen als Nahrungsquelle bevorzugt. Dies ist eindeutig bei Insekten, die an Pflanzen fressen oder saugen (Phytophage, Phytosuge) und sich evolutiv an deren Inhaltsstoffe angepasst haben (siehe Kap. 7.1). Bei Blütenbesuchern hingegen spielt die Form der Blüte eine größere Rolle (Schmitz 1995) und bei vielen Weidegängern und bei Bodentieren, die tote Biomasse abbauen, ist die Bindung an bestimmte Nahrungspflanzen weniger eng oder fehlt völlig. Parasitoide oder Räuber werden indirekt von Pflanzen beeinflusst, wenn diese das Vorkommen ihrer Wirte oder Beutetiere bestimmen. Fast alle Tiergruppen werden darüber hinaus von pflanzlich bestimmten Habitateigenschaften berührt. Hierbei kommt es weniger auf die chemische Zusammensetzung als auf Struktur und Raumwiderstand der pflanzlichen Biomasse an. In dieser Hinsicht bestehen keine grundsätzlichen Unterschiede zwischen Neophyten und einheimischen Arten.

Angesichts der vielgestaltigen Beziehungen zwischen Pflanzen und Tieren sind pauschale, auf das gesamte Tierreich und darüber hinaus zielende Schlussfolgerungen unangemessen. Ein ärgerliches Beispiel hierfür ist die folgende „Naturschutzanleitung" (Barth 1988):

„Nur einheimische Arten gehören ... in unser Ökosystem, und nur sie können mit anderen Organismen (Pflanzen, Moosen, Flechten, Pilzen, Insekten) in Gemeinschaft leben. Bei fremdländischen Ziergehölzen können sich derartige Lebensgemeinschaften nicht bilden. Einige Organismen können sich aber auf sie spezialisieren (z. B. Wollläuse), finden dort keine Widersacher und können sich demzufolge leicht unkontrollierbar vermehren. Der Griff zur Giftspritze scheint dann verführerisch.... Wenn der Anbau fremdländischer Ziergehölze im Garten zwangsläufig zur Giftspritze führt, dann ist das Aufstellen von Plastikbäumen immer noch besser ...!"

Als Handlungsanweisung verleiten solche Einschätzungen zu einem Aktionismus, der im Austausch nichteinheimischer durch einheimische Arten Umweltprobleme zu lösen sucht und dabei in zwei Gefahren gerät: die ursächliche Beteiligung von Neophyten hieran zu überschätzen, deren positive Funktionen – ökologische wie kulturelle – dagegen zu unterschätzen (vgl. auch Kap. 4.2). Aber auch die – im Detail methodisch schwierig nachzuweisenden – negativen Auswirkungen von Neophyten auf die Tierwelt verdienen eine größere Beachtung als bisher. Hier gilt es noch Antworten auf zahlreiche Forschungsfragen zu finden. Die Bedeutung nichteinheimischer Arten für die Pflanzenverwendung ist in Kap. 4 besprochen worden. In diesem Kapitel wird dargelegt, welche Rolle die Neophyten für die Tierwelt einnehmen können.

## 7.1 Eigenschaften von Nahrungspflanzen

Unabhängig von ihrer Herkunft spielt die Lebensform von Pflanzen eine wichtige Rolle für ihre Nutzbarkeit durch phytophage Insekten. Sie steigt mit zunehmender struktureller Vielfalt und Lebensdauer der Pflanzen in einer Reihe von Einjährigen über kurz- und langlebige Stauden und Sträucher bis hin zu Bäumen (Strong et al. 1984, Tab. 5 in Klausnitzer 1993). Vergleiche sind damit nur zwischen Pflanzen gleicher Lebensform sinnvoll.

Die Größe des Verbreitungsgebietes und die Häufigkeit hierin beeinflussen die Chance evolutiver Anpassungen von Pflanzen und Tieren. Das Beispiel des weltweit verbreiteten Adlerfarns (*Pteridium aquilinum*) zeigt, dass dieselbe Art qualitativ und quantitativ von umso mehr Insekten genutzt wird, je größer das von ihr besiedelte Gebiet ist (Abb. 65a, b).

Kennedy & Southwood (1984) stellen diesen Zusammenhang auch für eine große Pflanzengruppe dar, nämlich für einheimische und nichteinheimische Baumarten in Großbritannien (Abb. 66). Jüngere Untersuchungen bestätigen den positiven Zusammenhang zwischen der Anzahl an Herbivoren (Larven einheimischer Schmetterlinge) und der Dauer der Anwesenheit nichteinheimischer Pflanzen bzw. der Größe ihres sekundären Verbreitungsgebietes (Brändle et al. 2009).

Die Bäume mit den meisten phytophagen Insekten (Weiden: 450, Eichen: 423, Birken: 334 Arten) zählen zu den am weitesten verbreiteten (Abb. 66). Seltenere werden – obwohl einheimisch – deutlich weniger genutzt: Hainbuchen beispielsweise von 51, Heide-Wacholder von 32 Arten. Die Vergleichszahlen für noch seltenere, nichteinheimische Pflanzen sind marginal (Robinie: 2, Walnuss: 7, Rosskastanie: 9, Esskastanie: 11 Arten). Da weder die Insektengruppen noch die einzelnen Pflanzenarten vergleichbar umfassend untersucht worden sind, sollten weniger die absoluten Zahlen als die Verhältnisse zwischen den Arten interpretiert werden. Frenzel et al. (2000) haben mit einem ähnlichen Überblick für Deutschland bestätigt, dass nichteinheimische Gehölze eine geringere Insektendiversität als einheimische haben, wobei sich die Zeitspanne nach der Ersteinführung als wichtiger Erklärungsparameter erwiesen hat.

Da nichteinheimische Arten tendenziell seltener als einheimische sind (siehe Kap. 10.3.1.2), besteht eine Korrelation, aber keine zwangsläufige kausale Beziehung zwischen Herkunft und Annahme einer Pflanze als Nahrungsquelle. Nach Turcek (1961) fressen beispielsweise deutlich mehr Vogelarten Diasporen von einheimischen als von nichteinheimischen Gehölzen derselben Gattung, beispielsweise 23 Vogelarten Früchte von *Cornus sanguinea*, aber nur 8 die Früchte von *Cornus alba* (Übersichtstabellen bei Kowarik 1989). Ob dies an der fehlenden Eignung der nichteinheimischen Art oder einfach an ihrer meist deutlich geringeren Häufigkeit liegt, muss bis zu einer experimentellen Prüfung offen bleiben.

Abb. 66 lässt am Beispiel des in Großbritannien neophytischen Berg-Ahorns erkennen, dass auch die Herkunft einer Art neben der Größe ihres Verbreitungsgebietes oder ihrer Häufigkeit hierin eine Rolle zu spielen scheint. *Acer pseudoplatanus* ist ähnlich weit verbreitet wie Birken, wird aber von nur 43 Insektenarten gegenüber 334 an Birken genutzt. Eine Erklärung wäre die unterschiedliche Dauer der Anwesenheit im Gebiet, die neben der Größe des Verbreitungsgebietes auch die Chance evolutiver Anpassungen in säkularen Zeiträumen beeinflusst. Sie ist bei nichteinheimischen Arten immer geringer als bei einheimischen. Es gibt jedoch offensichtliche Ausnahmen. Bei Kreuzblütlern wurden keine signifikanten Unterschiede zwischen

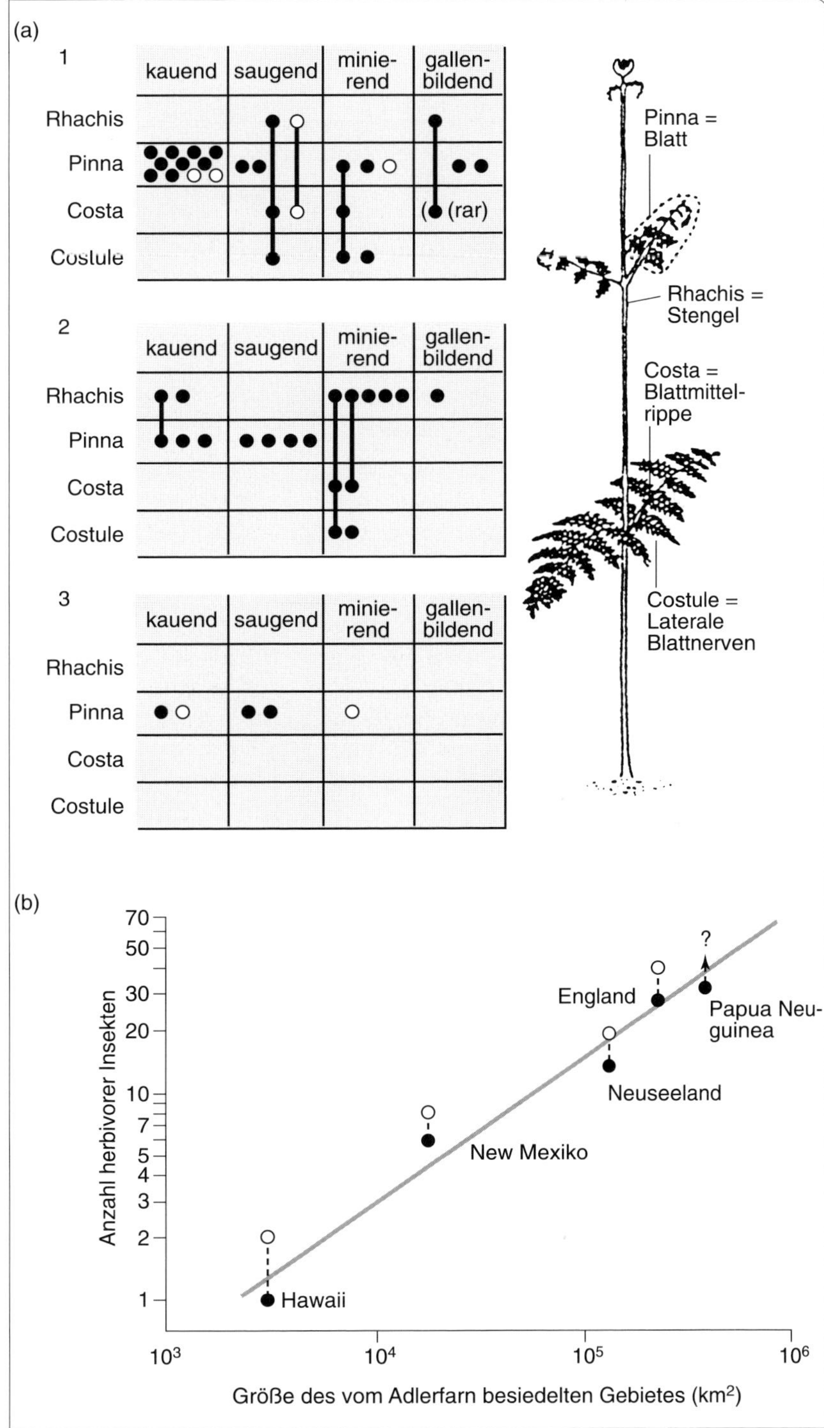


**Abb. 65** (a) Unterschiedliche Nutzung des Adlerfarns (*Pteridium aquilinum*) durch Insektengruppen in 1 Nordengland, 2 Papua-Neuguinea und 3 Neu-Mexiko (geschlossene Kreise: offene und geschlossene Waldstandorte, offene Kreise: nur offene Standorte).
(b) Zusammenhang zwischen der Anzahl herbivorer Insekten auf dem Adlerfarn und der Größe des Gebietes, in dem er vorkommt (offene Kreise: unsicher, sehr selten oder Arten mit unsicherem Status; nach Lawton und Winterborn aus Begon et al. 1991, verändert).

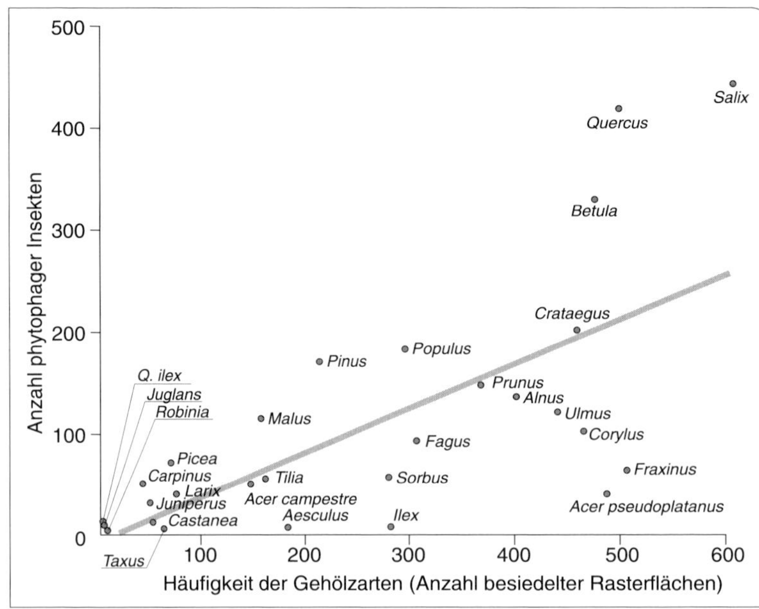


**Abb. 66** Zusammenhang zwischen der Häufigkeit einheimischer und nichteinheimischer Baumarten in Großbritannien (ausgedrückt im Vorkommen in Rasterfeldern) und der Anzahl der sich von ihnen ernährenden phytophagen Insekten (*Acer pseudoplatanus* ist auf den Britischen Inseln nicht einheimisch; nach Kennedy & Southwood 1984).

der Insektenbesiedlung einheimischer und nichteinheimischer Arten gefunden. Dies wird auf die speziellen Inhaltsstoffe dieser Pflanzenfamilie zurückgeführt, die den hieran angepassten Insekten den Zugang zu neuen Arten derselben Familie erleichtern (Frenzel & Brandl 1997).

Als Ergebnis von Anpassungsprozessen werden auch Neophyten aus anderen Pflanzenfamilien von phytophagen Insekten angenommen. Polyphage Arten werden hierbei über-, Monophage unterrepräsentiert sein. In diese Richtung könnte man den Vergleich zwischen Berg- und Feld-Ahorn in Abb. 66 interpretieren.

Es gibt auch einheimische Insekten, die trotz ursprünglich enger Bindung an eine Pflanzenart (oder -gattung) Neophyten nutzen: *Euceraphis punctipennis* ist von *Betula* zu *Platanus* übergegangen (Olthoff 1986), die Fruchtfliege *Rhagoletis meigenii* von *Berberis vulgaris* auf *Mahonia aquifolium* (Soldaat & Auge 1998), die Blattlaus *Uromelan solidaginis* von *Solidago virgaurea* auf *S. canadensis* (Klausnitzer 1993). Zudem sind einigen Neophyten heimatliche Antagonisten ins neue Verbreitungsgebiet gefolgt (Klausnitzer 1995, Tab. 53) oder wurden zur biologischen Kontrolle nachgeführt (siehe Kap. 9.2.3).

Solche Anpassungen heben die Unterschiede zwischen einheimischen und nichteinheimischen Arten als Nahrungspflanzen nicht grundsätzlich auf. Allerdings sind auch innerhalb der Einheimischen die Verhältnisse sehr unterschiedlich, wie die Streuung in Abb. 66 zeigt. Obwohl ähnlich weit verbreitet wie Eichen, werden Eschen in Großbritannien von deutlich weniger Insekten genutzt. Rein quantitativ stehen sie dem neophytischen Berg-Ahorn näher als Eichen oder Birken (Abb. 66). Offensichtlich beeinflussen neben Herkunft und Häufigkeit andere, nämlich biologische Merkmale von Pflanzen ihre Einbindung in biozönotische Beziehungen (Abb. 67, linke Spalte).

Welche **Schlussfolgerungen** sind hieraus zu ziehen? Die Herkunft der Pflanze spielt eine wichtige Rolle für ihre Eignung als Nahrungspflanze (Abb. 67, Mittelspalte), schließt aber eine Nutzung durch Tiere nicht aus. Ei-

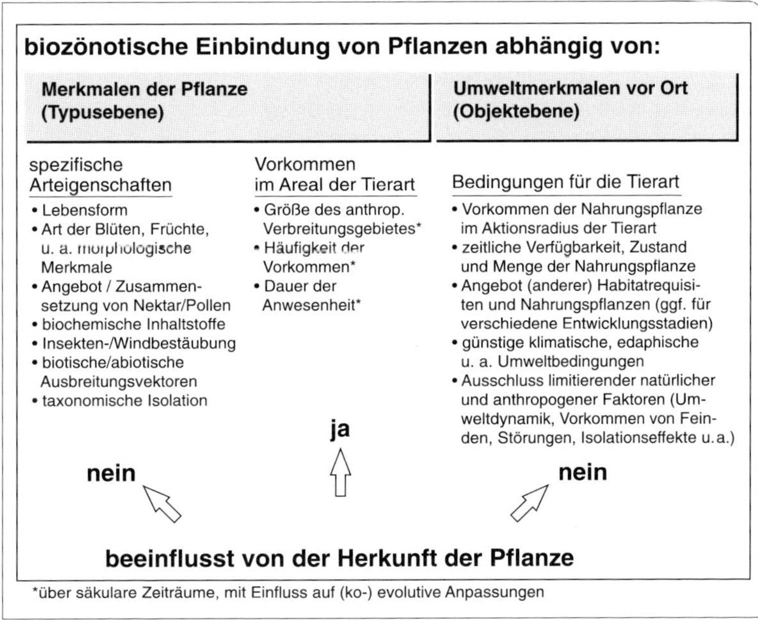


**Abb. 67** Biozönotische Einbindung von Pflanzen im Zusammenspiel von herkunftsunabhängigen und herkunftsbeeinflussten Faktoren. Das allgemeine Potential wird von biologischen Arteigenschaften und von indirekt herkunftsbeeinflussten Faktoren bestimmt (Merkmale auf der Typusebene). Die Einlösung dieses Potentials hängt von Merkmalen der Umwelt der betreffenden Tierart ab, die unabhängig von der Herkunft der Nahrungspflanze sind (Merkmale auf der Objektebene).

ne phylogenetische Nähe fördert die Akzeptanz von Neophyten durch einheimische Phytophagen. Während Eukalyptus-Wälder im Mittelmeergebiet für Insekten keine Nahrung bieten und das Laub kaum von Bodentieren abgebaut wird, werden nichteinheimische Arten häufiger genutzt, wenn sie zu in Europa vorkommenden Gattungen gehören. Die Nutzung fällt aber für verschiedene Tierarten oder -gruppen sehr unterschiedlich aus. Es gibt auch Beispiele von Neophyten, die für bestimmte Tiergruppen attraktiver als einheimische, sogar verwandte Pflanzen sind (Tab. 54), was für letztere unter Umständen Probleme verursachen kann, wenn es sich um insektenbestäubte Pflanzen handelt (siehe Kap. 9.9.1). Auch bei Einheimischen bestehen große Unterschiede, die in naturschutzfachlichen Zusammenhängen jedoch meist keine Rolle spielen. So kommt wohl niemand auf die Idee, Eschen und Hainbuchen gegen die für Phytophage attraktiveren Birken und Eichen austauschen zu wollen.

### 7.1.1 Grenzen von Verallgemeinerungen

Zahlenmäßige Vergleiche haben den Vorteil der Übersichtlichkeit, jedoch den Nachteil fehlender ökologischer und naturräumlicher Differenzierungen. Wie viele Arten insgesamt in Bezugsgebieten wie Deutschland oder Großbritannien an bestimmten Pflanzen leben, ist wissenschaftlich durchaus von Interesse. Für angewandte Fragen des Naturschutzes oder der Pflanzenverwendung ist es jedoch wichtiger, welche Chancen der ökosystemaren Einbindung von Pflanzen unter den konkreten Bedingungen eines bestimmten Landschaftsausschnittes bestehen. Während das biozönotische Potenzial von Pflanzen teilweise von ihrer Herkunft beeinflusst wird, hängt seine Einlösung von anderen, herkunftsunabhängigen Faktoren ab, nämlich von den Bedingungen vor Ort (Abb. 67, rechte Spalte). Dies wird gelegentlich übersehen. Vor dem Hintergrund angewandter Fragen sollte die biozönotische Einbindung nichteinheimischer Pflanzen daher mit einem konkreten ökosystemaren Bezug diskutiert werden.

Bei der Interpretation summarischer Zahlenvergleiche besteht eine weitere methodische Einschränkung: Über die biozönotische Einbindung einheimischer Pflanzen ist viel häufiger als über die nichteinheimischer Arten gearbeitet worden, sodass die Datengrundlage selten vergleichbar und nur eingeschränkt zu verallgemeinern ist. Aussagekräftig sind Attraktivitätsvergleiche unter vergleichbaren Außenbedingungen und mit gleicher Stichprobengröße.

In diese Richtung geht die Untersuchung von Klipfel & Tscharntke (1997), die fünf Neophyten (*Solidago canadensis*, *Heracleum mantegazzianum*, *Impatiens glandulifera*, *Conyza canadensis*, *Matricaria matricarioides*) an gleichen Standorten mit fünf ähnlich häufigen und großen einheimischen Arten in Hinblick auf die in Blättern, Halmen und Früchten lebenden Tiere verglichen haben. Bei den Neophyten kamen 37 % weniger Arten an Herbivoren und 61 % weniger an Parasitoiden vor. Auch Halme und Früchte waren deutlich weniger befallen. Bei Blattminen gab es dagegen keine Unterschiede. Fotopoulos & Nicolai (2002) haben in Berliner Waldgebieten Rüsselkäfer an verschiedenen Baumarten untersucht und bei der nordamerikanischen *Quercus rubra* eine ähnliche Arten- und Dominanzidentität wie bei der einheimischen *Q. petraea* festgestellt. Goßner (2004) und Goßner & Simon (2005) stellten hingegen bei einem ähnlichen Vergleich negative Effekte für Käfer und Wanzen sowie Rüsselkäfer und Wickler auf der Rot-Eiche fest. Auch bei einer überregionalen Synthese sind die in Großbritannien einheimischen Eichen reicher an Insektenarten als *Q. rubra* (Ashbourne & Putman 1987).

Drei Beispiele zeigen, wie unvollständiges Wissen zu den Nahrungsbeziehungen zwischen Pflanzen und Tieren zu Fehlschlüssen führen kann:

- Elton (1966) qualifizierte **Gärten als „biologische Wüsten“** ab, in denen eingeführte Arten oft nicht in Nahrungsketten eingebunden seien. Owen (1991) hat dieses Urteil widerlegt. Sie hat über 15 Jahre die Nutzung von Gartenpflanzen durch Schmetterlingsraupen beobachtet (Tab. 52). 41 % der 98 einheimischen Pflanzenarten wurden von insgesamt 46 Schmetterlingsarten befressen, 50 % der 151 nichteinheimischen Pflanzenarten von immerhin 38 Arten. Dabei wurden auch Pflanzen genutzt, von denen dies zuvor nicht bekannt war (z. B. 9 Schmetterlingsarten an *Potentilla fruticosa*). Der Schmetterlingsstrauch (*Buddleja davidii*) wird von einem besonders großen Artenspektrum in Anspruch genommen (Owen & Whiteway 1980).
- Der biologische Reichtum von Gärten hängt demnach weniger von der Herkunft als von der Vielfalt der Gartenpflanzen ab (Schmidt-Adam & Stuhr 1995 zu Blüten besuchende Insekten an Gartenpflanzen). Die Große Wollbiene (*Anthidium manicatum*) bevorzugt im artenreichen Berliner Botanischen Garten beispielsweise Futterpflanzen mediterraner Herkunft (Schick & Sukopp 1998), auf einem Ruderalgelände dagegen die archäophytische Schwarz-Nessel (*Ballota nigra;* Saure 1993).
- **Platanen** (*Platanus hispanica*) gelten als unattraktiv für Insekten. Auch dieses Bild muss nach einer Untersuchung an Hamburger Straßenbäumen etwas relativiert werden. Olthoff (1986) fand ein bemerkenswert breites Artenspektrum (65 Arten). Neben den überwiegend polyphagen Insekten, die die Platane direkt nutzen, gab es auch zoophage Arten, Detritus- und Aufwuchsfresser, die von Moosen und Flechten auf *Platanus* profitieren, sowie unter der Borke lebende Arten. In sächsischen Städten und in Berlin fand Klausnitzer (1988) ebenfalls zahlreiche

**Tab. 52** Einbindung einheimischer und nichteinheimischer Gartenpflanzen in Nahrungsbeziehungen: Beispiel eines englischen Gartens, in dem die Nutzung von Pflanzen aus unterschiedlichen Familien durch Schmetterlingsraupen beobachtet worden ist (nach Owen 1991)

| | **Anzahl der Nahrungspflanzen von Schmetterlingen**[1] | | **Anzahl der Schmetterlingsarten auf** | | |
|---|---|---|---|---|---|
| | einheimische Arten | nicht-einheimische Arten | einheimischen Arten | nicht-einheimische Arten | Summe |
| Berberidaceae | 0 (0) | 1 (2) | – | 3 | 3 |
| Betulaceae | 1 (2) | 0 (0) | 4 | – | 4 |
| Boraginaceae | 1 (1) | 3 (6) | 2 | 4 | 5 |
| Buddlejaceae | 0 (0) | 1 (1) | – | 18 | 18 |
| Caprifoliaceae | 2 (2) | 1 (2) | 5 | 4 | 8 |
| Caryophyllaceae | 0 (6) | 2 (6) | – | 3 | 3 |
| Chenopodiaceae | 0 (3) | 1 (1) | 1 | 4 | 4 |
| Compositae | 2 (18) | 13 (40) | 2 | 13 | 13 |
| Convolvulaceae | 1 (2) | 1 (1) | 4 | 2 | 4 |
| Cruciferae | 1 (8) | 7 (13) | 4 | 8 | 10 |
| Grossulariaceae | 2 (3) | 1 (1) | 5 | 7 | 8 |
| Guttiferae | 1 (1) | 0 (2) | 2 | – | 2 |
| Labiatae | 2 (9) | 8 (15) | 3 | 12 | 12 |
| Leguminosae | 1 (7) | 5 (8) | 3 | 6 | 8 |
| Malvaceae | 1 (1) | 2 (2) | 3 | 6 | 6 |
| Oleaceae | 1 (2) | 2 (3) | 1 | 3 | 4 |
| Onagraceae | 2 (2) | 2 (5) | 4 | 2 | 5 |
| Ranunculaceae | 1 (2) | 2 (8) | 1 | 5 | 6 |
| Rosaceae | 7 (10) | 5 (11) | 21 | 13 | 27 |
| Salicaceae | 3 (3) | 0 (0) | 10 | – | 10 |
| Saxifragaceae | 0 (0) | 2 (4) | – | 4 | 4 |
| Scrophulariaceae | 1 (6) | 1 (5) | 3 | 1 | 3 |
| Solanaceae | 2 (4) | 3 (10) | 3 | 4 | 4 |
| Umbelliferae | 0 (5) | 1 (4) | – | 5 | 5 |
| Urticaceae | 1 (1) | 0 (1) | 5 | – | 5 |

[1] in Klammern: Gesamtzahl der Pflanzenarten im Garten

Wirbellose, nämlich 16 Wanzen- und 24 Käferarten, die unter Platanenborke überwintern. Daneben kommen auch zwei Neozoen als monophage Arten vor: die Platanen-Miniermotte und die Platanen-Netzwanze (Tab. 53). Auch für Stieglitze sind die bis in das Frühjahr hinein verfügbaren Platanensamen eine wichtige Nahrungsquelle in urbanen Gebieten (Sachslehner 1998). Wahrscheinlich trifft der Einwand zu, dass einheimische Straßenbäume noch stärker in biozönotische

**Tab. 53** Aufhebung der geografischen Isolation zwischen Neophyten und nunmehr als Neozoen oder Neomyceten auftretenden Tieren und Pilzen (meist durch unbeabsichtigte Einschleppung nach Mitteleuropa gelangt)

| Neophyt | Herkunft/Einführung | Neozoon/Neomycet | Herkunft/Einführung | Quellen |
|---|---|---|---|---|
| Ahornblättrige Platane (*Platanus hispanica*) | Elternarten: östl. Mittelmeergebiet/Nordamerika | Platanen-Netzwanze (*Corythucha ciliata*) | Nordamerika, seit 1964 in Italien, seit 1983 in Südwestdeutschland | Maceljski & Balarin 1974, Billen 1985, Brechtel 1996, Hoffmann 1997 |
| | Hybride seit 1640 aus England bekannt | Platanen-Miniermotte (*Phyllonorycter platani*) | Mittelmeergebiet, seit 1920 in Deutschland | Borkowski 1973, Še Frová 2003 |
| | | Erreger der Platanenwelke: *Ceratocystis fimbriata* | Nordamerika, seit ca. 1940 im Mittelmeergebiet, vor 1985 in Schweiz | Ferrari & Pichenot 1976 |
| | | Erreger der Platanenbräune: *Gnomonia platani* | ?, vor 1925 in Deutschland | Weisse 1925 |
| Götterbaum (*Ailanthus altissima*) | Ostasien (ca. 1740) | Ailanthus-Seidenspinner (*Samia cynthia*) | Ostasien, 1856 zur Seiden-Gewinnung eingeführt, seit 1924 spontane Populationen in Wien | Rebel 1925, Deschka 1995 |
| Robinie (*Robinia pseudoacacia*) | Nordamerika, seit 1623/35 in Europa | Robinien-Miniermotte (*Phyllonorycter robiniella*) | Nordamerika; seit 1983 in Mitteleuropa (Basel), seit 1990 auch in Norddeutschland | Rietschel 1996, 1997, Kasch & Nicolai 2002 |
| Kleinblütiges Springkraut (*Impatiens parviflora*) | Mittelasien, seit 1837 in Europa | *Impatientinum asiaticum* (Blattlaus) | seit 1969 in Mitteleuropa | Lampel 1978 |
| | | *Puccinia komarovii* (Rostpilz) | seit 1933 in Mitteleuropa | Sydow 1935 |
| Mahonie (*Mahonia aquifolium*) | Nordamerika, seit 1822 in Deutschland | Mahonienrost (*Cumminsiella mirabilissima*) | seit 1928 in Europa, 1929 in Baden | Wilde 1947 |
| Bastardindigo (*Amorpha fruticosa*) | Nordamerika, seit 1724 in Europa | *Acanthoscelides pallidipennis* (Samenkäfer) | nach 1980 in Südosteuropa, seit 1990 in Deutschland | Wendt 1981, 1991, Tremp 2001 |

Beziehungen eingebunden sind. Wegen der limitierenden Rolle des Umfeldes wären hier direkte Attraktivitätsvergleiche besonders interessant.

- Ein anschauliches Beispiel für gewandelte Werturteile bietet die Einschätzung der **Silber-Linde** (*Tilia tomentosa*). Früher wurde ihre Pflanzung als „hummelmordende Silberlinde“ (de la Chevallerie 1986) abgelehnt. Von häufiger unter Silber-Linden liegenden Hummeln wurde auf deren Vergiftung durch den Nektar geschlossen. Dies ist inzwischen widerlegt. Nach Untersuchungen aus Münster wird die Silber-Linde nun wegen ihrer späten Blütezeit sogar als ergänzendes Nahrungsangebot für Hummeln empfohlen. Die gehäuften Todesfälle werden mit einem jahreszeitlichen Nahrungsengpass erklärt: Silber- und auch Krim-Linden (*Tilia × euchlora*) bilden in Siedlungen gegen Ende der Winter-Lindenblüte und danach oft die einzige späte Massentracht und locken große Mengen von Hummeln an. Wegen der hohen Konkurrenz um das späte Nektarangebot kommt es zu Energieengpässen, die zum Tod der Hummeln führen. Besserung brächte nicht das Entfernen der nichteinheimischen Linden, sondern die Vermehrung des allgemeinen Blütenangebotes im Hochsommer, wozu in Siedlungen auch Pflanzungen von Silber-Linden beitragen könnten. Eine 100-jährige Linde produzierte dabei soviel Nektar wie ein Fußballfeld mit Buchweizen (Mühlen et al. 1994, Surholt & Baal 1995 u. a.).

## 7.2 Von Einzelinformationen zum ökosystemaren Bezug

Der Weg von der Einzelinformation, beispielsweise zur Nutzung eines Neophyten durch eine bestimmte Tiergruppe, hin zu einer komplexen Beurteilung seiner ökosystemaren Bedeutung ist angesichts der vorhandenen Kenntnisdefizite nur näherungsweise zu beschreiten. Hierbei sollten mehrere Tiergruppen, möglichst verschiedener Trophieebenen, einbezogen (siehe Kap. 7.2.1) und auch die Rolle des Umfeldes beachtet werden, da die ökosystemare Funktion eines Neophyten in unterschiedlichen Biotoptypen stark divergieren kann (siehe Kap. 7.2.2).

### 7.2.1 Biozönotische Einbindung am Beispiel *Impatiens*

Innerhalb der Gattung *Impatiens* (Springkraut) gibt es in Mitteleuropa eine einheimische und zwei weit verbreitete nichteinheimische Arten (Tab. 54; Genaueres zu den Neophyten in Kap. 6.3.1 und 6.4.2). Die Untersuchungen von Schmitz (1995, 1998a, b) lassen gut erkennen, wie stark die Einschätzung der biozönotischen Einbindung der drei Arten

**Tab. 54** Nutzung einheimischer und neophytischer Springkraut- (*Impatiens-*) Arten durch verschiedene Insektengruppen (nach Schmitz 1995, 2001)

| | einheimisch | nichteinheimisch | |
|---|---|---|---|
| | *Impatiens noli-tangere* | *Impatiens parviflora* | *Impatiens glandulifera* |
| Phytophage | **21** | 12 | 8 |
| Blütenbesucher | 16 | 21 | **33** |
| Besucher extrafloraler Nektarien | – | 1 | **25** |
| Blattlausfresser (Aphidophage) | 4 | **29** | 21 |
| Ameisen als Trophobioten | ? | 7 | 5 |

von der Auswahl der jeweils betrachteten Tiergruppe abhängt. In Tab. 54 sind Artenzahlen für verschiedene Tiergruppen summiert, die als Primär- oder Sekundärkonsumenten von den *Impatiens*-Arten profitieren.

Zu den Primärkonsumenten zählen Phytophage sowie Nektar- und/oder Pollenfresser. Unter den Blütenbesuchern wurden nur regelmäßig vorkommende Arten bilanziert. Bei *I. glandulifera* sind an Blattstiel und Blattgrund extraflorale Nektarien ausgebildet. Hiervon profitieren meist sehr kleine, häufig übersehene und auch in dieser Untersuchung nicht vollständig erfasste Insekten. Bei den Phytophagen sind nur solche Arten aufgenommen, die ihre gesamte Larvalentwicklung auf der Pflanze vollziehen. Das Phytophagenspektrum geht also darüber hinaus. Alle *Impatiens*-Arten werden von mobileren und zugleich polyphagen Arten genutzt, beispielsweise von Schnecken oder Weichwanzen. Als Sekundärkonsumenten wurden Blattlausfresser (Aphidophage) untersucht, von denen viele an bestimmte Blattlausgruppen und diese wiederum meist an bestimmte Wirtspflanzen gebunden sind.

Tab. 54 veranschaulicht, dass die drei *Impatiens*-Arten je nach Ernährungstyp und trophischer Ebene sehr unterschiedlich genutzt werden. Erwartungsgemäß ernährt die einheimische Art mehr Phytophage als die Neophyten. Nur zwei ursprünglich an *I. noli-tangere* gebundene Arten erweitern ihren Wirtskreis um die Neophyten, an denen ansonsten polyphage Arten dominieren. Die vor rund 40 Jahren aus dem Heimatgebiet von *I. parviflora* eingeschleppte Blattlaus *Impatientinum asiaticum* kommt inzwischen als Neozoon in weiten Teilen Europas auf ihrer ursprünglichen Wirtspflanze vor und wird ihrerseits als Wirt und Beute von mindestens 24 Insektenarten genutzt. Sie ging hier auch auf die ebenfalls neophytische *I. glandulifera*, nicht aber auf die einheimische *Impatiens*-Art über. Die relativ geringe Anzahl an Phytophagen auf den Neophyten bedeutet nicht zwangsläufig eine Verarmung, beispielsweise infolge des Eindringens von *I. parviflora* in die nitrophile Saumvegetation, wie ein in Kap. 6.3.1 geschildertes Versuchsergebnis veranschaulicht.

Beide Neophyten werden von Blütenbesuchern wegen des quantitativ höheren Pollen- und Nektarangebotes stärker als die einheimische Art frequentiert. Bei *I. parviflora* dominieren Schwebfliegen, bei *I. glandulifera* Hummeln. Nach Daumann (1967) spielen auch Honigbienen eine große Rolle. Für *I. glandulifera* wurden ein ähnliches Spektrum an Blütenbesuchern, aber deutlich mehr Arten und Individuen als bei *I. noli-tangere* festgestellt. Offensichtlich bietet das Indische Springkraut ein attraktiveres Pollen- und Nektarangebot, was blütenbiologisch (Blütezeit, Blütenangebot, Nektar- und Pollenmenge, Duft und Farbe) und standörtlich (Vorkommen an offenen Standorten) zu erklären ist. Auch für die Besucher der extrafloralen Nektarien ist *I. glandulifera* attraktiver, da solche Organe bei der einheimischen Art gar nicht und bei *I. parviflora* nur gering ausgebildet sind. Die Blattlausfresser treten hingegen bevorzugt an *I. parviflora* auf, da hier die neozoische Blattlausart regelmäßig dichte Kolonien bildet. Dies könnte bei der Schädlingseindämmung in Forsten und angrenzenden Kulturflächen eine positive Rolle spielen (nach Schmitz 1995). Mögliche Auswirkungen der Massenbestände von *I. glandulifera* in Auen auf die Fauna sind nicht untersucht.

### 7.2.2 Die Rolle des Umfeldes

Die Anzahl und das Spektrum an Tierarten, die einen Neophyten als Nahrung oder Habitat nutzen, hängen von dessen Eigenschaften und seiner Häufigkeit im Gebiet ab (Abb. 67, linke und mittlere Spalte). Ob ein Neophyt dann auch tatsächlich durch Tiere genutzt wird, hängt aber auch von der Situation vor Ort ab, die das Vorkommen der Arten begünstigen oder limitieren kann (Abb. 67, rechte Spalte). Die Vorstellung, man bräuchte nur eine einheimische Art zu pflanzen, um die hieran gebundenen Tiere beobachten zu können (Barth 1988), ist naiv, da sie die Rolle des Umfeldes außer Acht lässt. Zwei Beispiele veranschaulichen dessen Bedeutung:

Auf Mittelstreifen in der Stuttgarter Innenstadt kommen kaum Schmetterlinge vor, obwohl gut geeignete Nahrungspflanzen gezielt angesät worden waren. Entweder verhindert das Umfeld ihre Inanspruchnahme oder andere Faktoren limitieren das Vorkommen der Schmetterlinge. Ein zweites Beispiel bieten die an Wildrosen vorkommenden Insekten. In Göttingen sind Rosenbüsche in der Innenstadt, am Stadtrand sowie im Außenbereich untersucht worden. Das Spektrum der jeweils festgestellten Tiergruppen weicht trotz gleicher Nahrungspflanzen stark voneinander ab (Klausnitzer 1993). Wie stark sich Isolationseffekte auf Tier-Pflanze-Interaktionen auswirken, ist gut an Wirbellosen demonstriert worden, die Gallen von unterschiedlich stark vereinzelten Wildrosen besiedeln (Ferrari et al. 1997).

Auch die Diversität der Blütenbesucher eines Neophyten wird wesentlich vom Umfeld bestimmt. Dies beginnt bereits mit den standörtlichen Lichtverhältnissen: Ein teilweise beschatteter *Buddleja*-Strauch wurde von deutlich weniger Schmetterlingen als ein benachbarter, aber voll besonnter besucht (Pfitzner 1983). Allgemein gilt: Je vielfältiger das Umfeld ist, desto reichhaltiger ist auch die Blütenbesuchergilde. Schwabe & Kratochwil (1991) zeigten dies mit einem Vergleich von *Fallopia*-Beständen an ausgebauten und naturnahen Fließgewässerabschnitten. Wie sich die Präsenz eines Neophyten auf die Blütenbesucher auswirkt, müsste daher mit direkten Vergleichsuntersuchungen an der Kontaktvegetation geprüft werden. Solche Ansätze ergaben für *Impatiens parviflora* und *Robinia pseudoacacia* unerwartet positive Ergebnisse (Tab. 41 und 54). Auch im Vergleich zwischen Douglasie und Fichte wurde eine ähnliche Artenvielfalt – wenn auch eine andere Artenzusammensetzung – der in den Baumkronen lebenden Käfergemeinschaften festgestellt. Dieser Gleichklang gilt jedoch nur für den untersuchten Forstbestand, da in Naturwäldern Fichten sehr viel reicher an Insekten sind (Goßner & Simon 2002, Goßner 2004). Solche Befunde dürfen demnach nicht ohne weiteres verallgemeinert werden. Sie zeigen jedoch, dass zwischen den Gruppen der potentiell und real von einer Pflanze profitierenden Tierarten große Unterschiede bestehen können.

Ein Beispiel für die Bedeutung des Zustandes potentieller Nahrungspflanzen bieten die xylobionten Käfer, die sich von totem Holz und teilweise auch von den darin entwickelten Pilzen ernähren. Günstig ist vor allem stark dimensioniertes, stehendes und daher unterschiedlich feuchtes, wenigstens teilweise besonntes Totholz (Möller 1991, Klausnitzer 1998). Viele hochgradig gefährdete Arten sind bei Eichen nachgewiesen worden. Aus einem Vergleich zwischen unterschiedlich zersetztem Eichen- und Fichtenholz folgern Hilt & Ammer (1994), dass bei älterem Totholz die Bedeutung des Zersetzungsgrades und der Feuchtigkeit gegenüber derjenigen der Ausgangsbaumart zunimmt. Ob dies auch für neophytische Baumarten gilt, bleibt zu untersuchen. Angesichts des geringen Ausbreitungsvermögens vieler Totholzspezialisten sind hierfür direkte Attraktivitätsvergleiche auf alten Waldstandorten oder im urban-industriellen Umfeld anzustreben.

#### 7.2.2.1 Beispiel: Schmetterlingsstrauch (*Buddleja davidii*)

Der häufig gepflanzte, erst 1890 aus Ostasien eingeführte Schmetterlingsstrauch hat sich in der Nachkriegszeit stark in wintermilden Gebieten Mittel- und Westeuropas auf urbanindustriellen Ruderalflächen und an Eisenbahnrändern ausgebreitet (Kreh 1952, Diesing & Gödde 1989, Schmitz 1991, Wittig 2008). Sein Beispiel lässt die Grenzen sowie das Potenzial von Neophyten als Nahrungspflanzen für Insekten erkennen. *Buddleja* wird von mindestens 21 Schmetterlingsarten besucht, darunter auch von drei, ursprünglich auf Braunwurzgewächse angewiesenen Arten (Owen & Whiteway 1980, Klausnitzer 1993). *Buddleja* lockt also tatsächlich Schmetterlinge an.

Ein direkter Attraktivitätsvergleich zwischen einem *Buddleja*-Strauch in einem Garten und einem Bestand des Blutweiderichs (*Lythrum salicaria*) an einem angrenzenden Bach zeigte jedoch, dass sämtliche beobachtete Schmetterlingsarten *Lythrum* häufiger als *Buddleja* besuchten (Pfitzner 1983). In Chemnitz wurden 21 Schmetterlingsarten an *Buddleja* beobachtet. 96 % der Individuen entfielen auf sechs Arten, die allesamt Ubiquisten waren (insbesondere Kleiner Fuchs, Tagpfauenauge). Überwiegend waren es durchziehende Falter mit geringer Standorttreue (Klausnitzer 1993).

*Buddleja* wird zwar von vielen Schmetterlingen besucht, kann das Spektrum einheimischer Nahrungspflanzen jedoch nicht ersetzen. Dies ist dort von Nachteil, wo *Buddleja* anstelle attraktiverer Nahrungspflanzen kultiviert wird oder sich auf deren Kosten ausbreitet. In Gärten wie auf Ruderalstandorten, auf denen *Buddleja* in großen Stückzahlen auftritt, ist das wohl eher die Ausnahme als die Regel. Die Vorkommen in Mauern, auf teilversiegelten Industrieflächen, Aufschüttungen aus Bergematerial und entlang herbizidbeeinflusster Bahnstrecken bieten Schmetterlingen vielmehr zusätzliche Nahrungsquellen, da wichtige Nahrungspflanzen wie der Blutweiderich auf solchen Standorten meist keine Rolle spielen.

Auf ähnlichen, zuvor häufig noch nicht begrünten Flächen kommt auch der südafrikanische *Senecio inaequidens* massenhaft vor, was beispielsweise die auf die Gattung *Senecio* spezialisierte Wanze *Nysius senecionis* fördert. Sie kann auf dem Neophyten bis zu drei statt der üblichen zwei Generationen bilden, da *S. inaequidens* länger als einheimische *Senecio*-Arten blüht (Werner 1994). Bislang sind 62 phytophage Insektenarten an *Senecio inaequidens* festgestellt worden (Schmitz & Werner 2000). Auf schwer besiedelbaren Sekundärstandorten stellt sich der Vergleich mit möglicherweise attraktiveren Nahrungspflanzen praktisch nicht, da sich diese aufgrund von Isolationseffekten oder extremen Standortbedingungen dort nur begrenzt etablieren können.

#### 7.2.2.2 Beispiel: Robinie (*Robinia pseudoacacia*)

Das Beispiel der Robinie veranschaulicht, wie umfassend ein Neophyt, der als nicht sonderlich attraktiv für Insektenarten gilt, in biozönotische Zusammenhänge einbezogen ist. Als Primärkonsumenten nennen Kennedy & Southwood (1984) für Großbritannien nur zwei phytophage Arten. Kruel (1952) führt etwa 60 Tierarten für Mitteleuropa auf, die Robinien als Nahrungsquelle nutzen. Darunter sind 48 meist polyphage Insektenarten. Neben der schon lange vorkommenden Blattwespe *Pteronidea tibialis* wird seit 1983 mit der Robinien-Miniermotte (*Phyllonorycter robiniella*) ein weiteres aus Nordamerika stammendes Neozoon an Robinien beobachtet. Es wurde zuerst in der Baseler Gegend gefunden und hat inzwischen auch Norddeutschland erreicht (Bathon 1998). Minen dieses Schmetterlings werden auch von anderen Tieren genutzt. So kamen in 10 % der in Berlin untersuchten Minen Chalcididae (Hymenoptera) als Parasiten vor (Kasch & Nicolai 2002).

Dass in Mitteleuropa mehr Insektenarten an Robinien gefunden wurden als in Großbritannien, kann durch die Art der Untersuchungen bedingt sein, aber auch vom größeren Verbreitungsgebiet und der Häufigkeit der Robinie in sommerwarmen Gebieten abhängen. In jedem Fall sind Anzahl und Wirkung der Phytophagen hier geringer als im Heimatareal.

In den nordamerikanischen Appalachen begrenzen zahlreiche Phytophage, besonders der Robinienbohrer *Megacyllene robiniae*, die Vitalität und das Alter der Robinien (Boring & Swank 1984a). Hargrove (1986) nennt allein für die südlichen Appalachen 75 Insektenarten. In Mitteleuropa gibt es dagegen keine nennenswerten Beeinträchtigungen des Robinienwachstums durch Insekten.

Für viele Blütenbesucher ist Robiniennektar eine wichtige Nahrungsquelle (Honigbienen, einige Wildbienenarten). Als Pollenspender ist die Pflanze dagegen weniger bedeutend. Robinien werden vom Wild mäßig beäst. Symbiosen mit Bakterien der Gattung *Rhizobium* (Stickstofffixierung) und mit Wurzelpilzen erleichtern die Besiedlung von Pionierstandorten. Im Oberrheingebiet hat Winterhoff (1981, 1991) zahlreiche fakultative Mykorrhizapilze an *Robinia* festgestellt, darunter auch seltene und gefährdete. Aus Ungarn ist die Symbiose mit der Trüffelart *Terfezia terfezioides* bekannt (Bratek et al. 1996). Insgesamt ist mit etwa 230 saprophytisch oder parasitär an Robinie lebende Pilzarten zu rechnen (Liese 1952). Die meisten zersetzen die tote Biomasse. Unter den in das lebende Holz eindringenden Parasiten ist der Schwefelporling am häufigsten. Rehnert & Böcker (2008) fanden an 200 Bäumen insgesamt 69 Holzpilze. Als pflanzlicher Halbparasit besiedelt die Mistel (*Viscum album*) in einigen Gegenden Robinien (Fischer 1985). Aufgrund des günstigen C/N-Verhältnisses ihres schnell abbaubaren Laubes fördert die Robinie auch die biologische Aktivität im Boden (Gemeinhardt 1959/60).

Die Robinie ist ein attraktiver Nistbaum für Vögel (Turcek 1961). Im Saarland wurden in robinienreichen Wäldern eine höhere Artenzahl und Dichte an Brutvögeln beobachtet als in benachbarten robinienfreien Beständen (Janssen & Klein 1992). Dass Robinienbestände gerne von Vögeln aufgesucht werden, lassen auch die zahlreichen durch Vögel verbreiteten Gehölzarten erkennen, die in Berliner Robinienbeständen in weitaus größerer Menge als in Birkenbeständen aufwachsen (Kowarik 1992b). Hier können auch Rückkopplungseffekte zum Tragen kommen: Durch die symbiotische Stickstofffixierung bildet sich in älteren Robinienbeständen selbst auf ursprünglich nährstoffarmen Ausgangsstandorten eine dichte Strauchschicht des anspruchsvollen Schwarzen Holunders (*Sambucus nigra*), dessen Beeren für Vögel besonders attraktiv sind. Die bei *Robinia* früher als bei anderen Bäumen beginnende Höhlenbildung bietet außerdem Habitatangebote u.a. für Fledermäuse (Brinkmann mündlich).

Wenn Robinien in Magerrasen eindringen, verändert sich deren Tier- und Pflanzenwelt erheblich. Eine Verarmung ist möglich, aber nicht zwangsläufig, wie Untersuchungen zu Spinnen, Laufkäfern und Blütenpflanzen auf dem Berliner Südgelände zeigen (Platen & Kowarik 1995). Die etwa 35-jährigen Robinienbestände erwiesen sich als artenreicher als benachbarte Birken-Pappel-Bestände (Tab. 41). Auch wenn Robinien für Phytophage eine geringere Rolle als beispielsweise Birken spielen, so sind die von ihnen direkt oder indirekt geschaffenen Habitatbedingungen durchaus günstig für andere Artengruppen. Viele der in älteren städtischen Robinienbeständen vorkommenden Pflanzen sind durch Vögel eingetragen worden. Dass Robinienforste in Kiefernforstgebieten häufig wesentlich artenärmer sind, liegt wesentlich an der Isolation von Ausbreitungsquellen und nicht an ihrer mangelnden Habitateignung (Kowarik 1996b).

Um Missverständnisse auszuschließen: Das Einwandern der Robinie in Magerrasen ist ebenso wie das Einwachsen anderer (auch einheimischer) Gehölze aus Naturschutzsicht meist unerwünscht, da seltene und gefährdete Arten eher ans Offenland als an Gehölzbiotope angepasst sind. Die Wiederbewaldung von Magerrasen ist jedoch kein spezielles Neophytenproblem, sondern eines der Landbewirtschaftung. Allerdings bewirkt *Robinia* schnellere und auch nachhaltigere Veränderungen als andere Gehölzarten (siehe Kap. 6.2.5.5). Das Argument ihrer fehlenden biozönotischen Einbindung ist jedoch nicht besonders stichhaltig.

### 7.2.3 Neophyten als „Lückenfüller"

Blüten besuchende Insekten sind auf die Kontinuität der Blütentracht angewiesen, da sie Trachtlücken meist nicht wie Honigbienen mit gespeicherten Vorräten überbrücken können. Vielerorts klaffen Lücken in der Trachtpflanzenkette, da blütenreiche Kleinstrukturen und der Blütenreichtum des Grünlandes allgemein reduziert worden sind. Neophyten können solche Lücken nicht völlig und auch nicht für alle Insekten, aber doch zu einem Teil kompensieren. Damit kommt ihnen eine Lückenfüllerfunktion zu, solange die Ursachen des verminderten Blütenangebotes nicht beseitigt werden (von Hagen 1991). Während die Honigbiene durch die Ansaat guter Bienenweidepflanzen (z. B. *Phacelia tanacetifolia*) effektiv gefördert werden kann, ist für Wildbienen ein artenreiches Spektrum günstiger, beispielsweise auf selbstbegrünten Ackerbrachen (Steffan-Dewenter & Tscharnt-

#### Die Bedeutung spät blühender Neophyten an Gewässerrändern (Schwabe & Kratochwil 1991)

- *Aster*-Arten verlängern das Nektar- und Pollenangebot für einige spät fliegende Wildbienen (Furchen-, Schmalbienen, Hummeln), Schwebfliegen und viele Tagfalter, besonders für Bläulinge.
- *Solidago canadensis* und *S. gigantea* werden ebenfalls von Wildbienen, Schwebfliegen, Schmetterlingen und anderen Insekten genutzt.
- Imker fördern Goldruten häufig, obwohl ihr Nektar und Pollen als mäßig für die Honigbiene gelten. Wegen des späten Blühtermins ergibt sich, wie bei Astern, oft keine schleuderbare Tracht für die Honiggewinnung.
- *Impatiens glandulifera* kommt eine große Bedeutung als Pollen und Nektar spendende Hummelblume zu. Sie kann zu einer dominanten Pollensammelpflanze einzelner Hummelvölker werden (Abb. 68), zumal wenn ihre Blüte mit dem Zeitraum der großflächigen Wiesenmahd zusammentrifft. Auch andere Insektengruppen nutzten sie (Tab. 54).
- *Heracleum mantegazzianum* wird reichlich von Nektar und Pollen suchenden Insekten besucht und gilt auch als wertvolle Nahrungsquelle für Honigbienen.
- *Fallopia*-Arten verfügen über Nektarien am Blattgrund, die Ameisen, möglicherweise auch anderen Insekten zugute kommen (Sukopp & Schick 1992). Ihre Blüten werden überwiegend von Zweiflüglern, namentlich von Schwebfliegen, aber auch von Wildbienen und einigen Käfern besucht. Hierunter fanden sich in naturnaher Umgebung auch seltene und gefährdete Arten.

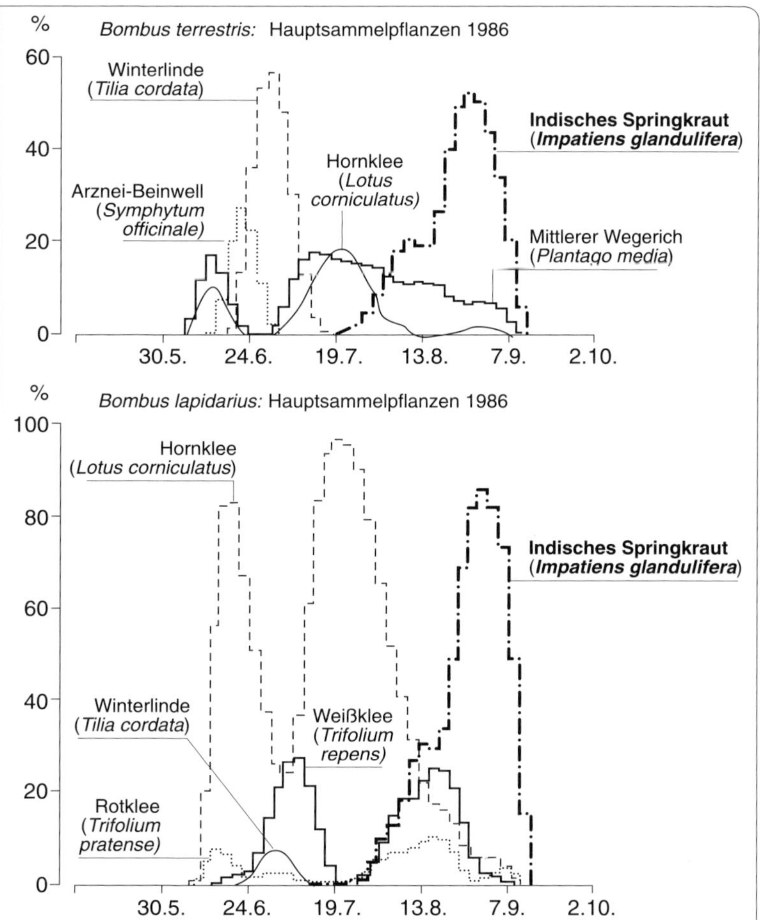


**Abb. 68** *Impatiens glandulifera* als eine Hauptsammelpflanze von zwei Hummelarten im Spätsommer. Dargestellt ist die prozentuale Verteilung des von Arbeiterinnen eingetragenen Pollens auf verschiedene Pflanzenarten (aus Schwabe & Kratochwil 1991).

ke 1996) oder auf Ruderalflächen. Wichtige Pollenlieferanten sind Schmetterlings- und Korbblütler, darunter auch nichteinheimische Arten wie die Rispen-Flockenblume (*Centaurea stoebe*; Westrich 1989, Saure 1993).

Spät blühende Neophyten unterstützen das Pollen- und Nektarangebot vom Sommer bis zum Herbst, das früher blütenreiche Wiesen und, nach deren Schnitt, Säume geboten haben. Auch im **Siedlungsbereich** füllen Neophyten das Blütenangebot im Sommer und verlängern es bis in den Herbst hinein (vgl. auch das Beispiel der Silber-Linde in Kap. 7.1.1). Im Frühjahr helfen einige häufig gepflanzte Arten aus den Gattungen *Mahonia*, *Ribes*, *Berberis*, *Symphoricarpos* und *Cotoneaster* Lücken beispielsweise zwischen der Salweiden- und Obstblüte zu überbrücken. Die bei Naturschützern wenig beliebten *Cotoneaster*-Arten sind wichtige Nahrungsquelle seltener Faltenwespen (Lauterbach 1993).

## 7.3 Schlussfolgerungen für Naturschutz und Pflanzenverwendung

Die Herkunft von Pflanzen beeinflusst als wichtiger, aber nicht alleiniger Faktor ihre Einbindung in das vielfältige Geflecht von

Nahrungsbeziehungen. Letztendlich entscheiden die Bedingungen des Umfeldes, inwieweit das Potenzial einer Nahrungspflanze von Tieren überhaupt in Anspruch genommen werden kann (Abb. 67). Dort, wo Neophyten als Pionierpflanzen auftreten, zusätzliche Vegetationsschichten aufbauen oder sich besser als einheimische Arten gegenüber ungünstigen Bedingungen behaupten können, können sie beispielsweise phytophage Insekten begünstigen, selbst wenn es für diese attraktivere Nahrungspflanzen gibt. Werden letztere allerdings bei der Magerrasensukzession, in blütenreichen Säumen oder an Gewässerrändern von Neophyten ersetzt, sind negative Rückwirkungen für Tiere möglich.

Dies ist im **Außenbereich** angesichts der allgemeinen Eutrophierung und der Blütenarmut von Landwirtschaftsflächen jedoch nicht die Regel, sodass auch hier das Vorkommen einiger Neophyten als „Lückenfüller" positiv zu beurteilen ist. Auch wenn Neophyten anstelle besonders attraktiver Vegetationstypen dominieren, bedeutet der Ersatz nicht zwangsläufig die Verdrängung. Um der Rolle von Neophyten in solchen Situationen gerecht zu werden, sollten die kausalen Bezüge differenziert werden. Hierbei stellt sich die folgende Grundfrage: Werden einheimische Pflanzen oder Vegetationstypen, die besonders attraktiv für faunistische Zielarten sind, ursächlich durch Neophyten verdrängt oder limitieren andere Faktoren (Eutrophierung, anthropogene Störungen, Isolationseffekte, Veränderungen der Landnutzung, Pflege usw.) ihr Vorkommen? Im ersten Fall sind unerwünschte Auswirkungen den Neophyten unmittelbar zuzuschreiben, im zweiten sind sie eher Symptom anderer Ursachen, die ihrerseits Neophyten begünstigt haben. Sofern sie nicht zu beheben sind, verspricht die Neophytenbekämpfung einen allenfalls vorübergehenden Erfolg.

Es bestehen zudem methodische Probleme. Wird die Bedeutung einer Pflanzenart für „die Tierwelt" bewertet, darf nicht vergessen werden, wie stark das Bewertungsergebnis von der Auswahl der betrachteten Tiergruppe und den analysierten trophischen Ebenen vorbestimmt wird. Welche Tiergruppen wertbestimmende Indikatoren sind, hängt vom Landschaftszusammenhang und besonders von den betroffenen Biotoptypen ab. Die häufig vorgenommene Konzentration auf phytophage Insekten hat eine gewisse Berechtigung, da diese Gruppe direkt durch Veränderungen im Spektrum der Nahrungspflanzen betroffen wird. Phytophage stehen jedoch nur für einen Ausschnitt der Tierwelt, sodass die sie betreffenden Bewertungen nicht verallgemeinert werden können, z. B. auf die Parasiten und Räuber der Phytophagen oder auf Bodentiere. Häufig entscheiden auch bei Phytophagen erst die konkreten Bedingungen vor Ort über die biozönotische Wirkung von Neophyten. Bewertungen auf der Basis von Bilanzierungen der Gesamtzahl der mit einer Pflanze assoziierten Tierarten sind daher für ökosystemare Betrachtungen wenig zielführend.

Für den **Siedlungsbereich**, und hier besonders für die Pflanzenwahl in Gärten und öffentlichen Grünanlagen, stellen sich weitere Fragen. Die Tierwelt der Städte unterscheidet sich stark von der in Natur- oder Agrarlandschaften. Einige Gruppen, wie Phytophage, sind weniger artenreich vertreten. Dies hängt wegen anderer limitierender Faktoren nur zum Teil von der starken Präsenz nichteinheimischer Pflanzen in der Ruderalvegetation und in Grünflächen ab. Insgesamt ist weder die urbane Pflanzen- noch die Tierwelt weniger vielfältig als die des Umlandes. Für Pflanzen und für viele Tiergruppen gilt eher das Gegenteil. Der Benachteiligung von Phytophagen steht die Förderung anderer Tiergruppen gegenüber (Klausnitzer 1993), die sich meist aus opportunistischen und polyphagen Arten rekrutieren.

### 7.3.1 Gehören nichteinheimische Arten in die Gärten?

Sollten in Grünflächen nichteinheimische gegen einheimische Pflanzen ausgetauscht werden, um auch eng spezialisierten Tieren bessere Entwicklungsmöglichkeiten zu bieten? Diese Debatte könnte auf die Grundfrage gebracht werden, ob die städtische Umwelt der ländlichen (welcher auch immer) anzupassen sei. Abgesehen von der real existierenden biologischen Vielfalt in Siedlungen sprechen einige Einwände dagegen.

Das Wesen gärtnerischer Gestaltung besteht im Suchen nach einer **künstlerischen Ausdrucksform**, die auf Imitation oder Übersteigerung natürlicher Vorbilder ebenso wie auf den schroffen Gegensatz zu ihnen zielen kann. Auch ein „Naturgarten" bleibt ein Garten mit anthropogen gesteuerten Strukturen und Prozessen. Identität mit konkreten Landschaftsausschnitten erreichen zu wollen, führte die Idee des Gartens ad absurdum. Die Gestaltidee kann nicht durch ein „Naturdiktat" (Kienast 1981) ersetzt werden. Möglichst vollständige biozönotische Beziehungen nach außerstädtischen Vorbildern zu erhalten, scheidet daher als prioritäres Ziel der Gartengestaltung aus. Im Sinne eines nutzungsorientierten Naturschutzes können Naturschutzziele durchaus in denkmalwürdigen wie alltäglichen Gärten umgesetzt werden, ohne allerdings deren spezifischen Charakter in Frage zu stellen (Kowarik et al. 1998). Auch in Grünflächen können die Bedingungen für die Tierwelt verbessert werden, ohne das jeweilige Gestaltungskonzept zu sprengen. Hierbei sollte die unterschiedliche Repräsentanz verschiedener Nahrungsgilden als eine Besonderheit des Stadtbereichs akzeptiert werden.

Eine **Förderung bestimmter Tiergruppen** gerät dort an Grenzen, wo sie mit Nutzungsansprüchen (z.B. der Bespielbarkeit von Rasen, Stadtverträglichkeit von Straßenbäumen, Artenspektrum für die Fassadenbegrünung) oder gestalterisch-ästhetischen Zielen konkurriert. Nichteinheimische Gehölze eröffnen beispielsweise ein weiteres Blütenspektrum als einheimische Arten (Kiermeier 1990). Ein eingeschränktes Repertoire an nichteinheimischen Pflanzen widerspräche zudem einer traditionellen Pflanzenverwendung, die nicht ausschließlich, aber immer auch auf die Vielfalt eingeführter Arten gesetzt hat (siehe Kap. 4). Wozu die extreme Forderung, sogenannte Exoten nicht mehr zu pflanzen, führen würde, beschrieb bereits 1892 der Direktor des Botanischen Gartens in Halle: „Wenn plötzlich ... eine Gigantenhand über unsere Stadt führe und mit einem Schlage von Pflanzen alles entfernte, was nicht schon seit Menschengedenken von selbst bei uns gewachsen ist, da würden wir dann hinaustreten in eine abschreckende Wildnis" (Kraus 1892).

Viele Neophyten profitieren im sekundären Areal vom geringeren Druck durch **Phytophage und Parasiten** und wachsen hier oft besser als in ihrer Heimat, was durch die „Enemy-release-" oder die „EICA"-Hypothese erklärt wird (siehe Kap. 5.2). Vor allem auf schwierigen Standorten wie Straßen, auf denen die Pflanzen einer Vielzahl von Stressfaktoren unterworfen sind, kann die verminderte Rolle biotischer Gegenspieler auch als ein Vorteil gewertet werden. In Gärten ist der Spielraum größer, wobei auch hier gegenläufige Ziele bei der Integration der Pflanzen in Nahrungsbeziehungen und ihrer Gesundheit oder dem ästhetischen Erscheinungsbild bestehen. Einbindung in biozönotische Beziehungen beschränkt sich ja nicht auf das Anlocken attraktiver Schmetterlinge, sondern schließt auch den Befall mit Blattläusen, Pilzen sowie Fraßspuren an Blättern und Blüten ein.

Aus der Perspektive eines umfassenden Naturschutzansatzes sind neben Gesichtspunkten des Artenschutzes auch Funktionen von Pflanzen für den abiotischen Teil des Naturhaushaltes sowie für die Schönheit und Eigenart von Natur und Landschaft zu berücksichtigen. In diesem Sinne ist die Förderung biozönotischer Beziehungen ein wichtiges, aber nicht das einzige Naturschutzziel. Für die gärtnerische Pflanzenwahl führt dies zusammenfassend zur Schlussfolgerung, anstelle eines pauschalen Verzichts auf nichteinheimische Arten eher auf arten- und strukturreiche Pflanzungen innerhalb des gewählten gestalterischen Rahmens hinzuwirken und hierbei auch, aber nicht ausschließlich für vernachlässigte einheimische Arten zu werben. Wird dies mit einem vielfältigen Habitatangebot und einer Erweiterung des Spielraumes für ökologische Prozesse verbunden, dürfte viel für die biologische Vielfalt von Parks und Gärten gewonnen sein.

# 8 Neomyceten und Pathogene

Die Einschleppung neuer Krankheitserreger hat für die Gesundheit von Menschen, Tieren und Pflanzen häufig katastrophale Auswirkungen wie Millionen Todesopfer durch Windpocken und andere Krankheiten im Zuge der Kolonisierung Südamerikas bezeugen (Crosby 1991). In den letzten Jahrzehnten nehmen „neue Krankheiten" zu („emerging diseases"), deren Erreger erst in jüngster Zeit entstanden sind oder sich auffällig ausbreiten (z. B. HIV, SARS, Vogelgrippe, West-Nile). Manche breiten sich auf natürlichem Wege aus, wie die Vogelgrippe mit Zugvögeln. Andere werden durch den Menschen verschleppt wie West-Nile mit Flugzeugen. Häufig gibt es ein Zusammenspiel von Krankheitserregern und nichteinheimischen Tieren, die als Überträger fungieren. Manchmal fördern auch Wirtswechsel oder ein erweitertes Wirtsspektrum den Invasionsverlauf. Klassisches Beispiel sind die weltweit mit Schiffen verbreiteten Ratten (vor allem die Pazifische Ratte *Rattus exulans* und die Wanderratte *Rattus norvegicus*), mit denen Erreger der Pest und anderer Krankheiten übertragen werden (siehe Kap. 9.1.1.1). Noch 1899, als die Ratten die Westküste Nordamerikas erreicht hatten, kam es zu einem großen Pestausbruch. Dabei sprang der Erreger, das Bakterium *Yersinia pestis*, von Wanderratten auf einheimische Nagetiere über und sorgte damit für eine weite Ausbreitung der Krankheit (Bryan 1996).

## 8.1 Neomyceten

Als Destruenten und Mykorrhizapartner spielen Pilze in terrestrischen Ökosystemen eine bedeutende Rolle. Parasitieren sie lebende Pflanzen, sind dramatische Auswirkungen für Wild- wie Kulturpflanzen möglich, insbesondere wenn diese nicht an neu eingeschleppte Neomyceten angepasst sind (Desprez-Loustau 2009). Insgesamt sind 688 nichteinheimische Pilzarten für Europa bekannt, darunter 82 phytoparasitäre Neomyceten, die besonders wirtschaftlich relevant sind. Die Zahl steigt exponentiell an. Während vor 1930 rund 0,5 Arten jährlich nach Frankreich eingeführt wurden, sind es in der letzten Dekade zwei Arten pro Jahr (Desprez-Loustau 2009; Übersichten zu verschiedenen Pilzgruppen in Mitteleuropa bei Scholz & Scholz 1988, Scholler 1996, Kreisel 2000, Voglmayr & Krisai-Greilhuber 2002). Allein in Deutschland sind 35 obligat phytoparasitäre Neomyceten eingebürgert. Fünf darunter stammen aus Südamerika, je eine aus Südafrika und Australien (Scholler 1996). Durch die Aufhebung geographischer Isolation kann auch bei pathogenen Pilzen ein Genfluss stattfinden, der zu aggressiveren Formen führt (Brasier 2001). Einige Neomyceten sind ihren Wirten ins sekundäre Areal gefolgt, wobei erhebliche Zeitabstände zwischen den Erstnachweisen von Wirt und Parasit auftreten können (Tab. 55; Scholler 1996).

Katastrophale Hungersnöte löste der 1845 aus Amerika nach Europa eingeschleppte Erreger der Knollenfäule der Kartoffel, *Phytophthora infestans*, aus. Irland verlor die Hälfte seiner Bevölkerung durch diesen Neomyceten, da etwa 1,5 Millionen Menschen starben und ebenso viele in die Neue Welt auswanderten (Hampson 1992), aus der – so die Ironie der Geschichte – sowohl die Kartoffel als auch ihr parasitärer Pilz stammen. Auch heute sind Neomyceten neben Neozoen

**Tab. 55** Time-lag zwischen der Einführung von Neophyten und auf ihnen parasitierenden Neomyceten (nach Scholler 1996)

| Neophyten als Wirtspflanzen | Erstnachweis | Neomyceten als Parasiten | Erstnachweis | time lag |
|---|---|---|---|---|
| *Oenothera parviflora* agg. | 1614 | *Peronospora arthurii* | 1902 | 288 |
| | | *Erysiphe howeana* | 1956 | 342 |
| *Oxalis fontana* | 1807 | *Ustilago oxalidis* | 1927 | 120 |
| *Mimulus guttatus* | 1830 | *Peronospora jacksonii* | 1968 | 138 |
| *Juncus tenuis* | 1834 | *Uromyces silphii* | 1981 | 147 |
| *Impatiens parviflora* | 1837 | *Puccinia komarovii* | 1933 | 96 |
| *Lactuca tatarica* | 1902 | *Puccinia minussensis* | 1921 | 19 |

und einigen Viren und Bakterien wirtschaftlich bedeutende Parasiten in Landwirtschaft und Gartenbau (Tab. 56; Abschätzung der Kosten pathogener Organismen in Tab. 67).

Die meisten Neomyceten werden unbeabsichtigt mit Pflanzen oder Bodensubstrat verschleppt. Der weltweit stark ansteigende Handel mit Inokulum von Mykorrhizapilzen (= Pilzteile auf einem Trägersubstrat) für den Zier- und Nutzpflanzenanbau im Hobbybereich öffnet ein neues, bislang noch nicht reguliertes Einführungstor für Neomyceten und Begleitarten mit ungewissen Folgen (Feldmann 2003).

### 8.1.1 Holländische Ulmenkrankheit

*Ophiostoma* (= *Ceratocystis*) *ulmi* ist ein ostasiatischer Welkepilz, der wahrscheinlich mit Nutzholz nach Europa eingeschleppt und zuerst in Holland beschrieben worden ist (daher „Holländische Ulmenkrankheit"). Er hat in Europa große Einbußen bei Feld- und Berg-Ulme (*Ulmus minor*, *U. glabra*), in Nordamerika bei *U. americana* bewirkt. Diese Arten sind wegen ihrer großlumigeren Gefäße stärker als ostasiatische Ulmen gefährdet. Die Beiträge in Kleinschmit & Weisgerber (1993) bieten eine Zusammenfassung zu Ursachen und Folgen der Krankheit sowie zu Handlungsmöglichkeiten.

Der Neomycet wird meist von einheimischen Ulmensplintkäfern übertragen. Nach Nordamerika gelangte er mit europäischem Ulmenholz, mit dem auch der Kleine Ulmensplintkäfer (*Scolytus multistriatus*) eingeschleppt wurde. Dort wirkt die Krankheit durch die Kombination Neomycet als Erreger und Neozoon als Überträger. Nach der Infektion des Xylems kommt es zu einer Abschottungsreaktion, durch die höher gelegene Kronenteile vom Stofftransport abgeschnitten werden und absterben. Infektionen sind auch über Wurzelkontake möglich, beispielsweise zwischen Ulmen in Alleen.

Eine erste Epidemie begann in Europa gegen 1910 und klang nach 1940 wegen der verminderten Aggressivität von *Ophiostoma ulmi* aus. Dieser Neomycet verursacht heute in Europa und Nordamerika nur noch leichtere Erkrankungen. Seit Ende der 1960er-Jahre tritt jedoch eine neu entstandene, wesentliche aggressivere Form auf, die als *Ophiostoma novo-ulmi* beschrieben wurde (Entstehung eines Anökomyceten in Analogie zur Anökophytie, siehe Kap. 1.2). Sie befällt auch Ulmen, die gegen *O. ulmi* resistent sind und hat beispielsweise in Österreich diese Art bereits verdrängt (Kirisits & Konrad 2007). Auch *O. novo-ulmi* könnte an Aggressivität verlieren, was sich aber noch nicht abzeichnet (Voglmayr & Krisai-Greilhuber 2002).

**Tab. 56** Beispiele für Neobiota als Schadorganismen in Land- und Forstwirtschaft sowie im Gartenbau (nach Hoffmann et al. 1994, erweitert)

| Schaderreger/Krankheit | Herkunft | sekundäres Verbreitungsgebiet | betroffene Pflanzen |
|---|---|---|---|
| **Neozoen** | | | |
| *Eriosoma lanigerum* (Blutlaus) | Nordamerika | Europa (Ende 18. Jh.) | Apfel |
| *Viteus vitifoliae* (Reblaus) | Nordamerika | Europa (1863) | Wein |
| *Quadraspidiotus perniciosus* (San José-Schildlaus) | Zentralasien | Nordamerika (1873) Europa (1927) | Obst, v. a. Kernobst |
| *Myzus persicae* (Grüne Pfirsichblattlaus) | Asien? | Europa | Pfirsiche |
| *Metacalfas pruinosa* (Schmetterlingszikade) | Nordamerika | Südeuropa | Obst und Wein |
| *Grapholita molesta* (Pfirsichtriebwickler) | Asien? | Europa | Rosengewächse |
| *Ostrinia nubilalis* (Maiszünsler) | Europa | Nordamerika (1908) | Mais |
| *Leptinotarsa decemlineata* (Kartoffelkäfer) | Nordamerika | Europa (1922) | Kartoffel |
| *Corythucha ciliata* (Platanennetzwanze) | Nordamerika | Italien (1964) Deutschland (1983) | Platanen |
| *Liriomyza huidobrensis* (Minierfliege) | Amerika, Hawaii | Europa (1980) | v. a. an Gemüse/Zierpflanzen unter Glas, auch im Freiland |
| *Frankliniella occidentalis* (Kalifornischer Blütenthrips) | Nordamerika | Europa (1980) | an zahlreichen Gemüse- u. Zierpflanzen v. a. in Gewächshäusern |
| *Diuraphis noxia* (Russische Getreideblattlaus) | Eurasien | Nordamerika (1986) | Gräser |
| **Neomyceten** | | | |
| *Phytophthora infestans* (Kraut-, Knollenfäule der Kartoffel) | Mittel-/ Nordamerika | Europa (1842) | Kartoffel (Tomaten) |
| *Uncinula necator* (Echter Mehltau an Wein) | Nordamerika, Ostasien | Europa (1845) | Weinrebe, Wilder Wein *(Vitis, Ampelopsis, Parthenocissus)* |
| *Plasmopara viticola* (Falscher Mehltau an Wein) | USA | Europa (1878) | Weingewächse *(Ampelopsis, Cissus, Vitis)* |
| *Cronartium ribicola* (Weymouthskiefer/ Johannisbeerrost | Europa | Nordamerika (1906) | Weymouthskiefer, *Ribes* (Johannis-, Stachelbeere) |

**Tab. 56** Fortsetzung

| Schaderreger/Krankheit | Herkunft | sekundäres Verbreitungsgebiet | betroffene Pflanzen |
|---|---|---|---|
| **Neomyceten** | | | |
| *Endothia parasitica* (Kastaniensterben) | Ostasien | Nordamerika (1906) Europa (1923) | Esskastanien *(Castanea dentata, C. sativa)* |
| *Pseudoperonospora humuli* (Falscher Mehltau an Hopfen) | Japan | Europa (1924) | Hopfen |
| *Ceratocystis ulmi* (Ulmensterben) | Ostasien | Europa (Anfang 20. Jh.), Nordamerika (1930) | Ulmen, außer ostasiatische Arten, z. B. *U. parviflora, U. pumila* |
| *Peronospora tabacina* (Falscher Mehltau an Tabak) | USA, Australien | Europa (1957) | Nachtschattengewächse *(Capsicum, Lycopersicon, Nicotiana, Solanum)* |
| *Ascochyta chrysanthemi* | USA | Europa (1961) | Chrysanthemen |
| *Puccinia pelargoniizonalis* (Pelargonienrost) | Afrika | Europa (1962) | Pelargonien |
| *Puccinia horiana* (Weißer Chrysanthemenrost) | Afrika | Europa (1964) | Chrysanthemen |
| *Erysiphe spec.* (Echter Mehltau an Tomate) | Asien, östliches Mittelmeergebiet | USA (1978) Europa (1986) | Tomate |
| **Viren** | | | |
| Scharkavirus | Balkan | Deutschland (1961) | Pflaumen, Aprikosen, (Pfirsich) |
| BNYVV (Rhizomania d. Zuckerrübe) | Italien | Deutschland (1978) | Zuckerrübe |
| **Bakterien** | | | |
| *Erwinia amylovora* (Feuerbrand) | Nordamerika | England (1957) Deutschland (1971) | Obstgehölze *(Pomoideae)*, Rosengewächse, v. a. *Crataegus, Cotoneaster* |
| *Rhizomonas suberifaciens* (Korkkrankheit an Eisbergsalat) | USA | Europa (1989) | Eisbergsalat |

Ein großer Teil der europäischen Ulmen soll der Krankheit bereits zum Opfer gefallen sein, in Südengland beispielsweise zwischen 1971 und 1978 rund 70 % der etwa 22 Millionen Ulmen (McNabb 1971). Die europäischen Ulmen werden wahrscheinlich dennoch nicht aussterben, da sie sich in Strauchform regenerieren und auch vermehren können. Ihre Rolle als prägende Baumgestalten verschiedener Laubwaldtypen und als Straßenbaum haben sie jedoch eingebüßt. So bestehen in Thüringischen Naturschutzgebieten nur noch die Hälfte der vor 1970 bekannten *Ulmus minor*-Vorkommen. Bei *U. glabra* war der Rückgang mit 6% geringer. Beide Arten kommen jedoch kaum noch in der Baumschicht vor (Westhus & Haupt 1990). In Hessen hat die Schadfläche von 1988 bis 1991 um das 40fache zugenommen (Kleinschmit & Weisgerber 1993). In Auenwäldern am Rhein ist die Feld-Ulme besonders stark zurückgegangen, beispielsweise auf der Mannheimer Reißinsel zwischen 1971 und 1980 von 29% auf 7% (Bücking & Kramer 1982). Die Lücken sind weitgehend geschlossen, wozu auch der Eschen-Ahorn (*Acer negundo*) beiträgt (siehe Kap. 6.3.8).

Seit den 1950er-Jahren wird intensiv nach resistenten Ulmen gesucht. Das Auftreten von *O. novo-ulmi* hat erste Erfolge von Resistenzzüchtungen zunichte gemacht. Amerikanische Züchtungen, bei denen auch ostasiatische Ulmen eingekreuzt wurden, sind unter dem Markenzeichen Resista-Ulme auch auf dem deutschen Markt zu finden (z. B. die *Ulmus*-Sorten 'Rebona', 'Revera', 'Reverti'). Sie sollen ein hohes Resistenzniveau auch gegenüber *O. novo-ulmi* besitzen (Bärtels 1997). Allerdings handelt es sich hierbei um Kulturpflanzen mit beschränkter genetischer Vielfalt. Im Siedlungsbereich ist ihr Einsatz unproblematisch. Sie können in Grünanlagen einzeln, am besten in Gruppen anderer Bäume gepflanzt werden, um die Wirtsfindung der Splintkäfer zu erschweren (Gruber 1996). Auch die weniger anfällige Flatter-Ulme kann in Grünanlagen gepflanzt werden. Beide Maßnahmen können die genetische Vielfalt der einheimischen Ulmen jedoch nicht ersetzten. Hierzu tragen die laufenden forstlichen Erhaltungsprogramme bei. Neben Erhaltungskulturen und der Einlagerung vermehrungsfähigen Materials können Feld- und Berg-Ulme auf passenden Standorten auch vereinzelt im Inneren von Beständen gepflanzt werden (nicht an Wald- oder Gewässerrändern oder in Alleen), um Neuinfektionen zu begrenzen.

Zu Hygienemaßnahmen gibt es gegensätzliche Vorschläge. Häufig wird gefordert, erkrankte Bäume sofort zu beseitigen und das Holz zu verbrennen (z. B. Zimmermann 1993). Wenn dies aus Verkehrssicherheitsgründen nötig ist, gibt es keine Alternative. Ansonsten ist die große Bedeutung absterbenden und toten Holzes für hieran angepasste, oft hochgradig gefährdete Tiere zu bedenken (Klausnitzer 1998). Gegen radikale Hygienemaßnahmen spricht die Erfahrung, dass sie die Ausbreitung der Krankheit nur sehr begrenzt verzögert haben. Die verheerende Wirkung der zweiten Epidemie auf die verbliebenen, zuvor resistenten Ulmen relativiert die Erfolgsaussichten von Hygienemaßnahmen und Resistenzzüchtungen (gegensätzliche Meinung bei Zimmermann 1993). Es bleibt die Hoffnung, dass einzelne Ulmen im Waldinneren überleben und die Aggressivität des Erregers abklingt.

### 8.1.2 Kastanienrindenkrebs

Gegen 1900 wurde der Erreger des Kastanienrindenkrebses, der Neomycet *Cryphonectria* (*Endothia*) *parasitica* aus Asien nach Nordamerika eingeschleppt. Er hat dort zum größten neuzeitlichen Artenwandel innerhalb von Laubwäldern geführt. Binnen weniger Jahrzehnte wurde mit der nordamerikanischen Kastanie (*Castanea dentata*) eine häufige und wirtschaftlich bedeutende Baumart fast völlig zurückgedrängt. Inzwischen haben andere Arten die Lücken ausgefüllt (Elton 1958, Stephenson 1986). Südlich der Alpen ist seit 1938 die Esskastanie (*Castanea sativa*) betroffen, die allerdings weniger anfällig ist. Wenige Jahre nach der Einschleppung des Pilzes haben sich zudem, ganz anders als beim Erreger der Ulmenkrankheit, weniger virulente Erreger etabliert (Hypovirulenz), sodass die Krankheit hier weniger dramatisch verläuft. Seit 1989 wird der Pilz auch auf der Alpennordseite, seit 1992 auch in Deutschland (Ortenaukreis) beobachtet. Der Beginn der Infektion geht wahrscheinlich bis auf das Jahr 1985 zurück. 2001 waren neun Befallsherde aus Baden-Württemberg und der Pfalz bekannt. Ein Vorkommen ging von Esskastanien aus, die Urlauber aus Südfrankreich mitgebracht hatten. Die Ausbreitungsgeschwindigkeit der Pilzinfektion liegt zwischen 100 und 400 Meter pro Jahr. Quarantänemaßnahmen sind nach der Pflanzenbeschauverordnung in ausgewiesenen Befallsgebieten notwendig, wobei die Hoffnung besteht, die weitere Ausbreitung der Krankheit einzudämmen, bis hypovirulente Pilzstämme natürlich auftreten oder künstlich ausgebracht werden können (Seemann et al. 2001).

### 8.1.3 Krebspest (W. Rabitsch)

Mit der Einschleppung des Fadenpilzes *Aphanomyces astaci* – vermutlich mit Ballastwasser – von Nordamerika nach Europa Mitte des 19. Jahrhunderts (erster dokumentierter Nachweis 1860 in Norditalien) beginnt ein trauriges, aber lehrreiches Kapitel der Invasionsökologie. Flusskrebse waren damals ein weit verbreiteter Bestandteil in Europas Küchen. Ihre variantenreiche Zubereitung füllte Kochbücher noch bis zum Beginn des 20. Jahrhunderts. Mit dem zunehmenden Verlust ihrer Lebensräume und dem Auftreten des Pilzes änderte sich das Bild dramatisch. Heute zählen Flusskrebse europaweit zu den am stärksten bedrohten Organismen. In den späten 1960er- und frühen 1970er-Jahren wurden als Ersatz für die dezimierten einheimischen Flusskrebse Arten aus Nordamerika importiert, zunächst nach Schweden, von wo aus weite Teile Europas versorgt wurden, später auch durch Direktimporte. In Unkenntnis der Tatsache, dass nordamerikanische Krebse resistent gegen die Pilzinfektion sind, diese jedoch übertragen können, wurde so der Beelzebub mit dem Teufel ausgetrieben. Die Folgen der Krebspest sind dramatisch. Bereits einen Tag nach der Infektion zeigen die Tiere Lähmungserscheinungen, nach ein bis zwei Wochen sterben sie entkräftet. Bisher ging in Europa jeder infizierte Krebs an dieser Krankheit zugrunde. Die Übertragung erfolgt durch infizierte Krebse, aber auch durch Angelgeräte oder das Transportwasser von Besatzfischen. Als relevante Überträger der Krebspest fungieren in Europa aktuell drei amerikanische Flusskrebsarten: der Signalkrebs, der Kamberkrebs und der Amerikanische Sumpfkrebs (Souty-Grosset et al. 2006; siehe auch Kap. 9.5.2).

### 8.1.4 Chytridpilz (*Batrachochytrium dendrobatidis*) (W. Rabitsch)

Der Chytridpilz verursacht das Krankheitsbild der Chytridiomykose, die zu den „emerging diseases" zählt. Sie wurde 1998 bei tropischen Fröschen in Australien und Mittelamerika entdeckt, wo sie Massensterben auslöste. Der Pilz stammt vermutlich aus Afrika, wo der älteste Nachweis 1938 erfolgte. Die Verschleppung in alle Kontinente erfolgte wahrscheinlich mit der globalen Verwendung des Krallenfrosches (*Xenopus laevis*) als Versuchstier. In Europa wurde der Pilz für Portugal, Spanien, Italien, die Schweiz und Großbritannien nachgewiesen, wobei in letzterem Fall zwei Ochsenfrösche, aber keine freilebenden einheimischen Arten betroffen waren (Garner et al. 2006). In Deutschland fanden Mutschmann et al. (2000) den Pilz bei Terrarientieren. Seit 2003 liegen auch Freilandnachweise bei Wasserfröschen aus Nordrhein-Westfalen und bei Geburtshelferkröten-Nachzuchtprojekten vor. In Spanien wird der Rückgang von Geburtshelferkröte, Erdkröte und Feuersalamander direkt mit dem Pilz in Verbindung gebracht (Bosch et al. 2001, Bosch & Martinez-Solano 2006). Auch in der Schweiz wurden 2007 Geburtshelferkröten gefunden, die an Chytridiomykose verendet waren.

Der Pilz zersetzt das Keratin in der Amphibienhaut, weshalb Kaulquappen kaum von der Erkrankung betroffen sind. Die genaue Todesursache der Tiere ist noch unbekannt. Erkrankte Tiere werden lethargisch und verenden nach kurzer Zeit. Auch das globale Amphibiensterben wird mit der Chytridiomykose in Verbindung gebracht. Der Klimawandel soll die Krankheit begünstigen (Pounds et al. 2006, Bosch et al. 2007). Da die Infektion über Zoosporen im Wasser erfolgt, sollten Bekleidung und Gerätschaften mit Gewässerkontakt vollständig gereinigt, getrocknet oder kurz erhitzt werden.

## 8.2 Pathogene (W. Rabitsch)

Pathogene sind Organismen, die bei Menschen, Tieren oder Pflanzen Krankheiten auslösen können. Überwiegend handelt es sich dabei um Mikroorganismen (Viren, Bakterien, Pilze, Protozoen). Gemeinsam mit ihren Wirten können Pathogene verschleppt werden und in dem neuen Gebiet aufgrund fehlender Resistenzen mitunter dramatische Auswirkungen haben. Beispiele für pathogene Pilze wurden im vorigen Kapitel erläutert (siehe auch Tab. 56).

Ein Beispiel für die Verschleppung eines humanpathogenen Protozoen ist die „Flughafen-Malaria“. Malaria ist eine der bedeutendsten Tropenerkrankungen mit rund einer Million Todesfällen pro Jahr. Der Erreger, *Plasmodium* (es gibt 4–5 humanpathogene Arten mit unterschiedlicher Virulenz), wird durch Stechmücken der Gattung *Anopheles* übertragen. Durch den globalen Flugverkehr können infizierte Mücken in Gebiete gelangen, in denen die Krankheit nicht vorkommt. Übersteht die Mücke den Transport, kann sie bei der nächsten Blutmahlzeit den Erreger übertragen. Da dies meist in Flughafengebieten geschieht, kam es zur Bezeichnung der Krankheit als Flughafen-Malaria (Wernsdorfer 2002).

Viren, die von Gliederfüßlern (Arthropoden) übertragen werden, sogenannte Arboviren („arthropod-borne virus“), können mit ihren Wirten in neue Gebiete verschleppt werden. Zu den bekanntesten Beispielen zählen das West-Nile-Virus, das Chikungunya- und Usutu-Virus sowie das Bluetongue-Virus (siehe auch Kap. 9.9.2).

### Die Blauzungenkrankheit

Der Name der Krankheit, die durch das Bluetongue-Virus hervorgerufen wird, beruht auf der Blaufärbung der Schleimhäute befallener Wiederkäuer. Besonders Schafe, aber auch Ziegen, Rinder, Hirsche und Rehe sind betroffen. Nach Europa gelangte das Virus vermutlich mit infizierten Tieren. Der in Mitteleuropa auftretende Serotyp Nummer 8 (BTV-8) trat ursprünglich südlich der Sahara, in Indien und Pakistan sowie Mittel- und Südamerika auf. In Mitteleuropa wurde er zuerst 2006 aus den Niederlanden gemeldet und nur zwei Jahre später aus insgesamt 14 europäischen Ländern. Seit 2008 breiten sich auch die Typen BTV-1 und BTV-6 an der spanisch/französischen Atlantikküste aus. Letzterer wurde vermutlich durch einen in der EU nicht zugelassenen Lebendimpfstoff importiert. Das Virus wird von Gnitzen der Gattung *Culicoides* (Ceratopogonidae) übertragen. Die Weibchen dieser Mückenfamilie saugen Blut, während die Männchen an Pflanzen saugen. Auch Stechmücken und Zecken können das Virus übertragen. Erkrankte Tiere sind nicht ansteckend, dienen aber als Reservoir für das Virus. Bis zu 80 % der infizierten Schafe können sterben (Mehlhorn et al. 2007).

Der Erreger des Feuerbrands, das Bakterium *Erwinia amylovora*, stammt vermutlich aus Nordamerika und wurde 1957 erstmals in Europa (Großbritannien) beobachtet. In den folgenden Jahrzehnten breitete sich die Krankheit über ganz Europa und Kleinasien aus. Als Vektoren fungieren befallenes Pflanzenmaterial, kontaminierte Gartengeräte, über kürzere Distanzen auch Wind, Regen und Insekten. Die geschädigten Pflanzenteile werden bräunlich-schwarz und welken, sodass sie „verbrannt“ aussehen. Die Krankheit befällt Rosengewächse und führt je nach Alter und Widerstandskraft der Pflanze innerhalb von Wochen bis Jahren zum Absterben. Vor allem in Obstanbaugebieten führt der Feuerbrand zu Ertragseinbußen (z. B. rund 3 Millionen Euro im Jahr 2007 in Baden-Württemberg) und Bekämpfungsmaßnahmen. Neben der Rodung befallener Bäume laufen Untersuchungen zur Entwicklung umweltverträglicher Präparate (BMELV 2008).

# 9 Neozoen in mitteleuropäischen Lebensräumen (W. Rabitsch)

Analog zu Kapitel 6 werden im Folgenden ausgewählte Neozoen in mitteleuropäischen Lebensraumen besprochen. Dabei werden neben prominenten Beispielen auch weniger im Rampenlicht stehende Organismengruppen berücksichtigt. Die genaue Zahl der in Mitteleuropa vorkommenden Neozoen ist unbekannt. Trotz des aktuellen europäischen Inventars (DAISIE 2009) bleibt manche Artengruppe unbearbeitet oder ist zu wenig bekannt, um einheimische und nichteinheimische Arten unterscheiden zu können. Tab. 57 gibt für Deutschland einen Überblick für einige Artengruppen. Wie schnell sich Artenzahlen durch eine verbesserte Datenlage ändern können, zeigt das Beispiel Österreichs. Die Anzahl der 2002 bekannten rund 300 etablierten Arten hat sich bis 2008 auf 350 erhöht (Essl & Rabitsch 2002, unveröff.).

## 9.1 Urbanindustrielle Lebensräume

### 9.1.1 Städte, Gebäude

Wie für Pflanzen bieten Städte auch für zahlreiche nichteinheimische Tiere ideale Bedingungen. Sie sind zentrale Drehpunkte von Handel und Verkehr, wodurch viele Arten

**Tab. 57** Verteilung der 1123 in Deutschland vorkommenden Neozoen auf Artengruppen mit Angaben zur Etablierung der Arten (nach Geiter & Kinzelbach 2002)

| Artengruppe | Artenzahl | etablierte Arten | Arten mit fraglichem Status |
|---|---|---|---|
| Säugetiere (Mammalia) | 21 | 11 | 0 |
| Vögel (Aves) | 162 | 11 | 9 |
| Reptilien (Reptilia) | 14 | 0 | 1 |
| Amphibien (Amphibia) | 8 | 0 | 1 |
| Knochenfische (Osteichthyes) | 51 | 8 | 22 |
| Spinnentiere (Arachnida) | 32 | 10 | 20 |
| Insekten (Insecta) | 536 | 115 | 238 |
| Krebse (Crustacea) | 63 | 26 | 28 |
| Ringelwürmer (Annelida) | 34 | 10 | 20 |
| Sonstige Gliedertiere | 20 | 7 | 1 |
| Weichtiere (Mollusca) | 83 | 40 | 36 |
| Rundwürmer (Nemathelminthes) | 24 | 4 | 10 |
| Plattwürmer (Plathelminthes) | 36 | 8 | 20 |
| Nesseltiere (Cnidaria) | 7 | 5 | 1 |
| einzellige Tiere (Protozoa) | 19 | 3 | 8 |
| sonstige Arten | 13 | 4 | 5 |
| Summe | 1123 (100 %) | 262 (23,3 %) | 420 (37,4 %) |

eingeschleppt werden. Das wärmere Stadtklima und neuartige Standortbedingungen ermöglichen vielen Arten die erste, kritische Phase der Etablierung im neuen Gebiet zu überstehen.

Das reichliche Nahrungsangebot in Städten schafft ideale Voraussetzungen für polyphage Arten. Aber auch Nahrungsspezialisten können profitieren, wenn ihre Nahrungspflanzen bevorzugt in städtischen Lebensräumen wachsen, etwa phytophage Arten, die an Platane, Rosskastanie oder Thuja gebunden sind. Schließlich werden in Städten auch unliebsam gewordene Haustiere in größerer Menge aus Aquarien und Terrarien freigesetzt.

Eine opportunistische, polyphage Art, die auch den urbanen Bereich nutzt, ist der aus Nordamerika stammende **Waschbär** (*Procyon lotor*). 1934 wurden vom Forstamt Vöhl am Edersee in Hessen zwei Paare angesiedelt. In den folgenden Jahren gelangten wiederholt Gefangenschaftsflüchtlinge aus Pelzfarmen ins Freiland. Ausgehend von Hessen und Brandenburg, wo auch gegenwärtig die meisten Tiere leben, hat sich der Kleinbär weiter ausgebreitet. Die Jagdstrecke steigt kontinuierlich an und deutet auf eine rasche Zunahme der Bestände (Abb. 69). Der Waschbär besitzt ein breites Nahrungsspektrum und ernährt sich von pflanzlicher und tierischer Kost. Negative Auswirkungen auf bodenbrütende Vögel, Amphibien und Reptilien werden befürchtet, insbesondere für die Europäische Sumpfschildkröte *Emys orbicularis* (Bartoszewicz 2006, Schneeweiß & Wolf 2009). Der Waschbär lebt versteckt in verschiedenen Waldhabitaten, aber auch in agrar- und forstwirtschaftlich geprägten Lebensräumen. Bei hohen Beständen scheut er – wie in seinem Heimatgebiet – aber nicht die Nähe des Menschen und besiedelt Randbereiche von Siedlungen, wo er durch die Plünderung von Obstbäumen und Mülltonnen lästig wird. Die wirtschaftlichen Schäden in Obstplantagen, Weinbaugebieten und landwirtschaftlichen Flächen sind bisher aber gering. Die Waschbären in Kassel, die Dachböden als Schlafquartiere nutzen, haben es zu einer gewissen medialen Berühmtheit gebracht.

Vorsicht ist bei näherem Kontakt angebracht, da der Waschbärspulwurm (*Baylisascaris procyonis*) auch auf Menschen übergehen kann. Die Infektionsrate ist aber je nach Population sehr unterschiedlich und liegt zwischen 0–90 % (Hohmann & Bartussek 2001, Sorvillo et al. 2002).

## Götterbaum und Ailanthusspinner

Der aus Ostasien stammende Götterbaum (*Ailanthus altissima*) wird seit dem 18. Jahrhundert in Europa kultiviert. Seine Ausbreitung begann in Mitteleuropa auf den Trümmerschuttflächen nach dem 2. Weltkrieg (siehe Kap. 6.1.3). Die Raupen des großen, nachtaktiven Ailanthusspinners (*Samia cynthia*) leben monophag am Götterbaum. Der Schmetterling wurde Mitte des 19. Jahrhunderts zur Seidenproduktion aus China nach Italien und Frankreich importiert. Dieser Erwerbszweig scheiterte jedoch bald. Schmetterlingsliebhaber haben aber die Art weiter gezüchtet und wiederholt ausgesetzt. Für Wien sind die ersten Freilandnachweise für das Jahr 1905 dokumentiert. Bis heute beschränken sich die Vorkommen auf die innersten und somit wärmsten Bezirke der Stadt. Auch in anderen Städten (z. B. Barcelona, Bordeaux, Paris) wurde der Schmetterling ausgesetzt. 1907 wurde die Art in Sydney festgestellt, wo sie sich aber offenbar nicht halten konnte. In den 1980er-Jahren wurden Funde in Auckland bekannt.

Besonders spektakulär sind gelegentliche Massenansammlungen von Tieren, z. B. als Überwinterungsgemeinschaften. In Städten geraten diese Ereignisse leichter ins Blickfeld. Hierzu drei Beispiele:

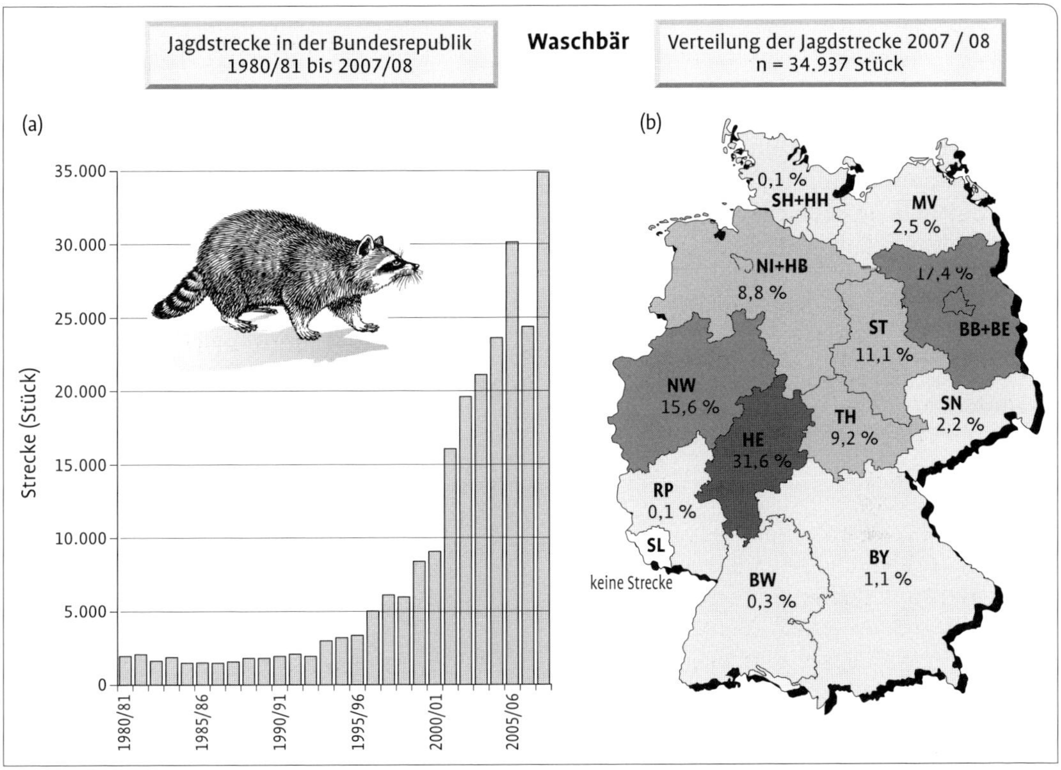

Jagdstrecke in der Bundesrepublik 1980/81 bis 2007/08

**Waschbär**

Verteilung der Jagdstrecke 2007 / 08
n = 34.937 Stück

(a)

Strecke (Stück)

35.000
30.000
25.000
20.000
15.000
10.000
5.000
0

1980/81
1985/86
1990/91
1995/96
2000/01
2005/06

(b)

SH+HH 0,1 %
MV 2,5 %
NI+HB 8,8 %
BB+BE 17,4 %
ST 11,1 %
NW 15,6 %
SN 2,2 %
TH 9,2 %
HE 31,6 %
RP 0,1 %
SL keine Strecke
BW 0,3 %
BY 1,1 %

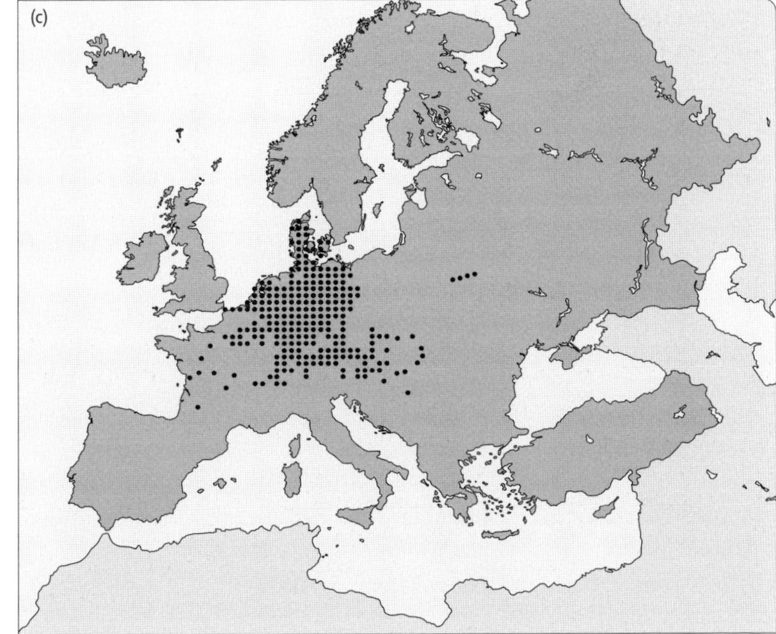


**Abb. 69** Der Waschbär (*Procyon lotor*) in Mitteleuropa. (a) Veränderung der Jagdstrecke in Deutschland seit 1980 und (b) regionale Verteilung der Jagdstrecke 2007/2008 (Original Johann Heinrich von Thünen-Institut) sowie (c) Verbreitung in Europa (nach DAISIE 2009).

- Im Oktober 2004 wurde in Nijmegen in den Niederlanden ein auffallender, inklusive der langen Beine beinahe handtellergroßer Weberknecht gefunden, der sich mit den gängigen Bestimmungsschlüsseln nur bis zur Gattung *Leiobunum* bestimmen ließ. Bislang ist es nicht gelungen, diesen Weberknecht einer Art zuzuordnen oder seine Herkunft zu klären. In der Folge sind weitere Nachweise aus deutschen, österreichischen und schweizer Städten mit Ansammlungen von bis zu 500 Tieren bekannt geworden (Wijnhoven et al. 2007).
- Die nur rund 3 mm kleine Mauerspinne *Dictyna civica* stammt ursprünglich aus dem Mittelmeergebiet, wo sie an Felsen lebt. In Mitteleuropa besiedelt sie in großen Zahlen die rauen Fassaden von Gebäuden. In den Netzen sammeln sich Staub und Schmutz, der den Fassaden einen verschmutzten Anblick gibt. Von einigen Malereibetrieben werden pestizidhaltige Anstriche empfohlen, deren Wirksamkeit jedoch umstritten ist. Die Bekämpfung der Spinne hat auch den Landtag von Baden-Württemberg beschäftigt.
- Die Malven- oder Lindenwanze *Oxycarenus lavaterae* ist ebenfalls eine mediterran verbreitete Art, die an verschiedenen Malvengewächsen saugt. Seit den späten 1990er-Jahren tritt sie in Mitteleuropa auf, bevorzugt an Linden in Parks, Friedhöfen und Alleen (Rabitsch 2008). Millionen Tiere können sich an Baumstämmen ansammeln. Eine solche Ansammlung an einem Marktplatz in Graz hat die Feuerwehr auf den Plan gerufen, die mit Wasserwerfern die Tiere vertrieben haben.

Verschiedene, heute weltweit verbreitete Arten leben überwiegend in **Gebäuden**. Hierzu gehören die Orientalische Schabe (*Blatta orientalis*), die Amerikanische Schabe (*Periplaneta americana*), die Braunbandschabe (*Supella longipalpa*) und auch die Pharaoameise (*Monomorium pharaonis*). Zu Arten, die in Glashäusern vorkommen, siehe Kap. 9.8.1. Bei den Vorratsschädlingen, die sich von Nahrungsmitteln, Fellen, Häuten oder auch von Insekten- und Herbarsammlungen ernähren, handelt es sich überwiegend um Insekten, die häufig aus tropischen oder subtropischen Gebieten stammen, heute weltweit verbreitet sind und deren ursprüngliche Herkunft nicht immer eindeutig ist (Tab. 58).

Einige dieser Arten, z. B. Getreideschädlinge, sind Archäozoen, da ihre Beziehung

**Tab. 58** Beispiele nichteinheimischer Vorratsschädlinge in Mitteleuropa

| Gruppe / Art | Dt. Name | Herkunft | Sekundäres Verbreitungsgebiet in Europa | Anmerkung |
|---|---|---|---|---|
| **Säugetiere** | | | | |
| *Rattus norvegicus* (Muridae) | Wanderratte | Asien | ganz Europa | Kulturfolger, Kosmopolit |
| **Käfer** | | | | |
| *Ptinus ocellus (=tectus)* (Anobiidae) | Australischer Diebskäfer | Ozeanien | ganz Europa | an allen Vorratsstoffen pflanzlicher und tierischer Herkunft |
| *Rhyzopertha dominica* (Bostrichidae) | Getreide-kapuziner | (Sub)Tropen der Alten Welt | ganz Europa | an Getreide |
| *Callosobruchus chinensis* (Chrysomelidae) | Kundekäfer | Ostasien | ganz Europa | an Hülsenfrüchten |

| Tab. 58 Fortsetzung | | | | |
|---|---|---|---|---|
| **Gruppe / Art** | **Dt. Name** | **Herkunft** | **Sekundäres Verbreitungsgebiet in Europa** | **Anmerkung** |
| **Käfer** | | | | |
| *Dermestes carnivorus* (Dermestidae) | Weißbauchiger Speckkäfer | Mittel- und Südamerika | zerstreut in Europa | an Fellen, Bälgen, in Insektensammlungen |
| *Dermestes peruvianus* (Dermestidae) | Peruanischer Speckkäfer | Mittel- und Südamerika | ganz Europa | an Fellen, Bälgen, Textilien |
| *Trogoderma granarium* (Dermestidae) | Khaprakäfer | Indien | zerstreut in Europa | an Getreide, in Brauerein |
| *Sitophilus oryzae* (Dryophthoridae) | Reiskäfer | Orientalis | ganz Europa | an Reis |
| *Sitophilus zeamais* (Dryophthoridae) | Maiskäfer | Orientalis | ganz Europa | an Mais |
| *Carpophilus hemipterus* (Nitidulidae) | Backobstkäfer | unbekannt | ganz Europa | an Trockenobst, Kosmopolit |
| *Carpophilus marginellus* (Nitidulidae) | – | Südostasien | ganz Europa | an Reis und Getreide |
| *Oryzaephilus mercator* (Silvanidae) | Erdnußplattkäfer | Tropen | zerstreut in Europa | an Erdnüssen, Datteln, Kopra |
| *Gnathocerus cornutus* (Tenebrionidae) | Vierhornkäfer | Mittelamerika | ganz Europa | an Getreide, Kosmopolit |
| *Tribolium confusum* (Tenebrionidae) | Amerikanischer Reismehlkäfer | Nord- und Südamerika | ganz Europa | an Getreide |
| *Tribolium destructor* (Tenebrionidae) | Großer Reismehlkäfer | Südamerika | zerstreut in Europa | an Getreide |
| **Schmetterlinge** | | | | |
| *Corcyra cephalonica* (Pyralidae) | Reismotte | (Sub)Tropen | ganz Europa | an Reis |
| *Ephestia elutella* (Pyralidae) | Kakaomotte | unbekannt | zerstreut in Europa | Kosmopolit |
| *Ephestia kuehniella* (Pyralidae) | Mehlmotte | Nord- und Mittelamerika | ganz Europa | an Mehl, Kosmopolit |
| *Oinophila v-flava* (Tineidae) | Weinmotte | Südeuropa | zerstreut in Europa | in Weinkellern an Korken |
| *Plodia interpunctella* (Pyralidae) | Dörrobstmotte | unbekannt | zerstreut in Europa | Kosmopolit |
| *Sitotroga cerealella* (Gelechiidae) | Getreidemotte | Nordamerika | ganz Europa | an Getreide |
| *Phthorimaea operculella* (Gelechiidae) | Kartoffelmotte | Südamerika | zerstreut in Europa | an Kartoffelknollen |

zum Menschen schon seit langer Zeit durch subfossile Belege belegt sind (Levinson & Levinson 2001).

Schließlich sei noch auf nichteinheimische Kulturfolger hingewiesen, die sich an Lebensgewohnheiten des Menschen so weit angepasst haben, dass sie bevorzugt in seiner Nähe und auch von seinen Erzeugnissen leben. Hierzu gehören die **Ratten**, die im Gefolge des Menschen beinahe den ganzen Planeten erobert haben. Hervorzuheben sind die Pazifische Ratte (*Rattus exulans*), die Wanderratte (*R. norvegicus*) und die Hausratte (*R. rattus*), die auf über 80% aller größeren Inseln der Welt vorkommen und die gemeinsam für das Aussterben von über 100 Vogelarten verantwortlich sind (Atkinson 1985).

#### 9.1.1.1 Wanderratte (*Rattus norvegicus*)

**Herkunft und Einführung:** Das ursprüngliche Areal der Wanderratte liegt im nordöstlichen Asien. Mit der Ausbreitung des Menschen hat sich auch ihre Verbreitung erweitert. Vor allem mit der Schifffahrt wurde die Wanderratte im 18. Jahrhundert in alle Kontinente verschleppt.
**Aktuelle Vorkommen**: In Mitteleuropa weit verbreitet, vor allem in Siedlungsgebieten und entlang von Flusstälern in niederen Lagen.
**Erfolgsmerkmale**: Wanderratten sind robuste Tiere, die viele unterschiedliche Nahrungsressourcen nutzen und generell geringe Ansprüche an ihre Umwelt stellen. Das Reproduktionspotenzial ist hoch, und trotz gezielter Bekämpfung ist eine Ausrottung selbst auf begrenztem Gebiet schwierig.
**Problematik**: Das Hauptproblem im städtischen Bereich sind Schäden an gelagerten Nahrungsmitteln und die mögliche Übertragung von Krankheiten (z. B. Typhus, Cholera, Ruhr, Tuberkulose). Wanderratten sind außerdem Wirte für Borrelien, die Zecken auf Tiere oder Menschen übertragen können. Negative Auswirkungen in naturnahen mitteleuropäischen Lebensräumen sind zwar nicht auszuschließen, haben sicherlich aber nicht denselben Stellenwert wie auf ozeanischen Inseln, wo Ratten maßgeblich zur Ausrottung endemischer Vogelarten beitragen. Die Wanderratte gilt auch als Rückgangsursache der Hausratte (*Rattus rattus*, vermutlich ein Archäozoon), die auf den Roten Listen von Deutschland und Österreich als vom Aussterben bedroht geführt wird.
**Steuerungsmöglichkeiten**: In den meisten größeren Städten verlangen Rattenschutzverordnungen die verpflichtende Bekämpfung mittels Rattengift. Üblicherweise kommen dabei Cumarinderivate zum Einsatz, die weniger gefährlich für Menschen als frühere Mittel (Strychnin, Arsen) sind. Der Erfolg von Ausrottungsmaßnahmen auf Inseln ist von deren Größe und der Intensität der Maßnahmen abhängig. Zunehmend gelingt es, immer größere Inseln „rattenfrei" zu bekommen. Zum Einsatz kommen dabei verschiedene Methoden wie Fallen, Giftköder oder Empfängnisverhütungsmittel (Courchamp et al. 2003).

### 9.1.2 Gärten und Grünanlagen

Nach einer europaweiten Auswertung der Habitatbindung nichteinheimischer Tierarten sind Parks und Gärten für Wirbellose, Vögel und Amphibien wichtige Lebensräume (Tab. 59).

Für viele Vögel bieten Städte geeignete Lebensbedingungen, nicht zuletzt wegen der Winterfütterung in Gärten und Parkanlagen. Beispiele sind Entenarten (Mandarinente *Aix galericulata*, Brautente *Aix sponsa*), Schwäne wie der nordosteuropäisch-asiatische Höckerschwan (*Cygnus olor*) und der aus Australien stammende Trauerschwan (*Cygnus atratus*) sowie Gänse (Kanadagans *Branta canadensis*,

**Tab. 59** Habitatbindung ausgewählter nichteinheimischer Organismengruppen in Europa (inklusive Mehrfachnennungen, nach DAISIE 2009).

| Habitat | Terrestrische Wirbellose | Vögel | Amphibien und Reptilien |
|---|---|---|---|
| Küsten | 20 | 15 | 9 |
| Binnengewässer | 10 | 27 | 32 |
| Moore | 16 | 15 | 17 |
| Grasland | 73 | 15 | 18 |
| Heiden | 68 | 11 | 17 |
| Wälder | 219 | 25 | 34 |
| Agrarland | 273 | | |
| Parks und Gärten | 423 | 38 | 34 |
| Urbane Standorte | 399 | 14 | 18 |
| Glashäuser | 202 | 0 | 0 |
| unbekannt | 72 | 28 | 0 |
| **Summe** | **1306** | **77** | **55** |

Nilgans *Alopochen aegyptiacus*, Rostgans *Tadorna ferruginea*). Am „exotischsten" muten für Mitteleuropäer wohl die Papageien (Halsbandsittich *Psittacula krameri*, Alexandersittich *Psittacula eupatoria*, Mönchssittich *Myiopsitta monachus*) an, die in einigen Städten vorkommen. Der **Halsbandsittich** ist paläotropisch von Afrika bis Indien verbreitet. Populationen in mehreren europäischen Städten gehen auf Gefangenschaftsflüchtlinge zurück. In Deutschland sind die meisten Vorkommen aus dem Rheintal zwischen Mannheim und Krefeld bekannt, aber der Papagei kommt auch in weiteren Städten vor (Abb. 70; Braun & Wegener 2008). Der Halsbandsittich ernährt sich überwiegend von pflanzlicher Kost und profitiert von der Winterfütterung. Er brütet in Baumhöhlen. In Heidelberg wurden als Folge des auf über 800 Individuen angewachsenen Bestandes Höhlen auch in der Wärmedämmung eines Gebäudes angelegt. Während in Deutschland bislang keine negativen Auswirkungen festgestellt werden konnten, liegen aus Belgien Angaben zur Nistplatzkonkurrenz mit Kleibern vor (Strubbe & Matthysen 2009a). Vergleichende Untersuchungen des Reproduktionserfolges in verschiedenen Regionen und eine Habitatmodellierung zeigen, dass die Art infolge des Klimawandels weiter zunehmen wird (Shwartz et al. 2009, Strubbe & Matthysen 2009b).

Die **Mandarinente** kommt aus Ostasien und wird wegen der attraktiven Männchen weltweit als Ziervogel gehalten. Die Bestände in Europa gehen überwiegend auf Gefangenschaftsflüchtlinge zurück (Kestenholz et al. 2005) und konzentrieren sich auf Parkanlagen. Die in Baumhöhlen brütende Mandarinente konkurriert mit anderen Arten um Nisthöhlen. Weil die Bestände im Heimatgebiet rückläufig sind, haben die Vorkommen im neuen Areal auch eine naturschutzfachliche Bedeutung. Nach Bauer & Woog (2008) leben in Deutschland gegenwärtig 350–450 Brutpaare.

Die **Kanadagans** stammt aus Nordamerika und wurde wohl schon im 17. Jahrhundert aus jagdlichen Motiven in Großbritannien eingebürgert, wo heute über 60 000 Tiere leben. Die Vorkommen in Skandinavien, aktuell über 50 000 Tiere, gehen offenbar auf vier Tiere aus dem Hamburger Zoo Hagenbeck und ein Tier aus Nordamerika zurück (Tegelström & Sjöberg 1995). Kanadagänse leben in Nordeuropa und auch an einigen Orten in Mitteleuropa in Offenlandhabitaten, Wiesen, Parks und an Seen, aber auch an Golfplätzen und Flughäfen. Problematisch sind die Überweidung an Küsten, Gewässerufern, in Parks und auf landwirtschaftlichen Flächen sowie die Kotabgabe. Eine Gans produziert täglich bis zu 0,7 kg Kot, wodurch es zur Gewässereutrophierung und nachfolgend zu Algenblüten kommen kann. Nach Gebhardt (1996) beträgt

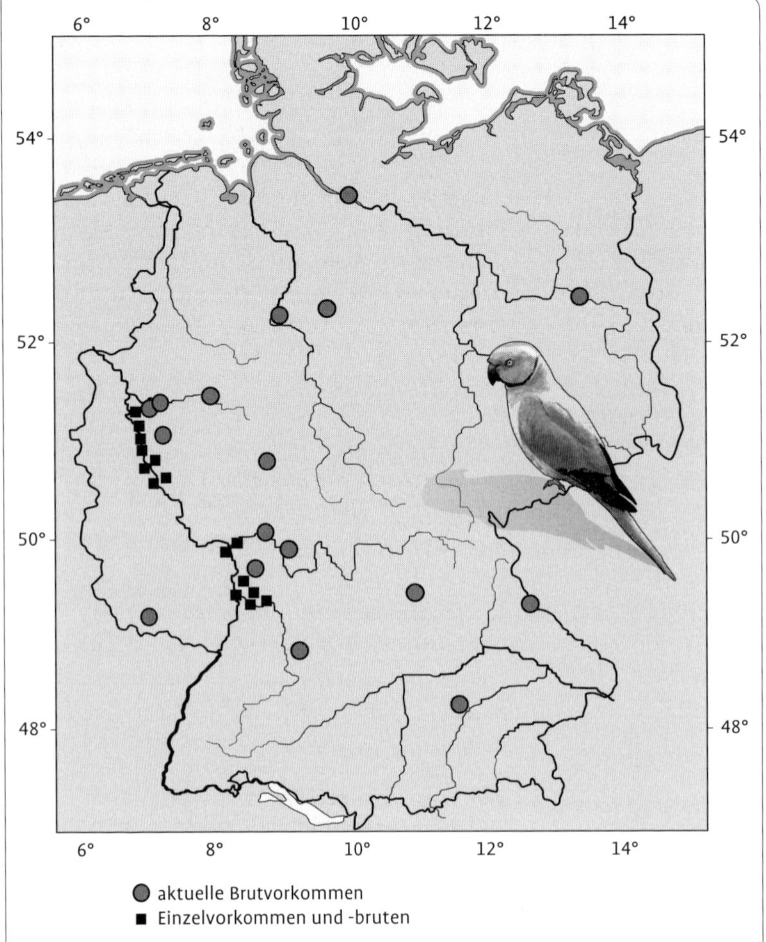


**Abb. 70** Verbreitung des Halsbandsittichs (*Psittacula krameri*) in Deutschland (nach Braun & Wegener 2008).

der wirtschaftliche Schaden in Deutschland rund eine Million Euro pro Jahr. Hybridisierungen mit anderen Gänsen (vor allem der Graugans *Anser anser*) kommen vor, gehen aber vermutlich überwiegend auf Gefangenschaftsflüchtlinge zurück (Geiter et al. 2002). Vorkommen in der Nähe von Flughäfen sind besonders problematisch, da Kollisionen mit Flugzeugen keine Seltenheit sind. Die Bestände der im Vergleich zur Kanadagans noch eher seltenen **Nilgans** nehmen in ganz Europa seit den 1960er-Jahren zu. Die aus Afrika südlich der Sahara stammende Art wurde bereits im 18. Jahrhundert nach Großbritannien eingeführt (Mooij 1998). Die erste Freilandbeobachtung in Deutschland stammt aus dem Jahr 1866, die erste Freilandbrut gelang 1981. Der aktuelle Brutbestand wird mit 2200–2600 Brutpaaren angegeben (Bauer & Woog 2008).

Auf die Bedeutung von Gärten und Gartenpflanzen für einheimische und nichteinheimische Tierarten wurde bereits in Kapitel 7 eingegangen. Unbestritten sind nichteinheimische Pflanzen in Gärten nicht pauschal zu verdammen. Neben ihrer ästhetischen, funktionalen und kulturhistorischen Bedeutung können einige von ihnen auch als Nahrungsressource für einheimische Tiere in urbanen Habitaten nutzbar sein.

#### 9.1.2.1 Rosskastanien-Miniermotte (*Cameraria ohridella*)

**Herkunft und Einführung:** Mitte der 1980er-Jahre wurde am Ohridsee in Mazedonien eine für die Wissenschaft neue Miniermotte bei einem Massenauftreten an Rosskastanien (*Aesculus hippocastanum*) entdeckt und als *Cameraria ohridella* beschrieben (Deschka & Dimic 1986). Ob die Art tatsächlich aus diesem Gebiet stammt oder dorthin verschleppt wurde, ist bis heute ungeklärt. Als mögliche Ursprungsgebiete kommen neben dem Balkan (wegen des Erstfundes und der Herkunft der Rosskastanie) auch Nordamerika (als Diversitätszentrum der Gattung *Cameraria*) und Ostasien (als Diversitätszentrum der Gattung *Aesculus*) in Frage (Grabenweger & Grill 2000). Populationen in anthropogenen Habitaten außerhalb des Balkans haben eine deutlich geringere genetische Variabilität als in natürlichen Habitaten auf dem Balkan (Valade et al. 2009). Dies spricht stark für die Balkan-Herkunft der Art. Die Verschleppung erfolgte vermutlich überwiegend durch den Verkehr entlang stark frequentierter Transportwege oder durch passive Windverdriftung. Als „Luftplankton" werden die Schmetterlinge mit den fransenartig behaarten Flügeln weit transportiert, wogegen durch aktiven Flug nur kurze Distanzen überbrückt werden.

**Aktuelle Vorkommen**: Nur kurze Zeit nach der Entdeckung wurde die Art 1989 erstmals für Mitteleuropa in Oberösterreich festgestellt. Danach hat sie sich über weite Teile Europas ausgebreitet (Abb. 71).

**Erfolgsmerkmale**: Die Art besitzt eine hohe Reproduktionsleistung. Die Imagines schlüpfen je nach Witterung im Frühling aus den in der Laubstreu überwinternden Puppen. Die Hauptschwärmzeit der Motten fällt mit der Kastanienblüte zusammen. Bald nach dem

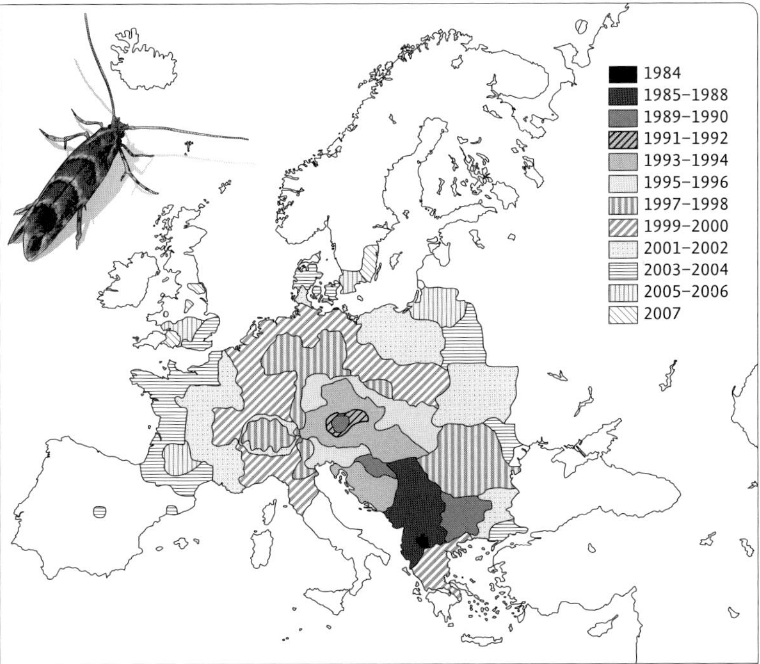


**Abb. 71** Ausbreitung der Rosskastanien-Miniermotte (*Cameraria ohridella*) in Europa (nach Augustin et al. 2009).

Schlüpfen folgt die Paarung, und wenige Tage später werden die Eier der Frühjahrsgeneration blattoberseits (mit Vorliebe an Blattnerven) im unteren Kronenbereich der Bäume abgelegt. In den folgenden Monaten werden noch 2 bis 3 Generationen durchlaufen.

**Problematik**: Die Miniermotten sind vor allem ein ästhetisches Problem, da die Blattminen bei starkem Befall einen vorzeitigen Laubfall der Rosskastanien auslösen. Gelegentlich kommt es zu erneutem Austrieb im Herbst und damit erhöhter Frostanfälligkeit und verminderter Triebleistung im Frühjahr, geringerer Fruchtbildung und zu einer Schwächung der Vitalität. Bislang ist aber noch keine Rosskastanie an den alleinigen Folgen des Miniermottenbefalls abgestorben. Denkbar sind auch soziokulturelle Folgen, die der Motte zum Namen „Biergartenmotte" verholfen haben. Wenn Hunderte der Kleinschmetterlinge in den Bierkrug fallen, wird dies selbst dem stoischsten Biergartenbesucher irgendwann lästig.

**Steuerungsmöglichkeiten**: Eine wichtige Maßnahme zur Reduktion der Ausgangspopulation im Frühling ist das Entfernen des Kastanien-Laubes im Herbst. Bekämpfungen durch das Versprühen von Chemikalien, die in die Insektenentwicklung eingreifen, sollten höchstens an herausgehobenen, „stadtbildrelevanten" Orten stattfinden. Da diese Stoffe alle sich häutenden Organismen töten, sind Sicherheitsbestimmungen streng einzuhalten, beispielsweise die Anwendung bei Windstille. Trotz intensiver Suche wurden bisher keine natürlichen Feinde gefunden, die die Populationsentwicklung der Kastanien-Miniermotte entscheidend begrenzen können.

#### 9.1.2.2 Spanische Wegschnecke (*Arion vulgaris*)

**Herkunft und Einführung:** Die Spanische Wegschnecke stammt von der nordwestlichen Iberischen Halbinsel und aus Westfrankreich und wurde vermutlich mehrfach seit den 1950er-Jahren in verschiedene Regionen Europas verschleppt. Ob die Vorkommen im südlichen Großbritannien zum natürlichen Areal zählen, ist unsicher. Eier und junge Schnecken werden sehr häufig mit Erde, Gemüsepflanzen und Kompost verschleppt, aber auch mit Verpackungsmaterialien.

**Aktuelle Vorkommen**: Die Spanische Wegschnecke kommt in weiten Teilen Mittel-, West- und Nordeuropas und auch in Italien vor, wobei die genaue Verbreitung wenig bekannt ist. Die Schnecke bevorzugt anthropogene Standorte, aber je länger sie im Gebiet ist, desto häufiger wird sie auch in naturnahen Lebensräumen festgestellt.

**Erfolgsmerkmale**: Es gibt keine besondere Nahrungspräferenz. Spanische Wegschnecken fressen bevorzugt frische Pflanzen, auch Aas wird angenommen und Kannibalismus ist nicht selten. Die zwittrigen Wegschnecken legen 200–400 Eier. Juvenile (selten auch adulte) Schnecken überwintern. Es wird eine Generation im Jahr ausgebildet.

**Problematik**: Die bis zu 15 cm große Nacktschnecke verursacht in Haus- und Nutzgärten sowie in landwirtschaftlichen Flächen durch ihre Fraßtätigkeit große Schäden. Dutzende bis Hunderte von Tieren können pro Quadratmeter vorkommen. Einheimische Arten der *Arion ater/rufus*-Gruppe können auf naturnahen Standorten, beispielsweise in Auenwäldern, durch Konkurrenz um Ressourcen verdrängt werden (Fischer & Reischütz 1999). Auch Hybridisierungen mit nahe verwandten Arten sind möglich. Ein Problem ist die schwierige Unterscheidung der Schnecken, die äußerlich kaum möglich ist und sicher nur durch genetische Analysen gelingt.

**Steuerungsmöglichkeiten**: Die gängigen Molluskizide („Schneckenkorn") sind aufgrund der unspezifischen Toxizität der Wirkstoffe Metaldehyd und Methiocarb für einen Einsatz in Hausgärten kaum geeignet. Auch spezifischere Wirkstoffe wie Eisen(III)Phosphat sind für andere Schnecken toxisch. Alternative „Hausmittel" (z.B. Bier, Koffein, Kochsalz) sind unterschiedlich wirksam. Bei Massenvorkommen ist das regelmäßige Einsammeln in der Abend- oder Morgendämmerung und das Abtöten der Tiere durch Überbrühen mit kochendem Wasser oder Einfrieren die beste Methode. Eingesammelte Tiere sollten nicht an naturnahen Standorten freigesetzt werden. Darüber hinaus sollten natürliche Feinde, z.B. Igel und große Laufkäfer, durch entsprechende Gartengestaltung gefördert werden. Sowohl Larven als auch Imagines des Violetten Laufkäfers (*Carabus violaceus*) fressen die Spanische Wegschnecke (Paill 2000). Gelegentlich werden Indische Laufenten, die die Schnecken dezimieren, im Handel angeboten. Auch Schneckenzäune bieten einen gewissen Schutz. Versuche zum Einsatz des Nematoden *Phasmarhabditis hermaphrodita* verlaufen viel versprechend (weitere Bekämpfungsmöglichkeiten bei Fischer & Reischütz 1999).

## 9.2 Landwirtschaftlich geprägte Lebensräume

### 9.2.1 Äcker und Felder

Tabelle 59 zeigt, dass viele nichteinheimische Arten auch im Agrarland vorkommen. Das hat vor allem mit der technisierten, monotonen Bewirtschaftung zu tun, die einigen Organismen („Schädlinge") ideale Voraussetzungen bietet. Durch den Transport der Wirtspflanzen werden diese Arten häufig verschleppt. Viele Arten sind wirtschaftlich sehr problematisch. Aus Sicht des Naturschutzes sind vor allem Nebeneffekte relevant, wie etwa durch oft unsachgemäß ausgebrachte oder wenig spezifisch wirkende Pestizide.

Beispiele für landwirtschaftlich bedeutsame nichteinheimische **Schadinsekten** sind der Maiswurzelbohrer (*Diabrotica virgifera virgifera*), der Kartoffelkäfer (*Leptinotarsa decemlineata;* Abb. 72), verschiedene Pflanzenläuse wie die Russische Weizenblattlaus (*Diuraphis noxia*) oder die aus Amerika stammende Lupinenblattlaus (*Macrosiphum albifrons*) sowie Schmetterlinge wie der Getreidewickler (*Cnephasia pumicana*). Neben direkten Fraßschäden können einige Arten auch Viren oder Bakterien übertragen oder Sekundärinfektionen durch Pilze ermöglichen.

Aber auch größere nichteinheimische Tiere sind in der Agrarlandschaft zu finden. Der heute in Europa vorkommende **„Jagdfasan"** ist eine Mischung verschiedener Unterarten. Beteiligte sind der ursprünglich aus Transkaukasien bis zum Schwarzen Meer vorkommende *Phasianus c. colchicus* sowie die später importierten Unterarten *Phasianus c. torquatus* und *Phasianus c. mongolicus*. Die ersten Fasane wurden von den Römern nach Europa gebracht, sodass die Art als Archäozoon gelten könnte. Allerdings erfolgten die meisten Verwilderungen erst später nach besonders intensiver Pflege, beginnend mit den Fasanerien im 15. und 16. Jahrhundert, und nach zahlreichen Freisetzungen. In Großbritannien werden jährlich rund 15 Millionen Vögel aus jagdlichen Motiven ausgesetzt (Kestenholz et al. 2005). Der Fasan bevorzugt strukturreiche Feldränder und Hecken. Er frisst überwiegend pflanzliche Kost, nimmt aber auch tierische Kost an. Massenaussetzungen aus jagdwirtschaftlichen Motiven und Winterfütterung führen zumindest zeitweise und lokal zu überhöhten Beständen. Über mögliche negative Auswirkungen auf andere Hühnervögel oder Reptilien ist nichts bekannt. Allerdings werden gelegentlich gefährdete Greifvogelarten als Fressfeinde des Fasans verfolgt. In Deutschland werden jährlich zwischen 200 000 und 450 000 Fasane erlegt, im kleineren Österreich sogar rund 200 000.

Für einiges Medieninteresse sorgt das Vorkommen des südamerikanischen **Nandu**

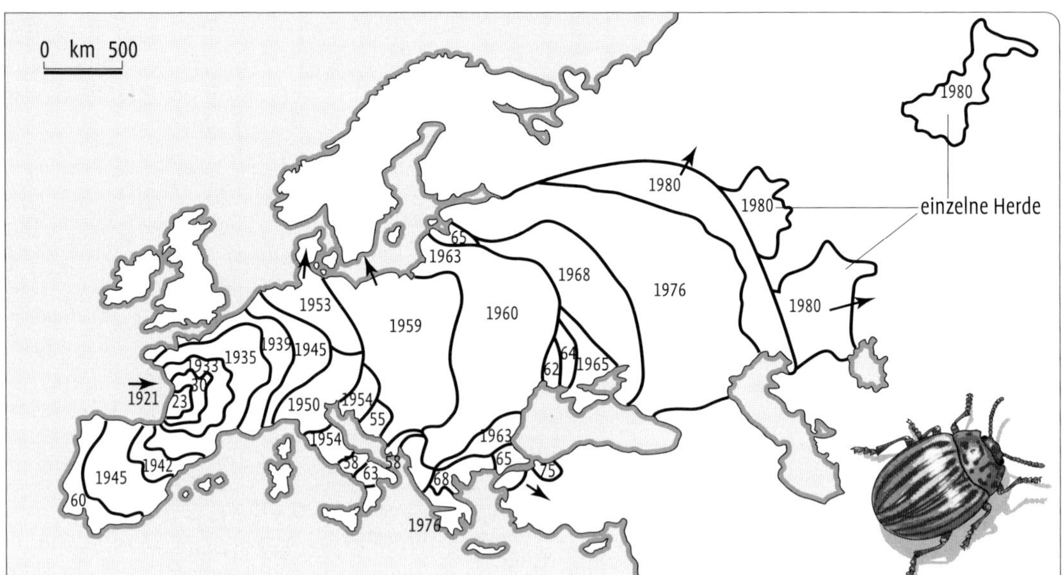


**Abb. 72** Ausbreitung des Kartoffelkäfers (*Leptinotarsa decemlineata*) in Europa (1921–1980; nach Hoffmann et al. 1994).

(*Rhea americana*) auf den Brachwiesen und Äckern der westmecklenburgischen Wakenitzniederung. Der Bestand von über 100 Tieren geht auf drei aus einem Tiergehege entkommene Paare im Herbst 2000 zurück. Die Auswirkungen der über einen Meter großen Laufvögel auf die einheimische Tier- und Pflanzenwelt sind unbekannt. Eine Bestandesregulierung wird diskutiert und würde derzeit eine Ausnahmegenehmigung erforderlich machen, da auch Wildvorkommen des Nandu und anderer dem Washingtoner Artenschutzabkommen bzw. der dieses umsetzenden Europäischen Artenschutzverordnung (EG 338/97) unterliegenden Arten durch die Bundesartenschutzverordnung in Deutschland geschützt sind.

### 9.2.1.1 Maiswurzelbohrer (*Diabrotica virgifera virgifera*)

**Herkunft und Einführung:** Der Maiswurzelbohrer wurde 1992 erstmals in Europa in der Nähe des Belgrader Flughafens festgestellt, wohin er vermutlich mit amerikanischen Militärflugzeugen gelangte. Weitere Vorkommen sind aus der Nähe anderer Flughäfen bekannt (z. B. Paris Charles-de-Gaulle, London Heathrow, Amsterdam Schipol). Durch die Wirren des Balkankrieges war eine sofortige Bekämpfung unmöglich, sodass sich der Käfer rasch weiter ausbreiten konnte (Abb. 73). Darüber hinaus wurde er auch sekundär über größere Strecken verschleppt. Genetische Untersuchungen belegen mehrfache Einführungen aus Nordamerika (Ciosi et al. 2008).

**Aktuelle Vorkommen**: Aktuell ist der Käfer über weite Teile Europas verbreitet (Abb. 73) und hat 2007 auch Deutschland erreicht. Es ist zu erwarten, dass er sich überall in Europa etablieren wird, wo Mais angebaut wird. In Österreich wurde eine Ausbreitungsgeschwindigkeit von 15–50 km pro Jahr festgestellt, die von der Geländetopographie, den Verkehrswegen und den Maisanbaugebieten abhängt.

**Erfolgsmerkmale**: Weibchen legen durchschnittlich 300–400 Eier, überwiegend auf

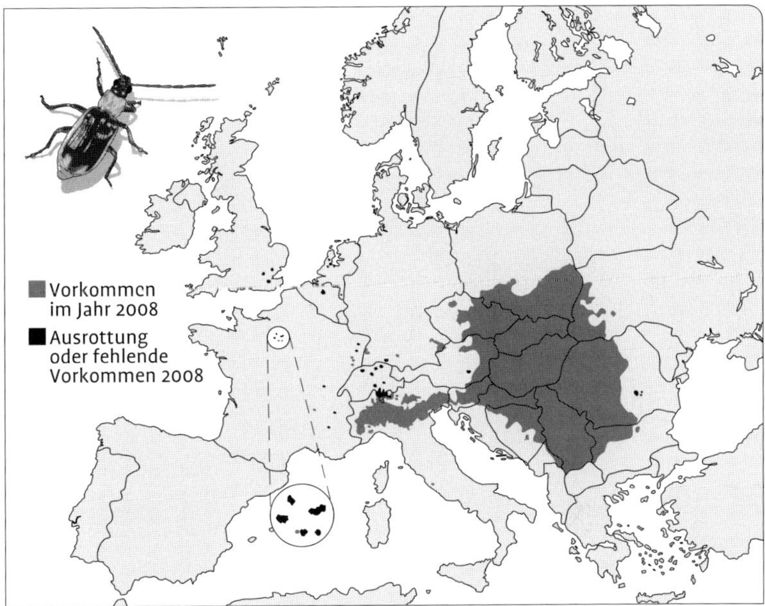


**Abb. 73** Verbreitung des Maiswurzelbohrers (***Diabrotica virgifera virgifera***) in Europa. Vorkommen im Jahr 2008 (dunkelgrau) und Ausrottung bzw. fehlende Vorkommen im Jahr 2008 (nach www.eppo.org, Zugriff Oktober 2009).

Maisfeldern. Ein geringer Teil (<1 %) der überwinternden Eier entwickelt sich erst im zweiten Jahr weiter. Die Käfer sind sehr mobil und können weite Strecken im Flug zurücklegen.

**Problematik**: In den USA verursacht der Käfer Schäden in der Höhe von einer Milliarde US Dollar pro Jahr („billion-dollar-bug"). Für Europa sind bedeutende wirtschaftliche Schäden durch Ernteverluste von bis zu 50 % bisher aus Norditalien und Osteuropa bekannt, insbesondere aus Serbien und angrenzenden Regionen in Kroatien, Ungarn und Rumänien. Die Schäden werden auf etwa 300 Millionen Euro pro Jahr geschätzt. Der Larvenfraß an den Wurzeln der Maispflanze behindert die Nährstoffaufnahme der Pflanze und fördert Sekundärinfektionen. Die Maispflanze neigt sich und bekommt durch das weitere Wachstum eine charakteristische Form („Gänsehalssyndrom"), wodurch die maschinelle Ernte erschwert wird. Bei starkem Befall können die Pflanzen auch absterben.

**Steuerungsmöglichkeiten**: Der Käfer gilt als EU-Quarantäneschädling, dessen Auftreten melde- und bekämpfungspflichtig ist. Erfolgreiche Bekämpfungsmaßnahmen wurden nach frühzeitigem Erkennen des Befalls im Elsass, den Niederlanden und in der nördlichen Schweiz durchgeführt. Zur Kontrolle werden verschiedene Insektizide verwendet, gegen die der Käfer in Nordamerika und Europa bereits teilweise Resistenzen entwickelt hat. Das verbreitete Beizen des Saatgutes ist wegen vermuteter Nebenwirkungen (Bienensterben) sehr umstritten. Als einfachste Bekämpfungsmethode ist die Fruchtfolge zu empfehlen, da der Käfer eng an seine Wirtspflanze gebunden ist und seine Eier auf den Maisfeldern ablegt. Natürliche Antagonisten konnten bisher keinen regulierenden Einfluss ausüben.

### 9.2.2 Weinberge

Das Jahr 1848 ist nicht nur mit politischen Revolutionen in Europa verbunden, sondern führte auch zu einem scharfen Einschnitt im europäischen Weinanbau, dessen Tradition wohl bis in die Eisenzeit zurückreicht. Ursache war die Einschleppung des nordamerikanischen **Echten Mehltaus** (*Uncinula necator*) im Jahr 1848. Um den damit verbundenen Produktionsverlusten im Weinbau entgegenzuwirken, wurde mit amerikanischen Rebsorten experimentiert – und so die Reblaus nach Südfrankreich und später auch nach Österreich eingeschleppt. Auch sie führte zum Zusammenbruch der Weinproduktion und zu einer wesentlichen Veränderung der Anbaumethoden. Über hundert Jahre später wurde 1958 die **Amerikanische Rebzikade** (*Scaphoideus titanus*) ebenfalls in Südfrankreich erstmals für Europa entdeckt. In der Folge hat sie sich weiter im Mittelmeergebiet ausgebreitet. Seit wenigen Jahren zeichnet sich eine Arealerweiterung nach Norden ab. Seit 2004 kommt die Zikade auch in Österreich und seit 2006 im südlichen Ungarn vor. Bertin et al. (2007) vermuten als wesentlichen Ausbreitungsvektor die Verschleppung der Eier mit Rebunterlagen. Die Zikade überträgt beim Saugen ein Phytoplasma, das die Vergilbungskrankheit „Flavescence dorée“ auslöst. Symptome der Krankheit sind eingerollte und rötlich bis gelblich verfärbte Blätter und welke Trauben.

#### 9.2.2.1 Reblaus (*Viteus vitifoliae*)

**Herkunft und Einführung:** Die Reblaus wurde Mitte des 19. Jahrhunderts mit infizierten Rebstöcken von Nordamerika nach Frankreich eingeschleppt und 1858 erstmals in der Provence gefunden. Nach Österreich wurde sie in den 1860er-Jahren in die Weinbauschule Klosterneuburg eingeschleppt, wo Versuche zur Bekämpfung des Mehltaus durchgeführt wurden. Der Erstfund für Deutschland erfolgte im Jahr 1874 aus der Nähe von Bonn.

**Aktuelle Vorkommen**: Eine genaue Kenntnis der Vorkommen fehlt, aber vermutlich ist die Reblaus in den europäischen Weinbaugebieten zerstreut verbreitet.

**Erfolgsmerkmale**: Die Reblaus durchläuft einen sehr komplizierten Lebenszyklus mit geflügelten und ungeflügelten sowie reproduzierenden und parthenogenetischen Individuen. Das Reproduktionspotenzial ist hoch, es werden bis zu zwölf Generationen im Jahr ausgebildet.

**Problematik**: Ein Reblausbefall führt durch die Saugtätigkeit an den Wurzeln zu einer Schädigung der Leitungsbahnen und in der Folge zum Absterben der Pflanze. Große Ertragsverluste waren in Europa die Folge. Erst mit der Ende des 19. Jahrhunderts entwickelten Veredelungstechnik, bei der europäische Weinsorten auf amerikanische Unterlagen aufgepfropft werden, konnte die weitere Ausbreitung gestoppt werden. In letzter Zeit häufen sich weltweit wieder Berichte von Problemen im Weinbau, inklusive neuen Befallssymptomen (Blattgallen, Wurzelläuse an den amerikanischen Unterlagen), deren Ursachen noch ungeklärt sind (Redl 1999).

### 9.2.3 Obstkulturen

Der Übergang von der traditionellen Streuobstwiesennutzung hin zu intensiven Obstplantagen hat auch einige nichteinheimische Arten begünstigt, die vielfach wegen ihrer wirtschaftlichen Auswirkungen bekämpft werden (vgl. Tab. 56). Die **Blutlaus** (*Eriosoma lanigerum*) stammt aus Nordamerika und wurde schon im 18. Jahrhundert nach Europa eingeschleppt. Ihr deutscher Name stammt von der rötlich gefärbten Körperflüssigkeit. Sie ist in Apfelanbaugebieten weit verbreitet und hat regional unterschiedliche Bedeutung. Durch ihre Saugtätigkeit entstehen Gallen und Nekrosen („Blutlauskrebs“), die Sekundärinfektionen fördern. Als Antagonist wurde in den 1920er-Jahren die ebenfalls aus Nordamerika stammende Blutlaus-Zehrwespe

(*Aphelinus mali*) nachgeführt, die auch aktuell zur Kontrolle der Blutlaus in Obstkulturen eingesetzt wird.

Die **San-José-Schildlaus** (*Quadraspidiotus perniciosus* = *Diaspidiotus perniciosus*) stammt aus Asien und ist mittlerweile durch Obstimporte weltweit an verschiedenen Rosengewächsen verbreitet. Ihre Saugtätigkeit führt zum Welken und Absterben einzelner Triebe, Blätter und Früchte. Zur Kontrolle wurde in den 1950er-Jahren die aus Nordamerika stammende Schlupfwespe *Prospaltella perniciosi* (= *Encarsia perniciosi*) nachgeführt, die bis heute zur Regulation der Schildlaus verwendet wird. Zur Bekämpfung werden auch Paraffinölpräparate verwendet.

Die **Schmetterlingszikade** (*Metcalfa pruinosa*) stammt aus Amerika, wo sie von den nördlichen USA bis Brasilien vorkommt. Sie wurde 1979 in Norditalien festgestellt, von wo sie sich zunächst in Südeuropa und seit den 1990er-Jahren auch weiter nach Norden (Schweiz, Österreich, Ungarn, Tschechische Republik) ausgebreitet hat. Die polyphage Zikade saugt an verschiedenen Ziergehölzen, Obstbäumen, Weinstöcken und krautigen Pflanzen. Die reichlich aufgenommenen Kohlenhydrate werden als klebriger Honigtau wieder abgegeben, der rasch von Rußtau befallen wird. Dies behindert die Assimilation der Pflanze und stört die Gartenbesitzer. In Südeuropa wird die Art chemisch bekämpft. Es laufen aber auch Freisetzungsprogramme mit der ebenfalls aus Amerika stammenden Zikadenwespe *Neodryinus typhlocybe* als biologischem Gegenspieler. Als weitere Maßnahme wird das Zurückschneiden junger Zweige im Winter empfohlen, da dort die Eier der Zikade überwintern.

Die **Mittelmeerfruchtfliege** (*Ceratitis capitata*) stammt aus Afrika südlich der Sahara und ist in vielen Regionen der Erde ein gefürchteter Schädling im Obst- und Gemüseanbau. Über 200 Wirtspflanzen sind bekannt. Sie wird regelmäßig nach Mitteleuropa verschleppt, konnte sich aber bisher nicht dauer-

## Pro und Contra Biologische Kontrolle

Biologische Kontrolle bezeichnet das Nachführen natürlicher Gegenspieler (Räuber, Parasiten) zur Eindämmung oder Ausrottung von aus land- oder forstwirtschaftlicher Sicht schädlicher – meist nichteinheimischer – Arten. Neben erfolgreichen gibt es auch gescheiterte Aktionen.

Besonders kritisch werden ökologische Nebeneffekte auf „Nicht-Ziel-Organismen" gesehen, die trotz Risikobewertung vor einer Freisetzung niemals völlig ausgeschlossen sind. Arten, die im Unterglasanbau eingesetzt werden, können wie der Asiatische Marienkäfer *Harmonia axyridis* den Sprung ins Freiland schaffen.

Schließlich können bei Arten, die für den Einsatz zur Schädlingskontrolle in großer Menge gezüchtet werden, unerwartete Eigenschaften infolge von Inzuchteffekten auftreten, die ihr Invasionspotenzial verändern.

Da der vermehrte Einsatz von chemischen Bekämpfungsmitteln eine mehr als unbefriedigende Alternative darstellt, ist der Einsatz biologischer Gegenspieler weiterhin sinnvoll. Zur Minimierung möglicher negativer Auswirkungen sollte die erforderliche Risikoabschätzung im Vorfeld einer geplanten Freilassung auch verstärkt ökologische Nebeneffekte berücksichtigten, insbesondere eine hohe Wirts- und Habitatspezifität der freigesetzten Art (Louda et al. 2003, van Lenteren et al. 2003, 2006, Hoddle 2004, Stiling 2004, Babendreier 2007). So sind zum Beispiel unspezifische räuberische Arthropodenarten überdurchschnittlich häufig als invasive Arten in Erscheinung getreten (Snyder & Evans 2006) und werden heute nicht mehr in der biologischen Kontrolle eingesetzt.

haft etablieren. Dennoch kann sie lokal Schäden verursachen.

## 9.3 Grünland

Neozoen sind im trockenen Grünland meist selten und unauffällig. Allerdings kommen an Robinien, die häufig in Halbtrockenrasen eindringen, auch einige an sie gebundene Insektenarten vor: die ebenfalls aus Nordamerika stammenden Robinien-Miniermotten (*Parectopa robiniella*, *Phyllonorycter robiniella*) und die Robinien-Blattwespe (*Nematus tibialis*). Weitgehend unbemerkt von der Öffentlichkeit vollzieht sich seit den 1980er-Jahren die Ausbreitung der aus Nordamerika stammenden Baldachinspinne (*Mermessus trilobatus*), die an verschiedenen Grünland- und Ruderalstandorten in Deutschland, der Schweiz und Österreich gefunden wurde. Heute ist die Art in Europa schon sehr weit verbreitet. Wesentlich offensichtlicher ist die Grabtätigkeit des Wildkaninchens in Trocken- und Halbtrockenrasen (siehe Kap. 9.3.1).

Feuchtes Grünland gehört zum Lebensraum einiger semiaquatischer Säugetiere, die verschiedene gewässernahe Habitate nutzen. Hierzu zählen die Bisamratte (siehe Kap. 9.5.3.2), der Mink (siehe Kap. 9.3.2) und die aus Südamerika stammende **Nutria** (*Myocastor coypus*). Bei allen diesen Arten sind Pelztierfarmen, aus denen sie entwichen oder freigelassen wurden, wichtige Ausgangspunkte ihrer Ausbreitung. Da die Bestände der Nutria vor allem durch kalte Winter reguliert werden, lässt die Klimaerwärmung ein Anwachsen ihrer Populationen erwarten. In Großbritannien wurde die Art 1929 eingeführt, und sie erreichte in den 1960er-Jahren ein Bestandesmaximum von rund 200 000 Tieren. Nach einer Bekämpfungsaktion und einem besonders kalten Winter gingen die Bestände stark zurück. 1989 wurde die Art nach 11 Jahren gezielter Bekämpfung erfolgreich ausgerottet (Baker 2006). Auf dem europäischen Festland kommt sie schwerpunktmäßig in Frankreich und zerstreut bis auf den Balkan vor. In Italien wurden zwischen 1995 und 2000 über 220 000 Tiere gefangen. Die Bekämpfungskosten betrugen dabei rund 2,6 Millionen Euro. Demgegenüber stehen wirtschaftliche Schäden in der Höhe von rund 11 Millionen Euro: rund eine Million durch Ertragsverluste an Nutzpflanzen (Zuckerrüben, Mais) und über 10 Millionen durch Schäden und Reparaturarbeiten an Dämmen und Flussufern, die durch die grabende Tätigkeit der Tiere zerstört werden (Bertolino 2009). Weitere auffällige Feuchtgebietsarten sind die als Gefangenschaftsflüchtlinge im Zwillbrocker Venn an der niederländisch-deutschen Grenze lebenden Rosa- und Chile-Flamingos (*Phoenicopterus roseus*, *P. chilensis*; Griesohn-Pflieger 1995).

### 9.3.1 Wildkaninchen (*Oryctolagus cuniculus*)

**Herkunft und Einführung**: Das Wildkaninchen stammt ursprünglich von der Iberischen Halbinsel und Nordwestafrika. Bereits die frühen Seefahrer haben für eine weitere Verbreitung im Mittelmeergebiet gesorgt. Die Römer hielten das Kaninchen aus gastronomischen Gründen in sogenannten Leporarien. Spätestens im Mittelalter wurde diese Technik auch in Mitteleuropa angewandt, nicht zuletzt da junge Kaninchen als Fastenspeise galten. In der Folge wurden Kaninchen aus jagdlichen Motiven vermehrt freigesetzt und gefördert. Der erste Hinweis auf freilebende Vorkommen in Deutschland stammt aus dem Jahr 1423. Die erste für Österreich aus dem Jahr 1673 überlieferte freilebende Population geht auf entkommene Gehegetiere zurück (Englisch 2005).

**Aktuelle Vorkommen**: In Europa weit verbreitet und nur in Skandinavien und Island fehlend. In Deutschland werden die höchsten

Jagdstrecken in Nordrhein-Westfalen, im nördlichen Rheinland-Pfalz und im westlichen Niedersachsen erzielt. In der Jagdstatistik erscheint das Wildkaninchen in Deutschland mit über 200 000 erlegten Tieren. Nach einem stark rückläufigen Trend nehmen die Zahlen in den letzten Jahren wieder etwas zu (Abb. 74).

**Erfolgsmerkmale**: Wildkaninchen zählen zu den am häufigsten absichtlich ausgebrachten Wildtieren und wurden auf über 800 Inseln rund um den Globus frei gelassen (Long 2003). Sie sind sehr anpassungsfähig, ertragen raue Umweltbedingungen, ernähren sich von unterschiedlichsten Pflanzen und haben eine hohe Reproduktionsleistung.

**Problematik**: Ihre rasche Vermehrung führt bald zur Dominanz innerhalb der Herbivorengilde und zu starker Konkurrenz mit anderen Arten. Hiervon ist allerdings nicht der Europäische Feldhase betroffen (Katona et al. 2004). Die Überweidung und das Öffnen der Vegetation haben negative Auswirkungen auf bodenbrütende Vögel. Offene Bodenstellen, die durch die grabende Tätigkeit entstehen, können die Erosion fördern. Allerdings werden Bodenstörungen durch Kaninchen in manchen Naturschutzgebieten durchaus auch als hilfreich zum Offenhalten von Magerrasen gesehen.

**Steuerungsmöglichkeiten**: Unregelmäßig auftretende Myxomatose-Epidemien und die Chinaseuche (RHD, Rabbit hemorrhagic disease) sorgen für stark schwankende Populationszahlen. Die Bestände in Mitteleuropa erfordern aktuell keine Gegenmaßnahmen.

### 9.3.2 Mink (*Neovison vison*)

**Herkunft und Einführung**: Der aus Nordamerika stammende Mink (*Neovison vison* = *Mustela vison*) wurde erstmals in den 1920er-Jahren zur Pelzgewinnung nach Europa importiert. Die gegenwärtigen Freilandpopulationen gehen auf Gefangenschaftsflüchtlinge sowie aktive Freilassungen durch Tierbefreiungsaktionen zurück (Abb. 75). So wurden 2007 in Sachsen-Anhalt rund 9000 Minke „freigesetzt", von denen in den folgenden Tagen nur rund 1300 Tiere wieder gefangen werden konnten.

**Aktuelle Vorkommen**: Der Mink lebt semiaquatisch in Teichgebieten, Auen, aber auch an der Küste. Er ist gegenwärtig in Großbritannien, Skandinavien, Polen und dem Osten Deutschlands häufig, im restlichen Mitteleuropa noch eher selten, aber überall in Ausbreitung begriffen (Abb. 75).

**Erfolgsmerkmale**: Der unspezialisierte, sehr anpassungsfähige Räuber ernährt sich von Kleinsäugern, bodenbrütenden Vögeln und Amphibien.

**Problematik**: Der Mink gilt als Konkurrent des Europäischen Nerzes (*Mustela putorius*), der aufgrund von Habitatverlust bereits in weiten Teilen Europas ausgestorben ist. Die letzten verbliebenen Populationen leben in Polen, wo auch der Mink vorkommt. Es besteht die Gefahr der Hybridisierung. Da die Nachkommen unfruchtbar sind, sinkt die effektive Populationsgröße, wodurch der Nerz weiter gefährdet wird. Im östlichen Deutschland wird der Mink für den Rückgang von Blesshuhn und Enten verantwortlich gemacht. In Küstenvogelschutzgebieten gilt er in Seevogelkolonien als problematisch. Das veränderte Brutverhalten einiger Vogelarten wird als Anpassung an das Auftreten des neuen Räubers interpretiert (Skirnisson 1992, Dunstone 1993). In Sachsen-Anhalt konnten keine starken negativen Wirkungen bei verschiedenen Beutegruppen festgestellt werden (Zschille et al. 2003). In Großbritannien soll er zum Rückgang der Schermaus (*Arvicola terrestris*) beitragen (Woodroffe et al. 1990). Wirtschaftliche Schäden sind in Fischteichen und Geflügelzuchten möglich.

**Steuerungsmöglichkeiten**: In Großbritannien wird versucht die Minkpopulationen mit Fallen zu reduzieren.

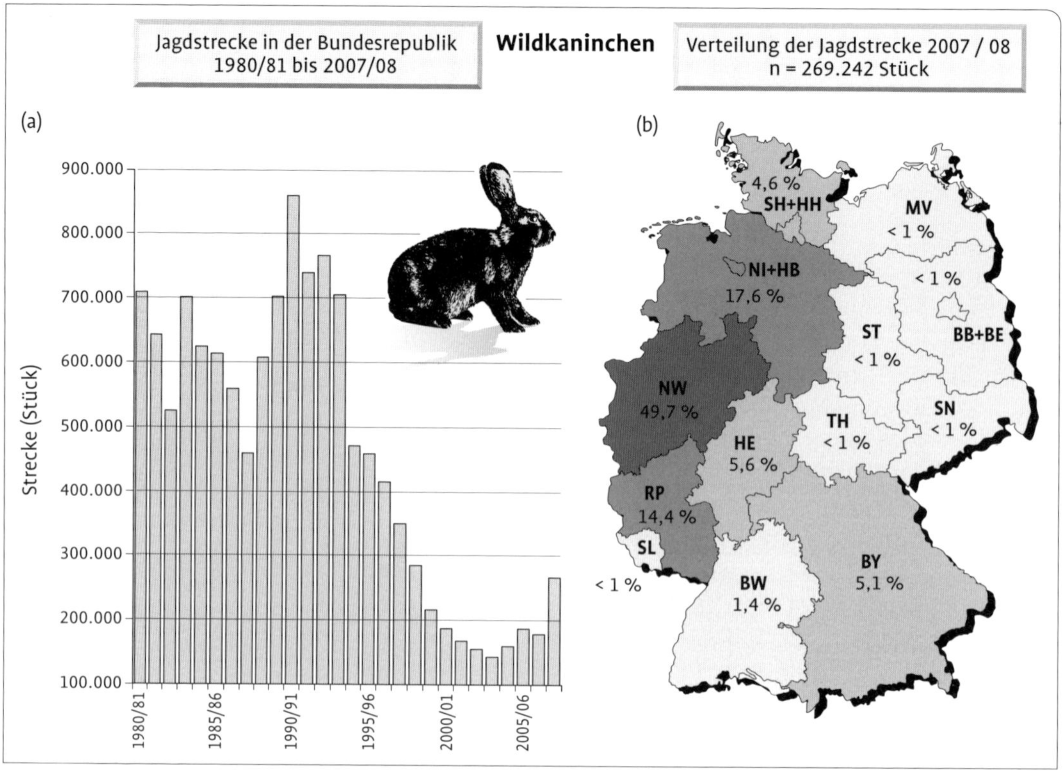

Jagdstrecke in der Bundesrepublik 1980/81 bis 2007/08

**Wildkaninchen**

Verteilung der Jagdstrecke 2007 / 08 n = 269.242 Stück

(a)

Strecke (Stück)

900.000
800.000
700.000
600.000
500.000
400.000
300.000
200.000
100.000

1980/81
1985/86
1990/91
1995/96
2000/01
2005/06

(b)

SH+HH 4,6 %
MV < 1 %
NI+HB 17,6 %
< 1 %
ST < 1 %
BB+BE
NW 49,7 %
SN < 1 %
TH < 1 %
HE 5,6 %
RP 14,4 %
SL < 1 %
BW 1,4 %
BY 5,1 %

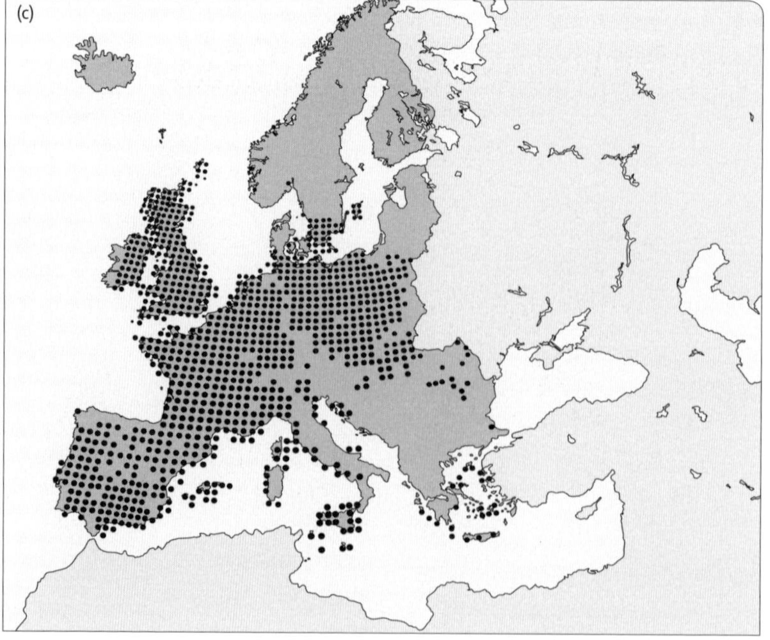


**Abb. 74** Das Wildkaninchen (*Oryctolagus cuniculus*) in Mitteleuropa.
(a) Veränderung der Jagdstrecke in Deutschland seit 1980 und
(b) regionale Verteilung der Jagdstrecke 2007/2008 (Original Johann Heinrich von Thünen-Institut) sowie
(c) Verbreitung in Europa (nach Mitchell-Jones et al. 1999).

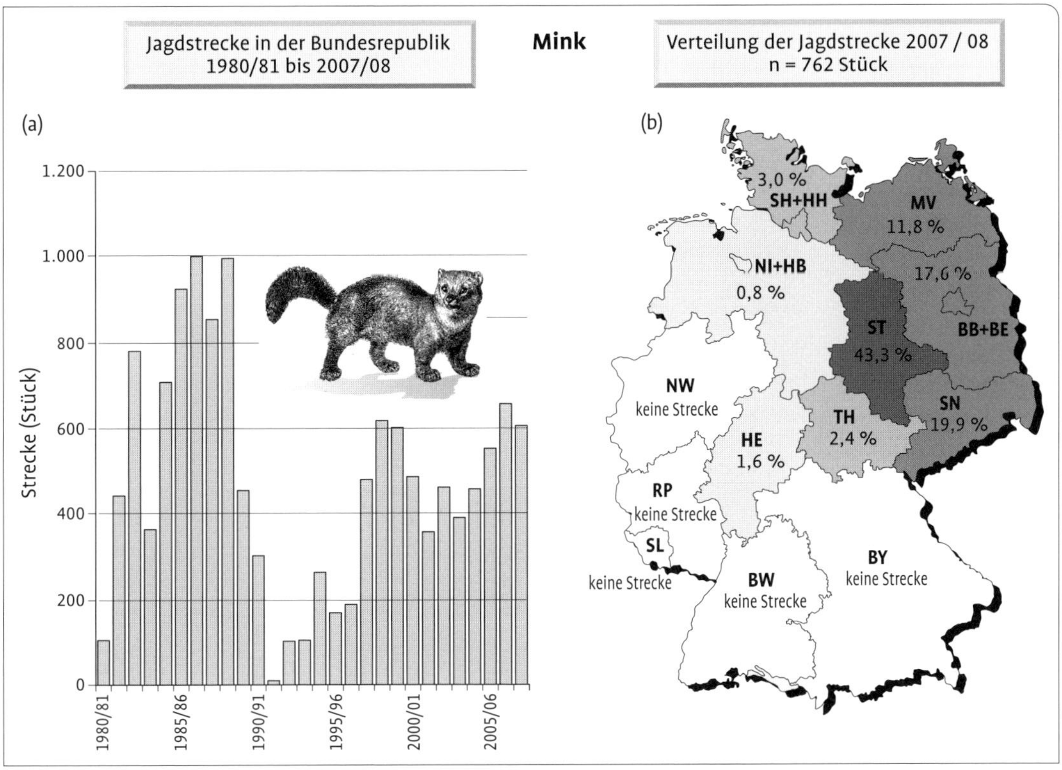

Jagdstrecke in der Bundesrepublik
1980/81 bis 2007/08

**Mink**

Verteilung der Jagdstrecke 2007 / 08
n = 762 Stück

(a)

Strecke (Stück)

1.200
1.000
800
600
400
200
0

1980/81
1985/86
1990/91
1995/96
2000/01
2005/06

(b)

3,0 %
SH+HH
MV
11,8 %
NI+HB
0,8 %
17,6 %
ST
43,3 %
BB+BE
NW
keine Strecke
SN
19,9 %
TH
2,4 %
HE
1,6 %
RP
keine Strecke
SL
keine Strecke
BY
keine Strecke
BW
keine Strecke

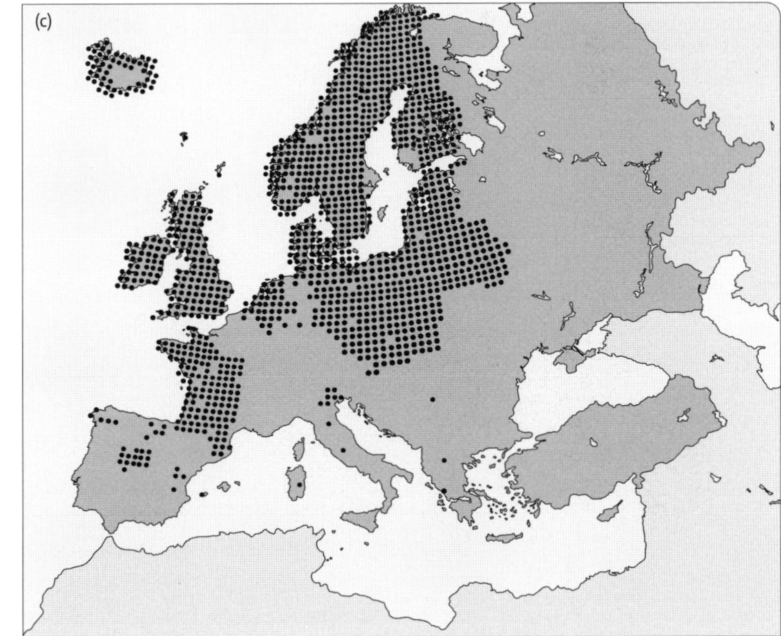


**Abb. 75** Der Mink (*Neovison vison*) in Mitteleuropa.
(a) Veränderung der Jagdstrecke in Deutschland seit 1980 und
(b) regionale Verteilung der Jagdstrecke 2007/2008 (Original Johann Heinrich von Thünen-Institut) sowie
(c) Verbreitung in Europa (nach DAISIE 2009).

## 9.4 Wälder und Forste

Der weitgehend im Verborgenen lebende **Marderhund** oder Enok (*Nyctereutes procyonoides*) besiedelt bevorzugt gewässernahe, strukturreiche Laub- und Mischwälder in Tief- und Mittellagen. Im Unterschied zum Waschbären meidet er menschliche Siedlungen. Er stammt ursprünglich aus Ostasien und wurde in den 1920er-Jahren in das westliche Russland zur Pelzgewinnung eingeführt und später auch zahlreich aktiv ausgesetzt. Aus diesen Gebieten wanderte der Marderhund in den folgenden Jahrzehnten mit rund 40 km pro Jahr westwärts und erreichte so in den 1960er-Jahren Deutschland, wo 96 % der bundesweiten Jagdstrecke 2007/08 (34 000 Tiere) in Mecklenburg-Vorpommern und in Brandenburg realisiert wurden. Die Jagdstrecke nimmt kontinuierlich zu (Abb. 76). Er ist ein dämmerungs- und nachtaktiver Allesfresser, der zum Schutz und zur Jungenaufzucht verlassene Fuchs- und Dachsbauten nutzt. Seine Auswirkungen sind – ähnlich wie für den Waschbären – im Detail nicht genau untersucht. Konkurrenz zu Rotfuchs und Dachs, Raubdruck auf Vögel und Amphibien und die Übertragung von Krankheiten (z. B. Tollwut, Kleiner Fuchsbandwurm *Echinococcus multilocularis*) sind möglich, aber noch nicht nachgewiesen (Goretzki 2003, Tackmann et al. 2003).

In Waldlebensräumen können eingeführte **Holzschädlinge** zu großen wirtschaftlichen Schäden führen. Neben verschiedenen Borkenkäferarten betrifft dies auch einige Arten mit bislang noch begrenzten Vorkommen in Europa, deren weitere Ausbreitung angesichts dramatischer Folgen unbedingt verhindert werden sollte. Hierzu gehören der Asiatische Laubholzbockkäfer, der Citrusbockkäfer und der Kiefernholz-Fadenwurm. Der **Kiefernholz-Fadenwurm** (*Bursaphelenchus xylophilus*) stammt aus Nordamerika, wo er an Kiefern lebt und sich von Pilzen und dem Holz ernährt. Während Kiefern in Nordamerika gegen den Fadenwurm weitgehend resistent sind, führt sein Fraß in anderen Regionen, bislang vor allem in Japan und China, zum Absterben von Kiefern. In Europa wurde der Nematode 1999 erstmals in Portugal festgestellt (Mota et al. 1999), von wo er sich bislang nicht wesentlich ausgebreitet hat. Dies ist vermutlich vor allem rigorosen Pflanzenschutzmaßnahmen zu verdanken, zu denen auch ein europaweites Überwachungssystem und eine strenge Meldepflicht zählen. Die sekundäre Ausbreitung erfolgt durch befallenes Holz, z. B. mit Verpackungsmaterial, und durch Bockkäfer. Die in Mitteleuropa einheimische Wald-Kiefer (*Pinus sylvestris*) und die Lärche (*Larix decidua*) sind stark anfällig, sodass die weitere Ausbreitung des Fadenwurms unbedingt verhindert werden sollte.

Eine mit großer Wahrscheinlichkeit in Zukunft auch in Mitteleuropa auftretende Art ist der aus Ostasien stammende **Asiatische Eschenprachtkäfer** (*Agrilus planipennis*). 2002 gelangte er mit Verpackungsholz nach Nordamerika, wo er sich weiter ausbreitet und bislang bereits etwa 20 Millionen Eschen abgetötet hat (Poland & McCullough 2006). Der Käfer wurde zwischen 2003 und 2006 auch in der Umgebung Moskaus festgestellt, als dort Eschen abstarben. Betroffen waren vor allem amerikanische Eschen (*Fraxinus pennsylvanica*), aber in einem Fall auch die Gemeine Esche (*F. excelsior*; Baranchikov et al. 2008).

### 9.4.1 Asiatischer Laubholzbockkäfer (*Anoplophora glabripennis*)

**Herkunft und Einführung:** Der aus Ostasien stammende Asiatische Laubholzbockkäfer (*Anoplophora glabripennis*) wurde in Europa erstmalig 2001 in Braunau (Oberösterreich) entdeckt, wohin er wahrscheinlich mit dem Verpackungsholz einer chinesischen Warenlieferung an den örtlichen Baumarkt gelang-

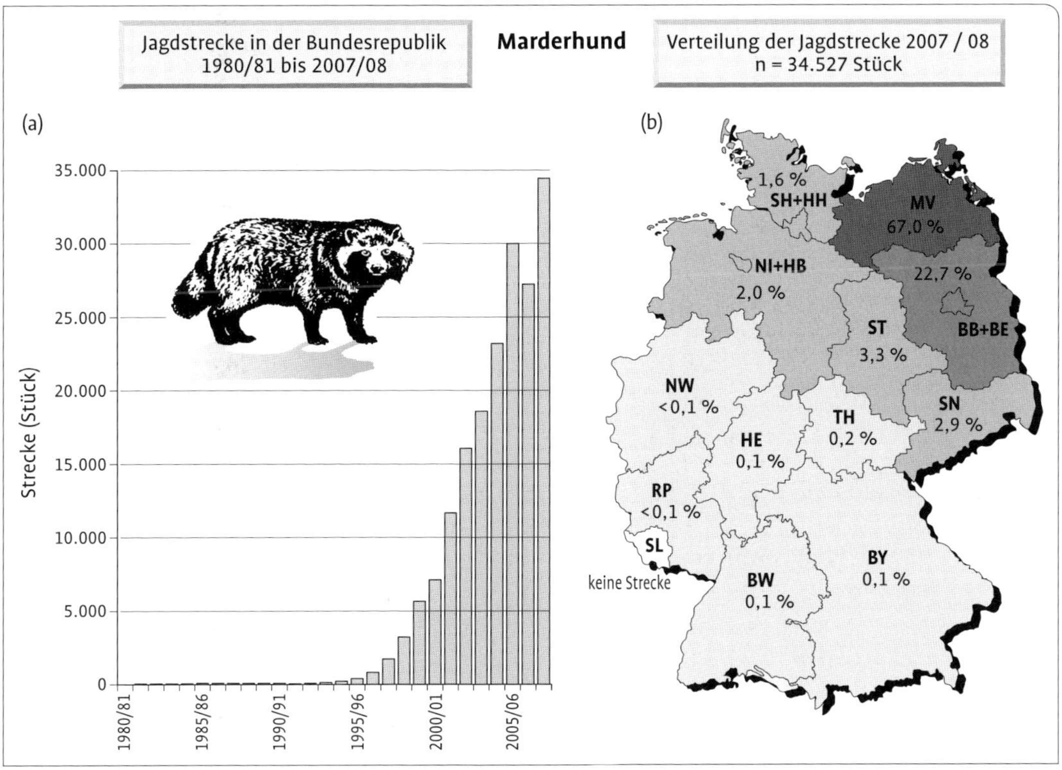

**Marderhund**

Jagdstrecke in der Bundesrepublik
1980/81 bis 2007/08

(a)

Strecke (Stück)

35.000
30.000
25.000
20.000
15.000
10.000
5.000
0

1980/81
1985/86
1990/91
1995/96
2000/01
2005/06

Verteilung der Jagdstrecke 2007 / 08
n = 34.527 Stück

(b)

SH+HH 1,6 %
MV 67,0 %
NI+HB 2,0 %
BB+BE 22,7 %
ST 3,3 %
NW <0,1 %
TH 0,2 %
SN 2,9 %
HE 0,1 %
RP <0,1 %
SL keine Strecke
BY 0,1 %
BW 0,1 %

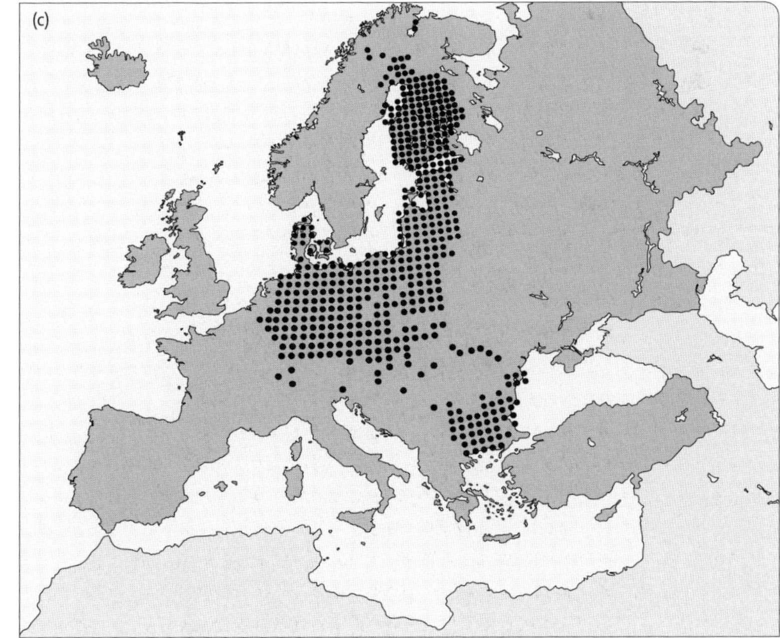


**Abb. 76** Der Marderhund (*Nyctereutes procyonoides*) in Mitteleuropa.
(a) Zunahme der Jagdstrecke in Deutschland seit 1980 und (b) regionale Verteilung der Jagdstrecke 2007/2008 (Original Johann Heinrich von Thünen-Institut) sowie (c) Verbreitung in Europa (nach DAISIE 2009).

te. Als weitere Einfuhrvektoren sind Bonsaipflanzen nachgewiesen.
**Aktuelle Vorkommen**: Nach Braunau wurde die Art auch 2003 in Frankreich, 2004 nahe Passau und ein Jahr später in Bornheim bei Bonn festgestellt. Vermutlich wurde er unabhängig voneinander mit dem Verpackungsholz chinesischer Granitimporte eingeschleppt (Schröder et al. 2006). Nach Nordamerika wurde der Käfer schon in den 1990er-Jahren eingeschleppt.
**Erfolgsmerkmale**: Der Käfer bevorzugt Ahornarten für seine Entwicklung, wurde aber auch an Rosskastanie, Birke, Pappel und Weiden festgestellt.
**Problematik**: Im Unterschied zu vielen Bockkäferarten werden auch gesunde Bäume befallen und durch Larvenfraß zum Absterben gebracht. Bisher ist vor allem das urbane Grün betroffen. In Nordamerika verursacht der Käfer in städtischen Parks so große Schäden, dass beispielsweise in New York rund 3,5 Millionen US Dollar pro Jahr zur Bekämpfung aufgewendet werden, ohne dass der Käfer bislang ausgerottet werden konnte. Ob er sich auch außerhalb von Siedlungen ausbreiten wird, ist offen. In China wurden in Pappelforsten innerhalb von 6 Jahren 142 Millionen Bäume befallen. Eine ähnliche Problematik betrifft den Citrusbock (*Anoplophora chinensis*) (siehe Kap. 3.4.1).
**Steuerungsmöglichkeiten**: Aufgrund der bekannten negativen Auswirkungen in Nordamerika wurden in Braunau unmittelbar nach der Entdeckung des Käfers Bekämpfungsmaßnahmen eingeleitet. Die befallenen Bäume wurden gefällt, gehäckselt und verbrannt. Der weitere Befallsverlauf wird überwacht. Auch unbefallene Bäume wurden gefällt, um dem Käfer die Nahrungsgrundlage zu entziehen. Nach beinahe einem Jahrzehnt der Bekämpfung ist der Käfer zwar noch immer in Braunau präsent, hat sich aber nicht wesentlich ausbreiten können. Neben der Bekämpfung ist die Vorbeugung wesentlich. Nach dem Fund von Larven Ende der 1990er-Jahre in Großbritannien wurde 1999 die „Verpackungsholzverordnung" der Europäischen Union verabschiedet. Danach darf bei Importen nur Verpackungsholz verwendet werden, das thermisch behandelt (getrocknet) wurde, eine Holzfeuchte <20 % hat oder frei von Insektenbohrlöchern >3 mm ist. Diese Verordnung wurde 2005 durch internationale Standards ersetzt, wonach Holzverpackungen einer Hitzebehandlung oder einer Begasung mit Methylbromid unterzogen werden müssen. Für den Import mit lebenden Pflanzen (Bonsais) gelten die gesetzlichen Pflanzenschutzregelungen. Der Käfer gilt laut EU-Quarantänerichtlinie als Schadorganismus und sein Auftreten erfordert zwingend Bekämpfungsmaßnahmen.

### 9.4.2 Amerikanisches Grauhörnchen (*Sciurus carolinensis*)

**Herkunft und Einführung:** Das Amerikanische Grauhörnchen wurde 1876 in Großbritannien ausgesetzt. In Italien wurden 1948 zwei Pärchen im Garten einer Botschaft freigesetzt, deren Nachkommen sich langsam und zunächst unbemerkt ausgebreitet haben. Erst nach 1970 wurde die weitere Ausbreitung der Art bemerkt.
**Aktuelle Vorkommen**: Aktuell hat sich das Grauhörnchen in Großbritannien bis weit nach Norden ausgebreitet. In Italien kommt es in der Po-Ebene vor. Nach Ausbreitungsmodellen ist für die kommenden Jahrzehnte eine weitere Ausbreitung nach Frankreich und in die Schweiz zu erwarten (Bertolino et al. 2008).
**Erfolgsmerkmale**: Grauhörnchen sind robuste, mobile Tiere, die im neuen Areal auch neue Nahrungsquellen erschlossen haben. Sie vermehren sich stärker als das Europäische Eichhörnchen (*Sciurus vulgaris*) und sind ihm auch an Körpergröße überlegen.

**Problematik**: Grauhörnchen können das Europäische Eichhörnchen durch Ressourcenkonkurrenz verdrängen. Auch die Übertragung einer Viruserkrankung (Parapoxvirus aus der Familie der Pockenviren) spielt dabei eine Rolle (Sainsbury et al. 2000). Die Bestände des Europäischen Eichhörnchens sind in Großbritannien dramatisch zurückgegangen. Aktuell stehen etwa 30 000 verbliebene Tiere rund 2 Millionen Grauhörnchen gegenüber. Schäden verursacht das Grauhörnchen auch in der Forstwirtschaft durch Abnagen der Rinde in Pappel-Plantagen und in naturnahen Laubwäldern.

**Steuerungsmöglichkeiten**: Eine gezielte Bekämpfung im Anfangsstadium der Invasion ist in Italien an einem jahrelangen Rechtsstreit mit Tierschützern gescheitert (Bertolino & Genovesi 2003). In dieser Zeit hat sich das Grauhörnchen weiter ausgebreitet. Nach der Klärung der Rechtmäßigkeit einer Bekämpfung war eine vollständige Ausrottung allerdings nicht mehr möglich, weil die Ausbreitung inzwischen zu weit fortgeschritten war. In Großbritannien erfolgt die Kontrolle durch Bejagung, die Errichtung von Fallen und durch den Einsatz von Rodentiziden. In Italien kommen Lebendfallen zum Einsatz, um ein selektives Töten der Tiere zu ermöglichen.

## 9.5 Gewässer und Auen

Auswirkungen nichteinheimischer Arten nachzuweisen ist oft schwieriger als man denkt. Dies gilt besonders für aquatische Lebensräume, die sich der direkten Beobachtung entziehen. Gerade hier treten jedoch nichteinheimische Tierarten oft massenhaft auf, können Standorte völlig überprägen, beispielsweise mit Muschelbänken, oder ganze Gewässer durch Nährstoffanreicherung verändern. Einen Überblick über nichteinheimische aquatische Wirbellose in Deutschland gibt Tab. 60. Eine vollständige Liste mit Wirbeltieren und Pflanzen enthält 131 Taxa (Nehring 2009). Die meisten neuen Arten leben in Binnengewässern (89), gefolgt von der Nordsee- (49) und Ostseeküste (27). Aktuell kommen jedes Jahr im Durchschnitt zwei neue Arten dazu.

### Fischbesatz

Der Besatz von Fischen und Krebsen erfolgt überwiegend aus wirtschaftlichen Motiven. Fischreiche Gewässer sind attraktiver für Angler und erzielen höhere Erträge durch den Verkauf von Angelkarten. Der Besatz mit Tiermaterial oft unbekannter Herkunft kann aber eine Reihe von Problemen verursachen. Mit den Besatztieren können Krankheiten und Parasiten, aber auch (unbeabsichtigt) weitere Arten eingeschleppt werden. Der in den meisten Fällen illegale Besatz mit nichteinheimischen Arten in nicht geschlossenen Systemen ist abzulehnen. Der Besatz mit einheimischen Arten zur Bestandesstützung, Kompensation oder aus wirtschaftlichen Motiven sollte ökologische Gesichtspunkte (Artenauswahl, Alterszusammensetzung) verstärkt berücksichtigen. Besonders problematisch ist die häufig unklare genetische Herkunft des Besatzmaterials, die in den meisten Fällen zu biologischen Invasionen auf genetischer Ebene führt.

### 9.5.1 Stillgewässer

Stillgewässer werden vor allem mit Karpfenartigen besetzt, um Fischerträge zu steigern. **Gras- und Silberkarpfen** (*Ctenopharyngodon idella, Hypophtalmichthys molitrix*) werden zudem häufig zur Beweidung von Wasserpflanzen ausgesetzt. Sie sind Beispiele für Neozoen, die sich in der Regel nicht im Freiland vermehren, aber durch den anhaltenden Besatz permanent in vielen Gewässern vertreten sind. Sie beeinflussen stark die Unter-

**Tab. 60** Beispiele etablierter aquatischer wirbelloser Neozoen im Binnenland sowie an der Nordsee- und Ostseeküste Deutschlands (nach www.aquatic-aliens.de, vollständige Liste und Originalquellen dort; Stand August 2009)

| Taxon | | Herkunft | Ausbreitungsvektor | Erster Nachweis | Verbreitung | | |
|---|---|---|---|---|---|---|---|
| | | | | | Binnenland | Nordsee | Ostsee |
| **Hydrozoa** | **Hydrozoen** | | | | | | |
| *Cordylophora caspia* | Keulenpolyp | Pontokaspisch | Kanäle | 1858 | +++ | ++ | ++ |
| *Craspedacustra sowerbyi* | Süßwassermeduse | O Asien | Aquarium | 1923 | ++ | | |
| **Ctenophora** | **Rippenquallen** | | | | | | |
| *Mnemiopsis leidyi* | Meerwalnuss | W Atlantik | Ballastwasser | 2006 | | + | ++ |
| **Bivalvia** | **Muscheln** | | | | | | |
| **Corbicula fluminalis* | Enggerippte Körbchenmuschel | O Asien | Ballastwasser | 1984 | ++ | ++ | |
| **Corbicula fluminea* | Grobgerippte Körbchenmuschel | Asien | Ballastwasser | 1987 | ++ | | |
| **Crassostrea gigas* | Pazifische Auster | Pazifik | Aquakultur | 1991 | | +++ | |
| **Dreissena polymorpha* | Wandermuschel | Pontokaspisch | Kanäle | 1824 | +++ | + | ++ |
| *Dreissena rostriformis bugensis* | Quagga-Muschel | Pontokaspisch | Kanäle | 2007 | + | | |
| **Ensis americanus* | Schwertmuschel | W Atlantik | Ballastwasser | 1979 | | +++ | ++ |
| *Teredo navalis* | Schiffsbohrwurm | Indo-Pazifik | Schiffe | <1800 | | + | ++ |
| **Gastropoda** | **Schnecken** | | | | | | |
| *Physella acuta* | Spitze Blasenschnecke | SW Europa | Aquarium | 1895 | +++ | | |
| *Potamopyrgus antipodarum* | Neuseeländische Zwergdeckelschnecke | S Pazifik | Ballastwasser | 1900 | +++ | ++ | ++ |
| **Platyhelminthes** | **Plattwürmer** | | | | | | |
| *Dendrocoelum romanodanubiale* | Vieläugiger Donaustrudelwurm | Pontokaspisch | Kanäle | 1992 | + | | |
| *Dugesia tigrina* | Gefleckter Strudelwurm | N Amerika | Aquarium | 1931 | +++ | | |
| **Kamptozoa** | **Kelchwürmer** | | | | | | |
| *Urnatella gracilis* | Zierlicher Kelchwurm | N Amerika | Ballastwasser | 1960 | + | | |

**Tab. 60** Fortsetzung

| Taxon | | Herkunft | Ausbreitungsvektor | Erster Nachweis | Verbreitung | | |
|---|---|---|---|---|---|---|---|
| **Annelida** | **Ringelwürmer** | | | | | | |
| *Branchiura sowerbyi* | Kiemenwurm | S Asien | Aquarium | 1959 | ++ | | |
| *Hypania invalida* | Süßwasser-Polychaet | Pontokaspisch | Kanäle | 1995 | ++ | | |
| **Marenzelleria neglecta* | Unbeachteter Polychaet | W Atlantik | Ballastwasser | 1985 | | ++ | +++ |
| **Marenzelleria viridis* | Brackwasser-Polychaet | N Atlantik | Ballastwasser | 1983 | | ++ | + |
| **Nematoda** | **Fadenwürmer** | | | | | | |
| **Anguillicola crassus* | Aal-Schwimmblasenwurm | O Asien | Besatz | 1982 | +++ | +++ | +++ |
| **Crustacea** | **Krebstiere** | | | | | | |
| *Acartia tonsa* | Ruderfußkrebs | Pazifik / W Atlantik | Ballastwasser | 1931 | | +++ | +++ |
| *Atyaëphyra desmaresti* | Europäische Süßwassergarnele | Mediterran | Kanäle | 1932 | ++ | | |
| *Balanus improvisus* | Brackwasser-Seepocke | W Atlantik | Schiffe | 1858 | | +++ | +++ |
| *Cercopagis pengoi* | Angelhaken-Wasserfloh | Pontokaspisch | Ballastwasser | 2004 | | | + |
| **Chelicorophium curvispinum* | Süßwasser-Schlickkrebs | Pontokaspisch | Kanäle | 1912 | +++ | + | + |
| *Chelicorophium robustum* | Robuster Schlickkrebs | Pontokaspisch | Kanäle | 2002 | + | | |
| *Dikerogammarus haemobaphes* | Kleiner Höckerflohkrebs | Pontokaspisch | Kanäle | 1993 | ++ | | |
| **Dikerogammarus villosus* | Großer Höckerflohkrebs | Pontokaspisch | Kanäle | 1995 | ++ | | |
| *Echinogammarus ischnus* | Granataugen-Flohkrebs | Pontokaspisch | Kanäle | 1977 | ++ | | |
| **Eriocheir sinensis* | Wollhandkrabbe | N Pazifik | Ballastwasser | 1912 | +++ | ++ | ++ |
| *Gammarus tigrinus* | Tigerflohkrebs | W Atlantik | Besatz | 1957 | +++ | ++ | + |

Tab. 60 Fortsetzung

| Taxon | | Herkunft | Ausbreitungsvektor | Erster Nachweis | Verbreitung | | |
|---|---|---|---|---|---|---|---|
| **Crustacea** | **Krebstiere** | | | | | | |
| *Hemigrapsus sanguineus* | Japanische Strandkrabbe | Asien | Aquakultur | 2006 | | ++ | |
| *Hemimysis anomala* | Schwebgarnele | Pontokaspisch | Kanäle | 1997 | + | | |
| *Jaera istri* | Donauassel | Pontokaspisch | Kanäle | 1995 | ++ | | |
| *Limnomysis benedeni* | Schwebgarnele | Pontokaspisch | Kanäle | 1997 | + | | |
| *Obesogammarus crassus* | Flohkrebs | Pontokaspisch | Kanäle | 2004 | + | | |
| *Obesogammarus obesus* | Flohkrebs | Pontokaspisch | Kanäle | 2004 | + | | |
| **Orconectes limosus* | Kamberkrebs | N Amerika | Besatz | 1880 | +++ | | |
| **Pacifastacus leniusculus* | Signalkrebs | N Amerika | Besatz | 1980s | + | | |
| **Gesamtartenzahl (131)** | | | | | **89** | **49** | **27** |

Verbreitung: + an einer oder wenigen Stellen, ++ in einem Teil des Gebietes, +++ im ganzen Gebiet; als invasiv eingeschätzte Arten sind mit * gekennzeichnet.

wasservegetation und damit indirekt auch den Lebensraum anderer Fische und den Gewässerchemismus (Dibble & Kovalenko 2009). Über mögliche Auswirkungen des Klimawandels auf die Reproduktion dieser und anderer Fischarten kann im Augenblick nur spekuliert werden.

#### 9.5.1.1 Blaubandbärbling (*Pseudorasbora parva*)

**Herkunft und Einführung:** Der Blaubandbärbling kommt ursprünglich in China, Teilen Japans, Südkoreas und Taiwans vor. Er wurde um 1960 unbeabsichtigt aus China nach Europa (Rumänien, Russland) eingeschleppt, wo aus den vermeintlichen Eiern importierter Gras- und Silberkarpfen weitere Fischarten schlüpften, darunter auch Blaubandbärblinge. Die heutige Verbreitung geht auf die absichtliche Ausbringung als Futterfisch und auf unbeabsichtigte Einbringungen als Köderfisch oder mit anderem Besatzmaterial zurück. Der Blaubandbärbling vermehrt sich auch im Freiland und breitet sich in Gewässersystemen aus.

**Aktuelle Vorkommen**: In Deutschland wurde die Art erstmals 1984 nachgewiesen. Schwerpunkt der Vorkommen sind größere Teichanlagen in Süddeutschland. Funde in natürlichen Gewässern sind oft unbeständig und fluktuieren stark. Lokal wurden Massenentwicklungen mit bis zu 14 000 Tieren/ha beobachtet (G. Wolfram unveröff.).

**Erfolgsmerkmale**: Der Blaubandbärbling ist sehr anpassungs- und widerstandsfähig und besitzt eine breite Temperatur- und Sauerstofftoleranz. Er besiedelt mäßig fließende und stehende Gewässer mit dichtem Pflanzenbewuchs, darunter auch Wasserstraßen und Kanäle. Die Art hat ein hohes Reproduktionspotenzial, wird bis zu fünf Jahre alt und ist bereits mit einem Jahr geschlechtsreif. Die Männchen verteidigen das Gelege gegen Räuber.

**Problematik**: Auswirkungen auf einheimische Arten reichen vom Laichraub über Nahrungskonkurrenz, etwa bei Massenentwicklungen in Karpfenteichen, bis hin zum Attackieren und Verletzen größerer Fische. Auch liegen Hinweise auf Veränderungen aquatischer Lebensgemeinschaften vor, da der Blaubandbärbling selektiv größere Zooplanktonarten frisst, was zu erhöhter Phytoplanktondichte führt und auch die Gewässereutrophierung begünstigt (Wolfram-Wais et al. 1999, Beyer et al. 2007). Die von Gozlan et al. (2005) beschworene Gefahr der Übertragung eines hoch wirksamen Pathogens scheint übertrieben.
**Steuerungsmöglichkeiten**: Absichtlicher Besatz, der Einsatz als Köderfisch sowie die Nachzucht als Futterfisch sind zu vermeiden. Besatzmaterial anderer Arten, inklusive Gelege, ist sorgfältig auf „Reinheit" zu prüfen, um unbeabsichtigte Verschleppungen zu vermeiden.

### 9.5.2 Fließgewässer und Binnenwasserstraßen

Der Ausbau von Fließgewässern zu Wasserstraßen hat zu erheblichen Lebensraumveränderungen geführt. Das west- und mitteleuropäische Wasserstraßennetz umfasst mehr als 33 000 km Binnenwasserstraßen (Kubec & Podzimek 1996), deren Ufer überwiegend mit Blocksteinen gesichert sind (Eckoldt 1998). Dadurch sind viele typische Flussarten zurückgedrängt, aber auch einige Neozoen gefördert worden. Hierzu gehören **Meeresgrundelarten**, die in ihrem natürlichen Verbreitungsgebiet im Unterlauf und Delta der Donau bevorzugt Blockstein-Lebensräume besiedeln. Die Öffnung des Main-Donau-Kanals und damit der Anschluss der Donau an das europäische Wasserstraßennetz bereiteten den Weg zur weiteren Ausbreitung. Dabei förderte die einheitliche Befestigung der Flussufer mit Blocksteinen auch die Homogenisierung der Fischzönosen.

Mittlerweile sind vier pontokaspische Meeresgrundelarten in mitteleuropäischen Fließgewässersystemen etabliert. Lokal begrenzte Vorkommen haben die Fluss-Grundel (*Neogobius fluviatilis*; Rhein, Donau, Weichsel), die Nackthals-Grundel (*N. gymnotrachelus*; Donau, Weichsel) und die Schwarzmund-Grundel (*N. melanostomus*; Donau, Oder). Am weitesten verbreitet ist die Kessler-Grundel (*N. kessleri*; Donau, Rhein), die in den Blocksteinhabitaten der österreichischen Donau mittlerweile die häufigste Fischart ist (Wiesner 2005). Die Meeresgrundeln werden wohl mit Frachtschiffen verschleppt und breiten sich danach selbständig weiter aus. Die Schwarzmund-Grundel wurde auch nach Nordamerika (Great Lakes) verschleppt, wo Konkurrenz mit einheimischen Fischen um Habitat und Nahrung sowie Räuberdruck auf Arten mit ähnlichem Ressourcenbedarf festgestellt wurde (French & Jude 2001, Janssen & Jude 2001). In der österreichischen Donau wurden nach dem Aufkommen von *Neogobius*-Arten rückläufige Bestandesdichten von Koppe und Marmorierter Grundel beobachtet (Wiesner 2003, 2005).

Die Homogenisierung regionaler Lebensgemeinschaften durch nichteinheimische Arten wird insbesondere am Beispiel von **Fischen** diskutiert (Rahel 2000, 2002, Cambray 2003, Leprieur et al. 2008). In den USA spielen nichteinheimische Arten bei der Gefährdung jeder zweiten Fischart eine Rolle (Miller Reed & Czech 2005). In Mitteleuropa ist die Situation weniger dramatisch, wenngleich die endemischen Maränenarten (*Coregonus* spp.) der Alpen- und Voralpenseen sowie des Stechlinsees (Brandenburg) und des Breiten Luzin (Mecklenburg) möglicherweise durch den Besatz mit eingeführten Fischarten gefährdet werden (Freyhof 2002). Negative Auswirkungen gebietsfremder Arten, besonders von Regenbogenforelle, Sonnenbarsch und Blaubandbärbling auf einheimische Fisch-, Krebs- und Muschelvorkommen sind lokal nachgewiesen oder werden vermutet, haben jedoch bislang nicht zum Aussterben einheimischer Arten geführt. Die einzige Ausnahme könnte der Bodensee-Tiefensaibling (*Salvelinus profundus*) darstellen: Er gilt infolge des Besatzes mit dem nahe verwandten Seesaibling (*S. umbla*) als „weltweit ausgestorben oder verschollen" (Freyhof 2002, Wolfram & Mikschi 2007). In der Roten Liste der Fische Österreichs wurde die Gefährdung der einheimischen Marmorierten Grundel (*Proterorhinus semilunaris*) höher gestuft, da verstärkte Konkurrenz und ein vermuteter Räuberdruck durch eingeführte *Neogobius*-Arten bisherige Risikofaktoren verstärken (Wolfram & Mikschi 2007).

Eine Liste der nichteinheimischen Fischarten für Deutschland enthält beinahe 100 Arten. Darunter sind jedoch zahlreiche unbeständige und lokale Vorkommen von Zier- und Aquarienfischen, meist ohne gesicherte Quellenangaben oder Belegtiere (z. B. mehrere tropische Buntbarsche, Roter Piranha; Geiter et al. 2002). Nicht in dieser Liste enthalten sind regionale Neozoen, die in Teilen Deutschlands einheimisch sind, aber auch darüber hinaus, wie viele Störarten und der Zander, besetzt werden. Auch der **Europäische Aal** (*Anguilla anguilla*), der durch Wanderungsbarrieren und andere Gefährdungsfaktoren stark rückläufig ist, wird aus wirtschaftlichen Motiven in weiten Teilen seines Areals – aber auch darüber hinaus – regelmäßig ausgesetzt. In manchen Gewässersystemen ist er daher ein Neozoon. Zudem ist die Herkunft des Besatzmaterials nicht immer genau bekannt. So wurden in Deutschland auch Amerikanische Aale (*Anguilla rostrata*) in Aquakulturen und freien Gewässern festgestellt (Frankowski et al. 2009). Mit infizierten Japanischen Aalen wurde vermutlich auch ein Aal-Parasit eingeschleppt, der Aal-Schwimmblasenwurm (*Anguillicola crassus*), ein Fadenwurm. Er stammt ursprünglich aus Asien und ist in Europa auf den Europäischen Aal als Wirt übergegangen. Er lebt in der Schwimmblase des Aals, ernährt sich vom Schwimmblasengewebe und reduziert damit die Funktionstüchtigkeit der Schwimmblase (Sures & Knopf 2004).

Aktuell gelten 15 nichteinheimische Fischarten in Deutschland als etabliert, darunter der Sonnenbarsch (*Lepomis gibbosus*), der Bachsaibling (*Salvelinus fontinalis*) und zwei Katzenwelse (*Ameiurus melas*, *A. nebulosus*). Während das in Aquakulturen gehaltene Artenspektrum gut bekannt ist, fehlt eine vergleichbare Dokumentation für die im Aquarienhandel angebotenen Arten. In beiden Fällen sind Gefangenschaftsflüchtlinge und Freisetzungen möglich. Eine Selbstverpflichtung für den Handel mit Zierfischen und die Zucht von Speisefischen wäre sinnvoll. Vorbilder sind entsprechende Initiativen der Botanischen Gärten und der Garten- und Zierpflanzenproduzenten (siehe Kap. 11.1). Invasive Fischarten sollten jedenfalls nicht als Teichfische verkauft werden.

Besonders unglücklich war der naturschutzfachlich motivierte Versuch, einheimische Schlammpeitzger (*Misgurnus fossilis*) in einem hessischen Naturschutzgebiet auszubringen. Tatsächlich freigesetzt wurde der nichteinheimische Asiatische Schlammpeitzger (*M. angullicaudatus*; Freyhof & Korte 2005).

Die aus dem Westen Nordamerikas stammende **Regenbogenforelle** (*Oncorhynchus mykiss*) wurde „um Pfingsten 1881" erstmalig nach Deutschland importiert. Als ausgezeichneter Speisefisch und beliebter „Sportfisch" wird sie in Teichen und Fließgewässern ausgebracht. Lange Zeit wurden die Bestände nur durch Besatz aufrechterhalten. In Österreich werden beispielsweise jährlich rund 234 Tonnen an Besatzfischen ausgebracht. In letzter Zeit mehren sich jedoch Berichte über die eigenständige Vermehrung von Regenbogenforellen in mitteleuropäischen Fließgewässern. Aufgrund der starken Nutzerinteressen werden mögliche negative Auswirkungen der Art besonders emotional diskutiert. Eine Konkurrenz mit anderen Frühjahrslaichern wie Huchen oder Äsche um Habitat und Nahrung ist anzunehmen. Während der Besatz mit Regenbogenforellen in bereits stark beeinträchtigten Gewässern eine vertretbare Nutzungsform darstellen kann, sollte er in Gewässern mit natürlichen Vorkommen standortsgerechter Fischarten unterbleiben.

Von den nichteinheimischen **Muscheln** sind vor allem die Wandermuschel (*Dreissena polymorpha*; siehe Kap. 9.5.2.4) und die Grobgerippte Körbchenmuschel (*Corbicula fluminea*) zu nennen. Es kommen aber noch weitere Arten in Mitteleuropa vor (Tab. 60), beispielsweise die aus dem pontokaspischen Raum stammende Quagga-Muschel (*Dreissena rostriformis bugensis*) und *Sinanodonta woodiana* aus Südostasien, die vermutlich mit Besatzfischen eingeschleppt wurde (Popa et al. 2007). Der taxonomische Status der aus Ostasien stammenden **Körbchenmuscheln** (neben *C. fluminea* kommt auch die Enggerippte Körbchenmuschel *C. fluminalis* in Europa vor) ist wegen der Variabilität der Merkmale noch nicht endgültig geklärt. Genetische Befunde bestätigen zwei Evolutionslinien, die auch Hybride ausbilden können (Pfenninger et al. 2002). *C. fluminea* vermehrt sich überwiegend hermaphroditisch, *C. fluminalis* dagegen überwiegend getrennt geschlechtlich (Rajagopal et al. 2000). Die Fortpflanzung mit rund 8000 Larven pro Jahr wird durch die Wassertemperatur gesteuert und könnte mit der erwarteten Temperaturerhöhung in Zukunft früher einsetzen. Die Lebensdauer der Körbchenmuscheln beträgt rund 10 Jahre. Sie leben auf schlammigen Böden und in den mit Schlick angereicherten Blocksteinufern von Fließgewässern, seltener in Seen (z. B. im Bodensee), und bilden Massenbestände von bis zu 28 000 Individuen pro Quadratmeter im Hochrhein (Mürle et al. 2008). Aktuell sind beide Arten in den großen Binnenwasserstraßen Europas (Rhein, Main, Donau, Weser, Elbe, Oder) häufig und breiten sich weiter nach Osten aus (Müller et al. 2007).

Mit dem Ausbau des Binnenwasserstraßensystems hat eine Tiergruppe Mitteleuropa erreicht, die hier in Flüssen und Seen bisher fehlte: **Schwebgarnelen** (Mysida). Die meisten der rund 1000 bekannten Arten dieser glasartig durchsichtigen und überwiegend kleinen Krebstiere leben im Meer. In Mitteleuropa sind bisher drei nichteinheimische Arten aus dem pontokaspischen Raum bekannt geworden: *Limnomysis benedeni* wurde 1973 erstmals in Österreich in der Donau festgestellt und hat sich inzwischen bis an die Nordseeküste ausgebreitet; 2006 wurde sie auch im Bodensee festgestellt. Genetische Analysen weisen auf wiederholte Verschleppungen hin, da die Populationen im sekundären Areal ebenso wie im Heimatgebiet genetisch vielfältig sind (Audzijonyte et al. 2009). *Hemimysis anomala* gelangte über die „Ostroute“ in die Ostsee und über Rhein und Main weiter in die obere Donau; 2005 wurde sie auch im Hufeisensee bei Halle und 2007 im Genfersee festgestellt. *Katamysis warpachowskyi* wurde 2001 erstmals in der Donau bei Wien festgestellt und hat sich seither weiter flussaufwärts ausgebreitet und 2008 bei Passau Deutschland erreicht (Wittmann 2008). Für alle Arten ist die Verschleppung mit Schiffen anzunehmen. Schwebgarnelen bilden in Stillgewässern gelegentlich Schwärme von Millionen von Tieren, die erhebliche ökologische Auswirkungen haben können, etwa wenn die Tiere das Zooplankton dezimieren. In einem See in Montana (USA) wurde die Schwebgarnele *Mysis relicta* 1968 als Fischfutter absichtlich ausgebracht. Aufgrund unterschiedlicher Aktivitätsphasen wurde sie aber von den Fischen nicht gefressen, reduzierte dann ihrerseits jedoch das Zooplankton so stark, dass zunächst die Fischbestände und dann auch Weißkopfseeadler- und Grizzlybär-Populationen zurückgingen (Spencer et al. 1991). Ein Rückgang des Zooplanktons wurde auch in skandinavischen Seen beobachtet (Koksvik et al. 2009).

Der **Schlickkrebs** (*Chelicorophium curvispinum*) ist die am weitesten verbreitete Flohkrebsart pontokaspischer Herkunft. Er wurde bereits zu Beginn des 20. Jahrhunderts verschleppt. Der Schlickkrebs ist ein euryöker Filtrierer von Phytoplankton und Detritus und baut Schlammröhren auf Hartsubstrat, aber auch auf Pflanzen. Interessant ist eine vermutete Wechselwirkung mit der Wandermuschel. Da der Schlickkrebs Hartsubstrate mit seinen Schlammröhren überzieht, verhindert er hierdurch das Festsetzen der Wandermuschellarven (Tittizer 1997, Rajagopal et al. 1999). Im Rhein wurden bis zu 220 000 Individuen auf einem Quadratmeter gezählt (Van den Brink et al. 1993).

Besonders gut dokumentiert sind die Veränderungen des Makrozoobenthos im Hochrhein. An einer Probenstelle bei Basel waren 2006/07 nur 15 % der Arten Neozoen, aber diese stellten rund 70 % aller Individuen und über 90 % der Biomasse. An zwei Gewässerabschnitten (Schweizerhalle und Sisseln) machen nichteinheimische Arten sogar 98 % der Biomasse aus (Mürle et al. 2008).

#### 9.5.2.1 Amerikanische Flusskrebse

**Herkunft und Einführung:** Drei amerikanische Flusskrebsarten spielen mittlerweile in europäischen Gewässern eine Rolle. Der Kamberkrebs (*Orconectes limosus*) wurde schon 1880 aus Pennsylvania nach Deutschland eingeführt und in einem Nebenfluss der Oder ausgesetzt. Die ursprüngliche Heimat des Signalkrebses (*Pacifastacus leniusculus*) liegt zwischen Rocky Mountains und Pazifikküste. 1960 wurden Signalkrebse aus Nordamerika nach Schweden importiert. Seither beliefern Schwedische Krebszuchtstationen ganz Europa mit Besatzmaterial. Der Rote Amerikanische Sumpfkrebs (*Procambarus clarkii*) kommt ursprünglich in den Südstaaten der USA bis hin nach Mittelamerika und Kuba vor und wurde 1973 nach Spanien importiert und dort in Reisfeldern ausgesetzt. Lokal kommen weitere amerikanische Flusskrebsarten in Europa vor, die zum Teil Ausbreitungstendenzen zeigen: *Orconectes immunis* in Baden-Württemberg, *O. virilis* in den Niederlanden und *O. rusticus* in Frankreich.

**Aktuelle Vorkommen**: Der Kamberkrebs besitzt ein fast geschlossenes Areal von Frankreich bis Litauen (Abb. 77a). Er ist der häufigste nichteinheimische Flusskrebs in Deutschland. Der Signalkrebs ist aktuell in Europa zerstreut verbreitet, wobei Schwerpunkte in Großbritannien, im südlichen Schweden, dem Westen Deutschlands und auch im außeralpinen Österreich bestehen (Abb. 77b). Der Amerikanische Sumpfkrebs kommt vor allem auf der Iberischen Halbinsel vor. Darüber hinaus gibt es reproduktive Bestände in der Po-Ebene und an wenigen Orten in Deutschland (Abb. 77c). In Österreich kommt er bisher nur in einem Thermalbach in Kärnten vor.

**Erfolgsmerkmale**: Alle drei amerikanischen Arten haben eine breite ökologische Amplitude und ertragen problemlos mitteleuropäische Winter.

**Problematik**: Europaweit sind alle einheimischen Flusskrebse als Folge von Lebensraumverlust und der Krebspest (siehe Kap. 8.1.3) stark gefährdet. Alle amerikanischen Flusskrebsarten sind Überträger und Reservoir dieser Krankheit (Souty-Grosset et al. 2006). Der Amerikanische Sumpfkrebs ist auch wegen seiner vergleichsweise hohen Mobilität zu beachten, da er kaum in Gartenteichen bleibt und so in umliegende Bäche abwandern kann. In einem Krebspest-freien finnischen See wechselte über einen Zeitraum von

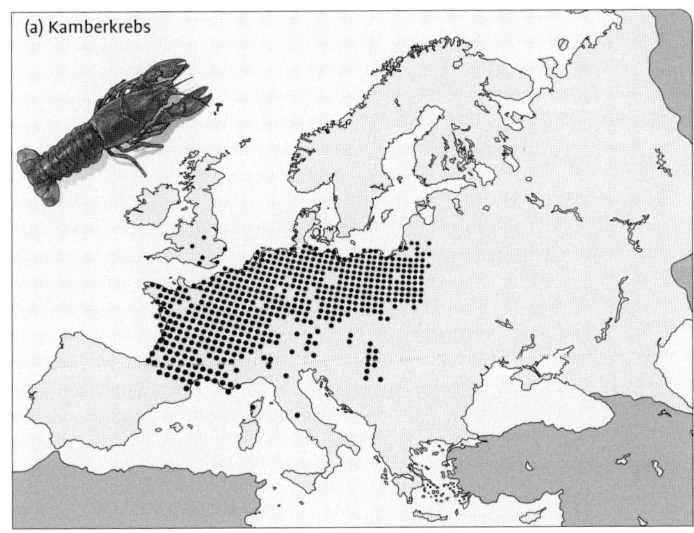


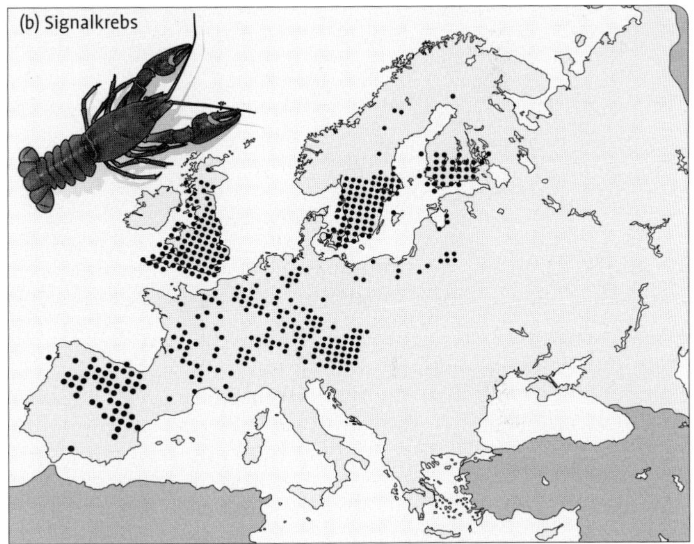


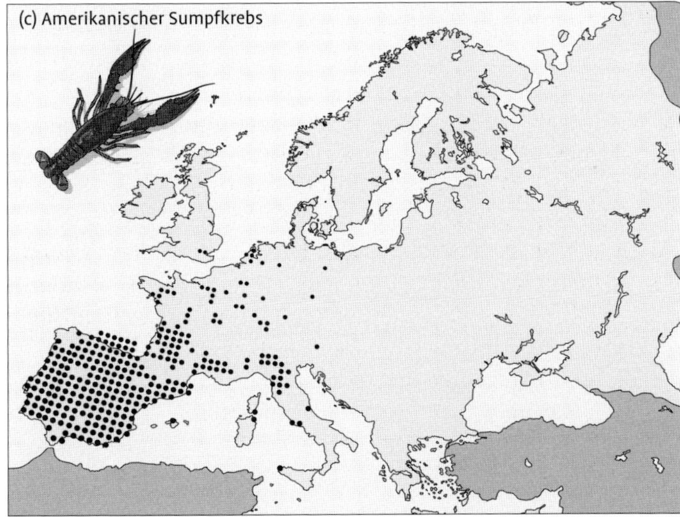


**Abb. 77a–c** Vorkommen nordamerikanischer Krebs-Arten in Europa (nach Souty-Grosset et al. 2006).

### Marmorkrebs: Artbildung im Aquarium?

Der Marmorkrebs wurde erstmals in den 1990er-Jahren in deutschen Aquarienhandlungen entdeckt. Bis heute ist seine Artzugehörigkeit unklar. Die wissenschaftliche Beschreibung steht noch aus. Möglicherweise ist er ein Zuchtprodukt und damit ein Beispiel für ein Anökozoon, also ein anthropogenes Taxon (vgl. Kap. 1.2). Genetische Daten lassen eine Verwandtschaft mit der nordamerikanischen Gattung *Procambarus* vermuten. Bislang sind nur weibliche Tiere bekannt. Der Marmorkrebs ist eine von wenigen Flusskrebsarten mit ungeschlechtlicher Vermehrung. Er wurde bereits an mehreren Stellen auf Madagaskar, in Italien, den Niederlanden und auch in Deutschland (Niedersachsen, Baden-Württemberg) im Freiland gefunden (Marten et al. 2004).

30 Jahren langsam die Dominanz vom einheimischen Fluss- oder Edelkrebs (*Astacus astacus*) zum Signalkrebs, was auf eine höhere Konkurrenzkraft und Reproduktionskapazität der amerikanischen Art hindeutet (Westman et al. 2002).

**Steuerungsmöglichkeiten**: Jeder Besatz und jede Freilassung von Aquarientieren ist zu vermeiden. Bei Kartierungen oder Inventarisierungen können gefangene Tiere entnommen werden. Um den Erreger der Krebspest nicht von einem Gewässer zum nächsten zu verschleppen, sollten Gummistiefel und Ausrüstungsgegenstände sorgfältig gereinigt oder getrocknet werden.

#### 9.5.2.2 Chinesische Wollhandkrabbe (*Eriocheir sinensis*)

**Herkunft und Einführung:** Das ursprüngliche Verbreitungsgebiet der Wollhandkrabbe liegt in Ostasien an den Küsten Chinas und Koreas. Die Krabbe gelangte vermutlich um 1910 mit Ballastwasser von Handelsschiffen in die Nordsee, der Erstfund in einer Fischreuse in der Aller bei Fallingbostel (Niedersachsen) datiert vom 26. September 1912. In den folgenden Jahrzehnten hat sich die Krabbe durch den Nord-Ostsee-Kanal in die Ostsee und flussaufwärts in der Elbe bis Prag, im Rhein beinahe bis Basel ausgebreitet. Genetische Befunde lassen auf wiederholte Einschleppungen nach Europa schließen (Hänfling et al. 2002). Später tauchte die Wollhandkrabbe auch an der Atlantikküste bei Lissabon und an der französischen Mittelmeerküste auf. In den 1990er-Jahren wurde sie vermutlich von Europa aus auch nach Nordamerika verschleppt (Hänfling et al. 2002), wo sie sich in der Bucht von San Francisco weiter ausgebreitet hat (Rudnick et al. 2003). Auch Tierhandel und Gastronomie sorgen für eine weitere Ausbreitung. In China wird die Art wegen ihres wohlschmeckenden Fleisches in Aquakulturanlagen gezüchtet. Lebende Tiere werden in die ganze Welt exportiert, womit mehr als eine Milliarde US-Dollar pro Jahr umgesetzt werden (Hymanson et al. 1999).

**Aktuelle Vorkommen**: Gegenwärtig ist die Wollhandkrabbe vor allem an der europäischen Atlantikküste sowie an der Nord- und Ostseeküste verbreitet. Ein Schwerpunkt der Vorkommen liegt in Elbe und Weser. Isolierte Vorkommen sind aus Serbien und von der Schwarzmeerküste bekannt (Gollasch 2009). Wollhandkrabben besiedeln bevorzugt Ufer von Fließgewässern, wo sie 20–80 cm tiefe und 2–12 cm breite Wohngänge bauen, in denen sie sich tagsüber und bei Niedrigwasser aufhalten. Besonders in den 1930er-Jahren kam es regelmäßig zu Massenentwicklungen. So wurden 1936 in Deutschland 21 Millionen wandernde Jungkrabben mit einem Gewicht von 240 Tonnen gefangen. Durch die Gewässerverschmutzung sind die Bestände zurückgegangen, vermutlich als Folge des Rückgangs der Beutetiere. Mit der Verbesserung der Wasserqualität wird auch die Wollhandkrabbe wieder häufiger. 1998 wurde erstmals seit vielen Jahren wieder eine Massenentwicklung in der Elbe beobachtet. In nur zwei Stunden wurden 75 000 Tiere mit einem Gewicht von 850 kg per Hand eingesammelt (Strauch unveröff.). Auch in Großbritannien nehmen die Bestände zu (Herborg et al. 2005).

**Erfolgsmerkmale**: Voraussetzung für den Erfolg der Art sind ähnliche Temperatur- und Salinitätsbedingungen wie im Ursprungsgebiet. Vor der Invasion der Wollhandkrabbe gab es in Nord- und Ostsee keine vergleichbare Lebensform, sodass die Wollhandkrabbe nicht in Konkurrenz mit einheimischen Arten treten musste. Wollhandkrabben ernähren sich als omnivore Räuber von Muscheln und Schnecken, aber auch von Fischen und Fischlaich, Insekten, Pflanzen und Detritus. Mit kräftigen Scheren können sich die robusten, großen Tiere gut gegenüber Feinden verteidigen. Den Großteil des Lebens verbringt die Wollhandkrabbe im Süßwasser, nur zur Fortpflanzung sucht sie den Brackwasserbereich bzw. das Meer auf, wo sich die jungen Larven entwickeln. Nach 2 Jahren wandern die Krabben dann während der Nacht im Wasser und an Land flussaufwärts, wobei sie beträchtliche Entfernungen von bis zu 16 km täglich zurücklegen können. Im Jang-tse-kiang in China wurden Krabben bis zu 1400 km landeinwärts gefunden! Nach 4 oder 5 Jahren beginnen die geschlechtsreifen Krabben wieder ihre Wanderung zum Meer.

**Problematik**: Für Fischer gelten Wollhandkrabben als störend, da sie Netze zerstören und Köderfische vom Angelhaken fressen. Bei Massenvorkommen wurden bis zu 30 Wohngänge pro Quadratmeter festgestellt, was die Ufer destabilisiert und die Erosion beschleunigt. Größere Ansammlungen an Tieren können auch Kühlwasserzuleitungen oder Rohre verstopfen.

**Steuerungsmöglichkeiten**: Während der Wanderung können Massenvorkommen von Jungkrabben zum Beispiel an Fischtreppen und Wehranlagen abgefangen werden. Fangeinrichtungen, wie Reusen, haben sich nicht bewährt. Die Tiere sollten nicht freigesetzt werden.

**Diskussion**: Nach einer Modellierung mit klimatischen Umweltvariablen sind weite Teile Europas potentiell für die Wollhandkrabbe geeignet, insbesondere im Mittelmeergebiet (Herborg et al. 2007). Allerdings wurden fehlende Ausbreitungsmöglichkeiten wie z. B. Kanalverbindungen nicht im Modell berücksichtigt. Wollhandkrabben werden für Fischmehl und in der Kosmetikproduktion verarbeitet. Auch Exporte nach China werden überlegt, da das Krabbenfleisch dort als Delikatesse gilt. Da sie Zwischenwirte für verschiedene Lungenegelarten sind, ist vom Verzehr rohen Krabbenfleisches abzuraten.

### 9.5.2.3 Großer Höckerflohkrebs (*Dikerogammarus villosus*)

**Herkunft und Einführung:** Der Große Höckerflohkrebs stammt aus dem pontokaspischen Raum und wurde Ende der 1980er-Jahre erstmals in der österreichischen Donau festgestellt. Wenige Jahre später tauchte er auch flussaufwärts sowie in Main und Rhein auf. Etwa 10 Jahre nach dem Erstfund kommt die Art auch in Elbe, Weser und Oder vor (Abb. 78).

**Aktuelle Vorkommen**: In vielen Kanalabschnitten ist die Art dominant und sehr häufig. Sie besiedelt auch kleinere und größere Seen, z. B. seit 2002 den Bodensee. Die Tiere leben unter Steinen, in Ritzen und Spalten von Blocksteinen, aber auch in Kolonien der Wandermuschel.

**Erfolgsmerkmale**: *Dikerogammarus villosus* weist einen weiten Toleranzbereich gegenüber Temperatur und Salinität auf. Die Nah-

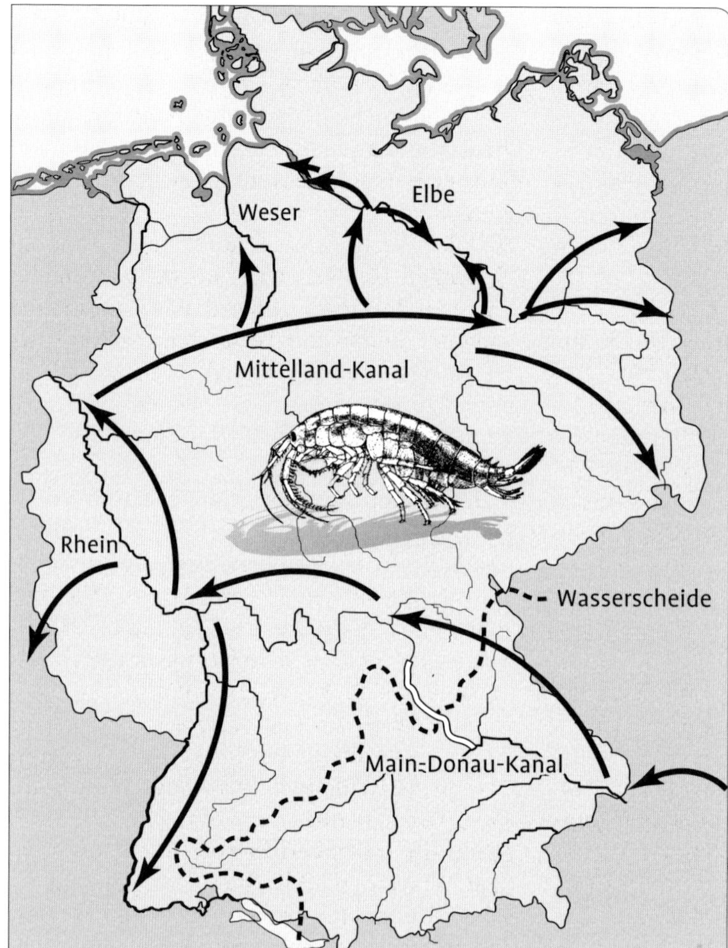


**Abb. 78** Ausbreitung des Großen Höckerflohkrebses (*Dikerogammarus villosus*) über die Donau und den Rhein-Main-Donau-Kanal in die Hauptgewässer Deutschlands (nach www.aquatic-aliens.de).

rung hat pflanzliche und erhebliche tierische Anteile. Mit kräftigen Mundwerkzeugen fressen die Männchen andere Gewässerorganismen und auch kleine und schwache Artgenossen. Wegen der für Flohkrebse enormen Größe – erwachsene Männchen erreichen eine Körperlänge von bis zu 30 mm – und der im Vergleich zu einheimischen Arten längeren Reproduktionsaktivität und kürzeren Entwicklungszeit besitzt die Art einen Konkurrenzvorteil gegenüber anderen Gammariden. Auch die Zahl der Nachkommen pro Brut ist größer als bei den einheimischen Arten (Pöckl 2007).

**Problematik**: Der Große Höckerflohkrebs hat in Mitteleuropa einheimische und nichteinheimische Arten durch „Intraguild predation" zurückgedrängt (Dick & Platvoet 2000, Kinzler & Maier 2003). Darunter versteht man das Fressen seiner unmittelbaren Konkurrenten. Häufig bleibt dadurch die überlegene Art als einzige Art übrig, insbesondere in stark durch den Menschen geprägten Gewässern. In Gewässerabschnitten mit höherer Habitatvielfalt können dagegen mehrere Arten überleben (Kley & Maier 2005).

**Steuerungsmöglichkeiten**: Die Art ist nicht gezielt zu bekämpfen. Als Gegenmaßnahme sollte mit einem Uferrückbau und der Wiederherstellung naturnaher Uferbereiche eine möglichst hohe Habitatvielfalt in Fließgewässern geschaffen werden.

#### 9.5.2.4 Wandermuschel (*Dreissena polymorpha*)

**Herkunft und Einführung:** Die aus dem pontokaspischen Raum (Schwarzes Meer, Kaspisches Meer, Aralsee) stammende Wander- oder Zebramuschel liegt aus dem Mindel-Riß-Interglazial auch aus Mittel- und Westeuropa vor. Die Wiederbesiedlung Europas war jedoch nur mit Hilfe des Menschen und insbesondere durch den Ausbau des Binnenwasserstraßensystems möglich, weshalb sie als nichteinheimische Art einzustufen ist. Die Einführung nach Europa erfolgte vermutlich im 19. Jahrhundert.
**Aktuelle Vorkommen**: Aktuell in ganz Europa in Stillgewässern und größeren Flüssen verbreitet.
**Erfolgsmerkmale**: Die Wandermuschel besitzt ein hohes Reproduktionspotenzial und bringt im Wasser frei schwimmende Larven hervor, die leicht verschleppt werden können. Bis zu 100 000 Muscheln mit einer Biomasse von über 10 kg können auf einem Quadratmeter vorkommen (Minchin et al. 2002).
**Problematik**: Muscheln nehmen große Mengen an Wasser auf, aus dem sie ihre Nahrung filtern. Die dabei erreichte Filtrationsrate ist enorm und kann bei Massenentwicklungen der Muschel das Plankton reduzieren. Dies kann die Nahrungsbeziehungen im Gewässer stark verändern (Strayer et al. 1999). Die Wandermuschel haftet sich bevorzugt auf Hartsubstrat an. Bei Massenansammlungen kann die Ressource Raum vollständig monopolisiert werden. Dabei können auch Rohre oder Leitungen verstopfen und eine aufwändige Reinigung erfordern. Als Substrat dienen auch einheimische Großmuscheln, die allerdings in das Substrat gedrückt werden und ersticken, wenn sich Wandermuscheln massenhaft auf ihnen verankern. Einige Vögel und Fische nutzen die Wandermuschel als neue Nahrungsquelle.
**Steuerungsmöglichkeiten**: Die mechanische Entfernung der Muscheln aus verstopften Rohrleitungen ist aufwändig und erfordert Spezialgeräte. Neben der unspezifischen chemischen Bekämpfung wurden in jüngster Zeit neue Methoden und Techniken zur Elimination in Gewässern entwickelt („BioBullets“, Aldridge et al. 2006).

### 9.5.3 Auen

Auen bieten einer Vielzahl an Neozoen geeignete Lebensräume. In der Nähe von Siedlungen sind sie zudem als Orte von „Freilassungsaktionen“ beliebt. So werden nichteinheimische **Schildkröten** häufig in Auen ausgesetzt. Neben der häufigen Rotwangen-Schmuckschildkröte sind dies auch andere Schmuckschildkröten (*Trachemys* spp., *Pseudemys* spp.), Höckerschildkröten (*Graptemys* spp.), Klappschildkröten (*Kinosternon* spp.) und Schnappschildkröten (*Chelydra* spp.). Aber auch nichteinheimische Unterarten der Europäischen Sumpfschildkröte, überwiegend *Emys orbicularis hellenica*, werden ausgesetzt, was in Gebieten mit Reliktpopulationen einheimischer Bestände zu Introgression führen kann (Schneeweiß 2003). Auch der Nachweis des Griechischen Teichmolchs (*Triturus vulgaris graecus*) im Südwesten von Wien geht wohl auf Aussetzung zurück (Cabela et al. 2005).

Vermutlich auf Aquarianer geht auch die Population des **Ochsenfrosches** (*Lithobates catesbeianus = Rana catesbeiana*) in einem Altarm des Oberrheins bei Karlsruhe zurück. Dieser aus Nordamerika stammende Frosch ist wegen seiner Größe bemerkenswert: Erwachsene Weibchen können mit ausgestreckten Hinterbeinen beinahe 50 cm Körperlänge erreichen. Die Art wurde schon in den 1930er- und 1960er-Jahren mehrfach aus gastronomischen Motiven nach Italien bzw. Frankreich importiert und ausgesetzt. Mindestens 25 Aussetzungen sind für Europa belegt (Ficetola et al. 2007). Daraus sind etablierte Populationen in Belgien, Frankreich, Deutschland, Griechenland und Italien hervorgegangen. Unbeständige bzw. nach Bekämpfungsmaßnahmen wieder erloschene Vorkommen sind für die Niederlande, Spanien und Großbritannien dokumentiert. Laufer (2004) fasst die Schicksale der bisherigen Nachweise und Bekämpfungsmaßnahmen in Deutschland zusammen. Mageninhaltsanalysen bestätigen ein sehr breites Nahrungsspektrum, zu dem Spitzmäuse, Wühlmäuse, Stockenten, Ringelnattern, Teichfrösche, Goldfische, verschiedene Insekten und Weichtiere gehören (Laufer 2004). Neben der Beeinträchtigung einheimischer Amphibien und anderer Beutetiere durch Raubdruck ist vor allem die Konkurrenz der Kaulquappen zu Grünfrosch-Larven zu befürchten (Laufer & Sandte 2004). Auch eine Infektion mit dem für Amphibien gefährlichen Chytridpilz (siehe Kap. 8.1.4) wurde in Frankreich, Italien und Großbritannien nachgewiesen (Garner et al. 2006). Die Bekämpfungsmaßnahmen umfassen Abschuss sowie Entnahme nach Elektrobefischung und Handfang. Die Art ist durch das Washingtoner Artenschutzübereinkommen geschützt und darf nur mit behördlicher Bewilligung importiert werden.

Auf einige **nichteinheimische Säugetiere**, die Lebensräume in Auen nutzen, ist schon in Kap. 9.3 hingewiesen worden. In verschiedene mitteleuropäische Auen wurden in den 1970er- und 1980er-Jahren aus heute nicht mehr nachvollziehbaren naturschutzfachlichen Gründen Kanadische Biber (*Castor canadensis*) ausgesetzt. Die daraus entstandenen Populationen sind aber mit Ausnahme von Vorkommen in Finnland und Russland wohl wieder ausgestorben (Nummi 2006). In Südamerika bewirken Kanadische Biber drastische Vegetationsveränderungen (Anderson & Rosemond 2007).

#### 9.5.3.1 Rotwangen-Schmuckschildkröte (*Trachemys scripta elegans*)

**Herkunft und Einführung:** Die Rotwangen-Schmuckschildkröte stammt aus den östlichen USA und Mexiko, wo sie Stillgewässer bewohnt. Sie ist weltweit eines der beliebtesten Reptilien-Haustiere. Die USA haben zwischen 1989 und 1997 52 Millionen Tiere exportiert (Scalera 2009). Seit 1997 unterliegt die Unterart dem Washingtoner Artenschutzübereinkommen und damit Handelsbeschränkungen.
**Aktuelle Vorkommen**: In Europa weit verbreitet. Regelmäßig reproduzierende Populationen sind bisher aus Spanien, Frankreich und Italien bekannt, vereinzelte Brutnachweise liegen aber auch aus anderen Ländern (z. B. Österreich) vor (Gemel et al. 2005).
**Erfolgsmerkmale**: Die kräftige und langlebige Art ernährt sich omnivor von Pflanzen und Tieren.
**Problematik**: Bei gemeinsamen Vorkommen mit natürlichen Beständen der Europäischen Sumpfschildkröte (*Emys orbicularis*) wird Konkurrenz um Ressourcen (Nahrung, Sonnenplätze) vermutet, die experimentell bestätigt wurde (Cadi & Joly 2004).
**Steuerungsmöglichkeiten**: Der Tierhandel hat die gesetzliche Einschränkung durch den Import anderer Unterarten oder Arten von Schildkröten umgangen. Auch wenn die bestehenden Handelsbeschränkungen verschärft und stärker umgesetzt werden, ist weiterhin mit dem Freisetzen bereits vorhandener Tiere zu rechnen. Insofern ist eine verstärkte Bewusstseinsbildung in der Öffentlichkeit notwendig. Hilfreich wäre auch die Einrichtung und Unterstützung von Stellen, an denen man unerwünschte Tiere abgeben kann.

### 9.5.3.2 Bisamratte (*Ondatra zibethicus*)

**Herkunft und Einführung:** Die Bisamratte stammt aus Nordamerika und ihre Einfuhrgeschichte ist sehr genau dokumentiert: Fürst Colloredo-Mansfeld setzte fünf Tiere aus Ohio im Jahr 1905 in der Nähe von Prag aus, die sich rasch vermehrten und sich entlang von Bach- und Flussläufen ausbreiteten (Abb. 79a). Bereits nach wenigen Jahren wurde Bayern (1915), etwas später Sachsen (1917) und Baden-Württemberg (1927), erreicht. Unterstützt wurde die weitere Ausbreitung durch Gefangenschaftsflüchtlinge aus Pelztierfarmen in Frankreich, Belgien und Polen sowie durch absichtliche Aussetzungen in Finnland und Russland. Die Schäden wurden sehr rasch offenbar. Bereits 1920 kam es zu ersten Bekämpfungsmaßnahmen (inkl. Prämienzahlungen für jeden Abschuss). So wurde die Bisamratte in Großbritannien zwölf Jahre nach ihrer Einfuhr 1939 wieder ausgerottet. In Kontinentaleuropa war dies aber nicht mehr möglich, da die Bisamratte schon sehr weit verbreitet war.

**Aktuelle Vorkommen**: In Europa von der französischen Atlantikküste flächendeckend bis Osteuropa, vereinzelt auch im Südosten verbreitet (Abb. 79b); in Deutschland weit verbreitet. Die Bisamratte besiedelt bevorzugt nährstoffreiche Feuchtbiotope. Sie wurde auch nach Südamerika und Ostasien eingeführt.

**Erfolgsmerkmale**: Mobile, ausbreitungsfreudige Art. Für die erste Hälfte des 20. Jahrhunderts wurde eine durchschnittliche Ausbreitung von rund 11 km pro Jahr errechnet. Hohe Reproduktion mit 2–3 (maximal 6) Würfen im Jahr. Einheimische Arten treten als Räuber kaum in Erscheinung.

**Problematik**: Die Bisamratte ernährt sich vor allem von Wasser- und Uferpflanzen, wodurch es zu Vegetationsveränderungen und auch zu wirtschaftlichen Schäden kommen kann. Für erstere liegen vor allem Befunde aus Russland vor (Smirnov & Tretyakov 1997), deren Übertragbarkeit auf Mitteleuropa unterschiedlich interpretiert wird. Negative Auswirkungen auf Wirbellose als Folge der veränderten Habitatstruktur wurden in Finnland festgestellt (Nummi et al. 2006). Bisamratten fressen auch einheimische und nichteinheimische Muscheln. Ob deren Bestände dadurch gefährdet werden, ist unbekannt; sie stellen aber für die durch Lebensraumverlust bereits stark gefährdeten einheimischen Muscheln zumindest lokal einen zusätzlichen Gefährdungsfaktor dar. Die Bisamratte fungiert auch als Zwischenwirt für den Fuchsbandwurm (*Echinococcus multilocularis*; Infektionsrate bis zu 28 %). Die grabende Tätigkeit im Uferbereich führt zur Destabilisierung der Uferbereiche und zu erhöhter Erosion. Insgesamt werden die Kosten, die durch die Bisamratte in Deutschland entste-

#### Die Mühen der Bisambekämpfung (Boye 2003)

Mitten im ersten Weltkrieg (1915) wurde in Bayern mit der Bisambekämpfung begonnen und 1917 eine gesetzliche Grundlage hierfür geschaffen, die von anderen deutschen Ländern weitgehend übernommen wurde. Wegen knapper Mittel und mangelnder Koordination zwischen den Ländern war sie wenig wirksam. 1935 wurde ein „Reichsbeauftragter für die Bisamrattenbekämpfung“ ernannt, der seine Aufgabe dem Zeitgeist entsprechend, unterstützt von 36 Mitarbeitern, geradezu militärisch aber erfolglos anging. In den letzten beiden Kriegsjahren kam die Bekämpfung praktisch zum Erliegen. Nach einem erneuten Aufleben versucht man seit den 1960er-Jahren nur noch, die Besiedlungsdichte der Tiere zu senken und Hochwasserschutzanlagen vor ihrer Wühltätigkeit zu schützen. Heute existiert in Deutschland praktisch keine planmäßige, behördlich gelenkte Bisambekämpfung mehr (Pelz 1996).

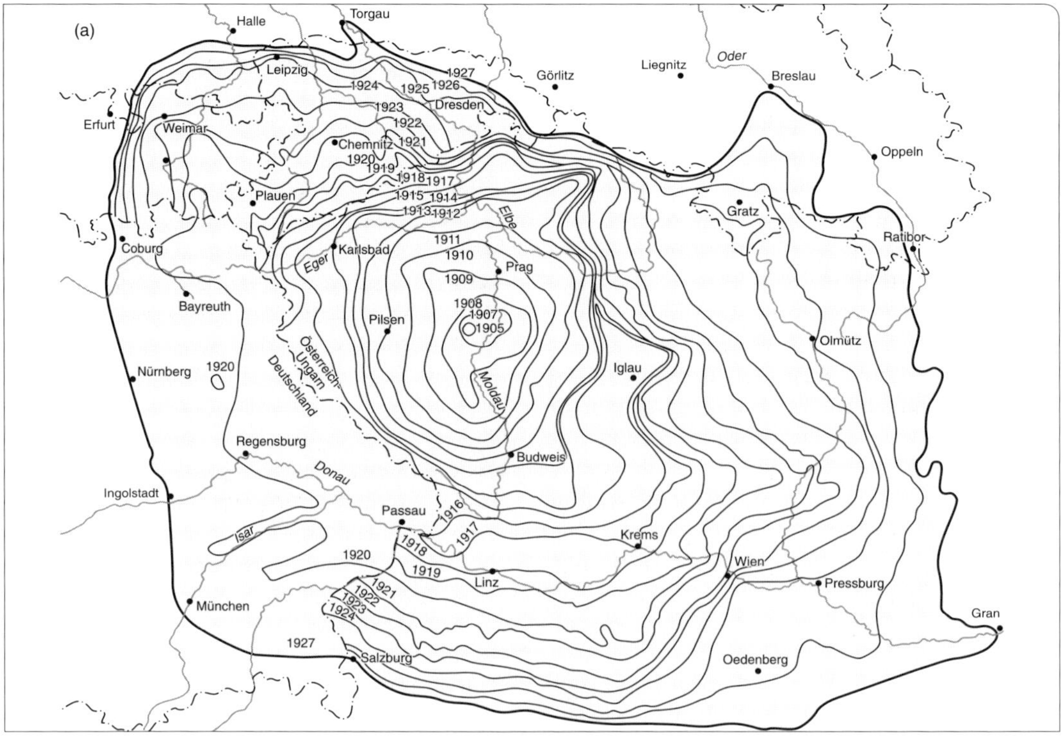

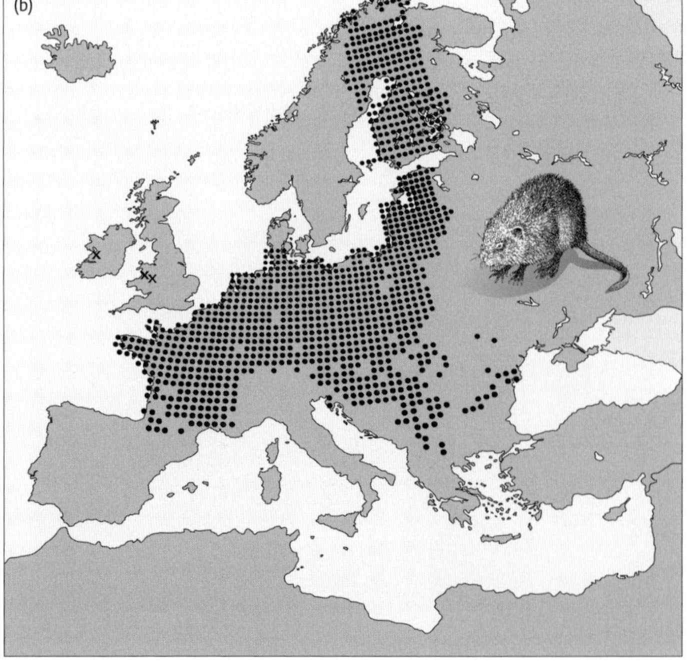


**Abb. 79** Ausbreitung des Bisams (*Ondatra zibethicus*):
(a) nach der ersten Freilassung 1905 bei Prag bis zum Jahr 1927 (nach Ulbrich 1930, Elton 1958) und
(b) heutiges Vorkommen in Europa. Kreuze: ausgerottete Populationen auf den Britischen Inseln (nach DAISIE 2009).

hen mit rund 12 Millionen Euro pro Jahr geschätzt (Reinhardt et al. 2003).
**Steuerungsmöglichkeiten**: Die Bisamratte wird von amtlichen und privaten Bisamfängern mit Lebendfallen und selten mit Giftköder bekämpft.

## 9.6 Gebirge

Während die Ausbreitung von Pflanzen in höhere Gebirgslagen vermehrt beobachtet wird (Becker et al. 2005, Pauchard et al. 2009), liegen vergleichbare Studien für Tiere nicht vor. Bekannt sind allerdings biologische Invasionen unterhalb der Artebene durch die Wiedereinbürgerung ehemals weiter verbreiteter einheimischer Arten. Teilweise erfolgten sie sogar außerhalb des ursprünglichen Verbreitungsgebietes. So wurde das in den Westalpen, westlichen Ostalpen und Karpaten beheimatete **Murmeltier** (*Marmota marmota*) auch in den östlichen Ostalpen (Abb. 80), den Pyrenäen und 1953 sogar im Schwarzwald ausgesetzt. Genetische Analysen erbrachten, dass in den österreichischen Ostalpen nicht nur Tiere aus angrenzenden Gebieten, sondern auch aus den französischen Westalpen ausgesetzt worden sind (Kruckenhauser & Pinsker 2004). Die verringerte genetische Vielfalt bei Tieren in den Ostalpen deutet auf einen Flaschenhalseffekt am Ende der Eiszeit und/oder einen Gründereffekt bei den Aussetzungen hin (Preleuthner & Pinsker 1999).

Ganz ähnlich wurden auch Gämsen und Steinböcke außerhalb ihrer ursprünglichen Vorkommensgebiete eingebürgert. Zwischen 1935 und 1939 wurden zum Beispiel 21 **Gämsen** im Schwarzwald ausgewildert. 1955 kamen dort schon rund 600 Tiere vor (Leonhard 1955); heute sind es 800 bis 900. Bei **Steinhühnern** wurden in den Alpen Hybridisierungen zwischen einheimischen Arten (*Alectoris graeca, A. rufa*) und aus jagdlichen Gründen ausgesetzten Steinhühnern festgestellt (Barilani et al. 2007). Daran beteiligt waren gezüchtete Tiere unklarer Herkunft sowie das nur im östlichen Europa einheimische Chukarhuhn (*A. chukar*).

## 9.7 Marine Ökosysteme

Marine Ökosysteme sind weltweit stark von biologischen Invasionen betroffen. Drei Gründe sind dafür hauptverantwortlich: die Verschleppung von Arten im Ballastwasser und an Schiffsrümpfen, die Aufhebung der Isolation zwischen Meeresregionen durch Kanalbauten und absichtliche Aussetzungen (siehe

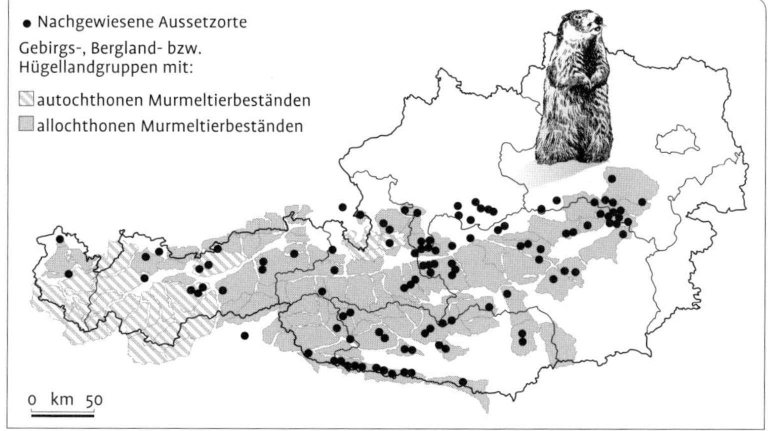


**Abb. 80** Murmeltiere (*Marmota marmota*) in den Alpen. Unterschieden sind Gebiete mit gebietseigenen (grau schraffiert) und gebietsfremden Vorkommen (grau). Die schwarzen Kreise symbolisieren bekannte Aussetzungsorte (nach Preleuthner & Pinsker 1999).

Kap. 3.2.2.4 und 3.2.2.5). Ein spektakuläres Beispiel für eine Aussetzung ist die Kamtschatka-Krabbe (*Paralithodes camtschaticus*), die in den 1960er-Jahren vom russischen Militär zur Versorgung der Soldaten in der Barentssee freigesetzt wurde. In der Folge breitete sie sich entlang der norwegischen Küste aus und kann hier möglicherweise einen starken Raubdruck entfalten (Jørgensen & Primicerio 2007). An der Nordseeküste hat die aus Aquakulturanlagen entkommene Pazifische Auster negative Folgen (siehe Kap. 9.7.1).

Bislang (Stand 2004) sind 851 nichteinheimische Arten in den marinen und brackigen Lebensräumen Europas bekannt geworden (Streftaris et al. 2005). Besonders viele Arten kommen im Mittelmeer vor, wo alle vier Wochen eine weitere nichteinheimische Art entdeckt wird. Auch die Ostsee ist gut untersucht (z. B. Leppäkoski & Olenin 2000). Seit Öffnung des Dnepr-Bug-Kanals im Jahre 1848, der Schwarzes Meer und Ostsee verbindet, sind zahlreiche pontokaspische Arten durch den Kanal nach Norden gelangt. Insgesamt sind über 100 nichteinheimische Arten aus der Ostsee bekannt (Leppäkoski et al. 2002). In den Meereslebensräumen der deutschen Nord- und Ostseeküste sind bislang 49 bzw. 27 nichteinheimische Arten eingebürgert (Beispiele in Tab. 60).

An der französischen Atlantikküste verursacht der südlich der Sahara beheimatete **Heilige Ibis** (*Threskiornis aethiopicus*) Probleme. Etwa 20 frei fliegende Tiere wurden seit 1976 im Tierpark von Branféré in der Bretagne gehalten. Diese vermehrten sich, und heute leben in der Region über 5000 Tiere. Auch an der französischen Mittelmeerküste, in der Po-Ebene und auf den Kanaren gibt es lokale Populationen. Der Ibis konkurriert mit Reihern um Nistplätze, raubt Eier von Küstenvögeln und frisst auch junge Kiebitze und Trauerseeschwalben (Kayser et al. 2005, Vaslin 2005, Clergeau & Yésou 2006).

### 9.7.1 Pazifische Auster (*Crassostrea gigas*)

**Herkunft und Einführung:** Die Pazifische Auster kommt ursprünglich an den Küsten Japans und Koreas vor. Sie wird zur Nahrungsmittelproduktion fast weltweit verbreitet und überwiegend in Aquakultur gehalten. Als Ersatz für die seit den 1940er-Jahren ausgestorbene Europäische Auster (*Ostrea edulis*) wurden in der Vergangenheit mehrfach erfolglos verschiedene nichteinheimische Austerarten ausgebracht. Erst mit *C. gigas* wurde eine Art gefunden, die robust und tolerant genug für die Nordsee war. Dieser Umstand macht sich nun aber negativ bemerkbar. An mehreren Orten ist sie aus den Zuchtanlagen entkommen und hat sich im Freiland an der deutschen Nordseeküste seit den 1990er-Jahren ausgebreitet.

**Aktuelle Vorkommen**: In Deutschland an der Nordseeküste verbreitet. In Europa entlang der Atlantikküste bis Portugal, im Mittelmeer und im Schwarzen Meer (Abb. 81a, b).

**Erfolgsmerkmale**: Die Art besiedelt Hartsubstrat im Gezeitenbereich, z. B. Steine, alte Miesmuschelbänke und abgestorbene Muscheln der eigenen Art. Sie hat eine weite Salinitäts- und Temperaturamplitude und wächst schnell. Auch die Reproduktionskapazität ist sehr hoch: Eine Auster produziert 50–100 Millionen Eier und gibt sie in mehreren Schüben ab. Die planktischen Larven suchen nach 3–4 Wochen ein passendes Substrat zum Anhaften. Im Jahr 2003 wurden bis zu 300 Austern auf einem Quadratmeter bei Sylt gezählt (Diederich et al. 2005).

**Problematik**: Die Pazifische Auster verändert als „ecosystem engineer" ihre Lebensräume nicht nur strukturell durch die Bildung von Riffen. Die Konkurrenz mit anderen filtrierenden Organismen wie der einheimischen Miesmuschel (*Mytilus edulis*) und ihre hohe Filtrationsleistung verschieben Nahrungsbeziehungen und Nährstoffkreisläufe (Leguerri-

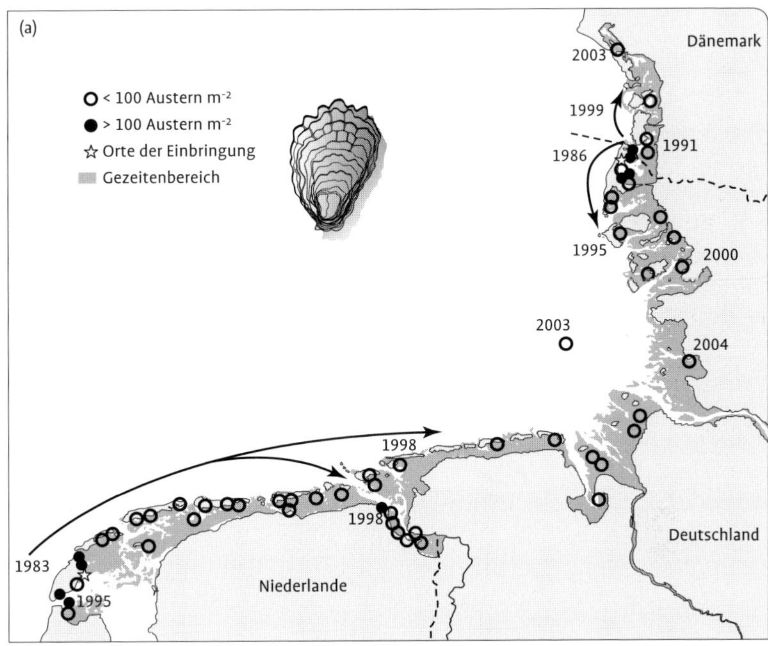


**Abb. 81** (a) Ausbreitung der Pazifischen Auster (*Crassostrea gigas*) nach Ersteinführungen 1983 im niederländischen Wattenmeer (Texel) und 1986 im nordfriesischen Wattenmeer (Sylt). Die Sterne kennzeichen die Einführungsorte, offene Kreise: Vorkommen im Jahr 2003 mit weniger als 100 Austern pro m²; geschlossene Kreise: Vorkommen mit über 100 Austern pro m² (nach Reise et al. 2005).

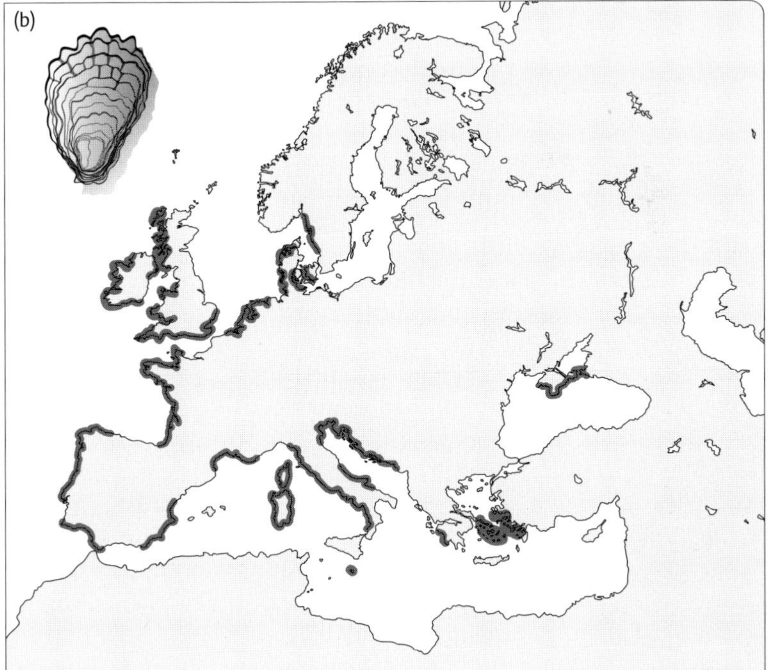


(b) Vorkommen der Pazifischen Auster in Europa (nach DAISIE 2009).

er et al. 2004, Nehring 2006). Mit Austern-Importen werden auch andere Organismen verschleppt: Reise et al. (2002) nennen 32 Arten, die hierdurch vermutlich in die Nordsee gelangt sind. Die Gründe für ein lokal begrenztes Massensterben der Austern an der niederländischen Küste im August 2004 sind bislang ungeklärt.

**Steuerungsmöglichkeiten**: Die Pazifische Auster ist von enormer Bedeutung in der Aquakultur mit einer weltweiten Jahresproduktion von über 3 Millionen Tonnen. Zur Vermeidung der Ausbreitung von Larven wird die Verwendung steriler triploider Austern empfohlen und zum Teil schon in Nordamerika praktiziert. Zurzeit gibt es keine Bekämpfungsmaßnahmen und nur ein sehr eingeschränktes Bestandsmonitoring.

## 9.8 Sonderlebensräume

### 9.8.1 Gewächshäuser

Der Entomologe Vinzent Kollar entdeckte in einem Wiener Gewächshaus eine Termite, die er 1837 als neue Art (*Reticulitermes flavipes*) für die Wissenschaft beschrieb. Später stellte sich heraus, dass es sich dabei um eine nordamerikanische Art handelt, die mehrfach nach Mitteleuropa verschleppt wurde. Bis heute wurde eine Vielzahl wirbelloser Arten gefunden, die in Mitteleuropa ausschließlich oder überwiegend in Gewächshäusern leben (Tab. 61).

Besonders lang ist die Tradition, hier nach Schnecken zu suchen (z. B. Boettger 1929, Leiss & Reischütz 1996). Bei den meisten Arten ist das Risiko ins Freiland zu entweichen und sich dort weiter auszubreiten vermutlich gering, schon allein wegen der kalten Winter. Es gibt aber auch Ausnahmen, und der Klimawandel mag manchen Arten neue Ausbreitungschancen eröffnen. Mehrere südliche und tropische Ameisenarten wurden in Komposthaufen beobachtet, wo sie den Winter im Freiland überdauern konnten. Verschleppte Ameisenarten verursachen in vielen Regionen der Erde große Probleme (Rabitsch 2009). Bei Kontrollen in der Umgebung von Glashäusern werden in den Niederlanden regelmäßig nichteinheimische Arten festgestellt, zum Beispiel der Kalifornische Blütenthrips (*Frankliniella occidentalis*; Vierbergen 2002) oder die zur biologischen Kontrolle eingesetzte südwestmediterrane Blumenwanze (*Orius laevigatus*; Aukema & Loomans 2005). Am erfolgreichsten war bislang der Asiatische Marienkäfer.

#### 9.8.1.1 Asiatischer Marienkäfer (*Harmonia axyridis*)

**Herkunft und Einführung:** Der Asiatische Marienkäfer stammt ursprünglich aus Zentral- und Ostasien, wo er vom Altai und China bis Japan vorkommt. Larven und erwachsene Käfer fressen vor allem Blattläuse, weswegen der Käfer zur biologischen Schädlingskontrolle in Glashäusern 1916 nach Nordamerika und 1982 nach Europa eingeführt wurde. In beiden Kontinenten ist er ins Freiland entkommen und konnte sich dort auch etablieren. In Nordamerika breitet er sich seit den 1980er-Jahren aus, in Europa seit den 1990er-Jahren (Brown et al. 2008). In Nordamerika ist er mittlerweile die häufigste Marienkäferart. Seit 2000 kommt *H. axyridis* auch in Südamerika vor.

**Aktuelle Vorkommen**: In Deutschland wurde er im Freiland erstmals 1999 gefunden (Tolasch 2002), und bald darauf auch in den Nachbarländern. Die gegenwärtige Verbreitung in Europa zeigt Abb. 82. Es treten zahlreiche Varianten mit unterschiedlicher Färbung auf. Am häufigsten sind Tiere mit schwarzen Flügeldecken und zwei roten Fle-

Tab. 61 Nichteinheimische Tierarten in mitteleuropäischen Gewächshäusern (Vorkommen in Europa nach DAISIE 2009)

| Gruppe/Art | Dt. Name | Herkunft | Vorkommen in Europa | Anmerkung |
|---|---|---|---|---|
| **Schnecken** | | | | |
| *Hawaiia minuscula* (Pristilomatidae) | Hawaiianische Kristallglanzschnecke | N Amerika | Mitteleuropa | |
| *Lehmannia valentiana* (Limacidae) | Glashausschnegel | SW Europa | Mitteleuropa | |
| *Gyraulus chinensis* (Planorbidae) | Chinesisches Posthörnchen | O Asien | ganz Europa | zunehmend auch im Freiland |
| **Tausendfüßer** | | | | |
| *Oxidus gracilis* (Polydesmida) | – | O Asien | ganz Europa (ohne Mittelmeergebiet) | in jedem Gewächshaus und in Gärtnereien häufig; weltweit verschleppt |
| **Asseln** | | | | |
| *Armadillidium nasatum* (Armadillidiidae) | Nasen-Kugelassel | West-Mediterran | Mittel- und Nordeuropa | |
| **Spinnentiere** | | | | |
| *Coleosoma floridanum* (Theridiidae) | – | (sub)tropisch | Mittel-, Nord- und Westeuropa | |
| *Hasarius adansoni* (Salticidae) | – | Kosmopolit | West- und Mitteleuropa | weltweit in Glashäusern |
| *Heteropoda venatoria* (Sparassidae) | Riesenkrabbenspinne | (sub)tropisch | Mittel- und Nordeuropa, Spanien | weltweit in Glashäusern |
| *Uloborus plumipes* (Uloboridae) | Gewächshaus-Federfußspinne | (sub)tropisch | Mittel-, Nord- und Osteuropa | seit etwa 1990 in Mitteleuropa, weltweit in Glashäusern |
| **Heuschrecken** | | | | |
| *Diestrammena asynamora* (Rhaphidophoridae) | Gewächshausschrecke | O Asien | West-, Mittel- und Osteuropa | (*Tachycines asynamorus*) |
| **Pflanzenläuse** | | | | |
| *Bemisia tabaci* (Aleyrodina) | Baumwoll-Weiße Fliege | Asien? | Mitteleuropa | |
| *Trialeurodes vaporariorum* (Aleyrodina) | Gemeine Weiße Fliege | Mittelamerika | Mittel- und Osteuropa | polyphag, schädlich an Gemüse und Zierpflanzen |

**Tab. 61** Fortsetzung

| Gruppe/Art | Dt. Name | Herkunft | Vorkommen in Europa | Anmerkung |
|---|---|---|---|---|
| **Pflanzenläuse** | | | | |
| *Orthezia insignis* (Coccina) | Gewächshaus-Röhrenschildlaus | Neotropis | Mitteleuropa, Frankreich, Bulgarien | |
| *Planococcus citri* (Coccina) | Zitronenwolllaus | (Sub)Tropen | West-, Mittel-, Osteuropa | |
| **Fransenflügler** | | | | |
| *Frankliniella occidentalis* (Thripidae) | Kalifornischer Blütenthrips | SW USA | ganz Europa | in Südeuropa im Freiland |
| *Heliothrips haemorrhoidalis* (Thripidae) | „greenhouse thrips" | Neotropen? | ganz Europa | weltweit in Glashäusern |
| *Thrips simplex* (Thripidae) | „gladiolus thips" | S Afrika | ganz Europa | an Gladiolen |
| **Käfer** | | | | |
| *Cryptolaemus montrouzieri* (Coccinellidae) | Australischer Marienkäfer | Australien | ganz Europa | zur Kontrolle gegen Woll- und Schmierläuse |
| *Harmonia axyridis* (Coccinellidae) | Asiatischer Marienkäfer | Zentral- und O Asien | West-, Mittel-, Osteuropa | in rascher Ausbreitung begriffen |
| **Fliegen** | | | | |
| *Liriomyza huidobrensis* (Agromyzidae) | – | Mittel- und S Amerika | ganz Europa | Polyphag |
| **Hautflügler** | | | | |
| *Aphidius colemani* (Braconidae) | Blattlaus-Schlupfwespe | Indien | ganz Europa | Parasitoid an Blattläusen |
| *Encarsia formosa* (Aphelinidae) | – | Mittel- und S Amerika | ganz Europa | Parasitoid an Weißen Fliegen |
| *Metaphycus helvolus* (Encyrtidae) | – | S Afrika | ganz Europa | Parasitoid an Schildläusen |

cken bzw. mit orangen Flügeldecken und 19 schwarzen Flecken.

**Erfolgsmerkmale**: Mit rund 5–8 mm Körpergröße ist *H. axyridis* größer als die meisten einheimischen Marienkäferarten (Klausnitzer & Klausnitzer 1997). Er ist ausgesprochen polyphag und frisst neben Blattläusen auch andere Insekten. Er besitzt ein hohes Reproduktionspotenzial (1000–4000 Eier pro Weibchen) und eine hohe Ausbreitungsfähigkeit, sowohl im Flug als auch durch sekundäre Verschleppung. In Europa werden im Un-

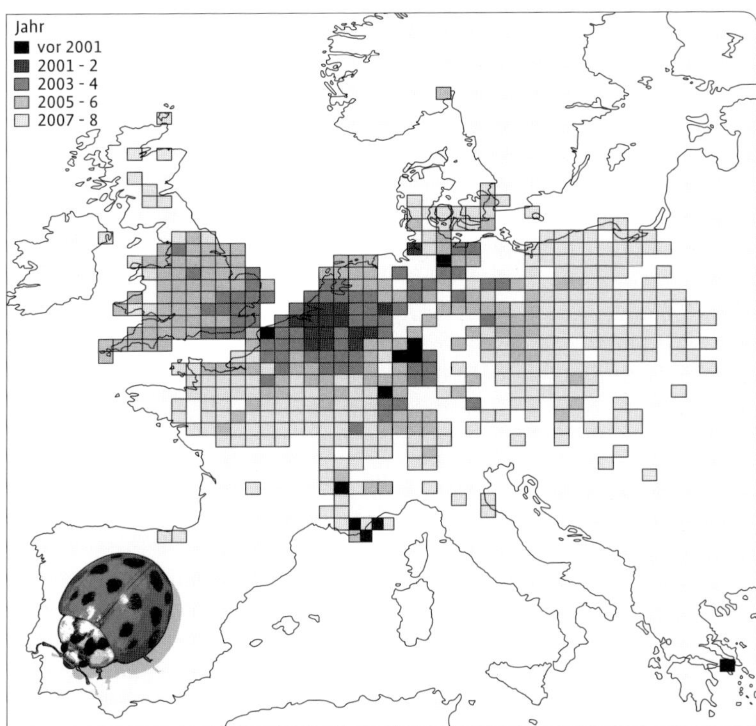


**Abb. 82** Ausbreitung des Asiatischen Marienkäfers (*Harmonia axyridis*) in Europa (nach Kenis et al. 2009).

terschied zu den meisten einheimischen Marienkäferarten zwei oder drei Generationen pro Jahr ausgebildet (Klausnitzer & Klausnitzer 1997). In Amerika wurde eine Ausbreitungsgeschwindigkeit von 442 km pro Jahr ermittelt.

**Problematik**: Neben positiven Auswirkungen durch das Zurückdrängen von Blattläusen hat der Asiatische Marienkäfer, der als „most invasive ladybird on earth" bezeichnet wird, auch erhebliche negative ökologische und ökonomische Auswirkungen (Roy et al. 2006). Er besiedelt nicht nur anthropogen geprägte Lebensräume, sondern wird auch regelmäßig an naturnahen Standorten und in Schutzgebieten gefunden. Er konkurriert mit anderen Marienkäfern um Nahrung und verdrängt sie, da er aufgrund seiner Größe und Häufigkeit konkurrenzstärker ist. Er frisst auch andere blattlausfressende Insekten, z. B. Larven von Florfliegen und Schwebfliegen, wodurch sich seine Auswirkungen auf die ganze Gilde der blattlausfressenden Insekten erstrecken („intraguild predator"). Im Herbst ernähren sich die Tiere auch von reifem Obst und Weintrauben. Bei der Lese sind die Käfer nicht von den Trauben zu trennen und werden mitgepresst. Die in ihnen enthaltenen Alkaloide geben dem Wein einen unangenehmen, bitteren Beigeschmack. Im Herbst werden die Tiere lästig, wenn sie auf der Suche nach Überwinterungsquartieren in Wohnungen eindringen.

**Steuerungsmöglichkeiten**: Ein genereller Stopp der Verwendung als Nützling ist angebracht. Wiedereinschleppungen sind durch Befallskontrollen an Früchten und Schnittblumen zu verhindern. Zur biologischen Kontrolle werden verschiedene Parasiten (z. B. die in Europa einheimische Braconidae *Dinocampus coccinellae*) und Pathogene (z. B. der Pilz *Beauveria bassiana*) getestet.

### 9.8.2 Bienenstöcke

Die Europäische **Honigbiene** (*Apis mellifera mellifera*) und die „Kärntner"- oder „Krainer"-Biene (*A. m. carnica*) werden weltweit bevorzugt zur Honigproduktion verwendet. Sie können bei hoher Bestandsdichte mit Wildbienen um Nahrung konkurrieren und deren Bestände und Bestäubungsleistung beeinträchtigen (Evertz 1995, Goulson 2003, Thomson 2004). Da die Produktivität der Europäischen Honigbiene in den Tropen deutlich verringert ist, wurden 1956 südafrikanische Honigbienen (*Apis mellifera scutellata*) nach Brasilien importiert, um diese mit der Europäischen Honigbiene zu kreuzen und um produktivere Bienenvölker zu erhalten. Bereits ein Jahr später sind 26 Schwärme mit südafrikanischen Königinnen entkommen, die sich bei ihrer Ausbreitung immer wieder mit der Europäischen Honigbiene gekreuzt haben. Diese „afrikanisierten" Bienen behielten viele ihrer ursprünglichen Eigenschaften. Sie breiteten sich mit 160–500 km pro Jahr in Südamerika rasch nach Norden aus und verdrängten dabei die Europäische Honigbiene. 1990 erreichten sie den Süden der USA (Schneider et al. 2004). In dichter besiedelten Regionen hatte der Kontakt mit Menschen mitunter dramatische Folgen, denen die Bienen den Namen „Killerbienen" verdanken.

Die für Europa zuerst 2005 in Südfrankreich gefundene und sich rasch ausbreitende **Asiatische Hornisse** (*Vespa velutina*) attackiert Europäische Honigbienen, die mangels Anpassung – anders als asiatische Honigbienen – sich nicht gegen den neuen Räuber verteidigen (Tan et al. 2007). Wesentlich weit reichender sind jedoch die Folgen eines Parasiten, der **Varroamilbe** (*Varroa destructor*). Sie stammt ursprünglich aus Asien, wo sie an der Indischen Honigbiene *Apis cerana* lebt, die sich ko-evolutiv an den Parasiten angepasst hat. In den 1950er-Jahren erweiterte die Milbe ihr Wirtsspektrum und ging auf die Europäische Honigbiene als neuen Wirt über, mit dem sie in den folgenden Jahrzehnten fast weltweit verschleppt wurde. Im Jahr 2000 erreichten die Milben trotz Bienenimportverbots und hohen Sicherheitsstandards

#### Erfolgreiche Prävention? Der Kleine Bienenstockkäfer in Europa

Der aus Südafrika stammende Kleine Bienenstockkäfer (*Aethina tumida*), aus der Familie der Glanzkäfer (Nitidulidae), wurde vermutlich 1996 mit Schiffen nach Florida verschleppt, wo er auf die dort gehaltenen europäischen Honigbienen übergegangen ist. Die Käferlarven fressen im Bienenstock Wachs, Pollen und Honig, zerstören Brutwaben und verunreinigen mit ihrem Kot den Honig, sodass er für Bienen und Menschen ungenießbar wird. Aufgrund der fehlenden ko-evolutiven Anpassungen erkennen die Bienen den Käfer nicht als Parasit, sondern beteiligen ihn sogar beim Austausch von Nahrung im Nest. Durch die massenhafte Entwicklung der Käfer werden die Bienenvölker geschwächt und geben den Stock schließlich auf (Neumann & Elzen 2004). Neben den Ertragsverlusten werden auch Rückgänge der Bestäubungsleistung befürchtet, da der Käfer auch außerhalb von Bienenstöcken sowie bei Wildbienen und Hummeln überleben kann (Hoffmann et al. 2008). Durch den uneingeschränkten (auch internationalen) Bienenhandel hat er sich bereits in über 30 Bundesstaaten der USA ausgebreitet. Im Jahr 2000 wurde er auch in Ägypten, 2002 in Australien und Kanada und im Oktober 2004 in Königinnenversandkäfigen in Portugal festgestellt und noch in Quarantäne vernichtet. 2003 wurde der Käfer von der Europäischen Kommission auf die Liste der anzeigepflichtigen Krankheiten gesetzt und Restriktionen zum Bienenimport aus Drittländern sowie strengere Befallskontrollen verordnet.

Neuseeland und zwei Jahre später auch Hawai'i. Einzig Australien und das zentrale Afrika sind noch „varroafrei". In Mitteleuropa ist die Milbe seit den 1970er-Jahren bekannt und mittlerweile weit verbreitet. Sie lebt parasitisch an Larven, Puppen und erwachsenen Tieren, von deren Körperflüssigkeit sie sich ernährt. Freilebende Milben überleben nur wenige Tage. Eiablage, Entwicklung und Paarung erfolgen in den Brutzellen, bevorzugt in Drohnenbrut. Die befruchteten Weibchen verlassen dann mit der adulten Biene die Brutzelle. Die größten wirtschaftlichen Ertragseinbußen wurden in Europa in den 1970er-Jahren verursacht, aber auch aktuell sind immer noch Gegenmaßnahmen erforderlich. Empfohlen werden verschiedene Chemotherapeutika, die Entfernung der Drohnenwaben, Wärmebehandlungen und laufende Befallskontrollen.

Auch der Kleine Bienenstockkäfer (*Aethina tumida*) bedeutet eine große Gefahr für Honigbienen. Seine Ausbreitung in Europa konnte jedoch bislang verhindert werden.

### 9.8.3 Thermalquellen und Thermalgewässer

Thermalquellen und -gewässer sind in Mitteleuropa selten und werden von wenigen, hoch spezialisierten Arten besiedelt. Da das Wasser aufgrund geothermaler Energie ganzjährig gleich bleibend über 20 °C warm ist, bietet es auch einigen tropischen Arten einen Lebensraum. Die Flora und Fauna von Thermalgewässern wird häufig von nichteinheimischen Arten dominiert, die aus Aquarien stammen (Tab. 62).

## 9.9 Auswirkungen

### 9.9.1 Ökologische Auswirkungen

In den vorigen Abschnitten wurden bereits zahlreiche ökologische Auswirkungen von Neozoen angesprochen. Zusammengefasst und mit weiteren Beispielen illustriert sind dies:

**Tab. 62** Beispiele nichteinheimischer Tierarten in mitteleuropäischen Thermalquellen

| Gruppe/Art | Dt. Name | Herkunft | Vorkommen in Europa | Anm. |
|---|---|---|---|---|
| **Fische** | | | | |
| *Hemichromis letourneauxi* (Cichlidae) | Juwelen-Buntbarsch | Tropisches Afrika | Österreich | lokal in einer Thermalquelle in Kärnten |
| *Hemichromis fasciatus* (Cichlidae) | Fünffleck-Cichlide | Tropisches Afrika | Österreich | lokal in einer Thermalquelle in Kärnten |
| **Schnecken** | | | | |
| *Melanoides tuberculatus* (Thiaridae) | Nadel-Kronenschnecke | (Sub)Tropen der Alten Welt | vermutlich in ganz Europa | auch in Glashäusern |
| *Pseudosuccinea columella* (Lymnaeidae) | Amerikanische Schlammschnecke | N Amerika, S Amerika | Italien, Rumänien, Österreich | auch in Glashäusern |
| *Subulina octona* (Subulinidae) | – | Neotropen | Großbritannien, Dänemark, Tschechische Republik | |

**Prädation:** Räuberische Arten üben einen unmittelbaren Einfluss auf den Bestand ihrer Beute aus. Durch die fehlende evolutive Anpassung der Beutetiere an neue Räuber in ihren Lebensräumen sind deren Auswirkungen oft dramatisch. In den 1980er-Jahren wurde die Rippenqualle *Mnemiopsis leidyi* von der Atlantikküste Nord- und Südamerikas mit Ballastwasser in die Nord- und Ostsee, das Mittelmeer und das Schwarze Meer verschleppt. Sie kann sehr häufig werden (bis zu 300 Tiere pro $m^3$ Wasser), ernährt sich räuberisch von Zooplankton und wird für den Rückgang von Fischen verantwortlich gemacht, die sich davon ernähren. Im Schwarzen Meer hat dies erhebliche fischereiwirtschaftliche Bedeutung (Shiganova 1998). Mit dem Auftreten der aus dem Nordatlantik eingeschleppten Rippenqualle *Beroe ovata*, die sich offenbar fast ausschließlich von *M. leidyi* ernährt, gingen deren Bestände in den 1990er-Jahren wieder zurück.
**Herbivorie:** Durch Pflanzenfraß können Arten wie Wildkaninchen, Bisamratte oder Nutria Pflanzen direkt schädigen und stark auf die Struktur und Zusammensetzung der Vegetation einwirken. Der Graskarpfen (*Ctenopharyngodon idella*) stammt aus Ostasien und wurde um 1965 in Deutschland und um 1975 in Österreich erstmals zur Bekämpfung von Wasserpflanzen eingesetzt (Arnold 1990). Er frisst unter idealen Bedingungen täglich mehr als sein eigenes Körpergewicht an pflanzlicher Nahrung und kann die Unterwasservegetation in Stillgewässern vollständig vernichten (Herzig et al. 1994). Sind die Wasserpflanzen aufgebraucht, wird selbst die Ufervegetation von den Fischen genutzt. Der Verlust der Wasserpflanzen hat auch Auswirkungen auf die Plankton- und Wirbellosengemeinschaften sowie auf strukturgebundene Jungfische (Bain 1993). Für Mitteleuropa liegen bisher keine gesicherten Reproduktionsnachweise vor, aber da die Tiere bis zu 20 Jahre alt werden können, sind sie für lange Zeit in Ökosystemen präsent.
**Konkurrenz:** Wenn verschiedene Arten um Nahrung oder Lebensraum konkurrieren, ist die teilweise oder vollständige Verdrängung einer Art möglich. Einige aquatische Neozoen besiedeln Gewässerböden in so großer Zahl, dass kein Platz mehr für andere Arten bleibt. Beispiele sind die Wandermuschel oder auch die Neuseeländische Zwergdeckelschnecke (*Potamopyrgus antipodarum*), von denen bis zu 100 000 Individuen pro $m^2$ zu finden sind. Auch der Schlickkrebs *Chelicorophium curvispinum* kann mit bis zu 200 000 Individuen pro $m^2$ Gewässerlebensräume monopolisieren. Bekannte Beispiele für Konkurrenz um Nahrung sind das Grauhörnchen, der Mink und der Asiatische Marienkäfer.
**Übertragung von Krankheiten:** Neben der Übertragung von Pathogenen und Pilzen (vgl. Kap. 8) können mit Neozoen auch deren Parasiten verschleppt werden und auf neue Wirtsarten übergehen. Ein Beispiel hierfür ist der Aal-Schwimmblasenwurm (*Anguillicola crassus*), ein gefährlicher Aal-Parasit, der mit infizierten Japanischen Aalen importiert wurde und in Europa auf den Europäischen Aal übergegangen ist (Sures & Knopf 2004). Auch der Amerikanische Leberegel (*Fascioloides magna*) erweiterte in Europa sein Wirtsspektrum auf Rot- und Rehwild, nachdem er im 19. Jahrhundert mit infizierten Weißwedelhirschen oder Wapitis aus Nordamerika eingeschleppt wurde (Ursprung et al. 2006).
**Hybridisierung und Introgression**. Einheimische Arten können durch Kreuzung und Rückkreuzung mit eingeführten Arten gefährdet werden. Klassisches Beispiel ist die aus dem westlichen Nordamerika und der Karibik stammende Schwarzkopfruderente (*Oxyura jamaiensis*). Sieben Exemplare wurden 1948 als Ziervögel nach Großbritannien importiert, wo bereits 1953 erste Tiere verwilderten und ab 1960 Freilandbruten festgestellt wurden (Kestenholz et al. 2005). Der

Winterbestand betrug im Jahr 2000 rund 6000 Vögel (Smith et al. 2005). Seit den 1960er-Jahren häufen sich Nachweise entlang der atlantischen Küste und auch auf dem europäischen Festland. Einzelne Tiere in Mitteleuropa können auch auf örtliche Gefangenschaftsflüchtlinge zurückgehen. Die Schwarzkopfruderente erreichte 1983 die Iberische Halbinsel, wo es seit 1991 zu Hybridisierungen mit der seltenen und durch Habitatverlust stark rückläufigen Weißkopfruderente (*Oxyura leucecephala*) kommt. Wegen der Fertilität der Nachkommen und regelmäßiger Rückkreuzungen der Hybriden wird befürchtet, dass die einheimische Art in einem Hybrid-Komplex aufgeht und damit ihre genetische Identität verliert.

**Ökosystemare Auswirkungen:** Beispiele sogenannter „ecosystem engineers" zeigen, dass Neozoen die Zusammensetzung, Struktur und Funktion von Ökosystemen nachhaltig beeinflussen können. So verändert der nordamerikanische Biber (*Castor canadensis*) im südamerikanischen Feuerland nicht nur die Verteilung und Zusammensetzung der Waldvegetation, sondern auch die Artenvielfalt und das Vorkommen verschiedener funktionaler Gruppen im Gewässer (Anderson & Rosemond 2007). Wie nichteinheimische Arten auf bestehende Beziehungen zwischen Pflanzen und Bestäubern, Räubern und Beute oder Wirt und Parasit auf allen trophischen Ebenen einwirken, ist noch wenig untersucht. Nach Morales & Traveset (2009) haben Neophyten einen überwiegend negativen Einfluss auf die Bestäubung und Reproduktionsleistung einheimischer Pflanzenarten.

### 9.9.2 Auswirkungen auf die menschliche Gesundheit

Einen globalen Überblick über nichteinheimische humanpathogene Insekten als Vektoren gibt Lounibos (2002). Das weitgehende Fehlen mitteleuropäischer Beispiele in dieser Arbeit verdeutlicht die bislang vergleichsweise geringe Bedeutung des Themas für Europa. Eine Ausnahme bildet der **Tigermoskito** (*Aedes albopictus*). Dieses aus Südostasien stammende Insekt wurde vermutlich in den 1980er-Jahren mit importierten Autoreifen nach Nordamerika verschleppt, wo es sich weiter ausgebreitet hat. Alte Autoreifen werden um die ganze Welt transportiert, da deren Wiederverwertung ein technisch aufwändiger Prozess ist, den nur wenige Firmen weltweit durchführen. In Reifen kann sich Wasser ansammeln, in dem Stechmückenlarven überleben und den Transport unbeschadet überstehen können. Ein anderer Einführungspfad sind asiatische Zierpflanzen (lucky bamboo), die mit Wasser in den Handel kommen.

In Europa wurde der Tigermoskito erstmals 1979 in Albanien festgestellt. 1990/1991 wurden die Tiere vermutlich mit Autorreifen aus Amerika nach Norditalien und Südfrankreich eingeschleppt. Eine langsame Ausbreitung in nördlicher Richtung zeichnet sich ab, sodass Vorkommen im westlichen Österreich zu erwarten sind (Abb. 83). Die Art wurde auch nach Südamerika und Afrika verschleppt. Erfolgsrezept des Tigermoskitos ist seine hohe Temperaturtoleranz und die Fähigkeit in kleinsten Wasseransammlungen den vollständigen Entwicklungszyklus zu durchlaufen.

Besondere Bedeutung hat der Tigermoskito als Überträger des Dengue-Fiebers, einer in den Tropen verbreiteten Virusinfektion mit mehreren Millionen jährlicher Erkrankungsfälle. Während die Krankheit meist komplikationslos abklingt, können bei Kindern unter zehn Jahren innere und äußere Blutungen auftreten und auch zum Tod führen. Auch das West-Nile-Virus wird von Mücken der Gattungen *Aedes* und *Culex* übertragen. Dabei handelt es sich um eine meist harmlos verlaufende Infektionskrankheit, die erstmals in Uganda diagnostiziert wurde. Im Sommer

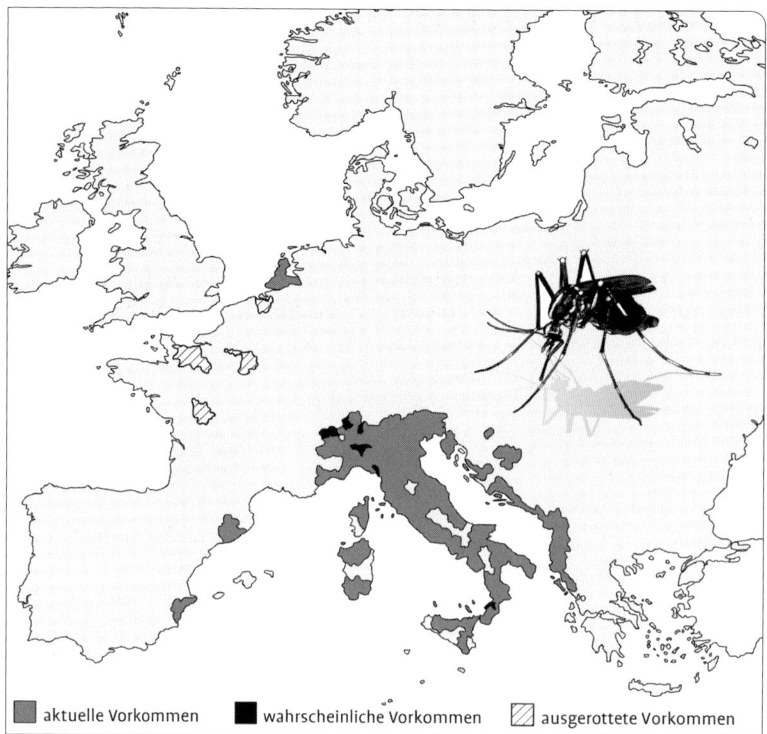


**Abb. 83** Verbreitung des Tigermoskito (*Aedes albopictus*) in Europa (Stand 2008; http://ecdc.europa.eu).

1999 erkrankten die ersten Personen in den USA. Wahrscheinlich sind die Viren mit importierten infizierten Vögeln über den Ozean gelangt. Das Virus ist auch in Europa präsent, allerdings bisher bedeutungslos. 2007 kam es in Italien zu einem regionalen Ausbruch des aus Afrika stammenden Chikungunyafiebers, das ebenfalls vom Tigermoskito übertragen wird. Vorkommen des Tigermoskitos sollten durch ein regelmäßiges Monitoring frühzeitig erkannt werden. Die Bekämpfung schließt die Trockenlegung möglicher Entwicklungshabitate und die Anwendung von Bt-Präparaten und Insektiziden ein.

# 10 Bewertung biologischer Invasionen

In Mitteleuropa sind biologische Invasionen spätestens seit Mitte des 19. Jahrhunderts Gegenstand der Wissenschaft. Seit den 1980er-Jahren sind sie auch Thema eines öffentlichen Diskurses. Massenmedien haben den Sensationswert des Phänomens entdeckt: aus „Pflanzenwanderungen unter dem Einfluss des Menschen", die Thellung 1915 beschrieb, wurden „Invasionen von Killerpflanzen". Die Öffentlichkeit ist sensibilisiert, Naturschützer sind mobilisiert, und die Produzenten und Abnehmer nichteinheimischer Tiere und Pflanzen sind irritiert. Politik und Verwaltung sind auf dem Weg, Verpflichtungen zur Begrenzung biologischer Invasionen einzulösen, die aus dem nationalen und internationalen Recht resultieren. Welchen Stellenwert biologische Invasionen in Mitteleuropa haben und wie dringlich zu handeln ist – hierüber wird heftig gestritten. Vor Übertreibung warnen die einen, vor Verharmlosung die anderen.

Der Hinweis auf die dramatische Situation in anderen Teilen der Welt wird häufig mit der Einschätzung verbunden, „bei uns" sähe es doch ganz anders, und zwar „weniger schlimm" aus. Auch wenn dies zuträfe, ersetzt diese Einsicht doch nicht die nötige Einschätzung des in Mitteleuropa tatsächlich bestehenden Konfliktpotenzials. Für eine angemessene Bewertung biologischer Invasionen müssen verschiedene Schritte durchlaufen werden.

- Zunächst geht es um eine **sachliche Analyse** der Auswirkungen biologischer Invasionen auf die biologische Vielfalt, die in Kap. 10.1 auf der Basis der in den vorigen Kapiteln dargestellten Beispiele im Überblick vorgenommen wird. Aber auch gesundheitliche und ökonomische Auswirkungen neuer Arten sind in einer über eine enge Naturschutzsicht hinausgehenden Analyse zu berücksichtigen.
- Ob und wo die Auswirkungen einer bestimmten Art oder aller Neobiota positiv oder negativ sind, ergibt sich nicht „von selbst" aus der Sachanalyse. Dies wäre ein naturalistischer Fehlschluss, da eine Bewertung immer von den dabei zugrunde liegenden Wertvorstellungen abhängt. Solche **normativen Grundlagen** werden in Kap. 10.2 besprochen. Nationale und internationale rechtliche Regelungen bilden einen wichtigen normativen Rahmen für Bewertungen. Die darin enthaltenen Ziele sind allerdings häufig so allgemein formuliert, dass große Spielräume bei ihrer Ausfüllung bestehen. Daher müssen Ziele und Leitbilder des Naturschutzes formuliert werden, die – je nach Ausrichtung – zu ganz verschiedenen Bewertungsergebnissen führen können.
- Am Beispiel eines naturschutzfachlichen **Bewertungsansatzes** wird in Kap. 10.2.3 veranschaulicht, wie transparente Bewertungen durchgeführt werden können.
- Schließlich wird das **Konfliktfeld** biologischer Invasionen am Beispiel der nichteinheimischen Pflanzenarten in Deutschland umrissen (Kap. 10.3). Welche Konsequenzen auf der Handlungsebene daraus gezogen werden können, ist Gegenstand des abschließenden Kapitels 11.

## 10.1 Auswirkungen biologischer Invasionen im Überblick

### 10.1.1 Auswirkungen auf die biologische Vielfalt

Biologische Invasionen verändern die biologische Vielfalt auf allen Ebenen – auch in Mitteleuropa, wie die Beispiele aus den vorigen Kapiteln veranschaulichen. Die Veränderungen betreffen

- die genetische Struktur von Populationen,
- die Zusammensetzung von Lebensgemeinschaften,
- die Verbreitungsmuster von Tieren und Pflanzen auf der lokalen bis hin zur globalen Ebene,
- die Struktur und Funktion von Ökosystemen, auch unter Einschluss von Wirkungskaskaden, die Nahrungsnetze, Stoffkreisläufe und damit auch ganze Landschaften verändern können.

Tab. 63 veranschaulicht mit einigen mitteleuropäischen Beispielen die **Mechanismen und Wirkungsebenen**, die dabei zum Tragen kommen können. Die Folgen sind ökologisch und in höchstem Maße auch evolutionär und biogeographisch relevant. Denn was natürlicherweise nie oder nur über sehr lange Zeiträume geschehen würde, kann durch biologische Invasionen in erdgeschichtlich kurzer Zeit nahezu „schlagartig“ angestoßen werden (vgl. Tab. 5).

Das Ausmaß solcher Veränderungen erschließt sich nicht nur den Experten in detaillierten wissenschaftlichen Analysen, sondern ist häufig ganz unmittelbar aus der Landschaft ablesbar. Neophyten wie Goldrute, Springkraut oder Robinie können landschaftsprägend sein; ein kleiner Schmetterling führt vor fast jeder Haustür zum vorzeitigen Blattfall bei Rosskastanien; Neomyceten haben Ulmen als Straßenbäume und Edelkrebse aus Gewässern verdrängt. Fischer haben nun amerikanische Krebse in ihren Reusen und neue Fischarten am Haken usw.

Die invasionsbiologische Forschung hat in den letzten Jahren rapide Forschritte gemacht, worauf die exponentielle Zunahme der Publikationen hindeutet (Abb. 5). Ein

**Tab. 63** Ökologische, evolutionäre und biogeografische Auswirkungen biologischer Invasionen, differenziert nach der Wirkungsebene und beteiligten Prozessen

| Wirkungsebene | Prozesse | Auswirkungen (mitteleuropäische Beispiele) |
|---|---|---|
| **Individuen, Populationen** | inter-spezifische Konkurrenz | • Abundanzverminderungen, Erlöschen von Individuen und Teilpopulationen von Uferpflanzen durch Staudenknöterichsippen, von Waldbodenpflanzen durch die Spätblühende Traubenkirsche, von Magerrasenarten durch Goldruten und Staudenlupinen, von Felsbewohnern durch Douglasien, beim Eichhörnchen infolge der Ausbreitung des Grauhörnchens<br>• verminderte Biomasseproduktion anderer Arten in Dominanzbeständen von Uferhochstauden, von Kulturpflanzen durch archäo- und neophytische Ackerunkräuter<br>• geringerer Regenerationserfolg bei Eichen infolge der Beschattung durch *Prunus serotina*<br>• Erlöschen von (Meta-)Populationen, z. B. im standörtlichen Überschneidungsbereich von *Impatiens noli-tangere* und *I. parviflora* |

| Tab. 63 Fortsetzung | | |
|---|---|---|
| **Wirkungsebene** | **Prozesse** | **Auswirkungen (mitteleuropäische Beispiele)** |
| | Herbivorie | • Rückgang von Dünen- und Grünlandpflanzen infolge der Beweidung durch Kaninchen<br>• Beeinträchtigung der Gehölzverjüngung durch Damhirsche<br>• der Bisam als (Teil-)Ursache des Röhrichtrückgangs<br>• Rückgang von Wasserpflanzen nach Beweidung durch Graskarpfen<br>• Beeinträchtigung von Kulturpflanzen durch die San-José-Schildlaus, den Maiszünsler, Kartoffelkäfer und Nacktschnecken |
| | Prädation | • Verluste bei See- und Wasservögeln durch den Mink mit anschließenden Verhaltensänderungen der Vögel (Feindvermeidungsstrategien)<br>• Förderung von Räubern wie Fuchs u. a. durch Vorkommen von Kaninchen, Fasan<br>• Nutzung neozoischer Planktonarten in limnischen und marinen Gewässern durch Vertreter höherer trophischer Stufen<br>• Reduktion von Regenwurmpopulationen durch den Neuseelandplattwurm (NW Europa)<br>• Förderung von Wasservögeln durch das Nahrungsangebot der Dreikantmuschel |
| | Parasitismus | • Erhöhung von Seneszenz und Mortalität bei Ulmenarten nach Befall mit den Neomyceten *Ophiostoma ulmi, O. novo-ulmi*<br>• verminderte Biomasseproduktion von Uferhochstauden durch neophytische *Cuscuta*-Arten, von Kultur- und Zierpflanzen durch neomycetische Mehltauarten |
| | Allelopathie | • Unterdrückung des Unterwuchses vermutet bei *Prunus serotina, Aesculus hippocastanum, Ailanthus altissima, Juglans nigra, Bunias orientalis* |
| **Arten/Taxa** | Arealerweiterung | • Aufbau und Erweiterung sekundärer Areale von Neobiota, z. B. *Impatiens parviflora* und die hierauf angewiesene Blattlaus *Impatientinum asiaticum* in Mitteleuropa |
| | Rückgängig | • Aussterben indigener Taxa oder Einschränkung ihres Areals (auf Artebene für Mitteleuropa wenig relevant, unterhalb der Artebene keine Einschätzung möglich)<br>• Beitrag zu Gefährdung und Rückgang indigener Taxa innerhalb ihres Areals (z. B. Verdrängung von Magerrasenarten durch *Robinia, Lupinus*, das Grauhörnchen als Rückgangsfaktor für das Eichhörnchen auf den Britischen Inseln)<br>• Gefährdung von Wildobstsippen durch Hybridisierung und Rückkreuzung mit Kultursippen |

**Tab. 63** Fortsetzung

| Wirkungsebene | Prozesse | Auswirkungen (mitteleuropäische Beispiele) |
|---|---|---|
| | Rückgang | • Rückgang gebietstypischer Gehölzsippen durch Hybridisierung mit Pflanzen unbekannter oder fremder Herkünfte<br>• Gefährdung der Weißkopf-Ruderente durch Hybridisierung mit der Schwarzkopf-Ruderente<br>• Rückgang von (Rest-)Populationen einheimischer Tierarten durch Vermischung mit ausgesetzten fremden Herkünften einheimischer Arten (z. B. Biber, Forellen, Lachs, Hecht, Zander) oder mit ausgesetzten Neozoen (z. B. Stockenten, Wildgänse) |
| | Sippenneubildung durch Hybridisierung, Introgression, Mutation | • Sippenneubildung durch Hybridisierung zwischen heimischen und nichteinheimischen (z. B. *Heracleum mantegazzianum* × *H. sphondylium*) bzw. unter nichteinheimischen Sippen (*Fallopia* × *bohemica, Spartina anglica*)<br>• Art- und Gattungshybriden bei Gänsen (Anser, Branta)<br>• Entstehen anthropogener Sippen (z. B. Leinunkräuter, *Oenothera*-Sippen, herbizidresistente Sippen von *Chenopodium, Amaranthus, Conyza*) |
| **Lebensgemeinschaften** | Erweiterung des Ressourcenangebots | • neue biozönotische Beziehungen durch Arealerweiterung bei Neomyceten und Neozoen im Gefolge ihrer Wirts- bzw. Nahrungspflanzen (z. B. der Pilz *Puccinia komarovii* und die Blattlaus *Impatientinum asiaticum* auf *Impatiens parviflora*) sowie Begünstigung ihrer Prädatoren<br>• Erweiterung des Wirtsspektrums bei Phytophagen (überwiegend polyphage Arten) und Begünstigung ihrer Parasiten und deren Prädatoren (Abundanzerhöhung)<br>• Erhöhung der Generationsfolge bei der Wanze *Nysius senecionis* durch *Senecio inaequidens*<br>• Förderung bestimmter Nahrungsgilden, z. B. der Nutzer extrafloraler Nektarien an *Impatiens glandulifera*<br>• standörtliche Erweiterung der Populationen von Parasiten und deren Räuber, z. B. bei *Senecio inaequidens* auf Bergehalden, bei *Impatiens parviflora* im Buchenwald<br>• Förderung nitrophiler Pflanzen durch N-Bindung von Robinie, Staudenlupine |
| | Einschränkung des Ressourcenangebots | • Benachteiligung steno- und oligophager Insekten sowie ihrer Gegenspieler infolge der Verdrängung ihrer Nahrungspflanzen durch Neophyten<br>• Benachteiligung (auch: Förderung) von Phytophagen sowie ihrer Gegenspieler durch veränderte Eigenschaften (Inhaltsstoffe, Oberflächenstruktur) fremder Herkünfte oder Kultursorten ihrer Nahrungspflanzen |

**Tab. 63** Fortsetzung

| Wirkungsebene | Prozesse | Auswirkungen (mitteleuropäische Beispiele) |
|---|---|---|
| | Einschränkung des Ressourcenangebots | • Benachteiligung xerothermer Arten durch beschattende Neophyten<br>• Benachteiligung annueller Pionierarten durch ausdauernde Neophyten<br>• Beinträchtigung der Gehölzverjüngung mittels Beschattung durch *Prunus serotina* |
| | Veränderung von Vegetationsstrukturen | • Etablierung neuer Lebensformen (Annuelle auf vegetationsfreien Standorten, Ausdauernde anstatt Annueller, Gehölze anstatt Krautiger, Bäume anstatt Sträucher)<br>• Einfügung zusätzlicher Vegetationsschichten (z. B. *Impatiens parviflora* in krautschichtfreien Buchenwaldgesellschaften, *Robinia, Pinus strobus, Pseudotsuga* auf Waldgrenzstandorten, *Prunus serotina* in lichten Kiefernforsten) |
| | Vegetationsdynamik | • Hemmung der Sukzession durch Behinderung der Etablierung von Folgearten, z. B. von Gehölzarten in *Fallopia*- und *Solidago*-Populationen<br>• Beschleunigung und Ablenkung der Sukzession durch *Robinia pseudoacacia*<br>• Beschleunigung der Vegetationsentwicklung auf Extremstandorten, z. B. durch *Campylopus introflexus* auf tertiären Sanden, *Dittrichia graveolens, Senecio inaequidens, Buddleja davidii* auf Industriestandorten |
| **Ökosysteme** | Veränderung des Wasserhaushaltes | • Beeinflussung der Abflussmengen von Fließgewässern durch aufwuchsstarke Uferneophyten (z. B. *Fallopia*) in Rohrleitungen durch Überzüge mit Dreikantmuscheln<br>• erhöhte Retentionsfähigkeit durch Neophyten auf zuvor vegetationsfreien Standorten<br>• Beeinträchtigung von Feuchtgebieten durch erhöhte Evapotranspiration, z. B. bei Vaccinium *corymbosum* × *angustifolium, Prunus serotina* in degenerierten Mooren<br>• Vernässung von Salzwiesen infolge des durch *Spartina* behinderten Wasserabflusses<br>• Verminderung der Drainwirkung in Grünlandböden (Schottland) nach Reduktion von Regenwurmpopulationen durch den Neuseelandplattwurm |
| | Veränderung des Strahlungshaushaltes | • veränderte Strahlungsbilanz in zuvor lichten Kiefernforsten durch Einfügung dichter Strauchschichten von *Prunus serotina*<br>• verminderte Aufheizung der Oberflächen zuvor unbesiedelter Standorte durch Neophyten als Pionierpflanzen |

**Tab. 63** Fortsetzung

| Wirkungsebene | Prozesse | Auswirkungen (mitteleuropäische Beispiele) |
|---|---|---|
| | Sedimentation | • Förderung der Verlandung durch aufwuchsstarke Neophyten, z. B. *Elodea* in Stillgewässern, *Spartina* im Wattenmeer) |
| | | • Veränderung der Sedimentationsprozesse in Fließgewässern durch aufwuchsstarke Neophyten |
| | Erosion | • Förderung der Erosion an Deichen und Ufern durch Bisam und Neophyten mit geringem Unterwuchs (z. B. *Fallopia, Helianthus*) |
| | | • Festlegung offener Sande durch *Rosa rugosa, Campylopus introflexus*, Böschungsfestlegung durch *Robinia* |
| | Nährstoffdynamik und Bodenchemismus | • Veränderung des Stickstoffhaushaltes durch N-fixierende Arten (*Robinia, Lupinus*) |
| | | • Senkung des pH-Wertes durch Nadelgehölze (z. B. *Pseudotsuga menziesii, Pinus strobus*) |
| | | • Abbau des Schafdungs in Australien nach Einführung europäischer Regenwürmer |
| | Bodenbildung | • Beschleunigung durch Pionierbesiedler, z. B. *Senecio inaequidens, Buddleja davidii* auf Bergehalden |
| | | • Beeinflussung der Humusbildung durch *Robinia, Larix, Pseudotsuga* |

breites Spektrum möglicher Auswirkungen und zugrunde liegender Mechanismen ist bekannt und durch viele Fallstudien belegt. Die meisten davon betreffen allerdings Arten, die andere Arten oder sonstige Komponenten der biologischen Vielfalt beeinträchtigen. Insofern kann man davon ausgehen, dass negative Auswirkungen nichteinheimischer Arten in der Literatur – und der öffentlichen Diskussion – eindeutig überrepräsentiert sind. Beispiele fehlender oder sogar positiver Auswirkungen sind demgegenüber stark unterrepräsentiert. Neobiota können die biologische Vielfalt auf allen Ebenen beeinträchtigen, aber auch erweitern. Ob das gut oder schlecht ist, hängt von den persönlichen oder gesellschaftlichen Werthaltungen ab (siehe Kap. 10.2).

Für eine umfassende Einordnung von Invasionen auf der Sachebene (und damit auch als Voraussetzung für Bewertungen) sind auch quantitative Analysen notwendig, die über Fallbeispiele hinausgehen. Bislang liegen vor allem Verbreitungsdaten und Inventarisierungen neuer Arten für einzelne Regionen und Länder bis hin zur europäischen Ebene vor (DAISIE 2009). Solche Inventarisierungen sind wichtig und ermöglichen zusammen mit historischen Analysen verschiedene Bilanzierungen, etwa zur Florendynamik und zur Rolle von Neobiota.

#### 10.1.1.1 Florendynmaik und Artenrückgang

Untersuchungen zur Florendynamik in Mitteleuropa lassen verschiedene Trends erkennen, die auch regional bilanziert worden sind (z. B. Fukarek 1988, Landolt 2006; Abb. 84):

- Im Zuge der nacheiszeitlichen Erwärmung hat sich die Flora Mitteleuropas stetig erweitert, indem Arten auf natürlichen

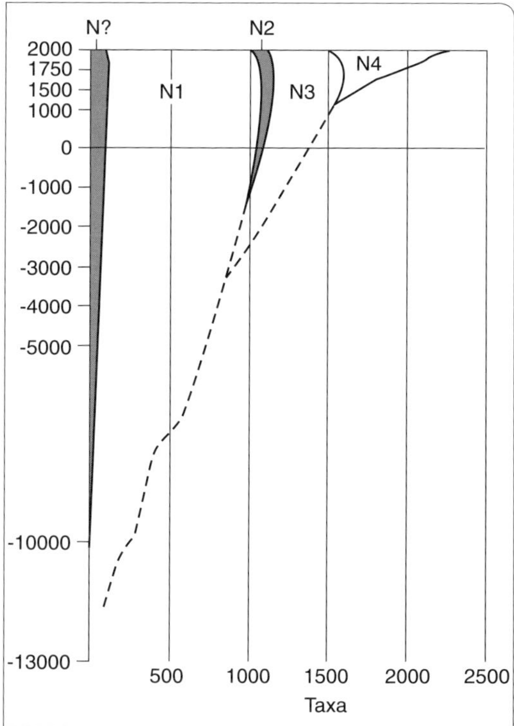


**Abb. 84:** Natürliche und anthropogene Erweiterung der Flora Mecklenburgs (Fukarek 1988). N1: 978 einheimische Sippen; N2–N4: nichteinheimische Sippen; darunter sind 69 auch in naturnaher Vegetation eingebürgert (N2, Agriophyten), 441 nur in anthropogener Vegetation (N3, Epökophyten); 727 sind (noch) nicht eingebürgert (N4, Ephemerophyten).

Wegen in die vom Eis befreiten Gebiete zurückgewandert sind (einheimische Arten, N1 in Abb. 84).

- Spätestens mit der Etablierung von Ackerbau und Viehzucht vor etwa 6500 Jahren werden auch neue Arten durch Menschen nach Mitteleuropa eingeführt (Archäophyten bis 1492, danach Neophyten) – in südlichen Gebieten früher als in nördlichen und östlichen.
- Der Zustrom neuer Arten hält in der Neuzeit an und verstärkt sich deutlich im 19. Jahrhundert (siehe auch Abb. 8b). Ein Teil der neuen Arten kann auf ursprünglichen Naturstandorten oder auf Kulturstandorten dauerhafte Populationen aufbauen (N2 bzw. N3 in Abb. 84). Viele dieser Arten sind noch nicht etabliert (N4), könnten jedoch zukünftig von einer Erwärmung des Klimas profitieren.
- Im Kontrast zur Zunahme neuer Arten gehen einheimische Arten in der Neuzeit verstärkt zurück oder sterben sogar aus, wobei sich die Situation mit der Industrialisierung im 19. Jahrhundert zunehmend verschärft.
- Auch Neobiota sind vom Artenrückgang betroffen, jedoch deutlich weniger als Einheimische. Dabei sind Archäophyten stärker als Neophyten gefährdet.

Die Zahlen in Tab. 64 veranschaulichen den Stellenwert nichteinheimischer Arten am Beispiel der Flora Deutschlands. Knapp ein Viertel aller 2705 Arten sind Archäo- oder Neophyten. (Die große Gruppe der unbeständigen Neophyten ist dabei unberücksichtigt.) 165 Arten sind ausgestorben – oder davon bedroht. Dank der anthropogenen Florener-

## Bilanzierung der Florendynamik in Mecklenburg

Die Bilanzierung veranschaulicht den zeitlichen Prozess des Zugangs neuer Arten (Fukarek 1988, Abb. 84): Der Zugang an nichteinheimischen Arten (Gruppen N2–N4) begann in Mecklenburg mit der Kultur der Trichterbecherleute um 3200 v.Chr. Heute stehen 978 indigenen Arten (N1) 1237 Archäo- und Neophyten gegenüber, von denen 510 etabliert sind (N2, N3). Bislang sind 41 Arten ausgestorben. Biologische Invasionen haben damit eine erhebliche Erweiterung der mecklenburgischen Flora bewirkt. Der Anteil nichteinheimischer Arten beträgt 56% oder 34%, wenn nur etablierte Arten berücksichtigt werden. Landolts (1991a, 1992) Bilanzierung für Zürich erbringt ähnliche Ergebnisse.

**Tab. 64** Stellenwert nichteinheimischer Pflanzenarten in der Flora Deutschlands (Datengrundlage: Korneck et al. 1996, Wisskirchen & Haeupler 1998, Lohmeyer & Sukopp 2001; Tab. 39 und Tab. 70)

| Flora Deutschlands | Artenzahl | % |
|---|---|---|
| **Gesamtflora*** | **2705** | **100** |
| Indigene | 2078 | 76,8 |
| Archäo- und Neophyten* | 627 | 23,2 |
| Archäophyten | 247 | 9,1 |
| etablierte Neophyten | 380 | 14,1 |
| ausgestorbene und verschollene Arten | 47 | 1,7 |
| vom Aussterben bedrohte Arten | 118 | 4,4 |
| **Neobiota*** | **627** | **100** |
| Archäophyten | 247 | 39,4 |
| etablierte Neophyten | 380 | 60,6 |
| in naturnaher Vegetation etablierte Archäo- und Neophyten (Agriophyten) | 277 | 44,2 |
| spezifisch bekämpfte Archäo- und Neophyten | 50 | 8,0 |

* ohne Berücksichtigung unbeständiger Neophyten

weiterung fällt die **Florenbilanz** für Deutschland trotz des massiven Artenrückgangs insgesamt positiv aus: Wesentlich mehr Arten sind neu hinzugekommen als ausgestorben. Die Zahl der etablierten Nichteinheimischen übersteigt die Zahl der ausgestorbenen Einheimischen etwa um das 13fache und die Zahl der vom Aussterben bedrohten Arten um das 5fache. Auch die Anzahl der in naturnaher Vegetation eingebürgerten Pflanzenarten übertrifft die Zahl der Ausgestorbenen etwa um das 6fache.

Auf einer niedrigeren räumlichen Ebene kann die Bilanz jedoch ganz anders ausfallen. In Thüringen konnte beispielsweise für gut untersuchte Messtischblatt-Viertelquadranten eine dramatische Florenverarmung belegt werden: einem Verlust von durchschnittlich 76,7 Arten steht ein Gewinn von nur 22,3 neuen Arten gegenüber. Dabei sind im Zeitraum 1950 bis 1989 wesentlich mehr Arten als davor ausgestorben (Korsch & Westhus 2004).

Zu betonen ist, dass solche Bilanzen sachliche Analysen und keine Bewertungen darstellen. Naturschutzfachlich haben Arten eine unterschiedliche Bedeutung. Mit der Verdrängung einer Art aus einem Gebiet gehen die mit ihr verbundenen Informationen, örtliche Anpassungen und auch Nutzungsoptionen verloren. Bei Endemiten ist ein solcher Verlust unwiederbringlich. Insofern kann ein zahlenmäßiger „Überschuss" durch neue Arten nicht die verlorenen Qualitäten einheimischer Arten kompensieren. Unwiederbringlich ist allerdings auch das Aussterben neu entstandener Neobiota, deren Heimat zumeist die Kulturlandschaft ist (siehe Kap. 2.5.1).

Seit Mitte des 19. Jahrhunderts beschleunigt sich der Artenrückgang in Mitteleuropa – und in etwa parallel vollzieht sich die Zunahme neuer Arten. Hieraus ist jedoch nicht zwingend auf eine kausale Verbindung beider Prozesse zu schließen. Gewinner und Verlierer stehen in diesem Fall nicht auf zwei Seiten derselben Medaille, sondern auf einer Seite unterschiedlicher Medaillen. Vieles spricht dafür, das dieselben anthropogenen Ursachen, die zum Artenrückgang führen, häufig auch die Ausbreitung von Neobiota ermöglichen: indirekt durch Veränderungen in der Landnutzung oder bei Standorteigenschaften (siehe Kap. 3.5) oder ganz direkt durch eine Vielzahl sekundärer Ausbringungen (siehe Kap. 3.4). Wird das Ausbreitungsvermögen problematischer Arten häufig überschätzt, so wird der anthropogene Anteil ihres Erfolges eher unterschätzt (Kowarik 2003b).

Welche Bedeutung haben nun Neobiota als **Rückgangsursache** anderer Arten? In globaler Perspektive gelten biologische Invasionen als ein wesentlicher Gefährdungsfaktor der biologischen Vielfalt (Vitousek et al. 1997, Millenium Ecosystem Assessment 2005). So tragen Neobiota nach Wilcove et al. (1998) zum Rückgang von 57% der gefährdeten Arten der Vereinigten Staaten bei; darunter sind allerdings viele Arten aus Hawai'i. Inwieweit auch Pflanzen zum Aussterben anderer Arten geführt haben, ist umstritten (z. B. Sax & Gaines 2008). Vor allem in der südlichen Hemisphäre sind Invasionen ein wichtiger Schlüsselfaktor des Artenrückgangs (Kap. 2, Tab. 7 und 8), wogegen die Situation in Mitteleuropa als weniger dramatisch eingeschätzt wird (Tab. 4).

Aus **Mitteleuropa** ist bisher kein Fall bekannt, in dem nichteinheimische Arten zum Aussterben einer indigenen Art geführt hätten. Möglicherweise stellt die Verdrängung des Bodensee-Tiefensaiblings durch Fischbesatz eine Ausnahme dar (siehe Kap. 9.5.2). Doch auch in Mitteleuropa beschleunigen Neobiota den Artenrückgang. Die von amerikanischen Flusskrebsen übertragene Krebspest hat den Rückgang einheimischer Flusskrebse in den letzten rund 40 Jahren beschleunigt, weniger als ein Wimpernschlag für evolutionäre Zeiträume. Eine Anpassung ist kaum zu erwarten und die Zukunft der einheimischen Arten ist, auch wenn bislang keine Art ausgestorben ist, wenig optimistisch. In Deutschland tragen nichteinheimische Pflanzen zum Rückgang von 6% der in der Roten Liste verzeichneten Pflanzenarten bei (Korneck & Sukopp 1988). Bei etwa 5% der von Schepker (1998) untersuchten problematischen Neophytenpopulationen in Niedersachsen trat eine Konkurrenzsituation zu gefährdeten Pflanzenarten auf.

Warum bedeutet diese Situationsanalyse also **keine Entwarnung** für Mitteleuropa? Aussagen zum Aussterben und Artenrückgang betreffen einen wichtigen, relativ einfach quantifizierbaren Ausschnitt der biologischen Vielfalt, aber doch nur einen von mehreren. Bilanzierungen in Roten Listen integrieren Informationen zum Rückgang von Arten auf einer hohen räumlichen Ebene. Doch auch Veränderungen in der Artenzusammensetzung kleinerer Bezugsgebiete sind naturschutzfachlich höchst relevant.

Dabei kann allerdings von erhöhten oder verringerten Artenzahlen nicht einfach auf damit verbundene Folgen geschlossen werden. Eine einzige Art kann weit reichende Folgen auslösen, beispielsweise die Robinie in Magerrasen oder der Asiatische Laubholzbockkäfer an Bäumen. Aber auch das Gegenteil ist möglich, etwa bei den zahlreichen Neophyten, die sich in die Vegetation von Kiesbänken integrieren, anscheinend ohne andere Arten zurückzudrängen (Lohmeyer & Sukopp 1992). Insofern ist es schwierig, von der öfters für größere Bezugsgebiete berechneten positiven Korrelation zwischen der Anzahl einheimischer und nichteinheimischer Arten (z. B. Stohlgren et al. 2006) auf fehlende Beeinträchtigungen anderer Arten durch Neobiota zu schließen. Artenzahlen sagen nichts über Zustand und räumliche Verteilung von Populationen aus – und sie lassen wesentliche Bereiche der biologischen Vielfalt unberücksichtigt (genetische, landschaftliche Vielfalt).

Auch wird bei Gefährdungsanalysen selten unterschieden, ob Neobiota Ursache oder Wirkung von Landschaftsveränderungen sind.

Neobiota ausschließlich nach ihrer Rolle für den Artenrückgang zu beurteilen, verengt also die Perspektive unzulässig. Alle Ebenen der Biodiversität gleichermaßen zu beachten, ist jedoch ein wesentlicher Grundsatz der Biodiversitätskonvention (siehe Kap. 10.2.1). Insofern bestehen trotz aller Fortschritte noch **erhebliche Defizite** im umfassenden Verständnis der Auswirkungen biologischer Invasionen auf die biologische Vielfalt. Eine umfassende Einschätzung der Gefährdung der genetischen Vielfalt durch nichteinheimische Arten ist schwer zu bilanzieren, aber dennoch sehr realistisch (siehe Kap. 2.5.2). Auch ist weitgehend unbekannt, inwieweit Vegetationsveränderungen indirekt zur Gefährdung von Tieren beitragen. Bewertungen müssen sich daher oft auf die Verallgemeinerung von Fallbeispielen stützen. Dies ist völlig legitim. Nur sollten die Grenzen der Verallgemeinerungsfähigkeit bedacht werden. Auswirkungen von Neobiota können bei unterschiedlichen Arten, aber auch bei einer einzelnen Art in verschiedenen Gebieten stark variieren, was am Beispiel der Robinie veranschaulicht werden soll (Details hierzu in Kap. 6.2.5.5). Auswirkungen von Neobiota hängen ab

- von den **übergeordneten Umweltbedingungen** des besiedelten Gebietes. *Beispiel*: Robinien breiten sich nicht überall aus, wo sie gepflanzt werden, sondern vorwiegend in sommerwarmen Gebieten;
- von den **örtlichen Standortbedingungen**. *Beispiel*: Keimlinge der Robinie etablieren sich nur an offenen, hellen Stellen, und Wurzelausläufer dringen nur in mäßig gestörte Offenlandvegetation ein, also nicht in Acker oder Wald;
- vom **Stand und der Dauer des Invasionsprozesses**. *Beispiel*: Einzelne junge Robinien in einem Magerrasen haben keine große Wirkung, aber wenn im weiteren Invasionsverlauf ein geschlossener Bestand entsteht, werden Magerrasenarten weitgehend verdrängt. Junge Robinienbestände sind sehr artenarm, wogegen alte durchaus artenreich sein können;
- von den **Indikatoren**, mit denen Veränderungen der biologischen Vielfalt bemessen werden. *Beispiel*: Je nach der Auswahl einer Art oder Organismengruppe variieren die Ergebnisse, da verschiedene Pflanzen- und Tiergruppen sehr unterschiedlich von Robinien beeinflusst werden. Sie können gefördert oder beeinträchtigt werden;
- von der die **räumliche Ebene**, auf der dies geschieht. *Beispiel*: Während der Artenbestand eines Wuchsortes stark reduziert werden kann, kann die Artenzahl in einem größeren Gebiet steigen, da die Robinie durch Standortveränderungen zusätzlichen Arten Ressourcen bietet. Ob sich das

### Neobiota: Ursache oder Wirkung von Landschaftsveränderungen?

Häufig gehen problematische Dominanzbestände von Neophyten direkt auf menschliches Handeln zurück. Sie sind daher oft Symptom, nicht Ursache des Landschaftswandels und der damit verbundenen Folgen. Didham et al. (2005) haben anschaulich zwischen nichteinheimischen Arten als „passenger" und „driver" des Wandels unterschieden. Für Niedersachsen hat Schepker schon 1998 gezeigt, dass rund die Hälfte von 98 problematischen Neophytenbeständen direkt auf Anpflanzungen vor Ort (oder andere anthropogene Einbringung) zurückgehen oder erst durch eine tiefgreifende Standortveränderung möglich wurden (siehe Tab. 20). Beispielsweise dringt die Spätblühende Traubenkirsche (*Prunus serotina*) erst in Moore ein, nachdem diese entwässert worden sind. Das Wissen um die ursächlich anthropogene Ursache vieler Invasionsfälle unterstreicht die Bedeutung der Prävention. Nur ändert es wenig an weiteren Invasionsproblemen, die aus der Präsenz der Arten erwachsen können. Die Feuerwehr muss auch löschen, wenn Brandstifter am Werk waren.

Aussterben einzelner Arten an einem konkreten Wuchsort auf der Landschaftsebene fortsetzt, ist oft unbekannt.

Da viele Untersuchungen zu Auswirkungen von Neobiota blitzlichtartig einen oft sehr kurzen Ausschnitt eines lange währenden Invasionsprozesses erhellen („snapshot-studies"), sind langfristige Folgen von Invasionen oft schwer abschätzbar (Blossey 1999, Strayer et al. 2006). Solche Folgen können sich im Laufe der Zeit verschärfen, aber auch das Gegenteil ist möglich. So können sich Vögel mit der Zeit an neue Räuber anpassen, was beispielsweise beim Mink erfolgen könnte (siehe Kap. 9.3.2).

Ein Großteil der invasionsbiologischen Literatur hat einen deutlichen Schwerpunkt in der Analyse negativer Auswirkungen biologischer Invasionen. Auch bei den in diesem Buch genannten Beispielen ist dies der Fall. Dies ist angesichts der problemorientierten Ausrichtung angewandter Forschung nachvollziehbar. Auch in den Medien überwiegen Negativbeispiele, etwa nach dem Motto „bad news are good news" (zum Thema in den Medien vgl. Blömacher 2006). Für eine umfassende Einschätzung biologischer Invasionen ist jedoch nicht aus den Augen zu verlieren, dass die problematischen Fälle nicht zwingend für die Gesamtheit aller Arten stehen. Diese „Eisberghypothese" wird in Kap. 10.3.1.3 widerlegt. Neobiota können sich häufig in bestehende Lebensgemeinschaften einfügen und sogar einheimische Arten begünstigen (Rodriguez 2006). Der Chinarindenbaum ist ein Extrembeispiel, allerdings in doppelter Hinsicht: In Forstkulturen kann er die Etablierung von Endemiten fördern (Fischer et al. 2009), aber unter anderen Bedingungen gerade Endemiten besonders stark zurückdrängen (Jäger et al. 2009, siehe Kap. 2.3). Es kommt also immer auf den Einzelfall an.

#### 10.1.1.2 Homogenisierung von Floren und Faunen?

Biologische Invasionen führen zu einem Austausch zwischen den Floren und Faunen bislang isolierter Gebiete. Auf das Gesamtsystem Erde bezogen führt dies zu einer Angleichung des Artenbestandes. Das Ausmaß einer möglichen „biotischen Homogenisierung" wird seit einigen Jahren intensiv diskutiert (Barthlott et al. 1999, Olden et al. 2004). Vereinheitlichung und Entdifferenzierung werden gemeinhin mit einem Biodiversitätsverlust gleichgesetzt (Kinzelbach 1996). Salopp wird auch von globaler „MacDonaldisierung" der biologischen Vielfalt gesprochen.

Inwieweit die Floren oder Faunen einzelner Gebiete durch das Auftreten neuer Arten ähnlicher (Homogenisierung) oder unterschiedlicher (Differenzierung) werden, ist jedoch eine offene Frage. Untersuchungen aus Deutschland und den USA zeigen, dass Neophyten durchaus Unterschiede im Artenbestand verschiedener Gebiete verstärken können (Kühn & Klotz 2006, Qian et al. 2008), da sie sich weder beliebig noch gleichmäßig verteilen. Auch die Zusammensetzung gebietsfremder Floren und Faunen spiegelt offenbar die speziellen Umweltbedingungen des neuen Gebietes und die Geschichte der vielfältigen Einführungspfade und Ausbreitungsvektoren wider.

Wenn biologische Invasionen auch zur Homogenisierung des Artenbestandes kleinerer Gebiete beitragen würden, so ließe sich diese Hypothese gut an **Städten** überprüfen, da diese besonders reich an nichteinheimischen Arten sind. Die hierzu vorliegenden Untersuchungen weisen jedoch eher auf das Gegenteil hin. So haben nichteinheimische Arten zu keiner größeren Ähnlichkeit der Flora von 17 ostdeutschen Städten geführt (Klotz in Ernst et al. 2000; Abb. 85). Vergleiche der Floren einer deutschen und einer russischen Stadt im 19. und 20. Jahrhundert

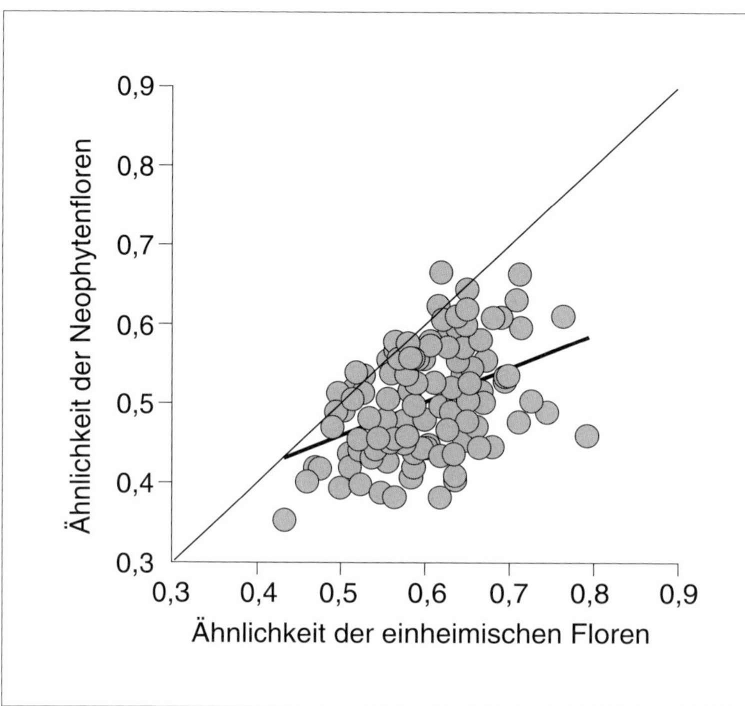


**Abb. 85** Biologische Invasionen erhöhen die Unterschiede zwischen urbanen Floren. Dargestellt sind Ähnlichkeitsvergleiche zwischen den Floren ostdeutscher Städte (Original von Klotz). Die Anordnung der Punktwolke unterhalb der Winkelhalbierenden belegt, dass die einheimischen Stadtfloren untereinander ähnlicher sind als die nichteinheimischen. Insofern verringern die Neophyten die Ähnlichkeit der Stadtfloren und erhöhen die interregionale biologische Vielfalt.

kommen zu einem ähnlichen Ergebnis: Die Floren scheinen in ihrer Zusammensetzung eher alte biogeographische Muster nachzuzeichnen. In beiden Städten nahm die Anzahl nichteinheimischer Arten zu, aber der Artenbestand beider Städte ist unähnlicher geworden, trotz zunehmender Neophytenzahlen. Die nichteinheimischen Arten haben vielmehr zur Differenzierung der Floren beigetragen (Klotz & Il´minskich 1988). Neuere Untersuchungen zeigen, dass vor allem Neophyten, nicht aber die Archäophyten zur Differenzierung urbaner Floren beitragen (La Sorte et al. 2008).

So interessant Analysen zur Ähnlichkeit oder Differenzierung von Floren (und Faunen) sind – wie bei Artenzahlen gilt auch hier: aus den Befunden lassen sich keine Aussagen zu ökologischen Wirkungen ableiten, da offen bleibt ob und wie die Arten interagieren.

### 10.1.2 Ökonomische Auswirkungen

Die meisten Einführungen, Vermehrungen oder Ausbringungen neuer Arten sind ökonomisch motiviert. Oft werden hohe Erwartungen in die neuen Arten gesetzt. Mögliche Risiken werden dabei häufig unterschätzt und nicht systematisch analysiert. In den wenigsten Fällen werden die Verursacher ökologischer Auswirkungen und sozioökonomischer Beeinträchtigungen mit deren Behebung belastet: Die Folgekosten biologischer Invasionen werden in der Regel externalisiert (McNeely 1996a). Allerdings sind die Versucher von Invasionen häufig auch Betroffene ihrer Folgen, beispielsweise die Forstwirtschaft, die unter der Ausbreitung der von ihr selbst massenhaft eingebrachten Spätblühenden Traubenkirsche (*Prunus serotina*) leidet.

Ökonomische Bilanzierungen führen zu Schäden in mehrstelliger Milliardenhöhe, die Neobiota in verschiedenen Ländern verursachen. In einer Studie des US-Kongresses (1993) wurde versucht, Ausmaß und Folgekosten biologischer Invasionen für die Vereinigten Staaten abzuschätzen. Demnach verursachen 675 (15 %) der über 4500 wild in den USA vorkommenden nichteinheimischen Tier- und Pflanzenarten schwere ökonomische Schäden. Nach einer vorsichtigen Schätzung haben 79 Arten zu Einbußen von 97 Milliarden US-Dollar im Zeitraum von 1906 bis 1991 geführt. Für 15 Arten wurden in einem „Worst Case Scenario" zukünftige Einbußen von 134 Milliarden US-Dollar errechnet. Die Berechnungen von Pimentel et al. (2000) ergaben für die USA, Südafrika, Großbritannien, Brasilien und Indien jährliche Kosten von 336 Mrd. US-Dollar. Bilanziert wurden hierbei Krankheitskosten, Verluste bei der Produktion von Pflanzen und Tieren, der Verlust genetischer Grundlagen für die Züchtung sowie Erhaltungskosten für schutzwürdige Arten (vgl. auch Pimentel et al. 2007).

Schäden durch Neobiota und Kosten ihrer Bekämpfung werden für die EU auf jährlich mindestens 12 Milliarden Euro geschätzt, wobei etwa die Hälfte der Kosten einzelnen Artengruppen und Sektoren zuzuordnen ist (Kettunen et al. 2009; Tab. 65). Wahrscheinlich sind die finanziellen Schäden wesentlich höher, da Informationen zu den Auswirkungen problematischer Arten nur sehr begrenzt zur Verfügung stehen (Vilà et al. 2009b).

Für ökonomische Bilanzierungen ist davon auszugehen, dass Neobiota das gesamte Spektrum an **Ökosystemdienstleistungen** („ecosystem services") direkt oder indirekt beeinträchtigen können (Charles & Dukes 2007, Binimelis et al. 2007). Damit gemeint sind folgende Funktionen:

- „unterstützende Dienstleistungen" (supporting services) von Ökosystemen, die beispielsweise aus der Bodenbildung, dem Wasser- und Nährstoffkreislauf und der Primärproduktion hervorgehen

**Tab. 65** Schätzung jährlicher Kosten (in Millionen Euro) problematischer Neobiota in der EU, die bestimmten Sektoren zugeordnet werden konnten. Die Gesamtschäden werden auf mindestens 12 Milliarden Euro geschätzt (ohne Kosten durch endemische Krankheiten bei Menschen und Tieren; Angaben nach Kettunen et al. 2009)

| | Kosten Schäden | Kosten Kontrolle |
|---|---|---|
| **Landwirtschaft** | | |
| terrestrische Pflanzen | 1249.5 | ? |
| terrestrische Wirbellose | 1389.3 | 29.9 |
| terrestrische Wirbeltiere | 1054.2 | ? |
| limnische Wirbellose | 2.2 | ? |
| Pilze/Bakterien | 1785.0 | ? |
| Summe | 5510.1 | |
| **Fischereiwirtschaft/ Aquakultur** | | |
| limnische Wirbellose | 192.6 | ? |
| limnische Wirbeltiere | 0.032 | ? |
| marine Wirbellose | 27.7 | ? |
| marine Pflanzen | 19.0 | ? |
| terrestrische Wirbeltiere | 2.1 | ? |
| Pilze/Bakterien | 0.2 | ? |
| Summe | 241.6 | |
| **Forstwirtschaft** | | |
| terrestrische Pflanzen | ? | 25.4 |
| terrestrische Wirbellose | ? | 0.4 |
| terrestrische Wirbeltiere | 1.1 | ? |
| Pilze/Bakterien | 123.8 | ? |
| Summe | 150.7 | |
| **Gesundheitssektor** | | |
| terrestrische Wirbellose | 22.5 | 1.7 |
| terrestrische Pflanzen | 39.6 | 11.4 |
| limnische Pflanzen | 7.4 | ? |
| Summe | 82.5 | |
| **Insgesamt** | **5985.0** | |

- „bereitstellende Dienstleistungen“ (provisioning services), die eine Nutzung von Ökosystembestandteilen ermöglichen als Nahrung, Holz, Trinkwasser, genetische Ressource für die Tier- und Pflanzenzüchtung, biochemische Information oder zur Zierde
- „regulierende Dienstleistungen“ (regulating services), die negative Wirkungen von Krankheiten, Unwettern, Luftverunreinigungen, Überflutungen, Wasser- und Bodenverschmutzung und Erosion beschränken oder gewünschte Prozesse erst ermöglichen, etwa die Bestäubung von Kulturpflanzen oder die Schädlingskontrolle.
- „kulturelle Dienstleistungen“ (cultural services), die aus einer kulturellen Bedeutung von Naturobjekten oder aus ihrer Funktion für Erholung, Naturerleben, Naturbildung und für soziale Interaktionen erwachsen.

Tab. 66 veranschaulicht mit einigen drastischen Beispielen, wie Neobiota Ökosystemdienstleistungen beeinträchtigen und welche Schäden hieraus resultieren können. Weitere Beispiele enthalten Übersichten bei Binimelis et al. (2007) und Kettunen et al. (2009). Allerdings sollte nicht vergessen werden, dass es natürlich auch eine Vielzahl von Beispielen positiver Wirkungen gibt, die in den Bilanzen stark unterrepräsentiert sind.

Auch nichteinheimische Straßenbäume beeinflussen das Stadtklima günstig, halten Wasser zurück und verbessern die Luftqualität – an schwierigen Standorten möglicherweise sogar besser als einheimische Arten. Wie am Beispiel der Gartenkultur in Kap. 4 gezeigt wurde, spielen „Exoten“ hier eine wechselnde, oft aber bedeutsame Rolle. Nur fällt es besonders schwer, kulturelle Ökosystemdienstleistungen monetär zu bilanzieren.

Für Deutschland sind Folgekosten beispielhaft für 20 Neobiota ermittelt worden (Reinhardt et al. 2003). Sie betragen jährlich 167 Mio. Euro. Bilanziert wurden direkte ökonomische Schäden, etwa durch Vorratsschädlinge, Kosten im Gesundheitswesen sowie für Pflege- und Bekämpfungsmaßnahmen im Naturschutz, in der Forstwirtschaft sowie bei anderen Landnutzungen. Da wesentlich mehr problematische Arten vorkommen (allein bei Pflanzen >50 Arten), sind die realen Schäden durch biologische Invasionen sicher wesentlich höher.

Tab. 56 zeigt Beispiele aus verschiedenen Organismengruppen, die erhebliche Einbußen in **Land- und Forstwirtschaft**, insbesondere auch im Obst- und Gartenbau bewirken. Einige Beispiele werden in Kap. 9.2 genauer erläutert (weiteres zu Insekten bei Albert 1996, Bogenschütz 1996, Zebitz 1996, Rabitsch et al. 2005, Roques et al. 2009). Zu den Kosten zählen auch die Mittel für vorbeugende Maßnahmen. Für die Pflanzenquarantäne sind dies in Deutschland jährlich etwa 10,2 Millionen Euro, die jedoch gut angelegt sind. Die potentiellen ökonomischen Kosten sind erheblich höher, wie Berechnungen für Schadorganismen, die im Binnenmarkt der EU eine Rolle spielen, verursachen (Tab. 67, Kehlenbeck 1998a, b). Dass mögliche Einschleppungen aus Drittländern weitere erhebliche Risiken bedeuten, zeigt die Kalkulation für den Indischen Weizenbrand (*Tilletia indica*): Dieser Pilz würde in Deutschland jährliche Ernte- und Exportverluste von 68,5 bis 227 Millionen Euro erbringen (Kehlenbeck et al. 1997).

Eine Hochrechnung von Ernteausfällen durch nichteinheimische Unkräuter auf Kulturflächen ist schwierig. Denn es ist unklar, in welchem Ausmaß einheimische Arten den Platz nichteinheimischer Unkräuter einnehmen würden. Weiter sind schwer quantifizierbare positive Leistungen nichteinheimischer Unkräuter gegenzurechnen – beispielsweise für die Bodenfruchtbarkeit oder als Nahrung und Lebensraum von „Nützlingen“. Grundlegende Überlegungen zur „Ökonomie biologischer Invasionen“ fassen Perrings et al. (2000) und Keller et al. (2009) zusammen.

**Tab. 66** Beispiele für die ökonomische Wirkung von Neobiota auf verschiedene Ökosystemdienstleistungen (nach Charles & Dukes 2007); jährliche Verluste oder Gewinnne in US Dollar

| Invasive Art | Gebiet | Betroffene Ökosystemleistung | Kosten (-) / Gewinn (+) |
|---|---|---|---|
| *Acacia-* und *Eucalyptus*-Arten sowie andere Gehölze | Südafrika, Kapregion (Fynbos) | Nahrung (Früchte, Tee), Fasern, Pflanzenschmuck, pharmazeutische Ressourcen, Öle | – 3 Mio. |
| | | Trinkwasser | – 68 Mio. |
| | | Bestäubung durch Bienen | – 28 Mio. |
| | | Ökotourismus | – 1 Mio. |
| | | Feuerholz | + 3 Mio. |
| *Melaleuca quinquenervia* (Papierrindenbaum) | Florida | Erholungsnutzung | – 168 bis – 250 Mio. |
| | | Tourismus | – 250 Mio. bis – 1 Mrd. |
| | | Erhöhte Waldbrandgefahr | – 250 Mio. |
| | | Artenrückgang | – 10 Mio. |
| | | Honigproduktion | + 15 Mio. |
| *Pomacea canaliculata* (Goldene Apfelschnecke) | Philippinen | Einbußen bei der Reisernte | – 13 bis – 18 Mio. |
| *Tamarix* (Tamarisken-Arten) | Westl. Nordamerika | Verlust an | |
| | | – Wasser zur Bewässerung | – 39 bis – 121 Mio. |
| | | – Trinkwasser | – 23 bis – 68 Mio. |
| | | – Wasserkraft | – 16 bis – 44 Mio. |
| | | Hochwasserregulierung | – 53 Mio. |
| *Bemisia tabaci* (Baumwoll-Weiße Fliege) und durch sie übertragene Viren | Mexiko | Produktion von Nahrungsmitteln, Baumwolle | – 33 Mio. |
| | Florida | Tomatenproduktion | – 140 Mio. |

## 10.2 Normative Grundlagen der Bewertung

Zu welchen Ergebnissen eine Bewertung von Neobiota führt, hängt zum einen von der Kenntnis ihrer Auswirkungen und zum anderen von den Bewertungsmaßstäben ab. Die rechtlichen Regelungen schaffen hierzu einen Bewertungsrahmen, bei dessen Ausfüllung allerdings große Spielräume bestehen.

### 10.2.1 Rechtliche Grundlagen

Der Umgang mit nichteinheimischen Organismen wird im internationalen wie nationalen Recht geregelt. Tab. 68 führt wichtige internationale, auch auf nationaler Ebene bindende Regelungen auf. Darüber hinaus bestehen zahlreiche nichtbindende Empfehlungen zur Begrenzung biologischer Invasionen, beispielsweise der IMO (International Maritime

**Tab. 67** Kosten von Schadorganismen, die im Binnenmarkt der EU für Landwirtschaft und Gartenbau eine Rolle spielen; ausgedrückt im ökonomischen Nutzen von verschiedenen Wirkungen der Maßnahmen der Pflanzenbeschau zur Begrenzung der Einschleppung und Ausbreitung der Schadorganismen („moderate case"-Annahmen, Diskontierungsrate von 6 %; Schadorganismen nach Anlage 4.2 der Pflanzenbeschauverordnung vom 25.6.1994; aus Kehlenbeck 1998b)

| | Nutzen verschiedener Wirkungen der Pflanzenbeschau (Millionen DM/Jahr) | | | | |
|---|---|---|---|---|---|
| | Einschleppung | | | Ausbreitung | |
| **Schadorganismen** | Verhinderung | Verzögerung um 10 Jahre | Verzögerung um 50 Jahre | Verzögerung um 10 Jahre | Eindämmung auf 30 % |
| *Liriomyza huidobrensis* | 18 | 8 | 17 | 6 | 12 |
| TSWV | 11–32 | 5–14 | 11–30 | 3–9 | 8–22 |
| *Ceratocystis fimbriata* | 12–61 | 5–27 | 12–58 | * | 9–43 |
| *Thrips palmi* | 10–27 | 4–12 | 9–25 | 3–8 | 7–19 |
| summarisch für andere Schadorganismen an | | | | | |
| Zierpflanzen | 11–21 | 6–12 | 10–20 | 5–9 | 10–19 |
| Gemüse | 8–23 | 4–10 | 8–21 | 2–7 | 6–16 |
| Kartoffeln | 29–66 | 9–19 | 28–63 | * | 14–31 |
| Erdbeeren/*Rubus*/*Ribes* | 7–13 | 2– 4 | 5–13 | * | 3– 6 |
| Summe | 106–261 | 43–106 | 100–247 | 19–39 | 69–168 |

* keine Berechnung, da langsame Ausbreitung unterstellt

Organisation) mit Richtlinien zur Regulierung der Ausbreitung von Organismen mit Ballastwasser (Shine et al. 2000). In vielen Ländern, beispielsweise Australien und Neuseeland, gelten strenge nationale Regelungen mit dem Ziel, Einführung und Vorkommen nichteinheimischer Organismen zu kontrollieren (Miller 2004). In den meisten europäischen Ländern ist die Regelungsdichte deutlich geringer. Defizite bei rechtlichen Regelungen in Deutschland und Anregungen zu einer Verbesserung formulieren Fisahn & Winter (1999), Doyle (2002), Köck (2004), Holljesiefken et al. (2007) und Hubo et al. (2007). Ansätze zur Fortentwicklung und Umsetzung internationaler rechtlicher Regelungen fassen Shine et al. (2000) zusammen. Zu rechtlichen Regelungen der Schweiz und Österreichs siehe Gigon et al. (2008).

#### 10.2.1.1 Übereinkommen über die Biologische Vielfalt

Angesichts massiver Probleme mit biologischen Invasionen haben sich die Unterzeichnerstaaten im Übereinkommen über die Biologische Vielfalt (CBD) von 1992 in Artikel 8h verpflichtet, „... soweit wie möglich und sofern angebracht, ... die Einbringung nichtheimischer Arten, welche Ökosysteme, Lebensräume oder Arten gefährden, [zu] verhindern, diese Arten [zu] kontrollieren oder [zu] beseitigen." 168 Staaten haben diese Übereinkunft bis zum Jahr 2009 ratifiziert, darunter auch Deutschland. Damit besteht in doppelter Hinsicht eine Verpflichtung, biologischen Invasionen entgegenzutreten – wenn dies möglich und angemessen ist:

- zur vorausschauenden Vermeidung der Ersteinführung und weiteren Ausbringung problematischer Arten und
- zum Problemmanagement bei bereits im Gebiet vorkommenden Arten, die kontrolliert oder beseitigt werden sollen, sofern sie die genannten Schutzgüter gefährden könnten.

Beide Arten von Maßnahmen setzen Bewertungen voraus. Zu beurteilen ist dabei, ob die betreffenden Arten Ökosysteme, Lebensräume oder andere Arten gefährden könnten und ob die Maßnahmen auch angemessen sind („möglich und angebracht").

Wie die mit der CBD übernommenen Verpflichtungen umgesetzt werden, muss auf nationaler Ebene geregelt werden. Wichtig ist, dass Artikel 8h **keine pauschale Abwehr** oder Bekämpfung nichteinheimischer Arten, sondern art- oder situationsbezogene Bewertungen erfordert. Wichtige Fragen sind hierbei:

- Welche Risiken sind in welchen Situationen mit welchen Arten verbunden?
- Welche Ökosystemveränderungen sind unerwünscht, sodass Gegenmaßnahmen angebracht sind?
- Ist bei den Maßnahmen das Verhältnis zwischen Aufwand und Nutzen gerechtfertigt?

Für die Praxis ist eine weitere Frage wesentlich, nämlich wie die zuständigen Stellen in den Stand versetzt werden, um die Verpflichtungen aus der CBD effizient erfüllen zu können.

#### 10.2.1.2 Nationales Recht: Beispiel Deutschland

Fragen des Artenschutzes und der Ausbringung von Tieren und Pflanzen regelt in Deutschland vor allem das **Bundesnaturschutzgesetz** (BNatSchG). Die novellierte Gesetzesfassung aus dem Jahr 2009 enthält insbesondere in § 40 wesentliche neue Ansatzpunkte zur Umsetzung internationalen Rechts in deutsches Recht. Auch das deutsche und internationale Pflanzenschutzrecht eröffnet eine Reihe von Regulierungsmöglichkeiten bei der Einführung und Kontrolle nichteinheimischer Organismen (Schrader & Unger 2002, Unger 2004).

Eine Übersicht einzelner Bestimmungen des Naturschutzgesetzes und Kommentare zu ihrer Interpretation sind in Tab. 69 zu finden. Anders als früher enthält das BNatSchG nunmehr den klaren Auftrag, Arten, bei denen Anhaltspunkte bestehen, dass es sich um „invasive Arten" handelt, zu beobachten und Maßnahmen für „invasive" und „gebietsfremde" Arten auf verschiedenen Ebenen zu ergreifen, um schädlichen Folgen durch diese entgegenzuwirken. Allerdings enthält das Gesetz auch Ausnahmereglungen für wichtige Sektoren wie die Land- und Forstwirtschaft, die diese Maßnahmen konterkarieren.

Weitere Regelungen zu nichteinheimischen Arten enthalten das Fischereirecht (Ausbringung von Fischen und Krebsen), das Jagdgesetz (Ausbringung jagdbarer Tiere), das Forstvermehrungsgesetz (forstlicher Anbau von Bäumen), das Pflanzenschutzrecht, insbesondere die Pflanzenbeschauverordnung (Kontrolle bei Einführungen, Quarantäneregelungen) und das Gentechnikgesetz (Freisetzung und Inverkehrbringen von GVO; ausführlich hierzu Holljesiefken 2007).

Das nationale wie internationale Recht vermittelt also verschiedene Zugänge zur Regelung von Neobiota. Allerdings gibt es keinen pauschalen Auftrag für oder gegen die Einführung, Ausbringung, Verwendung oder Bekämpfung nichteinheimischer Tiere und Pflanzen. Es ist also immer im **Einzelfall** – bezogen auf eine Art oder auf eine bestimmte Situation (siehe Kap. 10.2.3) – zu prüfen, ob die jeweilige gesetzliche Voraussetzung zutrifft, also beispielsweise die Annahme einer möglichen „Gefährdung von Ökosystemen,

**Tab. 68** Für Deutschland bindende internationale Regelungen mit Aussagen zur Begrenzung biologischer Invasionen (Doyle 2002, Shine et al. 2000). Ausgegeben ist das Jahr der Verabschiedung der Vereinbarungen

| Jahr | Rechtliche Regelung | Bezug zu biologischen Invasionen |
|---|---|---|
| 1951 | Internationales Pflanzenschutzabkommen (IPPC) | Internationale Regelung des Pflanzenschutzes, insbesondere von Arten, die Pflanzen (und Pflanzenprodukte) schädigen können. Umfangreiche Regelungen existieren u. a. zur Risikobewertung, Pflanzenquarantäne, biologischen Schädlingskontrolle, Überwachung von Schädlingen und zu Holz als Verpackungsmaterial.<br>In Europa sind auf der Basis des IPPC zahlreiche Standards und Pflanzenschutzmaßnahmen im Rahmen der EPPO (European and Mediterranean Plant Protection Organization) entwickelt worden. |
| 1973 | Übereinkommen über den internationalen Handel mit gefährdeten Arten frei lebender Tiere und Pfllanzen (CITES) | Ausfuhr und Handel bestimmter Arten können begrenzt werden, sofern sie im Exportland gefährdet sind und im Importland zur Gefährdung der Tier- und Pflanzenwelt beitragen. |
| 1979 | Vogelschutzrichtlinie (Art. 11 der Richtlinie 79/409/EWG) | Gem. Art. 11 sind die Mitgliedstaaten verpflichtet, dafür zu sorgen, dass sich die Ansiedlung wild lebender Vogelarten, die im europäischen Hoheitsgebiet nichtheimisch sind, nicht nachteilig auf die örtliche Tier- und Pflanzenwelt auswirkt. |
| 1979 | Übereinkommen über die Erhaltung der europäischen wild lebenden Pflanzen und Tiere und ihrer natürlichen Lebensräume (Berner Konvention; Art. 11 Abs. 2) | Art. 11 Abs. 2a verpflichtet jede Vertragspartei, „die Wiederansiedelung einheimischer wildlebender Pflanzen- und Tierarten zu fördern, wenn dadurch ein Beitrag zur Erhaltung der gefährdeten Art geleistet würde, vorausgesetzt, dass zunächst auf der Grundlage der Erfahrung anderer Vertragsstaaten untersucht wird, ob eine solche Wiederansiedelung erfolgreich und vertretbar wäre“, Abs. 2b „die Ansiedlung nicht heimischer Arten streng zu überwachen und zu begrenzen.“ Recommendation Nr. 77 (1999) empfiehlt die Ausrottung bestimmter Arten. |
| 1979 | Übereinkommen zum Erhalt der wandernden wild lebenden Tierarten (Bonner Konvention; Art. III Abs. 4c) | Gem. Art. III Abs. 4c müssen sich die Mitgliedstaaten bemühen, Einflüssen vorzubeugen, die für die Arten des Anhangs I gefährlich sein können, einschließlich „einer strengen Überwachung und Begrenzung der Einbürgerung nichtheimischer Arten oder der Überwachung, Begrenzung oder Ausmerzung, sofern sie bereits eingebürgert sind.“ |
| 1982 | III. Seerechtskonvention (Art. 196 Abs. 1) | Gem. Art. 196 Abs. 1 müssen die Mitgliedstaaten alle notwendigen Maßnahmen zur Verhütung, Verringerung und Überwachung (...) der absichtlichen oder zufälligen Zuführung fremder oder neuer Arten in einem bestimmten Teil der Meeresumwelt, die dort beträchtliche und schädliche Veränderungen hervorrufen können, ergreifen. |

Tab. 68 Fortsetzung

| Jahr | Rechtliche Regelung | Bezug zu biologischen Invasionen |
|---|---|---|
| 1991 | Gesetz zum Umweltschutzprotokoll zum Antarktis-Vertrag (Anlage II Art. 4 (1)) | Art. 4 regelt das Einbringen von nichtheimischen Arten, Schädlingen und Krankheiten. Tier- oder Pflanzenarten, die im Gebiet des Antarktis-Vertrags nicht heimisch sind, dürfen ohne Genehmigung weder auf das Land, die Eisbänke noch ins Wasser eingebracht werden. |
| 1992 | Flora-, Fauna-, Habitat-Richtlinie (Art. 22 der Richtlinie 92/43/EWG) | Art. 22 regelt die Wiederansiedelung ehemals heimischer Arten und die Ausbringung nichtheimischer Arten. Die Mitgliedstaaten sollen in Ausführung der Richtlinie die Zweckdienlichkeit der Wiederansiedelung ehemals heimischer Arten des Anhanges IV prüfen. Diese soll erfolgen, wenn sie der Erhaltung der Art förderlich ist. |
| 1992 | Übereinkommen über die biologische Vielfalt (Biodiversitätskonvention; Art. 8 h) | Jede Vertragspartei geht die Verpflichtung ein, „... soweit möglich und sofern angebracht, die Einbringung gebietsfremder Arten, welche Ökosysteme, Lebensräume oder Arten gefährden, zu verhindern, und diese Arten zu kontrollieren oder zu beseitigen". |
| 1994 | Protokoll der Konvention zum Schutz der Alpen (Art. 17) | Gem. Art. 17 ist das Ausbringen gebietsfremder Tier- oder Pflanzenarten in den Alpen grundsätzllich verboten. Ausnahmen dürfen nur zugelassen werden, wenn die Ansiedelung für bestimmte Nutzungen erforderlich ist und keine nachteiligen Auswirkungen für Natur und Landschaft entstehen. |
| 1995 | Abkommen zur Erhaltung der afrikanisch-eurasischen Wasservögel (Art. 3 Abs. 2g) | Nach Art. 3 sollten die Vertragsparteien die Ausbringung nichteinheimischer Wasservögel, die zur Gefährdung wild lebender Tier- oder Pflanzenarten beitragen, verbieten und unbeabsichtigte Freisetzungen verhindern. Sofern solche Arten bereits eingeführt worden sind, soll verhindert werden, dass sie einheimische Arten bedrohen. Gem. Anhang 3 (2.5) soll die Einführung von Pflanzen und Tieren, die in Tab. 1 aufgeführte Wasservögel bedrohen können, verboten werden. |
| 1997 | Artenschutz-Verordnung (Art. 4 Abs. 6d der Verordnung (EG) Nr. 338/97) | Gem. Art. 4 Abs. 6d kann die Kommission die Einfuhr für „lebende Exemplare von Arten, deren Einbringung in den natürlichen Lebensraum der Gemeinschaft erwiesenermaßen eine ökologische Gefahr für die einheimischen wildlebenden Tier- und Pflanzenarten darstellt", generell oder in Bezug auf bestimmte Ursprungsländer einschränken. |
| 1998 | Verordnung zur Erhaltung der Fischereiressouren (Art. 10 Abs. 4 der Verordnung (EG) Nr. 88/98) | Gem. Art. 10 Abs.v4 ist die Aussetzung nichteinheimischer Arten in der Ostsee, den Belten und dem Öresund verboten, sofern sie nicht nach dem Verfahren des Artikels 13 erlaubt worden sind. |
| 2000 | Cartagena Protokoll über die biologische Sicherheit | Regelung des Umgangs mit gentechnisch veränderten Organismen, einschließlich Risikoprüfungen (Art. 15, 16) |

**Tab. 68** Fortsetzung

| Jahr | Rechtliche Regelung | Bezug zu biologischen Invasionen |
|---|---|---|
| 2002 | Entscheidung VI/23 der Nachfolgekonferenz zur CBD (COP 6) zu nichteinheimischen Arten, die Ökosysteme, Lebensräume oder Arten gefährden | Bezug nehmend auf Artikel 8h der CBD werden mit der Entscheidung VI/23 15 Leitlinien (guiding principles) zum Umgang mit nichteinheimischen Arten verabschiedet, die Ökosysteme, Lebensräume oder Arten gefährden. Diese Leitlinien betreffen:<br>• die Anwendung des Vorsorgeprinzips<br>• die Anwendung eines dreistufigen Ansatzes (Vorbeugung, Ausrottung, Bekämpfung)<br>• die Anwendung des Ökosystem-Ansatzes gem. COP Decision V/6<br>• die Rolle von Staaten für biologische Invasionen in anderen Staaten<br>• Anstrengungen zu Forschung und Monitoring<br>• die verbesserte Ausbildung und Öffentlichkeitsarbeit<br>• die Anwendung von Grenzkontrollen und Quarantänemaßnahmen<br>• den Informationsaustausch über invasive Arten<br>• verbesserte Zusammenarbeit und Kompetenzaufbau<br>• Richtlinien zu absichtlichen Einführungen<br>• Richtlinien zu unbeabsichtigten Einführungen<br>• Schritte zur Minderung von Beeinträchtigungen<br>• die Ausrottung invasiver Arten, wenn durchführbar<br>• die Begrenzung von Schäden, wenn eine Ausrottung nicht angemessen ist<br>• die Durchführung von Bekämpfungsmaßnahmen |
| 2004 (noch nicht in Kraft) | Internationales Ballastwasser-Übereinkommen | Das Übereinkommen regelt den Austausch von Ballastwasser in küstenfernen Gebieten und die fachgerechte Entsorgung von Sedimenten an Land. |

Biotopen oder Arten“ in § 40 BNatSchG. Doch wann tritt eine solche Gefährdung ein? Die Antwort hierzu steht nicht im Gesetz, sondern muss im Einzelfall gefunden werden. (Zur Definition und Bewertung „ökologischer Schäden“ siehe Kap. 10.2.3.2.)

Problematisch ist, dass in der Praxis viele gesetzliche Regelungen nicht greifen. Vollzugsdefizite hängen auch mit der Unterausstattung der zuständigen Behörden zusammen. So gibt es kaum Genehmigungsanträge zur Ausbringung gebietsfremder Arten, und Verstöße bleiben in der Regel ungeahndet, obwohl die Folgen beträchtlich sein können (Fisahn 1999). Einen Ansatz zur Anwendung dieser Regelung haben Kowarik et al. (2003) entwickelt. Das Pflanzenschutzrecht greift dagegen oft sehr stark bei der Kontrolle schädlicher Organismen wie das Beispiel des Asiatischen Laubholzbockkäfers zeigt (siehe Kap. 9.4.1). Allerdings ist fraglich, ob es schon gelungen ist, mit dem Pflanzenschutz-

**Tab. 69** Regelungen im deutschen Bundesnaturschutzgesetz, die eine Bedeutung für nichteinheimische Arten haben

| Bundesnaturschutzgesetz | Kommentar |
|---|---|
| **Ziele von Naturschutz und Landschaftspflege**<br>§ 1 (1) | |
| „Natur und Landschaft sind auf Grund ihres eigenen Wertes und als Grundlage für Leben und Gesundheit des Menschen auch in Verantwortung für die künftigen Generationen im besiedelten und unbesiedelten Bereich nach Maßgabe der nachfolgenden Absätze so zu schützen, dass<br>1. die biologische Vielfalt,<br>2. die Leistungs- und Funktionsfähigkeit des Naturhaushalts einschließlich der Regenerationsfähigkeit und nachhaltigen Nutzungsfähigkeit der Naturgüter sowie<br>3. die Vielfalt, Eigenart und Schönheit sowie der Erholungswert von Natur und Landschaft<br>auf Dauer gesichert sind; der Schutz umfasst auch die Pflege, die Entwicklung und, soweit erforderlich, die Wiederherstellung von Natur und Landschaft."<br>(2) ... „lebensfähige Populationen wild lebender Tiere und Pflanzen einschließlich ihrer Lebensstätten [sind] zu erhalten und der Austausch zwischen den Populationen sowie Wanderungen und Wiederbesiedelungen [sind] zu ermöglichen" ... | Diese Zielsetzung ist in mehrfacher Hinsicht umfassend:<br>Sie ist flächendeckend:<br>Sie schließt neben der biologischen Vielfalt auch funktionale (Naturhaushalt) und kulturelle (Schönheit, Eigenart) Schutzgüter ein.<br>Alle „wild lebenden" Tiere und Pflanzen werden angesprochen (Absatz 2), so dass sich das Gesetz auch auf wild lebende Neobiota bezieht. |
| **Begriffsbestimmungen**<br>§ 7 (1) | |
| Nr. 1 biologische Vielfalt<br>„die Vielfalt der Tier- und Pflanzenarten einschließlich der innerartlichen Vielfalt sowie die Vielfalt an Formen von Lebensgemeinschaften und Biotopen" | Biologische Vielfalt wird allgemein ohne Bezug auf die Herkunft von Arten definiert. |
| Nr. 3 Art<br>„jede Art, Unterart oder Teilpopulation einer Art oder Unterart; für die Bestimmung einer Art ist ihre wissenschaftliche Bezeichnung maßgebend" | Im Gesetzestext ist durchgängig von Arten die Rede. Allerdings ist dabei immer auch die genetische Vielfalt eingeschlossen, da der in § 7 definierte Artbegriff auch die genetische Vielfalt unterhalb des Artniveaus einschließt. |

**Tab. 69** Fortsetzung

| Bundesnaturschutzgesetz | Kommentar |
|---|---|
| Nr. 7 heimische Art<br>„eine wild lebende Tier- oder Pflanzenart, die ihr Verbreitungsgebiet oder regelmäßiges Wanderungsgebiet ganz oder teilweise<br>a) im Inland hat oder in geschichtlicher Zeit hatte oder<br>b) auf natürliche Weise in das Inland ausdehnt;<br>als heimisch gilt eine wild lebende Tier- oder Pflanzenart auch, wenn sich verwilderte oder durch menschlichen Einfluss eingebürgerte Tiere oder Pflanzen der betreffenden Art im Inland in freier Natur und ohne menschliche Hilfe über mehrere Generationen als Population erhalten“ | Diese Definition von heimisch ist unbefriedigend, weil sie erheblich von der im internationalen Naturschutz sowie in der Wissenschaft weithin akzeptierten Definition von einheimisch abweicht. Dies führt zu sprachlicher Verwirrung. Nach § 7 gelten Arten auch dann als „heimisch“, wenn sie ausgestorben sind oder wenn es sich um etablierte Neobiota handelt. |
| Nr. 8. gebietsfremde Art<br>„eine wild lebende Tier- oder Pflanzenart, wenn sie in dem betreffenden Gebiet in freier Natur nicht oder seit mehr als 100 Jahren nicht mehr vorkommt“ | Als gebietsfremd gelten nach dieser Definition nur solche Arten, die nicht oder seit 100 Jahren nicht mehr in freier Natur vorkommen. Alle anderen Arten wären demnach nicht gebietsfremd. Dies ist sachlich unsinnig und steht ebenso wie die Definition von „heimisch“ im schroffen Gegensatz zur Begriffsverwendung im internationalen Naturschutz und in der Wissenschaft. Dass hier bei den letzten Novellierungen des BNatSchG keine Anpassung an die internationale Begriffsverwendung vorgenommen wurde, ist sachlich nicht nachvollziehbar. |
| Nr. 9. invasive Art<br>„eine Art, deren Vorkommen außerhalb ihres natürlichen Verbreitungsgebiets für die dort natürlich vorkommenden Ökosysteme, Biotope oder Arten ein erhebliches Gefährdungspotenzial darstellt“ | Diese neu aufgenommene Definition bezeichnet in weitgehender Übereinstimmung mit der Begriffsverwendung im internationalen Naturschutz (CBD, Art. 8h) solche Arten als „invasiv“, die Ökosysteme, Lebensgemeinschaften und Arten gefährden. In Art. 8h CBD erfolgt jedoch keine Einschränkung auf natürliche Schutzgüter. |
| § 40 Nichtheimische, gebietsfremde und invasive Arten | |
| (1) Es sind geeignete Maßnahmen zu treffen, um einer Gefährdung von Ökosystemen, Biotopen und Arten durch Tiere und Pflanzen nichtheimischer oder invasiver Arten entgegenzuwirken. | Dieser Absatz enthält den allgemeinen Auftrag, Beeinträchtigungen durch nichtheimische oder invasive Arten entgegenzuwirken. |
| (2) Arten, bei denen Anhaltspunkte dafür bestehen, dass es sich um invasive Arten handelt, sind zu beobachten. | Dieser Absatz enthält einen Auftrag zum Monitoring, von Neobiota, die problematisch (invasiv) werden könnten. |

**Tab. 69** Fortsetzung

| **Bundesnaturschutzgesetz** | **Kommentar** |
|---|---|
| (3) Die zuständigen Behörden des Bundes und der Länder ergreifen unverzüglich geeignete Maßnahmen, um neu auftretende Tiere und Pflanzen invasiver Arten zu beseitigen oder deren Ausbreitung zu verhindern. Sie treffen bei bereits verbreiteten invasiven Arten Maßnahmen, um eine weitere Ausbreitung zu verhindern und die Auswirkungen der Ausbreitung zu vermindern, soweit diese Aussicht auf Erfolg haben und der Erfolg nicht außer Verhältnis zu dem erforderlichen Aufwand steht. Die Sätze 1 und 2 gelten nicht für in der Land- und Forstwirtschaft angebaute Pflanzen im Sinne des Absatzes 4 Satz 3 Nummer 1. | Mit diesem Absatz erfolgt der Auftrag, neu auftretenden Problemarten unverzüglich zu beseitigen oder ihre weitere Ausbreitung zu verhindern.<br>Auch die Ausbreitung bereits vorhandener Problemarten soll verhindert und ihren Folgen entgegengewirkt werden, sofern der Aufwand angemessen ist.<br>Unbefriedigend ist, dass forstliche und landwirtschaftliche Anbaupflanzen von dieser Regelung ausgenommen sind. |
| (4) Das Ausbringen von Pflanzen gebietsfremder Arten in der freien Natur sowie von Tieren bedarf der Genehmigung der zuständigen Behörde. Künstlich vermehrte Pflanzen sind nicht gebietsfremd, wenn sie ihren genetischen Ursprung in dem betreffenden Gebiet haben. Die Genehmigung ist zu versagen, wenn eine Gefährdung von Ökosystemen, Biotopen oder Arten der Mitgliedstaaten nicht auszuschließen ist. | Nach diesem Absatz bedarf die Ausbringung aller Tiere sowie gebietsfremder Pflanzen in der freien Natur (= außerhalb des bebauten Bereichs) einer Genehmigung, die zu versagen ist, wenn Risiken nicht auszuschließen sind. |
| Von dem Erfordernis einer Genehmigung sind ausgenommen<br>1. der Anbau von Pflanzen in der Land- und Forstwirtschaft,<br>2. der Einsatz von Tieren<br>a) nicht gebietsfremder Arten,<br>b) gebietsfremder Arten, sofern der Einsatz einer pflanzenschutzrechtlichen Genehmigung bedarf, bei der die Belange des Artenschutzes berücksichtigt sind, zum Zweck des biologischen Pflanzenschutzes,<br>3. das Ansiedeln von Tieren nicht gebietsfremder Arten, die dem Jagd- oder Fischereirecht unterliegen, | Die lange Liste der Ausnahmen überantwortet den jeweiligen Sektoren die Verantwortung, die nach dem internationalen Recht bestehende Notwendigkeit zur Begrenzung von Risiken biologischer Invasionen umzusetzen (vgl. Tab. 68). Dies kann beispielsweise mit Regelungen zur guten fachlichen Praxis in der Land-, Forst- oder Fischereiwirtschaft geschehen. |

**Tab. 69** Fortsetzung

| Bundesnaturschutzgesetz | Kommentar |
|---|---|
| 4. das Ausbringen von Gehölzen und Saatgut außerhalb ihrer Vorkommensgebiete bis einschließlich 1. März 2020; bis zu diesem Zeitpunkt sollen in der freien Natur Gehölze und Saatgut vorzugsweise nur innerhalb ihrer Vorkommensgebiete ausgebracht werden. | Dieser Absatz enthält eine Sollbestimmung zur Ausbringung gebietseigenen Pflanz- und Saatguts in der freien Natur. Dies ist ein wichtiger Ansatzpunkt zur Bewahrung der genetischen Vielfalt, der beispielsweise bei Ausschreibungen für Begrünungsmaßnahmen außerhalb des besiedelten Bereichs genutzt werden kann. |
| (5) Genehmigungen nach Absatz 4 werden bei im Inland noch nicht vorkommenden Arten vom Bundesamt für Naturschutz erteilt. | Während die nötigen Genehmigungen für bereits vorhandene Arten von den zuständigen Länderbehörden erteilt werden, ist bei möglichen Ausbringungen noch nicht in Deutschland vorkommender Arten das Bundesamt für Naturschutz zuständig. |
| (6) Die zuständige Behörde kann anordnen, dass ungenehmigt ausgebrachte Tiere und Pflanzen oder sich unbeabsichtigt in der freien Natur ausbreitende Pflanzen sowie dorthin entkommene Tiere beseitigt werden, soweit es zur Abwehr einer Gefährdung von Ökosystemen, Biotopen oder Arten erforderlich ist. | Dieser Absatz eröffnet die Möglichkeit, dass die Verursacher ungenehmigter Ausbringungen zur Beseitigung der Folgen herangezogen werden. |
| § 69 Bußgeldvorschriften | |
| (2) Ordnungswidrig handelt, wer<br>17. „ohne Genehmigung nach § 40 Absatz 4 Satz 1 eine Pflanze einer gebietsfremden Art oder ein Tier ausbringt“ | Nach diesem Absatz können Bußgelder für ungenehmigte Ausbringungen verhängt werden. |

recht problematische Neophyten auch außerhalb von Anbauflächen zu kontrollieren.

## 10.2.2 Leitbilder des Naturschutzes

Der mitteleuropäische Naturschutz formierte sich im 19. Jahrhundert als eine Antwort auf die Zerstörung von Kultur- und Naturlandschaften durch die Industrialisierung. Natur- und Denkmalschutz waren dabei eng verbunden – was das Leitmotiv des Bewahrens vorhandener Schutzgüter vor Veränderung illustriert. Seitdem hat sich das Spektrum an Naturschutzbegründungen erheblich erweitert, wobei die Dynamik natürlicher Prozesse zunehmend Beachtung findet. Körner et al. (2003) haben heute verbreitete Naturschutzbegründungen eingehend analysiert. Diese unterscheiden sich unter anderem darin, in welchem Ausmaß natürlichen Prozessen und ihrer Veränderung durch Menschen Raum gegeben wird.

Biologische Invasionen verändern solche natürlichen Prozesse sehr stark, und sie werden zudem durch Menschen eingeleitet. An ihrem Beispiel lässt sich daher gut demonstrieren, wie unterschiedliche Wertvorstellungen zu divergierenden Naturschutzansätzen führen, die jedoch auch miteinander verbunden werden können (Kowarik 2008). Naturschutz ist hinsichtlich seiner Akteure, Ziele und Strategien ungemein vielgestaltig. Wenn im Folgenden von „dem“ bewahrenden oder „dem“ dynamischen Naturschutz gesprochen wird, so dient dies einer Pointierung unterschiedlicher strategischer Ausrichtungen, die in der Praxis häufig stark differenziert sind.

#### 10.2.2.1 Bewahrender versus dynamischer Naturschutz

Die Leitbilder des Naturschutzes sind zwischen zwei extremen Positionen zu verorten. Im einen Fall geht es um die Bewahrung der Reste der ursprünglichen Naturlandschaft und auch der traditionellen vorindustriellen Kulturlandschaft vor Veränderung („bewahrender Naturschutz“). Im anderen Fall stehen größtmögliche Spielräume für natürliche Prozesse im Vordergrund, die eine Abweichung des Systems vom ursprünglichen Zustand bedingen können, auch durch menschliche Einflussnahme („dynamischer Naturschutz“).

Das Ziel, „die Natur“ gegen den Wandel, Altes gegen Neues zu verteidigen, ist im Naturschutz weit verbreitet. Bei vielen Naturschützern ist die Auffassung von einer „stärker beharrenden Natur vertreten, die wir aufgrund der relativen Kürze des menschlichen Daseins gern als etwas Beständiges erleben möchten“ (Haber 1990). Nach der Grundhaltung eines **bewahrenden Naturschutzes** sind gebietsfremde Arten grundsätzlich negativ zu beurteilen, da sie zwangsläufig vorhandene Lebensgemeinschaften verändern und dieser Prozess oft mit der Verdrängung vorhandener Arten in Zusammenhang gebracht wird.

Tatsächlich ist eine grundlegende Skepsis gegenüber gebietsfremden Arten weit verbreitet. Sie werden in Befragungen oft als problematisch eingeschätzt, ohne dass hierbei immer zugleich auch eine konkrete Auswirkung verbunden wird. Allein die Ausbreitung nichteinheimischer Arten wird oft schon als Problem gesehen (siehe Kap. 10.3.1), was auf eine grundsätzliche Nicht-Akzeptanz gebietsfremder Arten schließen lässt. Folgerichtig ist die auf Bewahren fokussierte Naturschutzstrategie eindeutig auf eine vorsorgende Gefahrenabwehr durch den Verzicht auf das Ausbringen gebietsfremder Arten und auf deren Bekämpfung ausgerichtet. Bestenfalls werden sie geduldet, sofern sie „unauffällig“ bleiben oder außerhalb des allgemeinen Naturschutzfokus vorkommen, etwa in Städten.

Vertreter eines **dynamischen Naturschutzes** verweisen darauf, dass Veränderung ein Wesensmerkmal von Natur sei und Naturschutz daher ein sehr viel größeres Maß an Naturdynamik als bisher zulassen solle – selbst wenn dies auf Kosten der traditionellen Kulturlandschaft ginge. In dieser Grundhaltung plädiert Reichholf (1996) vorbehaltlos und konsequent für eine allgemeine Akzeptanz gebietsfremder Arten. Ergebnisoffenheit hinsichtlich der Naturentwicklung ist ein wesentliches Merkmal des dynamischen Naturschutzes in seiner Reinform.

Allerdings gibt es recht unterschiedliche Dynamikkonzepte (Boehmer 1999), die auch zu einer Einschränkung dieser Offenheit gegenüber gebietsfremden Arten führen, wenn ein dynamischer Ansatz mit historischen Leitbildern verbunden wird. Scherzinger (1996) fordert beispielsweise zwar mehr Raum für Wildnis im Wald, denkt hierbei aber vor allem an eine Wiedergewinnung der ursprünglichen Wildnis. Hier würden Neophyten als fremde Elemente stören, da sie nicht Teil der ursprünglichen Wildnis sind.

Wenn man in diese Richtung denkt, ist es konsequent Neophyten selbst in der Kernzone von Nationalparks zurückzudrängen (z. B. Strobe und Rot-Eiche in der Sächsischen Schweiz, siehe Kap. 6.3.4 und 6.3.5). In Nationalparks soll nach der gesetzlichen Vorgabe

## Natürlichkeit aus zwei Perspektiven

Seit Anfang des 20. Jahrhunderts sind viele konzeptionelle Ansätze entwickelt worden, um die Natürlichkeit von Landschaftsausschnitten einzuschätzen. Dabei sind zwei grundlegend verschiedene Perspektiven zu unterscheiden (Kowarik 1988, 1999b):

**Historische Perspektive:** Natürlichkeit kann als ein ursprünglicher, von Menschen unbeeinflusster Landschaftszustand angesehen werden. Ein heutiger Landschaftsausschnitt wäre demnach „natürlich", wenn er weitgehend mit dem ursprünglichen Zustand übereinstimmt. Da Neobiota eine Abweichung hiervon bedingen, wären sie nach diesem Konzept nicht mit „Natürlichkeit" vereinbar.

**Aktualistische Perspektive:** Natürlichkeit kann auch als ein weitgehend durch Selbstregulation geprägter Landschaftszustand auf der Basis des heutigen Standortpotenzials definiert werden. Dies schließt auch nachhaltige anthropogene Veränderungen ein, darunter auch dauerhaft etablierte Neobiota. Anders als in der historischen Perspektive können sie nach einer „aktualistischen" Definition von Natürlichkeit als Teil oder Ausdruck von natürlicher Dynamik begriffen werden.

jedoch der „möglichst ungestörte Ablauf der Naturvorgänge in ihrer natürlichen Dynamik" gewährleistet werden. Ob Neobiota überhaupt Teil einer solchen „natürlichen Dynamik" sein können, hängt wesentlich vom Verständnis von „**Natürlichkeit**" ab.

Die verschiedenen Perspektiven der Natürlichkeit bilden unterschiedliche Sachverhalte ab und können von beiden Naturschutzansätzen genutzt werden. Die „historische Natürlichkeit" ist die des bewahrenden Naturschutzes, wogegen die Dynamik-Vertreter die aktualistische Perspektive bevorzugen werden. Über historische Vergleiche können Gebiete mit einer besonders hohen Konstanz der Naturentwicklung herausgearbeitet werden. Allerdings erlaubt dieser Ansatz keine differenzierende Natürlichkeitseinschätzung nach tiefgreifenden Umweltveränderungen. Diese stehen in Mitteleuropa jedoch auf der Tagesordnung: intensive Landwirtschaft, Urbanisierung und nicht zuletzt der Klimawandel werden zunehmend neue Naturentwicklungen hervorbringen. Aus einer aktualistischen Natürlichkeitsperspektive kann zwar nicht zwischen „alter" und „neuer" Wildnis differenziert werden, aber sie erlaubt eine Diagnose von Natürlichkeit auch nach einem Wandel des Standortpotenzials.

Für die Zielkonzeption von **Nationalparks** und anderer Schutzgebiete bedeutet die Erkenntnis verschiedener Natürlichkeitsperspektiven, dass aus dem gesetzlichen Natürlichkeitskriterium ein Ausschluss von Neobiota resultieren *kann*, aber nicht zwingend *muss*. Angesichts der in Mitteleuropa allgegenwärtigen Einflussnahme auf Naturprozesse spricht allerdings einiges dafür, dass zumindest in den Kernzonen von Nationalparks der Naturentwicklung tatsächlich „freier Lauf" gelassen wird.

#### 10.2.2.2 Bewahren und Dynamik verbinden

Zwischen Vertretern des „bewahrenden" und des „dynamischen" Naturschutzes wird häufig über den richtigen Weg gestritten (vgl. Körner et al. 2003). Allerdings sollte die Einsicht nahe liegen, dass *beide* Ansätze gebraucht werden, um die breite Spanne der Naturschutzziele umzusetzen. Bewahrender Naturschutz hat eine Verantwortung für die Erhaltung der biologischen Vielfalt in ihrer gesamten Spannweite. Allerdings geriete der Naturschutz in eine Sackgasse, würde er seine Zielperspektive ausschließlich auf die Reste ursprünglicher Natur- und Kulturlandschaften mit ihren fest gefügten Kombinationen von Arten und Lebensgemeinschaften verengen. Umweltwandel – natürlich oder durch menschliches Handeln bedingt – hat immer auch zu neuen Naturobjekten auf allen Ebenen der biologischen Vielfalt geführt. Diese Anpassung vollzieht sich häufig auf Kosten vorhandener Naturobjekte. Sie ist aber auch eine Voraussetzung für das Wirken von Naturfunktionen und ihre Nutzung als „Ökosystemleistungen“ unter anderen, zukünftigen Bedingungen. Dynamischer Naturschutz gewährleistet entsprechende Anpassungskorridore, die zu neuer Naturentwicklung führen können.

Eine Verbindung beider Ansätze ist sinnvoll, um ihre jeweiligen Nachteile auszugleichen. „Dynamik pur“ führte zum Verlust einer Vielzahl von Arten und Lebensgemeinschaften, die auf ursprüngliche oder kulturhistorisch bedingte Lebensräume angewiesen sind. Wollte man dagegen nur das Vorhandene bewahren oder ursprüngliche Naturzustände wiederherstellen, vergäbe man die Möglichkeit, Anpassungsprozesse an sich wandelnde Landnutzungen oder Umweltbedingungen auch als Chance zu begreifen. Anpassungsprozesse können Naturfunktionen gewährleisten, und sie können auch beeinflusst werden, etwa indem die Ausbreitung von Arten auf Standorte unterstützt wird, auf denen sie unter veränderten klimatischen Bedingungen Überlebenschancen hätten, die sie aber aus eigener Kraft nicht erreichen können. Dies wäre ein Beispiel einer Integration beider Naturschutzansätze. Sie können natürlich auch räumlich getrennt umgesetzt werden, etwa indem in bestimmten Gebieten historische Kombinationen von Arten und Lebensgemeinschaften bewahrt werden, während woanders Spielraum für freie Naturdynamik gegeben wird.

In urban-industriellen Wildnisgebieten wird eine freie Naturdynamik mit offenem Ergebnis bereits akzeptiert (Dettmar 2005, Kowarik 2005b). Wie der Denkmalschutz sollte der bewahrende Naturschutz frühere natur- und kulturlandschaftliche Entwicklungsstadien mit ihren ursprünglichen Arten und Lebensgemeinschaften erhalten. Dies sollte modellhaft geschehen, wird aber allein aus praktischen Gründen nicht in allen Schutzgebieten und schon gar nicht in der gesamten übrigen Landschaft möglich sein.

Ein Blick zurück zeigt, dass der Naturschutz schon in der Vergangenheit kulturell bedingte Naturobjekte als Schutzobjekte akzeptiert hat, die letztlich aus einer Zerstörung früherer Naturobjekte hervorgegangen sind. Trockenrasen, Feuchtwiesen, Weinberge, Almwiesen – all dies sind Transformationsprodukte früherer Naturelemente. Hätte man ihr Entstehen mit der Argumentation eines bewahrenden Naturschutzes verhindert, wäre die Liste heutiger Schutzobjekte deutlich kürzer.

#### 10.2.2.3 Konsequenzen für die Bewertung biologischer Invasionen

Das doppelte Ziel, „alte Natur“ zu bewahren und zugleich „neue Natur“ zuzulassen, eröffnet differenzierte Bewertungsperspektiven für die Einschätzung von Neobiota (Kowarik 2008). Auch wenn eine Veränderung der Natur durch neue Arten grundsätzlich akzeptiert wird, kann die Bewertung im Einzelfall zu energischen Gegenmaßnahmen führen.

Wild lebende gebietsfremde Arten mit dauerhaften Populationen sind ebenso wie einheimische Arten grundsätzlich **schutzwürdig**, aber nicht zwingend **schutzbedürftig.** Die grundsätzliche Schutzwürdigkeit kann aus dem Naturschutzgesetz abgeleitet werden, dessen allgemeiner Schutz sich auf die Gesamtheit der etablierten wildlebenden Arten bezieht. Bei Archäophyten ist eine solche allgemeine Schutzwürdigkeit weithin akzeptiert. Allerdings wäre es willkürlich, Neophyten aufgrund ihres späteren Auftretens im Gebiet grundsätzlich vom allgemeinen Artenschutz auszuschließen. Konsequenz einer allgemeinen Schutzwürdigkeit ist die grundsätzliche Akzeptanz etablierter gebietsfremder Arten.

**Schutzbedürftigkeit** setzt Schutzwürdigkeit voraus, erfordert aber eine besondere naturschutzfachliche Bedeutung von Arten. Insofern führt der allgemeine Artenschutz weder bei einheimischen noch bei nichteinheimischen Arten automatisch zu Schutzmaßnahmen. In beiden Fällen sind auch Kontrollmaßnahmen nicht ausgeschlossen. Wie einheimische Schlehen können auch nichteinheimische Robinien zum Schutz von Magerrasen beseitigt werden. Wichtig ist der Hinweis, dass auch bei einer allgemeinen Akzeptanz etablierter gebietsfremder Arten Vorsorgemaßnahmen zur Verhinderung weiterer Ausbreitungen oder neuer Einführungen notwendig sein können, um eine Gefährdung anderer Schutzobjekte – oder auch wirtschaftliche oder gesundheitliche Schäden – zu vermeiden.

Etablierte gebietsfremde Arten gehen im Fall ihrer Gefährdung ebenso wie einheimische Arten in Rote Listen ein (z. B. Korneck et al. 1996). Ein Gefährdungsgrad führt allerdings nicht zwangsläufig zu Schutzmaßnahmen, da deren Priorität auch von anderen Gründen bestimmt wird. Häufig werden gefährdete Arten als schutzbedürftig angesehen, aber ob tatsächlich Schutzbemühungen eingeleitet werden, hängt auch von anderen Kriterien ab, etwa von der Verantwortung für die Erhaltung einer Art. Seltene Glazialrelikte oder endemische Arten werden absehbar höhere Schutzbemühungen auf sich ziehen als etwa die neophytische Wild-Tulpe (*Tulipa sylvestris*). Dieses Argument gilt allerdings auch für anthropogene Taxa, die sozusagen die Endemiten der Kulturlandschaft sind, darunter viele archäophytische Ackerunkräuter (siehe Kap. 2.5.1). Ein Beispiel für die Integration „neuer Natur“ (unter Einschluss von Neophyten) in Schutzsysteme sind die mageren Glatthaferwiesen, die zu den Lebensraumtypen des europäischen Schutzgebietsystems NATURA 2000 gehören, obwohl der Glatthafer (*Arrhenatherum elatius*) als dominante Art zumindest nördlich der Mittelgebirge Neophyt ist (Kauter 2002). Ein jüngeres Beispiel ist die Einbeziehung ruderaler Robinienbestände als Ausdruck neuartiger urbaner Naturentwicklung in ein innerstädtisches Berliner Naturschutzgebiet (Kowarik & Langer 2005).

Wegen der Verantwortung des Naturschutzes für die vorhandene biologische Vielfalt muss die grundsätzliche Offenheit gegenüber neuer Naturentwicklung allerdings Grenzen haben. Sie ist also nicht mit einer bedingungslosen Laisser faire-Haltung zu verwechseln. Dort, wo es wegen absehbarer Schäden sinnvoll und auch praktisch machbar ist, können nichteinheimische Arten zurückgedrängt werden. Im Sinne des **Vorsorgeprinzips** sollte die Einführung und sekundäre Ausbringung neuer Arten zumindest in der freien Landschaft begrenzt werden, wenn eine Gefährdung der biologischen Vielfalt absehbar ist. Während bei Neophyten im Siedlungsbereich größere Spielräume bestehen (siehe Kap. 7.3) sollten die häufig hochmobilen Neozoen überhaupt nicht ohne Genehmigung ausgebracht werden. Zur Einschätzung des Gefährdungspotenzials neuer Arten ist eine naturschutzfachliche Bewertung notwendig (siehe Kap. 10.2.3).

### 10.2.3 Bewertungsansätze

Zur Bewertung der Risiken nichteinheimischer Arten sind eine Reihe von Bewertungsansätzen entwickelt worden, die man grob in zwei Gruppen unterteilen kann:

- Einige Ansätze erbringen eine **allgemeine artbezogene Risikobewertung**, bei der eine Art als mehr oder weniger problematisch klassifiziert wird. Grundlage hierfür sind meistens bestimmte Arteigenschaften oder Informationen über das Verhalten der Art in anderen Gebieten (z. B. Reichard & Hamilton 1997, Pheloung et al. 1999, Daehler et al. 2004). Auch die Bewertung von Arten nach dem Pflanzenschutzrecht (Schrader 2004) oder eine Einordnung in eine „graue" oder „schwarze Liste" (z. B. Essl et al. 2008) sind solche Bewertungen, die dann für die Gesamtheit aller Populationen einer Art gelten.

- Andere Ansätze erlauben **situationsbezogene Bewertungen**. Dabei werden neben artbezogenen Risikofaktoren auch Informationen über konkret betroffene Schutzgüter, deren Empfindlichkeit und Wert berücksichtigt (z. B. Kowarik et al. 2003, 2008).

Beide Bewertungsansätze haben Vor- und Nachteile. Vorteil einer **allgemeinen artbezogenen Risikobewertung** ist ihre Einfachheit. Vorhandene, häufig komplexe Informationen werden zu einer eindeutigen Bewertung verarbeitet und sind dann leicht kommunizierbar (Abb. 86). Die Meldepflicht für einen Organismus nach dem Pflanzenschutzrecht reflektiert eine eindeutige negative Bewertung einer Art, die den Weg zu ebenso eindeutigen Maßnahmen eröffnet, etwa zu Sofortmaßnahmen beim Asiatischen Laubholzbockkäfer (siehe Kap. 9.4.1). Allerdings sollten pauschale Bewertungen den Anspruch einer allgemeinen Gültigkeit haben und müssen, um auf Akzeptanz zu stoßen, mit vielen Beteiligten abgestimmt werden. Dies stößt praktisch an Grenzen, auch an politische, wenn dieselbe Art in bestimmten Situationen hochgradig problematisch – und zugleich von großem Nutzen ist. Die Douglasie ist ein Beispiel hierfür (siehe Kap. 6.3.3).

Der Problemstatus einer Art ist jedoch keine biologische Eigenschaft. Dieselbe Art kann in bestimmten Lebensräumen ausbreitungsstark sein und zu Problemen führen, in anderen jedoch nicht, sodass sie hier akzeptiert werden kann. An anderer Stelle sind vielleicht sogar Ökosystemdienstleistungen der Art erwünscht. Hier verbaut eine pauschal-negative Art-Bewertung mögliche Spielräume.

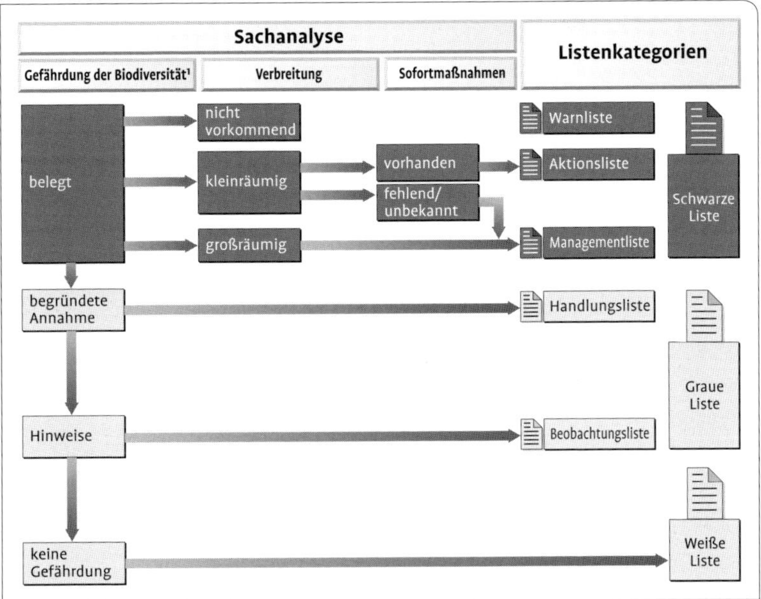


**Abb. 86** Einteilung gebietsfremder Arten in eine Schwarze Liste, Graue Liste und Weiße Liste. Ausschlaggeben hierfür sind Stand und Kenntnis der Gefährdung der Biodiversität sowie die Verbreitung der Arten. Innerhalb der Listen ist eine weitere, handlungsleitende Unterteilung möglich (nach Essl et al. 2008).

**Tab. 70** Übersicht zu nichteinheimischen Pflanzen, die in verschiedenen Lebensräumen Deutschlands aus Sicht des Naturschutzes (N) als problematisch gelten („invasive" Arten; N? = Arten mit möglichem Problemstatus). Zusätzliche Konflikte können auftreten mit der Forstwirtschaft (F), dem Wasserbau/Küstenschutz (W) und der menschlichen Gesundheit (G). Weitere Angaben zur Lebensform (L) und Herkunft (H) der Arten sowie zur Problemwahrnehmung durch Naturschutzbehörden (PN; angegeben ist der Anteil der einzelnen Arten an insgesamt 1908 Problemmeldungen; % S beziffert den Anteil der Meldungen, die Schutzgebiete betreffen) (nach Kowarik 2003a, ergänzt durch Angaben von Schepker 2004)

| Neophyt | L | H | Betroffene Lebensräume | Konflikte | PN | % S |
|---|---|---|---|---|---|---|
| *Campylopus introflexus* | M | SAfr | Dünen, Sandtrockenrasen | N | 10 | 10,0 |
| *Ambrosia artemisiifolia* | T | NAm | Straßenränder, Äcker, Grünflächen | N?, G | – | – |
| *Impatiens glandulifera* | T | OAs | Fließgewässer, Ufer, Auen, Feuchtwiesen | N | 263 | 13,8 |
| *Impatiens parviflora* | T | MAs | Wälder, Säume | N? | 73 | 34,2 |
| *Heracleum mantegazzianum* | H | WAs | Säume, Weg-, Gewässerränder, Acker-, Wiesenbrachen, Ruderalflächen, Grünflächen | N, G | 309 | 65,7 |
| *Bunias orientalis* | H | OEur | Straßenränder, Grünland | N? | 23 | 34,8 |
| *Senecio inaequidens* | H | OAfr | Verkehrswege, Felsstandorte | N? | 22 | 27,3 |
| *Spartina anglica* | G | (NAm) b | Wattenmeer | N, W | 2 | ? |
| *Helianthus tuberosus* | G | NAm | Ufer, Auen | N, W | 66 | 40,9 |
| *Lupinus polyphyllus* | G | NAm | Bergwiesen, Borstgrasrasen | N | 52 | 53,8 |
| *Lysichiton americanus* | G | NAm | Gewässer, Feuchtgebiete in Wäldern | N | 3 | 33,3 |
| *Fallopia japonica, F. sachalinensis, F. × bohemica* | G | OAs (a) | Ufer, Auen | N, W | 247 | 66,0 |
| *Solidago canadensis, S. gigantea* | G | NAm | Brachen, Weinberge, Auwälder | N, F | 196 | 52,0 |
| *Elodea canadensis, E. nuttallii* | Hy | NAm | Fließ-, Stillgewässer | N, W | 87 | 34,5 |
| *Buddleja davidii* | nP | OAs | Verkehrswege, Felsstandorte | N? | 21 | 33,3 |
| *Rosa rugosa* | nP | OAs | Küstendünen | N | 40 | 42,5 |
| *Symphoricarpos albus* | nP | NAm | Forsten, Parkanlagen | N, F | 37 | 18,9 |
| *Vaccinium corymbosum × angustifolium* | nP | (NAm) a | Forsten, Feuchtgebiete | N,F | 8 | 87,5 |
| *Ailanthus altissima* | P | OAs | Ruderal-, Felsstandorte | N? | 6 | 16,7 |
| *Acer negundo* | P | NAm | Auenwälder | N | 45 | 60,0 |
| *Fraxinus pennsylvanica* | P | NAm | Auenwälder | N | – | – |
| *Pinus nigra* | P | SEur | Magerrasen | N | 18 | 44,4 |
| *Pinus strobus* | P | NAm | Felsstandorte, Moorränder | N | 12 | 25,0 |

Tab. 70 Fortsetzung

| Neophyt | L | H | Betroffene Lebensräume | Konflikte | PN | % S |
|---|---|---|---|---|---|---|
| *Populus × canadensis* | P | (NAm) b | Auen | N, F | 2 | ? |
| *Prunus serotina* | P | NAm | Forste, Heiden, entwässerte Feuchtgebiete | N | 117 | 53,8 |
| *Quercus rubra* | P | NAm | Felsstandorte | N | 36 | 33,3 |
| *Robinia pseudoacacia* | P | NAm | Magerrasen, Waldgrenzstandorte | N | 131 | 56,2 |
| *Pseudotsuga menziesii* | P | NAm | Waldgrenzstandorte, Laubwälder | N | 16 | 43,8 |

Lebensform (L): M = Moos, T = Therophyt (Einjährige), H = Hemikryptophyt (Art mit Überdauerungsknospen an der Erdoberfläche), G = Geophyt (Art mit unterirdischen Überdauerungsorganen), Hy = Hydrophyt (Wasserpflanze), nP = Nanophanerophyt (Sträucher), P = Phanerophyt (Bäume); bei Hybriden: a = Herkunftsgebiet beider Elternarten, b = Herkunftsgebiet einer Elternart.

Bei einer **situationsbezogenen Bewertung** werden auch die konkreten Bedingungen des Gebietes berücksichtigt, in dem eine Art vorkommt oder in das sie ausgebracht werden soll. Hierbei können Risiken (auch Chancen) neuer Arten genauer eingeschätzt werden, was beispielsweise einen effektiveren Ressourceneinsatz erlaubt. So kann nach einer solchen Bewertung eine allgemein als problematisch eingestufte Art prioritär dort bekämpft werden, wo es sich am meisten lohnt, also wo die größten Konflikte auftreten und eine Bekämpfung auch Erfolgsaussichten hat. Umgekehrt können auch Vorteile derselben Art genutzt werden, die in einer anderen Situation zur Geltung kommen ohne andere Schutzobjekte zu beeinträchtigen. Ein weiterer Vorteil solcher Bewertungen ist, dass sie bei Bedarf für jede Art möglich sind, wogegen pauschale Art-Bewertungen aus praktischen Gründen nur für eine kleinere Artengruppe verfügbar sein werden. Allerdings erfordern situationsbezogene Einzelfallbewertungen zusätzliche Arbeit – und das ist ihr wesentlicher Nachteil. Dass dieselbe Art durchaus unterschiedlich bewertet werden kann, ist nicht so einfach wie eine typisierte Einschätzung zu vermitteln – aber in vielen Fällen dennoch sachgemäß.

In beiden Fällen wird man in die Bewertung auch Ergebnisse aus anderen Gebieten einbeziehen. Angesichts der wachsenden Anzahl gebietsfremder Arten und des exponentiellen Ansteigens neuer Untersuchungen ist dies eine nicht zu unterschätzende Aufgabe.

#### 10.2.3.1 Schwarze Listen und Graue Listen

In sogenannten „Schwarzen Listen invasiver Arten" werden problematische nichteinheimische Arten aufgeführt, die absehbar negative Auswirkungen auf einheimische Arten haben können. Solche Listen sind bereits für einige europäische Länder erarbeitet worden, so für Belgien (Branquart 2009), Großbritannien (Copp et al. 2005), Norwegen (Gederaas et al. 2007) und die Schweiz (Weber et al. 2005). Für die Neophyten Deutschlands gibt es seit 1999 eine entsprechende, aber nicht sogenannte Liste (Kowarik 1996a), die hier in Tab. 70 fortgeführt wird. Umfassendere Listen für Deutschland und Österreich sind in Arbeit (Essl et al. 2008).

Essl et al. (2008) haben bestehende Listenansätze weiterentwickelt (Abb. 86): Bei einer nachgewiesenen Gefährdung anderer Arten wird die nichteinheimische Art auf die

„**Schwarze Liste**" gesetzt, die in eine Warn-, Aktions- und Managementliste unterteilt ist und damit ein differenziertes Handeln unterstützt. So kann beispielsweise die Einbringung von Arten der Warnliste, die noch nicht im Gebiet vorkommen, vorausschauend verhindert werden (Beispiel Grauhörnchen, Kap. 9.4.2). Problematische Arten mit noch kleinräumiger Verbreitung stehen auf der Aktionsliste. Hier besteht die Chance, sofort zu handeln, wenn geeignete Maßnahmen zur Verfügung stehen (Beispiel Asiatischer Laubholzbockkäfer, Kap. 9.4.1). Auf der Managementliste stehen dann vor allem problematische Arten, die im Einzelfall, aber nicht mehr überall zurückgedrängt werden können, weil sie schon so verbreitet sind (Beispiel Staudenknötericharten, Kap. 6.4.4). Auch die „**Graue Liste**" ist unterteilt. Im ersten Teil („Handlungsliste") werden Arten geführt, bei denen die begründete Annahme besteht, dass sie direkt oder indirekt andere Arten gefährden könnten. Auf der Beobachtungsliste stehen Arten, zu denen es entsprechende Hinweise gibt. Arten, bei denen es nach derzeitigem Wissensstand keine Belege, Annahmen oder ausreichenden Hinweise auf eine Gefährdung einheimischer Arten gibt, stehen auf der (virtuellen) „Weißen Liste".

Zur Einstufung in die jeweilige Liste wird die Gefährdung anderer Arten durch Konkurrenz, Prädation oder Herbivorie, Hybridisierung, Übertragung von Krankheiten oder Parasiten oder durch Ökosystemveränderungen eingeschätzt. Je eindeutiger die Befunde sind, desto einfacher ist eine solche Einschätzung. Allerdings sollte eine fehlende Aufnahme in die Schwarze oder Graue Liste keinen „Freifahrtschein" für eine Art bedeuten, da oft die notwendigen Kenntnisse für eine Einordnung überhaupt nicht vorliegen. Weiter können sich Arten erst nach längeren Zeiträumen als problematisch erweisen (siehe Kap. 5.1). Daher muss sichergestellt werden, dass die Listen fortlaufend aktualisiert werden können. Nationale gesetzliche Verankerungen dieses Instrumentes, z. B. in Form von Handelsbeschränkungen für Arten der Schwarzen Liste, bestehen zurzeit nicht.

#### 10.2.3.2 Bewertung von Umweltschäden oder „ökologischen Schäden"

Einige gesetzliche Regelungen erfordern ausdrücklich Einzellfallbewertungen, etwa bei der Ausbringung nichtheimischer oder invasiver Arten nach dem Bundesnaturschutzgesetz (§ 40 BNatSchG) oder bei Freisetzungsversuchen nach dem Gentechnikrecht. In beiden Fällen muss die naturschutzfachliche Bewertung einerseits das allgemeine Risikopotenzial einer neuen Art berücksichtigen und andererseits die von einer Ausbringung betroffenen Objekte, also andere Arten, Lebensräume, Ökosysteme etc. Das betrifft primär die Verhältnisse vor Ort, kann aber weit darüber hinausgehen, etwa bei hochmobilen Tierarten.

Zu einer solchen Bewertung müssen verschiedene Punkte geklärt werden: Was wird grundsätzlich als ein Schaden infolge des Auftretens von Neobiota angesehen? Was

**Definition „ökologischer Schäden"**

Ein ökologischer Schaden (oder Umweltschaden) – verursacht durch gebietsfremde Organismen – liegt vor, wenn ein biotisches Schutzgut (Tiere, Pflanzen, Pilze, Mikroorganismen) oder ein abiotisches Schutzgut (Boden, Wasser, Luft/Klima) erheblich beeinträchtigt ist, und zwar hinsichtlich des Wertes seiner Bestandteile oder in seiner Gesamtheit oder in seinem Wert als Bestandteil eines ökologischen Wirkungsgefüges oder hinsichtlich der nachhaltigen Nutzungsfähigkeit des Schutzgutes oder des mit ihm verbundenen ökologischen Wirkungsgefüges (nach Kowarik et al. 2008, Bartz et al. 2010).

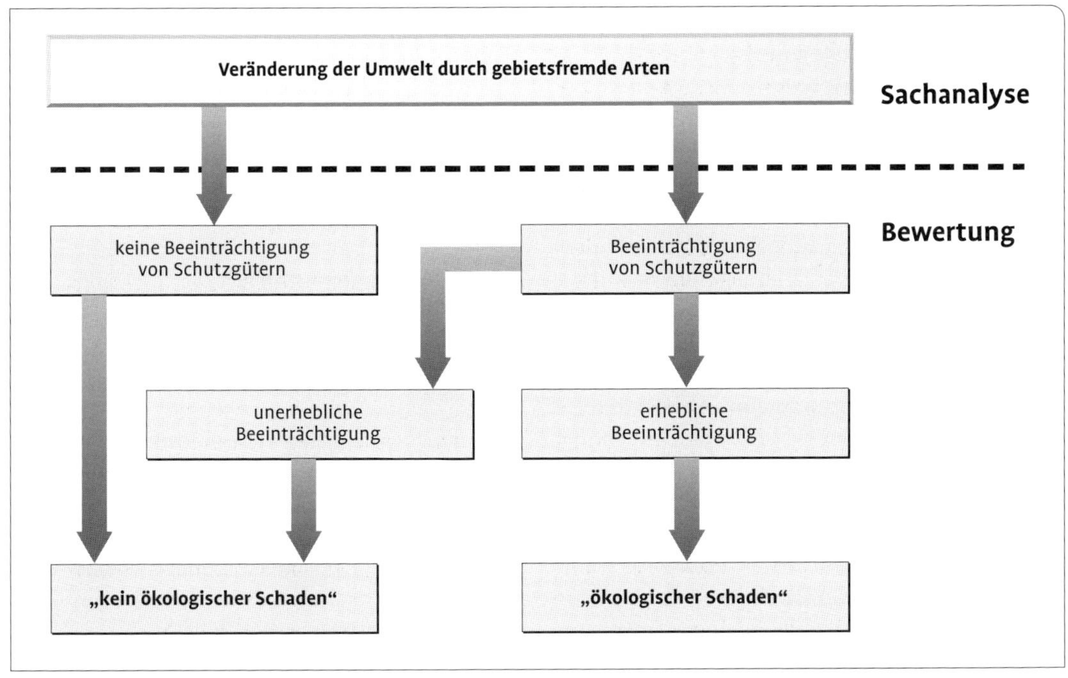


**Abb. 87** Ansatz zur Bewertung „ökologischer Schäden“ (Umweltschäden) durch das Vorkommen oder die beabsichtigte Ausbringung gebietsfremder Arten aus naturschutzfachlicher Perspektive. Schäden treten auf, wenn Schutzgüter des Naturschutzes erheblich beeinträchtigt werden (nach Kowarik et al. 2008, Bartz et al. 2010). (Zur Ermittlung der Erheblichkeit von Beeinträchtigungen siehe Abb. 88).

oder wer kann grundsätzlich geschädigt werden? Nach welchen Regeln können Sachinformationen über Auswirkungen von Arten zu einem transparenten und fachlich gesicherten Bewertungsergebnis führen? Im Folgenden sollen hierzu einige Ansätze aufgezeigt werden, die in Deutschland für die Bewertung nichteinheimischer Arten und von GVO erarbeitet worden sind (Kowarik et al. 2003, 2008, Bartz et al. 2010):

Die Definition ökologischer Schäden geht davon aus, dass ein Schaden erst entsteht, wenn es ein geschädigtes Schutzgut gibt. Insofern ist die Bewertung des Schadens **wirkungsbezogen**. Eine wesentliche Konsequenz daraus ist, dass nicht allein das Auftreten einer neuen Art zu einem Schaden führen kann, sondern erst die damit verbundenen Beeinträchtigungen betroffener Schutzgüter. Dieser wirkungsbezogene Ansatz entspricht den Anforderungen aus dem Übereinkommen über die biologische Vielfalt und auch aus dem Bundesnaturschutzgesetz. In beiden Fällen muss die Beeinträchtigung anderer Arten, Lebensgemeinschaften oder Ökosysteme bewertet werden (siehe Kap. 10.2.1). Mögliche **Schutzgüter**, die durch neue Arten beeinträchtigt werden können, umfassen die biologische Vielfalt auf allen Ebenen (genetische Vielfalt, Arten und Lebensgemeinschaften, Ökosysteme einschließlich ihrer Funktionen) und auch die nachhaltige Nutzungsfähigkeit der biologischen Vielfalt. So führt beispielsweise die Einkreuzung von GVO in traditionelle Kulturpflanzen auch zu einem naturschutzfachlichen Schaden, da hierdurch die Kulturpflanzen nicht mehr nachhaltig genutzt werden können. (Damit verbundene ökonomische Schäden sind naturschutzfachlich höchstens indirekt relevant.)

Eine zweite Konsequenz der Schadensdefinition ist, dass nicht jede Beeinträchtigung von Teilen der Umwelt zu einem Schaden führt. Dieser tritt erst auf, wenn gebietsfremde Arten Teile der Umwelt **erheblich** beeinträchtigen (Abb. 87). Eine Integration neuer Arten in vorhandene Lebensgemeinschaften oder der Aufbau völlig neuer Lebensgemeinschaften auf zuvor zerstörten Standorten ist daher kein Umweltschaden. Ein Beispiel einer weitgehenden Integration in vorhandene Vegetation ist die Gauklerblume (*Mimulus guttatus*; siehe Abb. 53).

Wie eine erhebliche Beeinträchtigung von einer unerheblichen unterschieden werden kann, muss innerhalb eines Bewertungsansatzes nach transparenten Regeln geklärt werden. Bei den **Bewertungsverfahren** von Kowarik et al. (2003, 2008) erfolgt dies über eine Verschneidung von zwei Bewertungsperspektiven: der Bewertung des Ausmaßes der Beeinträchtigung von Schutzobjekten und der Bewertung ihrer naturschutzfachlichen Bedeutung (Abb. 88). Die Kernidee dabei ist, dass eine Beeinträchtigung von Arten, Lebensgemeinschaften oder Biotopen mit geringer naturschutzfachlicher Bedeutung (Beispiel Trittrasen) weniger schwerwiegend ist als die Beeinträchtigung von Objekten mit hoher naturschutzfachlicher Bedeutung (Beispiel FFH-Lebensraumtyp).

## 10.3 Konfliktpotenzial

Biologische Invasionen beeinflussen alle Ebenen der biologischen Vielfalt und führen daher zu vielfältigen Konflikten mit dem **Naturschutz.** Dabei sind sämtliche Schutzgüter betroffen: die genetische Vielfalt, die Arten und Lebensgemeinschaften ebenso wie die Leistungs- und Nutzungsfähigkeit des Naturhaushalts und die Schönheit und Eigenart des Landschaftsbildes.

Neben dem Naturschutz gibt es eine Vielzahl weiterer Konfliktpartner, da biologische

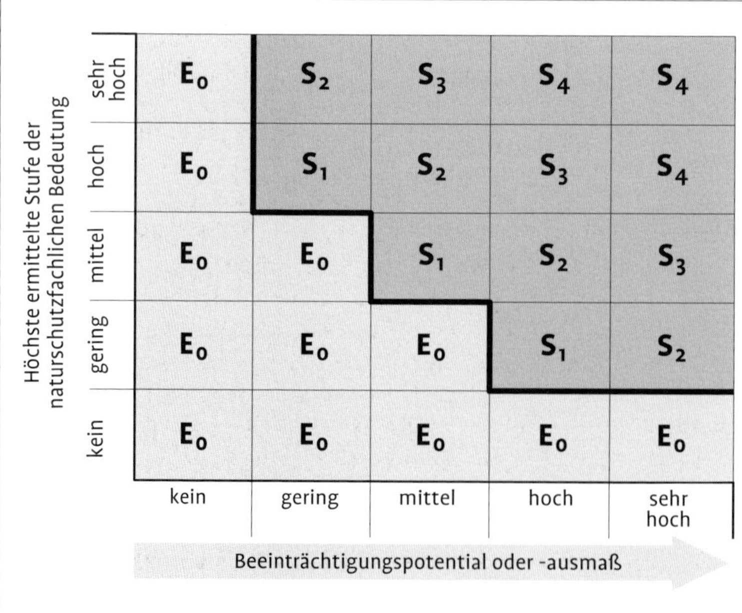


**Abb. 88** Ansatz zur Bestimmung „ökologischer Schäden“ durch gebietsfremde Arten durch eine Verknüpfung der naturschutzfachlichen Bedeutung betroffener Schutzgüter mit dem Ausmaß (bzw. Potenzial) ihrer Beeinträchtigung. Die fette Linie veranschaulicht die Grenze zwischen einer erheblichen Beeinträchtigung (= „ökologischer Schaden“) und einer fehlenden oder unerheblichen Beeinträchtigung. E0: kein „Ökologischer Schaden“. E1 bis E4: „ökologische Schäden“ mit einer Differenzierung von Schadstufen (nach Kowarik et al. 2008).

## Bewertungsverfahren

Nach den Bewertungsverfahren von Kowarik et al. (2003, 2008) wird das Ausmaß der Beeinträchtigung von Schutzgütern durch gebietsfremde Arten bzw. GVO mit Hilfe verschiedener Bewertungskriterien bestimmt. Dies sind beispielsweise die Persistenz und Ausbreitung der neuen Arten, die Wahrscheinlichkeit der Beeinträchtigung der genetischen Vielfalt durch Hybridisierung, die Auswirkungen auf andere Organismen (bei GVO durch spezifische Inhaltsstoffe) und, bei der Ausbringung von Kulturpflanzen, Konsequenzen aus der Veränderung der Anbaupraxis. Die Anwendung solcher und weiterer Kriterien führt zur Einschätzung einer fehlenden, geringen, mittleren, hohen oder sehr hohen Beeinträchtigung von Schutzgütern, wobei die höchste Beeinträchtigungsstufe, die mit einem Bewertungskriterium ermittelt wurde, als Gesamtergebnis übernommen wird. Um die Erheblichkeit dieser Beeinträchtigung zu bewerten, wird das Beeinträchtigungsausmaß in Bezug zu der naturschutzfachlichen Bedeutung der betroffenen Schutzgüter gesetzt (Abb. 88). Die Bewertung der naturschutzfachlichen Bedeutung von Schutzobjekten erfolgt nach etablierten Standardkriterien wie Gefährdung, Natürlichkeit u. a. (Bernotat et al. 2002).

Invasionen auch verschiedene **wirtschaftliche Sektoren** beeinträchtigen (vgl. Tab. 65). Diese haben oft ursächlich zur Einführung und Ausbreitung von Neobiota beigetragen und sind nun selber von den Auswirkungen betroffen. Beispiele sind

- die Forstwirtschaft, die unter der Ausbreitung früher selbst gepflanzter Bäume leidet (Beispiel: Spätblühende Traubenkirsche, siehe Kap. 6.3.2) oder Ertragseinbußen durch die Verwendung gebietsfremder Herkünfte erlitten hat (siehe Kap. 2.5.2);
- die Fischereiwirtschaft, die mit Besatzmaterial auch Parasiten eingeschleppt hat, die dann einheimische Fische gefährden (Beispiel: Aal-Schwimmblasenwurm, siehe Kap. 9.5.2);
- die Landwirtschaft, die genetische Ressourcen von Kulturpflanzen durch die Verwendung gentechnisch veränderter Sorten gefährden kann (Beispiel Raps in Kanada, siehe Kap. 3.1.3), durch Herbizideinsatz zur Selektion gefürchteter „Superunkräuter" beiträgt (siehe Kap. 6.2.3) oder mit Tierimporten auch gefährliche Krankheiten eingeschleppt hat (Beispiel Blauzungenkrankheit, siehe Kap. 8.2);
- der Weinbau, der mit amerikanischen Arten auch deren Schädlinge einführte (siehe Kap. 9.2.2);
- der Küstenschutz, dessen Erwartungen an das Schlickgras (*Spartina anglica*) in Hinblick auf den Erosionsschutz an manchen Stellen erfüllt wurden, wogegen woanders das Gegenteil eintrat (siehe Kap. 6.6.1);
- die Imkerei, die mit eingeführten Bienen auch gefährliche Parasiten wie die Varroamilbe verschleppt hat (siehe Kap. 9.8.2);
- die Zierpflanzenproduktion, die aufgrund der Ausbreitung vieler Zierpflanzen unter Druck gerät und mit Selbstverpflichtungen versucht, ihrer Verantwortung gerecht zu werden (siehe Kap. 11.1);
- die Baumschulwirtschaft, die angesichts der Auswirkungen der von ihr verbreiteten gebietsfremden Herkünfte ihr Angebotsspektrum überdenken muss (siehe Kap. 3.3.1.3).

Biologische Invasionen können auch **Gesundheitsrisiken** für Menschen beinhalten, etwa wenn Pflanzen zu neuen allergenen Belastungen führen (Beispiel Ambrosie in Kap. 6.2.3.2), Hautverletzungen auslösen (Beispiel Herkulesstaude in Kap. 6.4.3) oder wenn Neozoen Krankheitserreger oder Parasiten auch auf

Menschen übertragen (Beispiel Waschbär in Kap. 9.1.1) oder selbst Krankheiten auslösen (Beispiel Malaria-Erreger in Kap. 8.2).

Das Spektrum der Auswirkungen biologischer Invasionen, und auch das der Verursacher und Betroffenen, ist so gut bekannt, dass zumindest Ansatzpunkte für nationale oder auch europäische Strategien gegen gebietsfremde Arten entwickelt werden konnten (z. B. Genovesi & Shine 2003, Genovesi 2005, Hubo et al. 2007). Allerdings ist eine umfassende Bilanzierung des Konfliktpotenzials erst in Umrissen möglich, weil die Erkenntnisse in vielen Bereichen sehr heterogen sind und Bilanzierungsansätze oft nur rudimentär entwickelt sind.

Gute Anhaltspunkte zur Einschätzung der Problemlage geben **Umfragen**, die vor allem zu Konflikten mit Neophyten im Naturschutz und einigen anderen Sektoren durchgeführt worden sind (z. B. Kowarik & Schepker 1998, Schepker 2004, Andreu et al. 2009). Bei der Interpretation muss allerdings bedacht werden, dass mit Umfragen die Wahrnehmung von Konflikten abgebildet wird. Diese muss nicht zwingend mit dem Ausmaß der realen Beeinträchtigungen durch gebietsfremde Arten übereinstimmen. Wenig bekannte Probleme könnten unterschätzt, andere überschätzt werden. So ist es kaum möglich, die Beeinträchtigung der genetischen Vielfalt abzuschätzen, obwohl die Folgen für die Anpassungsfähigkeit von Lebensgemeinschaften unter veränderten Umweltbedingungen (Stichwort Klimawandel) massiv sein können. Auf der anderen Seite werden häufig übertriebene Auswirkungen angenommen, wenn sich eine Art schnell ausbreitet, weit verbreitet ist oder auffällige Bestände bildet. Am Beispiel von Pflanzen und verschiedener Tiergruppen haben Ricciardi & Cohen (2007) auch statistisch belegt, dass Ausbreitungserfolge nicht zwingend mit Beeinträchtigungen korreliert sein müssen.

**Tab. 71** Einschätzung des Konfliktpotenzials von Neophyten durch zuständige Fachbehörden und außeramtliche Naturschützer in Niedersachsen. Zusammengefasst sind Befragungsergebnisse zu Vorkommen und Bekämpfung problematischer Neophyten, zum Bekämpfungserfolg und zur Notwendigkeit weiterer Maßnahmen (nach Kowarik & Schepker 1997, 1998, Schepker 1998)

| | Forstwirtschaft n = 163 [%] | Wasserwirtschaft 76 [%] | amtl. Naturschutz* 49 [%] | n. amtl. Naturschutz 47 [%] | Grünflächenämter 10 [%] | Behördenvertreter* 303 [%] | alle Befragten 350 [%] |
|---|---|---|---|---|---|---|---|
| **problematische Neophytenvorkommen** | | | | | | | |
| • sind bekannt | 80 | 41 | 88 | 81 | 60 | 71 | 72 |
| • werden bekämpft | 64 | 44 | 41 | 32 | 88 | 53 | 49 |
| • erfolgreich bekämpft | 26 | 9 | 19 | 24 | 29 | 23 | 23 |
| **Zukünftige Bekämpfung nötig** | | | | | | | |
| • mit hoher Priorität | 42 | 22 | 17 | 23 | 44 | 31 | 29 |
| • mit mittlerer Priorität | 15 | 8 | 15 | 8 | 22 | 15 | 13 |
| • mit geringer Priorität | 5 | 14 | 7 | 4 | 0 | 6 | 6 |
| • nur im Einzelfall | 30 | 45 | 47 | 41 | 22 | 37 | 38 |
| • überhaupt nicht | 8 | 14 | 14 | 23 | 11 | 11 | 14 |

* einschließlich 7 Vertreter des Küstenschutzes, n = Zahl der ausgewerteten Fragebögen

### 10.3.1 Konflikte mit Neophyten: Beispiel Deutschland

Eine erste flächendeckende Umfrage zum Konfliktpotenzial von Neophyten im Naturschutz und anderen Sektoren wurde in **Niedersachsen** durchgeführt (Kowarik & Schepker 1998, Schepker 1998). Die Untersuchung veranschaulicht beispielhaft die Sicht von Behördenvertretern und ehrenamtlichen Naturschützern auf Konflikte mit Neophyten in ihrem eigenen Erfahrungsbereich. Landesweit wurden alle Vertreter der Forst- und Naturschutzverwaltungen sowie der Wasserwirtschaft, des Küstenschutzes, der städtischen Grünflächenämter sowie ehrenamtliche Naturschützer befragt. Die Ergebnisse in Tab. 71 zeigen, inwieweit sich die Befragten in ihrem Zuständigkeitsbereich mit problematischen Neophytenvorkommen konfrontiert sehen, in welchem Ausmaß und wie erfolgreich Problemfälle bekämpft werden und welche Konsequenzen für zukünftiges Handeln gefordert werden. Probleme mit Neophyten sind in der Forstwirtschaft und im Naturschutz nahezu allgegenwärtig: Über 80 % der Antworten verweisen hierauf. Amtliche und nicht-amtliche Naturschutzvertreter schätzen die Lage ähnlich ein.

Der Schritt von der Wahrnehmung als problematisches Neophytenvorkommen zur **Bekämpfung** wird überraschend häufig vorgenommen: Insgesamt wurde jeder zweite (49 %) problematische Bestand bekämpft; in der Forstwirtschaft sogar zwei Drittel der Fälle. Die Erfolgsquote der Maßnahmen ist mit durchschnittlich 23 % sehr niedrig. Dennoch befürworten die meisten Fachvertreter weitere Maßnahmen. 42 % sprechen sich dafür aus, Neophyten generell mit hoher oder mittlerer Priorität zu bekämpfen, 38 % plädieren für eine Bekämpfung im Einzelfall. Eine Verschärfung rechtlicher Möglichkeiten unterstützen zusätzlich 11 %.

Tab. 72 schlüsselt die von den Betroffenen genannten **Neophytenprobleme** genauer auf.

Zu 457 Neophytenvorkommen wurden insgesamt 592 Konflikte genannt, die in der Auswertung sechs Problemkategorien zugeordnet wurden. Bei 13 % der Angaben wird bereits die Tatsache der Ausbreitung als problematisch empfunden, ohne konkrete Folgen hiermit zu benennen. Gut die Hälfte der Nennungen betrifft unerwünschte Vegetationsveränderungen. Gut ein Viertel hiervon wird als nachteilig für Landnutzungen gesehen. Die Forstleute fürchten vor allem die „Verdämmung" durch Neophyten (Behinderung der Naturverjüngung von Forstbäumen). Seitens der Wasserwirtschaft wird eine Behinderung der Gewässerunterhaltung und des Abflusses angeführt. Eine Sonderkategorie sind Gesundheitsrisiken, die vor allem *Heracleum mantegazzianum* betreffen.

Interessant ist, dass über 450 problematische Neophytenvorkommen genannt und auch lokalisiert worden sind, aber nur in 166 Fällen die Frage nach einer genaueren Beschreibung der unerwünschten Auswirkungen beantwortet wurde. Dies kann an der beschränkten Zeit zum Ausfüllen des Fragebogens liegen. Möglicherweise deutet sich hier jedoch auch eine Diskrepanz zwischen der allgemeinen Problemzuschreibung zu bestimmten Arten und der Kenntnis der tatsächlich auftretenden Folgen an. In 92 der 166 präzisierten Fälle handelt es sich um Konflikte mit Zielen des Arten- und Biotopschutzes. Die meisten betreffen unerwünschte Veränderungen von Lebensgemeinschaften. In 30 Fällen wurde die Verdrängung von Arten der Roten Liste befürchtet. Dies sind etwa 5 % aller für Niedersachsen genannten 592 Konflikte (Details bei Schepker 1998). Aus 148 der 671 niedersächsischen Naturschutzgebiete sowie aus den beiden Nationalparks wurden problematische Neophytenvorkommen gemeldet. Insgesamt wurden 31 problematische Neophyten genannt. 80 % der Konflikte konzentrieren sich aber auf 9 Sippen, die mit abnehmender Bedeutung in Tab. 72 aufgeführt sind.

**Tab. 72** Reichweite der Neophytenproblematik in Niedersachsen aus der Perspektive zuständiger Fachbehörden und außeramtlicher Naturschutzvertreter sowie die artspezifische Differenzierung der von ihnen gesehenen Probleme (Kowarik & Schepker 1997, Schepker 1998)

| | | | **Vegetationsveränderungen** | | **forstbetriebliche Probleme** | | | | **wasserwirt. Probleme** | | **Gesundheitsrisiken** | |
|---|---|---|---|---|---|---|---|---|---|---|---|---|
| | | | | | Verdämmungen | | andere | | | | | |
| | n | [%] | abs. | [%] | abs. | [%] | abs. | [%] | abs. | [%] | abs. | [%] |
| **Fachbehörden** | | | | | | | | | | | | |
| Forstverwaltungen | 282 | 9 | 127 | 45 | 82 | 29 | 39 | 14 | 1 | <1 | 8 | 3 |
| Naturschutzbehörden | 137 | 18 | 97 | 71 | 5 | 4 | 1 | 1 | 1 | 1 | 9 | 7 |
| Wasserwirtschaft | 56 | 11 | 15 | 27 | 1 | 2 | – | – | 28 | 50 | 6 | 11 |
| Grünflächenämter | 11 | 27 | 3 | 27 | – | – | – | – | – | – | 5 | 45 |
| **außeramtlicher Naturschutz** | 99 | 16 | 74 | 75 | 1 | 1 | – | – | 2 | 2 | 6 | 6 |
| **gesamt**[1)] | **592** | **13** | **323** | **55** | **89** | **15** | **40** | **7** | **32** | **5** | **34** | **6** |
| | | | | | | | | | | | | |
| **problematische Neophytenvorkommen** | | | | | | | | | | | | |
| *Prunus serotina* | 147 | 7 | 109 | 45 | 76 | 31 | 37 | 15 | 2 | 1 | – | – |
| *Heracleum mantegazzianum* | 82 | 15 | 55 | 51 | 1 | 1 | – | – | 4 | 4 | 31 | 29 |
| *Fallopia* spec. | 81 | 10 | 69 | 78 | 5 | 6 | 1 | 1 | 4 | 5 | – | – |
| *Impatiens glandulifera* | 29 | 23 | 21 | 68 | 1 | 3 | – | – | 2 | 6 | – | – |
| *Elodea* spec. | 19 | – | 8 | 36 | – | – | – | – | 13 | 59 | – | – |
| *Vaccinium corymbosum* × *angustifolia* | 16 | 22 | 10 | 56 | 2 | 11 | 2 | 11 | – | – | – | – |
| *Solidago* spec. | 15 | 14 | 11 | 79 | – | – | – | – | 1 | 7 | – | – |
| *Impatiens parviflora* | 11 | 40 | 5 | 50 | 1 | 10 | – | – | – | – | – | – |
| *Rosa rugosa* | 10 | 10 | 9 | 90 | – | – | – | – | – | – | – | – |
| *Robinia pseudoacacia* | 7 | 10 | 4 | 40 | – | – | – | – | 2 | 20 | 3 | 30 |
| andere Arten | 40 | 29 | 22 | 54 | 3 | 8 | – | – | 4 | 10 | – | – |
| **gesamt**[2)] | **457** | **13** | **323** | **55** | **89** | **15** | **40** | **7** | **32** | **5** | **34** | **6** |

[1)] Gesamtzahl gemeldeter Probleme mit Mehrfachnennungen für einzelne Neophyten; inklusive 7 Nennungen aus dem Bereich Küstenschutz; [2)] Gesamtzahl der gemeldeten problematischen Vorkommen; n = Zahl der ausgewerteten Fragebögen

Diese Ergebnisse belegen klar den **hohen Stellenwert** der Neophytenproblematik in der Praxis, der in der Vielzahl genannter Probleme, in den verbreiteten Bekämpfungsaktionen und im Bedarf nach weiteren Maßnahmen zum Ausdruck kommt. In anderen Naturräumen Deutschlands spielen einige der in Norddeutschland problematischen Neophyten keine Rolle, andere treten dagegen stärker in den Vordergrund, beispielsweise *Solidago*-Arten im Südwesten (Hartmann et al. 1995). Auch können die Problemfelder regional variieren. In Südwestdeutschland sind beispielsweise wasserwirtschaftliche Probleme wesentlich größer als in Norddeutschland (Böcker et al. 1995, Hartmann et al. 1995). Zusammenfassend bleibt festzuhalten, dass auch in Deutschland Neophyten in regional unterschiedlichen Kombinationen **erhebliche Konflikte** für den Naturschutz und verschiedene Landnutzungen auslösen.

Die Analyse von Ursachen des Entstehens der problematischen Bestände in Niedersachsen hat allerdings ergeben, dass es sich oft um hausgemachte Konflikte handelt. So gingen ungefähr zwei Drittel der problematischen Neophytenbestände in Niedersachsen unmittelbar aus einer Einbringung der Arten durch menschliche Aktivitäten hervor (Tab. 20).

Eine **deutschlandweite Befragung** ergab, dass fast alle Naturschutzbehörden (96 % von 360) Probleme mit Neophyten haben. Insgesamt wurden 73 problematische Arten benannt (Schepker 2004). In Tab. 73 sind die gemeldeten Probleme aufgegliedert nach unmittelbaren Naturschutzproblemen, fraglichen Naturschutzproblemen und solchen, die andere Konfliktfelder betreffen. Bei Verdrängungsphänomenen kann wie bei einem erhöhten Aufwand für Pflegemaßnahmen unmittelbar von Konflikten mit Zielen des Naturschutzes ausgegangen werden. Weniger eindeutig ist dies bei Ausbreitungsphänomenen.

Bei einigen ausbreitungsstarken Arten (*Impatiens glandulifera*, *I. parviflora*, *Senecio inaequidens*, *Buddleja davidii*) spricht einiges dafür, dass ihre Einschätzung als Problemart mehr die Reichweite und Geschwindigkeit von Ausbreitungsvorgängen reflektiert als damit verbundene Beeinträchtigungen anderer Arten oder Lebensgemeinschaften. So sind tiefgreifende Verdrängungseffekte durch *I. glandulifera* bislang nicht belegt worden, obwohl die Art in vielen Gebieten auffällige Bestände entlang von Wasserläufen aufbaut (siehe Kap. 6.4.2). Allerdings können Massenausbreitungen von Neophyten auch zu einer Beeinträchtigung des Landschaftsbildes führen. Auch dies sind Naturschutzkonflikte, die allerdings schwierig zu bewerten sind.

#### 10.3.1.1 Problematische Arten im Überblick

Ob eine Art problematisch ist, hängt von den zugrunde liegenden Werten und Zielen ab, mit denen sie in Konflikt gerät. Tabelle 70 enthält eine Übersicht zu Neophyten, die in Deutschland erhebliche **Naturschutzkonflikte** auslösen. Die Liste wurde 1996 begonnen (Kowarik 1996a) und stellt so etwas wie einen Prototyp einer „Schwarzen Liste" dar (siehe Kap. 10.2.3.1). Alle Arten aufzulisten, denen negative Folgen zugeschrieben wurden, ist wegen der Variabilität der zugrunde liegenden Bewertungskriterien wenig ergiebig. Die Liste in Tab. 70 ist daher eher konservativ. Es wurden nur solche Arten aufgenommen, bei denen Naturschutzkonflikte nachgewiesen oder höchst wahrscheinlich sind. Als Hilfsindikator für den Problemstatus einer Art wurde die Durchführung von Bekämpfungsmaßnahmen gewertet.

Die Liste enthält zwei Differenzierungen: die Darstellung der Lebensräume, in denen Konflikte zutage treten und das Auftreten weiterer Konflikte mit Landnutzungen (Forst- und Wasserwirtschaft) sowie der mensch-

**Tab: 73** Einschätzung von Problemen mit Neophyten durch deutsche Naturschutzbehörden (n = 360, mit Mehrfachnennungen). Die Ergebnisse einer bundesweiten Befragung (Schepker 2004) wurden gegliedert nach Naturschutzproblemen, fraglichen Naturschutzproblemen und solchen, die andere Konfliktfelder betreffen

| genannte Probleme | Naturschutz-Probleme | fragliche Naturschutz-Probleme | andere Konfliktfelder |
|---|---|---|---|
| Verdrängung anderer Arten | 673 (47,5 %) | | |
| Ausbildung von Dominanzbeständen | 155 (10,9 %) | | |
| Veränderung von Biozönosen, Beeinflussung vorhandener Vegetation | 32 (2,3 %) | | |
| Erhöhter Pflegeaufwand | 54 (3,8 %) | | |
| Schnelle Ausbreitung | | 127 (9,0 %) | |
| Allgemeine Verbreitung | | 96 (6,8 %) | |
| Vorkommen in Schutzgebieten | | 56 (4,0 %) | |
| Eutrophierung | | 20 (1,4 %) | |
| Gesundheitsgefährdung | | | 80 (5,6 %) |
| Einschränkung der Ufersicherheit | | | 36 (2,5 %) |
| Behinderung der Naturverjüngung von Bäumen | | | 26 (1,8 %) |
| sonstige Probleme | | | 62 (4,4 %) |
| **Summe** | **914 (64,5 %)** | **299 (21,2 %)** | **204 (14,3%)** |

lichen Gesundheit. Landwirtschaftliche Problemunkräuter wurden nicht aufgenommen, weil sie in der Regel naturschutzfachlich unproblematisch sind (siehe die Liste dieser Arten in Tab. 39). Die Ambrosie ist vor allem aus gesundheitlicher Sicht problematisch und tritt auch als Ackerunkraut auf. Ob wesentliche Naturschutzkonflikte absehbar sind, ist allerdings fraglich.

Weiter wurden Ergebnisse der Umfrage von Schepker (2004) unter den deutschen Naturschutzbehörden in die Liste integriert. Die Anzahl der Nennungen problematischer Neophyten lässt gut die Dimension der **Problemwahrnehmung** erkennen. Nur ist zu betonen, dass auch wenig genannte Arten erhebliche Probleme verursachen können. Auf der anderen Seite ist zu hinterfragen, ob die erheblichen Nennungen für andere Arten, beispielsweise für *Impatiens*-Arten, tatsächlich das Ausmaß der von ihnen verursachten Beeinträchtigungen der biologischen Vielfalt reflektieren. Hier sind deutliche Zweifel angebracht (siehe Kap. 6.3.1 und 6.4.2). Der beträchtliche Anteil an Problemnennungen, die auf Schutzgebiete entfallen, veranschaulicht, dass Neophytenvorkommen auch hier eine große Rolle spielen.

Die Liste in Tab. 70 lässt die Größenordnung problematischer Neophyten in Deutschland erkennen. Sie ist jedoch weder abschließend noch umfassend, da

- die Kenntnisse über nachteilige Folgen nichteinheimischer Arten lückenhaft sind,
- in der Liste im Wesentlichen die Beeinträchtigung anderer Arten oder Lebensgemeinschaften bewertet werden, jedoch mögliche Folgen für die genetische Vielfalt sowie Auswirkungen auf die Tierwelt unberücksichtigt bleiben. Die Hybrid-Pappel (*Populus* × *canadensis*) steht für eine Art, die auch die genetische Vielfalt beeinträch-

tigen kann. Allerdings ist bei mehreren Neophyten mit ähnlichen Wirkungen zu rechnen (siehe Kap. 2.5.2), wobei die problematischen Fälle allerdings noch nicht genauer eingegrenzt werden können.
- da andere Naturschutzkonflikte unberücksichtigt bleiben, etwa eine Beeinträchtigung der Leistungsfähigkeit des Naturhaushaltes oder der Schönheit und Eigenart der Landschaft durch Neophyten. Hierzu fehlen weitgehend die notwendigen Grundlagen und Bewertungsansätze.

Die problematischen Neophyten verteilen sich auf alle Lebensformen, wobei Gehölze und Geophyten überrepräsentiert sind. Fast alle Arten sind ursprünglich absichtlich eingeführt worden. Die Zuordnung der Arten zu Lebensraumtypen und betroffenen Bereichen veranschaulicht, dass die ausgelösten Konflikte meist sehr stark innerhalb des sekundären Verbreitungsgebietes variieren. Häufig treten Probleme nur in speziellen Lebensraumtypen oder Gegenden auf oder betreffen nur bestimmte Nutzergruppen. Dies unterstreicht die Notwendigkeit von Einzelfallbewertungen, die regional und für verschiedene Lebensräume vorgenommen werden sollten. Beispielsweise ist die Etablierung der Robinie in Halbtrockenrasen meist ungemein problematisch, ihre Ausbreitung auf Ruderalstandorten kann willkommen sein, und ihre ästhetischen und ökosystemaren Funktionen als stadtverträglicher Straßenbaum werden allgemein positiv eingeschätzt. Ein methodischer Zugang zu Einzelfallbewertungen ist in Kap. 10.2.3.2 dargestellt worden.

### 10.3.1.2 Wie häufig sind nichteinheimische Arten?

Einige der in Kap. 6 besprochenen Neophyten breiten sich rasant aus und prägen dabei ganze Landschaften, beispielsweise *Impatiens glandulifera* an Mittelgebirgsbächen, *Prunus serotina* in Kiefernforstgebieten Norddeutschlands, *Solidago canadensis* auf Weinbergsbrachen oder *Senecio inaequidens* an Verkehrswegen. So auffällig diese und auch andere Neophyten sind – allgemein sind nichteinheimische Pflanzenarten in Deutschland immer noch deutlich seltener als einheimische Arten. Dies gilt selbst für städtische Ballungsgebiete, die besonders neophytenreich sind (siehe Kap. 6.1). Abb. 89 zeigt dies am Beispiel der Berliner Flora, deren Arten hier verschiedenen Häufigkeitsgruppen zugeordnet worden sind.

Die Häufigkeit von Arten ist jedoch veränderlich, wie die langfristige Entwicklung bei Einheimischen, Archäophyten und eingebürgerten Neophyten in drei Gebieten zeigt (Tab. 74): Zunehmende Arten konzentrieren sich überall auf die Gruppe der Neophyten (ohne Unbeständige), rückläufige auf Einheimische und Archäophyten. In urban geprägten Gebieten wie Berlin ist die Florendynamik besonders ausgeprägt, beim Artenrückgang ebenso wie bei der Zunahme einzelner Arten. Welchen Stellenwert Neobiota in der Flora und Vegetation zukünftig einnehmen werden, wird sich also zuerst in Siedlungen zeigen.

Sind die problematischen Arten nun zugleich die in Deutschland am weitesten verbreiteten? Die Antwort ist aus den Ergebnissen der floristischen Kartierung Deutschlands (Haeupler & Schönfelder 1989, Benkert et al. 1996) ablesbar, aus denen u. a. hervorgeht, in wie vielen der etwa 3000 Messtischblätter (MTB) Deutschlands eine Art wenigstens einmal vorkommt.

Tab. 75 zeigt die 50 am weitesten verbreiteten Neophyten und Archäophyten Deutschlands. Archäophyten sind demnach weiter als Neophyten verbreitet, was auch für Tschechien gilt (Pyšek et al. 2002). Nach den aus Tab. 39 und Tab. 70 übernommenen Angaben zu Problemarten sind unter den am weitesten verbreiteten Arten viele unproblematische. Umgekehrt können auch seltenere Arten pro-

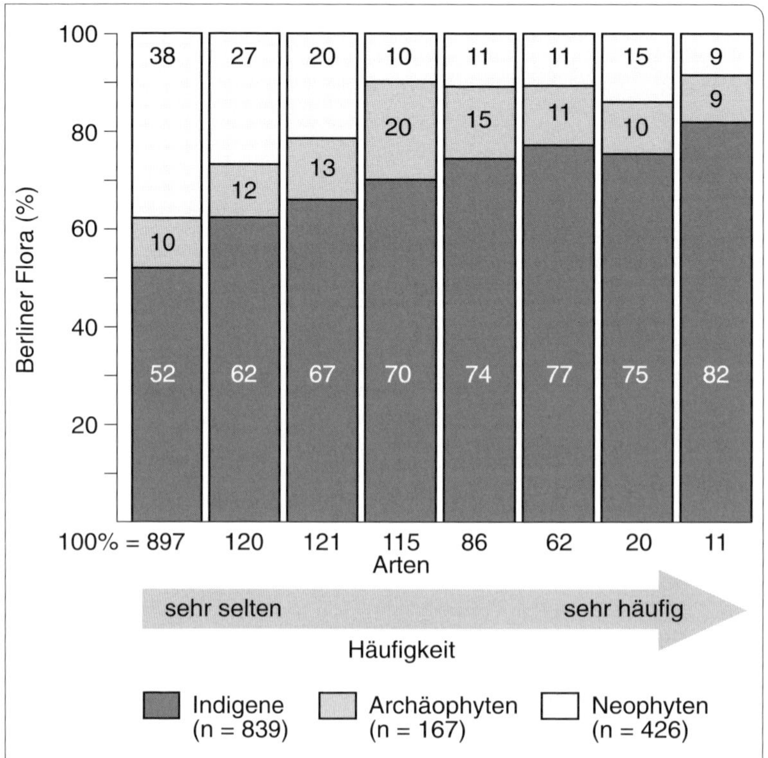


**Abb. 89** Verteilung der einheimischen und nichteinheimischen Arten der Flora Berlins auf Häufigkeitsgruppen (nach Kowarik 1995).

**Tab. 74** Unterschiedliche Entwicklungstrends bei der Häufigkeit von Einheimischen, Archäophyten und eingebürgerten Neophyten in den Niederlanden zwischen 1900/49 und 1950/75 (nach Haeck & Hengeveld 1980/81), der DDR (Frank 1991) und Berlin zwischen 1864 und 1980 (nach Kutschkau 1982)

| | | **zunehmend** [%] | **gleich bleibend** [%] | **abnehmend** [%] |
|---|---|---|---|---|
| **Niederlande** | | | | |
| Einheimische | (n = 1310) | 3 | 38 | 59 |
| Neophyten | (n = 137) | 44 | 35 | 21 |
| **DDR** | | | | |
| Einheimische | (n = 1055) | 4 | 43 | 53 |
| Archäophyten | (n = 94) | 6 | 47 | 47 |
| Neophyten | (n = 180) | 48 | 32 | 20 |
| **Berlin** | | | | |
| Einheimische | (n = 819) | 12 | 10 | 78 |
| Archäophyten | (n = 160) | 18 | 10 | 72 |
| Neophyten | (n = 321) | 74 | 5 | 21 |

**Tab. 75** Die am weitesten verbreiteten Archäophyten und Neophyten der Flora Deutschlands nach der Messtischblattfrequenz ihrer Vorkommen (Datengrundlage: Bundesamt für Naturschutz und Zentralstelle für die Phytodiversität Deutschlands, Datenstand: Dezember 2000)

| | Neophyten | | n | % | | Archäophyten | | n | % |
|---|---|---|---|---|---|---|---|---|---|
| 1. | *Matricaria discoidea* | | 2961 | 98,7 | 1. | *Plantago lanceolata* | | 2974 | 99,1 |
| 2. | *Conyza canadensis* | | 2869 | 95,6 | 2. | *Bellis perennis* | | 2970 | 99,0 |
| 3. | *Veronica persica* | ○ | 2813 | 93,8 | 3. | *Lamium purpureum* | ○ | 2942 | 98,1 |
| 4. | *Galinsoga ciliata* | ○ | 2715 | 90,5 | 4. | *Myosotis arvensis* | | 2940 | 98,0 |
| 5. | *Impatiens parviflora* | ● | 2594 | 86,5 | 5. | *Fallopia convolvulus* | ○ | 2935 | 97,8 |
| 6. | *Solidago canadensis* | ● | 2581 | 86,0 | 6. | *Veronica arvensis* | | 2930 | 97,7 |
| 7. | *Lolium multiflorum* | | 2566 | 85,5 | 7. | *Lamium album* | | 2918 | 97,3 |
| 8. | *Galinsoga parviflora* | ○ | 2554 | 85,1 | 8. | *Tanacetum vulgare* | | 2912 | 97,1 |
| 9. | *Armoracia rusticana* | | 2535 | 84,5 | 9. | *Viola arvensis* | ○ | 2908 | 96,9 |
| 10. | *Juncus tenuis* | | 2524 | 84,1 | 10. | *Atriplex patula* | | 2851 | 95,0 |
| 11. | *Robinia pseudoacacia* | ● | 2462 | 82,1 | 11. | *Sisymbrium officinale* | | 2849 | 95,0 |
| 12. | *Raphanus raphanistrum* | | 2387 | 79,6 | 12. | *Euphorbia helioscopa* | | 2834 | 94,6 |
| 13. | *Viola odorata* | | 2386 | 79,5 | 13. | *Melilotus albus* | | 2834 | 94,5 |
| 14. | *Lupinus polyphyllus* | ● | 2292 | 76,4 | 14. | *Thlaspi arvense* | ○ | 2831 | 94,4 |
| 15. | *Solidago gigantea* | ● | 2272 | 75,7 | 15. | *Matricaria recutita* | ○ | 2809 | 93,6 |
| 16. | *Fallopia japonica* | ● | 2243 | 74,8 | 16. | *Sinapis arvensis* | | 2799 | 93,3 |
| 17. | *Elodea canadensis* | ● | 2243 | 74,8 | 17. | *Geranium pusillum* | | 2797 | 93,2 |
| 18. | *Epilobium ciliatum* | | 2210 | 73,7 | 18. | *Melilotus officinalis* | | 2787 | 92,9 |
| 19. | *Impatiens glandulifera* | ● | 2151 | 71,7 | 19. | *Vicia angustifolia* | | 2763 | 92,1 |
| 20. | *Geranium pyrenaicum* | | 2002 | 66,7 | 20. | *Echium vulgare* | | 2757 | 91,9 |
| 21. | *Amaranthus retroflexus* | ○ | 1991 | 66,4 | 21. | *Anagallis arvensis* | | 2756 | 91,9 |
| 22 | *Senecio vernalis* | | 1932 | 64,4 | 22. | *Centaurea cyanus* | | 2744 | 91,5 |
| 23. | *Acorus calamus* | | 1926 | 64,2 | 23. | *Spergula arvensis* | | 2723 | 90,8 |
| 24. | *Symphoricarpos albus* | ● | 1851 | 61,7 | 24. | *Malva neglecta* | | 2715 | 90,5 |
| 25. | *Vicia villosa* | | 1834 | 61,1 | 25. | *Fumaria officinalis* | | 2712 | 90,4 |
| 26. | *Aesculus hippocastanum* | | 1802 | 60,1 | 26. | *Papaver rhoeas* | | 2708 | 90.3 |
| 27. | *Berteroa incana* | | 1775 | 59,2 | 27. | *Crepis capillaris* | | 2680 | 89,3 |
| 28. | *Medicago × varia* | | 1761 | 58,7 | 28. | *Urtica urens* | | 2678 | 89,3 |
| 29. | *Hesperis matronalis* | | 1759 | 58,6 | 29. | *Euphorbia peplus* | | 2672 | 89,1 |
| 30. | *Heracleum mantegazzianum* | ● | 1656 | 55,2 | 30. | *Lamium amplexicaule* | | 2629 | 87,6 |
| 31. | *Cymbalaria muralis* | | 1639 | 54,6 | 31. | *Cichorium intybus* | | 2606 | 86,9 |
| 32. | *Erigeron annuus* | | 1639 | 54,6 | 32. | *Bromus sterilis* | | 2563 | 85,4 |
| 33. | *Sisymbrium altissimum* | | 1591 | 53,0 | 33. | *Solanum nigrum* | ○ | 2516 | 83,9 |
| 34. | *Bidens frondosa* | | 1587 | 52,9 | 34. | *Crepis biennis* | | 2502 | 83,4 |
| 35. | *Prunus serotina* | ● | 1587 | 52,9 | 35. | *Arctium lappa* | | 2490 | 83,0 |
| 36. | *Quercus rubra* | ● | 1545 | 51,5 | 36. | *Anthemis arvensis* | | 2458 | 81,9 |

**Tab. 75** Fortsetzung

| | Neophyten | | n | % | | Archäophyten | | n | % |
|---|---|---|---|---|---|---|---|---|---|
| 37. | *Cardaria draba* | | 1476 | 49,2 | 37. | *Aphanes arvensis* | | 2427 | 80,9 |
| 38. | *Datura stramonium* | | 1462 | 48,7 | 38. | *Anchusa arvensis* | | 2384 | 79,5 |
| 39. | *Veronica filiformis* | | 1449 | 48,3 | 39. | *Stellaria media* | ○ | 2365 | 78,8 |
| 40. | *Helianthus tuberosus* | ● | 1418 | 47,3 | 40. | *Tripleurospermum perforatum* | ○ | 2361 | 78,7 |
| 41. | *Syringa vulgaris* | | 1356 | 45,2 | 41. | *Spergularia rubra* | | 2357 | 78,6 |
| 42. | *Oxalis corniculata* | | 1354 | 45,1 | 42. | *Cerastium glomeratum* | | 2339 | 78,0 |
| 43. | *Sedum spurium* | | 1283 | 42,8 | 43. | *Geranium dissectum* | | 2329 | 77,6 |
| 44. | *Onobrychis viciifolia* | | 1246 | 41,5 | 44. | *Echinochloa crus-galli* | ○ | 2326 | 77,5 |
| 45. | *Eragrostis minor* | | 1198 | 41,5 | 45. | *Vinca minor* | | 2301 | 76,7 |
| 46. | *Fallopia sachalinensis* | ● | 1191 | 39,7 | 46. | *Setaria viridis* | ○ | 2295 | 76,5 |
| 47. | *Bunias orientalis* | ● | 1157 | 38,6 | 47. | *Chenopodium album* | ○ | 2287 | 76,2 |
| 48. | *Diplotaxis tenuifolia* | | 1121 | 37,4 | 48. | *Papaver argemone* | | 2274 | 75,8 |
| 49. | *Papaver somniferum* | | 1118 | 37,3 | 49. | *Ballota nigra* | | 2271 | 75,7 |
| 50. | *Atriplex sagittata* | | 1110 | 37,0 | 50. | *Geranium molle* | | 2254 | 75,1 |

100% = 3000 Messtischblätter; ● Arten mit lokalen oder regionalen Naturschutzkonflikten; vgl. Tab. 70; ○ = landwirtschaftliche Problemunkräuter; vgl. Tab. 39

blematisch werden, wie beispielsweise die Strobe (*Pinus strobus*) im Elbsandsteingebirge, Amerikanische Kultur-Heidelbeeren (*Vaccinium corymbosum × angustifolium*) in norddeutschen Feuchtgebieten oder die Scheinkalla (*Lysichiton americanus*) im Taunus. Ausdrücklich zu betonen ist, dass die meisten der problematischen Arten nicht überall innerhalb ihres Verbreitungsgebietes, sondern eher lokal oder regional Konflikte verursachen und sich diese meist auf einen bestimmten Ausschnitt des insgesamt besiedelten Spektrums an Lebensraumtypen konzentrieren (Tab. 70). Daher ist auch bei den Problemarten eine situationsbezogene statt einer pauschalen Bewertung angemessen.

#### 10.3.1.3 Die Eisberghypothese

Eine grundsätzlich abwehrende Haltung gegenüber nichteinheimischen Arten wäre gerechtfertigt, stellten die erkannten problematischen Fälle die Spitze eines Eisbergs dar, unter der ein Vielfaches an weiteren konfliktträchtigen Organismen verborgen läge. Diese Eisberghypothese lässt sich für die Gegenwart einfach widerlegen, auch wenn die Eingrenzung problematischer Pflanzenarten wegen der im vorigen Kapitel genannten Einschränkungen nur vorläufig sein kann. Die Mengenverhältnisse zwischen den insgesamt ins Gebiet gelangten nichteinheimischen Arten und den hieraus hervorgegangenen Invasionsarten sprechen eine klare Sprache: Erstens sind nur ungefähr 5 % der eingeführten Arten inzwischen dauerhaft etabliert, und zweitens liegt der Anteil problematischer Arten im Promillebereich (Tab. 76).

Die Werte in Tab. 76 sollten nicht überinterpretiert werden, da die Einführungszahlen auf Schätzungen und Umfragen beruhen und die geographischen Bezugsräume nicht deckungsgleich sind. Es wird jedoch deutlich, dass beide Berechnungen zu Ergebnissen in vergleichbarer Dimension führen. Ähnliche Mengenverhältnisse sind auch aus anderen europäischen Ländern bekannt. In den Nie-

## Wahrscheinlichkeit von Invasionen

In Tab. 76 sind zwei voneinander unabhängige Stichproben enthalten. Für die Gruppe der Gehölze wurde eine Umfrage der Deutschen Dendrologischen Gesellschaft ausgewertet. Demnach werden derzeit etwa 3150 nichteinheimische Gehölzarten in deutschen Parkanlagen kultiviert (Kowarik 1992b). Für Berlin/Brandenburg ist der Erfolg eingeführter Gehölzarten genauer bilanziert worden. Diese Ergebnisse sind in Spalte 2 auf die Gesamtzahl der in Deutschland kultivierten nichteinheimischen Gehölzarten bezogen worden. Für die Gesamtgruppe der Gefäßpflanzen werden zwei Bezugsgrößen genannt: nach einer Schätzung von Sukopp (1980) sind mindestens 12 000 Pflanzenarten nach Mitteleuropa eingeführt oder eingeschleppt worden; nach einer Hochrechnung von Rauer et al. (2000) werden ungefähr 50 000 Arten in deutschen Botanischen Gärten kultiviert (einschließlich Warmhauspflanzen).

derlanden sind 220 (3,9 %) der eingeführten und eingeschleppten Pflanzen (ohne Zimmerpflanzen) eingebürgert, 75 (1,3 %) auch in naturnahe Vegetation (Weeda 1987), und auf den Britischen Inseln 1,5 % der eingeführten Arten (Williamson & Brown 1986). Williamson (1993) hat eine Zehner-Regel aufgestellt („tens rule"), nach der sich ungefähr 10 % der eingeführten Arten ausbreiten, 10 % hiervon einbürgern und wiederum 10 % hiervon als „pest species" Probleme bereiten sollen. Usher (1988) hat darauf hingewiesen, dass in subtropischen und tropischen Gebieten, vor allem auf Inseln, allerdings ein sehr viel höherer Prozentsatz der eingeführten Arten eingebürgert sein kann. Auf Hawai'i sind dies beispielsweise 20 % (Loope & Mueller-Dombois 1989).

Für Deutschland zeigt die Bilanz, dass die überwältigende Mehrzahl der eingeführten Arten noch nicht den Sprung zu wild wachsenden Vorkommen geschafft hat. Allerdings wird sich das Mengenverhältnis zwischen eingeführten und sich ausbreitenden Arten aufgrund von Time lag-Effekten verändern, wie das auch für frühere Zeiten nachweisbar ist (Kowarik 1995a, siehe Kap. 5.1).

**Tab. 76** Wahrscheinlichkeit beginnender Invasionen mit nachfolgendem Erfolg oder Misserfolg nichteinheimischer Arten am Beispiel von Gefäßpflanzen und Gehölzarten (nähere Erläuterung im Text)

| | **Gehölzarten** | | **Gefäßpflanzen** | |
|---|---|---|---|---|
| eingeführte Arten | > 3150 | 100% | ca. 12 000<br>(ca. 50 000)[1] | 100%<br>(100%)[1] |
| Ausbreitung hat begonnen | > 210 | > 6,7% | ? | ? |
| wieder ausgestorben | > 34 | > 1% | ? | ? |
| unbeständig | > 114 | > 3,6% | ? | ? |
| dauerhaft etabliert | > 64 | > 2% | 627[2] | 5,2% (1,3%)[1] |
| – in naturnaher Vegetation | > 32 | > 1% | 277 | 2,8% (0,6%)[1] |
| spezifisch bekämpft | ca. 10 | ca. 0,3% | ca. 50 | 0,4% (0,1%)[1] |
| – ohne landwirtsch. Unkräuter | – | – | ca. 30 | 0,3% (0,6%)[1] |

[1] mit Arten der Botanischen Gärten; [2] 247 Archäophyten, 380 Neophyten;
Datengrundlage: Sukopp 1980, Lohmeyer & Sukopp 2001, Kowarik 1992b, 1999a, Wisskirchen & Haeupler 1998, Rauer 1999 sowie Tab. 39 und Tab. 70

# 11 Handlungsansätze

Biologische Invasionen fordern zum Handeln heraus. Dies betrifft bereits in einem Gebiet vorkommende Neobiota ebenso wie Arten, deren Einführung noch bevorsteht. Das Übereinkommen über die biologische Vielfalt sieht hierzu verschiedene Handlungsoptionen vor: Nach Artikel 8h ist die Einbringung gebietsfremder Arten, die Ökosysteme, Lebensräume oder andere Arten gefährden – soweit möglich und angebracht – zu verhindern, und diese Arten sind zu kontrollieren oder zu beseitigen. Dieser Handlungsauftrag, der in Teilaspekten von verschiedenen internationalen Vereinbarungen verstärkt wird (vgl. Tab. 68), baut auf drei Prinzipien auf:

- der **Vorsorge** (Prävention) zur Vermeidung möglicher Probleme,
- der **Früherkennung**, die zu weiteren Bewertungen und Maßnahmen führt und
- dem **Management** von Problemen, das ein breites Spektrum an verschiedenen Maßnahmen einschließt. Wichtig ist, dass hierbei ein Bewertungsschritt vorgeschaltet ist (zu Bewertungsansätzen siehe auch Kap. 10.2.3).

Abb. 90 veranschaulicht verschiedene Handlungsoptionen, die im Folgenden näher erläutert werden.

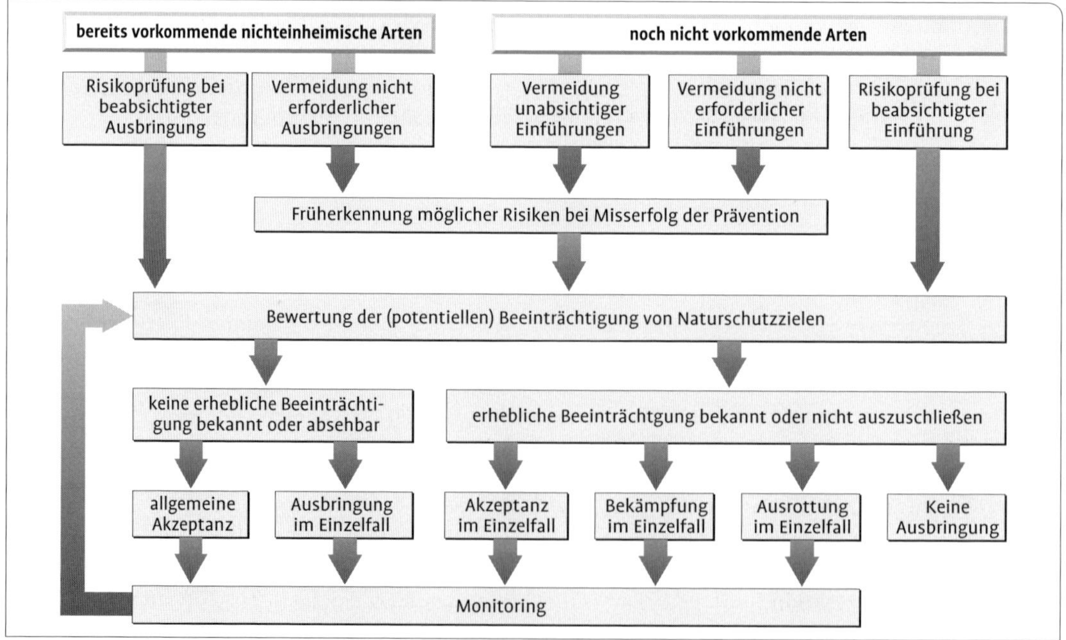


**Abb. 90** Handlungsoptionen und Bewertungsschritte bei bereits im Gebiet vorkommenden Neobiota und bei noch nicht vorkommenden Arten. Wesentliche Elemente sind die Prävention und die Früherkennung möglicher Risiken und nachfolgende Bewertungen, die zu unterschiedlichen Handlungsempfehlungen führen können.

## 11.1 Vorsorge

Unerwünschten Auswirkungen biologischer Invasionen kann auf zwei Ebenen vorausschauend begegnet werden:

- bei der **Ersteinführung** einer Art in ein Gebiet. Hierbei geht es darum, unnötige Einschleppungen oder Einführungen von Arten im Vorfeld zu vermeiden und bei Einführungen, die für notwendig erachtet werden, Risikoprüfungen vorzuschalten.
- bei der **sekundären Ausbringung** von Arten, die bereits im Gebiet vorhanden sind. Auch bei bereits vorhandenen Arten lohnen Vorsorgeanstrengungen, weil viele Arten potenzielle Lebensräume nicht aus eigener Kraft erreichen – also auch von ihnen fern gehalten werden können, wenn sekundäre Ausbringungen vermieden oder erst nach einer Risikoprüfung erfolgen.

Neben der Anwendung rechtlicher Regelungen bestehen weitere Ansätze zur Prävention: durch Informationsangebote und Öffentlichkeitsarbeit, die Anwendung von Haftungsregelungen und branchenbezogene Verhaltenskodizes und Selbstverpflichtungen können Risiken biologischer Invasionen vorausschauend begrenzt werden (Köck 2008). Hierzu steht im Naturschutz, im Pflanzenschutz und in anderen Sektoren ein breites Spektrum an Instrumenten zur Verfügung (Tab. 77). Bei deren Anwendung in der Praxis bestehen allerdings erhebliche Optimierungsspielräume (Hubo et al. 2007, Klingenstein & Otto 2008).

Bislang liegt der Schwerpunkt der Prävention eindeutig bei der Abwehr an der nationalen Außengrenze. Hierzu bestehen eine Reihe internationaler Handelsvereinbarungen und Quarantänebestimmungen, die sich in der Praxis bei Krankheitserregern gut bewährt haben. Das Pflanzenschutzrecht (Schrader & Unger 2002) und andere internationale Regelungen bieten hierzu verstärkt nutzbare Ansatzpunkte (Übersicht in Shine et al. 2000, vgl. auch Tab. 68). Positive Beispiele der Anwendung solcher Regelungen sind Sofortmaßnahmen zur Kontrolle des Asiatischen Laubholzbockkäfers und zur Vermeidung der Einschleppung des Kleinen Bienenstockkäfers (siehe Kap. 9.4.1 und 9.8.2).

Anstrengungen der IMO (International Maritime Organisation) zur Reduzierung der Einführung von Neobiota mit dem Schiffsverkehr, insbesondere mit Ballastwasser, sind ein Beispiel für vorbeugende Maßnahmen, die nicht ausschließlich Krankheitserregern oder ökonomisch problematischen Arten gelten. Vielmehr sollen hiermit oft noch unbekannte Risiken vorausschauend ausgeschaltet werden. Allerdings ist das Ballastwasserabkommen der IMO von 2004 noch immer nicht in Kraft getreten (Nehring 2008).

Ein wesentliches Ziel von Präventionsanstrengungen ist die **Information** von Menschen, die oft ohne Kenntnis der Risiken gebietsfremde Tiere und Pflanzen ausbringen. Dies betrifft Liebhaber von Pflanzen und Tieren ebenso wie die gewerblichen Bereiche, die Tiere und Pflanzen produzieren oder vermarkten. Der US-amerikanische Gartenbausektor hat beispielsweise Selbstverpflichtungen zur Reduzierung von Invasionsrisiken beschlossen. Bestandteile sind Risikoprüfungen vor der Einführung neuer Arten, die Berücksichtigung regionaler Erfahrungen mit problematischen Arten bei der Gestaltung des Sortiments, Alternativ-Angebote zu problematischen Arten, Ausschluss problematischer Arten aus dem Sortiment (zumindest in Gebieten, in denen sie problematisch sind) und Empfehlungen zur Verwendung unproblematischer Arten (Baskin 2002). In eine ähnliche Richtung geht eine Selbstverpflichtung des deutschen Zentralverband Gartenbauindustrie und der Botanischen Gärten (Brinkjans 2008, Schepker 2008). Allerdings haben solche Selbstverpflichtungen eher den Charakter einer unverbindlichen Richtlinie. Ob hierdurch Erfolge zu erzielen sind, bleibt abzu-

**Tab. 77** Übersicht über Instrumente zur Prävention und zum Management biologischer Invasionen in verschiedenen Bereichen. Unterschieden wird zwischen Instrumenten des Naturschutzes (N), des Pflanzenschutzes (P) und Sektor-eigenen Instrumenten (X) (Hubo et al. 2007)

| Sektoren | Prävention | | | | | Management | |
|---|---|---|---|---|---|---|---|
| | Einschleppung | Unbeabsichtigte Ausbringung | Einfuhr Ausfuhr | Vermarktung | Ausbringung | Überwachung | Beseitigung |
| Naturschutz | | | N | N | N | N | N |
| Pflanzenschutz | P | P | P | P | P | P | P |
| Landwirtschaft | P | X | P | X | | P | P |
| Forstwirtschaft | P | | P | X | X | P | P |
| Jagd | | | N | N | X, N | | X |
| Imkerei | | | N | N | N | | |
| Fischerei | | | N | N | X, N | | |
| Wasserwirtschaft, Küstenschutz | P | | N | N | X | X | X |
| Gärten, Gartenbau, Zierpfl.handel | P | | N | N | | | |
| Öffentliche Grünflächen | P | | N | N | | X | X |
| Tierhaltung und Tierhandel | | X | N | N | N | | |
| Transport und Verkehr | X | P | | | | | |

warten. Die Umfrage von Burt et al. (2007) lässt bereits ein gewachsenes Problembewusstsein in amerikanischen Gartenbaubetrieben erkennen.

Einstufungen problematischer Arten in „Schwarze Listen" oder „Graue Listen" sind wichtige Informationsinstrumente, die zur Vermeidung von Risiken anregen können (Abb. 86, Essl et al. 2008). Sie haben zwar keine rechtliche Verbindlichkeit, können jedoch auch von gewerblichen Sektoren genutzt werden, die gebietsfremde Arten in den Handel bringen. Genauere Informationen über problematische Arten sind in verschiedenen Experten-gestützten Systemen abrufbar, etwa von DASIE (http://www.europe-aliens.org), NOBANIS (http://www.nobanis.org) oder Neoflora (http://www.floraweb.de/neoflora). Weiter verbreiten mehrere Kommunen, Naturschutzverbände und auch andere Gruppen adressatenorientierte Informationen zu besonders problematischen Arten.

Was bislang weitgehend fehlt, ist die systematische Nutzung naturschutzrechtlicher Instrumente zur Vermeidung von Invasionsrisiken. Hier bietet § 40 des Bundesnaturschutzgesetzes einen wichtigen rechtlichen Hebel. Hiernach sollen Maßnahmen gegen gebietsfremde oder invasive Arten ergriffen werden, wenn sie Naturschutzobjekte gefährden. Die Ausbringung aller Tiere sowie gebietsfremder Pflanzenarten in der freien Natur ist zu versagen, wenn eine Gefährdung von Naturschutzobjekten nicht ausgeschlossen werden kann. Allerdings wird dieses Instrument kaum genutzt. Ein wesentlicher Mangel sind die in § 40 BNatSchG enthaltenen Ausnahmen für den land- und forstwirtschaftlichen Anbau sowie für Jagd und Fischerei. Hier müssten Instrumente innerhalb der jeweiligen Sektoren geschärft werden, etwa bei der Formulierung von Regeln für die „gute fachliche Praxis". Allerdings kann die bestehende Regelung beispielsweise auf Heckenpflanzungen und Begrünungsmaßnahmen an Straßenrändern außerhalb von Siedlungen angewendet werden.

Bei zukünftigen Novellierungen des Bundesnaturschutzgesetzes sollten die Ausnahmeregelungen für die Forst- und Landwirtschaft entfallen, da Pflanzungen solcher Arten, vor allem im Forstbereich, regelmäßig zum Ausgangspunkt von Invasionen werden. Hier ist eine Annäherung an die strengere Regelungspraxis des Gentechnikgesetzes anzustreben. Weiter ist es sinnvoll, das Haftungsrecht auf Invasionsorganismen anzuwenden, das heißt Kosten, die eine Invasionsart verursacht, dem Verursacher zuzuordnen („polluter pays policy" als Ziel internationaler Präventionsmaßnahmen, Richardson 1996). Köck (2008) betont die Anwendbarkeit des Haftungsrechts auf gewerbliche Sektoren, die gebietsfremde Arten auf den Markt bringen und möglicherweise nicht ausreichend damit verbundenen Risiken entgegenwirken.

Präventionsmaßnahmen sind sinnvoll, nicht zuletzt weil sie weniger Kosten als mögliche Schäden verursachen (Beispiel in Tab. 67). Allerdings sind sie oft freiwillig oder schwer durchzusetzen, sodass in der Praxis die **Früherkennung** möglicher Risiken beim Versagen der Prävention eine größere Rolle spielen sollte (Klingenstein & Otto 2008). Hierfür ist allerdings ein „Frühwarnsystem" notwendig, das weder in Deutschland noch in Europa derzeit etabliert ist. Ebenso fehlt eine Verständigung auf ein abgestimmtes Vorgehen, wie und von wem auf die Meldungen eines solchen Systems zu reagieren sei. Im Kern ist hier – ebenso wie bei beabsichtigten Einführungen oder Ausbringungen – eine Bewertung möglicher Beeinträchtigungen von Naturschutzzielen erforderlich. Solche Bewertungen, die im Ansatz in Kap. 10.2.3 beschrieben worden sind, können zu unterschiedlichen Managementmaßnahmen führen – oder auch zur Akzeptanz einer gebietsfremden Art.

## 11.2 Management

Das Management biologischer Invasionen umfasst verschiedene Handlungsansätze. Sie reichen von der völligen (Ausrottung) oder teilweise Zurückdrängung (Bekämpfung) von Neobiota in einem Gebiet bis hin zu Maßnahmen, mit denen die Bestände begrenzt werden ohne sie im Lebensraum gänzlich entfernen zu wollen. Die beiden letzten Ansätze werden im Englischen häufig mit „control" bezeichnet, was sich jedoch nicht wörtlich übersetzen lässt.

Die Bekämpfung nichteinheimischer Arten hat in Deutschland eine lange Tradition. Viele problematische Arten werden gegenwärtig bekämpft, wenn auch mit beschränktem Erfolg. Die Nachhaltigkeit der Maßnahmen ist oft unsicher und ein beträchtlicher Teil der eingesetzten personellen und finanziellen Ressourcen verpufft häufig (Kap. 10.3.1). Ein Überdenken der bisherigen Strategien liegt also nahe. Bislang sind sie allzu häufig auf die Behandlung von Symptomen statt auf die zugrunde liegenden Ursachen ausgerichtet. Der Übergang zwischen effizienter Gegensteuerung und wohlgemeintem Aktionismus ist dabei, vorsichtig gesagt, sehr fließend.

Bei den Ursachen für die unbefriedigende Bekämpfungspraxis spielen mehrere Faktoren zusammen:

- In Unkenntnis effizienter Steuerungsmaßnahmen werden ungeeignete Maßnahmen durchgeführt.
- Geeignete Maßnahmen werden nicht mit der notwendigen Intensität und Genauigkeit umgesetzt.
- Maßnahmen werden nicht über Zeiträume von mehreren Jahren durchgehalten, oder ihre Dauerhaftigkeit wird nicht organisatorisch oder finanziell gewährleistet.
- Auf Erfolgskontrollen mit der Option, die Maßnahmen den Bedingungen vor Ort entsprechend zu optimieren, wird meist verzichtet.
- Die Maßnahmen führen zwar zum Rückgang oder Auslöschen der bekämpften Population, verhindern jedoch nicht die Etablierung neuer Populationen von angrenzenden Ausbreitungszentren oder aus der Diasporenbank.
- Die Erfahrungen mit bestimmten Maßnahmen werden selten dokumentiert und stehen damit auch nicht für Vergleichsfälle zur Verfügung.

### Erfolglose Bekämpfungen

Schon 19 Jahre nach seinem ersten Auftreten wurden 1869 amtliche Bekämpfungsmaßnahmen gegen das Frühlings-Greiskraut (*Senecio vernalis*) auf Äckern eingeleitet (Arlt et al. 1991). Heute zählt es zu den am weitesten verbreiteten Neophyten Deutschlands (Tab. 75). Auch die Kanadische Wasserpest und der Bisam (siehe Kap. 6.4.1 und 9.5.3.2) wurden planmäßig, mit großem Aufwand – und geringem Erfolg bekämpft oder bejagt. Abb. 47 und Tab. 71 veranschaulichen, dass der Bekämpfungserfolg bei problematischen Neophyten oft sehr begrenzt ist.

Eine Lehre aus vielen Bekämpfungsmaßnahmen ist, dass ihre **Erfolgsaussichten** oft erheblich überschätzt werden. Theoretisch ist bei entsprechender Intensität und Dauer wohl fast jede Pflanzen- und Tierpopulation auszurotten. Auf einigen Inseln ist dies beispielsweise bei Ratten und anderen Arten gelungen (siehe Kap. 2.3). Besonders im Anfangsstadium der Populationsbegründung und der beginnenden Ausbreitung sind Bekämpfungen viel versprechend, so wie die erfolgreiche Ausrottung der Nutria (*Myocastor coypus*) in Großbritannien (siehe Kap. 9.3).

Meist werden Bekämpfungen aber erst dann eingeleitet, wenn die erfolgreiche Etablierung und der Aufbau großer Populationen mit starkem Expansionsdrang den Anlass hierfür bieten. In solchen Fällen sind Neobiota jedoch kaum noch rückholbar, zumal wenn eine (Wieder-) Einwanderung nicht auszuschließen ist. Dies war und ist beispielsweise beim Bisam der Fall (siehe Kap. 9.5.3.2) und gilt wohl auch für das Grauhörnchen, dessen Ausbreitung kaum noch steuerbar ist. Insofern besteht das Dilemma, dass Bekämpfungen eigentlich nur sinnvoll sind, wenn ihre Notwendigkeit noch nicht absehbar ist. Alle Arten daher vorbeugend zu bekämpfen (Disko 1996 mit dem Motto „in dubio contra reum"), wäre zwar eine logische Schlussfolgerung, ist jedoch unsinnig, da eine solche Strategie

- organisatorisch und finanziell nicht zu gewährleisten ist,
- den nachhaltigen Erfolg der Maßnahmen stark überschätzt,
- den geringen Stellenwert problematischer Arten im Vergleich zur Gesamtgruppe der Neobiota verkennt und
- positive Ökosystemdienstleistungen von Neobiota ignoriert.

Wenn die Rahmenbedingungen für Bekämpfungsmaßnahmen gegeben sind, dann sollte konsequent und über einen längeren Zeitraum gehandelt werden. Die Devise ist hierbei: „**Wenn schon, dann richtig**!". Fast immer müssen die Maßnahmen mehrfach wiederholt werden. Deren Erfolg muss danach durch ein mehrjähriges Monitoring (und ggf. durch Nacharbeiten) gesichert werden, um eine Neuansiedlung oder Regeneration der Bestände auszuschließen. Dies ist nur Erfolg versprechend, wenn die nötigen finanziellen und personellen Ressourcen über mehrere Jahre lang gesichert sind und zugleich um Verständnis für die Maßnahmen in der Öffentlichkeit geworben wird. Allerdings bleiben Zweifel an der Nachhaltigkeit von Maßnahmen, selbst wenn sie in räumlich begrenzten Gebieten mit erbitterter Konsequenz und erheblichem Einsatz vollzogen werden – wie das Bespiel der Bekämpfung von *Prunus serotina* zeigt.

Vor dem Einsatz von Bekämpfungsmaßnahmen sind mögliche negative Nebenwirkungen auf andere als die Zielorganismen oder die abiotische Umwelt zu bedenken. So haben einige früher verwendete Herbizide erhebliche Nebenwirkungen und der zur Kontrolle von *Prunus serotina* in den Niederlanden eingesetzte Pilz *Chondrostereum purpureum* kann auch auf andere *Prunus*-Arten im Umkreis von fünf Kilometern übergehen. Ein besonders gravierendes Beispiel ist die seit den 1970er-Jahren übliche Beimengung von Tributylzinn (TBT) zu Schiffsanstrichen, mit denen der Aufwuchs mariner Neozoen und Neophyten am Schiffsrumpf verhindert werden soll. Dies gelang, aber auf Kosten der weltweit an den Küsten vorkommenden natürlichen Populationen, vor allem von Muscheln und Schnecken.

Diese und andere Erfahrungen führen zur Schlussfolgerung, dass Bekämpfungen **kein Allheilmittel**, sondern eher eine Notlösung zur Steuerung biologischer Invasionen sind, deren Verlauf bereits weiter fortgeschritten ist. In Mitteleuropa ist es schwer vorstellbar, dass die Auswirkungen von Neophyten oder Neozoen den erheblichen Aufwand für die Ausrottung einer Art in ihrem anthropogenen Arealteil rechtfertigen könnten. Für ozeanische Inseln sind andere Einschätzungen viel eher denkbar.

Bekämpfungen sind eher sinnvoll, wenn sie räumlich begrenzt auf einzelne Populationen bezogen werden. So ist es Erfolg versprechend, die Populationsbegründung problematischer Arten in neuen Gebieten in ihrem **Anfangsstadium** zu verhindern. Beispiele hierfür sind die beginnende Ausbreitung von *Lysichiton americanus* an Taunusbächen (siehe Kap. 6.4.6) und die Besiedlung neuer Gebiete mit *Heracleum mantegazzianum* (siehe Diskussion in Kap 6.4.3). Zur Entscheidung, ob bereits gegen vereinzelte Ansiedlungen einer neuen Art vorzugehen ist, sollten Informationen über den Problemstatus der Art in anderen, aber hinsichtlich

### Beispiel: *Prunus serotina*

In den Stadtwäldern des westlichen Berlin sind seit 1980 über 10 Millionen Euro für die Bekämpfung von *Prunus serotina* auf 750 Hektar eingesetzt worden (Starfinger et al. 2003). Die Spätblühende Traubenkirsche wurde stark zurückgedrängt, kann jedoch wieder von Populationen ausgehend einwandern, auf die kein Zugriff möglich ist. In Berlin sind dies Bestände entlang von Verkehrswegen, in Niedersachsen zahlreiche mit den Staatsforsten verzahnte Privatwälder, sodass die Bekämpfungsmaßnahmen hier wie dort eher den Charakter einer dauerhaft notwendigen Pflege haben. Ob dies wegen der erheblichen Kosten und der mit den Aktionen immer wieder verbundenen Störungen der Walddynamik sinnvoll ist, darf hinterfragt werden. In den Niederlanden ist man nach 30 Jahren intensiver *Prunus*-Bekämpfung dazu übergegangen, sich mit der Art zu arrangieren (Olsthoorn & van Hees 2001).

der Umweltbedingungen ähnlichen Gebieten genutzt werden.

**Wie können Bekämpfungsmaßnahmen effizienter werden?** Abb. 91 zeigt, wie die Entscheidungsfindung zur Bekämpfung von Neobiota im Einzelfall ablaufen kann, um die Maßnahmen oder Alternativen zu ihnen möglichst effizient zu gestalten. Grundprinzip ist die Einzelfallprüfung und -bewertung (siehe Kap. 10.2.3). Bewertungen im Einzelfall sind angebracht, da nicht alle Neobiota, und auch nicht die als problematisch bekannten Arten, überall unerwünschte Folgen verursachen. Die meisten sind nur in einem Ausschnitt des von ihnen besiedelten Ökosystemspektrums oder Arealteils problematisch (Tab. 70), woanders dagegen neutral oder sogar positiv zu bewerten. Mit Einzelfallprüfungen können zudem begrenzte Ressourcen auf die dringendsten Fälle konzentriert werden.

Zu Beginn des Verfahrens in Abb. 91 steht ein Bewertungsschritt. Grundlage hierfür ist eine Analyse über die Auswirkungen der betreffenden Art oder Population im konkreten Einzelfall. Anschließend ist zu prüfen, ob durch sie ausgelöste negative Folgen mögliche positive überwiegen. Wie bei jedem Bewertungsverfahren gilt auch hier: Der Bezug auf die gewählten normativen Grundlagen und Bewertungskriterien sollte transparent gemacht werden. Im zweiten Schritt ist zu entscheiden, ob Bekämpfungen unter den konkreten Bedingungen des Ortes langfristig Erfolg versprechend sind. Hierzu müssen die notwendigen Maßnahmen mit allen Beteiligten abgestimmt werden. Weiter sollen Erfolg versprechende Methoden bekannt und auch finanziell und personell über einen längeren Zeitraum gesichert sein. Maßnahmen sollten nur dann eingeleitet werden, wenn die im dritten Schritt durchgeführte Kosten-Nutzen-Analyse Vorteile für die Bekämpfung ergeben hat. So konnten beispielsweise Child et al. (1998) belegen, dass eine Bekämpfung von *Fallopia* im Vorgriff auf neue Nutzungen von Brachflächen ökonomisch vorteilhaft sein kann. Wie bei anderen Maßnahmen des Naturschutzes ist eine Kombination mit einer Erfolgskontrolle sinnvoll. Mit ihrer Hilfe können die Maßnahmen, die gewöhnlich über längere Zeiträume laufen müssen, zielführend angepasst werden. Dokumentation und Auswertung der Maßnahmen sind auch eine Voraussetzung, um die gesammelten Erfahrungen für vergleichbare Fälle nutzen zu können. Auf solche Rückkoppelungsschritte wird häufig aus Kostengründen verzichtet. Dies ist auch ökonomisch kurzsichtig, wie die durch zahlreiche, überwiegend ineffektive und zugleich kostenträchtige Maßnahmen geprägte gegenwärtige Bekämpfungspraxis zeigt.

Hier – wie insgesamt bei der Bekämpfungspraxis – bestehen deutliche Defizite bei der Bildung und Akzeptanz von Standards zum methodischen Vorgehen.

Verspricht eine Bekämpfung keinen nachhaltigen Erfolg, können Maßnahmen bei gravierenden Konflikten trotz einer nur vorübergehenden Wirkung sinnvoll sein, gleichen dann aber eher kontinuierlichen Pflegemaßnahmen – so wie die Entkusselung eines Magerrasens auch nur mittelfristig die Wiederbewaldung verhindert. Statt von Bekämpfung sollte man in solchen Fällen besser von Biotoppflege sprechen. In Hinblick auf einen sparsamen Ressourceneinsatz können vorbeugende gegensteuernde Maßnahmen die unerwünschten Folgen biologischer Invasionen wahrscheinlich oft effizienter begrenzen.

*Prunus serotina* ist beispielsweise nicht mehr aus dem norddeutschen Tiefland zu entfernen. Bekämpfungen wären hier beispielsweise auf schutzbedürftige Feuchtgebiete zu konzentrieren, wogegen sie in den großflächigen Forstkulturen in traditioneller Form ziemlich aussichtslos sind. Hier bieten sich biologische Varianten an, etwa die Förderung von Baumarten, die mit *Prunus* erfolgreich konkurrieren können. Eine Bekämpfung kann auch durch veränderte Entwicklungsziele obsolet werden. Entsprechende Ansatzpunkte zur Überprüfung und Weiterentwicklung von Zielvorstellungen sind an mehreren Stellen in Abb. 91 enthalten. Durch Zulassen einer ungestörten Sukzession können Störungsopportunisten wie *Prunus serotina* im Laufe der Zeit an Dominanz verlieren und sich dann in naturnahe Wälder einfügen. Aus der Populationsdynamik der Spätblühenden Traubenkirsche kann eine solche Perspektive abgeleitet werden (Starfinger 1990). „Nichtstun" wäre hier eine Variante von „Bekämpfung", die wenigstens beispielhaft erprobt werden sollte – wenn nicht aus Überzeugung in die Tragfähigkeit solcher biologischer Lösungen, so doch vor dem Hintergrund des Scheiterns der meisten großflächig angelegten Bekämpfungsvorhaben.

## 11.3 Akzeptanz und Schutz

Eine Alternative zur oft wenig aussichtsreichen Bekämpfung von Neobiota besteht darin, sie als Symptom und Zeugnis anthropogener Umweltveränderungen zu akzeptieren und nur dann gegenzusteuern, wenn wichtige Schutzgüter gefährdet werden – und die Gegenmaßnahmen auch aussichtsreich sind. Für eine solche Haltung gibt es eine pragmatische Begründung: Wenn nichts auszurichten ist, bleibt wenig anderes übrig, als die veränderte Situation zu akzeptieren und das Beste daraus zu machen (vgl. Hobbs et al. 2006 zu „novel ecosystems").

Es gibt jedoch auch eine allgemeinere Begründung für eine offene Haltung gegenüber Neobiota. In Landschaften, die wie die mitteleuropäischen über sehr lange Zeiträume durch menschliche Landnutzungen geprägt wurden, schließt die Perspektive des Naturschutzes neben den Relikten ursprünglicher Naturlandschaften längst auch deren kulturelle Transformationsstadien ein. Schon die traditionelle, landwirtschaftlich geprägte Kulturlandschaft besteht aus „novel ecosystems", in denen einheimische Arten oft mit Archäophyten, seltener mit Neophyten, neue Lebensgemeinschaften bilden. Diese werden heute zumeist als schutzwürdig angesehen, vor 1492 n. Chr. eingeführten Neobiota werden weitgehend akzeptiert und in Naturschutzkonzepte einbezogen. So werden Einheimische und Archäophyten in Roten Listen oft gar nicht mehr unterschieden. Durch den fortwährenden Landschaftswandel entstehen allerdings immer wieder neue kulturelle Landschaftsschichten, in denen Neobiota oft eine zunehmende Rolle spielen, beispielsweise in urban-industriellen Gebieten. Neobiota als unerwünschte Elemente aus solchen neuen Kulturlandschaften herauszudefinieren, wäre ebenso unlogisch wie die Bewahrung von Arten, Lebensgemeinschaften oder ganzen Lebensräumen grundsätzlich an eine bestimmte Zeitgrenze zu binden, etwa an die Zeit vor der Entdeckung Amerikas.

Eine offenere Haltung gegenüber Neobiota kann durchaus zu deren Akzeptanz und Schutz führen. Sie sollte aber in keine bedingungslose Laisser faire-Haltung münden, da Offenheit gegenüber neuer, kulturell geprägter Naturdynamik mit der Verantwortung für die Bewahrung der vorhandenen Naturelemente einhergehen sollte (vgl. Kap. 10.2.2). Ein Beispiel hierfür ist die Behandlung von Neobiota in Roten Listen, die in Deutschland nichts anderes als eine Klassifizierung von Arten nach dem Ausmaß ihres Rückgangs und ihrer Gefährdung darstellen. Sofern eine (zuvor) etablierte Art gefährdet ist, sollte sie ohne Ansehen ihrer Einwanderungs- oder Einführungszeit in Rote Listen aufgenommen werden, was zunehmend praktiziert wird (z. B. Korneck et al. 1996, Prasse et al. 2001). Sie ist damit schutz*würdig*, aber nicht zwingend schutz*bedürftig*, da für Prioritätensetzungen des Naturschutzes auch andere Gesichtspunkte eine Rolle spielen, etwa die nationale Verantwortung für die Erhaltung von Arten.

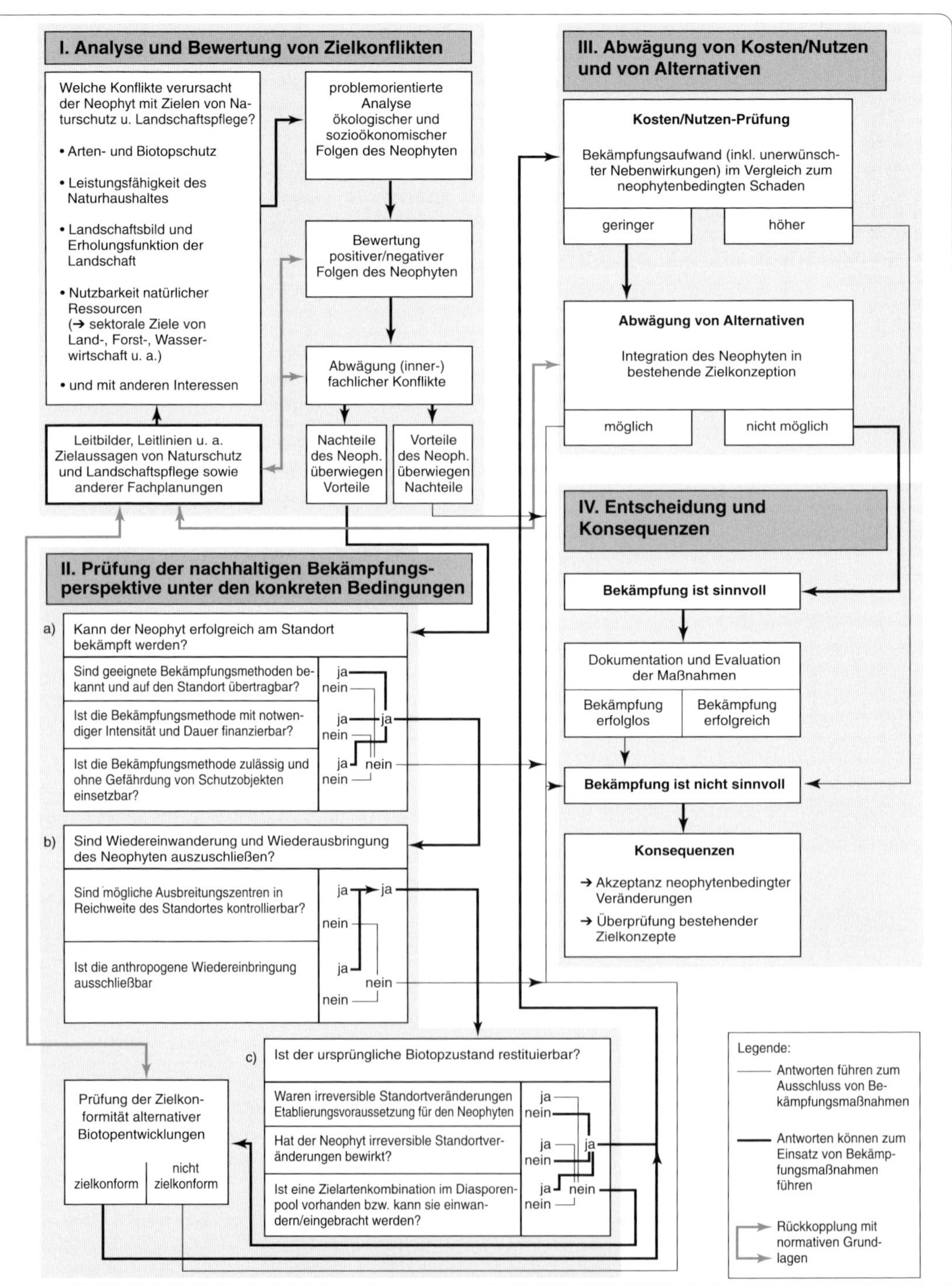


**Abb. 91** Ablaufschema zur Beurteilung der Sinnhaftigkeit von Managementmaßnahmen.

Im Wissen um die Risiken biologischer Invasionen für die bereits vorhandenen Arten und Lebensgemeinschaften und andere negative Folgen bleiben Vorbeugung und weitere Gegensteuerungsmaßnahmen unverzichtbare und dringend zu optimierende Strategien. Sie sollten aber nicht die einzige Antwort auf Invasionsphänomene sein. So problematisch biologische Invasionen auch in Mitteleuropa sein können – ein beträchtlicher Teil der Fälle kann auch positiv bewertet werden: als Anpassungsleistung der Natur an neue, durch Menschen gestaltete Bedingungen. Biologische Invasionen im Einzelfall differenziert wahrzunehmen, zu analysieren und zu bewerten, ist daher eine der Vielgestaltigkeit des Phänomens angemessene Reaktion.

# Literaturverzeichnis


Abbott, R.J. (1992): Plant invasions, interspecific hybridization and evolution of new plant taxa. TREE 7: 401–404.

Adamczak, A. (2006): Expansion of *Acer platanoides* L. in areas freed from human impact. Biodiv. Res. Conserv. 3-4: 333–336.

Adamowski, W. (2004): Invasion of red oak (*Quercus rubra*) in Bialowieza Forest (NE Poland). Neobiota 3: 87.

Adamowski, W. (2008): Balsams on the offensive: the role of planting in the invasion of *Impatiens* species. In: Tokarska-Guzik, B., Brock, J.H., Brundu, G., Child, L., Daehler, C.C. & Pyšek, P. (eds.): Plant invasions: human perception, ecological impacts and management. Backhuys, Leiden, pp. 57–70.

Adamowski, W., Dvorak, L. & Ramanjuk, I. (2002): Atlas of alien woody species of the Bialowieza primeval forest. Phytocoenosis 14 (N.S.): 1–303.

Adema, f. (1986): *Vaccinium corymbosum* L. in Nederland ingeburgerd. Gorteria 13: 65–69.

Adler, C. (1993): Zur Strategie und Vergesellschaftung des Neophyten *Polygonum cuspidatum* unter besonderer Berücksichtigung der Mahd. Tuexenia 13: 373–398.

Adolphi, K. (1995): Neophytische Kultur- und Anbaupflanzen als Kulturflüchtlinge des Rheinlandes. Nardus 2: 1–272.

Adolphi, K. (1997): Neophytische Kultur- und Anbaupflanzen als Kulturflüchtlinge des Rheinlandes, 1. Nachtrag. Osnabrücker Naturwiss. Mitt. 23: 27–36.

Adolphi, K. & Nowack, R. (1983): *Spiraea alba* DU ROI und *Spiraea × billardii* HERINQ, zwei häufig mit *Spiraea salicifolia* L. verwechselte Taxa. Gött. Flor. Rundbr. 17: 1–7.

Ahrens, S. & Zerbe, S. (2001): Historische und floristisch-vegetationskundliche Untersuchungen im Landschaftspark Märkisch-Wilmersdorf (Brandenburg) als Beitrag zur Gartendenkmalpflege. Landschaftsentwickl. u. Umweltforsch. 117, 154 S.

AID (1992): Nachwachsende Rohstoffe und ihre Verwendung. Informationsbroschüre Nr. 1219, Bonn.

Albert, R. (1996): Bedeutung eingeschleppter Arthropoden für die gärtnerische Praxis. In: Gebhardt, H., Kinzelbach, R. & Schmidt-Fischer, S. (Hrsg.): Gebietsfremde Tierarten. Ecomed, Landsberg, S. 169–185.

Alberternst, B. (1995): Kontrolle des Japan-Knöterichs an Fließgewässern. II. Untersuchungen zu Biologie und Ökologie der neophytischen Knöterich-Arten. Handbuch Wasser 2 LfU Ba.-Wü. 18, 66 S.

Alberternst, B. (1998): Biologie, Ökologie, Verbreitung und Kontrolle von *Reynoutria*-Sippen in Baden-Württemberg. Culterra 23, 198 S.

Alberternst, B. & Nawrath, S. (2002): *Lysichiton americanus* in Kontinental-Europa. Bestehen Chancen für die Bekämpfung in der Frühphase ihrer Einbürgerung? Neobiota 1: 91–99.

Alberternst, B. & Tremp, H. (2001): Schwächt *Cuscuta lupuliformis* die Konkurrenzkraft von *Reynoutria japonica*? Decheniana 154: 33–36.

Alberternst, B., Bauer, M., Böcker, R. & Konold, W. (1995): *Reynoutria*-Arten in Baden-Württemberg. Schlüssel zur Bestimmung und ihre Verbreitung entlang von Fließgewässern. Florist. Rundbr. 29: 113–124.

Alberternst, B., Nawrath, S. & Klingenstein, f. (2006): Biologie, Verbreitung und Einschleppungswege von *Ambrosia artemisiifolia* in Deutschland und Bewertung aus Naturschutzsicht. Nachrichenbl. Deut. Pflanzenschutzd. 58: 279–285.

Alberternst, B., Nawarath, S., Hussner, A. & Starfinger, U. (2008): Auswirkungen invasiver Arten und Vorsorge. Sofortmaßnahmen und Management am Beispiel von vier unterschiedlich weit verbreiteten Neophyten. Natur und Landschaft 83: 412–417.

Aldridge, D.C., Elliott, P. & Moggridge, G.D. (2006): Microencapsulated BioBullets for the control of biofouling zebra mussels. Environ. Sci. Technol. 40: 975–979.

Alford, D.V. (1998): Potential problems posed by nonindigenous terrestrial flatworms in the United Kingdom. Pedobiologia 42: 574–578.

Alt, f. (1993): Schilfgras statt Atom. Piper, München.

Amarell, U. (1997): Anthropogene Vegetationsveränderungen in den Kiefernforsten der Dübener Heide. In: Feldmann, R., Henle, K., Auge, H., Flachowski, J., Klotz, S. & Krönert, R. (Hrsg.): Regeneration und nachhaltige Landnutzung. Springer, S. 110– 117.

Amarell, U. & Welk, E. (1995): *Amelanchier alnifolia* (NUTT.) NUTT. ein unbeachteter Neophyt in Mitteldeutschland. Mitt. Florist. Kartierung (Halle) 20: 21–23.

Ammon, H.U. & Beuret, E. (1984): Verbreitung Triazinresistenter Unkräuter in der Schweiz und bisherige Bekämpfungsverfahren. Z. Pflanzenkrankheiten Pflanzenschutz (Sonderheft) 10: 183–191.

Anastasiu, P., Negran, G., Basnou, C., Sîrbu, C. & Oprea, A. (2008): A preliminary study on the neophytes of wetlands in Romania. Neobiota 7: 180–190.

Andersen, U.V. & Calov, B. (1996): Long-term effects of sheep grazing on giant hogweed (*Heracleum mantegazzianum*). Hydrobiologia 340: 277–284.

Anderson, C.B. & Rosemond, A.D. (2007): Ecosystem engineering by invasive exotic beavers reduces instream diversity and enhances ecosystem function in Cape Horn, Chile. Oecologia 154: 141–153.

Andreu, J., Vilà, M. & Hulme, P.E. (2009): An assessment of stakeholder perceptions and management of noxious alien plants in Spain. Environmental Management 43: 1244–1255.

Andritzky, M. & Spitzer, K. (Hrsg.) (1981): Grün in der Stadt. Rohwolt, Reinbek, 478 S.

Areal, f.J., Touza, J., MacLeod, A., Dehnen-Schmutz, K., Perrings, C., Palmieri, M.G. & Spence, N.J. (2008): Integrating drivers influencing the detection of plant pests carried in the international cut flower trade. Journal of Environmental Management 89: 300–307.

Arlt, K., Enzian, S. & Pallutt, B. (1995): Verbreitung landwirtschaftlich wichtiger Unkrautarten in den östlichen Bundesländern Deutschlands. Mitt. Biol. Bundesanst. Land-Forstwirtsch. 312: 1–77.

Arlt, K., Hilbig, W. & Illig, H. (1991): Ackerunkräuter, Ackerwildkräuter. Die Neue Brehm-Bücherei. Westarp Wissenschaftenverlagsgesellschaft, Hohenwarsleben, Band 607, 160 S.

Arnaboldi, f., Conedera, M. & Maspoli, G. (2002): Distribuzione e potenziale invasivo di *Ailanthus altissima* (Mill.) Swingle nel Ticino centrale. Boll. Soc. Ticin. Sci. Nat. 90: 93–101.

Arnaud, J. f., Fenart, S., Gode, C., Deledicque, S., Touzet, P. & Cuguen, J. (2009): Fine-scale geographical structure of genetic diversity in inland wild beet populations. Mol. Ecol. 18: 3201–3215.

Arnold, A. (1990): Eingebürgerte Fischarten. Die Neue Brehm-Bücherei. A. Ziemsen Verlag, Wittenberg Lutherstadt, Band 602, 144 S.

Aschan, G., Hasenmüller, L. & Pfanz, H. (2005): Ökologie und Verbreitung von *Senecio inaequidens* DC. im Ruhrgebiet. Geobot. Kolloq. 19: 25–34.

Ascherson, P. (1861): *Senecio vernalis* W.K., ein freiwilliger Einwanderer in die deutsche Flora. Verh. Bot. Ver. Prov. Brandenburg 3: 150–155.

Ashbourne, R.R.C. & Putman, R.J. (1987): Competition resource partitioning and species richness in the phytophagous insects of red oak and aspen in Canada and the UK. Acta Oecologica 8: 43–56.

Ashton, P.J. & Mitchell, D.S. (1989): Aquatic plants: patterns and modes of invasion, attributes of invading species and assessment of control programmes. In: Drake, J.A. et al. (eds.): Biological invasions: a global perspective. J. Wiley, Chichester, pp. 111–154.

Asmus, U. (1979): Zur Verbreitung von Weiden am Europakanal zwischen Forchheim und Fürth (Bayern). Göttinger Florist. Rundbr. 13: 44–49.

Asmus, U. (1981): Der Einfluß von Nutzungsänderung und Ziergärten auf die Florenzusammensetzung stadtnaher Forste in Erlangen. Ber. Bayer. Bot. Ges. 52: 117–121.

Asmus, U. (1987): Spontane Vegetationsentwicklung auf Bergehalden des Aachener Reviers. NZNRW Seminarberichte 1: 40–46.

Atkinson, I.A.E. (1985): The spread of commensal species of *Rattus* to oceanic islands and their effect on island avifaunas. In: Moors, P.J. (Hrsg.): Conservation of Island Birds. Vol. 3. ICBP, Technical Publ., pp. 35–81.

Audzijonyte, A., Wittmann, K., Ovcarenko, I. & Väinölä, R. (2009): Invasion phylogeography of the ponto-caspian crustacean *Limnomysis benedeni* dispersing across Europe. Diversity Distribut. 15: 346–355.

Auge, H. (1997): Biologische Invasionen: Das Beispiel *Mahonia aquifolium*. In: Feldmann, R., Henle, K., Auge, H., Flachowsky, J., Klotz, S. & Krönert, R. (Hrsg.): Regeneration und nachhaltige Landnutzung: Konzepte für belastete Regionen. Springer, Berlin, S. 124–129.

Auge, H., Klotz, S., Prati, D. & Brandl, R. (2001): Die Dynamik von Pflanzeninvasionen: ein Spiegel grundlegender ökologischer und evolutionsbiologischer Prozesse. Rundgespräche der Kommission für Ökol. Bd. 22, „Gebietsfremde Arten, die Ökologie und der Naturschutz", München, S. 41–58.

Augustin, S., Kenis, M., Valade, R., Gilbert, M., Garcia, H., Roques, A. & Lopez-Vaamonde, C. (2009): A stowaway species probably arriving from the Balkans, the horse chestnut leafminer, *Cameraria ohridella*. In: Settele, J., Penev, L., Georgiev, T., Grabaum, R., Grobelnik, V, Hammen, V., Klotz, S. & Kühn, I. (eds.): Atlas of biodiversity risk. Pensoft Publishers, Sofia-Moscow.

Aukema, B. & Loomans, A. (2005): *Orius laevigatus* in the Netherlands (Heteroptera, Anthocoridae). Nederlandse Faunistische Mededelingen 23: 125–127.

Auld, B.A. & Tisdell, C.A. (1986): Impact Assessment of biological invasions. In: Groves, R.H. & Burdon, J.J. (eds.): Ecology of biological invasions: an Australian perspective. Australian Academy of Science, Canberra, pp. 79–88.

Baade, H. & Gutte, P. (2008): *Impatiens edgeworthii* Hook. f. – ein für Deutschland neues Springkraut. Braunschweiger Geobotanische Arbeiten 9: 55–63.

Babendreier, D. (2007): Pros and cons of biological control. In: Nentwig, W. (ed.): Biological Invasions. Ecological Studies 193, Springer, Berlin-Heidelberg, pp. 403–418.

Bachthaler, G. (1985): Nebenwirkungen von Agrochemikalien auf Pflanzen – dargestellt am Beispiel von Pflanzenschutz-Wirkstoffen. Angew. Botanik 59: 125–145.

Bailey, J.P. (1994): Reproductive biology and fertility of *Fallopia japonica* (Japanese knotweed) and its hybrids in the British Isles. In: de Waal, L.C., Child, L.E., Wade, P.M. & Brock, J.H. (eds.): Ecology and Management of Invasive Riverside Plants, J. Wiley, Chichester, pp. 141–171.

Bailey, J.P. (2001): *Fallopia* x *conollyana* the railway-yard knotweed. Watsonia 23: 539–541.

Bailey, J.P. (2003): Japanese knotweed s. l. at home and abroad. In: Child, L., Brock, J.H., Prach, K., Pyšek, P., Wade, P.M. & Williamson, M. (eds.): Plant invasions. Ecological threats and management solutions. Leiden, Backhuys, pp. 183–196.

Bailey, J.P. & Wisskirchen, R. (2006): The distribution and origins of *Fallopia* x *bohemica* (Polygonaceae) in Europe. Nord. J. Bot. 24: 173–200.

Baillie, J.E.M., Hilton-Taylor, C. & Stuart, S.N. (2004): 2004 IUCN Red List of threatened species. A global species assessment. IUCN, Gland, Switzerland.

Bain, M.B. (1993): Assessing impacts of introduced aquatic species: grass carp in large systems. Environmental Management 17: 211–224.

Baker, H.G. (1965): Characteristics and modes of origin of weeds. In: Baker, H.G. & Stebbins, G.L. (eds.): The genetics of colonizing species, Academic Press, New York, London, pp. 147–172.

Baker, H.G. & Stebbins, G.L., eds. (1965): The genetics of colonizing species. Academic Press, New York, London, 588 pp.

Baker, S. (2006): The eradication of coypus (*Myocastor coypus*) from Britain: the elements required for a successful campaign. In: Koike, f., Clout, M.N., Kawamichi, M., De Poorter, M. & Iwatsuki, K. (eds.): Assessment and control of biological invasions risks. Shoukadoh, Kyoto, and IUCN, Gland, Switzerland, pp. 142–147.

Bakker, P.A. (1986): Erhaltung von Stinzenplanten (Zwiebel- und Knollengewächse an alten Burgen). Schr.R. d. Stiftung z. Schutz gefährdeter Pflanzen. 4: 105–116.

Bakker, P.A. & Boeve, E. (1985): Stinzenplanten. Uitgeverij Terra Zutphen, 168 pp.

Balder, H., Ehlebracht, K. & Mahler, E. (1997): Straßenbäume: Planen, Pflanzen, Pflegen am Beispiel Berlin. Patzer, Berlin, Hannover, 240 S.

Balogh, L. (2008a): Japanese, giant and Bohemian Knotweed (*Fallopia japonica* (Houtt.) Ronse Decr., *f. sachalinensis* (Frd. Schmidt) Ronse Decr. and *f. × bohemica* (Chrtek et Chrtková) J.P. Bailey) In: Botta-Dukát, Z. & Balogh, L. (eds.): The most important invasive plants in Hungary. Institute of Ecology and Botany, Hungarian Academy of Science, Vácrátót, pp. 13–33.

Balogh, L. (2008b): Sunflower species (*Helianthus* ssp.). In: Botta-Dukát, Z. & Balogh, L. (eds.): The most important invasive plants in Hungary. Institute of Ecology and Botany, Hungarian Academy of Science, Vácrátót, pp. 227–255.

Balogh, L. & Juhász, M. (2008): American and Chinese pokeweed (*Phytolacca maericana* L., *Ph. esculenta* van Houtte). In: Botta-Dukát, Z. & Balogh, L. (eds.): The most important invasive plants in Hungary. Institute of Ecology and Botany, Hungarian Academy of Science, Vácrátót, pp. 35–46.

Baranchikov, Y., Mozolevskaya, E., Yurchenko, G. & Kenis, M. (2008): Occurrence of the emerald ash borer, *Agrilus planipennis* in Russia and its potential impact on European forestry. EPPO Bulletin 38: 233–238.

Barilani, M., Bernard-Laurent, A., Mucci, N., Tabarroni, C., Kark, S., Perez Garrido, J.A. & Randi, E. (2007): Hybridisation with introduced chukars (*Alectoris chukar*) threatens the gene pool integrity of native rock (*A. graeca*) and red-legged (*A.* rufa) partridge populations. Biol. Conserv. 137: 57–69.

Barrett, R.P., Mebrahtu, T. & Hanover, J.W. (1990): Black Locust: a multi-purpose tree species for temperate climates. In: Janick, J. & Simon, J.W. (eds.): Advances in new crops. Timber Press, Portland, OR, 560 pp.

Barsoum, N. (2001): Relative contribution of sexual and asexual regeneration in *Populus nigra* and *Salix alba* during the first years of establishment on a braided gravel bed river. Evol. Ecol. 15: 255–279.

Bärtels, A. (1997): Neue Resista-Ulmen. Dt. Dendrol. Ges. (Kurzmitteilungen) 65: 19–20.

Barth, W.E. (1988): Praktischer Umwelt- und Naturschutz. Anregungen für Jäger und Forstleute, Landwirte, Städte- und Wasserbauer sowie alle anderen, die helfen wollen. Hamburg, Berlin.

Bartha, D. (1996): Die ausgestorbenen und gefährdeten Baum- und Straucharten in Mitteleuropa. Mitt. Dt. Dendrol. Ges. 82: 43–49.

Bartha, D. & Csiszár, A. (2008): Russian olive (*Elaeagnus angustifolia* L.) In: Botta-Dukát, Z. & Balogh, L. (eds.): The most important invasive plants in Hungary. Institute of Ecology and Botany, Hungarian Academy of Science, Vácrátót, pp. 85–93.

Bartha, D., Csiszár, A. & Zsigmond, V. (2008): Black locust (*Robinia pseudoacacia* L.). In: Botta-Dukát, Z. & Balogh, L. (eds.): The most important invasive plants in Hungary. Institute of Ecology and Botany, Hungarian Academy of Science, Vácrátót, pp. 63–76.

Barthlott, W., Kier, G. & Mutke, J. (1999): Globale Artenvielfalt und ihre ungleiche Verteilung. Cour. Forsch. Inst. Senckenberg 215: 7–22.

Bartoszewicz, M. (2006): NOBANIS – Invasive Alien Species Fact Sheet – *Procyon lotor*. – http://www.nobanis.org (abgefragt Oktober 2009).

Bartz, R., Heink, U. & Kowarik, I. (2010): Proposed definition of environmental damage illustrated by the cases of genetically modified crops and invasive species. Conserv. Biol. 24: 675–681.

Baskin, Y. (2002): The greening of horticulture: new codes of conduct aim to curb plant invasions. Bioscience 52: 464–471.

Bassett, I.J. & Crompton, C.W. (1975): The biology of Canadian weeds. 11. *Ambrosia artemisiifolia* L. and *A. psilostachya* DC. Can. J. Plant Sci. 55: 463–476.

Bathon, H. (1998): Neozoen an Gehölzen in Mitteleuropa. Gesunde Pflanzen 50: 20–25.

Bauer, H.-G., Burdorf, K. & Herkenrath, P. (1997): „Exoten und Gänsemix". Folgen und Gefahren der Aussetzung, Fremdansiedlung und Gefangenschaftsflucht nichtheimischer und heimischer Vogelarten für die indigene Avifauna: Eine Übersicht mit Handlungsempfehlungen. Ber. z. Vogelschutz 35: 67–90.

Bauer, H.-G. & Woog, f. (2008): Nichtheimische Vogelarten (Neozoen) in Deutschland, Teil I: Auftreten, Bestände und Status. Vogelwarte 46: 157–194.

Bauer, M. (1995): Verbreitung neophytischer Knöterichartenan Fließgewässern in Baden-Württemberg. In: Böcker, R., Gebhardt, H., Konold, W. & Schmidt-Fischer, S. (Hrsg.): Gebietsfremde Pflanzen. ecomed, Landsberg, S. 105–112.

Baufeld, P., Motte, G. & Unger, J.-G. (1996): Der Neuseelandplattwurm *Artioposthia triangulata* (Plathelminthes, Geoplanidae). Ein Schädling im Grenzbereich zwischen Pflanzengesundheit und Naturschutz. Nachrichtenblatt Deutscher Pflanzenschutzdienst 48: 14–17.

Baumgart, J. & Kirsch-Stracke, R. (1988): Ökologisches Gutachten zur Flurbereinigung Lorch im Rheingau. Im Auftrag des Hessischen Landesamtes für Ernährung, Landwirtschaft und Landentwicklung, Abt. Landentwicklung, Wiesbaden.

Becker, T., Dietz, H., Billeter, R., Buschmann, H. & Edwards, P.J. (2005): Altitudinal distribution of alien plant species in the Swiss Alps. Plant Ecol. Evol. Syst. 7: 173–183.

Beckie, H.J., Warwick, S.I., Nair, H. & Seguin-Swartz, G.S. (2003): Gene flow in commercial fields of herbicide-resistant canola (*Brassica napus*). Ecological Applications 13: 1276–1294.

Beerling, D.J. (1994): Predicting the response of the introduced species *Fallopia japonica* and *Impatiens glandulifera* to global climatic change. In: de Waal, L.C., Child, L.E., Wade, P.M. & Brock, J.H. (eds.): Ecology and management of invasive riverside plants, Wiley & Sons, Chichester, pp.135–140.

Beerling, D.J. & Perrins, J.M. (1993): *Impatiens glandulifera* Royle (*Impatiens roylei* Walp.) Journal of Ecology 81: 367–382.

Begon, M., Harper, J.L. & Townsend, C.R. (1991): Ökologie. Birkhäuser Verlag, Basel, 1024 S.

Benkert, D. (1971): *Campylopus introflexus* auch in Mitteleuropa. Feddes Repert. 81: 651–654.

Benkert, D., Fukarek, f. & H. Korsch, Hrsg. (1996): Verbreitungsatlas der Farn- und Blütenpflanzen Ostdeutschlands. Gustav Fischer, Stuttgart, Jena, 615 S.

Benkert, D., Hoffmann, J. & Fischer, W. (1995): *Corydalis claviculata* (L.) DC. – ein Neubürger der märkischen Flora. Schr.R. Vegetationskd. (Sukopp-Festschrift) 27: 353–363.

Berg, C. & Meinunger, L. (1988): Neophytic bryophytes in the German Democratic Republic. Proceedings of the sixth CEBWG Meeting, pp. 103–105.

Berg, D. & Barth, H. (2008): Does the inner Baltic Sea coast provide a habitat for invasive neophytes? Neobiota 7: 218–223.

Berger-Landefeldt, U. & Sukopp, H. (1966): Bäume und Sträucher der Pfaueninsel. Ein dendrologischer Führer. Verh. Bot. Ver. Provinz Brandenburg 103: 2–48.

Bernatchez, L. (2001): The evolutionary history of brown trout (*Salmo trutta* L.) inferred from phylogeographic, nested clade, and mismatch analyses of mitochondrial DNA variation. Evolution 55: 351–379.

Bernauer, D., Kappus, B. & Jansen, W. (1996): Neozoen in Kraftwerksproben und Begleituntersuchungen am nördlichen Oberrhein. In: Gebhardt, H., Kinzelbach, R. & Schmidt-Fischer, S. (Hrsg.): Gebietsfremde Tierarten. ecomed, Landsberg, S. 87–96.

Bernhardt, K.G. (1991): Zur aktuellen Verbreitung von *Azolla filiculoides* Lam. (1783) und *Azolla caroliniana* Willd. (1810) in Nordwestdeutschland. Florist. Rundbr. 25: 14–19.

Bernhardt, K.G. (1994): Soziologie und Dynamik der *Claytonia perfoliata*-Bestände auf der ostfriesischen Insel Baltrum. Florist. Rundbr. 28: 62–67.

Bernotat, D., Jebram, J., Gruehn, D. et al. (2002): Gelbdruck „Bewertung“. In: Plachter, H., Bernotat, D., Müssner, R. et al. (Hrsg.): Entwicklung und Festlegung von Methodenstandards im Naturschutz. Schriftenreihe für Landschaftspflege und Naturschutz 70: 357–407.

Bertholdt, D., Vor, T. & Beese, f. (2005): Soil degradation by *Robinia pseudodacia* L. (Black Locust) in Hungary. Neobiota 6: 67–78.

Bertin, S., Guglielmino, C.R., Karam, N., Gomulski, L.M., Malacrida, A.R. & Gasperi, G. (2007): Diffusion of the nearctic leafhopper *Scaphoideus titanus* Ball in Europe: a consequence of human trading acticity. Genetica 131: 275–285.

Bertolino, S. (2009): *Myocastor coypus*. (http://www.europe-aliens.org) (abgerufen Oktober 2009)

Bertolino, S. & Genovesi, P. (2003): Spread and attempted eradication of the grey squirrel (*Sciurus carolinensis*) in Italy, and consequences for the red squirrel (*Sciurus vulgaris*) in Eurasia. Biol. Conserv. 109: 351–358.

Bertolino, S., Lurz, P.W.W., Sanderson, R. & Rushton, S.P. (2008): Predicting the spread of the American grey squirrel (*Sciurus carolinensis*) in Europe: a call for a co-ordinated European approach. Biol. Conserv. 141: 2564–2575.

Beyer, K., Copp, G.H. & Gozlan, R.E. (2007): Microhabitat use and interspecific associations of introduced topmouth gudgeon *Pseudorasbora parva* and native fishes in a small stream. J. Fish Biol. 71, Suppl. D: 224–238.

Bezzel, E. (1996): Neubürger in der Vogelwelt Europas: Zoogeographisch-ökologische Situationsanalyse. Konsequenzen für den Naturschutz. In: Gebhardt, H., Kinzelbach, R. & Schmidt-Fischer, S. (Hrsg.): Gebietsfremde Tierarten. ecomed, Landsberg, S. 241–260.

Biermann, R. (1996): *Campylopus introflexus* (Hedw.) Brid. in Silbergrasfluren ostfriesischer Inseln. Ber. Reinh.-Tüxen-Ges. 8: 61–68.

Biermann, R. & Daniels, f.J.A. (1997): Changes in a lichenrich dry sand grassland vegetation with special reference to lichen synusiae and *Campylopus introflexus*. Phytocoenologia 27: 257–273.

Billen, W. (1985): Die Platanennetzwanze nun auch in der Bundesrepublik Deutschland. Gesunde Pflanzen 37: 530–531.

Billings, W.D. (1990): *Bromus tectorum*, a biotic cause of ecosystem impoverishment in the Great Basin. In: Woodwell, G.M. (ed.): The earth in transition: patterns and processes of biotic impoverishment. Cambridge University, New York, pp. 301–321.

Bímová, K., Mandák, B. & Kasparová, I. (2004): How does *Reynoutria* invasion fit the various theories of invasibility? J. Veg. Sci. 15: 495–504.

Bímová, K., Mandák, B. & Pyšek, P. (2001): Experimental control of *Reynoutria* congeners: a comparative study of a hybrid and its parents. In: Brundu, G., Brock, J., Camarda, I., Child, L. & Wade, M. (eds.): Plant invasions. Species ecology and ecosystem management. Backhuys Publishers, Leiden, pp. 283–290.

Binggeli, P. (1993): The conservation value of Sycamore. Quart. J. For. 87: 143–146.

Binggeli, P. (1994a): Misuse of terminology and anthropomorphic concepts in the description of introduced species. Bull. Brit. Ecol. Soc. 25 L: 10–13.

Binggeli, P. (1994b): Controlling the invader. TREE News, Autumn, pp. 14–15.

Binggeli, P. (1996): A taxonomic, biogeographical and ecological overview of invasive woody plants. J. Veg. Sci. 7: 121–124.

Binggeli, P. & Hamilton, A.C. (1993): Biological invasion by *Maesopsis eminii* in the east Usambara forests, Tanzania. Opera Botanica 121: 229–235.

Binimelis, R., Born, W., Monterrosa, I. & Rodríguez-Labajos, B. (2007): Socio-economic impacts and assessment of biological invasions. In: Nentwig, W. (ed.): Biological invasions. Ecological Studies 193: 331–347.

Bitz, A. (1985): Zur Situation des Naturschutzes im Lennebergwald bei Mainz. Natursch. u. Ornith. Rheinl.-Pfalz 4: 1–26.

Bitz, A. (1987): Anmerkungen zu Pflege- und Entwicklungsmaßnahmen im NSG „Mainzer Sand“ und angrenzenden Gebieten. Mainzer Naturwiss. Arch. 25: 583–604.

Blackburn, T.M., Cassey, P., Duncan, R.P., Evans, K.L. & Gaston, K.J. (2004): Avian extinction and mammalian introductions on oceanic islands. Science 305: 1955–1058.

Bleeker, W., Schmitz, U. & Ristow, M. (2007): Interspecific hybridisation between alien and native plant species in Germany and its consequences for native biodiversity. Biol. Conserv. 137: 248–253.

Blömacher, S. (2006): Zur Präsentation der Neobiota in den deutschen Medien. GRIN Verlag, München, 126 S.

Blondel, J. & Aronson, J. (1999): Biology and wildlife of the Mediterranean Region. University Press, Oxford, 352 pp.

Blossey, B. (1999): Before, during and after: the need for long-term monitoring in invasive plant species management. Biological Invasions 1: 301–311.

Blossey, B. & Nötzold, R. (1995): Evolution of increased competitive ability in invasive non-indigenous plants: a hypothesis. J. Ecol. 83: 887–889.

BMELV (2008): Strategie zur Bekämpfung des Feuerbranderregers im Obstbau ohne Antibiotika 2008–2012. BMELV, Bonn, 45 S.

Böcker, R. (1990): Auswertungen von Daueruntersuchungen auf dem Windmühlenberg in Berlin-Gatow. Verh. Berliner Bot. Ver. 8: 161–168.

Böcker, R. (1995): Beispiele der Robinien-Ausbreitung in Baden-Württemberg. In: Böcker, R., Gebhardt, H., Konold, W. & Schmidt-Fischer, S. (Hrsg.): Gebietsfremde Pflanzen, ecomed, Landsberg, S. 57–65.

Böcker, R. & Dirk, M. (2004): Measurements to restrict *Robinia pseudoacacia*. Neobiota 3: 91–100.

Böcker, R. & Dirk, M. (2008): Development of an effective girdling method to control *Robinia pseudoacacia* L.. Neobiota 7: 63–75.

Böcker, R., Gebhardt, H., Konold, W. & Schmidt-Fischer, S. (Hrsg., 1995): Gebietsfremde Pflanzen. Auswirkungen auf einheimische Arten, Lebensgemeinschaften und Biotope, Kontrollmöglichkeiten und Management. ecomed, Landsberg, 215 S.

Böcker, R. & Koltzenburg, M. (1996): Pappeln an Fließgewässern. Landesanstalt für Umweltschutz Baden-Württemberg (Hrsg.): Handbuch Wasser 2, 137 S.

Böcker, R. & Kowarik, I. (1982): Der Götterbaum (*Ailanthus altissima*) in Berlin (West). Berliner Naturschutzbl. 26: 4–9.

Boehmer, H.J. (1999): Beim nächsten Wald wird alles anders. Zur Ideengeschichte von Wildnis und Prozeßschutz. Politische Ökologie 17: 14–17.

Boehmer, H.J., Heger, T. & Trepl, L. (2001): Fallstudien zu gebietsfremden Arten in Deutschland. Texte des Umweltbundesamtes 13: 1–126.

Boettger, C.R. (1929): Eingeschleppte Tiere in Berliner Gewächshäusern. Z. Morph. Ökol. Tiere 15: 674–704.

Bogenschütz, H. (1996): Die Bedeutung eingeschleppter Insektenarten für die Forstwirtschaft Südwestdeutschlands. In: Gebhardt, H., Kinzelbach, R. & Schmidt-Fischer, S. (Hrsg.): Gebietsfremde Tierarten. Ecomed, Landsberg, S. 187–197.

Böhm, A. (1997): Ausbreitung der Herkulesstaude. Ökologische Grenzen und praktische Schlußfolgerungen. Diplomarbeit, Inst. f. Landschaftspflege und Naturschutz, Universität Hannover.

Bohren, C., Delabays, N., Mermillod, G., Keimer, C. & Kündig, C. (2005): *Ambrosia artemisiifolia* in der Schweiz – eine herbologische Annäherung. AgrarForschung 12: 71–78.

Bohren, C., Mermillod, N. & Delabys, N. (2006): Common ragweed (*Ambrosia artemisiifolia* L.) in Switzerland: development of a nationwide concerted action. J. Pl. Dis. Protect. 113: 497–503.

Bolle, C. (1865): Eine Wasserpflanze mehr in der Mark. Verh. Bot. Ver. Prov. Brandenburg 7: 1–15.

Bonn, S. & Poschlod, P. (1998): Ausbreitungsbiologie der Pflanzen Mitteleuropas. Grundlagen und kulturhistorische Aspekte. Wiesbaden: Quelle & Meyer, 404 S.

Borchardt, W., Lissner, J. & Pacalaj, C. (1995): Möglichkeiten der kulturbodenlosen Begrünung von Kalirückstandshalden im Südharzgebiet durch Tier- und Schrägpflanzung von Gehölzen. Versuche im deutschen Gartenbau Nr. 7.

Boring, L.R. & Swank, T. (1984a): The role of black locust (*Robinia pseudoacacia*) in forest succession. J. Ecol. 72: 749–766.

Boring, L.R. & Swank, T. (1984b): Symbiotic nitrogen fixation in regenerating Black Locust (*Robinia pseudoacacia* L.) stands. Forest Sci. 30: 528–537.

Bork, H.-R., Bork, H., Dalchow, C., Faust, B., Piorr, H.-P. & Schatz, T. (1998): Landschaftsentwicklung in Mitteleuropa. Klett-Perthes, Gotha, Stuttgart, 328 S.

Borkowski, A. (1973): Arealausweitung bei einigen minierenden Lepidopteren durch anthropogene Pfanzenverbreitung. Polskie Pismo Entomol. 43: 461–467.

Bornkamm, R. (2006): Ursachen und Grenzen der Ausbreitung von *Senecio inaequidens* DC. in Mitteleuropa - dargestellt am Beispiel von Berlin/Brandenburg. Verh. Bot. Ver. Berlin Brandenburg 136: 9–26.

Bornkamm, R. & Prasse, R. (1999): Die ersten Jahre der Einwanderung von *Senecio inaequidens* DC. in Berlin und dem südwestlich angrenzenden Brandenburg. Verh. Bot. Ver. Berlin Brandenburg 132: 131–139.

Bornkamm, R. & Sukopp, H. (1971): Die ökologische Konstitution von *Chenopodium botrys*. Verhandlungen des

Botanischen Vereins der Provinz Brandenburg 108: 64–74.
Borrmann, K. (1987): Einbürgerung, Ausbreitung und Vorkommen der Späten Traubenkirsche (*Padus serotina* Borkh) in der Oberförsterei Lüttenhagen (Kr. Neustrelitz). Bot. Rundbr. Bez. Neubrandenburg 19: 13–18.
Bory, G. & Clair-Maczulajtys, D. (1980): Production, dissémination et polyphormisme des semences d'*Ailanthus altissima* (Mill.) Swingle, Simarubacées. Rev. Gén. Bot. 88: 297–311.
Bosch, J., Carrascal, L.M., Duran, L., Walker, S. & Fisher, M.C. (2007): Climate change and outbreaks of amphibian chytridiomycosis in a montane area of Central Spain; is there a link? Proc. R. Soc. B 274: 253–260.
Bosch, J. & Martinez-Solano, I. (2006): Chytrid fungus infection related to unusual mortalities of *Salamandra salamandra* and *Bufo bufo* in the Peñalara Natural Park (Central Spain). Oryx 40: 84–89.
Bosch, J., Martinez-Solano, I. & Garcia-Paris, M. (2001): Evidence of a chytrid fungus infection involved in the decline of the common midwife toad (*Alytes obstetricans*) in protected areas of central Spain. Biol. Conserv. 97: 331–337.
Bossema, I. (1979): Jays and oaks: an ecoethological of a symbiosis. Behavior 70: 1–117.
Botta-Dukát, Z. & Balogh, L., eds. (2008): The most important invasive plants in Hungary. Institute of Ecology and Botany, Hungarian Academy of Science, Vácrátót, 255 pp.
Botta-Dukát, Z. & Dancza, I. (2008): Giant and Canadian goldenrot (*Solidago gigantea* Ait., *S. canadensis* L.). In: Botta-Dukát, Z. & Balogh, L. (eds.): The most important invasive plants in Hungary. Institute of Ecology and Botany, Hungarian Academy of Science, Vácrátót, pp. 167–177.
Boye, P. (2003): Neozoen. In: Kowarik, I. (2003a): Biologische Invasionen. Neophyten und Neozoen in Mitteleuropa. Ulmer, Stuttgart, S. 264–282.
Bramley, J.L., Reeve, J.T. & Dussart, G.B.J. (1995): The distribution of *Lemna minuta* within the British Isles: Identification, dispersal and niche constraints. In: Pyšek, P., Prach, K., Rejmánek, M. & P.M. Wade (eds.): Plant invasions. General aspects and special problems. SPB Academic Publishing, Amsterdam, pp. 181–185.
Brandes, D. (1981): Neophytengesellschaften der Klasse *Artemisietea* im südöstlichen Niedersachsen. Braunschw. Naturkdl. SchrR. 1: 183–211.
Brandes, D. (1983a): Flora und Vegetation der Bahnhöfe Mitteleuropas. Phytocoenologia 11: 31–115.
Brandes, D. (1983b): Vegetation von Eisenbahnanlagen. Dokumentation f. Umweltsch. u. Landespfl. (Sonderh.) 4 (23) N. f. 45: 27–37.
Brandes, D. (1986): Notiz zur Ausbreitung von *Chenopodium ficifolium* Sm. in Niedersachsen. Göttinger Florist. Rundbr. 20: 116–120.
Brandes, D. (1987): Zur Kenntnis der spontanen Gehölzflora norddeutscher Städte. Flor. Rundbr. 21: 33–38.
Brandes, D. (1989): Hinweis auf Verwilderungen von *Polygonum polystachyum* Wall. ex Meisn. Floristische Rundbriefe 23: 50–51.
Brandes, D. (1991): Untersuchungen zur Vergesellschaftung und Ökologie von *Brunias orientalis* L. im westlichen Mitteleuropa. Braunschw. Naturkdl. SchrR. 3: 857–875.
Brandes, D. (1992): Flora und Vegetation von Stadtmauern. Tuexenia 12: 315–340.
Brandes, D. (1993): Eisenbahnanlagen als Untersuchungsgegenstand der Geobotanik. Tuexenia 13: 415–444.
Brandes, D. (1995): Breiten sich die $C_4$-Pflanzen in Mitteleuropa aus? SchrR. Vegetationskde. 27: 365–372.
Brandes, D., Griese, D. & Köller, U. (1990): Die Flora der Dörfer unter besonderer Berücksichtigung von Niedersachsen. Braunschw. naturkdl. Schr. 3: 569–593.
Brandes, D. & Nitzsche, J. (2006): Biology, introduction, dispersal and distribution of common ragweed (*Ambrosia artemisiifolia* L.) with special regard to Germany. Nachrichtenbl. Deut. Pflanzenschutzd. 58: 286-291.
Brandes, D. & Nitzsche, J. (2007): Verbreitung, Ökologie und Soziologie von *Ambrosia artemisiifolia* L. in Mitteleuropa. Tuexenia 27: 167–194.
Brandes, D. & Sander, C. (1995): Neophytenflora der Elbufer. Tuexenia. 15: 447–472.
Brandl, R. Klotz, S., Stadler, J. & Auge, H. (2001): Nischen, Lebensgemeinschaften und biologische Invasionen. Rundgespräche der Kommission für Ökologie Bd. 22, „Gebietsfremde Arten, die Ökologie und der Naturschutz", München, S. 81–98.
Brändle, M., Kühn, I., Klotz, S., Belle, C. & Brandl, R. (2009): Species richness of herbivores on exotic host plants increases with time since introduction of the host. Diversity Distrib. 14: 905–912.
Branquart, E., ed. (2009): Alert, black and watch lists of invasive species in Belgium. Harmonia version 1.2, Belgian Forum on Invasive species, accessed on 25.10.2009 from: http://ias.biodiversity.be.
Brasier, C.M. (2001): Rapid evolution of introduced plant pathogens via interspecific hybridization. Bioscience 51: 123–133.
Bratek, Z., Jacucs, E., Bota, K & Szedlay, G. (1996): Mycorrhizae between black locust (*Robinia pseudoacacia*) and *Terfezia terfezioides*. Mycorrhiza 6: 271–274.
Braun, M. & Wegener, S. (2008): Alles halb so schlimm! Die öffentliche Wahrnehmung der Halsbandsittiche in Heidelberg. Natur und Landschaft 83: 452–455.
Brechtel, f. (1996): Neozoen. Neue Insektenarten in unserer Natur? In: Gebhardt, H., Kinzelbach, R. & Schmidt-Fischer, S. (Hrsg.): Gebietsfremde Tierarten. Ecomed, Landsberg, S. 127–154.
Brinkjans, H.J. (2008): Freiwillige Vereinbarung des Gartenbaus zum Umgang mit invasiven Arten. Natur und Landschaft 83: 428.
Brock, J.H. (1994): *Tamarix* spp. (Salt Cedar), an invasive exotic woody plant in arid and semiarid riparian habitats of western USA. In: de Waal, L.C., Child, L.E., Wade, P.M. & Brock, J.H. (eds.): Ecology and manag-

ment of invasive riverside plants, Wiley & Sons, Chichester, pp. 27–44.

Brock, J.H. (1998): Invasion, ecology and management of *Elaeagnus angustifolia* (Russian olive) in the southwestern United States of America. In: Starfinger, U., Edwards, K., Kowarik, I. & Williamson, M. (eds.): Plant invasions. Ecological mechanisms and human responses. Backhuys Publishers, Leiden, pp. 123–136.

Brock, J.H., Child, L.E., de Waal, L.C. & Wade, P.M. (1995): The invasive nature of *Fallopia japonica* is enhanced by vegetative regeneration from stem tissues. In: Pyšek, P., Prach, K., Rejmánek, M. & P.M. Wade (eds.): Plant Invasions. General aspects and special problems. SPB Academic Publishing, Amsterdam, pp. 131–139.

Brodtbeck, T., Zemp, M., Frei, M., Kienzle, U. & Knecht, D. (1997): Flora von Basel und Umgebung 1980-1996, Teil 1. Mitt. Naturf. Ges. Basel 2: 1–544.

Broncano, M.J., Vilà, M. & Boada, M. (2005): Evidence of *Pseudotsuga menziesii* naturalization in montane Mediterranean forests. Forest Ecology and Management 211: 257–263.

Brown, C.J., MacDonald, I.A.W. & Brown, S.E., eds. (1985): Invasive alien organisms in South West Africa/ Namibia. South African Scientific Programmes Report. No. 119, CSIRO, Pretoria.

Brown, P.M.J., Adriaens, T., Bathon, H., Cuppen, J., Goldarazena, A., Hägg, T., Kenis, M., Klausnitzer, B., Kovar, I., Loomans, A., Majerus, M., Nedved, O., Pedersen, J., Rabitsch, W., Roy, H.E., Ternois, V., Zakharov, I. & Roy, D.B. (2008) *Harmonia axyridis* in Europe: spread and distribution of a non-native coccinellid. In: Roy, H.E. & Wajnberg, E. (eds.): From biological control to invasion: the ladybird *Harmonia axyridis* as a model species. BioControl 53: 5–21.

Brunzel, S., Fischer, S. f., Schneider, J., Jetzkowitz, J. & Brandl, R. (2009): Neo- and archaeophytes respond more strongly than natives to socio-economic mobility- and disturbance patterns along an urban-rural gradient. Journal of Biogeography 36: 835–844.

Bruun, H. H. (2005): *Rosa rugosa* Thunb. ex. Murray. Biological Flora of the British Isles. J. Ecol. 93: 441–470.

Bryan, R.T. (1996): Alien species and emerging infectious diseases: past lessons and future implications. In: Sandlund, O.T., Schei, P.J. & Viken, A. (eds.): Proceedings of the Norway / UN Conference on alien species. Trondheim, pp. 74–80.

Buchan, L.A.J. & Padilla, D.K. (1999): Estimating the probability of long-distance overland dispersal of invading aquatic species. Ecol. Appl. 9: 254–265.

Bucharova, A. & van Kleunen, M. (2009): Introduction history and species characteristics partly explain naturalization success of North American woody species in Europe. J. Ecol. 97: 230-238.

Bücking, W. & Kramer, f. (1982): Wenn der Wald zum Urwald werden soll! Bann- oder Schonwald Mannheimer Reißinsel? Allgemeine Forstzeitschrift 37: 677–681.

Budde, S. & Schmidt, W. (2005): Impact of introduced *Pseudotsuga menziesii* Dougals Fir on understorey vegetation: a comparison with native *Fagus slyvatica* (European Beech) and *Pinus sylvestris* (Scots Pine) forests. Neobiota 6: 79–88.

Burch, P.L. & Zedaker, S.M. (2003): Removing the invasive tree *Ailanthus altissima* and restoring natural cover. J. Arboric. 29: 18–24.

Burkart, M. (2001): River corridor plants (Stromtalpflanzen) in Central European lowland: a review of a poorly understood plant distribution pattern. Global Ecol. Biogeogr. 10: 449–468.

Burt, J.W., Muir, A.A., Piovia-Scott, J., Veblan, K.E., Chang, A.L., Grossman, J.D. & Weiskel, H.W. (2007): Preventing horticultural introductions of invasive plants: Potential efficacy of voluntary initiatives. Biological Invasions 9: 909–923.

Büscher, D. (1991): Über die Erforschung der Wolladventivflora von Kettwig/Rhld. und Dülmen/Westfl. durch den Dortmunder Apotheker Julius Herbst in den Dreißiger Jahren dieses Jahrhunderts. Florist. Rundbr. 25: 40–45.

Buttenschøn, R.M. & Nielsen, C. (2007): Control of *Heracleum mantegazzianum* by grazing. In: Pyšek, P., Cock, M.J.W., Nentwig, W. & Ravn, H.P (eds.): Ecology and management of giant hogweed (*Heracleum mantegazzianum*). CAB International, Wallingford, pp. 240–254.

Cabela, A., Grillitsch, H., Schultschik, G. & Tiedemann, f. (2005): On the presence of a southeastern European Smooth Newt near Vienna (Austria). Herpetozoa 18: 84–87.

CABI (2007): Crop protection compendium. CAB International, Wallingford.

Cadi, A. & Joly, P. (2004): Impact of the introduction of the red-eared slider (*Trachemys scripta elegans*) on survival rates of the European pond turtle (*Emys orbicularis*). Biodiversity and Conservation 13: 2511–2518.

Cain, M.L., Damman, H. & Muir, A. (1998): Seed dispersal and the Holocene migration of woodland herbs. Ecological Monographs 68: 325–347.

Cain, M.L., Milligan, B.G. & Strand, A.E. (2000): Long-distance seed dispersal in plant populations. American Journal of Botany 87: 1217–1227.

Callaway, R.M. & Ridenour, W.M. (2004): Novel weapons: invasive success and the evolution of increased competetive ability. Frontiers Ecol. Environ. 2: 436–443.

Cambray, J.A. (2003): Impact on indigenous species diversity caused by the globalization of alien recreational freshwater fisheries. Hydrobiologia 500: 217–230.

Cameron, E.K. & Bayne, E.M. (2009): Road age and its importance in earthworm invasion of northern boreal forests. J. Appl. Ecol 46: 28–36.

Campbell, K. & Donlan, C.J. (2005): Feral goat eradications on islands. Conserv. Biol. 19: 1362–1374.

Carlton, J.T. (1996): Invasions in the world's seas: six centuries of reorganizing earth's marine life. In: Sandlund, O.T., Schei, P.J. & Viken, A. (eds.): Proceedings of the Norway / UN Conference on alien species. Trondheim, pp. 99–102.

Case, T.J. (1996): Global patterns in the establishment and distribution of exotic birds. Biol. Conserv. 78: 69–96.

Casper, J., Jentsch, H. & Gutte, P. (1980): Beiträge zur Taxonomie und Chorologie europäischer Wasser- und Sumpfpflanzen-Gesellschaften. 1. *Myriophyllum heterophyllum* Michaux bei Leipzig und Spremberg. Hercynia N. f. 17: 365–374.

CBD (2002): COP 6 Decision VI/23 - Alien species that threaten ecosystems, habitats or species (http://www.cbd.int/decision/cop/?id=7197, abgefragt November 2009)

Celesti-Grapow, L. & Blasi, C. (2004): The role of alien and native weeds in the deterioration of archaeological remains in Italy. Weed Technol. 18: 1508–1513.

Celesti-Grapow, L., Acosta, A., Carranza, M. & Blasi, C. (2004): Neophyta in a Mediterranean city: invasive plant species in the different land use types of Rome, Italy. Neobiota 3: 7–15.

Celesti-Grapow, L., Alessandrini, A., Arrigoni, P.V., Banfi, E., Bernardo, L., Bovio, M., Brundu, G., Cagnotti, M.R., Camarda, I., Carli, E., Conti, f., Fascetti, S., Galasso, G., Gubellini, L., La Valva, V., Lucchesem f., Marchiori, S., Mazzola, P., Peccenini, S., Poldini, L., Pretto, f., Prosser, f., Siniscalco, C., Villani, M.C., Viegi, L., Wilhalm, T. & Blasi, C. (2009): Inventory of the non-native flora of Italy. Plant Biosystems 143: 386–430.

Chandler, S. & Dunwell, J.M. (2008): Gene flow, risk assessment and the environmental release of transgenic plants. Critical Reviews in Plant Sciences 27: 25–49.

Chapman, A.G. (1935): The effects of black locust on associated species with special reference to forest trees. Ecol. Monogr. 5: 37–60.

Charles, H. & Dukes, J.S. (2007): Impacts of invasive species on ecosytem functions. In: Nentwig, W. (ed.): Biological invasions. Ecological Studies 193: 217–237.

Chauvel, B., Dessaint, f., Cardinal-Legrand, C. & Bretagnolle, f. (2006): The historical spread of *Ambrosia artemisiifolia* L. in France from herbarium records. J. Biogeogr. 33: 665–673.

Chauvel, B., Vieren, E., Fumanal, B. & Bretagnolle, f. (2004): Possibilité de dissémination d´*Ambrosia artemisiifolia* L. via les semences de tournesol. 12. Int. Con f. on Weed Biology, Dijon, pp. 445–452.

Child, L.E. & Spencer-Jones, D.H. (1995): The use of herbicides to control *Crassula helmsii* – a case study. In: Pyšek, P., Prach, K., Rejmánek, M. & Wade, P.M. (eds.): Plant Invasions. General Aspects and Special Problems. SPB Academic Publishing, Amsterdam, pp. 195–202.

Child, L.E., Waal, L.C.D. & Wade, P.M. (1992): Control and management of *Renoutria* species (Knotweed). Aspects Applied Biol. 29: 295–307.

Child, L.E. & Wade, P.M. (2000): The Japanese Knotweed Manual. Packard Publishing Limited, Chichester, 123 pp.

Child, L.E., Wade, P.M. & Wagner, M. (1998): Cost effective control of *Fallopia japonica* using combination treatments. In: Starfinger, U., Edwards, K., Kowarik, I. & Williamson, M. (eds.): Plant invasions: ecological mechanisms and human response. Backhuys Publishers, Leiden, pp. 143–154.

Chiron, f., Shirley, S. & Kark, S. (2009): Human-related processes drive the richness of exotic birds in Europe. Proc. R. Soc. B 276: 47–53.

Chittka, L. & Schürkens, S. (2001): Successful invasion of a floral market. An exotic Asian plant has moved on Europe's river-banks by briding pollinators. Nature 411 (6838): 653–663.

Cho, K.-J. & Kim, J.-W. (2005): Syntaxonomy and synecology of the *Robinia pseudoacacia* forests. Korean J. Ecol. 28: 15–23.

Christensen, E. (1993): *Crassula helmsii* (T. Kirk) Cockayne – neu für Schleswig-Holstein. Kieler Notizen 22: 1–7.

Chytrý, M., Pyšek, P., Tichý, L., Knollová, I. & Danihelka, J. (2005): Invasions by alien plants in the Czech Republic: a quantitative assessment across habitats. Preslia 77: 339–354.

Ciosi, M., Miller, N.J., Kim, K.S., Giordano, R., Estoup, A. & Guillemaud, T. (2008): Invasion of Europe by the western corn rootworm, *Diabrotica virgifera virgifera*: multiple transatlantic introductions with various reductions of genetic diversity. Mol. Ecol. 17: 3614–3627.

Clegg, L.M. & Grace, J. (1974): The distribution of *Heracleum mantegazzianum* (Somm. & Levier) near Edinburgh. Transactions from the Proceedings of the Botanical Society of Edinburgh. 42: 223–229.

Clergeau, P. & Yésou, P. (2006): Behavioural flexibility and numerous potential sources of introduction for the sacred ibis: causes of concern in western Europe? Biol. Invasions 8: 1381–1388.

Clifford, H.T. (1956): Seed dispersal on footwear. Proc. Bot. Soc. Br. Isles 2: 129–131.

Clifford, H.T. (1959): Seed dispersal by motor vehicles. J. Ecol. 47: 311–315.

Clout, M.N. & Lowe, S.J. (1996): Reducing the impacts of invasive species on global biodiversity: the role of the IUCN invasive species specialist group. In: Sandlund, O.T., Schei, P.J. & Viken, A. (eds.): Proceedings of the Norway / UN Conference on alien species. Trondheim, pp. 34–38.

Coart, E., Van Glabeke, S., De Loose, M., Larsen, A.S. & Roldan-Ruiz, I. (2006): Chloroplast diversity in the genus *Malus*: new insights into the relationship between the European wild apple (*Malus sylvestris* (L.) Mill.) and the domesticated apple (*Malus domestica* Borkh.). Mol. Ecol. 15: 2171–2182.

Colautti, R.I. & MacIsaac, H.J. (2004): A neutral terminology to define 'invasive' species. Diversity Distrib. 10: 135–141.

Colautti, R.I., Ricciardi, A., Grigorovich, I.A. & MacIsaac, H.M. (2004): Is invasion success explained by the enemy release hypothesis? Ecol. Lett. 7: 721–733.

Conedera, M., Krebs, P., Tinner, W., Pradella, M. & Torriani, D. (2004): The cultivation of *Castanea sativa* (Mill.) in Europe, from its origin to its diffusion on a continental scale. Veget. Hist. Archaeobot. 13: 161–179.

Conolly, A.P. (1977): The distribution and history in the British Isles of some alien species of *Polygonum* and *Reynoutria*. Watsonia 11: 291–311.

Copp, G.H., Garthwaite, R. & Gozlan, R.E. (2005): A risk assessment protocol for non-native freshwater fishes. Journal of Applied Ichthyology 21: 371–373.

Corbett, S.L. & Manchester, S.R. (2004): Phytogeography and fossil history of *Ailanthus* (Simaroubaceae). International Journal of Plant Sciences 165: 671–690.

Cornelius, R. (1990a): The strategies of *Solidago canadensis* L. in relation to urban habitats I. Resource requirements. Acta Oecologica 11: 19–34.

Cornelius, R. (1990b): The strategies of *Solidago canadensis* L. in relation to urban habitats III. Conformity to habitat dynamics. Acta Oecologica 11: 301–310.

Cornelius, R. & Faensen-Thiebes, A. (1990): The strategies of *Solidago canadensis* L. in relation to urban habitats. II. Competitive ability. Acta Oecologica 11: 145–153.

Cornelius, R., Schultka, W. & Meyer, G. (1990): Zum Invasionspotential florenfremder Arten. Verh. Ges. Ökol. 19: 20–29.

Council of Europe (2002): European strategy on invasive alien species. Council of Europe Publishing, Strasbourg.

Courchamp, f., Chapuis, J.-L. & Pascal, M. (2003): Mammal invaders on islands : impact, control, and control impact. Biol. Rev. 78: 347–383.

Cox, G.W. (1999): Alien species in North America and Hawaii. Island Press, Washington, DC, 387 pp.

Cox, G.W. (2004): Alien species and evolution. Island Press, Washington, DC, 377 pp.

Crawley, M.J. (1989): Chance and timing in biological invasions. In: Drake, J.A. et al. (eds.): Biological invasions: a global perspective, SCOPE, Wiley, NY, pp. 407–423.

Crawley, M.J. & Brown, S.L. (2004): Spatially structured population dynamics in feral oilseed rape. Proc. R. Soc. Lond. B Biol. Sci. 271: 1909–1916.

Crawley, M.J., Harvey, P.H. & Purvis, A. (1996): Comparative ecology of native and alien floras of the British Isles. Phil. Trans. R. Soc. Lond. B 351: 1251–1259.

Cronk, Q.C.B. & Fuller, J.L. (1995): Plant invaders. The threat to natural ecosystems. Chapman & Hall, London, 256 pp.

Crooks, J. & Soulé, M.E. (1996): Lag times in population explosions of invasive species: causes and implications. In: Sandlund, O.T., Schei, P.J. & Viken, A. (eds.): Proceedings of the Norway/UN Conference on alien species. Trondheim, pp. 39–46.

Crosby, A.W. (1991): Die Früchte des weißen Mannes. Ökologischer Imperialismus 900– 1900. Frankfurt, New York, Campus, 280 S.

Cross, J.R. (2002): The invasion and control of *Rhododendron ponticum* L. in native Irish vegetation. Neobiota 1: 329–341.

Cruz, f., Carrion, V., Campbell, K.J., Lavoie, C. & Donlan, C.J. (2009): Bio-economics of large-scale eradication of feral goats from Santiago Island, Galápagos. J. Wildlife Management 73: 191–200.

Csencsics, D., Angelone, S., Paniga, M., Rotach, P., Rudow, A., Sabiote, E., Schwab, P., Wohlhauser, P. & Holderegger, R. (2009): A large scale survey of *Populus nigra* presence and genetic introgression from non-native poplars in Switzerland based on molecular identification. Journal for Nature Conservation 17: 142–149.

Csiszár, A. & Bartha, D. (2008): Green ash (*Fraxinus pennsylvanica* Marsh.). In: Botta-Dukát, Z. & Balogh, L. (eds.): The most important invasive plants in Hungary. Institute of Ecology and Botany, Hungarian Academy of Science, Vácrátót, pp. 161–166.

Czubak, J., Häusler, R & Topp, W. (1999): Lokale Adaptionen von phyllophagen Insekten an Neophyten der Gattung *Reynoutria* (Polygonaceae) in Mitteleuropa. Verh. Ges. f. Ökologie 29: 185–191.

Daehler, C.C. (2001): Two ways to be an invader, but one is more suitable for ecology. Bulletin of the Ecological Society of America 82: 101–102.

Daehler, C.C., Denslow, J.S., Ansari, S. & Kuo, H.-C. (2004): A risk assessment system for screening out invasive pest plants from Hawai'i and other Pacific Islands. Conservation Biology 18: 360–368.

DAISIE (2009): Handbook of alien species in Europe. Springer, Dordrecht, 399 pp.

Dandelot, S., Verlaque, R., Dutarte, A. & Cazaubon, A. (2005): Ecological, dynamic and taxonomical problems due to *Ludwigia* (Onagraceae) in France. Hydrobiologia 551: 131–136.

Daniels, f.J.A., Biermann, R. & Breder, C. (1993): Über Kryptogamen-Synusien in Vegetationskomplexen binnenländischer Heidelandschaften. Ber. Reinh.Tüxen-Ges. 5: 199–219.

Darwin, C. (1859): On the Origin of Species. John Murray, London.

Dash, M. (1999): Tulpenwahn. Die verrückteste Spekulation der Geschichte. Claasen, München, 319 S.

Dassonville, N., Vanderhoeven, S., Vanparys, V., Hayez, M., Gruber, W. & Meerts, P. (2008): Impacts of alien invasive plants on soil nutrients are correlated with initial site conditions in NW Europe. Oecologia 157: 131–140.

Dauer, J.T., Luschei, E.C. & Mortensen, D.A. (2009): Effects of landscape composition on spread of an herbicide-resistant weed. Landscape Ecology 24: 735–747.

Daumann, E. (1967): Zur Bestäubungs- und Verbreitungsökologie dreier *Impatiens*-Arten. Preslia 39: 43–58.

Davis, M.A. (2009): Invasion Biology. Oxford Univ. Press, New York, NY, 244 pp.

Davis, M.A., Grime, J.P. & Thompson, K. (2000): Fluctuation resources in plant communities: a general theory of invasibility. J. Ecol. 88: 528-534.

Davis, M.A. & Thompson, K. (2000): Eight ways to be a colonizer; two ways to be an invader: a proposed nomenclature scheme for invasion ecology. Bulletin of the Ecological Society of America 81: 226–230.

Davis, M.A., Thompson, K. & Grime, J.P. (2005): Invasibility: the local mechanism driving community assembly and species diversity. Ecography 28: 696–704.

Dawson, f.H. (1994): Spread of *Crassula helmsii* in Britain. In: de Waal, L.C., Child L.E., Wade P.M. & Brock J.H. (eds.): Ecology and Management of invasive riverside plants. Wiley & Sons, Chichester, pp. 1–14.

de Candolle, A. (1855): Géographie botanique raisonnée. Paris.

Deckers, B., Verheyen, K., Hermy, M. & Muys. B. (2005): Effects of landscape structure on the invasive spread of black cherry Prunus serotina in an agricultural landscape in Flanders, Belgium. Ecography 28: 99-109.

Deckers, B., Verheyen, K., Vanhellemont, M., Maddens, E., Muys, B. & Hermy, M. (2008): Impact of avian frugivores on dispersal and recruitment of the invasive *Prunus serotina* in an agricultural landscape. Biol. Invasions 10: 717-727.

de la Chevallerie, H. (1986): Die hummelmordende Silberlinde. Gartenamt 35: 248.

De Silva, S.S., Nguyen, T.T., Turchini, G.M., Amarasinghe, U.S. & Abery, N.W. (2009): Alien species in aquaculture and biodiversity: a paradox in food production. Ambio 38: 24–28.

Dean, W.R.J., Milton, S.J., Ryan, P.G. & Moloney, C.L. (1994): The role of disturbance in the establishment of indigenous and alien plants at Inaccessible and Nightingale Islands in the South Atlantic Ocean. Vegetatio 113: 13–23.

Dechent, H.J. (1988): Wandel der Dorfflora, gezeigt am Beispiel einiger Dörfer Rheinhessens. KTBL-Schriften 326: 162 S.

Dehnen-Schmutz, K. (2000): Nichteinheimische Pflanzen in der Flora mittelalterlicher Burgen. Diss. Bot. 334, 119 S.

Dehnen-Schmutz, K., Perrings, C. & Williamson, M. (2004): Controlling *Rhododendron ponticum* in the British Isles: an economic analysis. J. Environ. Manag. 70: 323–332.

Dehnen-Schmutz, K., Touza, J., Perrings, C. & Williamson, M. (2007): The horticultural trade and ornamental plant invasions in Britain. Conserv. Biol. 21: 224–231.

Deschka, G. & Dimic, N. (1986): *Cameraria ohridella* sp.n. aus Mazedonien, Jugoslawien (Lepidoptera; Lithocolletidae). Acta Entomol. Jugoslav. 22: 11–23.

Deschka, G. (1995): Schmetterlinge als Einwanderer. In: Land Oberösterreich, OÖ Landesmuseum (Hrsg.): Einwanderer. Neue Tierarten erobern Österreich, Stapfia 37: 77–128.

Desprez-Loustau, M.-L. (2009): Alien fungi of Euope. In: DAISIE, Handbook of alien species in Europe, Springer, Dordrecht, pp. 15-28.

Dettmar, J. (1992): Industrietypische Flora und Vegetation im Ruhrgebiet. Diss. Bot. 191: 1–397.

Dettmar, J. (1993): *Puccinellia distans*-Gesellschaften auf Industrieflächen im Ruhrgebiet. Vergesellschaftung von *Puccinellia distans* in Europa. Tuexenia 13: 445–465.

Dettmar, J. (2005): Forests for shrinking cities? The project "Industrial Forest of the Ruhr". In: Kowarik, I. & Körner, S. (eds.): Wild Urban Woodlands. New Perspectives for Urban Forestry. Springer, Berlin, pp. 263–277.

Dettmar, J. & Sukopp, H. (1991): Vorkommen und Gesellschaftsanschluß von *Chenopodium botrys* L. und *Inula graveolens* (L.) Desf. im Ruhrgebiet (Westdeutschland) sowie im regionalen Vergleich. Tuexenia 11: 49–65.

Deutschewitz, K., Lausch, A., Kühn, I. & Klotz, S. (2003): Native and alien plant species richness in relation to spatial heterogeneity on a regional scale in Germany. Global Ecol. Biogeogr. 12: 299–311.

di Castri, f.D., Hansen, A.J. & Debussche, M. (1990): Biological invasions in Europe and the Mediterranean Basin. Kluwer Academic Publications, Dordrecht, 480 pp.

di Tommasso, A. (2004): Germination behaviour of common ragweed (*Ambrosia artemisiifolia*) populations across a range of salinities. Weed Sci. 52: 1002–1009.

Diaz, M. & Hurle, K. (1995): Am Japanknöterich vorkommende Pathogene: Ansatz zu einer biologischen Regulierung. In: Böcker, R., Gebhardt, H., Konold, W., Schmidt-Fischer, S. (Hrsg.): Gebietsfremde Pflanzen. ecomed, Landsberg, S. 173–178.

Dibble, E.D. & Kovalenko, K. (2009): Ecological impact of grass carp: a review of the available data. J. Aquat. Plant Manage. 47: 1–15.

Dick, J.T.A. & Platvoet, D. (2000): Invading predatory crustacean *Dikerogammarus villosus* eliminates both native and exotic species. Proc. R. Soc. Lond. B 267: 977–983.

Dickerson, C. T. & Sweet, R. D. (1971): Common ragweed ecotypes. Weed Sci. 19: 64–66.

Didham, R.K., Tylianakis, J.M., Hutchinson, M.A., Ewers, R.M. & Gemell, N.J. (2005): Are invasive species the drivers of ecological change? Trends Ecol. Evol. 20: 470–474.

Didham, R.K., Tylianakis, J.M., Gemmell, N.J., Rand, T.A. & Ewers, R.M. (2007): Interactive effects of habitat modification and species invasion on native species decline. Trend Ecol. Evol. 22: 489–496.

Diederich, S., Nehls, G., van Beusekom, J.E.E. & Reise, K. (2005): Introduced Pacific oysters (*Crassostrea gigas*) in the northern Wadden Sea: invasion accelerated by warm summers? Helgol. Mar. Res. 59: 97–106.

Diekjobst, H. (1984): *Pistia stratiotes* L. und *Lemna aequinoctialis* Welwitsch vorübergehend im Gebiet der unteren Erft. Göttinger Floristische Rundbriefe 18: 90–94.

Diekmann, H. (1902): Beschreibung der dendrologischen Abteilung im Humboldthain zu Berlin. Die Gartenkunst 4: 106–109.

Dierschke, H. (1984): Ein *Heracleum mantegazzianum*-Bestand im NSG „Heiliger Hain" bei Gifhorn (Nordwest-Deutschland). Tuexenia 4: 251–254.

Dierschke, H., Otte, A. & Nordmann, H. (1983): Die Ufervegetation der Fließgewässer des Westharzes und seines Vorlandes. Schr.R. Natursch. u. Landschaftspf. Nds., Beiheft 4, 83 S.

Diesing, D. & Gödde, M. (1989): Ruderale Gebüsch- und Vorwaldgesellschaften nordrhein-westfälischer Städte. Tuexenia 9: 225–251.

Dietz, H. & Steinlein, T. (1998): The impact of anthropogenic disturbance on life stage transitions and stand regeneration of the invasive alien plant *Bunias orientalis* L. In: Starfinger, U., Edwards, K., Kowarik, I., Williamson, M. (eds.): Plant Invasions: Ecological Mechanisms and Human Responses, Backhuys Publishers, Leiden, pp. 169–184.

Dietz, H., Steinlein, T. & Ullmann, I. (1998): The role of growth form and correlated traits in competitive ranking of six perennial ruderal plant species in unbalanced mixtures. Acta Oecologia 19: 25–36.

Dietz, H., Steinlein, T. & Ullmann. I. (1999): Establishment of the invasive perennial herb *Bunias orientalis* L.: an experimental approach. Acta Oecologia 20: 621–632.

Dietz, H., Steinlein, T., Winterhalter, P. & Ullmann, I. (1996): Role of allelopathy as a possible factor associated with the rising dominance of *Bunias orientalis* L. (*Brassicceae*) in some native plant assemblages. J. Chem. Ecol. 22: 1797–1811.

Dietz, H. & Ullmann, I. (1997): Phenological shifts of the alien colonizer *Bunias orientalis*: image-based analysis of temporal niche separation. J. Veg. Sci. 8: 839–846.

Disko, R. (1996): In dubio contra reum! Mehr Intoleranz gegen fremde Arten. Nationalpark 4/91: 38–42.

Dister, E. & Drescher, A. (1987): Zur Struktur, Dynamik und Ökologie lang überschwemmter Hartholzauenwälder an der unteren March (Niederösterreich). Verh. Ges. Ökol. 15: 295–302.

Dodd, f.S., de Waal, L.C., Wade, P.M. & Tiley, G.E.D. (1994): Control and management of *Heracleum mantegazzianum*
(Giant hogweed). In: de Waal L.C., Child L.E., Wade P.M. & Brock J.H. (eds.): Ecology and Management of Invasive Riverside Plants, Wiley & Sons, Chichester, pp. 111–126.

Dostalek, J. (1989): *Pyrus × amphigenea*, seine Taxonomie und Nomenklatur. Folia Geobot. Phytotax. 24: 103–108.

Downing, A.J. (1841): A treatise on the theory and practice of landscape gardening, adapted to North America. New York.

Doyle, U. (1995): Geschlechtsspezifischer Dimorphismus und Verteilung von männlichen und weiblichen Individuen des Eschenahorns (*Acer negundo* L.). Schr.R. Vegetationskd. (Sukopp-Festschrift) 27: 373–380.

Doyle, U. (2002): Ist die rechtliche Regulierung gebietsfremder Organismen in Deutschland ausreichend? Neobiota 1: 259–272.

Doyle, U., Vohland, K., Kock, J., Ristow, M. & Schümann, K. (2007): Nachwachsende Rohstoffe. Eine Einschätzung aus Sicht des Naturschutzes. Natur und Landschaft 82: 529–535.

Dracea, M.D. (1926): Beiträge zur Kenntnis der Robinie in Rumänien unter besonderer Berücksichtigung ihrer Kultur auf Sandböden in der Oltenia. Diss. Bukarest.

Drake, J.A., Mooney, H.J., di Castri, f., Groves, R.H., Kruger, f.J., Rejmanek, M. & Williamson, M. (1989): Biological invasions: a global perspective. J. Wiley, Chichester, 550 pp.

Drescher, A., Fraissl, C. & Magnes, M. (2005): Nationalpark Donauauen. In: Bundesministerium für Land- und Forstwirtschaft, Umwelt und Wasserwirtschaft (Hrsg.): Aliens. Neobiota in Osterreich. Böhlau, Wien, S. 222–254.

Drescher, A. & Prots, B. (1996): *Impatiens glandulifera* Royle im südöstlichen Alpenvorland. Geschichte, Phytosoziologie und Ökologie. Mitt. Naturwiss. Ver. Steiermark 126: 145–162.

Dressel, R. (1998): Untersuchungen zur Biologie der Roteiche (*Quercus rubra* L.) und zu ihrer Rolle bei der Waldentwicklung in der Hinteren Sächsischen Schweiz (Südost Sachsen). Diplomarbeit, Institut für Geobotanik, Martin-Luther-Universität Halle-Wittenberg.

Dressel, R. & Jäger, E.J. (2002): Beiträge zur Biologie der Gefäßpflanzen des herzynischen Raumes. 5. *Quercus rubra* L. (Roteiche): Lebensgeschichte und agriophytische Ausbreitung im Nationalpark Sächsische Schweiz. Hercynia N.f. 35: 37–64.

Drever, J.C. & Hunter, J.A. (1970): Giant hogweed dermatitis. Scot. Med. J. 15: 315–319.

Dukes, J.S. & Mooney, H.A. (1999): Does global change increase the success of biological invaders? Trends Ecol. Evol. 14: 135–139.

Düll, R. & Kutzelnigg, H. (1994): Botanisch-ökologisches Exkursionstaschenbuch. 5. Aufl., Quelle & Meyer, Wiesbaden, 590 S.

Dunkel, f.G. (1987): Das Dänische Löffelkraut (*Cochlearia danica* L.) als Straßenrandhalophyt in der Bundesrepublik. Florist. Rundbr. 21: 39.

Dunstone, N. (1993): The Mink. Poyser, London, 232 pp.

Dzwonko, Z. & Loster, S. (1997): Effects of dominant trees and anthropogenic disturbances on species richness and floristic composition of secondary communities in southern Poland. J. Appl. Ecol. 34: 861–870.

Ebeling, S.K. & Auge, H. (in press): Herbicide tolerance in invasive Butterfly Bush (*Buddleja davidii*) populations in Europa.

Ebeling, S., Hensen, I. & Auge, H. (2008): *Buddleja davidii* Franch. performs better in the introduced area. Diversity Distrib.14: 225–233.

Ebenhard, T. (1988): Introduced birds and mammals and their ecological effects. Swedish Wildlife Research Viltrevy 13 (4): 1–107.

Eckoldt, M., Hrsg. (1998): Flüsse und Kanäle. Die Geschichte der deutschen Wasserstrassen. DSV Verlag, Hamburg.

Edwards K.R (1998): A critique of the general approach to invasive plant species. In: Starfinger, U., Edwards, K., Kowarik, I., Williamson, M. (eds.): Plant Invasions: Ecological Mechanisms and Human Responses. Backhuys, Leiden, pp. 85–94.

Edwards, K.R., Adams, S.M. & Kvet, J. (1995): Invasion history and ecology of *Lythrum salicaria* in North Amerika. In: Pyšek, P., Prach, K., Rejmanek, M. & Wade, M. (eds.): Plant invasions. General aspects and special problems. SPB Academic Publishing, Amsterdam, pp. 161–180.

Egler, f. (1942): Indigene versus alien in the development of arid Hawaiian vegetation. Ecology 23: 14–23.

Egler, f. (1947): Arid southeast Oahu vegetation, Hawaii. Ecol. Monogr. 17: 383–435.

Ehrlich, P. (1988): The loss of diversity: causes and consequences. In: Wilson, E.O. (ed.): Biodiversity. National Academy Press, Washington D.C., pp. 21–27.

Eigner, J. (1992): Problems with the neophyt „*Rosa rugosa*“ in dune landscapes of Schleswig-Holstein. In: Hilgerloh, G. (ed.): Dune management in the wadden sea area. pp. 95–96.

Eijsackers, H. & Oldenkamp, L. (1976): Amerikaanse vogelkers, aanwaarding of beperking? Landbouwkundig TijdSchrR. 88: 366–375.

Ellenberg, H. (1988): Eutrophierung – Veränderungen der Waldvegetation. Folgen für den Reh-Wildverbiss und dessen Rückwirkungen auf die Vegetation. Schweiz. Z. Forstwes. 139: 261–282.

Ellenberg, H. (1989): *Opuntia dillenii* als problematischer Neophyt im Nordjemen. Flora 182: 3–12.

Ellenberg, H. (1996a): Vegetation Mitteleuropas mit den Alpen aus ökologischer, dynamischer und historischer Sicht. 5. Aufl., Ulmer Verlag, Stuttgart, 1096 S.

Ellenberg, H. (1996b): Lokale bis regionale Waldschäden sind Realitäten, das allgemeine Waldsterben bleib ein Konstrukt. Verh. Ges. Ökol. 26: 49–52.

Ellis, R.G. (1993): Aliens in the british flora. British Plant Life 2: 47.

Ellstrand, N.C. & Schierenbeck, K.A. (2000): Hybridisation as a stimulus for the evolution of invasiveness in plants? Proc. Natl. Acad. Sci. USA 97: 7043–7050.

Elton, C.S. (1958): The ecology of invasions by animals and plants. Methuen, London, 181 pp.

Elton, C.S. (1966): The pattern of animal communities. Methuen, London, 432 pp.

Encke, f. (1923): Berechtigung der Landschaftsgartenkunst in den öffentlichen Grünanlagen der Städte. Gartenkunst 36: 76–78.

Englisch, H. (2005): Säugetiere. In: Bundesministerium für Land- und Forstwirtschaft, Umwelt und Wasserwirtschaft (Hrsg.): Aliens. Neobiota in Österreich. Böhlau, Wien, S. 101–120.

Equihua, M. & Usher, M.B. (1993): Impact of carpets of the invasive moss *Campylopus introflexus* on *Calluna vulgaris* regeneration. J. Ecol. 81: 359–365.

Erhard, G. (2009): Arealveränderungen ausgewählter Heuschreckenarten Deutschlands. Klimawandel oder verkehrsbedingt? Diplomarbeit TU Berlin, Institut für Ökologie.

Ernst, D., Felinks, B., Henle, K., Klotz, S. Sandermann H. & Wiencke, C. (2000): Von der numerischen zur funktionellen Biodiversität: Neue Forschungsansätze. Gaia 9: 140–145.

Ernst, W.H.O. (1998): Invasion, dispersal and ecology of the South African neophyte *Senecio inaequidens* in the Netherlands: From wool alien to railway and road alien. Acta Botanica Neerlandica 47: 131–151.

Erteld, W. (1950): Die Entwicklung einiger Kiefernprovenienzversuche im Land Brandenburg. Theoretical and Applied Genetics 20: 91–99.

Eser, U. (1998): Der Naturschutz und das Fremde. Ökologische und normative Grundlagen der Umweltethik. Campus, Frankfurt am Main, New York, 266 S.

Essl, f. (2005a): Verbreitung, Status und Habitatbindung der subspontanen Bestände der Douglasie (*Pseudotsga menziesii*) in Österreich. Phyton 45: 117 144.

Essl, f. (2005b): Ausbreitung und beginnende Einbürgerung von *Spiraea japonica* in Österreich. Bot. Helv. 115: 1–14.

Essl, f. (2007a): From ornamental to detrimental? The incipient invasion of Central Europe by *Paulownia tomentosa*. Preslia 79: 377–389.

Essl, f. (2007b): Verbreitung, Status und Vergesellschaftung von *Pinus strobus* in Österreich. Tuexenia 27: 59 72.

Essl, f. (2008): Beitrag zur Floristik von Kärnten, Nord- und Osttirol (Österreich). Linzer biol. Beitr. 40/1: 329–339.

Essl, f. & Hauser, E. (2003): Verbreitung, Lebensraumbindung und Managementkonzept ausgewählter invasiver Neophyten im Nationalpark Thayatal und Umgebung (Österreich). Linzer biol. Beitr. 35/1: 75–101.

Essl, f. & Lambdon, P.W. (2009): Alien bryophytes and lichens in Europe. In: DAISIE, Handbook of alien species in Europe. Springer, Dordrecht, pp. 29–41.

Essl, f. & Rabitsch, W. (2002): Neobiota in Österreich. Umweltbundesamt, Wien, 432 S.

Essl, f. & Walter, J. (2005): Ausgewählte neophytische Gefäßpflanzenarten Österreichs. In: Bundesministerium für Land- und Forstwirtschaft, Umwelt und Wasserwirtschaft (Hrsg.): Aliens. Neobiota in Österreich. Böhlau, Wien, S. 48–100.

Essl, f., Dullinger, S. & Kleinbauer, I. (2009): Changes in the spatio-temporal patterns and habitat preferences of *Ambrosia artemisiifolia* during its invasion of Austria. Preslia 81: 119–131.

Essl, f., Klingenstein, f., Nehring, S., Otto, C., Rabitsch, W. & Stöhr, O. (2008): Schwarze Listen invasiver Arten. Ein Instrument zur Risikobewertung für die Naturschutz-Praxis. Natur und Landschaft 83: 418–424.

Evertz, S. (1995): Interspezifische Konkurrenz zwischen Honigbienen (*Apis mellifera*) und solitären Wildbienen (Hymenoptera Apoidea). Natur und Landschaft 70: 165–172.

Facsar, G. & Udvardy, L. (2008): Adventive grapevine species (*Vitis*-hybrids). In: Botta-Dukát, Z. & Balogh, L. (eds.): The most important invasive plants in Hungary. Institute of Ecology and Botany, Hungarian Academy of Science, Vácrátót, pp. 47-54.

Falínski, J.B. (1972): Anthropochory in xerothermic grasslands in the light of experimental data. Acta Societatis Botanicorum Poloniae 41: 357–368.

Falínski, J.B. (1986): Vegetation dynamics in temperate lowland primeval forests. Ecological studies in Bialowieza forest. Geobotany vol. 6, Dordrecht, Boston, Lancaster, 546 pp.

Falínski, J.B. (1998): Invasive alien plants and vegetation dynamics. In: Starfinger, U., Edwards, K., Kowarik, I. & Williamson, M. (eds): Plant invasions: Ecological mechanisms and human responses. Backhuys Publishers, Leiden, pp. 3–21.

Feder, J. (2001): 15 Jahre floristische Kartierung im Gebiet von Schwarmstedt (Landkreis Soltau-Fallingbostel). Floristische Notizen aus der Lüneburger Heide 9: 25–30.

Fehér, A. (2008): Aster species from North America (*Aster novi-belgii* agg.). In: Botta-Dukát, Z. & Balogh, L. (eds.): The most important invasive plants in Hungary. Institute of Ecology and Botany, Hungarian Academy of Science, Vácrátót, pp. 179-187.

Feilhaber, I. & Balder, H. (2002): Bekämpfung der Spätblühenden Traubenkirsche (*Prunus serotina* Ehrh.). Neobiota 1: 363–369.

Feldmann, f. (2003): Weltweiter Handel mit Inokulum arbuskulärer Mykorrhizapilze eine Risikoanalyse für die Bundesrepublik Deutschland. Schriftenreihe des Bundesministeriums für Verbraucherschutz, Ernährung und Landwirtschaft, Angewandte Wissenschaft, Heft 498: 165–175.

Ferrari, J., Kruess, A & Tscharntke, T. (1997): Auswirkung der Fragmentierung von Wildrosen auf deren Insektenlebensgemeinschaften. Mitt. Dtsch. Ges. Allg. Angw. Ent. 11: 87–90.

Ferrari, J.P. & Pichenot, M. (1976): The canker stain disease of plane tree in Marseilles and in the south of France. European Journal of Forest Pathology 6: 18–25.

Ficetola, G. f., Coïc, C., Detaint, M., Berroneau, M., Lorvelec, O. & Miaud, C. (2007): Pattern of distribution of the American bullfrog *Rana catesbeiana* in Europe. Biol. Invasions 9: 767–772.

Fisahn, A. (1999): Legal regulations concerning the release of alien species in comparison to those on genetically modified organisms. Texte des Umweltbundesamtes 18/99: 104–116.

Fisahn, A. & Winter, G. (1999): Die Aussetzung gebietsfremder Organismen. Recht und Praxis. Texte des Umweltbundesamtes 55/99, Berlin, 204 S.

Fischer, L.K., von der Lippe, M. & Kowarik, I. (2009): Tree invasion in managed tropical forests facilitates endemic species. Journal of Biogeography 36: 2251–2263.

Fischer, R. (1909): Der Schillerpark zu Berlin. Gartenflora 58: 207–213.

Fischer, S., Poschlod, P. & Beinlich, B. (1995): Die Bedeutung der Wanderschäferei für den Artenaustausch zwischen isolierten Schaftriften. Beih. Veröff. Natursch. u. Landschaftspfl. Bad.-Württ. 83: 229–256.

Fischer, S., Poschlod, P. & Beinlich, B. (1996): Experimental studies on the dispersal of plants and animals on sheep in calcareous grasslands. J. Appl. Ecol. 33: 1206–1222.

Fischer, W. (1975): Vegetationskundliche Aspekte der Ruderalisation von Waldstandorten im Berliner Gebiet. Arch. Natursch. u. Landschaftsforsch. 15: 21–32.

Fischer, W. (1985): Die Laubholzmistel im Stadtkreis Potsdam. Gleditschia 13: 251–256.

Fischer, W. (1986): Mitteilungen zur Propagation und Soziologie von Neophyten Brandenburgs. Gleditschia 14: 291–304.

Fischer, W. (1988): Neophyten und Vegetationsdynamik. Wiss. Z. Päd. Hochsch. Potsdam 32: 549–556.

Fischer, W. (1991): Zum Auftreten getreidebegleitender Adventivpflanzen in Potsdam 1989 und 1990. Gleditschia 19: 309–313.

Fischer, W. (1993a): Beobachtungen zur brandenburgischen Adventivflora in den Jahren 1989 bis 1993. Verh. Bot. Ver. Berlin und Brandenburg 126: 181–190.

Fischer, W. (1993b): Zur Einbürgerung von Parkpflanzen in Brandenburg (Teil 1). Ein Beitrag zur Neophytenflora. Verh. Bot. Ver. Berlin Brandenburg 126: 190–200.

Fischer, W. (1997): Zur Einbürgerung von Parkpflanzen in Brandenburg (Teil 2). Verh. Bot. Ver. Berlin Brandenburg 130: 159–184.

Fischer, W. & Krausch, H.D. (1993): *Eragrostis multicaulis* Steudel am Elbufer bei Wittenberg. Verh. Bot. Ver. Berlin Brandenburg 126: 201–202.

Fischer, W. & Reischütz, P.L. (1999): Grundsätzliche Bemerkungen zum Schadschneckenproblem. Die Bodenkultur 49: 281–292.

Flannery, T. & Schouten, P. (2001): A gap in nature: discovering the world's extinct animals. Atlantic Monthly Press, New York, 192 pp.

Follak, S. (2009): Vorkommen und potenzielle Verbreitung des Rispenkrauts (*Iva xanthiifolia*) in Österreich. Botanica Helvetica 119: 7–12.

Forcella, f., Wood, J.T. & Dillon, S.P. (1986): Characteristics distinguishing invasive weeds within *Echium* (Bugloss). Weed Res. 26: 351–364.

Forstner, W. (1984): Ruderale Vegetation in Ost-Österreich Teil 2. Wiss. Mitt. Niederösterreich. Landesmuseum 3: 11–91.

Fotopoulos, L. & Nicolai, V. (2002): Vergleich der Phytophagenfauna am Beispiel der Rüsselkäfer (Co., Curculionidae) an zwei einheimischen (*Fagus sylvatica, Quercus petraea*) und zwei fremdländischen Baumarten (*Prunus serotina, Quercus rubra*). Neobiota 1: 181–190.

Fox, M.D. (1990): Mediterranean weeds: exchanges of invasive plants between the five mediterranean regions of the world. In: di Castri, f., Hansen, A.J. & Debussche, M. (eds.): Biological invasions in Europe and the Mediterranean Basin. Kluwer Academic Publications, Dordrecht, pp. 179–200.

Frank, D. (1991): Interpretation biologisch-ökologischer Indikatormerkmale der Gefäßpflanzenflora Ostdeutschlands. Diss. Martin-Luther-Univ. Halle-Wittenberg, 97 S. + Anhang.

Franke, W. (1992): Nutzpflanzenkunde. Nutzbare Gewächse der gemäßigten Breiten, Subtropen und Tropen. 5. Aufl., Thieme, Stuttgart, 540 S.

Frankowski, J., Jennerich, S., Schaarschmidt, T., Ubl, C., Jürss, K. & Bastrop, R. (2009): Validation of the occurrence of the American eel *Anguilla rostrata* (Le Sueur, 1817) in free-draining European inland waters. Biol. Invasions 11: 1301–1309.

Frelich, L.E., Hale, C.M., Scheu, S., Holdsworth, A.R., Heneghan, L, Bohlen, P.J. & Reich, P.B. (2006): Earthworm invasion into previously earthworm-free temperate and boreal forests. Biol. Invasions 8: 1235–1245.

French III, J.R.P. & Jude, D.J. (2001): Diets and diet overlap of nonindigenous gobies and small benthic native fishes co-inhabiting the St. Clair River, Michigan. J. Great Lakes Res. 27: 300–311.

Frenot, Y., Chown S.L., Whinam, J., Selkirk, P.M., Convey, P, Skotnicki, M. & Bergstrom D.M. (2005): Biological invasions in the Antarctic: extent, impacts and implications. Biol. Rev. 80: 45–72.

Frenzel, M. & Brandl, R. (1997): The structure of the phytophagous fauna on neophytic Brassicaceae. Mitt. Deutsch. Ges. Allgem. Angew. Entomol. 11: 891–894.

Frenzel, M., Brändle, M. & Brandl, R. (2000): The colonization of alien plants by native phytophagous insects. Proccedings 41th IAVS Symposium, Uppsala, pp. 223–225.

Freyhof, J. (2002): Freshwater fish diversity in Germany, threats and species extinction. In: Collares-Pereira, M.J., Coelho, M.M. & Cowx, I.G. (eds.): Freshwater fish conservation: options for the future. Blackwell Publ., pp. 3–22.

Freyhof, J. & Korte, E. (2005): The first record of *Misgurnus anguillicaudatus* in Germany. J. Fish Biol. 66: 568–571.

Fritts, T.H. & Rodda, G.H. (1998): The role of introduced species in the degradation of island ecosystems: A case history of Guam. Annual Review of Ecology and Systematics 29: 113-140.

Fritz-Köhler, W. (1994): Zur Auswirkung herbizidfreier Ackerrandstreifen auf phytophage Käfer. SchrR. Aus Liebe zur Natur 5: 141–149.

Frohne, D. & Pfänder, H.J. (1981): Doldengewächse als Giftpflanzen. Dt. Apotheker Z. 121: 2269–2275.

Fromke, A. & Jäger, E.J. (1992): Der Artenbestand der Zierpflanzen in den Gärten ausgewählter Gebiete Mitteldeutschlands. Wiss. Z. Univ. Halle 41: 61–77.

Fuchs, R., Adolphi, K., Sumser, H., Kordes, T. & Gausmann, P. (2008): Verwilderte Vorkommen von *Rodgersia aesculifolia* Batalin und *Rodgersia podophylla* A. Gray (Saxifragaceae) in Nordrhein-Westfalen. Floristische Rundbriefe 41: 7–14.

Fuchs, R., Hetzel, I., Loos, G.H. & Keil, P. (2006): Verwilderte Zier- und Nutzgehölze in Wäldern des Ruhrgebiets. Allgemeine Forstzeitschrift 12/2006: 622–625.

Fuchs, R., Kutzelnigg, H., Feige, B. & Keil, P. (2003): Verwilderte Vorkommen von *Lysichiton americanus* Hulten & H. John (Araceae) in Duisburg und Mühlheim an der Ruhr. Tuexenia 23: 373–393.

Fukarek, f. (1988): Ein Beitrag zur Entwicklung und Veränderung der Gefäßpflanzenflora von Mecklenburg. Gleditschia 16: 69–74.

Funk, B., Henker, G. & Henker, H. (1981): Die Segetalflora von Perserklee-Ansaaten. Bot. Rundbr. Bez. Neubrandenburg 12: 32– 36.

Gaggermeier, H. (1991): Die Waldsteppenpflanze *Adenophora liliifolia* (L.) A. DC. in Bayern. Hoppea 50: 287–322.

Galil, B.S. (2006): The Suez Canal. In: Gollasch, S., Galil, B.S. & Cohen, A.N. (eds.): Bridging divides. Maritime canals as invasion corridors. Springer, Dordrecht, pp. 207–300.

Galil, B.S., Nehring, S. & Panov, V. (2007): Waterways as invasion highways – impact of climate change and globalization. In: Nentwig, W. (Hrsg.): Biological Invasions. Ecological Studies 193: 59–74.

Garner, T.W.J., Perkins, M.W., Govindarajulu, P., Seglie, D., Walker, S., Cunningham, A.A. & Fisher, M.C. (2006): The emerging amphibian pathogen *Batrachochytrium dendrobatidis* globally infects introduced populations of the North American bullfrog, *Rana catesbeiana*. Biol. Lett. 2: 455–459.

Garve, E. (1999): Neu aufgetretene Blütenpflanzen an salzhaltigen Rückstandshalden in Niedersachsen. Braunschweiger Geobotanische Arbeiten 6: 171–191.

Gebhardt, H. (1996): Ecological and economic consequences of introductions of exotic wildlife (birds and mammals) in Germany. Wildlife Biology 2: 205–211.

Gebhardt, H., Kinzelbach, R. & Schmidt-Fischer, S., Hrsg. (1996): Gebietsfremde Tierarten. Auswirkungen auf einheimische Arten, Lebensgemeinschaften und Biotope. Situationsanalyse. ecomed, Landsberg, 314 S.

Gederaas, L., Salvesen, I. & Viken, Å., Ed. (2007): Norwegian Black List. Ecological risk analysis of alien species. Artdatabanken, Norway, 151 pp.

Geiter, O. & Homma, S. (2002): Bestandsaufnahme und Bewertung von Neozoen in Deutschland. 2. Modellfall Gänse (Anatidae) unter besonderer Berücksichtigung der Kanadagans (*Branta canadensis*). Umweltbundesamt, Texte 25/02: 1–31.

Geiter, O., Homma, S. & Kinzelbach, R. (2002): Bestandsaufnahme und Bewertung von Neozoen in Deutschland. Umweltbundesamt, Texte 25/02, 173 S., Anhänge

Geiter, O. & Kinzelbach, R. (2002): Bestandsaufnahme und Bewertung von Neozoen in Deutschland. 1. Allgemeines. Umweltbundesamt, Texte 25/02: 1–173, Anhang.

Gemeinhardt, H. (1959/60): Bodenmikrobiologische Beiträge zum Robinienproblem. 1. Mitt. Arch. f. Forstwesen 8: 1078–1116, 2. Mitt. Arch. f. Forstwesen 9: 1082–1104.

Gemel, R., Marolt, M. & Ochsenhofer, G. (2005): Ungewöhnliche „Naturbrut" einer Rotwangen-Schmuckschildkröte (*Trachemys scripta elegans*) in der Südsteiermark. ÖGH-Aktuell 15: 9–11.

Genovesi, P. (2005): A strategy to prevent and mitigate the impacts posed by invasive alien species in Europe. Neobiota 6: 145–147.

Genovesi, P. (2007): Limits and potentialities of eradication as a tool for addressing biological invasions. In: Nentwig, W. (ed.): Biological invasions. Ecological Studies 193: 385–402.

Genovesi, P. & Shine, C. (2003): European strategy on invasive alien species. Council of Europe T-PVS 7, revised, 50 pp.

Geyer, H.-J., Loos, G.H. & Büscher, D. (2008): Rezentvorkommen von Adventivpflanzen und Apophten auf Bahnhöfen im mittleren Westfalen und ihre Ausbreitungstendenzen. Braunschweiger Geobotanische Arbeiten 9: 177–188.

Gianoni, G., Carraro, G. & Klötzli, f. (1988): Thermophile, an laurophyllen Pflanzenarten reiche Waldgesellschaften im hyperinsubrischen Seenbereich des Tessins. Ber. Geobot. Inst. ETH, Stiftung Rübel 54: 164–180.

Gigon, A., Klingenstein, f., Rabitsch, W. & Essl, f. (2008): Schweiz, Deutschland, Österreich: Gemeinsam gegen invasive gebietsfremde Arten. Natur und Landschaft 83: 429–433.

Gigon, A. & Weber, E. (2005): Invasive Neophyten in der Schweiz. Lagebericht und Handlungsbedarf. Geobt. Inst. ETH Zürich, 21 S.

Glauninger, J. & Furlan, H. (1983): Atrazinresistente Biotypen von Unkrautarten in Österreich. Die Bodenkultur 34: 161–166.

Gleditsch, J.G. (1767): Betrachtung der Sandschollen in der Mark Brandenburg. Verm. Physic. Bot.-oekonom. Abh. (Halle) 3: 45–143. (zit. nach Krausch 1977)

Gödde, M. (1984): Zur Ökologie und pflanzensoziologischen Bindung von *Inula graveolens* (L.) Desf. in Essen. Natur u. Heimat 44: 101–108.

Goeze, E. (1916): Liste der seit dem 16. Jahrhundert bis auf die Gegenwart in die Gärten und Parks Europas eingeführten Bäume und Sträucher. Mitt. Dt. Dendrol. Ges. 26: 160–188.

Göhre, K. Hrsg. (1952): Die Robinie und ihr Holz. Deutscher Bauernverlag, Berlin, 344 S.

Göhre, K. Hrsg. (1958): Die Douglasie und ihr Holz. Akademie-Verlag, Berlin, 595 S.

Göhre, K. & Wagenknecht, E. (1955): Die Roteiche und ihr Holz. Deutscher Bauernverlag, Berlin.

Goldschmidt, T. (1996): Darwin's dreampond. Drama in Lake Victoria. Massachusetts Institute of Technology Press, Cambridge, Massachusetts, 280 pp.

Gollasch, S. (1995): Nicht-heimische Organismen in Nord- und Ostsee. Mitt. Hamb. Zool. Mus. Inst. 92 : 255–258.

Gollasch, S. (1996): Untersuchungen des Arteintrages durch den internationalen Schiffsverkehr unter besonderer Berücksichtigung nichtheimischer Arten. Verlag Dr. Kovac, Hamburg, 262 S.

Gollasch, S. (1999): Introduction of unwanted non-indigenous organisms in marine and brackish waters by international shipping and aquaculture activities: the need for enforced guidelines by the International Maritime Organization and International Coucil for the exploration of the sea. In: Umweltbundesamt (Hrsg.): Gebietsfremde Organismen in Deutschland. Ergebnisse eines Arbeitsgespräches am 5. und 6. März 1998, UBA Texte 55/99, S. 84–97.

Gollasch, S. (2009): *Eriocheir sinensis* Milne-Edwards, Chinese mitten crab (Varunidae, Crustacea). In: DAISIE (Hrsg.) Handbook of alien species in Europe. Springer, pp. 312.

Gollasch, S., Minchin, D., Rosenthal H. & Voigt, M., eds. (1999): Exotics across the ocean. Case histories on introduced species: their general biology, distribution, range expansion and impact. Logos Verlag, Berlin, 78 pp.

Gollasch, S. Haydar, D. Minchin, D., Wolff, W.J. & Reise, K. (2009): Introduced aquatic species of the North Sea coasts and adjacent brackish waters. In: Rilov, G. & Crooks, J.A. (eds.): Biological invasions in marine ecosystems. Ecological Studies 204, Springer, Berlin, pp. 507-528.

Goodland, T.C.R. & Healey, J.R. (1996): The invasion of Jamaican montane rainforests by the Australian tree *Pittosporum undulatum*. University of Wales, Bangor, 54 pp.

Goretzki, J. (2003): Die Entwicklung der Jagdstrecken von Waschbär (*Procyon lotor*), Marderhund (*Nyctereutes procynoides*) und Nordamerikanischem Nerz (*Mustela vison*) in Deutschland. Schriftenreihe des Bundesministeriums für Verbraucherschutz, Ernährung und Landwirtschaft, Angewandte Wissenschaft, Heft 498: 119–126.

Görger, A. (1989): Freiburger Hausgärten: Ein Vergleich nach Struktur und Artenzahl in verschiedenen Stadtteilen. Mitt. Bad. Landesver. Naturkunde und Naturschutz 14: 829–868.

Görs, S. (1974): Nitrophile Saumgesellschaften im Gebiet des Taubergießen. In: Landesstelle für Naturschutz und Landschaftspflege Baden-Württemberg (Hrsg.): Das Taubergießengebiet. Eine Rheinlandschaft. Die Natur- und Landschaftsschutzgebiete Baden-Württembergs 7: 325–354.

Goßner, M. (2004): Diversität und Struktur arboricoler Arthropodenzönosen fremdländischer und einheimischer Baumarten. Ein Beitrag zur Bewertung des Anbaus von Douglasie (*Pseudotsuga menziesii* (Mirb.) Franco) und Roteiche (*Quercus rubra* L.). Neobiota 5: 1–241, Anhang.

Goßner, M. & Simon, U. (2002): Introduced Douglas fir (*Pseudotsuga menziesii* (Mirb.) Franco) affects community structure of tree-crown dwelling beetles in a managed European forest. Neobiota 1: 167–179.

Goßner, M. & Simon, U. (2005): Effects of introduced *Quercus rubra* L. (Red oak) on a specialised phytophagous guilt in Germany. A case study of seed infesting insects (Coleoptera, Lepidoptera). Neobiota 6: 89–109.

Goßner, M. & Utschik, H. (2004): Douglas fir stands deprive wintering bird species of food resource. Neobiota 3: 105–122.

Gösswald, E. (1990): Die Waldameise. Aula Verlag, Wiesbaden, 510 S.

Goulson, D. (2003): Effects of introduced bees on native ecosystems. Annu. Rev. Ecol. Evol. Syst. 34: 1–26.

Gozlan, R.E., St-Hilaire, S., Feist, S.W., Martin, P. & Kent, M.L. (2005): Disease threat to European fish. Nature 435: 1046.

Grabenweger, G. & Grill, R. (2000): On the place of origin of *Cameraria ohridella* Deschka & Dimic (Lepidoptera: Gracillariidae). Beiträge zur Entomofaunistik 1: 9–17.

Gradstein, S.R. & Sipman, H.J.M. (1978): Taxonomy and world distribution of *Campylopus introflexus* and *C. pilifer* (= *C. polytichoides*): a new synthesis. The Bryologist 81: 114–121.

Gray, A.J., Marshall, D.f. & Raybould, A.f. (1991): A century of evolution in *Spartina anglica*. Advances Ecological Research 21: 1–62.

Greenberg C.H., Crownover S.H. & Gordon D.R. (1997): Roadside soils: a corridor for invasion of xeric scrub by nonindigenous plants. Natural Areas Journal 17: 99–109.

Gregor, T. (1993): Verwilderte Pflanzenarten im Schloßpark Schlitz (Vogelsbergkreis, Hessen). Hess. Flor. Br. 42: 1–11.

Gregor, T. (1995): Artenverteilung in der Kulturlandschaft am Beispiel des Schlitzerlandes/Hessen. SchrR. Vegetationskde. (Sukopp-Festschrift) 27: 381–387.

Gressel, J., ed. (2005): Crop ferality and volunteerism. CRC Press, Boca Raton, 422 pp.

Griese, D. (1996): Zur Ausbreitung von *Senecio inaequidens* DC. an Autobahnen in Nordostdeutschland. Braunschw. Naturkundl. Schr. 5: 193–204.

Griesohn-Pflieger, T. (1995): Neues aus Zwillbrock: Jetzt brüten auch Karibische Flamingos! Der Falke 42: 278–279.

Groening, G. & Wolschke-Bulmahn, J. (1989): Changes in the philosophy of garden architecture in the 20th century and their impact upon the social and spatial environment. J. Garden History 9: 53–70.

Groening, G. & Wolschke-Bulmahn, J. (1992): Some Notes on the Mania for Native Plants in Germany. Landscape Journal 11: 116–126.

Groom, N. (1981): Frankincense and myrrh. A study of the Arabian incense trade. Longman, London, 285 pp.

Groves, R.H. & Burdon, J.J. (1986): Ecology of biological invasions: an Australian perspective. Australian Academie of Science, Canberra, 180 pp.

Groves, R.H. & di Castri, f., eds. (1991): Biogeography of Mediterranean invasions. Cambridge University Press, Cambridge, 504 pp.

Gruber, H. (1996): Ulmensterben (*Ceratocystis ulmi/ Ophiostoma novo-ulmi*). Deut. Dendr. Ges. Kurzmittlg. 61: 8–12.

Grunicke, U. (1996): Populations- und ausbreitungsbiologische Untersuchungen zur Sukzession auf Weinbergsbrachen am Keuperstufenrand des Remstals. Diss. Bot. 261, 210 S.

Grünitz, K. & Hochkirch, A. (2007): Erst-Nachweis der Südlichen Eichenschrecke, *Meconema meridionale* (Costa , 1860), in Bremen. Articulata 22: 77–79.

Gürth, P. (1987): Zur Naturverjüngung der Douglasie im Südwestschwarzwald. Forst- u. Holzwirt 42: 59–63.

Gutte, P. (1972): Ruderalpflanzengesellschaften West- und Mittelsachsens. Feddes Repertorium, 83: 11–122.

Gutte, P. (1986): Dynamik der Ruderalvegetation in Siedlungsbereichen. Arch. Natursch. Landschaftsforsch. 26: 99–104.

Gutte, P. (1991): Gehölzaufwuchs auf einem alten Müllberg. Florist. Rundbr. 25: 57– 62.

Gutte, P., Klotz, S., Lahr, C. & Trefflich, A. (1987): *Ailanthus altissima* (Mill.) Swingle – eine vergleichend pflanzengeographische Studie. Folia Geobot. Phytotax. 22: 241–262.

Haag, C. & Wilhelm, U. (1998): Arbeiten mit „unerwünschter“ Baumart oder Verschleppung einer Katastrophe? Allgemeine Forstzeitschrift 53: 276–279.

Haarmann, K. & Pretscher, P. (1993): Zustand und Zukunft der Naturschutzgebiete in Deutschland. Die Situation im Süden und Ausblicke auf andere Landesteile. Schr.R. Landschaftspfl. Natursch. 39: 1–266.

Haase, E. (1988): Pflanzen reinigen Schwermetallböden. Umwelt 7/8: 342–344.

Haber, W. (1990): Einführung. In: Bayerische Akademie der Wissenschaften (Hrsg.): Welche Natur wollen wir schützen? Rundgespräche der Kommission für Ökologie Band 1: 7–12.

Hachtel, W. (1997): Bodenentgiftung mit spezialisierten Pflanzen. Spektr. Wiss. 5: 19–21.

Haeck, J. & Hengeveld, R. (1980/81): Changes in the occurrences of Dutch plant species in relation to geographical range. Biol. Conserv. 19: 189–197.

Haeupler, H. & Schönfelder, P.H. (1989): Atlas der Farn- und Blütenpflanzen der Bundesrepublik Deutschland. Ulmer, Stuttgart, 768 S.

Hagemann, W. (1995): Wuchsform und individuelle Bekämpfung des Japanknöterichs durch Herbizidinjektionen: ein vorläufiger Bericht. In: Böcker, R., Gebhardt, H., Konold, W., Schmidt-Fischer, S. (Hrsg.): Gebietsfremde Pflanzen. ecomed, Landsberg, S. 179–194.

Halassy, M. & Török, K. (1996): First year experiences in the restoration of sandy grasslands at clear-cut forest sites in the Kiskunsag National Park. Proceedings of „Research, Conservation, Management“ Conference Aggtelek, Hungary, 1.-5. May 1996, pp. 213–222.

Hamann, H. & Koslowski, I. (1988): Zur Einbürgerung bemerkenswerter Adventivpflanzen auf einem Gelsenkirchener Hafengelände. Florist. Rundbr. 21: 101–103.

Hämet-Ahti, L. (1983): Human impact on closed boreal forest (Taiga). In: Holzner, W., Werger, M.J.A. & Ikusima, I. (eds.): Man's impact on vegetation. Geobotany 5: 201–211.

Hampson, M.C. (1992): Some thoughts on demography of the Great Potato Famine. Plant disease 76: 1284–1286.

Hancock, J. f. & Siefker, J.H. (1982): Levels of inbreeding in highbush blueberry cultivars. HortScience 17: 363–366.

Hänfling, B., Carvalho, G.R. & Brandl, R. (2002): mt-DNA sequences and possible invasion pathways of the Chinese mitten crab. Mar. Ecol. Prog. Ser. 238: 307–310.

Hansen, S.O., Hattendorf, J., Nielsen, C., Wittenberg, R. & Nentwig, W. (2007): Herbivorous arthropods on *Heracleum mantegazzianum* in its native and invaded distribution range. In: Pyšek, P., Cock, M.J.W., Nentwig, W. & Ravn, H.P (eds.): Ecology and management of giant hogweed (*Heracleum mantegazzianum*). CAB International, Wallingford, pp. 170-188.

Hanske, C. (1991): Verfügbarkeit, Herkünfte und Qualität von heimischem Gehölzsaatgut. Diplomarbeit, Universität Hannover, Institut für Obstbau und Baumschule.

Hanzélyová, D. (1998): A comparative study of *Pinus strobus* L. and *Pinus sylvestris* L.: growth at different soil acidities and nutrient levels. In: Starfinger, U., Edwards, K., Kowarik, I. & Williamson, M. (eds.): Plant invasions: Ecological mechanisms and human responses. Backhuys Publishers, Leiden, pp. 185–194.

Hapla, f. (2000): Douglasie. Eine Bauholzart mit Zukunft. Forst und Holz 55: 728–732.

Hard, G. (1975): Vegetationsdynamik und Verwaldungsprozesse auf den Brachflächen Mitteleuropas. Die Erde 106: 243–276.

Hard, G. (1985): Städtische Rasen, hermeneutisch betrachtet. Ein Kapitel aus der Geschichte der Verleugnung der Stadt durch die Städter. Klagenfurter Geograph. SchrR. 6: 29–52.

Hard, G. (1998): Ruderalvegetation. Ökologie & Ethnoökologie, Ästhetik und „Schutz". Notizbuch 49 der Kasseler Schule. 396 S.

Hard, G. & Kruckemeyer, f. (1990): Die Mäusegerste und ihre Gesellschaft in Osnabrück 1978–1990. Über den Zusammenhang von Stadt- und Vegetationsentwicklung. Osnabrücker Naturwiss. Mitt. 16: 133–156.

Härdtle, W., Bracht, H. & Hobohm, C. (1996): Vegetation und Erhaltungszustand von Hartholzauen (Querco-Ulmetum Iss. 1924) im Mittelelbegebiet zwischen Lauenburg und Havelberg. Tuexenia 16: 25–38.

Härdtle, W. & Wedi-Pumpe, S. (2001): Zur Bestandsentwicklung von *Crassula helmsii* in den Holmer Teichen (Lüneburger Heide). Floristische Notizen aus der Lüneburger Heide 9: 30–33.

Hargrove, W.W. (1986): An annotated species list of insect herbivores commonly associated with black locust, *Robinia pseudoacacia*, in the southern appalachians. Entom. News 97: 36–40.

Härtel, H. & Handicová, V. (1999): Invasion of White Pine (*Pinus strobus* L.) into the vegetation of the Elbsandsteingebirge (Czech Republic/Germany). In: Synge, H., & Akeroyd, J. (eds.): Planta Europa Proceedings, Uppsala, London, pp. 251-255.

Hartmann, E. & Konold, W. (1995): Späte und Kanadische Goldrute (*Solidago gigantea* et *canadensis*): Ursachen und Problematik ihrer Ausbreitung sowie Möglichkeiten ihrer Zurückdrängung. In: Böcker, R., Gebhardt, H., Konold, W., Schmidt-Fischer, S. (Hrsg.): Gebietsfremde Pflanzen. ecomed, Landsberg, S. 93–104.

Hartmann, E., Schuldes, H., Kübler, R. & Konold, W. (1995): Neophyten. Biologie, Verbreitung und Kontrolle ausgewählter Arten. ecomed, Landsberg, 301 S.

Hartnett, D.C. & Bazzaz, f.A. (1985): The genet and ramet population dynamics of *Solidago canadensis* in an abandoned field. J. Ecology 73: 407–413.

Haug, T. (1995): Die Auswirkungen des bestandsweisen Roteichenanbaus auf die Vegetation des Waldunterwuchses. Diplomarbeit, Lehrstuhl für Landespflege, Albert-Ludwigs-Universität, Freiburg.

Hayen, B. (1995): Populationsökologische Untersuchungen an *Reynoutria japonica*. Erste Ergebnisse. In: Böcker, R., Gebhardt, H., Konold, W., Schmidt-Fischer, S. (Hrsg.): Gebietsfremde Pflanzen. ecomed, Landsberg, S. 125–140.

Heger, T. (2004): Zur Vorhersagbarkeit biologischer Invasionen. Entwicklung und Anwendung eines Modells zur Analyse der Invasion gebietsfremder Pflanzen. Neobiota 4, 197 S.

Heger, T. & Boehmer, H.-J. (2005): The invasion of Central Europe by *Senecio inaequidens* DC. A complex biogeographical problem. Erdkunde 59: 34–49.

Heger, T. & L. Trepl, L. (2008): Was sind invasive und gebietsfremde Arten? Begriffe und Definitionen. Natur und Landschaft 83: 399–401.

Hegi, G. (1957): Illustrierte Flora von Mitteleuropa. Band III.1. 2. Auflage Carl Hanser Verlag, München, 452 S.

Hehn, V. (1870): Kulturpflanzen und Hausthiere in ihrem Übergang aus Asien nach Griechenland und Italien sowie in das übrige Europa. Berlin.

Heinrich, W. (1985): Verbreitung und Vergesellschaftung der Orientalischen Zackenschote (*Bunias orientalis* L.) in Thüringen. Wiss. Z.SchrR. Friedrich-Schiller-Univ. Jena, Naturwiss. R. 34: 577–583.

Heinze, B. (1998a): Erhaltung der Schwarzpappel in Österreich. Forstwirtschaftliche, genetische und ökologische Aspeke. SchrR. Forstl. Bundesversuchsanst., Wien, 105: 33 S.

Heinze, B. (1998b): Molekulargenetische Untersuchungen und Identifizierung von Schwarzpappeln und Hybridpappelklonen. SchrR. Forstl. Bundesversuchsanst., Wien, 106: 44 S.

Heitland, W., Kopelke, J.P., Freise, J. & Metzger, J. (1999): Ein Kleinschmetterling erobert Europa: die Roßkastanien-Miniermotte *Cameraria ohridella*. Natur & Museum 129: 186–195.

Hejda, M. & Pyšek, P. (2006): What is the impact of *Impatiens glandulifera* on species diversity of invaded riparian vegetation? Biol. Conserv. 132: 143–152.

Hejda, P. & Pyšek, P. (2008): Estimating the community-level impact of the riparan alien species *Mimulus guttatus* by using a replicated BACI field experiment. Neobiota 7: 250–252.

Hejda, M., Pyšek, P. Jarošík, V. (2009): Impact of invasive plants on the species richness, diversity and composition of invaded communities. J. Ecol. 97: 393–403.

Hempel, S. (1994): Keimungs- und Wachstumsverhalten von *Ailanthus altissima* auf einem Stadt-Land-Gradienten. Diplomarbeit, Inst. f. Landschaftspflege und Naturschutz, Universität Hannover.

Henker, H. (1980): Die Ruderalflora aufgelassener Schweine- (Wald-) Mastanlagen. Bot. Rundbr. Bez. Neubrandenburg 11: 52–59.

Herben, T. (1995): Interspecific interactions and persistence of an invasive moss, *Orthodontium lineare*, in invaded communities of indigenous cryptogams. In: Pyšek P., Wade M., Prach K. & Rejmánek M. (eds.): Plant invasions: General aspects and special problems, SPB Academic Publ., Amsterdam, pp. 187–192.

Herborg, L.-M., Rudnick, D.A., Siliang, Y., Lodge, D.M. & MacIsaac, H.J. (2007): Predicting the range of Chinese mitten crabs in Europe. Conserv. Biol. 21: 1316–1323.

Herborg, L.-M., Rushton, S.P., Clare, A.S. & Bentley, M.G. (2005): The invasion of the Chinese mitten crab (*Eriocheir sinensis*) in the United Kingdom and its comparison to Continental Europe. Biol. Invasions 7: 959–968.

Herger, G., Klingauf, f., Mangold, D., Pommer, E.-H. & Scherer, M. (1988): Die Wirkung von Auszügen aus dem Sachalin-Staudenknöterich, *Reynoutria sachalinensis* (f. Schmidt) Nakai, gegen Pilzkrankheiten, insbesondere Echte Mehltau-Pilze. Nachrichtenblatt Deutscher Pflanzenschutzdienst 40: 56–60.

Hermann, R.K. & Lavender, D.P. (1990): *Pseudotsuga menziesii* (Mirb.) Franco. In: Burns, R.M. & Honkala, B. (eds.): Silvics in North America. Vol. 1, Conifers. Agriculture Handbook 271, Washington D.C., pp. 527–540.

Hertel, H. &. Schneck, V. (2003): Untersuchungen zur genetischen Struktur eines Robinienbestandes (*Robinia pseudoacacia* L.) in Brandenburg. Schriftenreihe des Bundesministeriums für Verbraucherschutz, Ernährung und Landwirtschaft, Angewandte Wissenschaft, Heft 498: 257–263.

Herzig, A., Mikschi, E., Auer, B., Hain, A., Wais, A. & Wolfram, G. (1994): Fischbiologische Untersuchung des Neusiedler Sees. BFB-Bericht 81: 125 S.

Hetzel, G. & Meierott, L. (1998): Zur Anthropochorenflora fränkischer Deponiestandorte. Tuexenia 18: 377–416.

Hetzel, G. & Ullmann, I. (1995): Die *Citrullus lanatus-Solanum lycopersicum*-Gesellschaft. Eine neogene Zönose der Mülldeponien und Kläranlagen. Tuexenia 15: 437–446.

Hickey, B. & Osborne, B.A. (1998): Effect of *Gunnera tinctoria* (Molina) Mirbel on seminatural grassland habitats in the west of Ireland. In: Starfinger, U., Edwards, K., Kowarik, I. & Williamson, M. (eds.): Plant invasions: ecological mechanisms and human response. Backhuys Publishers, Leiden, pp. 195–208.

Higashino, P.K., Guyer, W. & Stone, C.P. (1983): The Kilauea wilderness marathon and crater rim runs: sole searching experiences. Newsl. Hawaiian Bot. Soc. 22: 25–28.

Higgins, S.I. & Richardson, D.M. (1996): A review of models of alien plant spread. Ecological Modelling 87: 249–265.

Hilbeck, A., Baumgartner, M., Fried, P. M. & Bigler, f. (1998): Effects of transgenic *Bacillus thuringiensis* cornfed prey on mortality and development time of immature *Chrysoperla carnea* (Neuroptera: Chrysopidae). Environmental Entomology 27: 480–487.

Hilbig, W. (1971): Kalkschuttgesellschaften in Thüringen. Hercynia N. f. 8: 85–95.

Hilbig, W. & Bachthaler, G. (1992a): Wirtschaftsbedingte Veränderung der Segetalvegetation in Deutschland im Zeitraum von 1950–1990. 2. Zunahme herbizidverträglicher Arten, nitrophiler Arten, von Ungräsern, vermehrtes Auftreten von Rhizom- und Wurzelunkräutern, Auftreten und Ausbreitung von Neophyten, Förderung gefährdeter Ackerwildkrautarten, Integrierter Pflanzenbau. Angew. Bot. 66: 201–209.

Hilbig, W. & Bachthaler, G. (1992b): Wirtschaftsbedingte Veränderung der Segetalvegetation in Deutschland im Zeitraum von 1950–1990. 1. Entwicklung der Aufnahmeverfahren, Verschwinden der Saatunkräuter, Rückgang von Kalkzeigern, Säurezeigern, Feuchtezeigern, Zwiebel- und Knollengeophyten, Abnahme der Artenzahlen. Angew. Bot. 66: 192–200.

Hilt, M. & Ammer, U. (1994): Totholzbesiedelnde Käfer im Wirtschaftswald. Forstw. Centralblatt 113: 245–255.

Hindar, K., Ryman, N. & Utter, f. (1991): Genetic effects of cultured fish on natural fish populations. Can. J. Fish. Aquat. Sci. 48: 945–957.

Hirschfeld, C.C.L. (1779): Theorie der Gartenkunst. Band 1, Leipzig.

Hitchmough, J. & de la Fleur, M. (2006): Establishing North American prairie vegetation in urban parks in northern England: Effect of management and soil type on long-term community development. Landscape and Urban Planning 78: 386–397.

Hobbs, R.K. & Huenneke, L. f. (1992): Disturbance, diversity and invasion: implications for conservation. Conserv. Biol. 6: 324–337.

Hobbs, R.J., Arico, S., Aronson, J., Baron, J.S., Bridgewater, P., Cramer, V.A., Epstein, P.R., Ewel, J.J., Klink, C.A., Lugo, A.E., Norton, D., Ojima, D., Richardson, D.M., Sanderson, W., Valladares, f., Vilá, M., Zamora, R. & Zobel, M. (2006): Novel ecosystems: theoretical and management aspects of the new ecological world order. Glob. Ecol. Biogeogr. 15: 1–7.

Hochhardt, W. (1996): Vegetationskundliche und faunistische Untersuchungen in den Niederwäldern des Mittleren Schwarzwaldes unter Berücksichtigung ihrer Bedeutung für den Arten- und Biotopschutz. SchrR. Inst. f. Landespfl. Univ. Freiburg 21, 252 S.

Höchtl, f. & Konold, W. (1998): Dynamik in Weinberg-Ökosystemen. Nutzungsbedingte raumzeitliche Veränderungen im unteren Jagsttal. Naturschutz u. Landschaftsplanung 30: 249–253.

Hoddle, M.S. (2004): Restoring balance: using exotic species to control invasive exotic species. Conserv. Biol. 18: 38–49.

Hodkinson, D.J. & Thompson, K. (1997): Plant dispersal: the role of man. J. Appl. Ecol. 34: 1484–1496.

Hoenicka, H. & Fladung, M. (2006): Biosafety in *Populus* spp. and other forest trees: from non-native species to taxa derived from traditional breeding and genetic engineering. Trees 20: 131–144.

Hoffmann, D., Pettis, J.S. & Neumann, P. (2008): Potential host shift of the small hive beetle (*Aethina tumida*) to bumblebee colonies (*Bombus impatiens*). Insect. Soc. 55: 153–162.

Hoffmann, G. (1961): Die Stickstoffbindung der Robinie (*Robinia pseudoacacia* L.). Arch. f. Forstwesen 10: 627–631.

Hoffmann, G.M., Nienhaus, f., Poehling, H.M., Schönbeck, f., Weltzien, H.C. & Wilbert, H. (1994): Lehrbuch der Phytomedizin. 3. Aufl., Blackwell Wissenschafts-Verlag, Berlin, 542 S.

Hoffmann, H.J. (1997): Die Platanengitterwanze *Corythucha ciliata* (SAY) weiter auf dem Vormarsch (Heteroptera: Tingidae). Entomol. Z. 107: 122–126.

Hoffmann, J. (1994): Spontan wachsende $C_4$-Pflanzen in Deutschland und Schweden – eine Übersicht unter Berücksichtigung möglicher Klimaänderungen. Angew. Bot. 68: 65–70.

Hofmann, G., Heinsdorf, D. & Krauss, H.-H. (1990): Zur landschaftsökologischen Wirkung von Stickstoff-Emissionen aus Tierproduktionsanlagen, insbesondere auf Waldbestände. Tierzucht 44: 500–504.

Hofmann, H. (1993): Zur Verbreitung und Ökologie der Wildbirne (*Pyrus communis* L.) in Süd-Niedersachsen und Nordhessen sowie ihrer Abgrenzung von verwilderten Kulturbirnen (*Pyrus domestica* Med.). Mitt. Dt. Dendr. Ges. 81: 27–69.

Hofmeister, H. & Garve, E. (1998): Lebensraum Acker. 2. Aufl., Parey, Berlin, 322 S.

Hohla M. (2006): *Bromus diandrus* und *Eragrostis multicaulis* neu für Oberösterreich sowie weitere Beiträge zur Kenntnis der Flora des Innviertels. Beitr Naturk Oberösterr. 16: 11–83.

Hohmann, U. & Bartussek, I. (2001): Der Waschbär. Verlagshaus Reutlingen, Oertel & Spörer, Reutlingen, 220 S.

Holler, A. (1883): Die Eisenbahn als Verbreitungsmittel von Pflanzen beleuchtet an Funden aus der Flora von Augsburg. Flora 68: 197–205.

Holljesiefken, A. (2007): Die rechtliche Regulierung invasiver gebietsfremder Arten in Deutschland. Springer, Berlin, 389 S.

Holm, L., Doll, J., Holm, E., Panchho, J. & Herberger, J. (1997): World Weeds, Natural Histories and Distribution. New York, Wiley, 1152 pp.

Holt, A. (1996): An alliance of biodiversity, agriculture, health, and business interests for improved alien species management in Hawaii. In: Sandlund, O.T., Schei, P.J. & Viken, A. (eds.): Proceedings of the Norway / UN Conference on alien species. Trondheim, pp. 155–160.

Hoste, I. & Mertens, P. (2008): A new alien in nurseries and gardens: *Cardamine corymbosa* Hook. f. in Oldenburg (Niedersachsen). Floristische Rundbriefe 41: 43–46.

Höster, H.R. (1991): Zur Situation der Straßenbäume in Hannover. Erfahrungen mit einem Baumkataster und Hinweise zu Baumschutzsatzungen. Natursch. u. Landschaftspl. 23 (2): 63–68.

Höster, H.R. (1993): Baumpflege und Baumschutz. Grundlagen, Diagnosen, Methoden. Stuttgart Ulmer, 225 S.

Hotz, A. (1990): Nachwachsende Rohstoffe in der Landschaft. Dt. Gartenbau 25: 1636–1638.

Howe, H. f. & Smallwood, J. (1982): Ecology of seed dispersal. Annual Review of Ecology and Systematics 13: 201–228.

Huber, W. (1992): Zur Ausbreitung von Blütenpflanzenarten an Sekundärstandorten der Nordschweiz. Bot. Helv. 102: 93–108.

Hubo, C., Jumpertz, E., Krott, M., Nockemann, L., Steinmann, A. & Bräuer, I. (2007): Grundlagen für die Entwicklung einer nationalen Strategie gegen invasive gebietsfremde Arten. BfN Skripten 213.

Hübschmann, A.V. (1985): Moos- und Flechtenbewuchs. In: Wolf, G. (Hrsg.): Primäre Sukzession auf kiesigsandigen Rohböden im Rheinischen Braunkohlenrevier. SchrR. Vegetationskde. 16: 73–77.

Hufbauer, R.A. & Torchin, M.E. (2007): Integrating ecological and evolutionary theory of biological invasions. In: Nentwig, W. (ed.): Biological invasions. Ecological Studies 193: 79–96.

Hügin, G. (1962): Wesen und Wandlung der Landschaft am Oberrhein. Beitr. z. Landespflege 1: 185–250.

Hügin, G. (1981): Die Auenwälder des südlichen Oberrheintals. Ihre Veränderung und Gefährdung durch den Rheinausbau. Landschaft u. Stadt 13: 78–91.

Hügin, G. (1986): Die Verbreitung von *Amaranthus*-Arten in der südlichen und mittleren Oberrheinebene sowie einigen angrenzenden Gebieten. Phytocoenologia 14: 289–379.

Hügin, G. (1991): Hausgärten zwischen Feldberg und Kaiserstuhl. Versuch einer Landschaftsgliederung mit Hilfe von Unkräutern, Zier- und Nutzpflanzen der Gärten in Schwarzwald, Vogesen, Baar und Oberrheintal. Beih. Veröff. Natursch. Landespfl. Bad.-Württ. 59: 1–176.

Hügin, G. (1992): Höhengrenzen von Ruderal- und Segetalpflanzen im Schwarzwald. Natur u. Landsch. 67: 465–472.

Hügin, G. & Hügin, H. (1996): Neue Höhenrekorde für Ruderal- und Segetalpflanzen in den Alpen. Ber. Bayer. Bot. Ges. 66/67: 161– 174.

Hügin, G. & Lohmeyer, W. (1993): Bastardbildung und intraspezifische Sippengliederung bei *Echinops sphaerocephalus* (Asteraceae, Cardueae) in Mitteleuropa. Willdenowia 23: 83–89.

Hügin, G., Mazomeit, J. & Wolff, P. (1995): *Geranium purpureum* – ein weit verbreiteter Neophyt auf Eisenbahnschotter in Südwestdeutschland. Flor. Rundbr. 29: 37–41.

Hulme, P.E. (2004): Invasions, islands and impacts: A Mediterranean perspective. In: Fernandez Palacios, J.M. & Morici, C. (eds.): Island ecology. Asociación Española de Ecología Terrestre, La Laguna, pp. 337–361.

Hulme, P.E. & Bremner, E.T. (2005): Assessing the impact of *Impatiens glandulifera* on riparian habitats: partitioning diversity components following species removal. J. Appl. Ecol. 43: 43–50.

Hulme, P.E., Nentwig, W., Pyšek, P. & Vilà, M. (2009a): Common market, shared problems: time for a coordinated response to biological invasions in Europe? Neobiota 8: 3–19.

Hulme, P.E., Pyšek, P., Nentwig, W. & Vilà, M. (2009b): Will threat of biological invasions unite the European Union? Science 324: 40–41.

Huntley J.C. (1990): *Robinia pseudoacacia* L. Black Locust. In: Burns, R.M. & Honkala, B.H. (eds.): Silvics of North America. Vol. 2, Agriculture Handbook 654, Washington D.C., pp. 755–761.

Hüppe, J. & Pott, R. (1993): Perspektiven der Genese moderner Agrarlandschaften unter Berücksichtigung vegetationskundlicher Aspekte. Z. f. Kulturtechnik u. Landentwicklung 34: 233–242.

Hurka, H. (2002): Evolutionary consequences of biological invasions. Neobiota 1: 203–204.

Hussner, A. (2006): Die aquatischen Neophyten in Nordrhein-Westfalen. Decheniana 159: 39–50.

Hussner, A. (2008): Ökologische und ökophysiologische Charakteristika aquatischer Neophyten in Nordrhein-Westfalen. Dissertation Universität Düsseldorf. 192 S.

Hussner, A. & Lösch, R. (2005): Alien aquatic plants in a thermally abnormal river and their assembly to neophyte-dominated macrophyte stands (River Erft, North Rhine-Westphalia). Limnologica 35: 18–30.

Hussner, A. & Lösch, R. (2007): Growth and photosynthesis of *Hydrocotyle ranunculoides* l. fil. in central Europe. Flora 202: 653-660.

Hussner, A. & van der Weyer, K. (2004): *Hydrocotyle ranunculoides* L. f. (Apiaceae) ein neuer aquatischer Neophyt im Rheinland. Floristische Rundbriefe 38: 1–6.

Hüttl, R. f. & Schaaf, W. (1995): Nutrient supply of forest soils in relation to management and site history. Plant and Soil 168/169: 31–41.

Hylander, N. (1943): Die Grassameneinkömmlinge schwedischer Parke. Symp. Bot. Uppsala 7 (1): 1–432.

Hymanson, Z., Wang, J. & Sasaki, T. (1999): Lessons from the home of the Chinese mitten crab. IEP Newsletter 12: 25–32.

Ignatieva, M.E. & Steward, G.H. (2009): Homogeneity of urban biotopes and similarity of landscape design language in former colonial cities. In: McDonnell, M.J., Hahs, A.K. & Breuste, J.H. (eds.): Ecology of cities and towns. A comparative approach. Cambridge University Press, Cambridge, pp. 399–421.

Ille, D. & Schmidt, P.A. (2008): Ausbreitungsstrategie der Rot-Esche (*Fraxinus pennsylvanica* Marsh.). Erste Ergebnisse zum Verhalten im Mittelelbegebiet. Verö ff. LPR Landschaftsplanung Dr. Reichhoff GmbH 4: 41–45.

Illig, H. & Kläge, H.-C. (1994): Feldflorareservate und Ackerschonstreifen in Brandenburg. Aus Liebe zur Natur. Schr.R. 5: 181–186.

Illueca, J. (1996): Speech for Trondheim meeting on invasive species. In: Sandlund, O.T., Schei, P.J. & Viken, A. (eds.): Proceedings of the Norway / UN Conference on alien species. Trondheim, pp. 13–16.

Inderjit, Cadotte, M.W. & Colautti, R.I. (2005): The ecology of biological invasions: past, present and future. In: Inderjit (ed.): Invasive plants: Ecological and agricultural aspects. Birkhäuser, Basel, pp. 19–60.

IPCC (2007): IPCC Fourth Assessment Report (AR4), Climate Change.

Isermann, M. (2007): Effects of *Rosa rugosa* Thunb. invasion in different coastal vegetation types of coastal dunes. In: Tokarska-Guzik, B., Brock, J.-H., Brundu, G., Child, L., Daehler, C.C. & Pyšek, P. (eds.): Plant Invasions: Human perception, ecological impacts and management. Backhuys Publishers, Leiden, pp. 289–306.

Isermann, M. (2008a): Classification and habitat characteristics of plant communities invaded by the non-native *Rosa rugosa* Thunb. in NW Europe. Phytocoenologia 38: 133–150.

Isermann, M. (2008b): Expansion of *Rosa rugosa* and *Hippophae rhamnoides* in coastal grey dunes: Effects at different spatial scales. Flora 203: 273–280.

IUCN. The World Conservation Union (2000): IUCN Guidelines for the prevention of biodiversity loss due to biological invasion (approved by the IUCN Council, February 2000).

Jaesch, B. (1992): Blütenstauden als Bienenweide. Gartenpraxis Heft 6: 54–57.

Jäger, E.J. (1973): Zur Verbreitung und Lebensgeschichte der Wildtulpe (*Tulipa sylvestris* L.) und Bemerkungen zur Chorologie der Gattung *Tulipa* L. Hercynia N. f. 10: 429–448.

Jäger, E.J. (1977): Veränderungen des Artenbestandes von Floren unter dem Einfluß des Menschen. Biol. Rundsch. 15: 287–300.

Jäger, E.J. (1986): *Epilobium ciliatum* Ra f. (*E. adenocaulon* Hausskn.) in Europa. Wiss. Z. Univ. Halle 5: 122–134.

Jäger, E.J. (1988): Möglichkeiten der Prognose synanthroper Pflanzenausbreitungen. Flora 180: 101–131.

Jäger, E.J. (1989): *Ornithogalum nutans* L. und *O. boucheanum* (Kunth) Aschers. Heimatareal, synanthrope Ausbreitung und Lebensgeschichte. Bot. Rundbr. Bez. Neubrandenburg 21: 13–18.

Jäger, E.J. (1995a): Die Gesamtareale von *Reynoutria japonica* Houtt. und *R. sachalinensis* (f. Schmidt) Nakai, ihre klimatische Interpretation und Daten zur Ausbreitungsgeschichte. Schr.R. Vegetationskd. (Sukopp-Festschrift) 27: 395–403.

Jäger, E.J. (1995b): Klimabedingte Arealveränderungen von anthopochoren Pflanzen und Elementen der natürlichen Vegetation. Angew. Landschaftsökol. 4: 51–58.

Jäger, H., Kowarik, I. & Tye, A. (2009): Destruction without extinction: Long-term impacts of an invasive tree on Galápagos highland vegetation. J. Ecol. 97: 1252–1263.

Jäger, H., Tye, A. & Kowarik, I. (2007): Tree invasion in naturally treeless environments: Understorey impacts of quinine (*Cinchona* pubescens) in Galápagos. Biological Conservation 140: 297–307.

Jäger, S. (2000): Ragweed sensitisation rates correlate with the amount of inhaled airborne pollen. A 14-year study in Vienna, Austria. Aerobiologia 16: 149–153.

Jäger, S. (2004): Verbreitung: ragweed. Pollenwarndienst. at, URL: [www.polleninfo. org].

Jahodová, S., Fröberg, L., Pyšek, P., Geltman, D., Trybush, S. & Karp, A. (2007): Taxonomy, identification, genetic relationships and distribution of large *Heracleum* species in Europe. In: Pyšek, P., Cock, M.J.W., Nentwig, W. & Ravn, H.P (eds.): Ecology and management of giant hogweed (*Heracleum mantegazzianum*). CAB International, Wallingford, pp. 1–19.

Jakobs, G., Weber, E. & Edwards, P.J. (2004): Introduced plants of the invasive *Solidago gigantea* (Asteraceae) are larger and grow denser than conspecifics in the native range. Diversity Distrib. 10: 11–19.

Jalas, J. (1950): Zur Kausalanalyse der Verbreitung einiger nordischer Os- und Sandpflanzen. Ann. Bot. Soc. Zool.-Bot. Fenn. „Vannamo" 24, 365 S.

Jalas, J. (1955): Hemerobe und hemerochore Pflanzenarten. Ein terminologischer Reformversuch. Acta Soc. Fauna Flora Fenn. 72: 1–15.

James, C. (2006): Global status of commercialized biotech/GM crops: 2006. ISAAA Brief No. 35. ISAAA, Ithaca, NY.

Janssen, A. (1998): Artbestimmung von Schwarzpappeln (*Populus nigra* L.) mit Hilfe von Isoenzymmustern und Überprüfung der Methode an Altbäumen, Absaaten von kontrollierten Kreuzungen und freien Abblüten sowie Naturverjüngungen. In: Weisgerber, H. & Janssen, A. (Hrsg.): Die Schwarzpappel. Probleme und Möglichkeiten bei der Erhaltung einer gefährdeten heimischen Baumart. Forschungsberichte der Hessischen Landesanstalt für Forsteinrichtung, Waldforschung und Waldökologie, Band 24: 32–42.

Janssen, A. & Klein, R. (1992): Robinienwälder im Stadtgebiet von Saarbrücken und ihre Bedeutung für die Avifauna. Naturschutzforum 5/6: 177–200.

Janssen, J. & Jude, D.J. (2001): Recruitment failure of mottled sculpin *Cottus bairdi* in Calumet Harbour, Southern Lake Michigan, induced by the newly introduced round goby *Neogobius melanostomus*. Journal Great Lakes Research 27: 319–328.

Jaspersen-Schib, R., Theus, L., Guirguis-Oeschger, M., Gossweiler, B. & Meier-Abt, P.J. (1996): Acute poisonings with toxic giants in Switzerland between 1966 and 1994. Schweiz. Med. Wochenschr. 126: 1085–1098.

Jauch, f. (1938): Fremdpflanzen auf den Karlsruher Güterbahnhöfen. Beitr. Naturkde. Forsch. Südwestdeutschland 3: 76–147.

Jehlik, V. (1981): Beitrag zur synanthropen (besonders Adventiv-) Flora des Hamburger Hafens. Tuexenia 1: 81–98.

Jehlik, V. (1989): Zweiter Beitrag zur synanthropen (besonders Adventiv-) Flora des Hamburger Hafens. Tuexenia 9: 253–266.

Jehlik, V. & Hejny, S. (1974): Main migration routes of adventitious plants in Czechoslovakia. Folia Geobot. Phytotax. 9: 241–248.

Jenkins, P. (1996): Free trade and exotic species introductions. In: Sandlund, O.T., Schei, P.J. & Viken, A. (eds.): Proceedings of the Norway / UN Conference on alien species. Trondheim, pp. 145–147.

Jentsch, H. (1986): Ein neues Vorkommen der Moschus-Gauklerblume *Mimulus moschatus* (Douglas ex Lindley) in der Niederlausitz. Naturschutzarb. Berlin Brandenburg 22 (2): 44–48.

Jentsch, H. (1995): Über das Vorkommen des neophytischen Kaktusmooses (*Campylopus introflexus*) in der Niederlausitz. Biol. Stud. Luckau 24: 47–49.

Jetzkowitz, J., Schneider, J. & Brunzel, S. (2007): Suburbanisation, mobility and the „good life in the country". A lifestyle approach to the sociology of urban sprawl in Germany. Sociologia Ruralis 47: 1–24.

Jochimsen, M., Hartung, J. & Fischer, I. (1995): Spontane und künstliche Begünung der Abraumhalden des Stein- und Braunkohlenbergbaus. Ber. Reinh.Tüxen-Ges. 7: 69–88.

Joenje, W., Bakker, K. & Vlijm, L., eds. (1987): The ecology of biological invasions. Proceedings of the Koninklijke Nederlandse Akademie van Wetenschappen 90: 1–80.

Johnstone, I.M. (1986): Plant invasion windows: A time-based classification of invasion potential. Biol. Rev. 61: 369–394.

Jones, A.T., Hayes, M.J. & Sackville Hamilton, N.R. (2001): The effect of provenance on the performance of *Crataegus monogyna* in hedges. J. Appl. Ecol. 38: 952–962.

Jorgensen, A., Hitchmough, J. & Dunnett, N. (2005): Living in the urban wildwoods: A case study of Birchwood, Warrington New Town, UK. In: Kowarik, I. & Körner, S (eds.): Wild urban woodlands. New perspectives for urban forestry. Springer, Berlin, pp. 95–116.

Jørgensen, H. (1996): Control of alien species in Denmark, legislation and practical experience. In: Sandlund, O.T., Schei, P.J. & Viken, A. (eds.): Proceedings of the Norway / UN Conference on alien species. Trondheim, pp. 136–140.

Jørgensen, L.L. & Primicerio, R. (2007): Impact scenario for the invasive red king crab *Paralithodes camtschaticus* (Tilesius, 1815) Reptantia, Lithodidae) on Norwegian, native, epibenthic prey. Hydrobiologia 590: 47–54.

Jørgensen, R.H. & Kollmann, J. (2009): Invasion of coastal dunes by the alien shrub *Rosa rugosa* is associated with roads, tracks and houses. Flora 204: 289–297.

Jork, f. & Wette, W. (1986): Gehölzverwendung in deutschen Landschaftsgärten des ausgehenden 18. Jahrhunderts. Mitt. Deutsch. Dendrol. Ges. 76: 105–148.

Juhász, M. (2008): Black cherry (*Prunus serotina* Ehrh.). In: Botta-Dukát, Z. & Balogh, L. (eds.): The most important invasive plants in Hungary. Institute of Ecology and Botany, Hungarian Academy of Science, Vácrátót, pp. 77-84.

Jungbluth, J.H. (1996): Einwanderer in der Molluskenfauna von Deutschland. I. Der chorologische Befund. In: Gebhardt, H., Kinzelbach, R. & Schmidt-Fischer, S. (Hrsg.): Gebietsfremde Tierarten. Ecomed, Landsberg, S. 105–125.

Junghans, T. (2008): Zu den Vorkommen einiger bemerkenswerter Neophyten in Mannheim (Baden-Württemberg). Floristische Rundbriefe 41: 51–57.

Jurko, A. (1963): Die Veränderungen der ursprünglichen Waldvegetation durch die Introduktion der Robinie (in tschechisch, dt. Zusammenfassung). Ceskoslovensá ochrana prirody 1: 56–75.

Kahl, L., Sänger, H. & Urban, B. (1994): Bodenreinigung durch Pflanzen. Landschaftsarchitektur 5: 44–47.

Kaiser, T. & Purps, J. (1991): Der Anbau fremdländischer Baumarten aus der Sicht des Naturschutzes – diskutiert am Beispiel der Douglasie. Forst- u. Holzwirt 46: 304–305.

Kalhoff, M. (2000): Das Feinwurzelsystem in einem Kiefern-Eichen-Mischbestand. Struktur, Dynamik und Interaktion. Diss. Bot. 332, 199 S.

Kaproth, M.A. & McGraw, J.B. (2008): Seed viability and dispersal of the wind-dispersed invasive *Ailanthus altissima* in aqueous environments. Forest Science 54: 490–496.

Karrer, G. & Kilian, W. (1990): Standorte und Waldgesellschaften im Leithagebirge. Mitt. Forstl. Bundesversuchsanst. Wien 165: 1–247.

Karste, G. (1997): Beobachtungen zur Populationsdynamik von *Pulsatilla alba* Rchb. auf der Brockenkuppe im Harz. Hercynia N. f. 30: 273–283.

Kasch, K. & Nicolai, V. (2002): *Phyllonorycter robiniella*. Ein nordamerikanischer Schmetterling neu in Berlin. Neobiota 1: 193–202.

Kasperek, G. (1999): Neophytie unter arealkundlichen und standortökologischen Aspekten, dargestellt an einer Fallstudie aus dem Flußgebiet der Eifel-Rur / Westdeutschland. Erdkunde 53: 330–348.

Kasperek, G. (2004): Fluctuations in numbers of neophytes, especially *Impatiens glandulifera*, in permanent plots in a west German floodplain during 13 years. Neobiota 3: 27–37.

Kasperek, G. (2008): Eine Bibliographie zur Klassifikation von Anthropochoren. Braunschweiger Geobotanische Arbeiten 9: 345-362.

Kasperek, M. (1996): Dismigration und Brutarealexpansion der Türkentaube (*Streptopelia decaocta*). J. Ornith. 137: 1–33.

Kästner, M. (1942): Aufruf zur Bekämpfung des Kleinblütigen Springkrauts. 1. Jahresbericht der Arbeitsgemeinschaft sächsischer Botaniker für das Jahr 1941. Landesver. Sächs. Heimatsch., S. 67–69 (zit. n. Weiss 2009).

Katona, K., Bíró, Z., Hahn, I., Kertész, M. & Altbäcker, V. (2004): Competition between European hare and European rabbbit in a lowland area, Hungary: a long-term ecological study in the period of rabbit extinction. Folia Zool. 53: 255–268.

Kauter, D. (2002): "Sauergras" und "Wegbreit"? Die Entwicklung der Wiesen in Mitteleuropa zwischen 1500 und 1900. Ber. Inst. Landsch. Pflanzenök. Univ. Hohenheim, Beih. 14, 226 S.

Kawata, M., Murakami, K. & Ishikawa, T. (2009): Dispersal and persistence of genetically modified oilseed rape around Japanese harbors. Environmental Science and Pollution Research 16: 120–126.

Kayser, Y., Clément, D. & Gauthier-Clerc, M. (2005): L'Ibis sacré *Threskiornis aethiopicus* sur le littoral méditerranéen français: impact sur l'avifaune. Ornithos 12: 84–86.

Keane, R.M. & Crawley, M.J. (2002): Exotic plant invasions and the enemy release hypothesis. Trends Ecol. Evol. 17: 164–170.

Kehlenbeck, H. (1998a): Kosten und Nutzen der Auswirkungen neuer EG-Binnenmarktregelungen zur Pflanzengesundheit. Teil 1: Einführung und Kosten der Pflanzenbeschau. Nachrichtenblatt Deutscher Pflanzenschutzdienst 50: 200–204.

Kehlenbeck, H. (1998b): Kosten und Nutzen der Auswirkungen von EG-Binnenmarktregelungen zur Pflanzengesundheit. Teil 2: Nutzen der Pflanzenbeschau und zusammenfassende Wertung. Nachrichtenblatt Deutscher Pflanzenschutzdienst 50: 217–224.

Kehlenbeck, H., Motte, G. & Unger, J.-G. (1997): Zur Analyse des Risikos und der Folgen einer Einschleppung von *Tilletia indica* (Syn. *Neovossia indica*) nach Deutschland. Nachrichtenblatt Deutscher Pflanzenschutzdienst 49: 65–74.

Kehr, R. & Butin, H. (1996): Blattkrankheiten der Robinie. NachrBl. Dt. PflSchDienst. 48: 197–200.

Keil, P. (1999): Ökologie der gewässerbegleitenden Agriophyten *Angelica archangelica* ssp. *litoralis*, *Bidens frondosa* und *Rorippa austriaca* im Ruhrgebiet. Diss. Bot. 321, 186 S.

Keil, P. & Loos, G.H. (2002): Dynamik der Ephemerophytenflora im Ruhrgebiet. Unerwünschter Ausbreitungspool oder Florenbereicherung? Neobiota 1: 37–49.

Keil, P. & Loos, G.H. (2004): Ergasiophygophyten auf Industriebrachen des Ruhrgebiets. Floristische Rundbriefe 38: 101–112.

Keil, P. & Loos, G.H. (2005): Anökophyten im Siedlungsraum des Ruhrgebietes – eine erste Übersicht. Conturec 1: 27–34.

Keller, R.P., Lodge, D.M., Lewis, M.A. & Shogren, J. f. (2009): Bio-economics of invasive species. Oxford Univ. Press, 298 pp.

Kenis, M., Brown, P.M.J., Ware, R. & Roy, D.B. (2009): Invasion of the harlequin ladybird, *Harmonia axyridis*, in Europe: when beauty becomes the beast. In: Settele, J., Penev, L., Georgiev, T., Grabaum, R., Grobelnik, V, Hammen, V., Klotz, S. & Kühn, I. (eds.): Atlas of biodiversity risk. Pensoft Publishers, Sofia-Moscow.

Kennedy, C.E.J. & Southwood, T.R.E. (1984): The number of species of insects associated with british trees: a reanalysis. J. Anim. Ecol. 53: 455–478.

Keresztesi, B. (1988): The black locust. Akademiai Kiado, Budapest.

Kerner, A. (1855): Die Flora der Bauerngärten in Deutschland. Ein Beitrag zur Geschichte des Gartenbaues. Verh. Zool.Bot. Ver. Wien 5: 787–826.

Kestenholz, M., Heer, L. & Keller, V. (2005): Etablierte Neozoen in der europäischen Vogelwelt – eine Übersicht. Ornithol. Beob. 102: 153–180.

Kettunen, M., Genovesi, P., Gollasch, S., Pagad, S., Starfinger, U., ten Brink, P. & Shine, C. (2009): Technical support to EU strategy on invasive species (IAS) - Assessment of the impacts of IAS in Europe and the EU. Final report for the European Commission. Institute for European Environmental Policy (IEEP), Brussels, Belgium. 44 pp + Annexes.

Kienast, D. (1981): Vom Gestaltungsdiktat zum Naturdiktat – oder: Gärten gegen Menschen? Landschaft u. Stadt 13: 120–128.

Kiermeier, P. (1988): Einen Garten ohne Exoten könnte man mit der Natur verwechseln. Das Gartenamt 37: 369–375.

Kiermeier, P. (1990): Über den Natur- oder Gartenwert der Pflanzen. Gartenpraxis 9: 13–19.

Kinzelbach, R. (1972): Einschleppung und Einwanderung von Wirbellosen in Mittel- und Oberrhein. Mainzer Naturwiss. Arch. 11: 109–150.

Kinzelbach, R. (1995): Neozoans in European waters. Exemplifying the worldwide process of invasion and species mixing. Experientia 51: 526–538.

Kinzelbach, R. (1996): Die Neozoen. In: Gebhardt, H., Kinzelbach, R. & Schmidt-Fischer, S. (Hrsg.): Gebietsfremde Tierarten. ecomed, Landsberg, S. 3–14.

Kinzelbach, R. (2007): Veränderungen der Tierwelt Mitteleuropas im letzten Jahrtausend. Rundgespräche der

Kommission für Ökologie. Verlag Dr. Friedrich Pfeil, München, Bd. 32: 81–98.
Kinzler, W. & Maier, G. (2003): Asymmetry in mutual predation: possible reason for the replacement of native gammarids by invasives. Arch. Hydrobiol. 157: 473–481.
Király, G., Steták, D. & Bányász, A. (2008): Spread of invasive macrophytes in Hungary. Neobiota 7: 123–130.
Kirisits, T. & Konrad, H. (2007): Die Holländische Ulmenwelke in Österreich. Forstschutz aktuell 38: 20–23.
Kison, H.U. (1995): Einbeziehung von Nationalparken zur Erhaltung genetischer Ressourcen. SchrR. Genet. Ressourcen 1: 39–47.
Kiss, L. & Béres, I. (2006): Anthropogenic factors behind the recent population expansion of common ragweed (*Ambrosia artemisiifolia* L.) in Eastern Europe: is there a correlation with political transitions? J. Biogeogr. 33: 2154–2157.
Klaiber, C. (1999): Massenvermehrung des Blattkäfers *Gonioctena quinquepunctata* an der Spätblühenden Traubenkirsche. Allgemeine Forstzeitschrift 54: 1351–1352.
Klauck, E.J. (1986): Robinien-Gesellschaften im mittleren Saartal. Tuexenia 6: 325–334.
Klausnitzer, B. (1988): Zur Kenntnis der winterlichen Insektenvergesellschaftung unter Plantanenborke (Heteroptera, Coleoptera). Entomol. Nachr. Ber. 32: 107–112.
Klausnitzer, B. (1993): Ökologie der Großstadtfauna. 2. Aufl., Fischer, Jena, 454 S.
Klausnitzer, B. (1995): Thermophile Insekten und Stadtpflanzen. SchrR. Vegetationskde. (Sukopp-Festschrift) 27: 133–140.
Klausnitzer, B. (1998): Vom Wert alter Bäume als Lebensraum für Tiere. In: Kowarik, I., Schmidt, E. & Sigel, B. (Hrsg.): Naturschutz und Denkmalpflege. Wege zu einem Dialog im Garten. vdf Hochschulverlag Zürich, S. 237–249.
Klausnitzer, B. & Klausnitzer, H. (1997): Marienkäfer. Die Neue Brehm Bücherei 451, Magdeburg, 175 S.
Kleinbauer, I., Peterseil, J., Dullinger, S. & Essl, f. (2009): Climate change might drive the invasive tree *Robinia pseudacacia* into nature reserves and endangered habitats. Biological Conservation (in press).
Kleinschmit, J. (1991): Prüfung von fremdländischen Baumarten für den forstlichen Anbau. Möglichkeiten und Probleme. In: Norddt. Naturschutzakad. (Hrsg.): Einsatz und unkontrollierte Ausbreitung fremdländischer Pflanzen. Florenverfälschung oder ökologisch bedenkenlos? NNA-Ber. 1: 48–55.
Kleinschmit, J., Begemann, f., Hammer, K., Hrsg. (1995): Erhaltung pflanzengenetischer Ressourcen in der Land- und Forstwirtschaft. Schr.R. Genet. Ressourcen 1, 187 S.
Kleinschmit, J. & Weisgerber, H., Hrsg. (1993): Ist die Ulme noch zu retten? Forschungsberichte d. Hess. Forstl. Vers. Anst., Hann. Münden, Band 16, 98 S.
Klemm, G. (1975): Pflanzengeographischer Vergleich neuerer brandenburgischer Lokalfloren. Gleditschia 3: 35–52.
Klemm, G. & Ristow, M. (1995): Floristisch-vegetationskundliche Untersuchungen im NSG Wilhelmshagen-Woltersdorfer Dünenzug (Berlin-Köpenick). Verh. Bot. Ver. Berlin Brandenburg 128: 193–228.
Kley, A. & Maier, G. (2005): An example of niche partitioning between *Dikerogammarus villosus* and other invasive and native gammarids: a field study. J. Limnol. 64: 85–88.
Klingenstein, f. & Otto, C. (2008): Zwischen Aktionismus und Laisser-faire: Stand und Perspektiven eines differenzierten Umgangs mit invasiven Arten in Deutschland. Natur und Landschaft 83: 407–411.
Klipfel, S. & Tscharntke, T. (1997): Die Besiedlung von Neophyten durch phytophage Insekten und ihre Gegenspieler. Mitt. Dtsch. Ges. Allg. Angw. Ent. 11: 735–738.
Klotz, J. & Scheuerer, M. (2006): *Crassula helmsii* jetzt auch in Südbayern, mit einer aktuellen Übersicht zur Verbreitung in Deutschland. Hoppea 67: 465–469.
Klotz, S. & Il'minskich, N.G. (1988): Uveličivaetsja li schodstvo flor gorodov v chode ich istoričeskogo razvitija? [Erhöht sich die Ähnlichkeit städtischer Floren im Verlauf ihrer historischen Entwicklung?] In: Gorčakovskij P.L., Grodzinskij A.M., Il'minskich N.G., Mirkin, B.M., Tuganaev, V.V. (eds.): Tezisy vsesojuznogo soveččanija „Agrofitozenozy i ekologičeskie puti povyšenija ich stabil'nosti i produktivnosti". Iževsk, pp. 134–138.
Klötzli, f., Walther, G.-R., Carraro, G. & Grundmann, A. (1996): Anlaufender Biomwandel in Insubrien. Verh. Ges. Ökol. 26: 537–558.
Knapp, H.D. & Hacker, E. (1984): Zur Einbürgerung von *Telekia speciosa* (Schreb.) Baumg. in Mecklenburg. Gleditschia 12: 85–106.
Knoerzer, D. (1999): Zur Naturverjüngung der Douglasie im Schwarzwald. Inventur und Analyse von Umwelt- und Konkurrenzfaktoren sowie eine naturschutzfachliche Bewertung. Diss. Bot. 306, 283 S.
Knoerzer, D., Kühnel, U., Theodoropoloulos, K. & Reif, A. (1995): Zur Aus- und Verbreitung neophytischer Gehölze in Südwestdeutschland mit besonderer Berücksichtigung der Douglasie (*Pseudotsuga menziesii*). In: Böcker, R., Gebhardt, H., Konold, W. & Schmidt-Fischer, S. (Hrsg.): Gebietsfremde Pflanzen. ecomed, Landsberg, S. 67–82.
Knoerzer, D. & Reif, A. (2002): Fremdländische Baumarten in deutschen Wäldern. Fluch oder Segen? Neobiota 1: 27–35.
Köck, U. (1986): Verbreitung, Ausbreitungsgeschichte, Soziologie und Ökologie von *Corispermum leptopterum* (Aschers.) Iljin in der DDR. 1. Verbreitung und Ausbreitungsgeschichte. Gleditschia 14: 305–325.
Köck, U. (1988): Verbreitung, Ausbreitungsgeschichte, Soziologie und Ökologie von *Corispermum leptopterum* (Aschers.) Iljin. in der DDR. 2. Soziologie, Syndynamik, Synökologie. Gleditschia 16: 33–48.
Köck, W. (2004): Invasive gebietsfremde Arten. In: Wolfe, N. & Köck, W. (Hrsg.): 10 Jahre Übereinkommen über die biologische Vielfalt. Eine Zwischenbilanz. Nomos, Baden-Baden, S. 107-125.

Köck, W. (2008): Prävention der Einbringung invasiver gebietsfremder Arten durch Haftungsrecht, branchenbezogene Verhaltungkodizes und Selbstverpflichtungen am Beispiel der botanischen Gärten und des Gartenbaus. Natur und Landschaft 83: 425–428.

Koenies, H. & Glavac, V. (1979): Über die Konkurrenzfähigkeit des Indischen Springkrautes (*Impatiens glandulifera* Royle) am Fuldaufer bei Kassel. Phillipia 4: 47–59.

Kohler, A. (1963): Zum pflanzengeographischen Verhalten der Robinie in Deutschland. Beitr. Naturk. Forsch. SW-Deutschl. 12: 3–18.

Kohler, A. (1964): Das Auftreten und die Bekämpfung der Robinie in Naturschutzgebieten. Veröff. d. Landesstelle f. Natursch. u. Landschaftspfl. Bad.-Württ. 32: 43–46.

Kohler, A. (1968): Zum ökologischen und soziologischen Verhalten der Robinie (*Robinia pseudo-acacia* L.) in Deutschland. Ber. 7. Intern. Symp. Intern. Verein. Vegetationsk., S. 402–408.

Kohler, A. (1995): Neophyten in Fließgewässern. Beispiele aus Süddeutschland und dem Elsaß. Schr.R. Vegetationskd. (Sukopp-Festschrift) 27: 405–412.

Kohler, A. & Sukopp, H. (1964a): Über die Gehölzentwicklung auf Berliner Trümmerstandorten. Ber. Dt. Bot. Ges. 76: 389–406.

Kohler, A. & Sukopp, H. (1964b): Über die soziologische Struktur einiger Robinienbestände im Stadtgebiet von Berlin. S.Ber. Ges. Naturf. Freunde N. f. 4: 74–88.

Koksvik, J.I., Reinertsen, H. & Koksvik, J. (2009): Plankton development in Lake Jonsvatn, Norway, after introduction of *Mysis relicta*: a long-term study. Aquat. Biol. 5: 293–304.

Kollmann, J. & Bañuelos, M.J. (2004): Latitudinal trends in growth and phenology of the invasive alien plant *Impatiens glandulifera* (Balsaminaceae). Diversity Distrib. 10: 377–385.

Kollmann, J., Bañuelos, M.J. & Nielsen, S.L. (2007a): Effects of virus infection on growth of the invasive alien *Impatiens glandulifera*. Preslia 79: 33-44.

Kollman, J., Frederiksen, L., Vestergaard, P. & Bruun, H.H. (2007): Limiting factors for seedling emergence and establishment of the invasive non-native *Rosa rugosa* in a coastal dune system. Biological Invasions 9: 31–42.

Kollmann, J., Brink-Jensen, K., Frandsen, S.I. & Hansen, M.K. (2009a): Uprooting and burial of alien plants: a new tool in coastal restoration? Restoration Ecology (in press).

Kollmann, J., Jørgensen, R.H., Roelsgaard, J. & Skov-Petersen, H. (2009b): Establishment and clonal spread of the alien shrub *Rosa rugosa* in coastal dunes. A method for reconstructing and predicting invasion patterns. Landscape and Urban Planning 93: 194–200.

Kollmann, J., Roelsgaard, J., Fischer, M., Nielsen, C.D. & Hartvig, P. (2010): Kortlægning af Invasive Plantearter i Danmark. Samfundslitteratur, Frederiksberg.

König, D. (1948): *Spartina townsendii* an der Westküste von Schleswig-Holstein. Planta 36: 34–70.

Koningen, H. & Leopold, R. (1995): Heemparks Amstelveen. Garten und Landschaft, Heft 5: 14–17.

Konvalinková, P. (2003): Generative and vegetative reproduction of *Helianthus tuberosus*, an invasive plant in central Europe. In: Child, L., Brock, J., Brundu, G., Prach, K., Pysek, P., Wade, P.M. & Williamson, M. (eds.): Plant invasions: ecological threats and management solutions. Leiden, Backhuys Publishers, pp. 289–299.

Kopecký, K. (1967): Die flußbegleitende Neophtengesellschaft Impatienti-Solidaginetum in Mittelmähren. Preslia 39: 151–166.

Kopecký, K. (1971): Der Begriff der Linienmigration der Pflanzen und seine Analyse am Beispiel des Baches Studeny und der Straße in seinem Tal. Folia Geobot. Phytotax. 6: 303–320.

Kopecký, K. (1974): Die anthropogene nitrophile Saumvegetation des Gebirges Orlicke hory (Adlergebirge) und seines Vorlandes. Acad. Praha 84: 173 S.

Kopecký, K. (1985): Die Gesellschaften der Convuletalia sepium und des Convolvulion sepium in der Tschechoslowakei. Preslia 57: 235–246.

Kopecký, K. (1988): Einfluß der Straßen auf die Synanthropisierung der Flora und Vegetation nach Beobachtungen in der Tschechoslowakei. Folia Geobot. Phytotax. 23: 1–172.

Kopecký, K. & Lhotska, M. (1990): Zur Ausbreitung der Art *Atriplex sagittata*. Preslia 62: 337–349.

Koperski, M. (1986): Bryologisch interessante Sekundärstandorte in Bremen. I-III. Göttinger Florist. Rundbr. 20: 140–154.

Körber-Grohne, U. (1990): Gramineen und Grünlandvegetation vom Neolithikum bis zum Mittelalter in Mitteleuropa. In: Grau, J., Hiepko, P. & Leins, P. (Hrsg.): Bibliotheca Botanica. Original-Abhandlungen aus dem Gesamtgebiet der Botanik. E. Schweizerbart'sche Verlagsbuchhandlung, Stuttgart, 105 S.

Korell, U. (1953): Die Anbauwürdigkeit der Schwarzkiefer im Gebiete der Deutschen Demokratischen Republik. In: Kulturbund zur demokratischen Erneuerung Deutschlands (Hrsg.): Gehölzkunde und Landeskultur. Urania, Jena, S. 192–199.

Kornas, J. (1988): Speirochore Ackerwildkräuter: Von ökologischer Spezialisierung zum Aussterben. Flora 180: 83–91.

Kornas, J. (1996): Five centuries of exchange of synanthropic flora between the Old and the New World. (Piec wiekow wymiany flor synantropijnych miedzy starym i nowym swiatem). Wiadomosci Botaniczne 40: 11–19.

Kornas, J. & Medwecka-Kornas, A. (1967): The status of introduced plants in the natural vegetation of Poland. IUCN Publ. N.S. 9: 38–45.

Kornberg, H. & Williamson, M.H., eds. (1987): Quantitative Aspects of the Ecology of Biological Invasions. Royal Society, London, 240 pp.

Korneck, D. & Schnittler, M. (1994): *Glyceria striata* und *Scirpus atrovirens* im Rheinland. Florist. Rundbr. 28: 29–36.

Korneck, D., Schnittler, M. & Vollmer, I. (1996): Rote Liste der Farn- und Blütenpflanzen (Pteridophyta et Spermatophyta) Deutschlands. SchrR. Vegetationskde. 28: 21–187.

Korneck, D. & Sukopp, H. (1988): Rote Liste der in der Bundesrepublik Deutschland ausgestorbenen, verschollenen und gefährdeten Farn- und Blütenpflanzen und ihre Auswertung für den Arten- und Biotopschutz. SchrR. Vegetationskde. 19: 1–210.

Körner, S. (2000): Das Heimische und das Fremde. Die Werte Vielfalt, Eigenart und Schönheit in der konservativen und in der liberal-progressiven Naturschutzauffassung. In: Groenemeyer, R., Schopf, R. & Wiessmeier, B. (Hrsg.): Fremde Nähe. Beiträge zur interkulturellen Diskussion, Bd. 14. Münster, Hamburg, London, 115 S.

Körner, S., Nagel, A., Eisel, U. (2003): Naturschutzbegründungen. Bundesamt für Naturschutz, Bonn.

Korsch, H. & Westhus, W. (2004): Auswertung der floristischen Kartierung und der Roten Liste Thüringens für den Naturschutz. Haussknechtia 10: 3–67.

Korte, E. & Lelek, A. (1996): Fisch-Neozoa. Welchen Einfluß haben sie auf unsere Gewässer? In: Umweltbundesamt (Hrsg.): Faunen- und Florenveränderung durch Gewässerausbau. Neozoen und Neophyten. UBA Texte 74/96: 94–103.

Kosmale, S. (1981a): Die Wechselbeziehungen zwischen Gärten, Parkanlagen und der Flora der Umgebung im westlichen Erzgebirge. Hercynia N. f. 18: 441–452.

Kosmale, S. (1981b): Die Einwanderung von *Reynoutria japonica* Houtt. Bereicherung unserer Flora oder Anlaß zur Besorgnis? Flor. Mitteilungen d. Ges. f. Natur u. Heimat Bez. Dresden 3: 6–11.

Kosmale, S. (1989): Die Haldenvegetation im Steinkohlenbergbaurevier Zwickau – ein Beispiel für das Verhalten von Pflanzen an Extremstandorten, Rekultivierung und Flächennutzung. Hercynia N. f. 26: 253–274.

Kosmale, S. (2000): Ausbreitungsgeschichte und Behandlung problematischer Neophyten am Beispiel Westsachsens. In: Mayr, C. & Kiefer, A. (Red.): Was macht der Halsbandsittich in der Thujahecke. Zur Problematik von Neophyten und Neozoen und ihrer Bedeutung für den Erhalt der biologischen Vielfalt. NABU-Naturschutzfachtagung. Bonn, S. 83–88.

Koster, A. (1991): Spoorwegen, toevluchtsoord voor plant en dier. Stichting Uitgeverij van de Koninklijke Nederlandse Natuurhistorische Vereniging, Utrecht.

Kowarik, I. (1983a): Flora und Vegetation von Kinderspielplätzen in Berlin (West). Ein Beitrag zur Analyse städtischer Grünflächen. Verh. Berliner Bot. Ver. 2: 5–49.

Kowarik, I. (1983b): Zur Einbürgerung und zum pflanzengeographischen Verhalten des Götterbaumes (*Ailanthus altissima* (Mill.) Swingle) im französischen Mittelmeergebiet (Bas-Languedoc). Phytocoenologia 11: 389–405.

Kowarik, I. (1987): Kritische Anmerkungen zum theoretischen Konzept der potentiellen natürlichen Vegetation mit Anregungen zu einer zeitgemäßen Modifikation. Tuexenia 7: 53–67.

Kowarik, I. (1988): Zum menschlichen Einfluß auf Flora und Vegetation. Theoretische Konzepte und ein Quantifizierungsansatz am Beispiel von Berlin (West). Landschaftsentwicklung und Umweltforschung 56, 280 S.

Kowarik, I. (1989): Einheimisch oder nichteinheimisch? Einige Gedanken zur Gehölzverwendung zwischen Ökologie und Ökologismus. Garten u. Landsch. 99: 15–18.

Kowarik, I. (1990a): Ecological consequences of the introduction and dissemination of new plant species. An analogy with the release of genetically engineered organisms. In: Leskien, D. & Spangenberg, J. (eds.): European workshop on law and genetic engineering. BBU-Verlag, Bonn, pp. 67–71.

Kowarik, I. (1990b): Zur Einführung und Ausbreitung der Robinie (*Robinia pseudoacacia* L.) in Brandenburg und zur Sukzession ruderaler Robinienbestände in Berlin. Verh. Berliner Bot. Ver. 8: 33–67.

Kowarik, I. (1990c): Some responses of flora and vegetation to urbanization in Central Europe. In: Sukopp, H., Hejni, S. & Kowarik, I. (eds.): Urban Ecology. SPB Academic Publ., The Hague, pp. 5–74.

Kowarik, I. (1991): Berücksichtigung anthropogener Standort- und Florenveränderungen bei der Aufstellung Roter Listen. In: Auhagen, A., Platen, R. & Sukopp, H. (Hrsg.): Rote Listen der gefährdeten Pflanzen und Tiere in Berlin. Landschaftsentwicklung und Umweltforschung (Berlin) Sonderheft 6: 25–56.

Kowarik, I. (1992a): Berücksichtigung von nichteinheimischen Pflanzenarten, von „Kulturflüchtlingen" sowie von Vorkommen auf Sekundärstandorten bei der Aufstellung „Roter Listen". SchrR. Vegetationskde. 23: 175–190.

Kowarik, I. (1992b): Einführung und Ausbreitung nichteinheimischer Gehölzarten in Berlin und Brandenburg. Verh. Bot. Ver. Berlin Brandenburg, Beih. 3, 188 S.

Kowarik, I. (1993): Stadtbrachen als Niemandsländer, Naturschutzgebiete oder Gartenkunstwerke der Zukunft? Geobot. Kolloq. 9: 3–24.

Kowarik, I. (1995a): Time-lags in biological invasions. In: Pyšek, P., Prach, K., Rejmánek, M. & Wade, M. (eds.): Plant invasions. General aspects and special problems. SPB Academic Publ., Amsterdam, pp. 15–38.

Kowarik, I. (1995b): On the role of alien species in urban flora and vegetation. In: Pyšek, P., Prach, K., Rejmánek, M. & Wade, M. (eds.): Plant invasions. General aspects and special problems. SPB Academic Publ., Amsterdam, pp. 85–103.

Kowarik, I. (1995c): Wälder und Forsten auf ursprünglichen und anthropogenen Standorten. Ber. Reinh.-Tüxen-Ges. 7: 47–67.

Kowarik, I. (1995d): Clonal growth in *Ailanthus altissima* on a natural site in West Virginia. J. Veg. Sci. 6: 853–856.

Kowarik, I. (1995e): Ausbreitung nichteinheimischer Gehölzarten als Problem des Naturschutzes? In: Böcker, R., Gebhardt, H., Konold, W. & Schmidt-Fischer, S. (Hrsg.): Gebietsfremde Pflanzen. ecomed, Landsberg, S. 33–56.

Kowarik, I. (1996a): Auswirkungen von Neophyten auf Ökosysteme und deren Bewertung. Texte des Umweltbundesamtes 58: 119–155.
Kowarik, I. (1996b): Primäre, sekundäre und tertiäre Wälder und Forsten. Mit einem Exkurs zu ruderalen Wäldern in Berlin. Landschaftsentwicklung und Umweltforschung 104: 1–22.
Kowarik, I. (1996c): Funktionen klonalen Wachstums von Bäumen bei der Brachflächen-Sukzesssion unter besonderer Beachtung von *Robinia pseudoacacia*. Verh. Ges. Ökol. 26: 173–181.
Kowarik, I. (1998): Historische Gärten und Parkanlagen als Gegenstand eines Denkmalorientierten Naturschutzes. In: Kowarik, I., Schmidt, E . & Sigel, B. (Hrsg.) 1998: Naturschutz und Denkmalpflege. Wege zu einem Dialog im Garten. vdf Hochschulverlag Zürich, S. 111–139, Zürich.
Kowarik, I. (1999): Natürlichkeit, Naturnähe und Hemerobie als Bewertungskriterien. In: Konold, W., Böcker, R. & Hampicke, U. (Hrsg.): Handbuch für Naturschutz und Landschaftspflege. V-2.1, S. 1–18, Ecomed, Landsberg.
Kowarik, I. (2002): Biologische Invasionen in Deutschland: zur Rolle nichteinheimischer Pflanzen. Neobiota 1: 5–24.
Kowarik, I. (2003a): Biologische Invasionen: Neophyten und Neozoen in Mitteleuropa. Mit einem Beitrag von Peter Boye. 1. Auflage, Ulmer, Stuttgart, 380 S.
Kowarik, I. (2003b): Human agency in biological invasions: secondary releases foster naturalisation and population expansion of alien plant species. Biological Invasions 5: 281–300.
Kowarik, I. (2005a): Urban ornamentals escaped from cultivation. In: Gressel J (ed.): Crop ferality and volunteerism. CRC Press, Boca Raton, pp. 97–121.
Kowarik, I. (2005b): Wild urban woodlands: Towards a conceptual framework. In: Kowarik, I. & Körner, S. (eds.): Wild Urban Woodlands. New perspectives for urban forestry. Springer, Berlin, pp. 1–32.
Kowarik, I. (2008): Bewertung gebietsfremder Arten vor dem Hintergrund unterschiedlicher Naturschutzkonzepte. Natur und Landschaft 83: 402–406.
Kowarik, I., Bartz, R., Heink, U. (2008): Bewertung „ökologischer Schäden" infolge des Anbaus von GVO in der Landwirtschaft. Naturschutz und Biologische Vielfalt, Band 56, 248 S.
Kowarik, I. & Böcker, R. (1984): Zur Verbreitung, Vergesellschaftung und Einbürgerung des Götterbaumes (*Ailanthus altissima* (Mill.) Swingle) in Mitteleuropa. Tuexenia 4: 9–29.
Kowarik, I., Heink, U. & Starfinger, U. (2003): Bewertung gebietsfremder Pflanzen. Kernpunkte eines Verfahrens zur Risikobewertung bei sekundären Ausbringungen. Schriftenreihe des Bundesministeriums für Verbraucherschutz, Ernährung und Landwirtschaft, Angewandte Wissenschaft, Heft 498: 131 144.
Kowarik, I. & Körner, S (2005): Wild urban woodlands. New perspectives for urban forestry. Springer, Berlin, 299 pp.
Kowarik, I. & Langer, A. (1994): Vegetation einer Berliner Eisenbahnfläche (Schöneberger Südgelände) im vierten Jahrzehnt der Sukzession. Verh. Bot. Ver. Berlin Brandenburg 127: 5–43.
Kowarik, I. & Langer, A. (2005): Natur-Park Südgelände: Linking Conservation and Recreation in an abandoned railyard in Berlin. In: Kowarik, I. & Körner, S (eds.): Wild urban woodlands. New perspectives for urban forestry. Springer, Berlin, pp. 287–299.
Kowarik, I. & Säumel, I. (2007): Biological Flora of Central Europe: *Ailanthus altissima* (Mill.) Swingle. Perspectives in Plant Ecology, Evolution and Systematics 8: 207–237.
Kowarik, I. & Säumel, I. (2008) Water dispersal as an additional pathway to invasions by the primarily wind-dispersed tree *Ailanthus altissima*. Plant Ecology 198: 241–252.
Kowarik, I. & Schepker, H. (1995): Zur Einführung, Ausbreitung und Einbürgerung nordamerikanischer *Vaccinium*-Sippen der Untergattung *Cyanococcus* in Niedersachsen. SchrR. Vegetationskde. (Sukopp-Festschrift) 27: 413–421.
Kowarik, I. & Schepker, H. (1997): Risiken der Ausbreitung neophytischer Pflanzenarten in Niedersachsen. Unverö ff. Forschungsbericht, Inst. Landschaftspfl. und Natursch., Univ. Hannover, 174 S.
Kowarik, I. & Schepker, H. (1998): Plant invasions in northern Germany: human perception and response. In: Starfinger, U., Edwards, K., Kowarik, I. & Williamson, M. (eds.): Plant invasions: ecological mechanisms and human response. Backhuys Publishers, Leiden, pp. 109–120.
Kowarik, I., Schmidt, E. & Sigel, B., Hrsg., (1998): Naturschutz und Denkmalpflege. Wege zu einem Dialog im Garten. vdf Hochschulverlag ETH, Zürich, 376 S.
Kowarik, I. & Seitz, B. (2003): Perspektiven für die Verwendung gebietseigener („autochthoner") Gehölze. Neobiota 2: 3–25.
Kowarik, I. & Starfinger, U. (2009): Neobiota: a European approach. Neobiota 8: 21–28.
Kowarik, I. & Sukopp, H. (1986): Ökologische Folgen der Einführung neuer Pflanzenarten. Gentechnologie 10: 111–135.
Kowarik, I. & von der Lippe, M. (2006): Long-distance dispersal of *Ailanthus altissima* along road corridors through secondary dispersal by wind. BfN-Skripten 184: 177.
Kowarik, I. & von der Lippe, M. (2007): Pathways in plant invasions. In: Nentwig, W. (ed.): Biological Invasions. Ecological Studies, Vol. 193, pp. 29-47, Springer, Berlin, New York.
Kowarik, I. & von der Lippe, M. (2008): Zu Mechanismen der Linienmigration von Pflanzen. Braunschweiger Geobotanische Arbeiten 9: 363-375.
Kowarik, I. & Sukopp, H. (2000): Zur Bedeutung von Apophytie, Hemerochorie und Anökophytie für die biologische Vielfalt. SchrR. f. Vegetationskde. 32: 167–182.
Kowarik, I. & Wohlgemuth, J.O. (2006): *Tulipa sylvestris* (Liliaceae) in northwestern Germany: a non-indige-

nous species as an indicator of previous horticulture. Polish Botanical Studies 22: 317–331.
Krach, E. & Koepff, B. (1980): Beobachtungen an Salzschwaden in Südfranken und Nordschwaben. Göttinger Florist. Rundbr. 13: 61–75.
Krämer, A. (1936): Pflanzensoziologie und der Blut-und Bodenverbundene Garten. Gartenkunst 49 (3): 40–43.
Kramer, H. (1995): Über den Götterbaum. Natur und Museum 125: 101–121.
Kraus, G. (1892): Über die Bevölkerung Europas mit fremden Pflanzen. Gartenflora 42: 142–175.
Krausch, H.D. (1973): Felsenbirnen in den brandenburgischen Bezirken. Naturschutzarb. Berlin Brandenburg 9: 77–80.
Krausch, H.D. (1977): Das Wirken von Johann Gottlieb Gleditsch auf dem Gebiete der Landeskultur. Gleditschia 5: 5–35.
Krausch, H.D. (1990): Die Einführung der Zierpflanzen nach Mitteleuropa. In: Kulturbund (Hrsg.) Gesellschaft für Denkmalpflege (Hrsg.): Denkmalpflege. Beiträge zur Gartendenkmalpflege Blumenverwendung in historischen Gärten. S. 7–19 u. 111-112.
Krausch, H.D. (1991): Zur Einbürgerungsgeschichte einiger Neophyten in Brandenburg. Gleditschia 19: 297–308.
Krausch, H.D. (1996): Der 'Catalogus Plantarum ... Trebnitzii 1737' als Quelle zur Einführungsgeschichte von Gartenpflanzen und Neophyten in Brandenburg. Verh. Bot. Ver. Berlin Brandenburg 129: 5–23.
Krausch, H.D. (2003): „Kaiserkron und Päonien rot ..“ Entdeckung und Einführung unserer Gartenpflanzen. Dölling und Galitz, München, 536 S.
Krause, A. (1972): Zur Holzartenwahl an öffentlichen Verkehrswegen in Nordrhein-Westfalen. Natur u. Landsch. 47: 81–82.
Krause, A. (1989): Rasenansaaten und ihre Fortentwicklung an Autobahnen. Beobachtung zwischen 1970 und 1988. SchrR. Vegetationskde. 20, 125 S.
Krause, A. (1990): Neophyten an der Ahr. Stand der Ausbreitung 1988. Tuexenia 10: 49–56.
Krause, A. (1992): Bewuchs an Wasserläufen. AID 1087, 23 S.
Krauss, G. (1977): Über den Rückgang der Ruderalpflanzen, dargestellt an *Chenopodium bonus-henricus* L. im alten Landkreis Göttingen. Mitt. Florist.-Soz. Arbeitsgem. N. f. 19/20: 67–72.
Krauss, M., Loidl, H., Machatzi, B. & Wallacher, J. (1990): Vom Kulturwald zum Naturwald. Landschaftspflegekonzept Grunewald. Veröffentlichungsreihe der Berliner Forsten, Band 1, 261 S.
Kreh, W. (1935): Pflanzensoziologische Untersuchungen an Stuttgarter Auffüllplätzen. Jahresh. Ver. Vaterländ. Naturk. Württ. 91: 59–120.
Kreh, W. (1952): Der Fliederspeer (*Buddleia variabilis*) als Jüngsteinwanderer unserer Flora. Aus der Heimat 60: 20–25.
Kreh, W. (1957): Zur Begriffsbildung und Namensgebung in der Adventivfloristik. Mitt. Florist.-soz. Arbeitsgem. N. f. 6/7: 90–95.
Kreh, W. (1960): Die Pflanzenwelt des Güterbahnhofs in ihrer Abhängigkeit von Technik und Verkehr. Mitt. Florist.-soz. Arbeitsgem. N. f. 8: 86–109.
Kreisel, H. (2000): Ephemere und eingebürgerte Pilze in Deutschland. In: Mayr, C. & Kiefer, A. (Red.): Was macht der Halsbandsittich in der Thujahecke. Zur Problematik von Neophyten und Neozoen und ihrer Bedeutung für den Erhalt der biologischen Vielfalt. NABU-Naturschutzfachtagung. Bonn, S. 73–76, Anhang.
Kreisel, H. & Scholler, M. (1994): Chronology of phytoparasitic fungi introduced to Germany and adjacent countries. Bot. Acta 107: 387–392.
Kremer, B.P., Kuhbier, H. & Michaelis, H. (1983): Die Ausbreitung des Brauntanges *Sargassum muticum* in der Nordsee. Eine Reise um die Welt. Natur und Museum 113: 125–156.
Kretschmer, H., Pfeffer, H., Hoffmann, J., Schrödl, G. & Fux, I. (1995): Strukturelemente in Agrarlandschaften Ostdeutschlands. ZALF-Ber. 19.
Kretz, M., Bearb. (1994): Kontrolle des Japan-Knöterichs an Fließgewässern. I. Erprobung ausgewählter Methoden. In: Landesanstalt für Umweltschutz Baden-Württemberg (Hrsg.): Handbuch Wasser 2, 59 S.
Kretz, M. (1995): Praktische Bekämpfungsversuche des Japanknöterichs (*Reynoutria japonica*) in der Ortenau. In: Böcker, R., Gebhardt, H., Konold, W., Schmidt-Fischer, S. (Hrsg.): Gebietsfremde Pflanzen. ecomed, Landsberg, S. 151–160.
Krienke, E.G. & Zaminer, A. (1973): Pflanzenvergiftungen auf Kinderspielplätzen. Öffentl. Gesundheitswesen 35: 458–474.
Krisch, H. (1987): Zur Ausbreitung und Soziologie von *Corispermum leptopterum* (Ascherson) Iljin an der südlichen Ostseeküste. Gleditschia 15: 25–40.
Krivanek, M., Pyšek, P. & Jarosik, V. (2006): Planting history and propagule pressure as predictors of invasion by woody species in a temperate region. Conserv. Biol. 20: 1487–1498.
Kronenberg, B. & Kowarik, I. (1989): Naturverjüngung kultivierter Pflanzenarten in Gärten. Verh. Berliner Bot. Ver. 7: 3–30.
Kruckenhauser, L. & Pinsker, W. (2004): Microsatellite variation in autochthonous and introduced populations of the Alpine marmot (*Marmota marmota*) along a European west-east transect. J. Zool. Syst. Evol. Research 42: 19–26.
Kruel, W. (1952): Die tierischen Feinde der Robinie. In: Göhre, K. (Hrsg.): Die Robinie und ihr Holz. Deutscher Bauernverlag, Berlin, S. 287–326.
Kruel, W. & Teucher, G. (1958): Die tierischen Feinde der Douglasie. In: Göhre, K. (Hrsg.): Die Douglasie und ihr Holz. Akademie-Verlag, Berlin, S. 405–436.
Krumbiegel, A. & Klotz, S. (1995): Bestimmungsschlüssel spontan oder synanthrop vorkommender Arten der Gattung *Echinops* in Mitteldeutschland. Florist. Rundbr. 29: 109–112.
Kubec, J. & Podzimek, J. (1996): Wasserwege. Verlag Werner Dausien, Hanau.

Kuhbier, H. (1996): 100 Jahre *Senecio inaequidens* in Bremen. Abh. Naturwiss. Ver. Bremen (FestSchrR. Cordes). 43: 531–536.

Kühn, B. (1996): Schadstoffe aus der Natur entfernen. Pflanzen und Bakterien helfen. Stadt und Grün Heft 7: 496–497.

Kühn, I., Brandl, R. & Klotz, S. (2004): The flora of German cities is naturally species rich. Evolutionary Ecology Research 6: 749–764.

Kühn, I. & Klotz, S. (2006): Urbanisation and homogenization - comparing the floras of urban and rural areas in Germany. Biol. Conserv. 127: 292–300.

Kühn, N. (1999): Ökologie und Staudenverwendung. Stadt und Grün 48: 819–824.

Kühn, N. (2000): Spontane Pflanzen für urbane Freiräume. Garten und Landschaft 110: 11–14.

Kummer, V. & Jentsch, H. (1997): *Elodea nuttallii* (Planch.) St. John nun auch in Brandenburg. Verh. Bot. Ver. Berlin Brandenburg 130: 185–198.

Kundel, W. (1990): *Elodea nuttallii* (Planchon) St. John in Flußmarschgewässern bei Bremen. Tuexenia 10: 41–48.

Kunick, W. (1982): Zonierung des Stadtgebietes von Berlin (West). Ergebnisse floristischer Untersuchungen. Landschaftsentw. u. Umweltforsch. 14: 1–164.

Kunick, W. (1985): Gehölzvegetation im Siedlungsbereich. Landschaft u. Stadt 17: 120–133.

Kunick, W. (1991): Ausmaß und Bedeutung der Verwilderung von Gartenpflanzen. NNA-Ber. 4: 6–13.

Kunick, W. & Sukopp, H. (1975): Vegetationsentwicklung auf Mülldeponien Berlins. Berliner Naturschutzbl. 19: 141–145.

Kunstler, P. (1999): The role of *Acer negundo* L. in the structure of floodplain forests in the middle course of the Vistula river. Proceedings 5th International Conference on the Ecology of Invasive Alien Plants, 13–16 October, La Maddalena, Italia, p.74.

Küpper, f., Küpper, H. & Spiller, M. (1996): Eine aggressive Wasserpflanze aus Australien und Neuseeland: *Crassula helmsii* (Kirk) Cockayne (ein neuer Fund in Westfalen und eine Literaturübersicht). Florist. Rundbr. 30: 24–29.

Kürschner, H. & Runge, S. (1997): Vegetationskundliche Untersuchungen ausgewählter Binnendünen- und Talsandstandorte im Dahme-Seengebiet (Brandenburg) und ihre Entwicklungspotentiale. Verh. Bot. Ver. Berlin Brandenburg 130: 79–110.

Kürsten, E. (1983): Luftbild-Folge-Inventuren und Baumkataster als Grundlagen für eine nachhaltige Sicherung innerstädtischer Vegetationsbestände dargestellt am Beispiel der Stadt Düsseldorf. Diss. Göttingen, 169 S., Anhang.

Küsel, H. (1968): Zur Einbürgerung des kleinen Liebesgrases (*Eragrostis poaeoides* PB.) in Nordwestdeutschland. Mitt. Florist.-soz. Arbeitsgem. N. f. 13: 10–13.

Küster, E.C., Kühn, I., Bruelheide, H. & Klotz, S. (2008): Trait interactions help explain plant invasion success in the German flora. J. Ecol. 96: 860–868.

Küster, f. (1987): Straßenbegleitende Ökosysteme. Rolle des Vegetationspotentials im Landschaftshaushalt sowie Möglichkeiten und Grenzen einer Sukzessionslenkung dieser Vegetationsflächen aus ökologischer Sicht. In: Schubert, R. & Hilbig, W. (Hrsg.): Erfassung und Bewertung anthropogener Vegetationveränderungen. Teil 1. Kongress- und Tagungsbericht Martin-Luther-Universität Halle-Wittenberg, Wiss. Beitr. 4 (P 26): 218–226.

Küster, H. (1994): Die Geschichte einiger Ackerunkräuter seit der Jungsteinzeit. Aus Liebe zur Natur. Schr.R. 5: 29–35.

Kutschkau, H. (1982): Rückgang und Ausbreitung in der Gefäßpflanzenflora von Berlin (West) seit 1860. Diplomarbeit, FU Berlin.

Kutzelnigg, H. & Silbereisen, R. (1995): Unterfamilie *Maloidae*. In: Hegi, G.: Illustrierte Flora von Mitteleuropa (Hrsg. H. Scholz). 2. Aufl., Blackwell Wissenschafts-Verlag Berlin, Wien: 250–445.

La Sorte, f.A., McKinney, M.L., Pyšek, P., Klotz, S., Rapson, G.L., Celesti-Grapow, L. & Thompson, K. (2008): Distance decay of similarity among European urban floras: the impact of anthropogenic activities on diversity. Global Ecol. Biogeogr. 17: 363–371.

Lach, L. & Thomas, M.L. (2008): Invasive ants in Australia: documented and potential ecological consequences. Australian J. Entomol. 47: 275–288.

Lamar Robert, G. & Habeck, D.H., eds. (1983): *Mimosa pigra* management. Proceedings of an international Symposium. IPPC doc. no. 48-A-83.

Lambdon, P, Pyšek, P., Basnou, C., Arianoutsou, M., Essl, f., Hejda, M., Jarošík, V., Pergl, J., Winter, M., Anastasiu, P., Andriopoulos, P., Bazos, I., Brundu, G., Celesti-Grapow, L., Chassot, P., Delipetrou, P., Josefsson, M., Kark, S., Klotz, S., Kokkoris, Y., Kühn, I., Marchante, H., Perglová, I., Pino, J., Vilà, M., Zikos, A., Roy, D. & Hulme, P. (2008): Alien flora of Europe: species diversity, temporal trends, geographical patterns and research needs. Preslia 80: 101–149.

Lampel, G. (1978): *Impatientinum asiaticum* News., 1929, eine asiatische Blattlausart, neu im Botanischen Garten Freiburg/Schweiz. Bull. Soc. Frib. Sc. Nat. 67: 69–72.

Landeck, I. (1997): Bemerkenswerte Moosfunde aus bergbaulich beeinflußten Gebieten der westlichen und südwestlichen Niederlausitz. Verh. Bot. Ver. Berlin Brandenburg 130: 247–258.

Landenberger, R.E., Kota, N.L., & McGraw J.B. (2007): Seed dispersal of the non-native invasive tree *Ailanthus altissima* into contrasting environments. Plant Ecology 192: 55–70.

Landesjägerschaft Niedersachsen (1980): Richtlinien für die Anlage von Hegebüschen. Niedersächsischer Jäger 4.

Landolt, E. (1970): Mitteleuropäische Wiesenpflanzen als hybridogene Abkömmlinge von mittel- und südeuropäischen Gebirgssippen und submediterranen Sippen. Feddes Repert. 81: 61–66.

Landolt, E. (1991): Die Entstehung einer mitteleuropäischen Stadtflora am Beispiel der Stadt Zürich. Annali di Botanica 49: 109–147.

Landolt, E. (2006): Dynamik einer Stadtflora am Beispiel von Zürich. Geobot. Kolloq. Frankfurt 20: 3-12.

Landolt, E. & Grossmann, f. (1968): Zur vermutlich hybridogenen Entstehung von einigen Wiesenpflanzen des schweizerischen Mittellandes. Verh. Schweiz. Naturf. Ges. 148: 114–117.

Lang, W. (1970): Die Edelkastanien, ihre Verbreitung und ihre Beziehung zu den naturgegebenen Grundlagen. Mitt. Pollichia 17: 81–124.

Lange, W. (1927): Gartenpläne. Leipzig.

Langer, A. (1995): Verbreitung und Vergesellschaftung von *Chenopodium botrys* L., *Corispermum leptopterum* (Aschers.) Iljin, *Atriplex nitens* Schkuhr und *Sisymbrium irio* L. auf Straßenstandorten in Berlin. SchrR. Vegetationskde. (Sukopp-Festschrift) 27: 153–159.

Laufer, H. (2004): Zum Beutespektrum einer Population von Ochsenfröschen (Amphibia: Anura: Ranidae) nördlich von Karlsruhe (Baden-Württemberg, Deutschland). Faun. Abh. 25: 139–150.

Laufer, H. & Sandte, A. (2004): Hinweise auf Konkurrenz zwischen Nordamerikanischem Ochsenfrosch (*Rana catesbeiana*) und einheimischen Grünfröschen bei Karlsruhe (Baden-Württemberg). Herpetofauna 143: 17–26.

Lauterbach, K.-E. (1993): Der Wespenbaum. Ber. Naturwiss. Ver. Bielefeld u. Umgegend 34: 163–169.

Lavoie, C., Jodoin,Y. & Goursaud de Merlis, A. (2007): How did common ragweed (*Ambrosia artemisiifolia* L.) spread in Québec? J. Biogeogr. 34: 1751–1761.

Le Maitre, D.C., Wilgen, B.W.V., Chapman, R.A. & Mckelly, D.H. (1996): Invasive plants and water ressources in the western Cape Province, South Africa: modelling the consequences of a lack of managenment. J. Appl. Ecol. 33: 161–172.

Leguerrier, D., Niquil, N., Petiau, A. & Bodoy, A. (2004): Modeling the impact of oyster culture on a mudflat food web in Marennes-Oléron Bay (France). Mar. Ecol. Prog. Ser. 273: 147–162.

Lehmann, E. (1895): Flora von Polnisch-Livland. 9. Die advenen Florenelemente (Synanthropen) und ihre Verbreitung durch den Menschen und seine Transportmittel (Schiffe und Eisenbahnen). Arch. f. Naturkde. Liv-, Est- u. Kurlands. Ser. Biol. 11: 100–119.

Leiss, A. & Reischütz, P.L. (1996): Ein Beitrag zur Kenntnis der Molluskenfauna der Gewächshäuser in Wien und Niederösterreich. Wiss. Mitt. Niederösterr. Landesmuseum 9: 173–184.

Lelek, A. (1996): Die allochthonen und die beheimateten Fischarten unserer großen Flüsse. Neozoen der Fischfauna. In: Gebhardt, H., R. Kinzelbach & S. Schmidt-Fischer (Hrsg.): Gebietsfremde Tierarten. Ecomed, Landsberg, S. 197–215.

Lelong, B., Lavoie, C., Jodoin, Y. & Belzile, f. (2007): Expansion pathways of the exotic common reed (*Phragmites australis*): a historical and genetic analysis. Diversity Distrib. 13: 430–437.

Lenné, P.J. (1824): Grundzüge zur Errichtung einer Landes-Baumschule bei Potsdam. Verhandlungen des Vereins zur Beförderung des Gartenbaues, S. 27–33.

Lenz, J., Andres, H.G., Gollasch, S. & Dammer, M. (2000): Einschleppung fremder Organismen in Nord- und Ostsee: Untersuchungen zum ökologischen Gefahrenpotenzial durch den Schiffsverkehr. UBA Texte 5/00, 273 S., Anhang.

Leonhard, H. (1955): Wiedereinbürgerung der Gams im südlichen Schwarzwald. Zeitschrift für Jagdwissenschaft 1: 53–55.

Leppäkoski, E. & Olenin, S. (2000): Non-native species and rates of spread: lessons from the brackish Baltic Sea. Biol. Invasions 2: 151–163.

Leppäkoski, E., Olenin, S. & Gollasch, S. (2002): The Baltic sea – a field laboratory for invasion biology. In: Leppäkoski, E., Gollasch, S. & Olenin, S. (Hrsg.): Invasive Aquatic Species of Europe - Distribution, Impacts and Management. Kluwer, Dordrecht, pp. 253–259.

Leprieur, f., Beauchard, O., Hugueny, B., Grenouillet, G. & Brosse, S. (2008): Null model of biotic homogenization: a test with the European freshwater fish fauna. Diversity Distrib. 14: 291–300.

LeRoy, L.G. (1978): Natur ausschalten – Natur einschalten. Klett-Cotta, Stuttgart.

Lessing, N. (2005): *Eichhornia crassipes* (Mart.) Solms als Phytoremediationspflanze zur Reinigung des Abwassers von Blei. Geobot. Kolloq. 19: 59–68.

Lever, C. (1994): Naturalized animals: The ecology of successfully introduced species. Poyser, London, 354 pp.

Levin, D.A., Francisco-Ortega, J. & Janzen, R.K. (1996): Hybridization and the extinction of rare plant species. Conserv. Biol. 10: 10–16.

Levine, J.M. (2000): Species diversity and biological invasions: Relating local process to community pattern. Science 288 (5467): 852–854.

Levine, J.M., Adler, P.B. & Yelinek, S.G. (2004): A meta-analysis of biotic resistance to exotic plant invasions. Ecol. Lett. 7: 975–989.

Levine, J.M. & D'Antonio, C.M. (1999): Elton revisited: a review of evidence linking diversity and invasibility. Oikos 87: 15–26.

Levinson, H. & Levinson, A. (2001): Die Anfänge der Schädlingsabwehr im orientalischen Altertum. Spixiana Suppl. 27: 77–106.

Lhotska, M. & Kopecký, K. (1966): Zur Verbreitungsbiologie und Phytozönologie von *Impatiens glandulifera* Royle an den Flußsystemen der Svitava, Svratka und oberen Odra. Preslia 38: 376–385.

Lhotska, M. & Slavik, B. (1969): Zur Karpobiologie, Karpologie und Verbreitung der Art *Iva xanthiifolia* Nutt. in der Tschechoslowakei. Folia Geobot. Phytotax. 4: 415–434.

Liebster, G. (1961): Die Kulturheidelbeere. Paul Parey, Berlin, Hamburg.

Liebster, G. (1984): Das Baumschulwesen. In: Franz, G. (Hrsg.): Deutsche Agrargeschichte 6: 206–222.

Lienenbecker, H. (2000): Das Dänische Löffelkraut (*Cochlearia danica* L.) nicht nur an Autobahnen. Natur und Heimat 60: 7–130.

Liese, J. (1952): Krankheiten der Robinie. In: Göhre, W. (Hrsg.): Die Robinie und ihr Holz. Deutscher Bauernverlag, Berlin, S. 271– 283.

Liesebach, H., Schneck, V. & Kätzel, R. (2007): Phänotypische und genetische Variation bei Landschaftsgehölzen. Naturschutz und Landschaftsplanung 39: 297–302.

Ließ, N. & Drescher, A. (2008): *Ailanthus altissima* spreading in the Danube National Park – possibilities of control. Neobiota 7: 84–95.

Link, S.O., Keeler, C.W., Hill, R.W. & Hagen, E. (2006): *Bromus tectorum* cover mapping and fire risk. International Journal of Wildland Fire 15: 113–119.

Linkola, K. (1916/21): Studien über den Einfluß der Kultur auf die Flora in den Gegenden nördlich vom Ladogasee. Acta Soc. Fauna Flora Fenn. 45 (1/2).

Lips, A., Jaberg, C., Frey, C. & Dubois, D. (1999): Besiedlung nachwachsender Rohstoffe durch Flora & Fauna. Agrarforschung 6: 305–308.

Litterski, B. & Berg, C. (2000): Naturräumliche Bindung und Einbürgerung von Neophyten in Mecklenburg-Vorpommern. In: Mayr, C. & Kiefer, A. (Red.): Was macht der Halsbandsittich in der Thujahecke. Zur Problematik von Neophyten und Neozoen und ihrer Bedeutung für den Erhalt der biologischen Vielfalt. NABU-Naturschutzfachtagung, Bonn, S. 55–64.

Lobin, W. & Zizka, G. (1987): Einteilung der Flora (Phanerogamae) der Kapverdischen Inseln nach ihrer Einwanderungsgeschichte. Cour. Forsch.-Inst. Senckenberg 95: 127–153.

Lockwood, J.L., Cassey, P. & Blackburn, T. (2005): The role of propagule pressure in explaining species invasions. Trends in Ecology and Evolution 20: 223–228.

Lockwood, J.L., Hoopes, M. f. & Marchetti, M.P. (2007): Invasion ecology. Blackwell Publishing, Malden, MA, 304 pp.

Lockwood, J.L. & McKinney, M.L., eds. (2001): Biotic homogenization. Kluwer Academic / Plenum Publishers, New York, 289 pp.

Lodge, D.M. (1993): Biological invasions: Lessons for ecology. Trends Ecol. Evol. 8: 133–137.

Loeffel, K. & Nentwig, W. (1997): Ökologische Beurteilung des Anbaus von Chinaschilf (*Miscanthus sinensis*) anhand faunistischer Untersuchungen. Verlag Agrarökologie Bern, Hannover, 133 S.

Lohmann, M., Salazar Da Costa, E. & Lieth, H. (1997): Wiederaufforstung von Tagebauflächen nach Bauxitabbau im Amazonasgebiet. In: Böcker, R. & Kohler, A. (Hrsg.): Abbau von Bodenschätzen und Wiederherstellung der Landschaft. Heimbach, Ostfildern, S. 265–268.

Lohmeyer, W. (1969): Über einige bach- und flußbegleitende nitrophile Stauden und Staudengesellschaften in Westdeutschland und ihre Bedeutung für den Uferschutz. Natur u. Landsch. 44: 271–273.

Lohmeyer, W. (1971): Über einige Neophyten als Bestandsglieder der bach- und flußbegleitenden nitrophilen Staudenfluren in Westdeutschland. Natur u. Landsch. 46: 166–168.

Lohmeyer, W. (1975): Über flußbegleitende nitrophile Hochstaudenfluren am Mittel- und Niederrhein. Schr. Reihe Vegetationskde. 8: 79–98.

Lohmeyer, W. (1976): Verwilderte Zier- und Nutzgehölze als Neuheimische (Agriophyten) unter besonderer Berücksichtigung ihrer Vorkommen am Mittelrhein. Natur u. Landsch. 51: 275–283.

Lohmeyer, W. o. J. [1983]: Liste der schon vor 1900 in Bauerngärten beiderseits des Mittel- und südlichen Niederrheins kultivierten Pflanzen (mit drei Gartenplänen). SchrR. Aus Liebe zur Natur 3: 109–131.

Lohmeyer, W. & Sukopp, H. (1992): Agriophyten in der Vegetation Mitteleuropas. SchrR. Vegetationskde. 25: 1–185.

Lohmeyer, W. & Sukopp, H. (2001): Agriophyten in der Vegetation Mitteleuropas. Erster Nachtrag. Braunschweiger Geobotanische Arbeiten 8: 179–220.

Long, J.L. (2003): Introduced mammals of the world. CSIRO Publ., Collingwood, 589 pp.

Lonsdale, W.M. (1999): Global patterns of plant invasions and the concept of invasibility. Ecology 80: 1522–1536.

Lonsdale, W.M. & Lane A.M. (1994): Tourist vehicles as vectors of weed seeds in Kakadu National Park, Northern Australia. Biol. Conserv. 69: 277–283.

Loope, L.L. & Mueller-Dumbois, D. (1989): Characteristics of invaded islands, with special reference to Hawaii. In: Drake, J.A. et al. (eds.): Biological invasions: a global perspective. J. Wiley, Chichester, pp. 257–280.

Loos, G.H. (1991): Kritische Anmerkungen zur Florenliste von Nordrhein-Westfalen. Nr. 3. Zu sich selbständig vermehrenden Hybriden in der Gattung *Salix* L.. Florist. Rundbr. 25: 10–13.

Loos, G.H. (1992): Hybriden bei Wildbirnen und Wildäpfeln. Flor. Rundbr. 26: 45–47.

Loos, G.H. (1997): Zur Taxonomie der Goldnesseln (*Lamium* L. subgenus *galeobdolon* (Adans.) Aschers.). Florist. Rundbr. 31: 39–50.

Loos, G.H., Keil, P., Büscher, D. & Gausmann, P. (2008): Beifuß-Ambrosie (*Ambrosia elatior* L., Asteraceaea) im Ruhrgebiet nicht invasiv. Floristische Rundbriefe 41: 15–25.

Lösch, R., Schmitz, U. & Cours, f. (1995): *Cuscuta* am Niederrhein: Verbreitungsfähigkeit und Wasserpotentialgradienten zwischen Wirt und Parasit. Verh. Ges. Ökol. 24: 567–570.

Lotz, A. (1998): Flora und Vegetation des Frankfurter Osthafens: Untersuchung mit Diskussion der verwendeten Analysekonzepte. Tuexenia 18: 417–450.

Louda, S.M., Arnett, A.E., Rand, T.A. & Russell, f.L. (2003): Invasiveness of some biological control insects and adequacy of their ecological risk assessment and regulation. Conserv. Biol. 17: 73–82.

Lounibos, L.P. (2002): Invasions by insect vectors of human disease. Annu. Rev. Entomol. 47: 233–266.

Lousley, J.E. (1953): The recent influx of aliens into the British flora. In: Lousley, J.E. (ed.): The changing flora of Britain. The botanical society of the British Isles, Oxford, pp. 140–159.

Low, T. & Booth, C. (2007): The weedy truth about biofuels. Invasive Species Council, Melbourne.

Lowe, S., Browne, M., Boudjela, S. & de Poorter, M. (2000): 100 of the world's worst invasive species. A selection from the global invasive species data base. [www.issg.org]

Ludemann, T. (1992): Im Zweribach. Vom nacheiszeitlichen Urwald zum „Urwald von morgen". Die Vegetation einer Tallandschaft im Mittleren Schwarzwald und ihr Wandel im Lauf der Jahreszeiten und Jahrhunderte. Beih. Veröff. Natursch. Landschaftspfl. Bad.-Württ. 63, 268 S.

Ludwig, A., Lippold, S., Debus, L. & Reinartz, R. (2009): First evidence of hybridization between endangered sterlets (*Acipenser ruthenus*) and exotic Siberian sturgeons (*Acipenser baerii*) in the Danube river. Biol. Invasions 11: 753–760.

Lumaret, R. (1990): Invasion of natural pastures by a cultivated grass (*Dactylis glomerata* L.) in Galicia, Spain: process and consequence on plant-cattle interactions. In: di Castri, f., Hansen, A.J., Debussche, M. (eds.): Biological invasions in Europe and the Mediterranean Basin. Kluwer Academic Publications, Dordrecht, pp. 392–397.

Lyr, H., Fiedler, H.J. & Tranquillini, W., Hrsg. (1992): Physiologie und Ökologie der Gehölze. Gustav Fischer, Jena, 620 S.

Lyr, H., Hoffmann, G. & Engel, W. (1965): Über den Einfluß unterschiedlicher Beschattung auf die Stoffproduktion von Jungpflanzen einiger Waldbäume. 2. Mitt. Flora 155: 305–330.

Macdonald, I.A.W. & Jarman, M.L., eds. (1985): Invasive alien plants in the terrestrial ecosystems of Natal, South Africa. South African Scientific Programmes Report. No. 118, CSIRO, Pretoria.

Macdonald, I.A.W., Kruger, f.J. & Ferrar, A.A. (1986): The ecology and management of biological invasions in southern Africa. Cape Town.

MacDougall, A.S. & Turkington, R. (2005): Are invasive species the drivers or passengers of change in degraded ecosystems? Ecology 86: 42–55.

Maceljski, M. & Balarin, I. (1974): Untersuchungen über einen neuen amerikanischen Schädling in Europa, die Platanen-Netzwanze *Corythucha ciliata* (Say). Anz. Schädlingskde. Pflanzen Umweltsch. 47: 170–172.

Mack, R.N. (1981): Invasion of *Bromus tectorum* into western North-America. An ecological chronicle. Agro-Ecosystems 7: 145-165.

Mack, R.N. (1986): Alien plant invasions into the intermountain West. In: Mooney, H.A. & Drake, J.A. (eds.): Ecology of biological invasions of North America and Hawaii. Ecol. Studies 58: 191–213.

Mack, R.N. (1991): The commercial seed trade: an early disperser of weeds in the United States. Econ. Bot. 45: 257–273.

Mack, R.N. (2000): Cultivation fosters plant naturalization by reducing environmental stochasticity. Biol. Invasions 2: 111–122.

Mack, R.N. (2001): Motivations and consequences of the human dispersal of plants. In: McNeely, J.A. (ed.): The great reshuffling: human dimensions in invasive alien species. IUCN, Gland, pp. 23–34.

Mack, R.N., Simberloff, D., Lonsdale, M., Evans, H., Clout, M. & Bazzaz, f. (2000): Biotic invasions: Causes, epidemiology, global consequences, and control. Ecological Applications 10: 689–710.

Maheu-Giroux, M. & de Blois, S. (2007): Landscape ecology of *Phragmites australis* invasion in networks of linear wetlands. Landscape Ecology 22: 285–301.

Mai, D.H. (1995): Tertiäre Vegetationsgeschichte Mitteleuropas. Fischer, Jena, 691 S.

Makra, L., Juhász, M., Béczi, R. & Borsos, E. (2005): The history and impacts of airborne *Ambrosia* (Asteraceae) pollen in Hungary. Grana 44: 57–64.

Mandák, B., Bímová, K., Pyšek, P., Stepánek, J. & Placková, I. (2005): Isoenzyme diversity in *Reynoutria* (Polygonaceae) taxa: escape from sterility by hybridization. Pl. Syst. Evol. 253: 219–230.

Mandák, B. & Pyšek, P. (1998): History of the spread and habitat preferences of *Atriplex sagittata* (Chenopodiaceae) in the Czech Republic. In: Starfinger, U., Edwards, K., Kowarik, I. & Williamson, M. (eds.): Plant invasions: ecological mechanisms and human response. Backhuys Publishers, Leiden, pp. 209–224.

Mandák, B., Pyšek, P. & Bímová, K. (2004): History of the invasion and distribution of *Reynoutria* taxa in the Czech Republic: a hybrid spreading faster than its parents. Preslia 76: 15–64.

Mang, f.W.C. (1985): Einige Bemerkungen zur „schädlichen Rose" *Rosa rugosa* in Schleswig-Holstein und Hamburg. Berichte Bot. Ver. Hamburg 7: 32–35.

Mang, f.W.C. (1990): Goldnessel-Probleme. Ber. Bot. Vereins Hamburg 11: 100, 112.

Mang, f.W.C., Samu, S., Vossen, B. & Wiedemann, D. (1995): Neues und Altes zur Flora von Hamburg. Ber. Bot. Ver. Hamburg 15: 62–72.

Mantel, K. (1990): Wald und Forst in der Geschichte. Schaper, Alfeld, Hannover, 518 S.

Marques, R. & Ranger, J. (1997): Nutrient dynamics in a chronosequence of Douglas fir (*Pseudotsuga menziesii* (Mirb.) Franco) stands on the Beaujolais Mounts (France). Forest Ecology and Management 91: 225–277.

Marquis, D.A. (1975): Seed storage and germination under northern hardwood forests. Can. J. For. Res. 5: 478–484.

Marquis, D.A. (1983): Regeneration of black cherry in the Alleghenies. 11th annual hardwood symposium. Hardwood Research Council, Cashiers, NC, pp. 106–119.

Marquis, D.A. (1990): *Prunus serotina* Ehrh. black cherry. In: Burns, R. M. & B. H. Honkala (eds.): Silvics of North America. Vol. 2, Agriculture Handbook 654, Washington D.C., pp. 594–604.

Marten, M., Werth, C. & Marten, D. (2004): Der Marmorkrebs (Cambaridae, Decapoda) in Deutschland - ein weiteres Neozoon im Rheineinzugsgebiet. Lauterbornia 50: 17–23.

Martin, P.S. & Klein, R.G. (1984): Quaternary extinctions: a prehistoric revolution. University of Arizona Press, Tucson, AZ, 892 pp.

Marzell, H. (1922): Unsere Heilpflanzen, ihre Geschichte und ihre Stellung in der Volkskunde. TH. Fischer, Freiburg.

Masing, V. (1995): Gefäßpflanzen als Gelegenheitsepiphyten in den Städten Estlands. SchrR. Vegetationskde. (Sukopp-Festschrift) 27: 169–173.

Maskell, L.C., Firbank, L.G., Thompson, K., Bullock, J.M., Smart, S.M. (2006): Interactions between non-native plant species and the floristic composition of common habitats. J. Ecol. 94: 1052–1060.

Mattheis, A. & Otte, A. (1989): Die Vegetation der Bahnhöfe im Raum München-Mühldorf-Rosenheim. Ber. ANL 13: 77–143.

Mattheis, A. & Otte, A. (1994): Ergebnise der Erfolgskontrollen zum „Ackerrandstreifenprogramm" im Regierungsbezirk Oberbayern 1985–1991. Aus Liebe zur Natur. Schr.R. 5: 56–71.

Matthies, H. (1925): Die Bedeutung der Eisenbahnen und der Schiffahrt für die Pflanzenverbreitung in Mecklenburg. Diss. Univ. Rostock. Arch. d.V.d. f.d.N.

Maurer, U. (2002): Pflanzenverwendung und Pflanzenbestand in den Wohnsiedlungen der 1920er und 1930er Jahre in Berlin. Ein Beitrag zur historischen Pflanzenverwendung. Diss. Bot. 353, 221 S.

Mayer, f. (2000): Long distance dispersal of weed diaspores in agricultural landscapes. The Scheyern approach. Shaker Verlag, München, 206 pp.

McNabb, H. (1971): A new look at dutch elm disease control. The Ames Forester 58: 14–18.

McNeely, J.A. (1996a): Costs and benefits of alien species. In: Sandlund, O.T., Schei, P.J. & Viken, A. (eds.): Proceedings of the Norway / UN Conference on alien species. Trondheim, pp. 176–181.

McNeely, J.A. (1996b): The great reshuffling: how alien species help feed the global economy. In: Sandlund, O.T., Schei, P.J. & Viken, A. (eds.): Proceedings of the Norway / UN Conference on alien species. Trondheim, pp. 53–59.

Meduna, E., Schneller, J.J. & Holderegger, R. (1999): *Prunus laurocerasus* L., eine sich ausbreitende nichteinheimische Gehölzart: Untersuchungen zu Ausbreitung und Vorkommen in der Nordostschweiz. Z. Ökologie u. Naturschutz 8: 147–155.

Meersschaut, D.V.D. & Lust, N. (1997): Comparison of mechanical, biological and chemical methods for controlling Black cherry (*Prunus serotina*) in Flanders (Belgium). Silva Gandavensis 62: 90–109.

Mehlhorn, H., Walldorf, V., Klimpel. S., Jahn, B., Jaeger, f., Eschweiler, J., Hoffmann, B. & Beer, M. (2007): First occurrence of *Culicoides obsoletus*-transmitted Bluetongue virus epidemic in Central Europe. Parasitol. Res. 101: 219–228.

Meinesz, A. (1999): Killer Algae. University of Chicago Press, 360 pp.

Meloche, C. & Murphy, S.D. (2006): Managing tree-of-heaven (*Ailanthus altissima*) in parks and protected areas: A case study of Rondeau Provincial Park (Ontario, Canada). Environ. Manage. 37: 764–772.

Melzer, H. (1991): *Typha laxmannii* Lepechin, Laxmanns Rohrkolben. Neu für Österreich. Linzer Biol. Beitr. 23: 649–652.

Melzer, H. (1992): Neues zur Flora von Steiermark, XXXIII. Mitt. Naturwiss. Ver. Steiermark 122: 123–133.

Melzer, H. (1993): Über *Amaranthus bouchonii* Aellen, Bouchons Fuchsschwanz, *Agrostis castellane* Boissier & Reuter, das Kastilische Straußgras, und andere bemerkenswerte Blütenpflanzen Kärntens. Carinthia II 183/193: 715–722.

Melzer, H. (1995): *Geranium purpureum* L., der Purpur-Storchschnabel – neu für Kärnten und weiteres Neues zur Flora dieses Bundeslandes. Carinthia II 185/105: 585–598.

Melzer, H. & Barta, T. (1994): Neues zur Flora von Wien, Niederösterreich und dem Burgenland. Verh. Zool.-Bot. Ges. Österreich 131: 107–118.

Mende, A., Mosch, J. & Zeller, W. (1994): On the induced resistance of plant extracts to fire blight (*Erwinia amylovora*). Zeitschrift für Pflanzenkrankheiten und Pflanzenschutz 101: 141–147.

Merkel, J., Walter, E. & Rebhahn, H. (1991): Naturschutz in Oberfranken. Zur Problematik der Einbürgerung von Pflanzen und Tieren. Heimatbeil. Amtl. Schulanz. RegBez. Oberfranken 178, 64 S.

Meusel, H. (1943): Vergleichende Arealkunde. Berlin, 466 S.

Meyer, A.H. & Schmid, B. (1991): Der Beitrag der Populationsbiologie zum Verständnis biologischer Invasionen. Verh. Ges. Ökol. 21: 285–294.

Meyer, f.H., Blauermel, G., Hennebo, D., Koch, W., Miess, M. & Ruge, U. (1978): Bäume in der Stadt. Ulmer, Stuttgart, 327 S.

Meyer, G. (1981): Wirkungen von Ozon und Cadmium auf den Wasserhaushalt von *Solidago canadensis* L. (Kanadische Goldrute). Verh. Ges. f. Ökologie 9: 283–288.

Meyer, N. & Voigtländer, U. (1996): Zur Verbreitung und Soziologie des Rankenden Lerchensporns (*Corydalis claviculata* (L.) Lam. et DC.) in Mecklenburg-Vorpommern. Botan. Rundbr. Mecklenburg-Vorpommern 29: 69–72.

Milberg, P. (1991): Bildäck som fröspridare. Fauna och flora 86: 266–270.

Militzer, M. (1968): Oberlausitzer Neophyten als einstige Weinbaubegleiter. Abh. Ber. Naturkundemuseum Görlitz 43: 9–16.

Millenium Ecosystem Assessment (2005): Ecosystems and human well-being: bioderversity synthesis. World Resources Institute, Washington, DC.

Miller Reed, K. & Czech, B. (2005): Causes of fish endangerment in the United States, or the structure of the American economy. Fisheries 30: 36–38.

Miller, M.L. & Fabian, R.N. (eds., 2004): Harmful invasive species. Legal responses. Environmental Law Institute, Washington.

Miller, N., Estoup, A., Toepfer, S., Borguet, D., Lapchin, L., Deirid, S., Kin, K.S., Reynaud, P., Furlan, L. & Guillemaud, T. (2005): Multiple Transatlantic introductions of the western corn rootworm. Science 310: 992.

Miller, R.R., Williams, J.D. & Williams, J.E. (1989): Extinctions of North American fishes during the past century. Fisheries 14: 22–38.

Milne, R.I. & Abbott, R.J. (2000): Origin and evolution of invasive naturalized material of *Rhododendron ponticum* L. in the British Isles. Mol. Ecol. 9: 541–556.
Minchin, D. (1996): Management of the introduction and transfer of marine molluscs. Aquatic Cons. Marine and Freshwater Ecosystems 6: 229–244.
Minchin, D., Lucy, f. & Sullivan, M. (2002): Zebra mussel: Impacts and spread. In: Leppäkoski, E., Gollasch, S. & Olenin, S. (eds.): Invasive Aquatic Species of Europe - Distribution, Impacts and Management. Kluwer, Dordrecht, pp. 135–146.
Mindrup, M., Meiwes, K.J. & Wolters, V. (2001): Mikrobiologische Eigenschaften des Auflagehumus unter Douglsie und Kiefer in Nordwestdeutschland. Forst u. Holz 56: 363–366.
Misskampf, R. & Züghart, W. (2000): Floristisch-ökologische Untersuchung der Spontanflora in Bremer Häfen unter besonderer Berücksichtigung der anthropochoren Pflanzen. Bibliotheca Botanica 150: 1–110.
Mitchell-Jones, A.J., Amori, G., Bogdanowicz, W., Kryštufek, B., Reijnders, P.J.H., Spitzenberger, f., Stubbe, M., Thissen, J.B.M., Vohralík, V. & Zima, J. (1999): The atlas of european mammals. Academic Press, London, 484 pp.
Miyawaki, A. & Fujiwara, K. (1988): Restoration of natural environment by creation of environmental protection forests in urban areas. Growth and development of environmental protection forests on the Yokohama National University Campus. Bull. Inst. Environ. Sci. Technol. 15: 95–102.
Mlíkovský, J. & Stýblo, P., eds. (2006): Nep vodní druhy fauny a flóry eské Republiky. SOP, Praha, 496 pp.
Moffat, A.S. (1996): Moving forest trees into the modern genetic area. Science 271: 760–761.
Molder, f. (1990): Ökotypenanalyse an Wildkräutern in Hinsicht auf extensive Gras-Kräuter-Ansaaten. Z. Vegetationst. 13: 68–74.
Molder, f. (2002): Gefährdung der Biodiversität durch Begrünungen mit handelsüblichem Saat- und Pflanzgut und mögliche Gegenmaßnahmen. Neobiota 1: 199–308.
Molder, f. & Skirde, W. (1993): Entwicklung und Bestandsdynamik artenreicher Ansaaten. Natur u. Landsch. 68: 173–180.
Molitor, H. (1994): Der Erbfeind im Garten. Historische Anmerkungen zum Franzosenkraut (*Galinsoga parviflora*). In: H. Krauß (Hrsg.): Offene Gefüge. Literatursystem und Lebenswirklichkeit. Festschrift für Fritz Nies zum 60. Geburtstag, Tübingen, S. 347–356.
Moll, W. (1990): *Pentaglottis sempervirens*, die Spanische Ochsenzunge, seit 180 Jahren im Schloßpark Dyck. Rh. Heimatpfl. 4: 274–277.
Möller, G. (1991): Schutz- und Entwicklungskonzepte für holzbewohnende Insekten in den Berliner Forsten am Beispiel des Spandauer Stadtparkes. Berliner Naturschutzbl. 35: 143–158.
Molnar, Z. (1998): Interpreteing present vegetation features by landscape historical data: an example from a woodland-grasland-moasik landscape (Nagykörös wood, Kiskunság, Hungary). In: Kirby, K.J. & Watkins, C. (eds.): The ecological history of European forests. CAB International, Cambridge, pp. 241–263.
Mooij, J.H. (1998): Die Nilgans – ein etablierter Neubürger in Westeuropa. Der Falke 45: 338–343.
Mooney, H.A. & Drake, J.A., eds. (1986): Ecology of biological invasions of North America and Hawaii. Ecol. Studies 58: 1–321.
Mooney, H.A. & Hobbs, R.J. (eds.) (2000): Invasive species in a changing world. Island Press, Washington, DC, 457 pp.
Mooney, H.A., Mack, R.N., McNeely, J.A., Neville, L.E., Schei, P.J. & Waage, J.K., eds. (2005): Invasive alien species. A new synthesis. Island Press, Washington, DC, 368 pp.
Moor, M. (1958): Pflanzengesellschaften schweizerischer Flußauen. Mitt. Schweiz. Anst. Forstl. Versuchswesen 34: 221–360.
Moore, D.M. (1983): Human impact on island vegetation. In: Holzner, W., Werger, M.J.A. & Ikusima, I. (eds.): Man's impact on vegetation. Geobotany 5: 237–246.
Moracová, L., Pyšek , P., Krinke, L., Pergl, J., Perglová, I. & Thompson, K. (2007): Seed germination, dispersal and seed bank in *Heracleum mantegazzianum*. In: Pyšek, P., Cock, M.J.W., Nentwig, W. & Ravn, H.P (eds.): Ecology and management of giant hogweed (*Heracleum mantegazzianum*). CAB International, Wallingford, pp. 74–91.
Morales, C.L. & Traveset, A. (2009): A meta-analysis of impacts of alien vs. native plants on pollinator visitation and reproductive success of co-flowering native plants. Ecology Letters 12: 716–728.
Mörmann, P. (1969): Erfahrungen mit der österreichischen Schwarzkiefer (*Pinus nigra* var. *austriaca*) im Bereich der nordbadischen Muschelkalkplatte. Schriftenreihe der Landesforstverwaltung Baden-Württemberg 29, 119 S.
Mosbauer, H. (1982): Die Staudenverwendung in deutschen Gärten des 19. und frühen 20. Jahrhunderts. In: Deutsche Gesellschaft für Gartenkunst und Landespflege, Landesgruppe Baden-Württemberg (Hrsg.): Pflanzenverwendung in historischen Anlagen. Referate des Fachseminars vom 7. und 8.10. 1992, S. 234–251.
Mota, M.M., Braasch, H., Bravo, M.A., Penas, A.C., Burgermeister, W., Metge, K. & Sousa, E. (1999): First report of *Bursaphelenchus xylophilus* in Portugal and in Europe. Nematology 1: 727–734.
Mota, M.M., Futai, K. & Vieira, P. (2009): Pine wilt disease and the pinewood nematode, *Bursaphelenchus xylophilus*. In: Ciancio, A. & Mukerji, K.G. (eds.): Integrated Management of Fruit Crops and Forest Nematodes. Springer, pp. 253–274.
Mount, A. & Pickering, C.M. (2009): Testing the capacity of clothing to act as a vector for non-native seed in protected areas. Journal of Environmental Management 91: 168–179.
Mühlen, W., Riedel, V., Baal, T. & Surholt, B. (1994): Insektensterben unter blühenden Linden. Natur u. Landsch. 69: 95–100.

Müller, J. & Stollenmeier, S. (1994): Auswirkungen des Douglasienanbaus auf die Vogelwelt. Allgemeine Forstzeitschrift 49: 237–239.

Mueller, J.M. & Hellmann, J.J. (2008): An assessment of invasion risk from assisted migration Conserv. Biol. 22: 562-567.

Müller, N. (1988): Über südbayerische Grassamenankömmlinge, insbesondere *Leontodon saxatilis* Lam. Ber. Bayer. Bot. Ges. 59: 165– 171.

Müller, N. (1989): Zur Umwandlung von Parkrasen in Wiesen. Teil 3: Gezielte Artenanreicherung durch Einsaaten. Gartenamt 38: 375–379.

Müller, N. (1995): Zum Einfluß des Menschen auf Flora und Vegetation von Flußauen. SchrR. Vegetationskde. (Sukopp-Festschrift) 27: 289–297.

Müller, N. & Sukopp, H. (1993): Synanthrope Ausbreitung und Vergesellschaftung des Fadenförmigen Ehrenpreises – *Veronica filiformis* Smith. Tuexenia 13: 399–414.

Müller, N., Westhus, W. & Amft, R. (2005): Invasive gebietsfremde Pflanzenarten in Thüringen und ihre Bewertung aus Sicht des Naturschutzes. Landschaftspflege und Naturschutz Thüringen 42: 23–29.

Müller, O., Herpich, J., Rosenberger, S., Möller, f., Müller, N., Noske, M. & Jähnert, K. (2007): Klimatisch begrenzte Invasion nach Osten? Aktuelles Verbreitungsmuster von *Corbicula fluminea* in der Strom-Oder (Brandenburg). Lauterbornia 59: 133–139.

Muller, S. (2004): Invasives en France. Muséum d'Histoire Naturelle, Paris, 168 pp.

Müller, T. & Wendebourg, T. (1996): Ausbreitung der Spätblühenden Traubenkirsche (*Prunus serotina* Ehrh.) in nordwestdeutschen Kiefernforsten und ihre Folgen. Diplomarbeit, Universität Hannover, Inst. f. Landschaftspflege und Naturschutz.

Müller, T. (1982): Weißdorne und Rosen auf der Münsinger Alp. In: Stadt Münsingen (Hrsg.): Münsingen. Geschichte, Landschaft, Kultur. Münsingen, S. 639–658.

Mulvaney, M.J. (1991): Far from the garden path: an identikit picture of woody ornamental plants invading South-eastern Australian bushland. Ph.D. dissertation, Australian National University, Canberra, Australia.

Münch, D. (1989): Untersuchungen zur Stickstoffernährung von *Elodea canadensis* Michx. und anderen Süßwasser-Hydrocharietaceae. Diss. TU München.

Mürle, U., Ortlepp, J. & Rey, P. (2008): Koordinierte biologische Untersuchungen im Hochrhein 2006/07. Makroinvertebraten. Umwelt-Wissen 08/22, Bundesamt für Umwelt, Bern, 104 S.

Musgrave, T., Gardner, C. & Musgrave, W. (1999): Pflanzensammler und -entdecker. 200 Jahre abenteuerliche Expeditionen. Christian Verlag, München, 224 S.

Mutschmann, f., Berger, L., Zwart, P. & Gaedicke, C. (2000): Chytridiomykose bei Amphibien – erstmaliger Nachweis für Europa. Berl. Münch. Tierärztl. Wschr. 113: 380–383.

Muys, B., Maddelein, D. & Lust, N. (1992): Ecology, practice and policy of black cherry (*Prunus serotina* Ehrh.) management in Belgium. Silva Gandavensis 57: 28–45.

Myers, K. (1986): Introduced vertebrates in Australia, with emphasis on the mammals. In: Groves, R.H. & Burdon, J.J. (eds.): Ecology of biologivcal invasions: an Australian perspective. pp. 120–135.

Naber, H. & Rotteveel, A.J.W. (1986): Legal measures concerning *Cyperus esculentus* L. in the Netherlands. Med. Fac. Landbouww. Rijksuniv. Gent 51 (2a): 355–357.

Naeem, S., Knops, J.M.H., Tilman, D., Howe, K.M., Kennedy, T. & Gale, S. (2000): Plant diversity increases resistance to invasion in the absence of covarying extrinsic factors. Oikos 91: 97–108.

Nath, M. (1990): Historische Pflanzenverwendung in Landschaftsgärten. Auswertung für den Artenschutz. Wernersche Verlagsgesellschaft, Worms, 236 S.

Natzke, E. (1998): Erfassung, Identifizierung, Vermehrung und Wiederansiedlung der Schwarzpappel (*Populus nigra*) in Sachsen-Anhalt. In: Weisgerber, H. & Janssen, A. (Hrsg.): Die Schwarzpappel. Probleme und Möglichkeiten bei der Erhaltung einer gefährdeten heimischen Baumart. Forschungsberichte der Hessischen Landesanstalt für Forsteinrichtung, Waldforschung und Waldökologie, Band 24: 99–111.

Naumann, A. (1931): Ein aufdringlicher Mongole. Pflanzenhistorische Studie. Mitt. Landesver. Sächs. Heimatsch. 30: 271-280 (zit. n. Weiss 2009).

Naumann, W.D. (1993): Overview of the *Vaccinium* industry in western Europe. Acta Horticulturae 346: 53–55.

Neff, C. (1998): Neophyten in Mannheim. Beobachtungen zu vegetationsdynamischen Prozessen in einer Stadtlandschaft. Beiträge zur Landeskunde Südwestdeutschlands und angewandten Geographie. Mannheimer Geograph. Arbeiten 46: 65–110.

Nehring, S. (1995): Dinoflaggelate resting cysts as factor of phytoplankton ecology of the North Sea. Helgoländer Meeresuntersuchungen 49: 375–392.

Nehring, S. (2005): International shipping – a risk for aquatic biodiversity in Germany. Neobiota 6: 125–143.

Nehring, S. (2006): NOBANIS – Invasive Alien Species Fact Sheet – *Crassostrea gigas*. http://www.nobanis.org (abgefragt Oktober 2009).

Nehring, S. (2008): Gebietsfremde Arten in unseren Gewässern: Die Handlungsmaxime heißt Prävention. Natur und Landschaft 83: 434–437.

Nehring, S. (2009): Aquatic alien species in German inland and coastal waters. http://www.aquatic-aliens.de (abgefragt August 2009).

Nehring, S. & Hesse, K.-J. (2008): Invasive alien plants in marine protected areas: the *Spartina anglica* affair in the European Wadden Sea. Biological Invasions 10: 937–950.

Nehring, S. & Klingenstein, f. (2008): Aquatic alien species in Germany. Listing system and options for action. Neobiota 7: 19–33.

Nehring, S. & Leuchs, H. (1999): Neozoa (Makrozoobethos) an der deutschen Nordseeküste: eine Übersicht. Bundesanstalt für Gewässerkunde, Koblenz, Bericht BfG 1200, 131 S.

Nentwig, W. (ed.): Biological invasions. Ecological Studies 193, Springer, Berlin, 441 pp.

Neuenschwander, E. (1988): Niemandsland. Umwelt zwischen Zerstörung und Gestalt. Birkhäuser, Basel, 195 S.

Neugebauer, A. & Tscharntke, T. (1997): Insektengesellschaften auf Gräsern unterschiedlicher Sorten. Mitt. Dtsch. Ges. Allg. Angw. Ent. 11: 755–758.

Neumann, O. (1951): Die Roteiche. Forst und Holz 6: 292–295.

Neumann, P. & Elzen, P.J. (2004): The biology of the small hive beetle (*Aethina tumida*, Coleoptera: Nitidulidae): Gaps in our knowledge of an invasive species. Apidologie 35: 229–247.

Newman, J.R., & Dawson, f.H. (1999): Ecology, distribution and chemical control of *Hydrocotyle ranunculoides* in the U.K. Hydrobiologia 415: 295–298.

Nezadal, W. & Bauer, M. (1996): Der Einfluß von Neophyten auf die uferbegleitende Vegetation an Fließgewässern in Mittelfranken. Braunschweiger Geobotanische Arbeiten 4: 243–258.

Nezadal, W. & Heider, G. (1994): Ruderalpflanzengesellschaften der Stadt Erlangen. Teil II: Mehrjährige Ruderalgesellschaften (Artemisietea). Hoppea, Denkschr. Regensb. Bot. Ges. 55: 193–253.

Nielsen, C., Heimes, C. & Kollmann, J. (2008): Little evidence for negative effects of an invasive alien plant on pollinator services. Biol. Invasions 10: 1353–1363.

Nielsen, C., Vanaga, I., Treikala, O & Riekule, I. (2007): Mechanical and chemical control of *Heracleum mantegazzianum* and. *H. sosnowskyi*. In: Pyšek, P., Cock, M.J.W., Nentwig, W. & Ravn, H.P (eds.): Ecology and management of giant hogweed (*Heracleum mantegazzianum*). CAB International, Wallingford, pp. 226–239.

Niemeyer-Lüllwitz, A. (1997): Ziele, Möglichkeiten und Grenzen des Naturschutzes in Kleingärten. Mitt. NNA 3: 33–36.

Nietfeld, A. (1985): Reichsautobahn und Landschaftspflege. Landschaftspflege im Nationalsozialismus am Beispiel der Reichsautobahnen. Werkstattber. Instituts Landschaftsökonomie TU Berlin 13, 110 S.

Niethammer, G. (1963): Die Einbürgerung von Säugetieren und Vögeln in Europa. Hamburg, Berlin, 319 S.

Niggemann, M., Jetzkowitz, J., Brunzel, S., Wichmann, M.C. & Bialozyt, R. (2009): Distribution patterns of plants explained by human movement behaviour. Ecological Modelling 220: 1339–1346.

NOBANIS (2007): North European and Baltic network on invasive alien species. [www.nobanis.org]

Nobbe, f. (1876): Handbuch der Samenkunde. Physiologisch statistische Untersuchungen über den Gebrauchswert der land- und forstwirtschaftlichen sowie gärtnerischen Saatwaren. Wiegand, Hempel & Parey, Berlin.

Nowack, R. (1993): Massenvorkommen von *Dittrichia graveolens* (L.) Greut. (Klebriger Alant) an Autobahnen in Süddeutschland. Florist. Rundbr. 27: 38–40.

Nummi, P. (2006): NOBANIS – Invasive Alien Species Fact Sheet – *Castor canadensis*. http://www.nobanis.org (abgefragt Oktober 2009).

Nummi, P., Väänänen, V.-M. & Malinen, J. (2006): Alien grazing; indirect effects of muskrat on invertebrates. Biol. Invasions 8: 993–999.

O'Dowd, D.J., Green, P.T. & Lake, P.S. (2003): Invasional ‚meltdown' on an oceanic island. Ecol. Lett. 6: 812–817.

Oberdorfer, E. (1979): Pflanzensoziologische Exkursionsflora. Ulmer, Stuttgart, 1050 S.

Ochsmann, J. (1996): *Heracleum mantegazzianum* Sommier & Levier (Apiaceae) in Deutschland. Untersuchungen zur Biologie, Verbreitung, Morphologie und Taxonomie. Feddes Repert. 107: 557–595.

Oduor, G. (1996): Biological pest control and invasives. In: Sandlund, O.T., Schei, P.J. & Viken, A. (eds.): Proceedings of the Norway / UN Conference on alien species. Trondheim, pp. 116–122.

Oguto-Ohwayo, R. (1996): Nile perch in Lake Viktoria: effects on fish species diversity, ecosystem functions and fisheries. In: Sandlund, O.T., Schei, P.J. & Viken, A. (eds.): Proceedings of the Norway / UN Conference on alien species. Trondheim, pp. 93–98.

Olden, J.D., Poff, N.L., Douglas, M.R., Douglas, M.E. & Fausch, K.D. (2004): Ecological and evolutionary consequences of biotic homogenization. Trends Ecol. Evol. 19: 18–24.

Olenin, S. & Didziulis, V. (2009): Introduction to the list of alien taxa. In: DAISIE Handbook of alien species in Europe. Springer, Dordrecht, pp. 129–132.

Olsthoorn, A. & van Hees, A. (2002): 40 years of Black Cherry (*Prunus serotina*) control in the Netherlands: lessons for management of invasive tree species. Neobiota 1: 339–341.

Olthoff, T. (1986): Untersuchungen zur Insektenfauna Hamburger Straßenbäume. Ent. Mitt. Zool. Mus. Hamburg 8: 213–219.

Oosterbaan, A. & Olsthoorn, A. f.M. (2005): Control strategies for *Prunus serotina* and *Quercus rubra* as exotic tree species in The Netherlands. Neobiota 6: 177–181.

Otte, A. (1988): Möglichkeiten und Grenzen für die Erhaltung dörflicher Ruderalvegetation. Bayer. Landwirtschaftliches J.Buch 65: 279–286.

Otte, A. (1991): Veränderungen im Keimungs- und Auflaufverhalten bei *Chenopodium ficifolium* im Vergleich von 1950 zu 1985–88. In: Mahn, E.-G. & Tietze, f. (Hrsg.): Agro-Ökosysteme und Habitatinseln in der Agrarlandschaft. Halle, S. 38–48.

Otte, A., Eckstein, L. & Thiele, J. (2007): *Heracleum mantegazzianum* in its primary distribution range of the western greater Kaukasus. In: Pyšek, P., Cock, M.J.W., Nentwig, W. & Ravn, H.P (eds.): Ecology and management of giant hogweed (*Heracleum mantegazzianum*). CAB International, Wallingford, pp. 20–41.

Otte, A. & Franke, R. (1998): The ecology of the Caucasian herbaceous perennial *Heracleum mantegazzianum* Somm. et Lev. (Giant Hogweed) in cultural ecosystems of Central Europe. Phytocoenologia 28: 205–232.

Otte, A. & Ludwig, T. (1990): Planungsindikator dörfliche Ruderalvegetation. Bd. 1, 2. Materialien zur ländlichen Neuordnung (München) 18–19.

Otte, A. & Mattonet, B., 2001: Die Bedeutung von Archäophyten in der heutigen Vegetation ländlicher Siedlungen in Deutschland. In: Brandes, D. (Hrsg.): Adventivpflanzen. Beiträge zu Biologie, Vorkommen und Ausbreitungsdynamik von gebietsfremden Pflanzenarten in Mitteleuropa. Braunschweiger Geobotanische Arbeiten 8: 221–247.

Otte, A., Obert, S., Volz, H. & Weigand, E. (2002): Effekte von Beweidung auf *Lupinus polyphyllus* Lindl. in Bergwiesen des Biosphärenreservates Rhön. Neobiota 1: 101–133.

Otto, C., Alberternst, B., Klingenstein, f. & Nawrath, S. (2008): Verbreitung der Beifußblättrigen Ambrosie in Deutschland. Problematik und Handlungsoptionen aus Naturschutzsicht. BfN Skripten 235, 45 S., Anhang.

Otto, H.J. (1987): Skizze eines optimalen Douglasienwaldanbaues in Nordwestdeutschland. Forst u. Holz 19: 515–522.

Otto, H.J. (1994): Waldökologie. Ulmer, Stuttgart, 392 S.

Otto, H.J. (1995): Die sukzessionale Variabilität von Wäldern des niedersächsischen Pleistozäns als Grundlage eines naturnahen Waldbaus. Forstarchiv 4: 133–140.

Overton, R.P. (1990): *Acer negundo* L. Boxelder. In: Burns, R. M. & B. H. Honkala (eds.): Silvics of North America. Vol. 2, Agriculture Handbook 654, Washington D.C., pp. 41–45.

Owen, D. f. (1986): Do native plants support a richer lepidoperan fauna than alien plants? Environm. Conserv. 13: 359–362.

Owen, D. f. & Whiteway, W.R. (1980): *Buddleia davidii* in Britain: history and development of an associated fauna. Biol. Conserv. 17: 149–155.

Owen, J. (1991): The ecology of a garden. The first fifteen years. Cambridge University Press, Cambridge, 403 pp.

Paar, M., Tiefenbach, M. & Winkler, I. (1994): Trockenrasen in Österreich. Umweltbundesamt (Wien), Reports UBA-94-107, 86 S.

Paill, W. (2000): Slugs as prey for larvae and imagines of *Carabus violaceus* (Coleoptera: Carabidae). In: Brandmayr, P., Lövei, G., Zetto Brandmayr, T., Casale, A. & Vigna Taglianti, A. (Hrsg.): Natural History and Applied Ecology of Carabid Beetles. Pensoft Publ., Sofia, pp. 221–227.

Pallas, J. & Welk, E. (2008): Erkenntnisse zum ökologischen Verhalten von *Prunus serotina* Ehrh. (Späte Traubenkirsche) aus nordwestdeutscher, regionaler und globaler Sicht. Abh. Westf. Mus. Naturkd. 70: 165-198.

Palm, H. (1998): Die Alleen des Großen Gartens in Hannover-Herrenhausen. Ein Versuch der Annäherung an das historische Bild. In: Kowarik, I., Schmidt, E., Sigel, B. (Hrsg.): Naturschutz und Denkmalpflege. Wege zu einem Dialog im Garten. vdf Hochschulverlag an der ETH, Zürich, S. 251–266.

Parker, I.M., Simberloff, D., Lonsdale, W.M., Goodell, K., Wonham, M., Kareiva, P.M., Williamson, M.H., von Holle, B., Moyle, P.B., Byers, J.E. & Goldwasser, L. (1999): Impact: towards a framework for understanding the ecological effects of invaders. Biological Invasions 1: 3–19.

Parsons, W.T. & Cuthbertson, E.G. (1992): Noxious weeds of Australia. 2nd edition 2001, Collingwood, CSIRO Publishing, 698 pp.

Passarge, H. (1988): Neophytenreiche märkische Bahnbegleitgesellschaften. Gleditschia 16: 187–197.

Passarge, H. (1990): Ortsnahe Ahorn-Gehölze und Ahorn-Parkwaldgesellschaften. Tuexenia 10: 369–384.

Passarge, H. (1996): Bemerkenswerte Ruderalgesellschaften am Postdamer Platz (Berlin). Tuexenia. 16: 539–552.

Patzak, U. & Gutzweiler, K. (2008): Waldbauliche Möglichkeiten der Rückdämmung und Eindämmung der Rot-Esche in künftig nicht bewirtschafteten Waldbeständen. Veröff. LPR Landschaftsplanung Dr. Reichhoff GmbH, 4: 55–61.

Patzak, U. & Reichhoff, L. (2008): Exkursionsbericht. Vorstellung der Roteschenproblematik and Beispielflächen. Veröff. LPR Landschaftsplanung Dr. Reichhoff GmbH, 4: 67–70.

Pauchard, A., Küffer, C., Dietz, H., Daehler, C.C., Alexander, J., Edwards, P.J., Arevalo, J.R., Cavieres, L.A., Guisan, A., et al. (2009): Ain't no mountain high enough: plant invasions reaching new elevations. Front. Ecol. Environ. 7: 479–486.

Pearson, D.E. J, McKelvey, K.S. & Ruggiero, L. f. (2000): Non-target effects of an introduced control agent on on deer mouse ecology. Oecologia 122: 121–128.

Pelz, H.-J. (1996): Zur Geschichte der Bisambekämpfung in Deutschland. Mitt. Biol. Bundesanst. Land-Forstwirtsch. Berlin-Dahlem 317: 219–234.

Perglová, I., Pergl, J. & Pyšek, P. (2007): Reproductive ecology of *Heracleum mantegazzianum*. In: Pyšek, P., Cock, M.J.W., Nentwig, W. & Ravn, H.P, eds. (2007): Ecology and management of giant hogweed (*Heracleum mantegazzianum*). CAB International, Wallingford, pp. 55-73.

Perrings, C., Dehnen-Schmutz, K., Touza, J. & Williamson, M. (2005): How to manage biological invasions under globalization. Trends Ecol. Evol. 20: 212–215.

Perrings, C., Williamson, M. & Dalmazzone S., eds. (2000): The economics of biological invasions. Edward Elgar, Cheltenham, 249 pp.

Perrins, J., Williamson, M.H. & Fitter, A. (1992): Do annual weeds have predictable characters? Acta Oecologica 13: 517–533.

Peschel, T. (2000): Vegetationskundliche Untersuchungen der Wiesen- und Rasengesellschaften historischer Gärten in Potsdam. Ibidem Verlag, Stuttgart, 109 S., Anhang.

Peters, M. (1996): Vergleichende Vegetationskartierung der Insel Borkum und beispielhafte Erfassung der Veränderung von Landschaft und Vegetation einer Nordseeinsel. Diss. Bot. 257.

Petit, R.J. (2004): Biological invasions at the gene level. Diversity Distrib. 10: 159–165.

Pfadenhauer, J. & Wirth, J. (1988): Alte und neue Hecken im Vergleich am Beispiel des Tertiärhügellandes im Landkreis Freising. Ber. ANL 12: 59–69.

Pfenninger, M., Reinhardt, f. & Streit, B. (2002): Evidence for cryptic hybridization between different evolutionary lineages of the invasive clam genus *Corbicula* (Veneroida, Bivalvia). J. Evol. Biol. 15: 818–829.

Pfitzner, G. (1983): Der Stellenwert eines *Buddleja*-Beobachtungsnetzes für die Erfassung von Tagfalterbeständen. Öko-L 5: 10–16.

Pheloung, P.C., Williams, P.A. & Halloy, S.R. (1999): A weed risk assessment model for use as a biosecurity tool evaluating plant introductions. Journal of Environmental Management 57: 239–251.

Philippi, G. (1971): Zur Kenntnis einiger Ruderalgesellschaften der nordbadischen Flugsandgebiete um Mannheim und Schwetzingen. Beitr. z. naturkl. Forsch. in Südwestdt. 30: 113–131.

Philippi, G. (1978a): Die Vegetation des Altrheingebietes bei Rußheim. In: Der Rußheimer Altrhein. Eine nordbadische Auenlandschaft. Natur- und Landschaftsschutzgebiete Bad.-Württ. 10: 103–267.

Philippi, G. (1978b): Veränderungen der Wasser- und Uferflora im badischen Oberrheingebiet. Veröff. Natursch. Landschaftspfl. Bad.-Württ., Beih. 11: 99–134.

Phillips, P.W.B. (2003): The economic impact of herbicide tolerant canola in Canada. In: Kalaitzandonakes, N.G. (ed.): The economic and environmental impacts of Agbiotech. A global perspective. Kluwer Academic/Plenum Publishers, New York, pp. 119–139.

Pilsl, P., Schröck, C., Kaiser, R., Gewolf, S., Nowotny, G. & Stöhr, O. (2008): Neophytenflora der Stadt Salzburg. Sauteria 17, 597 S.

Pimentel, D. (2002): Biological invasions: economic and environmental costs of alien plant, animal and microbe species. CRC Press, Bota Raton, Florida, 369 pp.

Pimentel, D.L., Lach, R.Z., Zuniga, R. & Morrison, D. (2000): Environmental and economic costs of non-indigenous species in the United States. BioScience 50: 53–65.

Pimentel, D., Pimentel, M. & Wilson, A. (2007): Plant, animal, and miocrobe invasions in the United States and world. In: Nentwig, W. (ed.): Biological invasions. Ecological Studies 193: 315–330.

Piqueray, J., Mahy, G. & Vanderhoeven, S. (2008): Naturalization and impact of a horticultural species, *Cotoneaster horizontalis* (Rosaceae) in biodiversity hotspots in Belgium. Belg. J. Bot. 141: 113–124.

Plachter, H. (1991): Naturschutz. Fischer, Stuttgart, Jena, 463 S.

Plarre, W. (1986): Erhaltung historischer Kulturpflanzen. SchrR. Stiftung Schutz gef. Pflanzen 4: 40–58.

Platen, R. & Kowarik, I. (1995): Dynamik von Pflanzen-, Spinnen- und Laufkäfergemeinschaften bei der Sukzession von Trockenrasen zu Gehölzgesellschaften auf innerstädtischen Brachflächen in Berlin. Verh. Ges. f. Ökol. 24: 431–439.

Pniower, G. (1952): Naturschutz im Spiegel der Landeskultur. Natur und Heimat, Heft 2: 4–22.

Pöckl, M. (2007): Strategies of a successful new invader in European fresh waters: fecundity and reproductive potential of the Ponto-Caspian amphipod *Dikerogammarus villosus* in the Austrian Danube, compared with the indigenous *Gammarus fossarum* and *G. roeseli*. Freshwater Biology 52: 50–63.

Poland, T.M. & McCullough, D.G. (2006): Emerald ash borer: invasion of the urban forest and the threat to North America's ash resource. J. Forestry 104: 118–124.

Popa, O.P., Kelemen, B.S., Murariu, D. & Popa, L.O. (2007): New records of *Sinanodonta woodiana* (Lea, 1834) (Mollusca: Unionidae) from Eastern Romania. Aquatic Invasions 2: 265–267.

Poppendieck, H.H. (1996a): Stinzenpflanzen in Schleswig-Holstein und Hamburg. In: v. Buttlar, A. & Meyer, M.M. (Hrsg.): Historische Gärten in Schleswig-Holstein. Boyens & Co., Heide, S. 676–681.

Poppendieck, H.H. (1996b): Historische Zierpflanzen in schleswig-holsteinischen Gärten und Parkanlagen. In: v. Buttlar, A. & Meyer, M.M. (Hrsg.): Historische Gärten in Schleswig-Holstein. Boyens & Co., Heide, S. 60–74.

Poppendieck, H.-H. (2007): Die Gattungen *Ambrosia* und *Iva* (Compositae) in Hamburg, mit einem Hinweis zur Problematik der *Ambrosia*-Bekämpfung. Ber. Bot. Ver. Hamburg 23: 53–70.

Por, f.D. (1978): Lessepsian migration. The influx of Red Sea biota into the Mediterranean by way of the Suez Canal. Springer, Berlin, 228 pp.

Poschlod, P., Bakker, J., Bonn, S. & Fischer, S. (1996): Dispersal of plants in fragmented landscapes. In: Settle, J., Margules, C.R., Poschold, P. & Henle, K. (eds.): Species survival in fragmented landscapes. pp. 123–127.

Poschlod, P. & Bonn, S. (1998): Changing dispersal processes in the central European landscape since the last Ice Age: an explanation for the actual decrease of plant species richness in different habitats? Acta Bot. Neerland. 47: 27–44.

Pott, R. (1992): Die Pflanzengesellschaften Deutschlands. Ulmer, Stuttgart, 427 S.

Pounds, J.A., Bustamante, M.R., Coloma, L.A., Consuegra, J.A., Fogden, M.P., Foster, P.N., La Marca, E., Masters, K.L., Merino-Viteri, A., Puschendorf, R., Ron, S.R., Sanchez-Azofeifa, G.A., Still, C.J. & Young, B.E. (2006): Widespread amphibian extinctions from epidemic disease driven by global warming. Nature 439: 161–167.

Powell, R.H. (1968): Harmfull plant species entering New Zealand 1963-1967. New Zealand J. Bot. 6: 395–401.

Prach, K., Hadinec, J., Michalek, J. & Pyšek, P. (1995): Forest planting as a way of species dispersal. Forest Ecol. Manage. 76: 191–195.

Prach, K. & Pyšek, P. (1994): Spontaneous establishment of woody plants in central European derelict sites and their potential for reclamation. Restoration Ecology 2: 190–197.

Prange, W. (1996): Das Kleine Immergrün (*Vinca minor* L.) in Westdeutschland: eine Kulturreliktpflanze aus römischer Zeit. Schrift. Naturwiss.Vereins Schleswig-Holstein 66: 71–96.

Prasse, R., Ristow, M., Klemm, G., Machatzi, B., Scholz, H., Stohr, G. & H. Sukopp (2001): Liste der wildwachsenden Gefäßpflanzen des Landes Berlin mit Roter Liste. Herausgegeben von Senatsverwaltung für Stadtentwicklung und Umweltschutz der Stadt Berlin / Der

Landesbeauftragte für Naturschutz und Landschaftspflege, 85 S.

Prati, D. & Bosdorf, O. (2004): A comparison of native and introduced populations of the South African ragwort *Senecio inaeaquidens* DC. in the field. In: Breckle, S.-W., Schweizer, B. & Fangmeier, A. (eds.): Results of wordwide studies. Proceedings of the 2nd symposium of the AFW Schimper-Foundation, Hohenheim 2002. Heimbach, Stuttgart, pp. 1–7.

Preleuthner, M. & Pinsker, W. (1999): Genetische Verarmung des Alpenmurmeltieres (*Marmota m. marmota*) in Österreich: Befunde aus Isoenzymanalysen. Stapfia 63: 129–138.

Preston, C.D., Pearman, D.A. & Dines, T.D. (2003): New Atlas of the British & Irish Flora. Oxford University Press, Oxford, 928 pp.

Preywisch, K. (1964): Vorläufige Nachricht über die Ausbreitung des Drüsigen Springkrauts (*Impatiens glandulifera* Royle) im Wesergebiet. Natur und Heimat 24: 101–104.

Probst, R. (1949): Wolladventivflora Mitteleuropas. Solothurn.

Protopopova, V.V., Shevera, M.V., & Mosyakin, S.L. (2006): Deliberate and unintentional introduction of invasive weeds: A case study of the alien flora of Ukraine. Euphytica 148: 17–33.

Puc, M. (2004): Ragweed pollen in the air of Szczechin. Ann. Agric. Environm. Med. 11: 53–57.

Punz, W., Kober, M., Armeanu, K., Kugler, R., Engenhardt, M., Schinninger, I., Sieghardt & Maier, R. (2004): Beiträge zur Ökophysiologie von *Ailanthus altissima* im Raum Wien. Verh. Zool.-Bot. Ges. Österreich 141: 1–11.

Pyšek, A., Osbornova, J. & Pyšek, P. (1984): Zur Vegetation der Prager Mühlen. Acta Bot. Slov. Acad. Sci. Sclovacae, Ser. A, Suppl. 1: 267–271.

Pyšek, P. (1991): *Heracleum mantegazzianum* in the Czech Republik: dynamics of spreading from the historical perspective. Folia Geobot. Phytotax. 26: 439–454.

Pyšek, P. (1994): Ecological aspects of invasion by *Heracleum mantegazzianum* in the Czech Republic. In: de Waal, L.C., Child, L.E., Wade, P.M. & Brock, J.H. (eds.): Ecology and Management of Invasive Riverside Plants, J. Wiley, Chichester, pp. 45–54.

Pyšek, P. (1995): Invasion dynamics of *Impatiens glandulifera* – a century of spreading reconstructed. Biol. Conserv. 74: 41–48.

Pyšek, P. (1997): Clonality and plant invasions: can a trait make a difference? In: de Kroon, H. & van Groenendal, J. (eds.): The ecology and evolution of clonal plants. Backhuys Publ., Leiden, pp. 405–427.

Pyšek, P. (1998): Alien and native species in Central European urban floras: a quantitive comparison. J. Biogeogr. 25: 155–163.

Pyšek, P. & Hulme, P.E. (2005): Spatio-temporal dynamics of plant invasions: linking pattern to process. Ecosience 12: 302–315.

Pyšek, P. & Jarosik, V. (2005): Residence time determines the distribution of alien plants. In: Inderjit (ed.): Invasive plants: Ecological and agricultural aspects. Birkhäuser, Basel, pp. 77-96.

Pyšek, P. & Prach, K. (1993): Plant invasions and the role of riparian habitats: a comparison of four species alien to Central Europe. J. Biogeogr. 20: 413–420.

Pyšek, P. & Prach, K. (1994): How important are rivers for supporting plant invasions? In: de Waal, L.C., Child, L.E., Wade, P.M. & Brock, J.H. (eds.): Ecology and Management of Invasive Riverside Plants, J. Wiley, Chichester, pp. 19–26.

Pyšek, P. & Pyšek, A. (1990): Comparison of the vegetation and flora of the West Bohemian villages and towns. In: Sukopp, H., Hejny, S. & Kowarik, I. (eds.): Urban ecology. Plants and plant communities in urban environments, SPB Acad. Publ., The Hague, pp. 105–112.

Pyšek, P. & Pyšek, A. (1991): Vergleich der dörflichen und städtischen Ruderalflora, dargestellt am Beispiel Westböhmens. Tuexenia 11: 121–134.

Pyšek, P. & Pyšek, A. (1995): Invasion of *Heracleum mantegazzianum* in different habitats in the Czech Republic. J. Veget. Sci. 6: 711–718.

Pyšek, P. & Richardson, D.M. (2007): Traits associated with invasiveness in alien plants: where do we stand? In: Nentwig, W. (ed.): Biological invasions. Ecological Studies 193: 97–125.

Pyšek, P., Prach, K. & P. Smilauer (1995a): Relating invasion sucess to plant traits: an analysis of the czech alien flora. In: Pyšek, P., Prach, K., Rejmánek, M. & P.M. Wade (eds.): Plant invasions. general aspects and special problems. SPB Academic Publishing, Amsterdam, pp. 39–60.

Pyšek, P., Kucera, T., Puntieri, J. & Mandak, B. (1995b): Regeneration in *Heracleum mantegazzianum*. Response to removal of vegetative and generative parts. Preslia 67: 161–171.

Pyšek, P., Sádlo, J. & Mandák, B. (2002): Catalogue of alien plants of the Czech Republic. Preslia 74: 97–186.

Pyšek, P., Richardson, D.M., Rejmánek, M., Webster, G.L., Williamson, M. & Kirschner, J. (2004): Alien plants in checklists and floras: towards better communication between taxonomists and ecologists. Taxon 53: 131–143.

Pyšek, P., Richardson, D. M. & Jarošík, V. (2006): Who cites who in the invasion zoo: insights from an analysis of the most highly cited papers in invasion ecology. Preslia 78: 437–468.

Pyšek, P., Perglová, I., Krinke, L., Jarosik, V., Pergl, J. & Moravová, L. (2007a): Regeneration ability of *Heracleum mantegazzianum* and implications for control. In: Pyšek, P., Cock, M.J.W., Nentwig, W. & Ravn, H.P (eds.): Ecology and management of giant hogweed (*Heracleum mantegazzianum*). CAB International, Wallingford, pp. 112-125.

Pyšek, P., Cock, M.J.W., Nentwig, W. & Ravn, H.P, eds. (2007b): Ecology and management of giant hogweed (*Heracleum mantegazzianum*). CAB International, Wallingford, 324 pp.

Pyšek, P., Lambdon, P.W., Arianoutsou, M., Kühn, I., Pino, J. & Winter, M. (2009): Alien vascular plants of Europe.

In: DAISIE, Handbook of alien species in Europe, Springer, Dordrecht, pp. 43–61.

Qian, H., McKinney, M.L. & Kühn, I. (2008): Effects of introduced species on floristic similarity: comparing two US states. Basic and Applied Ecology 9: 617–625.

Quené-Boterenbrood, A.J. & Mennema, J. (1974): *Pistia stratiotes* L., een nieuw „Aquariumadventief" voor Nederland. Gorteria 7: 28–29.

Quinger, B., Bräu, M. & Kornprobst, M. (1994): Lebensraumtyp Kalkmagerrasen. Landschaftspflegekonzept Bayern, Band II. 1. Bayerisches Staatsministerium für Landesentwicklung und Umweltfragen und Akademie für Naturschutz und Landespflege (Hrsg.), München, 581 S.

Rabitsch, W. (2008): Alien true bugs of Europe (Insecta: Hemiptera: Heteroptera). Zootaxa 1827: 1–44.

Rabitsch, W. (2009): Gebietsfremde Ameisen: Eine Übersicht (Hymenoptera, Formicidae). Denisia 25: 119–140.

Rabitsch, W. & Essl, f. (2006): Biological invasions in Austria: patterns and case studies. Biol. Invasions 8: 295–308.

Rabitsch, W., Lethmayer, C.& Grabenweger, G. (2005): Insekten und Spinnentiere. In: Bundesministerium für Land- und Forstwirtschaft, Umwelt und Wasserwirtschaft (Hrsg.): Aliens. Neobiota in Österreich. Böhlau, Wien, S. 171–188.

Radkowitsch, A. (1996): Der Klebrige Alant – *Dittrichia graveolens* (L.) Des f. Aktueller Stand der Ausbreitung in Bayern. Hoppea, Denkschr. Regensb. Bot. Ges. 57: 473–482.

Radkowitsch, A. (1997): *Senecio inaequidens* DC. – ein Beitrag zur Verbreitung in Deutschland unter besonderer Berücksichtigung von Bayern. Hoppea 58: 389–404.

Rahel, f.J. (2000): Homogenization of fish faunas across the United States. Science 288: 854–856.

Rahel, f.J. (2002): Homogenization of freshwater faunas. Annu. Rev. Ecol. Syst. 33: 291–315.

Rajagopal. S., van der Velde, G., Paffen, B., van den Brink, f. & Bij de Vaate, A. (1999): Life history and reproductive biology of the invasive amphipod *Corophium curvispinum* (Crustacea: Amphipoda) in the Lower Rhine. Arch. Hydrobiol. 144: 305–325.

Rajagopal, S., van der Velde, G. & Bij de Vaate, A. (2000): Reproductive biology of the Asiatic clams *Corbicula fluminalis* and *Corbicula fluminea* in the river Rhine. Arch. Hydrobiol. 149: 403–420.

Ramakrishnan, P.S. ed. (1991): Ecology of biological invasions in the tropics. International Scientific Publications, New Dehli, 195 pp.

Randig, W. & Brandes, D. (1989): Adventivarten in *Trifolium resupinatum*-Äckern in Niedersachsen. Florist. Rundbr. 23: 52–53.

Rauer, G., von den Driesch, M., Lobin, W., Ibisch, P.L. & Barthlott, W. (2000): Beitrag der deutschen Botanischen Gärten zur Erhaltung der Biologischen Vielfalt und Genetischer Ressourcen. Bestandsaufnahme und Entwicklungskonzept. Bundesamt für Naturschutz, Bonn, 246 S.

Rauhut, B. (1996): Errichtung und Sicherung schutzwürdiger Teile von Natur und Landschaft mit gesamtstaatlich repräsentativer Bedeutung. Projekt: Krähenbeer-Küstenheiden, Niedersachsen. Natur und Landschaft 71: 295–303.

Rebel, H. (1925): Der Ailanthusseidenspinner, ein heimisch gewordener Großschmetterling, seine Lebensweise und Zucht, Rassen, Verbreitung und Einbürgerung, sowie dessen Bedeutung als Seidenspinner. Wien.

Rebele, f. (1986): Die Ruderalvegetation der Industriegebiete von Berlin (West) und deren Immissionsbelastung. Landschaftsentw. u. Umweltforsch. 43: 1–224.

Rebele, f. (1992): Colonization and early succession on anthropogenic soils. J. Veg. Sci. 3: 201–208.

Rebele, f. & Dettmar, J. (1996): Industriebrachen. Ökologie und Management. Ulmer, Stuttgart, 188 S.

Redl, H. (1999): Die Reblaus auch in Österreich wieder (beängstigend?) im Kommen. Der Pflanzenarzt 52: 8–12.

Regal, P.J. (1986): Models of genetically engineered organisms and their ecological impact. In: Mooney, H.A. & Drake, J.A. (eds.): Ecology of biological invasions of North America and Hawaii. Ecol. Studies 58: 111–132.

Rehnert, M. & Böcker, R. (2008): Untersuchungsgebiet Südlicher Schönbuch: lignicole Pilze an *Robinia* pseudoacacia L. im Vergleich zu Stadt- und Alleebäumen. Ber. Inst. Landschafts- u. Pflanzenökol. Univ. Hohenheim 17: 189–198.

Reichard, S.H. (1997): Prevention on invasive plant introductions on national and local levels. In: Luken, J.O. & Thieret, J.W. (eds.): Assessment and management of plant invasions. Springer, New York, Berlin, Heidelberg, pp. 215–227.

Reichard, S.H. & Hamilton, C.W. (1997): Predicting invasions of woody plants introduced into North America. Conserv. Biol. 11: 193–203.

Reichhoff, L. & Böhnert, W. (1978): Zur Pflegeproblematik von Festuco-Brometea-, Sedo-Scleranthetea- und Corynephoretea-Gesellschaften in Naturschutzgebieten im Süden der DDR. Arch. Naturschutz Landschaftsforsch. 18: 81–102.

Reichhoff, L. & Reichhoff, K., Hrsg. (2008): Die Rot-Esche (*Fraxinus pennsylvanica*) – eine invasive Baumart in den Hartholzauenwäldern des Mittelelbegebietes? Verö ff. LPR Landschaftsplanung Dr. Reichhoff GmbH 4: 1–72.

Reichholf, J.H. (1996): Mehr Toleranz für fremde Arten. Nationalpark 2/91: 21–25.

Reidl, K. & Dettmar, J. (1993): Flora und Vegetation der Städte des Ruhrgebietes, insbesondere der Stadt Essen und der Industrieflächen. Ber. z. dt. Landeskde. 67: 299–326.

Reif, A. & Aulig, G. (1993): Künstliche Neupflanzung naturnaher Hecken. Natursch. u. Landschaftspl. 25: 85–93.

Reif, A. & Nickel, E. (2000): Pflanzung von Gehölzen und „Begrünung". Ausgleich oder Eingriff in Natur und Landschaft? Naturschutz und Landschaftsplanung 32: 299–308.

Reinhardt, f., Herle, M., Bastiansen, f. & Streit, B. (2003): Ökonomische Folgen der Ausbreitung von Neobiota. Umweltbundesamt, Texte 79/03: 248 S.

Reise, K. (1994): Das Schlickgras *Spartina anglica*: die Invasion einer neuen Art. In: Lozán. J.M., Rachor, E., Reise, K. & von Westernhagen, H. (Hrsg.): Warnsignale aus dem Wattenmeer. Blackwell, Blackwell, Berlin, S. 211–214,

Reise, K. (1998): Pacific oysters invade mussel beds in the European Wadden Sea. Senckenbergiana Maritima 28: 167–175.

Reise, K. (2008): Oysters: natives gone and aliens coming. Neobiota 7: 258–262.

Reise, K., Gollasch, S. & Wolff, W.J. (1999): Introduced marine species of the North Sea coasts. Helgoländer Meeresuntersuchungen 52: 219–234.

Reise, K., Gollasch, S. & Wolff, W.J. (2002): Introduced marine species of the North Sea coasts. In: Leppäkoski, E., Gollasch, S. & Olenin, S. (eds.): Invasive Aquatic Species of Europe - Distribution, Impacts and Management. Kluwer, Dordrecht, pp. 260–266.

Rejmánek, M. (1995): What makes a species invasive? In: Pyšek, P., Prach, K., Rejmánek, M. & P.M. Wade (eds.): Plant Invasions. General Aspects and Special Problems. SPB Academic Publishing, Amsterdam, pp. 3–13.

Rejmánek, M. (1996a): Invasive plant species and invasible ecosystems. In: Sandlund, O.T., Schei, P.J. & Viken, A.: Norway / UN Conference on Alien Species. The Trondheim Conferences on Biodiversity, 1–5 July 1996, Proceedings, p. 60–68.

Rejmánek, M. (1996b): A theory of seed plant invasivness: The first sketch. Biol. Conserv. 78: 171–181.

Rejmánek, M. (1996c): Species richness and resistance to invasions. Diversity vs. stability. In: Orians, G.H., Dirzo & Cushman (eds.): Biodiversity and ecosystem processes in tropical forests. Springer, Berlin, Heidelberg, pp. 153–171.

Rejmánek, M. (1999): Invasive plant species and invasible ecosystems. In: Sandlund, O.T., Schei, P.J. & Vilken, A. (eds.): Invasive species and biodiversity management. Kluwer Academic Publishers, Dordrecht, pp. 79–102.

Rejmánek, M. (2000): Invasive plants: approaches and predictions. Austral. Ecol.25: 497–506.

Rejmánek, M. & Richardson, D.M. (1996): What attributes make some plant species more invasive? Ecology 77: 1655–1661.

Rejmánek, M., Richardson, D.M., Barbour, M.G., Crawley, M.J., Hrusa, G.f., Moyle, P.B., Randall, J.M., Simberloff, D. & Williamson, M. (2002): Biological invasions: politics and the discontinuity of ecological terminology. ESA B 83: 131–133.

Rejmánek, M., Richardson, D.M. & Pyšek , P. (2005): Plant invasions and invasibility of plant communities. In: van der Maarel, E. (ed.): Vegetation ecology. Blackwell, Oxford, pp. 332–355.

Remmy, K. & Gruber, f. (1993): Untersuchungen zur Verbreitung und Morphologie des Wild-Apfels (*Malus sylvestris* (L.) Mill.). Mitt. Dt. Dendrol. Ges. 81: 71–94.

Rhymer, J. M. & Simberloff, D. (1996): Extinction by hybridization and introgression. Annual Review of Ecology and Systematics 27: 83–109.

Ricciardi, A. (2006): Patterns of invasion of the Laurentian Great Lakes in relation to changes in vector activity. Diversity Distrib. 12: 425–433.

Ricciardi, A. & Cohen, J. (2007): The invasiveness of an introduced species does not predict its impact. Biological Invasions 9: 309–315.

Ricciardi, A. & MacIsaac, H.J. (2000): Recent mass invasion of the North American Great Lakes by Ponto-Caspian species. Trends Ecol. Evol. 15: 62–65.

Richardson, B.J. (2001): Calcivirus, myxoma virus and the wild rabbit in Australia: a tale of three invasions. In: Smith, G.L., Irving, W.L., McCauley, J.W. & Rowlands, D.J. (eds.): New challenges to health: the threat of virus infection. Cambridge Univ. Press, Cambridge, pp. 67–87.

Richardson, D.M. (1996): Forestry trees as alien invaders: the current situation and propects for the future. In: Sandlund, O.T., Schei, P.J. & Viken, A. (eds.): Proceedings of the Norway / UN Conference on alien species. Trondheim, pp. 127–134.

Richardson, D.M. & Pyšek, P. (2006): Plant invasions: merging the concepts of species invasiveness and community invasibility. Progress in Physical Geography 30: 409–431.

Richardson, D.M. & Pyšek, P. (2008): Fifty years of invasion ecology: The legacy of Charles Elton. Diversity Distrib. 14: 161–168.

Richardson, D.M., Cowling, R.M. & D.C. Le Maitre (1990): Assessing the risk of invasive success in *Pinus* and *Banksia* in South African mountain fynbos. J. Veg. Sci. 1: 629–642.

Richardson, D.M., Pyšek, P., Rejmánek, M., Barbour, M.G., Panetta, f.D. & West, C.J. (2000): Naturalization and invasion of alien plants: concepts and definitions. Diversity Distrib. 6: 93–107.

Richardson, D.M., Williams, P.A. & Hobbs, R.J. (1994): Pine invasions in the southern hemisphere: determinants of spread and invadability. J. Biogeogr. 21: 511–527.

Richter, M. & Böcker, R. (2001): Städtisches Vorkommen und Verbreitungstendenzen des Blauglockenbaumes (*Paulownia tomentosa*) in Südwestdeutschland. Mitt. Dt. Dendrol. Ges. 86: 125–132.

Ries, C. (1992): Überblick über die Ackerunkrautvegetation Österreichs und ihre Entwicklung in neuerer Zeit. Diss. Bot. 187.

Rietschel, G. (1996): Zum Auftreten von *Phyllonorycter robinella* (Clemens, 1859) (Lepidoptera, Gracillariidae), einer Miniermotte in Süddeutschland. Philippia 7: 315–318.

Rietschel, G. (1997): Ein Überwinterungsquartier der Robinien-Miniermotte *Phyllonorycter robinella* (Clemens, 1895) (Lepidoptera, Gracillariidae). Philippia 8: 73–76.

Rikli, M. (1903): Die Anthropochoren und der Formenkreis des *Nasturtium palustre* (Leyss) DC. Ber. Schweiz. Bot. Ges. 13: 71–82.

Ringenberg, J. (1994): Analyse urbaner Gehölzbestände am Beispiel der Hamburger Wohnbebauung. Dr. Kovac, Hamburg, 220 S.

Ritter, S. (1995): Vergiftungsfälle mit Pflanzen. In: v. Mühlendahl, K.E., Oberisse, U., Bunjes, R. & Ritter, S. (Hrsg.): Vergiftungen im Kindesalter. 3. Aufl., f. Enke, Stuttgart, S. 340–401.

Rode, M., Kowarik, I., Müller, T. & Wendebourg, T. (2002): Ökosystemare Auswirkungen von *Prunus serotina* auf norddeutsche Kiefernforsten. Neobiota 1: 135–148.

Rodriguez, L. f. (2006): Can invasive species facilitate native species? Evidence of how, when, and why these impacts occur. Biol. Invasions 8: 927–939.

Rohacova, M. & Drozd, P. (2009): How many heteropteran species can live on alien goldenrods *Solidago canadensis* and *S. gigantea* in Europe? Biologia 64: 981–993.

Rohde, U.H. (1994): Die Sandhausener Dünen. Naturkundliche Beiträge zu den Naturschutzgebieten „Pferdstrieb" und „Pflege Schönau-Galgenbuckel". Beih. Veröff. Natursch. u. Landschaftspfl. Bad.-Württ. 80, 387 S.

Rohner, M.S. (1995): Zur Flora und Vegetation aufgelassener Siedlungen (Wüstungen) auf dem Truppenübungsplatz Baumholder. SchrR. Vegetationskde. (Sukopp-Festschrift) 27: 209–215.

Roques, A. & Auger-Rozenberg, M.A. (2006): Tentative analysis of the interception of nonindigenous organisms in Europe during 1995–2004. EPPO Bull. 36: 490–496.

Roques, A., Rabitsch, W., Rasplus, J.-Y., Lopez-Vaamonde, C., Nentwig, W. & Kenis, M. (2009): Alien terrestrial invertebrates of Europe. In: DAISIE, Handbook of alien species in Europe. Springer, Dordrecht, pp. 63–79.

Ross, C.A. & Auge, H. (2008): Invasive *Mahonia* plants outgrow their native relatives. Plant Ecol. 199: 21-31.

Ross, C.A., Auge, H., Durka, W. (2008): Genetic relationships among three native North-American *Mahonia* species, invasive *Mahonia* populations from Europe, and commercial cultivars. Plant Systematics and Evolution 275: 219–229.

Roters, E. (1995): Jenseits von Arkadien. Die romantische Landschaft. Reihe art in context. Dumont, Köln, 176 S.

Rothmaler, W. (Begr.) (1996): Exkursionsflora von Deutschland. Band 2: Gefäßpflanzen, Grundband. 16., stark bearb. Aufl., Fischer, Jena, 639 S.

Rotteveel, A.J.W. & Naber, H. (1988): Changes in the chemical control of yellow nutsedge (*Cyperus esculentus* L.) in Maize. Med. Fac. Landbouww. Rijksuniv. Gent 53: 1241–1250.

Roy, H.E., Brown, P. & Majerus, M. (2006): *Harmonia axyridis*: a successful biocontrol agent or an invasive threat? In: Eilenberg, J. & Hokkanen, H. (eds.): An ecological and societal approach to biological control. Kluwer Acad. Publ., pp. 295–309.

Roy, J., Navas, M.L. & L. Sonié (1991): Invasion by annual brome grasses. A case study challenging the homocline approach to invasions. In: Groves, R.H. & f. di Castri (eds.): Biogeography of Mediterranean invasions. Cambridge University Press, Cambridge, pp. 207–224.

Rüdenauer, B., Rüdenauer, K. & Seybold, S. (1974): Über die Ausbreitung von *Helianthus*- und *Solidago*-Arten in Württemberg. Jh. Ges. Naturkde. Württemberg 129: 65–77.

Rudnick, D.A., Hieb, K., Grimmer, K. f. & Resh, V.H. (2003): Patterns and processes of biological invasion: The Chinese mitten crab in San Francisco Bay. Basic Appl. Ecol. 4: 249–262.

Ruiz, G. & Carlton, J.T. (2003): Invasive Species. Vectors and management strategies. Island Press, Washington, DC, 518 pp.

Rutkovska, S., Jurševska, G. & Evarts-Bunders, P. (2009): Invasive woody species of Rosaceae in Daugavpils (Latvia). Neobiota 8: 161–167.

Ryves, T.B., Clement, E.J. & Foster, M.C. (1996): Alien grasses of the British Isles. Bot. Soc. Brit. Isles, London, 181 pp.

Saar, M., Gudzinskas, Z., Ploompuu, T., Linn, E., Minkiene, Z. & Motiekaitvte, V. (2000): Ragweed plants and airborne pollen in the Baltic states. Aerobiologia 16: 101–106.

Sachse, U. (1989): Die anthropogene Ausbreitung von Berg- und Spitzahorn. Ökologische Voraussetzungen am Beispiel Berlins. Landschaftsentw. u. Umweltforsch. 63, 132 S.

Sachse, U. (1992): Invasion patterns of boxelder on sites with different levels of disturbance. Verh. Ges Ökol. 21: 103–112.

Sachslehner, L.M. (1998): Zur Bedeutung von Platanen (*Platanus × hispanica* M.) als Nahrungsressource für Stieglitze (*Carduelis carduelis* L.) in Wien. Egretta 41: 90–101.

Sackville-West, V. (1937): Some Flowers. Cobden-Sanderson. Reprint 1993, Pavillion Books, London.

Sainsbury, A.W., Nettleton, P., Gilray, J. & Gurnell, J. (2000): Grey squirrels have high seroprevalence to a parapoxvirus associated with deaths in red squirrels. Animal Conservation 3: 229–233.

Sala, O.E., Chapin f.S. III, Armesto, J.J., Berlow, E., Bloomfield, J., Dirzo, R., Huber-Sanwald, E., Huenneke, L. f., Jackson, R.B., Kinzig, A., Leemans, R., Lodge, D.M., Mooney, H.A., Oesterheld, M., Poff, L., Sykes, M.T., Walker, B.H. Walker, M. & Wall, D.H. (2000): Global biodiversity scenarios for the year 2100. Nature 287: 1770–1774.

Salisbury, E. (1953): A changing flora as shown in the study of weeds of arable land and waste places. In: Lousley, J.E. (ed.): The changing flora of Britain. The Botanical Society of the British Isles, Oxford, pp. 130–139.

Salisbury, E. (1961): Weeds and Aliens. Collins, London, 384 pp. (2nd ed. 1964).

Sampson, C. (1994): Cost and impact of current control methods used against *Heracleum mantegazzianum* (Giant Hogweed) and the case for instigating a biological control programme. In: de Waal, L. C., Child, L. E., Wade, P. M. and Brock, J. H. (eds.): Ecology and management of invasive riverside plants, Wiley, Chichester, pp. 55–66.

Sander, I.L. (1990): *Quercus rubra* L. northern red oak. In: Burns, R. M. & B. H. Honkala (eds.): Silvics of North America. Vol. 2, Agriculture Handbook 654, Washington D.C., pp. 727–733.

Sandlund, O.T., Schei, P.J. & Viken, A. (1999): Invasive species and biodiversity management. Kluwer, Dordrecht, 431 pp.

Sauerwein, B. (1998): *Cicerbita macrophylla* ssp. *uralensis* (Rouy) Sell in Saumgesellschaften des Lapsano-Geranion robertiani Dierschke 74 in Angeln. Kieler Notiz. Pflanzenkd. Schleswig-Holstein Hamb. 25/26: 70–79.

Säumel, I. & Kowarik, I. (2010): Urban rivers as dispersal corridors for primarily wind-dispersed invasive tree species. Landscape and Urban Planning 94: 244–249.

Saure, C. (1993): Beitrag zur Stechimmenfauna des ehemaligen Flugplatzes Johannisthal (Insecta: Hymenoptera aculeata). Berliner Naturschutzbl. 37: 144–158.

Sawilska, A. K. & Misiewicz, J. (1998): New localities for *Parietaria pensylvanica* (Urticaceae) in Poland. Fragm. Flor. Geobot. 43: 231–236.

Sax, D. f. & Gaines, S.D. (2008): Species invasions and extinction: the future of native biodiversity on islands. Proceedings of the National Academy of Sciences 105: 11490–11497.

Sax, D. f., Stachowicz, J.J. & Gaines, S.D., eds. (2005): Species invasions. Insights into ecology, evolution, and biogeography. Sinauer Associates, Inc. Publ., Sunderland, MA, 495 pp.

Scalera, R. (2009): *Trachemys scripta* (Schoepff), common slider (Emydidae, Reptilia). In: DAISIE, Handbook of alien species in Europe. Springer, Dordrecht, p. 374.

Schaefer, M. (1992): Wörterbücher der Ökologie. 3. Aufl. Fischer, Jena, 452 S.

Schaepe, A. (1986): Veränderungen der Moosflora von Berlin (West). Bryophytorum Bibliotheca 33: 392 S.

Schaffrath J. (2001): Vorkommen und spontane Ausbreitung der Rotesche (*Fraxinus pennsylvanica* Marshall) in Ost-Brandenburg. Naturschutz und Landschaftspflege in Brandenburg 10: 134–139.

Schall, M.J. & Davis, D.D. (2009): *Verticillium* wilt of *Ailanthus altissima*: susceptibility of associated tree species. Plant Disease 93: 1158–1162.

Schepker, H. (1998): Wahrnehmung, Ausbreitung und Bewertung von Neophyten. Eine Analyse der problematischen nichteinheimischen Pflanzenarten in Niedersachsen. ibidem Verlag, Stuttgart, 246 S.

Schepker, H. (2004): Problematische Neophyten in Deutschland. Ergebnisse einer bundesweiten Befragung von Naturschutzbehörden. In: Szyska, B. (Bearb.): Neophyten. Ergebnisse eines Erfahrungsaustausches zur Vernetzung von Bund, Ländern und Kreisen. BfN-Skripten 108: 55–84.

Schepker, H. (2008): Grundsätze botanischer Gärten im Umgang mit invasiven Pflanzen. Natur und Landschaft 83: 428.

Schepker, H. & Kowarik, I. (1998): Invasive North American blueberry hybrids (*Vaccinium corymbosum* × *angustifolium*) in northern Germany. In: Starfinger, U., Edwards, K., Kowarik, I. & Williamson, M. (eds.): Plant invasions. Ecology and human response. Backhuys, Leiden, pp. 253–260.

Schepker, H. & Kowarik, I. (2002): Bekämpfung von Neophyten in Niedersachsen: Ursachen, Umfang, Erfolg. Neobiota 1: 343–354.

Schepker, H., Kowarik, I. & Garve, E. (1997): Verwilderungen nordamerikanischer Kultur-Heidelbeeren (*Vaccinium* subg. *Cyanococcus*) in Niedersachsen und deren Einschätzung aus Naturschutzsicht. Natur und Landschaft 72: 346–351.

Scherber, C., Crawley, M.J. & Poremski, S. (2003): The effects of herbivory and competition on the invasive alien plant *Senecio inaequidens* DC. (Asteraceae). Diversity Distrib. 9: 415–426.

Scherer-Lorenzen, M., Olde Venterink, H. & Buschmann, H. (2007): Nitrogen enrichment and plant invasions: the importance of nitrogen-fixing plants and anthropogenic eutrophication. In: Nentwig, W. (ed.): Biological invasions. Ecological Studies 193: 163–180.

Scherfose, V. (1986): Pflanzensoziologische und ökologische Untersuchungen in Salzrasen der Nordseeinsel Spiekeroog. I. Die Pflanzengesellschaften. Tuexenia 6: 219–248.

Scherfose, V. (1989): Salzmarsch-Pflanzengesellschaften der Leybucht. Einflüsse der Rinderbeweidung und Überflutungshäufigkeit. Drosera 1: 105–112.

Scherzinger, W. (1990): Das Dynamik-Konzept im flächenhaften Naturschutz. Zieldiskussion am Beispiel der Nationalpark-Idee. Natur und Landschaft 65: 292–298.

Scherzinger, W. (1996): Naturschutz im Wald. Qualitätsziele einer dynamischen Waldentwicklung. Ulmer, Stuttgart, 447 S.

Schick, B. & Spürgin, A. (1997): Die Bienenweide. Ulmer, Stuttgart, 216 S.

Schick, B. & Sukopp, H. (1998): Blumen-Bestäuber-Systeme in urbanen Grünflächen: Über Blütenbesuche der Großen Wollbiene (*Anthidium manicatum* L.) im Botanischen Garten Berlin-Dahlem. Z. für Ökologie u. Naturschutz 7: 73–83.

Schinninger, I. (2008): Die Bedeutung brachliegender Bahnareale als Lebensraum für Pflanzen am Beispiel der Stadt Wien. Braunschweiger Geobotanische Arbeiten 9: 393 404.

Schliesske, J. (1998): Zur Einschleppung von Insekten durch moderne Transportfazilitäten im Seegüterverkehr. Verh. Westdt. Entomolog. Tagung 1997: 57–65.

Schlüpmann, M. (2000): Zur Neophyten-Flora der Volmeaue im Hagener Stadtgebiet. Decheniana 153: 37–49.

Schmidt, E. (1973): Die Wolladventivpflanzen der Kämmerei Döhren/Hannover. Göttinger Florist. Rundbr. 7: 75–80.

Schmidt, P.A. & Wilhelm, E.G. (1995): Die einheimische Gehölzflora – ein Überblick. Beitr. Gehölzkde. (Rinteln), S. 50–75.

Schmidt, W. (1981): Über das Konkurrenzverhalten von *Solidago canadensis* und *Urtica dioica*. Verh. Ges. Ökol. 9: 173–188.

Schmidt, W. (1983): Experimentelle Syndynamik. Neuere Wege zu einer exakten Sukzessionsforschung, dargestellt am Beispiel der Gehölzentwicklung auf Ackerbrachen. Ber. Deutsch. Bot. Ges. 96: 511–533.

Schmidt, W. (1986): Über das Konkurrenzverhalten von *Solidago canadensis* und *Urtica dioica*. III Stickstoff- und Phosphathaushalt. Verh. Ges. Ökol. 14: 537–550.

Schmidt, W. (1989): Plant dispersal by motor cars. Vegetatio 70: 147–152.

Schmidt, W. (1998): Langfristige Sukzession auf brachliegenden landwirtschaftlichen Nutzflächen. Naturschutz und Landschaftsplanung 30: 254–258.

Schmidt, W., Dölle, M., Bernhardt-Römermann, M. & Parth, A. (2009): Neophyten in der Ackerbrachen-Sukzession. Ergebnisse eines Dauerflächen-Versuchs. Tuexenia 29: 236–260.

Schmidt, W., Heinrichs, S., Weckesser, M., Ebrecht, L. & Lambertz, B. (2008): Neophyten in Buchen- und Fichtenwäldern des Sollings. Braunschweiger Geobotanische Arbeiten 9: 405–434.

Schmidt-Adam, H. & Stuhr, J. (1995): Untersuchungen zum Blütenbesuch von tagaktiven Insekten an Gartenzierpflanzen. Faun.ökol. Mitt., Suppl. 19: 47–77.

Schmidt-Vogt, H. (1977): Die Fichte. Band 1. Parey, Hamburg, Berlin, 647 S.

Schmitz, G. (1991): Nutzung der Neophyten *Impatiens glandulifera* Royle und *I. parviflora* D.C. durch phytophage Insekten im Raum Bonn. Entomol. Nachr. Ber. 35: 260–264.

Schmitz, G. (1995): Neophyten und Fauna. Ein Vergleich neophytischer und indigener Impatiensarten. In: Böcker, R., Gebhardt, H., Konold, W. & Schmidt-Fischer, S. (Hrsg.): Gebietsfremde Pflanzen. ecomed, Landsberg, S. 195–204.

Schmitz, G. (1998a): *Impatiens parviflora* D.C. (Balsaminaceae) als Neophyt in mitteleuropäischen Wäldern und Forsten. Eine biozönotische Analyse. Z. Ökol. Natursch. 7: 193– 206.

Schmitz, G. (1998b): Alien plantherbivore systems and their importance for predatory and parasitic arthropods: The example of *Impatiens parviflora* D.C. (Balsaminaceae) and *Impatientinum asiaticum* Nevsky (Hom.: Aphididae). In: Starfinger, U., Edwards, K., Kowarik, I. & Williamson, M. (eds.): Plant invasions: ecological mechanisms and human response. Backhuys Publishers, Leiden, pp. 335–345.

Schmitz, G. (2001): Beurteilungen von Neophytenausbreitungen aus zoologischer Sicht. In: Brandes, D. (Hrsg.): Adventivpflanzen. Beiträge zu Biologie, Vorkommen und Ausbreitungsdynamik von gebietsfremden Pflanzenarten in Mitteleuropa. Braunschweiger Geobotanische Arbeiten 8: 269–285.

Schmitz, G. & Werner, D.J. (2000): The importance of the alien plant *Senecio inaequidens* DC. (Asteraceae) for phytophageous insects. J. Nat. Conserv. 9: 153–160.

Schmitz, J. (1991): Vorkommen und Soziologie neophytischer Sträucher im Raum Aachen. Decheniana 144: 22–38.

Schmitz, J. & Strank, K.J. (1986): Zur Soziologie der *Reynoutria*-Sippen (Polygonaceae) im Aachener Stadtwald. Decheniana 139: 141–147.

Schmitz, U. (2002): Untersuchungen zum Vorkommen und zur Ökologie neophytischer Amaranthaceae und Chenopodiaceae in der Ufervegetation des Niederrheins. Diss. Bot. 364, 140 S.

Schmitz, U. (2004a): Frost resistance of tomato seeds and the degree of naturalisation of *Lycopersicon esculentum* Mill. in Central Europe. Flora 199: 476–480.

Schmitz, U. (2004b): The potential effects of climate change on the growing season and degree of naturalization of alien *Amaranthus* species on banks of the river Rhine. Neobiota 3: 135–145.

Schmitz, U. (2006): Increase of alien and C-4 plant species in annual river bank vegetation of the River Rhine. Phytocoenologia 36: 393–402.

Schmitz, U., Ristow, M., May, R. & Bleeker, W. (2008): Hybridisierung zwischen Neophyten und heimischen Pflanzenarten in Deutschland. Natur und Landschaft 83: 444–451.

Schnedler, W. & Bönsel, D. (1989): Die großwüchsigen Melde-Arten *Atriplex micrantha* C.A. Meyer in Ledeb. (= *A. heterosperma* Bunge), *Atriplex sagittata* Borkh. (= *A. nitens* Schkuhr = *A. acuminata* W. & K.) und *Atriplex oblongifolia* W. & K. an den hessischen Autobahnen im Sommer 1987. Hess. Florist. Br. 38: 50–61.

Schneeweiß, N. (2003): Demographie und ökologische Situation der Arealrand-Populationen der Europäischen Sumpfschildkröte (*Emys orbicularis* Linnaeus, 1758) in Brandenburg, Studien und Tagungsberichte – Schriftenreihe 46: 110 S.

Schneeweiß, N. & Wolf, M. (2009): Neozoen – eine neue Gefahr für die Reliktpopulationen der Europäischen Sumpfschildkröte in Nordostdeutschland. Zeitschr. f. Feldherpetologie 16: 163–182.

Schneider, C. (1995): Anpassung des Götterbaumes (*Ailanthus altissima*) an das Stadtklima: Wachstum und Mortalität in Abhängigkeit vom Temperaturfaktor. Diplomarbeit, Inst. f. Landschaftspflege und Naturschutz, Universität Hannover.

Schneider, C., Sukopp, U. & Sukopp, H. (1994): Biologisch-ökologische Grundlagen des Schutzes gefährdeter Segetalpflanzen. SchrR. Vegetationskde. 26, 356 S.

Schneider, S.S., DeGrandi-Hoffman, G. & Smith, D.R. (2004): The african honey bee: factors contributing to a successful biological invasion. Annu. Rev. Entomol. 49: 351–376.

Schnittler, M. & Ludwig. G. (1996): Zur Methodik der Erstellung Roter Listen. SchrR. Vegetationskde. 28: 709–739.

Schöller, M. (1993): Invasionspflanzen auf den Maskarenen. Palmengarten. 2/93: 75–81.

Scholler, M. (1996): Die Erysiphales, Pucciniales und Ustilaginales der Vorpommerschen Boddenlandschaft. Ökologisch-floristische, florengeschichtliche und morphologisch-taxonomische Untersuchungen. Regensbg. Mykolog. Schr. 6: 325 S.

Scholler, M. (1999): Obligate phyotoparasitic neomycetes in Germany: Diversity, distribution, introduction patterns, and consequences. In: Umweltbundesamt (Hrsg.): Gebietsfremde Organismen in Deutschland. UBA Texte 55/99, S. 71–83.

Scholz, H. (1966): *Agrostis tenuis* „Highland bent" ein Synonym der *Agrostis castellana*. Ber. Dt. Bot. Ges. 78: 322–325.

Scholz, H. (1970): Über Grassamenankömmlinge, insbesondere *Achillea lanulosa* Nutt.. Verh. Bot. Ver. Prov. Brandenburg 107: 79–85.

Scholz, H. (1975): Grassland evolution in Europe. Taxon 24: 81–90.

Scholz, H. (1991): Einheimische Unkräuter ohne Naturstandorte („Heimatlose" oder obligatorische Unkräuter). Flora et Vegetatio Mundi 9: 105–112.

Scholz, H. (1993): Eine unbeschriebene anthropogene Goldrute (*Solidago*) aus Mitteleuropa. Florist. Rundbr. 27: 7–12.

Scholz, H. (1995a): *Eragrostis albensis* (Gramineae), das Elb-Liebesgras – ein Neo-Endemit Mitteleuropas. Verh. Bot. Ver. Berlin Brandenburg 128: 73–82.

Scholz, H. (1995b): *Echinochloa muricata*, eine vielfach verkannte und sich einbürgernde Art der deutschen Flora. Florist. Rundbr. 29: 44–49.

Scholz, H. (1995c): Das Archäophytenproblem in neuerer Sicht. SchrR. Vegetationskde. (Sukopp-Festschrift) 27: 431–439.

Scholz, H. (1996): Ursprung und Evolution obligatorischer Unkräuter. SchrR. Gen. Ressourcen (Hanelt-Festschrift) 4: 109–129.

Scholz, H. & Scholz, I. (1988): Die Brandpilze Deutschlands (Ustilaginales). Englera 8: 1–691.

Schouw, J. f. (1823): Grundzüge der allgemeinen Pflanzengeographie. Berlin.

Schrader, G. (2004): Risikoanalyse gebietsfremder Pflanzen: Das neue Arbeitsprogramm der Europäischen Pflanzenschutzorganisation. Ber. Reinhold Tüxen-Ges. 16: 7–15.

Schrader, G. & Unger, J.-G. (2002): Pflanzenquarantäne und invasive gebietsfremde Arten. Neobiota 1: 273–284.

Schreiber, K.-f. (1995): Sukzessionsdynamik. Die Entwicklung von Gehölzen und Krautschicht in den 20-jährigen ungestörten Sukzessionsparzellen der Bracheversuche Hepsisau und St. Johann in Baden-Württemberg. Nürtinger Hochsch.schr. 13: 138–163.

Schröder, T., Hoyer-Tomiczek, U., Bögel, C. & Schrage, R. (2006): Asiatischer Laubholzbockkäfer in Deutschland. AFZ-DerWald 16: 888–890.

Schroeder, C. & Wolken, M. (1989): Die Erdmandel (*Cyperus esculentus* L.). Ein neues Unkraut im Mais. Osnabrücker Naturwiss. Mitt. 15: 83–104.

Schroeder, f.G. (1966): Wildtulpe (*Tulipa sylvestris*) und Pimpernuß (*Staphylea pinnata* L.) bei Nienberge. Natur u. Heimat 26: 41–49.

Schroeder, f.G. (1969): Zur Klassifizierung der Anthropochoren. Vegetatio 16: 225–238.

Schroeder, f.G. (1972): *Amelanchier*-Arten als Neophyten in Europa. Mit einem Beitrag zur Soziologie der Gebüschgesellschaften saurer Böden. Abh. Naturwiss. Ver. Bremen 37: 287–411.

Schroeder, f.G. (1974): Zu den Statusangaben bei der floristischen Kartierung Mitteleuropas. Göttinger Florist. Rundbr. 8: 71–79.

Schroeder, f.-G. (2000a): Lehrbuch der Pflanzengeographie. Quelle & Meyer, Wiesbaden, 457 S.

Schroeder, f.-G. (2000b): Die Anökophyten und das System der floristischen Statuskategorien. Bot. Jahrb. Syst. 122: 431–437.

Schröpfer, R. & C. Engstfeld (1983): Die Ausbreitung des Bisams (*Ondatra zibethicus* Linné, 1766, Rodentia, Arvicolidae) in der Bundesrepublik Deutschland. Z. Angew. Zool. 70: 13–37.

Schubert, J. (1992): Samenphysiologie – Keimung. In: Lyr, H., Fiedler, H.J. & Tranquillini, W. (Hrsg.): Physiologie und Ökologie der Gehölze. Gustav Fischer, Jena, S. 319–343.

Schubert, R. & Wagner, G. (2000): Botanisches Wörterbuch: Pflanzennamen und botanische Fachwörter. 12. Aufl. Ulmer, Stuttgart, 734 S.

Schuldes, H. (1995): Das Indische Springkraut (*Impatiens glandulifera*): Biologie, Verbreitung und Kontrolle. In: Böcker, R., Gebhardt, H., Konold, W., Schmidt-Fischer, S. (Hrsg.): Gebietsfremde Pflanzen. ecomed, Landsberg, S. 83–88.

Schuldes, H. & Kübler, R. (1990): Ökologie und Vergesellschaftung von *Solidago canadensis* et *gigantea*, *Reynoutria japonica* et *sachalinense*, *Impatiens glandulifera*, *Helianthus tuberosus*, *Heracleum mantegazzianum*. Ihre Verbreitung in Baden-Württemberg sowie Notwendigkeit und Möglichkeiten ihrer Bekämpfung. Studie im Auftrag des Ministeriums für Umwelt Baden-Württemberg, Stuttgart, 122 S.

Schulte, J. & Schulze (1994): Die Spätblühende Traubenkirsche (*Prunus serotina* Ehrh.) als Problembaum in der niedersächsischen Kulturlandschaft? Ein Beitrag zur Neophytenproblematik. Projektarbeit Inst. f. Landschaftspfl. und Natursch., Univ. Hannover, 81 S.

Schulz, D. (1984): Zur Ausbreitungsgeschichte der *Galinsoga*-Arten in Mitteleuropa. Acta Bot. Slov., A. Suppl. 1: 285–296.

Schulz, V., Hohmann, J. & Konold, W. (1995): Zur Verbreitung von *Impatiens glandulifera* und *Reynoutria japonica* an Enz, Nagold und Würm unter morphologischen und vegetationskundlichen Gesichtspunkten. Ber. Inst. f. Landschafts- u. Pflanzenökol. Univ. Hohenheim 4: 151–170.

Schulze, G. (1996): Wildrosen (*Rosa* L.) in Mecklenburg-Vorpommern. Botan. Rundbr. f. Mecklenburg-Vorpommern. 28: 1–98.

Schumacher, W. (1980): Schutz und Erhaltung gefährdeter Ackerwildkräuter durch Integration von landwirtschaftlicher Nutzung und Naturschutz. Natur u. Landsch. 12: 447–453.

Schumacher, W. (1986): Über Maßnahmen zur Erhaltung der Segetalflora in Deutschland. SchrR. d. Stiftung z. Schutz gefährdeter Pflanzen 4: 59–62.

Schumacher, W. (1994): Historische Bauwerke und ihr Umfeld als bemerkenswerte Pflanzenstandorte. In:

Landschaftsverband Rheinland Umweltamt (Hrsg.): 3. Fachtagung „Naturschutz und Landschaftspflege bei historischen Objekten", Tagungsband, Köln, S. 30–37.

Schümann, K. (2008): Nachwachsende Rohstoffe als nachwachsendes Problem mit invasiven Arten? Natur und Landschaft 83: 438–440.

Schünemann, D. (1994): Die „Traubenkirsche" – ein zunehmend lästiges Übel auch für Archäologen. Berichte zur Denkmalpflege 4: 239–240.

Schuster, H.-J. (1980): Analyse und Bewertung von Pflanzengesellschaften im nördlichen Frankenjura. Dissertationes Botanicae 53: 478 S.

Schütt, P., Schuck, H.J. & Lang, U.M., Hrsg. (1994): Enzyklopädie der Holzgewächse. Handbuch und Atlas der Drendologie: *Robinia pseudoacacia*. Grundwerk. III-2: 1–16.

Schütte, G., Stirn, S. & Beusmann, V., Hrsg. (2001): Transgene Nutzpflanzen. Sicherheitsforschung, Risikoabschätzung und Nachgenehmigungs-Monitoring. Birkhäuser, Basel, 247 S.

Schwabe, A. (1987): Fluß- und bachbegleitende Pflanzengesellschaften und Vegetationskomplexe im Schwarzwald. Diss. Bot. 102.

Schwabe, A. & Kratochwil, A. (1991): Gewässerbegleitende Neophyten und ihre Beurteilung aus Naturschutz-Sicht unter besonderer Berücksichtigung Südwestdeutschlands. NNA-Ber. 4: 14–27.

Schwake, K. (1994): Verbreitung von neophytischen Hochstauden entlang der Leineufer im Großraum von Hannover. Diplomarbeit, Institut für Landschaftspflege und Naturschutz, Univ. Hannover.

Schwarz, K.-U., Greef, J.M. & Schnug, E. (1995): Etablierung und Biomassebildung von *Miscanthus* × *giganteus* unter unterschiedlichen Umweltbedingungen. In: Tagungsband Symposium *Miscanthus* vom 6./7.12.1994 in Dresden. Schriftenreihe „Nachwachsende Rohstoffe" Band 4: 35–50. Landwirtschaftsverlag, Münster.

Schwarz, U. (1980): Der Naturgarten. Wolfgang Krüger Verlag, Frankfurt a. M., 96 S.

Scott N.E. & Davison A.W. (1985): The distribution and ecology of coastal species on roadsides. Vegetatio 62: 433–440.

Scott, J.K. & f.D. Panetta (1993): Predicting the Australian weed status of southern African plants. J. Biogeogr. 20: 87–93.

Seehaus, A. (1992): Die Ausbreitung von *Elodea nuttallii* (Planch.) St. John in der Leineaue südlich von Hannover im Zeitraum von 1973–1991. Florist. Rundbr. 26: 72–78.

Seehaus, C. (1870): Über *Elodea canadensis* Rich. im unteren Oderlauf und ihr Zusammentreffen mit *Hydrilla dentata* Casp.. Verh. Bot. Ver. Prov. Brandenburg 12: 92–109.

Seemann, D., Bouffier, V., Kehr, R., Wulf, A., Schröder, T. & Unger, J. (2001): Die Esskastanie (*Castanea sativa* Mill.) in Deutschland und ihre Gefährdung durch den Kastanienrindenkrebs (*Cryphonectria parasitica* [Murr.] Barr). Nachrichtenblatt Deutscher Pflanzenschutzdienst 53: 49–60.

Segal, S. (1972): Notes on wall vegetation. Reprint edition. Dr. W. Junk, The Hague, 325 pp.

Seidel, H. (1894): *Linaria cymbalaria*. In: Berliner Skizzen. Neue Vorstadtgeschichten. Liebenskind, Leipzig, S. 19–36.

Seidling, W. (1993): Zum Vorkommen von *Calamagrostis epigejos* und *Prunus serotina* in den Berliner Forsten. Verh. Bot. Ver. Berlin Brandenburg 126: 113–148.

Seidling, W. (1995): Eibenvorkommen in siedlungsnahen Forstgebieten und im besiedelten Bereich. SchrR. Vegetationskde. (Sukopp-Festschrift) 27: 441–449.

Seidling, W. (1999): Spatial structures of a subspontaneous population of *Taxus baccata* saplings. Flora: 194: 439–451.

Seifert, A. (1941): Im Zeitalter des Lebendigen. Natur, Heimat, Technik. Müllersche Verlagshandlung, Dresden.

Seiler, M. (1982): Zur Gehölzverwendung bei P.J. Lenné. Gartenamt 31: 366–377.

Seitz, B. (2003): Erfassung gebietseigener Gehölzvorkommen als Grundlage für Gehölzanzuchten und Pflanzmaßnahmen im Hohen Fläming. Neobiota 2: 81–93.

Seitz, B., Jürgens, A. &. Kowarik, I. (2007): Erhaltung genetischer Vielfalt: Kriterien für die Zertifizierung regionalen Saat- und Pflanzguts. Literatur-Studie. BfN-Skripten 208: 48 S.

Seitz, P. (1995): Boden sanieren mit Repositionspflanzen. Stadt und Grün, Heft 9, 641–643.

Sernander, R. (1936): Granskär och Fiby urskog. En studie över stormlickomas och marbuskarnas betydelse i den svenska granskogens regeneration. Acta Phytogeogr. Suecia 8, 232 S.

Servenková, Z. & Münzbergová, Z. (2009): Susceptibility of the landscape of the Giant Mountains, Czech Republic, to invasion by *Rumex alpinus*. Neobiota 8: 75–85.

Sevrová, (2003): Invasions of Lithocolletinae species in Europe. Causes, kinds, limits and ecological impact (Lepidoptera, Gracillariidae). Ekologia Bratislava 22: 133-142.

Seybold, S. (1973): Der Salzschwaden (*Puccinellia distans* (Jacq.) Parl.) an Bundesstraßen und Autobahnen. Göttinger Florist. Rundbr. 7: 70–72.

Shaffer, M.L. (1981): Minumum population size for species conservation. BioScience 31: 131–134.

Shah, B. (1997): The checkered carreer of *Ailanthus altissima*. Arnoldia 57: 20–27.

Sharples, f.E. (1982): Spread of organisms with novel genotypes: thoughts from an ecological perspective. Oak Ridge National Laboratory, Environmental Sciences Division Publication No 2040, 50 p.

Sheppard, A.W., Shaw, R.H. & Sforza, R. (2006): Top 20 environmental weeds for classical control in Europe: a review of opportunities, regulations and other barriers to adoption. Weed Res. 46: 93–117.

Shiganova, T.A. (1998): Invasion of the Black Sea by the ctenophore *Mnemiopsis leidyi* and recent changes in pelagic community structure. Fish. Oceanogr. 7: 305–310.

Shine, C., Williams, N. & Gündling, L. (2000): A guide to designing legal and institutional frameworks on alien invasive species. Environmental Policy and Law Paper No. 40, IUCN, Gland, Cambridge, Bonn. XVI + 138 pp.

Shiva, V. (1996): Species invasions and the displacement of cultural and biological diversity. In: Sandlund, O.T., Schei, P.J. & Viken, A. (eds.): Proceedings of the Norway / UN Conference on alien species. Trondheim, pp. 47–52.

Shwartz, A., Strubbe, D., Butler, C.J., Matthysen, E. & Kark, S. (2009): The effects of enemy-release and climate conditions on invasive birds: a regional test using the rose-ringed parakeet (*Psittacula krameri*) as a case study. Diversity Distrib.15: 310–318.

Siegl, A. (1998): Flora und Vegetation mittelalterlicher Burgruinen. In: Kowarik, I., Schmidt, E., Sigel, B. (Hrsg.): Naturschutz und Denkmalpflege. Wege zu einem Dialog im Garten. vdf Hochschulverlag ETH Zürich, S. 193–202.

Siegler, B. (1994): Braune an der grünen Front. Natur 1: 38–39.

Silva-Tarouca, E. Graf (1910): Anzucht, Pflege und Verwendung aller bekannten, in Mitteleuropa im Freien kulturfähigen ausdauernden krautigen Gewächse. Herausgegeben von Ernst Graf Silva Tarouca, unter Mitwirkung von Georg Arends. Leipzig, Wien, 285 S.

Silvertown, J.W. (1987): Introduction to plant population ecology. 2nd edition, Longman, New York, 229 p.

Simberloff, D. (1996): Hybridization between native and introduced wildlife species: importance for conservation. Wildl. Biol. 2: 143–150.

Simberloff, D. (2000): Global climate change and introduced species in the United States forests. Science of the Total Environment 262: 253–261.

Simberloff, D. & Von Holle, B. (1999): Positive interactions of nonindinenous species: invasional meltdown? Biol. Invasions 1: 21–32.

Simons, S.B. & Seastedt, T.R. (1999): Decomposition and nitrogen release from foliage of cottonwood (*Populus deltoides*) and Russian olive (*Elaeagnus angustifolia*) in a riparian ecosystem. Southwestern Naturalist 44: 256–260.

Sinner, H. (1926): *P. serotina*, die Spätblühende Traubenkirsche als Waldbaum. Mitt. Dt. Dendrol. Ges. 2: 164–184.

Sissingh, G. (1975): Niederländische Nadelforsten und ihr Humus Substrat für ihre Vegetation. In: Tüxen, R. (ed.): Vegetation und Substrat. Ber. Int. Symp. Int. Ver. Vegetationskde.: 317–329.

Skirnisson, K. (1992): Zur Biologie der isländischen Minkpopulation. In: Schröpfer, R., Stubbe, M., Heidecke, D. (Hrsg.): Semiaquatische Säugetiere. Halle/Saale, S. 277–295.

Smirnov, V. & Tretyakov, K. (1997): Changes in aquatic plant communities on the island of Valaam due to invasions by the muskrat *Ondatra zibethicus* L. Biodiversity and Conservation 7: 673–690.

Smith, A.J. (1975): Invasion and ecesis of bird-disseminated woody plants in a temperate forest sere. Ecology 56: 19–34.

Smith, G.C., Henderson, I.S. & Robertson, P.A. (2005): A model of ruddy duck *Oxyura jamaicensis* eradication for the UK. J. Appl. Ecol. 42: 546–555.

Smith, S.D., Huxman, T.E., Zitzer, S. f., Charlet, T.N., Housman, D.C., Coleman, J.S., Fenstermaker, L.K., Seemann, J.R. & Nowak, R.S. (2000): Elevated $CO_2$ increases productivity and invasive species success in an arid ecosystem. Nature 408 (6808): 79–82.

Snyder, W.E. & Evans, E.W. (2006): Ecological effects of invasive arthropod generalist predators. Annu. Rev. Ecol. Evol. Syst. 37: 95–122.

Soldaat, L.L. & Auge, H. (1998): Interactions between an invasive plant, *Mahonia aquifolium*, and a native phytophagous insect, *Rhagoletis meigenii*. In: Starfinger, U., Edwards, K., Kowarik, I. & Williamson, M. (eds.): Plant invasions: ecological mechanisms and human response. Backhuys Publishers, Leiden, pp. 347–360.

Sommer, M. (1995): Über die weitere Ausbreitung von *Impatiens capensis* Meerb. an der Lahn. Hess. Florist. Br. 44: 17–19.

Sorvillo, f., Ash, L.R., Berlin, O.G.W., Yatabe, J.A., Degiorgio, C. & Morse, S.A. (2002): *Baylisascaris procyonis*: an emerging helminthic zoonosis. Emerg. Infect. Dis. 8: 355–359.

Souty-Grosset, C., Holdich, D.M., Noël, P.Y., Reynolds, J.D. & Haffner, P. (eds.) (2006): Atlas of crayfish in Europe. Muséum national d'histoire naturelle, Paris, 187 pp.

Spaeth, I., Balder, H. & Kilz, E. (1994): Das Problem mit der Spätblühenden Traubenkirsche in den Berliner Forsten. Allgemeine Forstzeitschrift 49: 234–236.

Späth, L. (Hrsg., 1930): Späth-Buch. 1720– 1930. Großbetrieb für Gartenkultur Berlin-Baumschulenweg. R. Mosse, Berlin, 656 S.

Spencer, C.M., McClelland, B.R. & Stanford, J.A. (1991): Shrimp stocking, salmon collapse, and bald eagle displacement: cascading interaction in a food web of a large aquatic ecosystem. Bioscience 41: 14–21.

Spethmann, W. (1995): Insitu / exsitu-Erhaltung von heimischen Straucharten. In: Kleinschmit, J., Begemann, f. & Hammer, K. (Hrsg.): Erhaltung pflanzengenetischer Ressourcen in der Land- und Forstwirtschaft. Schriften zu Genetischen Ressourcen (ZADI, Bonn) 1: 68–87.

Spethmann, W. (1997): Gefährdet Hybridisierung die Erhaltung von Baum- und Straucharten? NNA-Berichte 10: 26–31.

Spranger, W. & Türk, W. (1993): Die Halbtrockenrasen (Mesobromion erecti Br.-Bl. et Moor 1938) der Muschelkalkstandorte NW-Oberfrankens im Rahmen ihrer Kontakt- und Folgegesellschaften. Tuexenia 13: 203–246.

Stace, C.A. (1975): Introductory. In: Stace, C. A. (ed.): Hybridization and the flora of the British Isles. Academic Press, London, pp. 1–90.

Stadler, J., Trefflich, A., Klotz, S. & Brandl, R. (2000): Exotic plant species invade diversity hotspots: The alien flora of northwest Kenya. Ecography 23: 169–176.

Staehr, P.A., Pedersen, M. f., Thomsen, M.S., Wernberg, T. & Krause-Jensen, D. (2000): Invasion of *Sargassum muticum* in Limfjorden (Denmark) and its possible

impacts on the indigenous macroalgal community. Marine Ecology 207: 79–88.
Starfinger, U. (1990): Die Einbürgerung der Spätblühenden Traubenkirsche (*Prunus serotina* Ehrh.) in Mitteleuropa. Landschaftsentw. u. Umweltforsch. 69, 119 S.
Starfinger, U. (1991): Population biology of an invading tree species – *Prunus serotina*. In: Seitz, A. & Loeschcke, V. (eds.): Species conservation: a biological approach. Birkhäuser, Basel, pp. 171–183.
Starfinger, U. (1997): Introduction and naturalization of *Prunus serotina* in Central Europe. In: Brock, J. H., Wade, M., Pyšek, P. & Green, D. (eds.): Plant Invasions: studies from North America and Europe. Backhuys Publishers, Leiden, pp. 161–172.
Starfinger, U. (1998): On success in plant invasions. In: Starfinger, U., Edwards, K., Kowarik, I, & M. Williamson (eds.): Plant invasions. Ecological mechanism and human responses. Backhuys Publishers, Leiden, pp. 33–42.
Starfinger, U. (2009): Can the general public help fight the invasion of an undesired plant invader? The case of *Ambrosia artemisiifolia*. Neobiota 8: 217–225.
Starfinger, U., Edwards, K., Kowarik, I, & Williamson, M., eds. (1998): Plant invasions. Ecological mechanism and human responses. Backhuys Publishers, Leiden, 362 pp.
Starfinger, U., Kowarik, I., Rode, M. & Schepker, H. (2003): From desirable ornamental plant to pest to accepted addition to the flora? The perception of an alien plant species through the centuries. Biol. Invasions 5: 323–335.
Starkmann, T. (1993): Neue und alte Hecken im Münsterland. Beitr. z. Landespfl. 2: 1–126.
Starkmann, T. & Tenbergen, B. (1996): Entwicklung und Effizienz von landschaftspflegerischen Maßnahmen in alten Flurbereinigungslandschaften. Beitr. z. Landespfl. 12: 1–83.
Steffan-Dewenter, I. & Tscharntke, T. (1996): Profitieren Wildbienen oder Honigbienen von der Flächenstillegung in der Landwirtschaft? Natur u. Landsch. 71: 255–261.
Steinlein, T., Dietz, H. & Ullmann, I. (1996): Growth patterns of the alien perennial *Bunias orientalis* L. (Brassicaceae) underlying its rising dominance in some native plant assemblages. Vegetatio 125: 73–82.
Stephenson, S.L. (1986): Changes in a former chestnut-dominated forest after a half century of succession. Am. Midl. Nat. 116: 173–179.
Stieglitz, W. (1981): Die Adventiv-Flora des Neusser Hafens in den Jahren 1979 und 1980. Gött. Flor. Rundbr. 15: 45–54.
Stika, H. P. (1995): Römerzeitliche Kultur- und Nutzpflanzenreste aus Baden-Württemberg. Jh. Ges. Naturkde. Württemberg 151: 393–421.
Stiling, P. (2004): Biological control not on target. Biol. Invasions 6: 151–159.
Stohlgren, T.J., Barnett, D.T. & Kartesz, J.T. (2003): The rich get richer: patterns of plant invasions in the United States. Front. Ecol. Environ. 1: 11–14.
Stohlgren, T.J., Barnett, D.T., Flather, C., Fuller, P., Peterjohn, B., Kartesz, J. & Master, L.L. (2006): Species richness and patterns of invasion in plants, birds, and fishes in the United States. Biol. Invasions 8: 427–447.
Stohlgren, T.J., Binkley, D., Chong, G.W., Kalkhan, M.A., Schell, L.D., Bull, K.A., Otsuki, Y., Newman, G., Bashkin, M. & Son, Y. (1999): Exotic species invade hot spots of native plant diversity. Ecological Monographs 69: 25–46.
Stöhr, O., Wittmann H., Pilsl, P., Essl, f. & Hohla, M. (2009): Beiträge zur Flora von Österreich, III. Linzer biol. Beitr. 41/2, in Druck.
Stottele, T. (1992): Flora und Vegetation an Straßen und ihre Bedeutung im Landschaftsgefüge. In: Stottele, T. & Sollmann, A.: Ökologisch orientierte Grünpflege an Strassen. Grundlagen für die Entwicklung von Pflegeplänen und deren Anwendung – ein Pilotprojekt der Hessischen Straßenbauverwaltung. SchrR. Hess. Landesamt f. Straßenbau 32: 35–84.
Stottele, T. & Schmidt, W. (1988): Flora und Vegetation an Straßen und Autobahnen der Bundesrepublik Deutschland. Forsch. Straßenbau u. Straßenverkehrstechnik 529, 191 S.
Stottele, T. & Sollmann, A. (1992): Ökologisch orientierte Grünpflege an Straßen. Grundlagen für die Entwicklung von Pflegeplänen und deren Anwendung. Ein Pilotprojekt der Hessischen Straßenbauverwaltung. Schriftenreihe des Hessischen Landesamtes für Straßenbau 32: 286 S.
Stottele, T. & Wagner, U. (1992): Ergebnisse der Bestandskartierung und Pflegeplanung für ausgewählte Meistereibezirke in Nordhessen. In: Stottele, T. & Sollmann, A. (Hrsg.): Ökologisch orientierte Grünpflege an Strassen. Grundlagen für die Entwicklung von Pflegeplänen und deren Anwendung – ein Pilotprojekt der Hessischen Straßenbauverwaltung. SchrR. Hess. Landesamt f. Straßenbau 32: 203–232.
Strank, K.J. & Meurers-Balke, J. (Hrsg., 2008): ... dass man im Garten alle Kräuter habe .... Obst, Gemüse und Kräuter Karls des Grossen. Phillip von Zabern, Mainz, 416 S.
Strayer, D.L., Caraco, N. f., Cole, J.J., Findlay, S. & Pace, M.L. (1999): Transformation of freshwater ecosystems by bivalves. Bioscience 49: 19–27.
Strayer, D.L, Eviner, V.T., Jeschke, J.M. & Pace, M.L. (2006): Understanding the long-term effects of species invasions. Trends Ecol. Evol. 21: 645–651.
Streftaris, N., Zenetos, A. & Papathanassiou, E. (2005): Globalisation in marine ecosystems: the story of non-indigenous marine species across European seas. Oceanogr. Mar. Biol. Ann. Rev. 43: 419–453.
Strong, D. R., Lawton, J.H. & Southwood, R. (1984): Insects on plants: community patterns and mechanisms. Blackwell Scientific, Oxford, 313 pp.
Strubbe, D. & Matthysen, E. (2009a): Experimental evidence for nest-site competition between invasive ring-necked parakeets (*Psittacula krameri*) and native nuthatches (*Sitta europaea*). Biol. Conserv. 142: 1588–1594.

Strubbe, D. & Matthysen, E. (2009b): Predicting the potential distribution of invasive ring-necked parakeets *Psittacula krameri* in northern Belgium using an ecological niche modelling approach. Biol. Invasions 11: 497–513.

Strykstra R.J., Verweij G.L. & Bakker J.P. (1997): Seed dispersal by mowing machinery in a Dutch brook valley system. Acta Botanica Neerlandica 46: 387–401.

Sudnik-Wojcikowska, B. (1987): *Iva xanthiifolia* Nutt. and its communities within Warsaw. Acta Soc. Bot. Poloniae 56: 155–167.

Sudnik-Wojcikowska, B., Moysiyenko, I. & Slim, P.A. (2006): Dynamics of the flora of windbreaks in the agricultural landscape of steppes in the southern Ukraine. Biodiv. Res. Conserv. 1-2: 77–81.

Sukopp, H. (1962): Neophyten in natürlichen Pflanzengesellschaften Mitteleuropas. Ber. Dt. Bot. Ges. 75: 193–205.

Sukopp, H. (1971): Beiträge zur Ökologie von *Chenopodium botrys* L. 1. Verbreitung und Vergesellschaftung. Verh. Bot. Ver. Provinz Brandenburg 108: 3–25.

Sukopp, H. (1972): Wandel von Flora und Vegetation in Mitteleuropa unter dem Einfluß des Menschen. Ber. Landw. 50: 112–139.

Sukopp, H. (1980): Zur Geschichte der Ausbringung von Pflanzen in den letzten hundert Jahren. In: Ausbringung von Wildpflanzen. Akademie f. Natursch. und Landschaftspfl., Laufen, Tagungsber. 5: 5–9.

Sukopp, H. (1986): Naturschutz in Dörfern und Städten – die Rolle der Freilichtmuseen. SchrR. Aus Liebe zur Natur 4: 16–26.

Sukopp, H., Hrsg. (1990): Stadtökologie. Das Beispiel Berlin. Reimer, Berlin, 455 S.

Sukopp, H. (1995): Neophytie und Neophytismus. In: Böcker, R., Gebhardt, H., Konold, W. & Schmidt-Fischer, S. (Hrsg.): Gebietsfremde Pflanzenarten. ecomed, Landsberg, S. 3–32.

Sukopp, H. & Schick, B. (1992): Zur Biologie neophytischer *Reynoutria*-Arten in Mitteleuropa. Morphometrie der Laubblätter. Natur u. Landschaft 67: 503–505.

Sukopp, H. & Schick, B. (1993): Zur Biologie neophytischer *Reynoutria*-Arten in Mitteleuropa. Morphometrie der Sproßsysteme. Dissertationes Botanicae 196: 163–174.

Sukopp, H. & Scholz, H. (1964): *Parietaria pensylvanica* Mühlenb. ex Willd. in Berlin. Ber. Dt. Bot. Ges. 77: 419–426.

Sukopp, H. & Scholz, H. (1968): *Poa bulbosa* L., ein Archäophyt der Flora Mitteleuropas. Flora, Abt. B 157: 494–526.

Sukopp, H. & Scholz, H. (1997): Herkunft der Unkräuter. Osnabrücker Naturwiss. Mitt. 23: 327–333.

Sukopp, H. & Seiler, M. (1998): Pfaueninsel. In: Kowarik, I., Schmidt, E. & Sigel, B. (Hrsg.): Naturschutz und Denkmalpflege. Wege zu einem Dialog im Garten. vdf Hochschulverlag ETH, Zürich, S. 359–373.

Sukopp, H. & Starfinger, U. (1995): *Reynoutria sachalinensis* in Europe and in the far east: a comparison of the species ecology in its native and adventive distribution range. In: Pyšek, P., Prach, K. & Wade M. (eds.): Plant invasions. General aspects and special problems. SPB Academic Publishing, Amsterdam, pp. 151–159.

Sukopp, H. & Sukopp, U. (1988): *Reynoutria japonica* Houtt. in Japan und in Europa. Veröff. Geobot. Inst. ETH, Stiftung Rübel, Zürich 98: 354–372.

Sukopp, H. & Sukopp, U. (1993b): Ecological longterm effects of cultigens becoming feral and of naturalization of non-native species. Experientia 49: 210–218.

Sukopp, U. & Sukopp, H. (1993a): Das Modell der Einführung und Einbürgerung nicht einheimischer Arten. Gaia 2: 268–288.

Sukopp, U., Pohl, M., Driessen, S., Bartsch, D. (2005): Feral beets - with help from the maritime wild? In: Gressel, J. (ed.): Crop ferality and volunteerism. CRC-Press, Boca Raton, pp. 45–57.

Sun, M. & Corke, H. (1992): Population genetics of colonizing success of weedy rye in Northern California. Theoretical and Applied Genetics 83: 321–329.

Suominen, J. (1979): The grain immigrant flora of Finland. Acta Bot. Fenn. 111: 1–108.

Sures, B. & Knopf, K. (2004): Parasites as a threat to freshwater eels? Science 304: 208–209.

Surholt, B. & Baal, T. (1995): Die Bedeutung blühender Silberlinden für Insekten im Hochsommer. Natur und Landschaft 70: 252–258.

Svenning, J.-C. & Skov, f. (2007): Ice age legacies in the geographic distribution of tree species richness in Europe. Glob. Ecol. Biogeogr. 16: 234–245.

Sydow, H. (1935): Einzug einer asiatischen Uredinee (*Puccinia komarowi* Tranzsch.) in Deutschland. Ann. Mykol. 33: 363–366.

Sykora, K.V. (1990): History of the impact of man on the distribution of plant species. In: di Castri, f., Hansen, A.J. & Debussche, M. (eds.): Biological invasions in Europe and the Mediterranean Basin. Kluwer Academic Publications, Dordrecht, pp. 37–50.

Szigetvári, G. & Benkö, Z.R. (2008): Common ragweed (*Ambrosia elatior* L.). In: Botta-Dukát, Z. & Balogh, L. (eds.): The most important invasive plants in Hungary. Institute of Ecology and Botany, Hungarian Academy of Science, Vácrátót, pp. 189–201.

Szigetváry, C. & Tóth, T. (2008): False Indigo (*Amorpha fruticosa* L.). In: Botta-Dukát, Z. & Balogh, L. (eds.): The most important invasive plants in Hungary. Institute of Ecology and Botany, Hungarian Academy of Science, Vácrátót, pp. 55–61.

Tackmann, K., Goretzki, J. & Conraths, f.J. (2003): Das Neozoon Marderhund als neue Endpopulation für *Echinococcus multilocularis* in Ostdeutschland ein Risiko? Schriftenreihe des Bundesministeriums für Verbraucherschutz, Ernährung und Landwirtschaft, Angewandte Wissenschaft, Heft 498: 176–181.

Tan, K., Radloff, S., Li, J., Hepburn, H., Yang, M., Zhang, L. & Neumann, P. (2007): Bee-hawking by the wasp, *Vespa velutina*, on the honeybees *Apis cerana* and *A. mellifera*. Naturwissenschaften 94: 469–472.

Tappeiner, U. & Cernusca, A. (1990): Charakterisierung subalpiner Pflanzenbestände im Zentralkaukasus anhand von Bestandesstruktur und Strahlungsabsorption. Verh. Ges. Ökologie 19: 768–778.

Tappeser, B., Meise, T., Kärcher, A. & Stein, S. (2008): Welternährung, Biodiversität und Gentechnik. Kann die Agro-Gentechnik zur naturverträglichen und nachhaltigen Sicherung der Welternährung beitragen? Positionspapier des BfN, Bundesamt für Naturschutz, Bonn.

Taramarcaz, P., Lambelet, C., Clot, B., Keimer, C. & Hauser, C. (2005): Ragweed (*Ambrosia*) progression and its health risks: will Switzerland resist this invasion? Swiss Medical Weekly 135: 538–548.

Tegelström, H. & Sjöberg, G. (1995): Introduced Swedish Canada geese (*Branta canadensis*) have low levels of genetic variation as revealed by DNA fingerprinting. J. Evol. Biol. 8: 195–207.

Tenbergen, B. (1993): Erfolgskontrolle von Gehölzanpflanzungen. SchrR. Westfäl. Amtes Landespfl. 6: 1–112.

Tenbergen, B. & Starkmann, T. (1995a): Heckenneuanpflanzungen in Westfalen-Lippe und ihre zeitliche Entwicklung. LÖBF Mitt. 3: 12–18.

Tenbergen, B. & Starkmann, T. (1995b): Ökologie, Verbreitung und kulturhistorische Bedeutung von gepflanzten Gehölzen in Westfalen-Lippe. Beitr. z. Landespfl. 10: 81–122.

ter Borg, S.J., Schippers, P., van Groenendal, J.M. & Rotteveel, T.J.W. (1998): *Cyperus esculentus* (Yellow Nutsedge) in N.W. Europe: invasions on a local, regional and global scale. In: Starfinger, U., Edwards, K., Kowarik, I. and Williamson, M. (eds.): Plant invasions: ecological mechanisms and human response. Backhuys Publishers, Leiden, pp. 261–273.

Thellung, A. (1905): Einteilung der Ruderal- und Adventivflora in genetische Gruppen. In: Naegeli,O. & Thellung, A.: Die Flora des Kanton Zürich, 1. Teil. Die Ruderal- und Adventivflora des Kanton Zürich. Vjschr. Naturforsch. Ges. Kanton Zürich 50: 232–236.

Thellung, A. (1912): La flore adventice de Montpellier. Mém. Soc. Sci. Nat. Cherbourg 38: 622–647.

Thellung, A. (1915): Pflanzenwanderungen unter dem Einfluß des Menschen. Englers Bot. Jb. 53 (3/5): 37–66.

Thellung, A. (1918/19): Zur Terminologie der Adventiv- und Ruderalfloristik. Allg. Bot. ZSchrR. 24/25 (9–12): 36–42.

Thiele, J. & Otte, A. (2006): Analysis of habitats and communities invaded by *Heracleum mantegazzianum* Somm. et Lev. (Giant Hogweed) in Germany. Phytocoenologia 36: 280–312.

Thiele, J., Otte, A. & Eckstein, R.L. (2007): Ecological needs, habitat preferences and plant communities invaded by *Heracleum mantegazzianum*. In: Pyšek, P., Cock, M.J.W., Nentwig, W. & Ravn, H.P (eds.) (2007): Ecology and management of giant hogweed (*Heracleum mantegazzianum*). CAB International, Wallingford, pp. 126–143.

Thiele, J., Kollmann, J. & Rose-Andersen, U. (2009): Ecological and socioeconomic correlates of plant invasions in Denmark – the utility of environmental assessment data. Ambio 38: 89–94.

Thimm, G. (1998): Der Greizer Park. In: Kowarik, I., Schmidt, E., Sigel, B. (Hrsg.): Naturschutz und Denkmalpflege. Wege zu einem Dialog im Garten. vdf Hochschulverlag ETH Zürich, S. 341–348.

Thompson, J.D. (1991): The biology of an invasive plant. Bioscience 41: 393–401.

Thomson, D. (2004): Competitive interactions between the invasive European honey bee and native bumble bees. Ecology 85: 458–470.

Thuiller, W., Richardson, D.M., Rouget, M., Proches, S. & Wilson, J.R.U. (2006): Interactions between environment, species traits and human uses describe patterns of plant invasions. Ecology 87: 1755–1769.

Tiébré, M.-S., Bizoux, J.P., Hardy, O.J., Bailey, J.P. & Mahy, G. (2007): Hybridization and morphogenetic variation in the invasive alien *Fallopia* (Polygonaceae) complex in Belgium. American Journal of Botany 94: 1900–1910.

Tiébré, M.-S., Saad, L. & Mahy, G. (2008): Landscape dynamics and habitat selection by the alien invasive *Fallopia* (Polygonaceae) in Belgium. Biodivers. Conserv. 17: 2357–2370.

Tiley, G.E.D., Dodd, f.S. & Wade, P.M. (1996): *Heracleum mantegazzianum* Sommier & Levier. J. Ecol. 84: 297–319.

Tilman, D. (1977): Resource competition between plantonic algae: an experimental and theoretical approach. Ecology 58: 338–348.

Tittizer, T. (1996): Vorkommen und Ausbreitung aquatischer Neozoen (Makrozoobenthos) in den Bundeswasserstraßen. In: Gebhardt, H., Kinzelbach, R. & Schmidt-Fischer, S. (Hrsg.): Gebietsfremde Tierarten. Ecomed, Landsberg, S. 49–86.

Tittizer, T. (1997): Existenzkampf oder friedliche Koexistenz – wie berechtigt ist unsere Angst vor Neozoen? BfG-Jahresbericht 1997: 72–75.

Tokarska-Guzik, B. (2005a): The establishment and spread of alien plant species (kenophytes) in the flora of Poland. Wydaw. Uniw. l skiego, Katowice, 192 pp.

Tokarska-Guzik, B. (2005b): Invasive ability of kenophytes occurring in Poland: a tentative assessment. Neobiota 6: 47–65.

Tolasch, T. (2002): *Harmonia axyridis* (Col. Coccinellidae) is rapidly spreading throughout Hamburg: Origin for a colonisation of middle Europe? Entomol. Nachr. Ber. 46: 185–188.

Tomiczek, C. & Hoyer-Tomiczek, U. (2007): Der Asiatische Laubholzbockkäfer (*Anoplophora glabripennis*) und der Citrusbockkäfer (*Anoplophora chinensis*) in Europa – ein Situationsbericht. Forstschutz aktuell 38: 2–5.

Toole, H.E. & Brown, E. (1946): Final results of the Duvel buried seed experiment. J. Agricult. Res. 72: 201–210.

Tremp, H. (2001): Standörtliche Differenzierung der Vorkommen von *Elodea canadensis* Michx. und *Elodea nuttallii* (Planch.) St. John in Gewässern der badischen Oberrheinebene. Ber. Inst. Landschafts- u. Pflanzenökol. Univ. Hohenheim 10: 19–32.

Tremp, H. (2002): Integration von Arteigenschaften invasiver Pflanzen mit Umweltfaktoren zur Erstellung von Risiko-Szenarien. Das Beispiel Bastardindigo (*Amorpha fruticosa*). Neobiota 1: 67–89.

Tremp, H. & Vulpus, D. (1997): Verbreitung und Ökologie des neophytischen Mondbechermooses *Lunularia cruciata* (L.) Dum. an Bachufern im Stuttgarter Raum. Ber. Inst. Landschafts- u. Pflanzenökol. Univ. Hohenheim 6: 35–48.

Trepl, L. (1983): Ökologie – eine grüne Leitwissenschaft? Über Grenzen und Perspektiven einer modischen Disziplin. Kursbuch 74: 6–27.

Trepl, L. (1984): Über *Impatiens parviflora* DC. als Agriophyt in Mitteleuropa. Diss. Bot. 73: 1–400.

Trepl, L. (1990a): Research on the anthropogenic migration of plants and naturalization. Its history and current state of development. In: Sukopp, H., Hejny, S. & Kowarik, I. (eds.): Urban ecology. Plants and plant communities in urban environments. SPB Acad. Publ., The Hague, pp. 75–97.

Trepl, L. (1990b): Zum Problem der Resistenz von Pflanzengesellschaften gegen biologische Invasionen. Verh. Berliner Bot. Ver. 8: 195–230.

Trepl, L. (1994): Zur Rolle interspezifischer Konkurrenz bei der Einbürgerung von Pflanzenarten. Arch. f. Natursch. u. Landschaftsforsch. 33: 61–84.

Trepl, L. & Sukopp, H. (1993): Zur Bedeutung der Introduktion und Naturalisation von Pflanzen und Tieren für die Zukunft der Artenvielfalt. Rundgespräche d. Kommission für Ökologie. Bd. 6 „Dynamik von Flora und Fauna. Artenvielfalt und ihre Erhaltung", S. 127–142.

Tröger, E.J. (1986): Die Südliche Eichenschrecke, *Meconema meridionale* Costa (Saltatoria: Ensifera: Meconematidae), erobert die Städte am Oberrhein. Ent. Z. 96 (16): 229–232.

Truscott, A.M., Soulsby, C. Palmer, S.C. f. Newell, L. & Hulme, P.E. (2006): The dispersal characteristics of the invasive plant *Mimulus guttatus* and the ecological significance of increased occurrence of high-flow events. J. Ecol. 94: 1080–1091.

Tscharntke, T. (2000): Parasitoid populations in the agricultural landscape. In: Hochberg, M. & Ives, A. R. (eds.): Parasitoid population biology. Princeton University Press, Princton, pp. 235–253.

Tsuyuzaki, S. (1987): Origin of plants recovering on the volcano Usu, northern Japan, since the eruptions of 1977 and 1978. Vegetatio 73: 53–58.

Turcek, f.J. (1961): Ökologische Beziehungen der Vögel und Gehölze. Bratislava.

Türk, W. (1995): Pflanzengesellschaften und Vegetationsmosaike der Insel Amrum. Tuexenia 15: 245–294.

Tüxen, R. (1939): Pflanzengesellschaften als Gestaltungssto ff. Gartenkunst 49: 209–216.

Udvardy, L. (1999): Some remarkable instances of invasion of *Ailanthus altissima* in Hungary. Proceedings 5th International Conference on the Ecology of Invasive Alien Plants, 13–16 October, La Maddalena, Italia, p. 120.

Udvardy, L. (2008a): Tree of heaven (*Ailanthus altissima* (Mill.) Swingle). In: Botta-Dukát, Z. & Balogh, L. (2008): The most important invasive plants in Hungary. Institute of Ecology and Botany, Hungarian Academy of Science, Vácrátót, pp. 121–127.

Udvardy, L. (2008b): Boxelder (*Acer negundo* L.) In: Botta-Dukát, Z. & Balogh, L. (2008): The most important invasive plants in Hungary. Institute of Ecology and Botany, Hungarian Academy of Science, Vácrátót, pp. 115–120.

Uekötter, f. (2007): Native plants: a nazi obsession? Landscape Research 32: 379–383.

Ulbrich, J. (1930): Die Bisamratte. Lebensweise, Gang ihrer Ausbreitung in Europa, wirtschaftliche Bedeutung und Bekämpfung. C. Heinrich, Dresden.

Ullmann, I. & Heindl, B. (1986): „Ersatzbiotop Straßenrand". Möglichkeiten und Grenzen des Schutzes von basiphilen Trockenrasen an Straßenböschungen. Ber. ANL 10: 103–118.

Ullmann, I., Heindl, B., Fleckenstein, M. & Mengeling, I. (1988): Die straßenbegleitende Vegetation des Mainfränkischen Wärmegebietes. Ber. ANL 12: 141–187.

Umweltatlas Berlin (1985): Band I, Teil 4 (Klima). Herausgegeben von der Senatsverwaltung für Stadtentwicklung und Umweltschutz, Berlin. Bearbeitung des Kartenteils: Horbert, M., Kirchgeorg, A. & von Stülpnagel, A.

Unger, J.-G. (1998): The impact of quarantine regulations for terrestrial flatworms on international trade. Pedobiologia 42: 579–584.

Unger, J.-G. (2003): Das Thema „Invasive gebietsfremde Arten" im Geschäftsbereich des BMVL. Schriftenreihe des Bundesministeriums für Verbraucherschutz, Ernährung und Landwirtschaft, Angewandte Wissenschaft, Heft 498: 14 23.

Unger, J.-G. (2004): Invasive gebietsfremde Arten im Bereich des Internationalen Pflanzeschutzübereinkommens. Gesunde Pflanzen 56: 80–85.

UNITED NATIONS, Economic and Social Council (2008): Consideration of reports submitted by states parties under Articles 16 and 17 of the covenant cncluding Observations of the Committee on Economic, Social and Cultural Rights. – Committee on Economic, Social and Cultural Rights, 40th session, 28 April - 16 May 2008. http://www2.ohchr.org/english/bodies/cescr/docs/co/E.C.12.IND.CO.5.doc [Abruf am 4.10.2009].

Urban, I. (1881): Geschichte des Königl. botanischen Gartens und Königl. Herbariums zu Berlin nebst einer Darstellung des augenblicklichen Zustandes dieser Institute. Jahrb. Königl. Bot. Gart. Berlin 1: 1–164.

Ursprung, J., Joachim, A. & Prosl, H. (2006): Vorkommen und Bekämpfung des Amerikanischen Riesenleberegels, *Fascioloides magna*, in einer Schalenwildpopulation in den Donauauen östlich von Wien. Berl. Münch. Tierärztl. Wochenschr. 119: 316–323.

Usher, M.B. (1988): Biological invasions of nature reserves: a search for generalisations. Biol. Conserv. 44: 119–135.

Valade, R., Kenis, M., Hernandez-Lopez, A., Augustin, S., Mari Mena, N., Magnoux, E., Rougerie, R., Lakatos, f.,

Roques, A. & Lopez-Vaamonde, C. (2009): Mitochondrial and microsatellite DNA markers reveal a Balkan origin for the highly invasive horse-chestnut leaf miner *Cameraria ohridella* (Lepidoptera, Gracillariidae). Mol. Ecol. 18: 3458–3470.

van den Brink, f.W.B., van der Velde, G. & Bij de Vaate, A. (1993): Ecological aspects, explosive range extention and impact of mass invader, *Corophium curvispinum* SARS, 1895 (Crustacea: Amphipoda), in the Lower Rhine (The Netherlands). Oecologia 93: 224–232.

van der Veken, S., Hermy, M., Vellend, M., Knapen, A. & Verheyen, K. (2008): Garden plants get a head start on climate change. Frontiers Ecol. Environm. 6: 212-216.

van Doninck, K., Schon, I., De Bruyn, L. & Martens, K. (2002): A general purpose genotype in an ancient asexual. Oecologia 132: 202–212.

Vanhellemont, M., Verheyen, K., de Keersmaeker, L., Vandekerkhove, K. & Hermy, M. (2009): Does *Prunus serotina* act as an aggressive invader in areas with a low propagule pressure? Biol. Invasions 11: 1451–1462.

van Houdt, J.K.J., Pinceel, J., Flamand, M.C., Briquet, M., Dupont, E., Volckaert, f.A.M. & Baret, P.V. (2005): Migration barriers protect indigenous brown trout (*Salmo trutta*) populations from introgression with stocked hatchery fish. Conservation Genetics 6: 175–191.

van Kleunen, M. & Schmid, B. (2003): No evidence for evolutionary increased competitive ability (EICA) in the invasive plant *Solidago canadensis*. Ecology 84: 2824–2831.

van Kleunen, M. & Fischer, M: (2009): Release from foliar and floral fungal pathogen species does not explain the geographic spread of naturalized North American plants in Europe. J. Ecol. 97: 385-392.

van Lenteren, J.C., Babendreier, D., Bigler, f., Burgio, G., Hokkanen, H.M.T., Kuske, S., Loomans, A.J.M., Menzler-Hokkanen, I., van Rijn, P.C.J., Thomas, M.B., Tommasini, M.G. & Zeng, Q.-Q. (2003): Environmental risk assessment of exotic natural enemies used in inundative biological control. BioControl 48: 3–38.

van Lenteren, J.C., Bale, J., Bigler, f., Hokkanen, H.M.T. & Loomans, A.J.M. (2006): Assessing risks of releasing exotic biological control agents of arthropod pests. Annu. Rev. Entomol. 51: 609–634.

vanden Broeck, A., Storme, V., Cottrell, J. E., Boerjan, W., Van Bockstaele, E., Quataert, P. & Van Slycken, J. (2004): Gene flow between cultivated poplars and native black poplar (*Populus nigra* L.): a case study along the river Meuse on the Dutch-Belgian border. Forest Ecology and Management 197: 307–310.

Vaslin, M. (2005): Prédation de l'Ibis sacré *Threskiornis aethiopicus* sur des colonies de sternes et guifettes. Ornithos 12: 106–109.

Veitch, C.R. & Clout, M.N. (2002): Turning the tide: The eradication of invasive species. Proceedings of the International Conference on Eradication of Island Invasives. IUCN Species Survival Commission 27: 1–414.

Verloove, f. (2006): Catalogue of neophytes in Belgium (1800-2005). Scripta Botanica Belgica 39: 1–89.

Vierbergen, G. (2002): Occurrence of glasshouse Thysanoptera in the open in the Netherlands. In: Marullo, R. & Mound, L.A. (eds.): Thrips and Tospoviruses. Proc. 7th Internat. Symp. Thysanoptera, Reggio Calabria, Italy, pp. 359–362.

Vilà, M. & Pujadas, J. (2001): Land-use and socio-economic correlates of plant invasions in European and North African countries. Biol. Conserv. 100: 397–401.

Vilà, M., Basnou, C., Gollasch, S., Josefsson, M., Pergl, J. & Scalera, R. (2009a): One hundred of the most invasive alien species in Europe. In: DAISIE, Handbook of alien species in Europe, Springer, Dordrecht, pp. 265–268.

Vilà, M., Basnou, C., Pyšek, P., Josefsson, M., Genovesi, P., Gollasch, S., Nentwig, W., Olenin, S., Roques, A., Roy, D., et al. (2009b): How well do we understand the impacts of alien species on ecosystem services? A pan-European cross-taxa assessment. Frontiers in Ecology and the Environment (in press).

Vitalos, M. & Karrer, W. (2008): Distribution of *Ambrosia artemisiifolia* L. Is birdseed a relevant factor? J. Plant Diseases and Protection. Special issue 21: 345–348.

Vitalos, M. & Karrer, W. (2009): Dispersal of *Ambrosia artemisiifolia* seeds along roads: the contribution of traffic and mowing machines. Neobiota 8: 53–60.

Vitousek, P.M. (1990): Biological invasions and ecosystem processes: towards an integration of population biology and ecosystem studies. Oikos 57: 7–13.

Vitousek, P.M., D'Antonio, C.M., Loope, L.L., Rejmanek, M. & Westbrooks, R. (1997): Introduced species: a significant component of human-caused global change. New Zealand J. Ecol. 21: 1–16.

Vitousek, P.M. & Walker, L.R. (1989): Biological invasion by *Myrica faya* in Hawaii: plant demography, nitrogen fixation, ecosystem effects. Ecol. Monogr. 59: 247–265.

Vöge, M. (1993): Tauchexkursionen zu Standorten von *Myriophyllum alterniflorum* DC.. Tuexenia. 13: 91–108.

Vöge, M. (1995): Langzeitbeobachtungen an *Elodea nutallii* (Planch.) St. John in Norddeutschen Seen. Florist. Rundbr. 29: 189–193.

Vogellehner, D. (1984): Gärten und Pflanzen im Mittelalter. In: Franz, G. (Hrsg.): Deutsche Agrargeschichte 6: 69–96.

Voggesberger, M. (1992): Aceraceae. In: Sebald, O., Seybold, S. & Philippi, G. (Hrsg.): Die Farn- und Blütenpflanzen Baden-Württembergs, Bd. 4, S. 135–145.

Voglmayr, H. & Krisai-Greilhuber, I. (2002): Pilze. In: Essl, f. & Rabitsch, W. (Hrsg.): Neobiota in Österreich. Umweltbundesamt, Wien, S. 181–195.

Voisin, A. (1968): Einfluss der Regenwürmer auf die Grünland-Gesellschaft. In: Tüxen, R. (Hrsg.): Pflanzensoziologie und Landschaftsökologie. Ber. 7. Intern. Symp. Intern. Verein. Vergetationsk., S. 157–175.

Volz, H. & Otte, A. (2001): Occurrence and spreading ability of *Lupinus polyphyllus* Lindl. in the Hochrhoen. In: Kowarik, I. & Starfinger, U. (eds.): Biological invasions in Germany. A challenge to act? BfN-Skripten 32: 97–98.

von Bartossagh, J. (1841): Beobachtungen und Erfahrungen über den Götterbaum (*Ailanthus glandulosa* L.). Ofen [Budapest].

von Burgsdorf, f.A.L. (1806): Forsthandbuch. Allgemeiner theoretisch-praktischer Lehrbegriff sämtlicher Försterwissenschaften. Berlin.

von Chamisso, A. (1827): Übersicht der nutzbarsten und der schädlichsten Gewächse, welche wild oder angebaut in Norddeutschland vorkommen. Nebst Ansichten von der Pflanzenkunde und dem Pflanzenreiche. In: Schneebeli-Graf, R. 1987: Adalbert von Chamisso. Illustriertes Heil-Gift- und Nutzpflanzenbuch. Dietrich Reimer Verlag Berlin, 391 S.

von Hagen, H.-H. (1991): Zur ökologischen Bedeutung fremdländischer Blütenpflanzen für die heimische Insektenfauna. NNA-Ber. 4: 35–38.

von der Lippe, M. & Kowarik, I. (2007a): Crop seed spillage along roads: a factor of uncertainty in the containment of GMO. Ecography 30: 483–490.

von der Lippe, M. & Kowarik, I. (2007b): Long-distance dispersal by vehicles as driver in plant invasions. Conserv. Biol. 21: 986–996.

von der Lippe, M. & Kowarik, I. (2008): Do cities export biodiversity? Traffic as dispersal vector across urban-rural gradients. Diversity Distrib. 14: 18–25.

von Fischer-Benzon, R. (1894): Altdeutsche Gartenflora. Lipsius &. Tischler, Kiel.

von Humboldt, A. (1807): Ideen zu einer Geographie der Pflanzen. In: Zaunick, R., Hrsg. 1958): A. v. Humboldt, kosmische Naturbetrachtung. Sein Werk und Grundriß. Stuttgart, S. 217–238.

von Krosigk, K. (1985): Wiesen-, Rasen- und Blumenflächen in landschaftlichen Anlagen. In: Hennebo, D. (Hrsg.): Die Gartendenkmalpflege. Ulmer, Stuttgart, S. 205-251.

von Krosigk, K. (1998): Parkwiesen und Parkrasen als historische Denkmäler. In: Kowarik, I., Schmidt, E., Sigel, B. (Hrsg.): Naturschutz und Denkmalpflege. Wege zu einem Dialog im Garten. vdf Hochschulverlag ETH Zürich, S. 203–216.

von Pückler-Muskau, H. (1834): Andeutungen über Landschaftsgärtnerei, verbunden mit der Beschreibung ihrer praktischen Anwendung in Muskau. Stuttgart.

von Wendorff, G. (1952): Die *Prunus serotina* in Mitteleuropa. Eine waldbauliche Monographie. Diss. Hamburg.

Vor, T. (2005): Natural regeneration of *Quercus rubra* L. (Red oak) in Germany. Neobiota 6: 111–123.

Voser-Huber, M.L. (1983): Studien an eingebürgerten Arten der Gattung *Solidago* L. Diss. Bot. 68, Vaduz.

Wace, N. (1977): Assessment of dispersal of plant species. The carborne flora in Canberra. Proc. Ecol. Soc. Australia 10: 167–186.

Wade, M., Darby, E.J., Courtney, A.D. & Caffrey, J.M. (1997): *Heracleum mantegazzianum*: a problem for river managers in the Republic of Ireland and United Kingdom. In: Brock, J.H., Wade, M., Pyšek, P. & Green, D. (eds.): Plant invasions: studies from North America and Europe. Backhuys Publishers, Leiden, pp. 139–152.

Wagenitz, G. (2000): Über das Wort „Ansalben". Floristische Rundbriefe 34: 25–27.

Wagenitz, G. & Wagenitz, G., Hrsg. (1979): *Helianthus tuberosus*. In: Hegi, G.: Illustrierte Flora von Mitteleuropa Bd. VI, Teil 3: 248–257. Parey, Berlin und Hamburg.

Wagner, I. (1996): Zusammenstellung morphologischer Merkmale und ihrer Ausprägungen zur Unterscheidung von Wild- und Kulturformen des Apfel- (*Malus*) und Birnbaumes (*Pyrus*). Mitt. Dt. Dendrol. Ges. 81: 87–108.

Wagner, I. & Kleinschmit, J. (1995): Erhaltung von Wildobst in Nordwestdeutschland. Allgemeine Forstzeitschrift 50: 1458–1462.

Wagner, M. (2002): Maßnahmen zur Kontrolle problematischer Neophyten in Berliner Naturschutzgebieten. Neobiota 1: 355–361.

Walser, B. (1995): Praktische Umsetzung der Knöterichbekämpfung. In: Böcker, R., Gebhardt, H., Konold, W. & Schmidt-Fischer, S. (Hrsg.): Gebietsfremde Pflanzen. ecomed, Landsberg, S. 161–172.

Walter, E. (1979a): Bemerkenswerte Adventivarten in fränkischen Kleeäckern. Ber. Naturf. Ges. Bamberg 54: 69–117.

Walter, E. (1979b): *Phacelia tanacetifolia* Benth. Wiederaufleben des Anbaues in Oberfranken. Ber. Naturf. Ges. Bamberg 54: 62– 68.

Walter, E. (1980): Adventive Grasarten an Straßen im nördlichen Franken. Ber. Naturf. Ges. Bamberg 55: 220–249.

Walter, E. (1982): Zur Verbreitung von *Bunias orientalis*, *Impatiens glandulifera* und *Impatiens parviflora* in Oberfranken. 29. Ber. Nordoberfr. Ver. Natur-, Geschichts- und Landeskde., 32 S.

Walter, E. (1987): Die große Telekie (*Telekia speciosa*) – gartenflüchtig und sich ausbreitend in Oberfranken. Ber. Naturf. Ges. Bamberg 62: 11–26.

Walter, E. (1989): Zur Situation der Gewöhnlichen Eselsdistel *Onopordium acanthium* L. in Oberfranken. Ber. Naturf. Ges. Bamberg 64: 19–37.

Walter, E. (1992a): Die Silber-Goldnessel (*Galeobdolon argentatum* Smejkal), ein bisher weitgehend unbeachteter Kulturflüchtling – auch in Oberfranken. Ber. Natur f. Ges. Bamberg 67: 23–35.

Walter, E. (1992b): Zur Ausbreitung der Knollen-Sonnenblume oder Topinambur (*Helianthus tuberosus* L.) in Oberfranken. Ber. Naturf. Ges. Bamberg 67: 37–57.

Walter, E. (1992c): „Neubürger" und „Gäste" der Flora Oberfrankens. Heimatbeil. Amtl. Schulanz. RegBez. Oberfranken 186, 78 S.

Walter, E. (1992d): Zum Vorkommen und zur Verbreitung der Kugeldistel-Gattung *Echinops* in Oberfranken. Ber. Naturfor. Ges. Bamberg 67: 17–47.

Walter, H. (1927): Einführung in die allgemeine Pflanzengeographie Deutschlands. Jena.

Walter, J., Essl, f., Englisch, T. & Kiehn, M. (2005): Neophytes in Austria: habitat preferences and ecological effects. Neobiota 6: 13–25.

Walter, J., Essl, f., Niklfeld, H. & Fischer, M.A: (2002): Neophytische Gefäßpflanzen Österreichs. In: Essl, f. & Rabitsch, W. (Hrsg.): Neobiota in Österreich. Umweltbundesamt, Wien, S. 46–173.

Walther, G.-R. (1999): Distribution and limits of evergreen broad-leaved (laurophyllous) species in Switzerland. Botanica Helvetica 109: 153–167.

Walther, G.-R. (2000): Laurophyillisation – a sign for changing climate? In: Burga, C. & Kratochwil, A. (eds.): Long-term vegetation monitoring. Tasks for vegetation science. Kluwer, Dordrecht, pp. 207–223.

Warthemann, G. & Reichhoff, L. (2008): Vegetationskundlich-standortkundliche und dynamische Kennzeichnung der Auenwälder an der mittleren Elbe. Verö ff. LPR Landschaftsplanung Dr. Reichhoff GmbH, 4: 9–27.

Warwick, S.L., Beckie, H.J. & Hall, L.M. (2009): Gene flow, invasiveness, and ecological impact of genetically modified crops. Annals of the New York Academy of Sciences 1168: 72–99.

Warwick, S.I., Simard, M.J., Legere, A., Beckie, H.J., Braun. L., Zhu, B., Mason, P. & Seguin-Swartz, G. (2003): Hybridization between transgenic *Brassica napus* L. and its wild relatives: *Brassica rapa* L., *Raphanus raphanistrum* L., *Sinapis arvensis* L., and *Erucastrum gallicum* (Willd.) OE Schulz. Theoretical and Applied Genetics 107: 528–539.

Watson, H.C. (1847): Cybele Britannica I. In Watson, H.C. (1977): Selections from Cybele Britannica: 1–69, Reprint New York.

Wattendorff, J. (1960): Über die Verbreitung der Edelkastanie im Buchen-Traubeneichen-Wald der Hohen Mark bei Haltern in Westfalen. Mitt. Flor.-Soz. Arbeitsgem. N. f. 8: 222–226.

Weber, E. (1997a): Morphological variation of the introduced perennial *Solidago canadensis* L. sensu lato (Asteraceae) in Europe. Bot. J. Linn. Soc. 123: 197–210.

Weber, E. (1997b): The alien flora of Europe: a taxonomic and biogeographic review. J. Veg. Sci. 8: 565–572.

Weber, E. (1999): Gebietsfremde Arten der Schweizer Flora. Ausmass und Bedeutung. Bauhinia 13: 1–10.

Weber, E. (2000): Biological flora of Central Europe: *Solidago altissima* L. Flora 195: 123–134.

Weber, E. (2003): Invasive plant species of the world. A reference guide to environmental weeds. CABI Publishing, Wallingford, 548 pp.

Weber, E., Köhler, B., Gelpke, G. & Perrenoud, A. (2005): Schlüssel zur Einteilung von Neophyten in der Schweiz in die Schwarze Liste oder die Watch-Liste. Botanica Helvetica 115: 169–174.

Weber, E. & Schmid, B. (1998): Latitudinal population differentiation in two species *Solidago* (Asteraceae) introduced into Europe. American Journal of Botany 85: 1110–1121.

Weber-Oldecop, D.W. (1976): Neues vom „Grünen Gespenst". Kosmos 72: 175–176.

Weeda, E.J. (1987): Invasions of vascular plants and mosses into the Netherlands. Proceedings C 90: 19–29.

Wegrzynek, B. (2009): Alien plant species as the source of noxious weeds in Poland. Neobiota 8: 111–121.

Wehrmaker, A. (1990): Die Roteiche (*Quercus rubra*): für Naturschutz und Gallwespen kein Ersatz für die europäischen Eichen. In: Umweltamt Stadt Darmstadt (Hrsg.): 24. Hessischer Floristentag. Tagungsbeiträge. SchrR. 13: 40–49.

Weidema, I.R. (Ed.) (2000): Introduced species in the nordic countries. Nordic Council of Ministers, Copenhagen, 242 pp.

Weidner, H. (1970): Zur Bedeutung der Verschleppung für die Verbreitung der Insekten. Z. Angew. Entomol. 65: 334–338.

Wein, K. (1914): Deutschlands Gartenpflanzen um die Mitte des 16. Jahrhunderts. Beih. Bot. Centralbl. 31, II: 463–555.

Wein, K. (1930/31): Die erste Einführung nordamerikanischer Gehölze in Europa. 1. Teil in Mitt. Dt. Dendrol. Ges. 42: 137–163, 2. Teil in Mitt. Dt. Dendrol. Ges. 43: 95–154.

Wein, K. (1939–42): Die älteste Einführungs- und Ausbreitungsgeschichte von *Acorus calamus*. Teil 1–3. Hercynia 1 (3): 367–450, 3 (5): 72–128, 3 (6): 214–291.

Wein, K. (1963): Die Einführungsgeschichte von *Helianthus tuberosus* L. Die Kulturpflanze 11: 43–91.

Wein, K. (1963a): Die Heimat von *Ornithogalum nutans* L. und die Entstehung der Grundlagen für seine spätere Ausbreitung in den europäischen Gärten im Verlaufe der Barockzeit. Nova Acta Leopoldina N. f. 27 (167): 383–410.

Weise, B. (1966/67): Untersuchungen über die Konkurrenzbeziehungen von *Impatiens parviflora* und *Impatiens noli-tangere*. Ber. Arbeitsg. Sächs. Botaniker NF 8: 101–122.

Weisgerber, H. & Janssen, A., Hrsg. (1998): Die Schwarzpappel. Probleme und Möglichkeiten bei der Erhaltung einer gefährdeten heimischen Baumart. Forschungsberichte Hessische Landesanstalt für Forsteinrichtung, Waldforschung und Waldökologie 24: 1–183.

Weiss, V. (2009): Die Querfront der Fremdekräuterhasser und Gehölzrassisten. In: Gauer, K. (Hrsg.) Diktynna, Jahrbuch für Natur und Mythos. Edition Arnshauck, München, S. 442–460.

Weisse, A. (1925): Neue Beobachtungen über die Blattkrankheiten der Platane. Verh. Bot. Ver. Provinz Brandenburg 67: 24–25.

Weltzin, J. f., Belote, R.T. & Sanders, N.J. (2003): Biological invaders in a greenhouse world: will elevated $CO_2$ fuel plant invasions? Front Ecol. Environ. 1: 146–153.

Wendel, G.W. (1977): Longevity of black cherry, wild grape, and sassafras seed in the forest floor. USDA Forest Service Res. Pap. 375: 1–6.

Wendel, G.W. & Smith, H.C. (1990): *Pinus strobus* L., Eastern White Pine. In: Burns, R. M. & B. H. Honkala (eds.): Silvics of North America. Vol. 1, Agriculture Handbook 654, Washington D.C., pp. 476–488.

Wendelberger, G. (1954): Die Robinie in den kontinentalen Trockenwäldern Mittel- und Osteuropas. Allg. Forstz. 65: 1–3.

Wendland, f. (1979): Berlins Gärten und Parke. Von der Gründung der Stadt bis zum ausgehenden neunzehnten Jahrhundert. Berlin. Fröhlich und Kaufmann, 426 S.

Wendt, H. (1981): Eine für Südost-Europa neue Samenkäfer-Art (Coleoptera: Bruchidae). Folia Entomologica Hungarica XLII (XXXIV): 223–226.

Wendt, H. (1991): Erstnachweis des Samenkäfers *Acanthoscelides pallidipennis* (Motschulsky, 1874) in Deutschland (Coleoptera, Bruchidae). Märkische Entomologische Nachrichten 1: 67–68.

Werner, D.J. (1994): Heteropteren an ruderalen Pflanzenarten der Gattung *Senecio*. Verh. Westdt. Entom. Tag 1993 (Löbecke-Mus., Düsseldorf), S. 237–244.

Werner, D.J., Rockenbach, T. & Hölscher, M.L. (1991): Herkunft, Ausbreitung, Vergesellschaftung und Ökologie von *Senecio inaequidens* DC. unter besonderer Berücksichtigung des Köln-Aachener Raumes. Tuexenia 11: 73–107.

Werner, P.A., Bradbury, J.K. & Gross, R.S. (1980): The biology of Canadian weeds. 45. *Solidago canadensis* L. Can. J. Plant Sci. 60: 1393–1409.

Wernsdorfer, W.H. (2002): Malaria in Mitteleuropa. Denisia 6: 201–212.

Wesserling, J. & Tscharntke, T. (1993): Insektengesellschaften an Knaulgras (*Dactylis glomerata*): Der Einfluß von Saatgut-Herkunft und Habitattyp. Verh. Ges. Ökol. (FestSchrR. Bornkamm) 22: 351–354.

Westhus, W. (1981): Zur Vegetationsentwicklung von Aufforstungen, insbesondere mit *Robinia pseudoacacia* L.. Arch. Natursch. u. Landschaftsforschung 21: 211–225.

Westhus, W. & Haupt, R. (1990): Zum Florenwandel und Florenschutz in waldbestockten Naturschutzgebieten Thüringens. Hercynia 27: 259–272.

Westman, K., Savolainen, R. & Julkunen, M. (2002): Replacement of the native crayfish *Astacus astacus* by the introduced species *Pacifastacus leniusculus* in a small, enclosed Finnish lake: a 30-year study. Ecography 25: 53–73.

Westrich, P. (1989): Die Wildbienen Baden-Württembergs. Bd. 1, 2. Ulmer, Stuttgart.

Wichmann, M.C., Alexander, M.J., Soons, M.B., Galsworthy, S., Dunne, L., Gould, R., Fairfax, C., Niggemann, M., Hails, R.S. & Bullock, J.M. (2009): Human-mediated dispersal of seeds over long distances. Proceedings of the Royal Society B - Biological Sciences 276: 523–532.

Wiesbauer, H., Hrsg. (2008): Die Steppe lebt. Felssteppen und Trockenrasen in Niederösterreich. Amt der Landesregierung von Niederösterreich, St. Pölten, 224 S.

Wiesner, C. (2003): Verbreitung und Populationsökologie von Meeresgrundeln (Gobiidae) in der österreichischen Donau. Diplomarbeit, Universität für Bodenkultur, Wien, 135 S.

Wiesner, C. (2005): New records of non-indigenous gobies (*Neogobius* spp.) in the Austrian Danube. J. Appl. Ichthyol. 21: 324–327.

Wijnhoven, H., Schönhofer, A.L. & Martens, J. (2007): An unidentified harvestman *Leiobunum* sp. alarmingly invading Europe (Arachnida: Opiliones). Arachnol. Mitt. 34: 27–38.

Wilcove, D. S., Rothstein, D., Dubow, J., Phillips, A. & Losos, E. (1998): Quantifying threats to imperiled species in the United States. Assessing the relative importance of habitat destruction, alien species, pollution, overexploitation, and disease. Bioscience 48: 607–615.

Wilde, J. (1947): Kulturgeschichte der Sträucher und Stauden. Verlag Histor. Museum d. Pfalz zu Speyer, 303 S.

Wiles, G.J., Bart, J., Beck, R.E. & Aguon, C.f. (2003): Impacts of the brown tree snake: Patterns of decline and species persistence in Guam's avifauna. Conserv. Biol. 17: 1350–1360.

Willburger, A. & Nicolai, V. (2004): Fauna composition in dead oak wood - native versus foreign species. Neobiota 3: 146–151.

Willdenow, C.L. (1787): Florae Berolinensis Prodomus. Wilhelm Vieweg, Berlin, 439 S. (Reprint 1987).

Willdenow, C.L. (1796): Berlinische Baumzucht, oder Beschreibung der in den Gärten um Berlin im Freien ausdauernden Bäume und Sträucher. Berlin, Nauk, 452 S.

Willderding, U. (1984): Ur- und Frühgeschichte des Gartenbaues. In: Franz, G. (Hrsg.): Geschichte des Deutschen Gartenbaues. Deutsche Agrargeschichte 6: 39–68.

Willerding, U. (1986): Zur Geschichte der Unkräuter Mitteleuropas. Göttinger Schriften zur Vor- und Frühgeschichte 22, 382 S.

Williams, D.G. & Baruch, Z. (2000): African grass invasion in the Americas: ecosystem consequences and the role of ecophysiology. Biological Invasions 2: 123–140.

Williamson, M. (1993): Invaders, weeds and the risk from genetically manipulated organisms. Experientia 49: 219–224.

Williamson, M. (1996): Biological invasions. Chapman & Hall, London, 244 pp.

Williamson, M. (1998): Measuring the impact of plant invaders in Britain. In: Starfinger, U., Edwards, K., Kowarik, I. & Williamson, M. (eds.): Plant invasions: ecological mechanisms and human response. Backhuys Publishers, Leiden, pp. 57–68.

Williamson, M. (1999): Invasions. Ecography 22: 5–12.

Williamson, M. (2002): Alien plants in the British Isles. In: Pimentel, D. (ed.): Biological invasions: economic and environmental costs of alien plant, animal and microbe species. CRC Press, Bota Raton, Florida, pp. 91-112.

Williamson, M. & Brown, K.C. (1986): The analysis and modelling of British invasions. Phil. Trans. R. Soc. London B 314: 505–522.

Williamson, M. & Fitter, A. (1996): The characteristics of successful invaders. Biol. Conserv. 78: 163–170.

Willis, K.J. & Whittaker, R.J. (2000): The refugial debate. Science 287: 1406–1407.

Wilmanns, O. (1989): Vergesellschaftung und Strategie-Typen von Pflanzen mitteleuropäischer Rebkulturen. Phytocoenologia 18: 83–128.

Wilmanns, O. (1995): Die Eigenart der Vegetation im Mittleren Schwarzwald als Ausdruck der Bewirtschaftungsgeschichte. Mitt. Bad. Landesver. Naturkde. u. Natursch. 16: 227–249.

Wilmanns, O. & Bogenrieder, A. (1995): Die Entwicklung von Flaumeichenwäldern im Kaiserstuhl im Laufe des letzten halben Jahrhunderts. Forstarchiv 4: 167–174.

Wilmanns, O. & Kobel-Lamparski, A. (2008): Der Färberwaid (*Isatis tinctoria* L.) ein Beitrag zur Vegetationsökologie und Biozönologie. Braunschweiger Geobotanische Arbeiten 9: 459-479.

Wimmer, C.A. (1991): Friedrich August Ludwig v. Burgsdorfs „Anleitung" als Quelle zur Gehölzverwendung im frühen Landschaftsgarten. Zandera 6: 1–21.

Wimmer, C.A. (2001): Kurze Geschichte der Säulenpappel. Zandera 16: 10-14.

Wimmer, W. (1997): *Myriophyllum heterophyllum* Michaux in Niedersachsen und Bremen sowie seine Bestimmung in vegetativen Zustand. Florist. Rundbr. 31: 23–31.

Wimmer, W. & Winkel, W. (2000): Zum Auftreten von *Gonioctena quinquepunctata* (Fabr.) (Coleoptera: Chrysomelidae) an *Prunus serotina* Ehrh. und in der Nestlingsnahrung höhlenbrütender Singvögel im Emsland. Braunschweiger Naturkundliche Schriften 6: 131–138.

Winterhoff, W. (1981): Alte und neue Erdsternfunde im Flugsandgegbiet zwischen Walldorf und Mainz. Hessische Florist. Br. 30: 18–27.

Winterhoff, W. (1991): Zur Pilzflora zweier Robinien-Gehölze bei Battenberg/Pfalz. Boletus 4: 103–110.

Winterhoff, W. (1993): Die Großpilzflora von Erlenbruchwäldern und deren Kontaktgesellschaften in der nordbadischen Oberrheinebene. Beih. Veröff. Natursch. u. Landschaftspfl. Bad.-Württ. 74, 100 S.

Winterhoff, W. & Bon, M. (1994): Zum Vorkommen seltener Schirmlinge (*Lepiota* s.l.) im nördlichen Oberrheingebiet. Carolinea 52: 5–10.

Wisskirchen, R. (1989): Zur Verbreitung und Kennzeichnung von *Xanthium saccharatum* Wallr. em Widder an Rhein und Mosel. Decheniana 142: 29–38.

Wisskirchen, R. & Haeupler, H. (1998): Standardliste der Farn- und Blütenpflanzen Deutschlands. Ulmer, Stuttgart, 765 S.

Witt, R. (1986): Reißt die Rhododendren raus! Kosmos 5: 70–75.

Wittenberg, R. & Cock, M.J.W. (2001): Invasive alien species: A toolkit of best prevention and management practices. CABI, Wallingford, Oxon, UK, 228 pp.

Wittenberg, R., Kenis, M., Blick, T., Hänggi, A., Gassmann, A. & Weber, E. (2006): Invasive alien species in Switzerland Federal Office for the Environment FOEN, Environmental Studies 29/06: 1–155.

Wittig, R. (1989): Die aktuelle Vergesellschaftung von *Chenopodium bonus-henricus* in Westfalen – eine Betrachtung aus der Sicht des Artenschutzes. Natur u. Landschaft 64: 515–517.

Wittig, R. (1991): Ökologie der Großstadtflora. Fischer, Stuttgart, 261 S.

Wittig, R. (1995): Überblick über die Baumscheibenvegetation sechs mitteleuropäischer Städte. SchrR. Vegetationskde. (Sukopp-Festschrift) 27: 231–238.

Wittig, R. (2008): Gartenflüchtlinge als neue Mitglieder der Dorfflora in Nordrhein-Westfalen. Braunschweiger Geobotanische Arbeiten 9: 481–490.

Wittig, R. (2009): Trittgesellschaften der nordrhein-westfälischen Dörfer. Tuexenia 29: 215–235.

Wittmann, K. (2008): Weitere Ausbreitung der pontokaspischen Schwebgarnele (Crustacea: Mysida: Mysidae) *Katamysis warpachowskyi* in der oberen Donau: Erstnachweis für Deutschland. Lauterbornia 63: 83–86.

Wolf, G. (1985): Wurzelsysteme ausgewählter Arten. In: Wolf, G. (Red.): Primäre Sukzession auf sandig-kiesigen Rohböden im Rheinischen Braunkohlenrevier. SchrR. Vegetationskde. 16: 152–166.

Wolf, R. (1984): Heiden im Kreis Ludwigsburg. Bilanz 1984, Schutzbemühungen, Verwachsungsprobleme, Pflege. Beih. Veröff. Natursch. u. Landschaftspfl. Bad.-Württ. 35, 76 S.

Wolf, R. & Hassler, D., Hrsg. (1993): Hohlwege. Entstehung, Geschichte und Ökologie der Hohlwege im westlichen Kraichgau. Beih. Veröff. Naturschutz Landschaftspflege Bad.-Württ. 72: 416 S.

Wolff, P. (1980): Die Hydrilleae (Hydrocharitaceae) in Europa. Göttinger Florist. Rundbr. 14: 33–56.

Wolff, P. (1991): Die Zierliche Wasserlinse, *Lemna minuscula* Herter: Ihre Erkennungsmerkmale und ihre Verbreitung in Deutschland. Florist. Rundbr. 25: 86–98.

Wolfram, G. & Mikschi, E. (2007): Rote Liste der Fische (Pisces) Österreichs. In: Zulka, K.-P. (Hrsg.) Rote Listen gefährdeter Tiere Österreichs Teil 2. Grüne Reihe des Bundesministeriums für Land- und Forstwirtschaft, Umwelt und Wasserwirtschaft, Band 14/2: 61–198.

Wolfram-Wais, A., Wolfram, G., Auer, B., Mikschi, E. & Hain, A. (1999): Feeding habits of two introduced fish species (*Lepomis gibbosus, Pseudorasbora parva*) in Neusiedler See (Austria), with special reference to chironomid larvae (Diptera: Chironomidae). Hydrobiologia 408/409: 123–129.

Wolschke-Bulmahn, J. (1992): The „Wild Garden" and the „Nature Garden" – aspects of the garden ideology of William Robinson and Willy Lange. J. Garden History 12: 183–206.

Woodbridge, K. (1991): The Stourhead Landscape. Wiltshire, The National Trust, 72 pp.

Woodroffe, G., Lawton, J. & Davidson, W. (1990): The impact of feral mink *Mustela vison* on water voles *Arvicola terrestris* in the North Yorkshire Moors National Park. Biological Conservation 51: 49–62.

Woodward, S.A., Vitousek, P.M., Matson, K., Hughes, f., Benvenuto, K. & Matson, P.A. (1990): Use of the exotic tree *Myrica faya* by native and exotic birds in Hawaii Volcanoes National Park. Pacific Science 44: 88–93.

Wright, J.W. (1965): Green ash (*Fraxinus pennsylvanica*). In: Fowells H.A. (ed.): Silvics of forest trees of the United States. U.S. Department of Agriculture, Agricultural Handbook 271: 185–190, Washington.

Zacharias, D. & Breucker, A. (2008): Die nordamerikanische Rot-Esche (*Fraxinus pennsylvanica* Marsh.). Zur Biologie eines in den Auenwäldern der Mittelelbe eingebürgerten Neophyten. Braunschweiger Geobotanische Arbeiten 9: 499–529.

Zavagno, f. & d'Auria, G. (2001): Synecology and dynamics of *Amorpha fruticosa* communities in Po plain, Italy. In: Brundu, G., Brock, J., Camarda, I., Child, L. &

Wade, M. (eds.): Plant invasions. Species ecology and ecosystem management. Backhuys Publishers, Leiden, pp. 175–182.

Zebitz, C.P.W. (1996): Allochthone Insekten in landwirtschaftlichen Kulturen. In: Gebhardt, H., Kinzelbach, R. & Schmidt-Fischer, S. (Hrsg.): Gebietsfremde Tierarten. Ecomed, Landsberg, S. 155–167.

Zechmeister, H.G, Grims, f. & Hohenwallner, D. (2002): Neophytische Moose in Österreich. In: Essl, f. & Rabitsch, W. (Hrsg.): Neobiota in Österreich. Umweltbundesamt, Wien, 174–177.

Zerbe, S. (1992): Fichtenforste als Ersatzgesellschaften von Hainsimsen-Buchenwäldern. Ber. Forschungszentrum Waldökosysteme, Reihe A, Bd. 100: 159 S.

Zerbe, S. (1996): Synanthropes Vorkommen von *Calamagrostis villosa* (Chaix) J. f. Gmelin im Nordspessart. Ber. Bayer. Bot. Ges. 66/67: 93–96.

Zerbe, S. (1998): Potential natural vegetation: validity and applicability in landscape planning and nature conservation. Appl. Veg. Sci. 1: 165–172.

Zerbe, S. (1999): Die Wald- und Forstgesellschaften des Spessarts mit Vorschlägen zu deren zukünftigen Entwicklung. Mitt. naturwiss. Museum Aschaffenburg 19, 354 S.

Zerbe, S. (2007): Neophyten in mitteleuropäischen Wälder. Eine ökologische und naturschutzfachliche Zwischenbilanz. Naturschutz und Landschaftsplanung 39: 361–368.

Zerbe, S., Brande, A. & Gladitz, f. (2000): Kiefer, Eiche und Buche in der Menzer Heide (N-Brandenburg). Veränderung der Waldvegetation unter dem Einfluß des Menschen. Verh. Bot. Ver. Berlin Brandenburg 133: 45–86.

Zerbe, S. & Vater, G. (2000): Vegetationskundliche und standortökologische Untersuchungen in Pappelforsten auf Niedermoorstandorten des Oberspreewaldes (Brandenburg). Tuexenia 20: 55–76.

Zerbe, S. & Wirth, P. (2006): Ecological range of invasive plant species in Central European pine (*Pinus sylvestris* L.) forests. Ann. For. Sci. 63: 189–203.

Zimmermann, G. (1993): Stand und Perspektiven der biologischen Bekämpfung der Holländischen Ulmenkrankheit. In: Kleinschmit, J. & Weisgerber, H. (Hrsg.): Ist die Ulme noch zu retten? Forschungsberichte d. Hess. Forstl. Vers.Anst., Hann. Münden, Band 16: 44–50.

Zintz, K. & Poschlod, P., Hrsg. (1996): Ökologie und Management periodisch abgelassener und trocken fallender kleinerer Stehgewässer im oberschwäbischen und schwäbischen Voralpengebiet. Veröffentlichungen Projekt Angewandte Ökologie 17: 515 S.

Ziswiler, V. (1965): Bedrohte und ausgerottete Tierarten. Springer, Berlin, 134 S.

Zizka, G. (1985): Botanische Untersuchungen in Nordnorwegen I. Anthropochore Pflanzenarten der Varagerhalbinsel und Sör-Varagers. Diss. Bot. 85: 4–102.

Zobel, B.J., Wyk, G.V. & Stahl, P. (1987): Growing exotic forests. J. Wiley, New York, 508 pp.

Zoglauer, K., Aurich, C., Kowarik, I. & Schepker, H. (2000): Freisetzung transgener Gehölze und Grundlagen für Confinements. Umweltbundesamt Texte 31/00: 328 S.

Zohary, M. (1962): Plant life of Palestine, Israel and Jordan. The Ronald Press, New York, 247 pp.

Zoller, H. (1954): Die Typen der *Bromus erectus*-Wiesen des Schweizer Jura. Beitr. Geobot. Landesaufn. Schweiz 33, 309 S.

Zschille, J., Heidecke, D. & Stubbe, M. (2003): Zur Ökologie des Minks (*Mustela vison*, Schreber 1777) in Sachsen-Anhalt. Schriftenreihe des Bundesministeriums für Verbraucherschutz, Ernährung und Landwirtschaft, Angewandte Wissenschaft, Heft 498: 269–273.

Zukrigl, K. (1995): Die Waldvegetation im ehemaligen Augebiet des Wiener Praters. Forstarchiv 4: 175–182.

Zwaenepoel, A., Roovers, P. & Hermy, M. (2006): Motor vehicles as vectors of plant species from road verges in a suburban environment. Basic Applied Ecology 7: 83–95.

# Register